Bauwirtschaft und Baubetrieb

Konrad Zilch • Claus Jürgen Diederichs
Rolf Katzenbach • Klaus J. Beckmann (Hrsg.)

Bauwirtschaft
und Baubetrieb

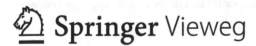 Springer Vieweg

Herausgeber

Konrad Zilch
Lehrstuhl für Massivbau
Technische Universität München
München, Deutschland

Rolf Katzenbach
Institut und Versuchsanstalt für Geotechnik
Technische Universität Darmstadt
Darmstadt, Deutschland

Claus Jürgen Diederichs
DSB + IG-Bau Gbr
Eichenau, Deutschland

Klaus J. Beckmann
Berlin, Deutschland

Der Inhalt der vorliegenden Ausgabe ist Teil des Werkes „Handbuch für Bauingenieure", 2. Auflage

ISBN 978-3-642-41869-3 ISBN 978-3-642-41870-9 (eBook)
DOI 10.1007/978-3-642-41870-9

Die Deutsche Nationalbibliothek verzeichnet diese Publikation in der Deutschen Nationalbibliografie;
detaillierte bibliografische Daten sind im Internet über http://dnb.d-nb.de abrufbar.

Springer Vieweg
© Springer-Verlag Berlin Heidelberg 2013

Gedruckt auf säurefreiem und chlorfrei gebleichtem Papier

Springer Vieweg ist eine Marke von Springer DE. Springer DE ist Teil der Fachverlagsgruppe Springer
Science+Business Media.
www.springer-vieweg.de

Vorwort des Verlages

Teilausgaben großer Werke dienen der Lehre und Praxis. Studierende können für ihre Vertiefungsrichtung die richtige Selektion wählen und erhalten ebenso wie Praktiker die fachliche Bündelung der Themen, die in ihrer Fachrichtung relevant sind.

Die nun vorliegende Ausgabe des „Handbuchs für Bauingenieure", 2. Auflage, erscheint in 6 Teilausgaben mit durchlaufenden Seitennummern. Das Sachverzeichnis verweist entsprechend dieser Logik auch auf Begriffe aus anderen Teilbänden. Damit wird der Zusammenhang des Werkes gewahrt.

Der Verlag bietet mit diesen Teilausgaben eine einzeln erhältliche Fassung aller Kapitel des Standardwerkes für Bauingenieure an.

Übersicht der Teilbände:
1) Grundlagen des Bauingenieurwesens (Seiten 1 – 378)
2) Bauwirtschaft und Baubetrieb (Seiten 379 – 965)
3) Konstruktiver Ingenieurbau und Hochbau (Seiten 966 – 1490)
4) Geotechnik (Seiten 1491 – 1738)
5) Wasserbau, Siedlungswasserwirtschaft, Abfalltechnik (Seiten 1739 – 2030)
6) Raumordnung und Städtebau, Öffentliches Baurecht (Seiten 2031 – 2096) und Verkehrssysteme und Verkehrsanlagen (Seiten 2097 – 2303).

Berlin/Heidelberg, im November 2013

Inhaltsverzeichnis

Autorenverzeichnis

Arslan, Ulvi, Prof. Dr.-Ing., TU Darmstadt, Institut für Werkstoffe und Mechanik im Bauwesen, *Abschn. 4.1*, arslan@iwmb.tu-darmstadt.de

Bandmann, Manfred, Prof. Dipl.-Ing., Gröbenzell, *Abschn. 2.5.4,* manfred.bandmann@online.de

Bauer, Konrad, Abteilungspräsident a.D., Bundesanstalt für Straßenwesen/Zentralabteilung, Bergisch Gladbach, *Abschn. 6.5,* kkubauer@t-online.de

Beckedahl, Hartmut Johannes, Prof. Dr.-Ing., Bergische Universität Wuppertal, Lehr- und Forschungsgebiet Straßenentwurf und Straßenbau, *Abschn. 7.3.2,* beckedahl@uni-wuppertal.de

Beckmann, Klaus J., Univ.-Prof. Dr.-Ing., Deutsches Institut für Urbanistik gGmbH, Berlin, *Abschn. 7.1 und 7.3.1,* kj.beckmann@difu.de

Bockreis, Anke, Dr.-Ing., TU Darmstadt, Institut WAR, Fachgebiet Abfalltechnik, *Abschn. 5.6,* a.bockreis@iwar.tu-darmstadt.de

Böttcher, Peter, Prof. Dr.-Ing., HTW des Saarlandes, Baubetrieb und Baumanagement Saarbrücken, *Abschn. 2.5.3,* boettcher@htw-saarland.de

Brameshuber, Wolfgang, Prof. Dr.-Ing., RWTH Aachen, Institut für Bauforschung, *Abschn. 3.6.1,* brameshuber@ibac.rwth-aachen.de

Büsing, Michael, Dipl.-Ing., Fughafen Hannover-Langenhagen GmbH, *Abschn. 7.5,* m.buesing@hannover-airport.de

Cangahuala Janampa, Ana, Dr.-Ing., TU Darmstadt, Institut WAR, Fachgebiet, Wasserversorgung und Grundwasserschutz, *Abschn. 5.4,* a.cangahuala@iwar.tu-darmstadt.de

Corsten, Bernhard, Dipl.-Ing., Fachhochschule Koblenz/FB Bauingenieurwesen, *Abschn. 2.6.4,* b.corsten@web.de

Dichtl, Norbert, Prof. Dr.-Ing., TU Braunschweig, Institut für Siedlungswasserwirtschaft, *Abschn. 5.5,* n.dichtl@tu-braunschweig.de

Diederichs, Claus Jürgen, Prof. Dr.-Ing., FRICS, DSB + IQ-Bau, Sachverständige Bau + Institut für Baumanagement, Eichenau b. München, *Abschn. 2.1 bis 2.4,* cjd@dsb-diederichs.de

Dreßen, Tobias, Dipl.-Ing., RWTH Aachen, Lehrstuhl und Institut für Massivbau, *Abschn. 3.2.2,* tdressen@imb.rwth-aachen.de

Eligehausen, Rolf, Prof. Dr.-Ing., Universität Stuttgart, Institut für Werkstoffe im Bauwesen, *Abschn. 3.9,* eligehausen@iwb.uni-stuttgart.de

Franke, Horst, Prof. , HFK Rechtsanwälte LLP, Frankfurt am Main, *Abschn. 2.4,*
franke@hfk.de

Freitag, Claudia, Dipl.-Ing., TU Darmstadt, Institut für Werkstoffe und Mechanik
im Bauwesen, *Abschn. 3.8,* freitag@iwmb.tu-darmstadt.de

Fuchs, Werner, Dr.-Ing., Universität Stuttgart, Institut für Werkstoffe im Bauwesen,
Abschn. 3.9, fuchs@iwb.uni-stuttgart.de

Giere, Johannes, Dr.-Ing., Prof. Dr.-Ing. E. Vees und Partner Baugrundinstitut GmbH,
Leinfelden-Echterdingen, *Abschn. 4.4*

Grebe, Wilhelm, Prof. Dr.-Ing., Flughafendirektor i.R., Isernhagen, *Abschn. 7.5,*
dr.grebe@arcor.de

Gutwald, Jörg, Dipl.-Ing., TU Darmstadt, Institut und Versuchsanstalt für Geotechnik,
Abschn. 4.4, gutwald@geotechnik.tu-darmstadt.de

Hager, Martin, Prof. Dr.-Ing. †, Bonn, *Abschn. 7.4*

Hanswille, Gerhard, Prof. Dr.-Ing., Bergische Universität Wuppertal, Fachgebiet
Stahlbau und Verbundkonstruktionen, *Abschn. 3.5,* hanswill@uni-wuppertal.de

Hauer, Bruno, Dr. rer. nat., Verein Deutscher Zementwerke e.V., Düsseldorf,
Abschn. 3.2.2

Hegger, Josef, Univ.-Prof. Dr.-Ing., RWTH Aachen, Lehrstuhl und Institut für Massivbau,
Abschn. 3.2.2, heg@imb.rwth-aachen.de

Hegner, Hans-Dieter, Ministerialrat, Dipl.-Ing., Bundesministerium für Verkehr,
Bau und Stadtentwicklung, Berlin, *Abschn, 3.2.1,* hans.hegner@bmvbs.bund.de

Helmus, Manfred, Univ.-Prof. Dr.-Ing., Bergische Universität Wuppertal,
Lehr- und Forschungsgebiet Baubetrieb und Bauwirtschaft, *Abschn. 2.5.1 und 2.5.2,*
helmus@uni-wuppertal.de

Hohnecker, Eberhard, Prof. Dr.-Ing., KIT Karlsruhe, Lehrstuhl Eisenbahnwesen Karlsruhe,
Abschn. 7.2, eisenbahn@ise.kit.edu

Jager, Johannes, Prof. Dr., TU Darmstadt, Institut WAR, Fachgebiet Wasserversorgung
und Grundwasserschutz, *Abschn. 5.6,* j.jager@iwar.tu-darmstadt.de

Kahmen, Heribert, Univ.-Prof. (em.) Dr.-Ing., TU Wien, Insititut für Geodäsie und
Geophysik, *Abschn. 1.2,* heribert.kahmen@tuwien-ac-at

Katzenbach, Rolf, Prof. Dr.-Ing., TU Darmstadt, Institut und Versuchsansalt für
Geotechnik, *Abschn. 3.10, 4.4 und 4.5,* katzenbach@geotechnik.tu-darmstadt.de

Köhl, Werner W., Prof. Dr.-Ing., ehem. Leiter des Instituts f. Städtebau und Landesplanung
der Universität Karlsruhe (TH), Freier Stadtplaner ARL, FGSV, RSAI/GfR, SRL,
Reutlingen, *Abschn. 6.1 und 6.2,* werner-koehl@t-online.de

Könke, Carsten, Prof. Dr.-Ing., Bauhaus-Universität Weimar,
Institut für Strukturmechanik, *Abschn. 1.5,* carsten.koenke@uni-weimar.de

Krätzig, Wilfried B., Prof. Dr.-Ing. habil. Dr.-Ing. E.h., Ruhr-Universität Bochum, Lehrstuhl für Statik und Dynamik, *Abschn. 1.5*, wilfried.kraetzig@rub.de

Krautzberger, Michael, Prof. Dr., Deutsche Akademie für Städtebau und Landesplanung, Präsident, Bonn/Berlin, *Abschn. 6.3*, michael.krautzberger@gmx.de

Kreuzinger, Heinrich, Univ.-Prof. i.R., Dr.-Ing., TU München, *Abschn. 3.7*, rh.kreuzinger@t-online.de

Maidl, Bernhard, Prof. Dr.-Ing., Maidl Tunnelconsultants GmbH & Co. KG, Duisburg, *Abschn. 4.6*, office@maidl-tc.de

Maidl, Ulrich, Dr.-Ing., Maidl Tunnelconsultants GmbH & Co. KG, Duisburg, *Abschn. 4.6*, u.maidl@maidl-tc.de

Meißner, Udo F., Prof. Dr.-Ing., habil., TU Darmstadt, Institut für Numerische Methoden und Informatik im Bauwesen, *Abschn. 1.1*, sekretariat@iib.tu-darmstadt.de

Meng, Birgit, Prof. Dr. rer. nat., Bundesanstalt für Materialforschung und -prüfung, Berlin, *Abschn. 3.1*, birgit.meng@bam.de

Meskouris, Konstantin, Prof. Dr.-Ing. habil., RWTH Aachen, Lehrstuhl für Baustatik und Baudynamik, *Abschn. 1.5*, meskouris@lbb.rwth-aachen.de

Moormann, Christian, Prof. Dr.-Ing. habil., Universität Stuttgart, Institut für Geotechnik, *Abschn. 3.10*, info@igs.uni-stuttgart.de

Petryna, Yuri, S., Prof. Dr.-Ing. habil., TU Berlin, Lehrstuhl für Statik und Dynamik, *Abschn. 1.5*, yuriy.petryna@tu-berlin.de

Petzschmann, Eberhard, Prof. Dr.-Ing., BTU Cottbus, Lehrstuhl für Baubetrieb und Bauwirtschaft, *Abschn. 2.6.1–2.6.3, 2.6.5, 2.6.6*, petzschmann@yahoo.de

Plank, Johann, Prof. Dr. rer. nat., TU München, Lehrstuhl für Bauchemie, Garching, *Abschn. 1.4*, johann.plank@bauchemie.ch.tum.de

Pulsfort, Matthias, Prof. Dr.-Ing., Bergische Universität Wuppertal, Lehr- und Forschungsgebiet Geotechnik, *Abschn. 4.3*, pulsfort@uni-wuppertal.de

Rackwitz, Rüdiger, Prof. Dr.-Ing. habil., TU München, Lehrstuhl für Massivbau, *Abschn. 1.6*, rackwitz@mb.bv.tum.de

Rank, Ernst, Prof. Dr. rer. nat., TU München, Lehrstuhl für Computation in Engineering, *Abschn. 1.1*, rank@bv.tum.de

Rößler, Günther, Dipl.-Ing., RWTH Aachen, Institut für Bauforschung, *Abschn. 3.1*, roessler@ibac.rwth-aachen.de

Rüppel, Uwe, Prof. Dr.-Ing., TU Darmstadt, Institut für Numerische Methoden und Informatik im Bauwesen, *Abschn. 1.1*, rueppel@iib.tu-darmstadt.de

Savidis, Stavros, Univ.-Prof. Dr.-Ing., TU Berlin, FG Grundbau und Bodenmechanik – DEGEBO, *Abschn. 4.2*, savidis@tu-berlin.de

Schermer, Detleff, Dr.-Ing., TU München, Lehrstuhl für Massivbau, *Abschn. 3.6.2,*
schermer@mytum.de

Schießl, Peter, Prof. Dr.-Ing. Dr.-Ing. E.h., Ingenieurbüro Schießl Gehlen Sodeikat GmbH
München, *Abschn. 3.1,* schiessl@ib-schiessl.de

Schlotterbeck, Karlheinz, Prof., Vorsitzender Richter a. D., *Abschn. 6.4,*
karlheinz.schlotterbeck0220@orange.fr

Schmidt, Peter, Prof. Dr.-Ing., Universität Siegen, Arbeitsgruppe Baukonstruktion,
Ingenieurholzbau und Bauphysik, *Abschn. 1.3,* schmidt@bauwesen.uni-siegen.de

Schneider, Ralf, Dr.-Ing., Prof. Feix Ingenieure GmbH, München, *Abschn. 3.3,*
ralf.schneider@feix-ing.de

Scholbeck, Rudolf, Prof. Dipl.-Ing., Unterhaching, *Abschn. 2.5.4,* scholbeck@aol.com

Schröder, Petra, Dipl.-Ing., Deutsches Institut für Bautechnik, Berlin, *Abschn. 3.1,*
psh@dibt.de

Schultz, Gert A., Prof. (em.) Dr.-Ing., Ruhr-Universität Bochum,
Lehrstuhl für Hydrologie, Wasserwirtschaft und Umwelttechnik, *Abschn. 5.2,*
gert_schultz@yahoo.de

Schumann, Andreas, Prof. Dr. rer. nat., Ruhr-Universität Bochum,
Lehrstuhl für Hydrologie, Wasserwirtschaft und Umwelttechnik, *Abschn. 5.2,*
andreas.schumann@rub.de

Schwamborn, Bernd, Dr.-Ing., Aachen, *Abschn. 3.1,* b.schwamborn@t-online.de

Sedlacek, Gerhard, Prof. Dr.-Ing., RWTH Aachen, Lehrstuhl für Stahlbau und
Leichtmetallbau, *Abschn, 3.4,* sed@stb.rwth-aachen.de

Spengler, Annette, Dr.-Ing., TU München, Centrum Baustoffe und Materialprüfung,
Abschn. 3.1, spengler@cbm.bv.tum.de

Stein, Dietrich, Prof. Dr.-Ing., Prof. Dr.-Ing. Stein & Partner GmbH, Bochum,
Abschn. 2.6.7 und 7.6, dietrich.stein@stein.de

Straube, Edeltraud, Univ.-Prof. Dr.-Ing., Universität Duisburg-Essen, Institut für
Straßenbau und Verkehrswesen, *Abschn. 7.3.2,* edeltraud-straube@uni-due.de

Strobl, Theodor, Prof. (em.) Dr.-Ing., TU München, Lehrstuhl für Wasserbau und
Wasserwirtschaft, *Abschn. 5.3,* t.strobl@bv.tum.de

Urban, Wilhelm, Prof. Dipl.-Ing. Dr. nat. techn., TU Darmstadt, Institut WAR, Fachgebiet
Wasserversorgung und Grundwasserschutz, *Abschn. 5.4,* w.urban@iwar.tu-darmstadt.de

Valentin, Franz, Univ.-Prof. Dr.-Ing., TU München, Lehrstuhl für Hydraulik und
Gewässerkunde, *Abschn. 5.1,* valentin@bv.tum.de

Vrettos, Christos, Univ.-Prof. Dr.-Ing. habil., TU Kaiserslautern,
Fachgebiet Bodenmechanik und Grundbau, *Abschn. 4.2,* vrettos@rhrk.uni-kl.de

Wagner, Isabel M., Dipl.-Ing., TU Darmstadt, Institut und Versuchsanstalt für Geotechnik, *Abschn. 4.5*, wagner@geotechnik.tu-darmstadt.de

Wallner, Bernd, Dr.-Ing., TU München, Centrum Baustoffe und Materialprüfung, *Abschn. 3.1*, wallner@cmb.bv.tum.de

Weigel, Michael, Dipl.-Ing., KIT Karlsruhe, Lehrstuhl Eisenbahnwesen Karlsruhe, *Abschn 7.2*, michael-weigel@kit.edu

Wiens, Udo, Dr.-Ing., Deutscher Ausschuss für Stahlbeton e.V., Berlin, *Abschn. 3.2.2*, udo.wiens@dafstb.de

Wörner, Johann-Dietrich, Prof. Dr.-Ing., TU Darmstadt, Institut für Werkstoffe und Mechanik im Bauwesen, *Abschn. 3.8*, jan.woerner@dlr.de

Zilch, Konrad, Prof. Dr.-Ing. Dr.-Ing. E.h., TU München, em. Ordinarius für Massivbau, *Abschn. 1.6, 3.3 und 3.10*, konrad.zilch@tum.de

Zunic, Franz, Dr.-Ing., TU München, Lehrstuhl für Wasserbau und Wasserwirtschaft, *Abschn. 5.3*, f.zunic@bv.tum.de

2 Bauwirtschaft und Baubetrieb

Inhalt

2.1 Bauwirtschaftslehre

Claus Jürgen Diederichs

Die Betriebswirtschaftslehre für die Bauwirtschaft, kurz: Bauwirtschaftslehre, zählt zu den speziellen Betriebswirtschaftslehren einzelner Wirtschaftszweige wie die Industrie-, Handels- und Bankenbetriebswirtschaftslehre. Besonderes Merkmal ist jedoch, dass sich die Bauwirtschaftslehre bisher nicht an den Fakultäten für Betriebswirtschaftslehre der wissenschaftlichen Hochschulen etabliert hat (Ausnahmen: TU Freiberg/Sachsen und TU Darmstadt), sondern stattdessen Lehr- und Forschungsgebiete für Bauwirtschaft, Baubetrieb, Baumanagement und Bauverfahrenstechnik in den Bauingenieurfakultäten der technischen Universitäten bzw. Hochschulen angesiedelt sind. Die Fachvertreter sind daher i. d. R. auch keine Betriebswirte, sondern Bauingenieure, z. T. mit Zusatzausbildung zum Wirtschaftsingenieur oder Diplom-Kaufmann.

Die Begründung für dieses Phänomen liegt offenbar darin, dass die Besonderheiten der Bauwirtschaft mit ihrer Einzelfertigung von Unikaten, ihren von Baustelle zu Baustelle wandernden Werkstätten, dem Absatz durch Ausschreibung und Zuschlagserteilung vor der eigentlichen Produktion mit der starken Verflechtung zwischen technischen, wirtschaftlichen und rechtlichen Einflussfaktoren für Betriebswirte außerordentlich diffus und komplex erscheinen [Diederichs 1992].

Dabei hat die Bruttowertschöpfung der Immobilienwirtschaft und darin maßgeblich die Bauwirtschaft traditionell einen Anteil von etwa 10% am Bruttoinlandsprodukt. Etwa jeder 10. Beschäftigte ist in der Immobilien- und darin der Bauwirtschaft tätig mit den vor- und nachgelagerten Bereichen Planung, Baustoffhandel, Möbelindustrie, Maklertätigkeit und Facility Management [Rußig/Bulwien 2005]. Die Bauwirtschaft hat daher hohe wirtschaftspolitische Bedeutung für die Volkswirtschaften der Industrieländer.

Für die Bauwirtschaft gelten einerseits viele Regeln der Allgemeinen Volkswirtschaftslehre und der Allgemeinen Betriebswirtschaftslehre, andererseits jedoch zahlreiche Besonderheiten, die Beachtung verdienen.

2.1.1 Volkswirtschaftliche Grundlagen für die Bauwirtschaft

Die Volkswirtschaftslehre untersucht das makroökonomische Zusammenwirken aller Sektoren (Unternehmen, Staat, Haushalte, Ausland), die über den Markt innerhalb eines i. d. R. durch Staatsgrenzen abgegrenzten Gebiets mit einheitlicher Währung miteinander verbunden sind.

Die Volkswirtschaftstheorie beruht auf der Annahme, dass über knappe Mittel bei alternativ möglichen Verwendungen durch ökonomisch motivierte Handlungsweisen disponiert wird. Dabei ist nach dem Wirtschaftlichkeitsprinzip entweder mit gegebenen Mitteln ein maximal mögliches Resultat (*Maximalprinzip*) oder ein vorgegebenes Resultat mit einem Minimum an Mitteln (*Minimalprinzip*) zu erwirtschaften.

Im Zentrum der Volkswirtschaftstheorie stehen Antworten auf die Frage: Was soll wann, wie, für wen und wo produziert werden? In marktwirtschaftlichen Systemen werden diese Fragen nach Produktionsziel, -methode, -verteilung und -standorten mit Hilfe von Angebots- und Nachfragemechanismen über die Preis- und Mengenbewegungen, d. h. über freie Entscheidungen der Nachfrager und Anbieter innerhalb eines adäquaten rechtlichen Rahmens beantwortet. In Planwirtschaften treffen Planungsbehörden diese Entscheidungen.

2.1.1.1 Markt

Wirtschaften zielt ab auf die Befriedigung von Bedürfnissen nach knappen Gütern oder Dienstleistungen. Zielsetzung allen wirtschaftlichen Handelns ist der Ausgleich zwischen Angebot und Nachfrage und somit die möglichst weitgehende Befriedigung der Bedürfnisse der Wirtschaftssubjekte. Der Markt ist der ökonomische Ort des Tausches, auf dem sich in marktwirtschaftlichen Systemen durch den *Ausgleich von Angebot und Nachfrage* die Preisbildung vollzieht.

2.1.1.2 Nachfrage

Nutzen ist die Eignung eines Gutes oder einer Dienstleistung, Bedürfnisse befriedigen zu können.

Sehr bekannt sind in diesem Zusammenhang auch heute noch die nach H. H. Gossen (1810–1858) benannten Regeln. Nach dem *1. „Gesetz" der Bedürfnissättigung* nimmt der Grenznutzen eines Gutes mit wachsender verfügbarer Menge dieses Gutes ab. Der Verbraucher richtet seine Wertvorstellungen über ein Gut nach der letzten ihm zur Verfügung stehenden Einheit dieses Gutes aus. Nach dem *2. „Gesetz" vom Ausgleich der Grenznutzen* ist das Maximum an Bedürfnisbefriedigung erreicht, wenn die Grenznutzen der zuletzt beschafften Teilmengen der Güter gleich groß sind (optimaler Verbrauchsplan). Nach dem *Gesetz der Nachfrage* sinkt diese mit steigendem Preis und nimmt diese zu mit sinkendem Preis des angebotenen Gutes bzw. der Dienstleistung. Die so entstehende Kurve wird als Nachfragekurve bezeichnet (Abb. 2.1-1).

Ändert sich der Preis unter sonst gleichen Bedingungen (z. B. unveränderte Bedürfnisstruktur und Einkommen), so findet eine Bewegung auf der Kurve statt. Ändern sich hingegen die zugrunde gelegten Bedingungen (z. B. Einkommensänderung), so ist eine Verschiebung des Nachfrageniveaus festzustellen (Abb. 2.1-2).

Die Umsatzkurve wird aus der Nachfragekurve, d. h. dem Produkt von Menge und Preis, abgeleitet. Bei linearem Verlauf ergibt sich eine Parabel (Abb. 2.1-3).

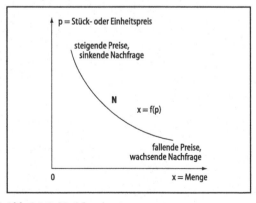

Abb. 2.1-1 Nachfragekurve

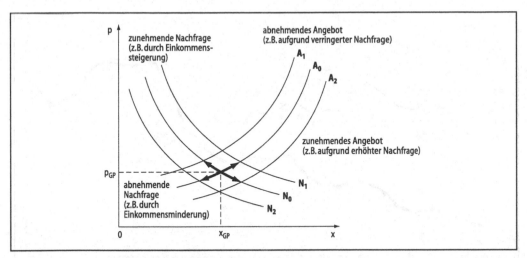

Abb. 2.1-2 Angebots- und Nachfragekurvenscharen

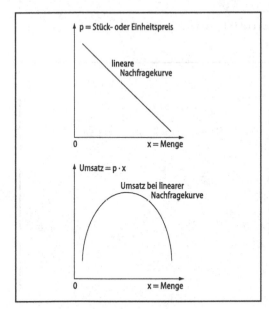

Abb. 2.1-3 Nachfrage- und Umsatzkurve

Die Nachfrage nach Planungs- und Bauleistungen und damit die Entwicklung des Bauvolumens im Zeitraum von 1960 bis 2007 zeigt Abb. 2.1-4 in laufenden Preisen (Nominalwerte) und in Preisen des Jahres 2006 (Realwerte). In den Bautätigkeitsstatistiken der Statistischen Landesämter und des Statistischen Bundesamtes wird das gesamte Bauvolumen jeweils weiter differenziert nach den Bauwerksarten Wohnungsbau, Gewerbebau und Öffentlicher Bau. Letzterer wird weiter unterteilt in Öffentlicher Hochbau, Öffentlicher Tiefbau und Verkehrswegebau.

2.1.1.3 Angebot

Nach dem *Gesetz des Angebots* nimmt dieses zu mit steigendem Preis und sinkt dieses mit sinkendem Preis des angebotenen Gutes bzw. der Dienstleistung. Die so entstehende Kurve wird als Angebotskurve bezeichnet (Abb. 2.1-2). Jeder Anbieter versucht nun, die Kosten der von ihm erzeugten und am Markt auch absetzbaren Güter und Dienstleistungen unterhalb des am Markt erzielbaren Preises zu halten.

Die dem Anbieter (Betriebe und Beschäftigte des Bauhauptgewerbes in Abb. 2.1-5) unabhängig vom Produktionsumfang vor allem für die Aufrechterhaltung der Betriebsbereitschaft entstehenden Kosten werden als *fixe Kosten* bezeichnet. Die von der Ausbringungsmenge abhängigen Kosten werden *variable Kosten* genannt (Abb. 2.1-6). Der sich aus dem Produkt von Menge und Einheitspreis ergebende Erlös ist bestimmend für die Gewinnschwelle (engl.: break-even point) im Schnittpunkt mit der Gesamtkostenkurve. Unterhalb dieser Men-

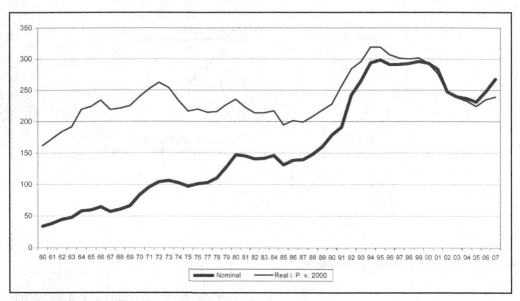

Abb. 2.1-4 Bauvolumen von 1960 bis 2007 in Nominalwerten und in Preisen von 2000

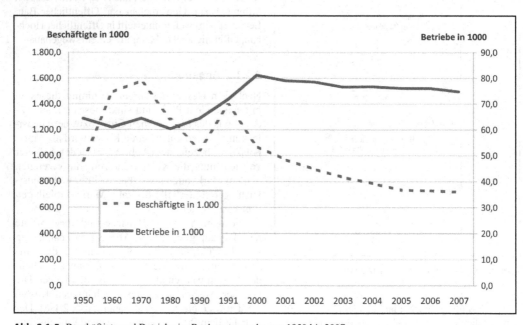

Abb. 2.1-5 Beschäftigte und Betriebe im Bauhauptgewerbe von 1950 bis 2007

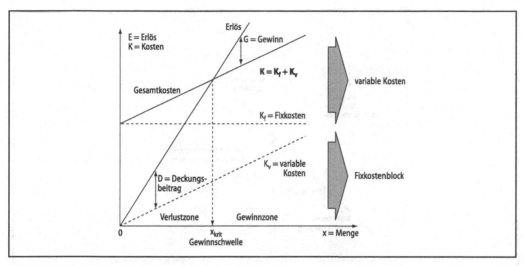

Abb. 2.1-6 Erlös, Deckungsbeitrag, fixe und variable Kosten

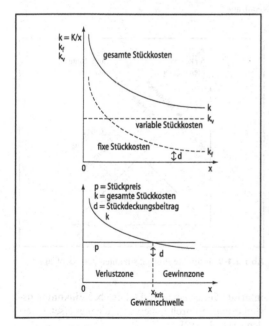

Abb. 2.1-7 Stückkosten und Stückpreis

ge x_{krit} wird mit Verlust produziert, oberhalb dieser Menge werden Gewinne erwirtschaftet.

Der Deckungsbeitrag ergibt sich aus der Differenz zwischen Erlös und variablen Kosten. Er dient zunächst bis zum Erreichen der Gewinnschwelle der Deckung der Fixkosten und kennzeichnet danach die Höhe des erwirtschafteten Gewinns. Werden die Gesamtkosten auf die Menge der erzeugten und abgesetzten Güter und Dienstleistungen bezogen und Marktpreise eingesetzt, so ergibt sich die Gewinnschwelle aus analogen Stückkosten- und Stückpreisbetrachtungen (Abb. 2.1-7).

Die Gewinnschwelle grenzt die Verlustzone unterhalb der kritischen Menge x_{krit} von der Gewinnzone oberhalb von x_{krit} ab. An der Gewinnschwelle entspricht der Stückdeckungsbeitrag d exakt den fixen Stückkosten k_f.

2.1.1.4 Preiselastizitäten

Die *direkte Preiselastizität der Nachfrage bzw. des Angebots* stellt das Verhältnis einer prozentualen Mengenänderung für ein bestimmtes Gut zu einer prozentualen Preisänderung dieses Gutes dar (Abb. 2.1-8).

$$\varepsilon_{dir} = \frac{\Delta x[\%]}{\Delta p[\%]} = \frac{\frac{\Delta x \times 100}{x}}{\frac{\Delta p \times 100}{p}} = \frac{\Delta x}{\Delta p} \times \frac{p}{x}.$$

Sind die Änderungen der nachgefragten Mengen relativ (prozentual) größer als die Preisänderungen

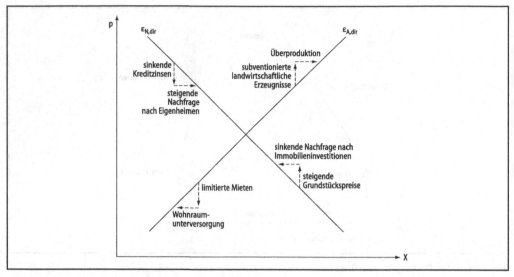

Abb. 2.1-8 Direkte Preiselastizitäten des Angebots und der Nachfrage

(|ε| > 1), so spricht man von einem elastischen Verhältnis. Ist die Mengenänderung kleiner, so handelt es sich um ein unelastisches Verhältnis (|ε| < 1). Im Extremfall nehmen die Angebots- bzw. Nachfragefunktionen einen zur Abszisse (ε = 0; vollkommen elastisch) oder zur Ordinate (|ε| = ∞; vollkommen unelastisch) parallelen Verlauf an.

Die *indirekte Preiselastizität (Kreuzpreiselastizität) der Nachfrage* stellt das Verhältnis einer prozentualen Mengenänderung für ein bestimmtes Gut (A) bei einer prozentualen Preisänderung eines anderen Gutes (B) dar (Abb. 2.1-9).

$$\varepsilon_{ind} = \frac{\Delta x_A[\%]}{\Delta p_B[\%]} = \frac{\frac{\Delta x_A \times 100}{x_A}}{\frac{\Delta p_B \times 100}{p_B}} = \frac{\Delta x_A}{\Delta p_B} \times \frac{p_B}{x_A}.$$

Bei der indirekten Preiselastizität der Nachfrage ist ε < 0, wenn es sich um Komplementärgüter handelt, und ε > 0 bei Substitutionsgütern.

Die *Einkommenselastizität der Nachfrage* kennzeichnet das Verhältnis der prozentualen Nachfrageänderung für ein bestimmtes Gut zu einer prozentualen Änderung des Einkommens. Für Güter, die der Befriedigung der Grundbedürfnisse dienen, ist sie unelastisch, für Luxusgüter elastisch und für

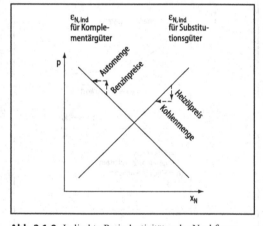

Abb. 2.1-9 Indirekte Preiselastizitäten der Nachfrage

inferiore Güter negativ, da diese bei Einkommenssteigerungen durch höherwertige Güter ersetzt werden (Abb. 2.1-10).

2.1.1.5 Marktformenschema und Preisbildung

Das Zusammentreffen von Angebot und Nachfrage vollzieht sich für die Bauwirtschaft auf dem Baumarkt. Die Nachfrage ist die Gesamtheit aller mit

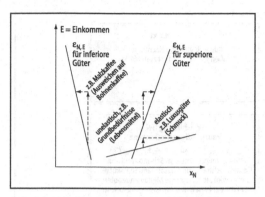

Abb. 2.1-10 Einkommenselastizitäten der Nachfrage

Kaufkraft ausgestatteten Planungs- und Bauabsichten der öffentlichen, gewerblichen und privaten Bauherren. Das Angebot ist die Gesamtheit aller mit entsprechenden Kapazitäten ausgestatteten Leistungsversprechen von Planern und Bauunternehmern.

Je nach Ausprägung dieses Zusammentreffens werden verschiedene Marktformen unterschieden (Abb. 2.1-11):

– *polypolistische Märkte* bewirken vollständige Konkurrenz, d. h., viele Anbieter und Nachfrager treten auf dem jeweiligen Markt auf;
– *oligopolistische Märkte* weisen auf einer oder auf beiden Marktseiten jeweils nur wenige Konkurrenten auf;
– *monopolistische Märkte* sind durch jeweils einen einzigen Anbieter bzw. Nachfrager gekennzeichnet.

Der Preis ist der in Geldeinheiten ausgedrückte Tauschwert einer Ware oder einer Dienstleistung. Jedes knappe Gut hat einen Preis. Die Preisbildung vollzieht sich in einem Abstimmungsprozess zwischen Anbieter und Nachfrager.

Für das Modell der *polypolistischen Preisbildung* wird vollständige Konkurrenz auf einem vollkommenen und offenen Markt vorausgesetzt (Abb. 2.1-12).

Die Anbieter für Güter und Dienstleistungen fordern zunächst einen vorher kalkulierten Preis. Die Nachfrager sind bestrebt, einen möglichst geringen Preis zu zahlen. In der Regel unterliegen die Preisvorstellungen mehrerer Anbieter und Nachfrager einer gewissen Bandbreite. Theoretisch kommen diejenigen Anbieter, die den geringsten Preis verlangen, und diejenigen Nachfrager, die den höchsten Preis zahlen, zuerst am Markt zum Zuge. Wenn die Anbieter bzw. Nachfrager, die mit ihren Preisvorstellungen den zuerst agierenden Marktteilnehmern folgen, nacheinander in dieser Reihenfolge ebenfalls zum Zug kommen, so nähern sie sich von zwei Seiten einem bestimmten Preis an, bei dem der größtmögliche Umsatz erzielt wird. Bei diesem größtmöglichen Umsatz ist ein weiteres Ausweichen auf andere Anbieter bzw. Nachfrager nicht mehr möglich („geräumter Markt").

In der Realität wird sich im Schnittpunkt der aggregierten Nachfragefunktionen N und der aggregierten Angebotsfunktionen A ein einheitlicher Gleichgewichtspreis p_{GP} mit der Menge x_{GP} herausbilden (Abb. 2.1-2). Nur dieser Gleichgewichtspreis kann den Markt räumen. Ein unterhalb des Gleichgewichtspreises liegender Preis kann die Angebotslücke und den Nachfrageüberhang nicht

Anbieter	Nachfrager		
	viele	wenige	einer
viele	Polypol (Bau von Ein- und Zwei- familienhäuser)	Nachfrageoligopol (Straßenbau)	Nachfragemonopol (ISDN-Verkabelung)
wenige	Angebotsoligopol (Altlastensanierung)	zweiseitiges Oligopol (Raffineriebau)	beschränktes Nachfragemonopol (Fernsehturmbau)
einer	Angebotsmonopol (früher: Telekom)	beschränktes Angebotsmonopol (Hydrojetschild im Tunnelvortrieb)	zweiseitiges Monopol (Magnetschnellbahnbau)

Abb. 2.1-11 Marktformenschema mit Beispielen aus dem Baumarkt

Vollkommener Markt	Offener Markt
Homogene Güter, keine Präferenzen räumlicher, persönlicher oder sonstiger Art, vollkommene Markttransparenz, unendliche Anpassungsgesschwindigkeit	Alle Anbieter und Nachfrager haben jederzeit Zutritt zum Markt.
Vollständige Konkurrenz (Polypol)	**Preisbildung bei vollständiger Konkurrenz**
Viele Anbieter und viele Nachfrager treffen auf einem vollkommenen offenen Markt zusammen.	Es gibt stets nur einen Preis für jedes Gut (Gleichgewichtspreis im Schnittpunkt von Gesamtnachfrage- und Gesamtangebotskurve). Daher wird stets diejenige Menge angeboten, bei der der Preis den Grenzkosten entspricht.

Abb. 2.1-12 Merkmale der vollständigen Konkurrenz auf einem vollkommenen und offenen Markt

zum Ausgleich bringen. Ist umgekehrt bei gegebenem Preis das Angebot größer als die Nachfrage, so wird der Preis sinken, um für einen Ausgleich zu sorgen.

Ein *Verkäufermarkt* ist gegeben, wenn entweder bei gleichbleibendem Angebot die Nachfrage steigt ($N_0 \rightarrow N_1$) oder bei gleichbleibender Nachfrage das Angebot zurückgenommen wird ($A_0 \rightarrow A_1$). Ein *Käufermarkt* ist gegeben, wenn bei gleichbleibender Nachfrage das Angebot zunimmt ($A_0 \rightarrow A_2$) bzw. bei gleichbleibendem Angebot die Nachfrage schrumpft ($N_0 \rightarrow N_2$).

Als *Konsumentenrente* wird derjenige Preisvorteil bezeichnet, den diejenigen Nachfrager erzielen, die bereit gewesen wären, auch oberhalb des Gleichgewichtspreises liegende Angebote zu akzeptieren. Die *Produzentenrente* bezeichnet hingegen denjenigen Preisvorteil, den diejenigen Anbieter erzielen, die bereit gewesen wären, auch unterhalb des Gleichgewichtspreises ihre Güter und Dienstleistungen anzubieten.

Ein *Angebotsmonopol* liegt vor, wenn einem einzigen Anbieter eine große Zahl von Nachfragern gegenübersteht. In einer freien Marktwirtschaft können solche Monopole v. a. durch Verdrängung anderer Konkurrenten vom Markt oder durch Unternehmenszusammenschlüsse entstehen.

Im Gegensatz zum polypolistischen Anbieter, der den Gleichgewichtspreis aufgrund seines geringen Marktanteils als gegeben hinnehmen muss, kann der Angebotsmonopolist entweder diesen Preis autonom

bestimmen (Preispolitik), muss dann aber die bei diesem Preis nachgefragte Menge akzeptieren, oder die Angebotsmenge festlegen, muss dann aber den sich auf dem Markt bildenden Preis hinnehmen. Auf einem vollkommenen Markt erreicht der Monopolist seinen höchsten Gewinn dann, wenn die Differenz zwischen Gesamterlös (bei einheitlichem Stückerlös) und Gesamtkosten am größten ist.

Beim *Angebotsoligopol* bringen wenige Anbieter ein Produkt auf den Markt (z. B. in der Mineralöl-, Stahl- und chemischen Industrie). Die geknickte Nachfragekurve des Oligopolisten (Abb. 2.1-13) resultiert

– bei Preissenkung aus einer unelastischen Angebotsmengenerhöhung, da Konkurrenten des Oligopolisten ebenfalls den Preis senken, und
– bei Preiserhöhung aus einer elastischen Mengenreduzierung, da der Oligopolist Kunden an Konkurrenten verliert.

Auf den realen Märkten ist es durchaus üblich, dass konkurrierende Oligopolisten gewisse Preisabstände zueinander einhalten. Preiserhöhungen erfolgen erst dann, wenn ein Oligopolist mit Preisheraufsetzungen beginnt. Dieses „abgestimmte Verhalten" vollzieht sich häufig stillschweigend, wie bei den Benzinpreisen zu beobachten ist.

Die *Preisbildung am Baumarkt* wird vorrangig durch polypolistische Merkmale geprägt, da z. B. im Wohnungsbau viele Nachfrager vielen Anbietern gegenüberstehen. Oligopole und Monopole

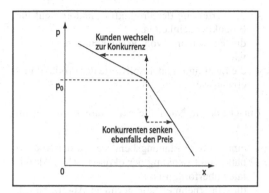

Abb. 2.1-13. Oligopolpreisbildung bei geknickter Nachfragekurve

sind sowohl bei den Nachfragern als auch bei den Anbietern nicht besonders häufig anzutreffen.

Für die Preisbildung von Leistungen der Architekten und Ingenieure haben nicht nur öffentliche, sondern auch gewerbliche und private Auftraggeber das Preisrecht der HOAI (2009) zu beachten (vgl. 2.4.6).

Die dem öffentlichen Auftragswesen zuzuordnenden Auftraggeber haben bei der Vergabe von Planungsleistungen die Verdingungsordnung für freiberufliche Leistungen (VOF, 2009) und bei der Ausschreibung und Vergabe von Bauleistungen die preisrechtsrelevanten Vorschriften der Verdingungsordnung für Bauleistungen, Teil A: Allgemeine Bestimmungen für die Vergabe von Bauleistungen (VOB/A, DIN 1960, 2009), zu beachten.

2.1.1.6 Marktwirtschaft und Planwirtschaft

Im Rahmen realer Wirtschaftsordnungen stellen die *Freie Verkehrswirtschaft* und die *Zentrale Verwaltungswirtschaft* theoretische Extremfälle dar, die in der Realität nicht aufrechterhalten werden könnten. Der Grund hierfür ist die vollständige Ausrichtung der Freien Verkehrswirtschaft auf ausschließlich ökonomische und individuelle Belange unter vollständiger Vernachlässigung sozialer und kollektiver Belange, bei der Zentralen Verwaltungswirtschaft umgekehrt auf ausschließlich soziale und kollektive Belange unter vollständiger Vernachlässigung ökonomischer und individueller Belange.

Bei der Freien Verkehrswirtschaft stellen viele einzelne Wirtschaftseinheiten selbständig ihre Wirtschaftspläne auf, die ausschließlich mit Hilfe des Marktmechanismus' koordiniert werden. Dazu bedarf es einer Verrechnungseinheit (Geld). Die Zentrale Verwaltungswirtschaft ist dagegen durch eine wirtschaftliche und politische Machtkonzentration an einer Stelle mit umfassendem Zuteilungssystem anstelle des Marktes gekennzeichnet.

Aufgrund der extremen Ausprägung dieser theoretischen Grenzfälle bestehen innerhalb der realen Wirtschaftsordnungen Mischformen. Hier sind in erster Linie die Marktwirtschaft und die Planwirtschaft zu nennen. Einen vergleichenden Überblick bietet Tabelle 2.1-1.

Die *Marktwirtschaft* als Sonderform der Freien Verkehrswirtschaft verlangt folgende Voraussetzungen:

– dezentrale Koordination der individuellen Wirtschaftspläne,
– freien Wettbewerb auf den Märkten,
– Produktionsfaktoren im Privatbesitz und auf Privatinitiative beruhende Produktionsprozesse,
– freie Konsum- und Arbeitsplatzwahl,
– freie Spar- und Investitionsentscheidungen,
– Leistungs- und Marktabhängigkeit des individuellen Einkommens sowie
– Befriedigung lediglich von Kollektivbedürfnissen durch den Staat.

Grundlage der Entscheidungsfreiheit des Wirtschaftssubjekts ist das Privateigentum an den Produktionsmitteln.

Der Versuch, die Vorteile der marktwirtschaftlichen Ordnung wahrzunehmen und dabei Systemschwächen wie wirtschaftliche und politische Machtkonzentration sowie soziale Ungleichgewichte durch lenkende Eingriffe und Korrekturen zu mildern, wurde von A. Müller-Armack (1901–1978) als *Soziale Marktwirtschaft* bezeichnet und nach dem 2. Weltkrieg besonders von L. Erhard (1897–1977) durchgesetzt. In der Sozialen Marktwirtschaft wird vom Staat aktive Wirtschaftspolitik stets dann gefordert, wenn der freie Markt und damit der Konsument in Gefahr sind, wie z. B. aufgrund der u. a. durch unzureichend besicherte US-Hypothekendarlehen ausgelösten globalen Finanzmarktkrise im Jahr 2008. Aufgabe des Staates ist es,

– den Wettbewerb zu sichern,
– Privatinitiative zu mobilisieren,
– sozialen Fortschritt zu fördern sowie
– den Missbrauch der Vertragsfreiheit und des Privateigentums zu verhindern.

Die dementsprechenden Steuerungsmittel müssen marktkonform sein, d. h., sie sollen den Preismechanismus nicht außer Kraft setzen. Der Staat soll dabei als wichtiger Marktteilnehmer in Erscheinung treten und das eigene Angebot bzw. die eigene Nachfrage je nach Zielsetzung erhöhen oder verringern.

Marktkonträre Eingriffe des Staates setzen dagegen den Preismechanismus außer Kraft. Dabei werden Mengen (Produktions- oder Verbrauchsmengen) und/oder Preise (Höchst- oder Mindestpreise) staatlich festgelegt. Derartige Eingriffe widersprechen dem Wesen einer Marktwirtschaft, sind aber in einer Sozialen Marktwirtschaft je nach den äußeren Umständen nicht immer ganz vermeidbar.

In der *Planwirtschaft* hingegen basiert das wirtschaftliche Handeln des Wirtschaftssubjekts auf dem Kollektiveigentum an den Produktionsmitteln. Eine zentrale Planungsbehörde stellt nach politischen und wirtschaftlichen Zielsetzungen Volkswirtschaftspläne auf, ordnet deren Durchführung an und kontrolliert den Erfolg. Gegenstand der Planung sind:

– die Verteilung der Produktionsfaktoren auf die Produktionseinheiten,
– die Festsetzung von Verrechnungspreisen sowie
– die Bestimmung der Sollwerte der Produktionsergebnisse.

Entscheidende Nachteile der Planwirtschaft sind, dass:

– eine zentrale Planungsbehörde mit der Koordination und Lenkung der ökonomischen Aktivitäten überfordert ist,
– die Unternehmen nur geringen Anreiz haben, ihre Produktionskapazitäten transparent darzustellen, Innovationen vorzunehmen und Strukturen zu verbessern, und
– es zur Ausdehnung einer unproduktiven Bürokratie kommt, die nur schwer auf veränderte Marktbedingungen reagieren kann.

Unzureichende Konsumgüterversorgung und daraus resultierende Kaufkraftüberhänge führen damit zunehmend zur Inflation.

Nach dem Zusammenbruch der sozialistischen Planwirtschaft in Mittel- und Osteuropa vollzieht sich dort in Transformationsgesellschaften ein Übergang zu marktwirtschaftlichen Strukturen. Dieser erfordert vielfältige und durchgreifende Reformen, die sich vorrangig auf sechs Hauptbereiche erstrecken:

Tabelle 2.1-1 Unterschiede zwischen Markt- und Planwirtschaft

Fragen	Antwort bei Markwirtschaft	Antwort bei Planwirtschaft
1. Was soll produziert werden?	Information über den Preis	Vorgabe der zentralen staatlichen Planungsbehörde
2. Wieviel soll produziert werden?	Information über den Preis	Vorgabe der zentralen staatlichen Planungsbehörde
3. Von wem soll produziert werden?	Private	Staatsbeauftragte
4. Wie, auf wessen Rechnung und auf wessen Gefahr soll produziert werden?	in eigener Verantwortung, auf eigene Rechnung und auf eigene Gefahr	auf Weisung des Staates und ohne eigenes Risiko
5. Wie soll der Ertrag verteilt werden?	nach freiwilligem Leistungsbeitrag des einzelnen, der sich nach dem erzielten Ergebnis richtet („Die Marktwirtschaft zählt keine Schweißperlen.")	nach Festlegung der zentralen staatlichen Planungsbehörde
6. Soll der Staat bei Versorgungsstörungen eingreifen dürfen?	nein, aber er soll den Ordnungsrahmen schaffen und die Spielregeln festlegen	ja

- makroökonomische Stabilisierung und Haushaltssanierung,
- Inflationsbekämpfung und Beschäftigungssicherung,
- Markt- und Preisreform,
- Privatisierung und Abbau staatlicher Monopole,
- Neubestimmung der Staatsaufgaben und
- Korruptionsbekämpfung.

2.1.1.7 Europäische Wirtschafts- und Währungsunion (EWWU)

Im Maastrichter Vertrag vom 07.02.1992, der am 01.11.1993 in Kraft trat, wurde eine in drei Stufen zu realisierende enge Form der Integration der europäischen Staaten im Rahmen der EU vereinbart. Abbildung 2.1-14 zeigt eine Übersicht über die Mitgliedsländer der EU. Beitrittskandidaten der EU sind Kroatien, Mazedonien und die Türkei.

Die Europäische Union (EU) ist weder eine Föderation, wie z. B. die USA, noch ein Organ für die Zusammenarbeit von Regierungen wie die UN. Die Mitgliedstaaten der EU bleiben unabhängige, souveräne Nationen, die ihre Hoheitsrechte bündeln, um eine Stärke und internationalen Einfluss zu erreichen, die kein Mitgliedsstaat allein hätte. Damit handelt es sich um einen Staatenverbund.

Am Beschlussverfahren der EU und am Mitentscheidungsverfahren sind die drei wichtigsten Organe beteiligt:

- **das europäische Parlament,** das die europäischen Bürger vertritt und direkt von ihnen gewählt wird, mit 736 Sitzen in der Legislaturperiode 2009 bis 2014, davon 99 für Deutschland,
- **der Rat der Europäischen Union,** der die einzelnen Mitgliedsstaaten vertritt. Zu seinen zentralen Aufgaben gehören
- die Verabschiedung europäischer Rechtsvorschriften, in vielen Bereichen gemeinsam mit dem europäischen Parlament („Gesetzgeber" der EU)

Land	Beitrittsjahr	Hauptstadt	Bevölkerung 2008 (Mio.)	Fläche (km²)	BIP 2007 (Mrd. €)	BIP pro Kopf 2007 (€)	BIP pro Kopf in KKS 2007 (EU27 = 100)	Sitze 2007
Belgien	1957	Brüssel	10,7	30.510	334,9	31.500	118	24
Deutschland	1957/1990	Berlin	82,2	357.021	2.422,9	29.500	115	99
Frankreich	1957	Paris	63,8	547.030	1.892,2	29.800	109	78
Italien	1957	Rom	59,6	301.320	1.535,5	25.900	101	78
Luxemburg	1957	Luxemburg	0,5	2.586	36,3	75.600	267	6
Niederlande	1957	Amsterdam	16,4	41.526	567,1	34.600	131	27
Dänemark	1973	Kopenhagen	5,5	43.094	226,5	41.500	120	14
Irland	1973	Dublin	4,4	70.280	190,6	43.700	150	13
Großbritannien	1973	London	61,2	244.820	2.047,3	33.700	119	78
Griechenland	1981	Athen	11,2	131.940	228,2	20.400	95	24
Portugal	1986	Lissabon	10,6	92.931	163,1	15.400	76	24
Spanien	1986	Madrid	45,3	504.782	1.050,6	23.400	106	54
Finnland	1995	Helsinki	5,3	337.030	179,7	34.000	116	14
Österreich	1995	Wien	8,3	83.858	270,8	32.600	124	18
Schweden	1995	Stockholm	9,2	449.964	294,6	36.300	122	19
Estland	2004	Tallinn	1,3	45.226	15,3	11.400	68	6
Lettland	2004	Riga	2,3	64.589	19,9	8.800	55	9
Litauen	2004	Vilnius	3,4	65.200	28,4	8.400	60	13
Malta	2004	Valletta	0,4	316	5,4	13.300	77	5
Polen	2004	Warschau	38,1	312.685	308,6	8.100	53	54
Slowakei	2004	Bratislava	5,4	48.845	54,9	10.200	67	14
Slowenien	2004	Ljubljana	2,0	20.253	34,5	17.100	89	7
Tschechien	2004	Prag	10,4	78.866	127,1	12.300	80	24
Ungarn	2004	Budapest	10,0	93.030	101,1	10.100	63	24
Zypern	2004	Nikosia	0,8	9.250	15,7	20.000	91	6
Bulgarien	2007	Sofia	7,6	110.994	28,9	3.800	37	18
Rumänien	2007	Bukarest	21,5	238.391	121,4	5.600	41	35
Gesamt		Brüssel	497,5	4.326.337	12.339,7	24.900	100	785

Abb. 2.1-14 Mitgliedsländer der EU

– die Abstimmung der Grundzüge der Wirtschaftspolitik in den Mitgliedsstaaten sowie die Genehmigung des Haushaltsplans der EU
– die Entwicklung der gemeinsamen Außen- und Sicherheitspolitik der EU und
– die Koordination der Zusammenarbeit der nationalen Gerichte und Polizeikräfte in Strafsachen.

Der Rat der EU besteht aus 345 Mitgliedern, gestaffelt nach den Einwohnerzahlen der Mitgliedsländer, davon 29 für Deutschland. Die meisten Fragen beschließt der Rat mit qualifizierter Mehrheit. In sensiblen Bereichen wie der gemeinsamen Außen-, Sicherheits-, Steuer-, Asyl- und Einwanderungspolitik müssen die Beschlüsse jedoch einstimmig gefasst werden.

– **die europäische Kommission,** die die Interessen der EU insgesamt wahrt und als Exekutive der EU für die Umsetzung der Beschlüsse des Parlamentes und des Rates verantwortlich ist. Derzeit stellt jeder EU-Mitgliedsstaat einen Kommissar. Durch den Beitritt Bulgariens und Rumäniens zur EU stieg damit die Zahl der Kommissionsmitglieder auf 27.

Der Gerichtshof der EU sorgt für die Einhaltung des europäischen Rechts und gewährleistet, dass die EU-Mitgliedsstaaten und die Organe sich an die Rechtsvorschriften halten. Er ist befugt, in Rechtsstreitigkeiten zwischen EU-Mitgliedsstaaten, EU-Organen, Unternehmen und Privatpersonen zu entscheiden.

Der Rechnungshof der EU prüft die Finanzierung ihrer Aktivitäten, d. h. die Recht- und Ordnungsmäßigkeit ihrer Einnahmen und Ausgaben sowie die Wirtschaftlichkeit der Haushaltsführung.

Eine Wirtschaftsunion ist gekennzeichnet durch einen einheitlichen Markt mit freiem Personen-, Waren-, Dienstleistungs- und Kapitalverkehr (Europäischer Binnenmarkt). Sie umfasst ferner eine gemeinsame Wettbewerbspolitik und sonstige Maßnahmen zur Stärkung der Marktmechanismen, eine gemeinsame Politik zur Strukturanpassung und Regionalentwicklung sowie die Koordination zentraler wirtschaftspolitischer Bereiche einschließlich verbindlicher Regeln für die Haushaltspolitik.

Eine Währungsunion ist gekennzeichnet durch eine eingeschränkte, irreversible Kompatibilität der Währungen, eine vollständige Liberalisierung des Kapitalverkehrs, die Integration der Banken- und Finanzmärkte, eine Beseitigung der Wechselkursbandbreiten und die unwiderrufliche Fixierung der Wechselkursparitäten.

Im Mittelpunkt der ersten Stufe der Europäischen Wirtschafts- und Währungsunion (EWWU), die am 01.01.1990 begann, standen die Aufhebung der Kapitalverkehrskontrollen innerhalb der EG sowie eine engere Kooperation in der Wirtschaftspolitik der Mitgliedsländer.

Am 01.01.1994 begann die zweite Stufe, zu deren wichtigsten Maßnahmen die Gründung des Europäischen Währungsinstituts (EWI) als Vorläufer der Europäischen Zentralbank (EZB) in Frankfurt/Main zählt. Das EWI war mit der unmittelbaren technischen und prozeduralen Vorbereitung der Währungsunion befasst. Während dieser zweiten Stufe wurde die wirtschaftliche, fiskalische und monetäre Konvergenz der Mitgliedsstaaten verstärkt. So ist es grundsätzlich verboten, öffentliche Defizite über die nationalen Notenbanken zu finanzieren. Dem Gebot der Autonomie der nationalen Notenbanken gegenüber staatlichen Eingriffen haben bisher alle EU-Länder mit Ausnahme Großbritanniens und Griechenlands entsprochen.

Die Aufnahme in die EWWU ist laut Maastrichter Vertrag von der Erfüllung folgender Konvergenzkriterien abhängig:

– Preisniveaustabilität, d. h., die durchschnittliche Inflationsrate darf im Jahr vor der Eintrittsprüfung max. 1,5% p. a. über derjenigen der drei preisstabilsten Länder liegen (Mittelwert EU-27 im Dezember 2008: 2,2% p. a.);
– mindestens zweijährige Teilnahme am Wechselkursmechanismus des Europäischen Währungssystems (EWS) unter Einhaltung der normalen Bandbreite und ohne Abwertung auf Initiative des Beitrittskandidaten;
– Zinsniveaustabilität, d. h., die durchschnittliche Rendite langfristiger Staatsanleihen darf im Verlauf eines Jahres vor dem Konvergenztest nicht mehr als 2% über der Durchschnittsrendite der drei Länder mit dem stabilsten Preisniveau liegen (aktuell 4% Bundesobligation Serie 153 v. 2008 (WKN 114153));

- Begrenzung des Budgetdefizits, d. h., das jährliche Haushaltsdefizit darf 3% des Bruttoinlandsprodukts (BIP) nicht überschreiten, es sei
  denn, die Quote ist erheblich und laufend zu-
  rückgegangen und liegt in der Nähe des Refe-
  renzwertes;
- Begrenzung der Staatsverschuldung, d. h., die
  Schulden der Öffentlichen Hand dürfen 60%
  des BIP nicht überschreiten, es sei denn, die
  Quote ist hinreichend rückläufig und nähert sich
  dem Referenzwert.

Bei Überschreitung der Konvergenzrichtwerte
steht dem Europäischen Rat eine Reihe abgestufter
Instrumente zur Verfügung, wie die Einwirkung
auf die Haushaltspolitik des betreffenden Mit-
gliedsstaates sowie die Verhängung von Geldbu-
ßen in angemessener Höhe.

Im Mai 1998 entschied der Europäische Rat
über den Eintritt von 11 der 15 Mitgliedsländer der
EU in die Endstufe der EWWU ab 01.01.1999.
Griechenland hatte noch erhebliche Probleme mit
der Einhaltung der Konvergenzkriterien zum Stichtag und führte den Euro erst am 01.01.2000 ein.
Dänemark erfüllte die Konvergenzkriterien, führte
aber eine Volksbefragung zu diesem Thema durch
und die Dänen lehnten den Euro ab wie auch die
Briten. Nach einer sog. Opting-out-Klausel können beide Länder künftig selbst entscheiden, ob sie
der EWWU beitreten wollen. Obwohl Schweden
verpflichtet ist, den Euro einzuführen, ließ die Re-
gierung in Stockholm 2003 eine Volksbefragung
zum Beitritt in die Euro-Zone durchführen, die zur
Ablehnung führte und bisher anhält. Ein weiteres
Referendum ist nicht vor 2013 geplant.

Für die 12 im Jahre 2004 und 2007 beigetre-
tenen Mitgliedsstaaten der EU ist eine Teilnahme
an der EWWU durch den Maastrichter Vertrag
zwingend vorgeschrieben. Ihnen wurde keine Opting-out-Klausel zugestanden. Damit erfolgt der
Beitritt zum Euroraum automatisch, wenn die
Konvergenzkriterien erfüllt sind. Erfüllt ein Mitgliedsstaat die Kriterien über zwei Jahre hinweg
ohne Störungen, so muss er die Geldpolitik an die
Europäische Zentralbank (EZB) abgeben und den
Euro als gültiges Zahlungsmittel einführen.

Mit dem Eintritt in die dritte Stufe am 01.01.1999
ging die Verantwortung für die gemeinsame Geldpolitik auf das Europäische System der Zentralbanken (ESZB) über, das sich aus der EZB und den
nationalen Notenbanken zusammensetzt. Zudem
kam es zur Beseitigung der Bandbreiten und zur
unwiderruflichen Fixierung der Wechselkurse der
beteiligten Länder untereinander sowie zur Festlegung der Umrechnungskurse der nationalen Währungen gegenüber der neuen europäischen Währung „Euro".

Die Umstellung von den nationalen Währungen
auf die Einheitswährung Euro war schrittweise bis
spätestens 2002 zu vollziehen. Im Zahlungsverkehr zwischen Banken und Nichtbanken wurden
die Landeswährungen bereits seit dem 01.01.1999
durch den Euro ersetzt. Bis Ende 2001 folgte ein
Zeitabschnitt zur Einführung des Euro als einheitliche Währung mit einem Leitkurs von 1,95583
DM (Stand seit 02.01.2002), wobei seither ein
ECU einem Euro entspricht. Damit wurden auch
der Übergang der geldpolitischen Verantwortung
auf die EZB und die unwiderrufliche Festsetzung
der Umrechnungskurse vollzogen.

Hauptaufgaben der EZB in Frankfurt/Main sind
die Festlegung und die Ausführung der Geldpolitik
der Gemeinschaft, die Durchführung der Devisen-
markttransaktionen, die Haltung und Verwaltung
der Währungsreserven sowie die Unterstützung
des reibungslosen Funktionierens des Zahlungsverkehrs.

Seit dem Übergang zur dritten Stufe ist das No-
tenemissionsrecht von den nationalen Zentralbanken faktisch auf den Rat der EZB übergegangen.
Die EZB und die nationalen Zentralbanken sind
zur Ausgabe von Banknoten berechtigt.

Um das vorrangige Ziel der EZB, die Wahrung
der Preisstabilität, effektiv durchsetzen zu können,
ist die EZB in ihren geldpolitischen Entscheidungen unabhängig von Weisungen sonstiger Träger der Wirtschaftspolitik auf nationaler und auf
Gemeinschaftsebene. Sie ist jedoch nicht jeglicher
Kontrolle entzogen. Die Organmitglieder werden
durch demokratisch legitimierte Institutionen bestellt. Ferner besteht Berichtspflicht gegenüber
dem Europäischen Parlament und seinen Aus-
schüssen.

Als Vorteile der EWWU gelten insbesondere
die erhöhte Planungssicherheit für Investitionen,
der Wegfall von Wechselkursrisiken und -verzer-
rungen sowie währungsbedingter Transaktions-
und Sicherungskosten. Die Bedeutung dieser Vor-

teile für Deutschland ist daran zu erkennen, dass im Jahre 2007 etwa 40% des BIP im Export und etwa 26% des BIP allein im Außenhandel mit den Nachbarn der EU erwirtschaftet wurden.

Die vorrangige Kritik an der bisherigen Konzeption der EWWU besteht darin, dass die gesamtwirtschaftlichen Ziele hohen Beschäftigungsniveaus und des Abbaus der Arbeitslosigkeit durch die Maßnahmen zur Einhaltung der Maastrichter Konvergenzkriterien nicht unterstützt werden. Hier werden seitens der Mitgliedsstaaten zunehmend dringender deutliche Anpassungsmaßnahmen gefordert.

2.1.1.8 Volkswirtschaftliche Gesamtrechnung

Die volkswirtschaftliche Gesamtrechnung ist eine zahlenmäßige Darstellung der makroökonomisch relevanten Transaktionen zwischen den wirtschaftenden Einheiten eines Landes sowie zwischen ihnen und dem Ausland. Diese Transaktionen beziehen sich auf die Entstehung, Verteilung, Verwendung und Finanzierung des Sozialprodukts bzw. des Volkseinkommens.

Volkswirtschaftliche Gesamtrechnungen werden im Rahmen geschlossener Kontensysteme aufgestellt. Sie beziehen sich i. d. R. auf vergangene Perioden (Ex-post-Betrachtungen). Ihre Aufgaben bestehen

– für die Wirtschaftspolitik in der Möglichkeit, Wirkungen und Grenzen der jeweils beabsichtigten Maßnahmen zu erkennen;
– für die Wirtschaftsforschung in der Gewinnung von für den Wirtschaftsprozess wichtigen Daten und Erkenntnissen über deren funktionales Zusammenwirken;
– für Unternehmer in der Beobachtung von Strukturentwicklungen und -veränderungen innerhalb und zwischen den Branchen;
– für die gesamte Volkswirtschaft in der vergleichenden Betrachtung des wirtschaftsstatistischen Gesamtbildes.

Nach dem Kreislaufschema ist der Wirtschaftskreislauf bildhafter Ausdruck für die zusammengefassten Leistungen einer Periode zwischen den einzelnen Sektoren. Darstellungsform ist das Pfeilschema, dem für jeden Sektor ein Konto zugrunde gelegt wird.

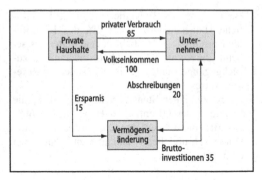

Abb. 2.1-15 Einfaches volkswirtschaftliches Kreislaufschema

Bereits an einem sehr einfachen Kreislaufmodell mit lediglich drei Konten (private Haushalte, Unternehmen, Vermögensänderung) kann erkannt werden, dass für jeden Sektor die Summe der eingehenden Ströme der Summe der ausgehenden Ströme entspricht (Abb. 2.1-15). Daraus lassen sich bereits folgende Gleichungen ableiten:

Volkseinkommen = privater Verbrauch + Ersparnis,
Volkseinkommen = privater Verbrauch + Bruttoinvestitionen ./. Abschreibungen,
Bruttoinvestitionen = Neu- + Reinvestitionen
= Ersparnis + Abschreibungen.

Dieses einfache Modell ist in der Realität um die beiden Sektoren Staat und Ausland zu erweitern. In einer solchen offenen Volkswirtschaft werden dann auch Ungleichgewichte aufgehoben:

Wenn Neuinvestitionen > Ersparnis,
dann Kapitalimport aus dem Ausland,
wenn Neuinvestitionen < Ersparnis,
dann Kapitalexport ins Ausland.

Eine im Vergleich zum Kreislaufmodell genauere Darstellungsweise erlauben entsprechend angelegte Kontensysteme. Mit Hilfe einer Stichtagsbetrachtung, i. d. R. zum Quartals- und Jahresende, werden z. B. in der Bilanz einer Volkswirtschaft die Realvermögen der Teilsektoren und die Forderungen gegenüber dem Ausland mit den Verbindlichkeiten gegenüber dem Ausland aufge-

Aktiva	Passiva
Realvermögen der Sektoren • Private Haushalte • Unternehmungen • Staat	Verbindlichkeiten gegenüber dem Ausland
Forderungen gegen- über dem Ausland	Saldo: Volksvermögen

Abb. 2.1-16 Bilanz einer Volkswirtschaft

rechnet. Der Saldo ergibt das Volksvermögen (Abb. 2.1-16).

Um die Entwicklung der Sektoren während einer Rechnungsperiode zwischen zwei Stichtagen beobachten zu können, müssen Aufwands- und Ertragskonten eingerichtet werden. Das Einkommen aus Unternehmertätigkeit ergibt sich als Saldo aus dem Aufwands- und Ertragskonto der Unternehmen. Dieses Einkommen wird entweder ausgeschüttet oder aber nach Abzug der Steuern zu Ersparnissen der Unternehmen (Abb. 2.1-17).

Die volkswirtschaftliche Gesamtrechnung im engeren Sinne umfasst die Entstehung, Verteilung und Verwendung des Bruttonationaleinkommens (BNE). Das *Bruttonationaleinkommen* ist ein Maß für die wirtschaftliche Leistung einer Volkswirtschaft in einer Periode. Es entspricht dem Wert aller in der Periode produzierten Güter (Waren und Dienstleistungen), jedoch ohne die Güter, die als Vorleistungen bei der Produktion verbraucht wurden, und ohne den Saldo der Erwerbs- und Vermö-

genseinkommen zwischen In- und Ausland (Inländerprinzip).

Das *Bruttoinlandsprodukt (BIP)* ergibt sich aus dem *Bruttonationaleinkommen (BNE)* durch Abzug der Primäreinkommen der Inländer, die im Ausland arbeiten, und Addition der Primäreinkommen der Ausländer, die im Inland arbeiten (Inlandsprinzip).

In Abb. 2.1-18 ist der Zusammenhang zwischen Entstehungs-, Verteilungs- und Verwendungsrechnung des *Bruttoinlandsprodukts (BIP)* dargestellt.

Die *Entstehungsrechnung* gibt Auskunft über die im Inland entstandene Einzelwertschöpfung der verschiedenen Wirtschaftsbereiche (Bruttoinlandsprodukt BIP), bereinigt um den Saldo der Erwerbs- und Vermögenseinkommen zwischen In- und Ausländern (Bruttonationaleinkommen BNE).

Die *Verteilungsrechnung* gibt Auskunft auf die Frage, wie das Bruttonationaleinkommen verteilt wird. Die Summe der Bruttoeinkommen aus unselbständiger Arbeit sowie aus Unternehmertätigkeit und Vermögen wird als *Volkseinkommen* bezeichnet.

Die *Verwendungsrechnung* gibt Auskunft darüber, für welche Zwecke das BNE verwendet wird (Konsum und Sparen bzw. Investieren).

Die *Finanzierungsrechnung* beantwortet die Frage, durch wessen Ersparnisse die Nettoinvestitionen finanziert werden. Tabelle 2.1-2 bietet einen Überblick über die Zahlen des Jahres 2007 in Deutschland. Daraus ist ersichtlich, dass einer Sachvermögensbildung von 4,7% der gesamten verfügbaren Einkommen in Deutschland eine Er-

Aufwand		Gegenkonten		Ertrag	
Bruttolöhne und -gehälter		H		Verkäufe von Konsumgütern für • private Haushalte • Staat	
Steuern • direkte • indirekte		St	H St		
				Verkäufe von Investitionsgütern für • Unternehmungen • Staat	
Abschreibungen		VV	VV		H Haushalte
Käufe aus dem Ausland		AL	VV		St Staat
					AL Ausland
Saldo: Ausgeschüttete Gewinne • an private Haushalte • an den Staat (Staatsunternehmen)		H St	AL	Verkäufe von Exportgütern an • Ausland	VV Vermögens- veränderungen
Nicht ausgeschüttete Gewinne = Ersparnisse der Unternehmen		VV	St	Subventionen der öffentlichen Hand	

Abb. 2.1-17 Aufwands- und Ertragskonto der Unternehmen

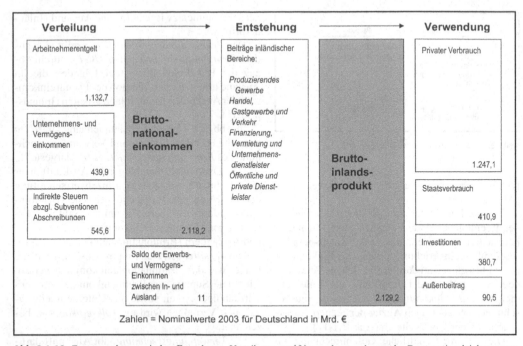

Abb. 2.1-18 Zusammenhang zwischen Entstehung-, Verteilungs- und Verwendungsrechnung des Bruttonationaleinkommens

sparnis in Höhe von 12,8% gegenüberstand, d. h. dass 7,1% bzw. 167,6 Mrd. € Ersparnisse nicht in Nettoanlageinvestitionen im Inland flossen, sondern andere Anlageformen durch Kreditgewährung im Ausland suchten.

Abbildung 2.1-19 zeigt das Bruttoinlandsprodukt im Zeitraum von 1960 bis 2007 und darin den Anteil des Baugewerbes.

Internationale Vergleiche des Bruttoinlandsprodukts sind schwierig wegen der variierenden Berechnungsverfahren und der Wechselkursungenauigkeiten.

Abbildung 2.1-20 gibt einen Überblick über die Bauinvestitionen in der EU im Jahre 2007 mit einer Bevölkerung von insgesamt 500 Mio. Einwohnern (EW) und zum Vergleich in den USA und Japan mit 305 bzw. 127 Mio. EW sowie den jeweiligen Anteil am EU-Gesamtbauinvestitionsvolumen.

Volkswirtschaftliche Gesamtrechnungen haben sich für die Beschreibung des Wirtschaftsablaufs und des Marktgeschehens gut bewährt, insbesondere für die Analyse konjunktureller und struktureller Entwicklungen sowie für gesamtwirtschaftliche

Vorausschätzungen. Dennoch sind sie mit Ungenauigkeiten behaftet. Das Bruttonationaleinkommen (BNE) ist einerseits zu hoch angesetzt, weil es bestimmte wohlfahrtsmindernde Sozialkosten nicht erfasst. Hierunter fällt der Verbrauch von Produktionsfaktoren, der nicht vom jeweiligen Verursacher, sondern von der Allgemeinheit getragen werden muss wie Natur- und Landschaftsverbrauch, Abbau von Bodenschätzen und gesundheitliche Folgewirkungen von Umweltbelastungen.

Andererseits ist das BNE unterdimensioniert wegen der Nichtberücksichtigung unbezahlter Produktionsleistungen im eigenen Haushalt, der Auswirkungen der Schattenwirtschaft und Korruption, des umwelterhaltenden Nutzens der Landwirtschaft, des Erholungswertes landschaftspflegerischer Maßnahmen, der Aus- und Fortbildungsleistungen sowie der Infrastrukturnutzungen (Verkehrsnetze und öffentliche Einrichtungen). Weiterhin sind die Leistungen des Staates, für die es keine Marktpreise gibt (Verwaltung, Schulen, Universitäten, Justiz usw.) verzerrt oder nicht enthalten.

Tabelle 2.1-2 Sachvermögensbildung und Ersparnis 2007 in Deutschland (Finanzierungsrechnung)

Fragen	Nettoanlageinvestitionen und Vorratsveränderung in Mrd. €	Ersparnis in Mrd. €	Finanzierungsalden in Mrd. €
Private Haushalte	46,29	179,79	133,50
Nichtfinanzielle Kapitalgesellschaften	56,57	70,10	13,53
Staat	–3,48	–3,25	0,23
Finanzielle Sektoren	–2,09	18,24	20,33
Vermögensbildung	97,29	264,88	167,59
Nettokreditgewährung an die übrige Welt	167,59		
Summen	**264,88**	**264,88**	
Sachvermögensbildung bzw. Ersparnis in % der gesamten verfügbaren Einkommen	4,7%	12,8%	

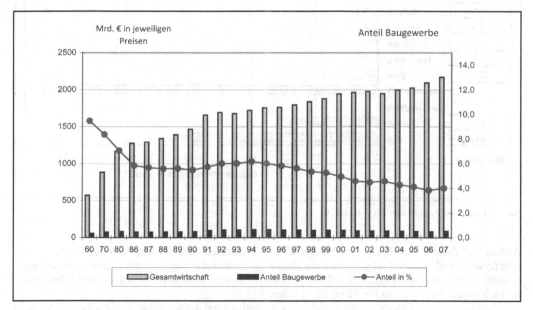

Abb. 2.1-19 Bruttoinlandsprodukt und Anteil des Baugewerbes von 1960 bis 2007

Das BNE ist daher als eindimensionaler und mit Ungenauigkeiten behafteter Wohlfahrtsmaßstab anzusehen. Zur Beurteilung der Lebens- und Umweltqualität müssen weitere Indikatoren wie demographische Daten (Geburtensterblichkeit, Lebenserwartung), Infrastrukturdaten (Verkehrs- und Versorgungsnetz), die medizinische Versorgung und Umweltdaten (Ressourcenproduktivität, Umweltverschmutzung) hinzugezogen werden.

Das Statistische Bundesamt entwickelte Umweltökonomische Gesamtrechnungen (UGR), die Veränderungen im „Naturvermögen" statistisch erfassen. Ziel wirtschaftlicher Betätigung ist stets das Leitbild einer „nachhaltigen Entwicklung" (sustainable development). Nachhaltigkeit bedeutet Substanzerhaltung; d. h. sowohl der produzierte als auch der nicht produzierte *Kapitalstock* soll am Ende einer Periode mindestens so groß sein wie am

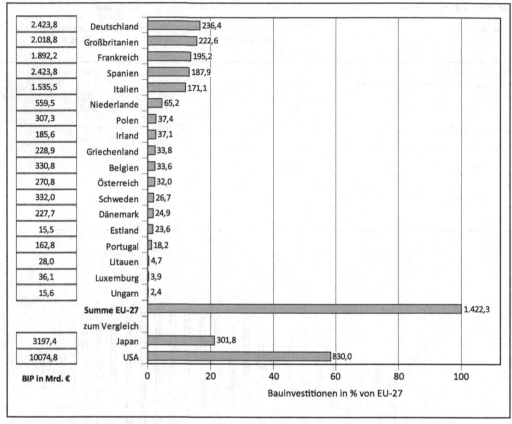

Abb. 2.1-20 Bauinvestitionen 2007 in Mrd. €

Anfang der Periode. Durch eine nachhaltige Wirtschaftsweise soll gesichert werden, dass die Funktionsfähigkeit des ökonomischen, ökologischen und soziologischen Systems für die nachfolgenden Generationen erhalten bleibt. In der UGR werden die Zusammenhänge zwischen wirtschaftlichen Aktivitäten und Umwelt in folgenden fünf Feldern dargestellt:

- Material- und Energieflussrechnungen durch Entnahme und Verbrauch natürlicher Rohstoffe,
- Nutzung von Fläche, Raum und der natürlichen Umwelt als Standort,
- Qualität der Umwelt, Ausstoß und Verbleib von Rest- und Schadstoffen (Emissionen) und Indikatoren des Umweltzustandes,

- Maßnahmen des Umweltschutzes und
- Schätzung von hypothetischen Vermeidungskosten für zusätzliche präventive Maßnahmen.

Jedes Jahr werden vom Statistischen Bundesamt die Eckdaten der UGR und die wesentlichen umweltökonomischen Trends im Rahmen einer UGR-Pressekonferenz der Öffentlichkeit vorgestellt.

Der Kapitalstock misst das jahresdurchschnittliche Bruttoanlagevermögen einer Volkswirtschaft. Er umfasst nach der Definition des Statistischen Bundesamtes alle produzierten Vermögensgüter, die länger als 1 Jahr wiederholt oder dauerhaft in der Produktion eingesetzt werden. Dazu zählen vor allem Sachanlagen wie Immobilien, Maschinen und Geräte sowie die Betriebs- und Geschäftsaus-

stattung, aber auch immaterielle Vermögensgegenstände wie Konzessionen, Lizenzen sowie der Ge-
schäfts- oder Firmenwert.

Die *Kapitalproduktivität* ist das Verhältnis zwischen Bruttoinlandsprodukt (BIP) und Kapitalstock, die *gesamtwirtschaftliche Arbeitsproduktivität* das Verhältnis zwischen BIP und der Menge
der eingesetzten Arbeitseinheiten (Anzahl der Erwerbstätigen, der geleisteten oder der bezahlten
Stunden).

Die *Kapitalintensität* ist das Verhältnis zwischen Kapitalstock und den im Jahresdurchschnitt
eingesetzten Erwerbstätigen. Im Jahr 2005 waren
durchschnittlich Anlagegüter im Neuwert von rund
288.000 € je Erwerbstätigen vorhanden (Pressemitteilung des Statistischen Bundesamtes Nr. 366
vom 07.09.2006; www.destatis.de/presse).

2.1.1.9 Wirtschaftspolitik

Die Wirtschaftspolitik staatlicher Institutionen ist
darauf gerichtet, die Wirtschaftsordnung nach politisch bestimmten Zielen zu gestalten und zu sichern
(Ordnungspolitik) sowie im Falle einer marktwirtschaftlichen Ordnung auf die Struktur (Strukturpo-
litik), den Ablauf und die Ergebnisse des arbeitsteiligen Wirtschaftsprozesses Einfluss zu nehmen
(Allokations-, Stabilisierungs- und Verteilungspolitik).

In einer marktwirtschaftlichen Ordnung zählen
zu den Elementen der Ordnungspolitik Prinzipien
der marktmäßigen Koordination der Konsumpläne
der Haushalte und der Produktionspläne der Unternehmen, der Rechts- und Sozialstaatlichkeit, der
Wirtschaftsverfassung und des uneingeschränkten
Wettbewerbs.

In der Bundesrepublik Deutschland wurden
durch die in § 1 des Stabilitätsgesetzes (StabG) vom
08.06.1967 (BGBl I S. 582) formulierten Ziele Verhaltensweisen für die staatlichen Institutionen von
Bund und Ländern zur Förderung der Wirtschaftspolitik vorgegeben:

*Bund und Länder haben bei ihren wirtschafts-
und finanzpolitischen Maßnahmen die Erfordernisse des gesamtwirtschaftlichen Gleichgewichts
zu beachten.*

*Die Maßnahmen sind so zu treffen, dass sie im
Rahmen der marktwirtschaftlichen Ordnung gleichzeitig*

– *zur Stabilität des Preisniveaus,*
– *zu einem hohen Beschäftigungsstand und*
– *zu außenwirtschaftlichem Gleichgewicht*
– *bei stetigem und angemessenem Wirtschaftswachstum*
beitragen.

Die gleichzeitige Verfolgung sämtlicher Ziele ist
schwierig und teilweise sogar widersprüchlich. Ein
hoher Beschäftigungsstand kann z. B. durch hohe
Überschüsse der Handelsbilanz ausgelöst werden,
die zu außenwirtschaftlichem Ungleichgewicht
führen. Unternehmen werden häufig erst durch Erwartung steigender Preise (und damit steigender
Gewinne) dazu veranlasst, Investitionen vorzunehmen und Arbeitskräfte nachzufragen. Steigende
Preise und steigende Löhne verringern dann jedoch
die Exportchancen für inländische Güter. Dies
wiederum führt zu verminderter Beschäftigung
und damit zu geringem Wachstum.

Im Zusammenhang mit den komplexen Wechselwirkungen der nach dem Stabilitätsgesetz geforderten Maßnahmen wird daher häufig vom *Ma-
gischen Viereck* der Wirtschafts- und Fiskalpolitik
des Staates gesprochen (vgl. Abb. 2.1-21).

Neben der Bundesregierung sind davon unabhängig die Deutsche Bundesbank gemeinsam mit
der Europäischen Zentralbank (EZB) als Hüte-
rinnen der deutschen und europäischen Wirt-
schafts- und Konjunkturpolitik anzusehen.

Preise

In einer Marktwirtschaft werden die Preise der erzeugten Waren und Dienstleistungen vom Markt,
in Ausnahmefällen auch vom Staat, bestimmt. Das
Geld erfüllt in einer modernen Volkswirtschaft vor
allem zwei Funktionen:

– Es ist einerseits Zahlungs- oder Tauschmittel,
um den Kauf oder Verkauf von Gütern zu erleichtern, und
– es ist andererseits Recheneinheit, um Güter unterschiedlicher Qualität und Dimension auf einen einheitlichen Wertmaßstab (Generalnenner)
zu bringen.

Das *Preisniveau* kennzeichnet den durch Index-
zahlen gemessenen Durchschnittsstand aller wichtigen Preise in der Volkswirtschaft. Der Reziprok-
wert des Preisniveaus drückt die Kaufkraft des

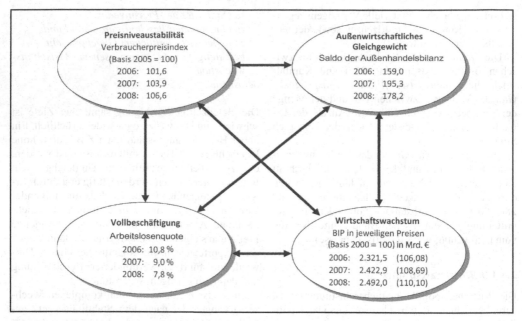

Abb. 2.1-21 Magisches Viereck der Wirtschafts- und Fiskalpolitik des Staates

Geldes aus. Die Beweglichkeit der Einzelpreise bewirkt die Lenkung von Ressourcen in die rentablen Bereiche zum Ausgleich von Angebot und Nachfrage (optimale Allokation). Ist die beidseitige Flexibilität der Einzelpreise derart gestört, dass lediglich Preiserhöhungen auftreten, ohne dass genügend andere Einzelpreise sinken, führt dies zu einem Anstieg des Preisniveaus.

Die Summe aller während einer Rechnungsperiode umgesetzten und zu ihren jeweiligen Preisen bewerteten Güter bezeichnet man als Handelsvolumen. Das Handelsvolumen der Bauwirtschaft ist das Bauvolumen. Zum Kauf der Güter ist theoretisch die mit dem Handelsvolumen definierte Geldmenge erforderlich. Die entsprechende Geldmenge durchläuft gleichzeitig auch andere Sektoren der Volkswirtschaft (z.B. den Staatshaushalt, die private Ersparnis, die Kreditwirtschaft). Der hierdurch ausgelöste Geldumlauf vollzieht sich in einer bestimmten Geschwindigkeit. Die Umlaufgeschwindigkeit gibt Auskunft darüber, wie oft die verfügbare Geldmenge während der Rechnungsperiode nachfragewirksam den Markt durchläuft. Die Entwicklung des inländischen Preisniveaus hängt da-

mit weitgehend von der Entwicklung der nachfragewirksamen Geldmenge ab.

Die Preisniveauentwicklung lässt ohne Hinzuziehung weiterer Indikatoren nur eingeschränkte Rückschlüsse zu. So ist die Beurteilung des Lebensstandards der Arbeitnehmer im Zusammenhang mit der Lohnentwicklung zu sehen. Neben der qualitativen Entwicklung der angebotenen Güter ist die Nominallohnentwicklung ein entscheidendes Beurteilungskriterium. Die den Arbeitnehmern zur Verfügung stehende effektive Kaufkraft nimmt real nur dann zu, wenn die Nominallöhne schneller steigen als das Preisniveau. Sinkende Reallöhne liegen dagegen dann vor, wenn die Preisniveausteigerung das Nominallohnwachstum übersteigt. Einen Vergleich zwischen verschiedenen Preisindexentwicklungen der Lebenshaltung des 4-Personen-Arbeitnehmerhaushaltes, der Baupreise im Wohnungsbau sowie der Tariflöhne des Spezialbaufacharbeiters zwischen 1950 und 2008 zeigt Abb. 2.1-22.

Kreditnehmer profitieren von steigender Inflationsrate während der Kreditlaufzeit, da sie das als Kredit empfangene Geld bestimmter Kaufkraft durch Tilgungsraten mit geringerer Kaufkraft zurückzahlen, während die mit dem Kredit erworbenen Vermögenswerte steigen.

Sparer leiden unter dem Kaufkraftschwund, da ihre Realverzinsung sinkt. So ergibt sich z. B. bei einem Nominalzins für eine Festgeldanlage von z. B. 3,0% p. a., einer Inflationsrate von 2,0% p. a. und einem Einkommensteuersatz von 40% ein Realzinssatz von

$$P_{real} = \left(100 \times \frac{100 + 3,0 \times 0,6}{102}\right) - 100 = -0,2\%$$

Beschäftigung

Unter dem Beschäftigungsgrad ist die Kapazitätsausnutzung einer Volkswirtschaft zu verstehen. Ihre Messung ist wegen zahlreicher Einflussfaktoren schwierig. So kann bei Vollauslastung der Produktionsanlagen die Wirtschaft voll beschäftigt sein, obwohl es Arbeitslose gibt. Im umgekehrten Fall können alle Arbeitskräfte beschäftigt sein, jedoch nicht ausreichen, um die Produktionsanlagen auszulasten. In diesem Fall ist eine vollständige Auslastung nur durch Einstellung ausländischer Arbeitskräfte möglich. Die Beschäftigungslage einer Volkswirtschaft wird allgemein durch die Arbeitslosenzahl und die Zahl der offenen Stellen definiert:

- *Vollbeschäftigung* ist gegeben, wenn die Arbeitslosenzahl der Zahl der offenen Stellen entspricht, d. h., wenn die eine Beschäftigung zum herrschenden Lohnsatz suchenden und für diese Beschäftigung geeigneten Personen ohne längeres Warten entsprechende Arbeit finden können.
- *Unterbeschäftigung* ist gegeben, wenn die Arbeitslosenzahl die Zahl der offenen Stellen deutlich übersteigt.
- *Überbeschäftigung* ist gegeben, wenn die Zahl der offenen Stellen größer ist als die Arbeitslosenzahl.

Abbildung 2.1-23 zeigt die Entwicklung der *Arbeitslosenquote* in der Gesamtwirtschaft und in der Bauwirtschaft der Bundesrepublik Deutschland von 1950 bis 2008.

Nach Untersuchungen der Bundesagentur für Arbeit in Nürnberg und des Instituts für Wirtschaftsforschung (ifo) in München gibt es einen gesamtwirtschaftlichen Sockel an Arbeitslosigkeit, der durch expansive Maßnahmen inflationsneutral nicht abgebaut werden kann („natürliche Arbeitslosenquote"). Dies bedeutet, dass es immer größere Schwierigkeiten bereitet, offene Stellen mit Arbeitslosen zu besetzen. Abbildung 2.1-24 macht deutlich, dass in Deutschland offensichtlich selbst

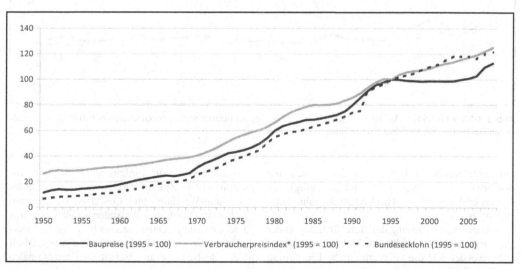

Abb. 2.1-22 Preisindexentwicklung der Lebenshaltungskosten aller privaten Haushalte, der Baupreise im Wohnungsbau und des Bundesecklohns von 1950 bis 2008

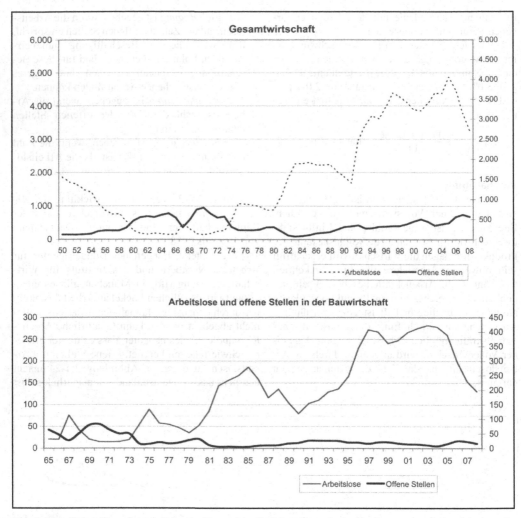

Abb. 2.1-23 Entwicklung der Arbeitslosenzahlen und der Zahl der offenen Stellen der Gesamtwirtschaft und der gewerblichen Bauberufe von 1950 bis 2008 in Tausend

eine annähernde Vollauslastung der Kapazitäten den Sockel an Arbeitslosigkeit nur geringfügig reduziert und dieser Sockel im Verlauf der Jahrzehnte ständig wächst.

Zwecks Stabilisierung der Beschäftigung in der *Bauwirtschaft* sind zahlreiche Maßnahmen eingeleitet worden wie die tarifvertragliche Einführung von Mindestlöhnen, Öffnungsklauseln zur Unterschreitung der Tariflöhne bei wirtschaftlich schwie-

riger Lage sowie die Einleitung von Initiativprogrammen (z. B. Zukunftsinitiative Bau des Landes Nordrhein-Westfalen und EU-ADAPT-Programm des Landes Nordrhein-Westfalen sowie der Europäischen Union). Dabei darf nicht übersehen werden, dass die Kosten des Produktionsfaktors Arbeit in der deutschen Bauwirtschaft im internationalen Vergleich an der Spitze liegen und insbesondere auch die Lohnzusatzkosten (Soziallöhne und Sozi-

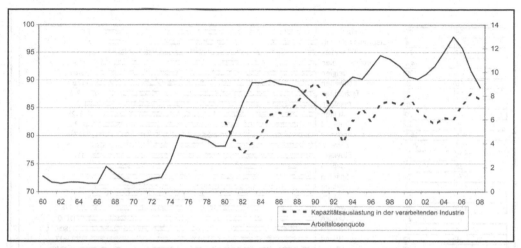

Abb. 2.1-24 Kapazitätsauslastung in der verarbeitende Industrie und Arbeitslosigkeit in Deutschland in Prozent

alkosten) eine hohe Belastung für die Bauunternehmen darstellen (Abb. 2.1-25 und 2.1-26), so dass ein weiterer Abbau der gewerblichen Arbeitskräfte im Bauhauptgewerbe unter 0,71 Mio. (2008) kaum zu vermeiden sein wird. Je nach dem Erfolg der gegensteuernden Maßnahmen wird die Auffanglinie auf höherem (z. B. 0,7 Mio.) oder nur niedrigem Niveau (z. B. 0,5 Mio.) gehalten werden können.

Die mit diesem voraussichtlichen Abbau der baugewerblich Beschäftigten in der Bauwirtschaft verbundene weitere Steigerung der Arbeitslosigkeit führt zu einer wiederum steigenden Belastung der Volkswirtschaft, der durch konzertierte Aktionen der Unternehmer, der Arbeitnehmer, der Tarifvertragsparteien, der Wirtschaftspolitik, der Deutschen Bundesbank und der Europäischen Zentralbank begegnet werden muss.

Wachstum

Wirtschaftliches Wachstum wird kurzfristig als Zunahme des realen Sozialprodukts gegenüber dem Vorjahresergebnis, mittel- und langfristig am Zuwachs des Produktionspotentials einer Volkswirtschaft gemessen und auf den vermehrten Einsatz der Produktionsfaktoren Arbeit, Kapital und technischer Fortschritt zurückgeführt. Die Stetigkeit des Wachstumsprozesses wird u. a. beeinflusst durch Beschleunigungs- und Verzögerungswirkungen von Konjunkturzyklen sowie Schwankungen

in der relativen Bedeutung des Wachstumszieles im Zielsystem der Wirtschaftspolitik.

Das Wachstum des BIP muss in Abhängigkeit von der Preisniveauänderung nominal oder real unterschieden werden. Eine nominale Wachstumsrate kann durch eine höhere Preissteigerungsrate aufgezehrt werden und damit reales Negativwachstum bedeuten. Andererseits kann das Wachstum in Absolut- oder Relativwerten ausgedrückt werden, dann meist in Abhängigkeit von der Bevölkerungsentwicklung als Pro-Kopf-Wachstum. Wenn das absolute Wirtschaftswachstum mit einem relativen Wirtschaftsrückgang einhergeht, wächst die Bevölkerung schneller als die Wirtschaft (Entwicklungsländer).

Nimmt in einer Volkswirtschaft das BIP zu, so wächst gleichermaßen das Volkseinkommen, da der Gegenwert jedes zusätzlich auf dem Markt nachgefragten und abgesetzten Gutes auf der Angebotsseite zum Einkommenszuwachs wird. Voraussetzungen für das Wachstum einer Volkswirtschaft sind:

– Die gesamtwirtschaftliche Nachfrage muss zunehmen.
– Die gesamtwirtschaftliche Produktion muss steigen durch Mobilisierung aller Produktionsfaktoren, insbesondere der Arbeitskräfte, und durch Neuinvestitionen.

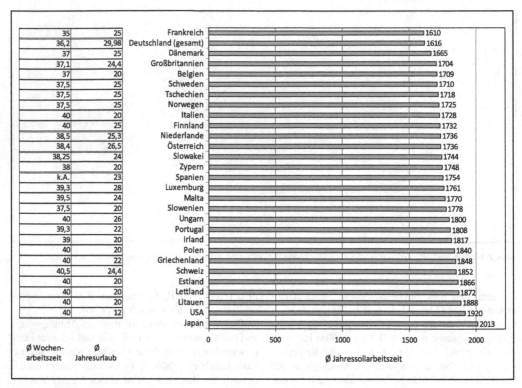

Abb. 2.1-25 Internationaler Vergleich der tariflichen Jahressollarbeitszeiten 2004 für Arbeiter in der Industrie (in Stunden)

Der Staat kann hierbei unterstützend mitwirken über Anreize für Neuinvestitionen durch z. B. günstige Abschreibungsmöglichkeiten, Krediterleichterungen oder direkte Subventionierung.

In der Diskussion um die Wachstumspolitik ist angesichts der Grenzen des Wachstums umstritten, welches Wachstum angemessen ist, da die negativen Auswirkungen eines exponentiellen Wachstums in Anbetracht der raschen Zunahme der Weltbevölkerung und des zunehmenden Naturverbrauchs immer häufiger in den Blickpunkt der öffentlichen Diskussion über die Zielsetzungen angemessenen Wirtschaftswachstums rücken. Impulsgeber für diese Diskussion war zu Beginn der 70er-Jahre der Bericht des Club of Rome über die Grenzen des Wachstums [Meadows et al. 1972]. Angesichts der notwendigen Initiativen zur Bekämpfung der steigenden Arbeitslosigkeit sind Überlegungen zur Begrenzung des Wachstums in der öffentlichen

Diskussion am Beginn des 21. Jahrhunderts wieder zweitrangig geworden (Abb. 2.1-27).

Außenwirtschaft und Zahlungsbilanz

Der Begriff „*Außenwirtschaft*" umfasst einerseits die Gesamtheit der wirtschaftlichen Transaktionen zwischen In- und Ausländern sowie andererseits die Schnittstelle zwischen Binnenwirtschaft (Transaktionen der Inländer untereinander) und anderen Volkswirtschaften bzw. Wirtschaftsgemeinschaften.

Abbildung 2.1-28 zeigt, dass die Auslandsaufträge deutscher Baufirmen inkl. Beteiligungen mit ca. 28 Mrd. € p. a. einen Anteil von etwa 10% am Bauvolumen von 268 Mrd. € (2007) hatten. Gemäß Abb. 2.1-29 verteilten sich die Auslandsaufträge deutscher Baufirmen 2007 schwerpunktmäßig auf Australien, Nordamerika und Europa.

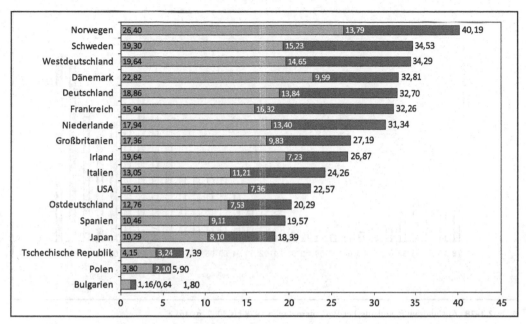

Abb. 2.1-26 Löhne und Lohnzusatzkosten 2008 im verarbeitenden Gewerbe im internationalen Vergleich

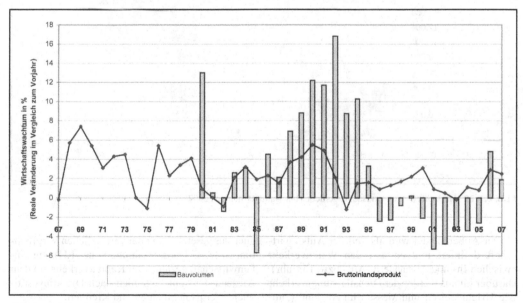

Abb. 2.1-27 Reale Veränderungen des BIP und des Bauvolumens zum jeweiligen Vorjahr von 1967 bis 2007

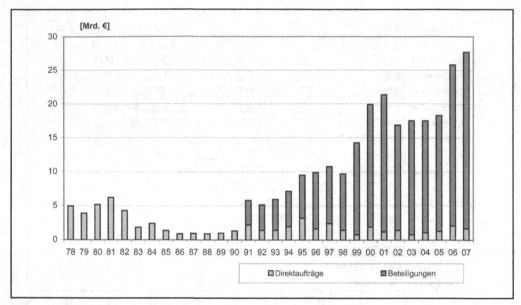

Abb. 2.1-28 Auslandsaufträge deutscher Bauunternehmen 1978 bis 2007 in Mrd. €

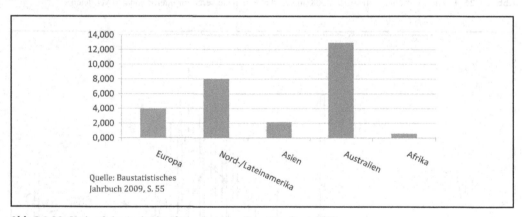

Abb. 2.1-29 Herkunft der Auslandsaufträge deutscher Bauunternehmen 2007

Der Außenhandel wird als Teil der Außenwirtschaft definiert und umfasst den Warenverkehr zwischen In- und Ausländern (Aus- bzw. Einfuhr). Darüber hinaus werden der Dienstleistungsverkehr wie Urlaubsreisen und Messen im Ausland („unsichtbare Ein- bzw. Ausfuhr") sowie Übertragungen von Erwerbs- und Vermögenseinkommen, auch aus gesetzlichen oder vertraglichen Verpflichtungen (z. B. Transferzahlungen der EU), zur Außenwirtschaft gezählt. Der Kapitalverkehr mit dem Ausland wird unterschieden nach Direktinvestitionen, Wertpapieranlagen und Krediten.

Die *Zahlungsbilanz* setzt sich damit zusammen aus (vgl. Tabelle 2.1-3):

– der Leistungsbilanz mit
  – der Außenhandels- und Warenverkehrsbilanz,
  – der Dienstleistungsbilanz,
  – der Bilanz der Erwerbs- und Vermögenseinkommen,
  – der Bilanz der laufenden Übertragungen an internationale Organisationen, Entwicklungsländer, Überweisungen ausländischer Arbeitnehmer sowie sonstigen laufenden Übertragungen,
– der Bilanz der Vermögensübertragungen, insbesondere auch aus Schuldenerlass (Insolvenzen) und aus Kauf/Verkauf von immateriellen nicht produzierten Vermögensgütern,
– der Kapitalbilanz,
– der Bilanz der Veränderung der Währungsreserven zu Transaktionswerten und
– dem Saldo der statistisch nicht aufgliederbaren Transaktionen.

Außenwirtschaftliches Gleichgewicht liegt dann vor, wenn sich die grenzüberschreitenden Waren-, Dienstleistungs- und Kapitalströme ausgleichen. In Deutschland wird dieses Gleichgewicht bisher traditionell vor allem durch hohe Außenhandelsüberschüsse einerseits und Unterdeckungen in der Dienstleistungs-, Erwerbs- und Vermögenseinkommensbilanz sowie der Bilanz der laufenden Übertragungen andererseits gewährleistet.

Die Salden der Zahlungsbilanz für das Jahr 2007 zeigt Tabelle 2.1-3. Danach entspricht der Saldo der Leistungsbilanz mit 164,9 Mrd. € in etwa dem Saldo der Außenhandelsbilanz mit 166,1 Mrd. €. Der Ausgleich wird maßgeblich durch den Saldo der Kapitalbilanz von -203,4 Mrd. € bewirkt.

Deutschland ist ein rohstoffabhängiges und exportorientiertes Land. Sein Außenhandel ist vom Außenwert der eigenen Währung und somit vom System der Wechselkurse abhängig. *Devisen* sind Ansprüche auf Zahlungen in fremder Währung an einem ausländischen Platz, d. h. meist bei ausländischen Banken gehaltene Guthaben. Der Devisen- oder auch Wechselkurs beziffert den Preis einer ausländischen Währungseinheit, bewertet in der eigenen Währung. Eine zunehmende Devisennachfrage bewirkt nach dem Gesetz der Nachfrage steigende Devisenpreise, d. h. der Außenwert der Eigenwährung nimmt ab. Gründe für eine stei-

Tabelle 2.1-3 Zahlungsbilanzsalden 2008 der Bundesrepublik Deutschland in Mrd. €

1 Leistungsbilanz		164,9
1.1 Außenhandel	166,1	
1.2 Dienstleistungen	–12,8	
1.3 Erwerbs- und Vermögenseinkommen	44,7	
1.4 laufende Übertragungen	–33,1	
2 Vermögensübertragungen		–0,1
3 Kapitalbilanz		–203,4
4 Statistisch nicht aufgliederbare Transaktionen		38,6
5 Saldo		0,0

gende Devisennachfrage können sein (mit analogem Umkehrschluss für sinkende Devisennachfrage):

– Ausländische Güter werden im Vergleich zu inländischen Gütern aufgrund einer inländisch höheren Preissteigerungsrate immer billiger.
– Die Einkommen der Inländer steigen bei aufstrebender Binnenwirtschaft. Deren Bezieher fragen zunehmend ausländische Güter nach.
– Spekulanten rechnen mit steigenden Kursen einer Auslandswährung und fragen diese nach („Kapitalflucht"). Dies geschieht auch in Erwartung fallender Kurse der Inlandswährung oder aufgrund des höheren Zinsniveaus der Auslandswährung.

Eine Abwertung der Inlandswährung hat für die im Außenhandel tätige Binnenwirtschaft folgende Konsequenzen (wiederum analoger Umkehrschluss möglich):

– Inländische Güter werden auf dem Weltmarkt billiger. Nach dem Gesetz der Nachfrage wird die Menge der ins Ausland exportierten Güter steigen, d.h., die exportorientierten Wirtschaftszweige verfügen über eine bessere Position im internationalen Wettbewerb.
– Ausländische Waren und Dienstleistungen werden auf dem Binnenmarkt teurer, d.h., die importorientierten Wirtschaftszweige verfügen über eine schlechtere Position im internationalen Wettbewerb.

Mit Einführung des Euro ab 01.01.1999 wurden wirtschaftspolitische Konsequenzen aus Wechselkursänderungen von den Grenzen Deutschlands an die Grenzen der an der Europäischen Wirtschafts- und Währungsunion teilnehmenden Mitgliedsstaaten verschoben. Wichtig ist, dass die Vorteile aus der Einführung der gemeinsamen Währung durch Bewahrung der Preisstabilität des Euro und damit des Außenwertes gegenüber allen anderen Währungen auf der Welt erhalten bleiben. Dieses ehrgeizige Ziel wird sehr hohe Preisdisziplin in allen Mitgliedsländern der EWWU erfordern. Im Zeitraum vom 02.01.1999 bis zum 28.10.2010 veränderte sich der Wechselkurs des Euro von 1,1827 US-$ auf 1,3912 US-$ (+ 17,63%) mit Schwankungen zwischen 0,8225 US-$ am 26.10.2000 und 1,5772 US-$ am 31.03.2008 (– 30,46% bzw. + 33,36% vom Ausgangswert).

Gleichgewichtshypothesen

In Abb. 2.1-30 wird der Versuch unternommen, qualitative Gleichgewichtshypothesen zum Stabilitätsgesetz aufzustellen. Die dabei verwendeten volkswirtschaftlichen Kennziffern sind in ihrer relativen Veränderung und nicht als absolute Größen zu betrachten. Durch nachfolgende „Gleichungen" werden somit die prozentualen Änderungen der Variablen, jedoch keine Absolutwerte zueinander in Beziehung gesetzt. Dabei wird nach internen und externen Einflüssen unterschieden.

Für die *internen Einflüsse* gilt:

– Jede Produktivitätssteigerung, der nicht ein entsprechend hohes Wirtschaftswachstum gegenübersteht, wird durch eine Steigerung der Arbeitslosenquote ausgeglichen. Umgekehrt führt nur ein über der Produktivitätssteigerung liegendes Wirtschaftswachstum zur Reduzierung der Arbeitslosenquote.
– Lohnerhöhungen und Arbeitszeitverkürzungen bei vollem Lohnausgleich, die über die Produktivitätssteigerung hinausgehen, führen unweigerlich zu einer internen Inflation. Umgekehrt können stabile Preise nur bei Lohnerhöhungen und Arbeitszeitverkürzungen bei vollem Lohnausgleich gewährleistet werden, wenn diese die Produktivitätssteigerung nicht überschreiten.

Über dieses lohnkostenorientierte Denkmodell der internen Einflüsse hinaus sind jedoch auch *externe Einflüsse* auf die Arbeitslosenquote und die Inflationsrate zu beachten:

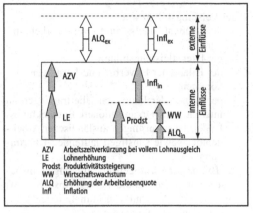

AZV   Arbeitszeitverkürzung bei vollem Lohnausgleich
LE   Lohnerhöhung
Prodst Produktivitätssteigerung
WW   Wirtschaftswachstum
ALQ   Erhöhung der Arbeitslosenquote
Infl Inflation

Abb. 2.1-30 Qualitative Gleichgewichtshypothesen zwischen volkswirtschaftlichen Kennziffern

– Die Arbeitslosenquote kann auch ohne Stellenabbau durch die demografische Altersstruktur, durch Migrationsveränderungen, verändertes Erwerbsverhalten in der Bevölkerung und Veränderungen des durchschnittlichen Rentenalters variieren.
– Die Preisstabilität und damit die Inflationsrate werden auch von Veränderungen der nachfragewirksamen Geldmenge, z. B. durch Erhöhung der Umlaufgeschwindigkeit oder aber geldmengenwirksame Eingriffe der Bundesbank bzw. der Europäischen Zentralbank (EZB) sowie durch Veränderung der Netto-Auslandsaktiva der Bundesbank, berührt.

Geschlossene Gleichungssysteme zwischen den Faktoren Veränderung der Arbeitslosenquote, der Löhne und Gehälter, der Preissteigerungsrate, der Produktivitätssteigerung und des Wachstums der Wirtschaft, der Arbeitszeiten bei vollem oder teilweise vorgenommenem Lohnausgleich, der Geldmenge und der Netto-Auslandsaktiva der Bundesbank sind wegen der Preisautonomie der Marktteilnehmer nicht möglich. Qualitative Auswertungen sind jedoch notwendig, um die Zielfunktionen des Stabilitätsgesetzes zu erfüllen:

– *Inflationsrate = min!*
– *Arbeitslosenquote = min!*
– *Wirtschaftswachstum = stetig und angemessen!*
– *Veränderung der Netto-Auslandsaktiva der Bundesbank = 0!*

Konjunkturpolitik

Konjunktur ist der zyklische, durch gesamtwirtschaftliche Ungleichgewichte gekennzeichnete Ablauf des gesamtwirtschaftlichen Geschehens. Die staatliche Wirtschaftspolitik unternimmt i. d. R. den Versuch, durch bewusstes Gegensteuern (antizyklische Politik) den Ausschlag der Konjunkturzyklen zu dämpfen und das stetige und angemessene Wirtschaftswachstum zu fördern. In der volkswirtschaftlichen Theorie werden wirtschaftliche Auf- und Abwärtsbewegungen je nach ihrer Länge in saisonale (kurzfristige), konjunkturelle (mittelfristige) und strukturelle (langfristige) Schwankungen kategorisiert.

Strukturelle Schwankungen beruhen auf tiefgreifenden Wandlungen der Wirtschaft, welche in erster Linie durch technische Neuerungen (z. B. Informations- und Kommunikationstechnologien) oder starke Faktorpreisunterschiede (z. B. zwischen in- und ausländischen Arbeitskräften in der Bauwirtschaft) hervorgerufen werden. *Konjunkturellen Schwankungen* unterliegen sämtliche Wirtschaftsbereiche in nur schwierig vorhersehbaren *Konjunkturzyklen*. Konjunkturelles Gleichgewicht tritt in der Realität stets nur zufällig und für kurze Zeitperioden ein. Jahreszeitlich wiederkehrende *Saisonschwankungen* folgen dem klimatischen Rhythmus (z. B. in der Bauwirtschaft und der Touristikbranche).

Die *Expansion* (Erholung, Aufschwung) ist durch zunehmende Kapazitätsauslastung und abnehmende Arbeitslosigkeit gekennzeichnet. Das Preisniveau bleibt trotz steigender Konsum- und Investitionsgüternachfrage relativ stabil, da die Unternehmen mit sinkenden Stückkosten arbeiten können. Die Aktienkurse steigen angesichts steigender Unternehmensgewinnerwartungen der Anleger. Die Kreditwirtschaft kann den Markt in ausreichendem Maße versorgen, so dass auch das Zinsniveau stabil bleibt.

Während des *Booms* (Hochkonjunktur) steigen Preise und Löhne, da Güter und Arbeitskräfte knapper werden. Die Investitionsgüternachfrage geht im Gegensatz zur weiter wachsenden Konsumgüternachfrage bereits zurück. Die Kreditmittel verknappen, die Zinsen steigen und Aktien verlieren an Attraktivität aufgrund erhöhter Unternehmenskosten und sinkender Gewinne.

In der *Rezession* führt die pessimistische Grundhaltung der Verbraucher und der Unternehmer zu Konsum- und zu weiterer Investitionszurückhaltung. Die Arbeitslosenzahl steigt aufgrund der schlechteren Auftragslage. Die abnehmende Kreditnachfrage erzeugt sinkende Zinsen. Gewerkschaften fordern wegen des gestiegenen Preisniveaus Reallohnanpassungen oder häufig auch mehr. Die Lohnkosten verschlechtern dementsprechend die Lage der Unternehmen.

Während der *Depression* mit hoher Arbeitslosigkeit, geringer Kapazitätsauslastung, wenigen Neuinvestitionen und hoher Bankenliquidität kommt der konjunkturelle Abschwung zum Stillstand und geht wieder in die Erholungsphase über.

Die *Konjunkturdiagnose* ist der Versuch, aus statistischen Zeitreihen den Stand der konjunkturellen Entwicklung zu bestimmen, z. B. hinsichtlich des Bruttoinlandsprodukts und des Volkseinkommens, der Beschäftigung, der Investitionen und des Konsums.

Die *Konjunkturprognose* versucht, die künftige konjunkturelle Entwicklung vorherzusagen. Dabei wird aus der Entwicklung von Konjunkturindikatoren der Vergangenheit mit Hilfe von Trend- und Korrelationsrechnungen auf die Zukunft geschlossen.

Branchenbeobachtungen dienen der Einschätzung der künftigen wirtschaftlichen Entwicklung in einzelnen Wirtschaftszweigen. So werden z. B. vom ifo-Institut für Wirtschaftsforschung in München monatlich ca. 7000 Unternehmen des verarbeitenden Gewerbes, des Bauhauptgewerbes, des Großhandels und des Einzelhandels gebeten, ihre gegenwärtige Geschäftslage mit gut, befriedigend oder schlecht zu beurteilen und ihre Erwartungen für die nächsten sechs Monate mit günstiger, gleichbleibend oder ungünstiger mitzuteilen.

Im Rahmen der ifo-Architektenumfrage werden seit 1996 bundesweit vierteljährlich ca. 2.500 freischaffende Architekten befragt. Aus den Umfrageergebnissen werden die Indikatoren Geschäftsklima, Vertragsabschlüsse und das damit verbundene geschätzte Bauvolumen sowie Auftragsbestände ermittelt. Jährlich werden Daten über die Größe der Büros sowie deren Rechtsform und Honorarumsätze erhoben. Dabei werden die Neuaufträge nach privaten, gewerblichen und öffentlichen Auftraggebern differenziert. Diese Daten ergeben eine besonders verlässliche Aussage über die voraussichtliche Baunachfrage im Hochbau.

Die Aufgaben der *Wirtschaftspolitik* konzentrieren sich in marktwirtschaftlichen Ordnungen auf den Ablauf und die Ergebnisse des arbeitsteiligen Wirtschaftsprozesses durch die Allokations-, Verteilungs- und Stabilisierungspolitik.

Schwerpunkt der *Allokationspolitik* ist die Versorgung mit einer materiellen Infrastruktur, zu der Kollektivgüter wie die äußere und innere Sicherheit, Verkehrs-, Kommunikations- und Versorgungsnetze, Gesundheitsvorsorge, Schuldienste und Grundlagenforschung gehören. Ein weiterer Schwerpunkt ist die Regulierung der Umweltnutzung, da es wirksame Anreize zu einer Bewirtschaftung und damit auch zur Schonung der Umwelt ohne staatliches Zutun nicht gibt.

Grundlage der *Verteilungspolitik* ist das Prinzip der Sozialstaatlichkeit, wonach die Verteilung von Einkommenserzielungschancen möglichst gerecht vorgenommen werden soll. Neben der personellen Einkommensverteilung gilt das Interesse staatlicher Politik vor allem der Verteilung der personellen Einkommen in den unterschiedlichen Lebensphasen. Den damit verbundenen Versorgungsrisiken (aus Krankheit, Alter, Arbeitslosigkeit) wird mit einer kollektiven Daseinsvorsorge (sozialen Sicherung) auf der Grundlage von Zwangsbeiträgen vor allem der in einem Beschäftigungsverhältnis stehenden Bürger Rechnung zu tragen versucht.

Vorherrschender Anlass für die *Stabilisierungspolitik* sind die Folgen zeitlicher Schwankungen im Auslastungsgrad des gesamtwirtschaftlichen Produktionspotentials (Konjunkturschwankungen) in Form von Veränderungen des Preisniveaus, des Beschäftigungsstandes, der Außenwirtschaftsbeziehungen und des Wirtschaftswachstums. Aufgabe der Stabilisierungspolitik ist die Erreichung der im Stabilitätsgesetz (1967) definierten Ziele. Träger der Stabilisierungspolitik sind der Staat und die Deutsche Bundesbank in Verbindung mit der Europäischen Zentralbank (EZB).

Der Staat hat die Öffentlichen Haushalte so zu gestalten, dass je nach Konjunkturlage zusätzliche Nachfrage entfaltet und auch bei privaten Haushalten stimuliert bzw. Nachfrage zurückgehalten und privaten Haushalten Kaufkraft als potentielle Nachfrage entzogen wird. Diese antizyklische Fiskalpolitik muss von einer entsprechenden Geldpolitik der Deutschen Bundesbank und der EZB flankiert werden. Sie sind daher zur Unterstützung der Fiskalpolitik verpflichtet, sofern sie damit nicht das ihnen vorgegebene Ziel der Geldwertsicherung gefährden.

Im Rahmen der Fiskalpolitik beeinflusst der Staat die Investitionstätigkeit durch Gewährung von Steuervorteilen und eine dadurch bewirkte Konjunkturanregung aus der Erhöhung der Eigenkapitalverzinsung aus Investitionen. Ferner regt der Staat die Konjunktur an mit Steuersenkungen oder Einkommensumverteilungen zwecks Erhöhung des Konsums, da die privaten Haushalte dadurch ein höheres frei verfügbares Einkommen erlangen.

Bei der Konjunkturanregung des Staates durch *Erhöhung der Staatsausgaben* (engl.: *deficit spending*) handelt es sich nicht um eine fiskalpolitische Maßnahme. Vielmehr tritt der Staat marktkonform als gewöhnlicher Marktteilnehmer auf und trägt zur Erhöhung der gesamtwirtschaftlichen Nachfrage bei. Diesem Verhalten liegt die Multiplikatorwirkung zugrunde.

Der *Multiplikator* ist der Vervielfacher für das Einkommen, der durch Ausgabenerhöhungen hervorgerufen wird. In Abhängigkeit von der Sparquote s ergibt sich der Multiplikator M als Summe einer unendlichen geometrischen Reihe zu $M = 1/s$.

Beispiel: $s = 12\% \Rightarrow M = 1/0,12 = 8,33$,

In diesem Beispiel wird bei einer Sparquote von $s = 12\%$ durch eine Ausgabenerhöhung um 1 € ein Umsatzzuwachs in der Gesamtwirtschaft von 8,33 € bewirkt.

2.1.1.10 Europäisches System der Zentralbanken

Das Instrumentarium, mit dem die Bundesbank und die EZB je nach stabilitätspolitischer Zielsetzung dämpfend bzw. fördernd in den Geld- und damit Wirtschaftskreislauf eingreifen können, lässt sich einteilen in das Geld- und das devisenpolitische Instrumentarium sowie die Politik der moralischen Beeinflussung.

Bei der *Geldpolitik* reicht der Handlungsspielraum der Bundesbank bzw. der EZB weit über rein währungspolitische Fragen hinaus. Er umfasst folgende Maßnahmen:

- Mit der Diskontpolitik wurde bis zum 31.12.1998 der Zinssatz bestimmt, zu dem die Bundesbank Handelswechsel vor deren Fälligkeit mit einer maximalen Restlaufzeit von 3 Monaten von Geschäftsbanken ankaufte und somit die Refinanzierungskosten der Banken variierte. Die Konjunkturanregung resultierte bei einer Herabsetzung des Diskontsatzes aus dem wachsenden Kreditgewährungsspielraum der Kreditwirtschaft. Eine Heraufsetzung dämpfte hingegen die Konjunktur durch Einengung des Kreditgewährungsspielraumes. Diskontkredite wurden mit Einführung des Europäischen Systems der Zentralbanken (ESZB) am 01.01.1999 abgeschafft.
- Die Lombardpolitik hatte analoge Wirkungen wie die Diskontpolitik. Der Lombardsatz war derjenige Zinssatz, den die Bundesbank bzw. die EZB berechnete, wenn sie einer Geschäftsbank einen Kredit gewährte, der durch Beleihung von Waren oder Wertpapieren gesichert ist war. Der Lombardkredit wurde am 01.01.1999 durch die analoge Spitzenrefinanzierungsfazilität abgelöst.
- Im Rahmen der *Mindestreservepolitik* werden die Prozentsätze (Mindestreservesätze) der verschiedenen Arten von Kundeneinlagen, die von den Kreditinstituten aufgrund gesetzlicher Verpflichtung als unverzinste Giroeinlagen (Mindestreserven) bei der Bundesbank bzw. EZB hinterlegt werden müssen, variiert. Der Kreditgewährungsspielraum und die Giralgeldmenge werden dadurch entsprechend erhöht oder gesenkt.
- Bei der *Offenmarktpolitik* kaufen die Bundesbank bzw. die EZB von den Geschäftsbanken bestimmte Wertpapiere (Offenmarktpapiere) an, um das Geldmengenvolumen und damit die Liquidität der Kreditinstitute zu erhöhen. Umgekehrt kann sie auch die Liquidität herabsetzen, indem sie an die Banken verkauft.
- Bei der *Restriktions-* oder auch *Zangenpolitik* erschweren die Bundesbank bzw. EZB die Kreditaufnahme durch Reduzierung der Rediskontkontingente und Anordnung von Kreditrestriktionen. Der Aufschwung (die Konjunktur) wird gedämpft und die Inflation gebremst.
- Im Rahmen der *Devisenpolitik* konnte die Bundesbank als Anbieterin oder Nachfragerin am Devisenmarkt in Erscheinung treten und durch marktdominante Aktionen den Devisenkurs und damit den Außenwert der DM signifikant beeinflussen. Innerhalb des Geltungsbereiches des Euro ist dieses wirtschaftpolitische Instrument nunmehr von der EZB im Hinblick auf den Außenwert des Euro (z. B. gegenüber dem US-$ oder dem japanischen Yen) anzuwenden.
- Letztlich können die Deutsche Bundesbank und die EZB durch eine sog. *Politik der moralischen Beeinflussung* (engl.: *moral suasion*) auf die Geschäftsbanken einwirken, um ein von diesen gewünschtes Verhalten durchzusetzen.

Die Deutsche Bundesbank ist die Zentralbank der Bundesrepublik Deutschland. Sie wurde 1957 als einheitliche Notenbank errichtet und ging aus dem zweistufigen Zentralbanksystem mit der Bank deutscher Länder einerseits und den damals rechtlich selbstständigen Landeszentralbanken andererseits hervor, das seit der Einführung der D-Mark am 20. Juni 1948 die Verantwortung für die Währung trug. Seit Einführung des europäischen Systems der Zentralbanken im Jahre 2002 wurde die Organisations- und Aufgabenstruktur der Bundesbank verändert. Die ehemaligen Landeszentralbanken sind nunmehr als Hauptverwaltungen der Deutschen Bundesbank für jeweils ein oder mehrere Bundesländer zuständig. Sitz der Zentrale der Bundesbank ist Frankfurt/Main, in der ca. 2.600 der insgesamt knapp 16.000 Mitarbeiter/-innen der Bank beschäftigt sind. Der Vorstand als Organ der Bundesbank besteht aus dem Präsidenten, dem Vizepräsidenten und sechs weiteren Mitgliedern. Sie ist in neun Hauptverwaltungen und derzeit ca. 60 nachgeordnete Filialen in den größeren Städten der Bundesrepublik untergliedert. Diese führen die Geschäfte der Bundesbank mit den Kreditinstituten und den öffentlichen Verwaltungen in ihrem jeweiligen Bereich.

Die Europäische Zentralbank und die nationalen Zentralbanken bilden zusammen das Eurosystem, d. h. das Zentralbankensystem des Euro-Währungsgebiets. Das vorrangige Ziel des Eurosystems ist die Gewährleistung der Preisstabilität, um den Wert des Euro zu sichern. Das Europäische System der Zentralbanken (ESZB) besteht aus der Europäischen Zentralbank (EZB) und den nationalen Zentralbanken (NZBen) aller 27 EU-Mitgliedstaaten. Der Begriff „Eurosystem" bezeichnet die EZB und die NZBen der Mitgliedsstaaten, die den Euro eingeführt haben. Die NZBen, die nicht am Euro-Währungsgebiet teilnehmen, sind jedoch Mitglieder des ESZB mit einem besonderen Status. Es ist ihnen gestattet, ihre jeweilige nationale Geldpolitik zu gestalten. Sie sind aber nicht am Entscheidungsprozess hinsichtlich der einheitlichen Geldpolitik für das Euro-Währungsgebiet und an der Umsetzung dieser Entscheidungen beteiligt.

Die grundlegenden Aufgaben des Eurosystems sind:

– die Geldpolitik des Euro-Währungsgebiets festzulegen und auszuführen,
– Devisengeschäfte durchzuführen,
– die offiziellen Währungsreserven der Mitgliedsstaaten zu halten und zu verwalten und
– das reibungslose Funktionieren der Zahlungsströme zu fördern.

Entscheidungen werden im Eurosystem zentral von den Beschlussorganen der EZB, dem EZB-Rat und dem Direktorium, getroffen. Der EZB-Rat besteht aus den Mitgliedern des Direktoriums der EZB und den Präsidenten der NZBen der Mitgliedstaaten, die den Euro eingeführt haben. Die EZB beschäftigt ca. 1.200 Mitarbeiter und hat ihren Sitz in Frankfurt/Main (www.ecb.int).

2.1.2 Betriebswirtschaftliche Grundlagen

Die Betriebswirtschaftslehre untersucht das mikroökonomische Zusammenwirken der Aufgabenträger in Unternehmen und Betrieben, die durch diese Aufgabenträger verrichteten Prozesse und Prozessabläufe einschließlich der Schnittstellen zwischen den einzelnen Aufgabenträgern innerhalb des Unternehmens sowie zu Kunden, Lieferanten, Behörden und Dritten außerhalb des Unternehmens. Dabei ist eine Entwicklung der zunehmenden Verflechtung betriebswirtschaftlicher, rechtlicher, technischer und organisatorischer Fragen zu beobachten. Darüber hinaus gewinnen verhaltenstheoretische Betrachtungen soziologischer, psychologischer und ethischer Fragestellungen an Bedeutung.

Grundsätzlich hat jedes Unternehmen existentielle Prinzipien zu beachten, die nur teilweise vom jeweiligen Wirtschaftssystem abhängig sind (Abb. 2.1-31).

Die Grenzen zwischen der häufig vorgenommenen Dreiteilung der Betriebswirtschaftslehre sind fließend und häufig noch Ausdruck der verfügbaren Planstellen an den Fakultäten für Wirtschaftswissenschaften, Betriebswirtschaft und Bauingenieurwesen:

– Allgemeine Betriebswirtschaftslehre zur allgemeinen Erkenntnis und Gestaltung der Unternehmens- und Betriebsprozesse wie Marketing und Akquisition, Beschaffung einschließlich Personalwirtschaft, Lagerhaltung, Investition und Finanzierung, Produktion, Vertrieb und Abrechnung;
– Betriebswirtschaftslehren der Verfahrenstechnik für Rechnungswesen, Steuern, Organisation, Controlling, Operations Research und Wirtschaftsinformatik sowie
– spezielle Betriebswirtschaftslehren der einzelnen Wirtschaftszweige wie Industrie-, Banken-, Versicherungs-, Handels-, Immobilienwirtschafts-, Bauwirtschaft- und Baubetriebslehre.

Die Immobilien- und Bauwirtschaftslehre sind die speziellen Zweige der Branchenbetriebswirtschaftslehre für die sich am Baumarkt beteiligenden Institutionen wie Bauherren, Bauplaner und Bauunternehmer sowie die angrenzenden Wirtschafts- und Gesellschaftsbereiche. Auch die Immobilien- und die Bauwirtschaftslehre finden ihre Grundlagen in der Allgemeinen Betriebswirtschaftslehre, da auch sie darauf gerichtet ist, als interdisziplinäre Managementwissenschaften unternehmerische Entscheidungen vor allem in wirtschaftlicher Hinsicht, zunehmend aber auch in organisatorischer, rechtlicher und technischer Hinsicht mit sozialer und ethischer Verantwortung vorzubereiten.

Die Planung und Errichtung von Bauten und Anlagen sind i. d. R. gekennzeichnet durch Merkmale der Einmaligkeit (Unikatfertigung), der individuellen Standorte und der dadurch bedingten „wandernden Werkstätten der Bauunternehmer unter freiem Himmel", der Bestellung durch Ausschreibung, Vertragsverhandlung und Zuschlag vor Beginn der Produktion und der starken Reglementierung durch die für öffentliche Auftraggeber geltenden Vergaberechtsvorschriften (vgl. Ziffer 2.4.3).

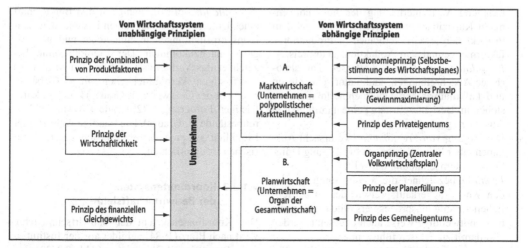

Abb. 2.1-31 Existentielle Prinzipien von Unternehmen

2.1.2.1 Ausgewählte Begriffe der Betriebswirtschaftslehre

Ein *Unternehmen* ist ein wirtschaftlich-rechtlich organisiertes Gebilde, in dem nachhaltig Ertrag bringende Leistungen und eine angemessene Verzinsung des betriebsnotwendigen Kapitals angestrebt werden. Ein Unternehmen kann einen, mehrere oder keinen Betrieb (z. B. Holding) haben. Das Unternehmen stellt damit eine örtlich nicht gebundene Einheit dar.

Der *Betrieb* hingegen wird definiert als planmäßige örtliche, technische und organisatorische Einheit zum Zwecke der Erstellung von Waren und Dienstleistungen durch die Kombination von Produktionsfaktoren. Niederlassungen eines Bauunternehmens sind selbständige Betriebe. Baustellen gelten dann als selbständige Betriebe, wenn sie eigene Bau- oder Lohnbüros haben.

Einzahlungen und Auszahlungen sind Zahlungsmittelbeträge in Bar- oder Giralgeld, die als Strömungsgrößen zwischen Wirtschaftssubjekten fließen. Zugehörige Bestandsgrößen sind die Zahlungsmittelbestände an Kasse und Sichtguthaben bei Banken (z. B. Überweisung vom Bankkonto des X auf das Bankkonto des Y).

Einnahmen und Ausgaben sind Strömungsgrößen des Geldvermögens, d. h. des Zu- oder Abflusses von Zahlungsmitteln und/oder des Erwerbs von Forderungen bzw. des Eingehens von Verbindlichkeiten. Zugehörige Bestandsgrößen sind der Zahlungsmittelbestand zzgl. des Bestands an Forderungen abzgl. des Bestands an Verbindlichkeiten (z. B. Übermittlung einer Rechnung des X an den Adressaten Y).

Ertrag und Aufwand sind die von einem Unternehmen in einer Wirtschaftsperiode durch Erstellung von Gütern und Dienstleistungen erwirtschafteten Einnahmen bzw. die von einem Unternehmen während einer Abrechnungsperiode für den Verbrauch an Gütern und Dienstleistungen getätigten Ausgaben. Betriebsertrag und Betriebsaufwand entstehen in Erfüllung des eigentlichen Betriebszweckes. Betriebsfremder oder neutraler Ertrag und Aufwand entstehen aufgrund betriebsfremder oder außerordentlicher Geschäftsvorfälle.

Der *Umsatz* oder auch *Erlös* umfasst die Summe der in einer Periode veräußerten und mit ihren jeweiligen Verkaufspreisen bewerteten Güter und Dienstleistungen.

Kosten, Leistungen und Ergebnisse sind Begriffe aus der Kosten-, Leistungs- und Ergebnisrechnung:

– *Kosten* werden definiert als bewerteter Verzehr von materiellen und immateriellen Gütern und Dienstleistungen zur Erstellung und zum Absatz von Sach- oder Dienstleistungen sowie zur Schaffung und Aufrechterhaltung der dafür notwendigen Kapazitäten. Sie errechnen sich aus dem Produkt der jeweils verbrauchten Produktionsfaktormenge und dem Produktionsfaktorpreis.

- *Kalkulatorische Kosten* umfassen kalkulatorische Abschreibungen, kalkulatorische Zinsen und kalkulatorischen Unternehmerlohn. Ihnen stehen im Berichtszeitraum keine unmittelbaren Ausgaben gegenüber.
- Die *Tilgung von Fremdkapital* verursacht Ausgaben, aber keine Kosten, da die Tilgung lediglich eine Umschuldung darstellt.
- *Leistung* bezeichnet die *Menge* (output) oder den Wert (zu Verkaufspreisen) der im betrieblichen Erzeugungsprozess erstellten Güter, die nicht notwendigerweise auch abgesetzt werden und damit zu Erlösen führen müssen.
- *Ergebnis* ist die Differenz zwischen periodenabgegrenzten Leistungen und dadurch verursachten Kosten, d. h. zwischen Ertrag und Aufwand. Diese Betrachtung ist u. a. Gegenstand der baustellenbezogenen Kosten-Leistungs-Ergebnisrechnung (KLER Bau, vgl. Ziffer 2.1.5.3).

Die *Rentabilität* stellt das Verhältnis einer Erfolgsgröße zum eingesetzten Kapital einer Rechnungsperiode dar:

- Die *Gesamtkapitalrentabilität* misst den Erfolg vor oder nach Zinsen und Steuern, bezogen auf das Gesamtkapital.
- Die *Eigenkapitalrentabilität* misst den Erfolg nach Zinsen vor oder nach Steuern, bezogen auf das Eigenkapital.
- Die *Umsatzrendite* misst den Erfolg vor oder nach Zinsen und Steuern, bezogen auf die Nettoumsätze.
- Die *Betriebsrendite* misst den Betriebsgewinn, bezogen auf das betriebsnotwendige Kapital.

Das *betriebsnotwendige Kapital* ist das im Unternehmen eingesetzte Fremd- und Eigenkapital, soweit es zur Erfüllung des Betriebszweckes notwendig ist (Aktivwerte der Bilanz ./. nicht betriebsnotwendige Vermögenswerte ./. stille Rücklagen). Vom betriebsnotwendigen Kapital ist das dafür benötigte Fremdkapital abzuziehen. Die Restsumme stellt das betriebsnotwendige Eigenkapital dar als Bemessungsgröße für die Errechnung der kalkulatorischen Eigenkapitalzinsen.

Liquidität stellt die Fähigkeit und Bereitschaft eines Unternehmens dar, seinen bestehenden Zahlungsverpflichtungen termingerecht und betragsgenau nachzukommen. Der Liquiditätsgrad bezeichnet das Verhältnis von flüssigen Mitteln zu kurzfristigen Verbindlichkeiten unter Einbeziehung nur der Geldwerte (1. Grades) zzgl. der kurzfristigen Forderungen (2. Grades) sowie der Warenbestände (3. Grades). Die ständige Wahrung der Liquidität ist eine der wichtigsten unternehmerischen Hauptpflichten.

2.1.2.2 Koordinatensystem der Bauwirtschaftslehre

Das Koordinatensystem der Bauwirtschaftslehre wird nach Pfarr (1984) gebildet aus der Institutionen-, Prozess- und Objektachse (Abb. 2.1-32).

Die Institutionenlehre untersucht die Aufgaben der am Entstehungsprozess von Bauten und Anlagen beteiligten Institutionen wie Auftraggeber, Planer und Bauunternehmer. Diese treten über ihre Prozesse der Formulierung von Nutzerbedarfsprogrammen, der Erzeugung von Planungs-, Bau-, Betriebs- und Unterhaltungsleistungen in Beziehung zum geographisch, geometrisch, qualitäts- und mengenmäßig eindeutig zu definierenden System Bauobjekt.

Die Entfaltung des Systems Bauwirtschaft durch Bauobjekte ist zahlreichen exogenen Einflussfaktoren aus gesetzlichen und behördlichen Vorgaben, aus Belangen der Öffentlichkeit und des Umweltschutzes sowie endogenen Randbedingungen aus der Nutzerpartizipation und der Kreditfähigkeit bzw. -würdigkeit des Investors bzw. der Investition unterworfen.

Das Zusammenwirken der zahlreichen Projektbeteiligten bei der Planung, Errichtung und dem Betrieb von Bauwerken wird damit bestimmt durch die bei den unmittelbar beteiligten Institutionen ablaufenden Prozesse. Diese wiederum sind abhängig von Art, Umfang und Schwierigkeitsgrad der zu bearbeitenden Objekte. Nach der Bautätigkeitsstatistik [Baustatistisches Jahrbuch 2009] werden diese in die Bauwerksarten Wohnungsbau, Gewerbebau, öffentlicher Hoch- und Tiefbau sowie Verkehrswegebau eingeteilt.

Im Sinne einer Typologie der Bauherren sind diese damit analog

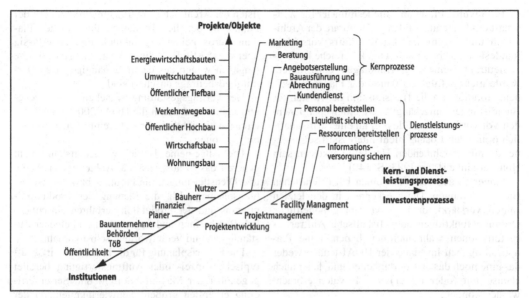

Abb. 2.1-32 Koordinatensystem der Bauwirtschaftslehre

- Privatpersonen bzw. Institutionen oder Unternehmen ohne Erwerbscharakter,
- erwerbswirtschaftlich orientierte Unternehmen oder
- öffentlich-rechtliche Institutionen.

In der Allgemeinen Betriebswirtschaftslehre gehört die Produktplanung zum funktionalen Bereich der Produktion. Sie betrachtet die Produkt- oder Erzeugnisplanung als Teilbereich der strategischen Programmplanung mit den Alternativen der Produktinformation, -variation und -elimination. Die Prozesse der Produktplanung werden gegliedert in den Anstoß zur Produktplanung, die Suche nach Produktideen und die Auswahl von Produktvorschlägen, die Produktentwicklungs- und -konzeptplanung, -planungsgenehmigung sowie -freigabe. Die Produktdifferenzierung gegenüber den Konkurrenzprodukten nutzt konstruktive, gestalterische, materialmäßige, preisliche und servicebezogene Alternativen, um hierdurch zu Vorteilen hinsichtlich Standard, Ausstattung und Kundenattraktivität zu gelangen. Sie dient der Gewinnung neuer Käuferschichten und ist in ihrer Abgrenzungsfunktion besonders ausgeprägt bei Markenartikeln. Die Pro-

duktplaner zielen ab auf prognostizierbare, aber ungewisse Kundenerwartungen nach dem Motto: „Der Markt wird verlangen, war wir ihm anbieten!"

Die Vergütung des Aufwandes für die Produktplanung wird in der Allgemeinen Betriebswirtschaftslehre nicht problematisiert. Der Aufwand wird entweder direkt oder im Wege des Umlageverfahrens in den Produktpreis eingerechnet. Produktplaner sind i. d. R. durch Anstellungsverträge gebundene Mitarbeiter der produzierenden Unternehmen.

In der Bauwirtschaft ist die Produktplanung wesentlich komplizierter geregelt. Dabei ist die derzeit noch überwiegende Trennung von Planung und Ausführung keineswegs historisch überliefert.

Erst die Gebührenordnung der Architekten aus dem Jahre 1920 regelte in § 1, dass die Leistung des Architekten für seinen Auftraggeber ein „durch Arbeit oder Dienstleistung herbeizuführender Erfolg" im Sinne des Werkvertrags sei (§ 631 BGB). Die zu berechnende Gebühr sei die „übliche Vergütung" im Sinne des § 632 Abs. 2 BGB und Mindestgebühr [Pfarr 1983, S. 116].

1973 wurde Pfarr vom Bundesminister für Wirtschaft ein Forschungsauftrag „Honorare der Architekten und Ingenieure" erteilt. Pfarrs Vorschlag, mindestens für bestimmte Objektbereiche baukostenneutrale Bemessungsgrundlagen einzuführen, wurde nicht befolgt. So wurde der Planer mit seinem Honorar „an die Transmission der Kosten für Bauleistungen angehängt", was ihm permanent den Vorwurf einbringt, dass er an einer wirtschaftlich optimalen Lösung nicht interessiert sein könne, da mit abnehmenden Herstellungskosten sein Honorar sinke [Pfarr 1983, S. 140].

Planer finden sich zum einen bei öffentlichen Bauverwaltungen. Diese erkennen in den letzten Jahren verstärkt, dass sie vorrangig hoheitliche Ordnungsfunktionen oder fiskalische Auftraggeberfunktionen wahrzunehmen haben, reine Planungsaufgaben im Sinne der HOAI jedoch weder das eine noch das andere darstellen und daher auch ebenso gut (oder besser) von Privaten erbracht werden können.

Zum anderen finden sich Planer in den Bauabteilungen von Unternehmen der stationären Industrie, des Handels, der Banken und Versicherungen, die sich jedoch auch zunehmend auf ihre Auftraggeberbzw. Investorenrolle besinnen und über die Verselbständigung der Planungsabteilungen nachdenken.

Die damit vermeintlich entstehenden Freiräume für die unabhängige freiberufliche Planung werden jedoch wiederum eingeengt durch die Konzentrationsprozesse in den Bauunternehmen mit steigender Tendenz der schlüsselfertigen Generalunternehmer-, Totalunternehmer- und Construction Management-Aufträge auf der Basis funktionaler Ausschreibungen, die z. T. den Entwurf, die Ausführungsplanung, die Ausschreibung, Vergabe und Objektüberwachung in den Unternehmensbereich verlagern. Da die Unternehmer vielfach nicht über eigene Planungskapazitäten verfügen, schalten sie ihrerseits externe Planungsbüros ein.

Planungsleistungen werden damit bisher überwiegend noch von freiberuflichen Architektur- und Ingenieurbüros angeboten, die als Einzelunternehmen, Partnerschaften in der Rechtform von Gesellschaften bürgerlichen Rechts (GbR), Architektur- und Ingenieurunternehmen (GmbH) oder als kleine AG geführt werden.

Einen Überblick über die Anzahl freiberuflicher Architekten und Ingenieure bieten die Mitglieder-listen der Architekten- und Ingenieurkammern der Länder, wobei die Mitarbeiterzahlen in den Planungsbüros keineswegs aktuell und zuverlässig über diese Mitgliederlisten erfassbar sind, da die Angaben wegen des davon abhängigen Kammermitgliedsbeitrags unscharf sind.

Der Vertragsgestaltung zwischen Auftraggeber und Planer sind durch die HOAI 2009 gesetzliche Grenzen hinsichtlich der zu vereinbarenden Vergütung gezogen.

Die Allgemeine Betriebswirtschaftslehre geht generell davon aus, dass die Anbieter von Waren und Dienstleistungen die Produkt- bzw. Dienstleistungsplanung, d. h. die Planung des Produktprogramms und der Produktionsverfahren einschließlich Beschaffung und Lagerhaltung, in eigener Zuständigkeit und Verantwortung selbst vornehmen.

Die Bedarfsplanung für die in der Bauwirtschaft typische Einzel- oder Auftragsfertigung bereitet gegenüber der Massen-, Sorten- und Serienfertigung erheblich größere Schwierigkeiten, da der Absatz nur grob geschätzt werden kann, der Betrieb aber bei plötzlich eingehenden Aufträgen in der Lage sein muss, diese Aufträge kurzfristig auszuführen. Das Risiko wird noch größer, wenn Kundenaufträge eingehen, die zu Neukonstruktionen führen, für die der Material- und Werkzeugbedarf vorher nicht bekannt ist.

Vom Bauunternehmer wird stets verlangt, zu Vergabe- und Vertragsunterlagen – sehr unterschiedlich hinsichtlich Herkunft, Qualität und Umfang – in Nichtkenntnis seiner potentiellen Mitbewerber Vorentscheidungen über die Teilnahme am Wettbewerb zu treffen. Sofern er sich dann zu einer Teilnahme entschließt bzw. bei einer beschränkten Ausschreibung (einem Nichtoffenen Verfahren) dazu aufgefordert wird, muss er die Angebotsunterlagen durcharbeiten, Erkundigungen einholen, Ortsbesichtigungen vornehmen, Überlegungen hinsichtlich der Verfügbarkeit des ggf. einzusetzenden Personals und Geräts anstellen, dabei Abgrenzungen zwischen Eigen- und Fremdleistungen vornehmen, Nachunternehmeranfragen starten und deren Ergebnisse einholen, die Eigenleistungen im Zusammenwirken von Kalkulation und Arbeitsvorbereitung vorkalkulatorisch bewerten, die zu erwartenden Risiken einschätzen sowie schließlich seine Angebotsunterlagen zusammenstellen und rechtzeitig einreichen.

Bei öffentlichen oder ihnen gleichgestellten Auftraggebern kann der Bieter die Abwicklung des Vergabeverfahrens nach VOB/A voraussetzen. Bei gewerblichen und privaten Auftraggebern hat er durch die Angebotsabgabe lediglich die Voraussetzung für die Chance geschaffen, von diesen zu einem Gespräch eingeladen zu werden, bei dem man ihm je nach Konjunkturlage entweder die Vorzüge der dem Bieter nicht bekannten Mitbewerberpreise und die notwendigen Maßnahmen mitteilen wird, durch die er sich noch eine Auftragschance bewahren könne, oder aber ihm durchaus die Möglichkeit einräumen wird, über Terminverschiebungen, Vorauszahlungskonditionen, Einräumung von Nachlässen und Sicherheitsleistungen zu verhandeln.

Nach Auftragserteilung ist die Arbeitsvorbereitung durch Baustelleneinrichtungs- und Bauablaufpläne zu konkretisieren, sind Nachunternehmer in der „zweiten Runde" vertraglich zu binden, alternative Bauverfahren zu bewerten, Auswahlentscheidungen zu treffen und die baustellenbezogene Betriebsabrechnung zu installieren.

Bei nachträglichen Änderungen des Bauentwurfs oder anderen Anordnungen des Auftraggebers, bei Forderung von im Bauvertrag nicht vorgesehenen zusätzlichen Leistungen, beim Erkennen von vertraglich nicht vereinbarten, jedoch zur Ausführung erforderlichen Leistungen, bei Behinderungen durch den Auftraggeber oder seine Erfüllungsgehilfen sind Verhandlungen zu führen, Nachtragsangebote zu formulieren und ggf. Behinderungsschreiben zu übergeben, ohne dabei die partnerschaftlichen Beziehungen zum Auftraggeber und seinen Beauftragten zu gefährden. Die dazu erforderliche Kenntnis bezieht der Bauunternehmer nicht aus der Allgemeinen Betriebswirtschaftslehre, sondern aus der Prozesslehre für Bauunternehmen der Bauwirtschaftslehre in Verbindung mit der Unterweisung im Vertragsrecht nach VOB/A, VOB/B, BGB und AGB.

In der stationären Industrie, z. B. bei einem Autokauf, wird der Kaufvertrag i. d. R. vom Produzenten bzw. seinen Verkäufern vorgegeben. Hier muss daher der Käufer als Kunde auf Übereinstimmung mit dem AGB-Gesetz nach §§ 305-311 BGB achten. Bei Bauverträgen stammen die Vergabe- und Vertragsunterlagen jedoch i. d. R. vom Auftraggeber. Daher muss hier der Bauunternehmer als Produzent und Auftragnehmer die Einhaltung des AGB-Gesetzes überprüfen.

Die Allgemeine Betriebswirtschaftslehre hat somit dem Bauunternehmer in den Prozessen der Beschaffung von Aufträgen und Produktionsfaktoren, der Planung des Fertigungsprogramms und der Fertigungsverfahren sowie der Auftragsabwicklung unter Berücksichtigung von dabei eintretenden Leistungsänderungen, Zusatzleistungen und Leistungsstörungen relativ wenig zu bieten. Er ist daher auf die Vermittlung und Aneignung von Kenntnissen der Bauwirtschafts- und Baubetriebslehre, des Baumanagements und der Bauverfahrenstechnik, des Vergabe- und Bauvertragsrechtes sowie des baubetrieblichen Rechnungswesens angewiesen.

2.1.2.3 Bauwirtschaftliche Produktionsfaktoren

Unter Produktionsfaktoren werden alle Güter und Dienstleistungen materieller und immaterieller Art verstanden, deren Einsatz für das Hervorbringen anderer wirtschaftlicher Güter und Dienstleistungen aus technischen oder wirtschaftlichen Gründen notwendig ist.

Die Volkswirtschaftslehre unterscheidet die Produktionsfaktoren Arbeit, Boden und Kapital, denen die Einkommensarten Lohn, Bodenrente und Zins entsprechen. Die Betriebswirtschaftslehre unterscheidet nach den Elementarfaktoren Arbeit, Betriebsmittel und Werkstoffe sowie dem dispositiven Faktor der Geschäftsführung. Die Information und Kommunikation hat als zweckbezogenes Wissen über Zustände, Ereignisse und deren Austausch zum Zweck der aufgabenbezogenen Verständigung die Bedeutung eines eigenständigen Produktionsfaktors erlangt. Damit sind Arbeit, dispositiver Faktor, Betriebsmittel, Werkstoffe, Boden, Kapital sowie Information und Kommunikation als bauwirtschaftliche Produktionsfaktoren zu bezeichnen.

Arbeit

Arbeit umfasst alle zielgerichteten, planmäßigen und bewussten körperlichen und geistigen menschlichen Tätigkeiten zur Erreichung bestimmter Ziele. Das Ergebnis des wertbildenden Prozesses stellt die Arbeitsleistung dar. Diese ist abhängig von den körperlichen und geistigen Anlagen, der Ausbil-

dung, dem Leistungspotenzial und der Leistungsbe-
reitschaft sowie den Arbeitsbedingungen. Die Leistungsfähigkeit und der menschliche Leistungswille
hängen im Wesentlichen von der richtigen Personal-
auswahl und -zuordnung, dem Betriebsklima und
der Angemessenheit des Arbeitsentgeltes ab. Als
wesentliche Kriterien der Zufriedenheit mit der Arbeit gelten angemessener Verdienst einschließlich
Sozialleistungen, sicherer Arbeitsplatz, gute Aufstiegsmöglichkeiten, gutes Betriebsklima sowie soziale Anerkennung (vgl. Ziffer 2.1.3).

Dispositiver Faktor

Aufgaben der Geschäftsführung eines Unternehmens oder eines Betriebs sind die Planung, Organisation und Überwachung der Kombination der
Produktionsfaktoren zur Erreichung der Unternehmensziele (vgl. Ziffer 2.2.1).

Führungskräfte sind solche Personen, die anderen Personen Weisungen erteilen dürfen. *Leitende
Angestellte* sind solche Mitarbeiter, die eigenverantwortlich Personal einstellen und kündigen dürfen. Dieser Personenkreis wird häufig auch
als Managementpersonal bezeichnet und unterliegt nicht dem Kündigungsschutzgesetz. Grundsätzlich sind zwei elementare Führungsstile zu unterscheiden:

– Management *by Objectives*: Es werden gemeinsame Zielvereinbarungen getroffen, wobei die
  Mitarbeiter im Rahmen des mit dem Vorgesetzten abgegrenzten Aufgabenbereichs selbst entscheiden können. Nicht diese Entscheidungen,
  sondern die Ergebnisse werden kontrolliert.
  Voraussetzungen sind detaillierte Planung aller
  Teilziele und eine umfassende Erfolgskontrolle
  nach dem *Smart-Prinzip* (spezifisch, messbar,
  aktuell, realistisch, terminiert).
– *Management by Exception*: Ein Eingriff der
  Vorgesetzten findet nur bei Abweichungen von
  angestrebten Zielen und bei wichtigen Entscheidungen statt, die z. B. den Umsatz, den Gewinn
  oder den Planungs- und Baufortschritt betreffen. Aus diesen Eingriffen ergeben sich ggf. negative Auswirkungen auf das Verantwortungs-
  bewusstsein der Mitarbeiter.

Führungsentscheidungen haben ein hohes Maß an
Bedeutung, sind auf das Unternehmen als Ganzes
gerichtet und nicht auf untergeordnete Stellen über-

Abb. 2.1-33 Management-Regelkreis

tragbar. Der Führungsprozess lässt sich als Management-Regelkreis interpretieren (Abb. 2.1-33).

Die Leitungsfunktionen der Bauunternehmer
umfassen folgende Aufgaben:

– technische Leitung mit Marketing, Akquisition,
  Kalkulation, Arbeitsvorbereitung, Bauausführung und Abrechnung;
– kaufmännische Leitung mit Beschaffung bzw.
  Einkauf, Rechnungswesen, Lohn- und Betriebs-
  buchhaltung, Finanz- und Anlagenbuchhaltung
  sowie Bankenverkehr;
– administrative Leitung mit Organisation, Perso-
  nalbetreuung, EDV-Information und Kommunikation, Recht, Steuern und Versicherungen;
– Leitung von Forschung + Entwicklung, Innovation, Aus- und Weiterbildung.

Die Entscheidungen der Geschäftsführung bestimmen den künftigen Ablauf des Betriebsgeschehens
und werden letztlich durch den Unternehmenserfolg bestätigt. *Planung* bedeutet gedankliche Vorwegnahme zukünftigen Geschehens, um aus alternativen Vorgehensweisen diejenige zu ermitteln,
die aller Wahrscheinlichkeit nach die optimale
Zielerreichung gewährleistet. Das Ergebnis der
Planung ist eine konkrete Darstellung der anzu-
strebenden Ziele sowie der Mittel und Wege, wie
diese Ziele erreicht werden sollen. Wichtig ist dabei die Vorgabe operationaler, d. h. messbarer Zielvorgaben, damit Abweichungen quantitativ erfasst
werden können.

Ein besonderes Problem besteht für Führungskräfte allgemein in dem *Informations- und Ent-
scheidungsdilemma*: je höher die Stellung des Ent-

scheidungsträgers in der Unternehmenshierarchie und je größer sein Entscheidungsspielraum ist, desto weniger verfügt er vielfach über die für seine Entscheidung benötigten unmittelbaren Informationen.

Gefahren ergeben sich auch aus einem Routineverhalten von Führungskräften, bei dem die Besonderheiten des einzelnen Falles nicht mehr ausreichend bedacht werden, Prüfungen und Plausibilitätskontrollen unterbleiben und dadurch Fehler eintreten.

Geschäftsführende Gesellschafter von Unternehmen sind ferner stets einer Konfliktsituation ausgesetzt. Als Manager sind sie einerseits an einer Sicherung der wirtschaftlichen Position des Unternehmens sowie ihrer eigenen gesellschaftlichen Position und der Ausübung und Erweiterung der ihnen zuwachsenden wirtschaftlichen Macht interessiert. Als Kapitalgeber sind sie dagegen an einer möglichst hohen Verzinsung des in das Unternehmen investierten Eigenkapitals interessiert.

Die Realisierung der Planung erfordert eine Organisation, die eindeutig regelt, wer im Betrieb für welche Aufgaben zuständig ist und auf welche Weise die Erledigung dieser Aufgaben erfolgen soll. Entsprechend der *Aufbauorganisation* werden die zu erfüllenden Aufgaben auf Organisationseinheiten und die diesen angehörenden Mitarbeiter verteilt.

Im Rahmen der *Ablauforganisation* werden die Aufgaben hinsichtlich des technischen, zeitlichen und räumlichen Ablaufs so gestaltet, dass alle Arbeitsgänge möglichst lückenlos und aufeinander abgestimmt mit gleichbleibender Kapazität bzw. unter Vollauslastung abgewickelt werden können.

Betriebsmittel

Im industriellen Bereich ist die Bedeutung der menschlichen Arbeitsleistung schon seit vielen Jahren in den Hintergrund getreten. In immer größerem Umfang beeinflusst die Ausstattung des Betriebs mit maschinellen Anlagen, die zunehmend bedienungsfrei produzieren (Automation), den wirtschaftlichen Erfolg der Unternehmen. Dabei übersteigen die Betriebsmittelkosten die Kosten für Arbeitsleistungen häufig um ein Vielfaches. In der Bauwirtschaft steht diese Entwicklung in vielen Bereichen noch am Anfang. Dem wachsenden Kostendruck wird anstelle zunehmender Automa-

tion und Industrialisierung mit verstärkter Nachunternehmervergabe begegnet.

Zu den Betriebsmitteln zählt das komplette technische Inventar, das zum betrieblichen Leistungsprozess beiträgt und nicht Bestandteil der erzeugten Güter wird:

- Maschinen, Werkzeuge und Einrichtungen,
- Betriebsgrundstücke und -gebäude,
- Transport-, Förder- und Verkehrsmittel,
- Büroeinrichtungen sowie Informations- und Kommunikationsanlagen.

Betriebsmittel – mit Ausnahme von Betriebsgrundstücken – lassen sich nur über einen begrenzten Zeitraum technisch einwandfrei nutzen. Sorgfältige und sachgemäße Pflege und Wartung können die *technische Nutzungsdauer* steigern.

Mit dem Erwerb von Betriebsmitteln, z. B. einem Turmdrehkran, verschafft sich ein Betrieb Anlagennutzungen für mehrere Jahre im voraus. Die Investition in eine solche Anlage bindet somit Finanzmittel für eine Reihe von Rechnungsperioden. Diese Mittel müssen über den Absatz der Waren und Dienstleistungen wieder erwirtschaftet (abgeschrieben) und verzinst werden. Die Anlage ist zu warten und bei Bedarf zu reparieren.

Für den Betrieb stellt sich die Frage, nach welchem Zeitraum ein Betriebsmittel ersetzt werden soll, da der Endzeitpunkt der technischen Nutzungsdauer i. d. R. nicht exakt vorhersehbar und lediglich auf der Grundlage von Erfahrungswerten abschätzbar ist. Die *wirtschaftliche Nutzungsdauer* umfasst die Zeitspanne, in der es wirtschaftlich sinnvoll ist, eine Anlage zu nutzen. Sie ist i. d. R. kürzer als die technische Nutzungsdauer.

Über *Abschreibungen* werden die jährlichen Wertminderungen der Betriebsmittel in Abhängigkeit von der Nutzungsdauer und der technischen Beschaffenheit betragsmäßig erfasst. In den ersten Jahren der Nutzungszeit nimmt der Gebrauchswert nur langsam, später jedoch schneller ab. Der kaufmännische Zeit-/Marktwert sinkt jedoch sofort nach Inbetriebnahme stark. Eine Wertminderung tritt darüber hinaus auch durch Witterungseinflüsse (z. B. bei Baustelleneinrichtungen) und den technischen Fortschritt (z. B. Informations- und Kommunikationsanlagen) auf. Die Gefahr der technischen und wirtschaftlichen Überalterung wächst mit der Lebensdauer des Betriebsmittels. Die kaufmännische

Vorsicht zwingt deshalb bei der Schätzung der wirtschaftlichen Nutzungsdauer und des Abschreibungsverlaufs zur Einbeziehung des technischen Fortschritts. Aufgrund der Gefahr einer schnellen Entwertung der Anlagegüter ist es notwendig, das in den Anlagen gebundene Kapital möglichst rasch wieder zu erwirtschaften.

Die Erfassung der gesamten Wertminderung vollzieht sich im Unternehmen auf zwei Ebenen:

- Bilanzielle *Abschreibungen* gehen als Aufwand über die Gewinn- und Verlustrechnung in die Unternehmensbilanz ein und beeinflussen je nach Höhe den Periodenerfolg. Das Unternehmensergebnis und somit auch der steuerliche Gewinn können damit über die Art der Abschreibung (linear, degressiv) verändert werden. Die Steuergesetzgebung gibt daher für die Steuerbilanz in AfA-Tabellen (AfA Absetzung für Abnutzung) normierte Abschreibungsdauern vor. In der Steuerbilanz ist nur eine Abschreibung auf den Anschaffungswert zulässig.
- *Kalkulatorische Abschreibungen* werden hingegen auf den Wiederbeschaffungswert vorgenommen. Die über den Umsatzprozess dem Unternehmen wieder zufließenden „verdienten" Abschreibungen sind ein wesentlicher Bestandteil der Innenfinanzierung, da die durch den Umsatz erlösten Abschreibungsgegenwerte zur zwischenzeitlichen Finanzierung anderer Betriebsmittel zwecks Kapazitätserweiterung herangezogen werden können, allerdings bis zur späteren Ersatzbeschaffung des Ausgangsbetriebsmittels wieder zur Verfügung stehen müssen (vgl. Ziffer 2.1.8.3).

Betriebsmittel sind aufgrund ihrer technischen Beschaffenheit in der Lage, je Zeiteinheit eine qualitativ und quantitativ definierte Leistungsmenge zu erbringen. Dabei wird zwischen *technischer Maximal-* und *wirtschaftlicher Dauerleistung* unterschieden.

Das Verhältnis zwischen wirtschaftlicher Dauerleistung und effektiver Ausnutzung wird als Beschäftigungs- bzw. Kapazitätsausnutzungsgrad bezeichnet.

$$Beschäftigungsgrad = Kapazitätsausnutzungsgrad =$$

$$\frac{Ist-Menge}{Soll-Menge} \, pro \, Periode \times 100 \, [\%]$$

Werkstoffe

Zu den Werkstoffen werden alle Roh-, Hilfs- und Betriebsstoffe sowie Halb- und Zwischenfabrikate gezählt, die für die Herstellung oder Veredelung neuer Erzeugnisse benötigt werden:

- *Rohstoffe* gehen als Hauptbestandteile in die Fertigfabrikate ein.
- *Hilfsstoffe* werden ebenfalls zu Bestandteilen der Fertigfabrikate. Sie sind jedoch aufgrund ihres wert- und mengenmäßigen Gewichts von untergeordneter Bedeutung (z. B. Betonverflüssiger).
- *Betriebsstoffe* werden bei der Produktion verbraucht (z. B. Treibstoffe).

Bei der Beschaffung von Werkstoffen ist jeweils das Problem der *optimalen Bestellmenge* zu lösen. Darunter versteht man die Minimierung der Zeitspanne zwischen der Beschaffung der Werkstoffe, der Erstellung und dem Verkauf der Endprodukte, also die Minimierung der infolge der Kapitalbindung bedingten Zinskosten bei gleichzeitiger Sicherung der Betriebsbereitschaft. Die optimale Bestellmenge ist diejenige Einkaufsmenge, bei der die Summe aus Beschaffungs-, Fehlmengen- und Lagerkosten minimiert wird. Je größer die Bestellmenge, desto günstiger sind die Preise des Großeinkaufs und desto geringer die Beschaffungs- und Fehlmengenkosten, desto größer sind jedoch die Zins- und Lagerraumkosten sowie die Risiken der Veraltung und des Schwundes. Im Rahmen der Optimierung der Beschaffung von Werkstoffen gewinnt auch das *Just-in-time-Prinzip* durch Schaffung durchgängiger Material- und Informationsflüsse entlang der gesamten Wertschöpfungskette in der Bauwirtschaft zunehmend an Bedeutung nach dem Motto: „Das beste Lager ist kein Lager!"

Werkstoffverluste aufgrund von Material- oder Bearbeitungsfehlern sowie infolge von Verschnitt oder Schwund sind durch Wareneingangskontrollen und sorgfältige Behandlung auf ein Mindestmaß zu reduzieren.

Boden bzw. Standort

Der Boden ist für die Bauwirtschaft Produktionsfaktor in dreifacher Hinsicht:

- als Gegenstand der Bebauung (Standort von Bauten und Anlagen),

– als Gegenstand des Standortes von Unternehmen (mit Niederlassungen und Geschäftsstellen),
– als Gegenstand des Abbaus zur Stoffgewinnung (Zuschlagsstoffe für Baustoffe).

Der Wert eines zu bebauenden Grundstücks ergibt sich vorrangig aus seiner Lage sowie aus Art und Maß der baulichen Nutzung gemäß geltendem oder zukünftigem Bauplanungsrecht. Zur diesbezüglichen Standortanalyse und -prognose sowie der Grundstückssicherung wird auf Diederichs (2006, S. 30 ff) verwiesen. Ein besonderer Schwerpunkt aller Bodenrechtsreformbestrebungen ist die Übertragung eines Teiles der Bodenwerte auf die Allgemeinheit. Die durch städtebauliche Planungen oder sonstige Gebietsaufwertungen bewirkten leistungslosen Bodengewinne werden als ungerechtfertigte Vermögensakkumulation bezeichnet, für die verschiedene Abschöpfungsmodelle entwickelt worden sind. Von einigen Kommunen bereits realisierte Zielvorstellung ist es, durch Ankauf von Baugrundstücken vor satzungsmäßiger Festlegung von Art und Maß der baulichen Nutzung durch Bebauungspläne und Verkauf nach Abschluss der bauplanungsrechtlichen Verfahren die dadurch bewirkten Grundstückspreissteigerungen der Kommune und damit der Allgemeinheit zufließen zu lassen.

Die Frage der Wahl eines Unternehmensstandortes stellt sich bei Gründung, Erweiterung oder Verlagerung. Bei der Gründung von Bauunternehmen und auch Planungsunternehmen richtet sich die Standortwahl vorrangig nach den Präferenzen der Gründer und ihrem geplanten Aktionsradius in Abhängigkeit von der Kundenzielgruppe. Darüber hinaus spielen gegenwärtige und zu erwartende Nachfragetrends für die Bautätigkeit eine wichtige Rolle, z. B. in den Ballungszentren der Bundesrepublik (Hamburg, Hannover, Düsseldorf, Ruhrgebietsstädte, Köln, Frankfurt/Main, Stuttgart, München, Dresden, Leipzig/Halle, Erfurt und Berlin).

Weiteren Einfluss haben regional unterschiedliche Besteuerungen und Steuervergünstigungen, u. a. durch unterschiedliche Hebesätze der Gemeinden für die Gewerbe- und Grundsteuer sowie Sonderabschreibungen oder Zulagen für Investitionen.

Die Verfügbarkeit von ortsansässigen Arbeitskräften hat wegen der branchenüblichen Mobilität und des zunehmenden Anteils ausländischer Arbeitskräfte im Baugewerbe nur geringe Bedeutung.

Eine Material- bzw. Rohstofforientierung ist bei Fertigteilwerken und teilweise bei Baustoffherstellern zu beachten.

Allgemein ist der *Standort Deutschland* innerhalb Europas seit etwa 1995 gekennzeichnet durch folgende Merkmale:
Den Nachteilen

– der weltweit mit an der Spitze liegenden Lohnkosten,
– der weltweit auch nahezu kürzesten Jahresarbeitszeit und damit auch der höchsten Lohnstückkosten,
– relativ hoher Arbeitslosigkeit als Ausdruck der Arbeitsmarktstrukturprobleme,
– demographischer Überalterung und abnehmender Bevölkerung
– hoher Unternehmens- und Arbeitnehmerbesteuerung sowie Sozialabgabenlast,
– starker Bürokratisierung und eines nur langsam abnehmenden Reformstaus,
– einer im europäischen Vergleich nicht besonders gut abschneidenden Schulausbildung sowie
– einer vor allem freizeitorientierten und unternehmerkritischen Grundeinstellung großer Teile der Bevölkerung

stehen als Vorteile
– relativ stabile politische Verhältnisse,
– eine gute Infrastruktur,
– ein angenehmes Klima,
– hoher Freizeitwert und
– die zentrale Lage in Europa

gegenüber.

Es gilt, die Nachteile abzubauen und die Vorteile zu nutzen. Sofern Deutschland ein Höchstlohnland mit gleichzeitig maximalen Urlaubs- und Freizeiten bleibt, wird es im internationalen Wettbewerb zunehmend krisenanfällig werden. Daher wird das Anspruchsdenken deutlich vermindert und die Leistungsorientierung wieder erheblich gesteigert werden müssen.

Kapital
Der Produktionsfaktor Kapital hat in der Bau- und Immobilienwirtschaft zentrale Bedeutung. Ihm werden daher vier Unterkapitel aus unterschiedlicher Sichtweise gewidmet:

– das Kapital als Passivseite der Bilanz zur Darstellung der Vermögensquellen für die Vermögenswerte auf der Aktivseite der Bilanz mit der Einteilung in Eigen- und Fremdkapital (vgl. Ziffer 2.1.4),
– das Kapital als Gegenstand der Unternehmensfinanzierung und Liquiditätssicherung (vgl. Ziffer 2.1.8),
– das Kapital als Gegenstand strategischer Maßnahmen im Finanz- und Rechnungswesen zur Durchsetzung der strategischen Planung (vgl. Ziffer 2.2.2.2) und
– das Kapital als Gegenstand der Projektfinanzierung im Rahmen der Projektentwicklung (vgl. Ziffer 2.3.1).

Die Sozialkomponente des Eigenkapitals kommt in der Marktwirtschaft durch die Formel „Eigentum verpflichtet" zum Ausdruck und ist Bestandteil des Grundgesetzes (GG) der Bundesrepublik Deutschland. In Artikel 14 GG heißt es:
„(1) Das Eigentum und das Erbrecht werden gewährleistet. Inhalt und Schranken werden durch die Gesetze bestimmt.
(2) Eigentum verpflichtet. Sein Gebrauch soll zugleich dem Wohle der Allgemeinheit dienen.
(3) Eine Enteignung ist nur zum Wohle der Allgemeinheit zulässig. Sie darf nur durch Gesetz oder auf Grund eines Gesetzes erfolgen, das Art und Ausmaß der Entschädigung regelt. ..."

Information und Kommunikation
Information und Kommunikation gewinnen als Bestandteile des organisatorischen Instrumentariums zunehmend an Bedeutung im betrieblichen Wertschöpfungsprozess. Sie werden daher in der Betriebswirtschaftslehre mittlerweile auch als eigenständiger Produktionsfaktor anerkannt (Informations- und Kommunikationssystem-Technologien (IKT)).
Fehlende Informationen führen zu einem Verzehr anderer betrieblicher Produktionsfaktoren ohne Nutzenstiftung und damit zu Verlusten. Zu viele widersprüchliche oder den Empfänger überfordernde Informationen führen zu Unsicherheit und Verwirrung. Daher haben die Informationspolitik sowie die Informations- und Kommunikationssysteme hohe Bedeutung im Rahmen der Unternehmens- und Betriebsführung sowie der Zu-

friedenheit von Kunden, Mitarbeitern, Lieferanten, Nachunternehmern, Banken und Behörden.
In der Bauwirtschaft gewinnen die Informations- und Kommunikationstechnologien zunehmend an Bedeutung durch dislozierte Planungs-, Koordinierungs- und Managementtätigkeit, z. B. Einsatz eines Architekturbüros aus New York, eines Tragwerksplanungsbüros aus Frankfurt/Main, eines Fachingenieurbüros für Technische Gebäudeausrüstung aus München für ein Bauvorhaben mit örtlicher Projektleitung in Berlin. Derartige Projekte erfordern Informationsplattformen (Portale) zur Vernetzung der Unternehmens- und Projektdaten für den elektronischen Austausch von Berichten, Berechnungen, Plänen und sonstigen Unternehmens- und Projektunterlagen zwischen rechtlich und wirtschaftlich selbständigen Unternehmen mit der entsprechenden zwischenbetrieblichen EDV-technischen und organisatorischen Integration. Dazu wurden von der internationalen Normungsorganisation (ISO) Standards des „Electronic Data Interchange" (EDI) geschaffen, deren Anwendung jedoch branchenspezifische Differenzierungen erfordert (vgl. z. B. Gemeinsamer Ausschuss Elektronik im Bauwesen (GAEB)).

2.1.2.4 Rechtsformen von Unternehmen

Die Wahl der Rechtsform von Unternehmen ist einerseits Gegenstand der Rechtswissenschaften wegen der juristischen Ausgestaltung, andererseits Gegenstand der Betriebswissenschaften wegen der betriebswirtschaftlichen Entscheidungsprobleme der Kapitalbeschaffung, Geschäftsführung, des Stimmrechts, der Haftung, der Gewinn- und Verlustverteilung und der steuerlichen Behandlung.
Die Wahl der Rechtsform zählt damit zu den langfristig wirksamen unternehmerischen Entscheidungen. Sie ist nicht nur bei der Gründung eines Unternehmens zu treffen, sondern muss bei Änderung unternehmensrelevanter Faktoren stets überprüft werden. Die Überführung eines Unternehmens von einer Rechtsform in eine andere bezeichnet man als Umwandlung. Einen Überblick über die in der Praxis vorkommenden Rechtsformen von Unternehmen bietet Abb. 2.1-34.
Wird ein Unternehmen gegründet oder soll ein bestehendes Unternehmen in eine andere Rechtsform umgewandelt werden, z. B. zur Erweiterung

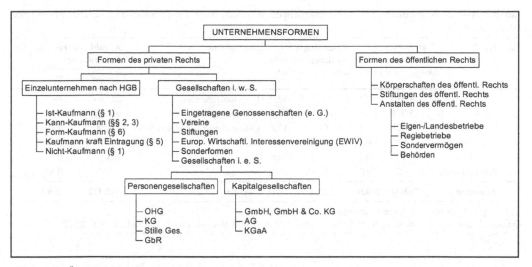

Abb. 2.1-34 Überblick über die Rechtsformen von Unternehmen

der Kapitalbeschaffungsmöglichkeiten oder wegen der Übertragung des Unternehmens auf mehrere Erben, so sind mindestens die folgenden Merkmale der in Frage kommenden Rechtsformen miteinander zu vergleichen [Stehle/Stehle 1995]:

– Rechtsgrundlagen,
– allgemeine Eignung,
– Gründung,
– Rechtsfähigkeit,
– Gesellschaftsvertrag,
– Eintragung ins Handelsregister,
– Gesellschafter,
– Kapital- und Mindesteinzahlung,
– Firmenname,
– Gesellschaftsvermögen,
– Haftung,
– Organe,
– Geschäftsführung (Innenverhältnis),
– Vertretung (Außenverhältnis),
– Gewinn- und Verlustverteilung,
– Offenlegung und Publizitätspflicht von Jahresabschluss und Lagebericht,
– steuerliche Wesensmerkmale.

Nach der Arbeitsstättenzählung vom 25.05.1987 wurden etwa 182.100 Unternehmen des Bauhaupt- und des Ausbaugewerbes mit rund 1,85 Mio. Beschäftigten gezählt (Statistisches Bundesamt 2008).

Seit 1987 hat keine Arbeitsstättenzählung mehr stattgefunden. Im Bauhauptgewerbe haben sich die Beschäftigtenzahlen von 1990 bis 2008 von ca. 1,04 Mio. auf ca. 0,72 Mio. reduziert, d. h. um knapp 30,8%.

Andererseits ist die Anzahl der Betriebe im Bauhauptgewerbe von 1990 bis 2008 von ca. 64.370 auf 74.535 angestiegen, d. h. ein Zuwachs von +15,8% (Statistisches Bundesamt 2009). Diese Tendenz zeigt, dass aus liquidierten oder in die Insolvenz gegangenen Unternehmen neue Unternehmen entstehen, die trotz stark zurückgehender Beschäftigtenzahlen zu einer wachsenden Anzahl von Unternehmen führen. Die Unternehmen im gesamten Baugewerbe verteilten sich auf die einzelnen Rechtsformen gemäß Tabelle 2.1-4. Diese Tabelle zeigt, auch die Verteilung der Unternehmen und Beschäftigten im Bauhauptgewerbe auf Größenklassen. Daraus ist die hohe Bedeutung der kleinen und mittleren Unternehmen (KMU) erkennbar.

Planungsunternehmen werden ebenfalls überwiegend als Einzelunternehmen oder Personengesellschaften geführt. Größere Planungsunternehmen wählen die Rechtsform der GmbH und zunehmend auch der kleinen AG.

Tabelle 2.1-4 Größe und Beschäftige der Unternehmen des Bauhauptgewerbes und Rechtsformen der Unternehmen des Baugewerbes 2006

Nr.	Größe	Unternehmen Bauhauptgewerbe absolut (Tsd.) in %		Beschäftigte im Bauhauptgewerbe absolut (Tsd.) in %		Rechtsform	Anzahl Unternehmen im Baugewerbe*	
							absolut	%
1	< 20	68.910	90,6	347,7	47,7	Einzelunternehmen	232.037	69,7
2	20–49	5.028	6,6	149,1	20,4	KG und GmbH	62.698	18,8
3	50–99	1.376	1,8	93,5	12,8	Offene Handelsgesellschaften	23.690	7,1
4	100–199	522	0,7	70,0	9,6	KG	11.881	3,6
5	200–499	172	0,2	48,3	6,6	AG	161	0,0
6	500 und mehr	26	0,03	20,5	2,83	Sonstige	2.505	0,8
7	Summen	76.034	100,0	729,1		Summe	332.972	100,0

* Steuerpflichtige mit Lieferungen und Leistungen über 17.500 € p.a.
Quellen: Statistisches Bundesamt, Statistisches Jahrbuch 2008, S. 609, Baustatistisches Jahrbuch 2009, S. 25–26

Einzelunternehmen

Die Firma des Einzelunternehmens umfasst gemäß § 19 HGB i. d. R. den Familiennamen des Inhabers. Die Gründung geschieht formlos. Sofern das Gewerbe einen nach Art und Umfang in kaufmännischer Weise eingerichteten Geschäftsbetrieb erfordert, ist eine Eintragung im Handelsregister erforderlich. Dies ist bei Bauunternehmen regelmäßig der Fall, nicht jedoch für Angehörige der freien Berufe wie Architekten und Ingenieure (§ 18 Abs. 1 Nr 1 EStG). Angehörige der freien Berufe betreiben kein Gewerbe, sind daher keine Kaufleute und unterliegen damit, anders als die Bauunternehmen, (bisher) nicht der Gewerbesteuerpflicht.

Der Inhaber einer Einzelunternehmung

– bringt das Geschäftskapital allein auf,
– führt die Unternehmung selbständig,
– trägt das Unternehmerrisiko allein und
– haftet allein für die Geschäftsverbindlichkeiten unmittelbar und unbeschränkt, d. h. mit dem Geschäfts- und dem Privatvermögen.

Die Vorteile dieser Unternehmensform liegen in der individuellen Entscheidungsfreiheit und Elastizität des Einzelunternehmers. Als Nachteile sind dagegen zu nennen:

– die Abhängigkeit von der Arbeitsfähigkeit des Einzelunternehmers,
– die Gefährdung der Kontinuität der Unternehmensleitung,
– die begrenzte Kapitalkraft des Einzelunternehmers und
– die schmale Kreditbasis.

Personengesellschaften

Personengesellschaften besitzen keine eigene Rechtspersönlichkeit, jedoch eine relative Rechtsfähigkeit, d. h., sie können unter ihrer Firma Rechte erwerben und Verbindlichkeiten eingehen, jedoch nicht klagen und verklagt werden. Im Vordergrund steht die persönliche Mitgliedschaft der Gesellschafter, die wiederum natürliche, juristische oder auch Personengesellschaften sein können.

Für die Bauwirtschaft hat die *Gesellschaft bürgerlichen Rechts (GbR)* besondere Bedeutung als häufige Rechtsform zur Verwirklichung von Gemeinschaftsinteressen von

– Architekten und Ingenieuren sowie
– Arbeitsgemeinschaften (ARGEN) aus mehreren Bauunternehmen.

Rechtsgrundlagen sind die §§ 705–740 BGB. Die Vorschriften des HGB sind unanwendbar.

Die Gründung geschieht durch Gesellschaftsvertrag, mit dem sich die Gesellschafter gegenseitig verpflichten, die Erreichung eines bestimmten Zweckes in der im Vertrag bestimmten Weise zu fördern. Die Gesellschafter haben ihre Gesellschaftsbeiträge zu leisten und untereinander zu haften mit der in eigenen Angelegenheiten wahrgenommenen Sorgfalt. Das Gesellschaftsvermögen steht allen Gesellschaftern in Gemeinschaft zur gesamten Hand zu. Die Vertretung nach außen wird durch einen oder mehrere geschäftsführende Gesellschafter wahrgenommen. Die Gewinn- oder Verlustverteilung richtet sich nach Köpfen, sofern im Gesellschaftsvertrag nichts anderes vereinbart ist.

Die Gesellschafter haften als Gesamtschuldner, d. h. unmittelbar und unbeschränkt mit ihrem Geschäfts- und Privatvermögen sowie solidarisch für die Schulden der Gesellschaft (§ 421 BGB).

Die *Offene Handelsgesellschaft (OHG)* ist eine Personengesellschaft, deren Zweck auf den Betrieb eines Handelsgewerbes unter gemeinschaftlicher Firma gerichtet ist und deren Gesellschafter den Gläubigern unmittelbar und unbeschränkt mit ihrem Gesellschafts- und Privatvermögen für die Gesellschaftsschulden gesamtschuldnerisch haften. Rechtsgrundlage sind die §§ 105–160 HGB sowie ergänzend die §§ 705ff BGB.

Die Firma der OHG hat den Namen (mit oder ohne Vornamen) wenigstens eines Gesellschafters mit dem Zusatz „OHG" oder „& Co." oder die Namen aller Gesellschafter zu enthalten. Die OHG ist die angesehenste, jedoch im Baugewerbe nur wenig verbreitete Rechtsform einer Handelsgesellschaft. Sofern kein persönlich haftender Gesellschafter eine natürliche Person ist, muss die Firma eine Bezeichnung erhalten, welche die Haftungsbeschränkung kennzeichnet.

Die *Kommanditgesellschaft (KG)* ist eine Personengesellschaft, deren Zweck auf den Betrieb eines Handelsgewerbes unter gemeinschaftlicher Firma gerichtet ist, mit zwei Arten von Gesellschaftern:

- *Komplementären*, d. h. mit ihrem ganzen Vermögen persönlich haftende Gesellschafter und im Wesentlichen gleicher Rechtsstellung wie OHG-Gesellschafter, sowie
- *Kommanditisten*, deren Haftung auf die im Handelsregister eingetragene Kapitaleinlage beschränkt ist.

Auch juristische Personen (Kapitalgesellschaften) können Komplementäre oder Kommanditisten sein.

Rechtsgrundlage der KG sind die §§ 161–177 HGB, ergänzend die Vorschriften über die OHG (§§ 105–160 HGB) und über die Gesellschaft bürgerlichen Rechts (§§ 705–740 BGB). Die Firma muss den Familiennamen mindestens eines Komplementärs mit einem auf das Bestehen einer Gesellschaft hinweisenden Zusatz enthalten (§ 19 HGB).

In der Bauwirtschaft ist die Kommanditgesellschaft als Rechtsform *geschlossener Immobilienfonds* (KG-Fonds, aber auch GbR-Fonds) weit verbreitet. Die Zeichner des Zertifikatkapitals zur Finanzierung jeweils vorher definierter Liegenschaften erwerben als Kommanditisten einen Teil des üblicherweise von einem Kreditinstitut treuhänderisch gehaltenen Kommanditanteils.

Die *GmbH & Co. KG* ist eine Kommanditgesellschaft, bei der eine GmbH persönlich haftender Gesellschafter (Komplementär) und andere Rechtspersonen (meist die Gesellschafter der GmbH) Kommanditisten sind. Durch die Beteiligung der GmbH wird deren Haftung als Komplementär auf deren Vermögen beschränkt. In der Firmenbezeichnung muss die GmbH erscheinen, da sonst Durchgriffshaftung in Betracht kommt. Die auf die beteiligten natürlichen Personen (Kommanditisten) entfallenden Gewinnanteile unterliegen bei diesen der Einkommensteuer, die Anteile der GmbH als Komplementärin bei dieser der Körperschaftsteuer, die nach dem Halbeinkünfteverfahren nicht mehr auf die Einkommensteuer der Gesellschafter der GmbH angerechnet wird. Dafür ist die Hälfte der Gewinnanteile nach Abzug der Körperschaftsteuer steuerfrei. Die GmbH & Co. KG unterliegt mit dem einheitlich und gesondert festgestellten Gewinn grundsätzlich der Gewerbeertragsteuer.

Durch die Kombination der Haftungsbeschränkungen der GmbH mit den steuerlichen Vorteilen der KG (z. B. des Gewerbesteuerfreibetrags von 24.500 € gemäß § 11 Abs. 1 Nr 1 GewStG) wird diese Rechtsform nach wie vor gern gewählt.

Kapitalgesellschaften

Kapitalgesellschaften sind Handelsgesellschaften, bei denen die kapitalmäßige Beteiligung der Gesellschafter im Vordergrund steht. Es ist jeweils ein bestimmtes Mindestkapital vorgeschrieben. Eine Beteiligung ohne Kapitaleinlage ist nicht möglich, eine persönliche Mitarbeit der Gesellschafter nicht zwingend erforderlich. Zu den Kapitalgesellschaften zählen die Gesellschaft mit beschränkter Haftung (GmbH), die Aktiengesellschaft (AG) und die Kommanditgesellschaft auf Aktien (KGaA). Sie zählen zur Rechtsform der *juristischen Personen*, die ihnen Rechtsfähigkeit verleiht und für Vertretung und Geschäftsführung besondere Organe erfordert, die nicht notwendigerweise mit den Gesellschafterpersonen identisch sein müssen.

Kapitalgesellschaften unterliegen der Gewerbesteuer und der Körperschaftsteuer. Die Gesellschafter zahlen Einkommensteuer unter Anrechnung der gezahlten Körperschaftsteuer.

Es bestehen strenge Formvorschriften für die Gründung, die u. a. die notarielle Beurkundung der Gesellschaftsverträge erfordern. Die Gesellschaftsteuer von 1% des Stammkapitals wurde mit Wirkung vom 01.01.1992 abgeschafft.

Gesellschaft mit beschränkter Haftung (GmbH)
Die GmbH ist eine Kapitalgesellschaft mit eigener Rechtspersönlichkeit, an der ein oder mehrere Gesellschafter mit Einlagen an dem in Stammeinlagen zerlegten Stammkapital beteiligt sind und deren Haftung auf die Erbringung der Einlagen und etwaige Nachschüsse begrenzt ist, ohne persönlich für die Verbindlichkeiten der Gesellschaft zu haften.

Der Firmenname der GmbH kann eine Sach- oder Personenfirma sein. Die Sachfirma muss vom Gesellschaftszweck abgeleitet sein. Die Personenfirma muss mindestens den Namen eines Gesellschafters enthalten. In beiden Fällen ist der Zusatz „Gesellschaft mit beschränkter Haftung (GmbH)" erforderlich.

Rechtsgrundlage ist das GmbH-Gesetz [GmbHG 1899, 2008]. Das Stammkapital beträgt mindestens 25.000 €. Der Nennbetrag jedes Geschäftsanteils muss auf volle Euro lauten. Die Beteiligung kann für die einzelnen Gesellschafter verschieden hoch sein. Die Errichtung einer GmbH erfolgt durch eine oder mehrere Personen mit Abschluss eines Gesellschaftsvertrags in notarieller Form. Mindestens 25% jeder Stammeinlage müssen eingezahlt sein, wobei die Bar- und Sacheinlagen zusammen mindestens 12.500 € erreichen müssen. Dabei besteht eine kollektive Deckungspflicht aller Gesellschafter für die Einzahlung des Stammkapitals. Gerät ein Gesellschafter mit der Einzahlung seines Kapitalanteils in Verzug, so

wird ein Kaduzierungsverfahren (Ausschlussverfahren) gegen ihn eingeleitet. Eine Nachschusspflicht besteht über den Betrag der Stammeinlage hinaus, sofern dies in der Satzung vereinbart ist. Dafür existiert jedoch keine kollektive Deckungspflicht.

Bei unbeschränkter Nachschusspflicht haben die Gesellschafter ein Abandonrecht, d. h., sie können ihren Geschäftsanteil der Gesellschaft zur Verfügung stellen, um dadurch von einer Verpflichtung zur Zahlung entbunden zu werden.

Die GmbH entsteht mit der Eintragung ins Handelsregister. Der Gesellschaftsvertrag muss Angaben enthalten über die Firma, den Sitz der Gesellschaft, den Gegenstand des Unternehmens, die Höhe des Stammkapitals und die Stammeinlagen der Gesellschafter. Änderungen sind nur mit einer Mehrheit von drei Viertel der abgegebenen Stimmen möglich (§ 53 Abs. 2 GmbHG).

Organe der Gesellschaft sind der oder die Geschäftsführer, die Gesellschafterversammlung und ggf. der Aufsichtsrat, Beirat oder Verwaltungsrat.

Der Geschäftsführer wird gemäß Gesellschaftsvertrag oder Beschluss der Gesellschafter bestellt. Im Innenverhältnis wird er durch den Anstellungsvertrag verpflichtet, wonach die Vornahme bestimmter Geschäfte nur mit Genehmigung der Gesellschafterversammlung oder des Aufsichtsrats möglich ist. Nach außen hat er jedoch unbeschränkbare Vertretungsmacht. Häufig werden Geschäftsführer vom Verbot des Selbstkontrahierens nach § 181 BGB befreit.

Die Gesellschafterversammlung hat u. a. zu bestimmen über die Feststellung des Jahresabschlusses und die Verwendung des Ergebnisses, die Einziehung und Teilung von Geschäftsanteilen, die Bestellung, Abberufung, Prüfung und Entlastung von Geschäftsführern sowie die Bestellung von Prokuristen. Beschlüsse der Gesellschafterversammlung werden mit einfacher Stimmenmehrheit gefasst (jeder € eines Geschäftsanteils gewährt nach § 47 Abs. 1 GmbHG eine Stimme, sofern in der Satzung nichts anderes bestimmt ist) bis auf die Satzungsänderung und die Auflösung, die nach § 53 und § 60 GmbHG 3/4 der abgegebenen Stimmen erfordern.

Aufsichtsrat, Beirat und Verwaltungsrat sind fakultative Organe, die in der Satzung vorgesehen werden können. Bei mehr als 500 Arbeitnehmern muss die GmbH jedoch einen Aufsichtsrat bilden, für den die aktienrechtlichen Vorschriften Anwendung finden (§ 77 BetrVG 1952; § 6 MitBestG 1976).

Tabelle 2.1-5 Größenklassen von Kapitalgesellschaften nach § 267 HGB

Kriterien	Kapitalgesellschaften		
	kleine	mittlere	große
Bilanzsumme in Mio. €	≤ 4,015	≤ 16,060	> 16,060
Jahresumsatz in Mio. €	≤ 8,030	≤ 32,120	> 32,120
Anzahl Arbeitnehmer	≤ 50	≤ 250	> 250

Seit dem 01.11.2008 ist auch eine Gründung von Mini-GmbHs, auch kleine GmbH oder 1-Euro GmbH genannt, möglich, die nur ein Stammkapital von mindestens einem Euro erfordert. Sie muss gemäß § 5a GmbHG in der Firma die Bezeichnung „Unternehmergesellschaft (haftungsbeschränkt)" oder „UG (haftungsbeschränkt)" führen.

Nach §§ 325–329 HGB sind Kapitalgesellschaften verpflichtet, die Öffentlichkeit über das Betriebsgeschehen, die Lage und Erfolge ihrer Unternehmung sowie über die Ursachen ihrer geschäftlichen Entwicklung zu informieren (Publikationspflicht). Der Veröffentlichungsumfang richtet sich nach der *Größenklasse* gemäß § 267 HGB. Danach ist zu unterscheiden zwischen kleinen, mittleren und großen Kapitalgesellschaften, sofern mindestens zwei der drei Kriterien in Tabelle 2.1-5 erfüllt werden.

Kleine Kapitalgesellschaften haben die Jahresbilanz mit verkürztem Anhang, den Ergebnisverwendungsvorschlag und -beschluss zum Handelsregister einzureichen und die Einreichung im Bundesanzeiger bekannt zu machen. *Mittelgroße und große Kapitalgesellschaften* haben die Jahresbilanz, die Gewinn- und Verlustrechnung, den Anhang, den Lagebericht, den Prüfungsvermerk, den Bericht des Aufsichtsrates sowie den Ergebnisverwendungsvorschlag und -beschluss zu veröffentlichen, wobei mittelgroße Unternehmen die Unterlagen zum Handelsregister einzureichen und die Einreichung im Bundesanzeiger bekanntzumachen haben, während große Gesellschaften die Unterlagen im Bundesanzeiger zu veröffentlichen und zum Handelsregister einzureichen haben. Die Offenlegungsfrist beträgt bei großen und mittelgroßen Kapitalgesellschaften bis zu 9 Monate nach dem Bilanzstichtag, bei kleinen bis zu 12 Monate.

Die Publikationspflicht wird von kleinen und mittleren Kapitalgesellschaften bisher nur unzureichend erfüllt, da das Bekanntwerden von Betriebsgeheimnissen befürchtet und dieses Risiko höher eingestuft wird als das Interesse der Kunden und Lieferanten, Arbeitnehmer, Gläubiger und der Öffentlichkeit. Verstöße gegen die Publikationspflicht werden jedoch durch Ordnungsgelder zwischen 2.500 und 25.000 Euro geahndet (§ 335 HGB).

Die GmbH ist wegen ihrer eindeutigen Kapitalstruktur und der Haftungsbeschränkung sowie der gesetzlichen Grundlage durch das GmbHG die angemessene Rechtsform für Bauunternehmen und auch für große Planungsgesellschaften.

Aktiengesellschaft (AG)

Die AG ist eine Handelsgesellschaft mit eigener Rechtspersönlichkeit, deren Gesellschafter mit Einlagen auf das in Aktien zerlegte Grundkapital beteiligt sind, ohne persönlich für die Verbindlichkeiten der Gesellschaft zu haften. Für die Verbindlichkeiten der AG haftet den Gläubigern nur das Gesellschaftsvermögen.

Rechtsgrundlagen sind das Aktiengesetz (AktG 1965, 2008). Die AG unterliegt der Mitbestimmung der Arbeitnehmer auf Unternehmensebene nach dem Montan-Mitbestimmungsgesetz (MoMitBestG), dem Mitbestimmungsgesetz (MitBestG) und dem Betriebsverfassungsgesetz 1952 (BetrVG 1952).

Die Gründung erfordert einen oder mehrere Gründer. Diese sind verantwortlich für die Aufstellung und die notarielle Beurkundung der Satzung, die Angaben enthalten muss über die Firma, den Sitz, den Gegenstand des Unternehmens, das Grundkapital, den Nennwert der Aktien, die Art der Zusammensetzung des Vorstandes sowie die Form für die Bekanntmachungen der AG. Die Firmenbezeichnung ist i.d.R. dem Gegenstand des Unternehmens zu entnehmen und muss den Zusatz „AG" enthalten. Das in Aktien zerlegte Grundkapital beträgt min. 50.000 €, der Mindestnennbetrag einer Aktie 1 €. Neben Stammaktien (Normalfall) existieren in bestimmten Unternehmen auch Vorzugsaktien (Gewährung von Vorzugsrechten, z.B. bei der Gewinnverteilung oder beim Stimmrecht).

Eine Aktienemission wird zum Kurswert nicht unter dem Nennwert vorgenommen, d.h. i.d.R. über pari. Das Agio (Aufgeld) ist der gesetzlichen Rücklage zuzuführen.

Zu unterscheiden ist ferner zwischen

- Inhaberaktien (Normalform; Übertragung durch Einigung und Übergabe),
- Namensaktien (Eintrag der Erwerber im Aktienbuch; ggf. Übertragung an Zustimmung der Gesellschaft gebunden) und
- Belegschaftsaktien (Angebot von Aktien an die Arbeitnehmer zwecks Kapitalerhöhung, d. h. Umwandlung von Rücklagen in Nennkapital oder Verkauf eigener Aktien zum Vorzugskurs).

Organe der Gesellschaft sind die Hauptversammlung, der Aufsichtsrat und der Vorstand. Die Gründer bestellen den ersten Aufsichtsrat, dieser bestellt den Vorstand. Später wird der Aufsichtsrat durch die Hauptversammlung gewählt.

In der Hauptversammlung nehmen die Aktionäre ihre Rechte in Angelegenheiten der AG wahr. Sie beschließt in allen von Gesetz oder Satzung bestimmten Fällen, insbesondere

- Bestellung der Aktionärsvertreter für den Aufsichtsrat,
- Verwendung des Bilanzgewinns,
- Entlastung von Vorstand und Aufsichtsrat,
- Bestellung der Abschlussprüfer,
- Beschluss über Satzungsänderungen,
- Beschluss über Maßnahmen der Kapitalbeschaffung und -herabsetzung,
- Beschluss über Auflösung der AG.

Der Aufsichtsrat einer AG oder einer KGaA muss nach § 76 Abs. 1 BetrVG 1952 zu einem Drittel aus Vertretern der Arbeitnehmer bestehen. In Kapitalgesellschaften mit i. d. R. mehr als 2.000 Arbeitnehmern gilt das Mitbestimmungsgesetz (MitBestG). Hier setzt sich der Aufsichtsrat gemäß § 7 mit i. d. R. nicht mehr als 10.000 Arbeitnehmern zusammen aus je 6 Mitgliedern der Anteilseigner und der Arbeitnehmer, bei i. d. R. mehr als 20.000 Arbeitnehmern aus je 10 Mitgliedern.

Gemäß § 7 Abs. 2 Nr. 1 MitBestG müssen sich in einem Aufsichtsrat, dem 6 Mitglieder der Arbeitnehmer angehören, 4 Arbeitnehmer des Unternehmens und 2 Vertreter von Gewerkschaften befinden.

Der Aufsichtsrat mit Ausnahme der Arbeitnehmervertreter wird durch die Hauptversammlung gewählt. Die Aufsichtsratsmitglieder der Arbeitnehmer und der Gewerkschaften nach § 7 Abs. 2 MitBestG werden gemäß den §§ 15 und 16 von den Delegierten der Arbeitnehmer gemäß § 10 MitBestG gewählt. Die Amtszeit beträgt max. 4 Bilanzjahre. Der Aufsichtsrat wählt aus seiner Mitte einen Vorsitzenden und mindestens einen Stellvertreter. Die Aufsichtsratsmitglieder brauchen nicht Aktionäre der Gesellschaft zu sein, dürfen aber nicht dem Vorstand angehören. Eine natürliche Person darf max. 10 Aufsichtsratssitze innehaben. Ferner besteht ein Verbot der Überkreuzverflechtung, d. h., sofern ein Vorstandsmitglied in der AG 1 gleichzeitig Aufsichtsrat in der AG 2 ist, darf ein Vorstandsmitglied aus der AG 2 nicht Aufsichtsratsmitglied in der AG 1 sein (§ 100 Abs. 2 AktG).

Der Aufsichtsrat muss mindestens halbjährlich einberufen werden. Die Aufgaben des Aufsichtsrates bestehen in

- der Bestellung und Abberufung des Vorstands,
- der Überwachung der Geschäftsführung sowie
- der Prüfung des Jahresabschlusses, des Geschäftsberichts und des Gewinnverwendungsvorschlags.

Der Aufsichtsrat hat in einem schriftlichen Bericht der Hauptversammlung das Ergebnis seiner Prüfung des Jahresabschlusses, des Lageberichts, des Vorschlags der Geschäftsführung über die Gewinnverwendung und des vom Abschlussprüfer erstellten Prüfungsberichtes mitzuteilen (KonTraG).

Der Vorstand wird vom Aufsichtsrat für max. 5 Jahre bestellt, jedoch ist wiederholte Bestellung zulässig (§ 84 AktG). Bei den unter das MitBestG 1976 fallenden AG und GmbH ist als gleichberechtigtes Mitglied neben den anderen Vorstandsmitgliedern ein Arbeitsdirektor zu bestellen. Der Arbeitsdirektor kann nicht gegen die Stimmen der Arbeitnehmervertreter im Aufsichtsrat gewählt werden. Er ist somit Vertrauensperson der Arbeitnehmer und Gewerkschaften und vertritt i. d. R. das Ressort Personal und Soziales.

Aufgaben des Vorstands sind die

- Eigenverantwortliche Leitung (§ 76 AktG),
- Gerichtliche und außergerichtliche Vertretung der AG (§ 78 AktG),
- Vorbereitung und Ausführung von Hauptversammlungsbeschlüssen (§ 83 AktG),
- min. ¼-jährliche Berichterstattung an den Aufsichtsrat (§ 90 AktG),

- Sorgepflicht für Buchführung (§ 91 AktG),
- Wahrnehmung der Sorgfaltspflicht bei der Geschäftsführung (§ 93 AktG),
- Einberufung der Hauptversammlung (§ 121 AktG),
- Aufstellung und Vorlage des Jahresabschlusses und Lageberichts an den Abschlussprüfer (§§ 264, 290, 320 HGB) sowie
- Offenlegung des Jahresabschlusses und Lageberichts (§§ 325 ff HGB).

Über die Verwendung des Bilanzgewinns beschließt die Hauptversammlung auf Vorschlag des Vorstands und Nachprüfung durch den Aufsichtsrat. 5 v.H. des Jahresüberschusses sind gemäß § 150 AktG der gesetzlichen Rücklage zuzuführen, bis diese und weitere Kapitalrücklagen ≥ 10% oder den in der Satzung bestimmten höheren Teil des Grundkapitals erreichen. Der auf die einzelne Aktie entfallende Anteil vom Bilanzgewinn verbleibt als Dividende, i.d.R. in € pro Mindestnennwert oder in % des Nennwertes ausgedrückt. Sie wird aufgrund des Jahresabschlusses vom Vorstand vorgeschlagen, vom Aufsichtsrat geprüft und von der Hauptversammlung beschlossen.

Die Aktiengesellschaft ist eine in der Bauwirtschaft bisher vor allem bei den großen Bauunternehmen vorkommende Rechtsform, wobei zunehmend kleine AGs in Bauunternehmen und auch Planungsbüros Verbreitung finden, deren Aktien noch nicht zum börsenmäßigen Handel nach den §§ 36–49 BörsG (1896, 1998) zugelassen sind. (vgl. § 3 Abs. 2 AktG).

2.1.3 Arbeits- und Tarifrecht in der Bauwirtschaft

Das Arbeitsrecht regelt die Rechtsbeziehungen zwischen Arbeitgebern und Arbeitnehmern. Es wird definiert als das *„Sonderrecht der Arbeitnehmer"* und umfasst die Gesamtheit aller Rechtsregeln, die sich mit der unselbständigen, abhängigen Arbeit der in einem Unternehmen beschäftigten Personen befassen, die fremdbestimmte Arbeit leisten und dabei an Weisungen hinsichtlich Art, Ausführung, Ort und Zeit der Arbeit gebunden sind.

Das *individuelle Arbeitsrecht* beinhaltet die rechtliche Regelung der Beziehungen zwischen Ar-

beitgebern und Arbeitnehmern, das *kollektive Arbeitsrecht* dagegen die Beziehungen zwischen den Zusammenschlüssen, d.h. von Arbeitgeberverbänden oder einzelnen Arbeitgebern einerseits sowie Gewerkschaften oder Betriebsräten andererseits.

Das Arbeitsrecht ist bisher in viele Einzelgesetze zersplittert, wie z.B. Betriebsverfassungs-, Kündigungsschutz-, Jugendarbeitsschutzgesetz, Arbeitszeitordnung sowie die §§ 611–630 BGB und die §§ 105 ff GewO. Es gibt bisher in der Bundesrepublik Deutschland kein einheitliches und zusammenfassendes Arbeitsgesetzbuch, obwohl in Art. 30 des Einigungsvertrages vom 31.08.1990 (BGBl. II S. 889) gefordert wurde, das Arbeitsvertragsrecht und das öffentlich-rechtliche Arbeitsrecht „möglichst bald einheitlich neu zu kodifizieren". Daher ist das Arbeitsrecht nach wie vor weitgehend Richterrecht. Die Arbeitsgerichte sehen sich zur Schließung von Gesetzeslücken und zur Rechtsfortbildung veranlasst.

Arbeitsrecht ist einerseits zwingendes Recht, andererseits sind abweichende Vereinbarungen möglich, wenn diese den Arbeitnehmer günstiger stellen *(Günstigkeitsprinzip)*.

Ferner gilt für die Rangfolge arbeitsrechtlicher Regelungen der *Vorrang des Kollektivrechts vor* dem *Individualrecht* und nach dem Grundsatz des Art. 31 GG *Bundesrecht vor Landesrecht*, d.h. folgende Rangreihe:

1. Grundgesetz,
2. Bundesgesetze,
3. Länderverfassungen,
4. Ländergesetze,
5. Tarifverträge,
6. Betriebsvereinbarungen,
7. Arbeitsvertrag.

Dabei ist jedoch das *Ordnungsprinzip* für das Verhältnis einander ablösender kollektiver Ordnungen zu beachten. Danach gelten der spätere Tarifvertrag oder die spätere Betriebsvereinbarung vor den jeweils früheren, auch wenn die neuen Vereinbarungen zu schlechteren Arbeitsbedingungen für die Arbeitnehmer führen. Insoweit gilt das Günstigkeitsprinzip nicht.

Die Unterscheidung in Arbeiter und Angestellte, die bei der Entstehung des Arbeitsrechts eine wesentliche Rolle spielte, hat heute nur noch Bedeutung für das kollektive Arbeitsrecht, vor allem das Betriebsverfassungsrecht und das Recht der Unternehmensmitbestimmung. In § 133 Abs. 2 SGB VI ist beispielhaft aufgezählt, wer zu den *Angestellten* gehört, u. a.

- Angestellte in leitender Stellung,
- technische Angestellte in Betrieb, Büro und Verwaltung, Werkmeister und andere Angestellte in einer ähnlich gehobenen oder höheren Stellung,
- Büroangestellte,
- Handlungsgehilfen und andere Angestellte für kaufmännische Dienste,
- Bühnenmitglieder und Musiker sowie
- Angestellte in Berufen der Erziehung, des Unterrichts, der Fürsorge, der Kranken- und Wohlfahrtspflege.

Wer nicht Angestellter ist, gehört zur Gruppe der *Arbeiter*.

2.1.3.1 Ausgewählte Rechtsgrundlagen des Arbeitsrechts

Eine Vielzahl von Gesetzen regelt das Arbeitsrecht. Nachfolgende Übersicht listet in alphabetischer Ordnung die wichtigsten Gesetze auf (Arbeitsgesetze, Beck-Texte 2009):

Allgemeines Gleichbehandlungsgesetz (AGG)
Altersteilzeitgesetz (AltersteilzeitG)
Arbeitnehmer-Entsendegesetz (AEntG)
Arbeitnehmerüberlassungsgesetz (AÜG)
Arbeitsgerichtsgesetz (ArbGG)
Arbeitsplatzschutzgesetz (ArbPlSchG)
Arbeitsschutzgesetz (ArbSchG)
Arbeitssicherheitsgesetz (ArbSichG)
Arbeitszeitgesetz (ArbZG)
Aufenthaltsgesetz (AufenthG)
Aufwendungsausgleichsgesetz (AAG)
Befristete Arbeitsverträge mit Ärzten in der Weiterbildung (ÄrzteBefrG)
Berufsbildungsgesetz (BBiG)
Betriebsrentengesetz (BetrAVG)
Betriebsverfassungsgesetz (BetrVG)
Bürgerliches Gesetzbuch (BGB)
Bundesdatenschutzgesetz (BDSG)
Bundeselterngeld- und Elternzeitgesetz (BEEG)
Bundes-Immissionsschutzgesetz (BImSchG)
Bundesurlaubsgesetz (BUrlG)
Drittelbeteiligungsgesetz (DrittelbG)

EG-Vertrag (EGV)
Einführungsgesetz zum BGB (EGBGB)
Einkommensteuergesetz (EStG)
Entgeltfortzahlungsgesetz (EntgeltfortzahlungsG)
Europäische Betriebsrätegesetz (EBRG)
Feiertage, Übersicht
Gerichtskostengesetz (GKG)
Gewerbeordnung (GewO)
Grundgesetz (GG)
Handelsgesetzbuch (HGB)
Heimarbeitsgesetz (HAG)
Insolvenzordnung (InsO)
Jugendarbeitsschutzgesetz (JArbSchG)
Kinderarbeitsschutzverordnung (KindArbSchV)
Kündigungsschutzgesetz (KSchG)
Ladenschlussgesetz (LadSchlG)
Mindestarbeitsbedingungengesetz (MindArbBedG)
Mitbestimmungsgesetz (MitbestG)
Mitbestimmungsergänzungsgesetz (MontMit-BestErgG)
Montan-MitbestimmungGesetz (Montan-MitbestG)
Mutterschutzgesetz (MuSchG)
Mutter-Arbeitsschutzverordnung (MuSchV)
Nachweisgesetz (NachwG)
Pflegezeitgesetz (PflegeZG)
Reichsversicherungsordnung (RVO)
Schwarzarbeitsbekämpfungsgesetz (SchwarzArbG)
Sozialgesetzbuch – Zweites Buch – Grundsicherung für Arbeitssuchende (SGB II)
Sozialgesetzbuch – Drittes Buch – Arbeitsförderung (SGB III)
Sozialgesetzbuch – Viertes Buch – Gemeinsame Vorschriften für die Sozialversicherung (SGB IV)
Sozialgesetzbuch – Fünftes Buch – Gesetzliche Krankenversicherung (SGB V)
Sozialgesetzbuch – Sechstes Buch – Gesetzliche Rentenversicherung (SGB VI)
Sozialgesetzbuch – Siebtes Buch – Gesetzliche Unfallversicherung (SGB VII)
Sozialgesetzbuch – Neuntes Buch – Rehabilitation und Teilhabe behinderter Menschen (SGB IX)
Sozialgesetzbuch – Zehntes Buch – Sozialverwaltungsverfahren und Sozialdatenschutz (SGB X)
Sprecherausschussgesetz (SprAuG)
Staatsvertrag
Tarifvertragsgesetz (TVG)
Teilzeit- und Befristungsgesetz (TzBfG)
Umwandlungsgesetz (UmwG)

Wahlordnung zum Betriebsverfassungsgesetz (WO)
Wissenschaftszeitvertragsgesetz (WissZeitVG)
Zivilprozessordnung (ZPO)

2.1.3.2 Betriebliche Ordnung und Mitbestimmung

Die betriebliche Ordnung und Mitbestimmung
wird im *Betriebsverfassungsgesetz (BetrVG, 1972,
2009)* geregelt. Auf Betriebsebene vertritt der Betriebsrat die Interessen der Arbeitnehmer. Umfasst
ein Unternehmen mehrere Betriebe, so ist außerdem ein Gesamtbetriebsrat zu bilden, der aus den
Vertretern der einzelnen Betriebsräte besteht.

Das Betriebsverfassungsgesetz gilt nicht im Bereich des öffentlichen Dienstes. Die Mitbestim-
mungsrechte der Mitarbeiter regeln die Personal-
vertretungsgesetze des Bundes und der Länder.
Wahrgenommen wird die Vertretung durch einen
gewählten Personalrat.

Das *Mitbestimmungsgesetz (1976, 2009)* findet
für alle Unternehmen Anwendung, die in der
Rechtsform einer Aktiengesellschaft, einer Kommanditgesellschaft auf Aktien, einer Gesellschaft
mit beschränkter Haftung oder einer Erwerbs- und
Wirtschaftsgenossenschaft betrieben werden und
i. d. R. mehr als 2.000 Arbeitnehmer beschäftigen.
Es regelt in Deutschland die Aufnahme von Arbeitnehmervertretern in die paritätisch zu besetzenden
Aufsichtsräte der Unternehmen.

2.1.3.3 Tarifrecht in der Bauindustrie

Das moderne Arbeitsrecht wird vom Grundsatz der
sozialen Selbstverwaltung geprägt. Das Grund-
recht der Arbeitsverfassung ist die Koalitionsfrei-
heit gemäß Art. 9 Abs. 3 GG.

In einem gemeinsamen Protokoll zum Vertrag
über die Schaffung einer Währungs-, Wirtschafts-
und Sozialunion zwischen der Bundesrepublik
Deutschland und der Deutschen Demokratischen
Republik vom 18.05.1990 (BGBl II S. 537) heißt
es ergänzend unter

A. Generelle Leitsätze III. Soziale Union:

„2. Tariffähige Gewerkschaften und Arbeitgeberverbände müssen frei gebildet, gegnerfrei, auf
überbetrieblicher Grundlage organisiert und unabhängig sein sowie das geltende Tarifrecht als für
sich verbindlich anerkennen; ferner müssen sie in

der Lage sein, durch Ausüben von Druck auf den
Tarifpartner zu einem Tarifabschluss zu kommen.

3. Löhne und sonstige Arbeitsbedingungen werden nicht vom Staat, sondern durch freie Vereinbarungen von Gewerkschaften, Arbeitgeberverbänden und Arbeitgebern festgelegt."

Das *Tarifvertragsgesetz (TVG)* regelt in § 1 Inhalt und Form des Tarifvertrages, der einerseits in
einem schuldrechtlichen oder obligatorischen Teil
die Rechte und Pflichten der Tarifvertragsparteien
regelt und andererseits in einem normativen Teil
Rechtsnormen enthält, die den Inhalt, den Abschluss und die Beendigung von Arbeitsverhältnissen sowie betriebliche und betriebsverfassungs-
rechtliche Fragen ordnen können. Tarifverträge
bedürfen der Schriftform.

Tarifvertragsparteien sind gemäß § 2 Gewerkschaften, einzelne Arbeitgeber sowie Vereinigun-
gen von Arbeitgebern. Daher sind Verbands- und
Firmentarifverträge zu unterscheiden. Tarifgebunden sind gemäß § 3 die Mitglieder der Tarifvertragsparteien und der einzelne Arbeitgeber, der
selbst Partei des Tarifvertrages ist. Durch die Tarifgebundenheit haben die Tarifvertragsparteien eine
obligatorische Friedenspflicht. Bei Rechtsnormen
über betriebliche und betriebsverfassungsrechtli-
che Fragen genügt es für die Tarifgeltung im Betrieb, dass der Arbeitgeber tarifgebunden ist. Die
Rechtsnormen des Tarifvertrages gelten gemäß § 4
Abs. 1 unmittelbar und zwingend zwischen den
beiderseits Tarifgebundenen. Abweichende Abma-
chungen sind nur zugunsten des Arbeitnehmers zulässig. Nach Ablauf des Tarifvertrages gelten seine
Rechtsnormen weiter, bis sie durch eine andere
Abmachung ersetzt werden.

Gemäß § 5 kann ein Tarifvertrag für allgemein
verbindlich erklärt werden, wenn

„1. die tarifgebundenen Arbeitgeber nicht weniger als 50 v. H. der unter den Geltungsbereich des
Tarifvertrages fallenden Arbeitnehmer beschäftigen und

2. die allgemein verbindliche Erklärung im öffentlichen Interesse geboten erscheint."

Mit der Allgemeinverbindlichkeitserklärung erfassen die Rechtsnormen des Tarifvertrages in seinem Geltungsbereich gemäß Abs. 4 auch die bisher
nicht tarifgebundenen Arbeitgeber und Arbeitnehmer.

Tarifvertragsparteien in der Bauwirtschaft sind für das Baugewerbe

- der Zentralverband des Deutschen Baugewerbes (ZDB) und der Hauptverband der Deutschen Bauindustrie (HVBi) einerseits sowie
- die Industriegewerkschaft Bauen-Agrar-Umwelt (IG BAU) andererseits

für die Bauplaner

- der Arbeitgeberverband selbständiger Ingenieure und Architekten (ASIA) bzw. die Vereinigung freischaffender Architekten (VfA) bzw. die Arbeitgebergemeinschaft für Architekten und Ingenieure (AAI) einerseits sowie
- die Vereinte Dienstleistungsgewerkschaft (ver.di) bzw. die Industriegewerkschaft Bauen-Agrar-Umwelt (IG BAU) andererseits.

Die Tarifvertragsparteien des Baugewerbes haben sich, wie die meisten anderen Wirtschaftszweige in Deutschland auch, für Streitfälle, die zu Kampfmaßnahmen führen können, zur Durchführung eines Schlichtungsverfahrens nach dem Schlichtungsabkommen Bau (1979, 1993) verpflichtet. Dieses Abkommen zwingt die Tarifvertragsparteien zur Anrufung einer Zentralschlichtungsstelle unter der Leitung eines unparteiischen Vorsitzenden. Während dieses Verfahrens besteht Friedenspflicht, d.h. die Durchführung von Urabstimmungen, Streiks, Aussperrungen oder sonstigen Kampfmaßnahmen ist unzulässig.

Arbeitskampfmaßnahmen sind hierdurch erst nach einem Scheitern des Schlichtungsverfahrens zulässig. Als wichtigste Kampfmittel gelten der Streik der Arbeitnehmerseite und die Aussperrung durch die Arbeitgeberseite.

Das Streikrecht ist durch Art. 9 Abs. 3 GG verfassungsrechtlich garantiert. Nach herrschender Meinung wird ein Streik nur unter folgenden Voraussetzungen als rechtmäßig anerkannt:

- Er muss von einer Gewerkschaft geführt werden.
- Er muss sich gegen einen Tarifpartner richten.
- Mit dem Streik muss die kollektive Regelung von Arbeitsbedingungen erstrebt werden.
- Der Streik darf nicht gegen Grundregeln des kollektiven Arbeitsrechts verstoßen.

- Der Streik darf nicht gegen das Prinzip der fairen Kampfführung verstoßen.
- Die Gewerkschaft muss alle Möglichkeiten der friedlichen Einigung ausgeschöpft haben (Friedenspflicht).

Ein Streikbeschluss wird i.d.R. durch eine Urabstimmung herbeigeführt, bei der alle Mitglieder befragt werden. Dabei müssen sich mindestens 75% der Befragten für einen Streik aussprechen.

Die Rechtsfolgen eines rechtmäßigen Streiks bestehen darin, dass die Arbeitnehmer für die Dauer des Streiks nicht verpflichtet sind zu arbeiten. Sie haben für diese Zeit aber auch keinen Anspruch auf Arbeitslohn oder bezahlten Urlaub. Die Gewerkschaften zahlen während eines Streiks Streikvergütungen an ihre Mitglieder.

Die Beteiligung am Streik muss freiwillig sein. Wer arbeiten will, darf von der Streikleitung nicht daran gehindert werden. Eine psychologische Einflussnahme ist jedoch erlaubt. Wenn Arbeitswillige wegen streikender Arbeitnehmer nicht arbeiten können, so erhalten alle Arbeitnehmer keinen Lohn, da der Unternehmer sonst den gegen sich gerichteten Streik finanzieren müsste.

Die Aussperrung stellt das Gegenrecht des Arbeitgebers zum Streik dar. Sie bedeutet die Aussetzung (Suspendierung) des Arbeitsverhältnisses, nur ausnahmsweise deren Auflösung, wenn diese nach dem Grundsatz der Verhältnismäßigkeit gerechtfertigt ist. Eine Aussperrung, die gezielt nur die Mitglieder der streikenden Gewerkschaft erfasst, ist rechtswidrig.

Der erste Bauarbeitertarif wurde im Jahre 1910 vereinbart und ist eines der vielfältigsten Tarifsysteme mit knapp 40 meist bundesweit gültigen Tarifverträgen.

Die Tarifsammlung für die Bauwirtschaft gliedert sich in vier große Gruppen [Zander 2010]:

- Entgelttarifverträge,
- Rahmentarifverträge,
- Sozialkassentarifverträge und
- Verfahrenstarifverträge.
- Tabellenwerk

Nachfolgende Übersicht listet alphabetisch geordnet die wichtigsten Gesetze und Vertragsarten auf:

Allgemeinverbindlichkeit von Tarifverträgen (AVE-Bekanntmachung)

Altersteilzeitgesetz (AltTZG)
Bundesrahmentarifvertrag (BRTV)
Entgelttarifverträge gewerbliche Arbeitnehmer,
Poliere und Angestellte
Förderung der ganzjährigen Beschäftigung in der
Bauwirtschaft (Winterbauförderung)
Gemeinsame Erklärung zur Durchsetzung und
Kontrolle der Mindestlöhne im Baugewerbe vom
29.10.2003
Materielle Sozialkassentarifverträge
Rahmentarifverträge (RTV)
Schlichtungsabkommen für das Baugewerbe
Tarifvertrag für Leistungslohn im Baugewerbe
(RTV Leilo)
Tarifvertrag über die Berufsbildung im Bauge-
werbe (BBTV)
Tarifvertragsgesetz (TVG)
Tarifvertrag zur Regelung der Mindestlöhne im
Baugewerbe (TV Mindestlohn)
Verfahrenstarifverträge (VTV)

Vertiefende Informationen zu ausgewählten Rechtsgrundlagen des Arbeitsrechts, zum Betriebsverfas-
sungs- und Mitbestimmungsgesetz sowie zum Tarifrecht in der Bauwirtschaft enthalten (Diederichs
2005, S. 67–102) und weitere einschlägige Titel im
Literaturverzeichnis.

2.1.4 Unternehmensrechnung

Ganz allgemein ist das *Rechnungswesen* ein zah-
lenmäßiges Spiegelbild aller wirtschaftlichen Un-
ternehmens- und Betriebsvorgänge. Es dient dazu,
alle in Zahlen ausdrückbaren wirtschaftlichen Tatbestände und Vorgänge mengen- und wertmäßig zu
erfassen, zu verarbeiten und in Erfüllung unterneh-
mensexterner und unternehmensinterner Aufgaben
auszuwerten.

Zu den unternehmensexternen Aufgaben gehört
in erster Linie die Rechenschaftslegung gegenüber
den sog. Stakeholdern, die ein berechtigtes Interesse an Unternehmensdaten und -informationen haben. Dazu zählen

- Gesellschafter (Shareholder),
- Gläubiger (Banken und sonstige Kreditgeber),
- Kunden,
- Finanzbehörden,
- Arbeitnehmer,

- Lieferanten und
- die interessierte Öffentlichkeit.

Die unternehmensinterne Aufgabe besteht in der
Bereitstellung von Unterlagen für die wirtschaftliche Steuerung des betrieblichen Geschehens sowie für die Preisermittlung.

Das Rechnungswesen hat damit insbesondere
Zahlen zu liefern über

- Vermögen und Kapital,
- Aufwendungen, Erträge und Erfolg sowie
- Kosten, Leistungen und Ergebnisse.

Dabei sind die aus den §§ 238 ff HGB abgeleiteten
Grundsätze ordnungsmäßiger Buchführung und
Bilanzierung sowie darüber hinausgehende han-
dels-, steuer- und preisrechtliche sowie sonstige
einschlägige gesetzliche Vorschriften zu beachten.

2.1.4.1 Aufbau des betrieblichen Rechnungswesens

Nach traditioneller Einteilung wird zwischen exter-
nem und internem Rechnungswesen unterschieden.

Das *externe Rechnungswesen* (Unternehmensrechnung, Finanzbuchhaltung) erfasst die Werte-
veränderungen einer Unternehmung (den äußeren
Kreis) aus seinen Geschäftsbeziehungen zur Umwelt und die dadurch bedingten Veränderungen der
Vermögens- und Kapitalverhältnisse durch Aufstellung von Bilanzen, Gewinn- und Verlustrechnungen sowie des Jahresabschlusses.

Das *interne Rechnungswesen* (Betriebsbuchhal-
tung, Baubetriebsrechnung) dient, auf den Werten
der Finanzbuchhaltung aufbauend, der innerbetrieblichen Abrechnung (dem inneren Kreis) zur zahlen-
mäßigen Erfassung und Darstellung der innerbetrieblichen Kosten-, Leistungs- und Ergebnisdaten.

Die Systembereiche des baubetrieblichen Rechnungswesens zeigt Tabelle 2.1-6.

Kontenrahmen

Zwecks Erreichung einer aufschlussreichen Buchführung soll für jeden Wirtschaftszweig durch einen spezifischen Kontenrahmen eine systematische
Anordnung und Gliederung der Konten und damit
auch der Buchhaltungszahlen erreicht werden.
Sachlich gleichartige Konten werden nach Kon-
tengruppen geordnet. Diese werden zu Kontenklassen zusammengefasst. Die Anzahl der Konten

Tabelle 2.1-6 Systembereiche des baubetrieblichen Rechnungswesens

Unternehmensrechnung		Baubetriebsrechnung			
Bilanz	Gewinn- und Verlustrechnung	Bauauftrags-rechnung	Kosten-, Leistungs-, Ergebnis-rechnung	Soll/Ist-Vergleichs-rechnung	Kennzahlen-rechnung
Aktiva – Anlage-vermögen – Umlauf-vermögen – Verlust	**Erlöse und Erträge aus** – Umsatz – anderen Leistungen – Gewinngemeinschaften – Beteiligungen – Finanzanlagen – Zinsen usw. – Sonstigem	Vorkalkulation Auftrags-kalkulation Arbeits-kalkulation	Abgrenzungs-rechnung Kosten-rechnung Leistungs-rechnung	von Mengen von Werten	für Bauauftrags-rechnung aus Kosten-, Leistungs-, Ergebnis rechnung aus Soll/Ist-Vergleichs-rechnung
Passiva – Eigenkapital – Fremdkapital – Gewinn	**Aufwendungen für** – Roh-/Hilfs-/Betriebsstoffe – bezogene Waren – Löhne – Sozialabgaben – Abschreibungen – Zinsen usw. – Sonstiges	Nachtrags-kalkulation Nach-kalkulation	Ergebnis-rechnung		
	Jahresüberschuss/-fehlbetrag **Gewinn-/Verlustvortrag aus dem Vorjahr** **Entnahmen aus offenen Rücklagen** **Einstellungen aus Jahresüber-schuss in offene Rücklagen** **Reingewinn/-verlust**				

und Unterkonten richtet sich nach den einzelbe-trieblichen Bedürfnissen und Wünschen. Für Glie-derung und Kodierung der Konten wird allgemein das Zehnersystem angewandt:

1. Stelle = Kontenklasse,
2. Stelle = Kontengruppe,
3. Stelle = Konto,
4. Stelle = Unterkonto.

Der Kontenrahmen soll nicht nur ein systemati-sches Kontenverzeichnis zwecks einheitlicher Bu-chung der Geschäftsvorfälle sein, sondern auch einen Organisationsplan der betrieblichen Rech-nungslegung bilden. Er muss daher einen einwand-freien Einblick in die Rechnungslegung hinsicht-lich Vermögensstand und -änderung, Eigen- und Fremdkapital sowie Aufwendungen und Erträge in ihrem zeitlichen Ablauf gewährleisten.

Nach allgemeinen betriebswirtschaftlichen Grundsätzen dient ein branchenbezogener Konten-rahmen dem systematischen Aufbau der Buchfüh-rung dieses Wirtschaftszweiges. Er bildet somit die Grundlage für den Kontenplan jedes einzelnen Un-ternehmens.

Für die Bauwirtschaft wurde 1973 der *Baukon-tenrahmen* von den beiden Spitzenverbänden der Deutschen Bauwirtschaft (Hauptverband der Deut-schen Bauindustrie und Zentralverband des Deut-schen Baugewerbes) auf der Basis des Industrie-kontenrahmens 1971 (BKR-73 auf der Basis des IKR-1971) veröffentlicht und mit Einführung des Bilanzrichtliniengesetzes zum BKR-87 fortge-schrieben (Tabelle 2.1-7).

Der BKR 87 ist gegliedert in Bilanz- und Er-folgskonten, in Eröffnung und Abschluss sowie in Konten für die Kosten- und Leistungsrechnung:

Tabelle 2.1-7 Baukontenrahmen 1987

Bilanzkonten		Erfolgskonten	Eröffnung und Abschluss
Aktiva	Passiva		

Aktiva	Passiva	Erfolgskonten	Eröffnung und Abschluss
Kontenklasse 0 **Sachanlagen und immaterielle Vermögensgegenstände** 00 Ausstehende Einlagen; Aufwendungen für die Ingangsetzung u. Erweiterung des Geschäftsbetriebs; immaterielle Vermögensgegenstände 01 Grundstücke u. grundstücksgleiche Rechte mit Geschäfts-, Fabrik- u. anderen Bauten 02 Grundstücke u. grundstücksgleiche Rechte mit Wohnbauten 03 Grundstücke u. grundstücksgleiche Rechte 04 Bauten auf fremden Grundstücken 05 Baugeräte 06 Techn. Anlagen u. stationäre Maschinen 07 Betriebs- und Geschäftsausstattung 08 Anlagen im Bau u. geleistete Anzahlungen 09 Frei **Kontenklasse 1** **Finanzvermögen** 10 Anteile an verbundenen Unternehmen 11 Ausleihungen an verbundene Unternehmen 12 Beteiligungen 13 Ausleihungen an Unternehmen, mit denen ein Beteiligungsverhältnis besteht 14 Wertpapiere des Anlagevermögens 15 Sonstige Ausleihungen 16 Anteile an verbundenen Unternehmen 17 Eigene Anteile 18 Sonstige Wertpapiere u. Schuldscheindarlehen 19 Schecks; Kassenbestand; Guthaben bei Bundesbank u. Kreditinstituten	**Kontenklasse 3** **Eigenkapital, Wertberichtigungen und Rückstellungen** 30 Kapitalkonten/Gezeichnetes Kapital 31 Kapitalrücklagen 32 Gewinnrücklagen 33 Ergebnisverwendung 34 Ausgleichsposten 35 Sonderposten mit Rücklageanteil 36 Wertberichtigungen 37 Rückstellungen für Pensionen und ähnl. Verpflichtungen 38 Steuerrückstellungen 39 Sonstige Rückstellungen **Kontenklasse 4** **Verbindlichkeiten und passive Rechnungsabgrenzung** 40 Anleihen u. Verbindlichkeiten gegenüber Kreditinstituten 41 Erhaltene Anzahlungen auf Bestellungen 42 Verbindlichkeiten aus Lieferungen u. Leistungen 43 Verbindlichkeiten gegenüber Arbeitsgemeinschaften 44 Verbindlichkeiten aus Annahme gezogener Wechsel u. Ausstellung eigener Wechsel 45 Verbindlichkeiten gegenüber verbundenen Unternehmen u. Beteiligungsgesellschaften 46 Verbindlichkeiten aus Steuern 47 Verbindlichkeiten im Rahmen der sozialen Sicherheit 48 Andere sonstige Verbindlichkeiten 49 Passive Rechnungsabgrenzungsposten	**Kontenklasse 5** **Erträge** 50 Umsatzerlöse aus Bauleistungen 51 Umsatzerlöse aus Lieferungen u. Leistungen u. Ergebnisanteile von Arbeits- u. Beteiligungsgemeinschaften 52 Sonstige Umsatzerlöse 53 Erhöhung od. Verminderung des Bestands an fertigen u. unfertigen Erzeugnissen u. Bauleistungen 54 Andere aktivierte Eigenleistungen 55 Erträge aus Beteiligungen u. sonstigen Finanzanlagen 56 Sonstige Zinsen u. ähnliche Erträge 57 Erträge aus Abgang von/ aus Zuschreibungen zu Gegenständen des Anlagevermögens 58 Erträge aus Auflösungen von Wertberichtigungen, Rückstellungen u. Sonderposten mit Rücklageanteil 59 Sonstige Erträge; Erträge aus Verlustübernahme u. außerordentliche Erträge **Kontenklasse 6** **Betriebliche Aufwendungen – Kostenarten** 60 Personalaufwendungen für gewerbl. Arbeitnehmer, Poliere u. Meister sowie Auszubildende 61 Personalaufwendungen für techn./kaufm. Angestelle sowie Auszubildende 62 Aufwendungen für Roh-, Hilfs- u. Betriebsstoffe, Ersatzteile sowie für bezogene Waren 63 Aufwendungen für Rüst- u. Schalmaterial 64 Aufwendungen für Baugeräte 65 Aufwendungen für Baustellen-, Betriebs- u. Geschäftsausstattung 66 Aufwendungen für bezogene Leistungen	**Kontenklasse 8** **Abgrenzungen und Abschluss** 80 Betriebsergebnisrechnung 81 Periodische Ergebnisabgrenzungen 82 Kalkulatorische Ergebnisabgrenzungen 83 Umwertungsabgrenzungen 84 Sonstige Ergebnisrechnung 85 Kurzfristige Erfolgsrechnung (KLER) 86 Gewinn- und Verlustrechnung 87 Bilanzrechnung 88 Frei 89 Frei **Kontenklasse 9** 90 Aus der Unternehmensrechnung übernommene Aufwendungen und Erträge 91 Unternehmensbezogene Abgrenzungen 92 Betriebsbezogene Abgrenzungen 93 Kosten- und Leistungsarten 94 Schlüsselkosten 95 Verwaltung 96 Hilfsbetriebe und Verrechnungskostenstellen 97 Baustellen 98 Übergangskostenstellen zu Gemeinschaftsbaustellen (z. B. Argen) 99 Ergebnisrechnung

Tabelle 2.1-7 Fortsetzung

Bilanzkonten		Erfolgskonten	Eröffnung und Abschluss
Aktiva	**Passiva**		

Bilanzkonten Aktiva	Erfolgskonten
Kontenklasse 2 **Vorräte, Forderungen und aktive Rechnungsabgrenzung** 20 Roh-, Hilfs- u. Betriebsstoffe; Ersatzteile 21 Nicht abgerechnete (unfertige) Bauleistungen; unfertige Erzeugnisse 22 Fertige Erzeugnisse u. Waren 23 Geleistete Anzahlungen auf Vorräte 24 Forderungen aus Lieferungen u. Leistungen einschl. Wechselforderungen 25 Forderungen gegen Arbeitsgemeinschaften 26 Frei für interne Verrechnungskonten 27 Forderungen gegen verbundene Unternehmen u. Beteiligungsgesellschaften 28 Sonstige Vermögensgegenstände 29 Aktive Rechnungsabgrenzungsposten; Steuerabgrenzung	67 Versch. Aufwendungen 68 Aufwendungen aus Zuführung zu Rückstellungen 69 Frei (für innerbetriebl. Leistungsverrechnung) **Kontenklasse 7** **Sonstige Aufwendungen** 70 Abschreibungen auf aktivierte Aufwendungen für Ingangsetzung u. Erweiterung des Geschäftsbetriebs 71 Abschreibungen auf Finanzanlagen u. Wertpapiere des Umlaufvermögens 72 Verluste aus Wertminderungen od. Abgang von Vorräten 73 Verluste aus Wertminderungen von Gegenständen des Umlaufvermögens außer Vorräten u. Wertpapieren sowie aus Erhöhung der Pauschalwertberichtigung zu Forderungen 74 Verluste aus Abgang von Gegenständen des Umlaufvermögens außer Vorräten 75 Verluste aus Abgang von Gegenständen des Anlagevermögens 76 Zinsen u. ähnl. Aufwendungen 77 Steuern vom Einkommen, vom Ertrag u. sonst. Steuern 78 Einstellungen in Sonderposten mit Rücklageanteil 79 Andere Aufwendungen; Aufwendungen aus Verlustübernahme; außerordentl. Aufwendungen

– die Klassen 0 bis 2 enthalten die aktiven, die Klassen 3 bis 4 die passiven Bestandskonten,
– Klasse 5 nimmt die Ertragskonten auf, die Klassen 6 und 7 enthalten die Aufwandskonten,
– Klasse 8 ist den Eröffnungs- und Abschlusskonten vorbehalten, Klasse 9 der Kosten- und Leistungsrechnung.

Buchführungsvorschriften

Das Bilanzrecht wird im Wesentlichen im 3. Buch des HGB (§§ 238–339) geregelt. Der 1. Abschnitt (§§ 238–263) enthält diejenigen Vorschriften über die Buchführung und Bilanzierung, die von allen Kaufleuten zu beachten sind. Der 2. Abschnitt (§§ 264–335) enthält ergänzende Vorschriften für Kapitalgesellschaften (AG, KGaA, GmbH), der 3. Abschnitt (§§ 336–339) solche für eingetragene Genossenschaften.

Nach § 238 Abs. 1 HGB ist jeder Kaufmann verpflichtet, Bücher zu führen und in ihnen seine Handelsgeschäfte und die Lage seines Vermögens nach den Grundsätzen ordnungsmäßiger Buchführung ersichtlich zu machen. Statt des in Gesetzestexten noch vorhandenen Begriffs „Buchführung" hat sich in der Praxis der Begriff „Rechnungswesen" durchgesetzt.

Jeder Kaufmann hat gemäß § 240 HGB zu Beginn seines Handelsgewerbes und danach für den Schluss eines jeden Geschäftsjahres ein Inventar (Verzeichnis der Vermögensgegenstände und Schulden) aufzustellen. Dazu hat er gemäß § 242 HGB zu Beginn seines Handelsgewerbes und für den Schluss eines jeden Geschäftsjahres einen das Verhältnis seines Vermögens und seiner Schulden darstellenden Abschluss (Eröffnungsbilanz, Bilanz) aufzustellen. Ferner hat er für den Schluss eines jeden Geschäftsjahres eine Gegenüberstellung der Aufwendungen und Erträge des Geschäftsjahres aufzustellen (Gewinn- und Verlustrechnung). Die Bilanz sowie die Gewinn- und Verlustrechnung bilden den Jahresabschluss.

Gemäß § 243 HGB ist der Jahresabschluss nach den *Grundsätzen ordnungsmäßiger Buchführung* aufzustellen. Er muss klar und übersichtlich sein sowie gemäß § 245 HGB vom Kaufmann unter Angabe des Datums unterzeichnet werden.

Unternehmen, denen handelsrechtliche Verpflichtungen auf dem Gebiet der Buchführung obliegen (allen Kaufleuten gemäß den §§ 1–7 HGB), haben diese gemäß Abgabenordnung auch für die Besteuerung zu erfüllen (§ 140 AO). Gemäß § 5 Abs. 1 EStG sind steuerrechtliche Wahlrechte bei der Gewinnermittlung in Übereinstimmung mit der handelsrechtlichen Jahresbilanz auszuüben. Damit versucht der Steuergesetzgeber, die Bildung stiller Rücklagen zu unterbinden und damit die Kürzung des Gewinnausweises in möglichst engen Grenzen zu halten. Andererseits dürfen gemäß § 254 HGB steuerrechtlich zulässige (Sonder-) Abschreibungen über die handelsrechtlich zulässigen Abschreibungen hinaus vorgenommen werden. Durch diese umgekehrte Maßgeblichkeit der Steuerbilanz für die Handelsbilanz können Wertansätze in die Handelsbilanz gelangen, die weit unter den tatsächlichen Werten liegen. Damit wird der handelsrechtlich gewünschte Einblick in die tatsächliche Vermögens- und Ertragslage erheblich erschwert [Wöhe 2002, S. 863].

Bei einem Jahresumsatz von > 350.000 € oder einem Gewinn aus einem Gewerbebetrieb von > 30.000 € jährlich ist jedes Unternehmen nach § 141 Abs. 1 AO verpflichtet, Bücher zu führen und aufgrund jährlicher Bestandsaufnahmen Abschlüsse zu machen.

Unternehmen, die weder nach Handelsrecht noch nach § 141 AO bilanzpflichtig sind, können den steuerpflichtigen Gewinn als Überschuss der Betriebseinnahmen über die Betriebsausgaben nach § 4 Abs. 3 EStG ermitteln (Istversteuerung). Sie haben aber aufgrund des § 5 Abs. 1 EStG auch das Recht, ihrer Steuererklärung einen den handelsrechtlichen Grundsätzen und Vorschriften entsprechenden Jahresabschluss zugrunde zu legen.

§ 238 HGB verlangt eine Buchführung, die so beschaffen sein muss, dass sie einem sachverständigen Dritten innerhalb angemessener Zeit einen Überblick über die Geschäftsvorfälle und über die Lage des Unternehmens vermitteln kann. Die Geschäftsvorfälle müssen sich in ihrer Entstehung und Abwicklung verfolgen lassen. Gemäß § 239 Abs. 2 HGB müssen die Eintragungen und Aufzeichnungen vollständig, richtig, zeitgerecht und geordnet vorgenommen werden.

Die Grundsätze der Vollständigkeit sowie formellen und materiellen Richtigkeit verlangen, dass keine Geschäftsvorfälle weggelassen, hinzugefügt oder anders dargestellt werden, als sie sich tatsächlich abgespielt haben. Der ursprüngliche Buchungsinhalt darf nicht unleserlich gemacht bzw. gelöscht werden. Bei teilweise noch vorkommenden manuellen Buchungen sind Bleistifteintragungen unzulässig. Zwischen den Buchungen dürfen keine Zwischenräume gelassen werden („Buchhalternase"). Sämtliche Buchungen müssen aufgrund der Belege jederzeit nachprüfbar sein („keine Buchung ohne Beleg").

Der Grundsatz der rechtzeitigen und geordneten Buchung verlangt, dass die Buchungen innerhalb einer angemessenen Frist in ihrer zeitlichen Reihenfolge vorgenommen werden. Kasseneinnahmen und -ausgaben sollen i. d. R. täglich festgehalten werden (§ 146 Abs. 1 AO).

Handelsbücher, Inventare, Eröffnungsbilanzen, Jahresabschlüsse aus Bilanz sowie Gewinn- und Verlustrechnung (§ 242 HGB), Lageberichte (§ 289 HGB) und Konzernabschlüsse (§§ 290–315) und Buchungsbelege sind 10 Jahre und sonstige Unterlagen 6 Jahre aufzubewahren (§ 257 Abs. 4 HGB).

Bei dem nach § 242 HGB vorgeschriebenen System der doppelten Buchführung wird jede durch einen Geschäftsvorfall ausgelöste und aufgrund eines Beleges vorgenommene Buchung auf mindestens zwei Konten festgehalten, die im Buchungssatz benannt werden.

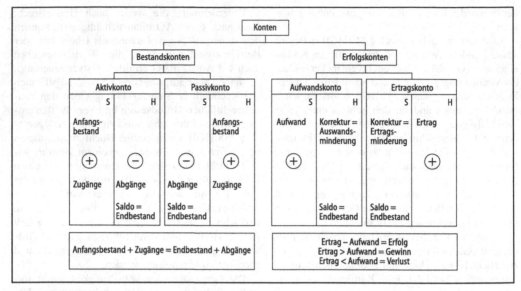

Abb. 2.1-35 Buchungen in Bestands- und Erfolgskonten

Nach dem gedanklich bei der Buchung zu beachtenden Buchungssatz werden die durch einen Geschäftsvorfall betroffenen Konten in der Weise angesprochen, dass die auf der linken Seite (im Soll) betroffenen Konten zuerst und die auf der rechten Seite (im Haben) betroffenen Konten zuletzt genannt werden, verbunden durch das Wörtchen „an" oder auch nur durch Schrägstrich.

Werden lediglich zwei Konten bei einer Buchung benötigt, so wird dies durch einen einfachen Buchungssatz ausgedrückt, z. B. Kontengruppe 64 Aufwendungen für Baugeräte an Gruppe 19 Guthaben bei Kreditinstituten. Sobald auf mehr als zwei Konten zu buchen ist, erfolgt die Buchungsanweisung durch einen zusammengesetzten Buchungssatz bzw. eine Kette von mehreren Buchungssätzen.

Damit geschieht die Ermittlung des Periodenerfolges ebenfalls zweifach durch

– die Bilanz sowie
– die Gewinn- und Verlustrechnung.

Daher ist stets auch eine rechnerische Kontrolle für die Richtigkeit des ausgewiesenen Gewinns (oder Verlustes) gegeben, vorbehaltlich der Richtigkeit der Wertansätze der Buchungsdaten.

Die Grundregeln für Buchungen auf den Bestandskonten der Bilanz und Erfolgskonten der Gewinn- und Verlustrechnung werden durch Abb. 2.1-35 deutlich:

– Jedes Konto besitzt eine linke Seite (Soll) und eine rechte Seite (Haben).
– Auf den Aktivkonten der Bilanz werden die Zugänge auf der linken Seite (Soll), auf den Passivkonten auf der rechten Seite (Haben) gebucht.
– Aufwendungen werden immer auf der linken Seite (Soll) gebucht, Erträge werden immer auf der rechten Seite (Haben) gebucht.

Aufwands- und Ertragskonten sind Unterkonten (Vorkonten) des Kapitalkontos zum Abschluss der Gewinn- und Verlustrechnung.

Der Unternehmenserfolg (Gewinn oder Verlust) ergibt sich sowohl aus der Differenz zwischen Aktiv- und Passivkonten zum Stichtag sowie aus der Differenz zwischen den Ertrags- und Aufwandskonten zum Stichtag.

Die in der Bilanz enthaltenen Werte werden durch die laufenden Geschäftsvorfälle ständig verändert. Dabei können fünf „Veränderungstypen" auftreten:

1. Aktivtausch: Es wird lediglich die Aktivseite der Bilanz berührt. Die Bilanzsumme bleibt un-

verändert (z. B. Abhebung für die Bürokasse vom Bankkonto; Kasse an Bank).

2. Passivtausch: Es wird lediglich die Passivseite der Bilanz berührt. Die Bilanzsumme bleibt unverändert (z. B. Ausgleich einer Lieferantenrechnung durch einen Bankkredit; Verbindlichkeiten aus Lieferungen an Verbindlichkeiten gegenüber Kreditinstituten).

3. Aktiv-/Passiv-Mehrung (Bilanzverlängerung): Aktiv- und Passivseite nehmen um den gleichen Betrag zu (z. B. Kauf eines Grundstücks durch Bankkredit; Grundstücke an Verbindlichkeiten gegenüber Kreditinstituten).

4. Aktiv-/Passiv-Minderung (Bilanzverkürzung): Aktiv- und Passivseite nehmen um den gleichen Betrag ab (z. B. Ausgleich einer Lieferantenrechnung durch Überweisung vom Bankkonto; Verbindlichkeiten aus Lieferungen an Bank).

5. Ansprache von Aktiv- oder Passivkonten der Bilanz einerseits sowie von Aufwands- oder Ertragskonten der GuV andererseits (z. B. Personalaufwendungen für technische und kaufmännische Angestellte an Guthaben bei Kreditinstituten).

Die Rechnungslegung nach Handels- und Steuerrecht basiert vorrangig auf gesetzlichen Einzelvorschriften im HGB und im EStG. Daneben sind von jedem Kaufmann die Grundsätze ordnungsmäßiger Buchführung (GoB) bei der Verbuchung der Geschäftsvorfälle (§ 238 Abs. 1 HGB), beim handelsrechtlichen Jahresabschluss (§ 243 Abs. 2 HGB) und bei der Erstellung der Steuerbilanz (§ 5 Abs. 1 EStG) zu beachten. Damit haben die über den kodifizierten Vorschriften stehenden GoB die Aufgabe, gesetzliche Regelungslücken auszufüllen.

Vorrangige Aufgabe der GoB ist es, die Dokumentation des Geschäftsablaufs zu sichern und die Buchführung vor Verzerrungen und Verfälschungen zu bewahren.

Die Anforderungen nach § 239 Abs. 2 HGB verlangen, dass die Bücher und sonstigen Aufzeichnungen

- nach einem geordneten Kontenplan,
- in einer lebenden Sprache,
- nach dem Belegprinzip (keine Buchung ohne Beleg),
- bei Offenlegung nachträglicher Veränderungen sowie

- nach dem Grundsatz der Einzelerfassung und Nachprüfbarkeit

zu führen sind.

Es müssen alle Geschäftsvorfälle lückenlos erfasst, auf dem zutreffenden Konto verbucht und es dürfen keine Buchungen fingiert werden.

Für die ordnungsmäßige Bilanzierung ist nach Allgemeinen Grundsätzen, Ansatzgrundsätzen und Bewertungsgrundsätzen zu unterscheiden [Wöhe 2002, S. 866 ff.]:

Allgemeine Grundsätze sind

(1) Der Jahresabschluss hat den GoB zu entsprechen (§ 243 Abs. 1 HGB).

(2) Der Jahresabschluss von Kapitalgesellschaften hat ein den tatsächlichen Verhältnissen entsprechendes Bild der Vermögens-, Finanz- und Ertragslage zu vermitteln (§ 264 Abs. 2 HGB).

(3) Der Grundsatz der Klarheit und Übersichtlichkeit verlangt insbesondere die Beachtung der Gliederungsvorschriften der Bilanz und Erfolgsrechnung sowie den klaren Aufbau von Anhang und Lagebericht (§ 243 Abs. 2 HGB).

(4) Der Grundsatz der Bilanzwahrheit verlangt nicht nur rechnerische Richtigkeit, sondern auch Erfüllung des Bilanzzwecks.

(5) Der Jahresabschluss ist innerhalb von 3 bis max. 12 Monaten des folgenden Geschäftsjahres aufzustellen (§ 243 Abs. 3 und § 264 Abs. 1 HGB).

Folgende *Ansatzgrundsätze* sind zur Bilanzierung dem Grunde nach zu beachten:

(1) Die Bilanzidentität erfordert die Identität der Eröffnungsbilanz mit der Schlussbilanz des Vorjahres (§ 252 Abs. 1 Nr. 1 HGB).

(2) Der Grundsatz der Vollständigkeit erfordert den Ausweis sämtlicher Vermögensgegenstände, Schulden, Rechnungsabgrenzungsposten, Aufwendungen und Erträge sowie bei Kapitalgesellschaften sämtlicher Pflichtangaben im Anhang und Lagebericht (§ 246 Abs. 1, § 284, § 285, § 289 HGB).

(3) Der Grundsatz des Verrechnungsverbotes (Saldierungsverbot, Bruttoprinzip) verlangt, Posten der Aktivseite nicht mit Posten der Passivseite, Aufwendungen nicht mit Erträgen sowie

Grundstücksrechte nicht mit Grundstückslasten zu verrechnen (§ 246 Abs. 2 HGB).

(4) Der Grundsatz der Bilanzkontinuität verlangt, die Form der Darstellung, insbesondere die Gliederung der aufeinanderfolgenden Bilanzen und Gewinn- und Verlustrechnungen, beizubehalten (§ 265 Abs. 1 HGB).

Als *Bewertungsgrundsätze* zur Bewertung der Höhe nach sind zu beachten:

(1) Bei der Bewertung ist von der Fortführung der Unternehmenstätigkeit auszugehen (Going-Concern-Prinzip), nicht der Liquidation (§ 252 Abs. 1 Nr. 2 HGB).

(2) Die Vermögensgegenstände und Schulden sind zum Abschlussstichtag einzeln zu bewerten (§ 255 Abs. 1 Nr. 3 HGB).

(3) Nach dem Prinzip der Wesentlichkeit kann bei Wertansätzen mit nur geringem Einfluss auf das Jahresergebnis auf eine nur schwer erreichbare Genauigkeit verzichtet werden (nicht kodifiziert).

(4) Nach dem Prinzip der materiellen Bilanzkontinuität sollen die auf den vorhergehenden Jahresabschluss angewandten Bewertungsmethoden beibehalten werden (§ 252 Abs. 1 Nr. 6 HGB).

(5) Nach dem Prinzip der Methodenbestimmtheit sind Vermögensgegenstände und Schulden nach einer Bewertungsmethode zu ermitteln. Zwischenwerte aus alternativ zulässigen Methoden sind nicht erlaubt, z. B. aus dem Sachwert- und dem Ertragswertverfahren bei bebauten Immobilien (nicht kodifiziert).

(6) Nach dem Anschaffungskostenprinzip bzw. dem Prinzip der nominellen Kapitalerhaltung bilden die Anschaffungs- bzw. Herstellungskosten die obere Grenze der Bewertung und für die Bemessung der Gesamtabschreibungen. Höhere Wiederbeschaffungskosten dürfen nicht berücksichtigt werden (§ 253 HGB).

(7) Nach dem Vorsichtsprinzip sind alle vorhersehbaren Risiken und Verluste, die bis zum Abschlussstichtag entstanden sind, zu berücksichtigen, selbst wenn diese erst zwischen dem Abschlussstichtag und dem Tag der Aufstellung des Jahresabschlusses bekannt geworden sind. Gewinne sind nur zu berücksichtigen, wenn sie am Abschlussstichtag realisiert sind.

Danach gilt das Realisationsprinzip, das Niederstwertprinzip für Aktivposten, das Höchstwertprinzip für Passivposten und somit das Imparitätsprinzip (§ 252 Abs. 1 Nr. 4 HGB).

(8) Nach dem Prinzip der Periodenabgrenzung sind Aufwendungen und Erträge des Geschäftsjahres unabhängig von den Zeitpunkten der entsprechenden Zahlungen im Jahresabschluss zu berücksichtigen (§ 252 Abs. 1 Nr. 5 HGB).

Bilanz

Die Bilanz ist eine stichtagsbezogene Gegenüberstellung des Vermögens (der Aktiva) und des Kapitals (der Passiva). Auf der Aktivseite werden die Vermögenswerte (Anlage- und Umlaufvermögen) dargestellt. Die Passivseite gibt Auskunft über die Vermögensquellen (Eigen- und Fremdkapital). Durch Gegenüberstellung von Anlagevermögen und Eigenkapital sowie Umlaufvermögen und Fremdkapital kann überprüft werden, inwieweit die Fristenkongruenz nach dem ersten Grundsatz der Unternehmensfinanzierung erfüllt ist.

Das Jahresergebnis (Gewinn- oder Verlust einer Abrechnungsperiode) ergibt sich in der Bilanz als Differenz (Saldo) zwischen den Aktiv- und den Passivposten zum Stichtag. Überwiegen die Aktivposten, so wurde ein Gewinn erwirtschaftet. Überwiegen dagegen die Passivposten, so ist ein Verlust zu verzeichnen.

Die *Gliederungsvorschriften* für die Bilanzen der Einzelfirmen und der Personengesellschaften sind relativ einfach. Nach § 247 Abs. 1 HGB sind das Anlage- und das Umlaufvermögen, das Eigenkapital, die Schulden sowie die Rechnungsabgrenzungsposten gesondert auszuweisen und hinreichend aufzugliedern. Die Bilanz muss das gesamte Haftungskapital und die Ertragslage der Gesellschaft deutlich offen legen und bei Kapitalgesellschaften gemäß § 266 HGB gegliedert werden (Tabelle 2.1-8).

Aktiva

Die Aktivseite der Bilanz unterscheidet zwischen Anlage- und Umlaufvermögen. Entscheidend für die Bilanzierung im Anlage- oder Umlaufvermögen ist nicht die Art des Vermögensgegenstandes, sondern seine Zweckbestimmung. Das Anlagevermögen ist dazu bestimmt, dem Betrieb des Un-

Tabelle 2.1-8 Beispiel einer Schlussbilanz (Quelle: Leimböck 1997, S. 52f.)

Aktiva	Berichts-jahr T€	Vorjahr T€	Passiva	Berichts-jahr T€	Vorjahr T€
Immaterielle Vermögensgegenstände	1.029	1.200	Gezeichnetes Kapital	1.500	1.000
Sachanlagen: Grundstücke und			Kapitalrücklage	1.263	950
Bauten einschl. der Bauten auf			Gewinnrücklage	909	750
fremden Grundstücken	2.842	2.264	Gewinn	410	290
technische Anlagen und Maschinen	3.434	2.104			
and. Anlagen, Betriebs- u. Geschäfts-			**Eigenkapital gesamt**	**4.082**	**2.990**
ausstattung	2.841	1.725			
Geleistete Anzahlungen u. Anlagen			Sonderposten mit Rücklageanteil		
im Bau	41	16	(§ 6b EStG)	311	73
Finanzanlagen	389	207	Pensionsrückstellungen	1.744	890
			Steuerrückstellungen	364	190
Anlagevermögen gesamt	**10.576**	**6.316**	Sonstige Rückstellungen	9.948	4.904
Vorräte: Roh-, Hilfs- und Betriebsstoffe	543	664			
Zum Verkauf bestimmte Grundstücke	996	996	**Rückstellungen gesamt**	**11.914**	**7.477**
Geleistete Anzahlungen	106	52			
Nicht abgerechnete Bauten	46.943	23.230	Verbindlichkeiten gegenüber		
./. erhaltene Abschlagszahlungen	-38.855	-18.884	Kreditinstituten	6.572	6.156
			Erhaltene Anzahlungen	3.017	2.766
Vorratsvermögen gesamt	**9.733**	**6.058**	Verbindlichkeiten aus Lieferungen		
			und Leistungen	12.409	9.780
Forderungen und sonstige			Verbindlichkeiten gegenüber		
Vermögensgegenstände			Arbeitsgemeinschaften	13.465	12.940
– aus Lieferungen und Leistungen	12.729	12.307	Verbindlichkeiten gegenüber		
– gegen Arbeitsgemeinschaften	5.383	5.365	verbundenen Unternehmen und		
– gegen verbundene Unternehmen			Unternehmen, mit denen ein		
u. Unternehmen, mit denen ein			Beteiligungsverhältnis besteht	1.287	863
Beteiligungsverhältnis besteht	355	169	Sonstige Verbindlichkeiten	5.241	3.965
Sonstige Vermögensgegenstände	2.713	2.413	davon im Rahmen der		
Flüssige Mittel	16.778	13.161	sozialen Sicherheit	(964)	(450)
Umlaufvermögen gesamt	**47.691**	**39.473**	**Verbindlichkeiten gesamt**	**41.991**	**36.470**
Rechnungsabgrenzungsposten	**34**	**23**	**Rechnungsabgrenzungsposten**	**3**	**2**
Aktiva gesamt	**58.301**	**45.812**	**Passiva gesamt**	**58.301**	**45.812**
			Verbindlichkeiten aus der Begebung		
			und Übertragung von Wechseln	32	8
			Verbindlichkeiten aus Bürgschaften	3.202	2.337
			Verbindlichkeiten aus		
			Gewährleistungen	6.258	6.018
			Haftungsverhältnisse gesamt	**9.492**	**8.363**

ternehmens dauerhaft zu dienen. Das Umlaufvermögen dagegen dient unmittelbar dem Umsatz bzw. entsteht aus dem Umsatz, z. B. aus der Erbringung von Bauleistungen. Wenn ein Projektentwicklungsunternehmen z. B. Grundstücke kauft und darauf Gebäude errichtet entweder zur Vermietung oder zum Verkauf, so wird bei der Vermietung ein langfristiger Nutzen erzielt. Das Gebäude ist im Anlagevermögen zu bilanzieren. Wird es dagegen verkauft, so ist ein kurzfristiger Umsatz beabsichtigt. Damit zählt es zum Umlaufvermögen [Leimböck 2000, S. 433].

Anlagevermögen

Zum Anlagevermögen zählen gemäß § 266 Abs. 2 HGB folgende Positionen:

I. Immaterielle Vermögensgegenstände, z. B. Patente und Lizenzen
Dieser Bilanzposten hat in den meisten Bauunternehmen nur geringe Bedeutung. Aus den Bilanzen 2003 der großen deutschen Bauaktiengesellschaften ist ein Anteil zwischen 3 und 9% an der Bilanzsumme ablesbar.

II. Sachanlagen
Dazu zählen Grundstücke, grundstücksgleiche Rechte und Anlagen im Bau auf eigenen Grundstücken, die z. B. bei Projektentwicklungsgesellschaften, die die errichteten Objekte auch vermieten und betreiben, regelmäßig den Schwerpunkt des Sachanlagevermögens bilden. Weiterhin zählen zu den Sachanlagen Technische Anlagen und Maschinen sowie die Betriebs- und Geschäftsausstattung.

III. Finanzanlagen
Dazu zählen Anteile und Ausleihungen an verbundene Unternehmen, Beteiligungen und Wertpapiere des Anlagevermögens, z. B. Bundesanleihen, Pfandbriefe, Obligationen von Kommunen, Banken oder Industrieunternehmen.

Umlaufvermögen

Das Umlaufvermögen besteht aus Vorräten, Forderungen und sonstigen Vermögensgegenständen, Wertpapieren sowie liquiden Mitteln.

I. Vorräte
Das Vorratsvermögen ist das zum Umsatz bestimmte Sachvermögen. Es besteht aus Produktionsmitteln (Roh-, Hilfs- und Betriebsstoffe sowie Ersatzteile) und aus Produkten (unfertige Erzeugnisse, z. B. zum Verkauf bestimmte Immobilien, Betonfertigteile).
Kern des Vorratsvermögens sind in Bauunternehmen die am Bilanzstichtag noch in der Ausführung befindlichen, nicht abgerechneten Bauleistungen.
Bauleistungen auf fremdem Grund und Boden – dies ist für die meisten Bauunternehmen der Regelfall – zählen rechtlich für das Bauunternehmen nicht zu den Sachanlagen, sondern zum Vorratsvermögen. Dieses wird erst nach rechtsgeschäftlicher Abnahme und Schlussabrechnung umgewandelt in eine Forderung aus erbrachten Leistungen.

„Bauaufträge bilden bis zur Abnahme des erstellten Bauwerks schwebende Geschäfte, so dass aus ihnen noch keine Gewinne realisiert und damit bilanziert werden dürfen. unabgerechnete Bauaufträge auf fremden Grundstücken werden als Forderungen im Vorratsvermögen mit ihren Herstellungskosten oder ihren „niedrigeren beizulegenden Werten" bilanziert. Erhaltene Abschlagszahlungen werden in der Vorspalte von den bilanzierten Werten abgesetzt. Erhaltene Vorauszahlungen sind dagegen als Verbindlichkeiten auf der Passivseite auszuweisen" [Leimböck/Schönnenbeck 1992, S. 44].

II. Forderungen und sonstige Vermögensgegenstände
Hierzu zählen Forderungen aus Lieferungen und Leistungen, auch gegen verbundene Unternehmen und gegen Unternehmen, mit denen ein Beteiligungsverhältnis besteht, sowie sonstige Vermögensgegenstände.
Die Forderungen aus Lieferungen und Leistungen sind bei Bauunternehmen im Wesentlichen ausstehende Schlusszahlungen für schlussabgerechnete Aufträge, bei Projektentwicklungsgesellschaften im Wesentlichen Forderungen aus Vermietungen. Forderungen gegenüber Arbeitsgemeinschaften (ARGEN) entstehen aus Bareinlagen z. B. für die Anfangsfinanzierung, aus Gerätevermietung an die ARGE und anderen Lieferungen und Leistungen sowie aus dem Anspruch auf anteilige Ergebnisse nach Abschluss der ARGEN.
Die sonstigen Vermögensgegenstände bilden einen Sammelposten für nicht an anderer Stelle konkret bezeichnete Titel wie kurzfristige Darlehen und geleistete Reisekostenvorschüsse sowie Steuererstattungsansprüche.

III. Wertpapiere
Hierzu zählen Anteile an verbundenen Unternehmen, eigene Anteile und sonstige Wertpapiere.

IV. Liquide Mittel
Dazu gehören Kassenbestände, Bankguthaben, Schecks und kurzfristig liquidierbare Wertpapiere.

Aktive Rechnungsabgrenzungsposten

Zur periodengerechten Ergebnisabgrenzung müssen solche Ausgaben und Einnahmen korrigiert werden, die nicht Aufwand oder Ertrag des laufenden, sondern des folgenden Geschäftsjahres darstellen. Als aktive Rechnungsabgrenzungsposten kommen i.d.R. nur Ausgaben in Betracht, die vor dem Bilanzstichtag angefallen sind, als Aufwand aber der Zeit nach dem Stichtag zuzurechnen sind. Hierzu zählen z. B. Vorauszahlungen für Mieten und Versicherungsprämien. Im neuen Geschäftsjahr wird das aktive Rechnungsabgrenzungskonto zu Lasten des Aufwandskontos (sonstige betriebliche Aufwendungen, hier Mieten und Versicherungsprämien) aufgelöst. Der vorausbezahlte Betrag wird damit dem neuen Geschäftsjahr aufwandsmäßig zugerechnet.

Anlagespiegel

Gemäß § 268 Abs. 2 ist in der Bilanz oder im Anhang die Entwicklung der einzelnen Posten des Anlagevermögens und des Postens „Aufwendungen für die Ingangsetzung und Erweiterung des Geschäftsbetriebes" darzustellen. Dabei sind, ausgehend von den gesamten Anschaffungs- und Herstellungskosten, die Zugänge, Abgänge, Umbuchungen und Zuschreibungen des Geschäftsjahres sowie die Abschreibungen in ihrer gesamten Höhe gesondert aufzuführen. Die Abschreibungen des Geschäftsjahres sind entweder in der Bilanz bei dem betreffenden Posten zu vermerken oder im Anhang in einer der Gliederung des Anlagevermögens entsprechenden Aufgliederung anzugeben.

Die Struktur eines solchen Anlagespiegels zeigt Abb. 2.1-36 [Wöhe 2002, S. 885]. Darin enthält Spalte (1) jeden Einzelposten des Anlagevermögens. In die übrigen Spalten sind die Werte für folgende Sachverhalte einzutragen:

(2) Anschaffungs-, Herstellungskosten (historisch/kumuliert),

(3) Zugänge des Geschäftsjahres zu Anschaffungs- bzw. Herstellungskosten,

(4) Abgänge des Geschäftsjahres zu Anschaffungs- bzw. Herstellungskosten,

(5) Umbuchungen zu Anschaffungs- bzw. Herstellungskosten (z. B. von „Technische Anlagen" zu „Betriebs- und Geschäftsausstattung"),

(6) Zuschreibungen des Geschäftsjahres (= wertmäßige Erhöhung durch Rückgängigmachung überhöhter Vorperiodenabschreibung),

(7) kumulierte Abschreibung, d. h. Summe aller bisherigen Abschreibungen einschließlich der laufenden Jahresabschreibung,

(8) Abschreibung im lfd. Geschäftsjahr,

(9) Restbuchwert (RBW) am Vorjahresende und

(10) Restbuchwert (RBW) am Ende des laufenden Geschäftsjahres.

Zu den wichtigsten Informationen, die der Leser dem Anlagespiegel entnehmen kann, gehören der Einblick in die Altersstruktur (2) und (7) bzw. in die Fluktuation im Anlagenbestand (3) bzw. (4).

Passiva

Auf der Passivseite der Bilanz (Vermögensquellen) wird gemäß § 266 Abs. 2 HGB nach Eigenkapital, Rückstellungen, Verbindlichkeiten und Passiven Rechnungsabgrenzungsposten unterschieden.

(1)	(2)	(3)	(4)	(5)	(6)	(7)	(8)	(9)	(10)
Bilanzposten	Ako/Hko	Zugänge	Abgänge	Umbuchungen	Zuschreibungen	kum. Abschreibung	lfd. Abschreibung	RBW Vorjahr	RBW lfd. Jahr
		+	–	+/–	+	–	–		
•	•	•	•	•	•	•	•	•	•
•	•	•	•	•	•	•	•	•	•
techn. Anl.	800	+100	-80	+40	+20	-350	-50	500	530
•	•	•	•	•	•	•	•	•	•
•	•	•	•	•	•	•	•	•	•

Abb. 2.1-36 Anlagespiegel (Auszug) nach § 268 Abs. 2 HGB (Quelle: Wöhe 2002, S. 885)

Eigenkapital

Eigenkapital (EK) unterscheidet sich vom Fremdkapital dadurch, dass es dem Unternehmen i. d. R. zeitlich unbegrenzt zur Verfügung steht. Bei Personengesellschaften ist die dauerhafte Verfügbarkeit rechtsformbedingt nicht gesichert.

Eigenkapital hat im Gegensatz zum Fremdkapital keinen Anspruch auf Verzinsung und Rückzahlung bestimmter Beträge zu bestimmten Terminen. Es ist dagegen gewinnberechtigt. Gewinn kann allerdings erst entstehen, wenn alle Kosten des Unternehmens gedeckt sind. Verbleibt bei Auflösung eines Unternehmens nach Erfüllung der Verpflichtungen aus Fremdfinanzierung ein Erlös, steht dieser Betrag als Rückvergütung für das Eigenkapital zur Verfügung. Solche Auflösungen sind bei ARGEN der Bauwirtschaft regelmäßige Geschäftsvorfälle.

Eigenkapital gibt das Recht zur alleinigen oder anteiligen Geschäftsführung. Dieses Recht ist sowohl nach dem anteiligen Umfang des Eigenkapitals als auch nach der Rechtsform des Unternehmens unterschiedlich. Dem Recht zur Geschäftsführung steht die Haftung für die Verbindlichkeiten des Unternehmens gegenüber. Persönlich haftende Gesellschafter müssen mit ihrem gesamten Vermögen haften.

Gemäß § 266 Abs. 3 HGB setzt sich das Eigenkapital einer Kapitalgesellschaft aus folgenden Posten zusammen:

I   Gezeichnetes Kapital,
II   Kapitalrücklage,
III   Gewinnrücklagen (gesetzliche, für eigene Anteile, satzungsmäßige, andere),
IV   Gewinnvortrag/Verlustvortrag und
V   Jahresüberschuss/Jahresfehlbetrag.

Nach § 272 Abs. 1 HGB ist gezeichnetes Kapital das Kapital, auf das die Haftung der Gesellschafter für die Verbindlichkeiten der Kapitalgesellschaft gegenüber den Gläubigern beschränkt ist. Bei der GmbH ist es das satzungsmäßige Stammkapital.

Kapitalrücklagen sind gemäß § 272 Abs. 2 HGB die Beträge, die bei der Ausgabe von Anteilen (Aktien, GmbH-Anteile) über den Nennbetrag hinaus erzielt werden (Aufgeld oder Agio), sowie Zuzahlungen, die Gesellschafter gegen Gewährung eines Vorzugs für ihre Anteile leisten.

Als Gewinnrücklagen dürfen gemäß § 272 Abs. 3 HGB nur Beträge ausgewiesen werden, die im Geschäftsjahr oder in einem früheren Geschäftsjahr aus erzielten und bilanzierten, aber nicht ausgeschütteten Gewinnen des Unternehmens gebildet wurden. Dazu gehören u. a. aus dem Ergebnis zu bildende gesetzliche Rücklagen. Gemäß § 150 Abs. 2 AktG sind in die gesetzliche Rücklage 5% des um einen Verlustvortrag aus dem Vorjahr geminderten Jahresüberschusses einzustellen, bis die gesetzliche Rücklage und die Kapitalrücklagen nach § 272 Abs. 2 HGB ≥10% des Grundkapitals erreichen (gemäß Satzung ggf. mehr).

Sonderposten mit Rücklageanteil

Gemäß § 247 Abs. 3 HGB dürfen Passivposten in der Bilanz gebildet werden, die für Zwecke der Steuern vom Einkommen und Ertrag zulässig sind. Sie sind als Sonderposten mit Rücklageanteil auszuweisen und nach Maßgabe des Steuerrechts aufzulösen. Einer Rückstellung bedarf es insoweit nicht. Solche steueraufschiebenden Posten sind für die Innenfinanzierung interessant. Folgende Erträge sind sonderpostenfähig [Leimböck 2000, S. 438]:

- Gewinne aus der Veräußerung bestimmter Anlagegegenstände (§ 6b EStG)
- Zuschüsse zur Anschaffung oder Herstellung von Anlagegütern
- Rücklagen für die Ersatzbeschaffung von Anlagen, die „in Folge höherer Gewalt oder zur Vermeidung eines behördlichen Eingriffs" aus dem Betriebsvermögen ausscheiden.

Rückstellungen

Gemäß § 249 HGB sind Rückstellungen für ungewisse Verbindlichkeiten und für drohende Verluste aus schwebenden Geschäften zu bilden, die zwar dem Grunde nach bekannt, aber hinsichtlich ihrer Höhe oder des Zeitpunkts ihres Eintritts unbestimmt sind.

Sie führen damit vermutlich erst in späteren Rechnungsperioden zu Ausgaben, sind wirtschaftlich betrachtet aber schon in der abgelaufenen Periode entstanden und daher als Aufwand der laufenden Periode zu berücksichtigen. Sie dienen damit der periodengerechten Verrechnung.

Besondere Bedeutung in der Wirtschaft haben Gewährleistungsrückstellungen aus Planer- und Bauverträgen.

Gemäß § 634a Abs. 1 Nr. 2 BGB verjähren Mängelansprüche in 5 Jahren bei einem Bauwerk und einem Werk, dessen Erfolg in der Erbringung von Planungs- oder Überwachungsleistungen hierfür besteht. Ist bei einem Bauvertrag die Vergabe- und Vertragsordnung für Bauleistungen, Teil B Allgemeine Vertragsbedingungen für die Ausführung von Bauleistungen (VOB/B), vereinbart, so beträgt gemäß § 13 Nr. 4 Abs. 1 die Verjährungsfrist für Mängelansprüche für Arbeiten an einem Bauwerk 4 Jahre, für Arbeiten an einem Grundstück und für die vom Feuer berührten Teile von Feuerungsanlagen 2 Jahre, sofern keine andere Verjährungsfrist im Vertrag vereinbart ist.

Ohne näheren Nachweis der tatsächlichen Gewährleistungsaufwendungen erkennen die Finanzämter im Rahmen von Betriebsprüfungen erfahrungsgemäß einen pauschalen Ansatz von 1,0% der Schlussabrechnungssumme im ersten Jahr der Gewährleistungsfrist und eine lineare Abminderung über den Gewährleistungszeitraum an, d. h. bei einer Verjährungsfrist von 5 Jahren 0,8% im 2. Jahr und schließlich 0,2% im 5. Jahr.

Die jeweils frei werdenden Rückstellungsbeträge müssen in den darauf folgenden Geschäftsjahren aufgelöst bzw. durch neue Rückstellungen für neue Gewährleistungsverpflichtungen ersetzt werden. Kommt es zu einer Verminderung der Rückstellungen im Folgejahr im Vergleich zu dem Ansatz im laufenden Jahr, so führt dies zu einem „Ertrag aus der Auflösung von Rückstellungen" und damit zu einer Ergebnisverbesserung. Weitere Rückstellungen fallen regelmäßig an für im Geschäftsjahr nicht in Anspruch genommene Urlaubszeiten sowie für Steuern und Kosten des Jahresabschlusses.

Gemäß § 249 Abs. 1 Nr. 2 sind Rückstellungen auch zu bilden für Gewährleistungen, die ohne rechtliche Verpflichtung erbracht werden (Kulanzleistungen). Ferner dürfen Rückstellungen gebildet werden für unterlassene Aufwendungen für Instandhaltung, wenn diese innerhalb von 3 Monaten des folgenden Geschäftsjahres nachgeholt werden.

Verbindlichkeiten

Verbindlichkeiten sind Verpflichtungen des Unternehmens, die dem Grunde und der Höhe nach sowie hinsichtlich des Zeitpunktes ihrer Fälligkeit feststehen und i. d. R. Zahlungsverpflichtungen sind. Nur bei erhaltenen Anzahlungen (Vorauszahlungen) bestehen Verpflichtungen des Unternehmens zu Lieferungen oder Leistungen. Sie stehen mit dem Auszahlungsbetrag in der Bilanz. Bei verzinslichen Zahlungsverpflichtungen ist die Summe aus Zinszahlungen und Kreditrückzahlungsbeträgen auszuweisen.

Kennzeichen von Verbindlichkeiten bzw. von Fremdkapital (FK) sind vertragliche und damit rechtsverbindlich vereinbarte Verpflichtungen des Kreditnehmer über Zins- und Tilgungszahlungen oder die Erbringung von Bauleistungen bei erhaltenen Vorauszahlungen. Die Zahlungsverpflichtungen des Kreditnehmers bestehen unabhängig von seiner Zahlungsfähigkeit.

Passive Rechnungsabgrenzungsposten

Gemäß § 250 Abs. 2 HGB sind als Passive Rechnungsabgrenzungsposten Einnahmen vor dem Bilanzstichtag auszuweisen, soweit sie Ertrag für eine bestimmte Zeit nach diesem Tag darstellen, z. B. erhaltene Mietvorauszahlungen.

Haftungsverhältnisse

Gemäß § 251 HGB sind Haftungsverhältnisse, sofern sie nicht auf der Passivseite auszuweisen sind, unter der Bilanz als Verbindlichkeiten „unter dem Strich" aus der Begebung und Übertragung von Wechseln, aus Bürgschaften, Wechsel- und Scheckbürgschaften und aus Gewährleistungsverträgen sowie Haftungsverhältnisse aus der Bestellung von Sicherheiten für fremde Verbindlichkeiten zu vermerken.

Der Ausweis der Haftungsverhältnisse ist wichtig, da der Unternehmer damit rechnen muss, aus ihnen in Anspruch genommen zu werden. Droht eine solche Inanspruchnahme konkret bei der Bilanzaufstellung, ist die betreffende Verpflichtung direkt als Rückstellung zu bilanzieren und nicht unter den Haftungsverhältnissen aufzuführen. Die ausgewiesenen Haftungsverhältnisse stellen insoweit nur „Eventualverbindlichkeiten" dar, mit deren Eintritt nicht ernsthaft gerechnet wird. Hier ist jedoch Vorsicht geboten, da Konzernbürgschaften oder Patronatserklärungen, wie sie von großen Unternehmen vielfach für ihre Beteiligungsgesellschaften gegeben werden, um deren Kreditwürdigkeit gegenüber Kreditinstituten und Lieferanten zu stärken, in der Bauwirtschaft wegen der anhaltenden Strukturkrise in den vergangenen Jahren verstärkt in Anspruch genommen wurden.

Gewinn- und Verlustrechnung (GuV)

Die Bilanz als Zeitpunktdarstellung wird ergänzt um eine Zeitraumdarstellung: die Gewinn- und Verlustrechnung (GuV). Für die Gliederung der GuV der Kaufleute, die keine Kapitalgesellschaften sind, gibt es keine Vorschriften.

Gemäß § 275 HGB ist die Gewinn- und Verlustrechnung in Staffelform nach dem Gesamtkostenverfahren des Absatzes 2 oder dem Umsatzkostenverfahren des Absatzes 3 aufzustellen. Dabei sind die bezeichneten Posten in der angegebenen Reihenfolge auszuweisen.

Beim Gesamtkostenverfahren (Produktionsrechnung) besteht der Ertrag in der Gesamtleistung der Periode (Umsatzerlöse ./. Bestandsabnahme + Bestandserhöhung) und der Aufwand im Produktionsaufwand der Periode.

Beim Umsatzkostenverfahren (Umsatzrechnung) wird der Ertrag nur durch die Umsatzerlöse bewertet, während der Umsatzaufwand sich zusammensetzt aus Produktionsaufwand + Bestandsabnahme ./. Bestandserhöhung.

Das Gesamtkosten- und das Umsatzkostenverfahren führen zu demselben Jahresergebnis.

In der Bauwirtschaft wird das Gesamtkostenverfahren bevorzugt. Der Ertrag und damit die Bauleistung ergibt sich aus dem Umsatz der Periode, korrigiert um die Veränderung der Bestände an unfertigen Bauten. Im Aufwand wird der Produktionsaufwand der Abrechnungsperiode erfasst. Abbildung 2.1-37 zeigt die hierarchische Struktur des Gesamtkostenverfahrens vom Bilanzgewinn (Bilanzverlust) zu den Ausgangsdaten.

Die Gliederung der Kontenklassen 5 bis 7 des BKR 87 entspricht im Wesentlichen derjenigen nach dem Gesamtkostenverfahren gemäß § 275 Abs. 2 HGB. Zu den nachfolgenden Erläuterungen wird verwiesen auf Tabelle 2.1-9.

Umsatzerlöse

Die ausgewiesenen Umsatzerlöse weisen nicht alle Bauleistungen des Berichtsjahres, sondern nur die im Geschäftsjahr schlussabgerechneten Bauaufträge aus, jedoch mit vollen Auftragswerten, auch so-

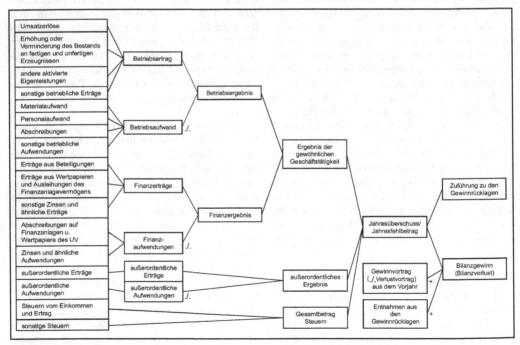

Abb. 2.1-37 Hierarchische Struktur der Gliederung der GuV nach dem Gesamtkostenverfahren gemäß § 275 Abs. 2 HGB (Quelle: Wöhe, 2002, S. 947)

Tabelle 2.1-9 Beispiel einer Gewinn- und Verlustrechnung nach Gesamtkostenverfahren (§ 275 Abs. 2 HGB) (Quelle: Leimböck/Schönnenbeck, 1992, S.38)

	Berichtsjahr	Vorjahr
Umsatzerlöse abgerechneter Bauten	74.183	66.630
Erhöhung (Vorjahr Minderung) des Bestands an nicht abgerechneten Bauten	23.713	−637
Andere aktivierte Eigenleistungen	170	99
	98.066	66.092
Gesamtleistung		
Sonstige betriebliche Erträge	2.291	301
Erträge aus dem Abgang von Gegenständen des Anlagevermögens	646	901
Erträge aus der Auflösung von Rückstellungen	356	273
Übrige Erträge	3.293	1.475
	101.359	67.657
Betriebliche Erträge gesamt		
Materialaufwand		
− Aufwendungen für Roh-, Hilfs- und Betriebsstoffe sowie für bezogene Waren	29.355	22.827
− Aufwendungen für bezogene Leistungen	18.372	9.901
	47.727	32.728
Personalaufwand	34.924	20.748
− Löhne und Gehälter	9.063	6.369
− Soziale Abgaben und Aufwendungen für Altersversorgung und Unterstützung	43.987	27.117
	4.974	4.162
Abschreibungen auf immaterielle Anlagen und Sachanlagen	4.031	3.039
Sonstige betriebliche Aufwendungen		
	9.005	7.201
Betriebliche Aufwendungen gesamt	**100.719**	**67.046**
Betriebliches Ergebnis	**640**	**521**
Ergebnis Finanzlagen	302	422
Zinsergebnis (Erträge ./. Aufwendungen)	50	-180
Ergebnis der gewöhnlichen Geschäftstätigkeit	992	763
Außerordentliches Ergebnis (Erträge ./. Aufwendung)	51	100
Steuern	−474	−373
Jahresüberschuss	**569**	**490**
Einstellungen in Gewinnrücklagen	**−159**	**−200**
Gewinn	**410**	**290**

Alle Beträge in T €

weit sie aus Bauleistungen von Vorjahren stammen. Falls Aufträge im Geschäftsjahr begonnen und beendet wurden, sind beide Rechnungsgrößen identisch. Die Position „Erhöhung (oder Minderung) des Bestandes an nicht abgerechneten Bauten" gibt die jeweilige Veränderung in Bezug auf das Vorjahr an. Wegen der geringen Aussagekraft der Erlöse ist daher stets eine gesonderte Aufstellung der Jahresleistung erforderlich.

Aus der Beteiligung des Unternehmens an AR-GEN ergeben sich Umsatzerlöse durch Leistungen des Unternehmens für ARGEN sowie anteilige ARGE-Ergebnisse, die als sonstige betriebliche Erträge gebucht werden. Die dadurch bewirkten Aufwendungen werden als sonstige betriebliche Aufwendungen verbucht.

Bestandsveränderungen an nicht abgerechneten Bauten werden mit Herstellungskosten oder dem „niedrigeren beizulegenden Wert" (z. B. bei absehbaren Verlusten), die Umsatzerlöse dagegen mit ihren Vertragspreisen angesetzt.

Bei „anderen aktivierten Eigenleistungen" handelt es sich um selbst erstellte Anlagengegenstände, die mit den dadurch entstandenen und gebuchten Aufwendungen und damit ergebnisneutral zu bewerten sind.

Erträge aus der Auflösung von Rückstellungen sind in der Bauwirtschaft vor allem solche aus nicht mehr bestehenden Gewährleistungsverpflichtungen.

Aufwendungen
Zu den maßgeblichen Aufwendungen nach dem Gesamtkostenverfahren gemäß § 275 Abs. 2 HGB gehören:

- Materialaufwand für Roh-, Hilfs- und Betriebsstoffe sowie für bezogene Waren sowie für Rüst- und Schalmaterial,
- Personalaufwendungen mit Löhnen und Gehältern sowie sozialen Abgaben und Aufwendungen für die Altersversorgung,
- Abschreibungen auf immaterielle Vermögensgegenstände des Anlagevermögens und Sachanlagen sowie auf aktivierte Aufwendungen für die Ingangsetzung und Erweiterung des Geschäftsbetriebs und auf Vermögensgegenstände des Umlaufvermögens, soweit diese die in der Kapitalgesellschaft üblichen Abschreibungen überschreiten (z.B. auf Vorräte, Forderungen und sonstige Vermögensgegenstände) und
- sonstige betriebliche Aufwendungen wie z.B. Verluste aus dem Abgang von Gegenständen des Anlage- oder Umlaufvermögens.

Weitere sonstige betriebliche Aufwendungen sind z.B. die Zuführung zu Rückstellungen wegen Gewährleistungsverpflichtungen und Aufwendungen des Bürobetriebes, d.h. der Allgemeinen Geschäftskosten ohne Personalaufwand (jedoch für Kommunikation, Beiträge, Versicherungen, Kosten des Aufsichtsrates oder des Beirates, der Haupt- oder Gesellschafterversammlung, Rechts- und Beratungskosten etc.).

Ergebnis der gewöhnlichen Geschäftstätigkeit und außerordentliches Ergebnis
Aus der Differenz zwischen Umsatzerlösen und betrieblichen Aufwendungen ergibt sich zunächst das Ergebnis der gewöhnlichen Geschäftstätigkeit (§ 2 Nr. 14 HGB).

Danach sollen gemäß § 277 Abs. 4 HGB noch außerordentliche Erträge und außerordentliche Aufwendungen ausgewiesen werden, deren Differenz dann zum außerordentlichen Ergebnis führt (§ 275

Abs. 2 Nr. 17 HGB). Außerordentliche Erträge und außerordentliche Aufwendungen haben den Charakter seltener Ausnahmeposten bekommen, die z.B. im Zusammenhang mit Strukturmaßnahmen entstehen. Die Posten sind hinsichtlich Art und Betrag im Anhang zu erläutern, soweit die ausgewiesenen Beträge für die Beurteilung der Ertragslage nicht von untergeordneter Bedeutung sind.

Im Geschäftsbericht 2003 der Bilfinger Berger AG heißt es zu den Aufwendungen aus Sondereinflüssen in Höhe von 160 Mio. €: „Die Sonderabschreibungen bei den zum Verkauf bestimmten Grundstücken betreffen die vorsorglichen Wertkorrekturen der Bestandsimmobilien im Zusammenhang mit dem Rückzug aus dem klassischen Projektentwicklungsgeschäft und der Konzentration auf die Auftragsentwicklung ohne Kapitaleinsatz. Mit den verminderten Buchwerten wird die Voraussetzung für eine beschleunigte Verwertung der Objekte geschaffen. Die Vorsorge für Länderrisiken betrifft die Absicherung möglicher politischer und wirtschaftlicher Risiken des Engagements in Entwicklungs- und Schwellenländern. Des Weiteren wurde für Kapazitätsanpassungen im Baugeschäft sowie für die Bereinigung im Beteiligungsportfolio Vorsorge getroffen."

Aus dem Ergebnis der gewöhnlichen Geschäftstätigkeit ergibt sich das Ergebnis vor Zinsen und Steuern (EBITDA, Earnings before Interest, Taxes, Depreciation and Amortisation). Aus dem außerordentlichen Ergebnis, das ggf. noch durch Firmenwert-(Goodwill-)Abschreibungen beeinflusst wird, ergibt sich das Ergebnis vor Zinsen und Steuern (EBIT Earnings before Interest and Taxes). Werden weiter das Beteiligungs- und das Zinsergebnis berücksichtigt, erhält man das Ergebnis vor Ertragsteuern (EBT Earnings before Taxes).

Steuern vom Einkommen und Ertrag
Dies sind die Einkommen- und Ertragsteuer (Körperschaftsteuer bei Kapitalgesellschaften und Gewerbeertragsteuer), die das Unternehmen als Steuerschuldner zu entrichten hat. Dabei kann es sich um Vorauszahlungen für das laufende Jahr, um Zuführung zu den Steuerrückstellungen oder um Steuern für zurückliegende Jahre handeln, wenn keine ausreichenden Rückstellungen gebildet wurden. Zu den sonstigen Steuern zählen u.a. Grundsteuer und Kfz-Steuer.

Aus dem Ergebnis vor Ertragsteuern (EBT) errechnet sich nach Abzug der Steuern vom Einkommen und Ertrag sowie der sonstigen Steuern das Konzernergebnis. Dieses bewegt sich nach den vorliegenden Jahresabschlüssen 2009 der deutschen Bauaktiengesellschaften, bezogen auf die Gesamtleistung, zwischen 1,5 und 3,0% der Jahresgesamtleistung.

2.1.4.2 Jahresabschluss

Um die rechnerische und buchungstechnische Richtigkeit der Buchführung festzustellen, ist für den Jahresabschluss zunächst eine Rohbilanz aufzustellen. Nach dem System der doppelten Buchführung muss die Summe aller Sollseiten auch der Summe der Habenseiten entsprechen.

Gemäß § 240 HGB hat jeder Kaufmann zu Beginn seines Handelsgewerbes und für den Schluss eines jeden Geschäftsjahres ein Inventar seiner Vermögenswerte und seiner Verbindlichkeiten aufzustellen. Dabei ist für die realen Vermögensgegenstände i. d. R. alle drei Jahre eine körperliche Bestandsaufnahme durchzuführen, soweit nicht durch Anwendung eines den Grundsätzen ordnungsmäßiger Buchführung entsprechenden anderen Verfahrens gesichert ist, dass der Bestand der Vermögensgegenstände nach Art, Menge und Wert auch ohne die körperliche Bestandsaufnahme für diesen Zeitpunkt festgestellt werden kann.

Aufgrund des Inventurergebnisses sind sodann die vorbereitenden Abschlussbuchungen zur Rechnungsabgrenzung und zum internen Kontenausgleich vorzunehmen, die folgende Bereiche betreffen:

– die Beständeerfassung,
– die Aktivierung unfertiger Bauleistungen und Bestandsveränderungen,
– die Abschreibungen,
– die Rückstellungen sowie
– die aktiven und passiven Rechnungsabgrenzungen.

Nach diesen Ergänzungsbuchungen kann die Schlussbilanz erstellt werden. Die Differenz zwischen der Summe der Aktiva und der Summe der Passiva entspricht dem Bilanzgewinn.

Die Salden der Erfolgskonten werden ebenfalls zur GuV-Rechnung abgeschlossen. Der Unterschied zwischen Aufwendungen und Erträgen stellt wiederum Gewinn oder Verlust dar. Dem Wesen der doppelten Buchführung entsprechend wird der Jahresgewinn damit in doppelter Weise nachgewiesen.

2.1.4.3 Anhang und Lagebericht

Die Leser des Jahresabschlusses, insbesondere einer Kapitalgesellschaft, erwarten daraus Erkenntnisse über die tatsächlichen Verhältnisse der Vermögens-, Finanz- und Ertragslage des Unternehmens gemäß § 264 Abs. 2 HGB. Den erwarteten „true and fair view" können Bilanz und GuV aus folgenden Gründen allein nicht vermitteln (Wöhe, 2002, S. 951 ff):

– Es handelt sich um eine komprimierte Darstellung von Vermögen, Schulden und Periodenerfolg.
– Der Ersteller des Jahresabschlusses ist an gesetzliche Vorschriften der Bilanzierungs- und Bewertungswahlrechte und die Dominanz des Vorsichtsprinzips gebunden.
– Dem Jahresabschluss fehlt der Zukunftsbezug.

Diese Lücke soll gemäß § 264 Abs. 1 HGB dadurch geschlossen werden, dass Kapitalgesellschaften verpflichtet sind,

– einen Anhang (§ 284–288 HGB) und
– einen Lagebericht (§ 289 HGB)

zu erstellen.

Der Anhang hat vor allem das Zahlenwerk der Bilanz und der GuV-Rechnung zu interpretieren und zu ergänzen. Zur Verbesserung des Einblicks in die Ertragslage werden vor allem folgende Pflichtangaben gefordert:

– Angaben zu den Bilanzierungs- und Bewertungsmethoden sollen darüber informieren, in welchem Maße das Unternehmen eine eher pessimistische oder eher realistische Bilanzierung vornimmt (§ 284 Abs. 2 Nr. 1 HGB).
– Angaben zur Änderung der Bilanzierungs- und Bewertungsmethoden sollen Auskunft darüber geben, in welchem Maß das ausgewiesene Jahresergebnis durch Bildung bzw. Auflösung stiller Rücklagen beeinflusst wurde (§ 284 Abs. 2 Nr. 3 HGB).
– Durch Angabe des Einflusses steuerrechtlicher Abschreibung nach § 254 HGB soll der Einfluss auf den handelsrechtlichen Ergebnisausweis quantifiziert werden (§ 285 Nr. 5 HGB).

Mit § 285 HGB werden umfangreiche sonstige Pflichtangaben gefordert. Dazu gehören auszugsweise (Nummerierung gemäß HGB):

1. Zu den in der Bilanz ausgewiesenen Verbindlichkeiten
   a) der Gesamtbetrag der Verbindlichkeiten mit einer Restlaufzeit von mehr als 5 Jahren,
   b) der Gesamtbetrag der Verbindlichkeiten, die durch Pfandrechte oder ähnliche Rechte gesichert sind, unter Angabe von Art und Form der Sicherheiten;
3. der Gesamtbetrag der sonstigen finanziellen Verpflichtungen, die nicht in der Bilanz erscheinen und auch nicht nach § 251 HGB (Haftungsverhältnisse) anzugeben sind, sofern diese Angabe für die Beurteilung der Finanzlage von Bedeutung ist (z.B. Verpflichtungen aus langjährigen Mietverträgen),
4. die Aufgliederung der Umsatzerlöse nach Tätigkeitsbereichen sowie nach geografisch bestimmten Märkten, soweit sich diese erheblich unterscheiden,
7. die durchschnittliche Zahl der während des Geschäftsjahres beschäftigten Arbeitnehmer, getrennt nach Gruppen, sowie
11. Name und Sitz anderer Unternehmen, von denen die Kapitalgesellschaft oder eine für Rechnung der Kapitalgesellschaft handelnde Person mindestens 20% der Anteile besitzt. Zu nennen ist die Höhe des Anteils am Kapital, das Eigenkapital und das Ergebnis des letzten Geschäftsjahres dieser Unternehmen.

Neben dem Anhang hat jede Kapitalgesellschaft gemäß § 289 HGB einen Lagebericht zu erstellen. Gemäß Abs. 1 sind im Lagebericht zumindest der Geschäftsverlauf und die Lage der Kapitalgesellschaft so darzustellen, dass ein den tatsächlichen Verhältnissen entsprechendes Bild vermittelt wird. Dabei ist auch auf die Risiken der künftigen Entwicklung einzugehen.

Dazu gehören Angaben über

– Marktstellung und Konkurrenzsituation,
– Auftragseingang und Beschäftigungsgrad,
– Entwicklung von Erlösen und Kosten sowie
– Liquiditätsentwicklung und Finanzierung.

Gemäß Abs. 2 soll der Lagebericht auch auf Vorgänge von besonderer Bedeutung nach dem Bilanzstichtag eingehen, z.B.

– Abschluss von Großverträgen und
– Geschäftserweiterungen/Betriebsschließungen.

Ausführungen über die voraussichtliche Entwicklung der Kapitalgesellschaft innerhalb der nächsten 2 bis 3 Jahre erfordern Angaben zur Geschäftsfeld- und Auftragsentwicklung sowie den Kundenbeziehungen, zur Personalentwicklung und zum Aktionsradius.

Angaben zum Bereich Forschung und Entwicklung erfordern Auskünfte über die Schwerpunkte, die Aufwendungen und den erwarteten Einfluss auf die künftigen Aufträge.

Mit diesen Pflichtangaben im Lagebericht hat das berichtende Unternehmen weitgehende Gestaltungsfreiheiten, die viele Unternehmen zu einer aktiven Informationspolitik nutzen.

2.1.4.4 Freiwillige Zusatzangaben

Durch freiwillige Zusatzinformationen versuchen viele Kapitalgesellschaften, ihr Ansehen bei den Bilanzadressaten (Stakeholdern) im Sinne einer aktiven Informationspolitik zu verbessern. Dazu zählen die Kapitalflussrechnung, die Segmentberichterstattung sowie die Sozial- und Umweltberichterstattung.

Kapitalflussrechnung
Die Kapitalflussrechnung hat das Ziel, den Zahlungsmittelstrom eines Unternehmens transparent zu machen. Die GuV-Rechnung stellt lediglich Ertrag und Aufwand gegenüber, jedoch nicht Einzahlungen und Auszahlungen. Dadurch können drohende Zahlungsengpässe nicht rechtzeitig erkannt werden. Die Insolvenzprophylaxe ist unzureichend.

Man unterscheidet zwischen vergangenheits- und zukunftsorientierter (retro- und prospektiver) Kapitalflussrechnung. Die künftige Zahlungsfähigkeit ist nur auf Grund prospektiver Kapitalflussrechnung möglich, jedoch mit Unsicherheiten über die Prognosedaten behaftet. Börsennotierte Mutterunternehmen eines Konzerns sind gemäß § 297 Abs. 1 Satz 2 HGB zur Erstellung retrospektiver Kapitalflussrechnungen verpflichtet: „... so besteht der Konzernabschluss außerdem aus einer

Tabelle 2.1-10 Beispiel einer Konzern-Kapitalflussrechnung

Cashflow Anteile 203 in Mio. €	
1. Konzernergebnis nach Steuern	122,5
2. Abschreibungen auf das Anlagevermögen	85,3
3. Abnahme der Rückstellungen	-16,4
4. Ergebnis aus dem Abgang von Anlagevermögen und von Wertpapieren des Umlaufvermögens	-42,8
5. Zunahme der Vorräte	-23,6
6. Abnahme der Forderungen	136,1
7. Abnahme der Verbindlichkeiten, ohne Bankverbindlichkeiten	-129,1
8. Sonstige zahlungsunwirksame Aufwendungen und Erträge (i. W. Abschreibungen auf Wertpapiere des Umlaufvermögens und Equity-Bewertung)	16,2
9. Cashflow aus laufender Geschäftstätigkeit	**148,2**
10. Einzahlungen aus Abgängen der Sach- und Finanzanlagen	327,5
11. Auszahlungen für Investitionen in immaterielle Vermögenswerte, Sach- und Finanzanlagen	-358,6
12. Cashflow aus Investitionstätigkeit	**-31,1**
13. Einzahlungen aus Kapitalerhöhungen und Zuschüssen der Gesellschafter	2,6
14. Dividendenauszahlungen an Aktionäre und andere Gesellschafter	-38,4
15. Einzahlungen aus der Aufnahme von Anleihen und Krediten	122,3
16. Auszahlungen für die Tilgung von Anleihen und Krediten	102,6
17. Cashflow aus Finanzierungstätigkeit	**-16,1**
18. Zahlungswirksame Veränderungen der Wertpapiere und liquiden Mittel (Zeilen 9, 12 und 17)	**101,0**
19. Sonstige Wertänderungen der Wertpapiere und liquiden Mittel (aus Wechselkursänderungen etc.)	-12,6
20. Veränderung der Wertpapiere und liquiden Mittel insgesamt	**88,4**
21. Wertpapiere und liquide Mittel am 01.01.	**738,4**
22. Wertpapiere und liquide Mittel am 31.12.	**826,8**

Kapitalflussrechnung, einer Segmentberichterstattung sowie einem Eigenkapitalspiegel."

Eine Kapitalflussrechnung zeigt die Veränderung des Liquiditätspotenzials und deren Ursachen im Betrachtungszeitraum. Sie setzt sich zusammen aus dem Cashflow aus

– laufender Geschäftstätigkeit,
– der Investitionstätigkeit und
– der Finanzierungstätigkeit.

Ein Beispiel einer Konzern-Kapitalflussrechnung zeigt Tabelle 2.1-10.

Segmentberichterstattung

Die Segmentberichterstattung hat die Aufgabe, segmentspezifische Unternehmensinformationen für die Leser des Geschäftsberichtes aufzubereiten. Die Segmentberichterstattung ist nach § 285 Nr. 4 HGB für den Einzelabschluss großer Kapitalgesellschaften und nach § 314 Abs. 1 Nr. 3 HGB für den Konzernabschluss zwingend vorgeschrieben. Es heißt dort gleichlautend „Ferner sind im Anhang anzugeben:

... die Aufgliederung der Umsatzerlöse nach Tätigkeitsbereichen sowie nach geografisch bestimmten Märkten, soweit sich ... die Tätigkeitsbereiche und geografisch bestimmten Märkte untereinander erheblich unterscheiden".

Bei der Berichterstattung nach Geschäftsfeldern unterscheiden Bauaktiengesellschaften z. B. nach

– Ingenieurbau, Hoch- und Industriebau, Entwickeln und Betreiben, Dienstleistungen und Umwelt, oder nach
– Airport, Development, Construction, Unternehmenszentrale/Konsolidierung/Management der finanziellen Ressourcen.

Bei der Unterteilung der Leistungen nach Regionen werden z. B. unterschieden: Deutschland, übriges Europa, Amerika, Afrika, Asien und Australien.

Sozial- und Umweltberichterstattung

In ihren Geschäftsberichten machen immer mehr Unternehmen auf freiwilliger Basis Angaben zu ihren sozialen und ökologischen Leistungen. Die Sozialberichterstattung ist in erster Linie an die Belegschaft, die Umweltberichterstattung an die interessierte Öffentlichkeit gerichtet. Darüber hinaus sind diese Informationen für alle Stakeholder von Interesse.

In der Sozialberichterstattung enthalten die Geschäftsberichte unter der Überschrift „Personal" z.B. Angaben über die Zahl der Mitarbeiter, die Anpassung von Personalkapazitäten, den Tarifabschluss, die Ausgabe von Belegschaftsaktien und Aktienoptionen, die systematische Personalentwicklung und den Dank an die Mitarbeiter.

Andere Unternehmen stellen heraus, dass sie in ihrer Personalplanung Kundenorientierung, unternehmerisches Denken, internationale Mobilität und Weiterbildung fördern. Durch die Personal- und Führungskräfteentwicklung mit Mitarbeiterbeurteilungen, Potenzialanalysen und Nachfolgeplänen werde für einen adäquaten Mitarbeitereinsatz gesorgt. Das Engagement im ethisch-sozialen Bereich komme dadurch zum Ausdruck, dass sich die Mitarbeiter verpflichteten, weltweit verbindliche Verhaltensregeln (business ethics) einzuhalten.

Durch die Umweltberichterstattung geben die Unternehmen Rechenschaft über die Auswirkungen ihres unternehmerischen Handelns auf die Umwelt. Es wird berichtet über Aufwendungen und Investitionen für den Umweltschutz sowie über Verfahren und Betriebsabläufe zur Gewährleistung ökologischer Arbeitsweisen. Im Vordergrund der Anstrengungen steht der Grundsatz nachhaltigen Handelns zur Schaffung eines ausgewogenen Verhältnisses zwischen Ökonomie, Ökologie und sozialem Engagement. Einige Unternehmen geben inzwischen regelmäßig Umweltberichte inklusive Arbeitssicherheit und Gesundheitsschutz heraus, um die erzielten Erfolge und noch bestehenden Defizite in den Bereichen Ökologie sowie Arbeits- und Gesundheitsschutz gegenüber Kunden, Nachunternehmern und Mitarbeitern als integralen Bestandteil einer offenen und partnerschaftlichen Informationspolitik zu dokumentieren, dies nicht zuletzt deshalb, da dieser Bereich immer häufiger ein wichtiges Entscheidungskriterium bei der Auftragsvergabe für Großprojekte darstellt.

Ergänzend ist zu erläutern, dass nachhaltige Handlungs- und Bauweise bedeutet, die Regenerationsfähigkeit der Natur in die Planungen mit einzubeziehen. Es darf nicht mehr verbraucht werden als in der Nutzungszeit wieder regeneriert werden kann. Eine nachhaltige Entwicklung erfüllt das Bedürfnis der handelnden Generation, ohne die Möglichkeiten zukünftiger Generationen zu gefährden (Getto, 2002, S. 13). Diesen Anspruch verfolgen auch die internationalen und nationalen Bemühungen zur Umweltzertifizierung von Gebäuden wie z.B. das LEED Rating System (Leadership in Energy and Environmental Design) sowie die Ansätze der Deutschen Gesellschaft für Nachhaltiges Bauen e.V. (DGNB).

2.1.4.5 Bilanzanalyse

Die Ziele der Bilanzanalyse bestehen in der Informationsverbesserung durch bedarfsgerechte Unterrichtung externer Bilanzadressaten. Ausgangsdaten sind der Jahresabschluss mit Anhang und Lagebericht. Die Methodik besteht in der Bereinigung und bedarfsadäquaten Aufbereitung (Verdichtung) von Jahresabschlussdaten.

Die Erkenntnisse aus der Bilanzanalyse eines Unternehmens werden wesentlich erhöht, wenn mehrere aufeinander folgende Jahresabschlüsse des Unternehmens und die Jahresabschlüsse von Unternehmen der gleichen Branche in die Untersuchung einbezogen werden.

Ablauftechnisch lässt sich die Bilanzanalyse nach Wöhe (2002, S. 1056 ff) in die drei Arbeitsschritte Datenaufbereitung, Kennzahlenbildung und Kennzahlenauswertung gliedern (Abb. 2.1-38).

Aufbereitung von Jahresabschlussdaten

Die Datenaufbereitung hat die Aufgabe, die Jahresabschlussangaben in materieller Hinsicht zu bereinigen und in formaler Hinsicht zur Erstellung einer Strukturbilanz und zur Erfolgsspaltung umzugliedern.

Wertmäßige Bereinigung der Jahresabschlussdaten

Durch eine solche Bereinigung sollen die Wertansätze einzelner Vermögenspositionen der Bilanz durch Schätzung den aktuellen Marktgegebenheiten angepasst werden. Da die Anschaffungskosten die

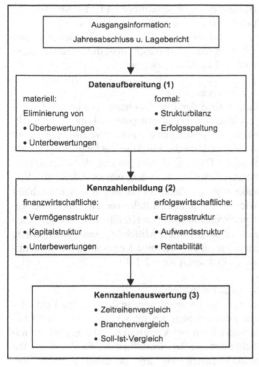

Abb. 2.1-38 Arbeitsschritte der Bilanzanalyse (Quelle: Wöhe, 2002, S. 1057)

Wertobergrenze bilden, stecken in schon lange zum Betriebsvermögen gehörenden Positionen vielfach erhebliche stille Zwangsrücklagen, insbesondere bei Grundstücken und Beteiligungen.

Eine Abwertung von Vermögensgegenständen ist eher als Ausnahmefall anzusehen, da die handelsrechtlichen Bewertungsvorschriften nach dem Niederstwertprinzip ohnehin den Ansatz eines niedrigeren beizulegenden Wertes für den Bilanzausweis vorschreiben. Bei den Passivpositionen können sich Rückstellungen als korrekturbedürftig erweisen. Bei dem Versuch, die Bilanzansätze für Aktiva und Passiva an die tatsächlichen Wertverhältnisse anzupassen, bietet die Berichterstattung im Anhang über die angewandten Bilanzierungs- und Bewertungsmethoden sowie deren Änderung wertvolle Hinweise auf die vom Unternehmen verfolgte bilanzpolitische Strategie, stille Rücklagen zu bilden oder aufzulösen.

Strukturbilanz

Wichtige Daueraufgabe der Unternehmensführung ist für die Unternehmensexistenz die Sicherung der künftigen Zahlungsfähigkeit. Dazu hat die Praxis Finanzierungsregeln entwickelt. Die horizontalen Finanzierungsregeln stellen eine Beziehung zwischen der investitionsbedingten Dauer der Kapitalbindung und der Dauer der Kapitalverfügbarkeit her.

Die *goldene Finanzierungsregel* fordert eine Fristenkongruenz zwischen der Mittelbindung auf der Aktivseite und der Kapitalverfügbarkeit auf der Passivseite. Diese Regel wird von den führenden Bauaktiengesellschaften sehr gut eingehalten. Nach den Geschäftsberichten 2003 wird deren Anlagevermögen vollständig durch Eigenkapital gedeckt, während die meisten Bauunternehmen dazu auch langfristiges Fremdkapital und manchmal auch kurzfristiges Fremdkapital benötigen. Die *goldene Bilanzregel* fordert eine pauschalierte Fristenkongruenz, wonach Anlagevermögen und langfristig gebundenes Umlaufvermögen durch Eigenkapital und langfristiges Fremdkapital finanziert werden müssen. Nur das kurzfristig gebundene Umlaufvermögen darf mit kurzfristigem Kapital finanziert werden.

Finanzierungsregeln werden in Literatur und Praxis heftig kritisiert, da die Einhaltung der Finanzierungsregeln nicht unbedingt die Zahlungsfähigkeit garantiert und deren Missachtung auch nicht zwangsläufig zur Zahlungsunfähigkeit führt.

In der Strukturbilanz ist die Umgliederung der Passivseite von besonderem Interesse:

– Der Sonderposten mit Rücklageanteil wird je zur Hälfte dem Eigenkapital und dem mittelfristigen Fremdkapital zugeordnet.
– Der Bilanzgewinn wird dem kurzfristigen Fremdkapital zugeordnet, da schon wenige Monate nach dem Bilanzstichtag mit einem Mittelabfluss in Form von Dividendenzahlungen zu rechnen ist.
– Rückstellungen sind dem kurzfristigen Fremdkapital zuzuordnen mit Ausnahme von evtl. Pensionsrückstellungen.

Erfolgsspaltung

Der Jahresabschluss informiert über den Erfolg der abgelaufenen Periode. Die Anteilseigner benötigen jedoch Informationen über die Höhe künftiger Erfolge. Durch Erfolgsspaltung versucht die Bilanzanalyse, die Informationsempfänger, ausgehend vom Jahresüberschuss der abgelaufenen Periode über den nachhaltig erzielbaren Erfolg durch Eliminierung „ungewöhnlicher Ergebniskomponenten" zu unterrichten.

In dem Gliederungsschema der GuV nach § 275 Abs. 2 lassen sich durch eine Umgliederung das ordentliche Betriebsergebnis, das Finanzergebnis, das Ergebnis der gewöhnlichen Geschäftstätigkeit (Nr. 14), das außerordentliche Ergebnis (Nr. 17), das Gesamtergebnis vor Ertragsteuern und schließlich der Jahresüberschuss (plus) oder der Jahresfehlbetrag (minus) ableiten.

Die Erfolgsspaltung verfolgt das Ziel, mit dem korrigierten Ergebnis aus der gewöhnlichen Geschäftstätigkeit den nachhaltig erzielbaren Periodenerfolg auszuweisen. Dieses Ziel wird trotz Umgruppierung nicht erreicht. Die Deutsche Vereinigung zur Finanzanalyse und Anlageberatung e. V. (DVFA) erarbeitete ein integriertes Konzept zur Erfolgsspaltung und Erfolgsbereinigung. Aktienanalysten orientieren sich am Arbeitsschema der DVFA, wenn sie den Gewinn pro Aktie ermitteln wollen (Küting/Weber, 1990, S. 270 ff).

Ermittlung und Auswertung von Kennzahlen

Nach der Aufbereitung der Jahresabschlussdaten werden diese zu Kennzahlen verdichtet. Sie lassen sich in finanzwirtschaftliche und erfolgswirtschaftliche Kennzahlen einteilen (Abb. 2.1-39).

Zur Auswertung finanzwirtschaftlicher Kennzahlen zählen die Investitions-, die Finanzierungs- und die Liquiditätsanalyse.

Investitionsanalyse

Gegenstand der Investitionsanalyse ist die Durchleuchtung des Vermögenspotenzials eines Unternehmens. Zielsetzung ist es, aus der Vermögensstruktur Aussagen über die künftige Zahlungsfähigkeit abzuleiten. Dabei sind insbesondere die Selbstliquidationsperioden zu beachten, während derer die Vermögensgegenstände bei normalem Geschäftsablauf wieder zu liquiden Mitteln werden. Eine hohe Anlagenintensität wird von Kreditgebern kritisch gesehen, da der erwartete Mittelrückfluss erst langfristig zu erwarten ist. Wichtige Kennzahlen zur Investitionsanalyse zeigt Abb. 2.1-40.

Finanzierungsanalyse

Durch die Finanzierungsanalyse sollen Finanzierungsrisiken abgeschätzt werden. Diese sind besonders hoch bei kurzfristigen Darlehensverbindlichkeiten, da der Schuldner das Risiko einer Anschlussfinanzierung mit höherem Zinssatz hat. Ursachen einer Verringerung der Eigenkapitalquote im Zeitreihenvergleich können auf verstärkte

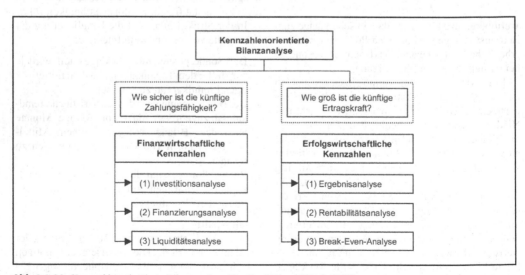

Abb. 2.1-39 Kennzahlenorientierte Bilanzanalyse (Quelle: Wöhe, 2002, S. 1062)

$$\text{Anlagenintensität} = \frac{\text{Anlagevermögen}}{\text{Gesamtvermögen}} \times 100$$

$$\text{Finanzanlagenintensität} = \frac{\text{Finanzanlagevermögen}}{\text{Gesamtvermögen}} \times 100$$

$$\text{Vorratsintensität} = \frac{\text{Vorratsvermögen}}{\text{Gesamtvermögen}} \times 100$$

$$\text{Investitionsquote} = \frac{\text{Nettoinvestitionen zum Sachanlagevermögen}}{\text{Sachanlagevermögen zum Periodenanfang}} \times 100$$

Abb. 2.1-40 Wichtige Kennzahlen zur Investitionsanalyse (Quelle: Wöhe, 2002, S. 1063)

Fremdfinanzierung zur Ausnutzung des Leverage-Effekts oder auf eine Aushöhlung der Eigenkapitalbasis durch Verluste zurückzuführen sein. Im Branchenvergleich zu hohe Fremdkapitalzinsen können u. a. darauf hinweisen, dass das Unternehmen wegen schlechter Bonität hohe Risikoaufschläge an seine Gläubiger zahlen muss.

Der Bilanzkurs ist üblicherweise niedriger als der korrigierte Bilanzkurs nach Auflösung der stillen Reserven. Der Börsenkurs sollte wegen guter Ertragsaussichten und somit einem entsprechend hohen Firmenwert (Goodwill) stets deutlich darüber liegen.

Die wichtigsten Kennzahlen zur Finanzierungsanalyse zeigt Abb. 2.1-41.

Liquiditätsanalyse
Liquiditätskennzahlen geben an, zu wie viel Prozent die kurzfristigen Verbindlichkeiten am Bilanzstichtag durch vorhandene Liquidität gedeckt sind. Durch Erweiterung der Zahlungsmittel um kurzfristige Forderungen und Vorräte gelangt man zu gestaffelten Liquiditätsgraden. Das Networking Capital ähnelt in seinem Aussagegehalt der Liquidität 3. Grades (Abb. 2.1-42).

Alle Liquiditätskennzahlen liefern nur Aussagen über die Zahlungsfähigkeit an einem bereits vergangenen Stichtag. Die Stakeholder sind jedoch interessiert an Informationen über die künftige Zahlungsfähigkeit. Zur Schließung dieser Lücke

werden die periodenbezogenen Einzahlungen und Auszahlungen herangezogen (Finanzplan). Durch Ermittlung des Cashflows (Jahresüberschuss + Abschreibungen ./. Erhöhung/Verminderung der langfristigen Rückstellungen) wird deutlich, welches Innenfinanzierungsvolumen eines Unternehmens zur Finanzierung von Investitionen oder zur Rückzahlung von Verbindlichkeiten eingesetzt werden kann. Dabei wird unterstellt, dass der Cashflow des abgelaufenen Jahres in Zukunft in gleicher Höhe erwirtschaftet werden kann.

Die Auswertung volkswirtschaftlicher Kennzahlen umfasst die Ergebnis-, Rentabilitäts- und Break-Even-Analyse.

Ergebnisanalyse
Die Ergebnisquellenanalyse soll zeigen, welche Teile des Jahreserfolgs dem ordentlichen Betriebsergebnis, dem Finanzergebnis und dem außerordentlichen Ergebnis im Sinne einer Erfolgsspaltung zuzuordnen sind.

Ergänzend soll die Analyse der Aufwands- und Ertragsstruktur zeigen, welchen Beitrag die einzelnen Aufwands- und Ertragskomponenten zur Erzielung des Gesamtergebnisses leisten (Abb. 2.1-43).

Die Aufwand-Ertrag-Relationen geben Auskunft über die Wirtschaftlichkeit des Unternehmens. Die Kennzahlen dürfen jedoch nicht isoliert, sondern müssen im gegenseitigen Verhältnis sowie im Zeitreihen- und im Branchenvergleich betrachtet werden.

Die Ertrag-Ertrag-Relationen zeigen die Stärken und Schwächen des Unternehmens in den einzelnen Geschäftsfeldern bzw. in den einzelnen Regionen.

Rentabilitätsanalyse
Rentabilitätskennzahlen werden aus dem Verhältnis einer Ergebnisgröße (Gewinn, Jahresüberschuss, ordentliches Betriebsergebnis, Cashflow oder Bruttogewinn) zu einer Kapital- oder Vermögensgröße (Eigenkapital, Gesamtkapital oder betriebsnotwendiges Vermögen) oder auch zum Umsatz gebildet (Abb. 2.1-44).

Zur Beurteilung der Ertragskraft ist die Eigenkapitalrentabilität mit der branchenüblichen Eigenkapitalrentabilität oder der marktüblichen Verzinsung langfristiger Kapitalanlagen zu vergleichen. Dabei sollte von einem nachhaltig erzielbaren Gewinn vor Steuern ausgegangen werden.

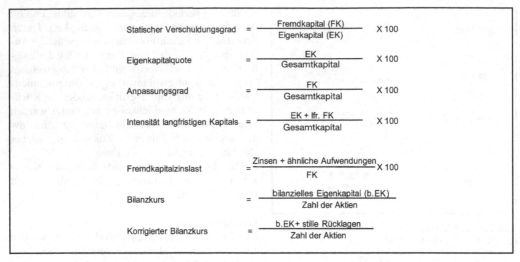

Abb. 2.1-41 Wichtige Kennzahlen zur Finanzierungsanalyse (Quelle: Wöhe, 2002, S. 1064)

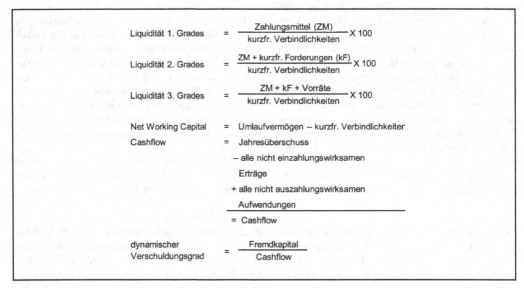

Abb. 2.1-42 Wichtige Kennzahlen zur Liquiditätsanalyse (Quelle: Wöhe, 2002, S. 1066)

Im zwischenbetrieblichen Vergleich ist die Gesamtkapitalrentabilität ein zuverlässigerer Indikator, da sie die Ertragskraft des Unternehmens unabhängig von der Höhe des Verschuldungsgrads zeigt. Maßgebliche Größe für die Höhe der Eigenkapital-, Gesamtkapital- und Umsatzrentabilität ist daher der Gewinn. Die Verwendung des Cashflows ist dagegen wegen seiner wesentlichen Aufwandsbestandteile problematisch, wenngleich er zur Quantifizierung des Innenfinanzierungsvolumens unverzichtbar ist.

Der Gewinn je Aktie ist für Anleger eine wichtige Erfolgskennziffer, jedoch weniger für die

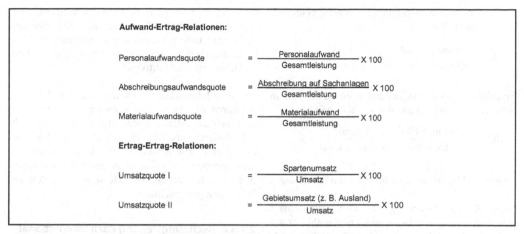

Abb. 2.1-43 Wichtige Kennzahlen zur Ergebnisanalyse (Quelle: Wöhe, 2002, S. 1068)

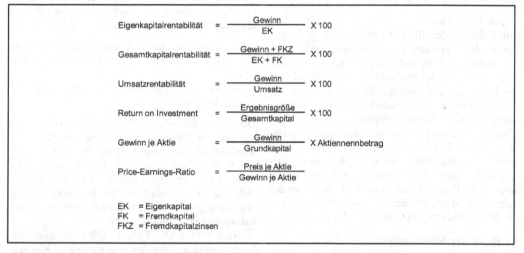

Abb. 2.1-44 Wichtige Kennzahlen zur Rentabilitätsanalyse (Quelle: Wöhe, 2002, S. 1069)

abgelaufene, sondern vielmehr für die laufende Periode. Änderungen der Gewinnprognosen der Bilanzanalysten haben daher entsprechende Kursänderungen an der Börse zur Folge.

Bei den Anlageempfehlungen (Kaufen, Halten, Verkaufen) hat die Price-Earnings-Ratio bzw. das Kurs-Gewinn-Verhältnis (KGV) eine große Bedeutung. Ein KGV von z. B. 25 entspricht einer erwarteten Kapitalverzinsung von 4%. Bei vordergründiger Betrachtung sind Aktien mit einem nied-

rigen KGV kaufenswerter als Aktien mit einem hohen KGV. Dies ist jedoch keineswegs zwingend, da die Aktie eines Unternehmens mit steigenden Gewinnerwartungen und einem höheren KGV durchaus kaufenswerter sein kann als eine Aktie aus einer Krisenbranche mit einem niedrigen KGV.

Beim Return-On-Investment (ROI) bilden der Gewinn (vor Steuern) und die Fremdkapitalzinsen (FKZ) die dem Gesamtkapital adäquate Ergebnisgröße für die Gesamtkapitalverzinsung (Gesamt-kapitalrentabilität):

$$ROI = \frac{Gewinn + FKZ}{Gesamtkapital} \times 100$$

Erweitert man diesen Quotienten im Zähler und im Nenner um den Umsatz, dann erhält man

$$ROI = \frac{Gewinn + FKZ}{Umsatz} \times \frac{Umsatz}{Gesamtkapital}$$

$$\downarrow \qquad\qquad \downarrow$$

ROI = Umsatzrentabilität x Kapitalumschlag

Diese Kennzahlenerweiterung verdeutlicht, dass eine Steigerung der Gesamtkapitalrentabilität sowohl durch Erhöhung der Umsatzrentabilität als auch durch Erhöhung der Häufigkeit des Kapitalumschlags erreicht werden kann.

Break-Even-Analyse
Im Rahmen der Break-Even-Analyse wird versucht, den Zeitpunkt der Gewinnschwelle durch Deckung der fixen und variablen Kosten (Break-Even-Point) im Jahresablauf zu ermitteln. Methode hierzu ist die Deckungsbeitragsrechnung mit Unterscheidung der Gesamtkosten einer Abrechnungsperiode in variable (leistungsabhängige) und fixe (der Deckung der Betriebsbereitschaft dienende) Kosten. Die Gewinnschwelle wird innerhalb eines Geschäftsjahres dann erreicht, wenn der Deckungsbeitrag (Erlöse ./. variable Kosten) die Fixkosten des Geschäftsjahres deckt. Dies ist bei den meisten Bauunternehmen – wenn überhaupt erst im letzten Quartal des Geschäftsjahres der Fall.

Grenzen der Bilanzanalyse
Die Bilanzanalyse soll Informationen zur Beurteilung der künftigen Zahlungsfähigkeit und des Zukunftserfolgspotenzials eines Unternehmens liefern. Die Mängel des Jahresabschlusses bestehen jedoch in folgenden Faktoren:

– mangelnde Vollständigkeit der Informationen über die Qualität des Managements, die Marktstellung des Unternehmens sowie die Forschungs- und Entwicklungspotenziale,
– mangelnde Zukunftsbezogenheit der Informationen über die künftige Liquidität und die künftigen Erfolge und

– mangelnde Objektivität der Informationen über das „tatsächliche" Vermögen und den „tatsächlichen" Erfolg wegen der Dominanz des Vorsichtsprinzips und der unsicherheitsbedingten Bewertungssubjektivität.

Aus dem Jahresabschluss sind jedoch durchaus Indikatoren für starke oder schwache Unternehmen zu erkennen. Starke Unternehmen zeichnen sich z.B. dadurch aus, dass sie es sich leisten können, offene und stille Rücklagen durch degressive Abschreibungen, Zuführungen zu den Rückstellungen und eine Bewertung der Herstellungskosten zu Teilkosten vorzunehmen.

2.1.4.6 Rechnungslegung nach International Accounting Standards (IAS)

International orientierte Kapitalanleger erwarten von der externen Rechnungslegung, dass die Jahresabschlüsse zwei Bedingungen erfüllen:

– Sie sollen über die aktuelle und zukünftige wirtschaftliche Lage des Unternehmens informieren und
– sie sollen international verständlich und vergleichbar sein.

Durch die übermäßige Betonung des Gläubigerschutzes im HGB und die zentrale Stellung des Vorsichtsprinzips vermittelt der HGB-Abschluss ein pessimistisch verzerrtes Bild der wirtschaftlichen Lage des Unternehmens. Dagegen bemüht sich die anglo-amerikanische Rechnungslegung um eine objektive Darstellung der Vermögens- und Ertragslage (true and fair view).

Nach § 292a Abs. 2 Nr. 2 HGB ist es deutschen Konzernmüttern, die den internationalen Kapitalmarkt in Anspruch nehmen, erlaubt, wahlweise einen Konzernabschluss nach deutschem HGB oder nach international akzeptierten Rechnungslegungsnormen aufzustellen. Damit sind zwei Normensysteme gemeint:

– International Accounting Standards (IAS) mit den International Financial Reporting Standards (IFRS) und
– Generally Accepted Accounting Principles (US-GAAP).

Die IAS/IFRS werden vom International Accounting Standards Board (IASB) mit Sitz in London herausgegeben, das 1973 als Vereinigung berufsständischer Organisationen aus dem Bereich der Rechnungslegung gegründet wurde.

Die International Organization of Securities Commissions (IOSCO), der internationale Zusammenschluss der Börsenaufsichtsbehörden, empfahl bereits im Jahr 2000 ihren Mitgliedern, die IAS für das Listing an nationalen Börsen zuzulassen. Für den Zugang zum amerikanischen Kapitalmarkt sind jedoch ergänzend die von den US-GAAP geforderten Kriterien zu beachten. Die nachfolgenden Ausführungen konzentrieren sich auf die Anforderungen nach IAS/IFRS (Wöhe, 2002, S. 966 ff).

Die deutsche Rechnungslegung nach HGB stellt den Gläubigerschutz durch vorsichtige Bilanzierung und Bildung stiller Rücklagen zur Erzielung einer möglichst hohen Haftungssubstanz in den Mittelpunkt der Bilanzierung. Die Interessen der Fremdkapitalgeber werden über die der Eigenkapitalgeber gestellt. Nach IAS stehen jedoch die Bedürfnisse der Eigenkapitalgeber im Mittelpunkt des Interesses. Die Ursache liegt in den unterschiedlichen Finanzierungstraditionen. In Deutschland dominiert bisher die Banken- und damit die Fremdfinanzierung. Angelsächsische Unternehmen finanzieren sich stärker über den Eigenkapitalmarkt.

Die Rechnungslegungsvorschriften in Kontinentaleuropa werden primär vom Gesetzgeber erlassen (code law). Im angelsächsischen Raum folgen die verabschiedeten Normen einer einzelfallspezifischen Regelungstechnik (case law).

Im Juni 2002 verabschiedete der EU-Ministerrat eine Verordnung, wonach alle kapitalmarktorientierten Unternehmen der EU ab 2005 ihren Konzernabschluss nach IAS erstellen müssen.

International Accounting Standards (IAS)
Damit stellt sich auch für deutsche Unternehmen zunehmend die Frage, ob sie ihren Jahresabschluss umstellen müssen, indem sie vom HGB auf IAS übergehen.

Ziele und Adressaten der IAS
Ziel der Erstellung eines Jahresabschlusses nach IAS ist die Vermittlung von Informationen über die Vermögens-, Finanz- und Ertragslage eines Unternehmens inkl. ihrer Veränderungen. Die Entscheidungsunterstützung (decision usefulness) der Anleger ist zentrales Merkmal der IAS-Rechnungslegung. Die Adressaten der IAS-Rechnungslegung sind die Eigenkapitalgeber nach dem Shareholder-Value-Konzept. Dabei wird unterstellt, dass die übrigen Stakeholder ähnliche Informationsbedürfnisse haben.

Die IAS haben im Gegensatz zum HGB nur eine Informations- und keine Zahlungsbemessungsfunktion. Hierzu sind den Jahresabschluss ergänzende Rechnungen oder Vereinbarungen als Grundlage zur Bestimmung von Ausschüttungen (Dividenden) und Ertragsteuerzahlungen vorzunehmen.

Die Zukunftseinschätzung wird nach IAS neutral, nach HGB vorsichtig und pessimistisch vorgenommen. Stille Rücklagen sind nach IAS nicht, nach HGB durchaus zulässig. Die IAS ermöglichen wegen weniger Bilanzierungs- und Bewertungswahlrechte einen eindeutigen Erfolgsausweis im Gegensatz zum HGB.

In den Mitgliedstaaten der EU haben kapitalmarktorientierte Unternehmen ihre konsolidierten Abschlüsse seit 2005 nach den IFRS aufzustellen.

Grundkonzeption der IAS
Die IAS bestehen aus dem „framework for the preparation and presentation of financial statements" sowie 34 International Accounting Standards.

Das Framework enthält allgemeine Grundsätze und Leitlinien der IAS-Rechnungslegung zur Koordination und Interpretation der einzelnen IAS. Es dient als Grundlage zur Ableitung neuer und Überarbeitung bestehender Standards. Das Framework selbst stellt keinen IAS-Standard dar und ist mit den deutschen handelsrechtlichen Grundsätzen ordnungsmäßiger Buchführung (GoB) vergleichbar.

Die einzelnen Standards enthalten die eigentlichen Bilanzierungs- und Bewertungsvorschriften, die mit den Einzelnormen des HGB vergleichbar sind. Sie gelten grundsätzlich rechtsform-, unternehmensgrößen- und branchenunabhängig für den Einzel- und Konzernabschluss.

Jahresabschlussbestandteile
Die Jahresabschlussbestandteile nach HGB und IAS sind weitgehend identisch, da auch nach § 264

Abs. 2 HGB der Jahresabschluss ein den tatsächlichen Verhältnissen entsprechendes Bild der Vermögens-, Finanz- und Ertragslage zu vermitteln hat. Nach IAS werden ein „true and fair view" bzw. eine „fair presentation" gefordert (Abb. 2.1-45).

Die Erläuterungspflichten nach IAS (notes) entsprechen dem Anhang des HGB-Abschlusses. Pflichtbestandteile sind nach IAS:

– Bilanz (balance sheet)
– Gewinn- und Verlustrechnung (income statement)
– Anhang und Lagebericht (notes)
– Kapitalflussrechnung (cash flow statement)
– Segmentberichterstattung (segment reporting)
– Eigenkapitalentwicklung (statement of changes in stockholders' equity)

Der IAS-Abschluss gibt durch erweiterte Berichtspflichten, die Kapitalflussrechnung und die Segmentberichterstattung, die nicht nur von Kapitalgesellschaften, sondern von jedem Unternehmen gefordert werden, einen besseren Einblick in die Lage des Unternehmens als der HGB-Abschluss.

Grundprinzipien der Rechnungslegung nach IAS

Analog zu den Grundsätzen ordnungsmäßiger Buchführung und Bilanzierung im HGB existieren auch in den IAS Grundprinzipien der Rechnungslegung. Einen Überblick gibt Abb. 2.1-46.

Aus der decision usefulness als Ziel der IAS-Rechnungslegung werden zwei Grundannahmen (underlying assumptions bzw. fundamental accounting assumptions) abgeleitet, ohne deren Einhaltung keine Entscheidungsunterstützung möglich ist.

Die Grundannahme des going concern (1) unterstellt, dass bei der Erstellung des Jahresabschlusses analog zu § 252 Abs. 1 Nr. 2 HGB von der Fortführung des Unternehmens über den Bilanzstichtag hinaus auszugehen ist. Auch die Grundannahme der accrual basis (2) entspricht analog § 252 Abs. 1 Nr. 5 HGB dem Prinzip periodengerechter Erfolgsermittlung. Zur Erreichung des Zieles unter Beachtung der Grundannahmen gehört die Einhaltung bestimmter qualitativer Merkmale (primary qualitative characteristics). Diese Anforderungen werden z. T. durch weitere Merkmale (secondary qualitative characteristics) unterstützt.

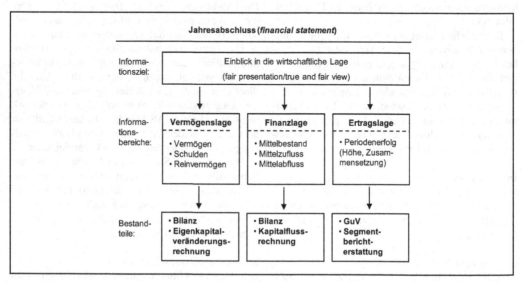

Abb. 2.1-45 Informationsbereiche und Bestandteile des Jahresabschlusses nach IAS (Quelle: Wöhe, 2002, S. 976)

Analog zu § 243 Abs. 2 HGB wird understandability (3) gefordert.

Informationen müssen für einen aktuellen oder potenziellen Investor Relevanz (4) haben, die durch Wesentlichkeit (materiality) erreicht wird.

Die reliability (5) verlangt

- faithful presentation durch Erfassung nur hinreichend sicherer Sachverhalte,
- eine Betrachtung der substance over form vorzunehmen,
- die neutrality zu wahren,
- die prudence zu beachten und
- die completeness im Sinne von § 246 Abs. 1 HGB sicherzustellen.

Ferner hat der Jahresabschluss das Prinzip der comparability (6) im Zeitreihenvergleich und auch im externen Vergleich mit anderen Unternehmen zu erfüllen. Dies schließt gemäß § 252 Abs. 1 Nr. 6 HGB das Stetigkeitsprinzip (consistency of presentation) ein.

Eine unter Beachtung der aufgeführten Prinzipien vorgenommene Rechnungslegung vermittelt

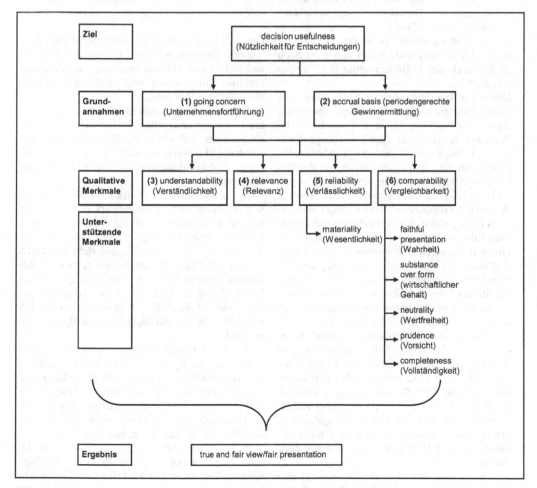

Abb. 2.1-46 Grundprinzipien der IAS-Rechnungslegung (Quelle: Wöhe, 2002, S. 979)

ein den tatsächlichen Verhältnissen entsprechendes Bild der Vermögens-, Finanz- und Ertragslage (true and fair view bzw. fair presentation).

Die wesentlichen Unterschiede zwischen den Rechnungslegungsgrundsätzen nach IAS und HGB bestehen in folgenden Punkten:

– Dem Grundsatz des true and fair view kommt die Stellung einer Generalnorm durch die Annahme zu, dass ein nach den IAS-Grundsätzen erstellter Jahresabschluss automatisch zur Vermittlung eines den tatsächlichen Verhältnissen entsprechenden Bildes führt.
– Das Vorsichtsprinzip ist nach IAS lediglich als Schätzregel zur Berücksichtigung unsicherer Erwartungen aufzufassen.
– Die periodengerechte Gewinnermittlung ist nach IAS dominierende Norm und wird nach HGB durch den Gläubigerschutz stark eingeschränkt.
– Durch das Realisationsprinzip (realization principle), wonach Erträge dann auszuweisen sind, wenn sie zuverlässig bestimmbar sind, und die Wahrung des zeitlichen Zusammenhanges zwischen Ertragsausweis und Aufwandsverrechnung (matching principle) soll der in der Periode wirtschaftlich entstandene Erfolg weder zu hoch noch zu niedrig ausgewiesen werden. Wegen des Gläubigerschutzes wird der Gewinn nach HGB jedoch eher zu niedrig ausgewiesen. Dies führt im Ergebnis nach IAS tendenziell zu einem früheren Gewinnausweis. Während nach deutscher Rechnungslegung ein Ertrag erst mit dem Umsatzzeitpunkt entsteht, gilt er nach IAS bereits dann als realisiert, wenn er zuverlässig bestimmbar ist. Erträge werden daher nach IAS tendenziell früher erfasst als nach HGB.
– Das Anschaffungskostenprinzip nach HGB verbietet eine Bewertung von Vermögensgegenständen über die Anschaffungskosten hinaus. Nach IAS sind Zuschreibungen bei wirtschaftlich entstandenen Wertsteigerungen möglich (z. B. Börsenkurs der Wertpapiere des Umlaufvermögens liegt über den Anschaffungskosten).
– Das Imparitätsprinzip ist nach IAS nicht bekannt, hat nach HGB jedoch eine dominierende Stellung.
– Die Prinzipien der Relevanz (relevance) und der Verlässlichkeit (reliability) haben nach IAS

zentrale Bedeutung, zählen dagegen nicht zu den GoB nach HGB.

Die Bilanz nach IAS (balance sheet)
Beim Jahresabschluss nach IAS (financial statement) ist die periodengerechte Gewinnermittlung (accrual basis) wichtiges Ziel. Zentrale Bedeutung hat dabei die Bilanz (balance sheet) vor der GuV-Rechnung (income statement).

Inhalt der Bilanz
Für HGB und IAS gilt die Bilanzgleichung:

$$HGB: Vermögen = Eigenkapital + Schulden$$
$$IAS: \quad assets \quad = equity \qquad + liabilities$$

Die IAS-Bilanz dient vorrangig der periodengerechten Gewinnermittlung (= dynamische Bilanzauffassung). Danach sind assets das Potenzial künftiger Mittelzuflüsse und liabilities das Potenzial künftiger Mittelabflüsse.

Sofern ein Sachverhalt die abstrakten und konkreten Ansatzvorschriften der IAS erfüllt, muss er als asset bzw. liability in die Bilanz aufgenommen werden. Aktivierungs- und Passivierungswahlrechte sind damit im Gegensatz zum HGB ausgeschlossen.

Die abstrakten Definitionsmerkmale für assets und liabilities sind im Framework (F49a) enthalten. Bei den assets muss es sich um eine Ressource handeln, die in der Vergangenheit entstanden ist, dem Unternehmen zur Verfügung steht und durch die ein künftiger Nutzenzufluss erwartet wird. Analog muss es sich bei einer liability um eine Verpflichtung handeln, die in der Vergangenheit entstanden ist, durch das Unternehmen zu erfüllen ist und aus der ein künftiger Nutzenabfluss erwartet wird.

Zusätzlich müssen für den Eingang eines assets oder einer liability in die Bilanz konkrete Ansatzkriterien erfüllt sein. Die probability verlangt eine Wahrscheinlichkeit für den Mittelzu- bzw. Mittelabfluss von > 50%. Die Forderung des reliable measurement verlangt, dass der Wert des assets oder der liability verlässlich bestimmbar ist.

Für Eventualverbindlichkeiten (contingent liabilities) gilt analog zu § 251 HGB ein Passivierungsverbot, verbunden mit Pflichtangaben im Anhang (notes).

Die wesentlichen Unterschiede zu den HGB-Regelungen lassen sich wie folgt zusammenfassen:

- Der HGB-Abschluss strebt nach vorsichtigem Erfolgsausweis (Aktivierung im Zweifelsfall: nein; Passivierung im Zweifelsfall: ja).
- Der IAS-Abschluss strebt nach neutralem Erfolgsausweis (neutrale Anforderungen für Aktivierung und Passivierung).
- Der IAS-Abschluss strebt nach eindeutigem Erfolgsausweis (keine Aktivierungs- und Passivierungswahlrechte).
- Im IAS-Abschluss gibt es keinen eigenständigen Posten für Rückstellungen, sondern nur Verbindlichkeitsrückstellungen (provisions).

Gliederung der Bilanz
Aufgabe der Bilanzgliederung ist ein klarer und übersichtlicher Einblick in die Vermögens-, Schulden- und Liquiditätslage des Unternehmens. Die Bilanzgliederung nach IAS (1.66 und 1.68) folgt der gleichen Grundstruktur wie das HGB.

Es werden jedoch keine Rechnungsabgrenzungsposten ausgewiesen. Sie gehören zu den current assets oder den current liabilities. Ferner werden auch keine Rückstellungen ausgewiesen. Je nach Fristigkeit gehören sie zu den non-current liabilities oder den current liabilities.

Im Gegensatz zur HGB-Bilanz gibt es für die IAS-Bilanz kein verbindliches Mindestgliederungsschema für Kapitalgesellschaften, keine vorgeschriebene Reihenfolge für Bilanzposten und keine Vorschriften bezüglich Konto- oder Staffelform.

Ein vereinfachtes Bilanzgliederungsschema für den Einzelabschluss einer Kapitalgesellschaft zeigt Abb. 2.1-47.

Bei den intangible assets handelt es sich um immaterielle Vermögensgegenstände (goodwill, development costs, patents, licences).

Der Posten property, plant and equipment entspricht den Sachanlagen nach HGB (land and buildings, plant, equipment).

Die financial assets entsprechen den Finanzanlagen nach HGB (investments in subsidiaries, investments in associates, other investments).

Deferred taxes sind als aktive oder passive latente Steuern gesondert als non-current asset oder non-current liability auszuweisen.

Der Posten inventories entspricht den Vorräten nach HGB (raw materials and supplies, work in progress, finished goods and merchandises). Zu trade and other receivables gehören die Forderungen.

Bei trading securities handelt es sich um Wertpapiere des Umlaufvermögens, die zum alsbaldigen Verkauf bestimmt sind.

Prepaid expenses und deferred income entsprechen den aktiven bzw. passiven Rechnungsabgrenzungsposten nach HGB.

Assets	Balance sheet	Equity and liabilities
Non-current assets		**Capital and reserves**
• Intangible assets		• Issued capital
• Property, plant and equipment		• Reserves
• Financial assets		
• Deferred tax assets		**Non-current liabilities**
		• Interest bearing borrowings
Current Assets		• Deferred tax liabilities
• Inventories		• Retirement benefit obligations
• Trade and other receivables		
• Trading securities		**Current liabilities**
• Prepaid expenses		• Trade and other payables
• Cash and cash equivalents		• Short term borrowings
		• Provisions
		• Deferred income

Abb. 2.1-47 Vereinfachtes Gliederungsschema zur IAS-Bilanz (Quelle: Wöhe, 2002, S. 988)

Cash and cash equivalents entsprechen dem Posten Schecks, Kassenbestand, Sichtguthaben nach HGB.

Issued capital/reserves werden als gezeichnetes Kapital und als Rücklagen gesondert ausgewiesen.

Bei interest bearing borrowings handelt es sich um langfristige verzinsliche Verbindlichkeiten gegenüber Kreditinstituten und Inhabern von Anleihen.

Retirement benefit obligations sind Pensionsrückstellungen nach HGB.

Trade and other payables sind Verbindlichkeiten aus Lieferungen und Leistungen sowie sonstige Verbindlichkeiten.

Short term borrowings sind kurzfristige verzinsliche Verbindlichkeiten.

Zu provisions gehören alle Rückstellungen, bei denen mit kurzfristiger Inanspruchnahme durch Dritte zu rechnen ist (z. B. Garantie-, Steuer- und Prozesskostenrückstellungen).

Bewertungsmaßstäbe und Bewertungsprinzipien

Der IAS-Abschluss strebt nach neutralem (keine stillen Rücklagen) und eindeutigem Erfolgsausweis. Deshalb sind Wahlrechte bei Abschreibungen und Zuschreibungen grundsätzlich ausgeschlossen.

Assets mit zeitlich begrenzter Nutzung (property, plant und equipment sowie intangible assets) werden nach IAS weitgehend identisch mit den HGB-Vorschriften planmäßig abgeschrieben (depreciation bzw. amortization).

Für außerplanmäßige Abschreibungen gilt nach IAS prinzipiell das strenge Niederstwertprinzip. Liegt der fair value am Bilanzstichtag unter dem bisherigen Buchwert (carrying amount), ist eine außerplanmäßige Abschreibung in Höhe des Differenzbetrages zwingend vorgeschrieben. Die Vorschriften zur Ermittlung des Niederstwertes (impairment test) sind in IAS 36 enthalten. Der als Aufwand zu verrechnende Abschreibungsbetrag ist der impairment loss.

Ist der Grund für eine frühere außerplanmäßige Abschreibung entfallen, gilt ein strenges Wertaufholungsgebot auf den ursprünglichen Wert (reversal of impairment).

Kommt es zu unrealisierten Wertsteigerungen über die Anschaffungs- oder Herstellungskosten, so gelten nach IAS differenzierte Zuschreibungsvorschriften des Zuschreibungsverbotes, des Methodenwahlrechtes oder der Zuschreibungspflicht.

Bilanzierung und Bewertung ausgewählter Aktiva

Die Bilanzierung und Bewertung von Sachanlagen (IAS 16) nach dem benchmark treatment entspricht weitgehend den Bilanzierungsvorschriften für den HGB-Abschluss. Die Bilanzierung immaterieller Vermögensgegenstände (intangible assets) ist in IAS 38 geregelt.

Die Bilanzierung und Bewertung der Vorräte (inventuries) sind in IAS 2 geregelt, die Bilanzierung langfristiger Fertigungsaufträge (construction contracts) dagegen in IAS 11. Diese haben für die Bauwirtschaft besondere Bedeutung, insbesondere, wenn sie sich über mehrere Geschäftsperioden erstrecken. Nach HGB werden diese Aufträge bis zum Jahr der Fertigstellung zu Herstellungskosten bilanziert. Der Gesamterfolg = Erlös ./. Herstellungskosten wird in dem Geschäftsjahr der Abnahme und Schlussabrechnung ausgewiesen. In den vorangegangenen Geschäftsjahren/Bauperioden werden keine Erfolge ausgewiesen. Damit wird das Prinzip der Vergleichbarkeit der Periodenergebnisse im HGB-Abschluss grob verletzt. Der Einblick in die Ertragslage des Unternehmens ist gestört.

Nach IAS werden die Erträge jedoch den einzelnen Fertigungsperioden nach Maßgabe des Baufortschritts (percentage of completion) zugerechnet. Der Gesamterfolg wird somit anteilig auf die einzelnen Fertigungsperioden verteilt. Diese Bilanzierungsform ist jedoch auch nur anwendbar, wenn der künftige Erlös zuverlässig bestimmbar und sicher ist. Der Baufortschritt (Fertigstellungsgrad) wird dabei nach dem Verhältnis von auftragsbezogenen Kosten der Periode zu auftragsbezogenen Gesamtkosten in Prozent gemessen (percentage of completion oder cost-to-cost-method).

Zur Bilanzierung der financial assets werden in IAS 39 die financial instruments geregelt. Sie beinhalten eine Kapitalgeber-Kapitalnehmer-Beziehung. Dazu gehören alle Verträge, die beim Kapitalgeber ein Aktivum (financial asset) und beim Kapitalnehmer ein Passivum in Form von Eigenkapital (equity) oder einer Verbindlichkeit (financial liability) entstehen lassen. Zu den financial assets gehören Forderungen aus Lieferungen und

Anlagevermögen

Bilanzposten	IAS	HGB
Sachanlagen *(property, plant and equipment)* • Ansatz: • Erstbewertung: • Folgebewertungen:	IAS 16 und 36 • Aktivierungspflicht • AHK • benchmark: fortgeführte AHK allowed alternative: Neubewertung *(fair value)*	§§ 246 I und 253 HGB • Aktivierungspflicht • AHK • fortgeführte AHK
Finanzanlagen *(available-for-sale)* • Ansatz: • Erstbewertung: • Folgebewertungen:	IAS 25 • Aktivierungspflicht • AHK • fair value	§§ 246 I und 253 HGB • Aktivierungspflicht • AHK • aktueller Wert mit AHK als Wertobergrenze
Geschäfts- oder Firmenwert *(goodwill)* • Ansatz: • Erstbewertung: • Folgebewertungen:	IAS 22 • originärer: Aktivierungsverbot • derivativer: Aktivierungspflicht • Differenz aus Kaufpreis und Zeitwert der übernommenen Vermögenswerte abzgl. Schulden • planmäßige Abschreibung über die voraussichtliche Nutzungsdauer (maximal 20 Jahre)	§§ 248 II und 255 IV HGB • originärer: Aktivierungsverbot • derivativer: Aktivierungswahlrecht • Differenz aus Kaufpreis und Zeitwert der übernommenen Vermögenswerte abzgl. Schulden • Abschreibung mit mindestens 25 % pro Jahr oder planmäßig über die voraussichtliche Nutzungsdauer
Forschungskosten *(research costs)* • Ansatz:	IAS 38 • Aktivierungsverbot	§ 248 II HGB • Aktivierungsverbot
Entwicklungskosten *(development costs)* • Ansatz: • Erstbewertung: • Folgebewertungen:	IAS 38 • Aktivierungspflicht • direkt zurechenbare Kosten • benchmark: fortgeführte Herstellungskosten allowed alternative: Neubewertung *(fair value)*	§ 248 II HGB • Aktivierungsverbot

Abb. 2.1-48 Ansatz und Bewertung des Anlagevermögens nach IAS und HGB (Quelle: Wöhe, 2002, S. 1004)

| Umlaufvermögen | | |
Bilanzposten	IAS	HGB

Vorräte *(inventories)*
• Ansatz:
• Erstbewertung:
• Folgebewertungen:
• langfristige
  Fertigungsaufträge:
	IAS 2
	• Aktivierungspflicht
	• AHK
	• aktueller Wert mit AHK
	  als Wertobergrenze
	• u. U. Realisierung von
	  Teilperiodenerfolgen
		§§ 246 I und 253 HGB
		• Aktivierungspflicht
		• AHK
		• aktueller Wert mit AHK
		  als Wertobergrenze
		• Erfolgsausweis erst in
		  Verkaufsperiode

Forderungen
(receivables)
• Ansatz:
• Erstbewertung:
• Folgebewertungen:
	IAS 39
	• Aktivierungspflicht
	• Anschaffungskosten
	• aktueller Wert mit AHK
	  als Wertobergrenze
		§§ 246 I und 253 HGB
		• Aktivierungspflicht
		• Anschaffungskosten
		• aktueller Wert mit AHK
		  als Wertobergrenze

Wertpapiere *(trading* *securities)* • Ansatz: • Erstbewertung: • Folgebewertungen:	IAS 39 • Aktivierungspflicht • Anschaffungskosten • fair value	§§ 246 I und 253 HGB • Aktivierungspflicht • Anschaffungskosten • aktueller Wert mit AHK als Wertobergrenze

Abb. 2.1-49 Ansatz und Bewertung des Umlaufvermögens nach IAS und HGB (Quelle: Wöhe, 2002, S. 1005)

Leistungen, Darlehensforderungen, Anleihen, Zerobonds und Aktien.

Bilanzierung und Bewertung der Aktiva
im Überblick
Die Abb. 2.1-48 und 2.1-49 zeigen die wesentlichen Unterschiede in den Ansatz- und Bewertungsvorschriften des Anlagevermögens und des Umlaufvermögens nach IAS und HGB.

Zusammenfassend bestehen nach IAS im Vergleich mit dem HGB folgende Bewertungsunterschiede:

– erweiterter Aktivierungstatbestand
– höhere Wertansätze für Aktiva
– Einschränkung von Wahlrechten

Damit gelangt der IAS-Abschluss zu einem eindeutigen Erfolgsausweis unter weitgehender Vermeidung stiller Rücklagen.

Bilanzierung und Bewertung ausgewählter Passiva
Das Eigenkapital wird nach IAS und HGB einheitlich bewertet. Gemäß Framework gilt

Eigenkapital = Vermögen ./. Schulden,
equity   = assets   ./. liabilities.

Es gibt jedoch nach IAS kein Eigenkapitalgliederungsschema für Kapitalgesellschaften, lediglich den getrennten Ausweis von

– gezeichnetem Kapital (issued capital) und
– Rücklagen (reserves).

Ferner gibt es nach IAS auch keine spezifischen Vorschriften zur begrenzten Verwendung des Periodengewinns. Jedoch sind auch in einem IAS-Abschluss deutscher Unternehmen die Vorschriften des deutschen AktG, eventuelle Satzungsregelungen zur Rücklagenbildung und einschlägige Regelungen in Darlehensverträgen zu achten.

Im IAS-Abschluss werden finanzielle Verbindlichkeiten (financial liabilities), Rückstellungen (provisions) und passive Rechnungsabgrenzungsposten (deferred income) unter dem Oberbegriff liabilities zusammengefasst. Für Bürgschaftsverpflichtungen (contingent liabilities) gilt wie im HGB ein Passivierungsverbot (IAS 37.27).

Ein getrennter bilanzieller Ausweis von langfristigen (non-current) und kurzfristigen Verbindlichkeiten (current liabilities) ist nach IAS nicht zwingend vorgeschrieben, jedoch zur Verbesserung des Zeithorizonts künftigen Mittelabflusses wünschenswert.

Die Bilanzierung und Bewertung von financial liabilities ist in IAS 39 geregelt. Dazu gehören i. d. R. Lieferantenverbindlichkeiten (trade payables) und Darlehensverbindlichkeiten (interest bearing borrowings).

Die Regeln zur Bildung von Rückstellungen (provisions) enthält IAS 37. Im IAS-Abschluss sind nur Verbindlichkeitsrückstellungen zu passivieren. Für Aufwandsrückstellungen gilt ein strenges Passivierungsverbot in Verfolgung der Eigenkapital- und Erfolgsausweisstrategie.

Bilanzierung und Bewertung der Passiva im Überblick

Einen zusammenfassenden Vergleich enthält Abb. 2.1-50.

Die Erfolgsrechnung nach IAS (income statement)

Nach IAS wird der ausgewiesene Jahreserfolg durch die Wertansätze in der Bilanz bestimmt. Die GuV-Rechnung (income statement) hat zusätzliche Informationsfunktion. Durch die strukturelle Aufbereitung von Erträgen, Aufwendungen und Zwischenergebnissen soll der Einblick in die derzeitige und künftige Ertragslage des Unternehmens erleichtert werden.

Während IAS und HGB bei der Ermittlung der Erfolgshöhe in der Bilanz z. T. stark voneinander abweichen, dominieren beim Erfolgsausweis in der GuV-Rechnung die Gemeinsamkeiten. Die IAS verzichten auf die Vorgabe stringenter Mindestgliederungsvorschriften. Es gibt Gestaltungshinweise zum Gesamtkostenverfahren (IAS 1.80) bzw. zum Umsatzkostenverfahren (IAS 1.82).

Ein Gliederungsschema nach dem Gesamtkostenverfahren zeigt Abb. 2.1-51.

Auch beim income statement nach IAS wird eine saubere Erfolgsspaltung zur Ermittlung des nachhaltig erzielbaren Ergebnisses aus dem Kerngeschäft nicht direkt sichtbar gemacht.

Weitere Jahresabschlusselemente nach IAS

Zur Verbesserung des Einblicks in die Vermögens-, Finanz- und Ertragslage dienen die notes, das statement of changes in equity, das cash flow statement und das segment reporting.

Anhang nach IAS (notes)

Die notes nach IAS entsprechen dem Anhang nach HGB. Jedoch sind nach IAS 1 Unternehmen aller Rechtsformen zur Abgabe von notes verpflichtet.

Bilanzposten	IAS	HGB
Verbindlichkeiten • Ansatz: • Bewertung:	**Framework** • Passivierungspflicht • Rückzahlungsbetrag	**§§ 246 I und 253 I HGB** • Passivierungspflicht • Rückzahlungsbetrag
Verbindlichkeits-rückstellungen • Ansatz: • Bewertung:	**IAS 10, 12 und 19** • Passivierungspflicht • nach wahrscheinlicher Inanspruchnahme	**§§ 249 und 253 I HGB** • Passivierungspflicht • nach vernünftiger kaufmännischer Beurteilung
Aufwandsrückstellungen • Ansatz: • Bewertung:	**IAS 10** • Passivierungsverbot	**§§ 249 und 253 I HGB** • teilweise: Passiv.-pflicht Passiv.-wahlrecht Passiv.-verbot • nach vernünftiger kaufmännischer Beurteilung

Abb. 2.1-50 Ansatz und Bewertung von Schulden und Rückstellungen nach IAS und HGB (Quelle: Wöhe, 2002, S. 1014)

Income statement	
(nature of expense method)	
1. Revenues	1. Umsatzerlöse
2. Other operating income	2. Sonst. betriebl. Erträge
3. Changes in finished goods and work in progress	3. Bestandsänderungen an Halb- und Fertigfabrikaten
4. Work performed by the enterprise	4. Aktivierte Eigenleistungen
5. Raw materials	5. Materialaufwand
6. Staff costs	6. Personalaufwand
7. Depreciation and amortization expenses	7. Abschreibungen planm./außerplanm.
8. Other operation expenses	8. Sonst. betriebl. Aufwand
9. Profit or loss on sale of discounting operations	9. Erhgebnis aus der Aufgabe von Geschäftsbereichen
= Operating profit	**= Betriebsergebnis**
10. Finance costs	10. Finanzergebnis ohne Equities
11. Income from associates	11. Ergebnis aus Equitygesellsch.
= Profit/ loss before tax	**= Ergebnis vor Steuern**
12. Income tax	12. Ertragsteuern
= Profit/ loss after tax	**= Ergebnis nach Steuern**
13. Minority interest	13. Ergebnis von Minderheiten
= Profit/ loss from ordinary activities	**= Ergeb. aus der gewöhnlichen Geschäftstätigkeit**
14. Extraordinary items	14. Außerord. Ergebnis
= Net profit or loss for the period	**= Ergebnis der Periode**
	15. Ergebnis je Aktie
15. Earnings per share	

Abb. 2.1-51 Income statement nach dem Gesamtkostenverfahren (Quelle: Wöhe, 2002, S. 1016)

Eigenkapitalveränderungsrechnung nach IAS (statement of changes in equity)
Die Eigenkapitalveränderungsrechnung soll über die Gewinnverwendung, die Verlustabdeckung, die Umschichtung innerhalb der Eigenkapitalposten und erfolgswirksame bzw. -neutrale Eigenkapitalveränderungen unterrichten.

Die Grundstruktur der nach IAS 1 geforderten Eigenkapitalveränderungsrechnung zeigt Abb. 2.1-52.

Kapitalflussrechnung nach IAS (cash flow statement)
Nach IAS 7.3 sind alle Unternehmen verpflichtet, eine Kapitalflussrechnung zu erstellen. Dabei ist der Mittelzufluss bzw. -abfluss aus laufender Geschäfts-, Investitions- und Finanzierungstätigkeit gesondert auszuweisen.

Der Aufbau der Kapitalflussrechnung ist international üblich und entspricht dem Beispiel in Ziffer 2.1.4.4 (Tabelle 2.1-10).

Segmentberichterstattung nach IAS (segment reporting)
Nach IAS 14 ist jedes börsennotierte Unternehmen zu sektoraler und regionaler Segmentberichterstattung verpflichtet. Merkmale international tätiger Großunternehmen sind wirtschaftliche Tätigkeiten in unterschiedlichen Geschäftsfeldern (business segments) und unterschiedlichen Weltregionen (geographical segments).

Zur Beurteilung der wirtschaftlichen Lage wollen die Adressaten des Jahresabschlusses wissen, ob und inwieweit das betreffende Unternehmen in einer Zukunfts- oder Krisenbranche und in einer Wachstums- oder Krisenregion tätig ist.

Ein eigenständig berichtspflichtiges Segment nach Geschäftsfeld oder Region ist dann zu bilden, wenn der Anteil am Gesamtumsatz oder am Gesamtgewinn oder am Gesamtvermögen > 10% beträgt. Geschäftsfelder/Regionen unterhalb der 10%-Grenze werden zu einem Sammelposten „Üb-

Eigenkapitalposten	Anfangs-bestand	Zugänge	Abgänge	End-bestand
1. Issued capital				
2. Capital reserves				

3. Revenge reserves
  3.1 Retained earnings
  3.2 Statutory reserves
  3.3 Legal reserves
  3.4 Other revenue
    reserves				

4. Other reserves				

Abb. 2.1-52 Grundstruktur der Eigenkapitalveränderungsrechnung nach IAS (Quelle: Wöhe, 2002, S. 1020)

rige" zusammengefasst. Für die einzelnen Segmente/Regionen müssen im Rahmen des primary reporting format folgende Jahresabschlussgrößen segmentiert werden:

- Umsatzerlöse
- Operatives Ergebnis
- Vermögen
- Anlageinvestitionen der Periode
- Abschreibung auf Anlageinvestitionen
- Schulden
- zahlungsunwirksamer Aufwand/Ertrag

Zeigt eine so strukturierte Segmentberichterstattung, dass das Unternehmen vorzugsweise in Wachstumsbranchen und Wachstumsregionen tätig ist, ist für die Zukunft mit einer überdurchschnittlichen Unternehmensentwicklung zu rechnen.

2.1.5 Baubetriebsrechnung

Die Baubetriebsrechnung hat unternehmensinterne und -externe Aufgaben. Zu den unternehmensinternen Aufgaben gehören die Bereitstellung von Unterlagen für

- die Preisermittlung und -beurteilung (Bauauftragsrechnung/Kalkulation),
- die Steuerung und Überwachung der betrieblichen Leistungserstellung (Kosten-, Leistungs- und Ergebnisrechnung sowie Kennzahlenrechnung),
- das innerbetriebliche Berichtswesen sowie Sonderrechnungen (Soll/Ist-Vergleichsrechnung) und

- die Bewertung von Beständen an unfertigen Bauleistungen für die kurzfristige Ergebnisrechnung.

Zu den unternehmensexternen Aufgaben gehört das Bereitstellen von Unterlagen für die Bewertung von Beständen zum Jahresabschluss sowie für andere unternehmensexterne Zwecke (Anfragen statistischer Ämter, Verbände und Institute).

Die drei „klassischen" Elemente der Kostenrechnung sind die Kostenarten-, die Kostenstellen- und die Kostenträgerrechnung.

Die *Kostenartenrechnung* hat zu zeigen, welche Kosten entstehen oder entstanden sind (Lohn-, Stoff-, Geräte-, Nachunternehmerkosten).

Die *Kostenstellenrechnung* hat Aufschluss darüber zu geben, wo die Kosten entstanden sind (eigene Baustellen und Gemeinschaftsbaustellen, Verwaltung, Hilfsbetriebe und Verrechnungskostenstellen).

In der *Kostenträgerrechnung* werden die Kosten dem einzelnen Produkt bzw. den Produktgruppen zugeordnet. In der Bauwirtschaft sind normalerweise die Bauleistungen, die i. d. R. nach Positionen im Leistungsverzeichnis beschrieben sind, die eigentlichen Kostenträger.

Für Zwecke der Kalkulation interessieren vor allem die Kostenarten für die einzelnen Bauleistungen, für Zwecke der Kosten-, Leistungs- und Ergebnisrechnung die Kostenarten und Kostenstellen.

2.1.5.1 Bauauftragsrechnung (Kalkulation)

Die Hauptaufgaben der Bauauftragsrechnung bestehen in der Kostenermittlung für Bauleistungen vor, während und nach der Leistungserstellung. Ermit-

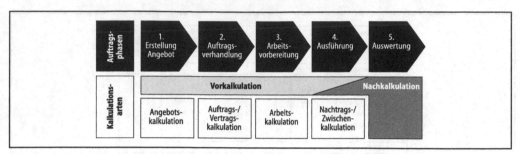

Abb. 2.1-53 Kalkulationsarten und Auftragsphasen

telt werden die Kosten der für die Erstellung der Bauleistungen erforderlichen Waren und Dienstleistungen.

Kalkulationsarten und Auftragsphasen
In Abhängigkeit von dem jeweiligen Abwicklungsstadium werden die in Abb. 2.1-53 dargestellten Kalkulationsarten unterschieden.

Vorkalkulation
Die Vorkalkulation ist der Oberbegriff für alle Arten der Kostenermittlung vor und während der Bauausführung.

Angebotskalkulation
Aufgabe der Angebotskalkulation ist die Kostenermittlung von Bauleistungen zur Erstellung eines Angebots. Grundlage sind die Verdingungsunterlagen des Auslobers. Gemäß § 9 VOB/A ist die Leistung eindeutig und so erschöpfend zu beschreiben, dass alle Bewerber die Beschreibung im gleichen Sinne verstehen müssen und ihre Preise sicher und ohne umfangreiche Vorarbeiten berechnen können.

Auftrags-/Vertragskalkulation
Vor Auftragserteilung finden vielfach Verhandlungen zwischen dem Auftraggeber und dem potentiellen Auftragnehmer statt. Sie können sich auf zusätzliche oder Teilleistungen, die Auswahl von Alternativ- oder Eventualpositionen sowie auf Standardänderungen beziehen. Die Abweichungen gegenüber den Verdingungsunterlagen müssen in ihren Kostenauswirkungen geprüft und mit der Angebotskalkulation verglichen werden. Daraus entsteht die zum Zeitpunkt des Vertragsabschlusses gültige Auftragskalkulation.

Arbeitskalkulation
Bei der Erstellung der Angebotskalkulation ist der Kalkulator vielfach auf vorläufige Ablaufplanungen angewiesen. Material- und Nachunternehmerpreise basieren auf früheren Angeboten bzw. Erfahrungswerten oder auf unvollständigen Preisanfragen während der Angebotsphase.

Nach der Auftragserteilung beginnt die detaillierte Planung des Bauablaufs und der erforderlichen Kapazitäten in der Arbeitsvorbereitung, deren Ziel die wirtschaftliche Abwicklung des Auftrags unter den vorgegebenen Bedingungen ist. Dabei stellt sich häufig heraus, dass andere als in der Angebotskalkulation angenommene Ausführungsmaßnahmen und Bauverfahren zweckmäßiger sind. Ferner werden aufgrund von Vergaben die Material- und Nachunternehmerpreise endgültig festgelegt. Damit hat die Arbeitskalkulation folgende Aufgaben zu erfüllen:

– Überprüfung der Spanne für Allgemeine Geschäftskosten, Wagnis und Gewinn aus der Angebotssumme ./. Herstellkosten,
– Richtlinie für die Bauleitung zur wirtschaftlichen Abwicklung des Bauauftrags,
– Lieferung von Vorgabewerten für die monatliche Kosten-, Leistungs- und Ergebniskontrolle mit Soll/Ist-Vergleichen.

Dazu wird in vielen Unternehmen bei komplexen Bauaufträgen eine Zuordnung der LV-Leistungspositionen zu Arbeitspositionen gemäß einem betriebsspezifischen Bauarbeitsschlüssel (BAS) zur Ermittlung und Kontrolle der entsprechenden Sollkosten vorgenommen (KLR Bau, 2001, S. 103).

Nachtragskalkulation

Für Bauleistungen, deren Grundlagen der Preisermittlung sich geändert haben (Änderung des Bauentwurfs oder andere Anordnungen des Auftraggebers nach § 2 Nr. 5 VOB/B) oder die im Vertrag nicht vorgesehen sind (Zusatzleistungen nach § 2 Nr. 6 VOB/B), müssen im Rahmen von Nachtragskalkulationen, -angeboten und -verhandlungen Preise festgelegt werden. Hierzu gehört ein entsprechendes Nachtragsmanagement (vgl. 2.1.6).

Zwischen- und Nachkalkulation

Während der Bauausführung in bestimmten Intervallen durchgeführte Vergleiche zwischen den Soll- und Ist-Daten der Arbeitskalkulation ermöglichen dem Bauleiter erforderliche Korrekturen der Bauabwicklung. Ziel solcher Zwischenkalkulationen ist es, durch rechtzeitiges Erkennen von Abweichungen und Einleiten von Anpassungsmaßnahmen wirtschaftliche Baustellenergebnisse zu erreichen. Dazu ist es unerlässlich, dass auch die Arbeitskalkulation laufend auf den neuesten Stand gebracht wird, d.h., es müssen sämtliche Nachtragsaufträge bei der Sollzahlenermittlung per Stichtag berücksichtigt werden.

Im Rahmen der Nachkalkulation werden die bei der Ausführung entstandenen Ist-Kosten ermittelt, so dass die Ansätze der Vorkalkulation überprüft werden können. Darüber hinaus soll die Nachkalkulation Richtwerte für künftige Angebotskalkulationen ähnlicher Bauvorhaben liefern.

Kostenbegriffe

Kosten entstehen aus dem bewerteten Verbrauch von wirtschaftlichen Gütern (Waren und Dienstleistungen materieller und immaterieller Art

- zur Herstellung und Verwertung der betrieblichen Leistung,
- zur Aufrechterhaltung der hierfür notwendigen Betriebsbereitschaft und
- zur Vorhaltung der hierfür notwendigen Kapazitäten.

Kosten = Produktionsfaktormenge x Produktionsfaktorpreis.

Zu den bauwirtschaftlichen Produktionsfaktoren wird auf Ziffer 2.1.2.3 verwiesen. Für Zwecke der Kalkulation empfiehlt es sich, Kosten nach weiteren Kriterien einzuteilen.

Variable und fixe Kosten

Variable und fixe Kosten beschreiben das Kostenverhalten bei Änderungen der Ausbringungsmenge bzw. des Beschäftigungsgrades. Variable Kosten verändern sich dabei entweder

- im gleichen Verhältnis (proportionale Kosten),
- schneller (progressive Kosten) oder
- langsamer (degressive Kosten).

Fixe Kosten ändern sich bei Veränderung der Ausbringungsmenge bzw. des Beschäftigungsgrades nicht (Bereitschaftskosten).

Zeitabhängige und zeitunabhängige Kosten

Zeitabhängige Kosten verändern sich mit der Bauzeit, d.h. erhöhen sich bei einer Verlängerung bzw. vermindern sich bei einer Verkürzung (z.B. Vorhaltekosten der Geräte). Zeitunabhängige Kosten entstehen dagegen unabhängig von der Bauzeit (z.B. Materialkosten).

Einzel- und Gemeinkosten

Einzel- und Gemeinkosten werden nach der Kostenzurechenbarkeit unterschieden.

Einzelkosten oder auch direkte Kosten können einem Erzeugnis verursachungsgemäß unmittelbar zugerechnet werden; sie sind meistens variable Kosten (z.B. bauleistungsbezogene Arbeitslöhne und Stoffkosten).

Gemeinkosten sind solche Kosten, die einem Erzeugnis nicht direkt, sondern nur mit Hilfe von Umlageschlüsseln zugerechnet werden können. Für die Kalkulation bedeutet dies, dass sie nicht bei den einzelnen Teilleistungen erfasst, sondern getrennt kalkuliert und als Zuschlag (Umlage) zugerechnet werden müssen.

Ausgabewirksame und nicht ausgabewirksame Kosten

Ausgabewirksame Kosten sind solche, die innerhalb der Abrechnungsperiode zu Ausgaben führen (z.B. Löhne und Gehälter, Baustoff- und Betriebsstoffkosten).

Nicht ausgabewirksame Kosten sind solche, die außerhalb der Abrechnungsperiode oder auch niemals zu Ausgaben führen (z.B. die kalkulatorischen Kostenarten für Abschreibung, Verzinsung, Wagnis, Unternehmerlohn sowie Rückstellungen).

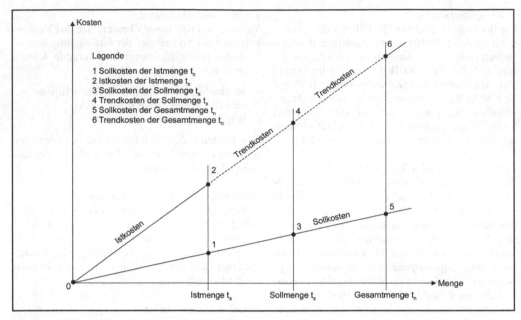

Abb. 2.1.-54 Kostenkontrolle zu einem Stichtag x

Tilgungszahlungen sind Ausgaben, die keine Kosten darstellen, sondern lediglich den Ersatz von Fremdkapital durch Eigenkapital.

Ist- und Soll-Kosten
Hierbei handelt es sich um die Unterscheidung nach dem Genauigkeitsgrad der Kostenfaktoren.

Bei den Sollkosten der Sollmengen werden die bis zu einem bestimmten Zeitpunkt geplanten Faktormengen (gemäß Sollbaufortschritt) mit geplanten (kalkulierten) Faktorpreisen bewertet. Bei den Sollkosten der Ist-Mengen werden die Ist-Mengen mit geplanten Preisen bewertet. Die Ist-Kosten der Ist-Mengen bewerten die effektiv erreichten Mengen zu einem Stichtag mit effektiv entstandenen Faktorpreisen. Die Trendkosten der Sollmengen, bewertet zum Kontrollzeitpunkt, lassen den Trend der Abweichungen zwischen Soll- und Ist-Kosten erkennen, sofern keine Anpassungsmaßnahmen eingeleitet werden.

Diese Unterscheidungen werden in Abb. 2.1-54 veranschaulicht.

Aufwands- und Leistungswerte

Aufwandswerte benennen die erforderlichen (Soll) oder tatsächlichen (Ist) Arbeits- bzw. Lohnstunden, die für die Herstellung einer Mengeneinheit einer bestimmten Bauleistung benötigt werden. Für Zwecke der Kalkulation interessieren nur die zu bezahlenden Lohnstunden, ggf. einschließlich aller Überverdienste aus Leistungslohn- oder Prämienvereinbarungen. Für die Arbeitsvorbereitung und Kapazitätseinsatzplanung interessieren dagegen die zu leistenden Arbeitsstunden vor Ort in der Vorfertigung, beim Transport und auf der Baustelle.

$$Aufwandswert = \frac{Lohnstunden}{Mengeneinheit} \left[\frac{Lh}{ME} \right]$$

Beispiele: (nach Hoffmann, 2002, S. 808 ff)

- Schalen von Wänden je nach Schalsystem und Wand- $\Rightarrow$ 0,2 bis 1,2 Lh/m² Geometrie
- Mauern von Wänden, d = 24 cm, je nach Steingröße $\Rightarrow$ 2,4 bis 7,3 Lh/m³

– Verlegen von Bewehrungsstabstahl, je nach Stabdurch- $\Rightarrow$ 8,0 bis 30,0 Lh/t messer und Bauteil (Fundament, Platte etc.)

Je nach Art des Bauwerks, der Teilleistungen und der Ausführungsbedingungen können Aufwandswerte erheblich streuen.

Maßgebliche Einflußfaktoren sind z. B. für Schalarbeiten:

– das Bauteil und seine architektonische Gestaltung (Stützen, Wände, Decken, Balken und Unterzüge, Brüstungen, Überzüge und Attiken, Rand- und Seitenschalung),
– Betonoberflächenqualität in Normalausführung oder als Sichtbeton,
– Schalsystem (Bretter-, Schaltafel-, System- oder Großflächenschalungen),
– Einsatzhäufigkeit (Einarbeitungs- und Wiederholungseffekt, Kostenanteil für das Herstellen und Zerlegen der Schalung),
– Höhe der Schalung (≤ 3 m, ≤ 5 m, > 5 m).

Leistungswerte benennen die je Kolonnen- oder Gerätestunde zu erbringenden (Soll) oder tatsächlich erbrachten (Ist) Mengeneinheiten.

$$Leistungswert = \frac{Mengeneinheiten}{Kolonnen\text{-} o.\, Ger\ddot{a}testd.} \left[\frac{ME}{Kh\, o.\, Gh} \right].$$

Beispiele: (nach Hoffmann, 2002)

– Schalkolonne für Wände mit 4 Arbeitern $\Rightarrow$ 3,3 bis 20,0 m²/Kh,
– Maurerkolonne für Wände, d = 24 cm, mit $\Rightarrow$ 0,6 bis 1,7 m³/Kh, 4 Arbeitern
– Erdaushub mit Raupenlader, Schaufelinhalt 1,5 m³, $\Rightarrow$ 15 bis 130 m³/Gh.

je nach Transportentfernung (5 bis 200 m)

Auch Leistungswerte weisen in Abhängigkeit von der Art des Bauwerks, der Teilleistungen und der Ausführungsbedingungen sowie der Motivation der gewerblichen Arbeitnehmer starke Streuungen auf. Bei der Übernahme von Aufwands- und Leistungswerten aus der Fachliteratur ist stets zu prüfen, ob und inwieweit die jeweils angenommenen Voraussetzungen und Randbedingungen gegeben sind. Aufwands- und Leistungswerte sind ein wich-

tiger Erfahrungsschatz der bauausführenden Unternehmen. Sie unterscheiden sich jedoch zwischen Firmen gleicher Personalstruktur und gleichen Mechanisierungsgrades nicht wesentlich, sondern unterliegen vielmehr einer dynamischen Veränderung im Zeitablauf durch den Produktivitätsfortschritt.

Die Tariflohnentwicklung inkl. Lohnzusatzkosten ist von den Unternehmern nur über die Arbeitgeberverbände beeinflussbar. Die Tariflöhne müssen dann nach den geltenden Tarifverträgen in die Kalkulation eingesetzt werden.

Bei den Aufwands- und Leistungswerten ist dagegen eine möglichst realistische auftragsspezifische Ermittlung in Abhängigkeit von den aufwands- oder leistungsbestimmenden Einflussfaktoren sowie die auftragsbegleitende Überprüfung dieser Werte auf Einhaltung und die Aktualisierung/Fortschreibung der Vorgabewerte aufgrund der gewonnenen Erfahrungen vorzunehmen.

2.1.5.2 Elemente und Ablauf der Kalkulation

Zur Erläuterung der Elemente der Kalkulation dienen Abb. 2.1-55 und Abb. 2.1-56.

Einzelkosten der Teilleistungen (EkdT)

Nach KLR Bau werden acht Kostenarten unterschieden, die in der Praxis und auch in Abb. 1.61 zu 4 Kostenarten (Lohn-, Stoff-, Geräte und Nachunternehmerkosten) bzw. häufig auch in nur 2 Kostenarten (Lohnkosten und Sonstige Kosten) verdichtet werden.

Lohnkosten

Die Lohnkosten umfassen die Löhne der gewerblichen Arbeitnehmer (Arbeiter) im Sinne des Manteltarifvertrags für das Baugewerbe (BRTV) und der Entgelttarifverträge (TV Lohn/West bzw. Ost) sowie die Gehälter der Poliere nach den Entgelttarifverträgen (TV Gehalt/West bzw. Ost).

Hierzu gehören die Tariflöhne einschließlich Bauzuschlag, Leistungs- und Prämienlöhne, übertarifliche Bezahlung, Zuschläge für Überstunden, Nacht-, Sonn- und Feiertagsarbeit sowie Erschwerniszuschläge und die Arbeitgeberzulage für vermögenswirksame Leistungen.

Die Lohnkosten ergeben sich aus dem Zeitaufwand für die einzelne Teilleistung sowie dem

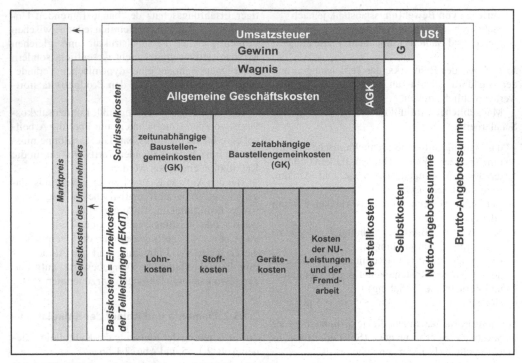

Abb. 2.1.55 Elemente der Kalkulation nach KLR Bau, 2001

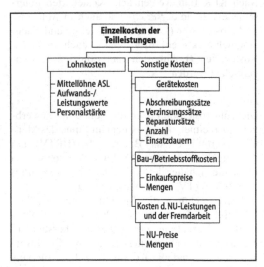

Abb. 2.1-56 Einzelkosten der Teilleistungen und Preisermittlungsgrundlagen

Lohn, der den für die Teilleistung beschäftigten Arbeitern zu zahlen ist. Der Zeitaufwand wird vom Kalkulator entsprechend den in seinem Betrieb aus gleichen oder ähnlichen Arbeiten gesammelten Aufwandswerten angesetzt. Dabei ist das Bestehen von regionalen Akkordtarifverträgen und Leistungsrichtwerten auf der Grundlage des Rahmentarifvertrags für Leistungslohn im Baugewerbe (RTV Leilo) zu beachten.

Der anzusetzende Lohn richtet sich nach den im Betrieb tatsächlich gezahlten Löhnen. Da bei der Ausführung von Teilleistungen häufig Arbeitskräfte verschiedener Lohngruppen tätig sind, deren Verteilung auf die einzelnen Teilleistungen sich im Voraus jedoch nicht genau ermitteln lässt, ist es zweckmäßig und üblich, mit einem *Mittellohn* zu rechnen. Darunter versteht man das arithmetische Mittel sämtlicher auf einer Baustelle oder in Teilbereichen einer Baustelle voraussichtlich entstehenden Lohnkosten je Arbeitsstunde in Abhängigkeit vom durchschnittlich eingesetzten Personal.

Zu unterscheiden sind

A   Arbeiterlöhne (Grundlöhne),
AS   Arbeiterlöhne inkl. Lohnzusatzkosten,
ASL   Arbeiterlöhne inkl. Lohnzusatzkosten und Lohnnebenkosten,
AP   Arbeiterlöhne mit anteiligen Kosten der aufsichtsführenden Poliere.

Die Arbeiterlöhne umfassen die Tariflöhne der gewerblichen Arbeitnehmer einschließlich aller Zulagen und Zuschläge.

Unter *Lohnzusatzkosten* sind Soziallöhne und Sozialkosten zu verstehen, die sich aufgrund von Gesetzen, Tarifverträgen, Betriebs- und Einzelvereinbarungen ergeben. Sie werden als Zuschlagssatz erfasst, der auf die Grundlöhne an den tatsächlichen Arbeitstagen (produktive Löhne) bezogen ist. Er schwankt in der Praxis je nach Krankenstand und sonstigen Ausfallzeiten zwischen 85 % und 95 % der Grundlöhne.

Lohnnebenkosten erhalten solche Arbeitnehmer, die auf Bau- oder Arbeitsstellen mit oder ohne tägliche Heimfahrt beschäftigt sind. Darunter fallen gemäß § 7 BRTV Fahrtkostenabgeltung, Verpflegungszuschuss und Auslösung.

Stoffkosten
Zu den Stoffen gehören Baustoffe, Rüst-, Schal- und Verbaumaterial sowie Hilfs- und Betriebsstoffe.

Baustoffe werden Bestandteil des Bauwerks, wie z. B. Zuschlagsstoffe, Zement, Bewehrungsstahl, Profilstahl, Mauersteine und Fertigteile. Bestandteile der Baustoffkosten sind

– Einkaufspreise nach Abzug aller Rabatte,
– Frachtkosten für das Anliefern zur Baustelle und Abladen sowie
– Schnitt-, Streu-, Material- und Bruchverluste.

Für genormte Rüst-, Schal- und Verbaustoffe sowie Schal-, Kant- und Rundholz werden den Baustellen meist monatliche Mietsätze in Rechnung gestellt. Anstelle der Bildung von Verrechnungssätzen besteht die Möglichkeit, Kalkulationswerte über die Einsatzhäufigkeit zu ermitteln. Dabei wird der Baustelle ein Anteil am Neuwert der Stoffe belastet, welcher der Anzahl der Einsätze im Verhältnis zu den insgesamt möglichen Einsätzen entspricht.

Hilfsstoffe wie z. B. Kleineisenzeug und Nägel werden i. d. R. nicht den Einzelkosten der Teilleistungen, sondern den Gemeinkosten der Baustelle zugeordnet.

Die Kosten der Betriebsstoffe werden i. Allg. ebenfalls bei den Gemeinkosten berücksichtigt. Nur bei geräteintensiven Arbeiten (z. B. Straßenbau) werden sie als Einzelkostenart erfasst. Dabei werden häufig Verrechnungssätze gebildet, in denen die Betriebsstoffe zusammen mit den Gerätekosten kalkuliert werden.

Gerätekosten
Unter Gerätekosten sind allgemein alle diejenigen Kosten zu verstehen, die sich aus der Bereitstellung und dem Betrieb des Geräts ergeben. Üblicherweise werden darunter nur die Kosten der Gerätevorhaltung ermittelt, d. h.

– die Kosten für kalkulatorische Abschreibung und Verzinsung (A+V), auch als Kapitaldienst bezeichnet, und
– die Kosten der Reparaturen (R) im Sinne der Baugeräteliste 2007 (BGL 2007), d. h. die auf die Reparaturen anfallenden Lohn- und Materialkosten, nicht jedoch die Lohnzusatzkosten.

Die weiteren Kosten der Geräte werden meist folgenden Kostenarten zugerechnet:

– die Kosten für Bedienung, Wartung und Pflege den Lohn- und Gehaltskosten,
– die Kosten für Betriebs- und Schmierstoffe den Kosten für Hilfs- und Betriebsstoffe,
– die Kosten für Verladungen, Transporte, Auf-, Um- und Abbau den Gemeinkosten für Einrichten und Räumen der Baustelle, sofern sie nicht in gesonderten Positionen ausgewiesen und dann den Einzelkosten der Teilleistungen zurechenbar sind,
– die Kosten für Geräteversicherungen und Kfz-Steuern den Allgemeinen Geschäftskosten.

Für die Gerätebedienung wird für die Wartungs- und Pflegearbeiten außerhalb der baustellenüblichen Arbeitszeit ein Überstundenanteil von etwa 10% der baustellenüblichen Arbeitszeit angenommen.

Für die Gerätekosten bestehen je nach Art der Ausschreibung im Leistungsverzeichnis drei Zuordnungsmöglichkeiten:

– in den Einzelkosten der Teilleistungen als eigene Positionen, z. B. Einrichten, Vorhalten und Räumen der Baustelle,
– als Bestandteil der Einzelkosten der Teilleistungen, z. B. Baggerkosten im Einheitspreis für den Erdaushub,
– in den Gemeinkosten der Baustelle wegen fehlender direkter Zurechnungsmöglichkeit, z. B. Turmdrehkrane für die gesamten Rohbauarbeiten.

Die BGL 2007 ist ein Tabellenwerk, dem die maßgeblichen Kostendaten für die im Bauhauptgewerbe eingesetzten Geräte entnommen werden können (Hoch- und Tiefbau, Straßen- und Wasserbau) wie

– Nutzungsjahre und Vorhaltemonate,
– monatliche Sätze für Abschreibung und Verzinsung sowie Reparaturkosten,
– Gerätekosten zur Beschreibung der verschiedenen Gerätetypen und mittlere Neuwerte (Mittelwerte der Ab-Werk-Preise der gebräuchlichen Fabrikate auf der Preisbasis 1990 einschließlich Bezugskosten wie Frachten, Verpackung und Zölle ohne Mehrwertsteuer).

Es wurde bewusst darauf verzichtet, bestimmte Erzeugnisse, Fabrikate oder Typenbezeichnungen einzeln aufzuführen, um die erforderliche Neutralität zu wahren. Die jeweiligen Kenngrößen ermöglichen jederzeit die Zuordnung bestimmter Fabrikate wie

– für Turmkrane das Nennlastmoment oder
– für Bagger die Motorleistung und der Löffelinhalt.

In der BGL 2007 sind auch die Konstruktionsgewichte zur Ermittlung von Transport- und Verladekosten enthalten.

Die BGL 2007 dient der Arbeitsvorbereitung zur Auswahl von Geräten und der Betriebsplanung im Baubetrieb zur Ermittlung von Gerätevorhaltekosten und zu Wirtschaftlichkeitsberechnungen. Die in ihr angegebenen Nutzungsjahre stimmen überein mit den Nutzungsdauern der amtlichen steuerlichen AfA-Tabellen für den Wirtschaftszweig Baugewerbe. Von der Nutzungsdauer gelangt man über die Vorhaltezeit auf der Baustelle und die Einsatzzeit am Bauteil zur Betriebszeit für den jeweiligen Arbeitsvorgang (vgl. Abb. 2.1-57).

Folgende Kostenbegriffe werden zur Gerätekostenermittlung benötigt:

– Mittlerer Neuwert als Mittelwert der Ab-Werk-Preise der gebräuchlichsten Fabrikate auf der Preisbasis 2000 einschließlich Bezugskosten ohne Mehrwertsteuer;
– dessen Hochrechnung auf künftige Wiederbeschaffungsjahre durch Extrapolation des amtlichen „Erzeugerpreisindex' für Baumaschinen" des Statistischen Bundesamtes;
– die Abschreibung a, die in der BGL 2001 linear vorgenommen wird,

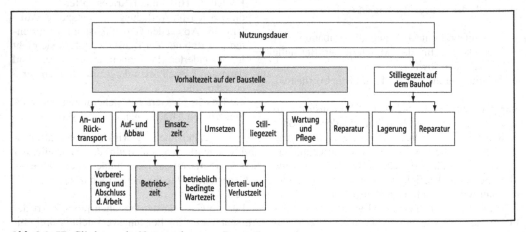

Abb. 2.1.-57 Gliederung der Nutzungsdauer von Baugeräten

$a\ (\%\ p.\ M.) = 100/v$

$a = $ *monatlicher Anteil vom mittleren Neuwert für Abschreibung*
$v = $ *Anzahl der Vorhaltemonate;*

– Verzinsung z des in das Gerät investierten und noch nicht abgeschriebenen Kapitals; in der BGL 2001 wird eine einfache Zinsrechnung mit einem kalkulatorischen Zinssatz p von 6,5% p. a. unabhängig vom tatsächlichen Kapitalmarktzins angesetzt,

$$z\ (\%\ p.\ M.) = \frac{p \times n}{2 \times v} = \frac{6{,}5\% \times n}{2 \times v},$$

$n = $ *Anzahl der Nutzungsjahre;*

– *Kapitaldienst k (Abschreibung und Verzinsung)*

$k\ (\%\ p.\ M.) = a + z,$

$z = $ *durchschnittlicher monatlicher Anteil vom mittleren Neuwert für Verzinsung*
$k = $ *monatlicher Anteil vom mittleren Neuwert für Abschreibung und Verzinsung*

$K\ (€\ p.\ M.) = k \times A,$

$A = $ *mittlerer Neuwert in €*
$K = $ *monatlicher Kapitaldienst;*

– die zur Erhaltung und Wiederherstellung der Betriebsbereitschaft insgesamt erforderlichen Reparaturkosten,

$R\ (€\ p.\ M.) = r \times A$

$r = $ *monatlicher Anteil vom mittleren Neuwert für Reparatur in %*
$R = $ *monatlicher Reparaturkostenbetrag.*

Die Reparaturkosten R gliedern sich in 30% Instandhaltung und 70% Instandsetzung. Bei der Aufteilung nach Kostenarten werden 40% für Lohnkosten (ohne Lohnzusatzkosten) und 60% für Stoffkosten angenommen.

Da Gerätekosten zeitabhängig sind, kommen für ihre Ermittlung die Vorhalte-, Einsatz-, Betriebs- und Stillliegezeit in Betracht. Nach BGL 2001 entspricht ein Vorhaltetag 8 Vorhaltestunden und ein Vorhaltemonat 30 Kalendertagen bzw. 170 Vorhaltestunden bzw. 170/8 Vorhaltetagen.

Gerätekostenermittlungen für die Vorhaltezeit werden überwiegend für solche Geräte angewandt, die während längerer Zeit auf der Baustelle vorgehalten werden müssen, ohne jedoch immer in Betrieb zu sein (Hebezeuge und Baustellenausstattungen im Hoch- und Ingenieurbau).

Gerätekostenermittlungen über die Einsatz- oder Betriebszeit werden v. a. für Leistungsgeräte durchgeführt, die bestimmten Teilleistungen zugeordnet werden können (Erdbaugeräte, Geräte für Straßen- und Gleisoberbau).

Bei Stillliegezeiten innerhalb einer Vorhaltezeit von mehr als 10 aufeinanderfolgenden Arbeitstagen gelten

– für die ersten 10 Kalendertage die volle Abschreibung und Verzinsung sowie die vollen Reparaturkosten,
– vom 11. Kalendertag an 75% + 8% (für Wartung und Pflege) der Abschreibungs- und Verzinsungssätze; Reparaturkosten entfallen.

Grundsätzlich ist darauf hinzuweisen, dass für die Höhe der Gerätekosten der Ausnutzungs- oder Beschäftigungsgrad von entscheidender Bedeutung ist, d. h. das Verhältnis zwischen Vorhaltemonaten und Nutzungsjahren.

Kosten der Nachunternehmerleistungen und der Fremdarbeit
Der Nachunternehmer unterscheidet sich vom Fremdunternehmer dadurch, dass der Nachunternehmer Gewährleistungspflichten für die übertragenen Leistungen übernimmt, während dies bei einem Fremdunternehmer nicht der Fall ist (z. B. beim Werklohnunternehmer). In die Angebotskalkulation werden die Kosten der Nachunternehmer und der Fremdarbeit als Einzelkosten der Teilleistungen aus der Anfrage des Hauptunternehmers an potentielle Nachunternehmer „in der ersten Runde" eingesetzt. Erhält dann der Hauptunternehmer den Auftrag, so wird i. d. R. „in der zweiten Runde" nachverhandelt.

Gemeinkosten (GK) der Baustelle

Gemeinkosten (GK) der Baustelle sind solche Kosten, die durch das Betreiben der Baustelle als Ganzes entstehen und sich keiner Teilleistung direkt zuordnen lassen. Sie werden gesondert berechnet und bei der Bildung der Einheitspreise den Teilleistungen als Bestandteil der Kalkulationszuschläge zugerechnet.

Sind im Leistungsverzeichnis für Teile der Gemeinkosten besondere Positionen vorhanden, z.B. für das Einrichten und Räumen der Baustelle sowie das Vorhalten der Baustelleneinrichtung, so sind die Kosten hierfür wie Einzelkosten der Teilleistungen zu behandeln.

Voraussetzung für die Ermittlung der Gemeinkosten der Baustelle ist ein genaues Durchdenken des gesamten Bauauftrags. Die zeitliche Abfolge der verschiedenen Teilleistungen ist mit Hilfe eines Bauzeitenplanes zu ermitteln, der auch als Grundlage zur Bestimmung der Kapazitäten dient (Belegschaftsstärke und Geräteausstattung). Die Auswirkungen von Bauzeitveränderungen auf die Gemeinkosten werden deutlich sichtbar, wenn man eine Trennung in zeitabhängige und zeitunabhängige Anteile vornimmt (Abb. 2.1-58).

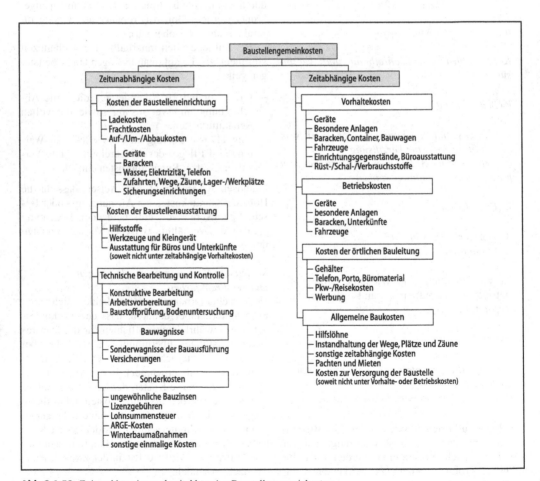

Abb. 2.1-58 Zeitunabhängige und zeitabhängige Baustellengemeinkosten

Zeitunabhängige Gemeinkosten der Baustelle
Dazu gehören:

– Kosten der Baustelleneinrichtung und -räumung:
Ladekosten umfassen die Kosten für das Auf- und Abladen auf der Baustelle und dem Bauhof. Sie sind abhängig von Gewicht und Art der Ladegüter. Frachtkosten entstehen aus dem Transport zwischen Bauhof und Baustelle bzw. verschiedenen Baustellen.

– Kosten der Baustellenausstattung:
Hilfsstoffe werden nicht Bestandteil des Bauwerks; ihre Kosten können meist nur über Verrechnungssätze ermittelt werden (Schalungsöl, Schalungsanker, Schrauben, Nägel). Werkzeuge und Kleingeräte sind Handwerkszeuge (Hämmer, Zangen, Schraubschlüssel) oder Handmaschinen (Bohrmaschinen, Handkreissägen), die in der Kalkulation mit 2% bis 5% der Lohnkosten angesetzt werden. Zur Ausstattung für Büros, Unterkünfte und Sanitäranlagen zählen Schreibtische, Schränke, Stühle, Tische, Beleuchtungskörper und EDV-Anlagen.

– Technische Bearbeitung und Kontrolle:
Die Kosten der konstruktiven Bearbeitung durch Tragwerksplaner werden nach Zeitaufwand oder HOAI ermittelt; ggf. sind auch die Kosten des Prüfingenieurs zu berücksichtigen. Eine gesonderte Erfassung der Arbeitsvorbereitung kommt für Großbaustellen und Arbeitsgemeinschaften in Betracht; bei kleineren Aufträgen werden sie den Allgemeinen Geschäftskosten zugeordnet. Der Umfang von Baustoffprüfungen und Bodenuntersuchungen richtet sich nach den Verdingungsunterlagen und den allgemein anerkannten Regeln der Technik.

– Bauwagnisse:
Sonderwagnisse der Bauausführung sind z.B. noch nicht erprobte Bauverfahren, drohende Vertragsstrafen aus Terminüberschreitung und Gefährdung durch Hochwasser. Versicherungsprämien sind zu berücksichtigen, soweit sie speziell für den Bauauftrag abgeschlossen werden (z.B. Bauwesenversicherung).

– Sonderkosten:
Dazu zählen ungewöhnliche Bauzinsen, die infolge außergewöhnlich langer Zahlungsfristen des Auftraggebers entstehen, Lizenzgebühren, sofern patentrechtlich geschützte Bauverfahren angewandt werden, ARGE-Kosten aufgrund der Gebühren für die technische und kaufmännische Federführung sowie die Tätigkeit der Aufsichtsstelle und Kosten für besondere Winterbaumaßnahmen.

Zeitabhängige Gemeinkosten der Baustelle
Dazu zählen:

– Vorhaltekosten mit den Beträgen für die kalkulatorische Abschreibung und Verzinsung sowie die Reparaturkosten, soweit nicht innerhalb der Einzelkosten der Teilleistungen aufgeführt,

– Betriebskosten für flüssige, gasförmige oder feste Betriebsstoffe, Heizöl, Schmierstoffe und elektrische Energie,

– Kosten der örtlichen Bauleitung für Bauleiter, Baukaufmann und Poliere,

– allgemeine Baukosten, insbesondere durch Hilfslöhne für Hilfskräfte, soweit die erforderlichen Randstunden für z.B. Ablade- und Transportarbeiten, Ausbesserung und Reinigung nicht in den Einzelkosten der Teilleistungen erfasst sind.

Allgemeine Geschäftskosten (AGK)

Während Gemeinkosten der Baustelle auftragsbedingt anfallen, werden die Allgemeinen Geschäftskosten (AGK) vom Unternehmen als Ganzem verursacht. Sie können den einzelnen Aufträgen daher nur mit Hilfe von Zuschlagssätzen, die zwischen 6% und 8% der Auftragssumme schwanken, zugerechnet werden. Dazu zählen u. a.

– Kosten der Unternehmensleitung und -verwaltung wie Gehälter und Löhne, kalkulatorischer Unternehmerlohn (nur bei Einzelunternehmen und Personengesellschaften), Sozialkosten, Büromiete oder Abschreibung, Verzinsung und Instandhaltung eigener Gebäude, Heizung, Beleuchtung und Reinigung sowie Reisekosten,

– Kosten des Bauhofes (Lagerplatz, Magazin, Werkstatt, Fuhrpark),

– freiwillige soziale Aufwendungen für die Gesamtbelegschaft,

– nicht gewinnabhängige Steuern und öffentliche Abgaben (z.B. Grundsteuer),

– Verbandsbeiträge (z.B. Arbeitgeberverband, Industrie- und Handelskammer, Betonverein),

– Versicherungen, soweit sie nicht ausschließlich einzelne Aufträge betreffen, d. h. insbesondere Berufs- und Betriebshaftpflicht-, Unfall-, Baugeräte-, Feuer-, Einbruch-, Diebstahl-, Leitungswasserschaden- und Sturmschadenversicherung,
– kalkulatorische Verzinsung des betriebsnotwendigen Kapitals (Bilanzsumme ./. betriebsfremdes Vermögen),
– sonstige Allgemeine Geschäftskosten wie Rechts- und Steuerberatungskosten, Patent- und Lizenzgebühren.

In der Praxis wird der Zuschlagssatz für die Allgemeinen Geschäftskosten (AGK) sowie für Wagnis und Gewinn (W+G) in Prozent der Angebotssumme den Herstellkosten (HK) zugeschlagen. Da aus der Summe der Einzelkosten der Teilleistungen (EkdT) und der Gemeinkosten (GK) nur die Herstellkosten bekannt sind, muss der Zuschlagssatz auf die Herstellkosten nach folgender Formel berechnet werden:

$$p' = \frac{100 \times p}{100 - p},$$

p = Prozentsatz der Angebotsendsumme für AGK und W+G
p' = Prozentsatz, bezogen auf HK.

Beispiel:

$$p' = \frac{100 \times (6+4)}{100 - (6+4)} = 11{,}11\% \text{ von HK.}$$

Wagnis und Gewinn (W+G)

Der Zuschlag für Wagnis und Gewinn (W+G) wird i. d. R. in einem Prozentsatz, bezogen auf den Umsatz (Nettoangebotspreis), ausgedrückt. Der Wagnisanteil soll das allgemeine Unternehmerwagnis, die allgemeinen Bauwagnisse und die üblichen Gewährleistungswagnisse abdecken. Die besonderen Bauwagnisse sind dagegen in den Gemeinkosten der Baustelle als spezielle Einzelwagnisse anzusetzen. Der vorkalkulatorische Wagniszuschlag sollte im Normalfall 2% des Angebotspreises nicht unterschreiten. Als mögliche Kalkulationsrisiken sind u. a. zu beachten:

– unklare oder nicht ausreichend detailliert formulierte Leistungsbeschreibungen, z. B. im Hinblick auf Boden- und Grundwasserverhältnisse, Nebenleistungen, funktionales Leistungsprogramm ohne Mengen,
– Wahl der Aufwands- und Leistungswerte sowie Mittellöhne,
– örtliche Verhältnisse auf der Baustelle und Einflüsse aus den angrenzenden Baugrundstücken,
– Mengenrisiko,
– Wahl des Bauverfahrens und angebotstechnisch noch nicht ausgereifter Sondervorschläge,
– Abweichungen zwischen geplantem und tatsächlichem Ablauf aus Leistungsänderungen, Zusatzleistungen sowie Leistungsstörungen bzw. Behinderungen.

Aus der Summe der Einzelkosten der Teilleistungen (EkdT), der Baustellengemeinkosten (GK), der Allgemeinen Geschäftskosten (AGK) sowie dem Wagnis (W) ergeben sich die Selbstkosten des Unternehmers. Der Übergang von den Selbstkosten des Unternehmers zu den Preisen des Marktes vollzieht sich durch den Gewinnzuschlag (G). Dieser muss mittel- und langfristig > 0 sein, damit für die Anteilseigner ein Anreiz besteht, Kapital in das Unternehmen zu investieren und eine angemessene Kapitalverzinsung zu erhalten. Seine Höhe ist daher abhängig von den jeweiligen Kapitalmarktverhältnissen. Der Gewinnzuschlag soll aber auch eine angemessene Vergütung für die Leistung des Unternehmens in wirtschaftlicher, technischer und organisatorischer Hinsicht sein. In einer Marktwirtschaft mit Wettbewerbspreisen entscheidet jedoch der Markt und damit die Intensität der Nachfrage und des Angebots über den möglichen Gewinnzuschlag. Der Markt interessiert sich nicht für die Selbstkosten des Unternehmers.

Kurzfristig ist auch ein Gewinnzuschlag ≤ 0 denkbar, wenn es im Rahmen der Deckungsbeitragsrechnung um einen kurzfristigen Bauauftrag am Jahresende mit scharfer Konkurrenz geht.

Umsatzsteuer

Die Umsatzsteuer ist eine Mehrwertsteuer. Der Regelsteuersatz für jeden steuerpflichtigen Umsatz beträgt seit dem 01.01.2007 19% auf die Nettoabrechnungswerte (§ 12 Abs. 1 UStG). Sie gilt auch für Abschlagsrechnungen (§ 16 Nr. 1 Abs. 1 VOB/B).

Für bestimmte Umsätze gilt gemäß § 12 Abs. 2 UStG ein ermäßigter Steuersatz in Höhe von 7% (Auszug):

- Lieferung von Lebensmitteln,
- Lieferung von Büchern, Broschüren und ähnliche Drucke, Zeitungen und anderen periodischen Druckschriften (mit Ausnahmen),
- Beförderung im öffentlichen Personennahverkehr innerhalb von Gemeinden und auf Strecken < 50 km.

Steuerbefreit sind Umsätze aus Lieferungen und sonstigen Leistungen (Auszug aus § 4 UStG):

- Ausfuhrlieferungen,
- der Seeschifffahrt und Luftfahrt,
- der Eisenbahnen des Bundes auf Gemeinschaftsbahnhöfen, Betriebswechselbahnhöfen, Grenzbetriebsstrecken und Durchgangsstrecken an Eisenbahnverwaltungen mit Sitz im Ausland,
- für die Personenbeförderungen im Passagier- und Fährverkehr mit Wasserfahrzeugen für die Seeschifffahrt zwischen inländischen Seehäfen und der Insel Helgoland,
- für die meisten Bank- und Finanzdienstleistungen für Privatpersonen,
- die unter das Grunderwerbsteuergesetz fallen,
- die unter das Versicherungsgesetz fallen,
- die unmittelbar dem Umsatz des Postwesens der Deutschen Post AG dienen.

Kalkulationsverfahren
Im Baugewerbe werden wegen der Unikat- und Einzelfertigung auf immer wieder neuen Baustellen mit jeweils auftragsspezifischen Produktionsbedingungen Verfahren der *Zuschlagskalkulation* angewandt im Gegensatz zu in der stationären Industrie üblichen anderen Verfahren wie der *Divisionskalkulation*. Dazu ist allerdings festzustellen, dass sich die „Kalkulation" bei kleinen, aber auch mittleren Bauunternehmen vielfach noch darauf beschränkt, Einheitspreise in die Blankette der Leistungsverzeichnisse aus der Erfahrung hineinzuschreiben, ohne sie durch vorkalkulatorische Kostenermittlungen zu untermauern. Größere Bauunternehmen neigen andererseits vermehrt dazu, die Kalkulation auf das Einholen von Nachunternehmerangeboten zu beschränken, da der Eigenleistungsanteil zunehmend reduziert wird. Beide Vorgehensweisen sind abzulehnen, da die Fähigkeit zu eigenständiger Kalkulation fehlt oder verlorengeht.

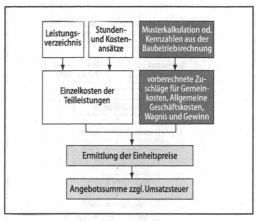

Abb. 2.1-59 Ablauf der Kalkulation mit vorbestimmten Zuschlägen

Bei der Zuschlagskalkulation ist das Verfahren mit vorbestimmten Zuschlägen vom Verfahren über die Angebotsendsumme, d. h. mit auftragsspezifischer Gemeinkostenermittlung, zu unterscheiden.

Kalkulation mit vorbestimmten Zuschlägen
Sie kommt nur für solche Aufträge in Betracht, deren Kostenartenstruktur im Wesentlichen mit der anderer Aufträge vergleichbar ist. Dabei werden die aus der Baubetriebsrechnung oder aus vergleichbaren Aufträgen ermittelten Zuschläge für die Kalkulation verwendet (Abb. 2.1-59).

Dieses Verfahren wird überwiegend für Rohbauangebote einfachen und mittleren Schwierigkeitsgrades sowie für sämtliche Technik- und Ausbauangebote angewandt, sofern die Einheitspreise nicht aus dem Gedächtnis heraus eingesetzt werden.

Kalkulation über die Angebotsendsumme
Bei der Kalkulation über die Endsumme werden die Gemeinkosten der Baustelle für jeden Bauauftrag gesondert ermittelt. Daher ergeben sich jeweils unterschiedlich hohe Zuschläge auf die Einzelkosten der Teilleistungen. Die Allgemeinen Geschäftskosten sowie der Zuschlag für Wagnis und Gewinn werden auch hier mit vorberechneten Zuschlagssätzen den Herstellkosten zugeschlagen. Infolge der auftragsspezifischen Ermittlung der Gemeinkosten der Baustelle engt dieses Kalkulationsverfahren das Risiko von Kalkulationsfehlern erheblich ein. Daher

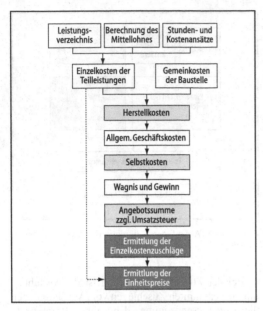

Abb. 2.1-60 Ablauf der Kalkulation über die Angebotssumme

sollte es für alle größeren Rohbauaufträge gewählt werden, insbesondere für solche des konstruktiven Ingenieurhoch- und -tiefbaus (Abb. 2.1-60).

Ablauf der Kalkulation

Die Maßnahmen zur Bearbeitung einer Angebotskalkulation gliedern sich in Vorarbeiten, die eigentliche Angebotsbearbeitung und firmenpolitische Abschlussarbeiten.

Vorarbeiten
Zunächst ist anhand der vorliegenden Ausschreibungsunterlagen zu entscheiden, ob die anzubietende Leistung fachlich, kapazitiv und von der Konkurrenzsituation her so attraktiv ist, dass der mit der Angebotsbearbeitung verbundene Arbeitsaufwand gerechtfertigt ist (Prozesshürde Start Angebotsbearbeitung – vgl. 2.2.6).

Sodann sind die in den Verdingungsunterlagen enthaltenen kostenwirksamen Vorgaben zu ermitteln, z. B.:

– Zahlungs- und Abrechnungsmodalitäten,
– Vertragsstrafen,

– Sicherheitseinbehalte,
– Aufhebung von Bedingungen der VOB/B,
– Einschluss von Besonderen Leistungen gemäß VOB/C in die vertraglichen Leistungen,
– Lieferung von Ausführungsunterlagen,
– örtliche Verhältnisse.

Anschließend ist die Angebotsbearbeitung zeitlich und personell einzuplanen und zu prüfen, ob Änderungsvorschläge oder Nebenangebote in Betracht kommen.

Bei Unklarheiten oder Lücken in den Verdingungsunterlagen sind in Wahrnehmung der Prüfungspflicht des Bieters Auskünfte beim Ausschreiber einzuholen.

Leistungspositionen, für die Pauschalpreise angegeben werden sollen, erfordern die Ermittlung der fehlenden Mengenangaben. Einzelne Bauteile sind ggf. konstruktiv zu bearbeiten wie die Bemessung von Leergerüsten oder von Baugrubenverbaukonstruktionen.

Ferner sind seitens der Arbeitsvorbereitung Angaben zu liefern über Art, Anzahl und Einsatzdauer der benötigten Arbeitskräfte, Betriebsmittel und Geräte. Gemeinsam mit der Arbeitsvorbereitung sind Bauablaufpläne mit zeitlicher Abfolge der Arbeiten aufgrund der vorgegebenen Vertragstermine unter Berücksichtigung wirtschaftlicher Arbeitsverfahren sowie der technologischen, betrieblichen und äußeren Abhängigkeiten zu entwickeln. Ferner ist ein Baustelleneinrichtungsplan für den Einsatz der erforderlichen Großgeräte zu entwerfen. In der Praxis wird die Arbeitsvorbereitung häufig erst nach Auftragserteilung eingeschaltet. Dadurch entstehen jedoch oft vermeidbare Kalkulationsfehler.

Für Leistungen, die nicht vom eigenen Unternehmen erbracht werden sollen oder können, sind Subunternehmerangebote einzuholen.

Ermittlung der Einheitspreise für die LV-Positionen
Das Kalkulationsverfahren soll zunächst am Beispiel einer *Kalkulation mit vorbestimmten Zuschlägen* für eine Stützmauer gezeigt werden (Tabelle 2.1-11). Die Kalkulation wird in folgenden Schritten durchgeführt (KLR Bau, 2001, S. 47 ff):

– Ermittlung der Einzelkosten je Einheit der LV-Position ohne Zuschlag, getrennt nach den Kostenartengruppen „Lohnstunden" und „sonstige

Kosten" und Summierung der Lohnstunden sowie der sonstigen Kosten.

- Ermittlung der Einheitspreise durch Multiplikation der Lohnstunden je Einheit mit dem Kalkulationslohn von im Beispiel 47,94 €/Lh, der sich z. B. aufgliedert in den Mittellohn APSL von 31,45 €/Lh und einen Zuschlag Z zur Deckung der Schlüsselkosten aus Gemeinkosten, Allgemeinen Geschäftskosten sowie Wagnis + Gewinn von 16,49 €/Lh. Für die sonstigen Kosten wird ein Zuschlag von 5% gewählt. Diese Werte ergeben sich aus der Baubetriebsrechnung und werden i. d. R. jährlich aktualisiert.
- Durch Multiplikation der Einheitspreise mit den Mengen ergeben sich die Positionspreise, deren Addition ergibt die Nettoangebotssumme von 142.159,84 €.

Der Einheitspreis der Fundamentschalung (Pos. 2.04) von 46,46 €/m² setzt sich damit wie folgt zusammen:

Einzelkosten der Teilleistungen (EkdT)		
Löhne	0,75 Lh × 31,45 €/Lh	23,59 €/m²
Stoffe		10,00 €/m²
		33,59 €/m²
Schlüsselkosten (Slk)		
auf Löhne	0,75 Lh × 16,49 €/Lh	12,37 €/m²
auf Stoffe	10 €/m² × 5 %	0,50 €/m²
		12,87 €/m²
Einheitspreis		46,46 €/m²

In der Pos. 2.03 Wandbeton sind in die Ermittlung der Einzelkosten das Einrichten, Vorhalten und Räumen der Baustelleneinrichtung sowie Betriebskosten hinzugerechnet worden. Infolgedessen ergibt sich hier der gegenüber dem Fundamentbeton mit 101,81 €/m³ wesentlich höhere Einheitspreis von 274,04 €/m³. Würden diese Anteile den Gemeinkosten der Baustelle zugerechnet, so müssten der Kalkulationslohn und der Zuschlag auf sonstige Kosten entsprechend erhöht werden.

Beim *Verfahren über die Angebotsendsumme* sind folgende Schritte durchzuführen (KLR Bau, 2001, S. 52 ff):

- Ermittlung der Einzelkosten je Einheit der LV-Position ohne Zuschlag, getrennt nach den gewählten 4 Kostenarten Löhne, Stoffe, Geräte und Nachunternehmer, und Summierung je Kostenart (Tabelle 2.1-12 mit Summenzeile in den Spalten 11 bis 16);
- Ermittlung der Gemeinkosten der Baustelle (Tabelle 2.1-13);
- Ermittlung der Herstellkosten, der Angebotssumme und des Angebotslohnes (Kalkulationslohn) im Kalkulationsschlussblatt (Tabelle 2.1-14).

Darin werden in Zeile 1 die Einzelkosten der Teilleistungen aus der Summenzeile von Tabelle 2.1-12 übernommen. In Zeile 2 werden die Gemeinkosten der Baustelle als Summenzeile aus Tabelle 2.1-13 eingetragen. Die Addition von Zeile 1 und Zeile 2 ergibt in Zeile 3 die Herstellkosten.

In den Zeilen 4 bis 6 werden die vorbestimmten Zuschläge für AGK sowie W + G in % der Angebotssumme (von oben) aufgeführt. Zeile 7 enthält nach Umrechnung den Gesamtzuschlag in % auf die Herstellkosten (von unten), Zeile 8 die Ausmultiplikation und Zeile 9 die Angebotssumme ohne Umsatzsteuer durch Addition von Herstellkosten sowie AGK und W + G.

Zur Ermittlung der Zuschlagssätze und des Angebotslohnes werden zunächst in Zeile 10 die EkdT aus Zeile 1 von der Angebotssumme in Zeile 9 abgezogen. Damit ergeben sich in Zeile 11 die umzulegenden Schlüsselkosten. In Zeile 12 werden die für die Vorabumlage auf alle Kostenarten außer Löhne gewählten Zuschläge aufgeführt. Daraus ergeben sich die Vorabumlagen in Zeile 13, die als Quersumme von den Schlüsselkosten abgezogen werden. Damit verbleibt in Zeile 14 eine Restumlage für die Einzelkosten der Teilleistungen Löhne und dadurch in Zeile 15 ein Zuschlag auf Lohnkosten von 79,93% und damit in Zeile 16 ein Kalkulationslohn von 56,59 €/Lh.

Anschließend werden die gewählten Vorabumlagen aus Zeile 12 als Zuschlagsfaktoren und der Angebotslohn aus Zeile 16 in die Kopfzeile der Spalten 17 bis 20 von Tabelle 2.1-12 übernommen. Damit ergeben sich in Spalte 22 die Einheitspreise und durch Multiplikation mit den Mengen aus Spalte 2 in Spalte 23 die Gesamtpreise sowie in der Summe eine Angebotssumme netto von 142.645,29 €.

Für die Wahl der Zuschlagssätze, nach denen die Schlüsselkosten auf die Einzelkosten der Teilleistungen umgelegt werden, besteht die Möglichkeit der Vorabumlagen und Restumlagen oder aber eines ein-

Tabelle 2.1-11 Ermittlung der Einheitspreise durch Kalkulation mit vorbestimmten Zuschlägen für eine Stützmauer (Quelle: KLR Bau, 2001, S. 49)

Pos. Nr.	Menge	Einheit	Beschreibung der Positionen	Kosten je Einheit ohne Zuschlag		Kosten je Position ohne Zuschlag		Kosten je Einheit mit Zuschlag		Angebotspreise	
				Stunden	Sonstige Kosten	Stunden	Sonstige Kosten	Löhne Lh x 47,94	Sonstige Kosten + 5 %	EP	Positionspreise
				Lh	€	Lh	€	€	€	€	€
1.00			Erdarbeiten								
1.01	900	cbm	Aushub und seitliches Lagern Laderaupe 50 kW leistet 20 cbm/h Betrieb: 6,00 €/20 cbm		0,30						
			Vorhaltung 25,78 €/20 cbm		1,29						
			Bedienung 2 Mann: 2 Lh/20 cbm	0,10							
				0,10	1,59	90,00	1.431,00	4,79	1,67	6,46	5.814,00
1.02	150	cbm	Abfuhr 2 Fahrzeuge: 2 × 50,00 €/20 cbm		5,00						
					5,00		750,00		5,25	5,25	787,50
1.03	750	cbm	Hinterfüllung Laderaupe 50 kW leistet 20 cbm/h Betrieb: 6,00 €/20 cbm		0,30						
			Vorhaltung: 5,78 €/20 cbm		1,29						
			Rüttelplatte: Betrieb: 0,97 €/20 cbm		0,05						
			Vorhaltung: 6,95 €/20 cbm		0,35						
			Bedienung 3 Mann: 3 Lh/20 cbm	0,15							
				0,15	1,99	112,50	1.492,50	7,19	2,09	9,28	6.960,00
2.00			Beton- und Stahlbetonarbeiten								
2.01	225	qm	Sauberkeitsschicht 5 cm C12/15 0,05 cbm (2 Lh + 50,00 €)	0,10	2,50						
			Abziehen 0,1 Lh	0,10							
				0,20	2,50	45,00	562,50	9,59	2,63	12,21	2.447,25

Tabelle 2.1-11 Fortsetzung

Pos. Nr.	Menge	Einheit	Beschreibung der Positionen	Kosten je Einheit ohne Zuschlag		Kosten je Position ohne Zuschlag		Kosten je Einheit mit Zuschlag		Angebotspreise	
				Stunden	Sonstige Kosten	Stunden	Sonstige Kosten	Löhne Lh x 47,94	Sonstige Kosten + 5 %	EP	Positionspreise
				Lh	€	Lh	€	€	€	€	€
2.02	120	cbm	Fundamentbeton C 20/25 wu								
			(0,7 Lh + 65,00 €)	0,70	65,00						
				0,70	65,00	84,00	7.800,00	33,56	68,25	101,81	12.217,20
2.03	120	cbm	Wandbeton C 20/25 wu								
			(1,33 Lh + 65,00 €)	1,33	65,00						
			Einrichten und Räumen								
			(220 Lh und 2.700 €/120 cbm)	1,83	22,50						
			Vorhalten Einrichtung								
			(1.200 €/120 cbm)		10,00						
			Betriebskosten:								
			(2.300 €/120 cbm)		19,17						
				3,16	116,67	379,32	14.000,40	151,54	122,50	274,04	32.884,80
2.04	200	qm	Fundamentschalung (0,75 Lh + 10,00 €)	0,75	10,00						
				0,75	10,00	150,00	2.000,00	35,96	10,50	46,46	9.292,00
2.05	800	qm	Wandschalung (1,00 Lh + 10,00 €)	1,00	10,00						
				1,00	10,00	800,00	8.000,00	47,94	10,50	58,44	46.752,00
2.06	12	t	Betonstahl BSt 500 S		750,00						
			Schneiden, Biegen, Liefern und Verlegen		750,00		9.000,00		787,50	787,50	9.450,00
2.07	12	t	Betonstahlmatten BSt 500 M		750,00						
			Schneiden, Biegen, Liefern und Verlegen		750,00		9.000,00		787,50	787,50	9.450,00
2.08	9,5	lfm	Dehnungsfugen	1,00	7,50						
				1,00	7,50	9,50	71,25	47,94	7,88	55,82	530,29
2.09	160	lfm	Arbeitsfugen	0,30	2,50						
				0,30	2,50	48,00	400,00	14,38	2,63	17,01	2.721,60
2.10	30	lfm	Sollbruchfugen	1,00	10,00						
				1,00	10,00	30,00	300,00	47,94	10,50	58,44	1.753,20
2.11	20	Std	Betonfacharbeiter (Stundenlohnarbeiten n. bes. Ermittlung)							40,00	1.800,00
			Nettoangebotssumme			1.748,32	54.807,65				142.159,84

Tabelle 2.1-12 Ermittlung der Einheitspreise über die Angebotsendsumme für eine Stützmauer (Quelle: KLR Bau, 2001, S. 54 ff)

Pos. Nr.	Menge	Einheit	Beschreibung der Position	Kosten ohne Zuschlag je Einheit					Kosten ohne Zuschlag	1	
				1 Stunden Lh	2 Löhne €	3 Stoffe €	4 Geräte €	NU €	€	Stunden Lh	Löhne Lh x 31,45 €/Lh
(1)	(2)	(3)	(4)	(5)	(6)	(7)	(8)	(9)	(10)	(11)	(12)
1.00			Erdarbeiten								
1.01	900	cbm	Aushub und seitliches Lagern Laderaupe 50 kW leistet 20 cbm/h Betrieb: 6,00 €/20 cbm				0,30				
			Vorhaltung: 25,78 €/20 cbm				1,29				
			Bedienung 2 Mann: 2 Lh/20 cbm	0,10							
				0,10			1,59			90,00	
1.02	150	cbm	Abfuhr 2 Fahrzeuge: 2 × 50 €/20 cbm					5,00			
								5,00			
1.03	750	cbm	Hinterfüllung Laderaupe 50 kW leistet 20 cbm/h Betrieb: 6,00 €/20bm				0,30				
			Vorhaltung: 25,78 €/20 cbm				1,29				
			Rüttelplatte: Betrieb: 0,97 €/20 cbm				0,05				
			Vorhaltung: 6,95 €/20 cbm				0,35				
			Bedienung 3 Mann: 3 Lh/20 cbm	0,15							
				0,15			1,99			112,50	
2.00			Beton- und Stahlbetonarbeiten								
2.01	225	qm	Sauberkeitsschicht 5 cm C12/15 0,05 cbm (2 Lh + 50,00 €)	0,10		2,50					
			Abziehen 0,1 h	0,10							
				0,20		2,50				45,00	

Tabelle 2.1-12 Fortsetzung

	Kosten ohne Zuschlag insgesamt				Kosten mit Zuschlag je Einheit					Angebotspreise		
Pos.	2	3	4	Kosten ohne Zu-schlag	1	2	3	4		Kosten ohne Zu-schlag	Ein-heits-preise	Preis je Teilleis-tung
Nr.	Stoffe	Geräte	NU		Löhne	Stoffe	Geräte	NU				
	€	€	€	€	€	€	€	€		€	€	€
	(13)	(14)	(15)	(16)	(17) x 56,59	(18) x 1,15	(19) x 1,15	(20) x 1,12		(21)	(22)	(23)
1.00												
1.01												
		1.431,00			5,66	1,83					7,49	6.741,00
1.02												
			750,00					5,60			5,60	840,00
1.03												
		1.492,50			8,49	2,29					10,78	8.085,00
2.00												
2.01												
	562,50				11,32	2,88					14,20	3.195,00

Tabelle 2.1-12 Fortsetzung

Pos. Nr.	Menge	Einheit	Beschreibung der Position	Kosten ohne Zuschlag je Einheit					Kosten ohne Zuschlag	1	
				1		2	3	4			
				Stunden Lh	Löhne	Stoffe	Geräte	NU		Stunden Lh	Löhne Lh x 31,45 €/Lh
					€	€	€	€	€		
(1)	(2)	(3)	(4)	(5)	(6)	(7)	(8)	(9)	(10)	(11)	(12)
2.02	120	cbm	Fundamentbeton C 20/25 wu (0,70 Lh + 65,00 €)	0,70		65,00					
				0,70		65,00					84,00
2.03	120	cbm	Wandbeton C 20/25 wu (1,33 Lh + 65,00 €)	1,33		65,00					
				1,33		65,00					159,60
2.04	200	qm	Fundamentschalung (0,75 Lh + 10,00 €)	0,75		10,00					
				0,75		10,00					150,00
2.05	800	qm	Wandschalung (1,00 Lh + 10,00 €)	1,00		10,00					
				1,00		10,00					800,00
2.06	12	t	Betonstahl BSt 500 S Schneiden, Biegen, Liefern und Verlegen					750,00			
								750,00			
2.07	12	t	Betonstahlmatten Bst 500 M Schneiden, Biegen, Liefern und Verlegen					750,00			
								750,00			
2.08	9,5	Lfm	Dehnungsfugen	1,00		7,50					
				1,00		7,50					9,50
2.09	160	Lfm	Arbeitsfugen	0,30		2,50					
				0,30		2,50					48,00
2.10	30	Lfm	Sollbruchfugen	1,00		10,00					
				1,00		10,00					30,00
2.11	20	Std	Betonfacharbeiter (Stundenlohnarbeit n. bes. Ermittlung)						40,00		
										1.528,60	48.074,47

Tabelle 2.1-12 Fortsetzung

	Kosten ohne Zuschlag insgesamt				Kosten mit Zuschlag je Einheit					Angebotspreise	
Pos. Nr.	2 Stoffe	3 Geräte	4 NU	Kosten ohne Zuschlag	1 Löhne	2 Stoffe	3 Geräte	4 NU	Kosten ohne Zuschlag	Einheitspreise	Preis je Teilleistung
	€	€	€	€	€	€	€	€	€	€	€
	(13)	(14)	(15)	(16)	(17)	(18)	(19)	(20)	(21)	(22)	(23)
2.02	7.800,00				39,61	74,75				114,36	13.723,20
2.03	7.800,00				75,26	74,75				150,01	18.001,20
2.04	2.000,00				42,44	11,50				53,94	10.788,00
2.05	8.000,00				56,59	11,50				68,09	54.472,00
2.06			9.000,00					840,00		840,00	10.080,00
2.07			9.000,00					840,00		840,00	10.080,00
2.08	71,25				56,59	8,63				65,22	619,59
2.09	400,00				16,98	2,88				19,86	3.177,60
2.10	300,00				56,59	11,50				68,09	2.042,70
2.11				800,00					40,00	40,00	800,00
	26.933,75	2.923,50	18.750,00	800,00							

Angebotssumme (netto):	142.645,29
+ 16 % Umsatzsteuer:	22.823,25
Angebotssumme (brutto):	165.468,54

Tabelle 2.1-13 Ermittlung der Gemeinkosten der Baustelle für eine Stützmauer (Quelle: KLR Bau, 2001, S. 55)

		1	2	3	4
	Gemeinkosten der Baustelle	**Stunden**	**Löhne und Gehälter**	**Stoffe**	**Geräte**	**NU-Leistung**
		Lh	**€**	**€**	**€**	**€**
Zeitunabhängige Gemeinkosten	Kosten für das Einrichten und Räumen der Baustelle (für Umformer, Innenrüttler, sonst. Geräte sowie Schalung und Rüstung)	220,00	6.919,00			2.700,00
	Kosten der technischen Bearbeitung, Konstruktion und Kontrolle		2.900,00			
	Zwischensumme 1	220,00	9.819,00			2.700,00
	Vorhaltekosten 2 × 600,00				1.200,00	
Zeitabhängige Gemeinkosten	Kosten der örtlichen Bauleitung ½ Bauleiter 2 Monate 0,5 × 7.000,00 × 2 Vermesser anteilig 0,3 Baukaufmann 2 Monate 0,3 × 5.000,00 × 2		7.000,00 700,00 3.000,00			
	Betriebs- und Bedienungskosten				2.300,00	
	Zwischensumme 2		10.700,00		3.500,00	
	Summe	220,00	20.519,00		3.500,00	2.700,00

heitlichen Zuschlagssatzes für alle Kostenarten. Diese Art der gleichmäßigen Verteilung der Schlüsselkosten ist bei Auslandsaufträgen wegen des hohen Schlüsselkostenanteils durchaus gebräuchlich, in Deutschland jedoch nicht üblich. Sie hat den Vorteil, dass Mengenminderungen in einzelnen Positionen keine Minderung der Schlüsselkosten bewirken, solange die Angebotssumme durch Mengenmehrungen in anderen Positionen oder Zusatzleistungen per Saldo nicht unterschritten wird. Dieser einheitliche Zuschlagssatz für alle Kostenarten ist auf Stoffe, Geräte und Nachunternehmerleistungen deutlich höher und auf Löhne deutlich niedriger als bei den in Deutschland gewohnten Vorabumlagen und den sich danach einstellenden Restumlagen auf Löhne.

Firmenpolitische Abschlussarbeiten
Die für eine Angebotsbearbeitung erforderlichen Arbeiten lassen sich grundsätzlich in zwei Bereiche zerlegen:

– Tätigkeiten, die von allen fachkundigen und erfahrenen Kalkulatoren übernommen werden können, soweit sie die Kostenauswirkungen der jeweils zu wählenden Bauverfahren und die Prinzipien wirtschaftlicher Bauabwicklung kennen, und

– Tätigkeiten, die den firmenpolitischen Spielraum darstellen und üblicherweise von Oberbauleitern, Niederlassungsleitern bzw. Geschäftsführern wahrgenommen werden.

Die firmenindividuellen Einflüsse werden i. d. R. in Form einer Kalkulationsbesprechung von der Geschäftsleitung eingebracht. Gegenstände dieser Besprechungen sind

– die Zuschläge für Allgemeine Geschäftskosten, Wagnis und Gewinn,
– die Bewertung schwierig einzuschätzender Gemeinkostenanteile,
– die Überprüfung der Aufwands- und Leistungswerte wesentlicher Leitpositionen (diejenigen etwa 20% aller Positionen, die etwa 80% der Angebotssumme ausmachen),
– die Überprüfung der Endergebnisse durch Plausibilitätskontrollen mit Hilfe von Kostenkennwerten und Verhältniszahlen,
– die Bewertung von risikobeeinflussenden Festlegungen in den Verdingungsunterlagen sowie von äußeren Bedingungen,
– die Einschätzung der jeweiligen Marktlage und

– die Frage, ob das Risiko der Angebotsabgabe mit der daraus entstehenden Bindungswirkung im Auftragsfall beherrschbar ist (Prozesshürde der Angebotsabgabe, vgl. 2.2.6).

Voll- und Teilkostenrechnung (Deckungsbeitragsrechnung)

Bei der *Vollkostenrechnung* werden sämtliche Kosten der Leistungserstellung den einzelnen Kostenträgern zugerechnet.

Bei der *Teilkostenrechnung* werden den Kostenträgern lediglich die durch die Leistungserstellung verursachten variablen Kosten zugerechnet, während die beschäftigungsunabhängigen fixen Kosten der Betriebsbereitschaft gesondert erfasst werden.

Anstelle des Begriffs Teilkostenrechnung wird vielfach auch der Begriff Deckungsbeitragsrechnung verwendet. Werden nur noch die variablen Kosten berücksichtigt, so geht die Teilkostenrechnung über in die *Grenzkostenrechnung*.

Bei der *Deckungsbeitragsrechnung* werden die Gesamtkosten einer Abrechnungsperiode in variable (leistungsabhängige) und fixe (der Deckung der Betriebsbereitschaft dienende Kosten) unterschieden. Den Kostenträgern werden lediglich die durch die Leistungserstellung verursachten variablen Kosten zugerechnet, während die beschäftigungsunabhängigen fixen Kosten der Betriebsbereitschaft gesondert erfasst werden. Auf eine Aufschlüsselung und Umlage der fixen Kosten auf die variablen Kosten der Kostenstellen wird verzichtet.

Deckungsbeitrag = Erlöse ./. variable Kosten

Die Summe aller Deckungsbeiträge während des Geschäftsjahres dient zunächst zur Deckung aller bei den einzelnen Kostenstellen anfallenden fixen Kosten und nach dem Erreichen der Gewinnschwelle zur Erzielung eines Gewinns. Im Rahmen dieses Gewinns liegt der preispolitische Spielraum. Die Gewinnschwelle in der Deckungsbeitragsrechnung und die Abhängigkeit der Gewinn- und Verlustentwicklung von der Menge bzw. dem Beschäftigungsgrad zeigt Abb. 2.1-61.

Die Deckungsbeitragsrechnung findet Anwendung bei der Preisfindung, der Erfolgskontrolle und -steuerung sowie der Kostenkontrolle der Bereitschaftskosten.

Vielfach wird die Deckungsbeitragsrechnung als Allheilmittel gegen zurückgehende Auftragsbestände angesehen. Dies ist jedoch nur sehr bedingt richtig. Es gilt:

– Bei der Vollkostenkalkulation wird der Angebotspreis mit voller Deckung der variablen und fixen Kosten ermittelt. Bei sinkender Beschäftigung bzw. rückläufigem Umsatz führt dies zur Notwendigkeit einer Erhöhung der Schlüsselkostenumlage. Hierdurch erhöhen sich entsprechend die Angebotspreise des Unternehmens und verringern sich in marktwirtschaftlichen Systemen seine Auftragschancen.

– Hat das Unternehmen jedoch bereits seine Gewinnschwelle erreicht und die Fixkosten gedeckt, so kann es zusätzliche Aufträge mit kurzen Durchführungszeiten unter teilweisem oder völligem Verzicht auf Deckung weiterer Fixkosten hereinnehmen, um seine Beschäftigungslage zu stabilisieren. Dies gilt jedoch nur für solche Bauaufträge, die nach Erreichen der Gewinnschwelle (z.B. im September oder Oktober eines Geschäftsjahres) noch bis zum Jahresende abgewickelt werden können, da sonst das neue Geschäftsjahr mit Aufträgen belastet wird, die keine Fixkosten erwirtschaften.

Die Gefahr bei Anwendung der Deckungsbeitragsrechnung besteht darin, dass man sich über eine nicht erreichte Fixkostendeckung hinwegsetzt und diese von einer unbestimmten Zukunft erhofft.

Die Ermittlung der Preisuntergrenze bei Aufrechterhaltung der Liquidität bietet sich u. U. dann an, wenn man die Liquidität des Unternehmens kurzfristig nicht verschlechtern will. Es kann dann für bis zum Jahresende abgeschlossene Aufträge auf Wagnis und Gewinn sowie Abschreibung und Verzinsung der Maschinen und Geräte verzichtet werden.

Zur Ermittlung der Preisuntergrenze bei vollständigem Verzicht auf Deckung der Fixkosten werden dagegen von der auf Vollkostenbasis errechneten Angebotssumme zusätzlich abgezogen:

– Allgemeine Geschäftskosten sowie
– Baustellengehaltskosten (örtliche Bauleitung, Poliere und technische Bearbeitung).

Tabelle 2.1-14 Ermittlung der Gemeinkosten der Baustelle für eine Stützmauer (Quelle: KLR Bau, 2001, S. 56)

I. Ermittlung der Herstellkosten

Mittellohn APSL: 31,45 €/Lh	Stunden	1	2	3	4	5	Summe
Kostenarten		Löhne Gehälter €	Stoffe €	Geräte €	NU €	Kosten ohne Zuschlag €	€
(1) Einzelkosten der Teilleistungen	1.528,60	48.074,47	26.933,75	2.923,50	18.750,00	800,00	97.481,72
(2) Gemeinkosten der Baustelle	220,00	20.519,00		3.500,00	2.700,00		26.719,00
(3) Herstellkosten		68.593,47	26.933,75	6.423,50	21.450,00	800,00	124.200,72

II. Ermittlung der Angebotssumme

(4) Allgemeine Geschäftskosten in % der Angebotssumme		8,00	8,00	8,00	8,00		
(5) Gewinn und Wagnis in % der Angebotssumme		5,00	5,00	5,00	5,00		
(6) Gesamtzuschlag in % der Angebotssumme		13,00	13,00	13,00	13,00		
(7) Gesamtzuschlag in % auf Herstellkosten (%x100)/(100-%)		14,94	14,94	14,94	14,94		
(8) Gesamtzuschlag in € auf Herstellkosten		10.247,86	4023,90	959,67	3204,63		18.436,06
(9) Angebotssumme ohne Umsatzsteuer							142.636,78

III. Ermittlung der Zuschlagsätze und des Angebotslohnes

(10) Abzüglich Einzelkosten der Teilleistungen (1)							-97.481,72
(11) Umzulegende Kosten (Schlüsselkosten) (9)-(10)							= 45.155,06
(12) Gewählte Zuschläge (%) auf Einzelkosten der Teilleistungen			15,00	15,00	12,00		
(13) Summe der Vorabumlage (€)			4.040,06	438,53	2.250,00		-6.728,59
(14) Restumlage							38.426,47
(15) Zuschlag auf Lohnkosten (%)	79,93	= (Restumlage x 100)/Löhne der Einzelkosten der Teilleistungen = (38.426,47 x 100)/48.074,47					
(16) Angebotslohn in €/h	56,59	Mittellohn APSL (€/Lh) x (100 % + Zuschlag auf Lohn (15))					

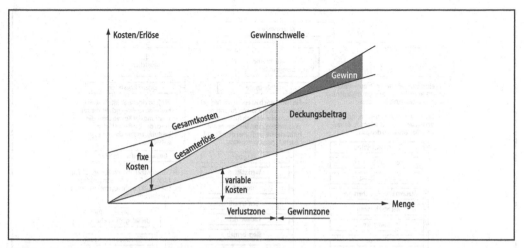

Abb. 2.1-61 Deckungsbeitrag sowie Kosten- und Erlösverlauf

2.1.5.3 Kosten-, Leistungs- und Ergebnisrechnung (KLER)

Die KLER hat folgende Aufgaben:

– kostenstellenbezogene Ermittlungen für eigene Baustellen und Gemeinschaftsbaustellen, für Verwaltungsstellen sowie für Hilfsbetriebe und Verrechnungskostenstellen mit der Zielsetzung der Abgrenzung und Kontrolle von Verantwortungsbereichen, der Ermittlung der Kostenartenstruktur je Kostenstelle, der Analyse der Ergebnisse nach Bausparten und der Bildung innerbetrieblicher Verrechnungssätze und Kalkulationsvorgabewerte,
– bereichsbezogene Ermittlungen für zusammengefasste Kostenstellen,
– gesamtbetriebliche Ermittlungen zur Darstellung der Kostenarten-, Leistungsarten- und Ergebnisstruktur,
– Ermittlung innerbetrieblicher Verrechnungssätze für innerbetriebliche Leistungen,
– Ermittlung von Kalkulationsvorgabewerten und Zuschlagssätzen,
– Ermittlung der Herstellkosten nach Handels- und Steuerrecht, insbesondere für die Bewertung unfertiger Bauleistungen und
– Bereitstellung von Zahlen für die Soll/Ist-Vergleichsrechnung.

Der Aufbau der Baubetriebsrechnung hat den Erfordernissen des baubetrieblichen Produktionsprozesses durch eine Kosten-, Leistungs- und Ergebnisrechnung zu entsprechen. Um die Baubetriebsrechnung von der Unternehmensrechnung abgrenzen zu können, ist zusätzlich eine Abgrenzungsrechnung erforderlich.

Kostenrechnung
Die Kostenrechnung besteht aus der Kostenarten-, Kostenstellen- und Kostenträgerrechnung sowie der Verrechnung der innerbetrieblichen Kosten.

Kostenartenrechnung
Die Kostenartenrechnung dient der Erfassung sämtlicher Kostenarten in einem bestimmten Zeitabschnitt. Mit der nachfolgend aufgeführten und in der KLR Bau (2001) weiter differenzierten Gliederung werden die Kostenarten in der Bauauftrags-, der Baubetriebsrechnung und im Soll/Ist-Vergleich einheitlich gruppiert:

1. Lohn- und Gehaltskosten für Arbeiter und Poliere,
2. Kosten der Baustoffe und der Fertigungsstoffe,
3. Kosten des Rüst-, Schal- und Verbaumaterials einschließlich der Hilfsstoffe,
4. Kosten der Geräte einschließlich der Betriebsstoffe,

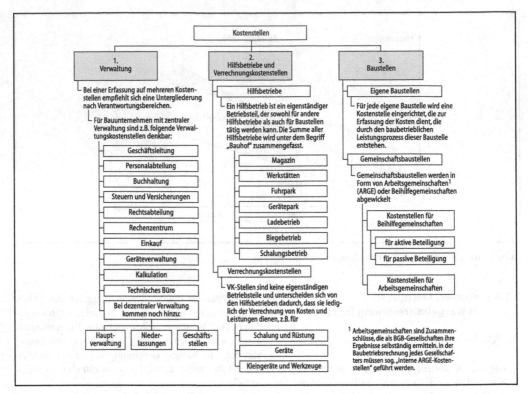

Abb. 2.1-62 Kostenstellenkataloge nach KLR Bau

5. Kosten der Geschäfts-, Betriebs- und Baustellenausstattung,
6. Allgemeine Kosten,
7. Fremdarbeitskosten,
8. Kosten der Nachunternehmerleistungen.

Kostenstellenrechnung
Während die Kostenartenrechnung zeigt, welche
Kosten angefallen sind, hat die Kostenstellenrechnung Aufschluss darüber zu geben, wo diese Kosten entstanden sind. Den Kostenstellen sind entstehende Kosten möglichst verursachungsgerecht
zuzuordnen. Ihre Bildung kann nach verschiedenen, kombinierbaren Kriterien erfolgen (nach Regionen, Funktionen, Verantwortungsbereichen und
rechentechnischen Erwägungen). Da auf den Kostenstellen i. d. R. Leistungen erbracht werden, können sie auch als Leistungsstellen bezeichnet werden
(Abb. 2.1-62).

Hauptkostenstellen sind üblicherweise die Baustellen. Als Hilfskostenstellen werden Verwal-
tungskostenstellen sowie Hilfsbetriebe und Verrechnungskostenstellen bezeichnet.

Bei der direkten Verrechnung werden die Kosten
den Kostenstellen dem Verursacherprinzip entsprechend unmittelbar zugeordnet. Bei der indirekten
Verrechnung werden die Kosten den Kostenstellen
entweder mit Hilfe von Schlüsseln oder im Umla-
geverfahren zugeordnet.

Kostenträgerrechnung
Sie ordnet die Kosten dem einzelnen Produkt zu.
In der Bauauftragsrechnung sind Bauleistungen
die eigentlichen Kostenträger, die nach Positionen
im Leistungsverzeichnis beschrieben sind. In der
Baubetriebsrechnung werden dagegen die Kosten
den Baustellen zugeordnet, die damit zugleich den
Charakter eines Kostenträgers erhalten, so dass

eine zusätzliche Kostenträgerrechnung nicht erforderlich ist.

Leistungsrechnung

Die Leistungsrechnung gliedert sich in die Leistungsarten- und Leistungsstellenrechnung sowie die Verrechnung der innerbetrieblichen Leistungen.

Leistungsartenrechnung

Die Leistungsartenrechnung dient der Erfassung sämtlicher Leistungsarten in einem bestimmten Zeitabschnitt. Die Gliederung entspricht im Wesentlichen der Kontenklasse 5 des BKR-87 in der Unternehmensrechnung (vgl. Tabelle 2.1-7). Die wesentliche Leistungsart sind Bauleistungen, bestehend aus Hauptauftrag, Zusatz- und Nachtragsaufträgen.

Um zu einem bestimmten Stichtag eine Abschlagsrechnung an den Auftraggeber stellen zu können, müssen alle Leistungen, die bis zum Stichtag erbracht wurden, in einer Leistungsmeldung erfasst werden. Dazu werden zunächst pro Position des Leistungsverzeichnisses aus Ausführungsplänen oder durch Aufmaß die zum Stichtag erbrachten Mengen ermittelt. Diese werden mit den im Einheitspreisvertrag festgelegten Einheitspreisen multipliziert. Anschließend werden die Nachtragsarbeiten und evtl. Stundenlohnarbeiten in gleicher Weise bewertet. Gegebenenfalls sind Leistungsberichtigungen aus Minderungen wegen Preisnachlässen oder aus Mängeln zu berücksichtigen. Nur teilweise ausgeführte Positionen sind entsprechend ihrem Fertigstellungsgrad zu bewerten. Angelieferte, aber noch nicht eingebaute Stoffe sind mit den um das Einbauen reduzierten Preisen in die Leistungsmeldung aufzunehmen.

Leistungsstellenrechnung

In der Baubetriebsrechnung sind Leistungsstellen identisch mit Kostenstellen und deren Gliederung.

Verrechnung innerbetrieblicher Leistungen

Die innerbetriebliche Leistungsverrechnung bewertet den Tatbestand, dass zwischen den verschiedenen Stellen des Baubetriebs ein ständiger Leistungsaustausch stattfindet. Diese Leistungen müssen zunächst ermittelt und dann der empfangenden Kostenstelle mit Hilfe von Verrechnungssätzen belastet und der abgebenden Stelle als innerbetriebliche Leistung anhand interner Verrechnungssätze gutgeschrieben werden.

Ergebnisrechnung

Ergebnis im Rahmen der KLER ist die Differenz zwischen den erbrachten Bauleistungen und den dadurch verursachten Kosten. Dabei ist zu unterscheiden zwischen Einzel- und Gesamtergebnissen für einzelne Aufträge (kostenstellen- und periodenbezogene Ergebnisse), für einzelne Bereiche (z. B. Abteilung Hochbau) oder für das gesamte Unternehmen.

Die Objekte, auf die Kosten und Leistungen bezogen und für die damit Ergebnisse ermittelt werden, können sein:

- die Teilleistungen eines Bauauftrags als Kostenträger,
- die einzelnen Baustellen oder alle Baustellen einer Sparte als Kostenstellen sowie
- das Bauunternehmen als Ganzes als Kostenstelle.

Bei den Perioden, auf die Ergebnisse bezogen werden können, unterscheidet man

- Abrechnungsperioden (z. B. Monat),
- Zeit vom Baubeginn bis zum vorherigen Stichtag,
- Zeit vom Beginn der Baustelle bis zum jeweiligen Stichtag,
- Zeit vom Beginn des Geschäftsjahres bis zum vorherigen Stichtag sowie
- Zeit vom Beginn des Geschäftsjahres bis zum jeweiligen Stichtag.

Das Beispiel einer monatlichen Kosten-, Leistungs- und Ergebnisrechnung einer Baustelle zeigt Tabelle 2.1-15. Wichtig ist, das Ergebnis vom Stichtag bis zum Auftragsende in der Prognose fortzuschreiben, dann monatlich mit dem Ist-Ergebnis zu vergleichen und die Abweichungen zu begründen. Dadurch können rechtzeitig ggf. erforderliche ergebnisverbessernde Anpassungsmaßnahmen eingeleitet werden.

2.1.5.4 Abgrenzungsrechnung als Bindeglied zwischen Unternehmensrechnung und KLER

Die Ermittlung des Ergebnisses für das gesamte Unternehmen kann entweder mittels eines Betriebsabrechnungsbogens (BAB) oder mit Hilfe von zwei Abstimmkreisen vorgenommen werden.

Bei Verwendung eines Betriebsabrechnungsbogens werden zunächst die Kosten und Leistungen der Kostenstellen ermittelt und direkt oder indirekt den empfangenden und abgebenden Stellen zugeordnet. Anschließend werden die innerbetrieblichen Kosten und Leistungen entweder mit festgelegten Verrechnungssätzen oder durch Umlage der Ist-Kosten verrechnet. Nach Verrechnung der Verwaltungskosten auf die Baustellen lassen sich die Selbstkosten der Baustellen ermitteln. Die Subtraktion der Selbstkosten von den Leistungen ergibt die Baustellenergebnisse.

Das Betriebsergebnis erhält man dann durch Addition der summierten Baustellenergebnisse unter Berücksichtigung der im Bereich Verwaltung, Hilfsbetriebe und Verrechnungskostenstellen entstandenen Über- und Unterdeckungen (KLR Bau, 2001, S. 97 f.).

Wird eine mit der Unternehmensrechnung verbundene KLER mit zwei Abstimmkreisen aufgebaut, so sind drei Gruppen von Geschäftsvorfällen zu unterscheiden (KLR Bau, 2001, S. 97 f.):

- nur die Unternehmensrechnung betreffend
  - bilanzielle Abschreibungen,
  - Erhöhung oder Verminderung des Bestands an nicht abgerechneten Bauleistungen;
- nur die KLER betreffend
  - kalkulatorische Abschreibungen entsprechend dem Werteverzehr des baubetrieblichen Leistungsprozesses,
  - kalkulatorische Zinsen auf das betriebsnotwendige Kapital,
  - nicht abgerechnete Bauleistungen;
- sowohl die Unternehmensrechnung als auch die KLER betreffend
  - periodengerechte Abgrenzung und Zuordnung sowie vollständige Erfassung aller Kosten und Leistungen des Baubetriebs,
  - Abgrenzung der Bestände am Schluss eines Geschäftsjahres aufgrund der Inventur.

Es entspricht den Anforderungen an eine leistungsfähige KLER, jederzeit und unabhängig von der handels- und steuerrechtlichen Bilanzierung die Kosten, Leistungen und Ergebnisse der Baustellen ermitteln zu können. Voraussetzung hierfür ist eine Trennung der Unternehmensrechnung von der KLER. Diese Trennung lässt sich mit einem sog. Übernahmekonto erreichen.

Die Buchhaltung beider Abrechnungskreise lässt sich mit Hilfe von Zuordnungsziffern steuern, die angeben, ob nur die Unternehmensrechnung, nur die KLER oder beide betroffen sind.

2.1.5.5 Soll/Ist-Vergleichsrechnung

Im Rahmen von Soll/Ist-Vergleichen werden Soll- und Ist-Zahlen einander gegenübergestellt, um ihre Abweichungen zu ermitteln und zu analysieren (KLR Bau, 2001, S. 102). Sie dienen

- der Kontrolle der Aufwands- und Leistungswerte sowie der Faktorpreise der Vorkalkulation mittels Nachkalkulation zur Verbesserung künftiger Vorkalkulationen,
- der Kontrolle und Steuerung des baubetrieblichen Geschehens sowie
- der Bildung von Kennzahlen.

Ferner werden im Rahmen der Projektsteuerung Soll/Ist-Vergleiche durchgeführt, z. B. zur Ermittlung von Zeitabweichungen zwischen der Bauablaufplanung und dem tatsächlichen Bauablauf sowie von Abweichungen zwischen ausgeführten Mengen und ausgeschriebenen LV-Mengen.

Soll/Ist-Vergleiche können sich auf die Gesamtbaustelle, einzelne Bauabschnitte, Arbeitsvorgänge gemäß BAS (Bauarbeitsschlüssel) oder einzelne LV-Positionen beziehen. Als Mengen sind Arbeits- und Gerätestunden, -tage bzw. -monate sowie Stoffe zu erfassen. Als Werte sind Kosten, Leistungen und Ergebnisse zu messen. Die Vergleiche sind zweckmäßigerweise periodisch während der Leistungserstellung anzustellen, um bei Abweichungen noch steuernd eingreifen zu können. Nach abgeschlossener Leistung dienen sie lediglich zur Gewinnung von Kennzahlen.

Die Ermittlung von Ist-Zahlen setzt ein entsprechendes Berichtswesen voraus. Dazu gehören

- Lohnberichte für die tägliche Berichterstattung der Arbeitsstunden, ggf. nach BAS,
- Baugeräteberichte für die Berichterstattung der Gerätestunden und der vom Gerät erbrachten Bauleistungen,
- Lieferscheine bzw. Rechnungen für die Stoffe sowie
- Leistungsmeldungen mit den tatsächlich erbrachten Leistungsmengen.

		SOLL	IST	IST-SOLL
Menge	m^2	1.000	600	−400
Aufwandswert	Lh/m^2	0,5	(0,8)	(+0,3)
Zeitaufwand	Lh	500	480	−20
Kalkulationslohn	€/Lh	50	55	+5
Lohnkosten	€	25.000	26.400	+1.400
Lohnkosten/E	$€/m^2$	25	44	19
Kostendifferenzen				€
1 aus Mengenunterschreitung $-400 \times 0,5 \times 50$				-10.000
2 aus Aufwandsüberschreitung $600 \times 0,3 \times 50$				+9.000
3 aus Kalkulationslohnüberschreitung $600 \times 0,8 \times 5$				+2.400

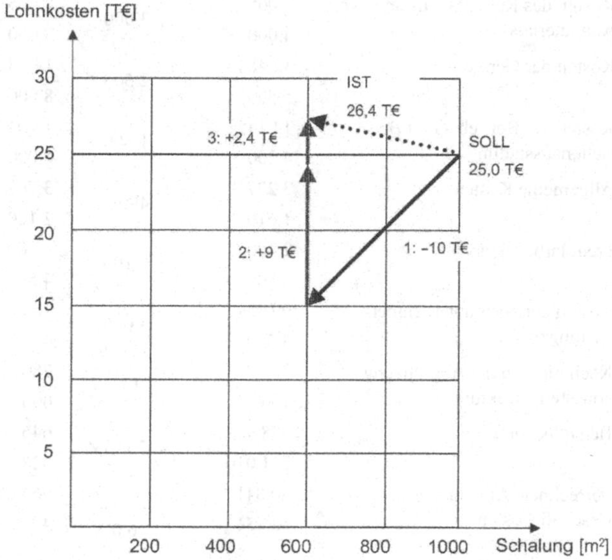

Abbildung 2.1-63 Soll-Ist-Vergleich der Lohnkosten für Schalarbeiten und Ursachenanalyse

Abbildung 2.1-63 zeigt einen Lohnkostenvergleich für Schalarbeiten mit Ursachenanalyse.

2.1.5.6 Kennzahlenrechnung

Jedes Bauunternehmen muss für sich entscheiden, welche Kennzahlen es benötigt. Dies gilt auch für diejenigen, die anhand der Daten der KLR Bau (2001) ausgewählt und gebildet werden können. Dabei ist jeweils der Verwendungszweck zu be-rücksichtigen, der in der betriebsinternen Vorgabe, im Zeitreihenvergleich oder im zwischenbetrieblichen Branchenvergleich (Benchmarktest) liegen kann.

Es empfiehlt sich, Kennzahlen der KLR Bau (2001) zunächst nach den Bereichen Bauauftragsrechnung, KLER und Soll/Ist-Vergleichsrechnung zu gliedern.

Kennzahlen im Rahmen der Bauauftragsrechnung sind im Wesentlichen Aufwands- und Leis-

Tabelle 2.1-15 Monatliche Kosten-, Leistungs- und Ergebnisrechnung einer Baustelle (Quelle: KLR Bau, 2001, S. 101)

KLR Bau	**Kostenarten**		**von Baubeginn bis Vormonat**	**Berichts-monat**	**von Baubeginn bis Stichtag**	**Anteil an Herstell-kosten**
	Nr.	**Bezeichnung**	**von Beginn des Geschäftsjahres bis Vormonat**		**von Beginn des Geschäftsjahres bis Stichtag**	
			€	**€**	**€**	**%**
1	2	3	4	5	6	7
Direkte und indirekte Verrechnung der Kosten auf die Kostenstelle sowie die in die entspr. Kostenart eingefügten Beträge aus der innerbetriebl. Verrechnung	1.	Lohn- und Gehaltskosten AP einschließlich geschlüsselte Sozialkosten	216.072 110.000	46.800	262.872 156.800	40,7 47,8
	2.	Kosten der Baustoffe und des Fertigungsmaterials	186.162 89.900	47.000	233.162 139.900	36,1 41,7
	3.	Kosten des Rüst-, Schal- und Verbaumaterials	5.065 4.000	3.000	8.065 7.000	1,2 2,1
	4.	Kosten der Geräte	12.482 5.500	2.500	14.982 8.000	2,3 2,5
	5.	Kosten der Betriebs- und Baustellenausstattung	14.145 4.200	1.800	15.945 6.000	2,5 1,8
	6.	Allgemeine Kosten	3.277 1.610	490	3.767 2.100	0,6 0,6
	7.	Fremdarbeitskosten	2.400 2.400	2.100	4.500 4.500	0,7 1,4
	8.	Kosten der Nachunternehmerleistungen	99.059 3.300	3.000	102.059 6.300	15,8 1,9
	+/./.	Noch nicht in der Abgrenzung erfasste Korrekturen	280 100	500	780 600	0,1 0,2
	1 bis 8 +/./. Korrekt.	Herstellkosten	538.942 221.010	107.190	646.132 328.200	100 100
	Herstellkosten + Allg. Geschäftskosten = Gesamtkosten	Verrechnete Allgemeine Geschäftskosten	80.841 33.151	16.079	96.920 49.230	15 15
		Gesamtkosten	619.783 254.161	123.269	743.052 377.430	115 115

KLR Bau	Leistung von Baubeginn bis Vormonat	656.327 €		Leistung von Beginn des Geschäftsjahres bis Vormonat	329.500 €		Leistung/ Monat	107.300 €
	Kosten von Baubeginn bis Vormonat	619.783 €		Kosten von Beginn des Geschäftsjahres bis Vormonat	254.161€		Kosten/ Monat	123.269 €
	Ergebnis von Baubeginn bis Vormonat	36.544 €	5,9[5]	Ergebnis von Beginn des Geschäftsjahres bis Vormonat	75.339 €	29,6[5]	Ergebnis/ Monat	./. 15.969 €

[1] Die in dieses Kostenstellenblatt eingehenden Kosten und Leistungen bzw. Verrechnungen sind grundsätzlich abgegrenzt

[2] Auf die Aufführung der einzelnen Leistungsarten kann verzichtet werden

[3] Werte aus Leistungsmeldungen

Tabelle 2.1-15 Fortsetzung

KLR Bau	**Leistungsarten[2]**			**von Baubeginn bis Vormonat[3]**	**Berichts-monat**	**von Baubeginn bis Stichtag[3]**	**Anteil an Gesamt-leistung**
	Nr.	**Bezeichnung**		**von Beginn des Geschäftsjahres bis Vormonat**		**von Beginn des Geschäftsjahres bis Stichtag**	
				€	**€**	**€**	**%**
8	9	10		11	12	13	14
Verrechnung der Leistung	010	Bauleistungen	Erbrachte und abgerechnete Bauleistungen laut LV	16.300 9.800	6.000	22.300 15.800	2,9 3,6
			Erbrachte und abgeschlossene, aber noch nicht abgerechnete Bauleistungen	505.900 245.400	68.100	574.000 313.500	75,2 71,8
	014		Teilfertige Bauleistungen laut LV	89.500 44.000	20.500	110.000 64.500	14,4 14,8
	015	Nachtragsarbeiten	Erbrachte und abgerechnete Nachtragsarbeiten	6.068 4.500	2.000	8.068 6.500	1,1 1,5
			Erbrachte, aber noch nicht abgerechnete Nachtragsarbeiten	15.100 12.000	–	15.100 12.000	2,0 2,7
	016	Stundenlohnarbeiten	Erbrachte und abgerechnete Stundenlohnarbeiten	– –	–	– –	– –
			Erbrachte, aber noch nicht abgerechnete Stundenlohnarbeiten	14.600 10.000	4.300	18.900 14.300	2,5 3,3
	019	Sonst. Bauleistungen	Sonstige Bauleistungen abgerechnet[4]	2.100	–	2.100	0,2
			nicht abgerechnet[4]	–		–	–
		Vorverrechnungen	Abgerechnet, aber noch zu erbringende Bauleistungen	5.959 3.000	6.300	12.259 9.300	1,6 2,1
	+	Leistungsberichtigungen	Erhöhungen	800 800	100	900 900	0,1 0,2
	./.		Minderungen	– –	–	– –	–
			Gesamtleistung	656.327 329.500	107.300	763.627 436.800	100,0 100,0

KLR Bau	Leistung von Baubeginn bis Stichtag	763.627 €		Leistung von Beginn des Geschäftsjahres bis Stichtag	436.800 €	
	Kosten von Baubeginn bis Stichtag	743.052 €		Kosten von Beginn des Geschäftsjahres bis Stichtag	377.430 €	
	Ergebnis von Baubeginn bis Stichtag	20.575 €	2,8[5]	Ergebnis von Beginn des Geschäftsjahres bis Stichtag	59.370 €	15,7[5]
% gegenüber Vormonat		./. 43,7 %		% gegenüber Vormonat	./. 21,2 %	

[4] Korrekturen ggf. bei der einzelnen Kostenart vornehmen

[5] Jeweiliges Ergebnis in % der entsprechenden Kosten. Es ist auch möglich, das jeweilige Ergebnis in % der Leistung auszudrücken.

tungswerte, Mittellöhne und Lohnkosten, bezogen auf die Herstellkosten. Durch die Bauauftragsrechnung werden keine neuen Kennzahlen gebildet. Vielmehr arbeitet sie mit Kennzahlen aus der KLER und insbesondere aus der Soll/Ist-Vergleichsrechnung.

Kennzahlen der KLER sind nach Kosten-, Leistungs- und Ergebnisrechnung zu unterscheiden.

Im Rahmen der Kostenrechnung ergeben sich

– Kennzahlen der Kostenarten des Gesamtbetriebs aus der Relation der in der KLER ermittelten Kosten zueinander (z. B. Anteil der Löhne und Gehälter an den Gesamtkosten),
– Kennzahlen der Kosten der Verwaltung (z. B. Anteil der Gehaltskosten an den gesamten Verwaltungskosten),
– Kennzahlen der Kosten der Hilfsbetriebe (z. B. Entwicklung des Geräteausnutzungsgrades zwischen Berichtsjahr und Vorjahr),
– Kennzahlen der Kosten der Baustellen (z. B. Löhne und Gehälter/Arbeitsstunden).

Im Rahmen der Leistungsrechnung sind Kennzahlen zu bilden für

– die Leistungsarten des Gesamtbetriebs aus den anteiligen Relationen und in Relation zur Gesamtleistung (z. B. Anteil der Leistungen einzelner Bausparten an den gesamten Bauleistungen),
– die Leistungen der Verwaltung und der Hilfsbetriebe (z. B. innerbetrieblich verrechnete Leistungen/Gesamtkosten der Verwaltung und der Hilfsbetriebe),
– die Leistungsstruktur der Baustellen (z. B. Anteil der Nachunternehmerleistungen an der gesamten Bauleistung) sowie für die Arbeitsproduktivität (z. B. Leistung je Beschäftigten/Jahr).

Kennzahlen der Ergebnisrechnung erstrecken sich auf

– die Betriebsergebnisrechnung (z. B. Gesamtergebnis der eigenen Baustellen in Prozent der Gesamtleistung der eigenen Baustellen),
– die Ergebnisrechnung der Verwaltung und der Hilfsbetriebe (z. B. Ergebnis eines Hilfsbetriebs in Prozent der Leistungen eines Hilfsbetriebes),

– die Ergebnisrechnung der Baustellen (z. B. Ergebnis in Prozent der Gesamtleistung vom Jahresbeginn bis zum Stichtag).

Kennzahlen der Soll/Ist-Vergleichsrechnung betreffen i. d. R. nur den Baustellenbereich. Dabei geht es vorrangig um die Ermittlung von Soll/Ist-Abweichungen für

– den Mittellohn im Berichtszeitraum,
– die Arbeitsstunden im Berichtszeitraum sowie
– die Aufwands- und Leistungswerte.

2.1.5.7 Bewertung der Bauaufträge mit den Zahlen der Kosten-, Leistungs- und Ergebnisrechnung (KLER) eines Jahres

Grundsatz für die Bewertung von Bauaufträgen ist das Imparitätsprinzip nach § 252 Abs. 1 Nr. 4 HGB. Bis zur Abnahme wird der Bauauftrag als unabgerechneter Bau bei der Position „Erhöhung oder Minderung des Bestandes an nicht abgerechneten Bauten" verbucht, bei Gewinnaufträgen zu Herstellungskosten und bei Verlustaufträgen zu dem niedrigeren beizulegenden Wert. Erst nach der Abnahme darf der Auftragswert als Umsatzerlös in die Gewinn- und Verlustrechnung übernommen werden. Droht eine Schlussrechnungskürzung durch den Auftraggeber aus Minderung wegen Mängeln, ist diese bei den Umsatzerlösen als Erlösminderung abzusetzen. Ein vom Bauleiter als „sicher" beurteilter Nachtrag kann in der GuV nur dann als Umsatzerlös verbucht werden, wenn vom Auftraggeber eine schriftliche Bestätigung der gestellten Nachtragsrechnung vorliegt.

Außerdem ist das Unternehmen verpflichtet, bei Verbuchung eines Gewinnauftrags Rückstellungen für die noch zu erwartenden Kosten wie Baustellenräumung und Gewährleistungsrisiken zu bilden.

Beispiel eines abgerechneten Gewinnauftrags, der im Bilanzjahr begonnen, beendet und abgerechnet wurde [nach Leimböck 1997, S. 40f]:

Zahlen der Kosten- und Leistungsrechnung (KLR):

Bauleistung	4.800 T€
Kosten	4.484 T€
Gewinn	+316 T€

Zahlen des Jahresabschlusses:
aktivierungspflichtige

Herstellkosten	4.100 T€
aktivierungsfähige Kosten	384 T€
Summe der Aufwendungen	4.484 T€

Bilanzwerte:

Forderungen an den Bauherrn	4.800 T€
Rückstellungen 2% v. 4800 €	96 T€

Gewinn- und Verlustrechnung:

Umsatzerlöse	4.800 T€
Aufwendungen	4.484 T€
Rückstellungen	96 T€
Gewinn	+220 T€

2.1.6 Nachtragsprophylaxe und Claim-Management

Für Bauverträge ist es typisch, dass die von Auftraggebern ausgeschriebenen Leistungen und die nach Auftragserteilung tatsächlich von den Unternehmern geforderten Leistungen wesentliche Abweichungen aufweisen, sei es aus Mengenänderungen, Teilkündigungen, geänderten oder zusätzlichen Leistungen. Hinzu kommen häufig Behinderungen, vor allem wegen nicht rechtzeitiger Planlieferungen. Diese für Bauaufträge typischen Fälle werden erweitert durch Abb. 2.1-64 und Tabelle 2.1-16 mit vier nicht deckungsgleichen Ellipsen aus erforderlichen, beauftragten, ausgeführten und bezahlten Leistungen. Daraus ist ersichtlich, dass lediglich die Teilfläche 15 konfliktfrei ist. Konflikte ergeben sich

– für den Auftraggeber aus den Teilflächen 1, 4, 5, 8, 10, 11, 12 und 14,
– für den Auftragnehmer aus den Teilflächen 3, 7, 9 und 13 sowie
– für Auftraggeber und Auftragnehmer aus den Teilflächen 2 und 6.

Um diese Konflikte zu vermeiden, ist es notwendig, dass seitens der Auftraggeber rechtzeitig Maß-

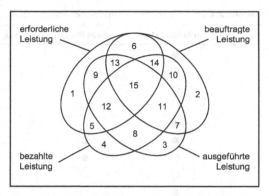

Abb. 2.1-64 Schnittmengenmodell aus erforderlichen, beauftragten, ausgeführten und bezahlten Leistungen

nahmen zur Nachtragsprophylaxe und seitens der Auftragnehmer rechtzeitig Maßnahmen für das Nachtrags- oder Claimmanagement eingeleitet werden.

Zielsetzung der AG und der AN sollte stets sein, Meinungsverschiedenheiten über die Vergütung von Leistungsänderungen, Zusatzleistungen und Behinderungsfolgen auf dem Verhandlungswege außergerichtlich beizulegen, z. B. durch Adjudikation (Diederichs, 2007, S. 61–64).

Bauprozesse sind langwierig (Prozessdauer in der 1. Instanz selten unter 14 Monaten), aufwendig und i. d. R. für jede Partei unbefriedigend. Sowohl bei Vergleichen als auch bei Urteilen liegen die Ergebnisse i. d. R. zwischen 33 und 64% des Streitwertes (Diederichs, 2004b, S. 490–492).

Durch die zunehmend funktionale und nur pauschale Beschreibung sowie Vergabe von Bauleistungen im Globalpauschalvertrag entstehen zwischen Auftraggebern (AG) und Auftragnehmern (AN) immer häufiger unterschiedliche Auffassungen über die vertraglich zu erbringende Leistung. Ausgangspunkt ist das Bau-Soll, d. h. die vertraglich geforderte Leistung. Davon abzugrenzen sind Leistungen, die auf Veranlassung des Auftraggebers nach Vertragsabschluss vom AN zu ändern oder zusätzlich zu erbringen sind, sowie Schadensersatzansprüche des AN, die vom AG durch Leistungsstörungen bewirkt werden.

Die durch den AN zu erbringenden Leistungen und die seitens des AG dafür zu entrichtende Vergütung werden durch den Vertrag festgelegt. Bei

Tabelle 2.1-16 Schnittmengenmatrix aus erforderlichen, beauftragten, ausgeführten und bezahlten Leistungen

Nr.	erforderlich	beauftragt	ausgeführt	bezahlt	problematisch für:
1	●	○	○	○	AG
2	○	●	○	○	AG/AN
3	○	○	●	○	AN
4	○	○	○	●	AG
5	●	○	○	●	AG
6	●	●	○	○	AG/AN
7	○	●	●	○	AN
8	○	○	●	●	AG
9	●	○	●	○	AN
10	○	●	○	●	AG
11	○	●	●	●	AG
12	●	○	●	●	AG
13	●	●	●	○	AN
14	●	●	○	●	AG
15	●	●	●	●	

geänderten oder zusätzlichen Leistungen kann der AN unter bestimmten Voraussetzungen eine geänderte oder zusätzliche Vergütung (Nachtrag) fordern bzw. bei vom AG zu vertretenden Leistungsstörungen Ersatz des dadurch bewirkten nachgewiesenen Schadens verlangen.

Daraus ergeben sich für beide Vertragspartner unterschiedliche Interessen. Der AG versucht, durch Nachtragsprophylaxe Nachträge des AN zu vermeiden bzw. dennoch gestellte Nachtragsforderungen durch sorgfältige Prüfung abzuwehren. Der AN kann als Bieter vor Auftragserteilung durch entsprechende Vorbereitungen seine nachtragsstrategische Ausgangsposition verbessern. Nach Auftragserteilung wird er dann versuchen, bei Eintritt entsprechender nachtrags- oder schadensersatzrelevanter Ereignisse Nachträge und Schadensersatzansprüche zu stellen und durchzusetzen. Daraus ergeben sich vier Untersuchungsbereiche:

– für den Auftraggeber
  – vor dem Nachtragseingang die Nachtragprophylaxe und
  – nach dem Nachtragseingang die Nachtragsprüfung,
– für den Auftragnehmer

– vor der Nachtragsstellung die Nachtragsstrategie und -vorbereitung sowie
– bei Eintritt einer Leistungsänderung, Zusatzleistung oder Leistungsstörung die Nachtrags- bzw. Schadensersatzanspruchgeltendmachung und -durchsetzung.

2.1.6.1 Nachtragsprophylaxe und Nachtragsprüfung des Auftraggebers (AG)

Diese zeitlich aufeinander folgenden Aufgaben des AG werden nachfolgend behandelt.

Nachtragsprophylaxe des AG
Der Leitsatz für die Nachtragsprophylaxe des AG lautet:

„Der Auftraggeber hat Leistungsänderungen und Leistungsstörungen ab dem Versand der Verdingungsunterlagen zwingend zu vermeiden!"

Dazu dienen folgende Maßnahmen:

1. Sicherung der Finanzierung für das Auftragsbudget,
2. Sorge für die Einschaltung einer fachkundigen, erfahrenen, leistungsfähigen und zuverlässigen Projektleitung und Projektsteuerung,

3. Sorge für die Einschaltung fachkundiger, erfahrener, leistungsfähiger und zuverlässiger Planer mit ausreichender verfügbarer Kapazität, bei öffentlichen AG unter Beachtung der Vorschriften der VOF,
4. Ausschaltung von Projektrisiken, u. a. aus dem Grundstück (Tragfähigkeit, Altlasten, Kampfmittel, Bodendenkmäler), der Nachbarbebauung, der infrastrukturellen Voraussetzungen sowie der Produktionsbedingungen,
5. rechtzeitige Beibringung der baurechtlichen und ggf. haushaltsrechtlichen Genehmigungen, u. a. aus Bebauungsplan-, Baugenehmigungs- oder Planfeststellungsverfahren, ergänzt durch umweltrechtliche, denkmalschutzrechtliche, wasserrechtliche, gewerbeaufsichtliche und verkehrspolizeiliche Genehmigungsverfahren,
6. Grundstückssicherung im rechtlichen, wirtschaftlichen und technischen Sinne hinsichtlich Vermessung, Grundbucheintrag, Wertermittlung, Grenzsicherung, Erschließung und Altbebauung,
7. präzise Bestimmung des Bau-Solls durch Leistungsbeschreibung, Ausschreibungspläne, Probestücke sowie sorgfältige Leistungs-/Schnittstellenabgrenzung zu den Leistungen anderer Unternehmer (und Planer),
8. sorgfältige Ausarbeitung der Vertragsbedingungen, insbesondere der BVB, aber auch der ZVB und der ZTV unter besonderer Beachtung AGBG-konformer Vollständigkeitsklauseln,
9. Gleichbehandlung aller Bieter während der Ausschreibungsphase (§ 16 VOB/A) zur Vermeidung von Streitigkeiten aus c. i. c.,
10. Überprüfung der Fachkunde, Erfahrung, Leistungsfähigkeit und Zuverlässigkeit der Bieter,
11. Sorge für möglichst vollständige Übergabe vom AG sorgfältig geprüfter und vom AN bei der Bildung seines Angebotspreises berücksichtigter Ausführungspläne vor Vertragsunterzeichnung,
12. Sorge für eindeutig abgestimmte Planlieferungstermine und deren Einhaltung sowie Dokumentation des Planlaufs durch Planlieferlisten,
13. baustellenbezogene Sicherung der Infrastruktur für Wasser, Abwasser, Strom, Telekommunikation, Zufahrtswege, Parkplätze, Lagerplätze, Wohnlager, Sanitäranlagen und Verkehrssicherungsmaßnahmen unter Wahrung von Nutzerbelangen zur möglichst geringen Beeinträchtigung der Betriebsbedingungen,
14. Beschaffung der vollständigen erforderlichen Unterlagen zur Vorbereitung der Nachtragsabwehr:
   - Vergabe- und Vertragsunterlagen,
   - Terminplan der Ausführung im Soll und im Ist mit Planlieferungsterminen im Soll und im Ist,
   - Urkalkulation des AN, auch für die Leistungen der Nachunternehmer, in einer Gliederungstiefe, die die Grundlagen der Preisermittlung für die vertragliche Leistung zweifelsfrei verdeutlicht,
   - Besprechungsprotokolle der Baubesprechungen und relevanten Schriftwechsel,
   - Bautagesberichte und Stundennachweise des AN,
   - Bautagebuch des AG,
   - regelmäßige Leistungsmeldungen, differenziert nach Gewerken, Bauteilen und Ebenen (möglichst monatlich),
   - Analyse abgeschlossener Projekte im Hinblick auf das Schnittmengenmodell von Abb. 2.1-64,
15. Abwehr von mündlichen oder schriftlichen Nachtragsankündigungen des AN durch schriftliche Beantwortung durch den AG und
16. Schulung der Mitarbeiter mit Erfolgskontrolle durch Testaufgaben.

Nachtragsprüfung des AG

Dazu gilt folgender Leitsatz:

„Der Maßstab für die Qualität der Nachtragsprophylaxe und der Nachtragsprüfung des AG ist das deutliche Abnehmen des Prozentsatzes genehmigter Nachträge im Verhältnis zur Auftragssumme (< 5%)!"

Im Rahmen der Nachtragsprüfung sind folgende Aufgaben wahrzunehmen:

1. Reaktion auf den Nachtragseingang in formaler, inhaltlicher und strategischer Hinsicht,
2. Beschaffung bzw. Anforderung erforderlicher Unterlagen,
3. Kompensation nicht beschaffbarer Unterlagen, z. B. bei fehlender Urkalkulation Ansatz von Regelwerten für AGK 6%, W 2% und G je nach Konjunkturlage z. B. 2 bis 4%,

4. Prüfung des Anspruchs dem Grunde nach im Hinblick auf die Rechtsgrundlagen (§ 2 oder 6 VOB/B, §§ 305 bis 310 und 642 BGB, Ziff. 4.1 und 4.2 der VOB/C); bei strittiger Anspruchsgrundlage Einschaltung eines Baujuristen; eindeutige Abgrenzung von Nachtragsforderung, relevantem Bau-Soll und nachträglich geforderter Leistungsabweichung bzw. vom AG zu vertretender Leistungsstörung,

5. Prüfung des Anspruchs der Höhe nach, ggf. unter Hinzuziehung eines Sachverständigen,

6. Prüfung der Möglichkeit von Gegenforderungen – Verhandlungsmanagement mit Vorbereitung von Ort, Zeit und Ablauf, Eröffnung, These – Gegenthese – Synthese, Abschluss mit „Siegern auf beiden Seiten" und Protokollierung,

7. Überprüfung der Vertragsbeziehung zum AN,

8. Ziehen der Konsequenzen aus abgelehnten, anerkannten und strittig bleibenden Nachträgen sowie

9. Schulung der Mitarbeiter.

2.1.6.2 Nachtragsvorbereitung und Nachtragsdurchsetzung durch den Auftragnehmer (AN)

Auch für den Auftragnehmer (AN) sind die Phasen vor und nach der Nachtragseinreichung zu unterscheiden.

Nachtragsstrategie und -vorbereitung durch den AN

Leitsatz der Nachtragsstrategie des AN muss sein:

„Grundlage erfolgreicher Nachforderungen ist die Analyse und Bewertung der Abweichungen zwischen den vorausgesetzten, aus den Verdingungsunterlagen erkennbaren, vorkalkulatorischen Produktionsbedingungen und den tatsächlich vorgefundenen bzw. zu beachtenden und einzuhaltenden Produktionsbedingungen!"

Daraus ergeben sich folgende Aufgaben:

1. Abschätzen der Risiken aus wesentlichen Mengenänderungen, differenziert nach erkennbarer erheblicher Mengenüberschreitung oder -unterschreitung bei kostenbestimmenden Teilleistungen oder Leitpositionen unter Einbeziehung von Grund-, Alternativ-, Eventual- und Zulagepositionen,

2. Abschätzen der Risiken und Konformität von Vollständigkeitsklauseln mit den §§ 305–310 BGB bei Allgemeinen Geschäftsbedingungen,

3. Analyse der Vergabe- und Vertragsunterlagen, u. a. im Hinblick auf Konformität zwischen Leistungsbeschreibung und Ausschreibungsplänen, Geltungsreihenfolge der Vertragsbestandteile, Eingriff in VOB/B als Ganzes,

4. Identifikation und Behandlung von gemäß den §§ 305–310 BGB AGBG-widrigen Klauseln (durch Unterschrift, Vermeidung von Individualvereinbarungen und Eliminierung nach Auftragserteilung),

5. Formulierung des Angebotsschreibens (Wettbewerbsvorteile darstellen, vorausgesetzte Produktionsbedingungen beschreiben, ggf. Öffnungsklauseln einbauen),

6. Ausarbeitung von Änderungsvorschlägen und Nebenangeboten nach § 13 Abs. 3 VOB/A unter Beachtung der Vorteile und Risiken,

7. Gestaltung der beim AG zu hinterlegenden Urkalkulation,

8. Dokumentation durch Bautagesberichte, Planeingangsliste, Protokolle und Korrespondenz,

9. Prüfung von nach Vertragsabschluss übergebenen Ausführungsunterlagen auf Vertragskonformität,

10. Sorge für die Erstellung eines Basisablaufplans für die Vertragsleistungen mit Planlieferliste und Bemusterungsterminen,

11. Analyse und Bewertung der Vertragspartner des AG (Projektmanager, baubegleitender Rechtsberater, Architekt, Fachplaner, Gutachter, Vorunternehmer),

12. Abwägung von Chancen (Ergebnisverbesserung) und Risiken (Belastung der Geschäftsbeziehungen zum AG) aus potentiellen Nachträgen,

13. Auswertung bereits abgeschlossener Aufträge auf Nachtragsrelevanz und

14. Schulung der Mitarbeiter.

Nachtragsstellung und -durchsetzung durch den AN

Der Leitsatz hierfür lautet:

„Der Maßstab für die Qualität der Nachtragsoffensive ist die nachweisliche Steigerung der Erfolgsquote eingereichter Nachträge (> 80%)!"

Testnachträge nach dem Motto: „Ein Drittel ist zu streichen, ein Drittel ist zu verhandeln und ein

Drittel brauchen wir wirklich!" sind unklug und in hohem Maße imageschädigend. Auftragnehmer sollen Nachträge derart vorbereiten und nur dann einreichen, wenn sie als Auftraggeber diese sowohl dem Grunde als auch der Höhe nach selbst zu 100% anerkennen könnten. Die Vorschriften der §§ 2 und 6 VOB/B sind eindeutig und bieten keine Handhabe für „Glücksspiele". Im Einzelnen sind seitens des AN folgende Aufgaben zu erfüllen:

1. Beachten von Ankündigungserfordernissen (§§ 2 Abs. 6 Nr. 1 und 6 Abs. 1 VOB/B),
2. Aufbereiten des Nachtrags mit allen Unterlagen dem Grunde nach, ggf. unter Hinzuziehung eines Baujuristen, und Einholung des Anerkenntnisses des AG; der Aufwand für die Vorbereitung von Nachträgen der Höhe nach, die dann wegen fehlenden Anspruchs dem Grunde nach vom AG abgelehnt werden, ist voll als Verlust beim AN zu verbuchen; bei Ablehnung des AG strategische Neuausrichtung, bei Anerkennung durch AG weiter bei Ziff. 3,
3. Aufbereiten des Nachtrags mit allen Unterlagen der Höhe nach, ggf. unter Einschaltung eines Sachverständigen,
4. Nachtragsanmeldung und -präsentation nach vorheriger Terminvereinbarung (Timing) durch persönliche Übergabe und qualifizierte Erläuterung auf Basis hervorragend aufbereiteter Unterlagen,
5. Stellungnahme zu Gegenargumenten des AG zur Prozessvermeidung,
6. Ziehen der Konsequenzen aus genehmigten, abgelehnten oder strittig bleibenden Nachträgen im Hinblick auf Kosten, Termine, Qualität und Organisation; jeder berechtigte Nachtrag berechtigt den AN auch zu einer entsprechenden Terminverlängerung, es sei denn, dass der AG eine Beschleunigungsanordnung nach § 2 Abs. 5 VOB/B trifft, deren Auswirkung jedoch in die Nachtragsvereinbarung einbezogen werden muss,
7. interne Kritik am Nachtragsmanagementsystem des AN zur Einleitung von Verbesserungsmaßnahmen und
8. Schulung der Mitarbeiter.

2.1.6.3 Vergütungsänderungen aus Leistungsänderungen und Zusatzleistungen gemäß § 2 Abs. 3ff VOB/B

Der § 2 „Vergütung" der VOB/B ist in den Abs.1 und 2 nicht relevant für Vergütungsänderungen aus Leistungsänderungen und Zusatzleistungen, da diese lediglich regeln, welcher Leistungsumfang durch die vereinbarten Preise abgegolten ist (Abs. 1) und dass sich die Vergütung beim Einheitspreisvertrag aus den vertraglich vereinbarten Einheitspreisen und den tatsächlich ausgeführten Mengen der Positionen ergibt (Abs. 2). Die Abs. 3 bis 10 sind jedoch relevant für Vergütungsänderungen (Diederichs 2005).

Abweichungen zwischen ausgeführten und ausgeschriebenen Mengen beim Einheitspreisvertrag (Abs. 3)

Anwendungsvoraussetzung für Abs. 3 ist, dass die Mengenabweichung nicht durch mengenändernde Eingriffe seitens des AG nach Vertragsabschluss zustande gekommen ist, sondern die Mengenermittlung des Ausschreibers fehlerhaft war. Mengenabweichungen beim Einheitspreisvertrag nach Abs. 3 betreffen damit nur Änderungen zwischen den beim Vertragsabschluss in den Vordersätzen der Leistungsverzeichnisse ausgewiesenen und insoweit unverändert gebliebenen und den tatsächlich auszuführenden Leistungsmengen. Sie betreffen nicht nach Vertragsabschluss seitens des AG vorgenommene Änderungen des Bauentwurfs oder andere leistungsändernde Anordnungen, die nach § 1 Abs. 3 und 4, § 2 Abs. 5, 6 und 8 sowie § 8 Abs. 1 VOB/B in der Dispositionsbefugnis des Auftraggebers liegen.

Planung ist Aufgabe des AG. Deren veränderte Ausführung nach Vertragsabschluss außerhalb der Grenzen von ± 10 v. H. der ausgeschriebenen Mengen liegt in seinem Risikobereich und damit innerhalb der Grenzen von ± 10 v. H. im Risikobereich des AN.

Ein Ausschluss von § 2 Abs. 3 durch ZVB oder BVB wurde bisher von den Gerichten regelmäßig als AGBG-widrig entschieden (Verstoß gegen § 308 Nr. 4 BGB). So wurde durch BGH-Urteil vom 25.01.1996 (BGH VII ZR 233/94; BauR 96, 378) entschieden, dass ein Ausschluss des § 2 Abs. 3 VOB/B den Kernbereich der VOB/B berühre, da er das Risiko einer unzutreffenden Preiskalkulation im Zusammenhang mit einer unzutreffenden Schätzung der Massen durch den Auftraggeber ohne rechtfertigenden Grund auf den Auftragnehmer verlagere. Dem stehe keine vergleichbare Risikoübernahme durch den Auftraggeber gegenüber. Dies gelte sowohl für Hauptauftrags- als auch für Nachtragsangebote.

Unter dieser Voraussetzung sind 4 Fälle zu unterscheiden:

Fall 1: Mengenabweichung $\leq$ 10% der ausgeschriebenen Menge (Nr. 1): im Bereich zwischen 90% und 110% der ausgeschriebenen Menge gilt der vertragliche Einheitspreis. Ein Anspruch auf Vergütungsänderung ist daher dem Grunde nach nicht gegeben.

Fall 2: Mengenminderung unter 90% der ausgeschriebenen Menge (Nr. 3, 1. Hs. und Satz 2):

Sofern der AN nicht bei anderen Positionen oder in anderer Weise (z. B. durch Zusatzleistungen) einen Ausgleich erhält, ist auf Verlangen (i. d. R. des AN) für die verbleibende Leistung < 90% der Einheitspreis zu erhöhen, sofern die Bauzeit durch Mengenminderung nicht wesentlich verkürzt werden kann. Die vorkalkulatorisch vorgesehenen Gemeinkosten, Allgemeinen Geschäftskosten sowie auch der kalkulierte Gewinn für diese Teilleistung können auf die verbleibende Menge umgelegt werden. Strittig ist, ob dies auch für das Wagnis gilt. Seitens des Verfassers wird dies befürwortet, da Wagnisse i. d. R. bei Leistungsbeginn auftreten und nicht erst am Leistungsende. Damit können sämtliche entfallenden Schlüsselkosten (GK + AGK + (W + G)) auf die verbleibende Menge bezogen werden.

Beispiel:
Der Einheitspreis der Pos.-Nr. 2.03 Wandbeton C 20/25 wu in *Tabelle 2.1-12* beträgt 150,01 €/m³ für eine Menge von 120 m³. Er gliedert sich in:

Einzelkosten der Teilleistungen (EkdT)	
Löhne 1,33 Lh x 31,45 =	41,83
Stoffe	65,00
	106,83
Schlüsselkosten (Slk)	
Zuschlag auf Löhne 79,93%	33,43
Zuschlag auf Stoffe 15%	9,75
	43,18
Einheitspreis	150,01

Die Schlüsselkosten gliedern sich z. B. in

W+G 5% des EP $\Rightarrow$	7,50
AGK 8% des EP $\Rightarrow$	12,00
GK = Slk ./. AGK ./. (W + G)	23,68

Der neue Einheitspreis ergibt sich aus der Formel:

$$EP_{neu} = EkdT + Slk \times M_{Soll}/M_{Ist}$$

z. B. für M_{Ist} = 84,0 m³ (für 70%)
EP_{neu} = 106,83 + 43,18 × 120/84 = 168,52 €/m³.

Das Mengenwagnis des AN bei 108,0 m³ (90%) besteht aus einem Schlüsselkostenverlust für 10% der ausgeschriebenen Menge, d. h.

(120 ./. 108) × 43,1	= 518,16 €

bzw. über die Differenz der Einheitspreise an der Grenze 90%

108,0 × ((106,83 + 43,18 × 120/108) ./. 150,01)	= 518,16 €.

Unterhalb von 90% wird dieses Mengenwagnis zugunsten des AN aufgelöst (BGH BauR 1987, 217). Aus diesem Beispiel wird bereits deutlich, dass mit fallender Menge der neue Einheitspreis stetig steigt. In *Abb. 2.1-65* ist für Pos. 2.03 die Veränderung des Einheitspreises grafisch eingetragen.

Fall 3: Mengenmehrung über 10% der ausgeschriebenen Menge hinaus (Nr. 2):

110% der ausgeschriebenen Menge werden mit dem vertraglichen Einheitspreis abgerechnet. Für die darüber hinausgehenden Mengen ist auf Verlangen (i. d. R. des AG) ein neuer Einheitspreis unter Berücksichtigung der Mehr- und Minderkosten zu vereinbaren, der im Normalfall niedriger sein wird als der vertragliche Einheitspreis, sofern die vertraglich vereinbarte Bauzeit eingehalten und auch die Kapazitäten nicht erhöht werden müssen (Intensitätsanpassung). Wird eine Kapazitätserhöhung seitens des AG angeordnet, so handelt es sich um eine Leistungsänderung gem. § 2 Abs. 5 VOB/ B (vgl. Abschn. *„Änderungen des Bauentwurfs oder andere Anordnungen des AG (Abs. 5)"*).

Werden die Gemeinkosten (GK) und die Allgemeinen Geschäftskosten (AGK) durch die Mehrleistungen nicht erhöht, so kann der AN diese nicht mehr verlangen, zumal sie bereits zu 110% gedeckt sind. Dies gilt auch für das Wagnis (W), solange durch die Mehrmengen kein weiteres Wagnis begründbar ist. Der Gewinnzuschlag ist strittig. Streng genommen ist auch dieser zu kürzen, da er bei der Mengenunterschreitung < 90% voll auf die verbleibende Menge umgelegt wird. Andererseits ist dem AN eine Erbringung von Mehrleistungen oberhalb der 110-%-Grenze unter Vergütung nur der Einzelkosten der Teilleistungen (EkdT) nicht zuzumuten, da es sich um einen Ausschreibungsfehler des AG handelt, der sich dem Einflussbereich des AN entzieht. Eine faire Lösung besteht daher darin, den vertraglichen Gewinnzuschlag, bezogen auf die EkdT, zu vereinbaren.

Nach dem Beispiel der Pos. 2.03 Wandbeton bedeutet dies einen neuen Einheitspreis bei einer auszuführenden Menge von > 110% der ausgeschriebenen Menge:

$$EP\,(>110\%) = EkdT + G\ anteilig$$

$$EP\,(>110\%) = 106{,}83 \times (1 + 0{,}03 / 0{,}97) = 110{,}13\ €/m^3$$

Dieser verminderte Einheitspreis ist bei erheblichen Mehrmengen sicherlich kritisch zu hinterfragen. In Sonderfällen (z.B. beim Transport von Aushubmaterial auf eine weiter entfernt liegende Kippe und dort verlangten höheren Kippgebühren) kann es auch zu Mehrkosten und damit einer Erhöhung des neuen Einheitspreises kommen.

Wurde der vertragliche Einheitspreis mit Verlust kalkuliert, so setzt sich der Verlust auch für den neuen Einheitspreis fort. Dies gilt umgekehrt auch für „satt kalkulierte" Einheitspreise. Von dem Grundsatz der Fortschreibung auch von Fehlkalkulationen sind dann Ausnahmen zu machen, wenn die Fehlkalkulation in den Risikobereich des AG fällt. Solche Ausnahmefälle sind

- eine für den durchschnittlich sorgfältigen Kalkulator offenkundig nicht erkennbare lückenhafte Leistungsbeschreibung in Verletzung der Verpflichtung des AG zu einer eindeutigen und erschöpfenden Leistungsbeschreibung (§ 7 VOB/A),
- ein unterlassener Hinweis des AG auf einen von ihm erkannten Kalkulationsirrtum des AN, so-

fern der AN dem AG diese Erkenntnis beweisen kann,
- ein externer Kalkulationsirrtum, sofern der AN mit Billigung des AG die Urkalkulation ausdrücklich zum Gegenstand der entscheidenden Vertragsverhandlungen machte (praxisfremd), und
- eine Entwicklung von Nebenpositionen zu Hauptpositionen, sofern dies für den Kalkulator bei üblicher Sorgfalt nicht vorauszusehen war.

Fall 4: Ausgleich von Mengenminderungen durch Mengenmehrungen oder in anderer Weise (Nr. 3, 2. Hs.):

Ein Ausgleich durch Mengenerhöhung oder in anderer Weise tritt nicht schon durch einen Ausgleich der Gesamtpreise ein, sondern erst bei einem Ausgleich

- der Unterdeckung in den Schlüsselkosten der Positionen mit Mengen < 90% aus der Differenz zwischen Ist-Mengen und ausgeschriebenen Mengen (100%) und
- der Überdeckung in den Schlüsselkosten der Positionen mit Mengen > 110% aus der Differenz zwischen Ist-Mengen und 110% der ausgeschriebenen Mengen oder einem Schlüsselkostenausgleich „in anderer Weise", z.B. durch Zusatzleistungen nach § 2 Abs. 6.

Beispiel:

Pos. 2.03 Wandbeton aus *Tabelle 2.1-12* habe eine Mengenunterschreitung um 30% und Pos. 2.02 Fundamentbeton eine Mengenüberschreitung um 39,4%. Damit wäre nahezu ein Preisausgleich gegeben:

$$0{,}3 \times 120 \times 150{,}01 = 5.400{,}36\ €,$$
$$0{,}394 \times 120 \times 114{,}36 = 5.406{,}94\ €.$$

Dies ist jedoch nicht entscheidend, sondern nur die Saldierung der Schlüsselkosten. Deren Unterdeckung beträgt aus Pos. 2.03:

$$0{,}30 \times 120 \times 43{,}18 = \qquad\qquad 1.554{,}48\ €$$

Die Schlüsselkostenüberdeckung aus Pos. 2.02 Fundamentbeton beträgt:

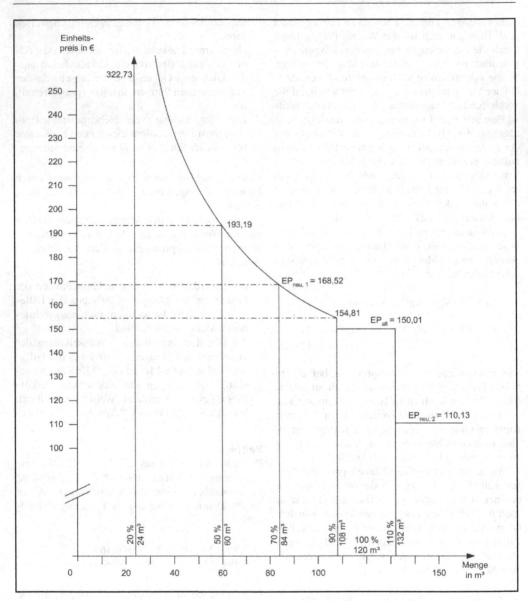

Abb. 2.1-65 Veränderung des EP für Wandbeton bei Mengenänderung gemäß § 2 Abs. 3 VOB/B

aus Löhnen $(0,394 - 0,1) \times 120 \times$
$0,7 \times 31,45 \times 0,7993 =$ 620,81 €
aus Stoffen $(0,394 - 0,1) \times 120 \times$
$65 \times 0,15 =$ 343,98 €
Summe der Überdeckung   964,79 €

Damit hat der AN einen Anspruch auf den Saldo aus Unter- und Überdeckung von 1.554,48 ./. 964,79 = 589,69 €.

Dieser Ansatz ist noch um den (strittigen) Gewinnzuschlag auf die EkdT für den Fundamentbeton > 110% zu erhöhen:

$0,294 \times 120 \times (0,7 \times 31,45 + 65) \times$
$(0,03/0,97) = 94,95$ €.

Ein Ausgleich von Mengenunterschreitungen „in anderer Weise" ist denkbar durch

– Bauzeitverkürzung mit entsprechender Reduzierung der zeitabhängigen Gemeinkosten der Baustelle,
– Vereinbarung einer im Vertrag nicht vorgesehenen zusätzlichen Leistung gem. § 2 Abs. 6 VOB/B oder
– Erteilung eines weiteren Auftrages seitens des AG, der z. B. durch dieselbe örtliche Bauleitung des AN betreut werden kann.

Praktisches Vorgehen
Die verursachungsgerechte Beurteilung von Einheitspreisänderungen durch Mengenabweichungen setzt die Kenntnis der Bestandteile der Einheitspreise voraus. Daher ist zu empfehlen, durch vertragliche Vereinbarung dafür Sorge zu tragen, dass mit Angebotsabgabe eine versiegelte Mehrfertigung der Urkalkulation beim AG hinterlegt wird zwecks Offenlegung im Bedarfsfall unter Anwesenheit des AN.

Sobald sich wesentliche Mengenunterschreitungen abzeichnen, ist dem AN zu empfehlen, den AG auf den Anspruch nach § 2 Abs. 3 Nr. 3 1. Hs. und Satz 2 VOB/B hinzuweisen (Vermeidung von Überraschungseffekten bei der Schlussrechnung). Der AG seinerseits wird dann auf den Ausgleich durch Mengenüberschreitungen oder in anderer Weise verweisen. Daraufhin ist zwischen AG und AN zu vereinbaren, dass eine abschließende Feststellung von Unter- und Überdeckungen

in den Schlüsselkosten im Zusammenhang mit der Erstellung der Schlussrechnung vorgenommen werden wird. Damit kann auf die Bildung neuer Einheitspreise verzichtet werden, da es letztlich nur auf den Saldo aus Unter- und Überdeckungen in den Schlüsselkosten ankommt. Entsprechende Berechnungen können auf einfache Weise mit Hilfe eines EDV-Programms angestellt werden.

Im Ergebnis ist festzustellen, dass es sich bei Anwendung von § 2 Abs. 3 VOB/B nicht um ein Nachtragsproblem, sondern um die Anwendung von Abrechnungsvorschriften in Ergänzung zu § 14 VOB/B handelt.

Übernahme von Vertragsleistungen des AN durch den AG selbst (Abs. 4)
Werden im Vertrag ausbedungene Leistungen des AN vom AG nachträglich selbst übernommen, so entspricht dies einer vom AG zu vertretenden Teilkündigung. Dem AN steht dann gemäß § 8 Abs. 1 Nr. 2 die vereinbarte Vergütung zu. Er muss sich jedoch anrechnen lassen, was er infolge der Aufhebung des Vertrags an Kosten erspart oder durch anderweitige Verwendung seiner Arbeitskraft und seines Betriebs erwirbt oder zu erwerben böswillig unterlässt (§ 649 BGB). Die Forderung, dass die gekündigten Leistungen vom AG selbst übernommen werden müssen, ist irrelevant, da eine solche Forderung gemäß § 8 Abs. 1 nicht besteht. § 2 Abs. 4 ist damit eigentlich entbehrlich.

Aus einer Teilkündigung und auch vollständigen Kündigung durch den AG nach § 8 Abs. 1 soll dem AN kein wirtschaftlicher Nachteil, aber auch kein ungerechtfertigter Vorteil entstehen. Somit sind dem AN die bereits kostenwirksam gewordenen Einzelkosten der Teilleistungen und die durch die Teilkündigung nicht reduzierbaren Schlüsselkosten zu erstatten, nicht jedoch noch vermeidbare Kostenanteile, z. B. durch anderweitige Verwendung der Arbeitskräfte, Geräte und Stoffe. Damit soll der AN finanziell so gestellt werden, als wäre die Kündigung nicht erfolgt. Somit ist auch eine Teilkündigung durch den AG wie eine Kündigung sämtlicher Restleistungen nach § 8 Abs. 1 VOB/B zu behandeln. Teilkündigungen, die in dem Verhalten des AN oder aber durch Unterbrechungen begründet sind, sind jedoch nach § 8 Abs. 2 bis 4 zu behandeln (Diederichs, 2005).

Beispiel:

Nachfolgend wird der Anspruch des AN aus einer Kündigung der Restleistung für die Stützmauer durch den AG bei 50% der Vertragsleistung anhand des Schlussblattes der Kalkulation abgeleitet (*Tabelle 2.1-14*).

Gewinn kann keine ersparten Aufwendungen darstellen. Der Anspruch des AN daraus beträgt bei einer gewählten Aufteilung von W + G = 2 + 3 = 5% daher 3% aus 50% der Angebotssumme, d. h. $142.636,78 \times 0,03 \times 0,5 = 2.139,55 €$.

Ersparter Aufwand aus vorkalkulatorischem Wagnis ist entscheidend abhängig von dessen Realisierung über den Leistungszeitraum. Näherungsweise ist eine Dreiecksverteilung anzunehmen mit $2 \times 2 = 4\%$ am Leistungsbeginn und 0% am Leistungsende (*Abb. 2.1-66*). Damit werden nach 50% des Leistungszeitraumes aus dem Wagnisanteil von 2% der Angebotssumme zwar 0,5/2 = 25% erspart. Jedoch werden noch 25% fällig, die in der ersten Hälfte des Leistungszeitraumes bereits realisiert, durch die abgerechneten Leistungen jedoch noch nicht abgedeckt wurden. Der Anspruch des AN aus Wagnis beträgt damit $142.636,78 \times 0,02 \times 0,25 = 713,18 €$.

Hinsichtlich der Verteilung der Allgemeinen Geschäftskosten (AGK) über den Leistungszeitraum ist zu berücksichtigen, dass diese in wesentlichem Umfang bis zum Zeitpunkt der Auftragserteilung durch den erforderlichen Aufwand für Akquisition, Kalkulation, Arbeitsvorbereitung, Angebotserstellung und -verhandlung entstehen und auch den Aufwand aus erfolglosen Angeboten abdecken müssen. Bei einer Trefferquote von 1:10 ist von einem Aufwand von näherungsweise 50% für AGK auszugehen, der bis zur Erteilung eines Auftrags bereits entstanden ist und durch diesen Auftrag gedeckt werden muss. Bei Kündigung nach 50% des Leistungszeitraumes entfallen damit 50% × 8% / 2 = 2% (*Abb. 2.1-66*).

Der Anfangsaufwand von 8% / 2 ist jedoch bis zur Hälfte des Leistungszeitraumes erst zu 50% erwirtschaftet worden. Damit fehlen noch 2%. Der Anspruch des AN aus AGK beträgt damit $142.636,78 \times 0,02 = 2.852,74 €$.

Bei den Gemeinkosten der Baustelle (GK) ist zu differenzieren nach zeitunabhängigen und zeitabhängigen GK.

Aus den zeitunabhängigen GK hat der AN mindestens Anspruch auf das Räumen der Baustelle.

Je nach Art des Bauauftrags und der Auftragsdauer ist das Einrichten und das Räumen der Baustelle jeweils mit ca. 5 bis 15% der Gesamt-GK anzusetzen. Hier werden jeweils 10% gewählt, damit beträgt der Anspruch des AN aus dem Räumen der Baustelle $26.719,00 \times 0,1 = 2.671,90 €$.

Bei den zeitabhängigen Gemeinkosten ist zu fragen, ob das GK-Personal für die örtliche Bauleitung, Betrieb und Bedienung sowie Hilfsarbeiten unmittelbar nach der Kündigung „anderweitig verwendet" werden kann oder ob hier ein Anspruch aus einer Übergangsregelung verbleibt. Dies gilt analog für das GK-Gerät. Im vorliegenden Fall werde seitens des AN nachgewiesen, dass zur Vorbereitung der anderweitigen Verwendung 20% der auf den gekündigten Leistungsumfang entfallenden zeitabhängigen Gemeinkosten benötigt werden, d. h. $26.719,00 \times 0,8 \times 0,5 \times 0,20 = 2.137,52 €$.

Bei den Einzelkosten der Teilleistungen (EkdT) ist nach Kostenarten zu unterscheiden. Die zu ersparenden Aufwände sind um diejenigen Anteile zu kürzen, für die keine anderweitige Verwendung möglich ist.

Für die gewerblichen Arbeitnehmer soll hier gelten, dass die Vorbereitung der anderweitigen Verwendung ebenfalls 20% des bei diesem Auftrag entfallenden Lohnanteils ausmacht. Damit erhält der AN einen Anspruch aus EkdT-Löhne in Höhe von $1.528,60 \text{ Lh} \times 31,45 €/\text{Lh} \times 0,5 \times 0,2 = 4.807,45 €$.

Bei den Stoffkosten wird angenommen, dass Lieferungen noch storniert werden können und bereits angelieferte, aber wegen der Kündigung nicht mehr einzubauende Stoffe anderweitige Verwendung finden können. Diese Voraussetzung ist aber bei Sonderanfertigungen vielfach nicht gegeben. Im vorliegenden Fall soll ein Anspruch des AN aus entfallenden Stoffkosten nicht gegeben sein (0 €).

Für die Gerätekosten wird wiederum angenommen, dass durch die Vorbereitung der anderweitigen Verwendung ein Aufwand von 20% des durch die Kündigung entbehrlichen Geräteaufwandes entsteht. Der AN hat damit einen Anspruch aus EkdT-Geräten in Höhe von $2.923,50 € \times 0,5 \times 0,2 = 292,35 €$.

Für den Anspruch aus entbehrlich gewordenen Nachunternehmerleistungen gilt, dass seitens der Nachunternehmer ein analoger Nachweis gegenüber dem Hauptunternehmer geführt werden muss, wie ihn der Hauptunternehmer gegenüber dem AG

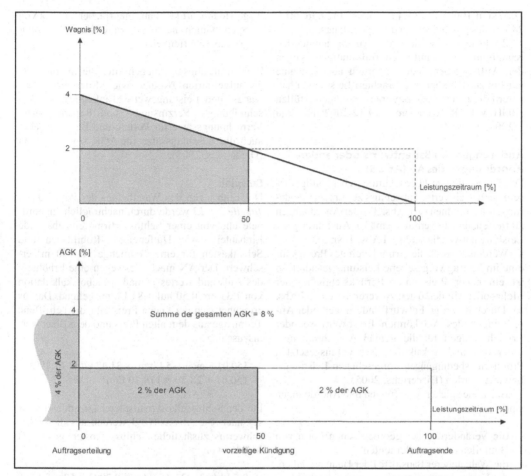

Abb. 2.1-66 Wagnis- und AGK-Anteil auf der Zeitachse

zu erbringen hat. Im vorliegenden Fall sei angenommen, dass seitens der Nachunternehmer ein
nachgewiesener und durch Prüfung bestätigter Anspruch auf durch die Kündigung nicht ersparte
Aufwendungen in Höhe von 16,2% der durch die
Kündigung entbehrlich gewordenen Nachunternehmerleistungen entsteht. Bei linearer Verteilung
der NU-Leistungen über die Auftragsdauer entsteht dadurch ein vom AN an den AG durchzurei-
chender Anspruch aus EkdT-NU-Leistungen von
16,2% × (0,5 × 18.750,00) = 1.518,75 €.

Die Summe der durch die Kündigung nicht ersparten Aufwendungen beträgt damit aus:

Gewinn	2.139,55 €
Wagnis	713,18 €
AGK	2.852,74 €
GK	
zeitunabhängig	2.671,90 €
zeitabhängig	2.137,52 €
EkdT	
Löhne	4.807,45 €
Stoffe	0,00 €
Geräte	292,35 €
NU-Leistungen	1.518,75 €
Summe	17.133,44 €

Dies sind $100 \times 17.133,44 / (0,5 \times 142.636,78) =$ 24,0% des gekündigten Auftragsumfangs.

Zu beachten ist, dass der Auftragnehmer bei Kündigung und damit auch Teilkündigung gegen den Auftraggeber einen Anspruch auf Abnahme der bis zur Kündigung erbrachten Leistungen hat, sofern diese die Abnahmevoraussetzungen erfüllen (BGH VII ZR 103/00 vom 19.12.2002; NZ Bau 5/2003, S. 265 ff).

Änderungen des Bauentwurfs oder andere Anordnungen des AG (Abs. 5)

Das Dispositionsrecht des Auftraggebers billigt diesem auch nach Vertragsabschluss zu, Entwurfsänderungen anzuordnen (§ 1 Abs. 3) oder Anordnungen zu treffen, die zur vertragsgemäßen Ausführung der Leistung notwendig sind (§ 4 Abs. 1 Nr. 3).

Werden dadurch die Grundlagen des Preises für eine im Vertrag vorgesehene Leistung geändert, so ist ein neuer Preis unter Berücksichtigung der Mehr- oder Minderkosten zu vereinbaren (§ 2 Abs. 5). Durch derartige Entwurfsänderungen oder Anordnungen des AG können Erschwernisse oder Erleichterungen für die gemäß Ausschreibungsunterlagen und vorkalkulatorisch vorausgesetzten Produktionsbedingungen vorgesehenen Leistungen bewirkt werden (Diederichs, 2005).

Beispiele solcher Änderungen und Anordnungen sind

- die Veränderung der geometrischen Form von Bauteilen oder Bauelementen,
- die Wahl anderer Baustoffe oder Baumaterialien,
- die Veränderung vertraglich vorgesehener Mengenansätze,
- die Veränderung vertraglich vereinbarter Termine und Fristen sowie Eingriffe in die terminliche Abwicklung der Vertragsleistungen durch Beschleunigungs- (selten) oder Verzögerungsanordnungen und
- die Veränderung bzw. Nichteinhaltung der maßgeblichen technischen und baubetrieblichen Produktionsbedingungen, mit denen der AN nach den Vergabe- und Vertragsunterlagen bei seiner Angebotskalkulation rechnen konnte (z. B. Möglichkeit des Einsatzes von umsetzbaren Großflächenschalungen, Hochziehen von Zwischenwänden aus Mauerwerk zusammen mit der Stahlbetonskelettkonstruktion, Taktfol-

ge Hochbau/Flachbau, mehrfacher Einsatz von Spundbohlen nach der zu erwartenden Baugrundbeschaffenheit).

Preisermittlungsgrundlagen sind die in *Abb. 2.1-56* aufgeführten Ansätze wie Mittellöhne, Aufwands- und Leistungswerte, Einkaufspreise, Abschreibungs-, Verzinsungs- und Reparatursätze, Verrechnungssätze für Poliere und Bauleiter, aber auch die Zuschlagssätze für AGK sowie W + G (Diederichs, 2005).

Beispiel:

Das Einbringen des Wandbetons der Pos. 2.03 in *Tabelle 2.1-12* werde durch nachträglich angeordnete und von einer Schlosserfirma einzubauende Einbauteile wie Halfeneisen, Rohrhülsen und Schaltkästen für eine Teilmenge von 50 m³ erschwert. Der AN macht deswegen eine Erhöhung des Aufwandswertes gemäß Angebotskalkulation von 1,33 um 0,50 auf 1,83 Lh/m³ geltend. Daraus errechnet sich der „neue Preis" für die betroffene Teilmenge aus dem alten Preis und dem Erschwerniszuschlag zu:

$$150,01 \,€/m^3 + 0,5 \,Lh/m^3 \times 31,45 \,€/Lh \times 1,7993 =$$
$$150,01 + 28,29 = 178,30 \,€/m^3$$

Für den Schlüsselkostenausgleich „in anderer Weise" nach § 2 Abs. 3 Nr. 3 werden aus dieser Erschwernis zusätzliche Schlüsselkosten geschöpft in Höhe von

$$0,5 \,Lh/m3 \times 31,45 \,€/Lh \times 0,7993 \times 50 \,m^3 =$$
$$628,45 \,€.$$

Besonderheiten sind wiederum bei einer Unter-Wert- oder Über-Wert-Kalkulation zu beachten. Grundsätzlich gilt, dass nur die durch die Änderung bewirkten Mehr- oder Minderkosten bei der Bildung des neuen Preises berücksichtigt werden dürfen.

Wären z. B. für Pos. 2.03 nur 0,93 Lh/m³ angesetzt worden, so könnte dieser Wert durch die nachträgliche Erschwernis nur um 0,5 auf 1,43 Lh/m³ und nicht auf 1,83 Lh/m³ angehoben werden. Eine „Sanierung" des zu niedrig kalkulierten Wertes im Rahmen der Geltendmachung des Erschwerniszuschlags ist ausgeschlossen.

Analog braucht bei einer Kalkulation „über Wert", in der für Pos. 2.03 z. B. bereits 1,90 Lh/m³ angesetzt wurden, nicht auf den Erschwerniszuschlag verzichtet zu werden, sondern es kann ein neuer Stundenansatz von 2,40 Lh/m³ verlangt werden.

Diese Regelung folgt dem Grundsatz, dass die Forderung nach Veränderung der Leistung gemäß 2 Abs. 5 dem Bereich des AG zuzuordnen ist und insoweit das wirtschaftliche Ergebnis des AN nicht berührt werden darf. Damit bleiben knappe Preise knapp und gute Preise werden ebenfalls fortgeschrieben, solange sich aus dem Grundsatz von Treu und Glauben nach § 242 BGB nicht etwas anderes ergibt.

Ansprüche des AN aus § 2 Abs. 5 sind eindeutig dem Bereich „Nachträge" zuzuordnen.

Vertraglich nicht vorgesehene zusätzliche Leistungen (Abs. 6)

Auch dieser Komplex ist eindeutig dem Bereich „Nachträge" zuzuordnen. Die Befugnisse des AG, nachträglich zusätzliche Leistungen zu verlangen, resultiert wiederum aus der Dispositionsbefugnis des AG gemäß § 1 Abs. 4 (Diederichs, 2005).

Nach § 2 Abs. 6 hat der AN dann aber auch Anspruch auf besondere Vergütung. Diese bestimmt sich nach den Grundlagen der Preisermittlung für die vertragliche Leistung und den besonderen Kosten der geforderten Leistung.

Keine Zusatzleistung im Sinne von Abs. 6 liegt vor, wenn der AG vom AN eine völlig neue, mit dem bisherigen Bauvertrag nicht im Zusammenhang stehende Leistung fordert. Die Ausführung einer solchen Leistung kann der AN ablehnen. Der AN kann auch eine zur Ausführung der vertraglichen Leistung erforderliche Zusatzleistung ablehnen, wenn sein Betrieb auf derartige Leistungen nicht eingerichtet ist.

Gemäß Abs. 6 Nr. 1 wird gefordert, dass der AN dem AG den Anspruch aus Zusatzvergütung ankündigen *muss*, bevor er mit der Ausführung der Leistung beginnt. Die Berechtigung für dieses formale Erfordernis wird darin gesehen, dass der Auftraggeber nicht durch Ansprüche überrascht werden darf, mit denen er nicht gerechnet hat. Dabei kommt es jeweils darauf an, ob nach den Umständen des Einzelfalles für den AG aus objektiver Sicht hinreichend klar erkennbar war, dass die Zu-

satzleistungen nur gegen Vergütung erbracht werden konnten. Die Vergütung für die Zusatzleistung bestimmt sich gemäß Abs. 6 Nr. 2 nach den Grundlagen der Preisermittlung für die vertragliche Leistung und den besonderen Kosten der geforderten Leistung. Damit sind wiederum die Preisermittlungsgrundlagen der Angebotskalkulation für die Nachtragskalkulation der Zusatzleistung heranzuziehen. Im Zuge der Nachtragsprüfung ist dann mit dem AG lediglich Einigkeit über die in der Angebotskalkulation nicht enthaltenen Preisermittlungsgrundlagen herbeizuführen.

Beispiel:
Der AG verlangt nachträglich ein Verblendschalenmauerwerk nach DIN 1053 für die Stützmauer aus VMz 12–1,8–2DF (240 × 115 × 71) Farbton rotbraun bunt geflammt; MG II; Höhe bis 4,0 m; Ausführung im Läuferverband; Menge 390 m². Der AN reicht dazu ein Nachtragsangebot mit folgender Nachtragskalkulation ein:

Löhne 1,4 Lh/m² × 31,45 €/h × 1,7993 =	79,22 €/m²
Stoffe 25 €/m² × 1,15	28,75 €/m²
EP	107,97 €/m²

Der AG stellt bei der Prüfung der Ansätze für den Mittellohn sowie den Zuschlag auf Löhne und auf Stoffe die Übereinstimmung mit den Preisermittlungsgrundlagen der Angebotskalkulation fest. Für den Aufwandswert Löhne und den Stoffpreis der Vormauerziegel fehlen solche Ansätze in der Angebotskalkulation.

In der Nachtragsverhandlung erklärt der AG dem AN, dass ihm der Aufwandswert mit 1,4 Lh/m² zu hoch erscheine und stattdessen allenfalls 1,0 Lh/m² angemessen seien. Ferner sei der Stoffpreis mit 25 €/m² überhöht und mit höchstens 20 €/m² anzusetzen. Damit ergebe sich dann ein Einheitspreis von 79,59 €/m². Aus anderen Bauvorhaben lägen ihm jedoch vergleichbare Einheitspreise von 55,– bis 70,– €/m² vor. Er werde daher den Auftrag für das Verblendmauerwerk voraussichtlich an eine andere Firma erteilen.

In einer solchen Situation ist das weitere Vorgehen seitens AG und AN abhängig von der jeweiligen Marktsituation, der Schnittstellenproblematik und der Dringlichkeit der Leistungen.

In einer zweiten Verhandlungsrunde einigen sich AG und AN schließlich auf einen Einheitspreis von 65,– €/m². Bei einer Fläche von 390 m² ergibt sich daraus ein Zusatzauftrag von 390 × 65 = 25.350 €.

Nach Abzug der Einzelkosten der Teilleistungen von 390 × 65 / 79,59 × (1,0 × 31,45 + 20) = 16.387,20 € werden damit Schlüsselkosten in Höhe von 8.962,80 € bewirkt, die ggf. in einen Ausgleich „in anderer Weise" nach § 2 Abs. 3 Nr. 3 einzubeziehen sind, sofern sie nicht teilweise durch längere Bauzeit und die dazu benötigten Schlüsselkosten aufgezehrt werden.

Für Unter- oder Über-Wert-Kalkulationen gelten die Ausführungen unter Abschn. *„Änderungen des Bauentwurfs oder andere Anordnungen des AG (Abs. 5)"* analog.

Vergütungsänderungen beim Pauschalvertrag (Abs. 7)

Bauleistungen sollen gemäß § 4 Abs. 1 VOB/A so vergeben werden, dass die Vergütung nach Leistung bemessen wird (Leistungsvertrag) und nur in geeigneten Fällen für eine Pauschalsumme, wenn die Leistung nach Ausführungsart und Umfang genau bestimmt ist und mit einer Änderung bei der Ausführung nicht zu rechnen ist (Pauschalvertrag).

Obwohl diese Grundvoraussetzung für eine technisch und wirtschaftlich ordnungsgemäße Abwicklung ohne Streitigkeiten aus Nachträgen vielfach nicht eingehalten wird, werden zunehmend Pauschalfestpreisverträge vereinbart mit Vergütung nach Zahlungsplan bei Erreichen definierter Bauzustände. Zielsetzungen von Pauschalverträgen sind von Auftraggeberseite:

– Kosten-/Preissicherheit,
– Vereinfachung der Abrechnung durch eine „vorgezogene Schlussabrechnung" vor Beauftragung und Vereinbarung eines an das Erreichen bestimmter Bauzustände gekoppelten Zahlungsplans,
– Konzentration von Haftung und Verantwortung durch Bündelung mehrerer Fachlose bei einem Generalunternehmer und
– Vergütung durch eine Pauschalsumme.

Dabei ist zu unterscheiden zwischen dem Pauschalvertrag auf der Basis einer Leistungsbeschreibung mit Leistungsverzeichnis nach § 7 Abs. 9 bis 12 VOB/A *(Detailpauschalvertrag)* und dem Pauschalvertrag auf Basis einer Leistungsbeschreibung mit Leistungsprogramm nach § 7 Abs. 13 bis 15 VOB/A *(Globalpauschalvertrag)*.

Diese Unterscheidung wird in § 2 Abs. 7 Nr. 1 VOB/B nicht vorgenommen. Dort heißt es im Wesentlichen im letzten Satz, dass auch beim Pauschalvertrag § 2 Abs. 4, 5 und 6 VOB/B für die Bemessung von Vergütungsänderungen aus Leistungsänderungen und Zusatzleistungen anzuwenden sind.

Daraus wird zunächst deutlich, dass beim Pauschalvertrag das Risiko für Mengenmehrungen zwischen ausgeschriebenen und tatsächlich auszuführenden Mengen voll zu Lasten des AN und dasjenige für Mengenminderungen voll zu Lasten des AG geht.

Zur Reduzierung dieses Risikos aus Mengenabweichungen ist beiden Seiten zu empfehlen, bei einer Leistungsbeschreibung mit Leistungsverzeichnis seitens des AG eine Mengenprüfung durch zwei bis drei in die engere Wahl kommende Bieter vorzunehmen und deren Angaben über festgestellte Minder- und Mehrmengen zu überprüfen, bei Leistungsbeschreibung mit Leistungsprogramm seitens des Architekten und der Fachplaner Mengenermittlungen zumindest für Leitpositionen (20% der kostenträchtigsten Positionen, die zu ca. 80% der Gesamtkosten führen) zum Zwecke der Plausibilitätsprüfung vornehmen zu lassen.

Ansprüche aus Teilkündigungen, Entwurfsänderungen oder Anordnungen des Auftraggebers oder aus Zusatzleistung bleiben jedoch voll erhalten.

Die Problematik besteht jedoch in den „Grundlagen der Preisermittlung".

Beim Detailpauschalvertrag sind für die Eigenleistungen die Preisermittlungsgrundlagen des AN aus der Urkalkulation ersichtlich und aufgrund der ausgewiesenen Mengen (Vordersätze) in den Ausschreibungsunterlagen auch Plausibilitätsbetrachtungen im Rahmen der Nachtragsprüfung möglich.

Beim Globalpauschalvertrag enthalten die Verdingungsunterlagen keine Mengenermittlungen. Die Mengen sind von jedem Bieter im Rahmen der Angebotsbearbeitung selbst zu berechnen. In der beim AG hinterlegten Urkalkulation werden i. d. R. keine Mengen und Einheitspreise ausgewiesen, sondern nur die Angebotssummen für die einzelnen Leistungsbereiche/Gewerke. Dadurch werden

Plausibilitätsprüfungen erheblich erschwert. Daher ist vom AG eine Gliederungstiefe für die Urkalkulation auch für die Leistungen der NU vorzugeben, um zu plausiblen Grundlagen zu gelangen (vgl. Abschn. *„Nachtragsprophylaxe des AG"*).

Allerdings werden die Preise für Nachunternehmerleistungen in der Praxis aus der ersten Verhandlungsrunde zwischen Generalunternehmer (GU) und Nachunternehmer (NU) in die Urkalkulation aufgenommen. Die tatsächlichen NU-Preise werden i. d. R. erst nach Auftragserteilung des AG an den GU durch Verhandlungen zwischen GU und NU in der zweiten Runde vereinbart, wobei der GU per Saldo meist Vergabegewinne erzielt, gelegentlich aber auch Vergabeverluste erleidet.

Um für Nachtragsverhandlungen dennoch über Preisermittlungsgrundlagen zu verfügen, werden die Bieter aufgefordert, Einheitspreise für alle Teilleistungen nicht nur für Grundpositionen zu benennen, sondern auch für Eventual- und Zulagepositionen.

Die Konformität dieser Einheitspreise mit der Pauschalsumme ist häufig nicht gegeben. Daher sind diese Listen im Rahmen der Angebotsprüfung kritisch zu hinterfragen.

AG-seitig wird versucht, sich gegen Vergütungsänderungen beim Pauschalvertrag durch sog. Vollständigkeits- oder Komplettierungsklauseln zu schützen, die jedoch häufig AGBG-widrig sind gemäß den §§ 305 ff BGB, sofern seitens des AN nachgewiesen werden kann, dass es sich um AGB handelt (Glatzel/Hofmann/Frikell, 2008, S. 115 ff).

Zur Vermeidung von Streitigkeiten aus Vergütungsänderungen beim Pauschalvertrag hat der AG daher darauf zu achten, dass durch praktikable und rechtswirksame Vertragsvereinbarungen eine Abgrenzung der von der Pauschalsumme erfassten Vertragsleistungen von Leistungsänderungen oder Zusatzleistungen und deren Bewertung auf einfache und einwandfreie Weise möglich ist.

Diese Forderung ist durch den AG selbst am besten dadurch zu erfüllen, dass er nach Abschluss des Pauschalvertrages keine Leistungsänderungen oder Zusatzleistungen nach den Abs. 4 bis 6 fordert.

Im Falle einer Teilkündigung nach Nr. 4 entsteht das Problem der Bewertung von Mengen und Einheitspreisen des entfallenden Teils der Leistung sowie der anschließenden Bewertung der dadurch seitens des AN ersparten Aufwendungen.

Im Fall des Abs. 5 entsteht das Problem der Ermittlung der von der Entwurfsänderung oder Anordnung des AG betroffenen Mengen und des dadurch bewirkten Erschwernis- oder Erleichtungsaufwandes auf der Basis der vorhandenen Preisermittlungsgrundlagen.

Bei Abs. 6 besteht das Problem vor allem darin, den Anspruch des AN auf zusätzliche Vergütung für eine nach seiner Meinung geforderte Zusatzleistung vom Anspruch des AG auf ein durch die Vergabe- und Vertragsunterlagen vollständig definiertes Bau-Soll zu trennen. Dies setzt hohe Fairness, Kenntnis sämtlicher Unterlagen und Objektivität auf beiden Seiten voraus.

Treffen die Voraussetzungen der Abs. 4 bis 6 nicht zu, so ist nach Abs. 7 Abs. 1 Satz 2 bei erheblichen Abweichungen der ausgeführten Leistungen von den vertraglich vorgesehenen Leistungen zu prüfen, ob ein Festhalten an der Pauschalsumme nach Treu und Glauben unzumutbar ist (§ 313 BGB). In diesem Falle hat der AG dem AN auf dessen Verlangen einen Ausgleich unter Berücksichtigung der Mehr- oder Minderkosten zu gewähren. Für die Anwendung von § 313 BGB gilt jedoch, dass dieser als „letzter Strohhalm" nur dann heranzuziehen ist, wenn das Festhalten am Vertrag zu einem untragbaren, mit Recht und Gerechtigkeit schlechthin nicht mehr zu vereinbarenden Ergebnis führen würde. Führen die Ansprüche nach Abs. 4, 5 und 6 nicht zum Ziel, so kommen vor § 313 BGB noch weitere Rechtsbehelfe in Betracht wie die Anfechtung der Angebotserklärung nach den §§ 119 ff BGB, eine Vertragsauslegung nach § 157 BGB, eine Kündigungsmöglichkeit nach § 9 Abs. 1 VOB/B, ein Anspruch aus Verschulden bei Vertragsabschluss (culpa in contrahendo) nach den §§ 311 Abs. 2, 280 Abs. 1 und 241 Abs. 2 BGB wegen unzutreffender Angaben in den Vergabe- und Vertragsunterlagen, aus positiver Forderungsverletzung nach den §§ 280 Abs. 1 und 241, Abs. 2 BGB, ein Schadensersatzanspruch aus Behinderung nach § 6 Nr. 6 VOB/B oder aber ein Verstoß gegen § 307 BGB (unangemessene Benachteiligung durch AGB).

Grundsätzlich ist ein unzumutbares Festhalten an der Pauschalsumme erst bei einer erheblichen Abweichung der Gesamtleistung von der vertraglich vorgesehenen Leistung diskutabel. Ändern sich nur einzelne Positionen um z. B. mehr als ± 30 bis 40%, die Gesamtleistung aber um weniger als ± 20%, so bleibt die Pauschale unverändert.

Die Kosten des AN treten bei der Beschreibung des Missverhältnisses zwischen Leistung und Gegenleistung grundsätzlich überhaupt nicht in Erscheinung. Das Risiko, dass sich die Kosten ganz anders entwickeln können als für die Preisermittlung angenommen worden war, hat grundsätzlich der AN zu tragen. Daher hat er im Falle bloßer, wenn auch überraschender und weit gehender Kostenänderungen i. Allg. wenig Hilfe zu erwarten. Nur in besonderen und außerhalb des Baugewerbes liegenden Ausnahmefällen, die zu einer völlig unvorhersehbaren außergewöhnlichen Kostensteigerung führen, z. B. sprunghafter Anstieg der Energie- oder Kupferpreise, kann eine Anpassung des Pauschalpreises wegen Änderung der Geschäftsgrundlage infolge bloßer Kostenerhöhung auf Seiten des AN in Betracht kommen, wobei dieser Anspruch gegenüber öffentlichen Auftraggebern nicht vom AN selbst, sondern nur über die Bauverbände geltend gemacht und durchgesetzt werden kann (Diederichs, 2005).

2.1.6.4 Schadensersatzanspruch aus Behinderung (§ 6 Abs. 6 VOB/B und § 642 BGB)

Die Ermittlung von Schadensersatzansprüchen aus Behinderungen zählt zu einem der meistbehandelten Themen der VOB/B sowohl aus juristischer als auch aus bauwirtschaftlicher/baubetrieblicher Sicht (Plum, 1997).

Der in Nr. 6 geregelte Schadensersatzanspruch gilt für alle Fälle der Behinderung und Unterbrechung nicht nur aus § 6 VOB/B, sondern auch dann, wenn dem AN der Auftrag nach § 8 Abs. 3 Nr. 2 i. V. m. § 4 Abs. 7 und § 5 Abs. 4 VOB/B entzogen worden ist. § 6 Abs. 6 ist wechselseitige Anspruchsgrundlage für alle Fälle der Leistungsverzögerungen, die sowohl vom AG als auch vom AN als auch von beiden herbeigeführt worden sein können.

Gemäß BGH-Urteil vom 21.10.1999 – VII ZR 185/98 kann der AG gegenüber dem AN auch aus § 642 BGB haften, wenn dieser durch verspätet fertig gestellte Vorgewerke behindert wird und der AG dadurch in den Verzug der Annahme kommt.

Die Folgen einer Bauverzögerung können bei Aufrechterhaltung des Vertrages entweder dem AG oder dem AN oder beiden allerdings nur dann als Verpflichtung zum Ersatz des dem anderen Vertrags-teil entstandenen Schadens angelastet werden, wenn schuldhaftes Verhalten des Verpflichteten vorliegt.

Nach Abs. 6 müssen die hindernden Umstände von einem Vertragsteil zu vertreten sein. Gemäß BGB ist der Begriff „Vertreten-müssen" ein Synonym für „Verschulden". Nach § 6 Abs. 2 Nr. 1a ist das Vertretenmüssen jedoch dahingehend abzuschwächen, dass der vom AG zu vertretende Umstand, aufgrund dessen Ausführungsfristen verlängert werden, nicht stets Verschulden i. S. einer Vertragspflichtverletzung des AG voraussetzt, sondern grundsätzlich alle Ereignisse erfasst, die aus der „Sphäre" des AG kommen, auch wenn sie vom AG weder pflichtwidrig noch rechtswidrig noch schuldhaft herbeigeführt wurden.

Ein Schadensersatzanspruch nach Abs. 6 verlangt jedoch stets das Vorliegen eines Verschuldens des Vertragsteils, der die hindernden Umstände zu vertreten hat, als zusätzliche Anspruchsvoraussetzung. Voraussetzung des Anspruchs auf Fristverlängerung nach Abs. 2 als auch auf Schadensersatz ist in beiden Fällen das Vorliegen einer unverzüglichen schriftlichen Behinderungsanzeige des sich behindert glaubenden Vertragsteils.

Schadensersatzansprüche aus Behinderungen setzen äquivalente und adäquate Kausalität voraus, d. h. der Schaden muss durch das zum Schadensersatz verpflichtende Ereignis verursacht worden sein. Nach der Äquivalenztheorie ist kausal jedes Ereignis, das nicht hinweggedacht werden kann, ohne dass der Erfolg entfiele (conditio sine qua non).

Die adäquate Kausalität fordert zusätzlich, dass das Schadensereignis i. Allg. und nicht nur unter besonders eigenartigen, unwahrscheinlichen und nach dem gewöhnlichen Verlauf der Dinge außer Betracht zu lassenden Umständen geeignet sein muss, einen Schaden der eingetretenen Art und des ermittelten Umfangs herbeizuführen.

Der Grad der Konkretisierung von Schaden und Kausalität ist maßgeblich abhängig von der Qualität der Dokumentation des AN. Diese sollte so strukturiert werden, dass sie

- den Störungsfall möglichst unstrittig ausweist,
- die Ursachen benennt,
- Hilfestellung für Anpassungsmaßnahmen bietet und
- die Mehrkostenberechnung nach Kausalität und Höhe ermöglicht.

Als Behinderungsfolgen kommen im Wesentlichen folgende Schadensarten in Betracht:

- Mehrkosten aus Produktivitätsminderung bzw. Leeraufwand durch Lohn- und Gerätekosten für nicht ausgenutztes Produktionsfaktorpotential in Behinderungsperioden infolge Intensitätsanpassung und Desorganisation sowie
- Mehrkosten aus Verlängerung der Ausführungsfristen, im Wesentlichen zeitabhängige Gemeinkosten der Baustelle.

Fordert der AG, behinderungsbedingte Bauzeitverlängerungen durch geeignete Anpassungsmaßnahmen zu reduzieren oder zu vermeiden, so handelt es sich um eine Beschleunigungsanordnung nach § 2 Abs. 5 VOB/B, für die ein entsprechender Nachtrag für Mehrkosten der Kapazitätserhöhung sowie ggf. aus Überstunden und Nachtarbeit gerechtfertigt ist.

Der Schaden ist grundsätzlich konkret zu bezeichnen. Maßgebend sind die tatsächlich eingetretene Vermögensminderung und die ausbleibende Vermögensmehrung. Zu ersetzen ist das volle wirtschaftliche Interesse des Geschädigten. Nach der Differenzhypothese besteht ein Vermögensschaden in der Differenz zwischen zwei Güterlagen, der tatsächlich durch das Schadensereignis geschaffenen und der unter Ausschaltung dieses Ereignisses gedachten. Die Schadensermittlung erfordert somit den Vergleich zwischen der konkreten Vermögenslage nach und einer abstrakt-hypothetischen Vermögenslage vor dem Schadenseintritt. Daher ist es für den möglichst konkreten Schadensnachweis erforderlich, dass der behinderte Vertragspartner die angeblich durch die Behinderung entstandenen Mehrkosten bereits während der Bauabwicklung mittels sorgfältiger Dokumentation im Einzelnen festhält (Diederichs 1999 und 1998).

Schadensminderungspflicht des AN
Nach § 6 Abs. 3 VOB/B und § 254 BGB hat der behinderte Vertragspartner die Pflicht, Maßnahmen zur Schadensminderung oder -abwendung einzuleiten, z.B. durch Umdispositionen. Diese Verpflichtung wird dadurch erschwert, dass mit einer andauernden Behinderung durch den AG immer dann eine implizite Beschleunigungsanordnung des AG gemäß § 2 Abs. 5 VOB/B verbunden ist, wenn der AG trotz der Behinderung an der Einhaltung der ver-traglich vereinbarten End- und Zwischentermine festhält. Dann muss der AN wegen der Produktivitätseinbuße durch die Behinderung seine Kapazitäten laufend verstärken, um nach Wegfall der Behinderung die unverändert gebliebenen Vertragstermine einhalten zu können. Diese Situation muss dem AG durch den AN verdeutlicht werden.

Abgrenzung zwischen vom AG zu vertretender Behinderung und vom AN zu vertretendem Verzug
In der Praxis ist häufig zu beobachten, dass eine vom AN angezeigte Behinderung tatsächlich nicht zu einer Behinderung führt. Nach § 6 Abs. 1 Satz 1 VOB/B ist der AN verpflichtet, dem AG unverzüglich schriftlich anzuzeigen, wenn er sich in der ordnungsgemäßen Ausführung der Leistung behindert glaubt. Zu glauben heißt bekanntlich, nicht genau zu wissen.

Bei einem Zusammenwirken von hindernden Umständen seitens des AG und verzögernden Umständen seitens des AN ist durch das anteilige Zeitmaß der jeweiligen Abweichungen eine Einflussgröße für die jeweilige Höhe des adäquaten Behinderungs- oder Verzugsschadens zu definieren, d. h. die Gesamtdifferenz zwischen Ist- und Soll-Terminen muss entsprechend zwischen dem AG und dem AN aufgeteilt werden.

Bei vielen Bauvorhaben kommt es zu Störungen des geplanten Bauablaufes, welche sowohl durch den Auftragnehmer (AN), den Auftraggeber (AG) als auch durch neutrale Ereignisse verursacht worden sein können. Die sachlich und rechnerisch korrekte Analyse der Ursachen und Auswirkungen dieser Störungen ist wesentlich für die Sphärenabgrenzung der Verantwortung der Parteien und damit die Übernahme der hierdurch entstandenen Mehrkosten durch Auftraggeber und Auftragnehmer (Diederichs/Streckel, 2009, S. 1–5). Es existieren jedoch sehr unterschiedliche Vorstellungen darüber, welche Abläufe an Hand welcher Kriterien zu vergleichen sind. In der Literatur wird mehrfach auf ein unterschiedliches Verständnis von Juristen und Baubetriebswissenschaftlern bezüglich der Untersuchung von Bauzeitabweichungen hingewiesen (Heilfort/Zipfel, 2004, 22).

Zielsetzung der nachfolgenden Ausführungen ist es, ein gemeinsames Verständnis für die zu betrachtenden Abläufe zu entwickeln. Ausgehend von einer

Darstellung der rechtlichen und baubetriebswissenschaftlichen Ausgangslage werden hierzu eine Bewertung der Anforderungen aus baubetriebswissenschaftlicher Sicht vorgenommen und die gewonnenen Ergebnisse an einem kleinen Beispielprojekt verdeutlicht.

Rechtliche Fallunterscheidung von
Bauzeitverlängerungen
Thode fasst den Stand der rechtlichen Diskussionen wie folgt zusammen (Thode, 2004, 214):

Fall 1:
Bauzeitverlängerungen aus vom AG angeordneten Leistungsänderungen oder nicht vereinbarten Leistungen, die zur Ausführung der vertraglichen Leistung erforderlich werden (§ 1 Abs. 3 oder 4 VOB/B), mit den dadurch ausgelösten und gem. § 2 Abs. 5 und 6 VOB/B zu vergütenden Mehrkosten.

Fall 2:
Bauzeitverlängerungen aus vom AG durch schuldhafte Pflichtverletzungen verursachten Behinderungen, die zu Schäden führen und daher als Rechtsfolge Schadensersatzansprüche des AN nach § 6 Abs. 6 VOB/B auslösen.

Fall 3:
Bauzeitverlängerungen daraus, dass der AG mit einer ihm obliegenden Mitwirkungshandlung für die Herstellung des Werkes in Annahmeverzug kommt. Hierdurch entsteht für den AN ein Anspruch auf eine angemessene Entschädigung gem. § 642 BGB sowie auf Ersatz der Mehraufwendungen gem. § 304 BGB a. F.

Fall 4:
Bauzeitverlängerung aus AG-seitigen vertragswidrigen Anordnungen zur Änderung der Bauzeit oder der bei Vertragsabschluss von den Parteien vorausgesetzten Bauumstände bzw. Produktionsbedingungen. Hierzu zählt nach Thode auch die Behinderung des AN durch Verzögerung von Vorunternehmern.

Die Anordnung einer Veränderung der Bauzeit begründet einen Vergütungsanspruch gem. § 2 Abs. 5 VOB/B. Der Auffassung von Thode, dass dies nur dann gelte, „wenn die Vertragsparteien hinsichtlich der Bauzeit ein einseitiges Leistungsbe

stimmungsrecht vereinbart haben" (Thode, 2004, 214), kann nicht gefolgt werden, da es nicht Aufgabe des AN sein kann zu unterscheiden, ob es sich um eine vertragskonforme oder vertragswidrige Anordnung des AG handelt. Daher wird dieser Tatbestand als *Fall 4a* bezeichnet.

Bei Behinderungen aus Verzögerungen von Vorunternehmern entsteht dagegen ein Anspruch des AN aus § 6 Abs. 6 VOB/B oder § 642 BGB. Dieser Tatbestand wird als *Fall 4b* bezeichnet (Diederichs, 2005, S. 206 ff).

Voraussetzung aller Anspruchsgrundlagen ist ein Kausalzusammenhang zwischen der schuldhaften Pflichtverletzung oder der fehlenden Mitwirkungshandlung oder der Anordnung einer Änderung der vertraglich vorausgesetzten Bauumstände einerseits und der daraus entstehenden Bauzeitverlängerung und den nachzuweisenden Mehrkosten andererseits. Dabei ist zwischen haftungsbegründender und haftungsausfüllender Kausalität zu unterscheiden (Kapellmann/Schiffers, 2006, Rdnrn. 1612 ff).

Der BGH definierte in seinem Urteil vom 21.03.2002 (VII ZR 224/00, NZBau 2007, 281) Anforderungen an die Darlegung des Kausalzusammenhangs. Zur Begründung der Ansprüche sind der tatsächliche Bauablauf mit den tatsächlichen Abweichungen einerseits und der hypothetische Bauablauf andererseits, der sich ohne die jeweiligen Störungen ereignet hätte, darzustellen und miteinander zu vergleichen. Die Darlegung muss auch diejenigen unstreitigen Umstände berücksichtigen, die gegen eine Behinderung sprechen, wie z. B. die Lieferung von Vorabzügen, nach denen tatsächlich zu den vorgesehenen Zeiten gearbeitet wurde, oder aber die wahrgenommene Möglichkeit, einzelne Bauabschnitte vorzuziehen. Dabei handelt es sich vielfach um vom AG nicht angeordnete Beschleunigungsmaßnahmen des AN, um drohende Behinderungsfolgen zu mindern.

Den meisten in der Bundesrepublik Deutschland angewendeten Verfahren zur Untersuchung von Bauzeitabweichungen lag bisher der methodische Ansatz zugrunde, auf der Basis eines störungsfreien Soll-Bauablaufs einen störungsmodifizierten theoretischen Soll'-Bauablauf zu entwickeln, aus dem eine theoretische Gesamtverzögerung resultiert. Hierzu wurden in den Soll-Bauablauf nur alle diejenigen Einzelstörungen einbezogen, die vom

AG zu verantworten waren. Einzelstörungen, die vom AN zu verantworten waren oder durch höhere Gewalt oder andere für den AN unabwendbare Umstände entstanden, wurden außer Acht gelassen. Ein Vergleich des Soll'-Bauablaufs mit dem tatsächlichen Ist-Ablauf wurde in aller Regel nicht vorgenommen. War die theoretische Gesamtverzögerung des Soll'-Bauablaufes nicht größer als die tatsächlich eingetretene Gesamtverzögerung, so sollte die theoretische Gesamtverzögerung die für die Ansprüche des AN maßgebende Verzögerung darstellen (Hornuff, 2003, S. 140). Andernfalls wurde die frühere Ist-Fertigstellung als Nachweis für den Erfolg eingeleiteter Beschleunigungsmaßnahmen gewertet (Heilfort/Zipfel, 2004, 22).

Analyse und Bewertung von Leistungsänderungen und Leistungsstörungen
Bei Leistungsstörungen ist stets zu fragen, ob es sich um vom AG zu verantwortende Störungen der ordnungsgemäßen Ausführung der Leistung (z. B. Nachtragsleistungen, Mengenmehrungen oder Behinderungen), einen vom AN zu vertretenden Verzug oder einen von keinem der beiden Vertragspartner bewirkten störenden Umstand handelt.

Zur visuellen Abgrenzung zwischen Behinderungen des AG einerseits und Verzug des AN andererseits führte Diederichs bereits 1987 den Begriff der „Umhüllenden" durch graphische Dokumentation der Nachlaufentwicklung eines Ist-Ablaufes und deren Ursachen gegenüber dem geplanten Soll-Ablauf ein (Diederichs, 1998).

Entsprechend den vom BGH (VII ZR 224/00 vom 21.03.2002) definierten Anforderungen an die Darlegung der Kausalität ist der Ist-Bauablauf und nicht der geplante oder kalkulierte Bauablauf maßgebend. Abweichend hiervon wird in baubetriebswissenschaftlichen Untersuchungen oftmals der vom AN geplante, die vereinbarten Vertragstermine beachtende Bauablauf ohne Fortschreibung mit Anpassung an den Ist-Bauablauf zugrunde gelegt.

Durch eine Bauablaufplanung wird ein zeitliches Modell eines Bauprojekts erstellt, das die Reihenfolge, Anordnungsbeziehungen und Dauern der einzelnen Projektvorgänge abbildet. Dieses Modell stellt die gedankliche Vorwegnahme eines in der Zukunft liegenden Bauprozesses dar und ist naturgemäß mit Unsicherheiten behaftet. Zur raschen Erkennung und Behandlung auftretender Leistungs-

störungen während der Auftragsausführung sind vorab Planvorlaufzeiten zu vereinbaren, die Art der Auftragsabwicklung möglichst detailliert in einem Basisablaufplan festzulegen und dieser zwischen AG und AN als Grundlage der Auftragsabwicklung zu vereinbaren. Die für die Ermittlung der Vorgangsdauern verwendeten Aufwands- und Leistungswerte unterliegen zahlreichen Einflussgrößen aus der Komplexität der Bauaufgabe, dem Leistungsvermögen der Bauarbeiter und den Produktionsbedingungen. Zudem gibt es i. d. R. mehrere Möglichkeiten für die Festlegung der Ablauffolge.

Daher stimmen häufig selbst bei einem ungestörten Bauablauf, auch aufgrund der verbleibenden Dispositionsfreiheit des AN, weder die im Soll-Bauablauf erwartete Ablauffolge noch die erwarteten Vorgangsdauern mit der Ist-Ausführung überein. Weitere Folge ist, dass auch die aus den Vorgangsdauern und Anordnungsbeziehungen ermittelten kritischen Wege und Pufferzeiten der nicht-kritischen Vorgänge Änderungen unterworfen sind. Eine Änderung der Gesamtdauer führt auch zu Änderungen der Gesamtpufferzeiten der nicht-kritischen Vorgänge und ggf. einer Änderung des kritischen Weges.

Eine Untersuchung von Bauzeitabweichungen auf der alleinigen Grundlage des Soll-Bauablaufs ohne Beachtung des tatsächlichen Bautenstands zum Zeitpunkt des Störungseintritts, des dann vorhandenen kritischen Weges und der dann vorhandenen Pufferzeiten der nicht-kritischen Vorgänge führt dazu, dass die einer Störung im theoretischen Soll'-Bauablauf zugeschriebenen Einflüsse nicht den tatsächlichen Auswirkungen entsprechen.

Vergleich des Ist-Bauablaufs mit dem störungsmodifizierten Soll'-Bauablauf
Jede Behinderungsanzeige erfordert einen Kausalitätsnachweis. Dieser ist auch deswegen erforderlich, weil Leistungsstörungen oder hindernde Umstände nicht nur zeitlich nacheinander (sequentiell), sondern vielfach auch sich überlagernd (zeitparallel) auftreten.

Aus der Vielfalt der möglichen hindernden Umstände steht zu einem bestimmten Zeitpunkt jedoch stets nur eine Ursache, ggf. ein Ursachenkomplex, mit der bewirkten Vergütungs- bzw. Entschädigungs- bzw. Schadenshöhe in konkretem und adäquat-kausalem Zusammenhang (Diederichs, 1998).

Für die rechtliche Aufbereitung von Störfällen ist es daher auch nach Thode (Thode, 2004, 214). für alle möglichen Anspruchsgrundlagen erforderlich, den Ist-Bauablauf mit dem störungsmodifizierten Soll'i-Bauablauf zu vergleichen, der sich ohne die im Hinblick auf die jeweilige Anspruchsgrundlage relevante Leistungsstörung i zum Störungszeitpunkt ergeben hätte. Es reicht daher nicht aus, dass bei baubetriebswissenschaftlichen Untersuchungen der Ist-Bauablauf vielfach nur zur Verifizierung der im störungsmodifizierten Soll'i-Bauablauf ermittelten theoretischen Gesamtverzögerung herangezogen wird.

Grundlage für die Entwicklung des jeweiligen störungsmodifizierten Soll'i-Bauablaufplans ist der an den Ist-Bauablauf angepasste Soll-Bauablauf zum Zeitpunkt der jeweiligen Störung i. Es wird dann der zu diesem Zeitpunkt geplante Soll'i-Bauablauf zugrunde gelegt. Da der Ist-Bauablauf die Auswirkungen sämtlicher eingetretener Störungen, der Soll'i-Bauablauf nur die Auswirkungen der vor der betrachteten Störung eingetretenen Störungen enthält, könnten aus einem Vergleich über die gesamte Bauzeit nur die kumulierten Auswirkungen aller nach dem betrachteten Zeitpunkt eingetretenen Störungen entnommen werden. Der Vergleich des Ist-Bauablaufs und des Soll'i-Bauablaufs darf sich daher bei mehreren Störungen nur auf den Zeitraum von der vorangehenden Störung i-1 bis zur nächsten Störung i erstrecken. Damit wird jeweils nur ein Teil des realen Ist-Bauablaufs dem Soll'i-Bauablauf gegenübergestellt.

Abb. 2.1-67 zeigt zeitlich nacheinander, dass

- die Verlängerung der Projektdauer von 14 auf 15 Arbeitstage um nur 1 Arbeitstag auf S 1 des AN bei Vorgang D wegen seines freien Puffers von 3 Arbeitstagen zurückzuführen ist,
- S 2 des Auftraggebers von 2 Arbeitstagen nur eine Verlängerung der Projektdauer von 15 auf 16 Arbeitstage und damit um 1 Arbeitstag bewirkt, da sich 1 Arbeitstag mit der Folge aus S 1 überlagert, und
- S 3 des AN bei Vorgang E um 3 Arbeitstage eine Verlängerung der Projektdauer von 16 auf 18 Arbeitstage nur um 2 Arbeitstage wegen der Überlagerung mit der Folge aus S 2 des AG um 1 Arbeitstag bewirkt.

Damit sind von der Gesamtverzögerung von 4 Arbeitstagen dem AG konkret 1 Arbeitstag und dem AN $(1 + 2) = 3$ Arbeitstage zuzuordnen.

Diese Vorgehensweise erlaubt sowohl eine zutreffende Beurteilung der durch jede einzelne Störung bewirkten Änderung des Bauablaufs als auch eine Abgrenzung der Auswirkungen mehrerer aufeinander folgender oder auch zeitparalleler Störungen. Durch den Vergleich zwischen Ist-Bauablauf und Soll'i-Bauablauf werden entsprechend den Forderungen des BGH auch diejenigen unstreitigen Umstände berücksichtigt, die gegen eine Behinderung sprechen, wie z. B. die Lieferung von Vorabzügen, nach denen tatsächlich zu den vorgesehenen Zeiten gearbeitet wurde, oder die wahrgenommene Möglichkeit, einzelne Bauabschnitte vorzuziehen, im Sinne AN-seitiger Beschleunigungen.

In *Abb. 2.1-68* ist die Abgrenzung zwischen Behinderungen des AG und Verzügen des AN durch grafische Dokumentation der Nachlaufentwicklung eines Ist-Ablaufes gegenüber dem geplanten Soll-Ablauf und deren Ursachen dargestellt. Daraus ist in schematischer Vereinfachung ablesbar, dass aus der Fristüberschreitung von insgesamt 54 Arbeitstagen (AT) $20 + 19 = 39$ AT dem AG wegen von ihm zu vertretender Behinderungen und 15 AT dem AN wegen von ihm zu vertretender Verzüge zuzuordnen sind. Hinsichtlich der witterungsbedingten Beschleunigung um 5 AT sind nach § 6 Abs. 2 Abs. 2 und § 2 Abs. 5 ggf. gesonderte Betrachtungen anzustellen.

Maßgeblich für den Ursachenzusammenhang und deren Abgrenzung ist somit die sich aus *Abb. 2.1-68* ergebende „Umhüllende" der Terminabweichungen. Die darunter schlüpfenden, vom AG zu vertretenden Behinderungen und vom AN zu vertretenden Verzüge sind damit für einen Schadensnachweis nicht mehr relevant.

Schadensermittlung für einzelne Schadensereignisse

Sofern sich eine Behinderung auf einzelne klar abgrenzbare Schadensereignisse beschränkt, empfiehlt sich eine konkret auf diese Ereignisse bezogene Schadensermittlung.

Beispiel:

Durch eine verspätete Schalplanlieferung wird eine Schalkolonne mit 4 gewerblichen Arbeitneh-

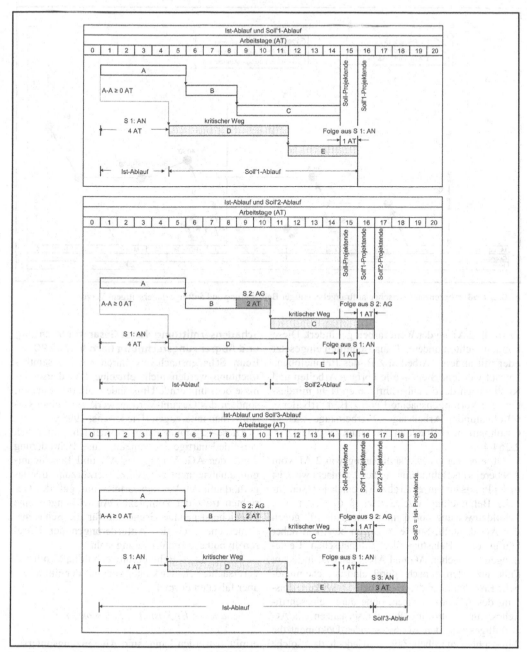

Abb. 2.1-67 Störungsmodifizierter   Soll´1-Ablauf ab 5. Arbeitstag
                                          Soll´2-Ablauf ab 11. Arbeitstag
                                          Soll´3-Ablauf ab 17. Arbeitstag

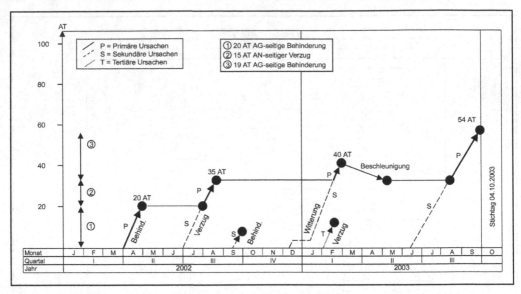

Abb. 2.1-68 Abgrenzung zwischen auftraggeberseitiger Behinderung und auftragnehmerseitigem Verzug

mern für 2 AT an der Weiterarbeit gehindert. Diese können nicht in anderen Bauabschnitten eingesetzt oder mit anderen Arbeiten z. B. des Betoneinbaus betraut werden. Bleiben alle übrigen Arbeiten und Kostenarten davon unberührt, so entsteht mindestens ein Vermögensnachteil von z. B. 4 Arbeiter × 9 Lohnstunden/Arbeitstag × 2 Arbeitstage × 31,45 €/Lohnstunde (Mittellohn ASL ohne Zuschlag Z) = 2.264,40 €.

Ob eine verspätete Planlieferung von 2 AT vom AN bereits als Behinderung geltend gemacht wird, ist in der Praxis im Einzelfall abzuwägen, da jede schriftliche Behinderungsanzeige nach § 6 Abs. 1 eine Schuldzuweisung und damit einen „Angriff" gegen den AG darstellt. Solche Anzeigen bewirken daher häufig eine Belastung der „klimatischen Beziehungen" zwischen AG und AN. Daher ist in jedem Falle anzuraten, zunächst durch eindringliche mündliche Ermahnungen die geschuldete Mitwirkungsleistung des AG anzumahnen, ohne durch ein schriftliches, für Controlling-/Revisionsinstanzen des AG auffälliges und den AG belastendes Dokument die Atmosphäre zu trüben. Zeigt sich jedoch, dass solche Ermahnungen erfolglos bleiben, so muss zwangsläufig geschrieben werden, um den formalen Anforderungen des § 6 Abs. 1 VOB/B Genüge zu tun.

Schadensermittlung durch Gesamtbetrachtung und Abgrenzungsrechnung nach § 287 ZPO
Beim Schadensnachweis durch eine Gesamtbetrachtung werden nicht einzelne Schadensereignisse oder hindernde Umstände isoliert betrachtet, sondern das Gesamt-Vertragswerk wird einer Gesamtschau unterzogen (Diederichs, 1998).

Diese ist immer dann erforderlich, wenn sich verschiedenartige Störungen aus Behinderung durch den AG, Verzug des AN und Beschleunigungsmaßnahmen zur Bauzeitverkürzung überlagern, damit den Vertragsparteien und ggf. den Gerichten trotz der komplexen Auswirkungen eine hinreichend genaue Grundlage für die Schadensbemessung nach den Anforderungen der Differenzhypothese zur Verfügung steht.

Da der durch Behinderung schuldhaft vom AG verursachte Schaden keineswegs aus der einfachen, aber falschen Formel

Schaden = Ist-Kosten ./. Soll-Kosten

ermittelt werden kann, sind Abgrenzungsuntersuchungen durch „Annäherung des Soll von unten" und „Annäherung des Ist von oben" sowie eine Differenzbildung zwischen angenähertem Ist und

Soll unter Einbeziehung der Kausalitätsbedingung erforderlich.

Annäherung des Soll von unten
Durch die Annäherung des Soll von unten und die damit verbundenen Abgrenzungsrechnungen soll nach den Anforderungen der Differenzhypothese die abstrakte Vermögenslage vor Schadenseintritt ermittelt werden. Dazu sind Unter-Wert- oder Über-Wert-Ansätze in der Urkalkulation, Leistungsänderungen und Zusatzleistungen nach § 2 Abs. 3 bis 9 VOB/B inklusive strittiger Nachträge sowie Aufwandsänderungen aus Leistungsstörungen und eingeleiteten Beschleunigungsmaßnahmen zu überprüfen und abzugrenzen.

Unter-Wert-Ansätze oder Über-Wert-Ansätze in der Urkalkulation
(Soll [AN] → Soll [0])
Diese Abgrenzung umfasst den Vergleich der Urkalkulation des AN Soll [AN] und seiner Ablaufdaten (Aufwands- und Leistungswerte, Kapazitätseinsatz und Baufortschritte) zum Zeitpunkt der Auftragserteilung mit den Sollwert-Ermittlungen (0) eines objektiven und neutralen Sachverständigen.

Die Überprüfung der Frage, ob eine Kalkulation unter oder über Wert vorliegt, ist notwendig, um zu vermeiden, dass in den Schadensnachweis solche Beträge einfließen, die auch ohne Behinderungen zur Über- oder Unterschreitung der kalkulatorischen Kostenerwartung geführt hätten. Für einen solchen Vergleich sind die Ist-Ablaufdaten eines ungestörten Bauabschnitts (Regelstrecke) heranzuziehen.

Wird bei der Überprüfung festgestellt, dass Kalkulationswerte unauskömmlich angesetzt sind, so sind sie auf ein angemessenes Maß zu erhöhen, das den kalkulatorischen Verbrauchserwartungen nach allgemeinen Erfahrungen entspricht. Dies gilt umgekehrt auch für Über-Wert-Ansätze, die in der Praxis jedoch nur selten vorkommen.

Leistungsänderungen aus § 2 Abs. 3 bis 9 VOB/B inklusive strittiger Nachträge
(Soll [0] → Soll [1])
Die Sollwerte der Urkalkulation werden durch Abweichungen zwischen beauftragten und tatsächlich auszuführenden Leistungen häufig verändert. Die Sollwertermittlungen des Soll [0] sind daher zum Soll [1] zu aktualisieren in Fortschreibung der be-

auftragten zu den tatsächlich auszuführenden Leistungen inklusive der strittigen Nachträge. Dadurch wird verhindert, dass eine aus strittigen Nachträgen resultierende Differenz zwischen Ist- und Soll-Kosten mit einem anderen „Etikett" dem Behinderungsschaden hinzugerechnet wird.

Aufwandsänderungen aus Leistungsstörungen und Beschleunigungsmaßnahmen zur Reduzierung drohender Bauzeitüberschreitung
(Soll [1] → Soll [2])
In dieser Stufe werden die Ablaufstörungen und evtl. Anpassungsmaßnahmen zur Reduzierung drohender Bauzeitüberschreitungen in das Soll [1] eingebaut und es wird daraus das Soll [2] entwickelt zur Erfassung und Abgrenzung der Auswirkungen auf die Ausführungsfristen, die Baufortschritte und die Soll-Kosten. Dabei ist zu unterscheiden nach

– vom AG zu vertretenden Behinderungen (Soll [1] → Soll [2.1]),
– vom AG angeordneten Beschleunigungsmaßnahmen (Soll [2.1] → Soll [2.2]),
– weder vom AG noch vom AN zu vertretenden Leistungsstörungen (Soll [2.2] → Soll [2.3]) nach § 6 Abs. 2 Nr. 1b) und c) VOB/B sowie
– vom AN zu vertretenden Leistungsstörungen (Soll [2.3] → Soll [2.4]).

Maßgeblich für das abgegrenzte, durch vom AG zu vertretende Störungen modifizierte Soll zur Differenzbildung mit dem abgegrenzten Ist ist das Soll [2.2].

Annäherung des Ist von oben
Bei der Abgrenzung der Ist-Kosten zur Ableitung der konkreten Vermögenslage nach Schadenseintritt ist einerseits zu überprüfen, ob in den Ist-Kosten Beträge enthalten sind, die mit dem beauftragten Leistungsumfang nichts zu tun haben, und andererseits zu fragen, ob der Auftragnehmer seiner Schadensminderungspflicht nachgekommen ist.

Abgrenzung von neutralen Aufwendungen (Leistungen für Dritte)
(Ist [AN] → Ist [0])
Baustellen sind die Betriebe der Bauunternehmen. Nicht selten entwickelt sich aus einem Baubüro auf einer Baustelle durch Hereinnahme und zeit-

parallele Abwicklung eines weiteren Auftrags die Keimzelle einer Niederlassung. Neutrale Aufwendungen entstehen somit aus Leistungen für Dritte mit der Konsequenz der erforderlichen Abgrenzung und Ist-Kostenminderung.

Abgrenzung von möglichen Maßnahmen
des AN zur Schadensminderung
(Ist [0] → Ist [1])
In diesem Schritt ist zu prüfen, ob dem AN über die wahrgenommenen Maßnahmen zur Schadensminderung und die dadurch vermiedenen Aufwendungen hinaus weitere Maßnahmen zur Schadensminderung durch Kosten dämpfende Dispositionen für Personal, Maschinen und Geräte oder auch Einkauf von Baustoffen möglich gewesen wären.

Dabei sind die jeweiligen baustellenspezifischen Möglichkeiten unter Beachtung der gesetzlichen und tariflichen Vorschriften des Arbeitsrechtes sowie der Konflikt aus notwendiger Wahrung der Einsatzbereitschaft bzw. sogar der Beschleunigungsnotwendigkeit und der Schadensminderungspflicht zu beachten. Das Ergebnis führt vom abgegrenzten Ist [0] zum idealisierten Ist [1] und entspricht im Ergebnis der Annäherung des Ist von oben.

Schadensabschätzungen nach § 287 ZPO durch Differenzbildung zwischen Ist [1] und Soll [2.2]
Der Nachweis der Schadenshöhe i. S. einer Schadensabschätzung aus Behinderungen nach § 287 ZPO wird anschließend vorgenommen durch Vergleich zwischen den Kostendaten

– des idealisierten Ist [1] nach Annäherung von oben und
– des behinderungs-/beschleunigungsmodifizierten Soll [2.2] nach Annäherung von unten.

Werden Schadensersatzansprüche von Nachunternehmern (NU) aus Behinderungen durch den AN geltend gemacht, so setzt dies voraus, dass der NU gegenüber dem AN in der hier vorgestellten Art und Weise einen Schadensnachweis erbringt, der AN diesen prüft und anschließend dem AG gegenüber geltend macht.

Entgangener Gewinn
Nach § 6 Abs. 6 VOB/B besteht ein Anspruch auf Ersatz des entgangenen Gewinns auf die Selbst-

kosten eines Schadensersatzanspruches nur bei Vorsatz oder grober Fahrlässigkeit.

Da nur in äußerst seltenen Fällen ein AN seinem AG Vorsatz oder grobe Fahrlässigkeit vorwerfen wird, wird der Anspruch auf Ersatz des entgangenen Gewinns auch nur in äußerst seltenen Fällen durchzusetzen sein.

Mehrwertsteuer
Die Frage, ob ein Schadensersatzanspruch aus § 6 Abs. 6 VOB/B der Umsatzsteuer unterliegt, ist vom Bundesgerichtshof (BGH) dahingehend entschieden worden, dass auf Schadensersatzansprüche nach § 6 Abs. 6 VOB/B infolge von behinderungsbedingten Kosten keine Umsatzsteuer anfällt, da kein echter Leistungsaustausch stattfindet (BGH VII ZR 280/05 vom 24.01.2008).

2.1.7 Wirtschaftlichkeitsberechnungen (WB) und Nutzen-Kosten-Untersuchungen (NKU)

Öffentliche, gewerbliche und private Bauinvestitionen haben stets einen besonderen Stellenwert für den Initiator, da sie mit hohen Investitionsausgaben verbunden sind, Investitionsentscheidungen nach Baubeginn kaum mehr rückgängig gemacht werden können und mit der Übergabe und Inbetriebnahme Folgekosten in häufig beachtlicher Größenordnung entstehen.

In den Haushaltsordnungen des Bundes, der Länder und der Kommunen wird daher bereits seit etwa 40 Jahren gefordert, für geeignete Maßnahmen von erheblicher finanzieller Bedeutung Wirtschaftlichkeitsberechnungen (WB) oder Nutzen-Kosten-Untersuchungen (NKU) anzustellen. Zielsetzungen von WB und NKU bestehen allgemein darin, bei Beurteilung einer Einzelmaßnahme ihre Vorteilhaftigkeit zu prüfen oder aber bei Beurteilung mehrerer gleichartiger oder sich gegenseitig ausschließender Alternativen die Frage der Vorziehenswürdigkeit zu beantworten, die optimale Nutzungsdauer einer Investition zu bestimmen oder aber für ein vorhandenes Objekt bzw. eine vorhandene Anlage den günstigsten Ersatzzeitpunkt zu bestimmen.

Der Gegenstand von WB oder NKU kann sich auch auf die Überprüfung alternativer Erwerbs- oder

Finanzierungsformen erstrecken, z. B. den Vergleich zwischen Eigenbau, Kauf, Leasing oder Miete bzw. zwischen Eigen-, Fremd- oder Mischfinanzierung. Ein besonderes Untersuchungsfeld ist der Vergleich zwischen Eigen- oder Fremdleistung.

Die Zielsetzungen von WB und NKU bestehen allgemein darin, Fragestellungen folgender Art zu beantworten:

- Ist ein bestimmtes Investitionsvorhaben unter den verschiedenen einzel- und gesamtwirtschaftlichen Gesichtspunkten und auch unter Berücksichtigung des damit verbundenen Risikos für den Investor vorteilhaft (Beurteilung einer Einzelmaßnahme bzw. Entscheidung zwischen Mit-Fall und Ohne-Fall)?
- Welche von mehreren gleichartigen Investitionen ist die für den Investor günstigste (Festlegung einer Rangordnung zwischen mehreren gleichartigen Maßnahmen, d. h. Lösung des Wahlproblems)?
- Welche unter mehreren sich gegenseitig ausschließenden Alternativen ist zu bevorzugen (Auswahl der besten Alternative)?
- Welches ist die optimale Größe einer vorgesehenen Investitionsmaßnahme (Bestimmung der optimalen Größe)?
- Wann soll eine vorhandene Anlage durch eine moderne Anlage ersetzt werden (Lösung des Ersatzproblems)?

Darüber hinaus bestehen zahlreiche weitere Fragestellungen zu bauwirtschaftlichen Investitionsentscheidungen (Diederichs 2005).

Die zahlreichen Verfahren der Investitionsrechnung lassen sich zunächst in drei Untergruppen einteilen (vgl. *Abb. 2.1-69*):

- monovariable Wirtschaftlichkeitsberechnungen,
- multivariable Nutzen-Kosten-Untersuchungen und
- programmierte Verfahren.

Monovariable Wirtschaftlichkeitsberechnungen (WB) stellen Methoden dar, mit deren Hilfe die Vorteilhaftigkeit einzelwirtschaftlicher Investitionsmaßnahmen geprüft und im Hinblick auf die betrieblichen Zielsetzungen des jeweiligen Investors bewertet werden kann. Die zu untersuchenden Nutzen-Kosten-Faktoren sind als Einnahmen und Ausgaben stets monetär zu bewerten. Nicht in Zeiteinheiten bewertbare Faktoren können ergänzend nur verbal diskutiert werden.

Multivariable Nutzen-Kosten-Untersuchungen (NKU) ermöglichen dagegen auch die Einbeziehung nicht monetär bewertbarer Nutzen-Kosten-Faktoren. Die Messgrößen unterschiedlichster Dimension werden mit Hilfe von Nutzenpunkten gleichnamig gemacht, wobei die Bedeutung der einzelnen Faktoren durch entsprechende Gewichtung berücksichtigt wird. NKU finden daher vor allem Verwendung, wenn durch Investitionsmaßnahmen nicht nur monetäre bzw. einzelwirtschaftliche, sondern auch multivariable bzw. gesellschaftliche Faktoren berührt werden.

Programmierte Verfahren finden Anwendung bei komplexen Optimierungsrechnungen unter Vorgabe von Nebenbedingungen, die auch in Form von Ungleichungen gegeben sein dürfen, z. B. der linearen Programmierung und der Simulation von Nutzungs-, Finanzierungs-, Investitions- und Betreibermodellen. Sie erfordern einen wesentlich höheren Rechenaufwand als die traditionellen Methoden.

2.1.7.1 Finanzmathematische Grundlagen

Die dynamischen Verfahren der WB und auch die KNA und die KWA im Rahmen von Nutzen-Kosten-Untersuchungen sowie Finanzierungsfragen erfordern es, sich mit den finanzmathematischen Grundlagen der Zinseszins- und Rentenrechnung vertraut zu machen.

Der Zinseszinsrechnung liegt der Gedanke zugrunde, dass ein Zahlungsversprechen für die Zukunft infolge des Abzinsungseffektes niedriger zu bewerten ist als ein gleichgroßer Gegenwartswert. Umgekehrt ist eine in der Vergangenheit empfangene Zahlung infolge des Aufzinsungseffektes höher zu bewerten als eine gleich hohe Zahlung zum Gegenwartszeitpunkt (vgl. *Abb. 2.1-70*).

Verständigt man sich auf die Verwendung der nachfolgend erläuterten Begriffe, so sind die in *Abb. 2.1-71* dargestellten sechs möglichen Fälle bei Anwendung der Zinseszins- und Rentenrechnung zu unterscheiden.

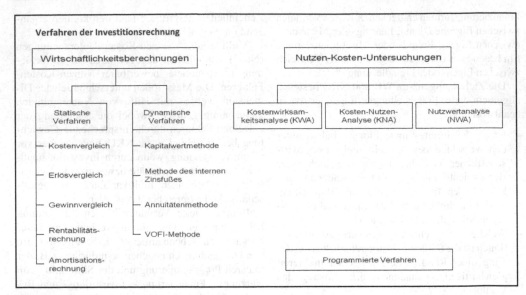

Abb. 2.1-69 Verfahren der Investitionsrechnung

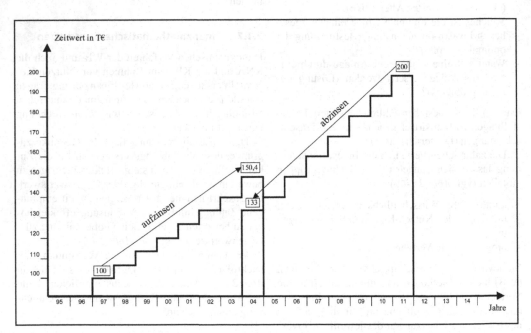

Abb. 2.1-70 Gegenwartswerte 2004 einer Zahlung in 1997 und einer Zahlung in 2011 bei einem kalkulatorischen Zinssatz von 6%

1. Endwert K_n durch Aufzinsen von K_0

Aufzinsungsfaktor $r^n = (1 + i)^n = (1 + p/100)^n$

$K_n = K_0 \times r^n$

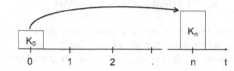

2. Barwert K_0 durch Abzinsen von K_n

Abzinsungsfaktor $v^n = 1/r^n$

$K_0 = K_n \times v^n$

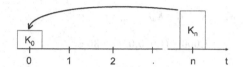

3. Barwert K_0 einer Rente A

Rentenbarwertfaktor
(Vervielfältiger) $a_n = \dfrac{(1+i)^n - 1}{(1+i)^n \times i}$

$K_0 = A \times a_n$

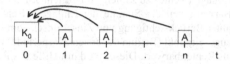

4. Annuität A für Zins und Tilgung von K_0

Wiedergewinnungsfaktor für K_0 $\quad \dfrac{1}{a_n} = \dfrac{(1+i)^n \times i}{(1+i)^n - 1}$

$A = K_0 \times \dfrac{1}{a_n}$

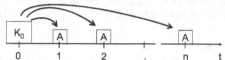

5. Endwert K_n einer Rente A

Rentenendwertfaktor $e_n = \dfrac{(1+i)^n - 1}{i} = \dfrac{r^n - 1}{i}$

$K_n = A \times e_n$

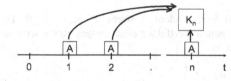

6. Annuität A eines Endwertes K_n

Wiedergewinnungsfaktor für K_n

$\dfrac{1}{e_n} = \dfrac{i}{(1+i)^n - 1} = \dfrac{i}{r^n - 1}$

$A = K_n \times \dfrac{1}{e_n}$

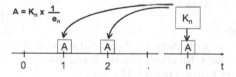

Abb. 2.1-71 Die sechs möglichen Fälle bei Anwendung der Zinseszins- und Rentenrechnung bei nachschüssiger Verzinsung

$K_0 =$ *Anfangsbetrag des Kapitals, auch Gegenwartswert oder Barwert genannt*

$K_n =$ *Endwert des Kapitals nach n Verzinsungsperioden*

$n \; =$ *Anzahl der Zinsperioden*

$p \; =$ *Zinssatz in % als Preis für die Überlassung von Kapital proportional zur Höhe des Kapitalbetrages und zur Zeitdauer der Überlassung; es sind folgende weitere Beziehungen gebräuchlich:*

$i \; =$ *$p/100$ = Zinssatz als Dezimalzahl*

$r \; =$ *$1 + i$ = Basiswert des Aufzinsungsfaktors*

$A \; =$ *Annuität bzw. jährlich gleichbleibende Zahlung oder Rente*

Von nachschüssiger Verzinsung spricht man, wenn die Zinsen jeweils am Ende der Zinsperiode abgerechnet werden. Dies ist die gebräuchlichste Form der Zinsabrechnung. Sie ist daher auch den Erläuterungen zugrunde gelegt, sofern nichts Gegenteiliges ausdrücklich vermerkt ist.

Von vorschüssiger (antizipativer) Verzinsung spricht man, wenn die Zinsen zu Beginn der Zinsperioden abgerechnet werden. Dies ist üblich beim An- und Verkauf von Wechseln.

Beispiel:
Für einen Wechsel mit einer Wechselsumme von 1.000 € und einem Zinssatz von 2% für die Laufzeit von 3 Monaten ist der Ankaufswert gesucht.
Es gilt die Beziehung:

$$K_0 = K_n - (i \times K_n) = K_n \times (1 - i)$$

$$K_0 = 1.000 \times (1{,}0 - 0{,}02) = 980 \text{ €}$$

Endwert eines Anfangskapitals
Ein Kapital K_0 wächst in einer Zeitperiode bei nachschüssiger Verzinsung auf den Betrag $K_1 = K_0 \times (1 + i)^1 = K_0 \times r^1$ an.

Werden die Zinsen nach Ablauf jeder Zinsperiode dem Kapitalbetrag K_0 zugeschlagen, so ergibt sich folgende Kapitalentwicklung:

$$K_2 = K_0 \times r^2$$

$$K_n = K_0 \times r^n$$

Der Faktor $r^n = (1 + i)^n = (1 + p / 100)^n$ wird als Aufzinsungsfaktor bezeichnet, der sowohl mit wachsendem Zinssatz p als auch mit der Anzahl der Zinsperioden n wächst.

Beispiel:
Gesucht ist der Endwert K_n für ein Anfangskapital $K_0 = 10.000$ € bei einem Zinssatz p von 8% p. a. nach einer Laufzeit von n = 15 Jahren.

$$K_n = 10.000 \times 3{,}1722 = 31.722 \text{ €}$$

Barwert eines Endkapitals
Der Barwert K_0 ist der Wert eines Endkapitals K_n, abgezinst auf einen bestimmten Bezugszeitpunkt 0. Der Barwert zum Zeitpunkt der Betrachtung „heute" wird auch als Gegenwartswert bezeichnet.
Als Abzinsen wird der Vorgang bezeichnet, mit dem der Wert einer zukünftigen Zahlung (allgemein: zu einem Zeitpunkt vor der Zahlung) ermittelt wird. Der Abzinsungsfaktor v^n ist der Kehrwert des Aufzinsungsfaktors r^n. Er wird sowohl mit wachsendem Zinssatz p als auch mit der Anzahl der zugrunde gelegten Zinsperioden n kleiner.

$$v^n = 1 / r^n = 1 / (1 + p / 100)^n$$

Beispiel:
Gesucht ist der Barwert K_0 einer Lebensversicherungssumme über 100.000 € bei einem Zinssatz von 6% p. a., fällig nach 25 Jahren.

$$K_0 = 100.000 \times 0{,}2330 = 23.300 \text{ €}$$

Bei vorschüssiger Verzinsung errechnet sich der Abzinsungsfaktor aus $(1-i)^n$. Diese Formel findet vornehmlich bei der degressiven Abschreibung (Abschreibung vom jeweiligen Restbuchwert bei gleichbleibendem Abschreibungssatz p) Anwendung.

Barwert einer jährlichen Rente
Ist am Ende einer jeden von n Zinsperioden eine Einlage (Rente) zu zahlen, so bezeichnet man den Barwert, den die Summe der Einlagen (Renten) unter Berücksichtigung von Zinseszinsen zum Bezugszeitpunkt (Beginn der ersten Zinsperiode) hat, als Rentenbarwert. Dieser wird mit Hilfe des Rentenbarwertfaktors a_n (auch Vervielfältiger genannt) ermittelt.

$$a_n = \frac{1 - v^n}{i} = \frac{r^n - 1}{r^n \times i} = \frac{(1+i)^n - 1}{(1+i)^n \times i}.$$

Mit wachsendem n strebt v^n gegen Null. Der Rentenbarwertfaktor einer ewigen Rente wird damit zu:

$$a_{n \to \infty} = \frac{1}{i}$$

Beispiel:
Gesucht ist der Barwert K_0 einer jährlichen Zahlung A von 12.000 € über einen Zeitraum von n = 20 Jahren bei einem Zinssatz von 6% p. a.

$$K_0 = 12.000 \times 11{,}4699 = 137.639 \text{ €}$$

Summe der Einzahlungen = $12.000 \times 20 = 240.000$ €

Beispiel:
Gesucht ist der Barwert einer ewigen Rente von 12.000 € pro Jahr bei einem Zinssatz von 6% p. a.

$$K_0 = 12.000 / 0{,}06 = 200.000 \text{ €}$$

Annuität eines Anfangskapitals

Bei Anleihen und Hypotheken ist i. d. R. eine planmäßige Tilgung vorgesehen. Dabei wird vielfach vereinbart, dass Zins- und Tilgungszahlungen der Schuld in gleichbleibenden Raten erfolgen. Eine Jahresrate wird als Annuität A bezeichnet. Der Barwert der Annuitäten muss mindestens dem Anfangsbetrag der Schuld entsprechen.

A $=$ Annuität

A $= K_0$ x $1 / a_n$ bei nachschüssigen Zins- und Tilgungszahlungen

K_0 $=$ Anfangsbetrag der Schuld

n $=$ Zahl der Jahre, in denen die Schuld getilgt werden soll

$1 / a_n$ $=$ Annuitätsfaktor (Wiedergewinnungsfaktor), der dem Kehrwert des Rentenbarwertfaktors (Vervielfältiger) entspricht

$$\frac{1}{a_n} = \frac{i}{1-v^n} = \frac{r^n \times i}{r^n - 1} = \frac{(1+i)^n \times i}{(1+i)^n - 1}$$

Will man aus einer vorgegebenen Annuität die Gesamttilgungsdauer n errechnen, so ist folgende Formel anzuwenden:

$$n = \frac{\log A - \log(A - (i \times K_o))}{\log r}$$

Beispiel:

Eine Schuld mit einem Anfangsbetrag K_0 von 10.000 € soll bei einer jährlichen Verzinsung von 6% in 11 gleichen Jahresraten nachschüssig verzinst und getilgt werden. Gesucht ist die Annuität A. Ferner ist der Tilgungszeitraum n anhand obiger Formel zu überprüfen.

$A = K_0$ x $1 / a_{11}$

$A = 10.000 \times 0,1268 = 1.268$ € p. a.

$$n = \frac{\log 1.268 - \log (1.268 - (0,06 \times 10.000)}{\log 1.06}$$

$$n = \frac{3,10312 - 2,82478}{0,02531} = 11 \text{ Jahre}$$

In der kaufmännischen Praxis werden zur Gewinnung einer Übersicht über die planmäßige Entwicklung der Schuld Tilgungspläne aufgestellt. Diese Pläne sind auch für die Bilanzierung von Interesse. Für das obige Zahlenbeispiel ergibt sich der Tilgungsplan gem. *Tabelle 2.1-17.*

Endwert einer jährlichen Rente

Ist am Ende einer jeden von n Zinsperioden eine Einlage A (Rente) zu zahlen, so bezeichnet man den Endwert, den die Summe der Einlagen (Renten) unter Berücksichtigung von Zinseszinsen am Ende der letzten Zinsperiode hat, als Rentenendwert K_n.

$K_n = A$ x e_n

e_n $=$ *Rentenendwertfaktor, der sich aus dem Rentenbarwertfaktor a_n durch Multiplikation mit dem Aufzinsungsfaktor r^n ergibt*

$$e_n = a_n \times r^n = \frac{r^n - 1}{i} = \frac{(1+i)^n - 1}{i}$$

Beispiel:

Wie groß ist der Endwert K_n einer jährlichen Zahlung von 12.000 € bei einem Zinssatz von 5% p. a. nach 20 Jahren?

$K_n = 12.000 \times (1,05^{20} - 1) / 0,05 =$
12.000 $\times$ 33,066 = 396.792 €

Annuität eines Endkapitals

Analog zur Annuität eines Anfangskapitals ergibt sich die Annuität A, um zu einem bestimmten Zeitpunkt ein bestimmtes Endkapital zur Verfügung zu haben, mit Hilfe des Wiedergewinnungsfaktors für den Endwert, der den Kehrwert des Rentenendwertfaktors darstellt oder aber auch den Wiedergewinnungsfaktor für das Anfangskapital, multipliziert mit dem Abzinsungsfaktor.

$$\frac{1}{e_n} = Wiedergewinnungsfaktor \; für \; das \; Endkapital$$

$$\frac{1}{e_n} = \frac{1}{a_n} \times v^n = \frac{i}{r^n - 1} = \frac{i}{(1+i)^n - 1}$$

Beispiel:

Gesucht ist die Höhe der jährlichen Zahlung A, um bei einer Verzinsung von 6% p. a. nach 20 Jahren

Tabelle 2.1-17 Tilgungsplan für ein Darlehen

n	Restschuld nach n Jahren K_n	Annuität Annuität	6 % Zinsen für das n. Jahr	Tilgung am Ende des n. Jahres T_n
Jahre	€	€	€	€
	(10.000)			
1	9.332	1.268	600	668
2	8.624	1.268	560	708
3	7.874	1.268	518	750
4	7.078	1.268	472	796
5	6.235	1.268	425	843
6	5.341	1.268	374	894
7	4.393	1.268	320	948
8	3.389	1.268	264	1004
9	2.324	1.268	203	1065
10	1.196	1.268	140	1128
11	0	1.268	72	1196
Summe		13.948	3.948	10.000

einen Endkapitalbetrag K_n von 100.000 € zur Verfügung zu haben.

$$A = K_n \times 1 / e_n$$

$$A = 100.000 \times 0{,}06 / (1{,}06^{20} - 1) =$$
$$100.000 \times 0{,}0272 = 2.720 \, €$$

Zinssatzarten

Im Zusammenhang mit Finanzierungsfragen und auch mit dynamischen Wirtschaftlichkeitsberechnungen sind verschiedene Arten des Zinssatzes von Bedeutung. Im Einzelnen werden der Nominal- und der Effektivzinssatz, der konforme Zinssatz und die unterjährige Verzinsung behandelt.

Der Nominalzins p_{nom} ist der auf den Nennwert eines Kapitals bezogene Zinssatz, z. B. 8% auf den Nennwert einer Kommunalanleihe.

Wesentlich wichtiger ist jedoch der Effektivzinssatz, der i. d. R. mit der Nominalverzinsung nicht übereinstimmt. Er wird von folgenden Faktoren bestimmt:

- dem Kurswert oder Zinszahlungskurs,
- dem Nominalzinssatz,
- den Zinsterminen (jährlich, halbjährlich, vierteljährlich oder monatlich) und
- den Zinszeitpunkten (nach- oder vorschüssig).

Zur genaueren Errechnung des Effektivzinssatzes sind z. T. komplizierte Formeln der Zinseszinsrechnung erforderlich. Eine Näherungsformel bei nachschüssiger Verzinsung und jährlichen Zins- und Tilgungszahlungen lautet:

$$p_{\mathit{eff}} = \frac{p_{nom}}{Kurswert\,(\%)} \times 100 + \frac{100 \, ./. \; Kurswert\,(\%)}{Laufzeit \, n \, in \, Jahren}$$

Beispiel:

Gesucht ist die Höhe des Effektivzinssatzes p_{eff} bei einem Nominalzins p_{nom} von 6,25% p. a., einem Kurswert oder Auszahlungskurs von 92% und einer Laufzeit von 5 Jahren.

$$p_{\mathit{eff}} = \frac{6{,}25}{92} \times 100 + \frac{100 \, ./. \; 92}{5}$$
$$= 6{,}7935 + 1{,}6 = 8{,}3935\%$$

Ist vereinbart, dass die Zinsen in kleineren als jährlichen Zeitabständen abgerechnet werden, z. B. monatlich, so bezeichnet man den dem Jahreszins entsprechenden Zins als konformen Zinssatz p_{konf}. Er wird berechnet mit Hilfe der Gleichung:

$$p_{konf} = \frac{j_{(m)}}{m} \times 100 = \left[\left(1 + \frac{p}{100} \right)^{1/m} - 1 \right] \times 100$$

$m = Anzahl \, der \, Zinsabrechnungen \, p. \, a.$

Beispiel:
Gesucht ist der vierteljährliche konforme Zinssatz bei einem Jahreszins von

p = 8%.

$$p_{konf} = \frac{j_{(4)}}{4} \times 100 = \left[\left(1 + \frac{8}{100}\right)^{1/4} - 1 \right] \times 100 = 1,9427\%$$

Bei Kreditgeschäften, die weniger als ein Jahr dauern, spricht man von unterjährlicher Zinsabrechnung. Der Zinssatz ergibt sich dabei nach kaufmännischer Übung aus dem Jahreszins, multipliziert mit der Laufzeit in Tagen und dividiert durch 360, da das Jahr mit 360 Tagen und dementsprechend alle Monate einheitlich mit 30 Tagen angesetzt werden.

Beispiel:
Gesucht ist der Zinsbetrag eines Kapitals von 10.000 €, das für die Zeit vom 01.02. bis einschließlich 10.06. zu einem Jahreszins von 9% ausgeliehen wird.

Zinsbetrag = 10.000 × 0,09 × 130 / 360 = 325 €

Wahl des kalkulatorischen Zinssatzes
Um die Vorteilhaftigkeit einer Investition mit Hilfe dynamischer Wirtschaftlichkeitsberechnungen oder auch der Kosten-Nutzen-Analyse bzw. der Kostenwirksamkeitsanalyse beurteilen zu können, ist es erforderlich, einen kalkulatorischen Zinssatz festzulegen.

In der Realität kann man nicht von der Existenz eines vollkommenen Kapitalmarktes ausgehen. Es gibt vielmehr sowohl Beschränkungen für die Mittelaufnahme als auch differenzierte Zinssätze. Daher muss man sich für praktische Zwecke mit einer näherungsweisen Bestimmung des kalkulatorischen bzw. des Soll- und Habenzinssatzes begnügen.

Der kalkulatorische Zinssatz hat im Wesentlichen drei Funktionen zu erfüllen:

1. Er ist Ausdruck der vom Investor geforderten Mindestverzinsung des in der Investition gebundenen Kapitals.
2. Er steht stellvertretend für die Finanzierungskosten des Eigen- und Fremdkapitals.
3. Er macht als Diskontierungsfaktor die Ein- und Auszahlungsströme vergleichbar.

Zur näherungsweisen Bestimmung des kalkulatorischen Zinssatzes bestehen verschiedene Möglichkeiten:

1. Als kalkulatorischer Zinssatz wird der Kapitalmarktzins für langfristiges Fremdkapital (Anleihezinssatz) gewählt. Damit wird unterstellt, dass finanzielle Mittel zum Anleihezinssatz angelegt und aufgenommen werden können.
   Werden Investitionen primär durch selbst erwirtschaftete Mittel finanziert, so entspricht der kalkulatorische Zins in diesem Fall dem Anleihezins in seiner Funktion als Anlagezins.
   Werden Investitionen dagegen primär mit langfristigem Fremdkapital finanziert, so entspricht der kalkulatorische Zins dem Anleihezins in seiner Funktion als Aufnahmezins. Dabei wird vorausgesetzt, dass Beschränkungen für die Mittelaufnahme nicht existieren.
2. Weichen Sollzins und Habenzins voneinander ab, dann ist zu empfehlen, anstelle eines gespaltenen Zinssatzes entweder den Sollzins oder den Habenzins als einheitlichen Satz zu verwenden. Dabei wird unterstellt, dass im Zeitablauf eine Annäherung zwischen den beiden Sätzen zu erwarten ist. Diese Erwartung ist abhängig von den Möglichkeiten, mit Hilfe der Investitionspolitik den Anlagezins bzw. mit Hilfe der Finanzierungspolitik den Aufnahmezins zu steuern. Die vorsichtige Vorgehensweise besteht darin, den höheren Zins (i. d. R. den Sollzins) als einheitlichen kalkulatorischen Zins zu wählen.
3. Bei ausschließlicher Finanzierung mit Eigenkapital durch Einlagen oder Gewinneinbehalt entspricht der kalkulatorische Zins den anderweitigen Renditen der Anteilseigner.
4. Unterschiedliche Zinssätze für verschiedene Investitionsobjekte können dann richtig sein, wenn man einzelnen Projekten höhere Fremdkapitalanteile zurechnen kann oder die Investitionsprojekte unterschiedliche Risiken aufweisen.
5. Es ist sorgfältig zu unterscheiden, ob der geforderte Mindestzinssatz brutto vor Steuern oder netto nach Steuern zu verstehen ist. Seit dem 01.01.2009 gilt eine Abgeltungssteuer für Kapitalerträge von 25% (§ 43 ff EStG).

Einen Überblick über

– die Umlaufrendite für öffentliche Anleihen,
– die Preissteigerungsraten für Bürogebäude in
  v. H. gegenüber dem Vorjahr und
– die Entwicklung des Diskontsatzes der Deutschen Bundesbank (bis Dez. 1998), der abgelöst
  wurde vom Basiszins gemäß Diskontsatz-Über-
  leitungs-Gesetz (Jan. 1999–März 2002) und vom
  Basiszinssatz nach § 247 BGB (ab Jan. 2002),

bietet *Abb. 2.1-72* für den Zeitraum von 1964 bis
2007.

Näherungswerte für den realen kalkulatorischen
Zinssatz im Wohnungsbau ergeben sich aus der
Differenz zwischen der Umlaufrendite für öffent-
liche Anleihen und der Preissteigerungsrate im
Wohnungsbau.

2.1.7.2 Wirtschaftlichkeitsberechnungen (WB)

Bei WB ist zu unterscheiden zwischen den statischen (einperiodigen) und dynamischen (mehr-
periodigen) Verfahren (vgl. Tabelle 2.1-18).
Statische Verfahren vernachlässigen den zeitlich unterschiedlichen Anfall der durch eine Investitionsmaßnahme verursachten Einnahmen und
Ausgaben. Stattdessen werden Durchschnittswerte
einer charakteristischen Zeitperiode verwendet.
Sie eignen sich für Investitionen geringen Umfangs mit nur einzelwirtschaftlicher Wirkung und
sind immer dann zu bevorzugen, wenn

– keine differenzierten Daten für die gesamte
  Nutzungsdauer vorliegen bzw. der Aufwand für
  ihre Beschaffung nicht gerechtfertigt ist (Wirtschaftlichkeit der WB),
– eine einfache WB schnell durchgeführt werden
  soll und
– über Investitionsmaßnahmen oder Teile davon
  mit geringer Bedeutung bzw. niedrigen Kosten
  zu entscheiden ist.

Verfahren der statischen Wirtschaftlichkeitsberechnungen sind die *Kostenvergleichs-, die Erlös-
vergleichs-, die Gewinnvergleichs-, die Rentabili-
täts- und die Amortisationsrechnung.* Sie dienen in
erster Linie zur Beurteilung kleinerer Erweite-
rungs-, Rationalisierungs- oder Ersatzinvestiti-
onen. Mit ihrer Hilfe lässt sich nur eine Aussage
bezüglich der relativen Vorteilhaftigkeit von sich
gegenseitig ausschließenden Alternativen gewinnen. Die absolute Vorteilhaftigkeit einer Einzelmaßnahme ist wegen der dann fehlenden Ver-
gleichsmöglichkeit nicht überprüfbar.

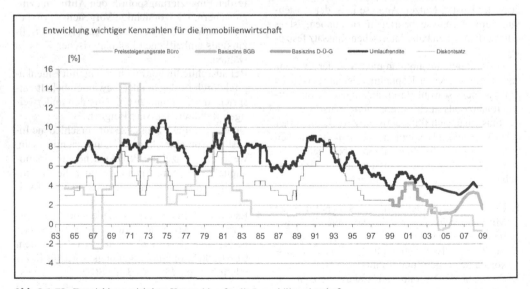

Abb. 2.1-72 Entwicklung wichtiger Kennzahlen für die Immobilienwirtschaft

Tabelle 2.1-18 Begriffe und Anwendungsbereiche der Verfahren für WB und NKU (Quelle: Diederichs, 1985, S. 12 f)

lfd. Nr.	Verfahren	Art der Teilziele	Art der Bewertung	Anwendungsbereiche und Ergebnisse
1	**Statische Verfahren der WB**			Betrachtung von Durchschnittswerten einer Zeitperiode; für Investitionen geringen Umfangs mit betrieblicher Wirkung
1.1	Kostenvergleich	betriebliche Kosten	in WE[1]	einzelwirtschaftlicher Vergleich der Kosten
1.2	Gewinnvergleich	betrieblicher Aufwand und Ertrag	in WE[1]	einzelwirtschaftlicher Gewinn
1.3	Rentabilitätsrechnung	betriebliche Verzinsung des durchschnittlichen Kapitaleinsatzes	%-Satz der WE[1]-Werte	einzelwirtschaftlicher Rentabilitätsvergleich
1.4	Amortisationsrechnung	betriebliche Wiedergewinnungszeit aus dem Quotienten des Kapitaleinsatzes und des jährlichen Rückflusses	Anzahl der Jahre aus dem Quotienten der WE[1]-Werte	einzelwirtschaftlicher Vergleich der Wiedergewinnungsdauern
2	**Dynamische Verfahren der WB**			Verwendung von Zeitreihen für Ein- und Auszahlungen und Barwertbetrachtungen durch kalkulatorischen Zinssatz
2.1	Kapitalwertmethode	betriebliche Ein- und Auszahlungsreihen	in WE[1]	einzelwirtschaftlicher Vergleich der Kapitalwerte
2.2	Methode des internen Zinsfußes	dto.	in WE[1]	einzelwirtschaftlicher Vergleich der internen Zinsfüße
2.3	Annuitätsmethode	dto.	in WE[1]	einzelwirtschaftlicher Vergleich der Annuitäten des Kapitalwertes
2.4	VOFI-Methode	dto.	in WE[1]	einzelwirtschaftlicher Vergleich der VOFI-Renditen
3	**Nutzen-Kosten-Untersuchungen**			Betrachtung einzel- und gesamtwirtschaftlicher Nutzen- und Kostenfaktoren; für Investitionen großen Umfanges mit betrieblicher und vor allem auch gesellschaftlicher/sozialer Wirkung
3.1	Kosten-Nutzen-Analyse (KNA)	betriebliche und gesellschaftliche Nutzen- und Kostenfaktoren	in WE[1]	Nutzen- und Kostenfaktoren sind überwiegend monetär bewertbar; gesamtwirtschaftlicher Nutzen-Kosten-Vergleich
3.2	Nutzwertanalyse (NWA)	betriebliche und gesellschaftliche Nutzenfaktoren (Kosten = Teilnutzen)	in gewichteten Nutzenpunkten	Nutzen- und Kostenfaktoren sind überwiegend nicht monetär bewertbar; gesamtwirtschaftlicher Vergleich der Nutzenpunkte
3.3	Kostenwirksamkeitsanalyse (KWA)	betriebliche und gesellschaftliche Nutzen- und Kostenfaktoren	Kostenfaktoren in WE[1], Nutzenfaktoren in gewichteten Nutzenpunkten	Kostenfaktoren sind überwiegend monetär bewertbar; Nutzenfaktoren sind überwiegend nicht monetär bewertbar; gesamtwirtschaftlicher Vergleich der Kostenwerte und Nutzenpunkte sowie des Nutzen/Kosten-Verhältnisses

[1] WE = Währungseinheiten

Da die vorgenannten Verfahren jeweils nur ein Wirtschaftlichkeitskriterium untersuchen, ist in der Praxis eine kombinierte Anwendung zu empfehlen. Erst dann können die betriebswirtschaftlich relevanten Kriterien der Kostenersparnis, des Gewinns, der Verzinsung des durchschnittlich eingesetzten Kapitals, des Vergleichs mit anderweitiger Kapitalverwendung und des Risikos sowie der Auswirkungen auf die Liquidität gemeinsam berücksichtigt werden.

In Tabelle 2.1-19 werden anhand eines Beispiels mit drei Investitionsalternativen zugleich ein Kostenvergleich, ein Gewinnvergleich, eine Rentabilitätsrechnung und eine Amortisationsrechnung vorgeführt.

Da die Nutzungsdauer und der Kapitaleinsatz unterschiedlich sind, hängt die Auswahl einer Alternative auch von den Annahmen über die mit der *Differenzinvestition* zu erzielenden Erfolge ab. Führt die nach Ablauf der Nutzungsdauer der Investitionsalternative III mögliche Kapitalanlage nicht mehr zu einem Jahresgewinn von 15.000, kann man nur den Gesamtgewinn aller Perioden heranziehen (90.000 zzgl. 4 x Gewinn der zukünftigen Differenzinvestitionen) im Vergleich zu 130.000 und 80.000 € der Alternativen I und II.

Da hier auch der Kapitaleinsatz unterschiedlich und das Kapital i. d. R. Engpassfaktor ist, so ist die Rechnung um die Rentabilitätsziffer zu ergänzen.

Beträgt das Gesamtbudget z. B. 150.000, so wären drei Anlagen des Typs II zu wählen. Kommt allerdings nur die Beschaffung von einer Einheit des Typs II in Frage und schließen sich die Alternativen nicht gegenseitig aus, so würde sich das Investitionsprogramm aus den Objekten I und II zusammensetzen. Dieses Programm ist jedoch nur dann optimal, wenn entweder die Nutzungsdauern der Objekte gleich lang sind oder aber man die betreffende Investition beliebig oft wiederholen kann. Sind diese Bedingungen nicht erfüllt, so muss man die in Zukunft zu erwartenden Renditen der Differenzinvestitionen miteinbeziehen.

Als Grundlage für die Schätzung des Risikos ist die Amortisationsdauer zusätzlich heranzuziehen. Alternative III hat zwar die kürzeste Amortisationsdauer, aber auch die geringste Rückflussanzahl (Verhältnis zwischen Nutzungs- und Amortisationsdauer).

Es zeigt sich, dass erst eine gemeinsame Betrachtung der jährlichen Kosten, Gewinne und Rentabilitäten sowie zusätzlich der Amortisationsdauern zur Beurteilung des Risikos eine umfassende Beurteilung der Vorteilhaftigkeit von Investitionen mit Hilfe statischer Wirtschaftlichkeitsberechnungen zulässt.

Den *dynamischen Wirtschaftlichkeitsberechnungen* ist gemeinsam, dass sie im Gegensatz zu den statischen Verfahren nicht mit Durchschnitts-

Tabelle 2.1-19 Lösung des Auswahlproblems mit statischen Wirtschaftlichkeitsberechnungen bei der Bestimmung eines Investitionsprogramms (Kretschmer 1981, S. 1410)

Zeile	Kriterien	Investitonsalternativen		
		I	**II**	**III**
1	Anschaffungspreis	100000	50000	150000
2	Durchschnittskapitaleinsatz	50000	25000	75000
3	Lebensdauer in Jahren	10	10	6
4	Leistungsmenge/Jahr	20000	10000	20000
5	Kosten /Jahr	24200	22000	39400
6	Kosten/Stück (Z5 : Z4)	1,21	2,20	1,97
7	Erträge/Stück	1,86	3,00	2,72
8	Gewinn/Jahr (Z7 −Z6) · Z4	13000	8000	15000
9	Totalgewinn über Nutzungsdauer	130000	80000	90000
10	Rentabilität pro Periode (Z8 : Z2) · 100	26 %	32 %	20 %
11	Amortisationsdauer (Z1 : (Z8 + Abschreibung))	4,3	3,8	3,75
12	Rückflussanzahl (Z3 : Z11)	2,32	2,63	1,60

werten arbeiten, sondern durch Berücksichtigung von Zeitreihen für die Zahlungsströme der Ein- und Ausgaben sowie Ab- oder Aufzinsung auf einen festen Bezugszeitpunkt die Vorteilhaftigkeit von Investitionen für die gesamte Nutzungsdauer bzw. bis zu einem bestimmten Planungshorizont untersuchen. Kriterien der Vorteilhaftigkeit sind die Höhe der Kapitalwerte, der internen Zinsfüße oder der Annuitäten.

Mit allen Verfahren können sowohl einzelne Investitionen beurteilt als auch Auswahlprobleme zwischen verschiedenen Alternativen gelöst werden.

Die Ausgaben setzen sich zusammen aus den Anschaffungsausgaben, den variablen Ausgaben für Löhne, Stoffe, Geräte und Fremdleistungen sowie den laufenden fixen Ausgaben zur Aufrechterhaltung der Betriebsbereitschaft.

Die Einnahmen sind das Ergebnis der Bewertung der mit der Investitionsmaßnahme erzielten Leistungen.

Kapitalwertmethode
Ziel der Kapitalwertmethode ist die Ermittlung des Kapitalwertes einer Einzelinvestition oder alternativer Investitionen.

Der *Kapitalwert* ist definiert als Differenz der Barwerte von Einnahmen- und Ausgabenreihen. *Barwerte* sind die auf einen gemeinsamen Bezugszeitpunkt ab- oder aufgezinsten Einnahmen und Ausgaben. Die Ab- bzw. Aufzinsung wird zu einem *kalkulatorischen Zinssatz* vorgenommen, der den Renditeerwartungen des Investors Rechnung tragen muss.

Die Art der Ermittlung und damit seiner Höhe hängt von den jeweiligen betrieblichen Anlage- und Finanzierungsmöglichkeiten ab. Bei fixem Eigenkapitalbestand, der in jedem Fall benötigt wird, und bei Fremdkapitalaufnahmemöglichkeit zu konstantem Zins entspricht der Kalkulationszinssatz mindestens dem Fremdkapitalzinssatz. Dabei ist ferner zu unterscheiden, ob bei den Einnahmen- und Ausgabenreihen mit konstanten Preisen oder mit laufenden Preisen unter Einbeziehung von Indexsteigerungen gerechnet wird. Bei konstanten Preisen ist der Nominalzins anzusetzen. Bei laufenden Preisen ergibt sich eine Näherungslösung, wenn die Preissteigerung (z. B. 2%) vom kalkulatorischen Zinssatz abgezogen wird, d. h. 6% − 2%=4%. Eine genaue Lösung erhält man durch Aufzinsung mit 2% und Abzinsung mit 6%.

Da der Soll- und Habenzins (Aufnahme- und Anlagezins) üblicherweise voneinander abweichen, ist zu empfehlen, anstelle eines gespaltenen Zinssatzes mindestens den höheren Zins (i. d. R. den Sollzins) als einheitlichen kalkulatorischen Zins zu wählen.

Sorgfältig zu unterscheiden ist auch, ob der geforderte Mindestzinssatz brutto vor Steuern oder netto nach Steuern zu verstehen ist. Bei Kapitalgesellschaften ergibt sich z. B. bei einer geforderten Nettoverzinsung von 6% eine erforderliche Bruttoverzinsung von etwa 12% bei einem durchschnittlichen Einkommensteuersatz von 45% sowohl der Fremd- als auch der Eigenkapitalgeber.

Die Errechnung des Kapitalwertes einer Einzelinvestition setzt voraus, dass ihre Einnahmen und Ausgaben bzw. Saldi isoliert und bis zum Planungshorizont sowohl der Höhe als auch der zeitlichen Verteilung nach prognostiziert werden können.

Beim Alternativenvergleich einschließlich Ersatzproblem ist sicherzustellen, dass die Alternativen vollständig sind, d. h., dass das jeweils gebundene Kapital jeweils gleich hoch und der Betrachtungszeitraum gleich lang ist. Dies wird beim Ersatzproblem dadurch gewährleistet, dass die Betrachtung nach einem für alle Alternativen gleichen Zeitraum abgebrochen und für dann noch funktionsfähige Anlagen mit Restwerten gearbeitet wird. Investitionsalternativen mit unterschiedlicher Kapitalbindung (im Anschaffungspreis, in der Nutzungsdauer und der zeitlichen Verteilung der Einnahmen und Ausgaben) werden durch Differenzinvestitionen vergleichbar gemacht. Führt man die Differenzinvestitionen nicht in den rechnerischen Vergleich ein, so wird davon ausgegangen, dass sie einen Kapitalwert von 0 erbringen.

Nach der Kapitalwertmethode ist die *absolute Vorteilhaftigkeit einer Einzelinvestition* wie folgt zu beurteilen:

- Ist der Kapitalwert positiv, so wird durch die Investition eine höhere Verzinsung des eingesetzten Kapitals erzielt als mit dem kalkulatorischen Zinsfuß vorausgesetzt, d. h., es wird darüber hinaus ein Vermögenszuwachs erwirtschaftet.
- Ist der Kapitalwert negativ, so erreicht die Investition die geforderte kalkulatorische Verzinsung des Kapitaleinsatzes nicht.

– Ist der Kapitalwert gleich Null, wird die Mindestverzinsung zum kalkulatorischen Zinssatz
genau erreicht.

Für die Beurteilung der *relativen Vorteilhaftigkeit
von alternativen Investitionsmaßnahmen* gilt, dass
eine Investition A vorteilhafter ist als eine Investition B, wenn der Kapitalwert von A höher ist als
der von B. Die Realisierung von A ist dann zu befürworten, wenn A außerdem dem Kriterium der
absoluten Vorteilhaftigkeit genügt, d. h. einen positiven Kapitalwert besitzt.

Soll eine im Betrieb befindliche alte Anlage daraufhin überprüft werden, wann sie durch eine
neue Anlage ersetzt werden sollte, so handelt es
sich um das Ersatzproblem. Ein sofortiger Ersatz
der alten Anlage ist dann vorteilhafter als erst nach
Ablauf ihrer Restnutzungsdauer, wenn der Kapitalwert einer neuen Anlage zzgl. des Liquidations-
erlöses der alten Anlage größer ist als der Kapitalwert der alten Anlage.

Die Formel zur Berechnung des Kapitalwertes lautet:

$$KW = \sum_{t=1}^{n} (E_t - A_t) x\ v^t + RW\ x\ v^n - AP$$

KW = *Kapitalwert aus jährlichen Einnahmen Et
und Ausgaben At, dem Anschaffungspreis
AP und dem Restwert RW$_n$*

E_t = *Einzahlungen in der Periode t*

A_t = *Auszahlungen in der Periode t, d. h. laufende Kosten ohne Abschreibung und Zins
(kalkulatorische Abschreibung und kalkulatorische Zinsen sind nicht anzusetzen, da
der Anschaffungspreis (der Kapitaleinsatz)
zum Zeitpunkt seines Anfalls (seiner Aus-
gabewirksamkeit) bereits in voller Höhe
und die gewünschte Mindestverzinsung
durch Ab- oder Aufzinsung mit dem kalkulatorischen Zinssatz berücksichtigt werden)*

p = *kalkulatorischer Zinssatz*

i = *p/100*

r = *(1 + i)*

v^t = *Abzinsungsfaktor*

t = *jeweilige Zinsperiode*

$$v^t = \frac{1}{r^t} = \frac{1}{(1+\frac{p}{100})^t} = \frac{1}{(1+i)^t}$$

n = *Anzahl der betrachteten Zinsperioden bzw.
Nutzungsdauer der Investition (letztes Jahr
von t)*

RW = *Restwert = Restverkaufserlös (nicht Restbuchwert)*

AP = *Anschaffungspreis*

Bei der praktischen Anwendung empfiehlt es sich,
die Einnahmeüberschüsse ($E_t - A_t$) getrennt zu betrachten, damit die Unterschiede im zeitmäßigen
und wertmäßigen Anfall von Einnahmen und Ausgaben deutlich werden.

Für die Barwertermittlung wird als gemeinsamer Bezugszeitpunkt i. d. R. der Gegenwartszeitpunkt oder das Jahr der Investitionen gewählt.

Bei konstanten jährlichen Einnahmen oder Ausgaben können Barwerte auch durch Multiplikation
der konstanten Jahresraten mit dem Rentenbarwertfaktor a$_n$ ermittelt werden:

BW = *konstante Jahresrate (der Einnahmen oder
Ausgaben)* × a$_n$

BW = *Barwert = Gegenwartswert*

$$a_n = \frac{r^n - 1}{r^n \times i} = \frac{(1+i)^n - 1}{(1+i)^n \times i},$$

a_n = *Rentenbarwertfaktor (Vervielfältiger)*

Der wesentliche Vorteil der Kapitalwertmethode
liegt in der angemessenen Berücksichtigung des
Zeitfaktors mit langfristiger Betrachtungsweise
anstelle der Verwendung von Durchschnittswerten
bei der statischen Investitionsrechnung.

Nachteilig ist die aufwändigere Datenbeschaf-
fung gegenüber den statischen Verfahren. Weiterhin bleiben – wie bei allen monovariablen Wirtschaftlichkeitsberechnungen – die Wirkungen
nicht monetär bewertbarer Einflussfaktoren von
der Methode her unberücksichtigt.

In einem Beispiel wird die relative Vorteilhaftigkeit von zwei Alternativprojekten I und II anhand ihrer Kapitalwerte untersucht. Der in *Tabelle 2.1-20* dargestellte Vergleich zeigt, dass Projekt I gegenüber Projekt II wegen eines um (8.946 − 2.170) = 6.776 höheren Kapitalwertes vorzuziehen ist. Beide Projekte sind absolut vorteilhaft, da sie beide einen positiven Kapitalwert aufweisen. Wird beim Projekt II im 3. Jahr eine Nachfolgeinvestition vorgenommen, so erhöht sich bei einem Betrachtungszeitraum von 5 Jahren der Kapitalwert von Projekt II von 2.170 um 11.362 auf 13.532. Im Saldo der Einnahmen und Ausgaben des Projektes II in Höhe von − 70.000 (Zeitwert) im 5. Jahr ist der Liquidationserlös

der Nachfolgeinvestition bereits enthalten. Nunmehr zeigt sich gem. *Tabelle 2.1-21*, dass Projekt II gegenüber Projekt I wegen eines um (13.532 − 8.946) = 4.586 höheren Kapitalwertes vorzuziehen ist.

Methode des internen Zinsfußes

Bei dieser Methode geht man nicht von der durch den kalkulatorischen Zinssatz p bestimmten Mindestverzinsung aus, mit deren Hilfe man den Kapitalwert ermittelt. Stattdessen sucht man den internen Zinsfuß p_i (Diskontierungszinssatz), der zu einem Kapitalwert von Null führt, d. h., bei dem die Barwerte der Einnahmen- und Ausgabenreihen gleich groß sind.

Tabelle 2.1-20 Vergleich der Kapitalwerte von zwei Projekten I und II (Quelle: Diederichs, 2005, S. 236)

Zahlungs-zeitpunkt	Abzinsungsfaktoren v^t für i = 0,10	Projekt I Nettozahlungen[1] (Zeitwert)	Nettozahlungen[1] (Barwert)	Projekt II Nettozahlungen[1] (Zeitwert)	Nettozahlungen[1] (Barwert)
0	1,0	− 100000	− 100000	− 60000	− 60000
1	0,9091	30000	27273	25000	22728
2	0,8264	40000	33056	25000	20660
3	0,7513	30000	22539	25000	18782
4	0,6830	20000	13660		
5	0,6209	20000	12418		
Kapitalwerte = Summe der Barwerte der Nettozahlungen			+ 8946		+ 2170

[1] Nettozahlungen = Einzahlungs- oder Auszahlungsüberschüsse

Tabelle 2.1-21 Vergleich der Kapitalwerte unter Berücksichtigung einer Nachfolgeinvestition bei Projekt II (Quelle: Diederichs, 2005, S. 236)

Zahlungs-zeitpunkt	Abzinsungsfaktoren v^t für i = 0,10	Projekt I Nettozahlungen (Barwert)	Projekt II Nettozahlungen[1] (Barwert)	Nachfolgeinvestition Nettozahlungen (Zeitwert)	Nachfolgeinvestition Nettozahlungen (Barwert)
0	1,0	− 100000	− 60000		
1	0,9091	27273	22728		
2	0,8264	33056	20660		
3	0,7513	22539	18782	− 70000	− 52591
4	0,6830	13660		30000	20490
5	0,6209	12418		70000	43463
Kapitalwerte		+ 8946	+2170		+11362
					+ 2170
Kapitalwert Projekt II inkl. Nachfolgeinvestition					+13532

Nach der Methode des internen Zinsfußes ist eine Einzelinvestition absolut vorteilhaft, wenn der interne Zinsfuß p_i einen bestimmten Wert erreicht, z. B. 5% über dem aktuellen Kapitalmarktanlagezins.

Eine Investition A ist relativ vorteilhafter im Vergleich zu einer Investition B, wenn sie einen höheren internen Zinsfuß aufweist als B. Zusätzlich muss der interne Zinsfuß von A einen vorgegebenen Mindestwert erreichen, damit die Maßnahme auch für sich allein empfohlen werden kann.

Beim Ersatzproblem ist ein sofortiger Ersatz der alten Anlage dem Ersatz erst nach Ablauf der Restnutzungsdauer dann vorzuziehen, wenn sich beim sofortigen Ersatz ein höherer interner Zinsfuß errechnet.

Die Methode des internen Zinsfußes erfordert die gleichen Voraussetzungen wie die Kapitalwertmethode, da sie auf diesem Verfahren basiert. Ihr Einsatz ist immer dann vorzuziehen, wenn nicht von vornherein ein bestimmter kalkulatorischer Zinssatz in die Berechnung eingeführt werden soll, sondern die Verzinsung des gebundenen Kapitals gefragt ist.

Der interne Zinsfuß p_i wird ermittelt, indem man die Kapitalwertfunktion = 0 setzt.

Bei schwankenden jährlichen Einnahmen und/oder Ausgaben E_t und A_t gilt die Beziehung:

$$KW = 0 \ mit$$

$$KW = \sum_{t=1}^{n} \left(E_t - A_t \right) \times v^t + RW \times v^n - AP$$

Bei konstanten jährlichen Einnahmen und Ausgaben E und A kann mit Hilfe des Rentenbarwertfaktors vereinfacht werden:

$$KW = (E{-}A) \times a_n + RW \times v_n - AP = 0$$

Die Auflösung der Gleichungen nach dem internen Zinsfuß p_i erfordert den Einsatz eines Tabellenkalkulationsprogramms (Lösung von Gleichungen n. Grades). Dieses ermittelt durch iteratives Einsetzen von Näherungswerten für den internen Zinssatz p_i einen Kapitalwert von 0 (Newton'sches Näherungsverfahren und lineare Interpolation (regula falsi)).

Annuitätenmethode

Die Annuitätenmethode weist als Erfolgskriterium die *Annuität*, d. h. den finanzmathematischen Durchschnittsgewinn bzw. -verlust der Investition pro Jahr

aus. Sie baut auf der Kapitalwertmethode auf. Die Annuität errechnet sich durch Umwandlung des Kapitalwertes der Investition in eine uniforme Rente von n Jahren durch Multiplikation des Kapitalwertes mit dem *reziproken Rentenbarwertfaktor* bzw. *Wiedergewinnungsfaktor*. Dieser Durchschnittsgewinn bzw. -verlust entspricht den gleichen Einnahmeüberschüssen pro Jahr ($E_t - A_t$) dem nicht abgezinsten Wert ($E_t - A_t$), der in die Kapitalwertberechnung einging.

Ist zusätzlich – wie meistens – eine Anschaffungsinvestition erforderlich und ein Restwert anzusetzen, so braucht man nur noch für diese die Annuitäten zu ermitteln und von dem Durchschnittsüberschuss bzw. -verlust abzuziehen bzw. ihm hinzuzufügen.

Für den Restwert und auch für jährlich schwankende Einnahmen und Ausgaben sind vorher die Barwerte mit Hilfe der Abzinsungsfaktoren zu ermitteln.

Die absolute Vorteilhaftigkeit einer Investition ist immer dann gegeben, wenn ihre Annuität nicht negativ ist. Dies ist definitionsgemäß immer dann der Fall, wenn auch der Kapitalwert nicht negativ ist.

Die relative Vorteilhaftigkeit einer Investition A ist gegeben, wenn sie eine höhere Annuität besitzt als die zu vergleichende Investition B. Weitere Voraussetzung ist, dass die Annuität von A positiv ist, es sei denn, dass im Alternativenvergleich die Rangreihe der Vorteilhaftigkeit aufgrund negativer Annuitäten ermittelt werden soll, z. B. der Baunutzungskosten.

Die Formel für die Anwendung der Annuitätenmethode lautet:

$$A \quad = \quad KW \, / \, a_n = KW \times 1/a_n$$

A = *Annuität* = *jährlich gleichbleibende Einnahme oder Ausgabe*

KW = *Kapitalwert aus jährlichen Einnahmen E_t und Ausgaben A_t, dem Anschaffungspreis AP und dem Restwert RW_n*

$$a_n = \frac{r^n - 1}{r^n \times i} = \frac{(1+i)^n - 1}{(1+i)^n \times i},$$

a_n = *Rentenbarwertfaktor (Vervielfältiger)*

$1/a_n$ = *Wiedergewinnungsfaktor*

$$\frac{1}{a_n} = \frac{(1+i)^n \times i}{(1+i)^n - 1}$$

Tabelle 2.1-22 Vergleich der Annuitäten (Nutzungskosten) von drei Bodenbelägen (Quelle: Diederichs, 2005, S. 239)

lfd. Nr.	Kriterien	Einheit	1 Betonwerkstein	2 Naturwerkstein	3 Keramik
0	Investitionsausgaben K BKI 2008	€/m²	52,–	114,–	58,–
1	Nutzungsdauer n	Jahre	25	40	20
2	Wiedergewinnungsfaktoren 1/an	1	0,07	0,06	0,08
3	für p = 5% p. a.				
4	Annuität für Zins und Abschreibung	€/(m²xa)	3,69	6,64	4,65
5	Reinigungsleistung	m²/Lh	160	140	180
6	Reinigungskosten[1]	€/(m²xa)	39,06	44,64	34,72
7	Bauunterhalt 2% von K	€/(m²xa)	1,04	2,28	1,16
8	Baunutzungskosten Zeilen 4 + 6 + 7	€/(m²xa)	43,79	53,56	40,53
9	Rangfolge	%; –	108,0; 2	132,1; 3	100; 1

[1] bei 250 Reinigungen p. a. und einem Lohnstundenverrechnungssatz von 25 €/Lh

In *Tabelle 2.1-22* wird die ökonomische Vorteilhaftigkeit von drei ausgewählten Bodenbelagsalternativen – Betonwerkstein, Naturwerkstein und Keramik – anhand ihrer Baunutzungskosten miteinander verglichen. Kapitalkosten und kalkulatorische Abschreibung sind mit Hilfe der Annuität zu ermitteln. Als kalkulatorischer Zinssatz p werden 5% p. a. zugrunde gelegt. Zusätzlich sind die jährlichen Kosten aus Reinigung und Bauunterhalt zu berücksichtigen. Keramik und Betonwerkstein liegen mit 8% Unterschied auf den Rängen 1 und 2. Der Naturstein auf Rang 3 erfordert um 32,1% höhere Nutzungskosten gegenüber dem Keramikbelag. Das Ergebnis wird maßgeblich bestimmt durch die Reinigungskosten.

Eine reine Ermittlung der jährlichen Nutzungskosten reicht aber vielfach für eine Entscheidung noch nicht aus. In die Beurteilung sind daher weitere nicht monetär bewertbare Faktoren einzubeziehen.

Im vorliegenden Fall zählen dazu z. B. die gestalterisch ästhetische Materialwirkung, das Nutzungsverhalten (Abrieb- und Rutschfestigkeit, elektrische Leitfähigkeit, Resistenz gegen Kaugummi, Zigarettenglut, Streusalz) und das bauphysikalische Verhalten (Feuerwiderstand, Schall- und Wärmedämmung, wärmeenergetische Speicherfähigkeit).

Instrument zur Einbeziehung dieser Kriterien ist die Nutzwertanalyse. Das Entscheidungsgremium kann dann anhand von vorgelegten Mustern und den Ergebnissen der Annuitätenmethode sowie der Nutzwertanalyse für die nicht monetär bewertbaren Kriterien seine Entscheidung fällen.

VOFI-Methode

VOFI bedeutet *„Vollständige Finanzpläne"*. Die VOFI-Methode unterscheidet sich von den anderen dynamischen Methoden der Investitionsrechnung, wie Kapitalwert- und Annuitäten-Methode, dadurch, dass alle mit der Investition verbundenen Ein- und Auszahlungen auf der Zeitachse mit ihren Zeitwerten (z. B. von t_0 bis t_n) auf den Planungshorizont t_n und nicht auf den Gegenwartszeitpunkt t_0 bezogen werden. Die grundsätzliche Vorgehensweise wird von Schulte (2002, S. 240–243) an einem Beispiel dargestellt, bei dem sich aus einer Investition in t_0 mit Anschaffungskosten von 1.000 € (Anfangskapital) innerhalb von 5 Jahren (am Ende von t_5) 1.606 € (Endkapital) entwickeln (vgl. Abb. 2.1-73). Hierzu stehen 500 € an Eigenkapital zur Verfügung, so dass weitere 500 € als Kredit aufgenommen werden müssen. Die VOFI-Rendite kann sowohl auf das eingesetzte Eigenkapital ($r_{VOFI, EK}$) als auch auf das Gesamtkapital ($r_{VOFI, GK}$) bezogen werden. In dem vorgenannten Beispiel ergeben sich folgende Renditen r_{VOFI}:

$$r_{VOFI, EK} = [(1.606/500)^{1/5}-1] \times 100 = 26,29\% \text{ p. a.}$$
$$r_{VOFI, GK} = [(1.606/1.000)^{1/5}-1] \times 100 = 9,94\% \text{ p. a.}$$

Die Anwendung der VOFI-Methode setzt daher z. B. für Gebäude/Bauwerke voraus, dass für diese die Zahlungsströme der voraussichtlichen Einnahmen aus Mieterträgen und Ausgaben aus Nutzungskosten sowie mögliche Reinvestitionen aus erwirtschafteten Überschüssen je Gebäude/Bauwerk ermittelt und

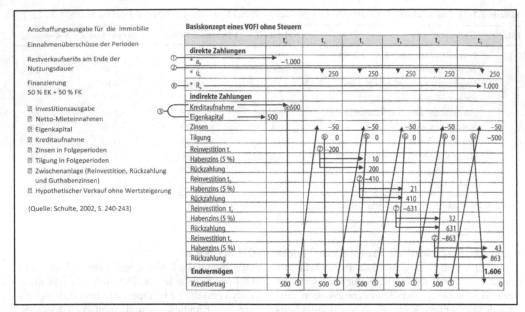

Abb. 2.1-73 Schematische Darstellung des Basiskonzeptes eines VOFI (Quelle: Schulte, 2002, S. 240-243)

in die VOFI-Eingaben übertragen werden. In die Zahlungsreihen der Ausgaben gehen auch die geplanten Instandhaltungsaufwendungen ein mit jährlicher Differenzierung für den Planungszeitraum nach Gebäuden/Bauwerken und Anlagengruppen. Ergebnisse sind für jedes Gebäude/Bauwerk die Eingabewerte der Einnahmen und Ausgaben und die daraus ermittelten VOFI-Renditen r_{VOFI}.

2.1.7.3 Nutzen-Kosten-Untersuchungen (NKU)

Die Anwendung von Nutzen-Kosten-Untersuchungen (NKU) empfiehlt sich für Investitionen größeren Umfangs, die nicht nur einzelwirtschaftliche (betriebliche), sondern auch gesamtwirtschaftliche (gesellschaftliche bzw. soziale) Nutzen- und Kostenwirkungen haben.

Im Wesentlichen haben sich drei Verfahren durchgesetzt:

– die Kosten-Nutzen-Analyse (KNA),
– die Nutzwertanalyse (NWA) und
– die Kostenwirksamkeitsanalyse (KWA).

Die beiden letztgenannten Verfahren erlauben auch die Einbeziehung nicht monetär bewertbarer Faktoren in die Wirtschaftlichkeitsbetrachtungen. Sie kommen daher durchaus auch zur Beurteilung von nur einzelwirtschaftlich relevanten Alternativen in Betracht, bei denen nicht monetär bewertbare Zielkriterien eine besondere Rolle spielen.

NKU verursachen einen erheblich höheren Aufwand als Wirtschaftlichkeitsberechnungen (WB), die damit erst auch durch die Bedeutung des jeweiligen Investitionsvorhabens ihre Rechtfertigung erlangen. Bei komplexen Entscheidungsproblemen empfiehlt sich jedoch deren systematische Anwendung mit der Aufteilung in Verfahrensstufen, der Lösung der Teilprobleme auf jeder Stufe und der anschließenden Zusammenfassung der gewonnenen Teilergebnisse, so dass das Gesamtergebnis eine Hilfe für die zu treffenden Entscheidungen oder für auszuwählende Verhaltensweisen darstellt.

Nachfolgend werden 12 Verfahrensstufen genannt, die je nach Komplexität der Investitionsentscheidung im Einzelfall zu durchlaufen sind:

1. Problemdefinition, Klären der Aufgabenstellung, Festlegen des Untersuchungsgegenstandes und des Untersuchungszieles,
2. Aufstellen des Zielsystems mit kosten- und nutzenrelevanten Teilzielen,
3. Gewichten der Teilziele nach ihrer Bedeutung für das Gesamtziel mittels Intervall- oder Verhältnisskalierung,
4. Aufzeigen der K.O.-Kriterien, der Randbedingungen und Bestimmen des Entscheidungsfeldes durch die objektiv gegebenen Umwelteinflüsse,
5. Vorauswahl der in der weiteren Analyse zu untersuchenden möglichen Alternativen, die nicht aufgrund der K.O.-Kriterien auszuschließen sind,
6. Erfassen und Beschreiben der entscheidungsrelevanten Vorteile (Nutzen) und Nachteile (Kosten) der Alternativen, Prognose der Auswirkungen der Maßnahmen während der angenommenen ökonomischen Nutzungsdauern,
7. Messen der Zielerreichungsgrade der Teilziele, Erarbeiten von Messergebnissen mit möglichst kardinaler, ggf. auch ordinaler oder nominaler Skalierung,
8. Bewerten der Zielerreichungsgrade der Teilziele, bei kardinalen Messergebnissen in Geldeinheiten, soweit möglich, sowie aller übrigen Messergebnisse mit Nutzenpunkten unter Anwendung von Transformations- oder Normierungsfunktionen,
9. Auswahlvorschlag für die beste Alternative durch Gegenüberstellen der quantifizierten Nutzen- und Kostenalternativen, Zusammenfassen der Einzelbewertungen zu einer Gesamtbewertung
   – durch ein Verfahren der statischen oder dynamischen WB, sofern nur betriebliche Teilziele relevant, die alle monetär bewertbar sind,
   – durch eine KNA, sofern betriebliche und gesellschaftliche Kriterien relevant, die alle mit Geldeinheiten bewertbar sind,
   – durch eine NWA, sofern betriebliche und ggf. auch gesellschaftliche Kriterien relevant, die jedoch überwiegend nur mit Nutzenpunkten bewertbar sind, oder
   – durch eine KWA, sofern betriebliche und ggf. auch gesellschaftliche Kriterien relevant, wobei die Kostenkriterien in Geldeinheiten und die Nutzenkriterien mit Nutzenpunkten bewertbar sind,

10. Sensitivitätsanalyse durch Bestimmen der Unsicherheitsfaktoren und ihrer Auswirkungen auf die Analyseergebnisse, Verfahren der kritischen Werte, Verfahren zur Ermittlung der Outputänderung bei vorgegebener Inputänderung,
11. Diskussion der nicht quantifizierten Nutzen und Kosten, verbales Beschreiben der möglichen Auswirkungen intangibler Effekte, die ggf. bei der Untersuchung ausschließlich monetär bewerteter Nutzen und Kosten unberücksichtigt geblieben sind, sowie
12. kritische Gesamtbeurteilung des Untersuchungsergebnisses als Grundlage der Auswahlentscheidung, Vorgabe von Empfehlungen für das weitere Vorgehen.

Wegen der häufigen Anwendungsmöglichkeiten wird nachfolgend die *Nutzwertanalyse* (*NWA*) näher erläutert und an einem Beispiel verdeutlicht.

Zur KNA und KWA vgl. Diederichs, 2005, S. 241 ff. und 247 ff.

Nutzwertanalyse (NWA)
Die NWA kommt zur Anwendung, wenn einige der einzel- oder gesamtwirtschaftlichen Zielkriterien nicht in Geldeinheiten, sondern nur mit Nutzenpunkten bewertet werden können.

Sie erlaubt damit auch multivariable Zielsysteme. Alle Teilziele inkl. der nicht in Geldeinheiten bewertbaren gesellschaftlichen, ökologischen, ästhetischen und sonstigen nicht ökonomischen Faktoren werden durch eine Bewertung mit Nutzenpunkten gleichnamig gemacht und entsprechend ihrer Bedeutung für den gesamten Nutzen gewichtet. Die für jedes Kriterium vergebenen Nutzenpunkte werden mit den Gewichtungsfaktoren multipliziert und ergeben damit gewichtete Nutzenpunkte. Aus der Addition ergibt sich der Gesamtnutzwert der betrachteten Maßnahme.

Mit einer NWA kann nicht entschieden werden, ob eine Maßnahme für sich allein unter Berücksichtigung eines mehrdimensionalen Zielsystems zu befürworten ist. Sie lässt nur eine Aussage zu über die relative Vorteilhaftigkeit beim Vergleich alternativer Maßnahmen und ermöglicht das Aufstellen einer Rangfolge. Dies gilt auch für den Vergleich zwischen Mit- und Ohne-Fall, d. h. zwischen Tun und Unterlassen. Die Maßnahme mit dem höchsten Gesamtnutzwert (den höchsten gewichteten Nutzenpunkten) ist – bezogen auf die in die NWA einbezogenen Teilziele – am vorteilhaftesten und gegenüber den anderen Maßnahmen zu bevorzugen.

Die NWA verlangt, dass möglichst viele Teilziele kardinal gemessen und über Transformationsfunktionen mit Nutzenpunkten bewertet werden können. Bei nur ordinaler oder nominaler Mess-/Bewertbarkeit von Teilzielen hat die methodisch nicht ganz einwandfreie, jedoch in der Praxis übliche unmittelbare Bewertung mit Nutzenpunkten ohne vorausgehende Messung des Erfüllungsgrades der Teilziele vielfach stark subjektiven Charakter.

Die Betrachtung der finanziellen Konsequenzen als Teilaspekt der NWA besitzt den Vorteil, dass der Entscheidungsträger auch über die wirtschaftlichen Konsequenzen der Maßnahme informiert wird.

Die NWA ist keine geschlossene Entscheidungsrechnung, sondern ein offener Entscheidungsrahmen zur Gewährleistung von Transparenz und Nachvollziehbarkeit der Entscheidungsfindung. Einzelne Inputgrößen sind das Ergebnis subjektiver Beurteilung. Gerade im Hinblick auf diese Daten ist es wichtig zu wissen, ob und inwieweit sich Fehlurteile auf das Ergebnis der NWA auswirken. Diese Frage muss mit Hilfe von *Sensitivitätsanalysen* sorgfältig geprüft werden.

Die Durchführung einer NWA ist relativ aufwändig. Sie sollte sich daher auf komplexe Investitionen mit einer Vielzahl entscheidungsrelevanter, mit einer WB nicht erfassbarer Faktoren beschränken.

Durch Begrenzung des Zielkatalogs auf Teilaspekte der relevanten Probleme besteht die Gefahr der Verschleierung von Konfliktpunkten. Der Anschein wissenschaftlicher Herleitung kann bei Missbrauch zur Begünstigung irrationaler Entscheidungen führen.

Bei der NWA gibt es keine *intangiblen Effekte*, da auch nur verbal beschreibbare Kriterien wie z. B. Beeinträchtigung der schönen Aussicht oder Veränderung der städtebaulichen Struktur durchaus mit Nutzenpunkten bewertbar sind und somit auch in den Zielkatalog einbezogen werden können.

Die einzelnen Verfahrensschritte sollen durch das nachfolgende *Beispiel* verdeutlicht werden:

Für die Auswahl einer Gewerbegebietsfläche in einer Kreisstadt soll als Entscheidungshilfe eine NWA erstellt werden (*Tabelle 2.1-23*). Bei der

Auswahl eines Grundstückes für z. B. ein Amtsgerichtsgebäude, ein Krankenhaus, eine Schule oder einen einzelnen Gewerbebetrieb ist analog vorzugehen.

– Aufstellen des hierarchisch strukturierten mehrdimensionalen Zielkatalogs mit z. B. bis zu drei Hierarchieebenen und operationale Formulierung der Teilziele k_j auf der jeweils untersten Ebene
– Gewichten der Teilziele zur Berücksichtigung ihrer relativen Bedeutung für das Gesamtziel durch prozentuale Zielgewichte g_j; es empfiehlt sich, diese subjektive Einschätzung nicht nur von der Gruppe vornehmen zu lassen, die die NWA erstellt. Durch schriftliche Befragung aller beteiligten Stellen wird gewährleistet, dass die unterschiedlichen Interessenslagen ihren Niederschlag in der Gewichtung finden. Im vorliegenden Fall werden 100 Gewichtspunkte G_j zunächst auf die drei Teilziele mit 40, 35 und 25 Punkten aufgeteilt. Anschließend werden diese Punktzahlen auf eine bzw. zwei weitere Hierarchieebenen verteilt.
– Auswahl der Alternativen A_i:
  A1 Gebiet südwestlicher Ortsrand
  A2 Gebiet nordwestlicher Ortsrand
  A3 Gebiet Nordrand
– Messen und Bewerten der Erfüllungsgrade der Teilziele. Die Messergebnisse können nur durch sorgfältige Untersuchungen gewonnen werden. Teilweise ist auch die Einschaltung von Gutachtern erforderlich, z. B. bei der Ermittlung der Tragfähigkeit des Baugrundes. Zu den Teilzeilen gehören auch geringe Kosten (vgl. Nrn. 1.12, 1.32, 1.41 und 1.42). Dazu sind entsprechende Bewertungen in Geldeinheiten erforderlich.

Für die Umformung der mehrdimensionalen Messergebnisse in eindimensionale Nutzenpunkte werden Transformationsfunktionen verwendet, die auszugsweise in *Abb. 2.1-74* dargestellt sind. Die verbale Erläuterung zu der jeweiligen Punktzahl bietet dabei eine entsprechende Orientierungshilfe. Ergebnis sind die Zielertragswerte k_{ij}.

– Ermitteln der Teilnutzwerte N_{ij} durch Multiplikation der Zielertragswerte k_{ij} für alle Alternativen mit den Zielgewichten g_j
– Ermitteln der Gesamtnutzwerte N_i durch Addition der Teilnutzwerte N_{ij} und Rangbestimmung;

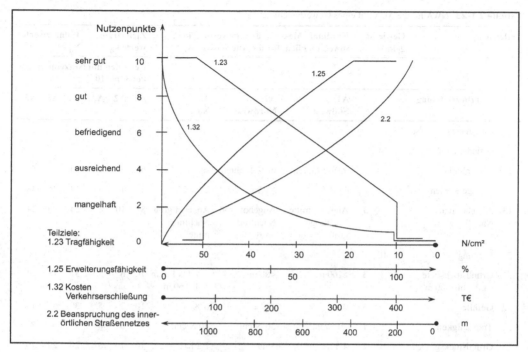

Abb. 2.1-74 Transformationsfunktionen zur NWA (Auszug)

aus der Addition der Teilnutzwerte ergibt sich gemäß *Tabelle 2.1-23* Rang 1 für das Gebiet am Nordrand (A3) mit 794 gewichteten Punkten, Rang 2 für das Gebiet am südwestlichen Ortsrand (A1) mit 753 gewichteten Punkten und Rang 3 für das Gebiet am nordwestlichen Ortsrand (A2) mit nur 456 gewichteten Punkten.

– Sensitivitätsanalyse und Interpretation des Ergebnisses: Die Alternative A3 weist einen nur um 41 gewichtete Punkte höheren Nutzen aus als A1. A2 ist dagegen mit einem Rückstand von 338 bzw. 297 Punkten weit abgeschlagen. Sie scheidet daher aus den weiteren Betrachtungen aus. Für die Alternativen A1 und A3 ist jedoch durch eine Sensitivitätsanalyse zu untersuchen, ob und inwieweit durch eine Veränderung der Ausgangsgrößen Veränderungen des Gesamtnutzwertes und damit ggf. auch der Rangfolge ausgelöst werden. Dabei ist den Konsequenzen veränderter Gewichtungen und Bewertungen oder auch veränderter Teilziele besondere Aufmerksamkeit zu schenken. Als

Ergebnis der Sensitivitätsanalyse ist ein Entscheidungsvorschlag zugunsten von A1 oder A3 zu erarbeiten.

Vertiefende Informationen enthalten Diederichs 2005 und 1985.

2.1.8 Unternehmensfinanzierung

Wirtschaftlicher Zweck jedes Unternehmens ist es, durch Kombination von Produktionsfaktoren Waren oder Dienstleistungen zu erzeugen und diese Gewinn bringend am Markt zu verwerten. Den Ausgaben für die Beschaffung der Produktionsfaktoren stehen Einnahmen aus der Leistungsverwertung gegenüber. Da die Ausgaben i. d. R. vor den Einnahmen anfallen, ist im Unternehmen ständig eine Geldmenge gebunden, die von der Kapitalbindungsdauer (Zeitspanne zwischen Ausgabe und Einnahme) abhängt. Bei Gründung eines Unternehmens muss diesem zunächst von außen Kapital

Tabelle 2.1-23 NWA für die Auswahl eines Gewerbegebietes

Teilziele k_j		Gewichte g_j in %	Kardinale Messung bzw. Bewertung in €, soweit möglich, für die Alternativen A_i			Zielertragswerte k_{ij}			Teilnutzwerte N_{ij}		
						Bewerten mit Nutzenpunkten von 0 bis 10					
Nr.	**Kurzbezeichnung**		**A1: Südwest**	**A2: Nordwest**	**A3: Nord**	**A1**	**A2**	**A3**	**A1**	**A2**	**A3**
1	Geeignetes Grundst.	40									
1.1	Grundstücksmarkt	14									
1.11	Verfügbarkeit	5	in 1–2 Jahren	in 1–2 Jahren	sofort	6	6	10	30	30	50
1.12	geringe Kosten	6	4 €/m²	4 €/m²	2 €/m²	4	4	8	24	24	48
1.13	Angebot und Nachfrage	3	Angebot mittel Nachfrage groß	Angebot groß Nachfrage groß	Angebot groß Nachfrage mittel	8	10	8	24	30	24
1.2	Eignung	10									
1.21	Grundstückstiefe ca. 80 bis 100 m?	3	>100 m	<80 m	z. T. bis 100 m z. T. >60 m	10	6	8	30	18	24
1.22	Gefälle	3	0 %	10 %	6 %	10	2	5	30	6	15
1.23	Tragfähigkeit	1	20 N/cm²	30 N/cm²	40 N/cm²	4	6	8	4	6	8
1.24	Grundstücksgröße >2.0 ha?	2	4,5 ha	3 ha	2,2 ha	10	10	8	20	20	16
1.25	Erweiterungsfähigkeit	1	>100 %	ca. 50 %	0 %	10	6	2	10	6	2
1.3	Verkehrserschließung	8									
1.31	Art	4	über Umgehungsstraße	über Ortsdurchfahrt	über Verbindungsstr. zur nächsten Gemeinde	8	4	6	2	6	4
1.32	Kosten	4	keine Zusatzkosten	Ausbau 100 T€	Ausbau 50 T€	10	2	4	40	8	6
1.4	Wasserversorgung Abwasserbeseitigung	8									
1.41	Wasserversorgung Kosten	4	direkter Anschluss, keine Zusatzkosten	Anschluss über Gemeindenetz Zuleitg. 25 T€	Lage an Quellgebiet Zuleitg. 10 T€	10	2	6	40	8	24
1.42	Abwasserbeseitigung Kosten	4	neuer Hauptsammler 50 T€	Anschluss an Hauptsammler 10 T€	Verlängerung Hauptsammler 30 T€	2	10	6	8	40	24

Tabelle 2.1-23 (Fortsetzung)

Teilziele k_j		Gewichte g_j in %	Kardinale Messung bzw. Bewertung in €, soweit möglich, für die Alternativen A_i			Zielertragswerte k_{ij}			Tellnutzwerte N_{ij}		
						Bewerten mit Nutzenpunkten von 0 bis 10					
Nr.	Kurzbezeichnung		A1: Südwest	A2: Nordwest	A3: Nord	A1	A2	A3	A1	A2	A3
2	Beeinflussung der Umweltbedingungen	35									
2.1	Beeinflussung der Wohnqualität	20									
2.11	Lärmbelästigung	8	Abstand zur Wohnbebauung ca. 30 m, nicht in Windrichtung	Abstand zur W.-bebauung ca. 50 m, z. T. in Windrichtung	Abstand zur Wohnbebauung 200 m mit Waldgürtel als Trennzone	6	2	10	48	16	80
2.12	Luftreinhaltung	8	wie vor	wie vor	wie vor, z. T. in Windrichtung	6	2	8	48	16	64
2.13	Erreichbarkeit der Gewerbegebiete zu Fuß	4	nahe Ortsmitte	nahe Ortsrand	800 m von Ortsmitte	10	8	4	40	32	16
2.2	Beanspruchung des innerörtlichen Straßennetzes	15	von Ortsmitte zur Umgehungsstraße ca. 500 m	gesamte Ortsdurchfahrt ca. 100 m	von Ortsmitte z. Gemeindeverbindungsstraße ca. 300 m	5	2	7	75	30	105
3	Erhaltung der Landwirtschaft	25									
3.1	Wird die Existenz von Landwirten bedroht?	15	nein, da nur Grünland geringer Qualität	z. T., da guter Ackerboden	nein, da Hof aus Altersgründen aufgegeben wird	10	6	10	150	90	150
3.2	Ersatzbeschaffung landwirtschaftlicher Nutzflächen notwendig?	10	nein	ca. 40 %	nein	10	6	10	100	60	100
	Summen	100							753	456	794

zur Verfügung gestellt werden, um die Unternehmensprozesse in Gang zu setzen.

Der Begriff *Finanzierung* umfasst alle Maßnahmen der Mittelbeschaffung und Rückzahlung und damit der Gestaltung der Zahlungs-, Informations-, Kontroll- und Sicherungsbeziehungen zwischen Unternehmen und Kapitalgebern.

Kapital (Passiva der Bilanz) bezeichnet alle einem Unternehmen zur Verfügung stehenden Finanzmittel zur Finanzierung der Vermögenswerte (Aktiva der Bilanz). Das Kapital ist grundsätzlich nach Eigen- und Fremdkapital zu unterscheiden. Eigenkapital sind die im Unternehmen eingesetzten finanziellen Mittel, die vom Unternehmer oder

Gesellschaftern des Unternehmens selbst eingebracht worden sind. Fremdkapital sind die dem
Unternehmen von Dritten, d. h. von Nichteigen-
tümern und damit Gläubigern, zur Verfügung gestellten Mittel.

2.1.8.1 Finanzierungsziele

Die strategischen Finanzierungsziele jedes Unternehmens sind i. d. R. auf die Bewahrung der Unabhängigkeit und Flexibilität ausgerichtet. Die taktischen und operativen Finanzierungsziele bestehen
in der Bewahrung der Liquidität und Finanzierungssicherheit sowie der Rentabilität.

Die Sicherstellung der erforderlichen *Liquidität*
bezeichnet die Fähigkeit eines Unternehmens, aktuellen und zukünftigen Zahlungsverpflichtungen
im Rahmen des normalen Geschäftsverkehrs fristgerecht und betragsgenau nachkommen zu können.
Durch eine im jeweiligen Planungszeitraum ausreichende Liquidität steht dem Unternehmen nicht
weniger, aber auch nicht mehr als das erforderliche Kapital zur Verfügung, um die Unterneh-
mens- und Betriebsprozesse zu finanzieren. Eine
betragsmäßige und zeitliche Koordinierung der
Einzahlungs- und Auszahlungsströme ist für den
störungsfreien Ablauf der Prozesse durch ständig
gegebene Zahlungsfähigkeit des Unternehmens unerlässlich.

Die *Rentabilität* wird ermittelt aus dem Wertver-
hältnis von erzieltem Jahresüberschuss und einge-
setztem Kapital. Dabei lassen sich unterscheiden:

- Eigenkapitalrentabilität =
  100 × Jahresüberschuss / Eigenkapital,
- Gesamtkapitalrentabilität =
  100 × (Jahresüberschuss + Fremdkapitalzinsen)
  /Gesamtkapital,
- Umsatzrentabilität =
  100 × Jahresüberschuss / Jahresumsatz und
- Betriebskapitalrentabilität =
  100 × Betriebsergebnis / betriebsnotwendiges
  Kapital.

Das strategische Ziel der *Unabhängigkeit* und *Flexibilität* wird dadurch bestimmt, dass jede Aufnahme externen Kapitals neue oder verstärkte Abhän-
gigkeitsverhältnisse von den jeweiligen Kapitalgebern schafft, z. B. zu den finanzierenden Banken.
Bei Eigenkapitalgebern entsteht ein unmittelbarer

Einfluss auf die Unternehmensführung. Strategische und taktische Aufgabe der Unternehmensführung im Bereich der Unternehmensfinanzierung
und Liquiditätssicherung ist daher die Erhaltung
der Kredit- und Beteiligungswürdigkeit zur Sicherung von Finanzierungspotenzialen.

Das Verhältnis zwischen den taktischen und
operativen Rentabilitäts- und Liquiditätszielen
wird dadurch gekennzeichnet, dass die Rentabilität
als maßgebliches Oberziel und die Liquidität als
existenzielle Nebenbedingung jeder unternehmerischen Tätigkeit anzusehen sind. Operative Aufgabe ist daher die Koordination von Einnahmen
und Ausgaben zur kurz- und mittelfristigen Liquiditätssicherung.

Das Finanzierungsziel der Unternehmenssiche-
rung ist eng verwandt mit dem Ziel der Liquiditätssicherung und steht in komplementärer Beziehung
zum Rentabilitätsziel. Zwar steigt die Eigenkapi-
talrendite linear mit dem Verschuldungsgrad, solange die Gesamtkapitalrendite größer ist als der
Fremdkapitalzins (Leverage-Effekt). Ein hoher
Verschuldungsgrad steigert aber das Liquiditätsrisiko. Daher achten Fremdkapitalgeber darauf, dass
das Unternehmensrisiko durch Eigenkapital abgedeckt wird. Die Geschäftsführung wiederum ist
auf Sicherheit der Kreditkonditionen bedacht, die
durch Laufzeit, Zinshöhe, Disagio und zu leistende
Darlehenssicherheiten bestimmt werden.

Die von der Deutschen Bundesbank (2009, S. 20
und 136) für das Jahr 2006 festgestellten Verhältniszahlen aus Jahresabschlüssen deutscher Bauunternehmen verdeutlichen, dass das Jahresergebnis aller
Unternehmen vor Gewinnsteuern mit 3,9% der Gesamtleistung bzw. mit 5,8% der Bilanzsumme deutlich höher war als dasjenige der Unternehmen des
Baugewerbes mit 2,7% bzw. 4,0%.

2.1.8.2 Einflussfaktoren auf die Finanzierungs-
und Liquiditätssituation

In jedem Unternehmen wird die Finanzierungs-
und Liquiditätssituation täglich durch zahlreiche
Einflussfaktoren verändert, die zu einer Abweichung zwischen den Wirtschaftsplänen (Soll) und
der tatsächlichen Entwicklung (Ist) führen.

Für die Bauwirtschaft sind insbesondere folgende *branchenspezifischen Einflussfaktoren* zu
nennen:

- die Notwendigkeit der strukturellen Veränderung seit dem Ende des Wiedervereinigungsbooms im Jahre 1995 und aufgrund des zu erwartenden Wettbewerbsdrucks durch die Erweiterung der EU
- die besondere Wettbewerbssituation der Unternehmen der Bauwirtschaft (Bauherrenorganisationen, Consulting-, General- und Einzelunternehmen) mit
  - überdurchschnittlicher Konjunkturabhängigkeit,
  - Rivalität unter den Wettbewerbern,
  - Verhandlungsmacht der Nachfrager-/Auftraggeberseite,
  - Verhandlungsmacht der Anbieterseite (Arbeitnehmer, Nachunternehmer, Baustoff- und Baumaschinenhändler),
  - Bedrohung durch neue Konkurrenten und neue Vertragsmodelle sowie
  - Bedrohung durch neue Geschäftsfelder und Projektarten
- die Abhängigkeit der Unternehmen mit vielfach nur wenigen zeitparallelen Einzelaufträgen, bei denen sich Mängelrügen und Androhungen von Vertragsstrafen im Zusammenhang mit dem Antrag auf rechtsgeschäftliche Abnahme und dadurch verzögerte Zahlungen unmittelbar auf die Finanzierungs- und Liquiditätssituation auswirken; bei Zahlungsverweigerung wird anstelle einer kurzfristigen schiedsgutachterlichen Klärung von manchen Auftraggebern häufig auf den Rechtsweg verwiesen, der aufgrund der Dauer der Gerichtsverfahren von mindestens einem und häufig über drei Jahren zu einem entsprechenden Zahlungsaufschub für die Auftraggeber und zwischenzeitlichen Insolvenzverfahren für die Unternehmer führt.

Unternehmensspezifische Einflussfaktoren sind

- die Rechtsform und Größe des Unternehmens mit dem für die Bauwirtschaft typischen Anteil der überwiegend kleinen Unternehmen,
- mangelnde Geschäftsfeldflexibilität bei Nachfrageschwankungen, da die Entwicklung neuer Geschäftsfelder, die als Marktnische angesehen werden, Vorinvestitionen und damit entsprechende Finanzmittel erfordert, sowie

- der Unternehmensstandort, da der Markt der kleinen Unternehmen häufig auf einen Aktionsradius von ca. 50 km räumlich begrenzt ist.

Auftragsspezifische Einflussfaktoren ergeben sich aus

- dem Auslastungsrisiko durch erteilte Aufträge und vorhandene Kapazitäten mit zeitlicher Oszillation zwischen Unter- und Überauslastung sowie
- dem Kalkulations- und Ausführungsrisiko durch Abweichungen zwischen vorkalkulatorischer Aufwandserwartung und durch die tatsächlichen Produktionsbedingungen erforderlichen Aufwänden mit der Schwierigkeit der Durchsetzung von Vergütungsänderungen aus Leistungsänderungen und Zusatzleistungen oder Schadensersatzansprüchen aus Behinderungen und dem daraus erwachsenden Liquiditätsrisiko der Vorfinanzierung erbrachter, aber (noch) nicht vergüteter Planungs- und Bauleistungen bzw. durch Mehrkosten entstandener Schäden.

2.1.8.3 Finanzierungsformen

Finanzierungsformen lassen sich nach der Herkunft des Kapitals, der Rechtsstellung der Kapitalgeber, dem Finanzierungszweck und der Dauer der Kapitalbereitstellung unterscheiden. Einen Überblick über die Alternativen der Innen- und Außenfinanzierung zeigt *Abb. 2.1-75*.

Innenfinanzierung

Die Innenfinanzierung ist überwiegend eine Überschussfinanzierung aus erwirtschaftetem Cashflow (Gewinn + Abschreibungen + Rückstellungen). Der Cash-flow ist der Mittelzufluss aus dem betrieblichen Umsatzprozess und wird aus der Kapitalflussrechnung abgeleitet.

Die Innenfinanzierung unterscheidet sich von der Außenfinanzierung grundsätzlich dadurch, dass keine Fremdkapitalzinsen gezahlt, keine Sicherheiten eingebracht werden müssen bzw. in Anspruch genommen werden können und sie frei ist von sonstigen Vorgaben der Kapitalgeber.

Selbstfinanzierung
Selbstfinanzierung liegt dann vor, wenn entstandene Gewinne thesauriert, d. h. nicht ausgeschüttet

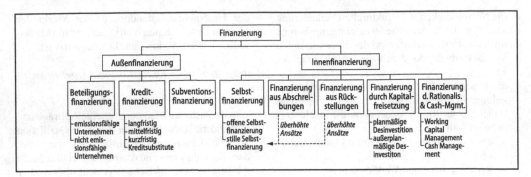

Abb. 2.1-75 Finanzierungsalternativen für Unternehmen

werden, sondern im Unternehmen verbleiben. Sie ist daher nur möglich bei positivem Geschäftsergebnis, d. h. höheren Erträgen als Aufwendungen im betrachteten Geschäftsjahr.

Vorteile der Selbstfinanzierung im Sinne der strategischen Unternehmensführung liegen darin, dass weder neue Mitspracherechte noch weitere Ausschüttungsverpflichtungen geschaffen werden.

Es ist zwischen offener und stiller (verdeckter) Selbstfinanzierung zu unterscheiden. Bei der offenen Selbstfinanzierung werden die nicht ausgeschütteten Gewinne den verschiedenen Rücklageposten zugewiesen oder bei Einzelunternehmen und Personengesellschaften den entsprechenden Kapitalkonten zugewiesen.

Bei der stillen (verdeckten) Selbstfinanzierung werden durch abschlusspolitische Maßnahmen in der Bilanz und der Gewinn- und Verlustrechnung stille Reserven in Höhe der nicht ausgewiesenen Gewinne gebildet, deren Besteuerung mit Unternehmens- und Gesellschaftersteuern erst zum Zeitpunkt ihrer Auflösung und Ausschüttung stattfindet. Rechtliche Basis für die Bildung stiller Reserven ist die nach HGB mögliche Unterbewertung von Aktiva und/oder Überbewertung von Passiva. Die Bilanzierung und Bewertung nach HGB ermöglicht die Nichtwahrnehmung von Aktivierungs- und Ausschöpfung von Passivierungswahlrechten sowie die Bewertung von Vermögensgegenständen zu bestimmten Wertuntergrenzen und von Verbindlichkeiten zu bestimmten Obergrenzen.

Abrechnungsreserven entstehen in den Aktiva durch nicht abgerechnete (unfertige) Bauleistungen. Bei den Passiva wird durch Bildung überhöhter

Rückstellungen, z. B. für drohende Vertragsstrafen, Schadensersatz- oder Gewährleistungsansprüche sowie potenzielle Verlustaufträge, eine stille Selbstfinanzierung bewirkt. Mit den Ermessens- und Gestaltungsspielräumen für die Bilanzierung dieser Risiken kann der Gewinnausweis des Unternehmens über mehrere Geschäftsjahre hinweg durch Bildung oder Auflösung stiller Reserven verstetigt werden.

Finanzierung aus Abschreibungen
Die Finanzierung aus Abschreibungsrückflüssen wird durch Umschichtung der in absetzbaren Investitionen gebundenen Abschreibungsgegenwerte ermöglicht.

Der wirtschaftliche Zweck von Abschreibungen besteht darin, Wertminderungen des Anlagevermögens periodenbezogen als Aufwand zu erfassen und damit den Werteverzehr über die Nutzungsphase nach den Vorgaben des Steuerrechts (degressiv oder linear) mit den Abschreibungsdauern nach den AfA-Tabellen (Absetzung für Abnutzung) zu verteilen. Abschreibungen des Anlagevermögens führen in der Bilanz zur Minderung der Aktiva. Sie sind in der Gewinn- und Verlustrechnung als Kosten auf der Aufwandsseite zu verbuchen. Der Wert der Abschreibungen geht in die Preiskalkulationen für Waren und Dienstleistungen ein. Damit entspricht ein Teil des Preises dem Wert des Nutzleistungsabgangs in Höhe der gebildeten Abschreibung. Werden diese Waren und Dienstleistungen nun verkauft und fließen dem Unternehmen dafür Zahlungen zu, so stehen diese Abschreibungsgegenwerte dem Unternehmen als aus dem Umsatzprozess resultierende Forderungen nach Zahlungseingang zur Verfügung. Da diese liquiden Mittel bis zum Ersatzzeitpunkt des jeweiligen Anlagegegenstands anstelle der Erhöhung des Bankguthabens auch anderweitig investiert werden können, entsteht auf diese Weise ein Kapazitätserweiterungseffekt (Lohmann-Ruchti-Effekt). Je nach gewähltem Abschreibungsverfahren hat die Unternehmensführung daher die Möglichkeit, entweder Finanzierungsreserven durch Erhöhung des Bankguthabens bis zum Ersatzzeitpunkt zu bilden, oder aber das Unternehmenswachstum zwischenzeitlich aus laufend zufließenden Abschreibungsgegenwerten zu finanzieren, sofern eine entsprechende Nachfragesteigerung dieses sinnvoll erscheinen lässt und mit den Abschreibungen ein zumindest ausgeglichenes Ergebnis erzielt wird.

Finanzierung aus Rückstellungen
Rückstellungen sind dem Grunde und der Höhe nach sowie hinsichtlich des Zeitpunkts ihrer Fälligkeit ungewisse Verbindlichkeiten aus Rechtsbeziehungen mit Dritten. Rückstellungen müssen jährlich im Rahmen der Bilanzerstellung bewertet, verändert oder nach Wegfall eines etwaigen Anspruchs dem Grunde nach aufgelöst werden. Zu unterscheiden sind vor allem Urlaubsrückstellungen aus noch nicht abgegoltenen Urlaubsansprüchen der Mitarbeiter, Gewährleistungsrückstellungen aus abgeschlossenen Aufträgen während der Dauer der Gewährleistungsfristen, Rückstellungen für unterlassene Instandhaltungen von Objekten, für Prozess- und Nachtragsrisiken, Pensionszahlungen und Steuerverbindlichkeiten. Die gebildeten Rückstellungen stehen dem Unternehmen als liquide Mittel zur Verfügung, solange die entsprechende Verbindlichkeit nicht eingetreten ist. Die Unsicherheit über die Höhe der Rückstellungen schafft einen gewissen Bewertungsspielraum. Überhöhte Ansätze führen daher zur stillen Selbstfinanzierung. Seitens der Finanzämter werden jedoch strenge Prüfmaßstäbe angelegt. So werden z. B. bei pauschalem Ansatz nur 0,5 % p. a. der Schlussabrechnungssumme als Gewährleistungsrückstellung anerkannt. Voraussetzung der Finanzierung aus Rückstellungen ist auch, dass mit den Investitionen aus Rückstellungen ein zumindest ausgeglichenes Ergebnis erwirtschaftet wird.

Finanzierung durch Kapitalfreisetzung
Die Finanzierung durch Kapitalfreisetzung oder auch Vermögensumschichtung umfasst alle Maßnahmen, die darauf ausgerichtet sind, einen ursprünglich notwendigen Kapitalbedarf in Höhe der Bilanzsumme für das betriebsnotwendige Kapital zu senken. Kapitalfreisetzungen entstehen aus der planmäßigen oder außerplanmäßigen Desinvestition von Vermögensgegenständen, z. B. Verkauf von Grundstücken, Reduzierung der Lagerhaltung oder Auflösung von Finanzanlagen. Außerplanmäßige Desinvestitionen stellen bei Aufzehrung sämtlicher anderer Liquiditätsreserven eine letzte Alternative dar, wobei es wegen des erheblichen Zeitdrucks häufig zu Verkäufen unter Wert kommt. Durch das „Sale-and-Lease-Back-Verfahren" kann in derartigen Situationen die Weiternutzung betriebsnotwendiger Vermögensgegenstände unter Aufrechterhaltung des Geschäftsbetriebes gesichert werden.

Finanzierung durch Rationalisierung und Cash-Management
Darunter lassen sich alle Maßnahmen zusammenfassen, die auf die Verringerung der Kapitalbindung durch Erhöhung des Kapitalumschlags abzielen. Durch Beschleunigung der Einnahmen von Debitoren und Verzögerung der Ausgaben an Kreditoren durch das Cash-Management können im Rahmen der vertraglichen und gesetzlichen Möglichkeiten bestehende Liquiditätspotenziale genutzt werden.

Außenfinanzierung

Bei der Außenfinanzierung wird einem Unternehmen Kapital von verschiedenen Finanzierungsträgern zugeführt. Je nach Rechtsstellung der Kapitalgeber ist zwischen Beteiligungs- und Kreditfinanzierung zu unterscheiden. Subventionsfinanzierungen der öffentlichen Hand sind nur in Sonderfällen von Bedeutung und in marktwirtschaftlichen Ordnungen als nicht systemkonform möglichst ganz zu vermeiden. Das gilt trotz der globalen Finanz- und Immobilienmarktkrise im Jahre 2009 ff. auch weiterhin. Sie werden daher nicht weiter behandelt.

Bei den Finanzierungsträgern (Kapitalgebern) ist zu unterscheiden nach:

– Privatpersonen
– Unternehmen

– Staatlichen Institutionen und Körperschaften des Bundes, der Länder und der Kommunen
– Kredit- und Finanzinstituten
– Kapitalanlagegesellschaften
– Finanzmärkten (Geld-, Renten- und Aktienmarkt)

Nachfolgend werden die verschiedenen Formen der Beteiligungs- und der Kreditfinanzierung näher erläutert. Ferner wird der Komplex der Sicherheiten behandelt.

Beteiligungsfinanzierung
Bei einer Beteiligungs- oder auch Einlagenfinanzierung wird einem Unternehmen Beteiligungskapital dauerhaft zur Verfügung gestellt.

Beteiligungsfinanzierung ohne Börsenzutritt
Die meisten deutschen Unternehmen der Bauwirtschaft haben aufgrund ihres mittelständischen Charakters keinen Zugang zum organisierten Kapitalmarkt (Börse). Das Beteiligungspotenzial wird durch die Rechtsform weiter eingegrenzt. Der Einzelunternehmer kann dem Unternehmen aus seinem Privatvermögen jederzeit Kapital zuführen oder auch entziehen. Bei der OHG können die bisherigen Gesellschafter ihre Einlagen erhöhen oder es können neue Gesellschafter aufgenommen werden. Bei der KG können analog die Kommanditisten ihre Einlage erhöhen oder aber es werden neue Kommanditisten in die KG aufgenommen. Bei einer GmbH können die Gesellschafteranteile erhöht oder aber neue Gesellschafter aufgenommen werden. Dies gilt analog für die GmbH & Co. KG. Stille Gesellschafter bringen eine Einlage ein, ohne nach außen in Erscheinung zu treten. Sie erhalten üblicherweise durch den Gesellschaftsvertrag eine Gewinnbeteiligung. Ihre Beteiligung am Verlust wird i. d. R. ausgeschlossen und ihre Haftung auf die Höhe ihrer Einlage beschränkt. Die Gesellschaft bürgerlichen Rechts (GbR) bietet sich bei einer, häufig zeitlich begrenzten, Interessenverfolgung gleichberechtigter Partner an. Sie ist in der Bauwirtschaft in der Form von Arbeitsgemeinschaften (ARGEN) zur Abwicklung größerer Bauaufträge zwecks Bündelung der Kapazitäten und Risikoverteilung weit verbreitet.

Die Möglichkeit der Beteiligungsfinanzierung nicht emissionsfähiger Unternehmen besteht damit vorrangig in der Aufnahme neuer Gesellschafter

auf der Basis existierender Vertrauensverhältnisse. Diese entstehen vielfach zwischen den bisherigen Gesellschaftern und bewährten Führungskräften sowie leistungsstarken Mitarbeitern des Unternehmens, bei denen durch eine Mitarbeiter-Kapitalbeteiligung eine gesteigerte Mitarbeitermotivation und Identifikation mit dem Unternehmen erreicht werden kann.

Durch Ausgabe von Aktien, die nicht an der Börse gehandelt werden, können auch sogenannte „kleine Aktiengesellschaften" gegründet werden. Für sie gelten auch die Vorschriften des AktG, jedoch nicht des börsenmäßigen Handels nach den §§ 32–47 BörsG.

Beteiligungsfinanzierung mit Börsenzutritt
Bei Aktiengesellschaften (AG) stellt das durch einen Börsengang bzw. durch eine Kapitalerhöhung gezeichnete Kapital eine Beteiligungsfinanzierung dar. Es entspricht der Idee der AG, dass das gezeichnete Kapital dem Unternehmen dauerhaft zur Verfügung steht. Gemäß Aktiengesetz (AktG) müssen verschiedene Regelungen im Zusammenhang mit dem gezeichneten Kapital beachtet werden.

Die Beteiligungsfinanzierung von Aktiengesellschaften erfolgt durch Ausgabe von Aktien, d. h. verbrieften Anteilsscheinen der Eigentümer am Grundkapital des Unternehmens. Die breite Streuung des Kapitals ermöglicht den problemlosen und kurzfristigen Verkauf der Aktien im Börsenhandel. Aufgrund der ausgeprägten Fungibilität und der geringen Höhe der Mindestbeteiligung (1 €) sind Kapitalerhöhungen relativ einfach durchzuführen.

Bei der Ausgestaltung von Aktien ist nach den mit dem Eigentum verbundenen Rechten und der Übertragbarkeit der Aktien zu differenzieren.

Stammaktien bieten dem Aktionär grundsätzlich alle Rechte nach AktG, d. h. sowohl das Mitgliedschaftsrecht (Stimm- und Auskunftsrecht, Recht der Anfechtung von Hauptversammlungsbeschlüssen) als auch finanzielle Rechte auf Dividendenzahlungen, Bezugsrechte und Liquidationserlöse.

Vorzugsaktien schließen das Stimmrecht der Aktionäre in der Hauptversammlung aus, beinhalten jedoch als Ausgleich für die Stimmrechtseinschränkung Vorteile bei der Gewinnausschüttung durch höhere Dividendenzahlungen. Vorzugsaktien werden häufig bei Sanierungen ausgegeben, wenn neue Geldgeber durch Bevorzugung gegenüber den bisherigen Aktionären gewonnen werden können. Für die bisherigen Kapitaleigner haben sie den Vorteil, die Einflussnahme Dritter zu begrenzen, z. B. bei Börsengängen von Familienunternehmen.

Nach der Art der Aktienübertragung ist nach Inhaber- oder Namensaktien zu unterscheiden.

Die Finanzierung durch einen Börsengang bietet folgende Vorteile:

– Die bisherigen Eigentümer können sich ganz oder teilweise aus dem Unternehmen zurückziehen.
– Eine Öffnung der Gesellschaft mit Verbreiterung des Aktionärskreises bedeutet gleichzeitig auch eine Teilung des Unternehmensrisikos.
– Die Nachfolge kann durch einen Verkauf sämtlicher oder einiger Aktienpakete geregelt werden.
– Eine Beteiligung der Mitarbeiter wird erleichtert.

Die Vergrößerung des gesamten Aktienbestandes wird als Kapitalerhöhung bezeichnet. Diese wird dann in Erwägung gezogen, wenn eine Fremdfinanzierung nicht möglich oder zu teuer ist bzw. die einbehaltenen Gewinne nicht ausreichen, um das Unternehmenswachstum zu finanzieren.

Die strengen Publizitätserfordernisse und Gläubigerschutzbestimmungen tragen zu einer Erhöhung des Kreditfinanzierungspotenzials bei. Börsennotierte Aktiengesellschaften haben daher bedeutende Finanzierungsvorteile gegenüber ihren nicht emissionsfähigen Konkurrenten.

Genussscheine
Beim Genussschein handelt es sich um ein Wertpapier, mit dem sogenannte Genussrechte verbrieft sind. Zu diesen Wertpapieren gibt es allerdings keine rechtliche Regelung. In der Praxis sind es meistens Gläubigerrechte mit solchen Teilrechten, die üblicherweise nur Eigentümern gewährt werden. Im Vordergrund stehen Ansprüche auf

– Anteil am Gewinn, i. d. R. nicht am Verlust,
– Gewährung von Bezugsrechten und
– Anteil am Liquidationserlös.

Es gibt zahlreiche unterschiedliche Ausgestaltungen von Genussscheinen, die je nach Ausprägung mehr den Charakter von Eigen- oder von Fremdkapital haben. Die Emission von Genussscheinen ist nicht an eine bestimmte Rechtsform des Unternehmens gebunden.

Kreditfinanzierung
Kreditfinanzierung oder auch Fremdfinanzierung liegt vor, wenn einem Unternehmen Kapital durch Gläubiger zugeführt wird, die durch diese Transaktion kein Eigentum am Unternehmen erwerben, sondern ihm Fremdkapital für eine bestimmte Dauer zur Verfügung stellen. Für den Fremdkapitalgeber entstehen daraus üblicherweise keine Mitsprache-, Kontroll- und Entscheidungsbefugnisse.

Kreditwürdigkeitsprüfung
Die Gewährung und Ausgestaltung der verschiedenen Kreditarten nach Kreditzins, Laufzeit und Tilgung ist abhängig von einer intensiven Bonitätsprüfung des Kreditnehmers durch den Kreditgeber. Durch ein sogenanntes Rating wird die Bonität, d. h. die Zahlungswilligkeit und künftige Zahlungsfähigkeit des Kreditnehmers in Form einer Skala, z. B. nach Ratingklassen von 1 bis 10, bewertet. Die Bestandteile eines Unternehmensratings lassen sich in einen quantitativen und einen qualitativen Bereich unterteilen. Zum quantitativen Bereich gehört die klassische Bilanzanalyse und Zukunftsprognose. Im qualitativen Bereich werden Bewertungen u. a. zur Qualität des Managements und zur zukünftigen Branchenentwicklung vorgenommen. Neben dem Ratingergebnis hängt die Vergabe von Krediten von den nachhaltigen Sicherheiten ab.

Unternehmensrating nach Basel II bzw. Basel III
Basel II ist die Weiterentwicklung bereits bestehender gesetzlicher Regelungen für das Kreditgeschäft der Banken und setzt auf der Richtlinie des „Baseler Ausschusses für Bankenaufsicht" (Basel I) aus dem Jahr 1988 auf. Basel I wurde in über 100 Ländern in nationales Recht umgesetzt und beinhaltete die Harmonisierung der rechtlichen Grundlagen für die Bankenaufsicht und die Definition international geltender Eigenkapitalvorschriften für die Kreditinstitute. Gemäß Basel I müssen Kredite an Nichtbanken und damit auch an mittelständische Unternehmen unabhängig von der Bonität der Schuldner von der kreditausreichenden Bank mit 8% des Kreditvolumens durch Eigenkapital unterlegt werden (Paul S./Stein S., 2002, S. 29). Die Eigenkapitalunterlegung orientiert sich dabei nicht an der Bonität der einzelnen Schuldner. Dies führt dazu, dass

– die Kreditkonditionen die Bonität einzelner Kunden nicht ausreichend widerspiegeln,
– Schuldner mit hoher Kreditbonität somit bonitätsschwache Kunden subventionieren und
– die Eigenkapitalvorschriften nicht nach unterschiedlicher Risikoqualität der Kreditportefeuilles der Banken differenzieren.

Im Jahr 2003 wurde das dritte Konsultationspapier zu Basel II vorgelegt. Dieser Entwurf fasste den aktuellen Stand der Verhandlungen systematisch zusammen. Mit der frühzeitigen Formulierung sollten Verzögerungen bei der Umsetzung von Basel II in nationales Recht der EU-Mitgliedsstaaten vermieden werden. Es war daher damit zu rechnen, dass auf der Basis eines endgültigen Akkords die Umsetzung in europäische Richtlinien und nachfolgend auch in deutsche Gesetzeswerke rasch erfolgt. Die Richtlinien von Basel II traten zum 01.01.2007 in Kraft.

Den Richtlinien von Basel II sind direkt nur international tätige Kreditinstitute unterworfen. Dennoch hatte der Baseler Ausschuss in der Vergangenheit stets Schrittmacherfunktion für die Weiterentwicklung der Regulierung in Bezug auf die gesamte Kreditwirtschaft. Ein von drei Säulen getragener Ansatz soll die Stabilität des internationalen Finanzsystems stärken:

– Mindesteigenkapitalanforderungen für Banken zur Unterlegung ihrer Kredit- und sonstigen Risiken
– Intensivierung der Risikoüberwachung bei Kreditinstituten durch die Bankenaufsicht
– Verbesserung der Transparenz durch intensivere Veröffentlichungspflichten der Banken

Die bisher bestehenden Kreditrisikoregelungen werden mit Basel II durch Einbeziehung von externen Ratingurteilen stärker differenziert bzw. durch Rückgriff auf interne Ratings der Kreditinstitute individualisiert.

Im Hinblick auf die Folgen für die Unternehmensfinanzierung geht es im Kern um die erste Säule und dort um die Einbeziehung externer und interner Ratings in die Begrenzung von Kreditausfallrisiken als Schwerpunkt der Neuregelungen. Damit soll u. a. künftig vermieden werden, dass Unternehmen besserer Bonität durch zu hohe Risikoprämien in den Zinsen Unternehmen schlechterer Bonität mit zu geringen Risikoprämien subventionieren.

Im Baseler Ausschuss für Bankenaufsicht wurden am 12.09.2010 von den Zentralbankgouverneuren der Notenbanken und den Leitern der Finanzaufsichtsbehörden von 27 Staaten neue Kapital- und Liquiditätsvorschriften für Bankeninstitute beschlossen. Die neuen Eigenkapitalregeln, auch Basel III genannt, sollen die Lehren aus der Finanzmarktkrise ziehen und dazu führen, dass sich im Krisenfall aus eigener Kraft stabilisieren können (www.bundesfinanzministerium.de/nn_39808/DE/BMF, Abruf vom 06.01.2011).

So soll sich künftig das Eigenkapitel der Banken zur Absicherung der Risiken in Höhe von 8 % zusammensetzen aus 4,5 % hartem und 1,5 % weichem Kernkapital sowie 2 % Ergänzungskapital.

Durch weitere Puffer sollen die Banken ihre Risiken aus eigener Kraft und ohne staatliche Hilfe besser auffangen können. Dieser Zusatzpuffer soll aus 2,5 % Kapitalerhaltungspuffer und bis zu 2,5 % antizyklischem Kapitalpuffer bestehen.

Die Empfehlungen von Basel III sollen bis spätestens 2012 in europäische Richtlinien umgesetzt werden und das Vorgehen der Bundesregierung auf nationaler Ebene ergänzen. Die Bundesregierung setzt sich u. a. dafür ein, die Transparenz von Entscheidungen der Ratingagenturen zu erhöhen. Sie brachte einen Gesetzentwurf zur geordneten Restrukturierung von Banken sowie für eine Bankenabgabe ein.

Das nachfolgende Beispiel soll die Vorgehensweise beim Unternehmensrating und der Kreditzinsberechnung näher erläutern.

Beispiel zum Unternehmensrating und zur Kreditzinsberechnung
Ein Unternehmen beantragt einen Kredit in Höhe von 8,5 Mio. € mit einer Laufzeit von 10 Jahren, jährlicher Tilgung durch gleichbleibende Raten in Höhe von 0,85 Mio. € bei Stellung einer Sicherheit von 0,3 Mio. €. Die Bilanz und die Gewinn- und Verlustrechnung des Beispielunternehmens zeigen die *Tabelle 2.1-24* und *Tabelle 2.1-25*.

Mit diesen Zahlen wird in *Tabelle 2.1-26* ein Bilanz-Rating vorgenommen. Als Ergebnis für das Bilanz-Rating ergibt sich auf einer Skala von 1 (sehr gut) bis 10 (sehr schlecht) der Wert 4,0 durch Messung und Bewertung von Kennzahlen

Tabelle 2.1-24 Bilanz des Beispielunternehmens

Aktiva	€
Anlagevermögen	
Immaterielle Vermögensgegenstände	0
Sachanlagen	802.970
Finanzanlagen	4.399
Summe Anlagevermögen	**807.369**
Umlaufvermögen	
Vorräte	
Roh-, Hilfs- und Betriebsstoffe, Erzeugnisse, Waren	36.631
Nicht abgerechnete (unfertige) Bauleistungen	317.692
Forderungen und sonstige Vermögensgegenstände	
Forderungen aus Lieferungen und Leistungen	807.963
Sonstige Vermögensgegenstände (einschl. Rechnungsabgrenzungsposten)	159.292
Schecks, Kassenbestand, Bundesbank- und Postbankguthaben, Guthaben bei Kreditinstituten	359.228
Summe Umlaufvermögen	**1.681.006**
Summe Aktiva	**2.488.375**

Passiva	€
Wirtschaftliches Eigenkapital	**648.503**
Rückstellungen (um 10.000,- höher als im Vorjahr)	**326.604**
Verbindlichkeiten	
Langfristige Verbindlichkeiten gegenüber Kreditinstituten	392.648
Sonstige Verbindlichkeiten gegenüber Kreditinstituten	171.795
Erhaltene Anzahlungen	0
Verbindlichkeiten aus Lieferungen und Leistungen	495.059
Sonstige Verbindlichkeiten	453.766
Summe Verbindlichkeiten	1.513.268
Summe Passiva	**2.488.375**

Tabelle 2.1-25 Gewinn- und Verlustrechnung des Beispielunternehmens

Gewinn- und Verlustrechnung	€
Betriebliche Gesamtleistung	**7.888.546**
./. Materialaufwendungen (Roh-, Hilfs- und Betriebsstoffe, Waren)	2.102.290
./. Nachunternehmerleistungen u. Ä.	1.401.529
= Rohergebnis 1	**4.384.727**
./. Personalaufwendungen	3.159.490
= Rohergebnis 2	**1.225.237**
./. Aufwendungen für Baugeräte	96.966
./. Aufwendungen für Fahrzeuge	123.510
./. Aufwendungen für Baustellen- und Betriebsausstattung	67.013
./. Diverse betriebliche Aufwendungen	171.079
./. Steuern (Gewerbesteuer)	44.624
./. Abschreibungen	195.807
+ Zinsen und ähnliche Erträge inkl. Lieferantenskonti	2.450
= Betriebsergebnis	**528.688**
./. Sonstige und außerordentliche Aufwendungen	28.653
+ Sonstige und außerordentliche Erträge	30.120
= Jahresüberschuss/Jahresfehlbetrag	**530.155**
Betriebsergebnis	528.688
./. Kalkulatorischer Unternehmerlohn	124.675
= Betriebswirtschaftliches Ergebnis aus Bauleistung	**404.013**

aus der Bilanz sowie der Gewinn- und Verlustrechnung.

Das Management-Rating ergibt sich aus der Bewertung nicht monetär messbarer Größen (intangibler Effekte). Ein Beispiel dafür zeigt *Tabelle 2.1-27*. Ergebnis des Management-Ratings ist 4,65. In *Tabelle 2.1-28* wird in Abhängigkeit vom Bilanz-Rating eine Gewichtung zwischen den Ratingergebnissen für die Bilanz und das Management

vorgenommen. Damit ergibt sich ein Gesamt-Ratingergebnis aus Bilanz- und Management-Rating von $4,0 \times 0,6 + 4,65 \times 0,4 = 4,26$.

Zur Berechnung des Kreditzinses sind die von der Rating-Klasse abhängigen Sach- und Personalkosten sowie die Gewinnmarge der Bank anzusetzen (*Tabelle 2.1-29*). Hinzu kommen Refinanzierungskosten der Bank von 4,25%. Zu beachten ist ferner die Ausfallwahrscheinlichkeit in Abhängigkeit von der Ratingklasse. Eine Einteilung hierzu bietet *Tabelle 2.1-30*.

Im vorliegenden Fall ergibt sich für das Gesamtrating von 4,26 eine Ausfallrate von 0,30. Die Eigenkapitalverzinsung der Bank errechnet sich aus dem nicht gesicherten Kreditvolumen von 8,2 Mio. € bei einer Eigenkapitalhinterlegung von 8% zu

Tabelle 2.1-26 Bilanz-Rating (modellhafte Bewertung)

Nr.	Kennzahl	Gewichtung in %	IST-Werte	Ratingklassen									
				1	2	3	4	5	6	7	8	9	10
1	Anlagenintensität = (Anlagevermögen/Bilanzsumme) × 100	10	32,45 %	>0	>15	>20	>25	**>30**	>35	>40	>45	>50	>60
2	Eigenkapitalquote = (wirtschaftliches Eigenkapital/Bilanzsumme) × 100	20	26,06 %	>30	**>25**	>20	>15	>11	>8	>6	>4	>2	<2
3	Anlagendeckung (Deckungsgrad 1) = (wirtschaftliches Eigenkapital/Anlagevermögen) × 100	10	80,32 %	>120	>110	>100	>95	>90	>85	**>80**	>75	>70	≤70
4	Anlagendeckung (Deckungsgrad 2) = (wirtschaftliches Eigenkapital + langfristiges Fremdkapital)/Anlagevermögen × 100	10	128,96 %	>130	**>120**	>110	>95	>90	>85	>80	>75	>70	≤70
5	Liquiditätsgrad = ((flüssige Mittel + kurzfristige Forderungen)/kurzfristige Verbindlichkeiten) × 100	20	118,37 %	>140	>130	>120	**>110**	>100	>90	>80	>70	>60	<60
6	Eigenkapitalrentabilität = (betriebswirtschaftliches Ergebnis aus Bauleistung/wirtschaftliches Eigenkapital) × 100	20	62,3 %	>90	>80	>70	**>60**	>50	>40	>30	>20	>10	<10
7	Cashflow-Verschuldungsrate = (Cashflow/Fremdkapital) × 100	10	33,23 %	>80	>70	>60	>50	>40	**>30**	>25	>20	>15	>10
		Summe = 100											
	Bilanz-Rating-Ergebnis		**4,00**										

656.000 €. Bei einem Refinanzierungszins von 4,25 % ergeben sich 27.880 € und damit, bezogen auf das Kreditvolumen von 8,5 Mio. €, eine Eigenkapitalverzinsung von 0,33 %. Insgesamt errechnet sich ein Kreditzins von 7,01 % p. a. (*Tabelle 2.1-31*).

Lieferantenkredit
Dem Lieferanten- oder auch Auftragnehmerkredit liegt ein Auftragsverhältnis zwischen einem Auftraggeber und einem Auftragnehmer zu Grunde. Er entsteht dadurch, dass der Auftragnehmer dem Auftraggeber eine bestimmte Zahlungsfrist einräumt, im Allgemeinen zwischen 10 und 30 Kalendertagen. Dabei ist zu beachten, dass der Schuldner einer Ent-

geltforderung nach dem Gesetz zur Beschleunigung fälliger Zahlungen gemäß § 286 Abs. 3 BGB spätestens in Verzug kommt, wenn er nicht innerhalb von 30 Kalendertagen nach Zugang und Fälligkeit einer Rechnung oder gleichwertigen Zahlungsaufstellung leistet. Der Verzugszinssatz beträgt gemäß § 288 Abs. 1 Satz 2 BGB 5 % p. a. über dem Basiszinssatz nach § 247 BGB, seit 01.07.2009 0,12 %), sofern ein Verbraucher beteiligt ist, sonst 8 % (Abs. 2). Der Lieferantenkredit ist im Vergleich zu einem Bankkredit vorteilhaft, da er formlos, ohne Kreditwürdigkeitsprüfung und ohne Sicherheitsleistung gewährt wird. Dabei ist zu beachten, dass die Nichtausnutzung eines vom Lieferanten gewährten Skontos extrem

Tabelle 2.1-27 Management-Rating (modellhafte Bewertung)

Nr.	Kriterium	Gewichtung in %	IST-Wert	Ratingklassen
				1 2 3 4 5 6 7 8 9 10
1	Organisation der Führungsspitze	20	Entscheidungs- und Unterschriftskompetenzen des Geschäftsführers sind nicht festgelegt. Einige sind zum Teil mündlich bekannt.	
2	Mitarbeiteraus-lastung	20	Die Mitarbeiter sind zu 140 % ausgelastet. Überstundenabbau findet kaum statt.	
3	Unternehmens-ziele und -strategie	10	Ziel ist es, möglichst viel Gewinn zu erwirtschaften. Die Strategie liegt darin, Kunden aus dem akademischen Mittelbau zu gewinnen. Mittelfristig soll der Bauhof abgeschafft werden.	
4	QM-System	10	QM-System befindet sich im Aufbau. Zertifizierung ist für Mai 2011 geplant.	
5	Liquiditäts-planung und -steuerung	10	Erfolgt mit dem Steuerberater einmal in sechs Monaten. Die Planung ist nicht dokumentiert.	
6	Personalaufbau	10	40 % der Belegschaft sind bis 30 Jahre alt. Es gibt 5 % Poliere im Unternehmen. Der Frauenanteil beträgt 50 %.	
7	Soll-Ist-Vergleiche	5	Kürzlich wurde eine Baustellen- und Unternehmenscontrolling-Software eingekauft. Der zuständige Mitarbeiter ist jedoch zur Zeit im Krankenhaus.	
8	Kontoführung	5	Die Kreditlinie wurde in den letzten 3 Monaten 10 Mal überschritten. Die Überschreitung wurde mit dem Bankberater abgestimmt.	
9	Einreichung der Steuerbilanz	5	Steuerbilanz wird meistens 10 Monate nach dem jeweiligen Geschäftsjahr der Bank übergeben. Zwischendurch telefonieren Bank und Steuerberater.	
10	Nachfolge-regelung	5	Der Geschäftsführer ist 55 Jahre alt. Die Nachfolge soll geplant werden. Interessenten gibt es nicht. Der Geschäftsführer hat zwei Söhne.	
		Summe = 100		
	Management-Rating		**4,65**	

Tabelle 2.1-28 Gewichtungsverhältnis Bilanz zu Management

Bilanz-Rating	1	2	3	4	5	6	7	8	9	10
Gewichtung Bilanz zu Management	70 zu 30	70 zu 30	60 zu 40	60 zu 40	50 zu 50	50 zu 50	40 zu 60	40 zu 60	30 zu 70	30 zu 70

Tabelle 2.1-29 Personal- u. Sachkosten, Gewinnmarge

Rating-Klasse	1	2	3	4	5	6	7	8	9	10
Personal- und Sachkosten	0,2	0,21	0,22	0,23	**0,24**	0,25	0,26	0,27	0,28	0,29
Gewinnmarge der Bank in %	1,5	1,6	1,7	1,8	**1,9**	2	2,05	2,1	2,15	2,2

Tabelle 2.1-30 Ratingklasse und Ausfallwahrscheinlichkeit

Nr.	Rating-klasse	Merkmale	Ausfallrate in %
1	AAA	beste Qualität, geringstes Ausfallrisiko	0,02
2	AA	hohe Bonität	0,04
3	A	angemessene Deckung von Zins und Tilgung	0,10
4	A -	Elemente, die sich bei einer Veränderung des wirtschaftlichen Umfeldes negativ auswirken können	0,23
5	BBB	angemessene Deckung von Zins und Tilgung, aber auch spekulative Charakteristika	0,50
6	BB	mäßige Deckung von Zins und Tilgung	1,10
7	B	geringe Sicherung von Zins und Tilgung	2,60
8	B -	sehr geringe Sicherung von Zins und Tilgung	6,00
9	CCC	niedrige Qualität, geringster Anlegerschutz	13,50
10	CC	akute Gefahr eines Zahlungsverzuges	20,00
11	C	mehr als 90 Tage Zahlungsverzug	100,00
12	C -	Ertragswertberichtigung (EWB)	100,00
13	DDD	Zinsfreistellung	100,00
14	DD	Insolvenz	100,00
15	D	zwangsweise Abwicklung/Ausfall	100,00

teuer ist. 3% Skonto bei Zahlung innerhalb von 10 Tagen anstatt von 30 Tagen ergeben einen Jahreszinssatz von 3% × 360 / (30 − 10) = 54%.

Kundenkredit
Kundenkredite sind Vorauszahlungen bzw. Anzahlungen von Kunden bereits vor endgültiger Leistungserfüllung. Der Kunde zahlt entweder bei Bestellung oder bei Leistungsbeginn einen Teil des Vertragspreises. Damit kann das Unternehmen einen Teil der Vorfinanzierung aus der Zeitdifferenz zwischen Leistungserbringung und Zahlungseingang und die daraus entstehenden Zinskosten auf den Kunden überwälzen, da solche Vorauszahlungen teilweise zinslos – in Abhängigkeit von der Stärke der Marktstellung des Unternehmens und seiner Auftraggeber – zur Verfügung gestellt werden. Sofern Vorauszahlungen den kurzfristig benö-

tigten Kapitalbedarf für die Leistungserbringung übersteigen, können sie befristet angelegt werden und dadurch einen Zinsertrag abwerfen.

Kontokorrentkredit
Kontokorrentkredite gelten als klassische kurzfristige Kreditfinanzierung durch Banken (Laufzeit bis zu 12 Monaten). Sie sind jedoch der Höhe nach durch eine Kontokorrentkreditlinie je nach Bonität des Kreditnehmers begrenzt. Der Kontokorrentkredit eignet sich deshalb besonders bei sich wiederholendem, aber in seiner Höhe wechselndem Kapitalbedarf. Mit einem Durchschnittszinssatz von ca. 4 bis 6 Prozentpunkten über der Spitzenrefinanzierungsfazilität (SRF) der Europäischen Zentralbank (2,00 p.a., Stand 05.05.2011) ist er relativ teuer. Kapitalentnahmen über die Kreditlinie hinaus werden mit weit höheren Zinsen belegt. Eine

Tabelle 2.1-31 Unternehmensrating und Kreditzinsberechnung

Kreditvolumen in €	8.500.000
Sicherheiten in €	300.000
Laufzeit in Jahren	10
Tilgung jährlich in €	850.000
Bilanz-Rating	4,00
Management-Rating	4,65
Gewichtung Bilanz/Management	60 zu 40
Gesamtrating-Ergebnis	4,26

Berechnung des Kreditzinses in % p.a.

Personal- und Sachkosten		**0,24**
Gewinnmarge		**1,90**
Refinanzierungskosten der Bank		**4,25**
Risikoprämie		**0,29**
Ausfallrate	0,30	
0,30 × 8.200.000 =	2.460.000	
2.460.000 / 8.500.000 =	0,29	
Eigenkapitalverzinsung		**0,33**
Risikogewicht	100 %	
100 % × 8 % von 8.200.000 =	656.000	
4,25 % von 656.000 =	27.880	
27.880 / 8.500.000	0,33 %	
Kreditzins		**7,01**

mit der Bank unabgestimmte und häufige Kreditlinienüberschreitung hat auch einen stark negativen Einfluss auf das Unternehmensrating und somit auf die Ausgestaltung (z. B. Kreditzinshöhe) zukünftiger Kredite.

Bei Kontokorrentkrediten handelt es sich i. d. R. um Blankokredite, d. h. sie werden ohne Sicherheiten gewährt, die im Insolvenzfall herangezogen werden können.

Darlehen

Das Darlehen stellt die Grundform der langfristigen Fremdfinanzierung dar (Laufzeit über 12 Monate). Der Darlehensvertrag wird durch die §§ 488–505 BGB geregelt. Gemäß § 488 Abs. 1 BGB wird der Darlehensgeber durch den Darlehensvertrag verpflichtet, dem Darlehensnehmer einen Geldbetrag in der vereinbarten Höhe zur Verfügung zu stellen. Der Darlehensnehmer ist verpflichtet, einen geschul-

deten Zins zu zahlen und bei Fälligkeit das zur Verfügung gestellte Darlehen zurückzuerstatten. Darlehensgeber sind primär Kreditinstitute. Im Darlehensvertrag sind u. a. gemäß Artikel 247 § 4 Abs. 1 Nr. 2 des Einführungsgesetzes BGB (EGBGB) zu bestellende Sicherheiten anzugeben (z. B. Wertpapiere, Grundstücke). Je nach Zweck, Sicherheiten und Häufigkeit der Inanspruchnahme werden verschiedene Formen des Bankdarlehens unterschieden.

Beim *Zinsdarlehen* (auch endfälliges Darlehen) wird die Kreditsumme am Ende der Kreditlaufzeit vollständig getilgt. Während der Laufzeit bleibt der zu zahlende *Zinsbetrag* i. d. R. konstant, sofern er nicht an die Schwankungen des Kapitalmarktzinses gekoppelt wird.

Beim *Ratendarlehen* (auch Abzahlungsdarlehen) bleibt der Tilgungsbetrag über die Laufzeit konstant. Der Zinsbetrag verringert sich linear durch die Reduzierung der Restschuld. Der jährliche Kapitaldienst (Zins und Tilgung) nimmt kontinuierlich ab.

Beim *Annuitätendarlehen* sind Zins und Tilgung so abgestimmt, dass der jährliche Kapitaldienst konstant bleibt. Mit zunehmender Laufzeit des Darlehens nehmen der Tilgungsbetrag zu und der Zinsbetrag ab.

Bei einem *partiarischen Darlehen* wird dem Kapitalgeber neben einer Verzinsung auch ein Anteil am Geschäftsgewinn oder eine Gewinnbeteiligung mit garantiertem Mindestgewinn zugesprochen.

Vom partiarischen Darlehen ist die *stille Gesellschaft* nach den §§ 230–237 HGB zu unterscheiden. Der stille Gesellschafter beteiligt sich an einem Unternehmen mit einer Vermögenseinlage ohne Stimmrecht. Gemäß § 231 Abs. 2 HGB kann im Gesellschaftsvertrag bestimmt werden, dass der stille Gesellschafter nicht am Verlust beteiligt sein soll; seine Beteiligung am Gewinn kann nicht ausgeschlossen werden.

Realkredit (Hypothekarkredit)

Ein Realkredit ist ein durch Grundpfandrecht gesichertes, langfristiges Darlehen. Grundpfandrechte nach BGB sind die Hypothek, die Grund- und die Rentenschuld. Die *Hypothek* (§§ 1113–1190 BGB) hat streng akzessorischen Charakter und ist deshalb vom Bestand einer persönlichen, konkreten Geldforderung abhängig. Nach § 1113 Abs. 1 BGB kann ein Grundstück in der Weise belastet werden, dass an denjenigen, zu dessen Gunsten die Belastung erfolgt (Hypothekengläubiger), eine bestimmte Geldsumme zur Befriedigung wegen einer ihm zustehenden Forderung aus dem Grundstück zu zahlen ist.

Die *Grundschuld* (§§ 1191–1198 BGB) setzt keine persönliche, konkrete Geldforderung des Gläubigers voraus und eignet sich als abstraktes Sicherungsmittel in besonderer Weise zur dinglichen Sicherung von Krediten. Sie bleibt im Gegensatz zur Hypothek als Sicherheit erhalten, auch wenn der Kredit vorübergehend, teilweise oder auch vollständig zurückbezahlt wird. Die maximale Kredithöhe hängt vom Beleihungswert des bebauten oder unbebauten Grundstückes und von der Beleihungsgrenze ab. Die Beleihungsgrenze liegt i. d. R. bei 60% des Beleihungswertes. Gemäß § 16 Abs. 2 Pfandbriefgesetz (PfandBG) darf der bei der Beleihung angenommene Wert des Grundstücks den durch sorgfältige Ermittlung festgestellten Verkaufswert nicht übersteigen. Der Beleihungswert darf den Wert nicht überschreiten, der sich im Rahmen einer vorsichtigen Bewertung der zukünftigen Verkäuflichkeit einer Immobilie und unter Berücksichtigung der langfristigen, nachhaltigen Merkmale des Objektes, der normalen regionalen Marktgegebenheiten sowie der derzeitigen und möglichen anderweitigen Nutzung ergibt. Spekulative Elemente dürfen dabei nicht berücksichtigt werden. Der Beleihungswert darf einen auf transparente Weise und nach einem anerkannten Bewertungsverfahren ermittelten Marktwert nicht übersteigen. Der Marktwert ist der geschätzte Betrag, für welchen ein Beleihungsobjekt am Bewertungsstichtag zwischen einem verkaufsbereiten Verkäufer und einem kaufbereiten Erwerber, nach angemessenem Vermarktungszeitraum, in einer Transaktion im gewöhnlichen Geschäftsverkehr verkauft werden könnte, wobei jede Partei mit Sachkenntnis, Umsicht und ohne Zwang handelt.

Eine Grundschuld kann auch als Rentenschuld (§§ 1199-1203 BGB) in der Weise bestellt werden, dass in regelmäßig wiederkehrenden Terminen eine bestimmte Geldsumme aus dem Grundstück zu zahlen ist.

Schuldverschreibung (Anleihen, Obligationen)
Eine Schuldverschreibung ist ein i. d. R. fest verzinsliches Wertpapier, mit dem ein Schuldner dem Gläubiger eine bestimmte Leistung verspricht. Unter Anleihen bzw. Obligationen werden langfristige Schuldverschreibungen zur Aufnahme von Großkrediten verstanden. Die Anleihe wird durch Einschaltung von Banken an Kreditgeber platziert und nach ihrer Emission am Effektenmarkt gehandelt. Dabei wird der meist hohe Gesamtbetrag in standardisierte Teilbeträge (Teilschuldverschreibungen) aufgeteilt. Der Anleiheschuldner verpflichtet sich, dem Inhaber einer Obligation (Obligationär) den auf dem Titel eingetragenen Geldbetrag zu schulden, darauf einen Zins zu bezahlen (meist jährlich) und den Geldbetrag nach Ablauf einer festgesetzten Frist oder nach vorausgegangener Kündigung in Übereinstimmung mit den Anleihebedingungen zurückzuzahlen. Die Höhe des Zinssatzes ist abhängig von der Bonität des Schuldners, der Laufzeit der Obligation und den Kapitalmarktverhältnissen im Zeitpunkt der Emission einer Anleihe. Er ist entweder für die ganze Laufzeit fest oder wird an den jeweiligen Zinsterminen neu festgesetzt. Der Vorteil einer Anleihe besteht darin, dass aufgrund der Aufteilung eines großen Kapitalbetrages in viele kleine Teilschuldverschreibungen auch kleinere Kapitalbeträge verschiedenartiger Kapitalanleger zur langfristigen Finanzierung herangezogen werden können. Sonderformen der Schuldverschreibungen sind Wandelschuldverschreibungen und Optionsschuldverschreibungen.

Factoring
Factoring bedeutet den Ankauf von Forderungen aus Waren oder Dienstleistungen mit einem Zahlungsziel von max. 90 bis 120 Tagen durch eine Factoringgesellschaft (Factor). Der Factor übernimmt i. d. R. auch die Verwaltung des Forderungsbestandes des Verkäufers. Dieser erhält einen Vorschuss von ca. 80 bis 90% der Forderung. Der Einbehalt wird nach Abzug der Zwischenfinanzierungszinsen ausgezahlt, wenn die Forderung seitens des Schuldners eingezahlt wird. Mit dem Abkauf der Forderungen übernimmt der Factor (Finanzinstitut) die Überwachung der Zahlungseingänge, das Forderungsmanagement und ggf. auch das Forderungsausfallrisiko.

Bei einem *offenen Factoring* ist es für den Kunden ersichtlich, dass der Unternehmer die Forderungen an einen Factor abgetreten hat. Bei einem *stillen oder verdeckten Factoring* bleibt dem Kunden die Abtretung der Forderungen verborgen.

Beim echten Factoring trägt der Factor das Bonitätsrisiko des Schuldners und damit das Kreditrisiko, beim unechten Factoring verbleibt dieses beim Unternehmer. Der Hauptvorteil des Factoring besteht in der schnellen Umwandlung von Forderungen des Unternehmers in liquide Mittel durch Zahlungen des Factors (Bank).

Leasing

Leasing bedeutet gewerbsmäßige Vermietung von Anlagegegenständen durch Leasinggeber (Finanzierungsinstitut) an den Leasingnehmer. Im Leasingvertrag werden gleichbleibende periodische Mietzahlungen des Leasingnehmers an den Leasinggeber vereinbart. Es entspricht daher einer 100%igen Fremdfinanzierung. Der Leasingnehmer zahlt die Leasingraten anstelle von Zins und Tilgung, wobei die in der Leasingrate enthaltene Tilgung auch zum Betriebsaufwand zählt, und bei Vertragsabschluss eine Leasinggebühr.

Nach der Art des Leasingobjektes ist beim Investitionsgüterleasing zwischen Equipment-Leasing (bewegliche Sachen) und Immobilien-Leasing zu unterscheiden.

Im Hinblick auf die Dauer des Leasingvertrages unterscheidet man zwischen Operating-Leasing und Financial-Leasing. Beim *Operating-Leasing* erwirbt der Leasingnehmer ein kurzfristiges, i. d. R. jederzeit kündbares Nutzungsrecht an einem Mietobjekt. Der Leasinggeber trägt das Investitionsrisiko, da dem Leasingnehmer ein vertragliches Kündigungsrecht eingeräumt wird. Damit können Planungs- und Bauunternehmen bei steigender Nachfrage ihre Anlagenkapazitäten mittelfristig erhöhen, ohne dauerhaft Kapital binden zu müssen.

Beim *Financial-Leasing* wird zwischen Leasinggeber und Leasingnehmer eine langfristige Nutzung z. B. von Gebäuden vereinbart. Der Leasingnehmer trägt das Investitionsrisiko im Hinblick auf die Instandhaltung und den zufälligen Untergang des Mietobjekts. Das Zinsänderungsrisiko liegt beim Leasinggeber.

Nach dem Kriterium des Rückzahlungsumfanges existieren Voll- oder Teilamortisationsverträge. Bei der Vollamortisation werden während der Leasingperiode durch die in den Leasingraten enthaltenen Tilgungsbeiträge die Anschaffungs- oder Herstellkosten, die Beschaffungs-, Vertriebs- und Finanzierungskosten, die Steuern sowie ein

angemessener Gewinn vollständig amortisiert. Bei der Teilamortisation wird das Leasingobjekt während der unkündbaren Leasingdauer nur teilweise amortisiert. Am Ende der Laufzeit hat der Leasingnehmer die Möglichkeit, das Leasingobjekt zum Restwert zu erwerben, zu einer stark reduzierten Leasingrate weiter anzumieten oder aber an den Leasinggeber zurückzugeben. Leasing bietet als Finanzierungsalternative folgende Vorteile:

- Leasing vermeidet eine Belastung der Liquidität zum Investitionszeitpunkt und erfordert keine Bereitstellung von Sicherheiten.
- Die monatlichen Leasingraten stellen in vollem Umfang (d. h. inkl. des Tilgungsanteils) Betriebsaufwand dar.
- Die Leasingraten werden i. d. R. für die gesamte Grundmietzeit fest vereinbart und bilden daher eine klare Kalkulationsgrundlage.
- Leasing bietet im Gegensatz zu starren Tilgungsregeln bei Krediten die Möglichkeit, Investitionskosten nutzungskongruent zu tilgen; es trägt damit den betriebsindividuellen und objektbezogenen Gegebenheiten Rechnung.
- Die Alternativen eines Leasing-Vertrages am Ende der Grundmietzeit (Erwerb zum Restwert, weitere Anmietung mit reduzierter Leasingrate oder Rückgabe des Leasingobjektes) erleichtern den Entschluss für Modernisierungsinvestitionen.

Eine Sonderform des Leasings stellt das *Sale-and-lease-back*-Verfahren dar. Bei diesem Verfahren befindet sich das gerade erstellte oder bereits vorhandene Objekt zunächst im Eigentum des Leasingnehmers. Dieser verkauft das Objekt an eine Leasinggesellschaft und mietet es anschließend von dieser an. Vorteile sind die vollständige Fremdfinanzierung und damit die Schaffung von Liquidität in Höhe des Eigenkapitalanteils und die Liquidation des Objektbuchwertes aus dem Anlagevermögen der Bilanz. Dieser Bilanzeffekt wirkt sich jedoch nachteilig auf den geringeren Sicherheitsrahmen für Bankkredite aus. Ferner achten Leasinggeber stets auf die Drittverwendungsfähigkeit ihrer Leasingobjekte.

In die Prüfung und Bewertung der Finanzierungsalternative Leasing sind stets auch die Geschäftskosten und Gewinnmargen des Leasinggebers sowie die steuerlichen Aspekte einzubeziehen.

Sicherheiten

Bei der Gewährung von Krediten werden vom Kreditgeber i. d. R. Sicherheiten verlangt. Grundsätzlich ist zwischen persönlichen Sicherheiten und Realsicherheiten zu unterscheiden. Zu beachten ist ferner bei Werkverträgen der Sicherheitseinbehalt des Auftraggebers, der auch bei Planer- und Bauverträgen regelmäßig geltend gemacht wird.

Persönliche Sicherheiten

Als persönliche Sicherheit kommen vor allem die Bürgschaft und die Patronatserklärung in Betracht.

Für die Vereinbarung einer *Bürgschaft* gelten die §§ 765–778 BGB. Durch einen Bürgschaftsvertrag verpflichtet sich der Bürge gemäß § 765 Abs. 1 BGB gegenüber dem Gläubiger eines Dritten (dem Kreditgeber eines Kreditnehmers), für die Erfüllung der Verbindlichkeiten des Dritten einzustehen. Bei der *selbstschuldnerischen Bürgschaft* verzichtet er auf die Einrede der Vorausklage, d. h. der Bürge kann in Anspruch genommen werden, ohne dass die Zahlungsunfähigkeit des Hauptschuldners feststehen muss (§ 773 Abs. 1 Nr. 1 BGB).

Durch Übernahme einer *Ausfallbürgschaft* verpflichtet sich der Bürge, dem Gläubiger nur für den Fall eines endgültigen Ausfalls einzustehen. Der Gläubiger kann den Ausfallbürgen erst dann in Anspruch nehmen, wenn er die Zwangsvollstreckung in die beweglichen Sachen des Hauptschuldners versucht hat (§ 772 Abs. 1 BGB).

Bei Bankbürgschaften spricht man i. d. R. von Avalen bzw. Avalkrediten. Hier bürgt eine Bank einem Dritten gegenüber dafür, dass ihr Kunde seine Schulden bezahlen wird. Die Avalprovision beträgt üblicherweise zwischen 0,5 und 1,0 % der Bürgschaftssumme. Avalkredite werden auf den ausnutzbaren Kreditrahmen des Avalkreditnehmers angerechnet, der sich aus der Differenz zwischen der von der Bank vorgegebenen Kreditlinie und den vom Kreditnehmer bereits in Anspruch genommenen Krediten ergibt, und vermindern somit den verfügbaren Kreditspielraum.

Patronatserklärungen sind Zusagen einer (Mutter-)Gesellschaft gegenüber den Kreditgebern von Tochtergesellschaften. Sie stärken deren Kreditwürdigkeit, weil die Muttergesellschaft z. B. erklärt,

– die Tochtergesellschaft bei der Begleichung von Verbindlichkeiten zu unterstützen,

– den Unternehmensvertrag (das Konzernverhältnis) mit der Tochtergesellschaft während der Kreditdauer nicht abzuändern oder

– eine bestimmte Kapitalversorgung der Tochtergesellschaft sicherzustellen.

Realsicherheiten

Realsicherheiten entstehen durch *Pfandrechte*. Pfandrechte sind zur Sicherung einer Forderung des Pfandgläubigers bestellte dingliche Rechte. Der Pfandgläubiger ist berechtigt, sich durch Verwertung des Pfands aus dem Erlös zu befriedigen. Es ist zu unterscheiden zwischen Grundpfandrechten (Hypotheken, Grundschulden und Rentenschulden) gemäß den §§ 1113–1203 BGB, dem Pfandrecht an beweglichen Sachen gemäß den §§ 1204–1259 BGB und dem Pfandrecht an Rechten nach den §§ 1273–1296 BGB.

Für die Belastung eines bebauten oder unbebauten Grundstücks mit einem Pfandrecht eignet sich die *Hypothek* oder die *Grundschuld*. Sie werden in das bei den Amtsgerichten geführte Grundbuch eingetragen und dienen zur Absicherung langfristiger Kredite, häufig von Bauprojekten. Die Kreditgeber – Banken, Sparkassen sowie Bausparkassen und Versicherungen – erhalten damit das Recht, das Grundstück versteigern zu lassen, wenn die Zinsen oder die Tilgung für das Darlehen (Realkredit) nicht fristgerecht gezahlt werden. Anstelle einer Versteigerung können die Kreditgeber das Grundstück auch unter Zwangsverwaltung stellen, um die Miet- oder Pachtzinsen zu vereinnahmen. Zu unterscheiden ist zwischen Hypotheken und Grundschulden ersten, zweiten und evtl. dritten Ranges. Der Rang bestimmt die Reihenfolge, in der die Gläubiger bei einer Zwangsversteigerung am Erlös beteiligt werden. Während die Realkreditinstitute i. d. R. nur erstrangig gesicherte Darlehen gewähren, begnügen sich Geschäftsbanken, Sparkassen und Bausparkassen oft mit einer zweit- und ggf. drittrangigen Eintragung der Grundschuld.

Die *Hypothek* ist akzessorisch, d. h. sie setzt zwingend eine schuldrechtlich bedingte und genau festgelegte Darlehensforderung voraus. Gemäß § 1153 Abs. 2 BGB kann die Forderung nicht ohne die Hypothek und die Hypothek nicht ohne die Forderung übertragen werden.

Die *Grundschuld* ist dagegen nicht von einer bestehenden Kreditforderung abhängig. Sie wird daher wegen der größeren Beweglichkeit bei der Absicherung von Bankkrediten bevorzugt. Allerdings muss mit der Bestellung der Grundschuld geklärt werden, welcher Kreis von Forderungen abgesichert und welche Bedingungen für die Geltendmachung vorausgesetzt werden. Diese Regelungen werden in einem Sicherungsvertrag niedergeschrieben.

Nach der einwandfreien Rückzahlung der Verbindlichkeiten wird die Hypothek zu einer Eigentümergrundschuld und kann für andere Verbindlichkeiten genutzt werden. Die Grundschuld hingegen bleibt eine Fremdgrundschuld, bis der Sicherungsgeber (Eigentümer) die Löschung beantragt.

Eine *Rentenschuld* entsteht gemäß § 1199 Abs. 1 BGB dadurch, dass eine Grundschuld in der Weise bestellt wird, dass in regelmäßig wiederkehrenden Terminen eine bestimmte Geldsumme aus dem Grundstück zu zahlen ist. Gemäß Abs. 2 muss bei der Bestellung der Rentenschuld der Betrag bestimmt werden, durch dessen Zahlung die Rentenschuld abgelöst werden kann. Die Ablösungssumme muss im Grundbuch angegeben werden. Gemäß § 1203 BGB kann eine Rentenschuld in eine gewöhnliche Grundschuld und eine gewöhnliche Grundschuld in eine Rentenschuld umgewandelt werden.

In Einzelfällen kann auch eine Sicherung eines Kredites zur Unternehmensfinanzierung durch ein Pfandrecht an beweglichen Sachen (z. B. einen Straßendeckenfertiger) nach den §§ 1204 ff BGB oder durch ein Pfandrecht an Rechten (z. B. einer Forderung) nach den §§ 1273 ff BGB gesichert werden.

Eine bauauftragstypische Form der Hypothek ist die *Sicherungshypothek des Bauunternehmers* gemäß § 648 BGB. Nach Abs. 1 kann der „Unternehmer eines Bauwerks oder eines einzelnen Teiles eines Bauwerks für seine Forderungen aus dem Vertrag die Einräumung einer Sicherungshypothek an dem Baugrundstück des Bestellers verlangen".

Alternativ kann der Unternehmer für seine Vergütungsansprüche eine *Bauhandwerkersicherung* nach § 648a BGB dadurch verlangen, dass er dem Auftraggeber zur Leistung der Sicherheit eine angemessene Frist mit der Erklärung bestimmt, dass er nach dem Ablauf der Frist seine Leistung verweigere. Sicherheit kann bis zur Höhe des voraussichtlichen Vergütungsanspruchs, wie er sich aus dem Vertrag oder einem nachträglichen Zusatzauftrag ergibt, sowie wegen Nebenforderungen verlangt werden. Die Nebenforderungen sind mit 10 v. H. des zu sichernden Vergütungsanspruchs anzusetzen. Die Geltendmachung der Bauhandwerkersicherungshypothek ist nur gegenüber gewerblichen Auftraggebern, nicht aber gegenüber öffentlichen Auftraggebern und natürlichen Personen möglich (§ 648a Abs. 6 BGB). In der Praxis werden sowohl die Sicherungshypothek als auch die Bauhandwerkersicherung selten vereinbart, da das Fordern derartiger Sicherheiten von den Auftraggebern als Misstrauensbeweis verstanden wird.

Sicherheitseinbehalt des Auftraggebers
Ein Sicherheitseinbehalt des Auftraggebers dient dazu, die vertragsgemäße Ausführung der Leistung und die Gewährleistung sicherzustellen. Der Sicherheitseinbehalt wird dadurch vorgenommen, dass Zahlungen aufgrund von Abschlagsrechnungen des Auftragnehmers vom Auftraggeber um einen bestimmten, meist prozentualen Abschlag gekürzt werden. Die rechtliche Grundlage bilden § 17 VOB/B in Verbindung mit den §§ 232–240 BGB. Gemäß § 17 Nr. 6 Abs. 1 VOB/A soll der Auftraggeber die Zahlung um höchstens 10 v. H. kürzen, bis die vereinbarte Sicherheitssumme erreicht ist. Den jeweils einbehaltenen Betrag hat er dem Auftragnehmer mitzuteilen und binnen 18 Werktagen nach dieser Mitteilung auf ein Sperrkonto bei dem vereinbarten Geldinstitut einzuzahlen. Etwaige Zinsen stehen dem Auftragnehmer zu. Gemäß § 9 Abs. 7 VOB/A soll der Sicherheitseinbehalt für die Vertragserfüllung 5 v. H. der Auftragssumme und für die Gewährleistung 3 v. H. der Abrechnungssumme nicht überschreiten.

2.1.8.4 Finanzplanung und Insolvenzvermeidung

Zum Finanzwesen einer Unternehmung gehört der gesamte Komplex, der mit Einnahmen/Ausgaben, Forderungen/Verbindlichkeiten, Kreditlinien und verfügbaren Zahlungsmitteln zu tun hat. Es ist wichtig, über alle finanziellen Vorgänge der Finanzplanung, -kontrolle und -steuerung eine exakte Berichterstattung aufzubauen, die für den Planungszeitraum von mindestens einem und besser drei bis fünf Jahren stets die Zahlungsfähigkeit des Unternehmens und damit die Liquidität sichert.

Finanzplanung
Grundlage der Finanzplanung ist der Wirtschafts- bzw. Liquiditätsplan für die Planungsperiode. Er

enthält die voraussichtlichen (Soll) und tatsächlichen (Ist) Einnahmen aus laufenden und erwarteten künftigen Aufträgen sowie die voraussichtlichen (Soll) und tatsächlichen (Ist) Ausgaben aus den betrieblichen Leistungserstellungsprozessen und aus der Aufrechterhaltung der dafür notwendigen Betriebsbereitschaft inklusive erforderlicher Ersatz- und Neuinvestitionen. Aus der zeitlichen Gegenüberstellung von Einnahmen und Ausgaben zeigt sich die Möglichkeit zur Rückzahlung vorhandener Kredite oder die Notwendigkeit zur Aufnahme neuer Kredite. Die Finanzplanung muss nicht nur die Liquidität des Unternehmens sichern, sondern auch die Finanzierungsstrukturen und deren Auswirkungen auf die Bilanz aufzeigen.

Die Sicherung der Liquidität ist durch eine systematische Erfassung möglichst aller liquiditätswirksamen Geschäftsvorfälle der jeweiligen Prognoseperiode und ihrer Kontrolle durch die Analyse von Soll-/Ist-Abweichungen vorzunehmen. Wegen der steigenden Unsicherheit der Prognosen mit zunehmender Länge der Betrachtungsperiode empfiehlt sich die Erstellung von Liquiditätsplänen in Form von rollierenden Wochen-, Monats-, Quartals- und Jahresplänen, die jeweils mit einem konstanten Prognosehorizont von einem Jahr fortgeschrieben werden (vgl. *Tabelle 2.1-32*). Der sich daraus ergebende Jahresfinanzplan ist mindestens quartalsweise zu aktualisieren.

Aus dem Liquiditätsplan sind dann jeweils ablesbar:

- Zahlungsmittelbestand am Anfang des Betrachtungszeitraums
- voraussichtliche Einzahlungen
- voraussichtliche Auszahlungen
- Saldo aus laufenden Operationen, Investitions- und Finanzierungsvorgängen
- Zahlungsmittelbestand am Ende des Betrachtungszeitraumes

Durch Analyse der Soll-/Ist-Abweichungen früherer Liquiditätspläne lassen sich künftige Prognosewerte präzisieren, auch unter Einbeziehung saisonaler Schwankungen. Bei sich andeutenden Liquiditätsengpässen müssen liquiditätsbildende Maßnahmen durch Beschleunigung und Erhöhung·von Einzahlungen sowie Streckung und Senkung von Auszahlungen eingeleitet werden (*Tabelle 2.1-33*).

In größeren Unternehmen ist es notwendig, einen täglichen Status über die Einnahmen und Ausgaben des Unternehmens und des sich daraus ergebenden Liquiditätsstandes zu erstellen.

Die Überwachung ausstehender Forderungen ist auftragsorientiert nach Kunden (Debitoren) vorzunehmen. Dabei sind die verschiedenen Zahlungsarten zu unterscheiden. Die *Vorauszahlung* nach § 16 Abs. 2 VOB/B ist eine Vergütung für noch nicht erbrachte Leistungen. Sie wird u. a. vom Auftraggeber gewährt, wenn für die vereinbarten Leistungen hohe Vorlaufkosten aus Materialbeschaffungen und -anfertigungen entstehen, bevor die eigentliche Montage vor Ort vorgenommen werden kann. Die *Abschlagszahlung* nach § 16 Abs. 1 VOB/B ist eine Vergütung für erbrachte, aber noch nicht abgenommene Teilleistungen. Mit der Bekanntmachung des BGB vom 02.01.2002 (BGBl I S. 42) wurden Abschlagszahlungen mit dem § 632a auch in das BGB aufgenommen. Die Fälligkeit der *Schlussrechnung* nach § 14 Abs. 3 VOB/B setzt gemäß § 641 Abs. 1 BGB die erfolgreiche rechtsgeschäftliche Abnahme der vertraglichen Leistungen voraus. Die Zahlungsfrist für die Schlusszahlung richtet sich nach § 16 Abs. 3 Nr. 1 VOB/B (spätestens innerhalb von 2 Monaten nach Zugang). Durch vertragliche Vereinbarung der Geltung der VOB/B vor dem BGB wird ein Konflikt mit der Verzugsregelung nach § 286 Abs. 3 BGB (Verzug 30 Tage nach Zugang und Fälligkeit einer Rechnung) vermieden. *Teilschlusszahlungen* sind Vergütungen für abgenommene Teilleistungen (§ 16 Abs. 4 VOB/B).

Diese Zahlungsarten und damit verbundenen Zahlungsmodalitäten müssen vertraglich vereinbart und während der Projektlaufzeit durch das Forderungsmanagement vollzogen werden. Durch monatliche Zahlungskontrollblätter und Außenstandsübersichten mit Höhe und Dauer der Außenstände, Kosten, Leistung, Ergebnis und Cashflow werden die notwendigen Informationen für die Kontrolle und Steuerung der Liquiditätspläne geliefert.

Ein Unternehmen muss täglich in der Lage sein, die Bankbestände und Forderungen sowie die Verbindlichkeiten gegenüber Banken und Lieferanten durch Überwachung des Zahlungsverkehrs darzustellen. Ferner müssen die gewährten und erhaltenen Sicherheiten sowie die damit verbundenen Kosten dargelegt und die Finanzierungsspielräume bis zur Ausschöpfung der Kreditlinien dargelegt werden. Noch verbleibende Sicherheiten sind auf ihre Werthaltigkeit zu überprüfen.

Tabelle 2.1-32 Beispiel einer Wirtschafts- bzw. Liquiditätsplanstruktur

	Januar	Februar	März
1. Zahlungsmittelanfangsbestand (Überschuss/Fehlbetrag)	1 2 3 4		
2. Cash-Flow aus laufenden Operationen			
+ Einzahlungen auf:			
Schluss- und Abschlagsrechnungen			
An- und Vorauszahlungen			
Arbeitsgemeinschaften			
Sonstige Forderungen			
./. Auszahlungen für:			
Personal			
Material			
Nachunternehmer			
Arbeitsgemeinschaften			
Steuern			
Sonstige Verbindlichkeiten			
Saldo I			
3. Cash-Flow aus Investitionsvorgängen			
+ Einzahlungen aus:			
Desinvestitionen			
Finanzanlagen u. sonstige Beteiligungen			
./. Auszahlungen für:			
Investitionen			
Finanzanlagen + sonstige Beteiligungen			
Saldo II			
4. Cash-Flow aus Finanzierungsvorgängen			
+ Einzahlungen durch:			
Beteiligungsfinanzierung			
Kreditfinanzierung			
./. Auszahlungen für:			
Entnahmen und Dividenden			
Kredittilgung und Zinsen			
Saldo III			
5. Zahlungsmittelendbestand (Überschuss/Fehlbetrag)			

Auswertungshilfsmittel zur Finanzplanung ist die Finanzbewegungsrechnung, die nicht nur die Mittelherkunft und -verwendung aufzeigt, sondern auch unterscheidet sowohl in lang-, mittel- und kurzfristige Finanzmittel als auch in Innenfinanzierung und Außenfinanzierung.

Kapitalstruktur

Sobald das Unternehmen den für den güterwirtschaftlichen Prozess notwendigen Kapitalbedarf aus der Finanzplanung ermittelt hat, geht es in der nächsten Phase um die Bestimmung der Kapitalart, die zur Deckung dieses Kapitalbedarfs herangezogen werden

soll. Bei der optimalen Vermögens- und Kapitalstruktur geht es um das Verhältnis zwischen Fremd- und Eigenkapital, die Bestimmung der konkreten Kapitalformen sowie die Verwendung dieses Kapitals zur Bildung von Vermögenswerten. Kapitalentscheidungen und damit die Gestaltung der Kapitalstruktur haben sich an den Unternehmenszielen auszurichten. Dies sind im Rahmen der Finanzplanung vor allem die Erzielung von Gewinnen, die Sicherung der Liquidität sowie die langfristige Existenzsicherung des Unternehmens. Jedes Unternehmen hat daher seinen Kapitalbedarf derart zu decken, dass

Tabelle 2.1-33 Liquiditätsbildende Maßnahmen

Einzahlungsseite	Auszahlungsseite
Maßnahmen zur Beschleunigung von Einzahlungen:	**Maßnahmen zur Streckung von Auszahlungen:**
– Anstreben von Anzahlungen,	– Ausschöpfen der Abnahmefristen bei
– zeitnahe Leistungsermittlung und -dokumentation,	Nachunternehmern,
– zügige Rechnungsstellung,	– Sicherheitseinbehalte bei Nachunternehmern,
– Verkürzung der Prüfzeiträume durch übersichtliche	– Verhandlungen über die Verlängerung von
Rechnungen,	Lieferantenzielen,
– Einsatz von Factoring zur Minimierung des	– Verzögerung von Lieferantenzahlungen,
Forderungsbestands,	– Begleichung von Lieferantenrechnungen im
– Controlling der Einzahlungen,	Wechselverfahren,
– Einsatz eines professionellen Mahnwesens,	– Verzögerung von Lohn- und Gehaltszahlungen,
– Berechnung von Verzugszinsen und -schäden,	– kurzfristiges Unterlassen von Instandhaltung,
– Ersatz von Sicherheitseinbehalten durch	– Verhandlungen über Steuerstundung,
Bankbürgschaften.	– Verhandlungen über Kreditstundung.
Maßnahmen zur Erhöhung des Einzahlungsvolumens:	**Maßnahmen zur Senkung des Auszahlungsvolumens:**
– Kreditfinanzierung,	– Reduktion der fixen Kosten durch Desinvestitionen,
– Beteiligungsfinanzierung,	– Personalabbau,
– effizientes Cash-Management,	– Reduktion der Privatentnahmen/Dividenden,
– Desinvestitionen.	– Umfinanzierung in längerfristige Kredite.

– durch die finanzwirtschaftlichen Entscheidungen die Gewinnerzielung unterstützt wird (Rentabilität),
– es jederzeit seinen finanziellen Verpflichtungen betragsgenau nachkommen kann (Liquidität) und
– das Unternehmensvermögen ausreicht, die Ansprüche der Fremd- und Eigenkapitalgeber zu erfüllen (Sicherheit).

Solange die Gesamtkapitalrentabilität höher ist als der Fremdkapitalzinssatz, kann durch eine Erhöhung des Fremdkapitals eine höhere Eigenkapitalrentabilität erzielt werden (Leverage-Effekt). Allerdings wird in der Praxis das Ausmaß der Kreditwürdigkeit sehr stark von der Höhe des Eigenkapitals beeinflusst.

Liquiditätsprobleme können in der Praxis u. a. dann auftreten, wenn

– die notwendigen finanziellen Mittel nicht beschafft werden können,
– die Finanzplanung die Einzahlungs- und Auszahlungsströme falsch prognostiziert hat oder
– die Finanzkontrolle unterlassen hat, rechtzeitig Fehlbeträge festzustellen und Maßnahmen zu ergreifen, um diese Lücken zu schließen.

Daraus wird deutlich, dass einer sorgfältigen Ermittlung des Kapitalbedarfs und seiner Deckung unter Berücksichtigung des unternehmerischen Risikos (Unsicherheit) im Rahmen der Finanzplanung und -kontrolle eine hohe Bedeutung zukommt.

Finanzierungsregeln
Für die Finanzplanung, -analyse und -prognose haben sich im Zusammenhang mit den Finanzierungszielen der Unabhängigkeit und Sicherheit Finanzierungsregeln herausgebildet, deren Einhaltung durch Bilanzkennziffern auf Basis horizontaler und vertikaler Kapitalstrukturregeln zu überprüfen ist.

Zu den *horizontalen Kapitalstrukturregeln* gehören die „Goldene Finanzierungsregel" und die „Goldene Bilanzregel". Die *„Goldene Finanzierungsregel"* verlangt, dass sich die Fristen zwischen Kapitalbeschaffung und -rückzahlung einerseits und Kapitalverwendung zur Finanzierung von Investitionen andererseits entsprechen.

Die *„Goldene Bilanzregel"* fordert ebenfalls in Anwendung der Fristenkongruenzregel die Deckung des Anlagevermögens durch die Summe aus Eigen- und langfristigem Fremdkapital.

Tabelle 2.1-34 Bilanzstrukturkennzahlen deutscher Unternehmen im produzierenden Gewerbe, Handel und Verkehr im Jahr 2000 (Quelle: Deutsche Bundesbank, 2003, S. 124ff.)

	alle Unternehmen	alle Bauunternehmen
Aktiva	in % der Bilanzsumme	
Sachanlagen	23,5	14,7
Vorräte	16,0	41,8
Kassenmittel	3,5	7,6
Forderungen (wertberichtigt)	32,5	27,2
kurzfristige	29,9	25,4
langfristige	2,6	1,7
Wertpapiere	4,9	2,7
Beteiligungen	19,5	5,5
Nachrichtlich: Umsatz	144,1	90,2
Passiva	in % der Bilanzsumme	
Eigenmittel (berichtigt)	25,3	12,0
Verbindlichkeiten	48,4	72,4
kurzfristige	38,4	64,5
langfristige	10,0	7,8
Rückstellungen	25,7	15,4
darunter Pensionsrückstellungen	11,0	3,6
Jahresergebnis	**3,6**	**0,2**

Obwohl diese beiden horizontalen Kapitalstrukturregeln die Sicherung der Liquidität allein nicht gewährleisten, stützen Fremdkapitalgeber ihre Bonitätsprüfung u. a. auf die Analyse dieser Kennziffern im Perioden- oder Branchenvergleich.

Die *vertikale Kapitalstrukturregel* bezieht sich auf das Verhältnis von Eigen- zu Fremdkapital, um den Verschuldungsgrad zu messen. Kennzahlen sind die Eigenkapitalquote (Eigenkapital/Gesamtkapital) und der Verschuldungskoeffizient (Fremdkapital/ Eigenkapital). Der früher geforderte Verschuldungskoeffizient von < 2:1 (FK/EK) ist aufgrund des Wachstums und der mangelnden Eigenfinanzierungsmöglichkeiten in allen Unternehmen auf etwa 3:1 angewachsen und liegt für Bauunternehmen bei > 4:1 (2009). Die Bilanzstrukturkennzahlen deutscher Unternehmen im produzierenden Gewerbe, Handel und Verkehr, darunter im Baugewerbe im Jahr 2000 liefern dazu weiter gehende Orientierung für die Investitions- und Finanzplanung (*Tabelle 2.1-34*).

Insolvenzvermeidung

Die Zahl der Unternehmensinsolvenzen (eröffnete und mangels Masse abgelehnte Insolvenzverfahren zuzüglich eröffneter Vergleichsverfahren abzüglich Anschlussinsolvenzen) ist von 1995 mit 22.344 Fällen bis 2007 mit 29.160 Fällen um 30,5% bzw. jährlich um 2,2% gestiegen. Die Vergleichszahlen im Baugewerbe waren 5.542 Fälle in 1995 und 5.319 Fälle in 2007. Dies bedeutet eine Verminderung um knapp 4% bzw. jährlich um etwa 0,3%.

Trotz dieser hohen Ausfälle stieg im gleichen Zeitraum die Zahl der Unternehmen. Im Bauhauptgewerbe gab es 1995 bereits 71.853 Betriebe, davon 40.663 mit 1 bis 9 Beschäftigten, in 2007 jedoch 74.765 Betriebe (+4,05%) bzw. 56.589 (+39,2%), d. h. Insolvenzen lösen gerade im Bauhauptgewerbe zahlreiche Neugründungen mit 1 bis 9 Beschäftigten aus. Die Zahl der im Bauhauptgewerbe Beschäftigten sank jedoch im Zeitraum von 1995 bis Oktober 2010 von 1.433.600 auf 731.638 (–49% bzw. –3,3% p. a.) (Statistisches Bundesamt, Abruf 07.01.2011).

Erfolgreiche Insolvenzvermeidung muss daher in besonderem Maße die spezifischen Gegebenheiten in kleinen und mittelständischen Unternehmen (KMU) berücksichtigen. Es gilt daher, Erfolgsfaktoren zu finden, die den Führungskräften ermöglichen, möglichst frühzeitig unternehmensgefährdende Entwicklungen zu erkennen und zu beseitigen.

Durch Einführung der Insolvenzordnung (InsO) am 01.01.1999 wurde das Insolvenzrecht reformiert, um Maßnahmen gegen die Massearmut zu ergreifen, da möglichst viele Verfahren eröffnet und geordnet abgewickelt oder außergerichtliche Sanierungen eingeleitet werden sollen. Ferner soll die Autonomie der Gläubiger gestärkt und die Verteilungsgerechtigkeit erhöht werden. Weiterhin wird eine spezielle Verbraucherinsolvenz geregelt und eine Restschuldbefreiung ermöglicht.

Die wesentlichen Neuerungen der InsO zur Erreichung dieser Zielsetzung sind u. a.:

– Insolvenzfähigkeit der Gesellschaft ohne Rechtspersönlichkeit (OHG, KG, GbR) (§ 11 InsO)
– drohende Zahlungsunfähigkeit als neuer Eröffnungsgrund (§ 18 Abs. 1 InsO)
– Anmeldung der Forderungen der Gläubiger bei dem vom Insolvenzgericht eingesetzten Insolvenzverwalter, nicht beim Gericht (§ 28 InsO)

– Einführung eines Gerichtstermins zur Erörte-
rung der wirtschaftlichen Lage des Schuldners
und der Möglichkeiten zum Fortbestand des
Unternehmens (§ 29 InsO)
– Einführung eines Insolvenzplans zur Erhöhung
der Flexibilität und Wirtschaftlichkeit bei der
Abwicklung von Insolvenzverfahren (§§ 217–
269 InsO)
– Einführung einer Verbraucherinsolvenz (§§
304–314 InsO) und
– Restschuldbefreiung für natürliche Personen
(§§ 286–303 InsO).

Die Eröffnungsvoraussetzungen und das Eröff-
nungsverfahren selbst regeln die §§ 11-34 InsO.
Beteiligte am Verfahren sind die Schuldner, gegen
die sich das Verfahren richtet, die Gläubiger, das
Insolvenzgericht sowie der Insolvenzverwalter.

Das Insolvenzverfahren wird nur auf Antrag eröffnet. Neben dem Schuldner ist jeder Gläubiger
berechtigt, den Antrag auf Eröffnung des Insolvenzverfahrens zu stellen (§ 13 Abs. 1 InsO).

Bei einer Analyse der Insolvenzursachen ist
durch Vergleich von Forschungsergebnissen immer wieder festzustellen, dass vorrangig interne,
von den Unternehmen selbst zu steuernde Faktoren
die Insolvenz verursachen und in 80% der Fälle
ausschlaggebend für eine Unternehmenskrise sind.
Vorrangige interne Insolvenzursachen sind:

– Qualifikationsmängel in der Unternehmensführung
– unzureichendes Unternehmens- und Auftrags-
controlling
– zu geringe Eigenkapitalausstattung und mangelhafte Finanzierung
– unzureichende Arbeitsvorbereitung und Ablauforganisation und unzureichendes Personalmanagement
– zu geringe Kundenorientierung und fehlendes
Marketing
– unzulängliche Nachfolgeregelungen

Externe Ursachen, die nur in 20% der Fälle zu Insolvenzen führen, sind vor allem:
– Forderungsausfälle und schlechte Zahlungsmoral der Auftraggeber
– Änderung des Nachfrageverhaltens der Kunden
und dadurch bedingter Strukturwandel
– das Entscheidungsverhalten von Banken

Der Krisenverlauf eines Unternehmens kann in 4
Phasen eingeteilt werden.

– Die *strategische Krise* ist nur schwer zu diagnos-
tizieren. Die Kundenorientierung verschlechtert
sich. Die Qualifikation der Mitarbeiter hält nicht
Schritt mit derjenigen der Konkurrenz. Das Know-
how und die technische Ausstattung veralten.
– In der *Rentabilitätskrise* sind erste Gewinnrück-
gänge zu verzeichnen. Die Liquidität ist jedoch
noch ausreichend.
– Die Schieflage des Unternehmens wird von der
Geschäftsleitung häufig erst in der *Ertragskrise*
erkannt, wobei Verluste häufig noch nicht aufge-
deckt werden. Die Geschäftspartner sind noch
unwissend.
– In der *Liquiditätskrise* werden die Auskünfte
von Banken und Auskunfteien schlechter. Das
Zahlungsverhalten der Kunden verschlechtert
sich, Bankkredite werden nicht mehr gewährt.
Das Unternehmen kann seinen Zahlungsverpflichtungen nicht mehr fristgerecht und betragsgenau nachkommen.

Durch Insolvenzprophylaxe sind rechtzeitig vorbeugende Maßnahmen einzuleiten, um drohende
Unternehmenskrisen bzw. Insolvenzen zu vermeiden. Quantitative Warnsignale sind Kennzahlen,
mit denen die Situation des Unternehmens beschrieben werden kann und für deren Beurteilung
Vergleichsmaßstäbe vorhanden sind.

Kennzahlen früherer Perioden führen zu einem
Zeitreihenvergleich, durch den das dynamische Betriebsgeschehen und Entwicklungstendenzen verdeutlicht werden können. Durch den Soll-/Ist-Ver-
gleich werden aktuelle Kennzahlen mit Soll-Vorgaben verglichen. Aus den Abweichungen sind die
Notwendigkeit und der Umfang erforderlicher Anpassungsmaßnahmen abzuleiten.

Der Betriebsvergleich mit den Kennzahlen ähnlich strukturierter Betriebe der gleichen Branche
ermöglicht die Erkennung eigener Schwachstellen
und besserer Markteinschätzung. Aus dem Betriebsvergleich sind durch das Benchmarking Verbesserungsprozesse und -methoden zu entdecken,
nachzuvollziehen und in geeigneter Weise im Unternehmen zu implementieren.

Qualitative Warnsignale deuten ebenfalls auf
eine Krise hin, sind jedoch weitaus schwieriger

zu erkennen als quantitative Warnsignale. Der Unternehmer muss ein „Gespür" dafür entwickeln, solche Warnsignale, die auf interne und externe Probleme schließen lassen, frühzeitig zu erkennen.

Die Beobachtung der Konkurrenz trägt dazu bei, neue Trends in diesen Unternehmen frühzeitig zu erkennen und Auskünfte über die Geschäftsfähigkeit, die Auftragsstruktur und den Kundenstamm zu erhalten.

Durch Beobachtung der Bonität und des Zahlungsverhaltens der Kunden können frühzeitig Schwierigkeiten erkannt und Forderungsausfälle vermieden werden.

Die in *Abb. 2.1-76* dargestellte Früherkennungstreppe des Bundesministeriums für Wirtschaft bietet eine Hilfestellung, interne Schwächen frühzeitig zu erkennen. Das BMWi empfiehlt:

„Wenn Sie in den Bereichen 1 bis 3 ‚nein' sagen müssen, ist das Thema wichtig, aber Sie haben noch genügend Zeit zu überlegen und zu handeln.

Wenn Sie in den Bereichen 4 bis 6 ‚nein' sagen müssen, ist das Thema sehr wichtig. Sie müssen rasch handeln und Verbesserungen durchführen.

Wenn Sie bereits in den Bereichen 7 bis 9 ‚nein' sagen müssen, ist das Thema äußerst kritisch. Der Fortbestand Ihres Unternehmens ist gefährdet!"

Erfolgsfaktoren zur Insolvenzprophylaxe sind darauf ausgerichtet, durch kontinuierliche, strategische, taktische und operative Verbesserungsprozesse (KVP) interne Insolvenzursachen zu vermeiden und externe Insolvenzrisiken so weit wie möglich zu reduzieren. *Abbildung 2.1-77* zeigt die mögliche Beeinflussung von Insolvenzursachen durch unternehmerische Erfolgsfaktoren.

Literaturverzeichnis Kap. 2.1

Gesetze, Verordnungen, Vorschriften

AEntG (2009) Gesetz über zwingende Arbeitsbedingungen für grenzüberschreitend entsandte und für regelmäßig im Inland beschäftigte Arbeitnehmer und Arbeitnehmerinnen (Arbeitnehmer-Entsendegesetz)

AktG (1965, 2009) Aktiengesetz

ArbGG (1953, 2009) Arbeitsgerichtsgesetz

ArbSchG (1996, 2009) Gesetz über die Durchführung von Maßnahmen des Arbeitsschutzes zur Verbesserung der Sicherheit und des Gesundheitsschutzes der Beschäftigten bei der Arbeit (Arbeitsschutzgesetz)

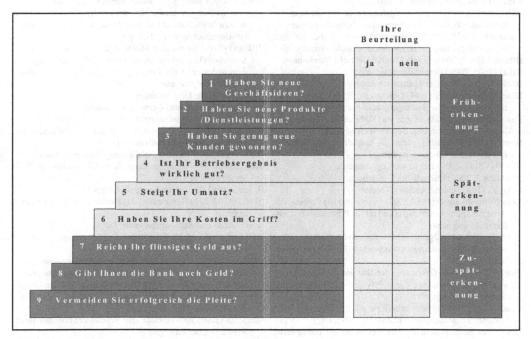

Abb. 2.1-76 Früherkennungstreppe (Quelle: BMWi, 1998, S. 7)

Erfolgsfaktoren \ Insolvenzursachen	intern								extern				
	Unternehmensführung	Controlling	Eigenkapital	Finanzierungsstruktur	Finanzierungsquellen	Rechnungswesen Kalkulation	Marketing	Nachfolgeregelungen	Strukturwandel	Veränderte Nachfrage	Zahlungsmoral	Forderungsausfälle	Entscheidungsverhalten von Banken
Unternehmensführung verbessern	X												X
Controllingsystem verbessern	X					X							
Eigenkapital erhöhen			X			X						X	X
Betriebsgerechte Finanzierung			X	X		X							X
Kreditwürdigkeit erhalten					X	X							X
Forderungsmanagement Liquiditätsplanung			X		X	X					X	X	X
Marketingsystem installieren / verbessern							X		X	X			
Nachfolge regeln	X							X	X				
Personalmanagement verbessern	X	X	X	X	X	X	X	X		X		X	

Abb. 2.1-77 Beeinflussung von Insolvenzursachen durch Erfolgsfaktoren

ArbSichG (1973, 2006) Gesetz über Betriebsärzte, Sicherheitsingenieure und andere Fachkräfte für Arbeitssicherheit (Arbeitssicherheitsgesetz)

ArbZG (1994, 2009) Arbeitszeitgesetz

AÜG (1995, 2009) Gesetz zur Regelung der gewerbsmäßigen Arbeitnehmerüberlassung (Arbeitnehmerüberlassungsgesetz)

BaustellV (1998, 2004) Verordnung über Sicherheit und Gesundheitsschutz auf Baustellen (Baustellenverordnung)

BBankG (1957, 2009) Gesetz über die Deutsche Bundesbank

BBiG (2005, 2009) Berufsbildungsgesetz

BDSG (2003, 2009) Bundesdatenschutzgesetz

BeschäftigtenschutzG (1994) Gesetz zum Schutz der Beschäftigten vor sexueller Belästigung am Arbeitsplatz

BetrAVG (1974, 2008) Gesetz zur Verbesserung der betrieblichen Altersversorgung (Betriebsrentengesetz)

BetrKV (2003) Verordnung über die Aufstellung von Betriebskosten (Betriebskostenverordnung)

BetrVG (2001, 2009) Betriebsverfassungsgesetz

BGB (2003, 2009) Bürgerliches Gesetzbuch

BiRiLiG (1985) Bilanzrichtlinien-Gesetz

EntgeltfortzahlungsG (1994, 2003) Gesetz über die Zahlung des Arbeitsentgelts an Feiertagen und im Krankheitsfall (Entgeltfortzahlungsgesetz)

EStR (2005, 2008) Allgemeine Verwaltungsvorschriften zur Anwendung des Einkommensteuerrechts (Einkommensteuerrichtlinien)

FStrPrivFinG (2006) Gesetz über den Bau und die Finanzierung von Bundesfernstraßen durch Private (Fernstraßenbauprivatfinanzierungsgesetz)

GenG (2006, 2009) Gesetz betreffend die Erwerbs- und Wirtschaftsgenossenschaften (Genossenschaftsgesetz)

Gesetz zur Eindämmung illegaler Betätigung im Baugewerbe (2001)

GewStG (2002, 2010) Gewerbesteuergesetz

GmbHG (2009) Gesetz betreffend die Gesellschaften mit beschränkter Haftung

GWB (2009) Gesetz gegen Wettbewerbsbeschränkungen

Haushaltsordnungen des Bundes, der Länder und der Kommunen zu Wirtschaftlichkeitsberechnungen und Nutzen-Kosten-Untersuchungen (i. d. R. § 7)

HBeglG (2010) Gesetz über Maßnahmen zur Entlastung der öffentlichen Haushalte sowie über strukturelle Anpassungen in dem in Artikel 3 des Einigungsvertrages genannten Gebiet (Haushaltsbegleitgesetz)

HGB (2009) Handelsgesetzbuch

IAS (2007) International Accounting Standard

InsO (1994, 2009) Insolvenzordnung

JArbSchG (1976, 2008) Gesetz zum Schutz der arbeitenden Jugend (Jugendarbeitsschutzgesetz)

KAG (1995, 2009) Kommunalabgabengesetze der Länder

KonTraG (1998) Gesetz zur Kontrolle und Transparenz im Unternehmensbereich

KSchG (1969, 2008) Kündigungsschutzgesetz

KWG (1998, 2009) Gesetz über das Kreditwesen (Kreditwesengesetz)

LHO Landeshaushaltsordnungen der Länder

MitbestG (1976, 2009) Gesetz über die Mitbestimmung der Arbeitnehmer (Mitbestimmungsgesetz)

MMitBestG (1951, 2006) Montan-Mitbestimmungsgesetz (Gesetz zur Ergänzung des Gesetzes über die Mitbestimmung der Arbeitnehmer in den Aufsichtsräten und Vorständen der Unternehmen des Bergbaus und der Eisen und Stahl erzeugenden Industrie)

MuSchG (2002, 2009) Gesetz zum Schutze der erwerbstätigen Mutter (Mutterschutzgesetz)

NachwG (1995, 2001) Gesetz über den Nachweis der für ein Arbeitsverhältnis geltenden wesentlichen Bedingungen (Nachweisgesetz)

ÖPPG (2005) Gesetz zur Beschleunigung Öffentlich-Privater Partnerschaften (ÖPP-Beschleunigungsgesetz)

ProdHaftG (1989, 2002) Produkthaftungsgesetz

PublG (1969, 2009) Gesetz über die Rechnungslegung von bestimmten Unternehmen und Konzernen (Publizitätsgesetz)

RDG (2007, 2009) Gesetz über außergerichtliche Rechtsdienstleistungen (Rechtsdienstleistungsgesetz)

Satzung des Europäischen Systems der Zentralbanken und der Europäischen Zentralbank (2002)

SchwarzarbG (2004, 2009) Gesetz zur Bekämpfung der Schwarzarbeit und illegalen Beschäftigung (Schwarzarbeitsbekämpfungsgesetz)

SGB III (1997, 2010) Sozialgesetzbuch, Buch III: Arbeitsförderung,

SGB IV (1976, 2009) Sozialgesetzbuch, Buch IV: Gemeinsame Vorschriften für die Sozialversicherung

SGB VI (2002, 2009) Sozialgesetzbuch, Buch VI: Gesetzliche Rentenversicherung

SGB IX (2001, 2003) Sozialgesetzbuch, Buch IX: Rehabilitation und Teilhabe behinderter Menschen

StabG (1967, 2006) Gesetz zur Förderung der Stabilität und des Wachstums der Wirtschaft

TVG (1969, 2006) Tarifvertragsgesetz

TZBfG (2000, 2007) Gesetz über Teilzeitarbeit und befristete Arbeitsverträge

UAG (2002,2008) Gesetz zur Ausführung der Verordnung (EG) Nr. 761/2001 des Europäischen Parlaments und des Rates vom 19. März 2001 über die freiwillige Beteiligung von Organisationen an einem Gemeinschaftssystem für das Umweltmanagement und die Umweltbetriebsprüfung (EMAS) (Umweltauditgesetz)

UrhG (1996, 2008) Gesetz über Urheberrecht und verwandte Schutzrechte (Urheberrechtsgesetz)

UWG (2010) Gesetz gegen den unlauteren Wettbewerb

Normen, Richtlinien

BMVBW (Hrsg) (2002) Vergabehandbuch für die Durchführung von Bauaufgaben des Bundes im Zuständigkeitsbereich der Finanzbauverwaltungen

BMVBW (Hrsg) (2009) Richtlinien für die Durchführung von Bauaufgaben des Bundes im Zuständigkeitsbereich der Finanzbauverwaltungen (RBBau), 19. Austauschlieferung, Deutscher Bundes-Verlag, Köln

HGCRA (1996) Housing Grants, Construction and Regeneration Act, UK

Statistisches Bundesamt (2008) Jahresgutachten 2008/09 – Die Finanzkrise meistern – Wachstumskräfte stärken. Bonifatius GmbH Buch-Druck-Verlag, Paderborn

Statistisches Bundesamt (2009) Messzahlen für Bauleistungspreise und Preisindizes für Bauwerke, Fachserie 17, Reihe 4, Wiesbaden

Kommentare, Lexika

Baustatistisches Jahrbuch (2009) Verlag Graphia-Huss, Frankfurt/Main

Brockhaus (2005) Brockhaus – Die Enzyklopädie in 30 Bänden. 21. Aufl. FA Brockhaus, Leipzig/Mannheim

Göllert K, Ringling W (1986) Bilanzrichtlinien-Gesetz. Verlagsgesellschaft Recht und Wirtschaft, Heidelberg

Moench D et al. (2009) Erbschaftsteuer. Einschließlich Schenkungssteuerrecht und Bewertung. C. H. Beck, München

Statistisches Bundesamt (2008) Statistisches Jahrbuch 2008. SFG Servicecenter Fachverlage, Reutlingen

Statistisches Bundesamt (2009) Wirtschaft und Statistik 01/2009. SFG Servicecenter Fachverlage, Reutlingen

Woll (2000) Wirtschaftslexikon. 9. Aufl. Oldenbourg, München

Bücher

Basel Committee on Banking Supervision (1998) International Convergence of Capital Measurement and Capital Standards, Basel

Basel Committee on Banking Supervision (2001) Consultative Document – The Internal Ratings-Based Approach, Basel

Baseler Ausschuss für Bankenaufsicht (2003) Konsultationspapier – Die Neue Baseler Eigenkapitalvereinbarung, Basel

Baseler Ausschuss für Bankenaufsicht (2004) Internationale Konvergenz der Kapitalmessung und Eigenkapitalanforderungen. Rahmenvereinbarung, Basel

Baseler Ausschuss für Bankenaufsicht (2010) Basel III – Empfehlungen zu den Eigenkapitalanforderungen der Banken aus den Erkenntnissen der Privat- und Wirtschaftskunden vom 12.09.2010, Basel

BMBau (Hrsg) (1986) Diederichs CJ, Hepermann H (1986) Kostenermittlung durch Kalkulation von Leitpositionen (Rohbau und Ausbau). Schriftenreihe 04.115 des BMBau, Bonn

Born BL (1980) Systematische Erfassung und Bewertung der durch Störungen im Bauablauf verursachten Kosten. Werner Verlag, Düsseldorf

Büschgen HE (1993) Leasing, erfolgs- und liquiditätsorientierter Vergleich zu traditionellen Finanzierungsformen. In: Gebhardt G, Gerke W, Steiner M (Hrsg) (1993) Handbuch des Finanzmanagements. C. H. Beck, München

Bund der Steuerzahler NRW e. V. (2002) Steuergeldverschwendung und Korruption – Vorbeugen, Bekämpfen, Bestrafen

Bundeskriminalamt, BKA (2003) Einschätzung zur Korruption in Polizei, Justiz und Zoll. Ein gemeinsames Forschungsprojekt des Bundeskriminalamtes und der Polizei. Führungsakademie BKA – Reihe Polizei + Forschung, Band 46

Claussen HR (1995) Korruption im öffentlichen Dienst. Heymann, Köln

Diederichs CJ (1992) Bauwirtschaftslehre als Branchenbetriebswirtschaftslehre. In: FB 8 – Architektur – der TU Berlin (Hrsg) (1992) Trends der Baubetriebswirtschaftslehre. Vorträge am 12.06.1992 anlässlich des 65. Geburtstages von o. Prof. Dr. oec. Karlheinz Pfarr. Schriftenreihe Band 6, Berlin

Diederichs CJ (Hrsg) (1996) Handbuch der strategischen und taktischen Bauunternehmensführung, Bauverlag, Gütersloh

Diederichs CJ (1998) Schadensabschätzung nach § 287 ZPO bei Behinderungen gemäß § 6 VOB/B. Beilage zu BauR1/1998

Diederichs CJ (1999) Führungswissen für Bau- und Immobilienfachleute, Springer-Verlag, Berlin, Heidelberg, New York

Diederichs CJ (2002) Schwarzarbeit und Korruption in der Bauwirtschaft;. In: Kapellmann KD, Vygen K (2002) Jahrbuch Baurecht. Werner Verlag, Düsseldorf

Diederichs CJ (2005) Führungswissen für Bau- und Immobilienfachleute, Band 1: Grundlagen. 2. Aufl. Springer, Berlin/Heidelberg/New York

Diederichs CJ, Hepermann H (1989) Kostenermittlung mit Leitpositionen für die Haustechnik. Forschungsbericht im Auftrag des BMBau, Wuppertal

Dietz M (1998) Korruption. Spitz Verlag, Berlin

Dornbusch R, Fischer S (2003) Makroökonomik. 8. Aufl. Oldenbourg, München

Drees G, Kurz T (1979) Aufwandstafeln von Lohn- und Gerätestunden im Ingenieurbau zur Kalkulation angemessener Baupreise. Bauverlag, Gütersloh

Drittler M (1991) Entwicklungskonzeption eines wissensbasierten Beratungssystems für die Prüfung von Nachtragsforderungen bei Bauverträgen. DVP-Verlag, Wuppertal

Drukarczyk J (2008) Finanzierung. 6. Aufl. Gustav Fischer, Stuttgart

Eigen P (2003) Das Netz der Korruption. Wie eine weltweite Bewegung gegen Bestechung kämpft. Campus-Verlag, Frankfurt

Fleischmann HD (2004) Angebotskalkulation mit Richtwerten. 4. Aufl. Werner Verlag, Düsseldorf

GdW Bundesverband deutscher Wohnungsunternehmen e. V. (Hrsg) (2002) Medien-Information Nr. 29/2002 vom 03.07.2002 – GdW: Wohnungswirtschaftliche Entwicklung zwischen Ost und West klafft immer mehr auseinander, Berlin

Hager H (1991) Untersuchung von Einflussgrößen und Kostenänderungen bei Beschleunigungsmaßnahmen von Bauvorhaben. Reihe 4 Nr. 106, VDI-Verlag, Düsseldorf

Haritz D et al. (2004) Übersicht über die Steuerarten. In: Usinger W, Minuth K (Hrsg) (2004) Handbuch für die Immobilienwirtschaft: Immobilien – Recht und Steuern. 3. Aufl. Rudolf Müller Verlag, Köln

Hauptverband der Deutschen Bauindustrie (Hrsg) (2007) Baugeräteliste (BGL) 2007 – Technisch-wirtschaftliche Baumaschinendaten. Bauverlag, Gütersloh

Hofmann O, Frickell E (2000) Nachträge am Bau. 2. Aufl. Verlag Ernst Vögel, Stamsried

HVBi – Hauptverband der Deutschen Bauindustrie (2002–2007) Baudatenkarten 2002 bis 2007, Berlin

Kapellmann KD (2003) Schlüsselfertiges Bauen. 2. Aufl. Werner Verlag, Düsseldorf

Kapellmann KD (2007) Juristisches Projektmanagement. 2. Aufl. Werner Verlag, Düsseldorf

Kapellmann KD, Schiffers K-H (2006) Vergütung, Nachträge und Behinderungsfolgen beim Bauvertrag, Band 1: Einheitspreisvertrag. 5. Aufl. Werner Verlag, Düsseldorf

Leimböck E (2005) Bauwirtschaft. 2. Aufl. B. G. Teubner, Wiesbaden

Leimböck E, Schönnenbeck H (1992) KLR Bau und Baubilanz. Bauverlag, Gütersloh

Meadows D et al. (1972) Die Grenzen des Wachstums, Weiterführung. In: Meadows D et al. (1992) Die neuen Grenzen des Wachstums. Die Lage der Menschheit, Bedrohung und Zukunftschancen. Deutsche Verlags-Anstalt, Stuttgart

Meier E (1995) Zeitaufwandstafeln für die Kalkulation von Hochbau- und Stahlbetonarbeiten. 5. Aufl. Bauverlag, Gütersloh

Monse K (2010) Unternehmensvernetzung. In: Gabler Wirtschaftslexikon. 17. Aufl. Verlag Gabler, Wiesbaden

Olesen G (2003-2007) Kalkulation im Bauwesen. Bde. 1–4. Schiele & Schön Verlag, Berlin

Oppenländer KH (1998) Konjunkturindikatoren. 2. Aufl. Oldenbourg, München

Paul S, Stein S (2002) Rating, Basel II und die Unternehmensfinanzierung, Köln

Perridon L, Steiner M (2004) Finanzwirtschaft der Unternehmung. 13. Aufl. Verlag Franz Vahlen, München

Pfarr K (1983) Geschichte der Bauwirtschaft. Deutscher Consulting Verlag, Essen

Pfarr K (1984) Grundlagen der Bauwirtschaft. Deutscher Consulting Verlag, Essen

Pfarr K (1998) Trends, Fehlentwicklungen und Delikte in der Bauwirtschaft. Springer, Berlin/Heidelberg/New York

Plümecke K (Hrsg) (2008) Preisermittlung für Bauarbeiten. 26. Aufl. Müller-Verlag, Köln

Porter ME (1999) Wettbewerbsstrategien. 10. Aufl. Campus-Verlag, Frankfurt/M.

Prange H, Leimböck E (1991) Kalkulationsschulungsheft – Preisermittlung nach KLR Bau. Bauverlag, Gütersloh

Prange H, Leimböck E, Klaus U (2001) Baukalkulation unter Berücksichtigung der KLR Bau und der VOB. 10. Aufl. Bauverlag, Gütersloh

Rechnunghof von Berlin (2003) Jahresbericht 2003. www.berlin.de/rechnungshof/index.html

Schneider K-J (2010) Bautabellen für Ingenieure. 19. Aufl. Werner-Verlag, Düsseldorf

Schneider F (2003) Wachsende Schattenwirtschaft in Deutschland, Fluch oder Segen? Universität Linz, Mai 2003

Schulte K-W, Vaeth A (1996) Finanzierung und Liquiditätssicherung. In: Diederichs CJ (Hrsg) (1996) Handbuch der strategischen und taktischen Bauunternehmensführung. Bauverlag, Gütersloh

Stehle H, Stehle A (2001) Die rechtlichen und steuerlichen Wesensmerkmale der verschiedenen Rechtsformen. Boorberg-Verlag, München

v. Weizsäcker EU et al. (1995) Faktor Vier. Doppelter Wohlstand – halbierter Naturverbrauch. Droemer Knaur, München

Vahlenkamp W (1995) Korruption – Ein unscharfes Phänomen als Gegenstand zielgerichteter Prävention. BKA, Wiesbaden

Vogt OA (1997) Korruption im Wirtschaftsleben. Deutscher Universitätsverlag, Wiesbaden

Wöhe G (2005) Einführung in die allgemeine Betriebswirtschaftslehre. 22. Aufl. Verlag Franz Vahlen, München

2.2 Unternehmensführung

Claus Jürgen Diederichs

Unternehmensführung umfasst den Planungs-, Entscheidungs-, Kontroll- und Steuerungsprozess zur Ausrichtung des lang-, mittel- und kurzfristigen Handelns der Mitarbeiter im Unternehmen sowie nach Möglichkeit auch der mit dem Unternehmen kommunizierenden Personen und Institutionen außerhalb des Unternehmens, stets verbunden mit einem spezifischen Führungsverhalten. Damit handelt es sich um einen multipersonalen, mehrstufigen und z. T. nach dem Regelkreisprinzip ablaufenden Prozess der Informationsverarbeitung, Willensbildung und -durchsetzung von Führungskräften gegenüber anderen Personen sowie der Übernahme der hiermit verbundenen Verantwortung.

Gegenstände der langfristig ausgerichteten strategischen Unternehmensführung sind (Hahn, 2010):

– die Unternehmensphilosophie als gemeinsame Wertvorstellung der Führungskräfte und Mitarbeiter einer Unternehmung,
– die unternehmenspolitischen Ziele,
– die Geschäftsfeld-, Funktionsbereichs- und Regionalstrategieplanung,
– die Organisations-, Informationssystem-, Rechtsform- und Wirtschaftsplanung,
– die Führungskräfte- und Personalmanagementplanung sowie die Planung der zur Umsetzung erforderlichen Kontroll- und Steuerungsprozesse.

2.2.1 Unternehmensziele und -philosophien

Unternehmensziele beschreiben die der unternehmerischen Betätigung zugrunde liegenden Zielsetzungen zur Erklärung unternehmerischer Verhaltensweisen (Heinen, 2010). In Systemen mit sozialer Marktwirtschaft sind Eigentümer, Vorstand bzw. Geschäftsführer und deren Kontrollorgane Träger der Zielbildung. Als weitere an der Willensbildung beteiligte Gruppen sind v. a. die Belegschaft, aber auch Lieferanten, Kunden, Kreditgeber und staatliche Organe zu nennen. Die vielfältigen Gruppierungen mit ihren unterschiedlichen Interessen und Machtbeziehungen erschweren die

Ableitung allgemeingültiger Aussagen über das Zielsystem einer Unternehmung.

Die Unternehmensphilosophie soll die Unternehmensgrundsätze und -politik explizit formulieren. Ihr Ergebnis ist das nach innen und außen kommunizierte Erscheinungsbild, dem Selbstdarstellung und Verhaltensweisen der Unternehmung (Corporate Identity) zugrunde liegen. Die Unternehmensphilosophie dient der Orientierung durch Darstellung der Sollidentität des Unternehmens, der Motivation durch Identifikation der Mitarbeiter mit dem Unternehmen und der Legitimation durch Aufklärung der verschiedenen Interessenten über die handlungsleitenden Grundsätze. Das Ausmaß der Erfüllung dieser Funktionen ist davon abhängig, auf welche Weise und in welchem Umfang die Mitarbeiter in den Prozess der Unternehmensphilosophiegestaltung integriert werden und die Unternehmensphilosophie das gesamte Unternehmen durchdringt.

Die folgenden Ausführungen konzentrieren sich auf die Unternehmensführung in Bauunternehmen, da in ihnen die meisten Mitarbeiter der Branche Bauwirtschaft beschäftigt sind. Die allgemein geltenden Grundsätze lassen sich jedoch analog auch auf die anderen Institutionen der Bauwirtschaft übertragen, d. h. Organisationen der Bauherren- und Investorenseite sowie der Bauplanungsbüros (Diederichs, 1999).

2.2.1.1 Unternehmensziele, Visionen, Leitbilder

Unternehmensführung beginnt mit der Festlegung der Unternehmensziele. Visionen sollen die Anstrengungen der Mitarbeiter in einem Unternehmen bündeln und ihre Tatkraft langfristig auf gemeinsame Ziele verpflichten.

Bei dem Versuch der Klassifizierung von Unternehmenszielen gelangt man zu mindestens folgender Einteilung:

– *ökonomische Ziele* wie Gewinn, Rentabilität oder Cash-flow sowie *nichtökonomische Ziele* wie Prestige, Unabhängigkeit und Selbstverwirklichung;
– *strategische langfristige Ziele*, die dafür sorgen, dass die richtigen Dinge getan werden, *taktische mittelfristige Ziele*, um in naher Zukunft zu erfüllende Aufgaben sorgfältig und rechtzeitig

vorzubereiten, und *operative kurzfristige Ziele,* die sicherstellen, dass die laufenden Dinge richtig getan werden;

- *Ziele interner Interessengruppen (stakeholder)* wie Manager, Arbeitnehmer und Eigenkapitalgeber mit dem vorrangigen Sicherheitsziel der Existenzsicherung und des Einkommenserwerbs sowie Interesse an guten Arbeitsbedingungen und ökologisch unbedenklichen Arbeitsplätzen;
- *Ziele externer Interessengruppen (stakeholder)* wie Kunden, Lieferanten und regulatorische Gruppen (Behörden und andere staatliche, wirtschaftliche und gesellschaftliche Institutionen) mit der Erwartung eines guten Preis-Leistungsverhältnisses und häufig umfangreicher Nebenleistungen bzw. günstiger Lieferkonditionen und rascher Zahlung der Rechnungen;
- *Beziehungen zwischen den Elementen des Zielsystems,* wobei für das Verhältnis zwischen jeweils zwei Teilzielen zu unterscheiden ist zwischen Zielidentität, -komplementarität, -neutralität, -konkurrenz und -antinomie.

Bei Zielkonflikten sind Methoden der Konfliktlösung anzuwenden, die versuchen, für konkurrierende oder einander ausschließende Ziele Prioritäten zu finden und damit den Zielkatalog zu bereinigen.

Bei der Suche nach einem Oberziel für die Unternehmensführung und nach einem System von Teilzielen zeigt sich, dass ein dreifaktorielles Zielsystem mit Markt-, Leistungs- und Ertragszielen nicht ausreicht, um den künftigen gesellschaftlichen, ökonomischen und ökologischen Herausforderungen gewachsen zu sein (Diederichs, 1996).

Als Oberziel ist die marktorientierte Unternehmensentwicklung herauszustellen. Zur Ausrichtung der Unternehmensentwicklung auf die Erreichung der strategischen Ziele wurden 1992 von Kaplan und Norton kritische Erfolgsfaktoren bestimmt und daraus ein Kennzahlensystem (Scorecard) mit Key Performance Indicators (KPI) entwickelt. Daraus entstand in der Folgezeit die Balanced Scorecard (BSC), ein Konzept zur Dokumentation der kontinuierlichen Messung der Zielerreichung durch Kennzahlen, Überprüfung anhand von Vorgabewerten und Steuerung durch korrigierende Maßnahmen.

Das Neue an der Balanced Scorecard bestand darin, dass der Blick der Führungskräfte von der ein-dimensionalen Finanzperspektive und Ergebnisorientierung erweitert wurde auf ein mehrdimensionales Zielsystem, das praktisch immer neben der Finanzperspektive auch die Kunden, Prozess-, Mitarbeiter-/Potentialperspektive erfasst und dabei an die jeweiligen spezifischen Bedürfnisse der Unternehmen angepasst werden kann. Das verstärkte Umweltbewusstsein hat dazu geführt, dass die meisten Unternehmen auch die Umweltperspektive in ihren Zielkatalog einbeziehen und verstärkt auf umweltfreundliche Produkte und Stoffkreisläufe achten.

Daraus ergibt sich die in *Abb. 2.2-1* dargestellte Balanced Scorecard in Form eines Pentagons der Teilziele, das im Sinne strategischer Unternehmensziele auch für Bauherren, Bauunternehmen und Planungsbüros gilt.

Hinter jeder der fünf Zielperspektiven der BSC steckt ein Katalog von Unterzielen auf einer oder mehreren Ebenen, die erst aufgrund ihrer Konkretisierung eine Messung des jeweiligen Erfüllungsgrades (Ist-Kennzahlen), den Vergleich mit Soll-Vorgaben und aus den Abweichungen die Ableitung von Maßnahmen zur Teilzielerreichung erlauben. Einen vereinfachten Zielkatalog zeigt Tabelle 2.2-1.

Die *Finanzperspektive* umfasst die ökonomischen Ertragsziele angemessenen Gewinns und Cash-Flows in % der Bauleistung und der Rendite in % des eingesetzten Eigen- und Fremdkapitals zur Sicherstellung einer kontinuierlichen Innenfinanzierung. Sie dient v. a. den internen Interessengruppen, aber auch der Gesellschaft durch entsprechendes Steueraufkommen. Die laufende Beachtung der Liquidität stellt eine der unternehmerischen Nebenpflichten dar.

Die *Kundenperspektive* dient der Erfassung von Kennzahlen zum Erreichen der Kundenziele. Dazu dienen die Erhebung der Kundenzufriedenheit durch Kundenbefragungen, die Messung des Altkundenanteils und der Marktanteile in der Branche, differenziert nach Regionen, zur Feststellung der Positionierung gegenüber den Wettbewerbern. Eine wichtige Kennzahl ist auch der Mängelbeseitigungs-/Gewährleistungsaufwand als Maßstab für die Qualität der Leistung einerseits mit Auswirkungen auf die Kundenzufriedenheit andererseits.

Die *Mitarbeiter-/Potenzialperspektive* folgt dem Grundsatz, dass das Personal jedes Unternehmens das wichtigste Kapital darstellt. Das Mitarbeiterpotential wird deutlich aus Erkenntnissen über die

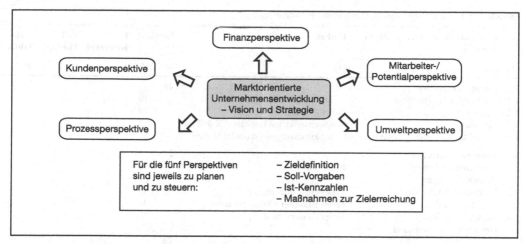

Abb. 2.2-1 Balanced Scorecard als Pentagon der Teilziele

Mitarbeiterzufriedenheit, deren Qualifizierung durch Schulungs- und Weiterbildungsmaßnahmen sowie Informationen über die Betriebszugehörigkeit, die Altersstruktur, Ausfallstunden durch Krankheit und davon durch Betriebsunfälle sowie über Fluktuationsquoten.

Die *Prozessperspektive* findet Ausdruck in den bestehenden Managementsystemen für Qualität, Umwelt, Sicherheit/Gesundheit/Umweltschutz und deren Beurteilung in den jährlichen externen Audits. Die Zukunftsfähigkeit von Unternehmen wird auch maßgeblich bestimmt durch Kreativität und Innovation zur Entwicklung neuer Geschäftsfelder und damit neuer Marktanteile.

Die *Umweltperspektive* findet Ausdruck in der Umweltzertifizierung von Bauwerken/Gebäuden, z. B. nach dem Leadership in Energy und Environmental Design Rating System (LEED) oder nach den Ansätzen der Deutschen Gesellschaft für Nachhaltiges Bauen e. V. (DGNB). Beiträge zu Nachhaltigem Bauen leisten ferner Bauwerke bzw. Anlagen zur Energieeinsparung und zur Senkung des CO_2-Austoßes. Die Behandlung von Abfällen mit dem Ziel der Vermeidung vor der Verwertung vor der Beseitigung ist in Deutschland seit vielen Jahren gesetzlich geregelt, z. B. nach den Landes-Abfallwirtschaftsgesetzen.

Mit der Gewichtung der einzelnen Unterziele eines Zielkatalogs wird ihre Bedeutung im Hinblick auf das Oberziel relativiert. Dies ist notwendig zur

Anwendung einer Nutzwert- oder Kostenwirksamkeitsanalyse (Diederichs, 2005, S. 239) im Rahmen der Messung und Bewertung der Zielerreichung.

Jedes bewusste, zielgerichtete menschliche Handeln vollzieht sich in einem Regelkreis der Planung, Entscheidung, Durchführung und Kontrolle, der dann in weiteren Durchläufen wiederum die Anpassungsplanung zur Minimierung aufgetretener Soll/Ist-Abweichungen mit der Entscheidung über entsprechende Maßnahmen folgt (Horvath, 2007).

2.2.1.2 Unternehmensphilosophien und -konzeptionen zur Verfolgung der Unternehmensziele

Zur Unternehmenspolitik gehört außer der Verfolgung von Unternehmenszielen auch die Art des Umgangs mit den Mitarbeitern, Auftraggebern, Nachunternehmern und Mitbewerbern, d. h. die *ethische Basis*, die den unternehmerischen Entscheidungen und Handlungen zugrunde liegt. Sie wird als Unternehmensphilosophie bezeichnet und findet z. B. Ausdruck in folgenden Leitsätzen:

– Wir wollen mit der Erfüllung der Kundenbedürfnisse zufriedene Auftraggeber erhalten und bewahren.
– Wir achten sorgfältig auf die Erfüllung der Qualitätsanforderungen.

Tabelle 2.2-1 Zielkatalog einer BSC mit Gewichtungsvorschlag

Nr.	Elemente der Zielperspektiven der BSC	Einheit	Gewicht	Ist-Kennzahl	Soll-Vorgabe	Maß-nahmen
(1)	(2)	(3)	(4)	(5) (6)	(7)	(8)
1	**Finanzperspektive**		**40**			
1.1	Umsatz-/Leistungsrendite	% der Gesamtleistung p. a.		10		
1.2	Cash-flow	% der Gesamtleistung p. a.		10		
1.3	Rendite	% des eingesetzten Kapitals (EK und FK)		15		
1.4	Liquidität 1., 2. und 3. Grades	% der kurzfristigen Verbindlichkeiten		5		
2	**Kundenperspektive**		**20**			
2.1	Kundenzufriedenheit (Kundenbefragung)	Note 1 bis 5		10		
2.2	Leistung für Altkunden	% der Gesamtleistung p. a.		4		
2.3	Marktanteile	% der Branchen-/Regionsleistung p. a.		4		
2.4	Mängelbeseitigungs-/ Gewährleistungsaufwand	% der Gesamtleistung p. a.		2		
3	**Mitarbeiter-/ Potenzialperspektive**		**20**			
3.1	Mitarbeiterzufriedenheit (Mitarbeiterbefragung)	Note 1 bis 5		5		
3.2	Schulungs-/Weiterbildungsstunden	% der Gesamtstunden p. a.		5		
3.3	Betriebszugehörigkeit der Mitarbeiter	Jahre		2		
3.4	Altersstruktur	Jahre		2		
3.5	Ausfallstunden durch Krankheit davon Ausfallstunden durch	% der Gesamtstunden p. a.		2		
3.6	Betriebsunfälle	% der Gesamtstunden p. a.		2		
3.7	Kündigungen	% der Mitarbeiter p. a.		2		
4	**Prozessperspektive**		**10**			
4.1	Innovation durch neue Geschäftsfelder	% der Gesamtleistung p. a.		4		
4.2	Qualitätsmanagementsystem nach DIN EN ISO 9001 ff mit aktuellem Zertifikat	Note 1 bis 5		2		
4.3	Umweltmanagementsystem nach DIN EN ISO 14001 ff mit aktuellem Zertifikat	Note 1 bis 5		2		
4.4	Sicherheits-, Gesundheits- und Umweltschutzmanagementsystem mit aktuellem Zertifikat	Note 1 bis 5		2		
5	**Umweltperspektive**		**10**			
5.1	Umweltzertifizierung von Bauwerken/Gebäuden nach LEED[1] oder DGNB[2]	% der Gesamtleistung p. a.		4		
5.2	Bauwerke/Anlagen zur Energieeinsparung	% der Gesamtleistung p. a.		2		
5.3	Bauwerke/Anlagen zur Senkung des CO_2-Ausstoßes	% der Gesamtleistung p. a.		2		
5.4	Abfallbehandlung nach Landes-Abfallwirtschaftsgesetz	Gebührenersparnis €		2		

1 LEED Leadership in Energy and Environmental Design Rating System
2 DGNB Deutsche Gesellschaft für Nachhaltiges Bauen e. V.

- Die Förderung unserer Mitarbeiter und die Sicherung ihrer Arbeitsplätze sind gleichrangige Ziele neben dem wirtschaftlichen Erfolg.
- Wir wollen unsere Unabhängigkeit bewahren.
- Wir fördern den Umweltschutz durch umweltfreundliche Bauweisen und Baustoffe sowie den Einsatz von Recyclingmaterial.
- Wir sind auf ein hohes Ansehen in der Öffentlichkeit bedacht, u. a. durch Corporate Identity.

Wenn eine solche Unternehmensphilosophie veröffentlicht wird, dient sie der Stärkung des Ansehens nach innen und nach außen, sofern die Unternehmensführung ihre Handlungen zielkonform darauf abstimmt.

Unternehmen sind Interessenszentren verschiedenster Aktivitäten von Eigen- und Fremdkapitalgebern, Unternehmensleitern, Arbeitnehmern, Kunden, Lieferanten, Staat und Gewerkschaften (*stakeholder*). Der wirksame Einfluss auf Zielsetzungen und Strategien der Zielerreichung ist nach Maßgabe der Rechtsordnung und der faktischen Einflussmöglichkeiten bestimmten Personen oder Personengruppen vorbehalten. Über diese können ethische Werte zum Tragen gebracht werden, die wiederum gruppenspezifischen Wertungen unterliegen.

Der Sinn einer Unternehmensphilosophie besteht nun darin, die Konkretisierung von Werten zu offerieren, z. B. in Organisationsmodellen oder Erfolgsverwendungsmaßnahmen. Eine Unternehmensphilosophie ist dann als effizient zu bezeichnen, wenn sich ein ethisches Gleichgewicht zwischen Wertofferte der Unternehmensführung und Wertakzeptanz bei den Interessengruppen einstellt.

Bei jedem Unternehmen handelt es sich um eine Wirtschaftseinheit, die nach Maßgabe selbständiger und auf Erfolg bedachter Entscheidungen Marktbedarf zu decken sucht und die damit verbundenen Risiken eingeht. Sie muss ihren Bestand wahren, stets liquide sein und mit den Innovationen der Technik und der Märkte Schritt halten. Von den wirtschaftenden Menschen wird sie nicht nur als Einkommensquelle empfunden. Sicherheit des Arbeitsplatzes, Status und Aufstiegsmöglichkeiten sowie Selbstverwirklichungsfreiräume genießen einen hohen Stellenwert.

Die Gestaltungsbereiche der Unternehmensphilosophien bewegen sich somit im Spannungsfeld der Wertkonkretisierung durch Ziele und Zielerrei-chungsmaßnahmen der Entscheidungsträger sowie deren Wertung durch die beteiligten Interessengruppen. Daraus ergibt sich die Forderung nach einer *Philosophie der gegenseitigen Akzeptanz.*

Jede Unternehmensphilosophie hat verschiedene Menschenbilder zu unterscheiden. Charakteristische Exponenten sind

- der Leistungsmensch, der in einer Unternehmung Karriere machen will, und
- der Privatmensch, der infolge der Dominanz seiner persönlichen Lebensinteressen sowohl an langfristig hohem Einkommen als auch an der Sicherheit des Arbeitsplatzes interessiert ist.

Nach (Schmidt 1985, S. 403ff) sind drei Muster von Unternehmensphilosophien zu unterscheiden:

- Die Führungsphilosophie spricht in erster Linie den unternehmungsbewussten und einkommensorientierten Leistungsmenschen an, der bereit ist, straffe Linienorganisation, Profit-Center und autoritären Führungsstil nicht nur zu akzeptieren, sondern daran infolge seines Karrierebewusstseins auch mitzuwirken.
- Vertragsphilosophie heißt hingegen, dass der durchaus leistungsbereite Privatmensch auf tarifierter, den Stellenbeschreibungen genügender Entlohnung nebst gebührenden Sozialleistungen besteht.
- Solidaritätsphilosophie kommt dem extrem freiheitsorientierten Leistungsmenschen entgegen, der jeglichen organisatorischen Zwang als Fessel seiner Persönlichkeitsentfaltung empfindet.

Ob der einzelne Mitarbeiter die gewählte Philosophie fördernd bejaht, nur akzeptiert oder gar ablehnt, ist eine Frage seiner persönlichen Wertung der mit der Unternehmensphilosophie offerierten Werte, da der Mensch im Mittelpunkt des von ihm zu wertenden Geschehens steht.

Die *Unternehmenskonzeption* ist die schriftliche Fixierung der mittel- und langfristigen Unternehmensziele sowie der Gestaltungs- und Entscheidungsgrundsätze. Sie dient als Grundlage für eine zielorientierte Unternehmenspolitik. Die Unternehmenskonzeption soll die tatsächlichen individuellen Ziele des Unternehmens enthalten. An ihrer Gestaltung sind nicht nur der Unternehmer, sondern auch die Gesellschafter und die leitenden Mitarbeiter unter Einbeziehung ihrer individuellen

Lebens- und Berufsziele zu beteiligen, um Zielkomplementaritäten oder -konkurrenzen erkennen zu können.

Aus der Unternehmenskonzeption können die *Regeln der Geschäftspolitik* abgeleitet und Mitarbeitern und Kunden zugänglich gemacht werden. Sie dienen dann der Stärkung des Ansehens des Unternehmens nach innen und nach außen. Die Unternehmenskonzeption soll dazu dienen, Übereinstimmung, Sicherheit und Vertrauen innerhalb des Unternehmens und nach außen zu festigen und damit das Unternehmen frei von inneren Spannungen und Reibungen zu einer möglichst hohen Leistungsfähigkeit zu entwickeln.

Die Unternehmenskonzeption ist damit Basis einer zielorientierten Unternehmenspolitik. Sie gibt den Rahmen vor, innerhalb dessen sich alle Entscheidungen, Handlungen und Maßnahmen des Managements vollziehen, und macht dadurch den Mitarbeitern auch die Freiräume deutlich, innerhalb derer sie selbständig agieren können und sollen. Hierin zeigt sich die Verwandtschaft mit den Zielen des Qualitätsmanagements und der Qualitätspolitik, die durch die Regelwerke der Normenreihe DIN EN ISO 9001:2008 eine branchenneutrale formale Ausgestaltung erfahren haben.

2.2.1.3 Messung der Erfüllung der Unternehmensziele und Bewertung der Zielerreichung

Bei der Messung der Erfüllung der Unternehmensziele ist darauf zu achten, dass die multidimensionalen Elemente des Zielkatalogs quantifiziert werden. In Abhängigkeit von der Art des jeweiligen Teilziels bieten sich die kardinale, ordinale oder nominale Skalierung zur Quantifizierung der Zielerreichungsgrade an (Diederichs 2005, S. 243 ff). Die auszuwählende Messskala richtet sich insbesondere nach der Operationalität des jeweiligen Teilziels und der Qualität der vorhandenen Daten. Daher sind allgemein formulierte Teilziele weiter in konkret messbare Unterziele aufzuspalten.

So ist die Veränderung der Bauleistung, des Auftragseingangs oder der Mitarbeiterzahl gegenüber dem Vorjahr sehr einfach den Daten der Buchhaltung, der Akquisition und der Personalstatistik zu entnehmen. Dagegen ist z. B. das Ansehen in der Öffentlichkeit und seine Veränderung gegen-

über dem Vorjahr bzw. der Vergleich mit der Konkurrenz schon erheblich schwieriger festzustellen. Hier sind geeignete Vergleichsmaßstäbe z. B. durch Kundenumfragen oder das Zählen der Bewerberanfragen von Nachwuchskräften zu schaffen. Zielsetzung der regelmäßigen Messung, inwieweit die Unternehmensziele erfüllt sind, ist der Zeitreihen- und Branchenvergleich bzw. der Vergleich mit den schärfsten Konkurrenten.

Nach Messung der Erfüllung der Unternehmensziele ist die Bedeutung der jeweiligen Messgrößen zu bewerten. Dazu ist es erforderlich, Vergleichsmaßstäbe mit Norm- oder Sollwerten oder auch oberen und unteren Schwellenwerten festzulegen. Im Rahmen einer empirischen Erhebung erfragte Malkwitz (1994, S. 73ff) für 88 ergebnisrelevante Einflussfaktoren Normwerte sowie kritische und positive Schwellenwerte bei Führungskräften in den Niederlassungen einer großen deutschen Bauaktiengesellschaft und schuf damit Bezugsgrößen für die Bewertung der Messergebnisse ergebnisorientierter Teilziele.

Damit wurde bereits für einige Elemente des mehrdimensionalen Zielsystems die Basis für eine gleichnamige Bewertung mit Nutzenpunkten z. B. zwischen 1 für die kritische Schwelle, 10 für die positive Schwelle und 5 für den Normalwert bei linearer Abhängigkeit geschaffen. Für die Messergebnisse der übrigen Teilziele sind ebenfalls Transformationsfunktionen zwischen Nutzenpunkten und Messskalen zu schaffen, damit eine durchgängige Bewertung möglich wird. Somit ist die Voraussetzung zur Anwendung der Nutzwertanalyse unter Einbeziehung der Zielgewichte gegeben.

Nach Multiplikation der Zielgewichte mit den jeweils erreichten Nutzenpunkten und deren Addition erhält man eine Summe gewichteter Nutzenpunkte, die für sich allein noch keine Entscheidungshilfe bieten. Erst mittels Zeitreihenvergleich oder Vergleich mit konkurrierenden Unternehmen ist eine Interpretation des Ergebnisses hinsichtlich der Erfüllung des Zielkatalogs möglich. Dabei bietet auch die Betrachtung der Abweichungen zwischen erreichten und den Normwerten entsprechenden Nutzenpunkten der einzelnen Unterziele Hinweise auf Entscheidungs- und Handlungserfordernisse.

Bei Sortierung nach der Größe der gewichteten Abweichungen können dann Prioritäten für Entscheidungen und Maßnahmenkataloge oder Aktionspläne abgeleitet werden, die wiederum zu Veränderungen der Unternehmenskonzeption führen können. Damit wird der Regelkreis der unternehmerischen Zielplanung, -verfolgung und -umsetzung geschlossen.

2.2.1.4 Zusammenfassung

Die *Unternehmensziele* werden allgemein klassifiziert. Als Oberziel der Unternehmensführung wird die *marktorientierte Unternehmensentwicklung* herausgestellt. Ferner wird das *Pentagon der Teilziele einer Balanced Scorecard* definiert durch *Finanz-, Kunden-, Mitarbeiter-, Prozess- und Umweltziele*, für die eine Gewichtung vorgeschlagen wird.

Aus dem Spannungsverhältnis zwischen den bei der Verfolgung der Unternehmensziele angebotenen Werten und deren Wertung durch die internen und externen Interessengruppen werden Alternativen für *Unternehmensphilosophien* entwickelt, welche die unterschiedlichen Wertvorstellungen der Organisationsmitglieder zum Ausdruck bringen.

Unternehmensziele und -philosophien dienen zur Fixierung der Unternehmenskonzeption mit Gestaltungs- und Entscheidungsgrundsätzen sowie als *Grundlage für eine zielorientierte Unternehmenspolitik*.

Für die regelmäßige Messung der Erfüllung der Unternehmensziele und die Bewertung der Zielerreichung wird die Anwendung der Nutzwertanalyse vorgeschlagen, um einerseits die Präferenzen für die Teilziele durch Zielgewichtung zum Ausdruck bringen zu können, andererseits das multidimensionale Zielsystem auf die einheitliche Dimension gewichteter Nutzenpunkte zurückführen und aus dem Ergebnis im Zeitreihen- und Konkurrenzvergleich Schlussfolgerungen für notwendige Entscheidungen und Maßnahmen ziehen zu können.

Zielsetzung dieses Beitrags ist sowohl eine Bewusstseinsstärkung für die Bedeutung der systematischen Zielplanung und -verfolgung sowie gleichzeitig eine Hilfestellung zur Definition der Unternehmensziele im Rahmen der Verbesserung von integrierten Managementsystemen.

2.2.2 Grundlagen der strategischen Unternehmensführung

Im System der freien und sozialen Marktwirtschaft sind die Erlangung und die Bewahrung von Wettbewerbsvorteilen der Kern der eigentlichen Unternehmensleistung (Porter 2008). *Wettbewerbsstrategie* ist dabei allgemein das Streben, sich innerhalb der Branche günstig zu platzieren. Dabei stellt sich die Frage nach der Attraktivität der jeweiligen Branche und ihren Bestimmungsfaktoren sowie die Frage, welche Faktoren die relativen Wettbewerbsvorteile einer Unternehmung bzw. ihrer verschiedenen Geschäftsfelder im Vergleich zu den Konkurrenten bestimmen. Die Aufgabenbereiche der strategischen Unternehmensführung werden im Folgenden vertiefend dargestellt für die strategische Planung, die Auswahl strategischer Alternativen und die Durchführung strategischer Maßnahmen.

2.2.2.1 Strategische Planung

Aufgabe der strategischen Planung ist die Formulierung von Wettbewerbsstrategien, die die Konkurrenzfähigkeit des Unternehmens sichern. Voraussetzung dazu ist zunächst die Bestimmung der Unternehmensziele (vgl. *Abschn. 2.2.1*). Der Unternehmenserfolg wird stets mit im Zeitablauf schwankender Intensität durch äußere Wettbewerbskräfte bedroht, denen sich die Unternehmensführung stellen muss (*Abb. 2.2-2*). Das Ziel der strategischen Planung besteht darin, Art und Richtung der Unternehmensentwicklung in einer mittel- bis langfristigen Perspektive festzulegen. Die Vorgehensweise dazu zeigt *Abb. 2.2-3*.

Wesentliche Voraussetzung für den dauerhaften Erfolg eines Unternehmens ist eine zentral kontrollierte dezentralisierte Führung ihrer strategischen Geschäftseinheiten und Funktionsbereiche, die auf vereinbarten Zielen und operationalen Beurteilungskriterien beruht. Je höher der Grad selbständigen Denkens und Handelns der Führungskräfte ist und je besser sie ihre Handlungsfreiheit im Interesse des Unternehmens nutzen, desto größer ist die Elastizität des Unternehmens, sich den im Zeitablauf ändernden praktischen Erfordernissen des Marktes anzupassen. Die Kunst der strategischen Führung liegt in der Verbindung von Planmäßig-

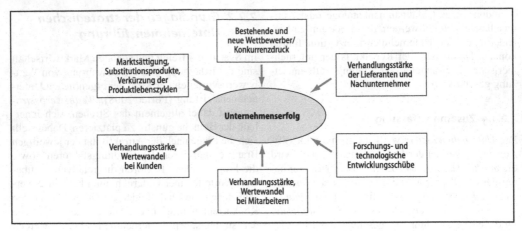

Abb. 2.2-2 Wettbewerbskräfte für Unternehmen

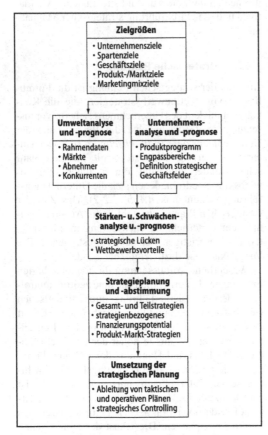

Abb. 2.2-3 Grundstruktur der strategischen Planung

keiten der Zielvorstellungen für die Unternehmensentwicklung mit dem Wagemut des Daraufankommenlassens in der Umsetzung jenseits der Grenzen der Berechenbarkeit. Strategische Führungskräfte stellen zum richtigen Zeitpunkt die richtigen Fragen. Oder sie werden ihnen gestellt, aber dann ist der Zeitpunkt der Fragestellung häufig schon überfällig.

Die strategischen Stoßrichtungen eines Unternehmens sind abhängig von der jeweiligen Marktattraktivität der Geschäftsfelder einer Branche und den relativen Wettbewerbsvorteilen der ausgewählten Geschäftsfelder des Unternehmens in Bezug auf ihre Konkurrenten.

Marktattraktivität

Die Markt- oder auch Geschäftsfeldattraktivität ist eine in der Portfolio-Analyse verwendete Dimension mit Kriterien zu deren Beurteilung. Das Marktwachstum, die Marktgröße und -qualität, die Versorgungslage bezüglich der benötigten Produktionsfaktoren sowie die Umweltsituation bestimmen den Grad der Marktattraktivität.

Das *Marktwachstum* als Steigerungspotential der mengenmäßigen Nachfrage ist der am häufigsten verwendete Maßstab der Marktattraktivität, der stets im Zusammenhang mit der Marktgröße zu sehen ist.

Die *Marktqualität* fragt nach der Struktur von mengenmäßiger und zeitlicher Nachfrage- und Angebotsentwicklung, nach den verschiedenen Produktions- und Dienstleistungen, nach der durchschnittlichen Rentabilität der einzelnen Geschäftsfelder sowie nach den Reaktionen der Wettbewerber auf Eigenstrategien.

Die *Verfügbarkeit der benötigten Produktionsfaktoren* ist von hoher Bedeutung für die Beurteilung der Attraktivität einzelner Geschäftsfelder. Die maßgeblichen Produktionsfaktoren in der Bauwirtschaft sind Grundstücke, Arbeitskräfte und Führungspersonal, Baustoffe und Betriebsmittel, Kapital zur Finanzierung der Bauinvestitionen, Informationen über Investitionsnachfrage und -angebot sowie das eigene Leistungspotential.

Schließlich wird die Geschäftsfeldattraktivität stets von der *Umweltsituation* beeinflusst, d.h. der Wirtschaftsordnung, dem Ausmaß staatlicher Eingriffe in Planungs-, Produktions-, Distributions- und Einkommensverteilungsprozesse, der Stabilität des Kapitalmarkts und der öffentlichen Meinung.

Relative Wettbewerbsvorteile
Die relative Wettbewerbsposition der Geschäftsfelder eines Unternehmens innerhalb der Geschäftsfelder einer Branche ist zu messen und zu bewerten im Hinblick auf die Relation zu den jeweiligen Konkurrenten. Maßgebliche Komponenten sind die Marktposition, das Produktionspotential, die Qualifikation des Personals und das Akquisitionsniveau.

Die *relative Marktposition* zeigt sich an dem jeweiligen Marktanteil und dem finanziellen Ergebnis. Das relative Produktionspotential zeigt sich in Kosten- und Standortvorteilen, Innovationen und technischem Know-how durch Forschung und Entwicklung.

Zur *relativen Qualifikation des Personals*, dem wichtigsten „Kapital" jeder Unternehmung, zählen die Professionalität der Führungskräfte, die Mitarbeiterqualifikation (einschl. Schulung und berufsbegleitender Weiterbildung) sowie das relative Lohn- und Gehaltsniveau. Bei steigender horizontaler Integration der der eigentlichen Produktion vor- und nachgelagerten Bereiche haben die Vor- und Nachunternehmerbeziehungen zunehmendes Gewicht.

Relative Wettbewerbsvorteile durch *Akquisition* entstehen einerseits bei Kunden- und Geschäftsfelddifferenzierung, andererseits durch die Organisation des Zugangs zu den für die Auftragsbeschaffung wichtigen Entscheidungsträgern wie Investoren,

Projektentwicklern und Architekten. Kernfrage ist in diesem Zusammenhang immer wieder die Sicherstellung einer möglichst weitgehenden flächendeckenden Präsenz mit Hilfe eines entsprechenden Niederlassungsnetzes. Die Abwägung zwischen zentraler Lenkung und dezentraler Akquisition ist eine der Kernfragen der strategischen Unternehmensführung.

2.2.2.2 Einstufung der strategischen Geschäftsfelder in der Portfoliomatrix

Die vorgestellten Komponenten beeinflussen die Marktattraktivität bzw. die relativen Wettbewerbsvorteile unterschiedlich stark. Um dies bei der Positionsbestimmung der strategischen Geschäftsfelder in einer Portfoliomatrix berücksichtigen zu können, werden die einzelnen Komponenten wie bei einer Nutzwertanalyse zunächst gewichtet, sodann hinsichtlich ihrer Erfüllung gemessen und anschließend mit Hilfe von Transformationsfunktionen bewertet (Diederichs 2005, S. 243 ff).

Die Einstufung der strategischen Geschäftsfelder in einer Portfoliomatrix soll am *Beispiel eines Stahlbauunternehmens* und unter Einbeziehung der Ergebnisse einer empirischen Untersuchung gezeigt werden (Bäumler 1996). Das Stahlbauunternehmen habe 2008 eine Jahresbauleistung von 50 Mio. € erzielt. Davon seien 80% auf die drei umsatzstärksten strategischen Geschäftsfelder (SGF) entfallen:

– SGF-1 Industriehallenbauten für gewerbliche Investoren, 25 Mio. €;
– SGF-2 Stahlskelettbauten für Verwaltungsgebäude, 10 Mio. €;
– SGF-3 Verbundbauten für gemischt genutzte Gebäude, 5 Mio. €.

Ferner wird als künftig geplantes Geschäftsfeld aufgenommen:

– SGF-4 Fassadenbau, 0 Mio. €.

Das Ergebnis der durchgeführten Nutzwertanalysen für die vier Geschäftsfelder in gewichteten Nutzenpunkten von max. jeweils 1000 zeigt der obere Teil von *Abb. 2.2-4*. Bei SGF-4 Fassadenbau kann es sich naturgemäß nur um vermutete relative Wettbewerbsvorteile handeln, da dessen Einführung noch bevorsteht.

Die Schwerpunktbestimmung aus den drei Geschäftsfeldern SGF-1 bis 3 in *Abb. 2.2-4* ermöglicht die Positionierung des Gesamtunternehmens. Es ergibt sich eine relative Marktattraktivität von 556 bei einem relativen Wettbewerbsvorteil von 705 Punkten.

Strategische Alternativen
In der Zusammenfassung zahlreicher Versuche, Strategiealternativen zu strukturieren, werden im Folgenden die Normstrategien des Portfoliomanagements und Marketingstrategien zusammengeführt.

In Abhängigkeit von der Marktattraktivität der Geschäftsfelder der Branche und den relativen Wettbewerbsvorteilen der Geschäftsfelder des Unternehmens in bezug auf seine Konkurrenten werden i. allg. *drei Normstrategien* unterschieden (*Abb. 2.2-5*):

- die Investitions- und Wachstumsstrategie,
- die Abschöpfungs- und Desinvestitionsstrategie sowie
- die selektive Strategie der Offensive, des Übergangs oder der Defensive.

Für Geschäftsfelder mit hoher Marktattraktivität und auch großen relativen Wettbewerbsvorteilen kommen Investitions- und Wachstumsstrategien in Betracht. In der Regel handelt es sich um expandierende Marktsegmente, in denen die herausragende Wettbewerbsposition mittels autonomer Innovationsstrategien errungen wurde (Matrixfelder der Mittelbindung). Die strategischen Maßnahmen müssen darauf ausgerichtet sein, die solide Wettbewerbsposition weiter zu stärken und auszubauen, um Konkurrenten davon abzuhalten, den erzielten Marktvorsprung zu mindern.

Geschäftsfelder mit niedriger Marktattraktivität und geringen relativen Wettbewerbsvorteilen erfordern Abschöpfungs- und Desinvestitionsstrategien, da sie keine hohen Gewinnchancen haben. Sie sind daher so rasch wie möglich abzustoßen (Matrixfelder der Mittelfreisetzung) und die freigesetzten finanziellen, personellen und materiellen Ressourcen in neuen Geschäftsfeldern mit hoher Marktattraktivität und großen relativen Wettbewerbsvorteilen gewinnbringender einzusetzen.

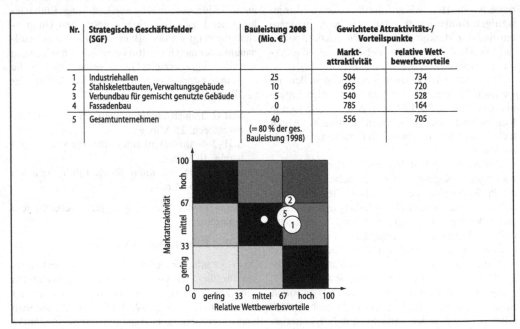

Nr.	Strategische Geschäftsfelder (SGF)	Bauleistung 2008 (Mio. €)	Gewichtete Attraktivitäts-/ Vorteilspunkte	
			Markt-attraktivität	relative Wett-bewerbsvorteile
1	Industriehallen	25	504	734
2	Stahlskelettbauten, Verwaltungsgebäude	10	695	720
3	Verbundbau für gemischt genutzte Gebäude	5	540	528
4	Fassadenbau	0	785	164
5	Gesamtunternehmen	40 (= 80 % der ges. Bauleistung 1998)	556	705

Abb. 2.2-4 Positionierung der strategischen Geschäftsfelder SGF 1 bis 4 in der Portfolimatrix (Hinweis: Kreisflächen entsprechen Umsatzanteilen)

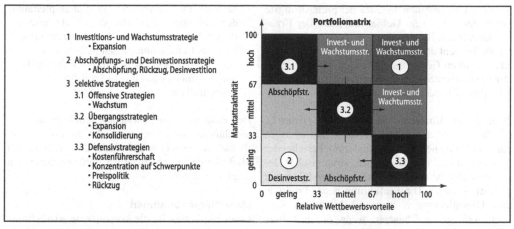

Abb. 2.2-5 Normstrategien der Portfoliomatrix

Geschäftsfelder, die in der Portfoliomatrix auf der Diagonale von links oben nach rechts unten einzuordnen sind, erfordern selektive Strategien. Bei hoher Marktattraktivität und geringen relativen Wettbewerbsvorteilen müssen mit Hilfe einer Offensivstrategie Wettbewerbsvorteile gegenüber den wichtigsten Konkurrenzunternehmen aufgebaut werden, z. B. durch Preisführerschaft oder Konzentration auf Schwerpunkte.

Eine mittlere Position von Geschäftsfeldern sowohl hinsichtlich der Marktattraktivität als auch der relativen Wettbewerbsvorteile ist auf Märkten mit vielen Nachfragern und Anbietern typisch. Sie erfordert i. d. R. eine Übergangsstrategie mit dem Ziel der Cash-flow-Maximierung.

Unternehmen werden stets bestrebt sein, viele strategische Geschäftsfelder in solchen Matrix-Feldern anzuordnen, die eine Investitions- und Wachstumsstrategie rechtfertigen. Diese haben jedoch einen hohen Finanzbedarf, der über Cash-flow-generierende Geschäftseinheiten zu decken ist. Ferner ist darauf zu achten, dass in Zukunft potentiell erfolgreiche Nachwuchsgeschäftsfelder (*Abb. 2.2-6*) vorbereitet werden.

Marketingstrategien

Nach der Bestandsaufnahme und vor Auswahl geeigneter Strategien sind zur offensiven Marktbeeinflussung mittels Marketing folgende Marketingstrategien in fünf Fragenkomplexen zu erörtern:

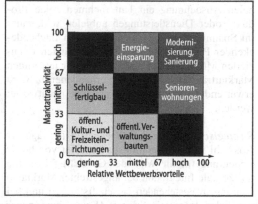

Abb. 2.2-6 Positionierung der SGF eines Hochbauunternehmens in der Portfoliomatrix

Wahl der Strategischen Geschäftsfelder (Was?). Jedes Unternehmen muss immer wieder entscheiden, welche Produkte oder Dienstleistungen es welchen Kunden bzw. Nachfragegruppen anbieten will. Dies ist Aufgabe des Portfoliomanagements.

Marktstimulierung (Wie?). Der strategische Ansatz zur Steigerung der relativen Wettbewerbsvorteile des Unternehmens für die ausgewählten strategischen Geschäftsfelder besteht in den Alternativen der Preisführerschaft oder der Konzentration auf Schwerpunkte. Mit der *Preisführerschaft* verfolgt ein Unternehmen das Ziel, der preiswürdigste Hersteller auf seinem Gebiet innerhalb der Branche zu werden. Bei der *Konzentration auf Schwerpunkte* bedient das Unternehmen seine Kunden im ausgewählten Geschäftsfeld mit einem von anderen Konkurrenten nicht erreichten *Kundennutzen*, z. B. Produkt- oder Servicequalität.

Timing des Marktein- und -austritts (Wann?). Portfoliomanagement erfordert stets Überlegungen zur Errichtung neuer, zur Veränderung bestehender oder zur Einstellung bestehender strategischer Geschäftsfelder bzw. der zugehörigen Produkte und Dienstleistungen. Die Einführung neuer Produkte und Dienstleistungen birgt erhebliche Risiken, aber auch große Chancen, wenn die erwartete Marktentwicklung bestätigt wird.

Marktareal (Wo?). Die Frage, in welcher regionalen Ausdehnung ein Unternehmen seine Produkte oder Dienstleistungen anbieten will, muss im Spannungsfeld des Wunsches nach flächendeckender Präsenz einerseits und begrenzten finanziellen Möglichkeiten andererseits, der jeweiligen Marktattraktivität sowie der vorhandenen bzw. zu erwartenden Markteintrittsbarrieren beantwortet werden.

Strategische Allianzen (Mit wem?). Die Frage der Auswahl von Kooperationspartnern ist von hoher Bedeutung für die Wahl der Geschäftsfelder, die horizontale Integration bei angestrebter Marktausweitung in bestehenden Geschäftsfeldern und bei vertikaler Integration durch Hinzunahme neuer Geschäftsfelder aus vor- und nachgelagerten Bereichen der bisherigen Produkt- oder Dienstleistungspalette.

2.2.2.3 Strategische Maßnahmen

Auf der Basis der strategischen Planung sind für die ausgewählten strategischen Alternativen spezifische strategische Maßnahmen und Direktiven für die Funktionsbereiche des Unternehmens zu veranlassen und durchzusetzen. Ziel des Abstimmungsprozesses zwischen der Unternehmensführung und den Leitern innerhalb der Funktionsbereiche muss es sein, ein Gleichgewicht herzustellen zwischen

– der vollen Entfaltung des Handlungsspielraums der Führungskräfte, die das Recht und die Pflicht haben, innerhalb ihres Verantwortungsbereichs Entscheidungen zu treffen, und
– der Koordination zwischen den Führungskräften im Hinblick auf die zu erreichenden Unternehmensziele.

Den Zusammenhang zwischen Teilzielen des Unternehmens, Normstrategien der Portfoliomatrix für die einzelnen Geschäftsfelder und strategischen Maßnahmen in den einzelnen Funktionsbereichen zeigt *Abb. 2.2-7.*

Marketingmaßnahmen

Unter Marketing ist die konsequente Ausrichtung der Unternehmensaktivitäten auf aktuelle und potentielle Märkte zu verstehen (Meffert 2008). Der Marketingmix aus Produkt-, Kommunikations-, Distributions- sowie Preis- und Konditionspolitik hat die Aufgabe, die gesetzten Ziele durch Umsetzung der gewählten Strategien in operative Maßnahmen sicherzustellen (*Tabelle 2.2-2*).

Seine Notwendigkeit ist leicht vermittelbar. Um ein Produkt absetzen zu können, muss es zunächst bekannt sein (Kommunikation), sich außerdem von anderen Produkten unterscheiden (Produkt, Preis) und letztlich auch verfügbar sein (Distribution). Die Umsetzung des Marketingmix hat daher nicht nur Auswirkungen auf die Teilfunktion Auftragsbeschaffung, sondern auch auf die Produkteigenschaften, Preis- und Lieferkonditionen sowie die Kommunikationspolitik (Arnold 2002; Marhold 1992; Weng 1995).

Forschungs- und Entwicklungsmaßnahmen

Technische Innovationen können eine Quelle großer Möglichkeiten, aber auch starke Bedrohungen für ein Unternehmen sein. Sie sind daher mit Augenmaß in die Strategienentwicklung auf Unternehmensebene einzubeziehen. Fragen z. B. nach dem Nutzen der F+E-Programme, der Höhe des F+E-Budgets, der internen oder externen Abwicklung von F+E-Projekten, der Zentralisierung oder Dezentralisierung von F+E-Maßnahmen sowie nach dem zweckmäßigsten Verhältnis zwischen Innovation und Imitation lassen sich nur dann beantworten, wenn zuvor die strategischen Stoßrichtungen festgelegt wurden. F+E-Tätigkeit gewinnt

	Offensiv-strategien	Invest- u. Wachstums-strategien	Invest- u. Wachstums-strategien

Figure content (Abb. 2.2-7):

Marktattraktivität ↑	Offensiv-strategien	Invest- u. Wachstums-strategien	Invest- u. Wachstums-strategien
	Abschöpf-strategien	Übergangs-strategien	Invest- u. Wachstums-strategien
	Desinvest.-strategien	Abschöpf-strategien	Defensiv-strategien

Relative Wettbewerbsvorteile →

Teilziele des Unternehmens Wettbewerbs-, Markt- und Ertragsziele		
Schaffung zukünftiger Gewinnpotentiale und Marktanteile	Abschöpfungs vorh. Gewinnpotentiale und Marktanteile	Freisetzung von Finanzmitteln
Norm-Strategien		
• Offensivstr. • Investions- und Wachstumsstr. • Übergangsstr.	• Abschöpfungsstr. • Defensivstr. • Übergangsstr.	• Desinvestitionsstr.

Funktionsbereiche	Strategische Maßnahmen
Marketing	
F + E	
Produktion und Beschaffung	
Personal	
Finanzen und Rechnungswesen	
Kooperation/Fusion/Akquisition	

Abb. 2.2-7 Teilziele des Unternehmens, Normstrategien und relevante Funktionsbereiche

Tabelle 2.2-2 Marketingmaßnahmen

	Normstrategien		
	Investions- und Wachstumsstrategien	**Selektive Strategien**	**Abschöpfungs- und Desinvestitionsstrategien**
Marketingmix	**Vergrößern Erweitern**	**Wachstum in Teilmärkten/ Position sichern**	**Rückzug**
1 Produktpolitik	• Diversifikation • Innovation	• Schwerpunktbildung • Bereinigung	• Produktbegrenzung • Aufgabe von Produkten
2 Preis- und Konditionenpolitik	• Preisführerschaft • BOT	• Selektive Preisbildung	• Abschöpfungspreis • Preisstabilität
3 Kommunikations-politik	• Produktwerbung • Firmenwerbung • Corporate Identity	• Selektive Produktwerbung • Selektive Firmenwerbung	• Unterstützung der Abschöp-fungspreispolitik • Reduzierung d. Kommunikation
4 Distributionspolitik	• Gründung NL. ZNL. Fil.	• Straffung d. NL-Struktur	• Schließung von NL

in dem Maß an Bedeutung, in dem sie zu strategisch gewollten Aktionsleistungen führt. Die Prioritäten der F+E-Felder lassen sich ebenfalls in einer Portfoliomatrix ordnen (Hirschfeld 1996; Diederichs 1988; Diederichs 1989).

Maßnahmen im Produktionsbereich
Der Wert eines Unternehmens besteht maßgeblich in der Gesamtheit seiner Produktionskenntnisse und

-fähigkeiten, d. h. dem durch Fachkunde, Erfahrung, Leistungsfähigkeit und Zuverlässigkeit bewiesenen Leistungspotenzial. Strategische Fragestellungen für alternative Maßnahmen im Produktionsbereich enthält auszugsweise *Tabelle 2.2-3*.

Maßnahmen im Beschaffungsbereich
Die Beschaffung und der Einkauf gewinnen insbesondere bei Bauunternehmen zunehmend an Bedeu-

Tabelle 2.2-3 Maßnahmen im Produktionsbereich

Nr.	Fragen	Alternative Maßnahmen
1	Ausmaß der vertikalen Integration	• Produktion im eigenen Unternehmen (Eigenfertigung) • Kauf von außen (Fremdbezug)
2	Ausmaß der horizontalen Integration	• Ausführung von Komplettleistungen (SF-Bau u. Finanzierung u. Vermarktung/ Verwaltung/Betrieb) • Konzentration auf Schwerpunkte (einzelne Gewerke/Leistungsbereiche)
3	Produktionsverfahren, Technologien	• hoher Mechanisierungs- und Automatisierungsgrad • handwerkliche Fertigung
4	Größe und Standorte der Fertigungsbetriebe	• Kapazitätserweiterung im Vorlauf zur Nachfragesteigerung • Kapazitätsanpassung auf konstantem Niveau • Kapazitätsdrosselung im Vorlauf zur Nachfragesättigung • Dezentralisation durch Niederlassungen und Filialen • Konzentration auf zentralen Standort
5	Ersatzbeschaffung u. Instandhaltung	• Planung von Ersatz- und Rationalisierungsinvestitionen • vorbeugende Instandhaltung • Ausmusterung/Reparatur bei Ausfall/Störungen

tung. Dies gilt nicht nur für die traditionelle Beschaffung von Lieferleistungen wie Bau- und Betriebsstoffen, Baumaschinen und Baugeräten, sondern auch für die Beschaffung von Planungs- und Bauleistungen infolge der zunehmenden Projektentwickler- und Generalunternehmertätigkeiten.

Bei der Beschaffung von Produkten und Leistungen sind Planung, Lenkung und Überwachungsfunktionen eindeutig zu regeln und zu dokumentieren. Firmeninterne Kriterien, nach denen Lieferanten und Nachunternehmer ausgewählt werden, sind festzulegen. Ansprüche und Forderungen an die Lieferanten sind eindeutig in den Beschaffungsunterlagen festzulegen. Maßnahmen zur Nachweisführung sind zu vereinbaren.

In den Leitlinien „Qualitätsmanagement im Bauwesen" (Hauptverband der Deutschen Bauindustrie 1995, S. 15) heißt es dazu u. a.: „Zur Umsetzung dieser Anforderungen sind die Methoden und vertraglichen Regelungen für die Zertifizierung von Produkten darzulegen und ist ein Informations- und Rückmeldesystem einzurichten."

Maßnahmen im Personalbereich

Das Personal ist das *wichtigste Kapital jedes Unternehmens*. Viele Mitarbeiter erwarten ihre Förderung und ihren Aufstieg innerhalb eines und nur eines Unternehmens. Unternehmensleitungen beschränken sich dagegen häufig darauf, die Förderung ihrer

Mitarbeiter am akuten Bedarf zu orientieren. Wenn es gelingt, die strategische Unternehmensplanung mit der individuellen Karriereplanung der Mitarbeiter in Einklang zu bringen, gewinnt ein Unternehmen allein daraus einen wichtigen Wettbewerbsvorsprung gegenüber den Konkurrenten, die nicht auf diese Übereinstimmung achten. Das aus dieser These abzuleitende Ziel setzt ein konsequentes Personalmanagement und darin eine sorgfältige Personalentwicklung auf allen hierarchischen Ebenen voraus (vgl. Abschn. 2.2.3).

Bei gleichem Entgeltniveau ist die Effektivität und Effizienz der menschlichen Arbeitsleistung dennoch sehr verschieden. Eine dem Prinzip der Lohn- und Gehaltsgerechtigkeit folgende Lohn- und Gehaltspolitik des Unternehmens ist maßgebliches Kriterium seiner Attraktivität für die besten Fach- und Führungskräfte. Der Spielraum für die Unternehmensführung ist jedoch eng begrenzt durch die Ertragssituation sowie die Bindung an Lohn- und Gehaltstarife einerseits sowie die Konkurrenz aus Niedriglohnländern der EU und Osteuropas andererseits.

Maßnahmen zum Finanz- und Rechnungswesen

Zu den Aufgaben des Rechnungswesens gehört die Gestaltung des Jahresabschlusses im Rahmen der steuerrechtlich zulässigen Möglichkeiten zur Förderung der verfolgten Unternehmensstrategien. Rechtfertigen Cash-flow-Erwartungen langfristige Investitions- und Wachstumsstrategien eines oder mehrerer Geschäftsfelder, so wird das Unternehmen tendenziell versuchen, seine Bilanzierungswahlrechte zu einem Vorziehen von Liquidität zwecks Finanzierung dieser Strategien zu nutzen.

Mit der *strategischen Geschäftsfeldplanung* sind sorgfältige Abschätzungen des Kapitalbedarfs, die Überprüfung von Alternativen zur Finanzierung und Liquiditätssicherung sowie zur Absicherung von Liquiditätsrisiken eng verknüpft.

Maßnahmen zur Kooperation, Fusion und Akquisition

In allen industriellen Unternehmen, deren Größe eine bestimmte Schwelle übersteigt, besteht die Notwendigkeit der internationalen Ausdehnung. Internationalisierung bedeutet nicht nur Aufbau von Produktionsstandorten und Vertriebssystemen im In- und Ausland, sondern auch Joint-Ventures, Kooperationsabkommen und die Bildung von internationalen Konsortien. Das Ziel der Internationalisierung ist nicht vorrangig der Absatz von Gütern und Dienstleistungen im Ausland, für die der Inlandsmarkt zu klein geworden ist, sondern v. a. der Zugang zu neuen herausfordernden Aufgabenstellungen, technologischen und organisatorischen Gestaltungsmöglichkeiten sowie die Einbindung in ein flexibleres Kooperations- und Informationssystem.

Strategische Maßnahmen bei Investitions-, Wachstums- und Offensivstrategien

Das Spektrum möglicher Verhaltensweisen der Unternehmensführung wird von der Lage der bestimmten Geschäftsfelder einer Unternehmung in der Portfoliomatrix, den gezeigten Stoßrichtungen der Normstrategien und dem strategischen Maßnahmenkatalog in den einzelnen Funktionsbereichen bestimmt.

Die in Verfolgung dieser strategischen Alternativen zu planenden und in Abstimmung mit den einzelnen Funktionsbereichen durchzusetzenden Aktionsprogramme sind entsprechend zu differenzieren, wobei sich sowohl bei der Investitions- und Wachstumsstrategie als auch bei der Offensivstrategie nur graduelle Unterschiede ergeben (Tabelle 2.2-4).

Strategische Maßnahmen bei Konsolidierung oder Rückzug

Bei sorgfältiger Geschäftsfeldanalyse ist rechtzeitig zu erkennen, dass für einige Geschäftsfelder – oder auch für das gesamte Unternehmen – eine Phase der Konsolidierung oder gar der Rückzug angezeigt ist.

Die *Konsolidierung* dient der Wahrung und Festigung der gegenwärtigen Position. Dazu empfiehlt es sich, eine Konzentration auf Schwerpunkte vorzunehmen, Kostensenkungsprogramme einzuleiten und das Distributionsnetz zu straffen. Innovative Anstrengungen werden vorrangig zur Produktivitätssteigerung genutzt. Zur Kostensenkung kann eine Ausweitung des Wettbewerbs im Lieferantenkreis beitragen. Personalpolitik wird sich v. a. der Förderung der Mitarbeiterqualifikationen, der Ergänzung fehlender Kenntnisse und der Leistungsorientierung der Mitarbeiter widmen. Mit der Konsolidierung wird auch der Versuch einhergehen, die Fremdkapitalquote zu reduzieren. Die Knüpfung strategischer Netzwerke durch Kooperationsmöglichkeiten liefert einen weiteren Beitrag.

Wird jedoch für einzelne Geschäftsfelder oder das ganze Unternehmen der *Rückzug* beschlossen, so sind bestehende Aufträge abzuwickeln oder Vertragsverhältnisse aufzulösen, wobei in beiden Fällen eine Einigung über ausstehende Gewährleistungsverpflichtungen bzw. etwa entstehende Schadenersatzansprüche erzielt werden muss. Die für die Kunden konfliktfreieste Lösung stellt die Übernahme bestehender Verträge durch eine Nachfolgeorganisation dar.

Sachanlagen, Patente und Lizenzen, laufende Forschungs- und Entwicklungsarbeiten, bestehende Kontakte und qualifizierte Mitarbeiter stellen Potentiale dar, die keineswegs verschleudert werden dürfen, sondern unter den marktwirtschaftlichen Gesetzen des Ausgleichs von Angebot und Nachfrage ihren Marktwert haben. Ziel muss es daher stets sein, das ganze Unternehmen oder zusammenhängende Unternehmensteile in solche Organisationen einzubinden, deren Geschäftsfeldpositionierung in der Portfoliomatrix Investitions- und Wachstumsstrategien rechtfertigt.

2.2.2.4 Zusammenfassung

Zunächst werden die Möglichkeiten der strategischen Planung durch Positionierung der strate-

Tabelle 2.2-4 Strategische Maßnahmen der Funktionsbereiche bei Investitions-, Wachstums- und Offensivstrategien

Nr.	Funktionsbereich	Strategische Maßnahmen
1	Marketing 1.1 Produktpolitik 1.2 Kontrahierungspolitik 1.3 Kommunikationspolitik 1.4 Distributionspolitik	• Diversifizieren, horiz. und vert. Integration • Preis- und Konditionendifferenzierung • Produkt- und Firmenwerbung • Gründung von Niederlassungen, Filialen
2	Forschung und Entwicklung	• F + E-Aktivitäten intern und extern ausbauen • Lösungen für Marktnischen entwickeln
3	Produktion	• Erhöhung der Mechanisierung + Automation • Steigerung der Ressourcenverfügbarkeit
4	Beschaffung	• Ausweitung und Steigerung des Wettbewerbs im Lieferantenkreis • Verbesserung der Logistikorganisation
5	Personal	• Personalentwicklung, Nachwuchsvorsorge • Verstärkung der Aus- und Weiterbildung • leistungsorientierte Mitarbeitervergütung
6	Finanzierung und Rechnungswesen	• Investition in Personal, Maschinen und Geräte, Innovationen, Aus- und Weiterbildung • Verwendung aktueller Gewinne zur Finanzierung der Wachstums- und Offensiv-Strategien
7	Kooperation, Fusion, Akquisition	• Erwerb fehlender kritischer Ressourcen durch Knüpfung strategischer Netzwerke (U.-erwerb, -fusion, -beteiligung, Arbeitsgemeinschaften)

gischen Geschäftsfelder eines Unternehmens in der Portfoliomatrix eines zweidimensionalen Untersuchungsraumes aus Marktattraktivität des jeweiligen Geschäftsfeldes und den relativen Wettbewerbsvorteilen des jeweiligen Unternehmens in diesem Geschäftsfeld im Vergleich zu den konkurrierenden Anbietern beschrieben. Sodann werden strategische Alternativen in einem zweidimensionalen Strategienraum erörtert. Dieser wird einerseits gebildet durch die Normstrategien des Portfoliomanagements mit Investitions- und Wachstumsstrategien, Abschöpfungs- und Desinvestitionsstrategien sowie den selektiven Strategien der Offensive, des Übergangs und der Defensive. Die zweite Dimension bilden Marketingstrategien der Geschäftsfeldauswahl, der Marktstimulierung, der Auswahl von Markt-Timing und Marktareal sowie verschiedener Kooperationsformen.

Bei der Diskussion der Ansätze für strategische Maßnahmen wird einerseits differenziert nach den wichtigsten Funktionsbereichen der Unternehmensführung wie Marketing, Forschung und Entwicklung, Produktion, Beschaffung, Personal, Finanz-

und Rechnungswesen sowie Bildung strategischer Netzwerke. Im Anschluss daran werden strategische Maßnahmen bei Investitions-, Wachstums- und Offensivstrategien einerseits sowie bei Konsolidierung und Rückzug andererseits beleuchtet.

Zusammenfassendes Ergebnis der *Grundlagen der strategischen Unternehmensführung* ist, dass Führungskräfte stets vor neuen Herausforderungen stehen, denen sie sich rechtzeitig stellen und nach Möglichkeit mit eigenen Initiativen zuvorkommen müssen. Das Unternehmen als Ganzes, von der Unternehmensführung bis zum jüngsten Mitarbeiter, benötigt ein höchst differenziertes Sensorium für seine Umwelt und dessen rapide Veränderungen. Eine fortschrittsfähige Organisation zeichnet sich aus durch die Sensibilisierung für Neues sowie die Fähigkeit und Bereitschaft, dieses Neue produktiv zu verarbeiten. Diese Eigenschaften erfordern Empfindsamkeit für äußerst vielfältige Wünsche, Bedürfnisse, Fähigkeiten und Möglichkeiten all derer, die mit dem Unternehmen zu tun haben. Dies sind die Kunden, Konkurrenten und Lieferanten einerseits, die Partner und Kapitalgeber andererseits, aber auch die Öffentlichkeit und v. a. die Mitarbeiter.

2.2.3 Personalmanagement und Organisationsentwicklung

Motiv jeglicher unternehmerischen Tätigkeit ist die Verfolgung von Unternehmenszielen. In der Kongruenz der Unternehmensziele und der Individualziele der Mitarbeiter liegen die Chancen der Unternehmen. Es gilt jedoch auch der Umkehrschluss, dass in der Divergenz zwischen den Unternehmens- und Individualzielen Ursachen für Misserfolge von Unternehmen zu suchen sind.

Um die Unternehmensziele nach innen und nach außen deutlich zu machen, werden Unternehmensleitbilder entwickelt und veröffentlicht, die eine Differenzierung in einzel- und gesamtwirtschaftliche Teilziele für Mitarbeiter und Gesellschaft, die Region sowie die Umwelt und ethische Werte erkennen lassen. Dabei ist unverzichtbar, dass die Menschen im Unternehmen eng in die Unternehmensleitbilder einbezogen werden. Dies wird aus folgendem Beispiel deutlich (Diederichs, 1996):

- Unsere Kunden sind für uns das A und O.
- Kundenzufriedenheit erlangen wir dadurch, dass wir Qualität bieten.
- Grundlage unserer führenden Position ist die technische Innovation.
- Grundlage unserer Dynamik ist der Unternehmergeist aller Mitarbeiter.
- Unsere Mitarbeiter sind unser wertvollstes Kapital.
- Unsere jungen Mitarbeiter sind das Unternehmen von morgen.
- Ausbildung dient der Entwicklung und Vervollkommnung unserer Fähigkeiten.
- Kreativität ist die Grundlage großer Vorhaben.
- Aufstieg gründet sich auf Verdienst.
- Herausforderungen erzeugen Fortschritt.

Nach Berth (1995) strebt modernes Führen Visionen, Freude und Erlebnisse der Gemeinsamkeit anstelle des Gehorsams und der Disziplin an. Die größten Erfolge werden seiner Meinung nach dann erzielt, wenn

- der Kunde Einmaligkeit durch Harmonie von Produkt und Persönlichkeit, gepaart mit schöpferischer Vision, stärker und intensiver erlebt als bei den drei wichtigsten Konkurrenten,
- diese Einmaligkeit als Erlebnis über die Corporate Identity kommuniziert wird,
- die interne Organisationseffizienz durch starkes Sich-Einbringen und Sachkompetenz der Mitarbeiter zusammen mit konzentrierter Planung besser ist als die der Konkurrenz und
- die Preise weniger Preiswiderstand hervorrufen als diejenigen der Wettbewerber und die Selbstkosten diese Preise rechtfertigen.

Hammer/Champy (2003) fordern, dass im postindustriellen Zeitalter Aufgaben wieder zu kohärenten Unternehmensprozessen zusammengeführt werden müssen. Nach ihrer Meinung bedrohen drei Kräfte maßgeblich den Bestand der Unternehmen:

- die Kunden, die eine individuelle Behandlung verlangen,
- der Wettbewerb, der maßgeblich von neuen Wettbewerbern, die sich nicht an traditionelle Spielregeln halten, und technologischen Innovationen bestimmt wird, sowie
- der permanente Wandel, der zur Konstante wird und sich außerdem beschleunigt, da die Produktzyklen immer kürzer werden.

Sie definieren daher *Business Reengineering* als fundamentales Überdenken und radikales Redesign von wesentlichen Unternehmensprozessen und leiten daraus folgende Thesen ab:

1. Unternehmensprozesse werden von Prozessteams unter Eliminierung von Schnittstellen und Übergabeprozeduren zusammengefasst. Prozessmanager sind einzige Anlaufstellen für die Kunden.
2. Organisatorische Einheiten verändern sich von Fachabteilungen zu Prozessteams. Mitarbeiter werden zu Entscheidungen bevollmächtigt, die Bestandteil ihrer Arbeit werden (Empowerment).
3. Einfache Aufgaben werden zu Wertschöpfungsprozessen ausgestaltet; anstelle des Anlernens stehen die Aus- und Weiterbildung.
4. Prozessabläufe werden durch „Entlinearisierung" und Ausnutzung von möglichen Kapazitäten in eine natürliche Reihenfolge gebracht.

5. Es gibt mehrere Prozessvarianten; durch „Triage" (Auslese) werden die für eine bestimmte Situation bestgeeigneten Varianten ausgewählt (einfache, durchschnittliche und schwierige Fälle).
6. Die Arbeit wird dort erledigt, wo es am sinnvollsten ist. Durch eine die Organisationsgrenzen überschreitende Neuverteilung der Arbeit wird Integrationsaufwand abgebaut. Abstimmungen werden auf das erforderliche Minimum reduziert.
7. Es entsteht weniger Überwachungs- und Kontrollbedarf durch Empowerment statt Kontrolle, die nur noch in dem Maße stattfindet, in dem dies wirtschaftlich sinnvoll ist.
8. Eine Mischung aus Dezentralisierung und Zentralisierung entsteht durch autonom arbeitende Geschäftseinheiten und deren laufende Verbindung zur Zentrale mit Hilfe der Informationstechnologie.
9. Die Vergütungsgrundlage richtet sich nach Ergebnissen, nicht nach Tätigkeiten. Es wird nach Leistung bezahlt und nach Fähigkeiten befördert. Prämien richten sich nach Kundenzufriedenheit.
10. Manager wandeln sich vom Aufseher zum Coach, d. h., sie bereiten für ihre Mitarbeiter den Weg, fördern deren Fähigkeiten und schaffen das richtige Umfeld, damit diese wertschöpfende Prozesse eigenverantwortlich führen können.
11. Hierarchische Organisationsstrukturen weichen der flachen Organisation. Teams aus gleichberechtigten Kollegen mit hohem Autonomiegrad werden mit Unterstützung weniger Manager tätig. Im traditionellen Sinn kann ein Manager nur etwa sieben Mitarbeiter führen, dagegen kann er etwa 30 Beschäftigten als Coach dienen.
12. Induktives Denken ist erforderlich, um die Möglichkeiten der Informationstechnologie nutzen und überzeugende Lösungen erkennen zu können.
13. Den Mitarbeitern muss das Ziel vermittelt werden, dass alle nicht härter, sondern intelligenter arbeiten werden.
14. Business Reengineering kann nur von oben nach unten erreicht werden (top down), da nur starke Führung von oben die Menschen bewegen kann, die aufgrund des Business Reengineering ausgelösten Veränderungen zu akzeptieren.

Das Konzept der grundlegenden Veränderung von Unternehmensstrukturen durch Reengineering wird ergänzt um eine auf fünf Pfeilern basierende Reformidee, genannt „Genesis" (Holzamer 1996):

1. Erfolgreiche Marketingstrategie, gerichtet auf Preise und Kosten, Qualität und Service;
2. Fähigkeit und Bereitschaft zu permanentem Wandel;
3. Fähigkeit, in betrieblichen Prozessen mit Netzwerken, Mergers and Acquisitions sowie mit Outsourcing zu operieren;
4. Änderungen interner und externer Beziehungen durch Nutzung neuer Kommunikationstechnologien;
5. Wandlung der Unternehmensführer von Befehlsgebern zu Beratern und Betreuern.

Fazit aus der Summe dieser Leitsätze, Thesen und Anforderungen ist die Erkenntnis, dass erfolgreiche Unternehmensführung maßgeblich vom Personalmanagement und der Organisationsentwicklung bestimmt wird.

2.2.3.1 Personalmanagement

Nach Scholz (2000) umfasst Personalmanagement die Summe aller betrieblichen Maßnahmen, die darauf abzielen, alle in einem Unternehmen anfallenden Aufgaben mit dem nach Qualifikation, Anzahl, Ort, Zeit und Motivation benötigten Personal zu verbinden. Aufgabe des Personalmanagements ist daher, den Produktionsfaktor Arbeit (kreativ, dispositiv und ausführend) bedarfsgerecht bereitzustellen. Dazu gehören als *erste Dimension*:

1. Personalbestandsanalyse als informatorische Basis für die Personalarbeit;
2. Personalbedarfsbestimmung zur Ermittlung des im Zeitablauf erforderlichen Sollpersonalbedarfs;
3. Personalveränderung mit
    – Personalbeschaffung über die Anpassung des Personalbestands an den aktuellen Bedarf durch Neueinstellung oder interne Rekrutierung,
    – Personalentwicklung, indem die Qualifikation der Mitarbeiter gefördert wird, und
    – Personalfreisetzung durch Nichtwiederbesetzung freigewordener Stellen oder Entlassungen;

4. Personaleinsatzmanagement über die Zuordnung vorhandener Mitarbeiter zu definierten Positionen;
5. Personalführung durch Integration von Unternehmens- und Individualzielen;
6. Personalkostenmanagement, indem das Personalmanagement mit den übrigen Teilen der Unternehmensplanung, insbesondere der Finanz- und Budgetplanung, verbunden wird;
7. Integrationsfelder:
   - Personalmarketing durch kundenorientierte Zusammenführung von Personalbeschaffung, -entwicklung und -freisetzung,
   - Personalcontrolling mit Hilfe betriebswirtschaftlicher und strategischer Überlegungen sowie
   - Personalinformationsmanagement, indem auf gemeinsame Daten zur managementorientierten Ausgestaltung der EDV im Personalwesen abgestimmt zugegriffen wird.

Die zweite *Dimension* des personalwirtschaftlichen Grundansatzes ist eine Differenzierung nach den Managementebenen

- *operativ*, d. h. mit einem kurzfristigen Planungshorizont überwiegend auf unterer Hierarchieebene, mitarbeiter- und stellenorientiert;
- *taktisch*, d. h. mit mittelfristigem Planungshorizont, mittlerer organisatorischer Einbindung, gruppenorientiert in Vermittlerfunktion zwischen operativer und strategischer Ebene;
- *strategisch*, d. h. mit langfristigem Planungshorizont, hoher hierarchischer Einbindung, unternehmensorientiert mit deutlichem Bezug zu den Erfolgspotentialen des Unternehmens.

Die *dritte Dimension* beschreibt zwei Ausgestaltungsformen:

- das *informationsorientierte* Personalmanagement, das Aussagen zur qualitativen und quantitativen Personalplanung aus Anforderungs- und Fähigkeitsprofilen sowie aus Informationen der Personaleinsatzsteuerung liefert, und
- das *verhaltensorientierte* Personalmanagement, das sich an den Bedürfnissen, Motiven und Werten orientiert, die das Verhalten der Mitarbeiter steuern, v. a. im Feld der Personalführung.

Ausprägung des Personalmanagements in Bauunternehmen

Möller (1998) charakterisiert das Personalmanagement in Bauunternehmen mittels folgender Thesen:

- Bauunternehmen leiden an einer Rekrutierungslücke bei gewerblich Auszubildenden, Facharbeitern und Polieren sowie Bauingenieuren.
- Die höher qualifizierten Personalkapazitäten sind überaltert.
- Dem Lohntarifvertrag unterliegende Bauwerker (ungelernte Bauarbeiter) werden zunehmend von gewerblichen Arbeitnehmern aus den EU-Staaten und Werkvertragsarbeitnehmern aus Osteuropa verdrängt.
- Das Personalmanagement beschränkt sich überwiegend auf das operative Tagesgeschäft der „Personalverwaltung" (Einstellungen, Entlassungen nach kurzfristigen Bedarfsdispositionen und -meldungen; reaktives statt proaktives Handeln).
- In Bauunternehmen besteht überwiegend ein Methodendefizit und mangelnde Professionalität im Personalmanagement sowie mangelnde Orientierung an der Unternehmens- und Geschäftsfeldstrategie.

Die Thesen Möllers stützen sich auf eine Erhebung bei 35 deutschen Bauunternehmen durch mündliche halbstandardisierte Interviews mit Trägern des betrieblichen Personalmanagements (Vorstände, Geschäftsführer, Niederlassungsleiter, Personalleiter). Befragungsergebnisse zeigen auszugsweise *Abb. 2.2-8* und *Abb. 2.2-9.*

Abb. 2.2-8 Existenz von Grundsätzen zur Mitarbeiterführung

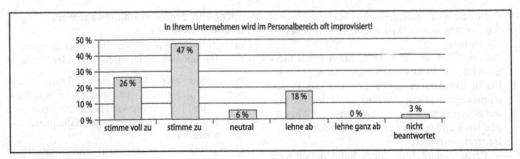

Abb. 2.2-9 Improvisation im Personalbereich

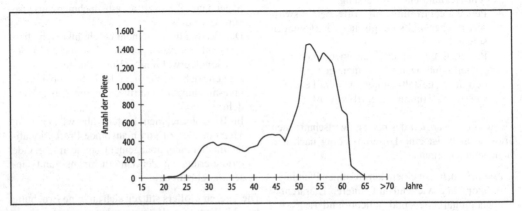

Abb. 2.2-10 Altersstruktur des Polierstands (Poliere und Schachtmeister, Stand: 1998)

An der Altersstruktur des Polierstands lässt sich das Ergebnis versäumten Personalmanagements im Bereich der gewerblichen Arbeitnehmer des Bauhauptgewerbes ablesen. *Abbildung 2.2-10* zeigt, dass im Jahr 1998 60% der Poliere 50 Jahre oder älter waren. Diese Struktur hat sich bis 2011 nicht wesentlich verbessert.

Ein Vergleich mit Ansätzen anderer Branchen zur Restrukturierung von Produktionsprozessen zeigt, dass der Baubereich organisatorisch gute Voraussetzungen für schlanke Formen der Leistungserstellung bietet, da z. B.

– die Segmentierung durch die baustellenbezogene Bauauftragsfertigung bereits gegeben ist,
– Gruppenarbeit in der Kolonnenorganisation gewachsene Tradition ist und
– geeignete Entlohnungsformen aufgrund der Entgelt- und Rahmentarifverträge sowie materielle Sozialkassen- und Verfahrenstarifverträge für die Bauwirtschaft seit mehr als drei Jahrzehnten eingeführt und überwiegend allgemeinverbindlich sind.

Die Initiierung und Umsetzung kontinuierlicher Verbesserungsprozesse ist dagegen im Baubereich vielfach noch zu eng ausgeprägt.

Da der Anteil *schlüsselfertiger Bauaufträge* zunimmt, gewinnt die Vergabe von Nachunternehmerleistungen durch Werkverträge zunehmend an Bedeutung. Der *Werkvertrag* hat in den vergangenen Jahren auch in dem klassischen Kerngeschäft der Bauunternehmen, dem Rohbau, eine bedeutende Rolle erhalten. Rohbauarbeiten oder Teile davon (z. B. die Schal- und Bewehrungsarbeiten) können oft kostengünstiger extern über einen oder mehrere Werkverträge eingekauft als mit unternehmenseigenen Beschäftigten produziert werden.

Die höhere Produktivität der Nachunternehmer hat ihre Ursache im höheren Spezialisierungsgrad und in z. T. niedrigeren Lohn- und Lohnzusatzkosten. Dies gilt v. a. für Nachunternehmer aus Niedriglohnländern der EU und Osteuropas. In der Bauproduktion wird es nur dann auch weiterhin unter deutschen Arbeitsverträgen stehende gewerbliche Mitarbeiter geben, wenn diese das Lohngefälle durch eine entsprechend höhere Produktivität ausgleichen können. Die Wettbewerbskräfte werden protektionistischen nationalen Regelungen wie dem Arbeitnehmer-Entsendegesetz (AEG vom 26.02.96, l. Ä. 21.12.2007) sowie dem Tarifvertrag zur Regelung eines Mindestlohnes im Baugewerbe (TV Mindestlohn, zuletzt vom 04.07.2008) nur vorübergehende Geltung verschaffen.

Im Bereich der technischen und kaufmännischen Angestellten sowie der Führungskräfte der Bauwirtschaft gibt es ebenfalls Personalstruktur- und Bedarfsdeckungsprobleme. Nach Angabe der Abteilung Konjunkturanalyse, Statistik, Datenbank des Hauptverbands der Deutschen Bauindustrie (HVBi) vom 14.04.2009 werden jährlich ca. 4.000 bis 5.000 offene Stellen für Bauingenieure erwartet, denen z. B. 2009 nur etwa 3.250 Absolventen von Universitäten und Fachhochschulen gegenüberstehen werden.

In der Ausbildung werden neben der Vermittlung bautechnischer Fachkompetenz die Vermittlung von Führungseigenschaften wie Kreativität, Verantwortungs- und Problembewusstsein sowie von den Absolventen Teamfähigkeit und soziale Kompetenz, Fremdsprachenkenntnisse und rhetorische Fähigkeiten erwartet. Die zunehmend komplexer werdenden Bauaufgaben verlangen eine Ausbildung von mehr Generalisten. Dies erfordert die Einbeziehung wirtschaftlicher, rechtlicher, organisatorischer sowie gebäude- und anlagentechnischer Fächer mit Fallstudien in die vorrangig noch rein bautechnisch und naturwissenschaftlich geprägten Studienpläne, um für Aufgaben des ganzheitlichen Immobilien- und Infrastrukturmanagements mit Projektentwicklung, Projektmanagement und Facility Management gerüstet zu sein.

Personalstrategien

Unter der Zielsetzung einer branchenweiten Professionalisierung der unternehmerischen Personalarbeit wurden von Möller (1998) zwei Personalstrategien entwickelt, die einander ergänzen:

– die Personalentwicklungsstrategie, bei der der Aspekt der Personalqualität im Vordergrund steht, und
– die Personalkapazitätsstrategie, die auf Deckung des qualitativen und quantitativen Personalbedarfs abzielt.

Die *Personalentwicklungsstrategie* will den Personalbedarf durch Steuerung der Personalqualität bei gegebener Personalkapazität realisieren. Damit sollen der Personalbedarf mittels unternehmensinterner Mitarbeiterpotentiale gedeckt und die externe Personalbeschaffung minimiert werden.

Unter Beachtung der zu gewährleistenden Kongruenz zwischen Unternehmenszielen und individuellen Mitarbeiterzielen bekommen die Festigung sowie das Erlangen jener Qualifikationen oberste Priorität, die die Mitarbeiter benötigen, um gegenwärtige und zukünftige Leistungsanforderungen zu bewältigen.

Der Zusammenhang zwischen Personal- und Organisationsentwicklung ist zunächst dadurch gegeben, dass die Personalentwicklung vorrangig individuelle Faktoren wie Qualifikation und Mitarbeiterverhalten fördern will, während die Organisationsentwicklung unternehmerische und betriebliche Strukturen der Aufbau- und Ablauforganisation verbessern will. Personalentwicklungsergebnisse lösen jedoch Impulse für die Weiterentwicklung von Organisationen und umgekehrt Organisationsänderungen Verhaltensänderungen der betroffenen Mitarbeiter aus. Die optimale Synergie von Personal- und Organisationsentwicklung führt zum Idealzustand der *lernenden Organisation*, die eigenständig organisatorische Konsequenzen aus personellen Entwicklungen und personelle Konsequenzen aus organisatorischen Verbesserungen zieht.

Voraussetzung für die Anwendung einer Personalentwicklungsstrategie ist das Vorhandensein eines ausreichenden Entwicklungspotentials bei der Belegschaft. Herausragende und sinnvoll aufeinander aufbauende Maßnahmen der Personalentwicklung sind die Mitarbeiterbeurteilung, die berufsbegleitende Weiterbildung sowie die motivationsstärkende Förderung, Vergütung und Mitarbeiterbeteiligung, um aus Mitarbeitern Mitunternehmer zu machen.

Die *strategische Personalentwicklung* ist auf längerfristigen Personalbedarf aus Unternehmenssicht zu orientieren. Gleichzeitig sind die Karriere-

wünsche und die Interessen der Mitarbeiter angemessen zu berücksichtigen. Die Karriereplanung
ist ein wichtiger Bestandteil der strategischen Personalentwicklung.

Zur *taktischen Personalentwicklung* gehört die
Planung von Führungsseminaren und anderen För-
derungsmaßnahmen unter Berücksichtigung der
Selbstentwicklungsmöglichkeiten.

Im Rahmen der *operativen Personalentwicklung* werden stellenbezogene Kenntnisse und Fähigkeiten über kurzfristig angelegte externe oder interne Schulungsprogramme sowie die Ausbildung
am Arbeitsplatz vermittelt.

Grundlage der Mitarbeiterbeurteilung ist das regelmäßige *Mitarbeitergespräch* über das Eig-
nungsprofil und die Entwicklungsbedürfnisse. Bei
Unternehmen, die keine Laufbahnpläne mit Mitarbeitern besprechen, besteht die Gefahr, dass qualifizierte Nachwuchskräfte zu anderen Unternehmen
abwandern.

Die prozessorientierten Aufgabenschritte der Personalentwicklung zeigt *Abb. 2.2-11*. Die übliche
Methode zur Ermittlung des Entwicklungspotentials
ist das Expertenurteil der Vorgesetzten oder aber
auch das Assessment-Center, ein komplexes, stan-
dardisiertes, eintägiges oder mehrtägiges Verfahren
zur Ermittlung und Feststellung von Verhaltensleis-
tungen, meist in Gruppen von sechs bis acht Personen.

Bei den einzelfallspezifischen Maßnahmen
wird unterschieden zwischen Personalentwicklung
into the job als Hinführung zu einer neuen Tätigkeit, *on the job* als direkte Maßnahme am Arbeitsplatz, *near the job* als arbeitsplatznahes Training

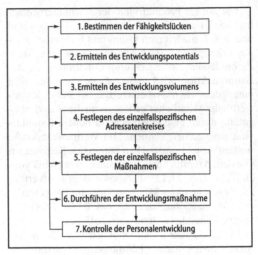

Abb. 2.2-11 Arbeitsschritte der Personalentwicklung

und *off the job* als Weiterbildung, *along the job* als
laufbahnbezogene Entwicklung und *out of the job*
als Ruhestandsvorbereitung.

In Anlehnung an Portfolios zur Einordnung von
Geschäftsfeldern werden auch Personalportfolios in
einer zweidimensionalen Matrix der gegenwärtigen
Leistung sowie des Leistungs- und Entwicklungs-
potentials als Grundlage für gruppenspezifische
Personalentwicklung angewandt (*Abb. 2.2-12*).

Wichtiger Bestandteil der Personalentwicklung
ist die laufbahnbezogene Weiterbildung *into* und
along the job. Hierzu werden seitens der größeren
Bauunternehmen Traineeprogramme angeboten,

Leistungs- und Entwicklungspotential			MA-Kategorie	Normstrategien	
hoch	Nachwuchskraft (Fragezeichen)	Spitzenkraft (Star)	Nachwuchskraft	Aufbauen:	systematische Einführung in die Unternehmenspraxis und gezielte Schulung durch Job Enlargement
			Spitzenkraft	Ausbauen:	Beförderung einplanen und Erfahrungshintergrund verbreitern durch Job Rotation
gering	„Unkraft" (Problemmitarbeiter)	Fachkraft (Routinier)	Fachkraft	Ernten:	Vorhandene Fähigkeiten voll ausnutzen und überlegen, ob Führungsschulung angebracht ist
	gering	hoch Gegenwärtige Leistung	„Unkraft"	Abbauen:	Arbeitsplatzwechsel einleiten, ggf. Kündigung veranlassen

Abb. 2.2-12 Personalportfolio

mittels derer z. B. Absolventen des Bauingenieur-studiums auf spätere Führungsaufgaben vorberei-tet werden.

In einem Zeitraum von 18 bis 24 Monaten durchlaufen die Trainees alle wichtigen Stationen wie Technisches Büro, Kalkulation, Arbeitsvorbe-reitung, Vertragswesen, Projekt-/Bauleitung und Abrechnung. Sie werden als Führungsnachwuchs-kraft so mit täglicher Arbeit betraut, dass sie selb-ständig jeden Teil bearbeiten und durch die Kor-rektur ihrer eigenen Arbeit lernen. Dabei werden sie aktiv in die Entscheidungsprozesse mit einbezo-gen, um durch das Entscheidenlassen zu lernen, richtige Entscheidungen zu treffen.

Das Traineeprogramm in den einzelnen Ausbil-dungsstationen wird ergänzt um Seminare, u. a. über Grundlagenwissen für Projekt-/Bauleiter, Abwick-lung von Rohbau- und schlüsselfertigen Bauvor-haben, Mitarbeiterführung und Kommunikations-/Argumentationstraining sowie EDV-Anwendung in der Bauunternehmung.

Weitere Formen der Personalentwicklung bie-ten Masterstudiengänge an Universitäten, Fach-hochschulen und Instituten, z. B. die Master-Studi-engänge der agenda4-Mitgliedshochschulen, u. a. in Augsburg, Berlin, München, Nürtingen, Re-gensburg, Stuttgart, Weimar und Wuppertal (www. agenda4-online.de; www.rem-cpm.de, etc.).

Ein wesentliches Element der Personalentwick-lung ist die *Mitarbeitermotivation*. Scholz (2000) hat in seinem Grundlagenwerk u. a. auch die In-halts- und Prozesstheorien der Motivation unter-sucht. Bei einer Gegenüberstellung der Bedürfnis-hierarchie von Maslo, der Satisfaktoren (Motiva-toren) und Dissatisfaktoren (Hygienefaktoren) von Herzberg sowie der vier Grundmotive von Mc-Clelland gelangt Scholz (2000) zu der Bewertung (*Abb. 2.2-13*), dass die Bedürfnisse nach Maslo sukzessive von der Basis der Bedürfnispyramide zur Pyramidenspitze abgearbeitet, nach Herzberg gleichzeitig berücksichtigt und nach McClelland als ständig wechselndes Zusammenspiel der vier Grundbedürfnisse zu interpretieren sind.

Stellvertretend für die zahlreichen Methoden und Instrumente zur Förderung der Motivationsfaktoren wird verwiesen auf die anforderungs- und leistungs-abhängige Entgeltdifferenzierung und die allseits zu beobachtende Förderung der Leistungsentlohnung anstelle der Vergütung nach Zeitaufwand.

In Ergänzung zur Personalentwicklungsstrate-gie verfolgt die *Personalkapazitätsstrategie* das Ziel, Erfolge aus hoher Kapazitätsauslastung bei gegebener Personalqualität zu realisieren, indem Personalbedarf und -bestand zu möglichst großer dauerhafter Deckungsgleichheit gebracht werden. Dabei sind drei Alternativen zu unterscheiden:

– die Auslastungsstrategie,
– die Arbeitszeitstrategie und
– die Strategie der Mindestkapazitäten.

Bei der *Auslastungsstrategie* ist es Aufgabe der Auftragsakquisition, den vorhandenen Personalbe-stand bestmöglich auszulasten. Dies ist die im Bau-gewerbe „klassische" Strategie der Personalarbeit.

Bei der *Arbeitszeitstrategie* werden Bedarfs-schwankungen durch kurz-, mittel- oder langfristi-

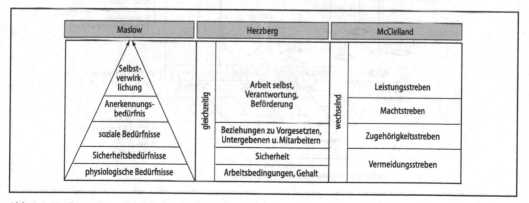

Abb. 2.2-13 Gegenüberstellung der Motivationsfaktoren

ge Anpassung der individuellen Arbeitszeiten der Mitarbeiter ausgeglichen. In der stationären Industrie entwickelte Arbeitszeitmodelle haben einen mehrjährigen Zeithorizont mit einer Durchschnittsdauer von 40 Std./Woche, wobei je nach Bedarf z. B. 30 Wochenstunden nicht unterschritten und 50 Wochenstunden nicht überschritten werden dürfen. Die Ausgestaltung derartiger Modelle muss die Unternehmensbedürfnisse nach Kapazitätsflexibilität mit den Mitarbeiterbedürfnissen nach mittelfristiger Arbeitszeitdisposition miteinander kombinieren. Modelle der langfristigen Arbeitszeitflexibilisierung können nur zwischen den Vertragspartnern vereinbart werden.

Die *Strategie der Mindestkapazitäten* dient der Konsolidierung bei minimiertem Personalbestand. Mit der eigenen Mindestkapazität sollen die Grundleistungen abgedeckt werden, die als Auftragseingänge sicher prognostiziert werden können. Bedarfsspitzen werden durch Zukauf von externen Leistungen über Werkverträge abgedeckt. Bei einer Reduzierung der eigenen Produktionskapazitäten auf Null (Extremfall der Strategie der Mindestkapazitäten) wird der Bauunternehmer zum Generalübernehmer, da er keine eigenen Bauleistungen mehr erbringt. Damit geht jedoch auch die

Möglichkeit der Personalentwicklung auf den Gebieten verloren, die Kernkompetenzen der Bauunternehmen darstellen.

Möller (1998) entwickelte ein Modell für bedarfsdeckendes Personalmanagement in Bauunternehmen, in dem er ein dreidimensionales Koordinatensystem definierte mit einer Prozessachse für die Planungs- und Bauabwicklung (von t_0 = Start über t_1 = Vergabe bis t_2 = Abnahme), einer Institutionenachse für die Leitungsebenen der Unternehmung und einer Funktionenachse für die Personalmanagementaufgaben, die er weiter nach operativen, taktischen und strategischen Maßnahmen differenzierte (*Abb. 2.2-14*).

Dieses Koordinatensystem bildet den Rahmen zur Behandlung aller Personalmanagementfunktionen der Personalbestandsanalyse, -bedarfsbestimmung, -beschaffung, -entwicklung, -freisetzung, des Personaleinsatzes, der Personalführung und der Integrationsfelder. Die Summe der abzuwickelnden Projekte erzeugt den Personalbedarf zum Zeitpunkt t. Hier wird das Personalziel definiert. Die Personalmanagementfunktionen decken den geweckten Bedarf durch die jeweiligen Leitungsebenen des Unternehmens. Je nach Unternehmensgröße und Geschäftsfeld sind die Zeiträume über die

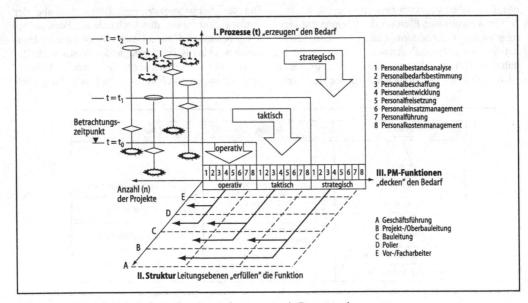

Abb. 2.2-14 Modell für bedarfsgerechtes Personalmanagement in Bauunternehmen

kurz-, mittel- und langfristige Planung individuell zu definieren. Die eigenen personellen Kapazitäten bilden den Schwerpunkt der Modellanwendung. Ziel ist eine prozessorientierte Personalstruktur.

2.2.3.2 Organisationsentwicklung

Die Organisationsentwicklung von Unternehmen dient der Verbesserung der organisatorischen Leistungsfähigkeit zur Erreichung der strategischen Ziele des Unternehmens und der Verbesserung der Qualität des Arbeitslebens für die Mitarbeiter. Dieses Ziel wird mit einer Strategie des geplanten und systematischen Wandels erreicht, der durch die Beeinflussung der Organisationsstruktur, der Unternehmenskultur und des individuellen Verhaltens zustande kommt im Sinne einer selbstlernenden Organisation.

**Traditionelle Organisationsstrukturen
der Bauunternehmen**
Die folgenden Ausführungen konzentrieren sich auf die Aufbauorganisationen von Bauunternehmen, die nach Kleinunternehmen (bis 49 Mitarbeiter), mittelständischen Unternehmen (50 bis 499 Mitarbeiter) und Großunternehmen (500 und mehr Mitarbeiter) unterschieden werden.

Die traditionelle Aufbauorganisation der etwa *72.700 Kleinunternehmen* (2007) des Bauhauptgewerbes in Deutschland weist überwiegend eine Gliederung nach dem *Verrichtungsprinzip* auf (Trennung von kaufmännischen und technischen Tätigkeiten). Die unternehmerischen Aufgaben werden unterteilt in die Auftragsbeschaffung und Kalkulation, die Arbeitsvorbereitung, Bauleitung und Abrechnung, den Einkauf und die Maschinen-/Geräteverwaltung sowie die Administration.

Abbildung 2.2-15 zeigt beispielhaft das Organigramm eines Bauunternehmens mit ca. 25 gewerblichen und 3 angestellten Mitarbeitern, das von einem Bauunternehmer geführt wird. Sie erbrachten im Jahr 2008 eine Bauleistung von ca. 2,6 Mio. € im Bereich des Hoch- und Stahlbetonbaus (vorwiegend im Bereich des Umbaus und der Modernisierung). Der Aktionsradius des Unternehmens beträgt 50 km. Die Aufgaben der Unternehmensführung sind auf den Inhaber als technischen Leiter und einen kaufmännischen Angestellten als kaufmännischen Leiter verteilt. Die kaufmännische Leitung ist Stabsstelle für die Geschäftsführung, da sie keine Entscheidungs- oder Weisungsbefugnis hat. Neben dem Inhaber übernimmt ein Bautechniker technische Leitungsaufgaben. Beide sorgen für die Akquisition, Kalkulation, Abrechnung und weitgehend auch für die Bauleitung der im Durchschnitt laufenden zehn Bauaufträge.

Kompetenzüberschneidungen werden dadurch vermieden, dass jeder seine Baustelle vom Angebot bis zur Abnahme selbst betreut. Traditionell ist damit die Geschäftsführung nach dem *Verrichtungsprinzip* gegliedert. Die technischen Aufgaben werden weiter nach dem *Objektprinzip* gegliedert, d. h., die Mitarbeiter werden den jeweiligen Aufträgen zugewiesen. Je nach Größe des Auftrags übernimmt entweder ein Polier oder ein Vorarbeiter die Bauführung. Überschreitet der Auftragseingang die vorhandenen personellen Stammkapazitäten, so werden im gewerblichen Bereich zusätzliche Saisonkräfte eingestellt. Der zusätzliche Bedarf an Baustellenaufsichten wird dann mit Hilfe von Stammvorarbeitern abgedeckt.

Die geringe Tiefe und Breite der Aufbauorganisation ermöglichen eine schnelle Weitergabe der

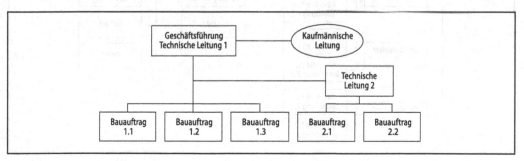

Abb. 2.2-15 Aufbauorganisation eines Kleinunternehmens

Anordnungen der Unternehmensleitung an die Mitarbeiter. Die Aufgaben, Kompetenzen und Verantwortungen werden ohne besondere organisatorische Maßnahmen gut verteilt.

Die traditionelle Aufbauorganisation der etwa 2.100 (2007) *mittelständischen Unternehmen* des Bauhauptgewerbes mit 50 bis zu 499 Mitarbeitern ist i. d. R. geprägt durch gleichrangige Anwendung des Verrichtungs- und Objektprinzips. Die Auftragsbeschaffung ist organisatorisch häufig ein Gebilde eigener Art, da neben der Unternehmensleitung und dem Kalkulator häufig die Bauleitung und die Arbeitsvorbereitung mitwirken. Die Leitung von Großaufträgen wird vielfach Führungskräften gleichrangig neben technischen und kaufmännischen Leitungsaufgaben zugeordnet. Dies kann zu komplizierten und unübersichtlichen Organisationsstrukturen führen mit Aufgaben- und Kompetenzüberschneidungen wegen der fließenden Abgrenzung der Verantwortungsbereiche.

Mittelständische Unternehmen haben daher häufig den Nachteil, dass sie für die einfache und betriebssichere Organisation des Kleinunternehmens schon zu groß und für die systematisch eindeutige

und detaillierte Gliederung der Aufgaben und deren Übertragung auf einzelne Stelleninhaber der Großunternehmen noch zu klein sind.

Abbildung 2.2-16 zeigt das Organigramm eines mittelständischen Bauunternehmens mit 250 Mitarbeitern, davon 190 Gewerblichen und 60 Angestellten. 2008 wurde eine Bauleistung von 49 Mio. € erbracht, davon ca. 80% im Bereich des Hoch-, Gewerbe- und Ingenieurbaus und etwa 20% im Wohnungsbau. Der Aktionsradius um den Stammsitz sowie eine Niederlassung West und eine Niederlassung Ost beträgt jeweils rund 100 km.

Die Aufbauorganisation ist streng nach dem *Liniensystem* organisiert. Jede Stelle innerhalb der Unternehmung erhält nur von jeweils einem Vorgesetzten Anweisungen. Entscheidungen werden nur von einer Person getroffen, nachdem man vorher im Team darüber diskutiert hat.

Die Geschäftsführung besteht aus einem Bauingenieur und einem Baukaufmann mit entsprechender direkter Weisungsbefugnis an die technischen Leiter und den kaufmännischen Leiter. Die Geschäftsführung richtet Anweisungen ausschließ-

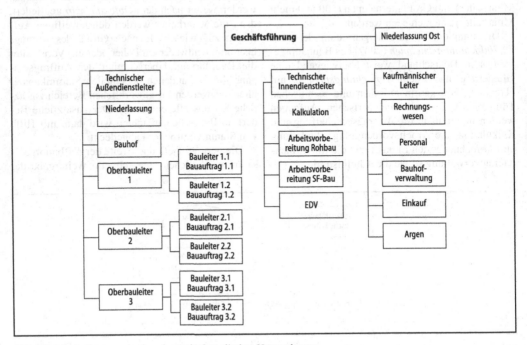

Abb. 2.2-16 Aufbauorganisation eines mittelständischen Unternehmens

lich an die Abteilungsleiter, um den Weg der Linien-organisation strikt einzuhalten.

In erster Instanz ist die Unternehmung nach dem *Verrichtungsprinzip* (technische und kauf-männische Seite) und weiter nach dem *Raumprin-zip* (Stammsitz und zwei Niederlassungen) geglie-dert. Die Arbeitsergebnisse z.B. der Arbeitsvorberei-tung werden nur über die Oberbauleiter an die Bauleiter übermittelt, um auch hier die Linienorga-nisation zu wahren. Die Vertretungsfrage ist im firmenspezifischen Organigramm festgelegt. Der Vorteil eindeutiger Zuständigkeiten für den Regel-fall muss um Sonderregelungen für den Ausnah-mefall ergänzt werden, um die notwendige Flexi-bilität zur Wahrnehmung der Chancen zur Weiter-entwicklung zu schaffen.

Die gleichrangige Anwendung des Verrich-tungs-, Raum- und Objektprinzips kennzeichnet die traditionelle Organisationsstruktur der etwa 23 (2007) *Großunternehmen* des Bauhauptgewerbes in Deutschland mit ≥ 500 Mitarbeitern. Nach dem Ver-richtungsprinzip stehen technische und kaufmän-nische Aufgaben, das Technische Büro und die Kal-kulation, nach dem Objektprinzip Großaufträge und Fertigteilbau sowie nach dem Raumprinzip Nieder-lassungen und Auslandtätigkeiten rangmäßig auf einer Ebene. Dabei kann es Aufgaben-, Kompetenz- und Verantwortungsbereichsüberschneidungen ge-ben, wenn z.B. der Bauleiter eines Großauftrags sowohl von der Unternehmens- als auch der Nieder-lassungsleitung, der Projektleitung des Großauftrags und der Oberbauleitung Weisungen erhält.

Die Hauptniederlassungen der großen deutschen Bauaktiengesellschaften werden in der 2. Ebene nach dem Raumprinzip in Niederlassungen, Zweig-niederlassungen und z. T. auch Geschäftsstellen und nach dem Spartenprinzip auch in Sparten-Nieder-lassungen (z. B. Projektentwicklung, Spezialtiefbau) gegliedert. Verschiedene Funktionen sind aus den Zweigniederlassungen und Niederlassungen ausge-gliedert und als Stabsstellen bei den Hauptniederlas-sungen oder auch in der Zentrale zusammengefasst.

Wachsenden Märkten in einzelnen Regionen passt sich das Unternehmen an, indem es sein Nie-derlassungsnetz verdichtet. Die Spartenniederlas-sungen haben für die Gesamtregion der Hauptnie-derlassung volle Kompetenz und Verantwortung im Rahmen der übertragenen Aufgaben. Sie müs-sen aber bei der Verfolgung ihrer Ziele die Hilfe der regionalen Niederlassung in Anspruch nehmen, die am Ergebnis beteiligt wird, sofern sie akquisi-torisch oder durch Personalbereitstellung zur er-folgreichen Auftragsbeschaffung oder Baudurch-führung beiträgt. Der operative Bereich des Unter-nehmens hat wieder die klassische hierarchische Ordnung über den Oberbauleiter, der mehrere Bau-stellen betreut, zum Bauleiter, der je nach Auf-tragsgröße eine oder mehrere Baustellen leitet, bis zum Polier und Vorarbeiter.

Innerhalb der Sparten eines Unternehmens kann es im Zusammenwirken mit den regionalen Nieder-lassungen zu Bereichsegoismen mit heftiger Kon-kurrenz um personelle und materielle Ressourcen kommen. Die Unternehmensleitung sowie in den Unternehmen eingerichtete Lenkungskreise müssen diesen Egoismustendenzen entgegenwirken.

Organisationsentwicklung
In der Realität sind Sollstrukturen für die Aufbau-organisation von Bauunternehmen nicht auffind-bar, sondern lediglich Handlungssysteme als Re-sultat aus konzipierten Sollstrukturen und realem menschlichen Verhalten. Daher können keines-wegs Patentrezepte empfohlen werden, sondern nur ausbaufähige organisatorische Konzepte, die modellhaft die wesentlichen Elemente beinhalten.

Kleinunternehmen lassen sich organisatorisch nach dem Verrichtungsprinzip gliedern, wobei die Führungsaufgaben auf ein bis zwei Personen kon-zentriert werden. Diese übernehmen i. d. R. auch die Leitung der Bauausführung, indem sie mit den Bauführern direkt zusammenarbeiten.

Die Inhaber bzw. Geschäftsführer kleiner Bau-unternehmen sind grundsätzlich als „Universalma-nagergenies" zu bezeichnen, da sie die Aufgaben der Unternehmensführung (planen, entscheiden, kontrollieren, anpassen) für alle Verrichtungen (technische und kaufmännische Leitung, Auf-tragsbeschaffung, Kalkulation, Arbeitsvorbereitung, Oberbauleitung, Abrechnung, Personalführung und Administration) in Personalunion von ein bis max. zwei Inhabern bzw. Geschäftsführern vereinen. In der Flexibilität dieses unternehmerischen Einsatzes liegen einerseits die Chancen, in der großen Lücke bei Ausfall durch Krankheit oder sonstige Umstän-de die großen Risiken.

Für *mittelständische Unternehmen* ist eine funktionsorientierte Organisationsstruktur mit Einführung einer mittleren Leitungsebene angebracht, um damit die oberste Leitungsebene von unnötig vielen Einzelfällen zu entlasten. Um den Projekt- bzw. Bauleitern an Ort und Stelle einen direkten Ansprechpartner zu bieten, kann je nach Unternehmensgröße der technische Leiter die Oberbauleitung mit übernehmen, oder aber es werden Oberbauleiterstellen besetzt, die der technischen Leitung direkt unterstellt und den Projekt- bzw. Bauleitern gegenüber weisungsberechtigt sind.

Als formale Organisationsstruktur empfiehlt sich die Linienorganisation mit informalen Informationswegen zur Abkürzung der Hierarchiewege. Diese informale Struktur wird mitbestimmt vom Netzwerk zwischenmenschlicher Beziehungen der Mitarbeiter und entsteht meist spontan, so dass seitens der Geschäftsführung vorrangig nur auf das zielkonforme Funktionieren geachtet werden muss. Je nach Größe des Unternehmens empfiehlt sich auch die Einrichtung von Koordinations- oder Projektgruppen.

Für die *Großunternehmen* ist eine Organisationsstruktur zu empfehlen, die zunächst nach dem Raumprinzip in Niederlassungen gliedert, auf der nächsten Ebene in Sparten aufteilt – z. B. Hochbau, Schlüsselfertigbau, Ingenieurbau, Straßenbau und Umwelttechnik (divisionale Gliederung) – mit dem entsprechenden Zentrierungsprozess der jeweils erforderlichen Ressourcen. Unterhalb der Raum- und Spartengliederung werden die verrichtungsorientierten und an dem Stablinienprinzip orientierten Gliederungsformen als Subsysteme integriert. Dadurch entsteht auch in größeren Bauunternehmen eine obere, mittlere und untere Leitungsebene.

Die formale Gliederung nach Niederlassungen und Sparten mit der Gefahr überzogenen Profit-Center-Denkens reicht allerdings nicht aus, um alle gesamtunternehmerischen Zusammenhänge ganzheitlich einzuordnen und die Existenz der einzelnen Bereiche angemessen zu fördern. So lässt sich eine Aufbauorganisation mit *Koordinationsgruppen* als neuem Typus eines Leitungsstabes entwickeln. Diese Stabsstellen haben i. Allg. informierende und beratende Funktion. Aufgrund ihrer Fachkompetenz erhalten sie jedoch häufig eine ihnen von den Linienpositionen zugesprochene Leitungsautorität, die sich aus der personalräumlichen Nähe zur Unternehmensleitung ableiten lässt. Damit treten Leitungsstäbe zwischen Unternehmensleitung und nachgeordnete Instanzen.

Koordinationsgruppen, die für übergeordnete Projekte zuständig sind, können auch als reine *Projektorganisation* agieren. Sie werden auch als *Task Force* bezeichnet. Dabei werden die Mitarbeiter für die Dauer des Projekts aus den weiterhin innerhalb der Sparte bestehenden Funktionsabteilungen vollkommen herausgelöst und in einem Projektteam zusammengefasst, wobei die bisherige disziplinarische Unterstellung erhalten bleibt. Die bisherigen Rangunterschiede der Mitarbeiter sind während der Projektdauer aufgehoben. Nach dem Projektabschluss wird den Mitarbeitern im Unternehmen wiederum ein anderes Aufgabengebiet übertragen. Der Projektleiter besitzt außerordentliche Kompetenz und die alleinige Verantwortung für das Projekt und dessen Durchführung. Alle am Projekt beteiligten Mitarbeiter werden unter seiner Leitung zu einer Projektgruppe als Subsystem zusammengefasst.

Personalstrategien und Organisationsentwicklungen rütteln in erheblichem Maße an traditionellen Unternehmensstrukturen und berühren den Führungsstil v. a. auf taktischer und strategischer Managementebene. Daher empfiehlt sich eine laufende Überprüfung der Führungskonzeption im Hinblick auf eine stärkere Eigenständigkeit der Mitarbeiter durch Zielvereinbarung, Erweiterung der Entscheidungsbefugnisse und Übertragung ganzheitlicher Aufgaben.

2.2.3.3 Zusammenfassung

Personalmanagement umfasst die Summe aller betrieblichen Maßnahmen mit der Zielsetzung, alle in einem Unternehmen anfallenden Aufgaben mit dem nach Qualifikation, Anzahl, Ort, Zeit und Motivation benötigten Personal zu verbinden. Dabei ist zu beachten, dass in der Kongruenz der Unternehmensziele und der Individualziele der Mitarbeiter die Chancen der Unternehmen liegen.

In diesem Beitrag wird zur Ausprägung des Personalmanagements in Bauunternehmen aufgrund von Interviews festgestellt, dass es sich vielfach noch auf das operative Tagesgeschäft der Personalverwaltung beschränkt. Möller (1998) schlägt stattdessen im Sinne einer Professionalisierung der Personalarbeit die Anwendung einander ergänzender *Personalentwicklungs- und Personalkapazitätsstrategien* vor. Nach der Personalentwicklungsstrategie soll der Personalbedarf durch Steuerung der Perso-nalqualität aus unternehmensinternen Mitarbeiter-potentialen gedeckt werden. Ergänzend verfolgt die Personalkapazitätsstrategie das Ziel, den Personal-bedarf und den Personalbestand zu möglichst gro-ßer dauerhafter Deckungsgleichheit zu bringen. Zum Einsatz gelangen dabei die Auslastungs-, Arbeits-zeit- und Mindestkapazitätsstrategie.

Die *Organisationsentwicklung* soll die organi-satorische Leistungsfähigkeit der Unternehmen zur Erreichung ihrer strategischen Ziele und zur Ver-besserung der Arbeitsqualität erhöhen. Bei der ver-gleichenden Darstellung der traditionellen Organi-sationsstrukturen der Unternehmen des Bauhaupt-gewerbes zeigen sich gravierende Unterschiede: Die etwa 72.700 Kleinunternehmen mit bis zu 49 Mitarbeitern sind überwiegend nach dem *Verrich-tungsprinzip* strukturiert. Die Aufbauorganisation der gut 2.100 mittelständischen Unternehmen mit 50 bis 499 Mitarbeitern ist gekennzeichnet von der gleichrangigen Anwendung des *Verrichtungs- und Objektprinzips*. Traditionelle Organisationsstruktur der 23 Großunternehmen mit 500 und mehr Mit-arbeitern ist die Verknüpfung von *Verrichtungs-, Raum-, Sparten- und Objektprinzip*.

In der Organisationsentwicklung haben die Inha-ber bzw. Geschäftsführer von *Kleinunternehmen* darauf zu achten, dass sie ihrer Anforderung als „Universalmanagergenie" gerecht werden. Für *mit-telständische Unternehmen* ist eine Linienorganisa-tion mit mittlerer Leitungsebene zu empfehlen unter Bildung zeitlich begrenzter Koordinations- oder Projektgruppen. Bei den sich ausbildenden informa-len Informationswegen zur Abkürzung der Hierar-chiewege durch das Netzwerk zwischenmensch-licher Beziehungen ist seitens der Geschäftsführung darauf zu achten, dass diese Vereinfachungen die Grundprinzipien der system-, entscheidungs- und verhaltensorientierten Unternehmensführung nicht verletzen bzw. in Frage stellen.

Für *Großunternehmen* ist eine Gliederung nach Niederlassungen und Sparten zu empfehlen und weiter nach verrichtungsorientierten und an dem Stablinienprinzip orientierten Subsystemen mit oberer, mittlerer und unterer Leitungsebene. Große Bedeutung haben auch in Großunternehmen ziel- und zweckorientierte Koordinationsgruppen von zeitlich begrenzter Dauer.

2.2.4 Managementsysteme für Qualität, Arbeitssicherheit und Umweltschutz

Die kontinuierliche Verbesserung der Prozessabläu-fe im Unternehmen und auf den Baustellen ist eine ständige Herausforderung für die Unternehmensfüh-rung. Die Qualität, mit der ein Unternehmen Leis-tungen erbringt, wird maßgeblich von den Kunden und zusätzlich von den Mitarbeitern, Nachunterneh-mern, Mitbewerbern und Behörden bestimmt.

2.2.4.1 Ziele integrierter Managementsysteme

Managementsysteme haben zum Ziel, die Prozess-abläufe im Unternehmen so zu strukturieren, dass sie die Unternehmensziele fördern, u. a. durch

- Erwirtschaften einer angemessenen Rendite,
- Erfüllen von Kundenwünschen,
- Sicherstellen von Wettbewerbsvorteilen und
- Einhalten gesetzlicher Bestimmungen.

Teilziele, die die Qualität, die Arbeitssicherheit und den Umweltschutz fördern sollen, sind v. a.

- Schutz der Mitarbeiter vor Gefahren,
- attraktive Arbeitsplätze und
- Vermeidung von schädlichen Umwelteinflüssen.

Das Einleiten von Maßnahmen zur Förderung der Unternehmensziele, die regelmäßige Kontrolle der Zielerreichung und das Realisieren von Verbesse-rungsmaßnahmen sind die wesentlichen Inhalte von Managementsystemen. Um die Wirksamkeit des Systems nach außen darstellen zu können, kann sich ein Unternehmen externen Prüfungen (Audits) unterziehen.

2.2.4.2 Regelwerke

Der Aufbau von Managementsystemen orientiert sich an Standardisierungen. Diese können den Status von Verordnungen, Normen oder Checklisten haben. Ziel dieser Standardisierungen ist es, Management-systeme über ein Zertifikat bzw. eine Teilnahmeer-klärung prüfbar und somit transparent zu machen.

Qualität
Seit 2000 gilt die aktualisierte prozessorientierte Normenreihe DIN EN ISO 9001:2008. Sie ist auf

Qualitätsmanagement (QM) und Qualitätssicherung (QS) ausgerichtet. Für das QM bedeutet dies, dass ein Unternehmen darzulegen hat, welche Regeln zur Planung, Arbeitsvorbereitung, Beschaffung und Bauausführung existieren.

Das QM-System befasst sich u. a. mit den Kunden- bzw. Lieferantenbeziehungen und ist damit wesentlicher Teil des Gesamtmanagementsystems. Die Erweiterung des Qualitätsbegriffs auf das ganze Unternehmen ist Voraussetzung für Total Quality Management (TQM). Nach DIN EN ISO 8402 bedeutet TQM umfassendes Qualitätsmanagement, d. h. die auf die Mitwirkung aller ihrer Mitglieder gestützte QM-Methode einer Organisation, die die Qualität in den Mittelpunkt stellt und über die Zufriedenheit der Kunden auf langfristigen Geschäftserfolg sowie auf Nutzen für die Mitglieder der Organisation und für die Gesellschaft zielt. In dieser Definition ist bereits der Brückenschlag zur Arbeitssicherheit und zum Umweltschutz enthalten.

Umweltschutz

Analog zur 9001er-Serie wurden für das Umweltmanagement im Jahre 1996 Teile der DIN EN ISO-14001ff verabschiedet (aktuelle Fassung DIN EN ISO 14001:2005-06). Der Schwerpunkt der ISO 14001 liegt in der Erfassung, Bewertung und Vermeidung der Umweltauswirkungen einer Organisation durch vorsorgenden Umweltschutz.

Dieses Ziel verfolgt auch die Verordnung (EWG) Nr. 1836/93, die auch EG-Öko-Audit-Verordnung oder EMAS-VO (Environmental Management Audit Scheme) genannt wird (aktuelle Fassung Verordnung (EG) Nr. 761/2001 (EMAS), 1. Ä. vom 17.03.2008). Die Verordnung EMAS-VO ist für die Bauindustrie nur bedingt anwendbar. Nach Artikel 3 der Verordnung gilt diese nur standortbezogen für stationäre Betriebe. Bauunternehmen können deshalb Umweltmanagementsysteme nach EMAS beispielsweise für ihre Fertigteilwerke oder Betonmischanlagen, nicht aber für das gesamte Unternehmen einführen. Die Teilnahme am Umweltmanagementsystem (UMS) ist zunächst freiwillig. Entscheidet sich ein Unternehmen jedoch dafür, gilt die EMAS-VO als Gesetz. Mit dem Umweltauditgesetz (UAG) vom 07.12.1995 wurde die EMAS-VO in deutsches Recht umgesetzt (aktuelle Fassung vom 19.03.2001, 1. Ä. vom 04.12.2004). Die Erweiterungsverordnung UAG-ErwV vom 03.02.1998

dehnte den Geltungsbereich auf weitere Wirtschaftsbereiche und die öffentliche Verwaltung aus. Die baugewerbliche Tätigkeit ist jedoch nach wie vor nicht erfasst.

Inhaltlich ist eine Orientierung an EMAS durchaus möglich. Nach Artikel 2k der Verordnung (EG) Nr. 761/2001 wird unter Umweltmanagementsystem der Teil des gesamten Managementsystems verstanden, der die Organisationsstruktur, Planungstätigkeiten, Verantwortlichkeiten, Verhaltensweisen, Vorgehensweisen, Verfahren und Mittel für die Festlegung, Durchführung, Verwirklichung, Überprüfung und Fortführung der Umweltpolitik betrifft. In dieser Definition zeigt sich, dass die Ansätze zum Umweltmanagement weit über die Produkte im Sinne des QM hinausgehen und eher im Sinne eines TQM zu verstehen sind, das sich auf das gesamte Unternehmen bezieht.

Für die Anpassung der gesetzlichen Vorgaben und der Normungsvorgaben wurde in der Entscheidung 97/264/EG die DIN EN ISO-14001 als geeignetes Zertifizierungsverfahren gemäß Artikel 12 der EMAS-VO anerkannt.

Bezogen auf die Abläufe im Unternehmen, erfasst das Umweltmanagement die Belange des Umweltschutzes im Wesentlichen durch eine Input-Output-Analyse in jedem Prozessschritt. Hierbei sind auf der Input-Seite v. a. Rohstoffe, Energie und Wasser zu untersuchen und deren Einsatz zu minimieren (präventiver Umweltschutz). Auf der Output-Seite sind im Sinne des nachgeschalteten Umweltschutzes die Abfälle und Abwässer optimal zu entsorgen und Immissionen aufgrund der im Prozess entstehenden Emissionen zu vermeiden.

Arbeitssicherheit und Gesundheitsschutz

Arbeitssicherheit und Gesundheitsschutz sind Elemente des Managementsystems, deren Normierung erst z.T. angestrebt wird. Standardisierungen im beschriebenen Sinn existieren bisher nicht und sind auf internationaler Ebene zunächst auch nicht vorgesehen. Vorstöße der spanischen und britischen Normungsorganisationen hatten bisher keine Auswirkungen auf die europäische Normung.

Bereits 1989 wurde die Richtlinie zur Verbesserung der Sicherheit und des Gesundheitsschutzes für Arbeitnehmer bei der Arbeit (89/391/ EWG) erlassen. Sie wurde für Deutschland durch das 1996 verabschiedete Arbeitsschutzgesetz (ArbSchG vom

07.08.1996, l.Ä. 05.02.2009, BGBl I S. 1246) in nationales Recht umgesetzt. Zusammen mit der sog. „Baustellenrichtlinie" (92/57/ EWG), die mit der Baustellenverordnung 1998 in nationales Recht umgesetzt wurde (BaustellV vom 10.06.1998, l. Ä. 23.12.2004, BGBl I S. 1283), regelt das Arbeitsschutzgesetz die Arbeitssicherheit und den Gesundheitsschutz in der Bauwirtschaft. Diese Gesetze haben für die Einrichtung eines Managementsystems jedoch nicht den Praxisbezug wie die zuvor beschriebenen Normen für Qualitäts- und Umweltmanagement.

Ausgelöst durch die Mineralölindustrie, begann in den Niederlanden die Entwicklung eines Zertifizierungssystems nach SCC (Sicherheits-Certifikat-Contractoren), das 1993 durch den dortigen Akkreditierungsrat zugelassen wurde (aktuelle Version 2006). Nach der Übertragung und Anpassung an die deutschen Verhältnisse in Form eines SCC-Fragenkatalogs fordern die deutsche Mineralöl- und die petrochemische Industrie zunehmend ein sog. „Sicherheits-, Gesundheits- und Umweltschutz-Managementsystem" (SGU-Managementsystem). Die Anforderungen sind in jenem SCC-Fragenkatalog definiert. Unternehmen, die ein SGU-Managementsystem eingeführt haben, können sich dieses von einer akkreditierten Zertifizierungsgesellschaft zertifizieren lassen.

Die SCC-Zertifizierung ist keine Konkurrenz zu den berufsgenossenschaftlichen Vorschriften. Sie soll vielmehr helfen, die Umsetzung der Vorschriften und das Prüfen der Umsetzung zu erleichtern. Unternehmen, die die Forderungen der Berufsgenossenschaften einhalten und dies dokumentieren können, erfüllen bereits wesentliche Voraussetzungen für eine Zertifizierung nach dem SCC-Fragenkatalog.

Derartige sektorale Zertifikate bergen die Gefahr in sich, dass andere Wirtschaftsbereiche, die als Auftraggeber auftreten, wiederum andere Anforderungen an ein Arbeitsschutzmanagementsystem stellen und damit die Unternehmen einem regelrechten Zertifizierungsdruck ausgesetzt werden. Dies kann zur Folge haben, dass die Anforderungen unübersichtlich werden und damit die Akzeptanz bei den Mitarbeitern infolge immer neuer Regeln sinkt.

2.2.4.3 Gemeinsamkeiten und Integrationsansätze

Die Standardisierungen von Managementsystemen orientieren sich an Elementen, die in den Bereichen Qualität, Umweltschutz und Arbeitssicherheit Gemeinsamkeiten aufweisen. Bei der Einführung eines Systems sind die Forderungen der Normen zu beachten. Es hat sich aber als allein praktikabel erwiesen, diese den im Unternehmen tatsächlich ablaufenden Prozessen anzupassen (Follmann, 2000).

Das Einrichten eines Managementsystems erfordert i. Allg. folgende Schritte:

– Festlegen einer Unternehmenspolitik durch die Geschäftsführung,
– Auswahl der wesentlichen Abläufe im Unternehmen,
– Vereinbaren von Regeln für die wesentlichen Abläufe,
– Dokumentieren der Regeln in einem Organisationshandbuch im Intranet,
– Schulen der Mitarbeiter,
– Prüfen der Wirksamkeit der Regeln und ggf. Einleiten von Korrekturmaßnahmen,
– Bericht an die Geschäftsführung und ggf. an die Öffentlichkeit.

Wegen des vergleichbaren Aufbaus der Regelwerke für Qualität, Arbeitssicherheit und Umweltschutz ist das Erfüllen ihrer Anforderungen mit Hilfe eines integrierten Managementsystems möglich. Darüber hinaus haben viele Zertifizierungsgesellschaften Auditoren bzw. Gutachter für die unterschiedlichen Teilbereiche, so dass eine Kombination von Zertifizierungen durchaus möglich ist.

Um die Akzeptanz der Mitarbeiter für die verschiedenen Zertifikate zu gewinnen, ist eine sensible Vorgehensweise zu empfehlen. Ohne eine Mitarbeiterbeteiligung ist das erfolgreiche Übersetzen der Norm in die Unternehmensabläufe nicht möglich. Um die Zertifizierung zu erleichtern, empfiehlt sich eine Zuordnung der Prozesse bzw. der Kapitel des Managementhandbuches zu den Elementen der Normen, wie es beispielhaft in *Tabelle 2.2-5* für einige Prozesse dargestellt ist.

Tabelle 2.2-5 Synopse von Prozessen und Managementelementen (Auszug)

Kap.	Prozess / Element	Name des Elements nach DIN EN ISO 9001:2008	Kapitel 9001	Name des Elements nach DIN EN ISO 14001	Kapitel 1400 Teil 1	Inhalte des SCC Fragenkatalogs	SCC-Ziffer
1	Grundsatzerklärung und Aufgaben der Geschäftsleitung	Qualitätspolitik	5.3	Umweltpolitik	4.2	Grundsatzerklärung	1.1
		Verantwortung der Leitung	5	Ressourcen, Aufgaben, Verantwortlichkeit und Befugnis	4.4.1	Engagement des oberen und mittleren Managements	1.3
				Zielsetzungen, Einzelziele und Programm (e)	4.3.3	Aktionsplan	1.5
2	Organisation des Managementsystems	Verantwortung und Befugnis	5.5.1	Ressourcen, Aufgaben, Verantwortlichkeit und Befugnis	4.4.1	SGU-Struktur und Organisation	1.2
		Planung des Qualitätsmanagementsystems	5.4.2	Allgemeine Anforderungen Dokumentation Ablauflenkung	4.1 4.4.4 4.4.6	Arbeitsschutzausschuss mit regelmäßigen Sitzungen	5.1
3	Akquisition und Vertragsprüfung	Ermittlung der Anforderungen in Bezug auf das Produkt	7.2.1	Ablauflenkung	4.4.6		
4	Planungsleistungen	Entwicklung	7.3	Ablauflenkung	4.4.6	Projektpläne mit speziellen SGU-Forderungen und Vereinbarungen	6.2
5	Beschaffung von Material und Fremdleistungen	Beschaffung	7.4	Ablauflenkung	4.4.6	Einkauf und Prüfung der Materialien, Geräte und Leistungen	9.
		Kennzeichnung und Rückverfolgbarkeit	7.5.3				
8	Arbeitsvorbereitung und Projektleitung	Planung der Produktrealisierung	7.1	Ablauflenkung (umweltgerechte Produktionsprozesse)	4.4.6	Gefährdungsermittlung und -bewertung Personalauswahl	2. 3.
12	Logistik, Wartung und Reparatur	Lenkung der Produktion und der Dienstleistungen	7.5.1	Ablauflenkung	4.4.6	Einkauf und Prüfung der Materialien, Geräte und Leistungen	9.
15	Schulung, Motivation, Kommunikation	Kompetenz, Schulung und Bewusstsein	6.2.2	Fähigkeit, Schulung und Bewusstsein	4.4.2	Information und Ausbildung	3.1 3.2 4.
16	Leistungen nach der Abnahme (durch den AG)	Kundenzufriedenheit	8.2.1				

2.2.4.4 Einführung prozessorientierter Managementsysteme

Managementsysteme sollen sich an den betrieblichen Erfordernissen orientieren. Für ein Unternehmen ist eine *prozessorientierte Vorgehensweise* sinnvoll. Prozesse sind abteilungsübergreifende Abläufe, die einen wesentlichen Beitrag zum Erreichen der Unternehmensziele leisten. Sie lassen sich mit Hilfe von Regeln beschreiben. Das alleinige Beschreiben der Ablauforganisation in einem Organisationshandbuch ergibt allerdings noch kein Managementsystem. Erst wenn alle Prozesse auf die Unternehmensziele ausgerichtet sind, kann von einem Managementsystem gesprochen werden.

Die Festlegung, was als eigenständiger Prozess gilt, ist subjektiv und von den Unternehmenszielen abhängig. Bauunternehmen, die für öffentliche Auftraggeber arbeiten, werden z.B. dem Marketing und auch der Beratung vor Auftragserteilung nur geringe Aufmerksamkeit schenken. In Bauunternehmen, die hauptsächlich für Kunden aus der Industrie tätig sind, haben dagegen beide Prozesse große Bedeutung.

Grundlage eines prozessorientierten Managementsystems ist der Gedanke, dass *standardisierte Prozesse* zu wiederholbaren Ergebnissen führen. Wenn es gelingt, Ziele und Regeln von erfahrenen Mitarbeitern für die wichtigen Prozesse transparent zu machen und sie verbindlich im Unternehmen einzuführen, ist die Grundlage für eine Leistungssteigerung des gesamten Unternehmens geschaffen.

Die *Kundenorientierung* ist ein weiterer bedeutender Grundsatz in der Theorie prozessorientierter Managementsysteme. Jeder Prozess hat einen Lieferanten und einen Kunden. Der Lieferant erzeugt eine Leistung, die ein Kunde für seine Arbeit benötigt. Der Begriff „Kunde" wird allerdings um eine innerbetriebliche Dimension erweitert: Kunden sind nicht nur externe, sondern auch interne Abnehmer von Prozessleistungen. In einem prozessorientierten Managementsystem betrachtet jeder den Mitarbeiter, der die Arbeitsergebnisse für den folgenden Prozessschritt benötigt, als seinen Kunden, den er zufriedenzustellen hat mit allen relevanten Parametern, der richtigen Materie und Information zum richtigen Zeitpunkt in der gewünschten Qualität.

Es gibt mehrere Möglichkeiten, relevante Prozesse für den Aufbau des Managementsystems im eigenen Bauunternehmen auszusuchen. Die Normen zum Qualitätsmanagement (DIN EN ISO 9001:2008) und Umweltmanagement (DIN EN ISO 14001ff) enthalten Elemente, die von vielen Bauunternehmen zum Aufbau ihrer Managementsysteme genutzt werden. Nachteilig an dieser elementbezogenen Vorgehensweise sind allerdings die Bezeichnungen, die durch diese Normenreihen für die Prozesse eingeführt werden. Designlenkung, Prozesslenkung, interne Audits und Verantwortung der Leitung sind Begriffe, mit denen sich viele Mitarbeiter nicht identifizieren können. Jedes Bauunternehmen hat jedoch die Möglichkeit, eigene Bezeichnungen für diese Prozesse zu verwenden.

Alternativ können Prozesse mit Hilfe der Unternehmensziele ausgesucht und gewichtet werden. Ein Prozess ist umso bedeutender für ein Unternehmen, je mehr er zum Erreichen der Unternehmensziele beiträgt. Ausgehend von dieser Definition, lassen sich die wichtigen Prozesse im Unternehmen identifizieren, indem die Geschäftsleitung den Beitrag jedes einzelnen Prozesses zur Verwirklichung der Unternehmensziele analysiert. Um diese Analyse zu erleichtern, wird ein prozessorientiertes Modell eines Bauunternehmens vorgestellt (*Abb. 2.2-17*).

Prozesse in Bauunternehmen gliedern sich in Kern- und Dienstleistungsprozesse. *Kernprozesse* sind einerseits auf externe Kunden (Bauherren oder potenzielle Auftraggeber), andererseits auf interne Kunden, das sind die Abnehmer der Prozessergebnisse, ausgerichtet. *Dienstleistungsprozesse* stehen wiederum im Kundenverhältnis zu den Kernprozessen, d.h., Dienstleistungsprozesse dienen im Sinne von Kundenaufträgen den Kernprozessen. Die Dienstleistungsprozesse gewährleisten damit die Funktionsfähigkeit der Kernprozesse und haben ausschließlich interne Stellen als Kunden. Für die Steuerung der Kern- und Dienstleistungsprozesse ist ein Zielfindungs- und Umsetzungsprozess notwendig. Innerhalb dieses Prozesses wird die strategische Bauunternehmensplanung vorgenommen.

Ein Bauunternehmen im Hochbau besitzt z.B. fünf Kernprozesse mit direktem Kundenkontakt:

- *Marketing*: Ankündigung und Anbieten von Dienstleistungen und Produkten des Bauunternehmens potentiellen Kunden gegenüber,
- *Beratung*: Beratung von Kunden mit dem Ziel der Akquisition und Spezifikation von Kundenwünschen,

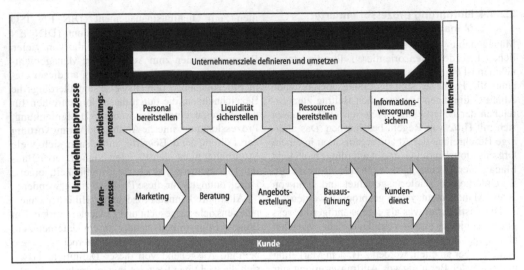

Abb. 2.2-17 Prozessorientiertes Modell eines Bauunternehmens (nach Gaitanides u. a., 1994)

– *Angebotserstellung*: Abgabe eines kundenspezifischen Angebots und Darstellen des Kundennutzens,
– *Bauausführung*: Bauwerkserstellung in der vom Kunden gewünschten Qualität,
– *Kundendienst*: laufende Kundenbetreuung und Mängelbeseitigung während und nach der Gewährleistungsfrist.

Die Dienstleistungsprozesse versorgen die Kernprozesse mit den vier Produktionsfaktoren Personal, Information, Betriebs- und Finanzmittel. Zu den Dienstleistungsprozessen gehören

– *Personalbereitstellung*: Bereitstellen von Mitarbeitern durch Personalmanagement (s. Abschn. 2.2.3),
– *Liquiditätssicherung*: Sicherung der Zahlungsfähigkeit des Unternehmens (s. Abschn. 2.1.8),
– *Ressourcenbereitstellung*: Bereitstellen von Betriebsmitteln, Werkstoffen und Fremdleistungen durch das Beschaffungsmanagement,
– *Informationsversorgung*: Aufbau und Pflege von Informations- und Kommunikationssystemen.

Je nach Bedarf können Prozesse in Teilprozesse gegliedert werden. Der Prozess „Bauausführung" kann z. B. in Bauvorbereitung, Bauproduktion sowie Prüfungen und Abnahmen aufgeteilt werden. Beim

Prozess „Ressourcen bereitstellen" lassen sich die Teilprozesse Einkauf, Vergabe von Fremdleistungen und Logistik bilden. Bei diesem Modell werden Qualität, Arbeitssicherheit und Umweltschutz nicht additiv als eigenständige Prozesse erfasst, sondern als Leitlinie in alle Prozesse integriert.

2.2.4.5 Ökonomie von Managementsystemen

Die Wirtschaftlichkeit von Managementsystemen ist nur schwer zu ermitteln, weil den Kosten nur selten ein quantifizierbarer und den Maßnahmen direkt zurechenbarer Nutzen gegenübergestellt werden kann.

Wirtschaftlichkeit
Managementsysteme sind v. a. dann einzuführen, wenn ihr Nutzen die mit der Einführung entstehenden Kosten übersteigt. In *Tabelle 2.2-6* werden einige Nutzen- und Kostenfaktoren von Managementsystemen aufgeführt. Zur Quantifizierung der Wirtschaftlichkeit ist ein betriebliches Informationssystem aufzubauen, in dem die relevanten Daten erfasst werden. Mit fortschreitender gesetzlicher Entwicklung werden den Unternehmen ohnehin Informationen abverlangt, die auch innerbetrieblich von Nutzen sein können (z. B. Abfallbilanzen). Diese betrieblichen Informationen sind von besonderer Bedeutung

Tabelle 2.2-6 Nutzen und Kosten eines integrierten Managementsystems

Voraussichtlicher Nutzen	Voraussichtliche Kosten
• Sicherung der Wettbewerbsfähigkeit	• Aufbau des Systems
• Verbesserung der Produktionabläufe	• Beratungsleistungen
• Schonung der Umwelt	• Investitionen in Umstrukturierung
• Vermeidung von Unfällen	• Personalweiterbildung
• Vermeidung von Gesundheitsrisiken	• Auditierung
• Verringerung von Entsorgungkosten	• Systempflege und -prüfung
• Vermeidung von Gewährleistungsansprüchen	
• behördliche Deregulierung	
• Verringerung von Versicherungsprämien	

– als Grundlage für die Definition von Prozesszielen,
– für die Überprüfung der Wirksamkeit von Maßnahmen,
– für die Bewertung des Nutzens eines Managementsystems und
– für den Vergleich mit anderen Unternehmen durch Benchmarking.

Ziel ist eine kontinuierliche Optimierung der Unternehmensprozesse.

Wettbewerbsfähigkeit

Neben der Wirtschaftlichkeit ist die Wettbewerbsfähigkeit ein weiterer ökonomischer Gesichtspunkt von Managementsystemen. Während die Wirtschaftlichkeit eine weitgehend berechenbare Größe ist, die den unternehmensinternen Prozessen zugeordnet werden kann, wird der Aspekt der Wettbewerbsfähigkeit von der strategischen Unternehmensführung aufgegriffen. Hier wird über Maßnahmen entschieden, die langfristige Entwicklungen bei Mitbewerbern und besondere Wünsche bei Kunden berücksichtigen, ohne kurzfristig kostendeckend sein zu müssen.

Der Nutzen von Managementsystemen ist schwierig zu prognostizieren – ähnlich dem ständigen Installieren und Kontrollieren von Absturzsicherungen. Sie verhindern zwar Unfälle, aber inwieweit sich dies kostensparend auswirkt, ist nicht exakt quantifizierbar. Eine fehlende Absturzsicherung führt nicht zwangsläufig zu Unfällen. Die Folgen eines eingetretenen Unfalls haben jedoch nicht nur Kostenauswirkungen. Unfälle zeugen von mangelhafter sozialer Mitarbeiterverantwortung und lösen damit auch Imageschäden für das Unternehmen aus.

2.2.4.6 Zusammenfassung

Die Zunahme von Aufgaben, die durch *zertifizierbare Managementsysteme* in den Unternehmen anfallen, darf nicht dazu führen, dass sich Unmut und Resignation breitmachen. Vielmehr ist darauf hinzuarbeiten, neue Anforderungen, die der Zielerreichung des Unternehmens dienen, den Mitarbeitern in geeigneter Form zu übermitteln und somit gleichzeitig Innovationen und die Wettbewerbsfähigkeit zu fördern. Die z. Z. aktuellen Anforderungen aus *Qualitätssicherung, Arbeitssicherheit* und *Umweltschutz* können v. a. dann intelligent erfüllt werden, wenn man sie gemeinsam in die Prozesse des Unternehmens integriert.

2.2.5 Controlling

Obwohl der Begriff „Controlling" seit etwa 1970 auch im deutschsprachigen Raum verbreitet ist, erzeugt er bei vielen Mitarbeitern in den Unternehmen immer noch Missverständnisse. Controlling bedeutet nicht „Kontrolle". Es handelt sich nach Horváth (2004) vielmehr um die *wirtschaftlich zielgerichtete Beherrschung, Lenkung, Steuerung und Regelung von Prozessen* innerhalb eines Unternehmens. Damit ist Controlling Managementaufgabe. Jede Führungskraft eines Unternehmens übt Teilfunktionen des Controllings aus.

Wichtiges Ziel jedes Unternehmens ist es, seine Existenz und damit die Existenz aller am Unternehmen Beteiligten dauerhaft zu sichern. Dazu muss es zumindest mittel- und langfristig Gewinne erzielen. Um dieses Ziel zu erreichen, müssen zu Controllingzwecken zahlreiche Informationen systematisch gesammelt, ausgewertet, verdichtet und den Führungskräften des Unternehmens in der für sie jeweils geeigneten Form fristgerecht zur Verfügung gestellt werden. Die Informationssammlung und Auswertung ist i.d.R. Aufgabe des unternehmensinternen Berichtswesens. Das Controlling hat für das zur Prozesssteuerung erforderliche Informations- und Kommunikationssystem nach Art, Inhalt, Umfang, Periodizität, Vernetzung und Wirkungsmechanismen bei Soll/Ist-Abweichungen zu sorgen.

2.2.5.1 Merkmale von Controllingsystemen und -konzepten

Controlling ist als *Führungskonzept* für eine erfolgreiche Unternehmenssteuerung und nachhaltige Existenzsicherung zu verstehen. Ein Controller wird daher stets darauf drängen, dass

– die Unternehmensziele explizit und messbar formuliert vorliegen,
– für alle Bereiche im Unternehmen anhand der angestrebten Ziele Handlungsalternativen entwickelt und ausgewählt sowie deren erwartete Ergebnisse geplant werden,
– im laufenden Betrieb überwacht wird, ob die Planungen tatsächlich eingehalten werden, und
– im Abweichungsfall Maßnahmen ergriffen werden, um entweder gegenzusteuern oder zu neuen realistischen Planwerten zu gelangen.

Bei dezentraler Unternehmensführung mit umfassender Kompetenz der Führungskräfte übernehmen diese zunehmend die Verantwortung dafür, dass systematisch geplant und ein Controllingsystem im Sinne des Regelkreises gemäß *Abb. 2.1-33* (in Abschn. 2.1) realisiert wird. Die Controller haben dann die Verantwortung dafür zu übernehmen, dass diese Verpflichtung auch erfüllt wird. In diesem Fall sind auch in Großunternehmen nur wenige Controllerstellen erforderlich.

Controlling muss sicherstellen, dass

– die Organisation zu der Strategie des Unternehmens passt (structure follows strategy),
– das Personalführungssystem der Organisation entspricht (Zelte statt Burgen zur Veranschaulichung der häufigen Veränderung der Aufbauorganisation) und
– das Informationssystem auf die Organisation ausgerichtet ist.

Ein vollständiges Controllinginformationssystem umfasst sämtliche Unternehmensbereiche:

– die Auftragsbeschaffung (s. *Abschn. 2.1.5.1*),
– die Kosten-, Leistungs- und Ergebnisrechnung während der Auftragsabwicklung (Baustellencontrolling; s. *Abschn. 2.1.5.3* und *2.2.5.3*),
– die Beschaffung und Investition (s. *Abschn. 2.1.7*) sowie
– die Finanzierung und Liquiditätssicherung (s. *Abschn. 2.1.8*).

Von Führungskräften und Controllern wird engpass-, ziel-, nutzen- und zukunftsorientiertes Denken und Handeln erwartet. Diese müssen sich erstrecken auf

– strategische Wachstums- und operative Erfolgsengpässe,
– die Zielvereinbarung, -steuerung und -erfüllung im Sinne eines biokybernetisch arbeitenden Regelkreises zur Gewinn-, Liquiditäts- und langfristigen Existenzsicherung des Unternehmens,
– das markt- und kundenorientierte Kommunizieren zur Nutzenstiftung aller Unternehmensaktivitäten und
– die strategischen, taktischen und operativen Aktivitäten und Maßnahmen mit Sensoren für Früherkennungssignale, um rechtzeitig Anpassungsprozesse einleiten zu können (Malkwitz 1995).

2.2.5.2 Controlling in der Bauwirtschaft

Die betriebswirtschaftlichen Ausschüsse des Hauptverbands der Deutschen Bauindustrie und des Zentralverbands des Deutschen Baugewerbes haben frühzeitig die Bedeutung des Controlling für die Bauwirtschaft erkannt und bereits 1978 in 1. Auflage und 2001 in 7. Auflage die KLR Bau Kosten- und Leistungsrechnung der Bauunternehmen veröffentlicht (HVBi und ZDB 1978 und 2001). Inhalte der einzelnen Teile sind

A Grundzüge der baubetrieblichen Kosten- und Leistungsrechnung,
B Bauauftragsrechnung,
C Baubetriebsrechnung,
D Soll/Ist-Vergleichsrechnung,
E Kennzahlenrechnung,
F Beitrag der KLR zur Planungsrechnung.

Damit liegt seit über 30 Jahren ein geschlossenes Grundlagenwerk vor, das die Philosophie und die Methoden des Baustellencontrollings in allgemeiner Form und anhand von Beispielen erläutert.

Die Darstellung der Struktur und der Gliederung des Baukontenrahmens '87, der die Anforderungen aus dem 1987 in Kraft getretenen Bilanzrichtliniengesetz und der damit erfolgten Neufassung des HGB berücksichtigt, erlaubt es, der KLR Bau auch die notwendigen Strukturen für das Unternehmenscontrolling und die dabei vorrangig interessierende Verdichtung nach Ergebnisarten zu entnehmen.

In der Praxis sind jedoch nach wie vor erhebliche Defizite in der konsequenten Durchführung sowohl des Baustellen- als auch des Unternehmenscontrollings festzustellen. Dies gilt nicht nur für kleine und mittlere Unternehmen, sondern leider auch immer wieder für Großunternehmen.

2.2.5.3 Baustellencontrolling

Das Baustellencontrolling umfasst die monatliche Berichterstattung über Kosten, Leistungen und Ergebnisse jeder einzelnen Baustelle (*s. Tabelle 2.1-14* bzw. KLR Bau 2001, S. 101).

Verantwortlich für die Berichterstattung ist sowohl in kleinen, mittleren als auch Großunternehmen der jeweilige verantwortliche Bauleiter. Ihm obliegt v. a. die Leistungsermittlung bzw. -abschätzung für den Berichtsmonat sowie die Abstimmung der Kosten im Berichtsmonat mit der Buchhaltung.

Dies gilt insbesondere für die Kostenarten Löhne, Stoffe, Geräte und Nachunternehmer- bzw. Fremdleistungen sowie die zu verrechnenden Allgemeinen Geschäftskosten.

In tabellarischen und grafischen Auswertungen sind dann jeweils die Leistungen, Kosten und Ergebnisse darzustellen

– von Baubeginn bis Vormonat,
– von Beginn des Geschäftsjahres bis Vormonat,
– im Berichtsmonat,
– von Baubeginn bis Stichtag und
– von Beginn des Geschäftsjahres bis Stichtag.

Ferner ist seitens des Bauleiters bereits bei Baubeginn eine Prognose für die Entwicklung von Kosten, Leistungen und Ergebnissen bis zum Auftragsende anzugeben, um daran die jeweiligen monatlichen Meldungen messen zu können. Den Verlauf einer typischen qualitativen Ergebnissummenkurve für einen Gewinnauftrag zeigt *Abb. 2.2-18.*

Anhand der monatlichen Berichte ist dann zu prüfen, ob und inwieweit dieser Ergebnisverlauf erreicht wird. Bei Abweichungen nach unten sind Anpassungsmaßnahmen zur Ergebnisverbesserung durch Kostensenkung und Leistungserhöhung, ggf. auch durch Nutzung von Nachtragspotentialen aus Leistungsänderungen, Zusatzleistungen und Leistungsstörungen, einzuleiten. Bei wesentlichen Abweichungen nach oben ist zu prüfen, ob und inwieweit zu optimistische Leistungseinschätzungen vorliegen und ob die angefallenen Kosten vollstän-

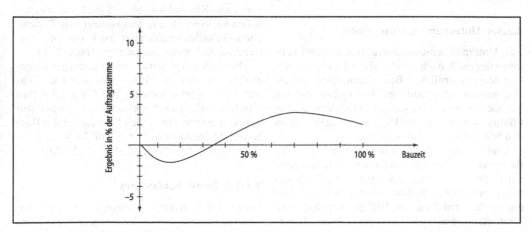

Abb. 2.2-18 Ergebnissummenkurve eines Gewinnauftrags

dig erfasst wurden. Dabei ist jedoch auch zu beachten, dass ein Oszillieren der Ist-Ergebnissummenkurve um die Sollkurve systemimmanent und normal ist und nur bei sich öffnender Schere die „rote Lampe" zu setzen ist.

Seitens der Oberbauleiter sind die Kosten-, Leistungs- und Ergebnisrechnungen aller von ihnen betreuten Baustellen zusammenzufassen, ggf. sortiert nach Regionen und Sparten, auszuwerten und im Hinblick auf Risikopotentiale sowie ggf. erforderliche Maßnahmen zu prüfen und an die Niederlassungsleiter zu übermitteln.

Die Niederlassungsleiter wiederum fassen die Berichte der Oberbauleiter zusammen, werten diese aus, leiten die erforderlichen Anpassungsmaßnahmen in Abstimmung mit den Oberbauleitern ein und übermitteln der Hauptverwaltung diese zusammengefassten Ergebnisse mit einem Erläuterungsbericht.

Mit einer entsprechenden Organisation des Berichtswesens ist sicherzustellen, dass die Baustellenberichte der Bauleiter bis zum 5. des Folgemonats, der Oberbauleiter bis zum 10. des Folgemonats und der Niederlassungsleiter bis zum 15. des Folgemonats vorliegen.

Sofern jede Baustelle durch ein entsprechendes EDV-Netzwerk mit der Niederlassung und jede Niederlassung wiederum mit der Hauptverwaltung verbunden ist, ist es der Geschäftsführung bzw. dem Vorstand möglich, die jeweils verdichteten Ergebnisse in beliebiger Gliederungstiefe jeweils tagesaktuell nachzuvollziehen.

2.2.5.4 Unternehmenscontrolling

Das Unternehmenscontrolling von Bauunternehmen stützt sich maßgeblich auf die Ergebnisse des Baustellencontrollings. Bei wesentlichen Abweichungen zwischen Soll- und Ist-Ergebnissen sind die notwendigen Anpassungsmaßnahmen mit den Führungskräften in der Hauptverwaltung und in den Niederlassungen abzustimmen.

Darüber hinaus hat die Unternehmensleitung dafür zu sorgen, dass die unternehmensinternen Kostenstellen ein dem Baustellencontrolling vergleichbares monatliches Berichtswesen anwenden. Dies gilt für die Verwaltung, die Hilfsbetriebe (Magazin, Werkstätten, Fuhrpark, Gerätepark, Lade-, Biege- und Schalungsbetrieb) sowie für Verrechnungskos-

tenstellen, die z. B. für Schalung und Rüstung, Geräte, Kleingeräte und Werkzeuge gebildet werden können. Außerdem hat die Unternehmensleitung darüber zu wachen, dass die von ihr aufgestellten Wirtschaftspläne für die verschiedenen Bereiche (z. B. Investitionen, Finanzierung, Personalmanagement, strategische Maßnahmen zur Geschäftsfeldentwicklung, Marketing, Akquisition, Forschung und Entwicklung sowie Kooperation und Fusion) eingehalten bzw. aufgrund von in der Vergangenheit noch nicht vorhersehbaren Einflüssen angepasst werden.

Eine täglich wahrzunehmende Aufgabe des Unternehmenscontrolling ist die Liquiditätsplanung und -sicherung (vgl. *Abschn. 2.1.8*).

Zur Steuerung des Gesamtunternehmens benötigt die Unternehmensleitung v. a. zusammengefasste Informationen über die Kapazitätsauslastung und das Ergebnis in den einzelnen Niederlassungen bzw. Sparten sowie über die Finanzsituation des Unternehmens. Termühlen (1982) und Malkwitz (1995) u. a. haben für die Bauwirtschaft gezeigt, dass mit einer Ergebnisrechnung sowie einer Finanz- bzw. Liquiditätsrechnung alle wesentlichen Führungsdaten für die Ergebnissteuerung des Gesamtunternehmens gewonnen werden können.

Oft werden die benötigten Führungsdaten anhand von Kennzahlensystemen dargestellt (Malkwitz 1995). Die ständig wiederkehrende Form der Information ermöglicht es, frühere, gegenwärtige und künftige Daten miteinander zu vergleichen. Außerdem erkennen die Führungskräfte mit einem ihnen vertrauten Kennzahlensystem schnell die wesentlichen Sachverhalte aus dem vorliegenden Bericht. Diese Tatsache beschleunigt die Umsetzung notwendiger Steuerungsmaßnahmen (*Abb. 2.2-19*).

Die Bedeutung betriebswirtschaftlicher Kennzahlen als wichtiges Instrument der Unternehmensführung wird auch im Teil E der KLR Bau (2001, S. 108 ff) ausdrücklich hervorgehoben und durch Erläuterungen zu den Kennzahlen der Baubetriebsrechnung sowie der Soll/Ist-Vergleichsrechnung unterstrichen (vgl. *Abschn. 2.1.5.6*).

2.2.5.5 Zusammenfassung

Controlling bedeutet *wirtschaftlich zielgerichtete Beherrschung, Lenkung, Steuerung und Regelung von Prozessen* innerhalb eines Unternehmens. Für

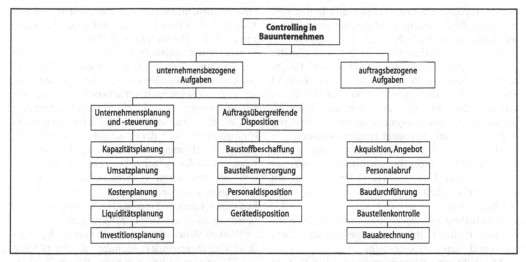

Abb. 2.2-19 Unternehmensgebundene und auftragsgebundene Aufgaben der Planung und Kontrolle im Bauunternehmen

die Bauwirtschaft ist festzustellen, dass sowohl bei kleinen und mittleren als auch bei Großunternehmen hohe Defizite in der systematischen Wahrnehmung von Controllingaufgaben bestehen, obwohl die 1. Auflage der KLR Bau bereits 1978 erschienen ist (7. Aufl. 2001).

Jeder Bauleiter ist zu verpflichten, für seine Baustellen monatliche Kosten-, Leistungs- und Ergebnisberichte bis zum 5. des Folgemonats vorzulegen und dabei die Istzahlen an den am Baubeginn zu prognostizierenden Summenkurven für Kosten, Leistungen und Ergebnisse bis zum Bauende zu messen und bei wesentlichen Abweichungen geeignete Anpassungsmaßnahmen vorzuschlagen. Die Oberbauleiter, Sparten- und Niederlassungsleiter sind zu verpflichten, die dazu notwendige Unterstützung zu bieten und die verdichteten Ergebnisse mit ihrer Kommentierung jeweils bis zum 10. bzw. 15. des Folgemonats an die Geschäftsführung bzw. Hauptverwaltung weiterzuleiten.

Die Geschäftsführung wiederum ist verpflichtet, die verdichteten Baustellenberichte in ein ganzheitliches Unternehmenscontrolling einzubeziehen und dafür zu sorgen, dass darin auch das Berichtswesen aus den Verwaltungs-, Hilfsbetriebs- und Verrechnungskostenstellen eingebunden wird. Ferner sind die Wirtschaftspläne für die unternehmensübergreifenden Aktivitäten regelmä-

ßig zu überprüfen und ggf. aufgrund von in der Vergangenheit nicht vorhersehbaren Ereignissen anzupassen.

Wichtigste Daueraufgabe im Rahmen des Unternehmenscontrollings ist die Sicherung der Liquidität, um stets die laufenden Zahlungsverpflichtungen erfüllen zu können. Eine Missachtung dieser unternehmerischen Verpflichtung kann rasch zur Existenzbedrohung bis hin zur Insolvenz führen.

2.2.6 Risikomanagement

Durch Erweiterung des § 91 AktG durch einen neuen Abs. 2 wurde mit Wirkung vom 01.05.1998 ein „Gesetz zur Kontrolle und Transparenz im Unternehmensbereich" (KonTraG) geschaffen. § 91 AktG lautet nunmehr:

„§ 91. Organisation; Buchführung
(1) Der Vorstand hat dafür zu sorgen, dass die erforderlichen Handelsbücher geführt werden.
(2) Der Vorstand hat geeignete Maßnahmen zu treffen, insbesondere ein Überwachungssystem einzurichten, damit den Fortbestand der Gesellschaft gefährdende Entwicklungen früh erkannt werden."

Damit werden nicht nur Aktiengesellschaften verpflichtet, Risikomanagementsysteme einzuführen im Sinne von Risikofrüherkennungssystemen.

Weder der Wortlaut des Gesetzes noch die Begründung geben Aufschluss darüber, wie die geforderten Risiko-Erkennungsmaßnahmen konkret auszugestalten sind. Lück (1998) schlägt daher vor, das Risikomanagementsystem aus einem internen Überwachungssystem, einem Controlling und einem Frühwarnsystem zusammenzusetzen.

Das Interne Überwachungssystem soll aus organisatorischen Sicherungsmaßnahmen, internen Kontrollen und der internen Revision bestehen, um die Zuverlässigkeit der betrieblichen Prozesse zu gewährleisten.

Controlling soll die zielorientierte Koordination von Planung, Informationsversorgung, Kontrolle und Steuerung umfassen.

Mit Hilfe von Frühwarnsystemen sollen Risiken so rechtzeitig erkannt werden, dass Reaktionen des Unternehmens zur Abwehr der Risiken möglich sind. Die Frühwarnsysteme sollen daher neben der Erkennung von Risiken auch geeignete Maßnahmen zur Risikobewältigung bereitstellen.

In gut geführten Bauunternehmen werden die Anforderungen des neu eingeführten § 91 Abs.2 AktG seit langem erfüllt, u. a. durch

- monatliche Kosten-, Leistungs- und Ergebnisrechnung (KLER)
- 12-monatige Ergebnisvorausschau
- Bonitätsprüfung der Auftraggeber
- Prüfung der Fachkunde, Erfahrung, Leistungsfähigkeit und Zuverlässigkeit der Nachunternehmer (FELZ)
- Vertragsprüfung unter Hinziehung von Fachanwälten für Baurecht
- Vorgabe von Vergabegrenzwerten auf der Basis von Arbeitskalkulationen
- monatliche Überprüfung der Terminpläne sämtlicher Baustellen mit Soll-/Ist-Vergleich, Abweichungsanalyse und ggf. Einleitung von Anpassungsmaßnahmen.
- Debitoren- und Kreditorenüberwachung.

Allerdings wird dem Druck von Auftraggeberseite, klassische Auftraggeberrisiken zu übernehmen, von den Bauunternehmen zunehmend nachgegeben. Die Begründung dafür ist einerseits in einer gezielten Erweiterung des *Dienstleistungsangebots* der Bau-

unternehmen, andererseits aber in einer verstärkten *Konkurrenzsituation* zu sehen, wenn sich die Nachfrage auf dem Bausektor abschwächt.

Der Generalunternehmer (GU) – und mehr noch der Totalunternehmer (TU) – ist für die Planung, Steuerung und Ausführung der übertragenen Pauschalvertragsleistungen verantwortlich. Bauunternehmen wagen sich dabei in Leistungsbereiche vor, die nicht zu ihrem originären Leistungsspektrum gehören und in denen sie daher nur auf wenige eigene Erfahrungen zurückgreifen können. Die Komplexität der Aufgaben birgt erhebliche Risiken und erfordert deren systematische Analyse vor Vertragsunterzeichnung. Viele Unternehmen haben dies erkannt und mit der Einführung von *Risikomanagementsystemen* (RMS) reagiert.

Risiken stehen stets auch Chancen (z. B. mögliche Vergabegewinne) gegenüber, die der GU und der TU zu verwirklichen suchen (Busch, 2003, S. 54).

Aufgabe des Risikomanagements (RM) ist es, die Effizienz der Aufbau- und Ablauforganisation zu durchleuchten und auf etwaige Defizite hin zu untersuchen. Eine projekt- bzw. auftragsspezifische Risikobegrenzung verlangt Methoden, die eine rechtzeitige Erkennung und Vermeidung drohender bzw. eine Behandlung aufgetretener Risiken ermöglicht. Da zwischen dem Qualitätsmanagement (QM) und dem Risikomanagement (RM) enge Verzahnungen bestehen, empfiehlt sich eine integrative Implementierung.

2.2.6.1 Wissenschaftliche Ansätze

Die wissenschaftliche Auseinandersetzung mit Risiken im Bauwesen geschah bisher eher sporadisch. Dabei ist schon eine klare Definition und Abgrenzung des Begriffs „Risiko" nicht einfach. Für die Problemstellungen des Baugewerbes definiert Schubert (1983) das Risiko allgemein „…als die Gefahr, dass… eine wirtschaftliche Tätigkeit misslingt oder zumindest nicht den erwarteten Erfolg bringt".

Im Fall des Eintritts hat ein Risiko negative Folgen. Positive Folgen ergeben sich dagegen aus dem Eintritt von Chancen. Auch sie sind von einem Risikomanagementsystem (RMS) zu berücksichtigen. Mit Hilfe des RMS sind einerseits Risiken rechtzeitig zu entdecken, zu verfolgen und möglichst

Tabelle 2.2-7 Unternehmensinterne und projektbezogene Risiken

Unternehmensinterne Risiken	Projektbezogene Risiken
• Management	• technische Risiken
• Aufbauorganisation	• wirtschaftliche Risiken
• Ablauforganisation	• rechtliche Risiken
• Personal	• Auftraggeberrisiken
• Betriebsmittel	• Witterungsrisiken
• Informations- und Kommunikationssystem	
• Liquidität	

abzuwehren, andererseits aber auch Wege zur rechtzeitigen Identifikation und Verwirklichung von Chancen aufzuzeigen.

Die bisher detaillierteste Klassifizierung von Risiken für das Bauwesen unternahm Derks (1997, S. 4–40ff). Er unterscheidet nach internen und externen, technischen, wirtschaftlichen und rechtlichen sowie quantifizierbaren und nicht quantifizierbaren Risiken.

Für die Einführung eines RMS in Bauunternehmen ist es zweckmäßig, zwischen unternehmens- und projektbezogenen Risiken zu unterscheiden. *Unternehmensbezogene Risiken* ergeben sich aus der Aufbau- und Ablauforganisation, dem Informationsfluss, dem Personal und dem Einsatz von Betriebsmitteln. Die Übernahme von Auftraggeberrisiken, technischen, wirtschaftlichen und rechtlichen Risiken des Auftrags sowie des Witterungsrisikos sind der Projekt- bzw. Auftragssphäre zuzuordnen (*Tabelle 2.2-7*). Derartige *projektbezogene Risiken* entstehen z. B. aus der Wahl des Bauverfahrens (technisch), der Bonität des Auftraggebers (wirtschaftlich), Verpflichtungen des Auftragnehmers aus Vertragsklauseln (rechtlich) und der Beschaffenheit des Baugrunds (übertragene bzw. übernommene Auftraggeberrisiken).

Im Mittelpunkt bisheriger einschlägiger Untersuchungen im Bauwesen stehen projekt- bzw. auftragsbezogene Risiken und Möglichkeiten ihrer rechtzeitigen Entdeckung, Quantifizierung, Vermeidung, Begrenzung oder Verteilung (Schubert 1971 und 1983; Herold 1987; Bauch 1995; Derks 1996 und 1997, Busch 2003).

2.2.6.2 Einführung eines Risikomanagementsystems (RMS)

Grundsätzlich wird ein ganzheitlicher Ansatz zur Einführung eines RMS empfohlen. „Ganzheitlich" bedeutet, dass dabei einerseits den individuellen Anforderungen des Unternehmens mit seiner Personalsituation und andererseits den Anforderungen des jeweiligen Auftrags Rechnung getragen wird. Mit der Einführung eines RMS sind Bedingungen zu schaffen, die das rechtzeitige Erkennen und den Umgang mit den Risiken ermöglichen. Gegenstand des RMS sind vorrangig die *Aufbau- und Ablauforganisation* mit ihren Schnittstellen sowie das *Informations- und Kommunikationssystem*.

Erster Schritt der Einführung eines RMS ist die *Durchführung einer unternehmensinternen Risikoanalyse*, ggf. unter Einbeziehung externer Berater. Je transparenter und nachvollziehbarer die innerbetriebliche Aufbau- und Ablauforganisation allgemein zugänglich installiert und von den Mitarbeitern „gelebt" werden, desto besser können sowohl unternehmens- als auch projektspezifische Risiken rechtzeitig erkannt und in angemessener Weise behandelt werden.

Die Aufbau- und Ablauforganisation, d. h. die *Unternehmensstruktur* und die *Prozesse zum Erreichen der Unternehmensziele*, sind in vielen Bauunternehmen durch ein Qualitätsmanagementsystem (QMS) geregelt und dokumentiert. Handlungsbedarf ist in diesen Fällen besonders dann gegeben, wenn wesentliche Abweichungen zwischen der Dokumentation im QMS und der tatsächlich vorhandenen Aufbau- und Ablauforganisation bestehen und dadurch die Qualität der Prozessergebnisse und das Erreichen der Unternehmensziele gefährdet sind. In Abstimmung mit dem QM-Beauftragten sind dann Maßnahmen zu veranlassen, um die Einhaltung und ggf. Verbesserung der QM-Regeln zu gewährleisten.

In *Abb. 2.2-20* sind die Prozesse einer Projekt- bzw. Auftragsabwicklung dargestellt. Darin sind die für das RMS signifikanten Dokumentationen den relevanten Prozessen zugeordnet. Diese sind Grundlage der *Risikominimierung*, z. B. durch Einführung von „Prozesshürden". Diese dürfen erst dann als überwunden gelten, wenn gezielte Fragen zu den möglichen Risiken und Chancen so beantwortet werden können, dass die Chancen höher als die Risiken eingestuft werden. Solche Prozesshürden sind min-

destens vor Angebotsbearbeitung, vor Vertragsunterzeichnung, vor Abschluss der Arbeitsvorbereitung
und vor dem Ende des Projektabschlussgesprächs
zur Sicherung der Erkenntnisse aus abgeschlossenen
Aufträgen aufzustellen. Für die einzelnen Dokumentationen werden i.Allg. Formblätter und Checklisten
zur Arbeitserleichterung und zur Sicherstellung der
Weitergabe von Informationen verwendet.

Im *zweiten Schritt* der Einführung eines RMS
ist ein zuverlässiges Informations- und Kommunikationssystem zu schaffen. Es muss den Austausch
und die Weitergabe von Informationen an allen
Schnittstellen gewährleisten. Diese Schnittstellen
sind in enger Zusammenarbeit mit den prozessverantwortlichen Mitarbeitern abzustimmen.

Im *dritten Schritt* sind im Rahmen der Vertragsverhandlungen erkannte Risiken zu bewerten und
als „Resumé" zu dokumentieren (*Abb. 2.2-20*). Je
nach Bedeutung der einzelnen Risiken ist der Auftrag ggf. nachzuverhandeln oder aber auch abzulehnen. Im Fall der Auftragsannahme sind die bewusst eingegangenen Risiken deutlich darzustellen
und in geeigneter Form den für die Auftragsabwicklung verantwortlichen Stellen unmissver-
ständlich und mit Vorgaben für die Risikobehand-
lung mitzuteilen. Projektbezogene Anforderungen
sind festzuhalten und den prozessverantwortlichen
Führungskräften zu vermitteln.

Im *vierten Schritt* ist im Rahmen der Arbeitsvorbereitung ein „Risikoplan" (*Abb. 2.2-20*) zu erarbeiten, um die eingegangenen Risiken beherrschbar zu machen. Dieser muss für die jeweils risikore-
levanten Vorgänge oder Ereignisse des Ablaufplans
der Ausführung Handlungsvorschläge oder -anwei-
sungen zur Risikovermeidung bzw. -begrenzung
beinhalten. Ein derart gekoppelter Risikoplan ermöglicht damit ein Risikocontrolling während der
Auftragsabwicklung, u.a. im Rahmen der Baubesprechungen.

Im *fünften Schritt* ist am Ende der Auftragsabwicklung ein Abschlussgespräch über die eingetretenen Risiken und deren Folgen sowie die vermiedenen Risiken und die daraus gewonnenen Einsichten
zu führen. Diese Erkenntnisse sind systematisch aufzubereiten und für eine Verwertung in später folgenden Projekten bzw. Aufträgen zu dokumentieren.

Erkenntnisse aus Gewährleistungsrisiken sind ggf.
anschließend einzubeziehen. Diese Rückführung
von Erfahrungen und deren Nutzung bei künftigen

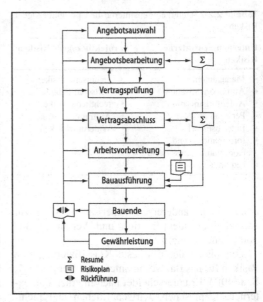

Abb. 2.2-20 Dokumentationen zum Risikomanagement

Aufträgen sind wichtige Bestandteile eines RMS im
Rahmen einer *„lernenden Organisation"*. Damit
sind die Erfahrungen und Erkenntnisse aus Fehlern
durchgeführter Projekte für künftige Aufträge Nutzen stiftend. Darüber hinaus erlaubt die durchgängige Dokumentation die Analyse von Bauaufträgen
auch zu einem späteren Zeitpunkt, z.B. im Rahmen
der Erstellung einer Erfahrungsdatenbank. Die Dokumentation ist ferner Grundlage für kontinuierliche Prozessverbesserungen (*Kontinuierlicher Ver-
besserungsprozess KVP*).

2.2.6.3 Zusammenfassung

Mit Einführung von § 91 Abs. 2 AktG haben seit
dem 01.05.1998 nicht nur die Vorstände von Aktiengesellschaften „geeignete Maßnahmen zu treffen, insbesondere ein Überwachungssystem einzurichten, damit den Fortbestand der Gesellschaft
gefährdende Entwicklungen früh erkannt werden."
Die Geschäftsführungen werden verpflichtet, ein
Risikomanagementsystem mit internem Überwachungssystem, Controlling und Frühwarnsystem
einzurichten. Dies ist in gut geführten Unternehmen bereits vor vielen Jahren geschehen.

Risiken im Sinne der Gefährdung des erwarteten Erfolgs unternehmerischen Handelns bestehen für Bauunternehmen jedoch zunehmend darin, dass ehemals klassische Auftraggeberrisiken auf die Auftragnehmer überwälzt werden (z. B. Planungs-, Vollständigkeits- und Baugrundrisiken).

Um diesen Risiken zu begegnen, ist es erforderlich, *Risikomanagementsysteme* (RMS) einzuführen und strikt anzuwenden, die sinnvollerweise in bestehende Qualitätsmanagementsysteme (QMS) integriert werden. Dabei sind in die Prozessabwicklung von der Auftragsanbahnung bis zum Ende der Gewährleistungsfristen sog. „Prozesshürden" einzubauen, deren Überwindung im Rahmen geregelter Prozessabläufe die Beantwortung gezielter Fragen zu den möglichen Risiken und Chancen und damit zu der Auftragsattraktivität erfordert. Solche Prozesshürden sind insbesondere im Rahmen der Vertragsverhandlungen, der Arbeitsvorbereitung und nach Bauende im Abschlussgespräch zu thematisieren und zu dokumentieren, um dadurch bei den Prozessverantwortlichen und allen Prozessbeteiligten

– das notwendige Risikobewusstsein zu schaffen,
– durch Risikopläne das Risikocontrolling zu ermöglichen und
– in Projektabschlussgesprächen das Lernen aus vermiedenen bzw. aufgetretenen und mit dem Ziel ihrer Minimierung behandelten Risiken zu nutzen im Sinne einer *„lernenden Organisation"* und *kontinuierlicher Verbesserungsprozesse (KVP)*.

2.2.7 Unternehmensbewertung

Das Ziel der Unternehmensbewertung ist die Ermittlung des *Wertes* eines „Unternehmens als Ganzes", d. h. die Bewertung der wirtschaftlichen Unternehmenseinheit als Zusammenfassung von Personen, Sachen und Rechten mit der wirtschaftlichen Zielsetzung, Gewinne zu erzielen. Bei der Definition des Begriffs „Unternehmenswert" geht die Theorie von der entscheidungsorientierten Preisbildung aus, wobei die subjektiven Interessen der an einer Unternehmenstransaktion interessierten Parteien (Käufer und Verkäufer) die Wertargumentation für die Entscheidung liefern.

Der *objektivierte* Unternehmenswert drückt den Wert des im Rahmen des vorhandenen Unternehmenskonzeptes fortgeführten Unternehmens aus und ist i. d. R. der Verkäuferwert. Er will einen möglichst hohen Preis erzielen, damit er das Kapital, das er im Unternehmen meist für viele Jahre investiert hat, nach dem Verkauf in andere Anlageformen einbringen kann.

Der *subjektive Entscheidungswert* des Käufers erfasst das zu bewertende Unternehmen in einem mehr oder weniger veränderten Fortführungskonzept. Der Käufer eines Unternehmens bzw. einer Beteiligung legt seine Kaufpreisvorstellung im Rahmen seiner mittel- bzw. langfristigen Unternehmensstrategie jeweils nach persönlicher Einschätzung fest (Leimböck 1997, S. 139ff).

Der *Unternehmenswert* liegt dann im Einigungsbereich, der von den Preisvorstellungen des Verkäufers und des Käufers bestimmt wird und der für beide Verhandlungspartner den Argumentationsspielraum im Rahmen der Preisverhandlung darstellt.

Beim *Schiedswert* wird der Unternehmenswert dagegen durch einen Schiedsgutachter in Anlehnung an die subjektiven Wertvorstellungen der Parteien unter Beachtung des Gerechtigkeitspostulats festgelegt.

Die im Verhandlungswege festgelegten Unternehmenswerte (Einigungswerte) sind einerseits von den subjektiven Werteinschätzungen der verhandelnden Parteien (Verkäufer, Käufer) abhängig, andererseits von den Verhandlungspositionen wie Finanzkraft und Liquiditätsdruck. Damit wird deutlich, dass die Methoden der Unternehmensbewertung allenfalls Richtwerte bzw. Entscheidungsspielräume liefern können, innerhalb derer eine Einigung zwischen den Parteien erzielbar ist.

2.2.7.1 Anlässe für die Unternehmensbewertung

Die Anlässe für Unternehmensbewertungen lassen sich grundsätzlich danach unterscheiden, ob sie

– die Grundlage für individuelle Investitionsentscheidungen bilden oder
– aufgrund privatrechtlicher Vereinbarungen oder gesetzlicher Vorschriften vorgenommen werden.

Um *individuelle Investitionsentscheidungen* handelt es sich z. B. bei der Gründung, der Übertragung von Gesellschafteranteilen, der Kapitalaufstockung durch Ausgabe neuer Gesellschafteranteile und beim Unternehmenskauf. Anlässe für die Bewertung aufgrund *privatrechtlicher Vereinbarungen* oder *gesetzlicher Vorschriften* sind u. a. Gesellschafteranteilsverkäufe aufgrund vertraglicher Schiedsklausel, Erbauseinandersetzungen, Kreditwürdigkeitsprüfungen, Umwandlungen, Sanierungen, Fusionen, Abfindungen, Liquidationen und Insolvenzverfahren.

Beim Kauf oder Verkauf von Anteilen spielt die Frage der Einflussmöglichkeit insbesondere bei Anteilsquoten von 26%, 51% oder 76% entsprechend dem deutschen Gesellschaftsrecht eine besondere Rolle. Diese Grenzen haben daher auch besonderen Einfluss auf die Wertermittlung. Bei der Anteilsbewertung ist auch zu berücksichtigen, welcher Einfluss auf die Geschäfts- und Gewinnverteilungspolitik der Gesellschaft genommen werden kann.

2.2.7.2 Wertbegriffe der Unternehmensbewertung

Die Wertbegriffe in der Bandbreite zwischen objektiviertem Wert, subjektivem Entscheidungswert, Schiedswert und Einigungswert stützen sich auf die zwischenzeitlich gefestigte Erkenntnis, dass der *Ertragswert* seit vielen Jahren als der einzige und endgültige Wert des Unternehmens anerkannt wird. Der Käufer eines Unternehmens will nicht die einzelnen Vermögensgegenstände, sondern das Unternehmen als wirtschaftliche Einheit erwerben, um v. a. Gewinne zu erzielen. Der *Substanzwert* kann dagegen nur als der Ausgabenumfang definiert werden, der dem Erwerber des Unternehmens erspart bleibt, wenn er dieses kauft anstatt ein gleichartiges Unternehmen aufzubauen.

Substanz- und Firmenwert

Der Substanz- oder auch *Reproduktionswert* ergibt sich aus der Addition der einzelnen bilanzierungsfähigen Vermögensteile nach Abzug der Schulden, bewertet zu Tageswerten.

Der *Gesamtwert* eines Unternehmens wird nicht allein durch den Substanzwert dargestellt, weil außer den bilanzmäßig erfassten Werten auch die Werte aus der Kombination von einzelnen Vermögensgegenständen oder nicht aktivierbaren Fähigkeiten,

z. B. des Personals, zum Unternehmenswert gehören, die den über den Substanzwert hinausgehenden Firmenwert ausmachen.

Der *Firmenwert* ist damit der Betrag, den ein Käufer bei Übernahme eines Unternehmens als Ganzes unter Berücksichtigung künftiger Ertragserwartungen über den Substanzwert hinaus zu zahlen bereit ist (Unternehmensmehrwert). Damit entspricht der Firmenwert der Differenz von Ertrags- und Substanzwert. Firmenwertbildende Faktoren sind u. a. hoher Auftragsbestand, gutes Management, qualifizierter Mitarbeiterstab, gute Betriebsorganisation und rationelle Produktionsverfahren.

Bei der Ermittlung des Substanzwertes geht man davon aus, dass das Unternehmen weitergeführt werden soll. Diese Annahme impliziert, dass der Substanzwert auch als Zeit- oder Verkehrswert im Sinne des steuerlichen Teilwertes verstanden wird.

Nach § 10 Satz 2 BewG ist der *Teilwert* der Betrag, den ein Erwerber des ganzen Unternehmens im Rahmen des Gesamtkaufpreises für das einzelne Wirtschaftsgut ansetzen würde unter der Voraussetzung, dass der Erwerber das Unternehmen fortführt.

Bei der Ermittlung des Substanzwertes sind gegenüber den bilanziellen Vermögenswerten folgende Korrekturen vorzunehmen:

– Es sind auch diejenigen Werte aufzunehmen, die z. B. aufgrund eines Aktivierungsverbots (wie selbst hergestellte immaterielle Wirtschaftsgüter) oder eines Aktivierungswahlrechts (wie entgeltlich erworbene immaterielle Wirtschaftsgüter) nicht in der Bilanz aufgeführt sind.
– In den Substanzwert sind auch die stillen Reserven aufzunehmen, die in den bilanziellen Vermögenswerten nicht enthalten sind. Dies gilt analog mit umgekehrtem Vorzeichen auch für überhöht angesetzte Positionen mit Wertberichtigungsbedarf.

Die Hilfswertfunktionen des Substanzwertes sind:

– den Zeitwert des eingesetzten Kapitals zu bestimmen,
– den Finanzbedarf für die Zukunftsertragsrechnung zu liefern,
– den Rentabilitätsmaßstab für den Ertragswert zu liefern,
– die Konkurrenzrisiken erkennen zu helfen und

– die rechnerischen Grundlagen für die Daten der Ertragswertrechnung zu liefern, die vom Substanzwert abhängen wie Abschreibungen und Zinsen.

Bei Schlussfolgerungen aus dem Verhältnis zwischen Substanz- und Ertragswert muss beachtet werden, dass der Substanzwert stichtagsbezogen ist und im Anlagevermögen Vermögensteile mit unterschiedlicher Abnutzungsdauer enthält, während der Ertragswert eine zeitraumbezogene dynamische Größe ist.

Ertragswert

Der Ertragswert wird bei der Bewertung einer Unternehmung als Ganzes in der Fachwelt seit vielen Jahren als *alleiniger Wertmaßstab* anerkannt. Vom Hauptfachausschuss des Instituts der Wirtschaftprüfer in Deutschland e. V. wurden 2008 Grundsätze zur Durchführung von Unternehmensbewertungen eingeführt (IDW S 1 i. d. F. 2008). Damit wurden die Grundsätze zur Ermittlung von objektivierten Unternehmenswerten an die neuen Regelungen der Unternehmenssteuerreform 2008 angepasst. Danach sind gemäß Ziff. 4 folgende Grundsätze zur Ermittlung von Unternehmenswerten zu beachten:

1. Maßgeblichkeit des Bewertungszwecks
   – Im Rahmen der Auftragserteilung ist festzulegen, in welcher Funktion der Wirtschaftprüfer tätig wird (objektivierter Unternehmenswert, subjektiver Entscheidungswert, Einigungswert).
2. Bewertung der wirtschaftlichen Unternehmenseinheit
   – Der Wert des Unternehmens wird durch das Zusammenwirken aller Werte des Vermögens und der Schulden bestimmt.
   – Bei der Abgrenzung des Bewertungsobjekts ist die Gesamtheit aller zusammenwirkenden Bereiche des Unternehmens zu erfassen.
   – Es ist grundsätzlich zwischen betriebsnotwendigem und nicht betriebsnotwendigem Vermögen zu unterscheiden.
3. Stichtagsprinzip
   – Unternehmenswerte sind zeitpunktbezogen auf den Bewertungsstichtag zu ermitteln.

4. Bewertung des betriebsnotwendigen Vermögens
   – Grundlagen der Ermittlung finanzieller Überschüsse (Zahlungsstromorientierung, Ertrag steuerlicher Einflüsse)
   – Finanzielle Überschüsse bei Ermittlung eines objektivierten Unternehmenswerts (zum Stichtag bereits eingeleitete oder im Unternehmenskonzept dokumentierte Maßnahmen, sogenannte unechte Synergieeffekte, Ausschüttungsannahme, Managementfaktoren, Ertragsteuern der Unternehmenseigner)
   – Finanzielle Überschüsse bei Ermittlung subjektiver Entscheidungswerte (geplante, aber zum Stichtag noch nicht eingeleitete oder noch nicht im Unternehmenskonzept dokumentierte Maßnahmen, sog. echte Synergieeffekte, Finanzierungsannahmen, Managementfaktoren, Ertragssteuern der Unternehmenseigner)
5. Bewertung des nicht betriebsnotwendigen Vermögens
6. Unbeachtlichkeit des (bilanziellen) Vorsichtsprinzips
7. Nachvollziehbarkeit der Bewertungsansätze

Bei der Ermittlung des Ertragswertes eines Unternehmens ist zu unterscheiden, ob die jährlichen Einnahmenüberschüsse für einen endlichen oder unendlichen Prognosezeitraum mit wechselnden oder konstanten Werten angesetzt werden. Ferner ist der für die Renditeerwartungen maßgebliche Zinssatz festzulegen. Daraus ergeben sich drei sog. „Schwierigkeitskomplexe" nach Leimböck (2001, S. 147 ff):

Schwierigkeitskomplex I. Er beinhaltet das praktische Problem, ob und inwieweit aus dem Rechnungswesen des Unternehmens die für die Errechnung des Unternehmenswertes relevanten Einnahmenüberschüsse ermittelt werden können. Dazu sind bei Bauunternehmen folgende Korrekturposten zu beachten:

– Gewinnreserven in unabgerechneten eigenen Bauten,
– künftige Verluste im Auftragsbestand,
– Abgrenzung anteiliger ARGE-Ergebnisse,
– Gewinnreserven bei unabgerechneten ARGE-Baustellen,
– Abgrenzung der Erträge aus dem Abgang von Gegenständen des Anlagevermögens,

– Abgrenzung der Erträge aus Auflösungen von Rückstellungen,
– Berichtigung der Rückstellungen für Gewährleistungen,
– steueraufschiebende Gewinnzuweisung in den Sonderposten gemäß § 6b EStG,
– Bildung oder Auflösung von Bewertungsreserven,
– Abgrenzung des außerordentlichen Ergebnisses.

Schwierigkeitskomplex II. Er umfasst das Prognoseproblem bei unsicheren Erwartungen über die Einnahmen- und Ausgabenströme. Dieses Problem ist für Bauunternehmen aus folgenden Gründen besonders gravierend:

– Der Baumarkt ist in hohem Maße konjunkturempfindlich und steht vor außerordentlichen Strukturanpassungsproblemen.
– Bauleistungen sind im Gegensatz zu Leistungen der stationären Industrie nach wie vor personalintensiv. Die Personalkosten sind damit maßgeblicher Bestimmungsfaktor für die Einnahmenüberschüsse. Bei Unterbeschäftigung entstehen durch hohe Personalfixkosten rasch hohe Verluste.
– Der Umsatz eines Bauunternehmens setzt sich aus einer begrenzten Anzahl parallel zu bearbeitender Aufträge zusammen. Bei jedem einzelnen Auftrag können die Gewinnsituation und das Risiko von Verlusten nicht eindeutig prognostiziert werden.
– Jede Baustelle ist eine neu zu installierende „Fabrik", deren Wirtschaftlichkeit maßgeblich abhängig ist von der Qualifikation des Baumanagers.
– Die Globalisierung des Baumarktes im zusammenwachsenden Europa hat für das einzelne Bauunternehmen z. T. unvorhersehbare Folgen für die Gewinn- bzw. Verlustentwicklung.

Die Prognoseunsicherheit erstreckt sich auch auf den Planungshorizont. Bei begrenztem Betrachtungszeitraum sind die Einnahmenüberschüsse nur für die betrachteten Jahre abzuschätzen. Am Ende des Betrachtungszeitraums hat das Unternehmen jedoch mindestens noch einen Liquidationswert, der als Barwert in die Rechnung einbezogen werden muss. Berücksichtigt man die Veräußerbarkeit nicht betriebsnotwendiger Vermögensteile, so er-

gibt sich der Unternehmenswert bei begrenztem Betrachtungszeitraum zu

Unternehmenswert
= Barwert der zukünftigen Einnahmenüberschüsse aus laufendem Betrieb
+ Barwert der Nettoveräußerungserlöse des nicht betriebsnotwendigen Vermögens
+ Barwert der Liquidationserlöse
./. Barwert der Liquidationsausgaben.

Gemäß IDW S 1 i. d. F. 2008, Ziff. 5.3, wird vorgeschlagen, die Prognoseunsicherheit durch eine Phasenmethode einzuengen, d. h. den Planungszeitraum in mehrere Phasen zu zerlegen, z. B.:

1. Detailplanungsphase von 3 bis 5 Jahren mit detaillierten Einzelplanansätzen
2. Grobplanungsphase ab 6. Jahr mit langfristigen Fortschreibungen von Trendentwicklungen mit konstanten oder konstant sich verändernden Raten (wachsend oder auch fallend).

Da aber in der Bauwirtschaft die Prognose von Einnahmenüberschüssen mit großen Unsicherheiten behaftet ist, schlägt Leimböck (2001, S. 148) die Errechnung des Ertragswertes nach dem Prinzip der ewigen Rente vor. Die Ertragswertformel lautet dann

EW = $EÜ/i$
EW = *Ertragswert des Unternehmens,*
$EÜ$ = *nachhaltiger und gleichbleibender Einnahmenüberschuss,*
i = $p/100,$
p = *Kapitalisierungszinssatz.*

Schwierigkeitskomplex III. Darunter wird die Bemessung des Kapitalisierungszinssatzes bei Anwendung der Barwertmethode bezeichnet. Aus obiger Formel ist ersichtlich, dass bei steigendem Kapitalisierungszinssatz der Unternehmenswert sinkt und umgekehrt.

Ein Käufer wird als Ausgangsbasis sicherlich zunächst die Rendite einer entsprechenden alternativen Investition heranziehen, z. B. die Rendite festverzinslicher Wertpapiere. Er wird dann eine Risikoprämie als Zuschlag zum Basiszins geltend machen, die sich z. B. an dem allgemeinen Unternehmenswagnis orientiert (z. B. 2,0 %).

Ein Verhandlungsspielraum ergibt sich darüber hinaus aus dem Verkäufer- bzw. Käuferinteresse. Wenn ein Verkäufer unbedingt verkaufen will, z. B. um die Unternehmensnachfolge zu regeln, wird er einer weiteren Erhöhung des Kapitalisierungszinssatzes um z. B. weitere 2,5% zuneigen. Wenn der Käufer das Unternehmen unbedingt erwerben will, um z. B. durch Fusion eine bessere relative Wettbewerbsposition am Baumarkt zu erreichen, wird er geneigt sein, den Zinssatz auch aus Käuferinteresse um z. B. 1,5% zu senken. Danach setzt sich der Zinssatz aus folgenden Anteilen zusammen:

Kapitalisierungszinssatz
= *Kapitalmarktzins (z. B. für festverzinsliche Wertpapiere)*
+ *Risikozuschlag zur Abdeckung des allgemeinen Unternehmenswagnisses*
+ *Zuschlag für das Verkäuferinteresse*
./. *Abschlag für das Käuferinteresse.*

2.2.7.3 Bewertungsverfahren

Nach IDW S 1 i. d. F. 2008, Ziff. 2.1 wird der Unternehmenswert grundsätzlich als Zukunftserfolgswert ermittelt. In der Unternehmensbewertungspraxis haben sich als gängige Verfahren das Ertragswertverfahren und die Discounted-Cash-Flow-Verfahren herausgebildet.

Bei der Ermittlung des Unternehmenswertes für kleine und mittlere Unternehmen ist die Höhe der künftigen finanziellen Überschüsse maßgeblich vom persönlichen Engagement und den persönlichen Kenntnissen, Fähigkeiten und Beziehungen der Eigentümer abhängig. Daher hat die Bewertung des Managementfaktors (Unternehmerlohn unter Berücksichtigung sämtlicher personenbezogener Wertfaktoren) besondere Bedeutung.

Nach Ziff. 8.3.4 IDW S 1 i. d. F. 2008 wird in der Praxis auf vereinfachte Preisfindungen durch Anwendung von Ergebnismultiplikatoren zurückgegriffen. Dabei ergibt sich der Preis für das Unternehmen als Produkt eines als repräsentativ angesehenen Ergebnisses vor Steuern mit einem branchen- bzw. unternehmensspezifischen Faktor. Dieser ist insbesondere Ausdruck der aktuellen Kapitalkosten, der Risikoneigung potentieller Erwerber sowie des Verhältnisses zwischen Angebot und Nachfrage auf dem Markt für Unternehmenstransaktionen.

Solche vereinfachten Preisfindungen können jedoch lediglich Anhaltspunkte bei der Plausibilitätskontrolle der Ergebnisse der Bewertung nach Ertragswert- oder DCF-Verfahren bieten.

Substanzwert

Der Substanzwert ist der Gebrauchswert der betrieblichen Substanz. Er ergibt sich als Rekonstruktions- oder Wiederbeschaffungswert aller im Unternehmen vorhandenen immateriellen und materiellen Werte und Schulden. Er entspricht damit vorgeleisteten Ausgaben, die durch den Verzicht auf den Aufbau eines identischen Unternehmens erspart bleiben. Das Alter der Substanz ist durch Abschläge vom Rekonstruktionsneuwert zu berücksichtigen, die sich aus dem Verhältnis der Restnutzungsdauer zur Gesamtnutzungsdauer ergeben (Rekonstruktionszeitwert). Da dem Substanzwert als (Netto-) Teilrekonstruktionszeitwert der direkte Bezug zu künftigen finanziellen Überschüssen fehlt, kommt ihm bei der Ermittlung des Unternehmenswerts keine eigenständige Bedeutung zu (IDW S 1 i. d. F. 2008, Ziff. 8.4).

Ertragswertverfahren

Das Ertragswertverfahren ermittelt den Unternehmenswert durch Diskontierung der den Unternehmenseignern künftig zufließenden finanziellen Überschüsse, die aus dem für die Zukunft geplanten Jahresergebnis der zugrunde liegenden Planungsrechnung abgeleitet werden (IDW S 1 i. d. F. 2008, Ziff. 7.2).

Nach Bereinigung der Vergangenheitserfolgsrechnung sind die künftigen finanziellen Überschüsse, ausgehend von den Aufwands- und Ertragsplanungen, zu prognostizieren.

Die künftigen Erträge umfassen vorrangig die Umsatzerlöse nach der betrieblichen Umsatzplanung des Unternehmens. Dabei ist auch abzuschätzen, wie die branchenbezogene konjunkturelle Entwicklung in der Zukunft voraussichtlich sein wird, ob Anzeichen für eine vom Branchentrend abweichende Unternehmensentwicklung bestehen und welche besonderen Einflüsse bei der Umsatzprognose berücksichtigt werden müssen.

Analog sind die einzelnen Aufwandsarten wie Personal- und Sachaufwand zu prognostizieren und sowohl die Ertrags- als auch die Aufwandsprognosen durch Plausibilitätsüberlegungen und Sensitivitätsanalysen kritisch zu hinterfragen.

Bei schwankendem Finanzierungsvolumen des Unternehmens sind die künftigen Zinsaufwendungen und -erträge zu prognostizieren. Dabei kann das Zinsergebnis aus einer saldierten Netto-Finanzposition und einem durchschnittlichen langfristigen Zinssatz abgeleitet werden.

Vorhandenes nicht betriebsnotwendiges Vermögen erfordert ggf. gesonderte Beachtung.

Die prognostizierten finanziellen Überschüsse aus dem Unternehmen sind mit dem Kapitalisierungszinssatz auf den Bewertungsstichtag abzuzinsen, um sie mit der dem Investor zur Verfügung stehenden Anlagealternative vergleichbar zu machen.

Der Kapitalisierungszinssatz repräsentiert die Rendite aus einer zur Investitionen des zu bewertenden Unternehmens adäquaten Alternativanlage.

Ausgangsgrößen für die Bestimmung von Alternativrenditen sind insbesondere Kapitalmarktrenditen für Unternehmensbeteiligungen. Diese Renditen für Unternehmensanteile setzen sich aus einem Basiszinssatz und einer von den Anteilseignern geforderten Risikoprämie wegen der Übernahme unternehmerischen Risikos zusammen.

Für den objektivierten Unternehmenswert ist bei der Bestimmung des Basiszinssatzes von dem landesüblichen Zinssatz für eine risikofreie Kapitalmarktanlage auszugehen, z. B. einer 30-jährigen Bundesanleihe.

Der Risikozuschlag trägt der Tatsache Rechnung, dass der Kapitaleinsatz in einem Unternehmen grundsätzlich mit einer geringeren Sicherheit verbunden ist als die Anlage in einer Anleihe der öffentlichen Hand. Das zu berücksichtigende Risiko lässt sich in das allgemeine und spezielle Risiko aufteilen. Das allgemeine Risiko umfasst nach herrschender Meinung die nicht unternehmensbezogenen generellen Risiken, die sich u. a. aus der Branche, dem Marktumfeld und der Konjunktur ergeben. Die speziellen Risiken entstehen aus unternehmensspezifischen Unsicherheitsfaktoren, die sich jeweils auf das individuelle Bewertungsobjekt beziehen.

Allgemeine Risikofaktoren für die Immobilien- und Baubranche sind z. B. die Immobilienmarktkrise im Jahre 2009 sowie die durch die globale Finanzmarktkrise ausgelösten Kreditrestriktionen der Banken. Spezielle Risiken bestehen z. B. in der Geschäftsfeldausrichtung und der Entwicklung neuer

Geschäftsfelder, in Abhängigkeiten aus der Kundenstruktur und den Akquisitionskontakten der Alteigentümer.

Beispiel

Für ein im Bundesgebiet seit drei Jahrzehnten gut etabliertes Consultingbüro ist für Zwecke der Regelung der Unternehmensnachfolge der Unternehmenswert zu bestimmen.

Die Ermittlung der prognostizierten Erträge und Aufwendungen über einen 10-jährigen Prognosezeitraum zeigt *Tabelle 2.2-8*.

Der Kapitalisierungszinssatz ergibt sich aus folgenden Ansätzen:

Basiszinsatz (30-jährige Bundesanleihe)	3,7%
Risikozuschlag aus Branchen- und Unternehmensrisiken	<u>10,0%</u>
Risikoadjustierter Zinssatz	13,7%
Steuerbelastung der Gesellschafter (24,5%)	./. <u>3,5%</u>
Kapitalisierungszinssatz	10,2%
Gerundet	10,5%

Der Ertragswert des Unternehmens errechnet sich durch Anwendung folgender Formel:

$$E = \sum_{t=1}^{n}\left[\frac{P_t}{(1+i)^t}\right] + \frac{P}{i \times (1+i)^{n+1}}$$

E = *Ertragswert*
P_t = *Periodenerfolg nach persönlicher Ertragsteuerbelastung der Jahre 2010 bis 2019*
P = *nachhaltiger Periodenerfolg der Jahre ab 2020*
i = *Kapitalisierungszinssatz, hier 10,5%*
n = *Dauer der Detailplanungsphase, hier 10 Jahre*

Unter Verwendung der Ergebnisse aus Spalte 11 der *Tabelle 2.2-8* errechnet sich ein Unternehmenswert von *T€ 5.493*.

Dieser Wert ist auch vor dem Hintergrund von für Consultingunternehmen erzielbaren und realisierten Kaufpreisen in Höhe von 80% bis 120% des aktuellen Jahresumsatzes plausibel.

Bei der Veräußerung von Consultingunternehmen werden Kaufpreise zwischen € 0,80 bis € 1,20

Tabelle 2.2-8 Prognose der künftigen Umsätze, Aufwände und Ergebnisse

Nr.	Jahr	Umsatz	Be-zogene Leis-tungen	Personal-aufwand	Abschrei-bungen	Sonstiger Aufwand	Steuerauf-wand des Unterneh-mens	Jahres-ergebnis	Steuerauf-wand der Gesell-schafter	Ergebnis nach Steuern
		T€	T€	T€	T€	T€	T€	T€	T€	T€
(1)	(2)	(3)	(4)	(5)	(6)	(7)	(8)	(9)	(10)	(11)
1	2010	5.000	200	3.200	125	500	225	750	250	500
2	2011	5.150	206	3.296	129	515	232	773	258	515
3	2012	5.305	212	3.395	133	530	239	796	265	530
4	2013	5.464	219	3.497	137	546	246	820	273	546
5	2014	5.628	225	3.602	141	563	253	844	281	563
6	2015	5.796	232	3.710	145	580	261	869	290	580
7	2016	5.970	239	3.821	149	597	269	896	299	597
8	2017	6.149	246	3.936	154	615	277	922	307	615
9	2018	6.334	253	4.054	158	633	285	950	317	633
10	2019	6.524	261	4.175	163	652	294	979	326	652
11	2020 ff	6.720	269	4.301	168	672	302	1.008	336	672

je 1,00 € Umsatz gezahlt. Der sich hier ergebende Kaufpreis von € 1,10 je 1,00 € Umsatz bestätigt die Unternehmenswertermittlung.

Da der im Jahresabschluss ausgewiesene Bilanzgewinn nur in Ausnahmefällen zugleich auch das erzielte Jahresergebnis ist – die Unternehmen sind im Rahmen steuerrechtlicher Möglichkeiten in der Lage, den Bilanzgewinn zu steuern –, bedeutet dies, dass sie im Jahresabschlussi.d.R. einen geringeren als den erzielten Gewinn ausweisen.

Bei Bauunternehmen wird ein unmittelbarer Vergleich zwischen dem im Jahresabschluss ausgewiesenen und dem tatsächlich erwirtschafteten Gewinn durch folgende Punkte erschwert:

– Der Jahresabschluss weist nur einen Gewinn aus abgerechneten Bauleistungen aus. Es gilt das Imparitätsprinzip aus unabgerechneten Bauleistungen.

– Im Gewinn des Jahresabschlusses sind aperiodisch anfallende und aus bilanzpolitischen Gründen gewählte Positionen enthalten wie die Bildung bzw. Auflösung von Rückstellungen und passiven Rechnungsabgrenzungen sowie Erträge aus dem Abgang von Gegenständen des Anlagevermögens.

– Es bestehen zahlreiche Wahlrechte bei der Bewertung von Bilanzposten.

Daher sind die unter *Abschn. 2.2.7.2* genannten Korrekturposten in den Jahresabschlüssen der letzten drei Jahre zu berücksichtigen, um zu einem sachgerechten Ergebnis zu gelangen.

Discounted Cash Flow-Verfahren (DCF-Verfahren)

DCF-Verfahren bestimmen den Unternehmenswert durch Diskontierung von Cash-Flows. Diese stellen erwartete Zahlungen an die Kapitalgeber dar. Dabei werden verschiedene Verfahren unterschieden:

– WACC-Ansatz (Weighted Average Cost of Capital)
– APV-Ansatz (Adjusted Present Value)
– TCF-Ansatz (Total Cash Flow)
– FTE-Ansatz (Flow to Equity)

Nach dem WACC-Ansatz und dem APV-Ansatz wird der Marktwert des Eigenkapitals indirekt als Differenz aus dem Gesamtkapitalwert und dem Marktwert des Fremdkapitals ermittelt.

Nach dem Konzept der direkten Ermittlung des Wertes des Eigenkapitals (FTE-Ansatz) wird der Marktwert des Eigenkapitals durch Abzinsung der um die Fremdkapitalkosten vermehrten Cash-Flows mit der Rendite des Eigenkapitals (Eigenkapitalkosten) berechnet (IDW S 1 i.d.F. 2008, Ziff. 7.3.1).

Das Konzept des WACC-Ansatzes wird unter Ziff. 7.3.2 der IDW S 1 i.d.F. 2008 beschrieben. Der Gesamtkapitalwert ergibt sich nach dem WACC-Ansatz durch Diskontierung der Free Cash Flows (vor Zinsen). Dabei werden die Free Cash Flows der Detailplanungsphase detailliert prognostiziert. Für die sich daran anschließende zweite Phase wird ein Residualwert angesetzt. Die Diskontierung erfolgt mit den gewogenen Kapitalkosten. Zu dem Gesamtkapitalwert wird der Wert des nicht betriebsnotwendigen Vermögens hinzugerechnet.

Der WACC-Ansatz unterstellt, dass der Gesamtkapitalwert unabhängig ist von der Art der Finanzierung, abgesehen von Steuereinflüssen. In einem zweiten Schritt ist der Gesamtkapitalwert auf das Eigen- und auf das Fremdkapital aufzuteilen. Den Marktwert des Fremdkapitals erhält man, indem die Free Cash Flows an die Fremdkapitalgeber mit einem das Risikopotential dieser Zahlungsströme widerspiegelnden Zinssatz diskontiert werden. Die Differenz aus Gesamtkapitalwert und Marktwert des Fremdkapitals entspricht dem Marktwert des Eigenkapitals und damit dem Unternehmenswert.

Die künftigen Free Cash Flows sind jene finanziellen Überschüsse, die unter Berücksichtigung gesellschaftsrechtlicher Ausschüttungsgrenzen allen Kapitalgebern des Unternehmens zur Verfügung stehen nach Investitionen und Unternehmenssteuern, jedoch vor Zinsen sowie nach Veränderungen des Nettoumlaufvermögens.

Bei indirekter Ermittlung ergeben sich die Free Cash Flows aus Plan-Gewinn- und Verlustrechnungen wie folgt:

Free Cash Flow
  = Jahresergebnis
  +   *Fremdkapitalzinsen*
  −   *Unternehmenssteuer-Ersparnis infolge der Abzugsfähigkeit der Fremdkapitalzinsen*
  +   *Abschreibungen und andere zahlungsunwirksame Aufwendungen (z. B. Erhöhung der langfristigen Rückstellungen)*
  −   *zahlungsunwirksame Erträge*
  −   *Investitionsauszahlungen abzüglich Einzahlungen aus Desinvestitionen*
  ±   *Verminderung / Erhöhung des Nettoumlaufvermögens*

Der Residualwert wird unter der Annahme der Fortführung oder der Veräußerung des Unternehmens ermittelt. Maßgeblich ist der jeweils höhere Wert.

Der Fortführungswert entspricht dem Barwert der Free Cash Flows nach Ablauf des Detailprognosezeitraums. Dabei werden die gewogenen Kapitalkosten i. d. R. als konstant angenommen.

Bei unterstellter Veräußerung des Unternehmens ist der voraussichtliche Veräußerungswert des Unternehmens als Ganzes abzüglich der damit verbundenen Kosten anzusetzen.

Die gewogenen Kapitalkosten hängen von der Höhe der Eigen- und der Fremdkapitalkosten sowie vom Verschuldungsgrad ab.

Die Kapitalkosten der Fremdkapitalgeber errechnen sich als gewogener durchschnittlicher Kostensatz der einzelnen Fremdkapitalformen.

Zur Bestimmung der Eigenkapitalkosten im Rahmen der Ermittlung objektivierter Unternehmenswerte empfiehlt es sich, auf die für das Ertragswertverfahren dargestellten Grundsätze zurückzugreifen.

Vorstehende Ausführungen machen deutlich, dass die Anwendung von DCF-Verfahren für die Unternehmensbewertung in jedem Falle der Unterstützung durch einen Wirtschaftsprüfer bedarf.

2.2.7.4 Zusammenfassung

In der Theorie und Praxis gibt es mehrere Methoden zur *Ermittlung des Unternehmenswertes*. Dieser ist Verhandlungsgrundlage aus verschiedenen Anlässen. Dazu gehören der Kauf oder Verkauf von Unternehmen oder Unternehmensanteilen sowie die Zuführung von Kapital aufgrund privatrechtlich vereinbarter Verträge oder einseitiger Verfügungen sowie Abfindungen, Verschmelzungen, Vermögensübertragungen oder Umwandlungen aufgrund gesetzlicher Vorschriften oder bei gerichtlichen Nachprüfungen.

Jede *Unternehmensbewertung* ist zweckorientiert. Es gibt daher nicht den objektiven Unternehmenswert, sondern lediglich Einigungswerte als Mittel- oder Schlichtungswerte zwischen den jeweiligen Grenzwerten von Käufer und Verkäufer. In der Praxis wird bei Unternehmenskäufen mittelständischer und nicht börsennotierter Unternehmen nahezu ausschließlich das *Ertragswertverfahren* angewandt. Bei börsennotierten Unternehmen wird vorwiegend mit DCF-Verfahren gearbeitet.

Zu beachten ist, dass es sich bei der Unternehmensbewertung nicht allein um Shareholder-Value-Betrachtungen handelt. Jeder Erwerber eines Unternehmens ist rechtlich und wirtschaftlich nach § 613a BGB mindestens für ein Jahr an die bestehenden Arbeitsverträge gebunden, und er wird bestrebt sein, mit dem bestehenden Mitarbeiterstamm den Kundenstamm zu erhalten und weiter auszubauen. Letztlich finden die Vermögenswerte, die Organisation sowie der Mitarbeiter- und Kundenstamm ihren wirtschaftlichen Niederschlag in Erträgen und Aufwendungen und damit im wirtschaftlichen Ergebnis. Die künftig nachhaltig erzielbaren Ergebnisse sind damit maßgeblicher Bestimmungsfaktor der Unternehmensbewertung.

Literaturverzeichnis Kap. 2.2

Gesetze, Verordnungen, Vorschriften
AO (1976, 2009) Abgabenordnung
ArbStättV (2004, 2008) Verordnung über Arbeitsstätten
BewG (1991, 2008) Bewertungsgesetz
LohnfortzG (1969, 2002) Lohnfortzahlungsgesetz – Gesetz über die Fortzahlung des Arbeitsentgelts im Krankheitsfalle
MaBV (1990, 2010) Verordnung über die Pflichten der Makler, Darlehens- und Anlagenvermittler, Anlageberater, Bauträger und Baubetreuer (Makler- und Bauträgerverordnung)

Normen, Richtlinien
DIN EN ISO 14001:2005 Umweltmanagementsysteme – Anforderungen mit Anleitung zur Anwendung (2009)
DIN EN ISO 8402 Qualitätsmanagementsysteme – Begriffe (08/1995)
DIN EN ISO 9000:2005 Normen zum Qualitätsmanagement und zur Qualitätssicherung/QM-Darlegung (12/2005)
DIN EN ISO 9001:2008 Qualitätsmanagementsysteme – Anforderungen (2009)
DIN EN ISO 9004:2000 Qualitätsmanagementsysteme – Leitfaden zur Leistungsverbesserung (12/2000)
ICE (2005) New Engineering Contract, Institute of Civil Engineers, UK
ZH 1/535 (1976) Sicherheitsregeln für Büro-Arbeitsplätze, HVBG
ZH 1/618 (1980) Sicherheitsregeln für Bildschirm-Arbeitsplätze, HVBG

Kommentare, Lexika
Gabler (2010) Gabler-Wirtschaftslexikon. 17. Aufl. Gabler-Verlag, Wiesbaden
Richardi R (2010) Einführung in das Arbeitsrecht. In: Arbeitsgesetze. 76. Aufl. Beck-Texte, C. H. Beck, München

Bücher und Zeitschriften
v. Arnim HH (Hrsg) (2003) Korruption – Netzwerke in Politik, Ämtern und Wirtschaft. Knaur Taschenbuch, München
Arnold S (2002) Bauaufträge erfolgreich akquirieren. 2. Aufl. Bauverlag, Oldenbourg
Bannenberg B (2003) Korruption – Eine kriminologisch-straftrechtliche Studie. In: v. Arnim HH (Hrsg) (2003) Korruption – Netzwerke in Politik, Ämtern und Wirtschaft. Knaur Taschenbuch, München
Bauch U (1993) Beitrag zur Risikobewertung von Bauprozessen. Diss. TU Dresden
Bäumler O (1996) Verbesserung der Wettbewerbssituation von Stahlbauunternehmen durch strategische Unternehmensführung unter besonderer Berücksichtigung des Marketing. Diss. Bergische Universität, DVP-Verlag, Berlin
Becker HP (2002) Grundlagen der Unternehmensfinanzierung. Verlag moderne industrie, Augsburg
Beinert C (2003) Bestandsaufnahme Risikomanagement. In: Reichling P (Hrsg.) (2003) Risikomanagement und Rating: Grundlagen, Konzepte, Fallstudie. Gabler Verlag, Wiesbaden
Berblinger J (1996) Marktakzeptanz des Ratings durch Qualität. In: Büschgen HE, Everling O (Hrsg) (1996) Handbuch Rating. Gabler Verlag, Wiesbaden
Berth R (1995) Erfolg. 2. Aufl. Econ-Verlag, Düsseldorf
Blohm H, Lüder K (2006) Investition. 9. Aufl. Verlag Vahlen, München
Bollinger R (1996) Auslandsbau. In: Diederichs CJ (Hrsg) (1996) Handbuch der strategischen und taktischen Bauunternehmensführung. Bauverlag, Gütersloh
BRH Bundesrechnungshof (1998) Hinweise und Empfehlungen zur Korruptionsbekämpfung im Straßenbau. Frankfurt/Main
Büschgen HE (1993) Leasing, Erfolgs- und liquiditätsorientierter Vergleich zu traditionellen Finanzierungsformen. In: Gebhardt G, Gerke W, Steiner M (Hrsg) (1993) Handbuch des Finanzmanagements. C. H. Beck-Verlag, München
Büschgen HE, Everling O (Hrsg.) (1996) Handbuch Rating. Gabler Verlag, Wiesbaden
Bundesministerium für Wirtschaft (1998) Kleine und mittlere Unternehmen – Früherkennung von Chancen und Risiken. 3. Aufl. Bonn
Bundesministerium für Wirtschaft (2010) Gründerzeiten Nr. 23: Controlling. Februar 2010. Berlin
Busch TA (2003) Risikomanagement in Generalunternehmungen. Diss. ETH Zürich, Schweiz
Dahmlos H-J, Witte K-H (1995) Bauzeichnen. Gehlen Verlag, Bad Homburg
DEHOGA (2010) Deutscher Hotelführer 2010. 59. Ausg. Matthaus, Stuttgart
Derks K (1996) Risikomanagement. In: Diederichs CJ (Hrsg) (1996) Handbuch der strategischen und taktischen Bauunternehmensführung. Bauverlag, Gütersloh

Derks K (1997) Die Quantifizierung des Wagnisses durch die Bewertung der Einzelansätze der vorkalkulatorischen Kostenermittlung auszuführender Bauleistungen. Diss. Bergische Universität Wuppertal, DVP-Verlag, Berlin

Deutsche Bahn AG (2002) Gemeinsame Leitlinien für Auftraggeber- und Lieferantenbeziehungen. Eigenverlag Berlin

Deutsche Bundesbank (2000) Handlungsgrundsätze zur Vorsorge gegen Verfehlungen im Beschaffungsbereich (HGr Beschaffung)

Deutsche Bundesbank (2005) Basel II – die neue Baseler Eigenkapitalvereinbarung. Frankfurt am Main

Deutsche Bundesbank (2005) Basel II – Durchführung der 4. Auswirkungsstudie (QIS 4). Frankfurt am Main

Deutsche Bundesbank (2008) Statistische Sonderveröffentlichung 4 – Ergebnisse der gesamtwirtschaftlichen Finanzierungsrechnung für Deutschland 1991 bis 2007. Frankfurt am Main

DID Deutsche Immobilien Datenbank GmbH (2004) Aufteilung Immobilienanlagen institutioneller Kapitalanleger in Deutschland, Angaben für 2003, Wiesbaden

Diederichs CJ (1985) Wirtschaftlichkeitsberechnungen – Nutzen/Kosten-Untersuchungen, Allgemeine Grundlagen und spezielle Anwendungen im Bauwesen. DVP-Verlag, Berlin

Diederichs CJ (1985a, 1985b, 1986, 1987) Sonderprobleme der Kalkulation, Teile 1 bis 4. Bauwirtschaft Nr. 32/85, S 1177 ff, Nr. 46/85, S 1698 ff, Nr. 13/86, S 475 ff, Nr. 5/87, S 123 ff

Diederichs CJ (1988) Expertensysteme zur Lösung bauwirtschaftlicher und baubetrieblicher Probleme. Bauwirtschaft (1988) 2, S 91–95

Diederichs CJ (1989) Die Bedeutung von Forschung und Entwicklung für die Bauunternehmensführung. Bauwirtschaft (1989) 4, S 304–310

Diederichs CJ (Hrsg) (1996) Handbuch der strategischen und taktischen Bauunternehmensführung, Bauverlag Wiesbaden/Berlin

Diederichs CJ (1999) Führungswissen für Bau- und Immobilienfachleute. Springer, Berlin/Heidelberg/New York

Diederichs et al. (2002) Erfolgsfaktoren für kleine und mittlere Bauunternehmen zur Bewältigung des Strukturwandels. 2. Aufl. DVP-Verlag, Berlin, Kap. 4.11

Diederichs CJ (2005) Führungswissen für Bau- und Immobilienfachleute 1. Grundlagen. 2. Aufl. Springer, Berlin/Heidelberg/New York

Dörsam P (2007) Grundlagen der Investitionsrechnung. 5. Aufl. Pd-Verlag, Heidenau

Doswald H (2002) Auswirkungen von Basel II auf die Immobilienwirtschaft In: Verband deutscher Hypothekenbanken e. V. (Hrsg) (2002) Fakten und Daten – Professionelles Immobilien-Banking. Berlin

Drees G, Paul W (2008) Kalkulation von Baupreisen. 7. Aufl. Bauwerk Verlag, Berlin

Dressel G (1983) Die Unternehmens-Konzeption – Grundlage für eine zielorientierte Unternehmenspolitik. RG-Bau-Merkblatt 63, Selbstverlag, Eschborn

DU Diederichs Projektmanagement (2002) Zertifiziertes QM-System. Selbstverlag, Wuppertal

Everling O, Schneck O (2004) Das Rating-ABC. Bank Verlag, Köln

Follmann FJ, Ziegler F (1997) Integration von Qualität, Arbeitssicherheit und Umweltschutz in ein prozessorientiertes Managementsystem. In: Blum A (Hrsg) Umweltmanagementsysteme und Umweltaudit im Bauwesen. iÖR-Texte 115, Dresden

Follmann FJ (2000) Integration des Umwelt- und Arbeitsschutzes in bauindustrielle Managementsysteme. Diss. Bergische Universität Wuppertal, DVP-Verlag, Berlin

Gaitanides M et al. (1994) Prozessmanagement. Hanser, München

Girmscheid G (2007) Projektabwicklung in der Bauwirtschaft: Wege zur Win-Win-Situation für Auftraggeber und Auftragnehmer. 2. Aufl. Springer, Berlin/Heidelberg/New York

Göcke B (2002) Risikomanagement für Angebots- und Auftragsrisiken von Bauprojekten. DVP-Verlag, Berlin

Götze U, Bloech J (2003) Investitionsrechnung. 4. Aufl. Springer, Berlin/Heidelberg/New York

Hahn D (2010) Strategische Führung. In: Gabler-Wirtschaftslexikon. 17. Aufl. Gabler-Verlag, Wiesbaden

Hammer M, Champy J (2003) Business Reengineering – Die Radikalkur für das Unternehmen. 7. Aufl. Campus-Verlag, Frankfurt/New York

Hasenbein A (1994) Massenermittlung mit System. 2. Aufl. Verlag Rudolf Müller, Köln

Heine S (1995) Qualitative und Quantitative Verfahren der Preisbildung, Kostenkontrolle und Kostensteuerung beim Generalunternehmer. Diss. Bergische Universität Wuppertal, DVP-Verlag, Berlin

Heinen E (2010) Unternehmensziele. In: Gabler-Wirtschaftslexikon. 17. Aufl. Gabler-Verlag, Wiesbaden

Herold B (1987) Risiko-Management im Baubetrieb unter besonderer Berücksichtigung analytischer Risikobegrenzung. Diss. Universität GH Essen

Hinterhuber H (1997) Strategische Unternehmensführung, I Strategisches Denken, II Strategisches Handeln. 5. Aufl. Walter de Gruyter, Berlin

Hirschfeld M (1996) Forschung und Entwicklung (F + E). In: Diederichs CJ (Hrsg) (1996) Handbuch der strategischen und taktischen Bauunternehmensführung. Bauverlag, Gütersloh

Hochtief AG (1997) Arbeitsunterlagen zu Bauzeitermittlungen. Selbstverlag, Essen

Hoffmann M (2006) Zahlentafeln für den Baubetrieb. 7. Aufl. B. G. Teubner Verlag, Wiesbaden

Holzamer HH (1996) Stiller Abschied vom Business Reengineering. SZ vom 27./28.04.1996

Horváth P (2004) Controlling. 9. Aufl. Vahlen, München

Horváth & Partner (Hrsg) (2007) Balanced Scorecard umsetzen. 4. Aufl. Verlag Schäffer/Poeschel, Stuttgart

HVBi – Hauptverband der Deutschen Bauindustrie – HVBi (Hrsg) (1999) Leitfaden für ein integriertes Managementsystem für Qualität, Arbeitssicherheit und Umweltschutz – Kostenaspekte und Wirtschaftlichkeit. Forschungsarbeit RWTH Aachen (Dornbusch, Buysch), TU Stuttgart (Berner, Frühauf) und Bergische Universität Wuppertal (Diederichs, Follmann)

HVBi – Hauptverband der Deutschen Bauindustrie (Hrsg) (1995) Leitlinien Qualitätssicherung im Bauwesen, 2. Aufl. Wiesbaden/Berlin

HVBi – Hauptverband der Deutschen Bauindustrie e. V. (Hrsg) (2003) Leitfaden zur Bekämpfung wettbewerbsbeschränkender Absprachen und korruptiver Verhaltensweisen. Berlin/Düsseldorf/München

HVBi – Hauptverband der Deutschen Bauindustrie e.V. / ZDB – Zentralverband des Deutschen Baugewerbes e.V. (Hrsg) (2001) Kosten- und Leistungsrechnung der Bauunternehmen (KLR Bau), 7. Aufl. Bauverlag, Gütersloh

Institut der Wirtschaftsprüfer in Deutschland (2008) Grundsätze zur Durchführung von Unternehmensbewertungen (IDW S1 i.d.F. 2008)

Jacob D, Winter C, Stuhr C (2002) Kalkulationsformen im Ingenieurbau. Ernst & Sohn, Berlin

Jaeger M (1998) Zielorientierte Unternehmensführung in Bauunternehmen der Europäischen Union. Diss. Bergische Universität Wuppertal, DVP-Verlag, Berlin

Kapellmann KD (2003) Schlüsselfertiges Bauen. 2. Aufl. Werner Verlag, Düsseldorf

Kaplan RS, Norton DP (1992) The Balanced Scorecard. In: Harvard Business Review 01/1002, S. 71–79

Kehrberg L (1996) Generalübernehmer-/Generalunternehmereinsatz bei der Projektentwicklung. In: Diederichs CJ (Hrsg) (1996) Handbuch der strategischen und taktischen Bauunternehmensführung. Bauverlag, Gütersloh

Keidel C, Kuhn O, Mohn P (1996) Controlling im kleinen und mittelständischen Baubetrieb. ztv-Zeittechnik-Verlag, Neu-Isenburg

Kirchesch GF (1988) Möglichkeiten und Grenzen der Quantifizierbarkeit von Auftragsrisiken großer Bauunternehmen und Ansätze zu ihrer Reduzierung. VDI-Verlag, Düsseldorf

Knobloch B (2002) Rahmenbedingungen und Strukturwandel im Immobilien-Banking. In: Schulte K-W et al. (Hrsg) (2002) Handbuch Immobilien-Banking: von der traditionellen Finanzierung zum Investment-Banking. Rudolf Müller Verlag, Köln

Konermann J (2001) Auftragnehmer-Nachtragsmanagement. Diss. Bergische Universität Wuppertal, DVP-Verlag, Berlin

KPMG Deutsche Treuhand Gesellschaft (2003) Wirtschaftskriminalität in Deutschland 2003, Ergebnis einer Umfrage unter 1.000 Unternehmen. Eigenverlag Berlin

Küting K/Weber, C P (2004) Die Bilanzanalyse. Verlag Schäffer/Poeschel, Stuttgart, 7. Auflage

Lammel E (2002) Büroimmobilien. In: Kapellmann K, Messerschmidt B (Hrsg) (2003) VOB Teile A und B, Vergabe- und Vertragsordnung für Bauleistungen. C. H. Beck, München

Leimböck E (2001) Bilanzen und Besteuerung von Bauunternehmen. 2. Aufl. Bauverlag, Gütersloh

Leyendecker H (2004) Die Korruptionsfalle – Wie unser Land im Filz versinkt. Rowohlt-Verlag, Reinbek bei Hamburg

Link A (2004) Kreditvergabe und Kreditüberwachung im Rahmen von Projektfinanzierungen. Baumarkt + Bauwirtschaft (2004) 10

Lück W (1998) Elemente eines Risikomanagements – Die Notwendigkeit eines Risikomanagementsystems durch den Entwurf eines Gesetzes zur Kontrolle und Transparenz im Unternehmensbereich (KonTraG). Der Betrieb (DB) (1998) 1/2, S 8 ff

Malkwitz A (1995) Frühindikatoren für die Ergebnissteuerung in Bauunternehmen. Diss. Bergische Universität Wuppertal, DVP-Verlag, Berlin

Marhold K (1992) Marketing-Management für mittelständische Bauunternehmen. Diss. Bergische Universität Wuppertal, DVP-Verlag, Berlin

Masing W (2007) Das Unternehmen im Wettbewerb. In: Masing W (2007) Handbuch Qualitätsmanagement. 5. Aufl. Hanser, München

Maurer G (1994) Unternehmenssteuerung im mittelständischen Bauunternehmen. expert-Verlag, Renningen/Malmsheim

Mayer E (2010) Controlling-Konzept. In: Gabler-Wirtschaftslexikon, 17. Aufl. Gabler-Verlag, Wiesbaden

Meffert H (2008) Marketing, Grundlagen marktorientierter Unternehmensführung. 10. Aufl. Gabler-Verlag, Wiesbaden

Meier E (1997) Kalkulation für den Straßen- und Tiefbau. Bauverlag, Gütersloh

Möller T (1998) Personalmanagement in Bauunternehmen. Diss. Bergische Universität Wuppertal, DVP-Verlag, Berlin

Müller-Merbach H (1992) Operations Research. 3. Aufl. Verlag Franz Vahlen, München

Nixdorf B (1983) Investitionsrechnungsverfahren in der Bauplanung. Schriftenreihe des BMBau Nr. 04.089

Paul S, Stein S (2002) Rating. Basel II und die Unternehmensfinanzierung, Köln

Pieth M, Eigen P (1999) Korruption im internationalen Geschäftsverkehr. Luchterhand, Neuwied

Porter ME (2008) Wettbewerbsstrategien. 11. Aufl. Campus-Verlag, Frankfurt/M.

Racky P (1997) Entwicklung einer Entscheidungshilfe zur Festlegung der Vergabeform. VDI-Reihe 4, Nr. 142, Düsseldorf

Reichling P (Hrsg) (2003) Risikomanagement und Rating: Grundlagen, Konzepte, Fallstudie. Gabler Verlag, Wiesbaden

Reister D (Hrsg) (2003) Nachträge beim Bauvertrag. Werner Verlag, Düsseldorf

Riester W (1999) Illegale Beschäftigung und Schwarzarbeit schaden uns allen. Bundesministerium für Arbeit und Sozialordnung, Presse, Öffentlichkeitsarbeit und Information

Rudolph KU (1996) Betreibermodelle im Rahmen der Projektentwicklung. In: Diederichs CJ (Hrsg) (1996) Handbuch der strategischen und taktischen Bauunternehmensführung. Bauverlag, Gütersloh

Rügemer W (2002) Colonia Corrupta – Globalisierung, Privatisierung und Korruption im Schatten des Kölner Klüngels. Verlag Westfälisches Dampfboot, Münster

Schär KF (1992) Die wirtschaftliche Funktionsweise des Factoring. In: Kramer EA (1992) Neue Vertragsformen der Wirtschaft: Leasing, Factoring, Franchising. 2. Aufl. Bern

Scholz C (2000) Personalmanagement – Informationsorientierte und verhaltenstheoretische Grundlagen. 5. Aufl. Verlag Franz Vahlen, München

Schmidt RB (1985) Werte und Wertungen in der Unternehmung. Die Betriebswirtschaft, Jg. 45 Nr. 4, S. 395–404

Schubert E (1971) Die Erfassbarkeit des Risikos der Bauunternehmung bei Angebot und Abwicklung einer Baumaßnahme. Diss. TH Hannover, Werner-Verlag, Düsseldorf

Schubert E (1983) Die Erfassbarkeit des Risikos der Bauunternehmung bei Angebot und Abwicklung einer Baumaßnahme. Bauverlag, Gütersloh

Talaj R (1993) Operatives Controlling für bauausführende Unternehmen. Bauverlag, Gütersloh

Termühlen B (1982) Controlling als Wertinformations-System und Führungsinstrument der Bauunternehmung. Diss. RWTH Aachen

TrebAG (Hrsg) (1998) Treuhand und Beratung Aktiengesellschaft: Krisenursachen im Insolvenzvorfeld mittelständischer Unternehmer. München/Salzburg

Übelhör M, Warns C (2004) Basel II – Auswirkungen auf die Finanzierung – Unternehmen und Banken im Strukturwandel. PD-Verlag, Heidenau

Vahlenkamp W, Knauss I (1995) Korruption – hinnehmen oder handeln? Bundeskriminalamt, BKA – Reihe Polizei + Forschung, Bd. 33. Eigenverlag Wiesbaden

Wagner W (2008) Die Unternehmensbewertung. In: Institut der Wirtschaftsprüfer in Deutschland e.V. (Hrsg) Wirtschaftsprüfer-Handbuch, Bd. 2, IDW-Verlag, Düsseldorf

Weber J (2010) Controlling. In: Gabler-Wirtschaftslexikon, 17. Aufl. Gabler-Verlag, Wiesbaden

Weng ER (1995) Entwicklung von Strategien für zielgruppenorientiertes Absatzmarktverhalten mittelständischer Bauunternehmen. Diss. Bergische Universität Wuppertal, DVP-Verlag, Berlin

Wirth V (2002) Schüsselfertigbau-Controlling im Baubetrieb. Kontakt & Studium, Bd. 486. Expert-Verlag, Renningen/Malmsheim

Wöhe G (2005) Einführung in die Allgemeine Betriebswirtschaftslehre. 22. Aufl. Verlag Franz Vahlen, München

Wöhe G, Bilstein J (2002) Grundzüge der Unternehmensfinanzierung. 9. Aufl. Verlag Franz Vahlen, München

Wohnbau Rhein-Main AG (Hrsg) (1996) Der technische Zustand unserer Miet-Wohngebäude zum 31. Dezember 1996. Frankfurt/M.

ZDB/Hauptverband der Deutschen Bauindustrie (2001) Arbeitszeit-Richtwerte Hochbau. Zeittechnik, Dreieich

Ziegler F (1997) Methoden zum Verbessern der Logistik in mittelständischen Hochbauunternehmen. Diss. Bergische Universität Wuppertal, DVP-Verlag Berlin

Zoller E, Wilhelm R (2007) Kapitalbeschaffung für Immobilien-Developments. In: Schäfer J, Conzen G (Hrsg) (2007) Praxishandbuch der Immobilien-Projektentwicklung. C. H. Beck, München

2.3 Immobilienmanagement

Claus Jürgen Diederichs

Im Lebenszyklus bzw. Nutzungszyklus von Immobilienprojekten sind bei ganzheitlicher Betrachtung drei eigenständige und durch markante Ereignisse voneinander abgegrenzte Phasen zu unterscheiden, die aufeinander folgen, sich jedoch z. T. auch überlagern (*Abb. 2.3-1*):

– die Projektentwicklung im engeren Sinne (PE i. e. S.),
– das Projektmanagement (PM) für Planung und Ausführung,
– das Facility Management (FM) für die Immobilien- und Gebäudebewirtschaftung.

In der GEFMA-Richtlinie 100-1 (Entwurf 2004-07) werden dazu 9 Lebenszyklusphasen (LzPh) mit Prozessen und Projekten definiert (*Abb. 2.3-2*). Das lebenszyklusorientierte ganzheitliche Immobilienmanagement ist gleichzusetzen mit dem auch verbreiteten Begriff „Projektentwicklung im weiteren Sinne (PE i. w. S.)", in den englischsprachigen Ländern bezeichnet mit „Real Estate Management and Construction Project Management".

Um eine an den Kunden- und Projektzielen ausgerichtete Prozessorientierung vornehmen zu können, werden die genannten Lebenszyklusphasen in den Unterkapiteln 2.3.1 bis 2.3.3 behandelt. Insbesondere für die Projektentwicklung i. e. S., aber auch für das Facility Management, hat die Immobilienbewertung für bebaute und unbebaute Grundstücke

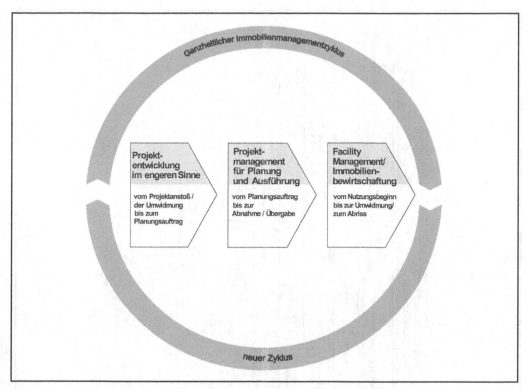

Abb. 2.3-1 Ganzheitliches Immobilienmanagement (Diederichs, 2006, S. 2)

herausragende Bedeutung für die zu treffenden unternehmerischen Investitionsentscheidungen im Immobilienbereich. Sie wird daher im Unterkapitel 2.3.4 behandelt (Diederichs, 2006, S. 1).

2.3.1 Projektentwicklung in engeren Sinne (PE i. e. S.)

Hauptmotiv der Projektentwickler ist die Vereinigung der Immobilienmanagement-Aktivitäten in einer Hand und die Abschöpfung der Gewinne aus den einzelnen Wertschöpfungsstufen. Weitere Motive sind die angemessene Verwendung nicht adäquat genutzter Grundstücke, die Einflussnahme auf die Mieterstruktur und die Verbesserung der städtischen und auch regionalen Umweltbedingungen (Diederichs, 2006, S. 5–138).

2.3.1.1 Begriffsbestimmungen

Nachfolgende auf die Produktionsfaktoren des Projektentwicklungsprozesses abstellende Definition hat im deutschsprachigen Raum weite Verbreitung erlangt und ist aus diesem Grund Basis der nachfolgenden Ausführungen (Diederichs, 2006, S. 5):

„Durch Projektentwicklungen (im weiteren Sinne) sind die Faktoren Standort, Projektidee und Kapital so miteinander zu kombinieren, dass einzelwirtschaftlich wettbewerbsfähige, Arbeitsplatz schaffende und sichernde sowie gesamtwirtschaftlich sozial- und umweltverträgliche Immobilienobjekte geschaffen und dauerhaft rentabel genutzt werden können."

Projektentwicklung im weiteren Sinne (PE i. w. S.) umfasst den gesamten Lebenszyklus der Immobilie vom Projektanstoß bis hin zur Umwidmung oder dem Abriss am Ende der wirtschaftlich vertretbaren Nutzungsdauer (*Abb. 2.3-1*).

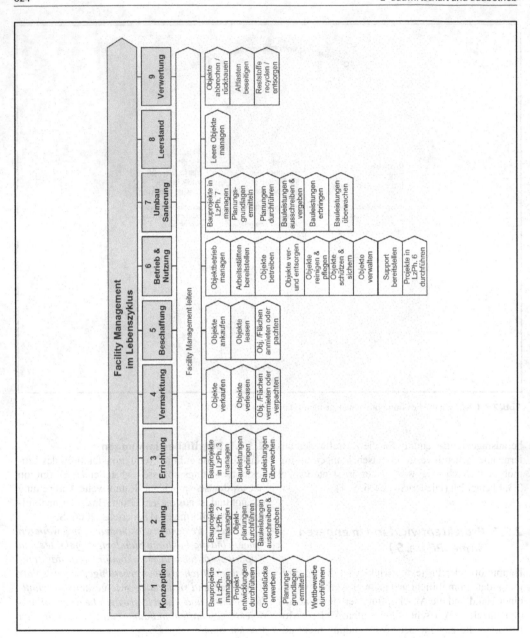

Abb. 2.3-2 Lebenszyklusphasen des ganzheitlichen Immobilienmanagements (GEFMA 100-2 (Entwurf 2004-07), Anlage A)

Projektentwicklung im engeren Sinne (PE i. e. S.) umfasst die Phase vom Projektanstoß bis zur Entscheidung entweder über die weitere Verfolgung der Projektidee durch Erteilung von Planungsaufträgen oder über die Einstellung aller weiteren Aktivitäten aufgrund zu hoher Projektrisiken.

Nach der Projektentwicklung (i. e. S.) und der Entscheidung über die Fortführung des Projektes, z. B. durch einen Planungsauftrag für mindestens die Leistungsphase 2 (Vorplanung) gemäß HOAI, beginnt das Projektmanagement, das die Phasen der Planung und Ausführung der Immobilie bis zur Abnahme/Übergabe umfasst.

Teilweise noch überlappend mit der Planung und in höherem Maße mit der Bauausführung setzt für die Betreuung des Gebäudebestandes ein komplexes Aufgabenfeld ein, das Facility Management. Übereinstimmende Aussage der verschiedenen Definitionen zum Facility Management ist die Forderung nach Erfüllung einer effektiven (tatsächlichen) und effizienten (wirtschaftlichen) Bewirtschaftung von Gebäuden und Anlagen zur Unterstützung der Kernkompetenzen und Wertschöpfungsprozesse der Nutzer.

2.3.1.2 Ausgangssituationen der Projektentwicklung

Gemäß *Abb. 2.3-3* sind grundsätzlich drei verschiedene Ausgangssituationen zu unterscheiden, die den Anlass und Auslöser für Projektentwicklungen darstellen:

- vorhandener Standort mit zu entwickelnder Projektidee und zu beschaffendem Kapital (Start A), ggf. auch Kapital vor Projektidee,
- vorhandenes Kapital mit zu entwickelnder Projektidee und zu beschaffendem Standort (Start B), ggf. auch Standort vor Projektidee,
- vorhandene Projektidee oder Vorhandensein eines konkreten Nutzerbedarfs mit zu beschaffendem Standort und Kapital (Start C), ggf. auch Kapital vor Standort.

Der erste Fall A (Projektidee für vorhandenen Standort) stellt eine häufige und zugleich schwierige Aufgabe dar. So ist davon auszugehen, dass in der Immobilienpraxis mehr als 2/3 der Projektentwicklungen vom Grundstück ausgehen, z. B. bei allen Unternehmen, die für ihre nicht mehr betriebsnotwendigen Grundstücke adäquate Nutzungsmöglichkeiten suchen.

Der zweite Fall B (Projektidee für vorhandenes Kapital und zu beschaffenden Standort) ist Aufgabenstellung institutioneller Investoren und Kapitalsammelstellen wie Versicherungen und Pensionskassen, Offener und Geschlossener Immobilienfonds, Leasinggesellschaften und ausländischer Investoren.

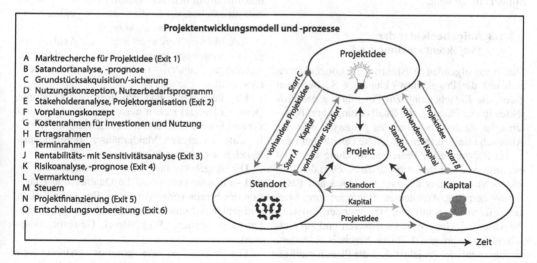

Abb. 2.3-3 Projektentwicklung von Standort (A), Kapital (B) oder Projektidee (C)

Der dritte Fall C (Projektidee noch ohne Standort und Kapital) fordert vom Projektentwickler, einen konkreten Nutzerbedarf an einem geeigneten Standort zu decken. Typische Beispiele dieser Aufgabenstellung sind die Projektentwicklungen von Shopping-Centern, die nach der Wiedervereinigung „auf der grünen Wiese" in Ostdeutschland entstanden.

Diese drei Ausgangssituationen der Projektentwicklung sind unter dem Einfluss des Faktors Zeit zu betrachten. Baugrundstücke haben theoretisch eine unbefristete Nutzungsdauer, solange keine Risiken entstehen, z. B. aus Altlasten, Gesetzgebung oder politischen Wirren, die eine wirtschaftliche Nutzung des Baugrundstücks nicht mehr zulassen. Im Zeitablauf kann sich durch externe Veränderungen auch der den nachhaltig Ertrag bringende Nutzen für ein Grundstück ändern.

In welcher Reihenfolge in den drei Fällen, ausgehend vom jeweils vorhandenen Faktor, die anderen Faktoren beschafft und eingebunden werden, hängt vom jeweiligen Einzelfall ab.

Für den ersten Fall A (Standort → Projektidee → Kapital) ist im Rahmen der Projektentwicklung i. e. S. die in *Abb. 2.3-4* dargestellte Prozesskette mit den Aufgabenfeldern A bis O abzuarbeiten. Dabei sind die zeitlich gestaffelten Exit-Stationen 1 bis 6 zu beachten, die verdeutlichen, dass ein iteratives oder auch nur teilweises Durchlaufen der Prozesskette den Normalfall und keineswegs einen Sonderfall darstellt.

2.3.1.3 Aufgabenfelder der Projektentwicklung i. e. S.

Die nachfolgenden Ausführungen konzentrieren sich auf die Projektentwicklung i. e. S., die dazu dient, die Entscheidung zur Fortführung des Projektes in der Planung und Realisierung vorzubereiten oder zu der Erkenntnis zu gelangen, dass der Abbruch aller weiteren Aktivitäten anzuraten ist.

Im Rahmen einer Projektentwicklung i. e. S. ist es Aufgabe des interdisziplinär zu besetzenden Projektentwicklerteams aus den verschiedenen Fachdisziplinen (u. a. Architekten, Bauingenieure, Marketingfachleute, Kaufleute, Steuerberater, Juristen), Projektentwicklungen zu konzipieren und zur Entscheidung zu bringen. Wird das Ergebnis akzeptiert, so folgen mit der Projektstufe 2 die Planungsaufträge an Architekten und Fachplaner. Anderenfalls

wird die Projektentwicklung zur Überarbeitung zurückgegeben oder aber gänzlich gestoppt.

Die wichtigsten 15 Aufgabenfelder in der Projektentwicklung i. e. S. werden nachfolgend als Teilleistungen definiert und anschließend in knapper Form kommentiert.

A Marktrecherche für Projektidee (Exit 1)

Zur Auswahl und Erhebung relevanter Marktindikatoren auf Gesamt- und Teilmarktebene sind im Wesentlichen folgende Teilleistungen erforderlich:

1. Nachfrageanalyse
    1.1 Flächenbedarf
    1.2 Potenzialanalyse zur Erhebung sektorenspezifischer Kenngrößen
2. Angebotsanalyse
    2.1 Flächenbestand
    2.2 Flächenplanung
3. Preisanalyse
4. Wechselseitige Betrachtung von Markt- und Standortsituation unter Einbeziehung der Marktlage des Nutzungssektors, der projektspezifischen Marktchancen, der Ertragsaussichten, der Rendite und des Mietermix
5. Entscheidungsvorschlag zum weiteren Vorgehen

Aufgabe der Marktanalyse und -prognose ist es, alle aktuellen und künftig zu erwartenden marktwirksamen qualitativen und quantitativen Fakten und Informationen der Nachfrage und des Angebots zu erheben, die Einfluss auf die geplante Immobilieninvestition haben können.

Jede Marktrecherche erfordert eine Analyse des gegenwärtigen und Prognose des voraussichtlichen Nachfrager-/Kunden- und Anbieter-/Konkurrentenverhaltens.

Für die Analyse und Prognose der Nachfrage (Kunden/Nutzer) stehen nur wenige konkrete und verwendbare Daten zur Verfügung wie z. B. Marktberichte der großen Maklerhäuser, Beratungsunternehmen und Kommunen.

Die Angebots- und damit Konkurrenzanalyse und -prognose untersucht die Qualität und Quantität des bereits vorhandenen, im Bau befindlichen und geplanten Immobilienangebotes in dem relevanten Marktsegment (Büro, Hotel, Gewerbe, Wohnen).

Die Preisanalyse und -prognose erstreckt sich sowohl auf die Nachfrage- als auch auf die Ange-

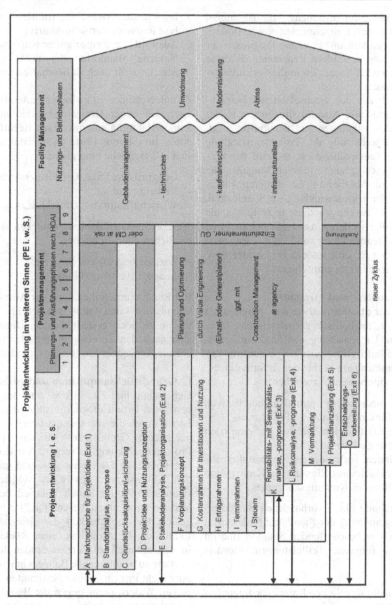

Abb. 2.3-4 Prozesskette der Aufgabenfelder der PE i. w. S.

botsseite. Neben der Erhebung von Bestands-, Durchschnitts- und Spitzenmieten sowie Bodenrichtwerten erfordern insbesondere Prognosen der Preisentwicklung besondere Beachtung, da diese mit entsprechenden Szenarien in die Sensitivitätsanalyse eingehen.

Sofern sich aus der wechselseitigen Betrachtung der Markt- und Standortsituation, d. h. der Nachfrage, des Angebotes und der Preise, zeigt, dass eine Weiterführung der Projektentwicklung i. e. S. Erfolg versprechend ist, so wird der Entscheidungsvorschlag zum weiteren Vorgehen die Empfehlung zur Abarbeitung der weiteren Aufgabenfelder der Projektentwicklung i. e. S. enthalten. Andernfalls ist bereits zu diesem Zeitpunkt die Einstellung aller weiteren Aktivitäten (Exit 1) zu dieser Projektentwicklung und ggf. eine neue Marktrecherche für eine andere Projektidee bzw. Nutzungskonzeption zu empfehlen.

B Standortanalyse und -prognose

Zielsetzung der Standortanalyse und -prognose ist eine objektive, methodisch aufgebaute und fachlich fundierte Untersuchung von direkt und indirekt mit der künftigen Entwicklung einer Immobilie im Zusammenhang stehenden Informationen. Dabei ist zu unterscheiden zwischen:

– der Suche nach einem optimalen noch fiktiven Standort für eine vorhandene Projektidee,
– einem bereits fixierten Standort für eine noch zu definierende Idee und
– verschiedenen vorhandenen Standortalternativen hinsichtlich ihrer Eignung zur Realisierung eines bestimmten Nutzungskonzeptes.

Zur Beschreibung eines vorhandenen Standortes oder zur Beschreibung der Standortanforderungen an einen noch zu beschaffenden Standort sind im Wesentlichen folgende Teilleistungen erforderlich:

1. Definition der räumlichen Rahmenbedingungen des Projektes
2. Auswahl und Erhebung relevanter harter Standortfaktoren auf Makro- und Mikroebene
3. Auswahl und Erhebung relevanter weicher Standortfaktoren auf Makro- und Mikroebene
4. Wechselseitige Betrachtung von Standort- und Marktsituation

5. Entscheidungsvorschlag (mittels Nutzwertanalyse und/oder Portfolio-Matrix)
6. Auswahl standortgeeigneter Nutzungen für vorhandene Standorte oder nutzungsgeeigneter Standorte für noch zu beschaffenden Standort

Zu unterscheiden ist zwischen harten Standortfaktoren mit hoher Beeinflussbarkeit und weichen Standortfaktoren mit niedriger Beeinflussbarkeit durch Investoren. Harte Standortfaktoren lassen sich in 3 Bereiche untergliedern:

– Geografische Lage, Grundstücksstruktur
– Verkehrsstruktur
– Wirtschaftsstruktur, Umfeldnutzungen

Weiche Standortfaktoren erstrecken sich im Wesentlichen auf 2 Bereiche:

– Soziodemografische Struktur
– Image, Investitionsklima

Bei Renditeimmobilien kann der Anspruch an die Grundstücks- und damit Standort- und Lagequalität nie zu hoch gestellt werden. Daraus ergeben sich nach den Spielregeln des Marktes entsprechende Konsequenzen für den Grundstückspreis.

C Grundstücksakquisition und -sicherung

Gegenstand und Zielsetzung einer sorgfältig vorbereiteten Grundstücksakquisition und -sicherung ist es, durch die rechtzeitige Bereitstellung eines geeigneten Grundstücks für eine erfolgreiche Projektentwicklung zu sorgen. Auf der Basis der Ergebnisse der Standortanalyse und -prognose für den Mikrostandort ist nach Möglichkeit eine Grundstücksoption durch notariell beurkundetes Verkaufsangebot zu beschaffen. Bei noch nicht gesicherter Bebaubarkeit des Grundstücks empfiehlt sich die Aufnahme einer Rücktrittsklausel in den notariell zu beurkundenden Kaufvertrag, falls die zu beantragende Baugenehmigung versagt oder nicht innerhalb einer bestimmten Frist erteilt, wegen Widerspruchs gegen die Baugenehmigung zurückgenommen wird oder nicht innerhalb einer bestimmten Frist die sofortige Vollziehbarkeit der Baugenehmigung unanfechtbar geworden ist.

Um im Falle einer Entscheidung für die Projektweiterführung rechtzeitig über ein adäquates Grundstück verfügen zu können, sind im Wesentlichen folgende Teilleistungen erforderlich:

1. Grundstücksakquisition
   1.1 Identifizierung von geeigneten Grundstücken
   1.2 Untersuchung der Einflussfaktoren für die Grundstückskaufentscheidung
   1.3 Einsicht in die Grundbücher
   1.4 Klärung der Möglichkeiten des Grundstückserwerbs
2. Grundstückssicherung
   2.1 Sicherung der Bebaubarkeit nach BauGB
   2.2 Abstimmen der Regelungen für den Grundstückskauf- oder Erbpachtvertrag

Die Grundstückssicherung wird im Idealfall grundsätzlich so gestaltet, dass die Kaufpreiszahlung erst unmittelbar vor Baubeginn fällig wird (vgl. *Abb. 2.3-4*). Eine Exitsituation ist i. d. R. nicht gegeben.

D Nutzungskonzeption und Nutzerbedarfsprogramm

Gegenstand und Zielsetzung des *Nutzerbedarfsprogamms (NBP)* ist es, den (voraussichtlichen) Nutzerwillen in eindeutiger und erschöpfender Weise zu definieren und zu beschreiben, um damit die Messlatte der Projektziele zu schaffen, die Projekt begleitend über alle Projektstufen hinweg verbindliche Auskunft darüber gibt, ob und inwieweit mit den Planungs- und Ausführungsergebnissen die Projektziele erfüllt werden.

Das NBP ist nach Grundstücksauswahl und -sicherung mit notarieller Beurkundung als „Pflichtenheft" für die nachfolgend einzubindenden Planungsbeteiligten zu erstellen.

Nutzungskonzeptionen entstehen aus Projektideen. Bei Projektideen mit noch zu beschaffendem Standort und Kapital bestehen die größten, bei einer Bestandsimmobilie die geringsten Freiheitsgrade. Dazu sind aktuell verfügbare Quellen für Projektideen zu nutzen (Marktbeobachtungen, standortkundige Nutzer, Prognosen über künftige Nutzungsstrukturen, Informationen über zeitgemäße städtische Lebensformen etc.).

Das *Funktionsprogramm* regelt die Zuordnung einzelner Arbeits- und Betriebsbereiche mit Arbeits- und Materialflüssen.

Das *Raumprogramm* enthält die Zusammenstellung der erforderlichen Nutzungsflächen und -räume für die unterzubringenden Unternehmensbereiche. Planungsziele sind u. a. die Optimierung der Flächenproportionen durch möglichst hohe Anteile der Hauptnutzflächen an der Bruttogrundfläche und Anpassungsfähigkeit durch Flexibilität und Variabilität.

Durch das *Ausstattungsprogramm* wird die Ausrüstung mit Betriebs- und Gebäudetechnik sowie die Einrichtung mit Maschinen, Geräten und Inventar im Einzelnen festgelegt.

Zur Erstellung einer wirtschaftlich tragfähigen Nutzungskonzeption mit zugehörigem Nutzerbedarfsprogramm nach DIN 18205 inklusive Funktions-, Raum- und Ausstattungsprogramm sind im Wesentlichen folgende Teilleistungen erforderlich:

1. Nutzungskonzeption
   1.1 Generieren von Projektideen für eine sach- und zeitgerechte Nutzung
   1.2 Beschaffen der erforderlichen Basisinformationen
   1.3 Erarbeiten und Darstellen der Vorgaben des Nutzers/Investors
2. Nutzerbedarfsprogramm nach DIN 18205
   2.1 Definition der Projektziele
   2.2 Überprüfen von Bedarfsdeckungsalternativen (z. B. durch Umbau, Erweiterung, Neubau oder Anmietung)
   2.3 Organisationsuntersuchung aus der Sicht des künftigen Nutzers
   2.4 Bedarfsplanung nach DIN 18205
3. Funktions-, Raum- und Ausstattungsprogramm zur Umsetzung der Bedarfsanforderungen und zur Schaffung von Grundlagen für die Planungskonzeption

E Stakeholderanalyse und Projektorganisation (Exit 2)

Bei positivem Ergebnis der Stakeholderanalyse ist die Konzeption der Projektorganisation ein wichtiges Aufgabenfeld für die weitere Projektentwicklung.

Stakeholderanalyse
Auf dem Projektentwicklermarkt steht jede einzelne Projektentwicklung im Spannungsfeld zwischen Nachfragern nach Projektentwicklungen einerseits und Anbietern andererseits. Aus *Abb. 2.3-5* wird deutlich, dass der Erfolg des Projektentwicklers stets in Abhängigkeit von den jeweiligen Teilmärkten der Nachfrager und den konkurrierenden Kun-

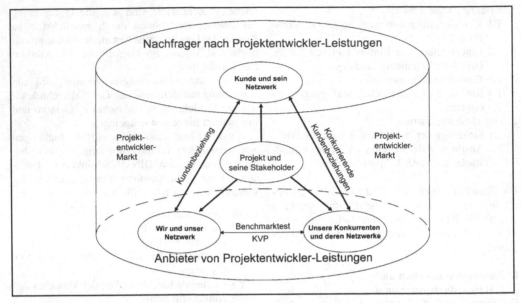

Abb. 2.3-5 Projektentwicklung im Spannungsfeld zwischen Nachfragern und Anbietern

denbeziehungen gesehen werden muss. Es kommt daher maßgeblich darauf an, die relative Wettbewerbsfähigkeit des Projektentwicklungsunternehmens durch Benchmarks zu vergleichen und durch kontinuierliche Verbesserungsprozesse (KVP) Spitzenleistungen zu erzielen.

Stakeholder sind:

1. alle am Projekt beteiligten Shareholder (Anspruch auf Rendite),
2. die Nutzer (Anspruch auf Erfüllung des Nutzerbedarfsprogramms),
3. die Auftraggeber (Anspruch auf Qualitäts-, Kosten- und Terminsicherheit),
4. die Mitarbeiter (Anspruch auf Beschäftigung und Sicherheit des Arbeitsplatzes)
5. die Lieferanten (Anspruch auf fristgerechte und betragsgenaue Erfüllung der Zahlungsverpflichtungen),
6. die Kreditgeber (Anspruch auf fristgerechte und betragsgenaue Zins- und Tilgungszahlungen),
7. der Staat (Anspruch auf Steuergelder sowie auf Konformität mit dem geltenden Bauplanungs- und Bauordnungsrecht, Wahrung der Belange der Allgemeinheit gegenüber den Interessen Einzelner),

8. die Natur als Standort, Rohstofflieferant und Aufnahmemedium für Abfälle (Anspruch auf Umweltschutz) und
9. die Öffentlichkeit, vertreten durch politische Organisationen, Parteien, Verbände, Gewerkschaften, Bürgerinitiativen und Medien (Anspruch auf Wahrung der Interessen der Öffentlichkeit, der Nachbarn und der Arbeitnehmer).

Die Ergebnisse der Stakeholderanalyse müssen den Projektentwickler befähigen, eindeutig die Frage zu beantworten, ob er mit ausreichender Unterstützung für sein Projekt durch alle Stakeholder rechnen kann oder ob seitens einzelner Interessengruppen große Widerstände zu erwarten sind, die sogar zum Scheitern des Projektes führen können.

In Abhängigkeit von diesem Ergebnis kommt es gegebenenfalls bereits zu einem Stopp aller weiteren Aktivitäten und damit zu einem Abbruch der Projektentwicklung (Exit 2) bzw. zu einer Iterationsschleife in den Aufgabenfeldern A bis E. Bei positivem Ergebnis ist die Projektorganisation für die weitere Planung und Abwicklung zu konzipieren.

Projektorganisation
Gegenstand und Zielsetzung der *Projektorganisation* sind eine eindeutige Projektstruktur, Aufbau-und Ablauforganisation. Durch die Projektstruktur soll eine hierarchische Aufgliederung des Gesamtprojektes in Teilprojekte und Teilprojektabschnitte erreicht werden, um eine Grundlage für Planungs- und Bauabschnitte, für Kosten und Termine und damit für Budgets und Nutzungszeitpunkte sowie für Kosten- und Termingliederungen zu schaffen.

Zielsetzung der *Aufbauorganisation* ist es, Aufgaben, Kompetenzen und Verantwortungen der Projektbeteiligten so festzulegen, dass weder Leistungsüberschneidungen noch Leistungslücken entstehen, sondern eine reibungslose Projektabwicklung gewährleistet wird. Grundsätze sind eine eindeutige Aufgabenzuordnung mit Definition der Verknüpfungspunkte (Schnittstellen), die Festlegung von Weisungs-, Entscheidungs- und Zeichnungsbefugnissen sowie Informationspflichten, die Ausgewogenheit von Leistung und Vergütung und die Bestimmung von Haftungs- und Gewährleistungsansprüchen.

Zielsetzung der *Ablauforganisation* ist die Erreichung der Termin- und Kapazitätsziele durch Maß-nahmen zur Regelung der Arbeitsabläufe im Sinne von Regelkreisen mit den Prozessen Planung, Abstimmung, Entscheidung, Soll-Ist-Vergleich, Abweichungsanalyse, Anpassungsmaßnahmen und Steuerung.

Eine typische Aufbauorganisation mit Einzelleistungsträgern, d. h. jeweils einzeln vom Bauherrn/Auftraggeber beauftragten Architekten, Fachplanern und ausführenden Firmen zeigt *Abb. 2.3.-6.*

F Vorplanungskonzept
Durch das Vorplanungskonzept gemäß § 15 Abs. 2, Leistungsphasen (Lph.) 1 und 2 HOAI, soll durch den Lageplan M 1:1000, Grundrisspläne, Ansichten und Schnitte M 1:200 sowie einen Erläuterungsbericht die Umsetzbarkeit der Nutzungskonzeption auf dem vorgesehenen Grundstück nachgewiesen werden.

Dieser Nachweis erstreckt sich einerseits auf die Unterbringung des Raum- und Funktionsprogramms und die damit verbundene Gebäude- und Geschossbelegung sowie auf die Zulässigkeit der Bebauung nach den §§ 12, 30, 33, 34 und 35 BauGB i. V. m. § 9 BauGB und der BauNVO.

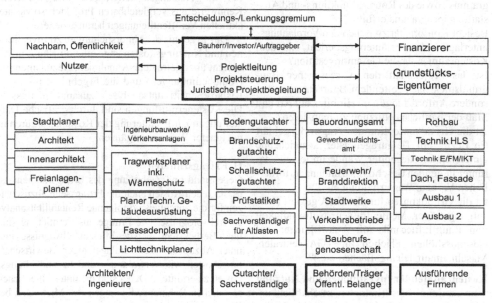

Abb. 2.3-6 Aufbauorganisation der Projektbeteiligten mit Einzelleistungsträgern

Zur konzeptionellen planerischen Umsetzung des Nutzerbedarfsprogramms durch das Vorplanungskonzept gehören folgende Teilleistungen:

1. Erarbeiten eines Vorplanungskonzeptes zur Nutzungskonzeption zum Nachweis der planerischen Umsetzbarkeit des Nutzerbedarfsprogramms auf dem vorgesehenen Grundstück und der Erfüllung des Funktions- und Raumprogramms durch eine Gebäude- und Geschossbelegung
2. Darstellung der Ergebnisse durch
   2.1 Lageplan M 1:1000 oder M 1:500
   2.2 Grundrisse, Schnitte und Ansichten M 1:200 oder M 1:100
   2.3 Erläuterungsbericht zu den wesentlichen städtebaulichen, gestalterischen, funktionalen, technischen, bauphysikalischen, wirtschaftlichen, energiewirtschaftlichen und landschaftsökologischen Zusammenhängen sowie dem Nachweis der baurechtlichen Umsetzbarkeit des Projektes auf dem vorgesehenen Grundstück

Mit dem Vorplanungskonzept und dem zugehörigen Erläuterungsbericht müssen folgende Fragen eindeutig beantwortet werden:

1. Werden die Vorgaben des Nutzerbedarfsprogramms sowie des Raum-, Funktions- und Ausstattungsprogramms erfüllt?
2. Besteht Konformität zwischen den Vorplanungsunterlagen, dem Erläuterungsbericht und dem Kostenrahmen für die Gesamtinvestition?
3. Ist das Projekt auf dem vorgesehenen Baugrundstück nach geltendem Baurecht ohne besondere Anforderungen im Hinblick auf Art und Maß der baulichen Nutzung zu realisieren?
4. Ist die Grundkonzeption des Tragwerks geklärt (in Bezug auf Tiefgaragenraster, ausreichende Unterstützung tragender Wände im jeweils darunter liegenden Geschoss, Gründung, erforderlichen Verbau, Wasserhaltung etc.)?
5. Ist die Grundkonzeption der TGA geklärt (Versorgungsträger, Medientrassen, Notwendigkeit von Raumlufttechnik mit Auswirkungen auf Geschosshöhen, Flächen für TGA-Zentralen, Maschinenaufstellungsflächen etc.)?

G Kostenrahmen für Investitionen und Nutzung
Der Investitions- oder (betriebswirtschaftlich unscharf) auch „Kosten"-Rahmen hat zentrale Bedeu-

tung für den Projektentwickler. Er ist stets differenziert nach Neubau und Umbau/Modernisierung zu erstellen.

Der Kostenrahmen für die Kgr. 100 der DIN 276 Grundstück ergibt sich aus der aktuellen Grundstücksgröße sowie den örtlichen Grundstückspreisen, wobei zum Kaufpreis noch die Grundstücksneben- und Freimachungskosten hinzuzurechnen sind (Kgr. 120 und 130 der DIN 276).

Kostenkennwerte für die weiteren Kostengruppen 200 bis 700 der DIN 276 sind aus Vergleichsprojekten sowie aktuellen Veröffentlichungen zu gewinnen.

Jede Kostenangabe erfordert stets die Nennung von mindestens 3 Merkmalen:

- Kostengruppenumfang nach DIN 276, der in der Kostenangabe enthalten sein soll,
- Preisindexstand des Kostenwertes sowie
- Hinweis, ob es sich um Netto- ohne oder Bruttowerte mit Umsatzsteuer handelt.

Zusätzlich zur Ermittlung des Kostenrahmens für die Erstinvestitionen ist eine Abschätzung der Nutzungskosten vorzunehmen nach DIN 18960, nach der GEFMA-Richtlinie 200 Kosten im FM oder nach der Betriebskostenverordnung (BetrKV) vom 25.11.2003. Für die Nutzungskostengruppen sind wiederum Kennwerte aus vergleichbaren Projekten sowie aus aktuellen Veröffentlichungen heranzuziehen.

Das Ergebnis der Untersuchungen zu Investitionen und Nutzungskosten ist in einem Erläuterungsbericht über getroffene Annahmen, Bezugsmengen (Randbedingungen) und die Ergebnisse inklusive Risiko-/Sensitivitätsanalyse zusammenzufassen. Die Kostenermittlungen sind durch grafische Darstellungen zur Erläuterung der Kostenstrukturen in geeigneter Weise zu ergänzen.

H Ertragsrahmen
Gegenstand und Zielsetzung des Ertragsrahmens ist es, nach den Kosten auch die Ertragsseite abzuschätzen für die anschließend folgende Rentabilitätsanalyse und -prognose. Die Erträge aus Vermietung sind unter Berücksichtigung des Mietausfallwagnisses und unter Abzug der nicht umlagefähigen Bewirtschaftungskosten wie Verwaltungs- und Instandhaltungskosten zu ermitteln. Dabei sind die unterschiedlichen rechtlichen Rahmenbedingungen des Mietrechts bei Wohnraum- und Gewerberaummiete zu beachten.

Für die Abschätzung des Ertrages zum Zeitpunkt des Verkaufs sind die Verfahren der Verkehrswertermittlung nach den Grundsätzen der Wertermittlungsverordnung (WertV) heranzuziehen:

- für den Grundstückswert das Vergleichswertverfahren
- für gewerblich genutzte Gebäude und Miethäuser das Ertragswertverfahren
- für selbst genutzte Ein- und Zweifamilienhäuser das Sachwertverfahren

Zur Abschätzung der zu erwartenden Erträge aus Vermietung oder Verkauf sind im Wesentlichen folgende Teilleistungen erforderlich:

1. Abschätzen der nachhaltig erzielbaren Erträge aus Vermietung durch Auswertung von relevanten Mietpreisspiegeln und Marktberichten
2. Abschätzen der nachhaltig erzielbaren Erträge durch Verkauf, orientiert an einer Verkehrswertermittlung nach WertV

In diesem Zusammenhang ist u. a. stets zu beachten, dass die Ermittlung des Verkehrswertes einer Immobilie einerseits und die Einigung über den Preis dieser Immobilie zwischen Käufer und Verkäufer andererseits zwei verschiedene Themen sind.

I Terminrahmen

Der Terminrahmen gibt erstmalig einen Überblick über den vorgesehenen zeitlichen Ablauf des Projektes. Er steckt mit nur wenigen Vorgängen und Ereignissen/Meilensteinen (≤ 15) die Dauern der 5 Projektstufen Projektvorbereitung, Planung, Ausführungsvorbereitung, Ausführung und Nutzung sowie die Entscheidungszeitpunkte bzw. Meilensteine für das Projekt ab.

Ausgehend vom aktuellen Zeitpunkt werden für jedes Projekt oder Teilprojekt mindestens folgende Meilensteine fixiert:

- Beginn der Projektentwicklung,
- Entscheidung zum Planungsauftrag,
- Baueingabe,
- Baugenehmigung,
- Baubeginn,
- Fertigstellung des Rohbaus und der wetterfesten Gebäudehülle und damit der Möglichkeit zum Beginn der Bauheizung,
- Baufertigstellung,

- Beginn der Abnahme-/Übergabephase und
- Nutzungsbeginn.

Als Ergebnis ist ein grafisch ansprechend gestalteter Meilensteinplan zu liefern und durch einen Erläuterungsbericht zu ergänzen. Darin sind die getroffenen Annahmen, die gewählten Bezugsdaten, Planungs- und Baufortschrittskennwerte sowie die Ergebnisse der Risiko-/Sensitivitätsanalyse zu den ausgewiesenen Abwicklungszeiträumen zu beschreiben.

Vorgegebene Fertigstellungs- bzw. Eröffnungstermine (z. B. Messetermine, Produktionsstart, Eröffnung zum Weihnachtsgeschäft) sind – sofern realistisch erreichbar – zwingend zu beachten.

J Steuern

Die Rentabilität und Finanzierung von Projektentwicklungen wird maßgeblich durch fällige und gestundete Steuern beeinflusst. Zielsetzung der steuerlichen Untersuchungen ist es, die Auswirkungen der verschiedenen Steuerarten auf die Rentabilität von Projektentwicklungen zu überprüfen und mögliche Steuervorteile durch Sonderabschreibungen zu nutzen.

Dieser Komplex beinhaltet damit auch die Untersuchung und Darlegung der Auswirkungen von Steuereffekten auf die Projektfinanzierung, wobei im konkreten Einzelfall stets im Immobilien-, Unternehmens- und Gesellschaftersteuerrecht erfahrene Berater einzubinden sind.

Bei den Steuerarten im Immobilienbereich ist gemäß *Abb. 2.3-7* zwischen Ertrag-, Substanz- sowie Umsatz- und Verkehrssteuern zu unterscheiden.

Wesentliche Aufgaben der steuerlichen Untersuchungen sind:

1. Überprüfen der für die Projektfinanzierung in Abhängigkeit von der Finanzierungsform relevanten Steuerarten
2. Untersuchen und Darlegen der Veränderung der Projektfinanzierung und der Projektrentabilität durch Steuereffekte

K Rentabilitäts- mit Sensitivitätsanalyse und -prognose (Exit 3)

Zielsetzung der Investoren in Projektentwicklungen ist die Maximierung der Rentabilität bei Wahrung der Liquidität und Minimierung des Risikos. Die operative „Performance" besteht in der jährlich erzielten Ausschüttungsrendite und der jähr-

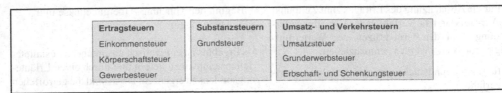

Ertragsteuern	Substanzsteuern	Umsatz- und Verkehrsteuern
Einkommensteuer	Grundsteuer	Umsatzsteuer
Körperschaftsteuer		Grunderwerbsteuer
Gewerbesteuer		Erbschaft- und Schenkungsteuer

Abb. 2.3-7 Überblick über die Steuerarten im Immobilienbereich

lichen Wertveränderung der Immobilie. Die Liquidität wird durch die Marktgängigkeit (Fungibilität) und die Sicherheit durch das Wertänderungsrisiko der Immobilie bestimmt.

Zur Erstellung der Rentabilitätsanalyse und -prognose mit Sensitivitätsanalyse sind im Wesentlichen folgende Teilleistungen erforderlich:

1. Erstellen einer Rentabilitätsanalyse nach der einfachen Developer-Rechnung und Bewertung
2. Erstellen einer Rentabilitätsprognose für den erwarteten Nutzungszeitraum mit Hilfe dynamischer Wirtschaftlichkeitsberechnungen
3. Durchführen einer Sensitivitätsanalyse durch Veränderung von Mieterträgen bzw. Verkaufspreis, Gesamtinvestitions- und Nutzungskosten

Die einfache *Developer-Rechnung* ist ein in der Immobilienpraxis häufig angewandtes Verfahren zur Ermittlung der Rendite eines Projektes. Dabei werden die jährlichen Mieterträge der Gesamtinvestitionssumme gegenübergestellt (Quotient von Jahresmieteinnahmen und Anfangsinvestition) und aus dem Kehrwert der anfänglichen Ausschüttungsrendite der Vervielfältiger oder auch Mietenmultiplikator bestimmt.

Dynamische *Wirtschaftlichkeitsberechnungen* untersuchen durch Berücksichtigung von Zeitreihen für die Zahlungsströme der Ein- und Ausgaben sowie Ab- oder Aufzinsung auf einen festen Bezugszeitpunkt die Vorteilhaftigkeit von Investitionen für die gesamte Nutzungsdauer bzw. bis zu einem bestimmten Planungshorizont. Kriterien der Vorteilhaftigkeit sind die Höhe der Kapitalwerte, der internen Zinsfüße und der Annuitäten (Diederichs, 2005, S. 230 ff).

Im *Beispiel 1 zur einfachen Developerrechnung* wird die Gesamtinvestitionssumme durch die jährlichen Mieterträge dividiert und daraus der Vervielfältiger oder auch Mietenmultiplikator bestimmt (*Abb. 2.3-8*).

Erwartet ein Investor einer Gewerbeimmobilie z. B. eine Rendite von knapp über 5%, so lässt sich ein Verkauf des Projektes mit einem Vervielfältiger von 19 realisieren (100/19 = 5,26%). Der Projektentwicklergewinn (Trading Profit) ergibt sich als Differenz aus dem Verkaufserlös und der Investitionssumme. Dabei ist allerdings zu beachten, dass sich der ausgewiesene Wert von 15,59% der Gesamtinvestition auf die gesamte Projektdauer verteilt (in diesem Fall etwa 3 Jahre).

Es ist jedoch kritisch darauf hinzuweisen, dass die einfache Developerrechnung die Investitionsphase zwar zutreffend abbildet, die Schwächen des Ansatzes jedoch in der Ermittlung des erzielbaren Verkaufserlöses liegen. Solange Investoren bereit sind, auf der Basis von Mietenmultiplikatoren Objekte zu erwerben, stellt dies kein Problem dar. Wenn die Investoren allerdings mit detaillierten Wirtschaftlichkeitsberechnungen arbeiten, dann reicht diese Betrachtungsweise nicht aus. Stattdessen sind dynamische Wirtschaftlichkeitsberechnungen zu empfehlen.

Im *Beispiel 2* zur einfachen Developerrechnung (*Abb. 2.3-9* und *Abb. 2.3-10*) für ein Bürogebäude mit Sensitivitätsanalyse geht es darum, aus den vorgegebenen Eckdaten für den Neubau eines innerstädtischen Bürogebäudes mit 8.500 m² Mietfläche, den Kosten der Gesamtinvestition von 28 Mio. € und einem angestrebten Entwicklungsgewinn von 4,2 Mio. € den Brutto- und Nettoertrag des Projektentwicklers sowie die Verzinsung des Eigenkapitals (Internal Rate of Return IIR) zu ermitteln. Anschließend wird in einer Sensitivitätsanalyse u. a. gezeigt, dass:

– eine Veränderung der Mieteinnahmen um ± 10% zu einer Erhöhung/Verminderung des Entwicklungsgewinns um 1.998.000 € × 10% × 16,12 = ± 3.220.800 € führt,

1 Gesamtinvestition		
1.1	Grunderwerbskosten	23.925.000 €
1.2	Grundstücksaufbereitungskosten	300.000 €
1.3	Baukosten	31.137.366 €
1.4	Baunebenkosten (ohne Finanzierungskosten)	5.113.737 €
1.5	Finanzierungskosten	6.886.461 €
1.6	Summe Gesamtinvestition	**67.362.564 €**
2 Mieterträge pro Jahr		
	341.500 €/Mt. × 12 Mt.	**4.098.000 €**
3 Anfangsrendite (vor Zinsen, Steuern und AfA)		
	100 × 4.098.000/67.362.564	**6,08 %**
4 Vervielfältiger (Mietenmultiplikator)		
	100/6,08	**16,45**
5 Trading Profit		
5.1	Mieterträge pro Jahr × Verkaufsfaktor 19	77.862.000 €
5.2	Gesamtinvestition	./. 67.362.564 €
	Trading Profit	**10.499.436 €**
	in % der Gesamtinvestition, bezogen auf die gesamte Investitionsdauer	15,59 %

Abb. 2.3-8 Beispiel 1: Einfache Developerrechnung einer Gewerbeimmobilie

– eine Erhöhung/Verminderung des Vervielfältigers von 16,12 um ± 1 den Projektentwicklergewinn bei gleich bleibender Miete um ± 1.998.000 € erhöht bzw. vermindert und
– der Projektentwicklergewinn von erwarteten 15% der Gesamtinvestition im worst case auf
  – 2,92% sinken kann. Dabei ist zu beachten, dass eine Erhöhung der Gesamtinvestition (GI) den Gewinn ebenfalls verringert.

Der interne Zinsfuß für das Eigenkapital, das am Anfang mit 5,6 Mio. € zur Verfügung gestellt wird und nach 24 Monaten inklusive Projektentwicklergewinn von 4,2 Mio. € mit 9,8 Mio. € zurückfließt, beträgt 32,29% p. a. ($1,3229^2 = 1,75$).

L Risiko- und Chancenanalyse und -prognose (Exit 4)
Durch die Risiko- und Chancenanalyse und -prognose sollen die Ergebnisse der Projektentwicklung und insbesondere die Rentabilitäts- sowie Sensitivitätsanalyse und -prognose kritisch hinterfragt werden.

Der Begriff „Risiko" bedeutet in der Projektentwicklung die Möglichkeit der Abweichung von erwarteten Projektzielgrößen aus den behandelten Aufgabenfeldern A bis L der Projektentwicklung. Dabei stellen positive Abweichungen Chancen und negative Abweichungen Risiken dar. Dabei ist zu beachten, dass die Risiken aus den einzelnen Aufgabenfeldern zahlreiche gegenseitige Abhängigkeiten aufweisen. Im Ergebnis wirken sie sich letztlich stets auf die Unterschreitung der erwarteten Rentabilität und Werthaltigkeit aus.

Risiken entstehen aus der Unsicherheit über Entscheidungsprämissen bzw. über den Eintritt zukünftiger Ereignisse mit der Folge einer negativen Abweichung von einer festgelegten Zielgröße (Ertrag, Rendite, Investitionssumme etc.).

Zur Erzielung der erwarteten Rendite muss das Projekt durch die Vermarktung ab dem geplanten Nutzungsbeginn die vorausgesetzten Erträge erwirtschaften, ohne dass es zu Kostensteigerungen gekommen ist, die das vorgegebene Kostenbudget überschreiten. Zusätzlich müssen auch die erwarteten Konditionen der Projektfinanzierung realisiert werden.

Zu beachten ist, dass Risiken auch stets Chancen gegenüberstehen. Im Zusammenhang mit den mittel- und langfristigen Chancen und Risiken der Projektentwicklung ist die Qualität des Immobilienstandortes Bundesrepublik Deutschland von zentraler Bedeutung.

Das unternehmerische Hauptmotiv der Projektentwicklung im weiteren Sinne besteht darin, durch Vereinigung der Immobilienmanagement-Aktivi-

Musterprojekt Neubau eines innerstädtischen Bürogebäudes			
Eckdaten			
Grundstück		2.000 m²	
BGF oberirdisch		10.000 m²	
Effizienz		85,00 %	≈ 8.500 m² MF(gif)
Mieterwartung Büro		19,59 €	
Stellplätze 1. UG		50 Stück	100 €
Eigenkapitalquote		20,00 %	5.600.000 €
Kosten			
1 Grundstück	2.000 m²	4.500 €	9.000.000 €
2 Erwerbsnebenkosten	pauschal	6 %	540.000 €
Summe Grunderwerbskosten		1.122 €/m² MF	**9.540.000 €**
3 Baukosten gesamt (inkl. TG)	10.000 m²	1.250 €	12.500.000 €
4 Baunebenkosten	pauschal	15 %	1.875.000 €
5 Unvorhergesehenes	pauschal auf 3–4	3,63 %	522.120 €
Summe Bau-/Baunebenkosten		1.753 €/m² MF	**14.897.120 €**
6 Projektmanagement	pauschal auf 3–4	5 %	718.750 €
7 Marketing/PR	pauschal auf 1–4	1,5 %	358.725 €
8 Vermietung/Maklerprovision		3 MM	499.500 €
Summe Bauherrenaufgaben		186 €/m² MF	**1.576.975 €**
9 Zinsen Grunderwerb	24 Mon.	5,50 %	839.520 €
10 Zinsen Rest (Faktor 0,5)	18 Mon.	5,50 %	543.645 €
11 Zinsen Leerstand	6 Mon. auf 1–10	5,50 %	602.740 €
Summe Finanzierungskosten		234 €/m² MF	**1.985.905 €**
12 **Gesamtinvestition (GI)**		3.294 €/m² MF	**28.000.000 €**
Verkaufspreis			
Mieteinnahmen p. a.		19,59 € / (m² MF x Mt)	1.998.000 €
Einstandszins	100 × 1.998 / 28.000	7,14 % von GI	
Einstandsfaktor	100 / 7,14	14,01	
Angestrebter Entwicklungsgewinn		15 % von GI	4.200.000 €
Angestrebter Verkaufspreis (VP)			**32.200.000 €**
			3.788 €/m² MF
Liegenschaftszins	100 × 1.988 / 32.200	6,20 % von VP	
Vervielfältiger (Verkaufsfaktor)	100 / 6,20	16,12	
Ertrag			
Projektmanagement Fee	5 % von Nrn. 3–4 der GI		718.750 €
Entwicklungsgewinn	15 % von GI		4.200.000 €
Bruttoertrag			**4.918.750 €**
davon Deckungsbeitrag PE	32 % vom Bruttoertrag		1.595.565 €
davon EK-Verzinsung	18 % vom Bruttoertrag		902.684 €
davon Verkaufsfees	3 % vom Bruttoertrag		161.000 €
Nettoertrag	8 % von GI		**2.259.501 €**
Entwicklungsgewinn, bezogen auf das EK in 24 Monaten	100 × 4.200 / 5.600		75,00 %
Entwicklungsgewinn in % p. a. bei 2 Jahren	100 × [(1,75)^{1/2} − 1]		32,29 %
Nettoertrag, bezogen auf das EK	100 × 2.259,5 / 5.600		40,35 %

Abb. 2.3-9 Beispiel 2: Einfache Developerrechnung mit Sensitivitätsanalyse

täten in einer Hand, preiswerten Einkauf der Immobilie vor der Projektentwicklung sowie günstigen Verkauf der Immobilie nach deren Erstellung oder während der Nutzungsphase die Handelsspannen in den einzelnen Stadien vor und nach der eigentlichen Bauausführung einzubeziehen und als Development-Gewinne abzuschöpfen.

Damit bietet die Projektentwicklung erhebliche Chancen mit einzel- und gesamtwirtschaftlicher Bedeutung, aber auch Risiken, die nicht übersehen werden dürfen und denen mit geeigneten Risikotherapien zu begegnen ist (*Abb. 2.3-11*).

Die Wahrnehmung von Chancen und die Beherrschung von Risiken erfordern die Etablierung

Sensitivitätsanalyse für den Projektentwicklergewinn			
Miete ohne Stellplätze	–10 %	**19,59 €/m²**	+ 10 %
Vervielfältiger – 1	–818.200 €	2.202.000 €	5.222.200 €
Vervielfältiger ± 0	979.200 €	**4.200.000 €**	7.420.800 €
Vervielfältiger + 1	2.778.200 €	6.198.000 €	9.617.800 €
Vervielfältiger – 1	–2,92 %	7,86 %	18,65 %
Vervielfältiger ± 0	3,50 %	**15,00 %**	26,50 %
Vervielfältiger + 1	9,92 %	22,14 %	34,35 %
Interner Zinsfuß (ohne PM-Fees)			
	2003	2004	2005
IRR = 32,29 %	5.600.000,00 €	– €	9.800.000,00 €
(ohne PM-Fees)	100 %	0 %	100 × 1,3229² = 175 %
Wesentliche Parameter der Realisierungsentscheidung			
Höhe des einzubringenden Eigenkapitals		20 %	5.600.000 €
Dauer der Kapitalbindung		Monate	24 Mon.
Exitlösung Vermietung		ja/nein	nein
Exitlösung Verkauf		ja/nein	ja
Exitlösung Planungs- und Baurisiken		ja/nein	nein
Wesentliche Werthebel in der Development-Kalkulation			
1 Miethöhe		19,59 €/m² (m² MF × Mt)	1.998.000 €
2 Effizienz MF/BGF		85 %	8.500 m² MF
3 EK-Quote		20,00 %	5.600.000 €
4 Vervielfältiger (Verkaufsfaktor)			16,12
5 Baukosten		1.250 €/m² BGF	12.500.000 €
6 Planungszeit			6 Mon.
7 Bauzeit			18 Mon.
8 Zinssatz Fremdkapital/Summe Finanzierungskosten		5,50 % p. a.	1.985.905 €
9 Zinssatz Eigenkapital		7,76 % p. a.	902.684 €

Abb. 2.3-10 Beispiel 2: Einfache Developerrechnung mit Sensitivitätsanalyse (Fortsetzung)

Chancen der Projektentwickler durch Vereinigung der Immobilienmanagement-Aktivitäten in einer Hand
1. Schaffung fondsgeeigneter Projekte
2. Erzielung strategiegerechter Nutzungskonzeptionen
3. Einfluss auf die Vermietung
4. Höhere Objektqualität und Verjüngung des Immobilienbestandes
5. Niedrigere Gesamtkosten
6. Angemessene Verwendung nicht adäquat genutzter Grundstücke
7. Verbesserung der städtischen/regionalen Umweltbedingungen und Erhöhung der Lebensqualität
8. Gesamtwirtschaftliche Umwelt- und Wirtschaftsförderung
9. Erhöhung der Kapazitätsauslastung der Bauwirtschaft

Risiken der Projektentwicklung
1. Entwicklungs-, und Vermarktungsrisiken (Leerstands- und Verkaufsrisiken)
2. Standortrisiken aus der Lagequalität des Grundstücks mit seinem regionalen und sozialen Umfeld
3. Risiken aus den Nutzungs-, Finanzierungs- und Betreiberkonzeptionen
4. Genehmigungsrisiken
5. Rentabilitätsrisiken aus den Prognosen für den Ertrag
6. Qualitäts-, Kosten- und Terminrisiken
7. Organisationsrisiken
8. Baugrundrisiken

Abb. 2.3-11 Chancen und Risiken der Projektentwicklung

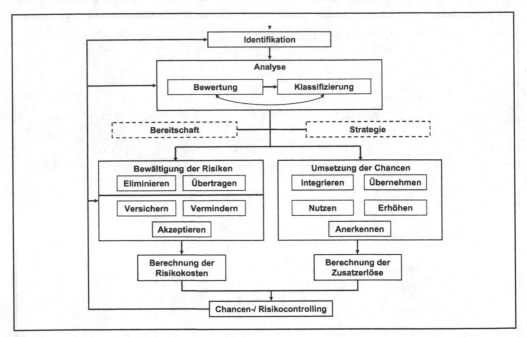

Abb. 2.3-12 Regelkreis der Chancen- und Risikomanagementprozesse. Quelle: Busch, 2003, S. 63

eines systematischen Chancen- und Risikomanagementsystems mit einem Regelkreis aus den Prozessen Risikoidentifikation, -bewertung, -klassifizierung, -bewältigung, -kostenermittlung und -controlling (*Abb. 2.3-12*).

Im Rahmen der *Risikobewältigung* ist zu untersuchen und zu entscheiden, wie mit identifizierten, bewerteten und klassifizierten Risiken umzugehen ist, d. h. welche aktiven und passiven Maßnahmen geplant und umgesetzt werden sollen (Busch, 2003, S. 63 ff.). Grundsätzlich kommen 5 Strategien zur Risikobewältigung in Betracht, die sämtlich darauf abzielen, häufig auch in Kombination, ein möglichst geringes Restrisiko zu erreichen:

– Eliminieren, Vermeiden
– Vermindern
– Übertragen, Transferieren
– Versichern
– Akzeptieren, Übernehmen

Zielsetzung der *Risikovermeidung* ist es, die Tragweite oder die Eintrittswahrscheinlichkeit auf den Nullpunkt zu bringen. Sie bietet von allen Handlungsalternativen die größte Sicherheit, ist aber auch mit sehr hohen Kosten verbunden. Daher ist darauf zu achten, dass die Kosten der Risikovermeidung deutlich unterhalb der Kosten eines möglichen Schadenseintritts bleiben.

Zielsetzung der *Risikoverminderung* ist es, durch organisatorische, technische oder betriebliche Maßnahmen das Risiko auf ein akzeptables Restrisiko zu reduzieren. Dabei ist wiederum das Ausmaß der Risikoverminderung gegen die Kosten der Verminderungsmaßnahmen abzuwägen.

Bei der *Risikoübertragung* versucht der Projektentwickler, das eigene Risiko durch Verträge auf andere Projektbeteiligte ganz oder teilweise abzuwälzen, z. B. auf den Investor, den Construction Manager, den Anteilseigner in der Projektentwicklungsgesellschaft oder den Finanzierungspartner.

Anstelle der Risikoübertragung auf Dritte kommt auch die Risikoübertragung auf Versicherungsunternehmen in Betracht, sofern das entsprechende Risiko versicherbar ist. Dabei geht es vor allem um Risiken mit hoher Tragweite im Falle des Risikoeintritts.

M Vermarktung

Immobilienmarketing bezeichnet die Gesamtheit aller unternehmerischen Maßnahmen, die der Entwicklung, Preisfindung und Vermarktung von Immobilien dienen, um Austauschprozesse zwischen Mietern/Käufern einerseits und Vermietern/Verkäufern andererseits herbeizuführen. Typische Immobilienmarketing-Elemente sind:

- Grundsteinlegung, Richtfest, Einweihung, Tag der offenen Tür
- Öffentlichkeitsarbeit (Public Relations, PR)
- Kontakte zur regionalen und überregionalen Presse, zu Funk und Fernsehen

Durch Vermietung vor Baubeginn soll das Investitionsrisiko minimiert werden. Daher wird eine Vorvermietungsquote von 40% bis 60% angestrebt.

Bei einem Verkauf soll der Käufer durch eine Kombination von Rendite, Wertsteigerung und Steuervorteilen einerseits mit einer guten Finanzierung andererseits eine attraktive Verzinsung für das von ihm eingesetzte Eigenkapital erhalten (leverage effect). Dabei ist zu beachten, dass der Gewinn des Projektentwicklers i. w. S. komplett im Verkauf steckt.

Zu den Aufgaben der Vermarktung gehören damit die Konzeption des Immobilienmarketings sowie die Auswahl externer Dienstleister für Marketing- und PR-Maßnahmen, das Management der Vermietung und des Mieterausbaus, die Mieterbetreuung unter Einbindung externer Makler sowie die Organisation des Verkaufs durch Direktvertrieb oder auch Einbindung externer Makler.

N Projektfinanzierung (Exit 5)

Immobilieninvestitionen binden langfristig hohe Kapitalbeträge, die nur selten voll aus *Eigenkapital* finanziert werden können.

Es gilt daher folgender Kernsatz der Immobilienfinanzierung (Follak/Leopoldsberger, 1996): „Die Erträge aus der Immobilie müssen den Kapitaldienst und der Wert der Immobilie die Besicherung gewährleisten. Unternehmenskredite werden dagegen i. d. R. aus anderen Quellen als der Investition selbst bedient und besichert."

Gegenstand und Zielsetzung des Aufgabenpaketes Projektfinanzierung ist, die für den Investor bestgeeignete Finanzierungsform herauszufinden,

zu möglichen Anbietern der Projektfinanzierung Kontakt aufzunehmen, Finanzierungsverhandlungen mit ausgewählten Anbietern vorzubereiten und diese bis zur Unterschriftsreife zu führen.

Unter dem Begriff der klassischen Immobilienfinanzierung wird die Finanzierung über grundpfandrechtlich gesicherte Darlehen verstanden. In der prozentualen Höhe der Beleihungsgrenze unterscheiden sich die Finanzierungsinstitute deutlich.

Für die Beurteilung der Schuldendienstfähigkeit und damit die Bewilligung eines Kreditantrags ist bei der Projektfinanzierung der voraussichtliche wirtschaftliche Erfolg des zu finanzierenden Projektes entscheidend. Es wird erwartet, dass sich Zins und Tilgung aus dem prognostizierten Cashflow des finanzierten Projektes erwirtschaften lassen und darüber hinaus zusätzlich ein Überschuss für den Investor erzielt wird. Durch Sensitivitätsanalysen wird der Einfluss der Renditefaktoren Mieterträge, Projektkosten, Zins- und Tilgungssätze etc. auf die Cashflow-Entwicklung im besten, wahrscheinlichsten und schlechtesten Fall durchgespielt. Kreditgeber orientieren ihre Entscheidung i. d. R. am wahrscheinlichsten oder schlechtesten Ergebnis.

Für die Projekt- und Immobilienfinanzierung existieren zahlreiche klassische Finanzierungsformen. In jüngerer Zeit werden zunehmend neue Finanzierungsprodukte angeboten, die von den Prinzipien des Eigenkapitaleinsatzes, der Mischfinanzierung, der Gesellschaftsanteile und der Risikoverteilung bestimmt werden (*Abb. 2.3-13*).

Durch Analyse und Bewertung der vielfältigen Finanzierungsformen ist das für die konkret erforderliche Projektfinanzierung bestgeeignete Maßnahmenbündel auszuwählen, das sowohl den Projektentwickler als auch Eigen- und Fremdkapitalgeber zufrieden stellt und gleichzeitig der Transaktionsstruktur Rechnung trägt. Der Finanzierungsformen-Mix ist daher stets für die Bedürfnisse der konkreten Projektfinanzierung maßzuschneidern.

Zur Erleichterung der Auswahlentscheidung ist daher eine Bewertungsmatrix zu erstellen. Diese soll den beteiligten Institutionen ermöglichen, eine ihren Interessen möglichst nahekommende Finanzierungsstruktur auszuwählen.

Abb. 2.3-14 zeigt das Schema einer Bewertungsmatrix der Finanzierungsformen aus der Sicht des Investors bei Beschränkung auf die Finanzie-

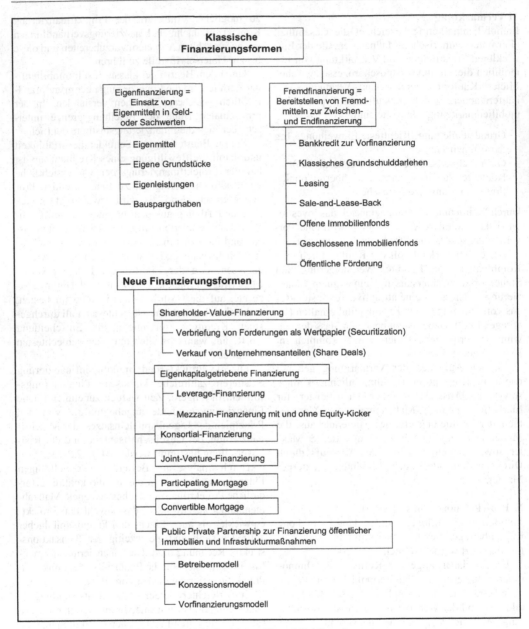

Abb. 2.3-13 Klassische und neue Formen der Projekt- und Immobilienfinanzierung

Nr.	Zielkriterien	Gewicht	Erfüllung				Nutzenpunkte 0 - 5				Gewichtete Nutzenpunkte			
			EK	Rk	L	CM	EK	Rk	L	CM	EK	Rk	L	CM
1	Einfache Mittelbeschaffungsmöglichkeit	20	sehr gut	befr.	ausr.	ausr.	5	3	2	2	100	60	40	40
2	Besicherung aus der Immobilie	10	bedingt	ja, voll	ja, teilw.	nein	3	5	4	1	30	50	40	10
3	Niedriger FK-Zins	10	n. relev.	nein	nein	ja	5	1	1	5	50	10	10	50
4	Ertragsabhängige Tilgung	10	ja	nein	ja	nein	5	1	5	1	50	10	50	10
5	Lange Laufzeit der Kreditkonditionen	10	n. relev.	bedingt	ja	ja	0	3	5	5	0	30	50	50
6	Hoher Leverage-Effekt	10	nein	bedingt	ja	bedingt	1	3	5	3	10	30	50	30
7	letzter Rang im Grundbuch	5	n. relev.	bedingt	n. relev.	bedingt	5	3	5	3	25	15	25	15
8	Tilgung als Betriebsaufwand	5	nein	nein	ja	nein	1	1	5	1	5	5	25	5
9	Keine Immobilien-Aktiva in der Bilanz	5	nein	nein	ja	nein	1	1	5	1	5	5	25	5
10	Unabhängigkeit durch Finanzierungssicherheit	5	sehr gut	befr.	ausr.	gut	5	3	2	4	25	15	10	20
11	Hohe Entscheidungsflexibilität	5	sehr gut	befr.	ausr.	befr.	5	3	2	3	25	15	10	15
12	Gesicherte Liquidität	5	ausr.	befr.	ausr.	gut	2	3	2	4	10	15	10	20
13	Summe	100									335	260	345	270
										Rang:	2	4	1	3

Legende: EK = Eigenkapital   Rk = Realkredit   L = Leasing   CM = Convertible Mortgage

Abb. 2.3-14 Nutzwertanalyse der Finanzierungsformen aus der Sicht eines Investors für ein Bürogebäude (Auszug)

rungsformen Eigenkapital, Realkredit, Leasing und Convertible Mortgage.

Im Ergebnis zeigt sich, dass aus den ausgewählten Finanzierungsformen mit den vorgegebenen Zielkriterien die Alternative Leasing mit 345 gewichteten Nutzenpunkten Rang 1 erreicht, dicht gefolgt von der Alternative Eigenkapital mit 335 gewichteten Nutzenpunkten auf Rang 2.

O Entscheidungsvorlage (Exit 6)
Die Untersuchungsergebnisse aus der Projektentwicklung i. e. S. müssen in einem Entscheidungsmodell zusammengefasst werden, um die Entscheidung zur Fortführung der Projektentwicklung durch Erteilung von Planungsaufträgen für die Leistungsphasen 2 ff. nach HOAI (Vorplanung, Entwurfsplanung etc.) wegen nachhaltiger Erfolgsaussichten oder aber über den Abbruch der Projektentwicklung wegen zu hoher Risiken vorzubereiten. Dabei ist auch zu beachten, dass die Projektentwicklung häufig zeitparallel für verschiedene Projektentwicklungsideen in Form unterschiedlicher Nutzungsalternativen (Büro, Gewerbe, Hotel, Wohnen etc.) durchgeführt wird. Es ist daher ein konsekutives, zeitlich gestaffeltes Entscheidungsmodell mit Iterationsschleifen für Projektentwicklungsalternativen zu schaffen.

Im chronologischen Ablauf ergeben sich die Entscheidungszäsuren für die Fortsetzung (Go) oder den Abbruch (Exit) der Projektentwicklung (*Abb. 2.3-15*).

Abbildung 2.3-16 zeigt den K.O.-Barren der Projektentwicklung, dessen „Raum" P3 nicht „betreten" werden darf mit z. B. $\leq 5\%$ p. a. für die Zinsen aus Mieteinnahmen, $\geq 6\%$ für den Risikozuschlag und $\leq 5\%$ p. a. für den Projektentwicklergewinn. Weiterhin zeigt das Beispiel den Raum P2 der erwarteten Werte (expected case) (x = 7, y = 5, z = 10) und den Raum P1 der optimistischen Werte (best case) (x = 10; y = 4, z = 12).

Schließlich ist gemäß *Abb. 2.3-14* der Entscheidungsrahmen durch eine Nutzwertanalyse zur Beurteilung der nicht monetär bewertbaren Faktoren von Projektentwicklungsalternativen zu ergänzen. Einen Vorschlag dazu enthält *Abb. 2.3-17*.

Es ist dann derjenigen Projektentwicklungsalternative der Vorzug zu geben, die bei gleicher oder ähnlicher Positionierung im Koordinatensystem der Rentabilitäts- und Risikoanalyse den höchsten Wert der gewichteten Nutzenpunkte erhält und dabei auch einen vorgegebenen Mindestwert von z. B. 667 von 1.000 möglichen Punkten überschreitet. Wird der Mindestwert nicht erreicht, ist die Projektentwicklung zu überarbeiten

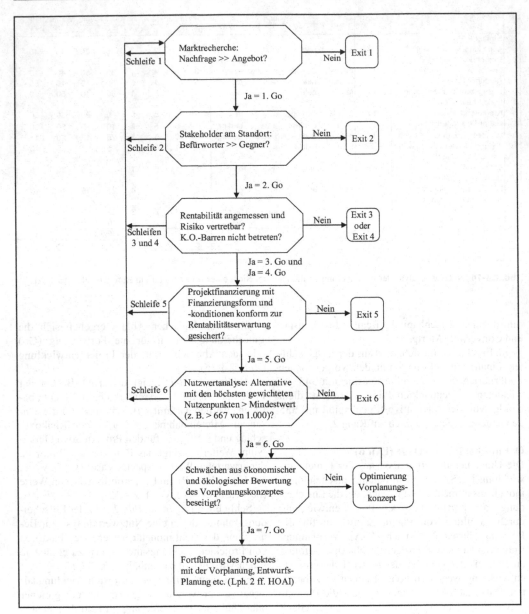

Abb. 2.3-15 Konsekutives Entscheidungsmodell für Projektentwicklungen mit Iterationsschleifen

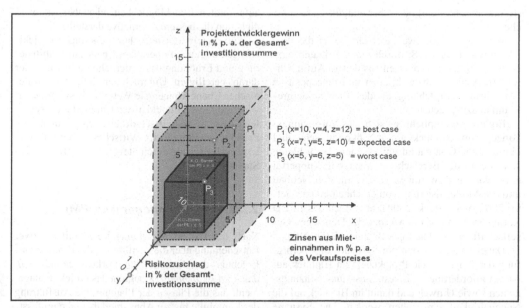

Abb. 2.3-16 Koordinatensystem der Rentabilitäts- und Risikoanalyse

Nr.	Teilziel	Gewicht (Vorschlag)	Messergebnisse		Erfüllungspunkte von 1 bis 10		gewichtete Nutzenpunkte	
			Alternative A	Alternative B	Alternative A	Alternative B	Alternative A	Alternative B
1	Hohe nachhaltige Marktnachfrage	15						
2	Geringes Leerstandsrisiko durch hohe Lagequalität	10						
3	Geringes Konkurrenz-angebot	10						
4	Geringes Genehmigungsrisiko	10						
5	Attraktive Nutzungs- und Planungskonzeption	10						
6	Hohe Drittverwendungs-fähigkeit	10						
7	Geringes Risiko der Finanzierungskonzeption	8						
8	künftiges Wertsteigerungs-potenzial	7						
9	Gutes Timing für den Markteintritt	5						
10	Aufstrebende Wirt-schaftsregion	5						
11	Geringes Baugrund- und Bauwerksrealisierungsrisiko	5						
12	Wirtschaftspolitische Stabilität	5						
	Summe	100	——	——	——	——		

Abb. 2.3-17 Nutzwertanalyse zur Beurteilung nicht monetär bewertbarer Teilziele der Projektentwicklung

(Iterationsschleife 6) oder aber endgültig abzubrechen.

Wird der Mindestwert erreicht, so ist die Projektentwicklung i.e.S. durch einen Erläuterungsbericht mit den Ergebnissen aus den 15 Aufgabenfeldern A bis O abzuschließen und eine positive Fortführungsempfehlung an das Entscheidergremium auszusprechen.

Ergänzend empfiehlt es sich, das Vorplanungskonzept im Hinblick auf die ökonomische und ökologische Qualität zu untersuchen. Dazu bieten sich die an der Bergischen Universität Wuppertal entwickelten Bewertungssysteme für den Neubau und die Modernisierung von Hochbauten an (Getto, 2002, und Streck, 2004), aber auch das LEED Rating System und die Ansätze der Deutschen Gesellschaft für Nachhaltiges Bauen e.V. (DGNB).

Dabei handelt es sich um Systeme zur Überprüfung der Frage, ob die Projektziele im Hinblick auf Nutzeranforderungen, Investitions- und Nutzungskosten sowie Umwelt und damit im Hinblick auf die Nachhaltigkeit eingehalten werden. Die Systeme sind so angelegt, dass bereits das Vorplanungskonzept bewertet werden kann, um zu entscheiden, ob die Planung weiter fortgeführt werden soll. Weitere Bewertungsschritte sind jeweils vorgesehen am Ende der Genehmigungsplanung vor Einreichung der Bauvorlagen an das Bauordnungsamt und vor Baubeginn unter Einbeziehung der zwischenzeitlichen Ausführungsplanung und Leistungsbeschreibungen.

2.3.1.4 Zusammenfassung

Jeder Lebenszyklus einer Immobilie beginnt mit der Projektentwicklung i.e.S. Aufgrund der entscheidenden Bedeutung dieser Projektstufe, in der einerseits die größten Freiheitsgrade im Hinblick auf Qualitäten, Kosten und Termine und damit das höchste Maß an Beeinflussbarkeit bestehen, muss an den aufgezeigten sechs Exitstationen während des Projektentwicklungsprozesses i.e.S. entschieden werden, ob Iterationsschleifen Erfolg versprechend sind oder der vorzeitige Abbruch der Projektentwicklung i.e.S. zu empfehlen ist. Am Ende muss mit der Entscheidungsvorlage stets die Entscheidung gefällt werden, ob das Ergebnis der Untersuchungen eine Fortführung der weiteren Planung und anschließenden Ausführung rechtfertigt oder ob eine Schadensbegrenzung durch Wahrnehmung der letzten aufgezeigten Exit-Möglichkeit oder aber -notwendigkeiten die bessere Alternative darstellt.

Aus einzelwirtschaftlicher Sicht tragen Projektentwicklungen auf operativer Ebene zur Stabilisierung und Erhöhung des Unternehmenserfolges der daran beteiligten Unternehmen bei. Auf strategischer Ebene können sie Wettbewerbsvorteile für wichtige Geschäftsfelder der Unternehmen schaffen. Aus gesamtwirtschaftlicher Sicht dient die Projektentwicklung der Wirtschaftsförderung und Lageverbesserung durch Steigerung der regionalen Standortqualität.

2.3.2 Projektmanagement (PM)

Nach der Projektentwicklung i.e.S. mit positiver Entscheidung über die Fortführung des Projektes als Ergebnis der Entscheidungsvorlage gemäß *Ziff. 2.3.1.3 Aufgabenfeld O*, beginnt das Projektmanagement, das die Phasen der Planung und Ausführung der Immobilie bis zur Abnahme/Übergabe umfasst.

Die Untersuchungen zum Leistungsbild des § 31 HOAI und zur Honorierung für die Projektsteuerung, in Branchenkreisen auch bekannt als „grünes Heft" bzw. „Nr. 9 der Schriftenreihe des AHO" stießen seit dem Erscheinen der ersten Auflage im November 1996 auf rege Nachfrage. Dies wird auch durch die vier Nachdrucke vom August 1998, September 2000, März 2002 und April 2003 sowie die Neuauflagen vom Januar 2004 und April 2009 deutlich.

Die wesentlichen Anforderungen der Auftraggeber an das Projektmanagement sind:

– Ausrichtung der Projektsteuerung auf den Erfolg des Bauprojektes,
– Übernahme von Projektleitungsaufgaben in Linienfunktion,
– Verknüpfung von Projektsteuerungs- mit Planungsleistungen der Leistungsphasen 6 bis 8 HOAI, auch mit Generalplanung,
– Implementierung und Anwendung von Projektinformations- und Wissensmanagementsystemen,
– Projektmanagement bei Einschaltung von Kumulativleistungsträgern (Generalplanern, Generalunternehmern etc.),
– einfache, flexible und leistungsorientierte Honorarvereinbarungen.

Die Mitglieder der AHO-Fachkommission „Projekt-steuerung", zwischenzeitlich umbenannt in „Projektsteuerung/Projektmanagement", verzichteten bereits seit 1998 auf Aufnahme einer vollständigen Leistungs- und Honorarordnung in die HOAI. Sie erkannten, dass mit der Fortschreibung des AHO-Heftes Nr. 9 eine gute Möglichkeit gegeben sei, den Erfordernissen des Marktes durch zeitnahe Aktualisierung von Heft Nr. 9 zu entsprechen.

Die Erwartung der Auftraggeber an Projektmanager besteht darin, dass sie durch deren Einschaltung bei der Erreichung ihrer Projektziele im Hinblick auf Funktionen, Qualitäten, Kosten, Termine und Organisation effizient unterstützt werden.

Das Projektmanagement hat sich seit seinen Anfängen vor mehr als 40 Jahren zu einem bedeutsamen Markt entwickelt. Nach überschlägigen Berechnungen kann derzeit in der Bundesrepublik Deutschland von einem Angebot und einer Nachfrage nach Leistungen extern eingeschalteter Projektmanager von jährlich rund 2,0 Mrd. € ausgegangen werden.

2.3.2.1 Regelungsnotwendigkeit und -fähigkeit des Projektmanagements

Die Regelungsnotwendigkeit für ein Leistungsbild und für Honorarvorschläge zum Projektmanagement ergab sich aus den Schwierigkeiten bei der Anwendung des § 31 HOAI in der Praxis seit seiner Einführung im Jahr 1977. In der HOAI 2009 ist die Projektsteuerung nicht mehr enthalten mit der Begründung, dass § 31 HOAI keine klare Honorarregelung und kein klares Leistungsbild enthalte.

Der fehlenden Strukturierung der Leistungen der Projektsteuerung nach Leistungsphasen in § 31 HOAI wurde seitens der AHO-Fachkommission durch eine Aufteilung in fünf Projektstufen anstelle der neun Leistungsphasen nach HOAI sowie einer vorgeschalteten Phase 0 – Projektentwicklung i.e.S. begegnet, um einerseits Wiederholungen zu vermeiden, andererseits jedoch klare Meilensteine im Projektablauf zu setzen.

Die Grundleistungen der Projektsteuerung, die zur ordnungsgemäßen Erfüllung eines Auftrages i.Allg. erforderlich sind, und die Besonderen Leistungen bei besonderen Anforderungen an die Ausführung des Auftrages wurden innerhalb jeder Pro-

jektstufe weiter nach fünf Handlungsbereichen untergliedert (*Abb. 2.3-18*):

A: Organisation, Information, Koordination, Dokumentation (Diederichs, 2005a, 2. Aufl.)
B: Qualitäten und Quantitäten (Diederichs, 2003a)
C: Kosten und Finanzierung (Diederichs, 2003b)
D: Termine, Kapazitäten und Logistik (Diederichs, 2002)
E: Verträge und Versicherungen

In Heft Nr. 9 des AHO (2009) wird unter § 203 vorrangig eine projektkostenunabhängige Honorarermittlung nach Zeitaufwand zur Vermeidung von Konflikten aus Honorarsteigerungen bei Projektkostensteigerungen empfohlen, insbesondere beim Bauen im Bestand, bei Sonderbauwerken, bei Verkehrs- und Anlagenbauten sowie bei nutzerspezifischen Leistungsanforderungen. Dies gilt auch für das Honorar für die Wahrnehmung der Projektleitung.

Damit erhält die projektkostenabhängige Honorarermittlung den Charakter einer Plausibilitätsbetrachtung zur projektkostenunabhängigen Honorarermittlung nach Zeitaufwand. Dazu werden die auch bei den übrigen Leistungsbildern der HOAI benötigten Parameter herangezogen (anrechenbare Kosten des Projektes, Honorarzonen, Honorartafeln, Honoraranteile in den 5 Projektstufen). Die Basis für die anrechenbaren Kosten und damit für eine frühzeitige Pauschalierung des Projektsteuerungshonorars bilden die genehmigte Kostenberechnung oder der genehmigte Kostenanschlag. Zur Plausibilisierung des Projektleitungshonorars dient § 208 AHO Heft 9.

2.3.2.2 Leistungsbild § 205 Projektsteuerung

Das in AHO-Heft Nr. 9 (2009) enthaltene Leistungsbild Projektsteuerung (*Abb. 2.3-19 (1) bis (5)*) erfüllt mit seinen klar strukturierten Grundleistungen die Anforderungen der Auftraggeber nach einer Musterleistungsbeschreibung mit konkret definierten Leistungsergebnissen. Die Besonderen Leistungen sind häufig hinzutretende oder an die Stelle von Grundleistungen tretende Aufgaben der Projektsteuerung.

Aus dem Leistungsbild ist der starke Ergebnisbezug zu erkennen, der in jeder Projektstufe für jeden Handlungsbereich die Vorlage jeweils ak-

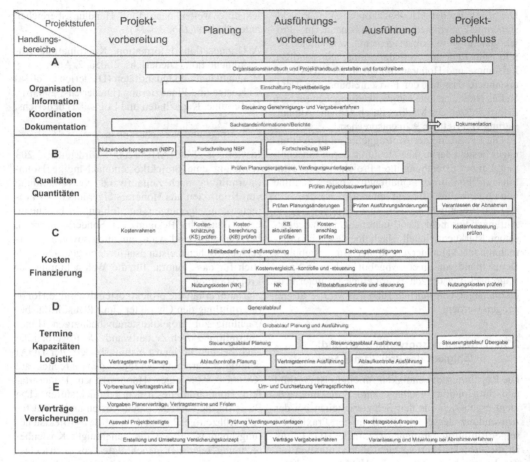

Abb. 2.3-18 Leistungsmatrix der Projektsteuerung im Projektablauf

tueller Dokumente verlangt, die in der Rückschau den Zeitraum seit Projektbeginn und in der Vorschau den Trend bis zum Projektende sowie die notwendigen Maßnahmen zur Einhaltung der Projektziele beschreiben.

Zum Leistungsbild Projektsteuerung heißt es in § 205 des AHO-Heftes Nr. 9 (2009):

„(1) Das Leistungsbild der Projektsteuerung umfasst die Leistungen von Auftragnehmern, die Funktionen des Auftraggebers bei der Steuerung von Projekten mit mehreren Fachbereichen in Stabsfunktion übernehmen. Die Grundleistungen

sind in den in Abs. 2 aufgeführten Projektstufen 1 bis 5 zusammengefasst. Sie werden ... für die Erbringung aller fünf Handlungsbereiche [A bis E] nach Projektstufen mit ... Vomhundertsätzen der Honorartafel des § 207 bewertet.

(2) Für das Leistungsbild sind folgende Hinweise zu beachten:

1. Das Aufstellen, Abstimmen und Fortschreiben i. S. des Leistungsbildes beinhaltet:

– die Vorgabe der Solldaten (Planen/Ermitteln),
– die Kontrolle (Überprüfen und Soll-/Ist-Vergleich) sowie

Grundleistungen

1. Projektvorbereitung

A Organisation, Information, Koordination und Dokumentation
(handlungsbereichsübergreifend)

1. Entwickeln und Abstimmen der Projektorganisation durch projektspezifisch zu erstellende Organisationsvorgaben
2. Vorschlagen und Abstimmen des Berichtswesens
3. Vorschlagen, Abstimmen und Umsetzen des
   Entscheidungsmanagements
4. Vorschlagen und Abstimmen des Änderungsmanagements
5. Mitwirken bei der Auswahl eines
   Projektkommunikationssystems

B Qualitäten und Quantitäten

1. Überprüfen der bestehenden Grundlagen zum Nutzerbedarfsprogramm auf Vollständigkeit und Plausibilität
2. Mitwirken bei der Festlegung der Projektziele
3. Mitwirken bei der Klärung der Standortfragen, Beschaffung der
   standortrelevanten Unterlagen, der Grundstücksbeurteilung
   hinsichtlich Nutzung in privatrechtlicher und öffentlich-
   rechtlicher Hinsicht

C Kosten und Finanzierung

1. Mitwirken bei der Erstellung des Rahmens
   für Investitionskosten und Nutzungskosten
2. Mitwirken bei der Ermittlung und
   Beantragung von Investitions- und Fördermitteln
3. Prüfen und Freigeben von Rechnungen der Projektbeteiligten
   (außer bauausführenden Unternehmen) zur Zahlung
4. Abstimmen und Einrichten der projektspezifischen
   Kostenverfolgung für den Mittelabfluss

D Termine, Kapazitäten und Logistik

1. Aufstellen und Abstimmen des Terminrahmens
2. Aufstellen und Abstimmen der Generalablaufplanung
   und Ableiten des Kapazitätsrahmens
3. Erfassen logistischer Einflussgrößen unter Berücksichtigung relevanter Standort- und Rahmenbedingungen

E Verträge und Versicherungen

1. Mitwirken bei der Erstellung einer Vergabe-
   und Vertragsstruktur für das Gesamtprojekt
2. Vorbereiten und Abstimmen der Inhalte der Planerverträge
3. Mitwirken bei der Auswahl der zu Beteiligenden,
   bei Verhandlungen und Vorbereitungen der Beauftragungen
4. Vorgeben der Vertragstermine und -fristen für die Planerverträge
5. Mitwirken bei der Erstellung eines Versicherungskonzeptes
   für das Gesamtprojekt

Besondere Leistungen

1. Unterstützen der Koordination
   von speziellen
   Organisationseinheiten des AG
2. Erstellen von Vorlagen und
   besondere Berichterstattung in
   Auftraggeber- und sonstigen Gremien
3. Einrichten eines eigenen
   Projektkommunikationssystems

1. Erstellen und Abstimmen eines
   Nutzerbedarfsprogramms
2. Durchführen einer differenzierten Anfrage
   bezüglich der Infrastruktur (Ver- und Entsorgungs-
   medien, Verkehr etc.) und Beschaffen der relevanten
   Informationen und Unterlagen
3. Vorbereiten und Durchführen von Ideen-,
   Programm- und Realisierungswettbewerben

1. Verwenden von auftraggeberseitig
   vorgegebenen Programmsystemen mit
   besonderen Anforderungen

Abb. 2.3-19 Leistungsbild Projektsteuerung (1)

– die Steuerung *(Abweichungsanalyse, Anpassen, Aktualisieren).*

2. *Mitwirken im Sinne des Leistungsbildes heißt stets, dass der beauftragte Projektsteuerer die genannten Teilleistungen in Zusammenarbeit mit den anderen Projektbeteiligten inhaltlich abschließend zusammenfasst und dem Auftraggeber zur Entscheidung vorlegt.*

3. *Sämtliche Ergebnisse der Projektsteuerungsleistungen erfordern vor Freigabe und Umsetzung die vorherige Abstimmung mit dem Auftraggeber."*

Abbildung 2.3-20 beinhaltet das Leistungsbild Projektleitung gemäß § 206 in Heft Nr. 9 des AHO (2009).

Grundleistungen   Besondere Leistungen

2. Planung

A Organisation, Information, Koordination und Dokumentation

(handlungsbereichsübergreifend)

1. Fortschreiben der Organisationsvorgaben
2. Dokumentieren der wesentlichen projektbezogenen Plandaten
3. Regelmäßiges Informieren und Abstimmen mit dem Auftraggeber (Berichtswesen)
4. Vertreten der Planungskonzeption mit bis zu fünf Erläuterungs- und Erörterungsterminen
5. Verfolgen und Steuern des behördlichen Genehmigungsverfahrens
6. Überwachen des Betriebs des Projektkommunikationssystems
7. Umsetzen des Änderungsmanagements
8. Umsetzen des Entscheidungsmanagements
9. Mitwirken bei der Einschätzung der technischen Risiken

1. Vertreten der Planungskonzeption gegenüber der Öffentlichkeit unter besonderen Anforderungen und Zielsetzungen sowie bei mehr als fünf Erläuterungs- oder Erörterungsterminen
2. Betreiben eines eigenen Projektkommunikationssystems

B Qualitäten und Quantitäten

1. Überprüfen der Planungsergebnisse auf Konformität mit den vorgegebenen Projektzielen
2. Mitwirken bei der Konzeption der erforderlichen Bemusterungen

C Kosten und Finanzierung

1. Überprüfen der Kostenschätzung und -berechnung der Objekt- und Fachplaner sowie Veranlassen erforderlicher Anpassungsmaßnahmen
2. Kostensteuerung zur Einhaltung der Kostenziele
3. Prüfen der Nutzungskostenschätzung/-berechnung der Objekt- und Fachplaner sowie Veranlassen erforderlicher Anpassungmaßnahmen
4. Planen von Mittelbedarf und Mittelabfluss
5. Prüfen und Freigeben der Rechnungen der Projektbeteiligten (außer bauausführenden Unternehmen) zur Zahlung
6. Fortschreiben der projektspezifischen Kostenverfolgung für den Mittelabfluss

1. Erstellen einer Kostenschätzung/Kostenberechnung nach DIN 276
2. Erstellen der Nutzungskostenschätzung, -berechnung sowie Nutzungskostensteuerung

D Termine, Kapazitäten und Logistik

1. Aufstellen, Abstimmen und Fortschreiben der Grob- und Steuerungsablaufplanung für die Planung
2. Aufstellen, Abstimmen und Fortschreiben der Steuerungsablaufplanung für die Ausführung
3. Terminsteuerung der Planung inklusive Fortschreibung
4. Mitwirken bei der Aktualisierung der logistischen Einflussgrößen unter Einarbeitung in die Ergebnisunterlagen der Termin- und Kapazitätsplanung Aufstellen und Abstimmen des Terminrahmens zur
5. Integration des strategischen Facility Managements

1. Erstellen eines Logistikkonzeptes
2. Abgleichen logistischer Maßnahmen mit Anlieger- und Nachbarschaftsinteressen

E Verträge und Versicherungen

1. Mitwirken bei der Durchsetzung von Vertragspflichten gegenüber den Beteiligten
2. Mitwirken bei der Umsetzung des Versicherungskonzeptes für alle Projektbeteiligten

Abb. 2.3-19 Leistungsbild Projektsteuerung (2)

Grundleistungen	Besondere Leistungen

3. Ausführungsvorbereitung

A Organisation, Information, Koordination, Dokumentation (handlungsbereichsübergreifend)

1. Fortschreiben der Organisationsvorgaben
2. Fortschreiben der Dokumentation der wesentlichen projektbezogenen Plandaten
3. Regelmäßiges Informieren und Abstimmen mit dem Auftraggeber (Berichtswesen)
4. Umsetzen des Änderungsmanagements
5. Umsetzen des Entscheidungsmanagements
6. Mitwirken bei der Einschätzung der technischen Risiken

Besondere Leistungen:
1. Betreiben eines eigenen Projektkommunikationssystems

B Qualitäten und Quantitäten

1. Überprüfen der Planungsergebnisse auf Konformität mit den vorgegebenen Projektzielen
2. Beurteilen der unmittelbaren und mittelbaren Auswirkungen von Nebenangeboten auf Konformität mit den vorgegebenen Projektzielen
3. Überprüfen der Angebotsauswertungen in technisch-´ wirtschaftlicher Hinsicht
4. Mitwirken bei den erforderlichen Bemusterungen

Besondere Leistungen:
1. Versenden der Ausschreibungsunterlagen

C Kosten und Finanzierung

1. Vorgeben der Soll-Werte für Vergabeeinheiten auf der Basis der aktuellen Kostenberechnung
2. Überprüfen der vorliegenden Angebote im Hinblick auf die vorgegebenen Kostenziele und Beurteilen der Angemessenheit der Preise
3. Vorgeben der Deckungsbestätigungen für Aufträge
4. Überprüfen des Kostenanschlags der Objekt- und Fachplaner sowie Veranlassen erforderlicher Anpassungsmaßnahmen
5. Kostensteuerung zur Einhaltung der Kostenziele
6. Prüfen und Freigeben der Rechnungen der Projektbeteiligten (außer bauausführenden Unternehmen) zur Zahlung
7. Planen von Mittelbedarf und Mittelabfluss
8. Fortschreiben der projektspezifischen Kostenverfolgung für den Mittelabfluss

D Termine, Kapazitäten und Logistik

1. Fortschreiben der General- und Grobablaufplanung für Planung und Ausführung sowie Steuerungsablaufplanung für die Planung
2. Überprüfen der vorliegenden Angebote im Hinblick auf vorgegebene Terminziele
3. Terminkontrolle/-steuerung der Planung, Ausschreibung und Vergabe
4. Mitwirken beim Aktualisieren und Prüfen der Entwicklung der logistischen Einflussgrößen

Besondere Leistungen:
1. Fortführen des Abgleichens logistischer Maßnahmen mit Anliefer- und Nachbarschaftsinteressen

E Verträge und Versicherungen

1. Mitwirken bei der Durchsetzung von Vertragspflichten gegenüber den Beteiligten
2. Organisieren des Vergabeverfahrens für Bau- und Lieferverträge
3. Prüfen der Verdingungsunterlagen für die Vergabeeinheiten auf Vollständigkeit und Plausibilität sowie Bestätigen der Versandfertigkeit
4. Mitwirken bei den Vergabeverhandlungen bis zur Unterschriftsreife
5. Vorgeben der Vertragstermine und -fristen für die Besonderen Vertragsbedingungen der Ausführungs- und Lieferleistungen

Besondere Leistungen:
1. Mitwirken bei der Auswahl, Beschaffung, dem Aufbau und der Einführung von speziellen Informationssystemen (z. B. für das Facility Management)

Abb. 2.3-19 Leistungsbild Projektsteuerung (3)

Grundleistungen   Besondere Leistungen

4. Ausführung

A Organisation, Information, Koordination, Dokumentation
(handlungsbereichsübergreifend)

1. Fortschreiben der Organisationsvorgaben
2. Fortschreiben der Dokumentation der wesentlichen
   projektbezogenen Plandaten
3. Regelmäßiges Informieren und Abstimmen mit dem
   Auftraggeber (Berichtswesen)
4. Unterstützen des Auftraggebers bei der Einleitung von
   selbstständigen Beweisverfahren
5. Umsetzen des Änderungsmanagements
6. Umsetzen des Entscheidungsmanagements
7. Mitwirken bei der Einschätzung der technischen Risiken

1. Mitwirken bei der Umsetzung
   der Betreiber/-
   Nutzerorganisation bei
   besonderen Anforderungen
2. Betreiben eines eigenen
   Projektkommunikationssystems

B Qualitäten und Quantitäten

1. Kontrollieren der Objektüberwachung sowie Vorschlagen
   und Abstimmen von Anpassungsmaßnahmen
   bei Gefährdung von Projektzielen

C Kosten und Finanzierung

1. Kostensteuerung zur Einhaltung der Kostenziele
2. Plausibilitätsprüfung und Freigeben der Rechnungen
   zur Zahlung
3. Vorgeben von Deckungsbestätigungen für Nachträge
4. Fortschreiben der Mittelbewirtschaftung
5. Fortschreiben der projektspezifischen Kostenverfolgung
   für den Mittelabfluss
6. Prüfen des Nutzungskostenanschlags der Objekt- und
   Fachplaner und Veranlassen erforderlicher Anpassungsmaßnahmen

1. Kontrollieren der
   Rechnungsprüfung der
   Objektüberwachung
2 Erstellen des
   Nutzungskostenanschlags

D Termine, Kapazitäten und Logistik

1. Überprüfen und Abstimmen der Zeitpläne des Objektplaners
   mit den Steuerungsablaufplänen der Ausführung
   des Projektsteuerers
2. Terminsteuerung der Ausführung zur Einhaltung der Terminziele
3. Erstellen einer Grobablaufplanung zur Steuerung
   der Abnahmen, Übergabe und Inbetriebnahme

1. Erstellen einer detaillierten
   Inbetriebnahmeplanung unter
   Integration aller
   Projektbeteiligten
   einschließlich Nutzer

E Verträge und Versicherungen

1. Mitwirken bei der Durchsetzung von Vertragspflichten
   gegenüber den Beteiligten
2. Unterstützen des Auftraggebers bei der Abwendung von
   Forderungen von Nicht-Projektbeteiligten (z. B. Nachbarn,
   Bürgerinitiativen etc.)
3. Beurteilen der Nachtragsprüfungen und Mitwirken bei
   der Beauftragung
4. Mitwirken bei der Abnahme der Ausführungsleistungen
5. Veranlassen der erforderlichen behördlichen Abnahmen,
   Endkontrollen und/oder Funktionsprüfungen

1. Koordinieren der
   versicherungsrelevanten
   Schadensabwicklung

Abb. 2.3-19 Leistungsbild Projektsteuerung (4)

Grundleistungen

5. Projektabschluss

A Organisation, Information, Koordination und Dokumentation
(handlungsbereichsübergreifend)

1. Mitwirken bei der organisatorischen und administrativen
   Konzeption und bei der Durchführung der
   Übergabe/Übernahme bzw. Inbetriebnahme/Nutzung
2. Veranlassen der systematischen Zusammenstellung und
   Archivierung der Projektdokumentation
3. Regelmäßiges Informieren und Abstimmen mit dem
   Auftraggeber (Berichtswesen)
4. Umsetzen des Entscheidungsmanagements
5. Mitwirken bei der Einschätzung der technischen Risiken

B Qualitäten und Quantitäten
1. Prüfen der Mängelhaftungsverzeichnisse

C Kosten und Finanzierung
1. Überprüfen der Kostenfeststellung der Objekt- und Fachplaner
2. Plausibilitätsprüfung und Freigeben der Rechnungen zur Zahlung
3. Prüfen des fortgeschriebenen Nutzungskostenanschlags
   der Objekt- und Fachplaner sowie Veranlassen
   erforderlicher Anpassungsmaßnahmen
4. Freigeben von Schlussrechnungen sowie Mitwirken bei
   der Freigabe von Sicherheitsleistungen
5. Abschließen des Rechnungswesens für den Mittelabfluss

D Termine, Kapazitäten und Logistik
Steuern der Abnahme, Übergabe und Inbetriebnahme

E Verträge und Versicherungen
1. Mitwirken bei der rechtsgeschäftlichen Abnahme
   der Planungsleistungen

Besondere Leistungen

1. Gesamthaftes Prüfen der
   Projektdokumentation der fachlich
   Beteiligten
2. Organisatorisches und baufachliches
   Unterstützen bei Gerichtsverfahren
3. Organisieren des Abschlusses des
   eigenen
   Projektkommunikationssystems

1. Veranlassen, Koordinieren
   und Steuern der Beseitigung
   nach der Abnahme
   aufgetretener Mängel

1. Erstellen des
   Verwendungsnachweises
2. Fortschreiben des
   Nutzungskostenanschlags
   sowie Hinweise zur
   Nutzungskostensteuerung

Abb. 2.3-19 Leistungsbild Projektsteuerung (5)

2.3.2.3 Prozessketten des Projektmanagements

Projekte werden i. d. R. chronologisch in der Reihenfolge der durch das Leistungsbild definierten 5 Projektstufen abgewickelt (vgl. *Ziff. 2.3.2.2*). Dabei sind die in den 5 Handlungsbereichen definierten Teilleistungen z. T. zeitparallel und z. T. chronologisch nacheinander abzuarbeiten. Daraus ergeben sich durch die einzelnen Handlungsbereiche wandernde Prozessketten, die im Einzelfall zu überprüfen und anzupassen sind.

Die Vorgänge der Prozessketten entsprechen den Teilaufgaben des Leistungsbildes gemäß *Abb. 2.3-19 (1) bis (5)*. Für jeden Vorgang der Prozesskette (Teilleistung des Leistungsbildes) enthält Diederichs (2006, S. 153–413) eine Beschreibung mit Gegenstand und Zielsetzung, einem Kommentar zum methodischen Vorgehen sowie einem Beispiel.

Grundlagen dazu sind der Kommentar zu den Grundleistungen der Projektsteuerung aus Kapitel 3 des Heftes Nr. 9 des AHO (2009) sowie die Beispielsammlungen zu den Grundleistungen der Projektsteuerung für die Handlungsbereiche A bis D (Diederichs, 2005a, 2003a, 2003b, 2002).

Nachfolgend wird beispielhaft die Prozesskette des Handlungsbereichs 1 – Projektvorbereitung in *Abb. 2.3-21* aus Diederichs (2006, S. 154) vorgestellt.

Die fortlaufenden Ziffern in den Vorgängen der Prozesskette kennzeichnen eine mögliche Reihen-

---

(1) Sofern seitens des Auftraggebers auch die Projektleitung in Linienfunktion beauftragt wird, gehören dazu im Wesentlichen folgende Grundleistungen:

1. Rechtzeitiges Herbeiführen bzw. Treffen der erforderlichen Entscheidungen sowohl hinsichtlich Funktion, Konstruktion, Standard und Gestaltung als auch hinsichtlich Organisation, Qualität, Kosten, Termine sowie Verträge und Versicherungen.
2. Durchsetzen der erforderlichen Maßnahmen und Vollzug der Verträge unter Wahrung der Rechte und Pflichten des Auftraggebers.
3. Herbeiführen der erforderlichen Genehmigungen, Einwilligungen und Erlaubnisse im Hinblick auf die Genehmigungsreife.
4. Konfliktmanagement zur Ausrichtung der unterschiedlichen Interessen der Projektbeteiligten auf einheitliche Projektziele hinsichtlich Qualitäten, Kosten und Termine, u. a. im Hinblick auf
   - die Pflicht der Projektbeteiligten zur fachlich-inhaltlichen Integration der verschiedenen Planungsleistungen und
   - die Pflicht der Projektbeteiligten zur Untersuchung von alternativen Lösungsmöglichkeiten.
5. Leiten von Projektbesprechungen auf Geschäftsführungs-, Vorstandsebene zur Vorbereitung/Einleitung/Durchsetzung von Entscheidungen.
6. Führen aller Verhandlungen mit projektbezogener vertragsrechtlicher oder öffentlich rechtlicher Bindungswirkung für den Auftraggeber.
7. Wahrnehmen der zentralen Projektanlaufstelle; Sorge für die Abarbeitung des Entscheidungs-/Maßnahmenkatalogs.
8. Wahrnehmen von projektbezogenen Repräsentationspflichten gegenüber dem Nutzer, dem Finanzier, den Trägern öffentlicher Belange und der Öffentlichkeit.

(2) Für den Nachweis der übertragenen Projektleitungskompetenzen ist dem Auftragnehmer vom Auftraggeber eine entsprechende schriftliche Handlungsvollmacht auszustellen.

Abb. 2.3-20 Leistungsbild Projektleitung

folge der Teilleistungen des Projektmanagements in der jeweiligen Projektstufe. Die Codierung der Vorgänge folgt dem Schema in den Leistungsbildern der *Abb. 2.3-19 (1) bis (5)*.

So bedeutet z. B. 1A1:

- Projektstufe 1 – Projektvorbereitung
- Handlungsbereich A – Organisation, Information, Koordination und Dokumentation
- Teilleistung 1 – Entwickeln, Vorschlagen und Festlegen der Projektziele und der Projektorganisation durch ein projektspezifisch zu erstellendes Organisationshandbuch

2.3.2.3.1 Projektstufe 1 – Projektvorbereitung

Auszugsweise wird anschließend aus den Projektstufen 1 bis 5 jeweils eine Teilleistung mit Kommentar und Beispielen beschrieben.

1A1 Entwickeln, Vorschlagen und Festlegen der Projektziele und der Projektorganisation durch ein projektspezifisch zu erstellendes Organisationshandbuch OHB
(Diederichs, 2006, S. 155–166)

Gegenstand und Zielsetzung
Das Erstellen eines Organisationshandbuchs ist eine Anfangsaufgabe der Projektsteuerung unmittelbar nach Beauftragung zur Schaffung von Klarheit über die *Projektziele*, die *Projektstruktur* sowie die *Aufbau- und Ablauforganisation*.

Methodisches Vorgehen
Die *Projektziele* gliedern sich in Projektoberziele und Projektteilziele und sind üblicherweise vom Nutzer bzw. Auftraggeber im Hinblick auf Qualitäten und Quantitäten, Kosten und Termine zumindest in Umrissen so weit zu skizzieren, dass in gemeinsamer Beratung mit dem Projektsteuerer deren Präzisierung und Festlegung möglich wird.

In einer groben *Projektbeschreibung* müssen daher die Lage des Grundstücks, soweit bereits bekannt, gegenwärtige Eigentümer und Besonderheiten des Grundstücks sowie die Verkehrssituation, die Art des Projektes hinsichtlich Nutzungskonzeption, zulässige geometrische Abmessungen und vorgesehene Standards definiert werden.

Als *Kostenziel* ist der Investitionsrahmen abzustecken (als vorläufig angenommene „erste Zahl" oder als zwingend einzuhaltende Vorgabe).

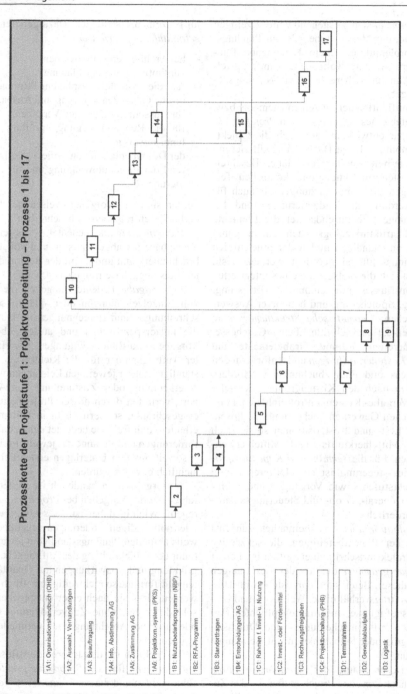

Abb. 2.3-21 Prozesskette Projektstufe 1 – Projektvorbereitung

Als *Terminziel* sind, ausgehend vom derzeitigen Projektstand, die Meilensteine z. B. für Planungsauftrag, Vorplanungsentscheid, Baueingabe, Baubeginn, Fertigstellung Rohbau, Gesamtfertigstellung und Abnahme/Übergabe sowie Nutzungsbeginn vorzugeben.

Zur Identifikation der einzelnen Elemente bzw. Komponenten eines Projektes ist ein *Projektstrukturkatalog* zu entwickeln, der auch die Objektstruktur einbindet. Er ist Basis der Kodifizierung der Projektarbeit sowohl für Pläne, Beschreibungen, Kostenermittlungen und -kontrollen, Terminplanungen und -überwachungen als auch für Auftragszuordnungen, Budgetierungen und Inventarisierungen. Je durchdachter die Elemente des Projektstrukturkatalogs nach einem ganzheitlichen, vollständigen und widerspruchsfreien Identifikationsschlüssel geordnet werden, desto besser lässt sich die Zielsetzung eines integrierten Informationsflusses mit einmaliger Erfassung, Verwaltung, Speicherung und beliebiger Auswertung erreichen. *Geometrische Strukturmerkmale* sind Bauwerke, Bauabschnitte, Ebenen/Geschosse, Funktionsbereiche, Räume, Grobelemente und Elemente. *Kostenermittlungen* und Anforderungen der Anlagen- und Finanzbuchhaltung erfordern *Einteilungen* nach den Kostengruppen der DIN 276, nach Vergabe-/Kostenkontrolleinheiten, Leistungsbereichen/Gewerken/Fach- und Teillosen, LV-Titeln, Leit- und Restpositionen sowie nach Anlagen-, Mittelherkunfts- und Mittelverwendungskonten. Für die *Termin- und Kapazitätsplanung* sowie -steuerung ist eine Differenzierung nach Projektstufen sowie Vorgängen und Ereignissen der General-, Grob- und Steuerungsablaufebene erforderlich.

Die *Aufbauorganisation* beinhaltet zunächst eine Liste der Projektbeteiligten, die sukzessive mit dem Projektfortschritt zu erweitern ist. Ferner ist in *Organigrammen* die Art der Beziehungen zwischen diesen Beteiligten darzustellen im Hinblick auf Vertragsverhältnisse, Weisungs- und Entscheidungsbefugnisse, Informationspflichten (Linienfunktion mit Entscheidungs- und Durchsetzungsbefugnis oder Stabsfunktion mit Beratungsverpflichtung).

Durch Beschreibung der *Ablauforganisation*, gestaffelt nach den fünf Projektstufen, ist das Zusammenwirken zwischen den Projektbeteiligten im Einzelnen festzulegen. Dazu gehören u. a. *Regelabläufe und Verfahren*:

– bei Architektenwettbewerben,
– zur Optimierung der Planung,
– für die Ausführungsplanung Rohbau, Technische Gebäudeausrüstung und Ausbau,
– für Ausschreibungen und Vergaben,
– für die Rechnungslegung, -prüfung und Zahlungsanweisung,
– der Dokumentation von Projektunterlagen während der Projektabwicklung und für die Archivierung.

Ferner sind die Vorgehensweisen bei Planungs- und bei Planfreigaben zu beschreiben.

Planungsfreigabe bedeutet, dass eine Leistungsphase als abgeschlossen und vollständig erbracht anerkannt und damit der Beginn der nächsten Leistungsphase freigegeben wird.

Planfreigabe bedeutet hingegen die Freigabe von Einzelzeichnungen oder -plänen sowie Beschreibungen und Berechnungen im Hinblick auf die nutzerspezifischen und auftraggeberseitigen Vorgaben und Randbedingungen. Die Haftung aller Auftragnehmer für die Richtigkeit und Vollständigkeit ihrer jeweiligen Leistungen wird durch Anerkennung oder Zustimmung des Auftraggebers, vertreten durch dessen Projektleitung, nicht eingeschränkt, sondern bleibt in vollem Umfang erhalten. Planfreigabe bedeutet daher, dass die Anforderungen und Belange des jeweils Freigebenden – soweit aus den Unterlagen ersichtlich – offensichtlich gewahrt wurden.

Im Organisationshandbuch ist weiter das Verfahren für das Vorgehen bei *Projektänderungen* zu regeln. Wichtig dabei ist, dass alle gewünschten oder notwendigen Änderungen gegenüber dem jeweils aktuellen Planungsstand vom jeweiligen Initiator der Projektleitung des Auftraggebers mit Begründung und Auswirkungen auf Qualitäten, Kosten und Termine so rechtzeitig schriftlich mitgeteilt werden, dass sie nach einer entsprechenden Entscheidung ggf. ohne Zeitverzögerung umgesetzt oder aber bei Ablehnung noch vermieden werden können.

Maßgeblich für den Informationsfluss sind *Besprechungen*, für die *Besprechungskalender* geführt werden und die nach *Nutzer-, Projekt- (Jours fixes), Planungs- und Baubesprechungen* zu unterscheiden sind. Im Organisationshandbuch sind dazu jeweils regelmäßige Teilnehmer, Einladender und Protokollführer festzulegen. Ferner ist zu regeln, dass *Entscheidungs- und Maßnahmenkataloge* sowie eine *Liste der getroffenen Entscheidungen* geführt werden.

Für größere Bauvorhaben sind von den Planern *Bauabschnitts-, Bereichs- oder Gebäudeachsenpläne* zu entwickeln. Ferner ist ein *Bereichs-, Bauwerks- und ggf. Raumcode* aus dem Objektstrukturplan abzuleiten, ein *Plancode* zu entwickeln und in das Organisationshandbuch aufzunehmen. Dazu empfiehlt sich die Gestaltung eines einheitlichen *Schriftfeldes* für sämtliche Zeichnungen und Pläne unter *Regelung der Planverwaltung durch Planeingangs- und -ausgangslisten* mit Hilfe einer *Verteilerliste Zeichnungsunterlagen*. Eine solche *Verteilerliste* ist auch erforderlich für das Berichtswesen, die Protokolle und sonstige *Schriftstücke*. Diese Aufgaben werden durch *Projektkommunikationsplattformen* wesentlich erleichtert.

Beispiele
Zu den Projektzielen
Projektoberziel
Frei finanzierter Wohnungsbau als sichere Kapitalanlage mit wachsender Renditeerwartung auf einem begehrten, stadtnah gelegenen Wohngrundstück.

Projektteilziele
Organisation
Es ist vorgesehen, die Planung an einen Generalplaner sowie die Ausführung an einen Generalunternehmer zu vergeben.

Qualitäten/Quantitäten
Vorgabe ist das vom Investor genehmigte Nutzerbedarfsprogramm vom 12.12.2010 (Anlage 1).

Kostenlimit
Als Kostenobergrenze hat der Investor am 26.11.2010 einen Betrag von 50 Mio. € ohne Grundstück, Preisstand November 2010, Kostengruppen 200 bis 700 der DIN 276, einschl. Mehrwertsteuer vorgegeben. Der Kostenrahmen ist als Anlage 2 beigefügt.

Terminrahmen
Vorgabe ist der vom Investor genehmigte Terminrahmen vom 17.01.2011 (Anlage 3).

Anlagen
1. Nutzerbedarfsprogramm vom 12.12.2010
2. Kostenrahmen vom 26.11.2010
3. Terminrahmen vom 17.01.2011

Zur Projektbeschreibung
Lage des Grundstücks
Das Baugrundstück liegt unmittelbar am linken Rheinufer im südöstlichen Bereich von Musterstadt. Es grenzt im Süden an die Emilienstraße, im Norden an die Ulmenstraße, im Osten an den Rhein und im Westen an die Eichenstraße.

Grundstückskennwerte
Grundstücksgröße: 28.648 m²
GFZ: 0,9
GRZ: 0,6

Eigentümer des Grundstücks
Stadt Musterstadt

Besonderheiten des Grundstücks
Entlang des Flussufers hat das Grundstück auf einer Breite von ca. 8 m ein Gefälle von ca. 30%.

Verkehrssituation
Erschlossen wird das Grundstück durch die angrenzenden Straßen (siehe Grundstückslage).

Nutzungskonzept
310 Wohnungen, davon
59 1-Zimmerwohnungen zu 40 m²
136 2-Zimmerwohnungen zu 70 m²
95 3-Zimmerwohnungen zwischen 90–100 m²
20 4-Zimmerwohnungen zwischen 100–130 m²

Ausbaustandard
Die Wohnungen sind für höchste Ansprüche auszulegen, so dass eine Kaltmiete von ca. 9,00 bis 10,00 € / (m² WF × Mt.) erzielbar wird.

Zur Projektstruktur des Hochbauprojektes

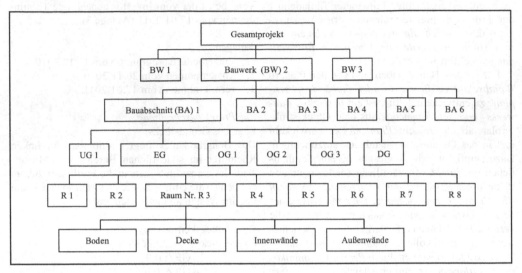

Abb. 2.3-22 Projektstruktur eines Hochbauprojektes

Kostenstruktur
DIN 276-1 Kosten im Hochbau, 3-stellig (2008–12)

Terminplanebenen

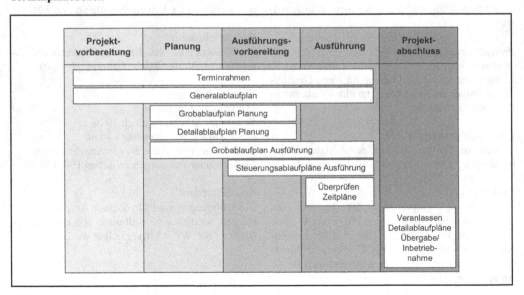

Abb. 2.3-23 Ebenen der Terminplanung und -steuerung

Organigramm der Projektbeteiligten

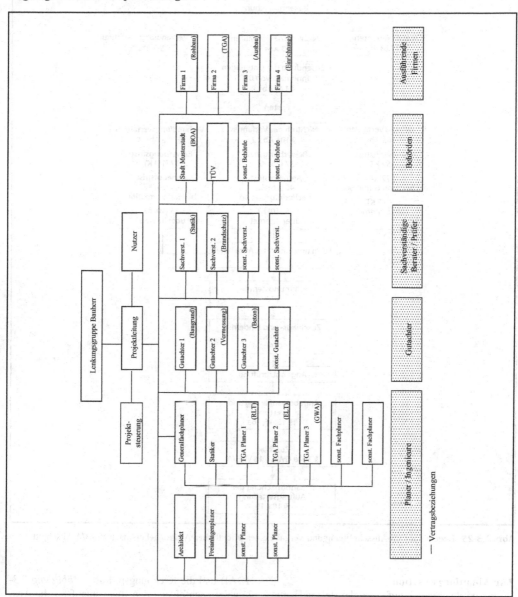

Abb. 2.3-24 Organigramm der Projektbeteiligten für das Wohnungsbauprojekt

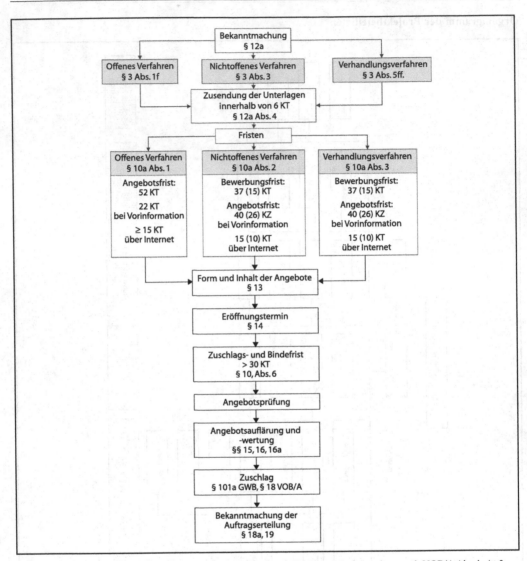

Abb. 2.3-25 Regelablauf für Ausschreibung und Vergabe eines öffentlichen Auftraggebers nach VOB/A Abschnitt 2

Zur Ablauforganisation

Hierzu wird verwiesen auf die in der Beispielsammlung A Diederichs (Hrsg., 2005, S. 28–32) enthaltenen Regelabläufe für die Durchführung von Architektenwettbewerben, die Optimierung der Planung, das Zusammenspiel der fachlich beteiligten Planer in der Ausführungsplanung (Leistungsphase 5 der HOAI) und die Rechnungsprüfung. *Abbildung 2.3-25* zeigt nachfolgend den Regelablauf für die Ausschreibung und Vergabe eines öffentlichen Auftraggebers nach der Vergabe- und Vertragsordnung für Bauleistungen (VOB/A Abschnitt 2 – Basisparagraphen und a-Paragraphen mit zusätzlichen Bestimmungen nach der Richtlinie 2004/18/EG).

Zur Planungsfreigabe

Absender: **Auftraggeber**   **Datum**

Adressat: **Planungsbüro**

Neubau des Wohnungsparks in Musterstadt
Planungsfreigabe der Vorplanung und Leistungsabruf der Entwurfsplanung

Sehr geehrtes Planungsbüro,

wir erklären Ihnen gegenüber entsprechend § 4 des zwischen den beiden Parteien geschlossenen Planervertrages vom ...2011/...2011 für das Projekt "Neubau des Wohnparks in Musterstadt" die Erfüllung der Leistungsphasen 1 Grund-lagenermittlung und 2 Vorplanung. Somit gelten die Leistungsphasen 1 und 2 als abgeschlossen. Die Leistungsphase 3 Entwurfsplanung wird hiermit abgerufen.

– Auftraggeber –

Für die Richtigkeit: – Projektsteuerer –

Planfreigabestempel

> Im Hinblick auf die Erfüllung der Nutzer- und Auftraggeberanforderungen geprüft und insoweit bei Beachtung der Eintragungen für die weitere Planung / Bauausführung freigegeben.
>
> Firma Projektsteuerung, Musterstadt den ....
>
> Unterschrift :..

Abb. 2.3-26 Erklärung der Planungsfreigabe mit Leistungsabruf und Planfreigabestempel

Zum Protokollwesen

Es sind grundsätzlich Ergebnisprotokolle kurz, präzise, leicht fassbar, fehlerfrei und innerhalb von max. 3 Arbeitstagen nach der jeweiligen Bespre-chung zu erstellen.

Für die Protokollinhalte ist eine klare Struktur vorzugeben mit Datum, Titel, Protokollführer, Ver-teiler, Protokoll-Nummerierung, Teilnehmer an-wesend/entschuldigt, Ort, Dauer, Verhandlungsge-genständen, Beschlüssen und Terminierung der nächsten Sitzung.

Es ist festzulegen, dass aus besprochenen Ta-gungsordnungspunkten resultierende Aufgaben in der rechten Protokollspalte (wer/bis wann) zu doku-mentieren sind. Die sich aus Protokollen ergebenden Änderungen/Ergänzungen sind unmittelbar in das Organisationshandbuch sowie andere relevante Pro-jektsteuerungsunterlagen zu übernehmen.

Seitens des Projektleiters der Projektsteuerung ist unbedingt darauf zu achten, dass Protokolle die Teilnehmer an Besprechungen spätestens inner-halb von 3 Arbeitstagen nach der Besprechung er-reichen, da die aus den Protokollen resultierenden Aufgabenstellungen sonst vielfach schon überholt sind.

Nutzer- und Projektbesprechungen (Jours fixes) werden i.d.R. vom Projektsteuerer protokolliert und über das Projektkommunikationssystem ver-teilt. Planungsgespräche werden i.d.R. vom Archi-tekten oder Generalplaner, Baubesprechungen vom Objektüberwacher protokolliert und verteilt. Ände-rungs-/Ergänzungswünsche zu den Protokollen sind von den Projektbeteiligten jeweils spätestens zum Beginn der nächsten Besprechung vorzutragen. Be-rechtigte Einwände/Ergänzungen sind in das Proto-koll der nächsten Sitzung aufzunehmen.

Zu Projektänderungen

Projektsteuerung		Stand: *Datum*

Neubau des Geschäftszentrums in Musterstadt
Projekt-/Planungsänderung

Bauteil	Geschoss	Raum
Antragsteller	Datum	Antrags-Nr.

Beschreibung der Änderung:

Begründung der Änderung:

	Auftraggeber	Architekt	Tragwerkspl.	TGA-Ing.	Sonstige
Abgestimmt mit (Zeichen, Datum)					

Auswirkung der Änderung auf die Planung

Änderungsleistung bei / Auswirkung	Planungsdauer [Arbeitstage]	Planungskosten [€]	Unterschrift
Architekt			
TGA RLT, GWA			
TGA E + FM + IuK			
Tragwerksplaner			
Freianlagenplaner			

Alle Werte in €, inkl. MwSt.

Auswirkung der Änderung auf die Ausführung

Kostengruppe:		Kosten:
Termine		
Sonstiges		

Alle Werte in €, inkl. MwSt.

Mehrkosten der Änderung:	Planungskosten: _____
	Herstellungskosten: _____
	Mehrkosten: _____ inkl. ... % MwSt.

Minderkosten der Änderung:	Planungskosten: _____
	Herstellungskosten: _____
	Minderkosten: _____ inkl. ... % MwSt.

Saldokosten der Änderung:	_____ inkl. ... % MwSt.

Genehmigt am:	Projektleitung: _____
Genehmigt am:	Nutzer: _____
Gesehen am:	Projektsteuerung: _____

Abb. 2.3-27 Projektänderungsantrag für das Änderungsmanagement des Projektsteuerers

Zum Maßnahmen-/Entscheidungskatalog

Firma Projektsteuerung						Stand: 30.04.2011	
			Neubau des Wohnparks in Musterstadt				
			Entscheidungs-/Maßnahmenkatalog				
Nr.	Datum der Eingabe	Zuständig	Entscheidung	Konsequenz	Soll-Termin	Ist-Termin	Maßnahmen	Status
1	16.04.2011	AG	Genehmigung Entwurfsplanung	Voraussetzung für LV-Erstellung	12.03.2011	10.04.2011	Terminanpassung notwendig	OK
2	22.02.2011	PL	Beauftragung des AN für die Erstellung der notw. Aufmaße VM	Verschiebung VM-Dach	28.02.2011	17.04.2011	Termin Bauausschuss vom 18.04.05	OK
3	12.08.2011	AG	Prüfung der Zul. einer GU-Vergabe (Pauschalierung/ Grundlagen/etc.)	Grundlage Kapazitäts- u. Terminplanung	12.03.2011	28.04.2011	Art der Leistungsbeschreibung festlegen	kritisch

Abb. 2.3-28 Maßnahmen-/Entscheidungskatalog (Auszug)

Plancode

Dazu ist festzulegen, welche Informationen der Plancode einheitlich für alle Projektbeteiligten enthalten soll (z. B. Leistungsphase; Reifegrad; Planverfasser; Planinhalt; Planarten etc.). Diese Informationen sind dann durch möglichst selbst sprechende Zahlen oder Buchstaben zu kodieren (*Abb. 2.3-29*).

Schriftfeld für Zeichnungsunterlagen

Dieses Schriftfeld ist einheitlich und verbindlich für alle Planungsbeteiligten vorzugeben (*Abb. 2.3-30*).

Zur Verteilung von Plänen, Zeichnungen und Schriftstücken

Planeingangs-/Ausgangslisten mit der Verteilung als Papier- oder Transparentpausen werden häufig durch das jeweils beauftragte Kopierzentrum geführt. Bei vollständig papierloser Kommunikation ist dies Aufgabe des Projektkommunikationssystems, über das auch alle Schriftstücke verteilt werden.

2.3.2.3.2 Projektstufe 2 – Planung

Die Projektstufe 2 – Planung umfasst die Leistungsphasen 2 – Vorplanung, 3 – Entwurfsplanung und 4 – Genehmigungsplanung gemäß HOAI.

2B1 Überprüfen der Planungsergebnisse auf Konformität mit den vorgegebenen Projektzielen
(Diederichs, 2006, S. 270–282)

Gegenstand und Zielsetzung

Planungsergebnisse sind im Wesentlichen Zeichnungen, Berechnungen und Beschreibungen. Durch das Überprüfen der Konformität der Planungsergebnisse mit den vorgegebenen Projektzielen wird durch den Projektsteuerer im übertragenen Sinne eine „Objektüberwachung der Planung" wahrgenommen. Dabei ist der Fokus vorrangig auf die Erfüllung der Projektziele und die Übereinstimmung mit den Anforderungen des Nutzerbedarfsprogramms sowie des Funktions-, Raum- und Ausstattungsprogramms zu richten.

Eine wesentliche Aufgabe des Projektmanagements ist der *Vergleich* der Planungsergebnisse *mit den vorgegebenen Projektzielen* wie z. B. Rendite, Baumassen, Anzahl Wohnungen, Ausmaß der vermietbaren Flächen, Funktionalität, Corporate Design, Wirtschaftlichkeit des Betriebes etc. Dieser Vergleich ist planungsphasenweise anhand eines projektspezifischen Kriterienkatalogs durchzuführen und zu dokumentieren.

Abweichungen und Widersprüche müssen mit dem Auftraggeber geklärt und die notwendigen Anpassungen durchgeführt werden. Durch diese planungsbegleitende Konformitätsprüfung werden Änderungsprozesse in der weiteren Planung und

Gruppe	I			II	III	III	IV		V		VI		VII		VIII									IX			X
Stelle	1	2	3	4	5	6	7	8	9	10	11	12	13	14	15	16	17	18	19	20	21	22	23	24	25	26	27
Beispiel																											

Gruppe	Stelle	Inhalt	Code	Bedeutung des Codes
I	1–3	Projekt		3-stelliges Projektkürzel
II	4	Leistungsphase	V	Vorplanung
			E	Entwurfsplanung
			G	Genehmigungsplanung
			A	Ausführungsplanung
			W	Werkstatt- und Montageplanung
III	5	Reifegrad	K	Konzept
			V	Vorabzug
			R	Reinschrift
IV	6–8	Planverfasser		3-stelliges Firmenkürzel
V	9+10	Planinhalt	A	Architektenpläne
			SP	Schalpläne
			BP	Bewehrungspläne
			ST	Stahlbaupläne
			P	Positionspläne
			TA	Tragwerksplanung, Allg.
			HK	Heizung/Klima
			LK	Lüftung/Kälte
			SK	Sanitär/Sprinkler
			SD	Schlitz-/ Durchbruchspläne
			GR	Grundleitungspläne
			BK	Bodenkanäle
			DE	Deckenpläne
			Z	Zentrale Leittechnik
			MR	Mess- und Regeltechnik
			SC	Schemapläne
			PH	Bauphysik
			SR	Schallschutz und Raumakustik
			LT	Lichttechnik
			ET	Elektrotechnik/Fördertechnik
			NT	Nachrichtentechnik
			EF	ELO/Förd./FM-Technik
			LR	Leerrohrpläne
			BL	Blitzschutz
			MA	Maschinentechn. Ausstattung
			MÖ	Möblierung
			MI	Mieterausbau
			VE	Verkehrserschließung
			FR	Flucht- und Rettungswege
			TP	Terminpläne
			AA	Außenanlagen/Umfeld
			PF	Pflanzen
VI	11+12	Detail-/Planarten zu A	01	Dachdetails
			02	Fassaden
			03	Rohbaudetails
			04	Treppendetails
			05	Holzdetails
			06	Details Türen/Tore
			07	Schlosserdetails
			08	Deckenuntersichten
			09	Fußbodendetails
			10	Abdichtungsdetails
			11	Aufzugsdetails
			12	Beleuchtungsdetails
			13	Nasszonen
			14	Wandabwicklungen
			15	Außenanlagen/Wasserbecken

Abb. 2.3-29 Plancode

Gruppe	I			II	III	III	IV		V		VI		VII		VIII									IX			X
Stelle	1	2	3	4	5	6	7	8	9	10	11	12	13	14	15	16	17	18	19	20	21	22	23	24	25	26	27
Beispiel																											

Gruppe	Stelle	Inhalt	Code	Bedeutung d. Codes
		Zu HK bis SC	60	Details Entwässerung – Grundleitungen
			61	Details Sanitäre Anlagen
			62	Details Feuerlöschanlagen
			63	Details Sprinkleranlagen
			64	Details Heizungsanlagen
			65	Details Kälteanlagen
			66	Details Kühldecken
			67	Details RLT-Anlagen
			68	Details MSR und ZLT
			69	Details Zentralen
			70	Details Trassenführung
		Zu ET-BL	40	Aufzugsdetailpläne
			41	Fördertechnikdetailpläne
			42	Stromversorgung/Steigltg. ELO
			43	Elektroinstallationsdetails
			44	FM-Zentralen/Steigltg. FM
			45	Details Nachrichtentechnik
			46	Starkstromverteilung Schemapläne
			47	Schwachstromverteilung Schemapläne
			48	Detailpläne Blitzschutz
			49	Leerrohrpläne
		Zu AA	10	Lagepläne/Längsschnitte
			11	Bauwerke Entwässerungsanlagen
			12	Wasser-/Stromversorgung
			13	Fernwärmeversorgung
			20	Koordinierungspläne
VII	13+14	Ebenen gemäß Gebäude- und Raumcode		
VIII	15–23	Achsenbezeichnung lt. Architektenplan		
IX	24–26	Plannummer		
X	27	Planindex		

Abb. 2.3-29 (Fortsetzung)

auch in der Ausführung deutlich reduziert und damit Nachtragsrisiken gemindert.

Die Verantwortung und Haftung des jeweiligen Planers für die mängelfreie vertragsgerechte Erfüllung seiner Leistungen wird jedoch dadurch nicht geschmälert. Der Projektsteuerer übernimmt keine Verantwortung und Haftung für die fachlich-inhaltliche Richtigkeit der Planungsergebnisse im Hinblick auf die Einhaltung der technischen Regelwerke, die nach den anerkannten Regeln der Technik zu beachten sind. Es ist daher zu empfehlen, dass im Projektmanagementvertrag eine diesbezügliche gesamtschuldnerische Haftung ausgeschlossen und in den Planerverträgen vereinbart

wird, dass durch die Prüfungstätigkeit des Auftraggebers bzw. seines Projektsteuerers die volle Verantwortung und Mängelhaftung des Planers nicht eingeschränkt wird und der Projektsteuerer durch diese Prüfhinweise nicht in die Planung eingreift.

Um in jedem Fall eine eindeutige Haftungsabgrenzung zwischen Planer und Projektsteuerer zu dokumentieren, ist seitens des Auftraggebers bzw. des Projektsteuerers mit Vollmacht des Auftraggebers in jedem Anschreiben zur Planprüfung folgender Satz einzufügen:

„ In Bezug auf die Anmerkungen des Projektsteuerers und deren Umsetzung verweist der Projekt-

Datum	Index	Inhalt	GEZ:	Datum	Index	Inhalt	GEZ:

Änderungen / Ergänzungen	Architekt / Fachplaner	Änderungen / Ergänzungen	Architekt / Fachplaner

Zeichnerische Darstellung der Gebäudestruktur (im Grundriss)
einschließlich Achsrastersystem (DIN AO Schnitlinien)

Projekt:

Bauherr:

Architekt / Planverfasser:

Leistungsphase:	Inhalt:

Reifegrad:

Maßstab	Datum:	Gez.	Blattgröße nach DIN oder m²

Zur weiteren Bearbeitung freigegeben	Zur Ausführung freigegeben:
Projektleiter	Projektleiter

Architekt / Fachplaner	
Unterschrift	Stempel

Abb. 2.3-30 Beispiel eines Schriftfeldes für Zeichnungsunterlagen

steuerer ausdrücklich auf die beim Projektplaner/ Generalplaner, den Fachplanern und den Gutachtern verbleibende Gesamtverantwortung und Mängelhaftung für die übertragenen Leistungen. "

Methodisches Vorgehen
Die Prüfung der Konformität zwischen Planungsergebnissen und vorgegebenen Projektzielen ist zweckmäßigerweise mit Hilfe von projektspezifischen Kriterienkatalogen vorzunehmen und zu dokumentieren. Nachfolgend werden nach den

Leistungsphasen der HOAI differenzierte Arbeitsschritte aufgelistet:

a) Prüfen der Konformität der Vorplanungsunterlagen (Lph. 2 HOAI) mit den Projektzielen

Für die Prüfung der Vorplanung eignet sich die Prüfliste gemäß Abb. 2.3-31. Arten, Inhalte und Grundregeln der Darstellung von Bauzeichnungen sind in DIN 1356-1 (Februar 1995) geregelt, deren Inhalt aus Abb. 2.3-32 ersichtlich ist. Im Rahmen der Konformitätsprüfung sind vor allem folgende

Fragen zu beantworten:

1. Werden die Vorgaben des Nutzerbedarfsprogramms sowie des Funktions-, Raum- und Ausstattungsprogramms erfüllt?
2. Ist die Kostenschätzung nach DIN 276 vollständig? Sind die Mengen- und Wertansätze plausibel?
3. Besteht Konformität zwischen den Planunterlagen, der Baubeschreibung und der Kostenschätzung?
4. Ist das Projekt auf dem vorgesehenen Baugrundstück nach geltendem Baurecht ohne besondere Anforderungen (z. B. Beantragung von Abweichungen nach Art. 70 BayBO unter Abwägung der Interessen des Auftraggebers und der öffentlichen Belange) im Hinblick auf das Maß der baulichen Nutzung (GRZ, GFZ, Stellplatzanzahl, Denkmalschutz, Brandschutz, Rettungswege, Einbindung in die Umgebung) zu realisieren? Durch einen Soll /Ist-Vergleich sind etwaige Abweichungen zwischen der Art und dem Maß der baulichen Nutzung gemäß zulässigem Baurecht und den Vorplanungsergebnissen zu ermitteln und geeignete Anpassungsmaßnahmen vorzuschlagen.
5. Hat der Planer alle beauftragten Leistungen bis zum Abschluss der Lph. 2 HOAI vertragsgemäß erbracht?
6. Ist die Grundkonzeption des Tragwerks geklärt (Achsraster, Bezug auf Tiefgaragenraster, Gründung, erforderlicher Verbau, Wasserhaltung etc.)?
7. Ist die Grundkonzeption der TGA geklärt (Versorgungsträger, Medientrassen, Notwendigkeit von Raumlufttechnik mit Auswirkungen auf Geschosshöhen, Flächen für TGA-Zentralen, Maschinenaufstellungsflächen etc.)?
8. Wurden Möglichkeiten zur Optimierung der Planung im Sinne des Value Managements genutzt (vgl. *Ziff. 2.3.2.4.7*)?

Der Projektsteuerer hat dafür zu sorgen, dass die Ergebnisse der Vorplanung systematisch und vollständig von den jeweiligen Planern zusammengestellt und nach Klärung der sich aus der Konformitätsprüfung des Projektsteuerers ergebenden Fragen vom Auftraggeber genehmigt werden. Das Ergebnis ist das Bau-Soll mit dem Reifegrad der Vorplanung.

b) Prüfen der Konformität der Entwurfsplanungsunterlagen (Lph. 3 HOAI) mit den Projektzielen

Die Entwurfsplanungsergebnisse, der Erläuterungsbericht sowie die Kostenberechnungen des Objektplaners und der Fachplaner sind hinsichtlich der Abgrenzung von Schnittstellen, der Einbindung in die Umgebung, der Verhältnisse auf dem Baugrundstück sowie der erforderlichen Logistik- und Interimsmaßnahmen zu überprüfen. Dazu eignet sich die Prüfliste gemäß *Abb. 2.3-33*. Ferner sind insbesondere folgende Fragen zu beantworten:

1. Werden durch die Ergebnisse der Entwurfsplanung die Vorgaben der genehmigten Vorplanung, des Nutzerbedarfsprogramms sowie des Funktions-, Raum- und Ausstattungsprogramms erfüllt?
2. Ist die Kostenberechnung nach DIN 276 vollständig und bewegt sie sich im Rahmen der Kostenschätzung? Sind die Mengen- und Wertansätze plausibel?
3. Ist die Entwurfsplanung ohne zusätzliche Maßnahmen zu realisieren?
4. Welche Auswirkungen hat das Tragsystem mit Gründung, Bauwerksfugen und vorgesehener Ablauffolge in den einzelnen Bauabschnitten auf die Einhaltung der Terminziele/Meilensteine?
5. Hat der Objektplaner die Leistungen anderer an der Planung fachlich Beteiligter in seine Entwurfsplanung integriert (z. B. TGA-Schächte, TGA-Zentralen, Konzeption der vertikalen und horizontalen Installationsführung, Wärme-, Brand-, Schall- und Feuchtigkeitsschutz)?
6. Sind die Ergebnisse sonstiger Gutachter in den Ergebnissen der Entwurfsplaner berücksichtigt worden (Gutachter für Denkmalschutz, Schadstoffe, Baugrund, Akustik, Lichttechnik, Fassadentechnik, Bühnentechnik, Rundfunk- und Fernsehtechnik etc.)?
7. Hat der Planer alle beauftragten Leistungen der Lph. 3 nach HOAI Entwurfsplanung (System- und Integrationsplanung) vertragsgemäß erbracht?
8. Wurden Möglichkeiten zur Optimierung der Planung im Sinne des Value Managements genutzt (vgl. *Ziff. 2.3.2.4.7*)?

Die Ergebnisse der Entwurfsplanung sind zusammen mit der Objektbeschreibung und dem Erläuterungsbericht systematisch und vollständig zusammenzufassen und nach Bearbeitung und Abstimmung der Hinweise des Projektsteuerers zur Konformität zwischen Planungsergebnissen und Projektzielen vom Auftraggeber genehmigen zu lassen. Das Ergebnis ist das Bausoll mit dem Reifegrad der Entwurfsplanung.

Prüfliste der Vorplanungsunterlagen M 1:500, M 1:200 mit Erläuterungsberichten	vorhanden	z. T. vorhanden	nicht vorhanden	entbehrlich
1.　Grundrisse				
1.1　Gebäudebreite/Gebäudetiefe				
1.2　Raummaße				
1.3　Flächen der Räume in m²				
1.4　Lage und Laufrichtung der Treppen				
1.5　Teilmöblierung (evtl.)				
1.6　Wichtige sanitäre Einrichtungsgegenstände				
1.7　Lage des Geländes				
1.8　Höhenlage des Hauseingangs zum Gelände				
1.9　Nordpfeil				
1.10　Eintragung der Schnittführung				
1.11　Bemaßung der Lage des Bauwerks im Baugrundstück				
1.12　Angabe der Haupterschließung				
1.13　Zuordnung der im Raumprogramm genannten Räume zueinander				
2.　Schnitte				
2.1　Geschosshöhen				
2.2　Lage des Geländes; ggf. mit Gefälleangaben				
2.3　Höhenlage des Hauseingangs zum Gelände				
2.4　Dachkonstruktion				
2.5　Wand- und Deckendicke				
2.6　Lage der Fundamente				
2.7　Verlauf der Treppen				
2.8　konstruktive Angaben, soweit notwendig				
3.　Ansichten				
3.1　Umrisse der Gebäudekanten und Öffnungen				
3.2　Vorhandenes oder geplantes Grün				
4.　Weitere Prüfschritte				
4.1　Eintragung der Schnittführung im Grundriss, Übereinstimmung mit der Darstellung im Schnitt				
4.2　Ausreichend lichte Durchgangshöhe, besonders im Bereich der Treppen				
4.3　Führung von Schornsteinen und Entlüftungsrohren				
4.4　Ausreichende Unterstützung tragender Wände des OG im darunterliegenden Geschoss				
4.5　Schriftfelder				
4.6　Vollständigkeit der übertragenen Vertragsleistungen				
5.　Allgemeine Hinweise				
5.1　In die Ansicht sind keine Maße einzutragen				
5.2　Fenster und Türen werden in den Wandschnitten vereinfacht				
5.3　Die Treppen können vereinfacht dargestellt werden.				

Abb. 2.3-31　Prüfliste Vorplanung (Quellen: nach Mittag (1997 und 1993b) und Schneider (2010))

Tabelle 6 (fortgesetzt)

Spalte	1	2
Zeile	Anwendungsbereich	Öffnungsarten
5	Pendelflügel, zweiflügelig	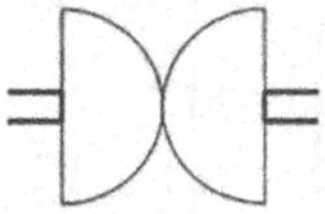
6	Hebe-Drehflügel	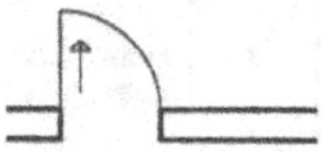
7	Drehtür	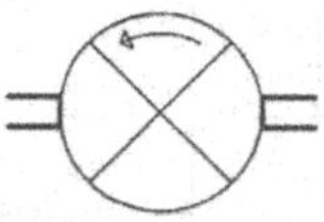
8	Schiebeflügel	
9	Hebe-Schiebeflügel	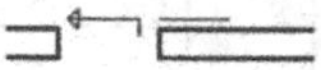
10	Falttür, Faltwand	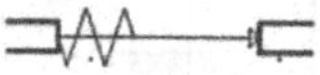
11	Schwingflügel	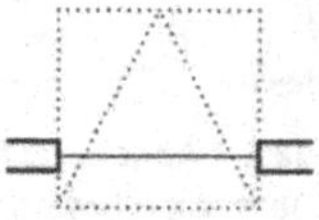
12	Drehflügel	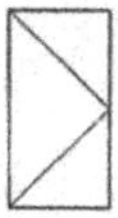
13	Kippflügel	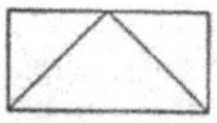
14	Klappflügel	

(fortgesetzt)

Tabelle 6 (abgeschlossen)

Spalte	1	2
Zeile	Anwendungsbereich	Öffnungsarten
15	Dreh-Kippflügel	
16	Hebe-Drehflügel	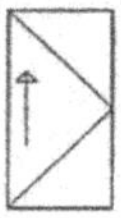
17	Schwingflügel	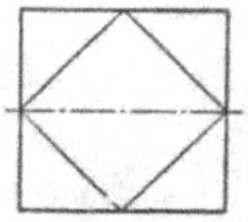
18	Wendeflügel	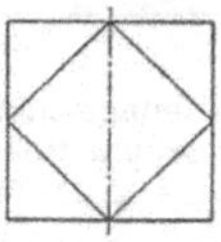
19	Schiebeflügel, vertikal	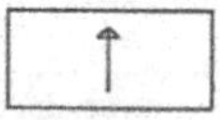
20	Schiebeflügel, horizontal	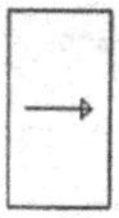
21	Hebe-Schiebeflügel	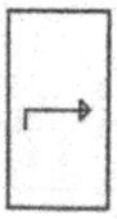
22	Festverglasung	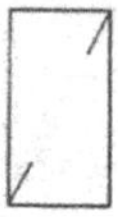

Abb. 2.3-32 Darstellungen in Bauzeichnungen (1) nach DIN 1356-1 (1995-02) – Auszug

12.4 Tragrichtung von Platten

Tabelle 7: Tragrichtung

Spalte	1	2
Zeile	Anwendungsbereich	Tragrichtung
1	Zweiseitig gelagert	
2	Dreiseitig gelagert	
3	Vierseitig gelagert	
4	Auskragend	

12.5 Kennzeichnung der Schnittflächen von geschnittenen Stoffen in Bauzeichnungen
(siehe auch DIN 201)

Tabelle 8: Kennzeichnung der Schnittflächen

Spalte	1	2
Zeile	Anwendungsbereich	Kennzeichnung
1	Boden	
2	Kies	
3	Sand	
4	Beton (unbewehrt)	
5	Beton (bewehrt)	

(fortgesetzt)

Tabelle 8 (abgeschlossen)

Spalte	1	2
Zeile	Anwendungsbereich	Öffnungsarten
6	Mauerwerk	
7	Holz, quer zur Faser geschnitten	
8	Holz, längs zur Faser geschnitten	
9	Metall	
10	Mörtel, Putz	
11	Dämmstoffe	
12	Abdichtungen	
13	Dichtstoffe	

12.6 Abgehängte Decken

Abgehängte Decken werden im Grundriß mit einer Strichlinie gekennzeichnet, welche die Deckenfläche diagonal durchquert. Diese Linie bekommt die Kennzeichnung "abgeh. Decke", sowie die Höhenangabe für die Unterfläche Decke.

Bild 14: Abgehängte Decken

Abb. 2.3-32 Darstellungen in Bauzeichnungen (2) nach DIN 1356-1 (1995-02) – Auszug

Prüfliste der Entwurfsunterlagen M 1:100 mit Erläuterungsberichten	vor-han-den	z. T. vor-han-den	nicht vor-han-den	ent-behr-lich
1. Grundrisse				
1.1 Lichte Raummaße (Rohbaumaße)				
1.2 Alle Wanddicken (Rohbaumaße)				
1.3 Lichte Tür- und Fenstermaße (Rohbaumaße)				
1.4 Maße von Bauteilen, die nach den Bemessungsvorschriften als Stützen zu behandeln sind				
1.5 Materialangabe der Wände und tragenden Bauteile durch Schraffur				
1.6 Lage der Öffnungen zu den Wänden				
1.7 Äußere Gesamtmaße				
1.8 Treppen mit Stufen, Steigungsverhältnis, Steigungszahl, Stufenbenummerung an Antritt und Austritt				
1.9 Art und Maße der Schornsteine				
1.10 Aufschlagrichtung und Viertelkreis der Türen				
1.11 Fest eingebaute sanitär-technische Einrichtungen				
1.12 Angabe von Art und Maßen der Schornsteine, Kanäle und Schächte				
1.13 Ortsfeste Behälter für Öl				
1.14 Aufzugsschächte				
1.15 Untergeschosslichtschächte				
1.16 Heizungstechnische Angaben				
1.17 Möblierung der Räume				
1.18 Lage der vertikalen Schnitte				
1.19 Bezeichnung der Art der Raumnutzung				
1.20 Flächen der Räume in m²				
2. Schnitte				
2.1 Höhenlage des Gebäudes über NN, bezogen auf OK EG-Fußboden				
2.2 Bezeichnung der Geschosse				
2.3 Höchster Grundwasserstand				
2.4 Abdichtung gegen Grundwasser				
2.5 Freileitungen aller Art				
2.6 Höhe und Breite der Fundamente				
2.7 Lichte Raumhöhen				
2.8 Brüstungshöhen				
2.9 Lage von Unterzügen				
2.10 Treppenverlauf mit Steigungsverhältnis und Anzahl der Steigungen				
2.11 Verlauf von Rampen				
2.12 Firsthöhen, Schornsteinhöhen				
2.13 Anschnitte des Geländeverlaufes				
2.14 Wanddicken				
2.15 Bezeichnung der Deckenkonstruktion				
2.16 Dicken der Rohdecken				
3. Ansichten				
3.1 Gliederung der Türen und Fenster				
3.2 Lage der Dachrinnen und Fallrohre				
3.3 Treppen und Balkongeländer				
3.4 Dachaufbauten				
3.5 Schornsteine und sonstige technische Aufbauten				
3.6 Dachüberstände				
4. Weitere Prüfschritte				
4.1 Übereinstimmung der Maßsummen Außenmaße/Innenmaße				
4.2 Schnittlage in den Grundrissen 1 m über OK Bodenbelag				
4.3 Übereinstimmung d. Geschossgrundrisses im Grundriss und Lageplan				
4.4 Maßableitungsregeln für Rohbaumaße nach DIN 4172				
4.5 Vollständigkeit der übertragenen Vertragsleistungen				
5. Allgemeine Hinweise				
5.1 Die Ansichten sollen den Endzustand des fertigen Bauwerks, nicht den Rohbauzustand zeigen				

Abb. 2.3-33 Prüfliste Entwurfsplanung

Beispiel

Mit dem nachfolgenden Schreiben in *Abb. 2.3-34* wird dem Planer und dem Auftraggeber das Ergebnis der Konformitätsprüfung der Entwurfsplanung Grundriss G-4-1 (*Abb. 2.3-35*) mitgeteilt.

c) Prüfen der Konformität der Genehmigungsplanung (Lph. 4 HOAI) mit den Projektzielen

Genehmigungsplanungen der Lph. 4 HOAI sind vor allem für die Objektplanung der Gebäude, die Entwässerung, die Aufzugsanlagen, die RLT-Anlagen und die Gewerberäume und damit nicht für alle Planungsbereiche erforderlich. Die Genehmigungsplanung beinhaltet die Darstellung der Ergebnisse der Entwurfsplanung in der behördlich vorgeschriebenen Form vor allem des Bauordnungsamtes, aber auch des Tiefbauamtes, der Feuerwehr, der Stadtwerke, des TÜV, des Gewerbeaufsichts- und des Denkmalschutzamtes.

Auf etwaige Genehmigungsrisiken, insbesondere mit dem Ziel der Maximierung der Grundstücksausnutzung (bewusste Überschreitung der zulässigen Geschossflächen- oder Grundflächenzahl) ist der Auftraggeber von den Planern und dem Projektsteuerer ausdrücklich hinzuweisen. Der Projektsteuerer hat dieses Thema frühzeitig anzusprechen und die Chancen und Risiken bewusst zu machen.

Die Anforderungen der Träger öffentlicher Belange (TöB) sind – soweit nicht bekannt – vorab von den Planern zu ermitteln. Die erzielbaren (möglichst kurzen) Genehmigungsdauern sind vom Projektsteuerer zusammen mit den Planern und dem Auftraggeber zu erkunden. Dabei ist darauf zu achten, dass der Projektsteuerer nicht selbst Verhandlungen mit Behörden führt, sofern er damit nicht beauftragt ist, da anderenfalls Verantwortungs- und Haftungsüberschneidungen mit dem Auftraggeber und dem Objektplaner entstehen können. Letzterer hat z.B. gemäß § 15 Abs. 2 Lph. 4 der HOAI die notwendigen Verhandlungen mit Behörden zu führen. Die Genehmigungsreife der Ergebnisse der Genehmigungsplanung ist Hauptleistung, Verantwortungs- und Haftungsbereich des Planers.

Durch frühzeitige Abstimmung mit den Genehmigungsbehörden werden Fehlplanungen eingegrenzt und Genehmigungsdauern verkürzt.

In diesem Zusammenhang empfiehlt sich die Beauftragung des Objektplaners mit der Besonderen Leistung „Durchführen der Voranfrage (Bauanfrage)" gemäß § 15 Abs. 2 Lph. 2 HOAI a.F. Vorplanung (Projekt- und Planungsvorbereitung).

d) Prüfen der Konformität der Ausführungsplanung mit den Projektzielen (in der Projektstufe 3 – Ausführungsvorbereitung)

Eine Prüfung der Konformität der gesamten Ausführungsplanung mit den Projektzielen ist i.d.R. nicht durchführbar, da dieser Prüfvorgang zu einer Verlängerung des Planlieferungszeitraums führen würde, die i.d.R. aufgrund der Terminziele für die Bauausführung selten möglich ist und darüber hinaus wegen nur kurzer verbleibender Zeiträume für die Prüfung durch den Projektsteuerer für diesen ein hohes Haftungsrisiko bedeutet.

Zur Disziplinierung der Planer im Hinblick auf die Einhaltung der Projektziele, insbesondere der Kostenziele, ist es dennoch sinnvoll, stichprobenartig die Ausführungsplanung auf Konformität mit dem genehmigten Nutzerbedarfsprogramm sowie der – genehmigten – Genehmigungsplanung zu prüfen und bei Abweichungen auf die Haftung der Planer hinzuweisen. Derartige Abweichungen sind auch in den häufig „schleichenden Standarderhöhungen" zu sehen.

Fast kein Investitionsvorhaben wird ohne Änderungen ausgeführt. Deshalb ist der Dokumentation von Planungsänderungen besondere Aufmerksamkeit zu widmen. Änderungswünsche werden vom Auftraggeber, vom Nutzer, von den Objekt- und Fachplanern, oft aber auch von ausführenden Firmen geäußert.

Gründe sind die intensive Beschäftigung des Auftraggebers und des Nutzers mit Baumaterialien während der Ausführungsplanungs- und Ausschreibungsphase, die Notwendigkeit, Fehler bei der Zielformulierung, Planungs- oder Ausführungsfehler zu korrigieren, sowie Einkaufs- oder Ausführungsvorteile von Baufirmen.

Änderungen haben i.d.R. Einfluss auf Qualitäten, Kosten und Termine, meistens mehrere Faktoren gleichzeitig. Zur Dokumentation solcher Änderungen ist bereits mit dem Organisationshandbuch das Instrument des sog. Projektänderungsantrages einzuführen, dessen konsequente und lückenlose Anwendung durch die Projektleitung sichergestellt werden muss (vgl. *Abb. 2.3-27*).

Absender: Projektsteuerer   **Musterstadt, 03.03.2010**

Adressat: **Planer**
Kopie: **AG**

Neubau des Geschäftszentrums in Musterstadt,
Prüfen der Konformität der Entwurfsplanung Grundriss G-4-1 M 1:100, Stand vom 24.02.10, mit den Projektzielen, Eingang am 26.02.10

Sehr geehrte Damen und Herren,

nachfolgend erhalten Sie unsere Anmerkungen zu den o. g. Planunterlagen. Ein Plansatz mit Korrektur- bzw. Ergänzungseintragungen liegt in unserem Büro zur Einsicht vor. In Bezug auf unsere Anmerkungen und deren Umsetzung verweisen wir ausdrücklich auf die beim Projektplaner/Generalplaner und den Fachplanern und Gutachtern verbliebende Gesamtverantwortung und Mängelhaftung für die übertragene Leistung.

Wie bereits von Herrn Mustermann bestätigt, wurden noch nicht alle Abstimmungen mit den TGA-Planern in die Planung integriert. Da in der 12. KW 2005 eine Überarbeitung verteilt werden soll, bitten wir dringend um Beachtung nachfolgender Punkte:

Plan-Nr.	Bemerkungen	Erledigt
1. Allgemein	1.1	Die Vermaßung ist allgemein unzureichend
	1.2	Brüstungshöhen fehlen
	1.3	Eintragungen TGA-Steigestränge sowie Elektrounterverteilungen fehlen
	1.4	Eintragungen Brandschutzanforderungen Türen fehlen weitgehend
	1.5	Aufschlagrichtung Türen der Technikräume prüfen
	1.6	Höhenkoten in alle Geschosse eintragen
2. G-4-1	2.1	HNF/NGF im DG (ohne Technikzentralen) < 30 % [1]
	2.2	Anzahl WCs viel zu groß, ca. 48 Sitzplätze im Besprechungszimmer, 12 WCs sowie 3 Urinale?
	2.3	Schallschutz zwischen Technikzentrale und Besprechungszimmer sicherstellen
	2.4	Schallschleuse zwischen Technikzentrale und Pufferzone (F90-Tür ist schalltechnisch nicht ausreichend) [2]
	2.5	Einbringöffnung TGA-Zentralen fehlt
	2.6	RWA auf Dachaufsicht bzw. über Treppenhaus einstricheln [3]
	2.7	Brandwand Mittelbau von Achse X 43 auf X 41 verlegen; wesentliche Vereinfachung Schiebetür statt Rolltor möglich; Tür Abstellkammer verlegen (im Planausschnitt nicht enthalten)
	2.8	Einen 2. Rettungsweg für G2.401 und G2.402 neben Medienwänden vorsehen
	2.9	Schiebetüren zur Flachdachfläche? [4]
	2.10	Ein 2. Rettungsweg kleiner Sitzungssaal fehlt, Schiebetür nicht zulässig
3. G-4-2	siehe Plan G-4-1 (symmetrische Spiegelung)	

Insgesamt sehen wir einen erheblichen Überarbeitungsbedarf, insbesondere im Bereich der Anlieferung, der Brandwand Mittelbau sowie im Dachgeschoss. Bezüglich des weiteren Vorgehens bitten wir dringend um eine gesonderte Besprechung. Dazu schlagen wir vor: Dienstag, 09.03.2010 um 9.00 Uhr beim AG, Raum 6-1. Wir bitten Sie um schriftliche Terminbestätigung.

Mit freundlichen Grüßen

Projektsteuerer

Anlage: Entwurfsplanung Grundriss G-4-1 mit Kennzeichnung der Bemerkungen in [x]

Abb. 2.3-34 Mitteilung des Ergebnisses der Konformitätsprüfung der Entwurfsplanung

Dieses Änderungsmanagement ist u. a. im Rahmen der Überprüfung der Vergabe- und Vertragsunterlagen für die Vergabeeinheiten und das Anerkennen der Versandfertigkeit fortzusetzen, um Differenzen zwischen der Ausführungsplanung sowie den ausgeschriebenen und beauftragten Leistungen rechtzeitig erkennen und in ihren Auswirkungen beherrschen zu können.

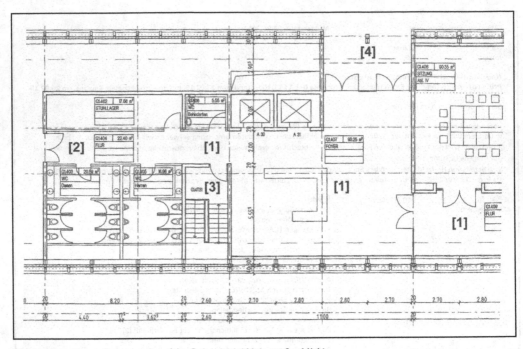

Abb. 2.3-35 Entwurfsplanung Grundriss G-4-1, M 1:100 (unmaßstäblich)

2.3.2.3.3 Projektstufe 3 – Ausführungsvorbereitung

Die Projektstufe 3 – Ausführungsvorbereitung umfasst die Leistungsphasen 5 – Ausführungsplanung, 6 – Vorbereitung der Vergabe und 7 – Mitwirkung bei der Vergabe gemäß HOAI.

3C1 Vorgabe der Soll-Werte für Vergabeeinheiten auf der Basis der aktuellen Kostenberechnung (Diederichs, 2006, S. 336–339)

Gegenstand und Zielsetzung
Gegenstand der Vorgabe der Sollwerte für Vergabeeinheiten (VE) ist die Angabe der voraussichtlichen Auftrags- bzw. Schlussabrechnungswerte vor Versand der jeweiligen Vergabe- und Vertragsunterlagen.

Ziel der Vorgabe der Sollwerte für VE ist es:

– das aktuelle Projektbudget durch eine planungs-/gewerkebezogene Vergabeeinheit zu bestätigen bzw. ggf. zu korrigieren,

– vor dem Versand der jeweiligen Ausschreibungsunterlagen einen Maßstab für die voraussichtliche Auftragssumme und damit die Kostenkontrolle auf der Basis von Vergabeeinheiten zu setzen und

– den Auftraggeber auf die Erteilung einer entsprechenden Verpflichtungsermächtigung und die im Anschluss daran erforderliche Mittelbereitstellung vorzubereiten.

Vom Projektsteuerer sind auf der Basis der jeweils aktuellen Kostenberechnung vor Versand der Ausschreibungsunterlagen die verfügbaren Budgetwerte für die jeweilige VE zu benennen. Diese müssen auch die erforderlichen Rückstellungen für erwartete Nachträge (je nach Qualität der Verdingungsunterlagen zwischen 3% und 15% des erwarteten Auftragswertes) und ggf. zu erwartende Kosten aus Lohn- und Stoffpreisgleitklauseln beinhalten. Ferner ist eine sorgfältige Abgrenzung zu noch zu vergebenden Teilleistungen in anderen Vergabeeinheiten vorzunehmen. Etwaige Abweichungen der Soll-Werte von dem anteiligen Budget aus der aktuellen Kostenberechnung sind plausibel dem Grunde und der Höhe nach zu erläutern. Ferner ist bei Sollwerten über dem Budget der Kostenberechnung entweder ein Kompensationsvorschlag zur Deckung etwaiger Mehrkosten zu unterbreiten, der Ausgleichsposten zu belasten oder die Genehmigung zu einer Erhöhung des Projektbudgets einzuholen.

Die Erstellung einer Deckungsbestätigung für einen vorliegenden LV-Entwurf erfolgt damit durch einen direkten Vergleich der im Leistungsverzeichnis ausgeschriebenen Arbeiten mit den entsprechenden Positionen der vorliegenden Kostenberechnung. Das Ergebnis wird der Projektleitung des AG i. d. R. im Rahmen der Prüfung des vorliegenden LV-Konzeptes durch die Angabe des (nach entsprechender Zuordnung der Positionen für die ausgeschriebenen Leistungen) in der Kostenberechnung enthaltenen Betrages mitgeteilt.

Methodisches Vorgehen
Nach dem Erstellen der Leistungsverzeichnisse (LVs) durch Architekten/Fachingenieure und dem Festlegen der Vergabeart ist zunächst zu überprüfen, ob die in der Kostenberechnung den VE zugeordneten Leistungen mit denjenigen übereinstimmen, die im LV unter den jeweiligen Titeln erfasst werden:

- Bei unterschiedlicher Leistungszuordnung zwischen Kostenberechnung und LV ist eine entsprechende Leistungsabgrenzung in der Kostenberechnung für die weitere Kostensteuerung vorzunehmen.
- Evtl. fehlende Leistungen im LV werden in Abstimmung mit dem LV-Ersteller in die Sollwerte für die VE aufgenommen, da anderenfalls mit entsprechenden Nachträgen zu rechnen ist. Bei stufenweiser Vergabe ist durch den Ersteller des LVs anzugeben, ob die fehlenden Leistungen in den folgenden VE vorgesehen sind.
- Für im LV enthaltene kostenträchtige Leistungen, die nicht in der Kostenberechnung enthalten sind, ist eine Erklärung über die Notwendigkeit durch den Ersteller des LVs erforderlich. Vom LV-Ersteller nicht begründbare Leistungen sind aus dem LV zu streichen. Für dem Grunde nach berechtigte, jedoch in der Kostenberechnung (KB) fehlende Leistungen sind ggf. entsprechende Maßnahmen zur Budgetdeckung einzuleiten, z. B. durch Einsparungen an anderer Stelle, durch

Inanspruchnahme des Ausgleichspostens oder des Postens für Unvorhersehbares.
- Sofern durch den PS erkannt wird, dass zur VE Leistungen gehören, die weder in der KB noch im LV enthalten sind, sondern z. B. nur aus der Ausführungsplanung ersichtlich sind, so hat der PS dafür zu sorgen, dass diese Leistungen ebenfalls in das LV aufgenommen und durch eine der vorgenannten Möglichkeiten kostenmäßig gedeckt werden. Voraussetzung für diese Leistungen ist das Überprüfen der Vergabe- und Vertragsunterlagen für die VE und das Anerkennen der Versandfertigkeit.

Nach der Prüfung werden die Leitpositionen/Elemente der KB der jeweiligen VE zugeordnet. Die Summe der zugeordneten Leitpositionen/Elemente ergibt die Summe des Sollwertes für die VE. Dieser Sollwert ist das Auftragsbudget.

2.3.2.3.4 Projektstufe 4 – Ausführung

Die Projektstufe 4 – Ausführung umfasst die Leistungsphase 8 – Objektüberwachung gemäß HOAI.

4C1 Kostensteuerung zur Einhaltung der Kostenziele
(Diederichs, 2006, S. 371–376)

Gegenstand und Zielsetzung
Nach DIN 276 (2008–12) ist die Kostensteuerung das gezielte Eingreifen in die Entwicklung der Kosten, insbesondere bei Abweichungen, die durch die Kostenkontrolle festgestellt worden sind.

Kostensteuerung setzt zunächst eine Kostenkontrolle durch den Vergleich einer aktuellen mit einer früheren oder parallelen Kostenermittlung (des Architekten und der Fachplaner) voraus. Kostenabweichungen sind vor allem begründet durch:

- gewollte Projektänderungen hinsichtlich Standard oder Menge,
- Schätzungsberichtigungen, die auf Ungenauigkeiten in der Mengenermittlung oder auf Abweichungen von den Kostenkennwerten in den Kostenermittlungen früherer Projektphasen beruhen oder

Beispiel

Absender: **Projektsteuerer**   02.03.2009
Adressat: **Auftraggeber**

Neubau des Geschäftszentrums in Musterstadt
Vorgabe der Sollwerte (brutto) der VE 4 – Dachabdichtung

1. Verfügbares Budget
Abgestimmte Kostenberechnung 29.09.2008
Für die Vergabeeinheit VE 4 sind in der Kostenberechnung folgende Beträge enthalten (vgl. Auszug aus der KB vom 29.09.2008):

Dachabdichtung   287.108,72 €
Bereits vergebene Leistungen/Zuordnung zu anderen
Kostengruppen
Folgende Leistungen wurden einer anderen Kostengruppe zugeordnet:
keine
Erforderliche Rückstellung
Da in einem Umfang von etwa 6 % mit Nachträgen gerechnet
werden muss, ist hierfür eine Rückstellung vorzusehen.
Rückstellung Dachabdichtung   ./. 18.000 €

Verfügbares Vergabebudget
Aus der abgestimmten Kostenberechnung vom 29.09.2008 und
der Rückstellung für Nachträge ergibt sich somit ein
verfügbares Vergabebudget in Höhe von   269.108,72 €

2. Erwartetes Submissionsergebnis
Kostenberechnung der PS nach Mengenkontrolle
Die Kostenberechnung vom 29.09.2008 in Höhe von   287.108,72 €
ist um das Ergebnis der Mengen- und Vollständigkeitskontrolle
mit   ./. 2.550,00 €
zu korrigieren auf   284.558,72 €

Indexsteigerung
Nach den Preisindextabellen des Statistischen Bundesamtes (Fachserie 7,
Reihe 4) ist für die Bauzeit mit einer Indexstagnation bzw. schwachen
Indexdeflation zu rechnen, so dass keine Preissteigerung gegenüber
dem Preisstand der Kostenberechnung vom 29.09.2008 erwartet wird.
Erwartetes Submissionsergebnis
Aus den Untersuchungen ergibt sich damit ein erwartetes
Submissionsergebnis von   284.558,72 €

3. Voraussichtliche Deckungslücke und Anpassungsmaßnahmen
Voraussichtliche Deckungslücke
Die voraussichtliche Deckungslücke zwischen verfügbarem
Budget in Höhe von   269.108,72 €
und erwartetem Submissionsergebnis in Höhe von   ./. 284.558,72 €
beträgt damit voraussichtlich   −15.450 €

Anpassungsmaßnahmen
Wie bei den bisherigen Vergaben ist auch bei dieser Ausschreibung mit einer hohen Anzahl von Bewerbern und dadurch
ggf. mit einer weiteren Reduzierung des zu erwartenden Submissionsergebnisses zu rechnen. In Abstimmung mit dem AG ist
vorsorglich jedoch ein preisgünstigerer, qualitativ gleichwertiger, jedoch optisch weniger ansprechender Oberflächenschutz
(Nr. 363.21) als Alternativposition in die Leistungsbeschreibung mit aufzunehmen.

aufgestellt:

– Projektsteuerer –   *Anlage*: Sollwerte für VE 4 Dachabdichtung (Abb. 2.3-37)

Abb. 2.3-36 Anschreiben zur Vorgabe der Soll-Werte für VE 4 Dachabdichtung

Nr.	Leistung		Menge	EP	GP
300 Bauwerk – Baukonstruktion					**287.108,72€**
011	**Dachabdichtung VE 4**				**brutto**
362.31	Dachoberlicht als Ausstieg	BA 1	2,00 St	2.965,49	5.930,98
362.31	Dachoberlicht als Ausstieg	BA 2	1,00 St	2.965,49	2.965,49
363.21	Gefälledämmung, Mineralwolle 2-lag.	BA 1	635,00 m²	70,56	44.805,60
363.21	Gefälledämmung, Mineralwolle 2-lag.	BA 2	295,00 m²	71,58	21.116,10
363.21	Dachabdichtung, mit Voranstrich	BA 1	634,00 m²	43,97	27.876,98
363.21	Dachabdichtung, mit Voranstrich	BA 2	295,00 m²	43,46	12.820,70
363.21	Schwerer Oberflächenschutz	BA 1	634,00 m²	46,53	29.500,02
363.21	Schwerer Oberflächenschutz	BA 2	295,00 m²	46,02	13.575,90
363.21	Attikaabdckg., Alu-Strangpressprofil	BA 1	161,00 m	99,70	16.051,70
363.21	Attikaabdckg., Alu-Strangpressprofil	BA 2	73,00 m	99,70	7.278,10
363.21	Dachabdichtung Dachüberstände	BA 1	139,00 m²	39,88	5.543,32
363.21	Dachabdichtung Dachüberstände	BA 2	92,00 m²	39,88	3.668,96
363.21	Dachrandausbildung, Alu-Strangpresspr.	BA 1	137,00 m	81,81	11.207,97
363.21	Dachrandausbildung, Alu-Strangpresspr.	BA 2	60,00 m	81,81	4.908,60
363.21	Dachrandausbildung gebogen	BA 1	6,00 m	112,48	674,88
363.21	Dehnungsfugen-ausbildung	BA 1	27,00 m	88,96	2.401,92
363.21	Dehnungsfugen-ausbildung	BA 2	17,00 m	88,96	1.512,32
363.21	Dachaufbau Staffelgeschoss	BA 1	101,00 m²	388,58	39.246,58
363.21	Dachaufbau Staffelgeschoss	BA 2	40,00 m²	388,58	15.543,20
363.21	Mauerabdeckung, Titan-Zinkblech	BA 1	135,00 m	69,02	9.317,70
363.21	Mauerabdeckung, Titan-Zinkblech	BA 2	53,00 m	69,02	3.658,06
363.21	Belag Kragplatten Feuerüberschlag	BA 1	53,00 m²	89,48	4.742,44
398.21	Notabdichtung	BA 1	120,00 m²	23,01	2.761,20

Abb. 2.3-37 Sollwerte für VE 4 Dachabdichtung – Auszug aus der KB vom 29.09.2008

– Indexänderungen aufgrund der Baupreisentwicklung.

Ziel der Kostensteuerung ist es daher, durch geeignete rechtzeitige Anpassungsmaßnahmen die Einhaltung des durch den Auftraggeber vorgegebenen Kostenzieles zu sichern.

Methodisches Vorgehen
Grundsätzliches
Die Kostensteuerung ist keine isolierte Handlung. Sie erstreckt sich auf alle relevanten Projektsteuerungsleistungen vom Kostenrahmen bis zur Kostenfeststellung in den ersten vier Projektstufen.

Kostenabweichungen zwischen dem Kostenrahmen und den Kostenermittlungen in den nachfolgenden Projektstufen (Kostenschätzung in der Vorplanung, Kostenberechnung in der Entwurfsplanung, Kostenanschlag vor und nach Submission, Kostenfeststellung nach Vorlage sämtlicher geprüfter Schlussrechnungen) sind jeweils dem Grunde und der Höhe nach zu differenzieren nach Leistungsänderungen oder Zusatzleistungen, Indexentwicklungen und Schätzungsberichtigungen zu vorher getroffenen Annahmen oder Leistungsstörungen und damit plausibel zu machen. Kostenabweichungen nach oben sind dabei unverzüglich durch geeignete aktive Steuerungsmaßnahmen auszugleichen (*Abb. 2.3-38*).

Grundsätzlich ist darauf hinzuweisen, dass es sich bei den Kostendaten von Bauprojekten ab Beginn der Bauausführung um einen Kostenmix aus Plan- und Abrechnungsdaten mit unterschiedlichem Genauigkeitsgrad und Kostenrisiko handelt (vgl. *Abb. 2.3-39*).

Leistungen der Kostensteuerung sind zwei Gruppen zuzuordnen:

– Vorfeldmaßnahmen als aktive Maßnahmen
– Nachfeldmaßnahmen als Ausgleichs- und Schadensbegrenzungsmaßnahmen

Vorfeldmaßnahmen sichern die Kosten durch aktive Prophylaxe. Nachfeldmaßnahmen gleichen die durch den Kostenvergleich und die Kostenkontrolle festgestellten Kostenabweichungen nachträglich aus. Daher ist anzustreben, durch höhere Intensität der Vorfeldmaßnahmen Nachfeldmaßnahmen zu vermeiden.

Forderung des Auftraggebers ist i. d. R., das Gesamtbudget als Kostenziel einzuhalten oder zu unterschreiten. Kostenüber- oder -unterschreitungen in einzelnen Teilbereichen sind nur im Rahmen der Ausgleichsmöglichkeiten in anderen Teilbereichen als kritisch oder nicht kritisch zu beurteilen.

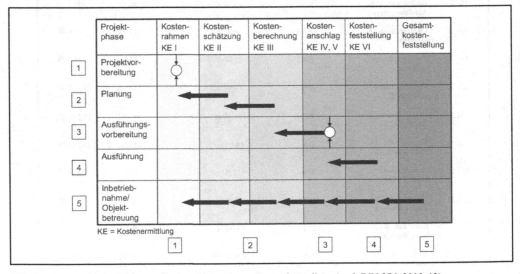

Abb. 2.3-38 Kostenvergleich vom Kostenrahmen bis zur Kostenfeststellung (nach DIN 276, 2008–12)

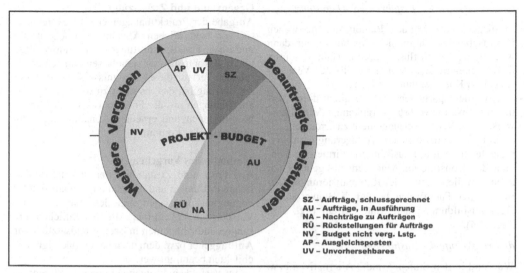

Abb. 2.3-39 Kostenmix aus Plan- und Abrechnungsdaten

Projektstufenbezogene Überlegungen und Steuerungsmaßnahmen

Schwerpunkte der Kostensteuerung in den einzelnen Projektstufen sind:

Stufe 1: Mitplanen der Nutzung durch das Nutzerbedarfsprogramm und Sichern der Kostenbasis durch den Kostenrahmen (Kostenermittlung I)

Stufe 2: Beeinflussen der Planungsinhalte und Kostenvorgabe durch Kostenkennwerte

Stufe 3: Beeinflussen der Vergabe- und Vertragsunterlagen und Sichern fairer Wettbewerbsbedingungen sowie Nutzen der Systemkenntnisse der Bieter

Stufe 4: Koordinieren der Ausführung und Vermeiden von Leistungsänderungen, Zusatzleistungen und Leistungsstörungen

a) Projektstufe 1 – Projektvorbereitung

Kostensteuerung in dieser Stufe bedeutet die Schaffung einer soliden Kostenbasis durch den Kostenrahmen.

b) Projektstufe 2 – Planung

Planungsbegleitende Kostenermittlungen der Projektsteuerer sollen die Planungsinhalte beeinflussen. Daher bedingen sich Planungsänderungen und Kostenänderungen in der Planungsphase gegenseitig.

Einsparungen durch Optimierung der nutzungsbezogenen Planung haben größere Auswirkungen als Einsparungen zur Optimierung der konstruktionsbezogenen Planungen. Als Vorfeldmaßnahmen sind zu empfehlen:

– Veranlassen der Bauvoranfrage zur Minimierung der Kostenunsicherheit aus rechtlichen Gründen und aus Sicherheitsauflagen
– Sorge für die Konkretisierung der Nutzervorgaben durch das Nutzerbedarfsprogramm
– Mitwirken bei frühzeitiger Klärung der Sonderbereiche wie Vorstandsetagen, Besprechungsräume, Kantinen, Ausstattungen, Außenanlagen etc.
– Freigabe der weiteren Planungsphasen nur mit verbindlichen Kostenvorgaben
– Fordern, Untersuchen und Auswerten von Planungsalternativen und ihren Kostenauswirkungen
– Harmonisierung der Teilsysteme (z. B. Tragwerk, TGA, Außenhülle, Innenausbau)

c) Projektstufe 3 – Ausführungsvorbereitung

In dieser Stufe können Planungsinhalte wegen überraschender Submissionsergebnisse nur dann wirkungsvoll beeinflusst werden, wenn die durch die Umplanung erforderlichen zeitlichen Verzögerungen in Kauf genommen werden.

Kosteneinsparungen sind vor allem durch Vermeidung wettbewerbsbeschränkender Verhaltensweisen und Vertragsmanagement zu erreichen.

Bei der zunehmenden Verlagerung von Planungsleistungen auf ausführende Firmen im Rahmen des Construction Managements geht es vor allem um die Nutzung der Rationalisierungserfahrungen der Fachfirmen bezüglich Bauverfahren, Detailausbildungen und Materialwahl (vgl. *Ziff. 2.3.2.4.6*).

d) Projektstufe 4 – Ausführung

Während in den Stufen 2 und 3 Alternativen bzw. Änderungen zur Kostenoptimierung gesucht werden, ist es Leitgedanke der Stufe 4, Änderungswünsche und damit Nachträge zu vermeiden. Im Interesse des Auftraggebers besteht die Aufgabe des Projektsteuerers daher in der Beschränkung des Nachtragsvolumens, wozu die Voraussetzungen aber in der Planung sowie in der Vorbereitung und Durchführung der Vergabe geschaffen sein müssen.

Beispiel

Nachfolgendes Ergebnisprotokoll dokumentiert das Ergebnis einer „Einsparungsrunde", um eine Deckungslücke bei einem Bürogebäude mit einem Investitionsrahmen von 44,8 Mio. € (brutto) zu schließen (*Abb. 2.3-40*).

2.3.2.3.5 Projektstufe 5 – Projektabschluss

Diese Projektstufe wird vertraglich zwischen Auftraggeber und Projektsteuerer regelmäßig zeitlich begrenzt. Bei Großprojekten empfiehlt sich eine Dauer zwischen 3 und 6, max. jedoch 12 Monaten.

5B1 Veranlassen der erforderlichen behördlichen Abnahmen, Endkontrollen und/oder Funktionsprüfungen
(Diederichs, 2006, S. 391-394)

Gegenstand und Zielsetzung

Aufgabe der Projektmanagements ist es, rechtzeitig vor behördlichen Abnahmen, Endkontrollen und/oder Funktionsprüfungen die notwendigen Qualitätskontrollen zu veranlassen, um den erfolgreichen Verlauf dieser Ereignisse sicherzustellen. Zielsetzung ist, dass es nicht zu wesentlichen Beanstandungen mit der Folge notwendiger Mängelbeseitigungen und erneuten Abnahme- und Prüfungsterminen kommt.

Methodisches Vorgehen

Art, Form und Zuständigkeiten für die behördlichen Prüfungen und Abnahmen sind aus den Genehmigungsunterlagen und den dort erwähnten Vorschriften ersichtlich. Alle behördlichen Prüfungen und Abnahmen müssen grundsätzlich vom Auftraggeber bzw. dem dazu bevollmächtigten Architekten beantragt werden.

Im Vorfeld sind folgende Fragen zu klären:

– Treffen die in den Genehmigungsunterlagen genannten Auflagen auf das aktuelle Projekt zu?
– Welche behördliche Stelle ist für welche Prüfung oder Zustimmung zuständig?
– Welche Objektüberwachung und welcher Nutzer ist für die Einzelmaßnahmen zuständig?
– Welche Abhängigkeiten bestehen zwischen den einzelnen Prüfungen oder Abnahmen?
– Können behördliche Prüfungen durch andere Institutionen (z. B. durch Gutachter) vorgenommen werden?
– Ist eine bestimmte Form des Prüf-/Abnahmevorgangs bzw. -antrages vorgeschrieben?
– Mit welchen Vorlaufzeiten und Prüfungsdauern ist zu rechnen?

Mögliche Prüfungs- oder Abnahmestellen können sein:

– für die Rohbau- und die Fertigstellungsbestätigung die Baugenehmigungsbehörde, das Bauordnungs- oder Bauaufsichtsamt,
– für die Prüfung der Aufzugs- und Förderanlagen der Technische Überwachungsverein (TÜV),
– für die Prüfung von Abgaswerten der Bezirksschornsteinfeger oder das Umweltamt,
– für die Einleitung von Abwässern in Vorfluter sowie bei Eingriffen in den Grundwasserstrom

Absender: **Projektsteuerer**   08.11.2008
Adressat: **Projektleitung des AG**

BV Nordpark in X-Stadt
Ergebnisprotokoll der Projektbesprechung Nr. 12 vom 08.11.2008 von 9.00 bis 11.00 Uhr

Teilnehmer	Institution/Firma	Tel./E-Mail
Herr Müller 1	Auftraggeber	.../...
...	...	...

Verteiler   wie vor und zusätzlich
...   .

Das Protokoll ist jeweils intern weiterzuleiten.

1. Organisation – Übergabe von Unterlagen

Im Vorfeld der Besprechung wurden seitens des Projektsteuerers an alle Planungsbeteiligten und den Auftraggeber folgende Unterlagen übergeben:
- Finanzierungs- und Förderübersicht, Stand 10.10.2007
- Plausibilitätsprüfung Kostenberechnung Planer, Bauteile 1 bis 6, Stand 10.10.2008
- Vergleich Kostenberechnung Architekt/Projektsteuerer für alle Bauteile, Stand 10.10.2008
- Vorschlagsliste Minderungen, Stand 10.10.2008

2. Kosten

Seitens des Projektsteuerers wurde ausgeführt, dass trotz der bislang abgestimmten Kostenreduzierungen zwischen der Gesamtsumme der Kostenberechnung der Architekten und Fachplaner, Stand 10.09.2008, in Höhe von rd. 45,178 Mio. € (brutto), und der Soll-Vorgabe des Bauherrn aus dem Finanzierungs- und Förderkonzept, Stand 10.10.2007, in Höhe von 43,778 Mio. € (brutto), eine Deckungslücke von 1,4 Mio. € (brutto) besteht, die durch weitere Einsparungsmaßnahmen zu schließen ist.

Die Plausibilitätsprüfung der Kostenberechnung durch den Projektsteuerer, Stand 10.10.2008, endet mit einer Gesamtsumme von 45,13 Mio. € (brutto). Trotz der nahezu gleichen Ergebnisse von Kostenberechnung Architekt und Plausibilitätsprüfung Projektsteuerung bestehen bei den Einheitspreis- und Massenansätzen nach wie vor Differenzen. Im Hinblick auf die Kostenanteile für einzelne Bauteile und Kostengruppen wurde seitens des Projektsteuerers darauf hingewiesen, dass hierzu eine Abstimmung zwischen den Planungsbeteiligten erfolgen müsse. Dies gelte insbesondere hinsichtlich der Ermittlung der anrechenbaren Kosten für die Honorarermittlungen der jeweiligen Planungsbeteiligten.

Zur Erzielung weiterer Einsparungen wurde anhand der von der Projektsteuerung ausgearbeiteten „Vorschlagsliste Minderungen" Folgendes festgelegt:

Bauteil 1
- Fixierung einer Obergrenze für den EP Naturwerksteinarbeiten von 145 €/m² (netto)
- Fixierung einer Obergrenze für den EP „Akustik Holzverkleidung im Foyer" von 130 €/m² (netto)
- Reduzierung der Türhöhen zu den Veranstaltungsräumen auf 2,25 m
- Fixierung einer Obergrenze für den EP „Parkettboden Veranstaltungsflächen" von 120 €/m² (netto)
- Entfall der künstlerisch gestalteten Verglasung im EG

Bauteil 2
- Ersetzen der geplanten Pfosten-/Riegel-Fassadenkonstruktion inkl. Einfachverglasung durch ein Wärmedämmverbundsystem

Bauteil 3
- Verzicht auf künstlerische Gestaltung der alten Außenwand

Bauteil 4
- Verzicht auf den Personenaufzug und die automatischen Türantriebe

Bauteil 5
- Entfall des Stahl-/Glasdaches durch eine Stahlbetonkonstruktion

Die o. g. Einsparvorschläge ergeben – auf Grundlage der Plausibilitätsprüfung durch die Projektsteuerung – Minderungen in Höhe von knapp 950 T€ (brutto). Seitens des Architekten ist zu prüfen, wie sich diese Einsparvorschläge in der abgestimmten Kostenberechnung des Architekten und der Fachplaner auswirken.

Der Projektleiter des Bauherrn wies darauf hin, dass die Entwurfsplanung nur dann abgeschlossen werden könne, wenn die vorgegebene Budget-Obergrenze von 43,778 Mio. € (brutto) eingehalten wird. Die noch bestehende Finanzierungslücke in Höhe von 1,4 Mio. € ist durch die Umsetzung der o. g. Minderungsvorschläge zu reduzieren. Es können auch Alternativvorschläge gemacht werden, die zu einer entsprechenden Kostenreduzierung führen. Seitens des Architekten wird eine Vorschlagsliste mit weiteren Kostenminderungen aufgestellt und dem Bauherrn und dem Projektsteuerer bis zum 13.11.2008 zugeleitet werden.

Die Einrichtungskosten wurden in der Kostenberechnung des Architekten mit dem vollen Nebenkostenanteil beaufschlagt. Insgesamt wurden seitens des Architekten Einrichtungskosten in Höhe von ca. 1,50 Mio. € (brutto) angegeben. Die Kostengruppenzuordnung für die Einrichtung ist zu korrigieren. Anschließend werden die tatsächlichen Honoraranteile seitens des Architekten ermittelt und dem Bauherrn und der Projektsteuerung bis zum 13.11.2008 mitgeteilt.

Die Einrichtungskosten werden parallel durch den Nutzer auf Einsparungsmöglichkeiten geprüft werden. Das Ergebnis ist dem Bauherrn und der Projektsteuerung bis zum 13.11.2008 mitzuteilen.

Sofern durch Einsparungsvorschläge im Bereich der Kgr. 300 und 400 kein befriedigendes Ergebnis erzielt werden kann, müssen weitere Einsparungsmaßnahmen in den Kgr. 500 und 600 untersucht, geprüft und ergriffen werden.

Der Termin der nächsten Einsparungsgrunde (Projektbesprechung Nr. 13) wurde festgelegt auf:
Dienstag, 15.11.2008, 9.00 bis 11.00 Uhr beim Auftraggeber, Raum 401.

Aufgestellt:

– Projektsteuerer –

Abb. 2.3-40 Ergebnisprotokoll einer Projektbesprechung zur Einhaltung der Kostenziele (1. Einsparungsrunde)

(Entnahme- und Einleitungsgenehmigung) das
Wasserwirtschaftsamt,
– für die Prüfung der Feuerlösch- und Brandmel-
deanlagen der Verband der Sachversicherer
(VdS),
– für die Veränderung der Verkehrssituation im
öffentlichen Bereich die Verkehrsaufsichts-
behörde, z. B. das Kreisverwaltungsreferat und
die nachgeordneten Verkehrspolizeidienststel-
len,
– für die Anordnung von Flucht- und Rettungs-
wegen im Katastrophenfall die Feuerwehr bzw.
die Branddirektion,
– für Schutzräume das Katastrophenschutzamt,
– für den Arbeitsschutz die Berufsgenossenschaft,
– für gewerbliche Arbeitsplätze das Staatliche
Amt für Arbeitsschutz.

Alle zu prüfenden und abzunehmenden Teile sind
in einer Vorgangsliste zusammenzustellen. Diesen
Einzelvorgängen sind die zuständigen Stellen, Personen, Gewerke, Funktionen, Dauern und Voraussetzungen zuzuordnen.

Die Prüfungsvoraussetzungen sind detailliert zu
untersuchen und festzuschreiben. Ferner sind die
möglichen Konsequenzen aus fehlenden oder man-
gelhaften Unterlagen oder aus unvollständigen Voraussetzungen zu prüfen.

Die Abnahmevorgänge sind in einem Steuerungsablaufplan darzustellen, wobei personelle und
räumliche Überschneidungen zu vermeiden sind.

Im Einzelnen wird folgende Vorgehensweise
empfohlen:

– Circa 3 Monate vor Baufertigstellung sind die
Planer zwecks Benennung der erforderlichen
Abnahmen anzuschreiben (Wann ist die Funktion welcher Anlagen zu prüfen, die Endkon-
trolle und die behördliche Abnahme wo durchzuführen, wer ist dazu einzuladen?).
– Sofern Besondere Leistung des Projektsteuerers, ist ein Steuerungsablaufplan auszuarbei-
ten, der sämtliche Funktionsprüfungs-, Endkon-
troll- und Abnahmevorgänge enthält. Dieser ist
an die eingebundenen Planungsbüros sowie den
Auftraggeber zu verteilen.
– Die wesentliche Leistung des Projektsteuerers
besteht dann in der Kontrolle und Überwachung
dieses Steuerungsablaufplans. Dabei ist auf

ausreichende Pufferzeiten zu achten, damit Terminverschiebungen aufgefangen werden können. Einladungen an behördliche Stellen sind
rechtzeitig zu versenden.

Der Antrag auf behördliche Abnahmen und die
Teilnahme daran sowie die Übergabe des Objekts
einschließlich Zusammenstellung und Übergabe
der erforderlichen Unterlagen, z. B. Bedienungs-
anleitungen und Prüfprotokolle, sind Grundleistungen der Objektüberwachung gemäß § 15 Abs. 2
Lph. 8 HOAI.

Funktionsprüfungen, Endkontrollen und behördliche Abnahmen müssen grundsätzlich durch
schriftliche Testate, Protokolle oder Zertifikate dokumentiert werden. Prüfungsergebnisse und Abnahmen können mit Vorbehalten, Auflagen oder
Einschränkungen verbunden sein.

Die Funktionsprüfungen von behördlichen Abnahmen sind so zusammenzustellen und mit einem
Inhaltsverzeichnis zu versehen, dass in übersichtlicher Form erkennbar sind:

– der räumliche und funktionelle Geltungsbereich,
– die Zuständigkeit der Behörde und der Betrei-
berstelle.

Prüfungen und Abnahmen sind zu wiederholen,
wenn das Ergebnis nicht den Vorgaben entspricht.
Vorab sind dazu ggf. Nachbesserungen am Prüf-
oder Abnahmeobjekt erforderlich. Prüfungs- oder
Abnahmeeinschränkungen oder Auflagen sind
möglicherweise nicht korrigierbare Fehler und bestätigen eine mangelhafte Leistung, über die im
Einzelfall zu befinden ist. Entsprechende Stellung-
nahmen sind von den Architekten/Fachplanern
bzw. dem Auftraggeber anzufordern.

Erfolgreiche Prüfungen und behördliche Abnahmen bestätigen die geforderten Eigenschaften
des Objektes bzw. der Anlagen. Die Prüf- und Ab-
nahmeergebnisse sind dazu seitens der Objektüberwachung mit den Projektvorgaben zu vergleichen. Bei Übereinstimmung der Vorgaben und der
Prüfergebnisse gelten die betreffenden Leistungen
als fach- und vertragsgerecht erbracht.

Der fristgerechte Verlauf der Endkontrollen,
Funktionsprüfungen und behördlichen Abnahmen
ist seitens der Projektsteuerung zu überwachen und

mittels Soll /Ist-Vergleichen zu dokumentieren. Bei wesentlichen Terminabweichungen sind Anpassungsmaßnahmen vorzuschlagen, abzustimmen und dem Auftraggeber zur Entscheidung vorzulegen. Der Steuerungsablaufplan ist entsprechend zu aktualisieren.

Beispiel
Der nachfolgende Balkenplan stellt das Ergebnis der Besonderen Leistung des Projektsteuerers in Projektstufe 5 – Projektabschluss, Handlungsbereich D – Termine, Kapazitäten und Logistik dar (*Abb. 2.3-41*).

2.3.2.4 Neue Leistungsbilder im Projektmanagement

Neben der klassischen Projektsteuerung in Stabsfunktion und der Projektleitung in Linienfunktion haben sich seit etwa 15 Jahren weitere Leistungsbilder etabliert, die das Bauprojektmanagement teilweise ergänzen, teilweise aber auch erheblich erweitern im Hinblick auf die Haftungs- und Risikoübernahme des Auftragnehmers (AHO, 2004). Dazu zählen u. a. die bereits vorgestellte Projektentwicklung i. e. S. vor Planungsbeginn (vgl. *Ziff. 2.3.1*) und das Construction Management at risk für Planung und Ausführung (vgl. *Ziff. 2.3.2.4.6*). Nachfolgend werden 9 neue bzw. zusätzliche Aufgabenfelder in knapper Form beschrieben (ausführlicher vgl. Diederichs, 2006, S. 413–474):

Um den Auftraggebern einen raschen Überblick zu ermöglichen und ihnen die Auswahl von sinnvollen Leistungsbildern in Abhängigkeit von ihrer eigenen fachlichen und personellen Kapazität zu erleichtern, wird durch die *Abb. 2.3-42* und *Abb. 2.3-43* eine Einstiegshilfe gegeben.

Abbildung 2.3-42 zeigt in einem Kaskadenmodell die Entwicklung von Projektmanagementleistungen mit:

– dem Projektcontrolling und der Projektsteuerung in Stabsfunktion,
– dem Projektmanagement mit Projektleitung und Projektsteuerung sowie dem Bauprojektmanagement durch Ergänzung von Leistungen der Ausschreibung, Vergabe und Objektüberwachung der Leistungsphasen 6 bis 8 des § 15 HOAI, jeweils in Linienfunktion,

– dem Construction Management at agency, das dem Projektmanagement entspricht, jedoch unter besonderer Betonung des Value Managements (*Ziff. 2.3.2.4.7*) und der Baulogistik sowie
– dem Construction Management at risk als Generalübernehmer des Projektes mit voller werkvertraglicher Verantwortung und Haftung für Qualitäten, Kosten und Termine (*Ziff. 2.3.2.4.6*).

In der Auswahlmatrix gemäß *Abb. 2.3-43* werden im oberen Teil die Leistungsbilder des Kaskadenmodells und im unteren Teil die Leistungen der weiteren Aufgabenfelder aufgeführt.

Bei der fachlichen und personellen Kapazität des Auftraggebers wird unterschieden zwischen den Abstufungen sehr hoch bis sehr gering. Die in der Matrix angegebenen x bzw. (x) sollen darauf hindeuten, welche Leistungsbilder für den jeweiligen Auftraggeber in Abhängigkeit von seiner Konstellation in Betracht kommen können.

2.3.2.4.1 Projektkommunikationssysteme für das Projektmanagement

Im Bauprojektmanagement setzt sich zunehmend die Anwendung von Projektinformations- und Kommunikationssystemen (PKS) für Projekte mit Gesamtkosten ab 5 Mio. € durch. Eine DVP-Studie (Thiesen, 2005) ergab, dass auch bereits bei kleineren Projekten die Nutzung von PKS denkbar und sinnvoll ist. Kaum ein Auftraggeber sowie auch Planer und Firmen wollen noch auf das jeweilige Intranet „ihres Projektes" verzichten, das ihnen den bequemen und schnellen Datenaustausch von Protokollen, Schriftverkehr und Arbeitsergebnissen ermöglicht.

Abzuwägen sind jeweils die Vor- und Nachteile der PKS externer Anbieter sowie von Eigenentwicklungen der Projektmanager für die interne Anwendung von IT-Kooperationstools. Bei beiden handelt es sich i. d. R. um Internet-basierte und Datenbank-gestützte Anwendungen für definierte, dem Projektverlauf angepasste erweiterbare Benutzergruppen. Durch PKS können Informationen orts- und zeitunabhängig ausgetauscht werden (Schneider, 2004, S. 5 ff.).

Nutzer des Systems sind alle Projektbeteiligten. Das System unterstützt die Prozesse:

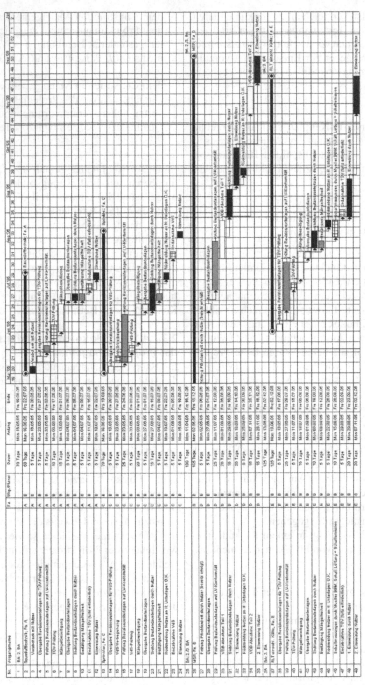

Abb. 2.3-41　Steuerungsablaufplan der Endkontrollen, Funktionsprüfungen und behördlichen Abnahmen

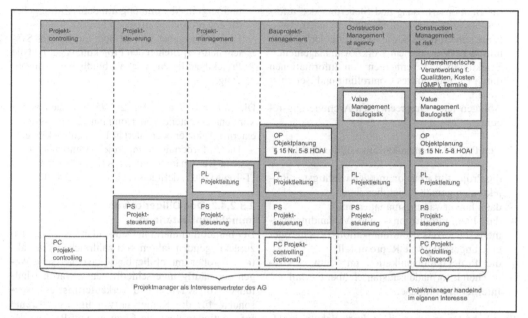

Abb. 2.3-42 Kaskadenmodell der Projektmanagementpraxis im Bauwesen (Quelle: Bennison, Diederichs, Eschenbruch in AHO (2004a), aus DVP-Arbeitskreis CM)

PM-Leistungsbilder / Fachliche und personelle Kapazität beim AG	Kaskadenmodell gemäß AHO Heft 19				
	Controlling	PS/ CM at agency	PM nach AHO Heft 9	Baumanagement	CM at risk
sehr hoch	x	x	x		x
hoch		x	x		x
durchschnittlich			x	x	
gering			x	x	
sehr gering			x	x	

PM-Leistungsbilder / Fachliche und personelle Kapazität beim AG	Weitere neue Leistungsbilder gemäß AHO Heft 19						
	Projektkommunikationssysteme intern	extern	Projektentwicklung i. e. S.	Erstbewertung/ Bestandsbewertung	Nutzer-Projektmanagement	Unabhängiges Projektcontrolling für Dritte	Bauprojekt- und Bauvertragsmanagement aus einer Hand
sehr hoch	x	(x)	(x)		je nach Kompetenz und Kapazität des Nutzers	je nach Kompetenz und Kapazität des Dritten (Investor, Bank, Nutzer)	
hoch	x	(x)	x	(x)			(x)
durchschnittlich	(x)	x	x	x			x
gering		x	x	x			x
sehr gering		x	x	x			x

Abb. 2.3-43 Auswahlmatrix von PM-Leistungsbildern in Abhängigkeit von der Kapazität beim Auftraggeber (Quelle: Diederichs in AHO (2004a), S. 2)

– Informationserfassung und Steuerung der Informationsverteilung (z. B. Document-Center, Taskmanagement u. Ä.) sowie Steuerung der Abläufe mittels EDV-gestütztem Workflowmanagement,
– Selektieren und Verdichten von Informationen durch EDV-gestütztes Controlling und Berichtswesen,
– Ablegen nach entsprechenden Archivierungsregeln.

Zu den Projektkommunikationsmodulen zählen:

– die Projektinformation mit den wichtigsten Projektdaten gemäß Projekthandbuch,
– das Planverwaltungsmanagement,
– das Planreproduktions- und Versandmanagement über das Kommunikationssystem oder eine angeschlossene Reproanstalt,
– die Projektkommunikation mit dem elektronischen Informationsaustausch über E-Mail und Internet bzw. Intranet.

Eine hohe Datensicherheit ist durch Schutz der IT-Plattform vor unberechtigtem Zugriff, Virenbefall, Datenverlust, Einbruch, Brand, Unterbrechung der Stromversorgung und Ausfall der Hardware herzustellen.

Die Vorteile des schnellen zeit- und ortsunabhängigen Zugriffs auf die aktuellen Projektinformationen liegen in der dadurch erzielbaren Zeitersparnis, der Vermeidung von Übertragungsfehlern und der Förderung der Kommunikation zwischen den Projektbeteiligten. Praxisbeispiele belegen, dass der monetäre Nutzen der Kommunikationssysteme den Aufwand für Erstellung, Einrichtung und Betrieb für alle Projektbeteiligten deutlich übersteigt. Hinzu kommt die Dokumentations- und Nachweissicherheit z. B. bei Prüfung der Kausalität zwischen dem Zeitpunkt der Planlieferung und dem Eintritt einer vom Auftraggeber zu vertretenden Behinderung.

Für den Einsatz eines Projektkommunikationssystems kommen drei Alternativen in Betracht:

– Der Projektmanager verfügt über ein eigenes System, das er den projektspezifischen Gegebenheiten anpasst und dem Auftraggeber zur Verfügung stellt.
– Der Projektmanager empfiehlt dem Auftraggeber den Einsatz eines Systems externer Anbieter

und sorgt in Abstimmung mit dem Auftraggeber für den projektspezifischen Einsatz.
– Der Auftraggeber verfügt über ein eigenes System und verpflichtet den Projektmanager und die Projektbeteiligten zur verbindlichen Anwendung.

Die *Abb. 2.3-44* und *Abb. 2.3-45* benennen einige Vor- und Nachteile von Kommunikationssystemen externer Anbieter oder interner Eigenentwicklungen.

Die Anforderungen an Projektkommunikationssysteme wurden im Rahmen des DVP-Arbeitskreises IT-Tools (2005) definiert (vgl. *Ziff. 2.3.2.4.9*).

2.3.2.4.2 Due Diligence von Immobilienbeständen

Der Immobilienmarkt in Deutschland wurde in den zurückliegenden Jahren von zahlreichen Transaktionen großer Immobilienbestände beherrscht. Wegen der häufig unterschiedlichen Erwartungshaltungen von Käufern und Verkäufern ist es insbesondere für die Käufer notwendig, transparente Informationen über die Chancen und Risiken der Investitionsobjekte und deren nachhaltige Performance aus Wertentwicklung und Rendite sowie Einschätzungen über die Fungibilität bei einer weiteren Vermarktung zu erhalten (Diederichs, 2008).

Gegenstand und Zielsetzungen

Der Begriff Due Diligence entstammt dem amerikanischen Kapitalmarkt- und Anlegerschutzrecht und bedeutet in deutscher Übersetzung zunächst nichts anderes als angemessene Sorgfalt. Er findet eine Rechtsgrundlage in § 276 BGB, wonach die Parteien die im Verkehr erforderliche Sorgfalt walten zu lassen haben.

Unter Due Diligence ist daher allgemein eine systematische und detaillierte Erfassung, Analyse und Bewertung qualitativer und quantitativer Daten und Informationen über Transaktionsobjekte (Immobilien und Unternehmen) zu verstehen, um den Informationsbedarf der an der Transaktion beteiligten Entscheidungsträger zu decken.

Die Due Diligence fand zunächst Anwendung für die Analyse und Bewertung von Unternehmen. In konsequenter Analogie wurde sie rasch auch auf die Analyse und Bewertung von Immobilien (Real Estate) übertragen.

Projektkommunikationssystem externer Anbieter

Vorteile	Nachteile
- Hohe Datensicherheit durch ausgereifte Sicherheit (Firewalls etc.)	- Ausgelagerter Server
- Hohe Supportverfügbarkeit (i. d. R. 24-Stunden-Service)	- Kein individueller Zuschnitt auf Kundenbedürfnisse bzw. hoher Customizing-Aufwand
- Hoher Entwicklungsstand durch zahlreiche Anwendererfahrungen	- Überfrachtung mit nicht benötigten Funktionen
- Haftungsbegrenzung für den Bauprojektmanager, sofern der externe Anbieter direkt vom Auftraggeber beauftragt wird	- Abhängigkeit von externem Partner
	- Unsichere Stabilität des externen Partners (Mitarbeiter, Insolvenzrisiko)
	- Häufig begrenztes Fachwissen im Bauprojektmanagement

Abb. 2.3-44 Vor- und Nachteile externer Anbieter von IT-Kooperationstools (Quelle: Diederichs (2003c), S. 38)

Projektkommunikationssystem als Eigenentwicklung

Vorteile	Nachteile
- Server steht beim Auftraggeber oder beim Bauprojektmanager	- Datensicherheit, abhängig vom Standard der Firewalls etc.
- Zuschnitt auf individuelle Kundenbedürfnisse	- Supportverfügbarkeit ggf. begrenzt
- Berücksichtigung von Anwenderinteressen	- Entwicklungsstand abhängig von Anzahl der Anwendungen
- Keine Überfrachtung mit nicht benötigten Funktionen	- IT-Kompetenzen für Entwicklung, Aufbau und Betrieb müssen im eigenen Unternehmen vorhanden sein
- Keine Abhängigkeit von externem Partner	
- Hohes Fachwissen im Bauprojektmanagement	

Abb. 2.3-45 Vor- und Nachteile von Eigenentwicklungen und internen Anwendungen von IT-Kooperationstools (Quelle: Diederichs (2003c), S. 39)

Während sich die Projektentwicklung im engeren Sinne zur Entscheidung über Investitionen in Immobilien und Neubauten als Analyse- und Entscheidungsmethode etabliert hat, erfordern Transaktionen von Immobilienbeständen wegen der hohen Komplexität bestehender vertraglicher Bindungen, der Informationsdefizite des Käufers gegenüber dem Verkäufer, der hohen Unsicherheit über die technische Beschaffenheit der Baukonstruktionen, der technischen Anlagen und der Ausstattung sowie der Heterogenität des Immobilienmarktes besonders hohe Aufmerksamkeit und damit Due Diligence zur Vorbereitung der Entscheidungen über geplante Transaktionen.

Die Einbindung der Due Diligence Real Estate zwischen Transaktionsidee und Kaufvertrag zeigt *Abb. 2.3-46.*

Anlässe für die Due Diligence

Als vorrangige Anlässe für die Due Diligence von Immobilienbeständen sind zu nennen:

– umfassende Information von Käufer und Verkäufer über das Transaktionsobjekt,
– Erb- und Vermögensauseinandersetzungen,
– Zwangsversteigerungs-, Enteignungs- und Entschädigungsverfahren,
– Portfolio-Management zur Gewinnung von Gebäudebestandsinformationen, ihre Betriebsnotwendigkeit und ihren Beitrag zur Vermögensrendite
– Kreditrating als Entscheidungshilfe für die Gewährung von Krediten und deren Zinskonditionen.

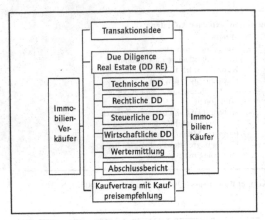

Abb. 2.3-46 Due Diligence Real Estate für Immobilien-käufer und/oder -verkäufer

Die Due Diligence von Immobilienbeständen ist auch Voraussetzung für die Analyse, Bewertung und Auswahl alternativer und innovativer Finanzierungsformen.

Beteiligte
Die Due Diligence von Immobilienbeständen kann heute kaum von einem Experten allein geleistet werden. Notwendig sind stattdessen individuell zusammengesetzte interdisziplinäre Teams aus (Arndt, 2006, S. 19 ff):

- transaktionserfahrenen Koordinatoren,
- Architekten, Tragwerksplanern und Fachingenieuren für Gebäudetechnik und Bauphysik,
- Rechtsanwälten,
- Steuerberatern,
- Wertermittlern,
- Wirtschaftsprüfern und
- Facility Managern.

Vorrangige Aufgabe des Koordinators ist es dafür zu sorgen, dass das Team effizient, flexibel und kommunikativ zusammenarbeitet.

Vorbereitung und Durchführung der Due Diligence
Je nach Größe des Immobilienbestandes kann eine Due Diligence mehrere Wochen dauern und durch die Anzahl der eingeschalteten Experten auch hohe

Kosten verursachen, wobei i. d. R. eine Vergütung nach Zeitaufwand und Tagessätzen vereinbart wird.

Somit ist eine detaillierte Vorbereitung und Eingrenzung der Untersuchungsschwerpunkte erforderlich, um den Umfang der Analysen und Bewertungen sowie die daraus entstehenden Kosten abzuschätzen.

Im Rahmen der Vorbereitung sind auch alle für die Prüfung relevanten Dokumente und Informationen seitens des Verkäufers und des Käufers zusammenzustellen. Als wertvolles Hilfsmittel haben sich Checklisten für die einzelnen Themengebiete bewährt, die maßgeblich von dem Immobilienbestand und der Art der Transaktion abhängen (z. B. nach Nann, W., Institut für Immobilienwirtschaft, FHTW, Berlin).

Durch eine Vertraulichkeitserklärung wird ein Vorvertrag im Sinne eines Letters of Intent zwischen den potentiellen Vertragspartnern abgeschlossen, der alle Parteien zur Geheimhaltung und Nichtverwendung von Unternehmensgeheimnissen verpflichtet und auch Angaben zum Umfang, Inhalt und zeitlichen Ablauf sowie ggf. eine Fixierung der Kaufpreisvorstellungen sowie die Vergütungs- und Zahlungsmodalitäten enthält.

Nach der Sichtung der vom Käufer und Verkäufer beschafften Informationen und Dokumente ist das Due Diligence-Team in der Lage, ein konkretes Leistungs- und Honorarangebot zu entwickeln und mit dem Käufer oder dem Verkäufer oder auch beiden einen Due Diligence-Vertrag zu schließen. Es ist stets zwingend erforderlich, durch Liegenschafts- und Gebäudebegehungen sowie Interviews mit Käufer und Verkäufer, Facility Manager und ggf. Mietern Daten und Informationen einzuholen. Diese sind zu analysieren, zu bewerten und die Ergebnisse zwischen den einzelnen Experten auszutauschen und abzugleichen.

Das Ergebnis der Untersuchungen ist in verbaler und graphischer Form mit Vorstellung von Handlungsalternativen für den Auftraggeber in Form eines Abschlussberichtes aufzubereiten. Dieser soll den Auftraggeber in die Lage versetzen, eine objektive Bewertung der technischen Beschaffenheit sowie der rechtlichen, steuerlichen, wirtschaftlichen Gegebenheiten und des nachhaltigen Wertes des Transaktionsobjektes zu erhalten. Der Abschlussbericht ist damit wesentliche Entscheidungshilfe für die abschließenden Vertragsverhandlungen zwischen Verkäufer und Käufer, *„da er entweder den* *vorab festgelegten Kaufpreis bestätigt oder ihn durch Zu- oder Abschläge aufgrund des identifizierten Chancen- und Risikopotentials der Investition verändert"* (Arndt, 2006, S. 27).

Technische Due Diligence

Zielsetzung der Technischen Due Diligence ist es, einen umfassenden Eindruck von dem Grundstück, dem baulichen Zustand des Gebäudes, der technischen Anlagen und der Art der Bewirtschaftung zu erhalten. Die formale Analyse erstreckt sich auf die inhaltliche Prüfung sämtlicher technischer Unterlagen, die das Grundstück, das Gebäude und die technischen Anlagen betreffen.

Zielsetzung der physischen Analyse ist die Feststellung und Beurteilung des allgemeinen Zustands und der Qualität der Immobilie, ihrer Bausubstanz und der technischen Anlagen und Einrichtungen. Dazu werden Architekten, Bauingenieure oder Bausachverständige herangezogen. Es sollen vorhandene Probleme identifiziert und die damit verbundenen Kosten der Beseitigung abgeschätzt werden. Dazu zählen Mängel im Brand-, Wärme-, Schall- und Feuchtigkeitsschutz, bestehender Instandhaltungs- oder Instandsetzungsstau, die Grundrissgestaltung und Flexibilität für Nutzungsänderungen sowie die architektonische Funktionalität und Attraktivität hinsichtlich Gebäudestruktur und Fassadengestaltung.

In einer umfangreichen Fotodokumentation sind der Zustand des Gebäudes und ggf. vorhandene Mängel als Beweismittel festzuhalten.

Ziel einer Analyse und Bewertung ist es, Art und Effizienz der Bewirtschaftung, des Energie- und Flächenmanagements, der Instandhaltung und Instandsetzung sowie die bestehenden vertraglichen Verpflichtungen im Hinblick auf ihre Inhalte und mögliche Optimierungspotentiale zu überprüfen.

Zur Technischen Due Diligence gehört auch die Umwelt-Due Diligence, um einerseits den Käufer vor Umweltrisiken zu schützen und andererseits den Verkäufer vor einer nachträglichen rechtlichen Inanspruchnahme zu bewahren. Zur Vermeidung nachträglicher Streitigkeiten sind dazu entsprechende Vertragsklauseln im Kaufvertrag vorzusehen.

Die Ergebnisse der formalen und physischen Analyse und Bewertung inkl. des Facility Managements und der Umwelt-Due Diligence sind in einem Teilbericht der Technischen Due Diligence zusammenzufassen und durch die Fotodokumentation zu ergänzen.

Rechtliche Due Diligence

Die Rechtliche Due Diligence oder auch Legal Due Diligence dient der Identifikation ökonomischer Risiken, die aus den im Zusammenhang mit der Immobilie abgeschlossenen Verträgen resultieren können.

Der Schwerpunkt der Legal Due Diligence liegt auf der Überprüfung sämtlicher im Zusammenhang mit der Immobilie abgeschlossenen oder abzuschließenden Verträge, vor allem des Kaufvertrags, der Miet- und Pachtverträge, Erschließungs-, Planer-, Bau-, Management-, Bewirtschaftungs- und sonstiger Dienstleistungsverträge.

Zur Überprüfung der rechtlichen Grundstückssituation ist das die Immobilie betreffende Grundbuch mit seinen drei Abteilungen einzusehen (§ 12 GBO). Abteilung I verzeichnet die Eigentumsverhältnisse. Aus Abteilung II sind alle auf dem Grundstück liegenden Lasten und Beschränkungen erkennbar, z. B. Nießbrauch oder Vorkaufsrechte. In Abteilung III sind evtl. vorhandene Hypotheken sowie Grund- und Rentenschulden eingetragen.

Aus dem Baulastenverzeichnis, das in Deutschland in den meisten Bundesländern (außer Bayern und Brandenburg, dort wird die Sicherung baurechtskonformer Zustände im Grundbuch vorgenommen) gemäß jeweiliger Landesbauordnung geführt wird, sind etwaige öffentlich-rechtliche Verpflichtungen des Grundstückseigentümers ersichtlich, die zu einem ihre Grundstücke betreffenden Tun, Dulden oder Unterlassen verpflichten. Wenn ein öffentliches Interesse an der Baulast nicht mehr besteht, hat die zuständige Bauaufsichtsbehörde den Verzicht zu erklären, der mit Löschung der Baulast im Baulastenverzeichnis wirksam wird.

Das von den Kreisverwaltungsbehörden geführte Altlastenkataster zum Vollzug des Bodenschutz- und Altlastenrechts gibt Auskunft über Bodenbelastungen aus Bodenverunreinigungen, Grundwasserkontaminationen, Bodendenkmälern und Kriegseinwirkungen.

Um die Bebauung eines Grundstücks sicherzustellen, muss Baurecht nach den §§ 30, 33, 34 oder 35 BauGB bestehen, wobei im einfachsten Fall ein bestehender Bebauungsplan nach § 9 BauGB die zulässige Art und das Maß der baulichen Nutzung (ersichtlich aus der Höhe, der Grundflächen-, der Geschossflächen- und Baumassenzahl nach den §§ 18 bis 21 BauNVO) als Höchstgrenzen aufzeigt.

Um eine Baugenehmigung für ein Bauvorhaben durch das zuständige Bauordnungsamt zu erhalten, ist die Erschließung des Grundstücks nachzuweisen. Dies kann mit Hilfe eines Erschließungsvertrages geschehen (§ 124 BauGB), durch den die Gemeinde die Erschließung auf einen Dritten überträgt. Dieser Vertrag verpflichtet den Erschließungsträger zur Herstellung aller Verkehrs-, Ver- und Entsorgungsanlagen eines festgelegten Baugebiets sowie zur Kostenübernahme. Er ist hinsichtlich Form, Inhalt, Kostenaufteilung bzw. Erschließungsbeiträgen und Leistungsstand zu überprüfen.

Bei Architekten- und Ingenieurverträgen interessieren vor allem die Leistungsbeschreibungen und die Honorarvereinbarungen auf der Basis der alten HOAI 2001 bzw. der HOAI 2009 (vgl. *Ziff. 2.4.5*).

In Planer- und Bauverträgen haben die werkvertraglichen Vereinbarungen auf der Basis der §§ 631 ff BGB in Bezug auf evtl. Planungsänderungen und vom Planer nicht zu vertretende Planungsverzögerungen, die Termin- und Fristvereinbarungen sowie der Nachweis eines ausreichenden Haftpflichtversicherungsschutzes besondere Bedeutung.

Bei Bauverträgen ist vor allem darauf zu achten, dass das vertragliche Leistungssoll der Bauunternehmer mit der Baubeschreibung übereinstimmt. Bei Pauschalfestpreisvereinbarungen sind gemäß § 2 Nr. 7 VOB/B vertragliche Preisanpassungen auf der Basis des § 2 Nr. 4 bis 6 VOB/B zu gewähren unter Berücksichtigung der Mehr- oder Minderkosten. Ergänzend sind möglichst einfache Vergütungsregelungen für Bauzeitverlängerungen (§ 6 VOB/B) oder Beschleunigungen (§ 2 Nr. 5 VOB/B) aus Gründen, die der Bauunternehmer nicht zu vertreten hat, auf der Basis der bei Auftragserteilung zu hinterlegenden Urkalkulation zu vereinbaren. Ferner ist auf Zahlungspläne zu achten, die an Leistungsereignisse gekoppelt und dann auch strikt eingehalten werden, um dem Liquiditätsinteresse beider Vertragspartner gerecht zu werden. Besonderes Augenmerk ist auf die baubegleitende Mängelbeseitigung sowie angemessene Sicherheitseinbehalte während der jeweiligen Gewährleistungsfristen zu achten. Es sind grundsätzlich förmliche Abnahmen nach § 12 Abs. 4 Nr. 1 VOB/B mit fachtechnischer Vorbegehung, Funktionsprüfungen und Mängelprotokoll zu vereinbaren. Die fiktive Abnahme durch Fertigstellungsmitteilung oder Benutzung sind auszuschließen.

Bei Bestandsimmobilien liegt das Hauptaugenmerk der Legal Due Diligence auf bestehenden Miet- und Pachtverträgen sowie den Vereinbarungen über Miethöhen und -anpassungen, Vertragsdauern, Bonität der Mieter, Umlage der Betriebskosten, Durchführung von Instandhaltungsmaßnahmen, Kündigungsregelungen und Rückbau von Mietereinbauten bei Beendigung des Mietverhältnisses. Ähnliche Prüfungen sind erforderlich für Management-, Betreiber- und Dienstleistungsverträge. Hierzu zählen u. a.:

- Wartungsverträge für technische Anlagen,
- Gebäudemanagementverträge für die technische, kaufmännische und infrastrukturelle Gebäudebewirtschaftung,
- Serviceverträge z. B. mit Sicherheitsfirmen und Cateringunternehmen,
- Versicherungsverträge für die Bauherrenhaftpflicht-, Hauseigentümer-, Bauwesen-, Feuer-, Sturm-, Leitungs-, Einbruch- und Inventar-Versicherung inkl. der IT-Netzwerke und Server

Sämtliche Ergebnisse der Legal Due Diligence beeinflussen die Regelungen zur Absicherung des Käufers oder auch des Verkäufers im abzuschließenden Kaufvertrag. Dazu gehören Klauseln über die Kaufpreisanpassung oder bestimmte Rücktrittsrechte des Käufers beim Nichteintritt vertraglich zugesicherter Eigenschaften oder Fehlern in den vom Verkäufer vorgelegten kaufpreisbestimmenden Unterlagen, Daten und Informationen.

Steuerliche Due Diligence
Die Steuerliche Due Diligence (auch Tax Due Diligence) dient der optimalen steuerlichen Transaktionsgestaltung für Käufer und Verkäufer. Dazu sind zunächst wichtige Grundsatzfragen zu beantworten (Arndt, 2006, S. 53 f.):

- die Art des Eigentümers der Immobilie (Einzelperson, Personen- oder Kapitalgesellschaft),
- die Transaktionsform (Kauf/Verkauf eines bebauten Grundstücks, Veräußerung/Erwerb von Anteilen an einer Immobilienkapitalgesellschaft),

- steuerliche Auswirkungen für den Käufer und den Verkäufer,
- gewerblicher Grundstückshandel (bei mehr als drei Immobilientransaktionen innerhalb von fünf Jahren).

Steuerrelevante Auswirkungen ergeben sich u. a. auf folgende Faktoren:

- die Nutzung von Anschaffungskosten für Abschreibungen,
- die steuerlichen Abzugsmöglichkeiten von Finanzierungskosten,
- die Nutzung bestehender Verlustvorträge,
- die Grunderwerb-, Grund- und ggf. Gewerbesteuer,
- die Umsatzsteueroptierung des Käufers/des Verkäufers/der einzelnen Mieter gemäß § 9 UStG,
- in den neuen Bundesländern mögliche Sonder-AfA nach Fördergebietsgesetz (FöGbG).

Die im Rahmen der Steuerlichen Due Diligence erkannten Optimierungsmöglichkeiten finden Eingang in den Kaufvertrag mit auf den Einzelfall abgestimmten Steuerklauseln, in denen ggf. bestimmte steuerliche Eigenschaften zugesichert sowie Mitwirkungshandlungen und Verjährungsregelungen vereinbart werden.

Wirtschaftliche Due Diligence Real Estate
Zielsetzung der wirtschaftlichen Due Diligence ist die Durchleuchtung aller mit der Immobilie verbundenen Einnahmen- und Ausgabenströme und damit der durch die Immobilie ausgelösten Vermögens-, Ertrags- und Finanzierungsveränderungen.
Voraussetzungen dazu sind zunächst:

- eine Analyse des Makro- und Mikrostandortes (Diederichs, 2006, S. 30 ff.),
- eine Marktanalyse mit Gegenüberstellung der Flächennachfrage und des Flächenangebotes sowie der am Markt erzielbaren Miet- und Kaufpreise (Diederichs, 2006, S. 24 ff.) sowie
- die Beurteilung der nicht monetären Faktoren der Marktattraktivität der Immobilie aus der Nutzer- und Objektperspektive sowie dem Flächen- und Bewirtschaftungspotential (Diederichs, 2007, S. 31 ff.).

Kern der Wirtschaftlichen Due Diligence ist sodann die Rentabilitätsanalyse, für die die dynamischen Methoden der Investitionsrechnung heranzuziehen sind (Kapitalwertmethode, interne Zinsfußmethode, VOFI-Kennzahlen).
Bei der VOFI-Rentabilität (Schulte, 2002, S. 223 ff.) geht es darum, ausgehend von einer Anfangsinvestition durch Saldierung der laufenden Einnahmen aus Mieterträgen und Verzinsung erwirtschafteter Überschüsse sowie Ausgaben aus laufenden Kosten sowie Zins- und Tilgungsleistungen einen Vermögensendwert zu bestimmen und danach aus dem Vermögensendwert und dem Anfangswert nach der Zinseszinsformel die VOFI-Rentabilität r_{VOFI} in % p. a. zu ermitteln.
Ist die Rentabilität der Bestandsimmobilie nach der VOFI-Methode oder auch der Kapitalwertmethode positiv, so geht es letztlich darum, durch die wirtschaftliche Due Diligence eine Wertermittlung als Einigungsbasis für den Kaufpreis zwischen Verkäufer und Käufer vorzunehmen.
Die Verkehrswerte bebauter und unbebauter Grundstücke können nach nationalen gemäß WertV normierten oder nicht normierten Verfahren sowie nach internationalen Bewertungsverfahren ermittelt werden. Zur Anwendung der in der WertV geregelten Vergleichs-, Ertrags- oder Sachwertverfahren sind grundsätzlich nur die Gutachter der örtlichen Gutachterausschüsse gemäß §§ 192 ff. BauGB verpflichtet. Andere Gutachter sind nicht an die Regelungen der WertV gebunden und damit frei in der Wahl des Verfahrens. Da die normierten Verfahren der WertV jedoch ein anerkanntes Regelwerk darstellen, sind Abweichungen davon im Gutachten zu begründen (vgl. *Ziff. 2.3.4* und Diederichs, 2006, S. 610 ff.).

Nutzenstiftung der Due Diligence von Immobilienbeständen
Bei Immobilientransaktionen geht es i. d. R. um Investitionen, die einen zumindest mittelfristigen und häufig langfristigen Kapitaleinsatz erfordern. Die Einigung zwischen Verkäufer und Käufer über die Höhe dieses Kapitaleinsatzes erfordert eine sorgfältige Vorbereitung, um die Performance der Immobilie und die Marktentwicklung für den Zeitraum der voraussehbaren Nutzungsdauer richtig einzuschätzen und damit Fehlinvestitionen zu vermeiden bzw. Unter-Wert-Verkäufe verhindern.

Der interdisziplinäre Ansatz der Due Diligence Real Estate aus technischer, rechtlicher, steuerrechtlicher und wirtschaftlicher Sicht ermöglicht es sowohl dem Käufer als auch dem Verkäufer, das Chancen- und Risikoprofil des lmmobilienobjektes abzubilden, zu analysieren und zu bewerten, um die notwendigen Informationen für die Bestimmung des Kaufpreises und die seiner Absicherung dienenden Klauseln im Kaufvertrag zu bestimmen.

Für den Abgleich der interdisziplinären Beiträge und deren Integration in einen zusammenfassenden Bericht mit einem Entwurf des Kaufvertrages und einer Kaufpreisempfehlung eignen sich insbesondere interdisziplinär ausgebildete Fachleute der Bau- und Immobilienwirtschaft, z. B. der Master of Science in Real Estate Management + Construction Project Management (M. Sc. REM + CPM).

2.3.2.4.3 Immobilien-Portfoliomanagement
Ein Immobilien-Portfolio umfasst mehrere bebaute und unbebaute Grundstücke, die über gemeinsame Merkmale miteinander verbunden sind (z. B. durch einen gemeinsamen Eigentümer, ein einheitliches Management oder eine einheitliche Verwaltung).

Immobilien-Portfoliomanagement bezeichnet einen komplexen, kontinuierlichen und systematischen Prozess der Analyse, Planung, Kontrolle und Steuerung von Immobilienbeständen mit dem Ziel, Transparenz für den Immobilieneigentümer über Erträge einerseits und die Risiken der Immobilienanlage- und Managemententscheidungen andererseits für das gesamte Immobilienportfolio sicherzustellen (Wellner, 2003 S. 33 ff.).

Immobilien-Portfoliomanagement wird in der Praxis oft mit Corporate Real Estate Management (CREM) und Public Real Estate Management (PREM) gleichgesetzt. Sowohl für betriebsnotwendige als auch nicht betriebsnotwendige Liegenschaften des Eigentümers müssen Optimierungsmaßnahmen eingeleitet werden, um die Rentabilität z. B. durch Senkung der Betriebs- und Instandhaltungskosten und Verringerung der Leerstandsquote zu erhöhen.

Prozess des Immobilien-Portfoliomanagements
Der Prozess des Immobilien-Portfoliomanagements besteht nach *Abb. 2.3-47* aus drei voneinander abzugrenzenden Phasen des Modellinputs (Schritt 1), der strategischen Asset Allocation (Schritte 2–6)

und der Ergebniskontrolle (Schritt 7). Das Kreislaufmodell ermöglicht ein simultan ablaufendes Feed-forward und Feed-back zwischen den einzelnen Schritten (Diederichs, 2007).

Zusammenstellen der Inputs
Um ein zielgerichtetes Immobilien-Portfoliomanagement betreiben zu können, ist zunächst eine immobilienbezogene Zieldefinition vorzunehmen. Insbesondere ist hierbei die kurz-, mittel- und langfristige Strategie für die Immobilien in Bezug auf ihre Marktfähigkeit und ihre Betriebsnotwendigkeit festzulegen. Dabei unterscheiden sich die Zielsetzungen des Corporate Real Estate Management (CREM) und des Public Real Estate Management (PREM) wesentlich.

Corporate Real Estate Management (CREM) umfasst das aktive, ergebnisorientierte, strategische und operative Management betriebsnotwendiger und nicht betriebsnotwendiger Liegenschaften von Unternehmen mit der Zielsetzung, diese optimal zur Unterstützung der Unternehmensziele zu nutzen. CREM verfolgt damit vor allem wettbewerbsstrategische Zielsetzungen und enthält die Prozesse der Beschaffung, Bewirtschaftung, Anpassung und Verwertung im Sinne des Lebenszyklusgedankens.

Oberziel des Public Real Estate Management (PREM) ist dagegen die Optimierung der Wirtschaftlichkeit des öffentlichen Immobilienbestandes, wobei flankierend politische und verwaltungsorientierte Ziele im Interesse der öffentlichen Auftragserfüllung beachtet werden müssen. Durch PREM soll der heterogene Immobilienbestand auf Bundes-, Landes- und Kommunalebene im Hinblick auf den politisch bestimmten Verwaltungsauftrag optimiert werden. Durch die systematische Aufnahme, Strukturierung und Analyse des öffentlichen Immobilienbestandes lassen sich erhebliche Überschussflächen identifizieren und damit Kosten reduzieren. Zielsetzung ist eine bedarfsgerechte, wirtschaftliche und nachhaltige Immobilienbereitstellung und -nutzung aller Grundstücke und Gebäude, die zur Erfüllung öffentlicher Aufgaben notwendig sind (Tiggemann / Ecke / Straßheimer, 2004, S. 461 f).

Zur Strukturierung des Portfolios ist der Immobilienbestand einzuteilen in

– marktfähige und nicht marktfähige Immobilien sowie

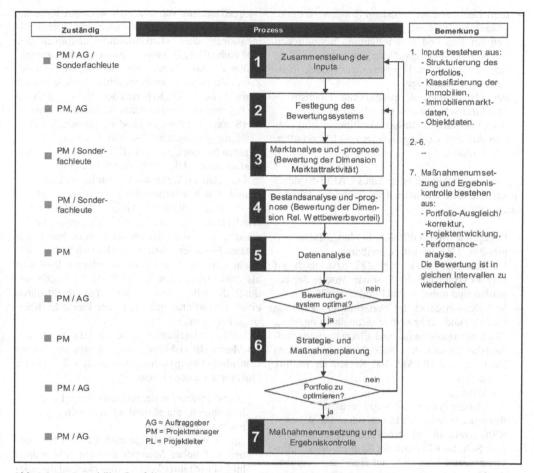

Abb. 2.3-47 Immobilien-Portfoliomanagement – Prozess für große Immobilienbestände

– betriebsnotwendige und nicht betriebsnotwendige Immobilien.

Alle Organisationen des privaten und öffentlichen Immobilienmanagements werden bestrebt sein, ihren Immobilienbestand nur auf die marktfähigen betriebsnotwendigen Immobilien zu reduzieren.

Weiter ist der Immobilienbestand nach Nutzungs-/Gebäudearten (z. B. Bauwerkszuordnungskatalog nach den Erläuterungen zu Muster 6 der RBBau, 18. Aust.-Lfg. 2008) und ggf. nach Stand-

orten/Liegenschaften zu klassifizieren. Das Gesamtportfolio wird somit hierarchisch in einzelne Sub-Portfolien unterteilt.

Die sorgfältige Marktanalyse und -prognose ist für die nachfolgende Bestandsanalyse und -prognose unerlässlich. Hierzu zählen insbesondere die standortbezogenen Entwicklungen der letzten fünf Jahre und die voraussichtliche weitere Entwicklung möglichst der nächsten fünf Jahre zu:

– dem Flächenumsatz nach Größenklassen, Nachfragern, Anbietern und Lage,

– dem Leerstand nach Zustand (modern, normal, unsaniert) und Lage,
– den im Bau und in der Planung befindlichen Flächen nach Fertigstellung und Lage,
– dem bestehenden Flächenangebot nach Nutzungsarten und Lage,
– den Mieten nach Mietpreisniveau (Höchstpreise, Durchschnittswerte) und Lage sowie
– dem Investitionstransaktionsvolumen hinsichtlich Anzahl, Umfang, Käufern und Verkäufern am Standort.

Zu den möglichst mit Hilfe eines CAFM-Systems zu erfassenden und aktuell zu haltenden Objektdaten gehören:

– Lagepläne inkl. ÖPNV-Anbindung, Bestandspläne und Bauwerksbeschreibungen,
– Flächenbilanz nach DIN 277 bzw. nach gif (MF-G vom 01.11.2005) sowie Anteile der bebauten und unbebauten Grundstücksflächen,
– Verkehrswerte nach der Wertermittlungsordnung (WertV) und der bewertete Instandhaltungsstau,
– Flächenbereitstellungs- und Flächenbewirtschaftungskosten nach DIN 18960, Nutzungskosten im Hochbau und GEFMA 200 Kosten im Facility Management,
– Mieterträge,
– Anzahl der Nutzer und Nutzerstruktur,
– Ressourcenverbrauch insbesondere für Wärme-/ Kälteerzeugung für Strom und Wasser sowie
– ggf. Schadstoffausstoß als Kenngröße des „Environmental Footprint" auf Basis der Angaben der Ver- und Entsorger.

Festlegung des Bewertungssystems

Grundsätzlich lassen sich Immobilien anhand von objektabhängigen Kriterien der Marktattraktivität (Marktdimension) und der relativen Wettbewerbsvorteile (Objektdimension) in einer zweidimensionalen Portfolio-Matrix beurteilen. Es hat sich bewährt, in dieser Matrix die Marktattraktivität auf der Ordinate und die relativen Wettbewerbsvorteile auf der Abszisse abzubilden.

Die Marktattraktivität wird maßgeblich bestimmt durch das Verhältnis zwischen Immobilienangebot und -nachfrage. Sie wird gemessen aus Kriterien der Nutzer-, Objekt- und Potentialperspektive. Da es sich bei den Messgrößen dieser Perspektiven über-

wiegend um multivariable, nicht monetäre Kriterien handelt, empfiehlt es sich, die unterschiedlichen Dimensionen über Transformationsfunktionen auf eine einheitliche Dimension Nutzenpunkte zurückzuführen. Dazu eignet sich die Nutzwertanalyse. Zur Positionierung der Immobilienbestände auf der Ordinate werden die Kriterien der Marktattraktivität im Rahmen der Nutzwertanalyse zunächst gewichtet (Summe = 100%) und sodann hinsichtlich ihrer Erfüllung gemessen bzw. auf einer Skala von 1 bis 5 Punkten bewertet, ggf. mit Hilfe von Transformationsfunktionen (Diederichs, 2005, S. 243 ff).

Die relativen Wettbewerbsvorteile der einzelnen Immobilien bestimmen deren Positionen auf der Abszisse der Portfolio-Matrix. Die Messgrößen wie Rendite, Mieterträge sowie Betriebs- und Instandhaltungskosten lassen sich unmittelbar in monetären Einheiten bestimmen. Die Größe der Mietfläche der einzelnen Immobilienobjekte lässt sich als dritte Dimension in der Portfolio-Matrix dadurch darstellen, dass das jeweilige Objekt durch einen proportional größeren oder kleineren Kreis dargestellt wird.

Bei der Einteilung in eine vierfeldrige Portfolio-Matrix (BCG-Matrix, benannt nach der Boston Consulting Group) werden gemäß *Abb. 2.3-48* vier Quadranten unterschieden:

– „stars" (Sterne) in der rechten oberen Ecke, also Immobilien, die aktuell keiner weiteren Optimierung bedürfen,
– „questionmarks" (Fragezeichen), also Immobilien mit hoher Marktattraktivität, die jedoch hinsichtlich ihrer Wirtschaftlichkeit zu optimieren sind,
– „cash-cows" (Milchkühe), also Immobilien mit hoher Wirtschaftlichkeit, bei denen jedoch die Marktattraktivität zu optimieren ist und
– „poor dogs" (arme Hunde), also Immobilien, die weder hinsichtlich der Wirtschaftlichkeit noch der Marktattraktivität akzeptable Werte vorweisen und die ggf. für eine Desinvestition, Projektentwicklung im Bestand und Verwertung in Betracht kommen.

Die Marktattraktivität stellt eine Summe von einzelnen Merkmalen aus der Nutzer-, Objekt- und Potenzialperspektive dar, die z. B. wie folgt in weitere Teilziele mit einer bestimmten Gewichtung in % aufgeteilt werden können:

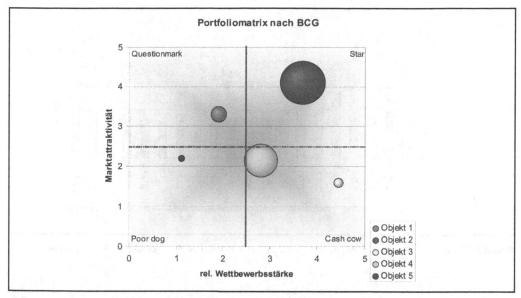

Abb. 2.3-48 Vierfeldrige Portfolio-Matrix nach BCG

Nutzerperspektive	50
N1 gemäß Vorlage politische/gesetzliche Rahmenbedingungen	5
N2 Standortfaktoren	30
N3 Funktionalität und Flexibilität	15
Objektperspektive	40
O1 Gebäudeanalyse	15
O2 Gebäudeinfrastruktur	15
O3 Innovation/Ökologie	5
O4 Gebäudesicherheit	5
Potentialanalyse	10
P1 Flächenverbrauch	4
P2 Ressourcenverbrauch	6
Summe	100

Das Säulendiagramm von *Abb. 2.3-49* zeigt in einem Beispiel, dass die gewichteten Nutzenpunkte im Bereich zwischen 2,21 und 3,76 von max. 5,0 Punkten liegen.

Zur Darstellung der relativen Wettbewerbsvorteile in der Portfolio-Matrix werden drei monetäre Merkmale analysiert und dargestellt:

– die spezifischen jährlichen Nutzungskosten nach DIN 18960 in € / (m² MF x a),
– die spezifischen monatlichen Mieterträge in € / (m² MF × Mt) und
– die jährliche VOFI-Rendite in % p. a. des Bruttoinvestitionswertes.

Zur Erhebung der Nutzungskosten nach DIN 18960 sind Zeitreihenbetrachtungen sowohl der Vergangenheit (z. B. drei Jahre) als auch der Zukunft (Prognosezeitraum von z. B. 25 Jahren) unter Einbeziehung großer Instandsetzungen anzustellen. Sofern Betriebskosten der einzelnen Gebäude einer Liegenschaft nicht gebäudescharf vorliegen, müssen Verteilungsschlüssel gebildet werden, die eine weitgehend verursachungsgerechte Zuordnung pro m² Mietfläche und Jahr ermöglichen. Das Ergebnis einer Portfolio-Matrix aus Marktattraktivität und Betriebskosten (Kgr. 300 der DIN 18960) des Beispiels zeigt *Abb. 2.3-50*.

Durch Erhebung der monatlichen Mieterträge je m² Mietfläche wird deutlich, ob die Miethöhevereinbarungen zwischen dem Immobilieneigentümer (Vermieter) und den Mietern Risiken aus über-

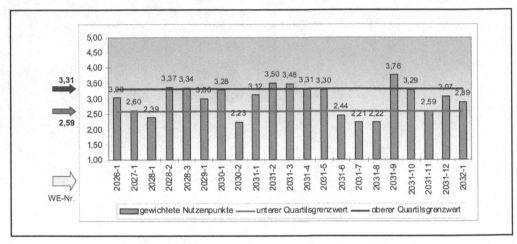

Abb. 2.3-49 Marktattraktivität der Objekte zwischen 2,21 und 3,76 von max. 5,00 gewichteten Nutzenpunkten

höhter Vertragsmiete oder Chancen aus unterschrittener Marktmiete bergen.

Die Rendite der einzelnen Gebäude kann nach der VOFI-Methode ermittelt werden. Sie bildet alle mit einer Investition verbundenen Auszahlungen und Einzahlungen während des Betrachtungszeitraumes explizit ab und vergleicht das Endkapital mit dem Anfangskapital (vgl. Schulte, 2002, S. 240 ff).

Die Anwendung der VOFI-Methode setzt daher voraus, dass die Zahlungsströme der voraussichtlichen Einnahmen aus Mieterträgen und Ausgaben aus Investitionen und Nutzungskosten sowie mögliche Investitionen aus erwirtschafteten Überschüssen je Gebäude ermittelt werden und in die Berechnung einfließen.

Abbildung 2.3-51 zeigt in einer Portfolio-Matrix für drei Objekte auf der Ordinate deren jeweils gleichbleibende Marktattraktivität und auf der Abszisse die unterschiedlichen Lagen bzw. Spreizungen aus Betriebskosten, Mieterträgen und VOFI-Rendite.

Strategie- und Maßnahmenplanung
In Abhängigkeit von der Marktattraktivität und den relativen Wettbewerbsvorteilen des Immobilien-Portfolios im Vergleich mit Konkurrenz-Portfolios werden i. Allg. drei Normstrategien unterschieden (vgl. *Ziff. 2.2.2.2*):

– die Investitions- und Wachstumsstrategie,
– die Abschöpfungs- und Desinvestitionsstrategie sowie
– die selektive Strategie der Offensive, des Übergangs oder der Defensive.

Immobilien im oberen rechten Feld der Portfoliomatrix sind als erfolgreich (stars) und mit geringen Risiken behaftet anzusehen (Matrixfeld der Mittelbindung).

Immobilien im linken unteren Matrixfeld haben keine besonderen Erfolgschancen (poor dogs). Sie sind daher so rasch wie möglich abzustoßen, ggf. nach einer Projektentwicklung (Matrixfeld der Mittelfreisetzung).

Immobilien im linken oberen oder rechten unteren Matrixfeld erfordern selektive Strategien. Bei hoher Marktattraktivität und geringen relativen Wettbewerbsvorteilen (linkes oberes Feld) müssen durch eine Offensivstrategie Wettbewerbsvorteile gegenüber den Konkurrenzimmobilien z. B. durch Modernisierung und Betriebskostensenkung aufgebaut werden.

Maßnahmenumsetzung und Ergebniskontrolle
Wird eine Entscheidung zur Desinvestition eines Gebäudes getroffen (Verkauf, Umwidmung oder Rückbau), so schließt sich eine Due Diligence an.

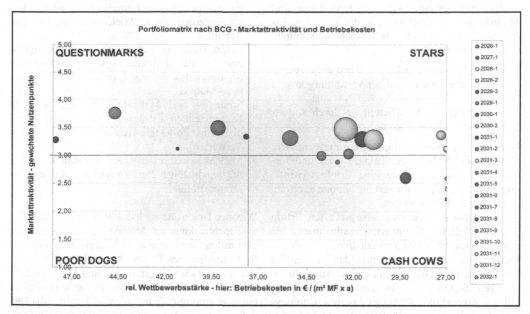

Abb. 2.3-50 Portfoliomatrix aus Marktattraktivität und Betriebskosten (Kgr. 300 der DIN 18960)

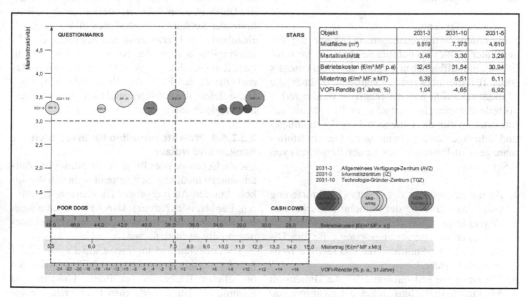

Abb. 2.3-51 Portfoliomatrix für 3 Objekte aus Marktattraktivität (Ordinate) und Betriebskosten, Mieterträgen und VOFI-Rendite (Abszisse)

Zur Optimierung zu haltender Immobilien sind Maßnahmenpläne aufzustellen, die auch eine Erfolgskontrolle erlauben. Als Maßnahmen kommen u. a. in Betracht:

– die Senkung der Betriebs- und Instandsetzungskosten, der Zinslast und der Verwaltungskosten sowie
– die Steigerung der Mieterträge durch Anpassung an das Marktmietenniveau.

Dazu sind die Maßnahmenpläne mit Zielvorgaben, Aufbau- und Ablauforganisation, Kosten und Terminen umzusetzen sowie eine Erfolgskontrolle durch eine Immobilienbewertung vor und nach den Maßnahmen durchzuführen.

Die Performanceanalyse überprüft den Erfolg der eingeleiteten Optimierungsmaßnahmen. Sie wird am Gesamtportfolio innerhalb eines fest definierten Intervalls vorgenommen, das im Idealfall ein Jahr beträgt. Hierbei sind die Schritte 1 sowie 3–7 gemäß *Abb. 2.3-47* in dem definierten Intervall zu wiederholen. Dabei ist das Bewertungssystem (Schritt 2) nach Möglichkeit nicht zu verändern, um einen Vergleich über die Intervallzeiträume zu ermöglichen.

Zusammenfassung
Immobilien-Portfoliomanagement ist für die Eigentümer großer Immobilienbestände im gewerblichen und öffentlichen Sektor unverzichtbar. Es sorgt für die notwendige Transparenz über die Marktattraktivität und die relativen Wettbewerbsvorteile der einzelnen Objekte und ist damit Voraussetzung für die laufenden Immobilienanlage- und Managemententscheidungen. Der Portfoliomanagement-Prozess umfasst einen Regelkreis von 7 Schritten:

1. Zusammenstellung der Inputs (Strukturierung und Klassifizierung der Immobilienmarkt- und Objektdaten),
2. Festlegen des Bewertungssystems für die Dimensionen Marktattraktivität und relative Wettbewerbsvorteile,
3. Marktanalyse und -prognose für die Dimension Marktattraktivität hinsichtlich der nicht monetär bewertbaren Kriterien mittels Nutzwertanalyse,
4. Bestandsanalyse und -prognose hinsichtlich der Dimension relative Wettbewerbsvorteile mit den

monetär bewertbaren Kriterien Betriebs- und Instandsetzungskosten, Mieterträge und VOFI-Rendite,
5. Datenanalyse und Zusammenführen der Ergebnisse aus der Marktanalyse und -prognose und der Bestandsanalyse und -prognose in der Portfolio-Matrix,
6. Strategie- und Maßnahmenplanung (Halten, Kosten senken, Erträge steigern durch Modernisierung, Projektentwicklung in Bestand und Verwerten),
7. Maßnahmenumsetzung und Ergebniskontrolle mit regelmäßiger Performanceanalyse des Gesamtportfolios.

Wichtige Unterstützung leistet hierzu das Immobilien-Benchmarking als Methode des strategischen Controlling, um in einem kontinuierlichen, systematisch strukturierten Prozess Kennzahlen, Objektzustände, Wertschöpfungsprozesse und Managementpraktiken über mehrere Objekte zu messen und miteinander zu vergleichen. Ziel ist es, Leistungslücken aufzudecken und Anregungen für Verbesserungen zu gewinnen. Dabei ist es wichtig, sich nicht nur auf das interne Benchmarking durch den Vergleich eigener Objekte zu beschränken, sondern auch Objekte führender Konkurrenzunternehmen in den Vergleich einzubeziehen. Hierzu existieren zahlreiche Benchmarking-Pools (u. a. der KGSt, von Jones Lang Lasalle (OSCAR), von Atis Müller Real (Key-Report Office), der IFMA, der DID und der Real I. S.). Diese liefern die notwendigen Daten für den externen Vergleich (Seilheimer, 2007, S. 34 ff.).

2.3.2.4.4 Projektcontrolling für Investoren, Banken und Nutzer
Die Zielsetzungen des Projektcontrollings beinhalten unterschiedliche Schwerpunkte in Abhängigkeit von den Auftraggebern (Bauherren, Investoren, Banken oder Nutzer). Dabei ist jedoch als gemeinsame Quelle stets das umfassende Projektmanagementwissen zu nutzen.

Die Ausführungen in *Abschn. 2.3.2.1* bis *2.3.2.3* gelten vorrangig für Bauherren, d. h. Bauabteilungen öffentlicher Bauherren bei Bund, Ländern und Kommunen, bei gewerblichen Bauherren wie Industrie- oder Immobilienunternehmen und auch bei privaten Bauherren. Diese legen vorrangig Wert auf die Einhaltung von Qualitäten, Kosten und Terminen sowie auf eine reibungslose Aufbau- und Ablauforganisation, abgesichert durch „*möglichst wasserdichte*" Verträge.

Für Investoren stellen Immobilien eine der möglichen Anlageformen dar. Immobilieninvestoren sind vorrangig:

- offene Immobilienfonds,
- geschlossene Immobilienfonds,
- Immobilien-Leasinggesellschaften,
- Versicherungen und Pensionskassen,
- Immobilien-Aktiengesellschaften,
- ausländische Investoren.

Die Zielsetzungen von Immobilieninvestoren werden durch die Faktoren Rentabilität, Sicherheit und Liquidität bestimmt. Die Rentabilität wird mit dem Begriff „Performance" gemessen, d. h. aus der Summe von Ausschüttungsrendite und Wertsteigerung, bezogen auf den Kapitaleinsatz.

- Von Offenen Immobilienfonds werden innerstädtische Standorte mit mehr als 200.000 Einwohnern bevorzugt. Sie fordern hohe Vermietungsgarantien.
- Für Geschlossene Immobilienfonds sind Möglichkeiten der Steuerstundung vorrangiges Anlagemotiv. Die Projektgröße bewegt sich in der Regel zwischen 5 und 10 Mio. €. Vermietungsgarantien werden vielfach nicht gefordert.
- Für Immobilien-Leasinggesellschaften sind sowohl die Bonität des Leasingnehmers als auch die Drittverwendungsfähigkeit des Leasingobjektes vorrangige Entscheidungskriterien.
- Für institutionelle Anleger wie Versicherungen und Pensionskassen steht die Sicherheit der Investitionen im Vordergrund. Sie begnügen sich mit einer Mindestrendite von 4% p. a., legen allerdings hohen Wert auf Vermietungsgarantien. Die Projektgröße bewegt sich vorrangig im Bereich zwischen 5 und 15 Mio. € pro Projekt.
- Immobilien-Aktiengesellschaften haben sich erst in den letzten Jahren am Markt etabliert und werden durch die seit 2008 anhaltende internationale Immobilienmarktkrise an ihrer Entfaltung gehindert.
- Das Verhalten der ausländischen Immobilien-Investoren ist vielfältig und wird von individuellen Interessen geprägt sowie von der Banken-

krise wie z. B. Lehman-Brothers oder auch Hypo Real Estate negativ beeinflusst.

Das Projektcontrolling für Immobilieninvestoren muss sich daher maßgeblich auf folgende Leistungsschwerpunkte konzentrieren:

- während der Projektentwicklung i. e. S. auf die Rentabilitäts- und Sensitivitätsanalyse und -prognose (vgl. *Ziff. 2.3.1.3,* lit. K)
- während des Planens und Bauens auf die Einhaltung der Budgetvorgaben für die Investitionskosten nach DIN 276 (vgl. *Ziff. 2.3.2.3.3*)
- während der Nutzungsphase auf die Sicherung der in die Rentabilitätsrechnungen eingeflossenen Netto-Mieterträge und der Baunutzungskosten nach DIN 18960 unter besonderer Berücksichtigung der nichtumlagefähigen Betriebskosten (Instandhaltung, Verwaltungskosten, Mietausfallwagnis) (vgl. *Ziff. 2.3.2.4.3*).

Projektcontrolling für Banken

Banken sind grundsätzlich bestrebt, für die unter marktgerechten Konditionen ausgereichten Darlehen betrags- und fristgerechte Zins- und Tilgungszahlungen zu erhalten. Dies ist ihnen angesichts der globalen Finanzmarktkrise offensichtlich nicht gelungen und dies trotz des Bemühens des Baseler Ausschusses für Bankenaufsicht, eine internationale Konvergenz der Eigenkapitalmessung und Eigenkapitalanforderungen international tätiger Banken zu erreichen (Basel II).

Nach den Prinzipien des Immobilien-Investment-Banking und wichtiger Kriterien für die Projektfinanzierung werden klassische und neuere Finanzierungsformen unterschieden, deren Analyse und Bewertung im Einzelfall zu einer Auswahlentscheidung führt. Der Projektcontroller für Banken kann dazu wesentliche Leistungen erbringen, die der Entscheidungsvorbereitung dienen. Diese Leistungen werden dargestellt durch nachfolgendes Beispiel.

Beispiel für ein Projekt-, Unternehmens-, und Rentabilitätsrating für Banken
Ein Projektentwickler beantragt ein Annuitätendarlehen in Höhe von 31,4 Mio. € mit einer Laufzeit von 26 Jahren zu einem Zinssatz von 6% und einer Anfangstilgung von 1,7% (Diederichs, 2006, S. 126–129).

Bei dem Projekt handelt es sich um ein Fach-markt- und Freizeitzentrum, das in Düsseldorf errichtet werden soll. Im Erdgeschoss soll ein Bau- und Gartenmarkt für einen Ankermieter angesiedelt werden. Weiterhin sind ein Drogerie- und ein Modemarkt, ein Schuhgeschäft sowie eine Bäckerei im Erdgeschoss geplant. Im ersten Obergeschoss ist ein Elektrofachmarkt vorgesehen. Im zweiten Obergeschoss sollen für Freizeitaktivitäten ein Fitnesscenter, ein Bowlingcenter und eine Tanzschule entstehen. Die Bank nimmt zur Überprüfung des Kreditantrages ein Gesamtrating mit Projekt-, Unternehmens- und Rentabilitätsrating des Kreditgeschäftes vor (vgl. *Abb. 2.3-52* bis *Abb. 2.3-56*). Das Immobilienrating ergibt für das Projekt-, Unternehmens- und Rentabilitätsrating die Klassen B, B und D. Die Bank entscheidet sich, insbesondere aufgrund des Rentabilitätsratings, den Kreditantrag des Projektentwicklers abzulehnen, da der Spielraum für die Kreditzinserhöhung mit 0,725% von 6% $\triangleq$ 12% von diesen 6% als zu gering angesehen wird, um nach Ablauf des ersten Bindungszeitraums von 5 Jahren eine den voraussichtlichen Marktverhältnissen entsprechende Zinsanpassung vornehmen zu können.

Projektcontrolling für Nutzer
Die Erstellung eines Nutzerbedarfsprogramms ist Aufgabe der Projektentwicklung (vgl. *Abschn. 2.3.1*). Der Nutzer muss in diesen Prozess über eine zu definierende Schnittstelle in die Projektaufbau- und -ablauforganisation eingebunden werden. Der Projektcontroller des Nutzers muss den bei diesem

vorhandenen Entscheidungsbedarf rechtzeitig abfragen, damit der Nutzer darauf aufbauend weitere Überlegungen zu den nutzerseitigen Anforderungen anstellen kann. Die Leitung des Nutzerteams und das Projektcontrolling für den Nutzer obliegen häufig einer Linien-Führungskraft aus der Organisation des Nutzers. Bei personellen oder fachlichen Engpässen wird es häufig auch extern vergeben.

Die Mitarbeiter des Nutzers haben i. d. R. keine baufachliche oder technische Ausbildung und in der Linienorganisation des Unternehmens viele ureigene Aufgaben zu erfüllen, sodass ein hoher Kommunikations- und Abstimmungsaufwand entsteht. Der Projektcontroller des Nutzers muss daher auch über ein hohes Einfühlungs- und Kommunikationsvermögen mit Sozialkompetenz verfügen.

In *Abb. 2.3-57* sind die beiden zeitparallelen Leistungsstränge für das Projektmanagement Nutzer im oberen Bereich und für das Projektmanagement Planung und Bau nach dem Leistungsbild Projektmanagement AHO/DVP im unteren Bereich dargestellt.

Beispiele für nutzerseitige Ausstattungen sind:

– Arbeitsplatzeinrichtung/Büroausstattung,
– Informations- und Kommunikationstechnik,
– Dienstleistungsausstattung,
– Küche/Casino/Cafeteria,
– Technische Gebäudeausrüstung und Sicherheitstechnik,
– Hausverwaltungsgeräte und -vorrichtungen.

Motiv für die Abtrennung der nutzerseitigen Ausstattungen von den Hauptbauleistungen ist häufig,

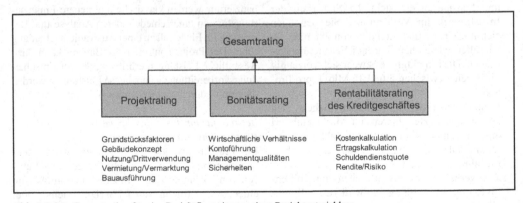

Abb. 2.3-52 Gesamtrating für eine Projektfinanzierung eines Projektentwicklers

Nr.	Projektrating	Gewichtung %	Erfüllung = Klasse A (0-5)	B (6-10)	C (11-15)	D (16-20)
I	**Standort- und Grundstücksfaktoren**					
I.1	Makrostandort					
1	Verkehrsinfrastruktur	20	1			
2	Bevölkerung/Sozialstruktur	15	2			
3	Wirtschaftsstruktur	15	2			
4	Arbeitsmarkt	15		6		
5	Image des Standortes	8	2			
6	Wettbewerbssituation	15			11	
7	Freizeit/Kultur/Bildung	12	1			
	Summe Makrostandort	*100*	*gewichtet 3,63*			
I.2	Mikrostandort					
1	Grundstücksbeschaffenheit, -zuschnitt	13		9		
2	Baurecht	13	1			
3	Erschließung Grundstück	13	1			
4	Anbindung an ÖPNV	13	2			
5	Umfeld/Nachbarschaft	11			11	
6	Parkplatzsituation	13		6		
7	Sichtanbindung/Sichtbeziehung	11		8		
8	Altlasten	13	1			
	Summe Mikrostandort	*100*	*gewichtet 4,69*			
	Summe I		*Mittelwert 4,16*			
II	**Gebäudekonzept**					
1	Gebäudekonzeption	40		9		
2	Technische Ausstattung	30		8		
3	Architektonische Gestaltung	30		10		
	Summe II		*gewichtet 9,00*			
III	**Nutzungskonzeption und Drittverwendung**					
1	Flexibilität	50			12	
2	Aufteilungsmöglichkeiten	50		10		
	Summe III		*gewichtet 11,00*			
IV	**Vermietung/Vermarktung**					
1	Mieterstruktur	12,5	1			
2	Zahlungsmoral	12,5		6		
3	Finanzlage	12,5		7		
4	Mietverträge	12,5		8		
5	Vermietungsfähigkeit	12,5	3			
6	Erzielbarer Marktumsatz	12,5		7		
7	Vorvermietung	12,5		7		
8	Steuerliche Risiken	12,5	0			
	Summe IV		*gewichtet 4,875*			
V	**Bauausführung**					
1	Kostenrahmen	20		9		
2	Terminrahmen	20			11	
3	Ertragsrahmen	20		7		
4	Bauverfahrensrisiko	20		8		
5	Bauorganisationsrisiko	20		6		
	Summe V		*gewichtet 8,20*			
	Gesamtsumme (I bis V)/5 =		37,235/5 = 7,447		= Klasse B	

Abb. 2.3-53 Projektrating

dass Generalunternehmer oder Generalübernehmer einen Zuschlag für das Management zwischen 12% und 18% verlangen. Falls der Nutzer diese Ausstattungen eigenständig plant, ausschreibt und abwickelt, wird bei diesem einen ähnlicher Aufwand erforderlich. Die Nutzerausstattungen umfassen häufig zwischen 10% und 20% des Gesamtinvestitionsvolumens und stellen damit ein eigenständiges Projekt mit besonderer Komplexität dar. Das Leistungsbild für das Nutzercontrolling umfasst analog zum Projektmanagement für Planung und Bau (*Abb. 2.3-18*) fünf Leistungsphasen mit fünf Handlungsbereichen (*Abb. 2.3-58*).

Nr.	Unternehmensrating	Gewichtung	Erfüllung = Klasse			
		%	A (0-5)	B (6-10)	C (11-15)	D (16-20)
I	**Management des Kreditnehmers/Betreibers**					
1	Qualität der Geschäftsführung	40		10		
2	Qualität des Rechnungswesens	20		9		
3	Qualität des Controllings	20			12	
4	Technisches Know-how	20	5			
	Summe I	*100*	*gewichtet 9,2*			
II	**Kundenbeziehung**					
1	Kontoführung	50		9		
2	Kundentransparenz/Informationsverhalten	50		7		
	Summe II	*100*	*gewichtet 8*			
III	**Wirtschaftliche Verhältnisse**					
1	Beurteilung Jahresabschluss	60		6		
2	Gesamte Vermögensverhältnisse	40		8		
	Summe III	*100*	*gewichtet 6,8*			
IV	**Sicherheiten**					
1	Sicherheiten	60		8		
2	Forderung	40	3			
	Summe IV	*100*	*gewichtet 6*			
	Gesamtsumme (I bis IV)/4 =		*30/4 = 7,50*		Klasse B	

Abb. 2.3-54 Unternehmensrating

2.3.2.4.5 Projektmanagement und Projektrechtsberatung aus einer Hand

Zur Vermeidung von Schnittstellen erwarten die Auftraggeber zunehmend, dass ihnen das Projektmanagement und die Projektrechtsberatung aus einer Hand angeboten werden. Die nach wie vor (noch) bestehenden Beschränkungen durch das Rechtsberatungsgesetz lassen ein solches Angebot aus einem Einheitsunternehmen derzeit kritisch erscheinen. Derartige Leistungen werden jedoch von projektspezifisch gebildeten Argen bereits mit Erfolg übernommen.

Komplexe Immobilien- und Infrastrukturprojekte erfordern interdisziplinäre Zusammenarbeit zwischen Architekten, Ingenieuren, Kaufleuten und Juristen. Eine isolierte Betrachtung juristischer Problemstellungen bewirkt Effizienzverluste (Eschenbruch in AHO, 2004a, S. 62 ff.). Die Integration von Juristen in Projektteams wurde von Diederichs/ Hutzelmeyer bereits 1975 vorgeschlagen. Rechtsanwaltsleistungen sind grundsätzlich Dienstvertragsleistungen. Aufgrund der (noch) geltenden Beschränkungen des Rechtsberatungsgesetzes werden von Eschenbruch vier Einsatzformen für das interdisziplinäre Projektmanagement mit Projektrechtsberatung vorgeschlagen (*Abb. 2.3-59*).

Bei der klassischen Variante existieren unabhängige Verträge des Auftraggebers mit seinem Projektmanager und seinem Rechtsanwalt. Die Koordinierung beider Auftragnehmer obliegt dem Auftraggeber.

Bei der vernetzten Variante wird vom Auftraggeber in den Verträgen für das Projektmanagement und die Rechtsberatung die Bildung interdisziplinärer Teams vorgeschrieben, die gemeinsame Arbeitsergebnisse abzuliefern haben.

Bei der ARGE-Variante bilden das Projektmanagement- und das Anwaltsunternehmen eine projektspezifische ARGE. Im Innenverhältnis ist zu gewährleisten, dass die Rechtsberatungsleistungen ausschließlich von Anwälten bearbeitet werden. Dabei stuft Eschenbruch die Vertragspflichten des Anwalts dem Auftraggeber gegenüber höher ein als dessen gesellschaftsrechtliche Treuebindung zu seinem Gesellschafter. Eschenbruch schlägt dazu auch ein Bietergemeinschafts- und ARGE-Vertragskonzept vor (Eschenbruch in AHO, 2004a, S. 65–70).

Das interprofessionelle Einheitsunternehmen, das Projektmanagement- und Rechtsberatungsleistungen als interdisziplinäre Gesamtleistungen anbietet, wird von Eschenbruch trotz der häufiger werdenden Nachfrage wegen des Rechtsberatungsgesetzes (noch) kritisch gesehen, so dass aus Sicht des Auftraggebers das derzeit beste interdisziplinäre Leistungsangebot durch die ARGE-Variante erreicht werden kann.

Rentabilitätsrating			
alle Zahlen in €			
1. Kostenkalkulation			
Grunderwerbskosten			14.060.500,00
Grundstücksaufbereitungskosten			2.901.600,00
Baukosten			14.537.700,00
Baunebenkosten			1.252.700,00
Finanzierungskosten			1.623.400,00
Sonstiges			4.993.500,00
Summe Kosten			**39.369.400,00**
2. Ertragskalkulation			
kalkulatorische Mieteinnahmen pro Jahr			3.028.360,00
Erträge aus Parkgebühren			12.320,00
Erträge aus Sonstiges			
Summe Ertrag			**3.040.680,00**
3. Spielraum für Kreditzinserhöhung			
Mietfläche	24.907 m2		
Mietansatz	siehe Detailaufstellung		
Investitionsvolumen			39.369.400,00
Eigenkapitaleinsatz	20%		7.969.400,00
Fremdkapitalbedarf	80%		31.400.000,00
Jahresnettokaltmiete			3.040.680,00
./. Verwaltungskosten	5%	./.	152.034,00
./. Instandhaltungskosten	5%	./.	152.034,00
./. Mietausfallwagnis	3%	./.	91.220,40
Jahresreinertrag			**2.645.391,60**
./. Zinsen	6 % auf Fremdkapitalbedarf		1.884.000,00
Liquiditätsergebnis vor Tilgung			**761.391,60**
./. Tilgung	1,7 % auf Fremdkapitalbedarf		533.800,00
Ergebnis nach Tilgung			227.591,60

	Erfüllung = Klasse			
	A	**B**	**C**	**D**
Spielraum in % vom Fremdkapitalbedarf	> 5	3,0 - 5,0	1,0 - 3,0	< 1,0
100 x 227.591,6 / 31.400.000 =				0,725 % → **Klasse D**

Abb. 2.3-55 Rentabilitätsrating des Kreditgeschäfts

Eschenbruch in AHO (2004a, S. 76) unterscheidet bei der Honorierung von Rechtsanwälten nach:

– Zeithonorar für einzelfallbezogene Rechtsberatungsleistungen,
– Pauschalvergütung für projektbegleitende Beratung und
– Mischvergütung aus Basispauschale und zusätzlicher zeitbezogener Vergütung auf Nachweis.

Zur Orientierung dient *Abb. 2.3-60*.

2.3.2.4.6 Construction Management (CM)

Construction Management entwickelte sich ursprünglich in den USA und ist inzwischen eine weltweit anerkannte und mit Erfolg angewandte Form des Bauprojektmanagements mit einem ganzheitlichen Ansatz der Beratung und Steuerung. Der Construction Manager koordiniert das Projekt von der Konzeptions-/Entwurfs-/Ausführungsplanungsphase über die Ausführungsphase bis zur Baufertigstellung und Übergabe an den Auftraggeber unter Berücksichtigung der Projektziele für Qualitäten, Kosten und Termine (Diederichs/Bennison in AHO, 2004a, S. 78–107).

Merkmale
Das CM stellt die Entwicklung vom reinen Controlling über Projektsteuerungs-, Projektleitungs- und HOAI-Planungsleistungen (Lphn. 5–8) bis hin zu Generalübernehmerleistungen dar (vgl. *Abb. 2.3-42*).

Gesamtrating
I Objektbezogene Daten

Objekt:	Fachmarkt- und Freizeitzentrum
Straße:	
PLZ und Ort:	Düsseldorf
Grundstück:	25.322 m²
Nutzfläche:	24.907 m²
Mietfläche:	24.907 m² plus 760 PKW-Stellplätze

II Kreditnehmer

Unternehmen:	Mustermann GmbH
Straße:	Musterstraße 12
PLZ und Ort:	47112 Musterstadt
Inhaber/Gesellschafter:	Karl Mustermann
Ansprechpartner:	Erika Mustermann
Telefon:	02 11/47 11 08 15

Gesamtrating	Erfüllung = Klasse			
	A (0-5)	B (6-10)	C (11-15)	D (16-20)
1. Projekttrating				
Gesamtsumme/5:	7,447	Rating:	B	
2. Unternehmensrating				
Gesamtsumme/4:	7,500	Rating:	B	
3. Rentabilitätsrating				
Prozentzahl:	0,725	Rating:		D
Immobilien-Rating:	B +	B +	D	⇨ C

=> Individuelle Entscheidung „Ablehnung des Kreditantrages" D

Abb. 2.3-56 Gesamtrating

Merkmale des Construction Managements sind:

– Einbindung eines Construction Managers mit ausführungsbasiertem Fachwissen zur Optimierung der Planungs- und Bauabläufe,
– Ausrichtung unterschiedlicher Interessen der Projektbeteiligten auf die Projektziele,
– Kurze Entscheidungswege zwischen dem Auftraggeber und seinem Construction Manager,
– Durchführen von Value-Engineering-Prozessen und Workshops,
– Ergänzen der Managementstruktur des Auftraggebers während der Projektdauer,
– Einsatz eines erfahrenen Management-Teams, abgestimmt auf die Projektanforderungen,
– Vertragliche Unabhängigkeit des Construction Managers von Nachunternehmern oder Planern,
– Reduzierung der Kosten und der Bauzeit bei gleichzeitiger Qualitätssicherung durch optimierte Organisationsabläufe während der Planung und Ausführung (Value Management),

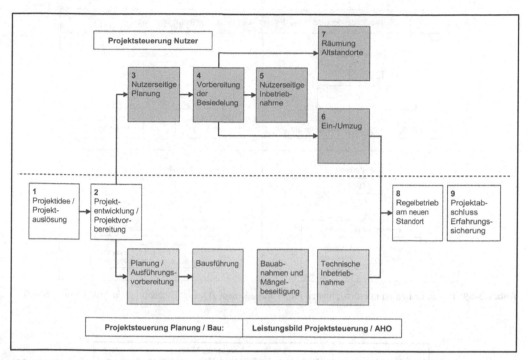

Abb. 2.3-57 Leistungsabgrenzung zwischen Nutzer-Projektsteuerung und PS für Planung und Bauausführung (Quelle: Preuß/Schöne (2003), S. 168)

Leistungs- phasen Handlungs- bereiche	1. Nutzerseitige Planung	2. Vorbereitung der Inbetriebnahme und des Umzugs	3. Nutzerseitige Inbetriebnahme	4. Ein-/Umzug	5. Räumung Altstandorte
A Organisation, Information, Koordination, Dokumentation					
B Qualitäten und Quantitäten					
C Kosten und Finanzierung					
D Termine, Kapazitäten und Logistik					
E Verträge und Versicherungen					

Abb. 2.3-58 Leistungsmatrix für das Nutzer-Projektmanagement

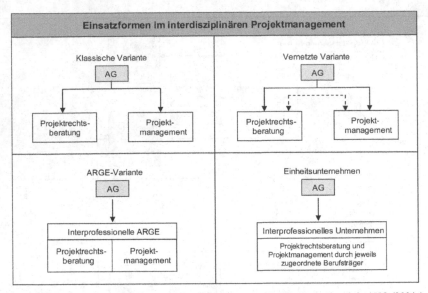

Abb. 2.3-59 Einsatzformen im interdisziplinären Projektmanagement (Quelle: Eschenbruch in AHO (2004a), S. 63)

Vergütungsform	Vergütungshöhe (Anhaltswerte für 2004, zzgl. Mehrwertsteuer, Auslagen etc., für qualifizierte Baujuristen)	
Reine Zeithonorare	Stundenhonorar 225–400 €	Tagessatz 2.000–3.200 €
Basispauschale mit ergänzendem Zeithonorar	**Basispauschale** als Bereitstellungspauschale oder kalkulierter Grundeinsatz (z. B. – abhängig von der Projektgröße – 2.500–10.000 € p. M.) + **Zeitaufwandserfassung/Zeithonorar** (siehe oben) entweder ganz, teilweise oder nicht auf Basispauschale anrechenbar	
Pauschalhonorar (auf Basis Herstellkosten) Kgr. 200 bis 600 der DIN 276	**Projektbegleitende Rechtsberatung** 0,4–0,65 % je nach Leistungsumfang	**Juristisches Projektmanagement** 0,65–1,2 % je nach Leistungsumfang

Abb. 2.3-60 Vergütungsstrukturen für Projektrechtsberatungsleistungen (Quelle: Eschenbruch in AHO (2004a), S. 77)

- Ganzheitliche Optimierung der Immobilie auch hinsichtlich der Gebäudebewirtschaftung,
- Intensive Einflussnahme auf die Bauherrenziele in frühen Phasen,
- Herbeiführen frühzeitiger Kosten- und Terminsicherheit für den Auftraggeber,
- Vergabe von Einzelgewerken oder Gewerkepaketen, keine Einschaltung eines Generalunternehmers,
- Kontinuierliches Überprüfen der Projektziele und der Schnittstellen sowie Abstimmung mit dem Auftraggeber,
- Vergütung der Pre-Construction-Phase vor Baubeginn durch Pauschalen, der Phase der Bauausführung durch Cost+Fee-Vereinbarungen,
- Außergerichtliches Streitschlichtungskonzept.

Einsatzformen des Construction Managements
Das CM sieht in einem umfassenden Beratungsansatz die Einbeziehung von ausführungsbasiertem Fachwissen zur Optimierung der Planungs- und Bauabläufe und damit der Gebäudeherstellung vor. Value-Engineering-Prozesse und -Workshops während der Planungsphase sind wichtige Teilleistungen.

Bei Einschaltung eines Construction Managers wird die Vertragsebene des Generalunternehmers meistens vermieden. Bauleistungen werden vom

Construction Manager entweder im Namen des Auftraggebers (CM „at agency") oder im eigenen Namen (CM „at risk") in Gewerkepaketen direkt an Nachunternehmer vergeben (*Abb. 2.3-61*).

Beide Varianten haben folgende Merkmale gemeinsam:

- Prinzipiell werden eine Phase bis Baubeginn (Pre-Construction Phase) und eine Phase ab Baubeginn (Construction Phase) unterschieden; der Übergang ist fließend.
- Für beide Phasen wird jeweils ein separater Vertrag abgeschlossen, der sowohl das Leistungsbild als auch die Vergütung regelt.
- Leistungen der Architekten, Fachplaner, Berater und Gutachter werden generell vom Auftraggeber beauftragt.

Construction Management kann prinzipiell bei sämtlichen Bauprojekten zur Anwendung kommen, da die Gesamtprojektkoordination zusammen mit der frühzeitigen Einbringung von Erfahrungswerten hinsichtlich der Ausführung und des Betriebs bei allen Bauprojekten von Vorteil ist und zur Erfüllung der Auftraggeberziele (Qualität, Kosten und Termine) beiträgt.

In einem Construction-Management-Team werden ausgewählte Mitarbeiter mit den notwendigen

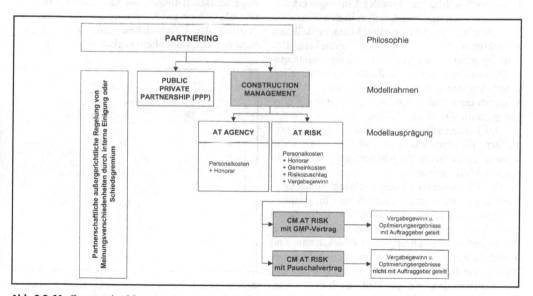

Abb. 2.3-61 Construction Management „at agency" und „at risk"

Erfahrungen eingesetzt. Firmenspezifisches Know-how kann so frühzeitig als Schlüssel für eine erfolgreiche Projektrealisierung genutzt werden.

Construction Management „at agency"
Der Construction Manager „at agency" erbringt Dienstleistungen ähnlich dem Projektmanager nach AHO/DVP über alle Projektstufen hinweg als Stabsstelle des Auftraggebers. Der CM „at agency" liefert eine unabhängige Beratung vorrangig über die Kontrolle und Steuerung von Qualitäten und Quantitäten sowie von Kosten und Terminen (CMAA, 2005):

- Optimaler Einsatz der Fähigkeiten und Talente von Planern und ausführenden Firmen und dadurch Verbesserung der Planungs- und Ausführungsqualität
- Optimale Verwendung verfügbarer Mittel
- Optimale Anpassungsfähigkeit im Hinblick auf die Vertragsgestaltung und die Beschaffung
- Verringerung von Änderungsanträgen, Behinderungen und Streitigkeiten

Es werden i. d. R. keine Generalunternehmer (GU), sondern Einzelfirmen eingeschaltet und alle Planungs- und Bauleistungen vom Auftraggeber direkt beauftragt. Der Auftraggeber wird durch den Construction Manager von der Einzelgewerkvergabe und Vertragsabwicklung mit den Einzelfirmen entlastet. Der Construction Manager stellt das Projektteam für alle Phasen des Projektes. Der Auftraggeber kann vorhandene Managementkapazitäten aus seinem Team in die Projektorganisation einbinden und sich auf ein spezialisiertes Projektteam stützen. Dabei behält er die Kontrolle über die gesamte Projektabwicklung.

Das Kostenrisiko bleibt auf Seiten des Auftraggebers, die Projektkosten sind aber vollständig transparent. Erzielte Vergabegewinne gehen direkt an den Auftraggeber.

Der Construction Manager erbringt seine Leistungen mit einem umfassenden Ansatz im Hinblick auf Planung, Steuerung, Ausführung und späteren Betrieb des zu erstellenden Bauwerks. Die Bildung, Organisation und Führung eines Projektteams sind Kernfaktoren erfolgreichen Construction Managements, wie die Erfahrungen in UK und USA zeigen. Der Construction Manager bleibt auch in der Ausführungsphase Projektmanager des Auftraggebers.

Construction Management setzt an den Schnittstellen an, die den Projekterfolg gefährden. Die Ziele des Auftraggebers werden definiert. Das Bausoll wird gemeinsam mit allen Baubeteiligten konkretisiert. Auftraggeberentscheidungen werden vorbereitet, abgefragt und in den Projektablauf integriert. Die Schnittstellenkoordination zwischen Planung und Ausführung wird durch das Planungsmanagement des Construction Managers optimiert. Informations- und Zeitverluste werden reduziert.

Das Kosteneinsparungspotenzial durch Handlungsspielräume in der Planung wird mit dem Auftraggeber offen abgestimmt, idealerweise im Prozess des Value Managements, wie in *Ziff. 2.3.2.4.7* beschrieben.

Construction Management „at risk"
Der Construction Manager „at risk" tritt ähnlich einem Generalübernehmer (GÜ) zwischen Auftraggeber und Nachunternehmer (NU). Dabei sind verschiedene Vertragstypen zu unterscheiden, u. a. danach, ob der Construction Manager durch einen Guaranteed Maximum Price (GMP) eine besondere Kostenverantwortung übernimmt oder nicht.

In jedem Fall übernimmt er bei dieser Variante die Verantwortung für das Schnittstellen-, Preis-, Termin- und Qualitätsrisiko und schließt die Verträge für Bauleistungen mit Nachunternehmern direkt ab, jedoch auf Rechnung des Auftraggebers (ähnlich der Geschäftsbesorgung bei deutschen Baubetreuungsmodellen) (vgl. *Abb. 2.3-62*).

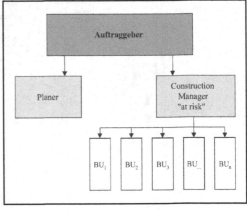

Abb. 2.3-62 Organigramm des Construction Managements „at risk"

Construction Manager „at risk" können Projektmanagement- und Bauunternehmen sein. Letztere können dann, sofern sie das annehmbarste Angebot abgeben, auch Bauleistungen durch ihr eigenes Unternehmen ausführen lassen (Contractor-CM).

Die Kostenplanung wird vom Construction Manager während der Planungsphase entwickelt und kontinuierlich fortgeschrieben. Wenn die Gewerkepakete bzw. Vergabeeinheiten und Leistungsbereiche weitgehend definiert sind und für 70% bis 80% des auszuführenden Bauvolumens Angebote eingeholt und bewertet wurden, kann ein sog. „Garantierter Maximal-Preis" (GMP) oder ein Pauschalpreis festgelegt werden. Das Mengenermittlungs- und das Vergabeergebnisrisiko trägt der Construction Manager.

Beim Pauschalpreisvertrag verbleiben Kostenrisiko und Vergabegewinne vollständig beim Construction Manager. Auf diese Variante wird hier nicht näher eingegangen.

Beim GMP-Modell werden die Ist-Kosten mit dem vertraglich festgelegten GMP verglichen. Der durch Optimierungen in der Entwurfsplanung, durch Vergaben an Nachunternehmer und optimierten Bauablauf entstandene Gewinn wird anhand eines vereinbarten Schlüssels zwischen Auftraggeber und Construction Manager aufgeteilt.

Der Auftraggeber hat jederzeit Einblick in die tatsächlichen Projektkosten (open books) und auch die Möglichkeit, eine externe Kostenkontrollstelle in das Projektteam zu integrieren. Übersteigen die tatsächlich entstandenen Kosten den vertraglich festgelegten GMP, so trägt der Construction Manager in vollem Umfang den Verlust. Dies gilt jedoch nicht für Mehrkosten, die aufgrund von Änderungen, zusätzlichen Leistungen oder Erschwernissen entstanden sind. Wie in den angloamerikanischen Modellen erhöhen auch in deutschen Modellen regelmäßig solche Kosten den GMP, die aus solchen der Auftraggebersphäre zuzuordnenden Risiken resultieren (z. B. Baugrund, Altlasten, nachträgliche behördliche Auflagen). Mit der Vereinbarung eines GMP ist deshalb keine Preisgarantie verbunden (Messerschmidt/Thierau, 2003, Rdn. 69 ff.).

Der Ansatz des Construction Managers mit GMP ist umfassender als der eines Generalunternehmers, da er weiter reichende Aufgaben eines Generalübernehmers übernimmt. Construction Management ist eine Projektorganisationsform, in der die spezi-

fische Stellung und die spezifischen Aufgaben des Construction Managers die Wahrscheinlichkeit des Erfolgs der Abwicklung des Projekts erhöhen sollen, da der Construction Manager eine Bauverpflichtung mit vertraglichen Risikoübernahmen im Hinblick auf Termine, Qualitäten und Kosten eingeht.

Typisch für „GMP-Verträge" ist oft noch die intensive Beschäftigung der Beteiligten in „Generalunternehmertradition" mit den bekannten Problemen einer Pauschalvergütung für ein unbestimmtes und offenes Bausoll. Die Projektmanagement-Leistungen des Construction Managers und die spezifische Projektstrukturierung durch Construction Management werden kaum thematisiert.

Der Prozess der Kostenreduzierung auf Seiten des Construction Managers durch Ausfüllung der Spielräume, die der Planungsstand zulässt, läuft dagegen offen und in Abstimmung mit dem Auftraggeber ab. Er ist idealerweise ein Prozess des Value Managements und nicht der Suche nach Ergebnisoptimierung durch Billiglösungen für einen Generalunternehmer, der einen nicht auskömmlichen Pauschalpreis aufbessern will.

Ein Construction-Management-Vertrag „at risk" ist deshalb ein Projektmanagementvertrag mit Realisierungsverpflichtung und kein „Generalunternehmervertrag mit zusätzlichen Vergütungsabreden".

Construction Management und Wettbewerb
Im Vergleich zu einer Generalunternehmervergabe, die sich überwiegend nach dem günstigsten Preis richtet, findet beim Construction Management ein eingeschränkter Preiswettbewerb statt. Der Wettbewerb zwischen Construction-Management-Anbietern ist insbesondere ein Leistungs- und Kompetenzwettbewerb – schon in Folge der frühzeitigen Einbindung des Construction Managers.

Zuschlagskriterien für die Phase bis zum Baubeginn sind:

– Planungs- und Ausführungskompetenz im Projektsegment,
– Erfahrung mit Organisationsmodellen wie Construction Management,
– Erfahrung im Value Management,
– Qualität des präsentierten Konzeptes und der abgegebenen Dokumentation,

- Referenzen und Auftreten des Projektteams, der handelnden Personen, insbesondere des Projektleiters,
- „Overhead-Kosten", d. h. die Höhe der pauschalierten Preisbestandteile.

Steht bei der Auswahl des Construction Managers die Projektkompetenz im Vordergrund, finden die bekannten Zuschlagskriterien, insbesondere der günstigste Preis, uneingeschränkte Anwendung bei den Nachunternehmervergaben. Der Wettbewerb für die Bauleistungen findet – wie beim traditionellen Organisationsmodell der Einzelvergabe – auf der Ebene der Nachunternehmervergaben statt, die von Auftraggeber und Construction Manager gemeinsam durchgeführt werden.

2.3.2.4.7 Value Management (VM)

Im British Standard (BS) EN 12973 wird Value Management wie folgt definiert: „ ... *a style of management, particularly dedicated to mobilise people, develop skills and promote synergies and innovation with the aim of maximising the overall performance of an organisation.*"

Value Management im Baumanagement wird definiert als „ ... *proactive, creative, problem-solving or problem-seeking service with maximising the functional value of a project by managing its development from concept to use.*"

Es wird meist im Rahmen von Workshops angewandt, bei denen interdisziplinäre Teams in einem strukturierten und moderierten Prozess projektrelevante Problemlösungen erarbeiten und diese im Hinblick auf ihre Vereinbarkeit mit den Zielen und Anforderungen des Auftraggebers beurteilen (Diederichs, 2006, S. 454–458).

Im Zusammenhang mit der Erläuterung des Construction Management unter *Ziff. 2.3.2.4.6* wird immer wieder auf das Value Management als wesentliches Element des methodischen Ansatzes hingewiesen. Vom Beginn der Projektvorbereitung an bis zum Ende der Projektausführung (Projektstufen 1 bis 4) hat das die Handlungsbereiche Qualitäten, Kosten und Termine (B bis D) umfassende Value Management durch Erstellen, Abstimmen, Festlegen, Koordinieren und Durchführen eines fortlaufenden Projektoptimierungsprozesses herausragende Bedeutung.

Der Begriff Value Management (VM) ist in Deutschland bisher wenig etabliert. Die in diesem Zusammenhang zu erbringenden Teilleistungen werden jedoch maßgeblich durch die Grundleistungen der Projektsteuerung abgedeckt, insbesondere in den Handlungsbereichen B Qualitäten und Quantitäten und C Kosten und Finanzierung (vgl. *Ziff. 2.3.2.3*).

Der Begriff Value Management (VM) ist damit dem amerikanischen Begriff des „Value Engineering" vorzuziehen. Unter Value Engineering werden meist nur Prozesse in Verbindung mit einer technischen Optimierung verstanden. Value Management jedoch schließt die Betrachtung strategischer, technischer und wirtschaftlicher Gesichtspunkte einer Immobilie mit ein.

Nach der Definition des CMAA (2002, S. 15) ist „*Value Engineering a specialized cost control technique which utilizes a systematic and creative analysis of the functions of project or operation to determine how best to achieve the necessary functions, performance and reliability at the minimum life cycle cost.*" Value Engineering ist daher Teil des Value Managements, so auch Connaughton (1996, S. 7): „*Value Engineering is a systematic approach to delivering the required functions at lowest cost without detriment to quality, performance and reliability. ... Value Engineering is therefore a special case of value management.*"

Mit der Methode des VM – auf Deutsch mit dem Begriff Prozessoptimierung zur Wertmaximierung zu umschreiben – ergibt sich die größte Möglichkeit der Nutzen- und Wertsteigerung für ein Projekt, wenn es zu einem möglichst frühen Zeitpunkt beginnt, d. h. in der Projektstufe der Projektvorbereitung.

VM-Prozesse in den Anfangsphasen eines Projektes erhöhen den Wissensstand aller Projektbeteiligten. Frühzeitig können so Strategien für den gesamten Lebenszyklus entwickelt und optimiert werden.

Erfahrungen haben immer wieder gezeigt, dass die größte Kostenbeeinflussbarkeit in den frühen Phasen eines Projektes liegt, in denen der Leistungsumfang des Projektes definiert wird und Änderungskosten relativ niedrig sind, da noch kaum vertragliche Bindungen bestehen. Um wirtschaftliche, qualitativ gute und funktionsgerechte Bauwerke erstellen zu können, soll in einer möglichst frühen Projektphase ein Projektteam mit allen Projektbeteiligten eingerichtet werden, d. h. Auftraggeber, Architekten, Fachplaner, Construction Manager sowie Fachleute aus dem Immobilienmanagement (baubegleitendes Facility Management (FM), Corporate Real Estate Management (CREM)).

Ziel ist die Optimierung der wirtschaftlichen und ökologischen Ergebnisse im Rahmen des gesamten Lebenszyklus (life cycle costs) der ganzheitlichen Immobilie, während die Einzelinteressen der verschiedenen Projektbeteiligten in den Hintergrund treten.

Das Value Management (VM) im Rahmen des CM betrachtet im Wesentlichen Projektbestandteile und Elemente im Hinblick darauf, ob diese plan- und realisierbar sowie vertraglich umsetzbar sind. Im Rahmen der Planbarkeit (designability) wird der Projektplanung unter besonderer Berücksichtigung der Betriebs- und Bauunterhaltungskosten, bei der Baubarkeit (constructability) den Ausführungsdetails, Baumaterialien und -techniken durch den Value Manager ein gewichteter und normierter Erfüllungsgrad im Sinne einer Nutzwertanalyse zugeordnet. Er beurteilt ferner die vertragliche Umsetzbarkeit (contractability) durch Betrachtung und Abwägung von Vertragsoptionen, vertraglicher Aufgabenverteilung und Verfahrensweisen. Ziel des Value Managers ist die Wertmaximierung für den Auftraggeber.

Eine effektive Prozessoptimierung wird in VM-Workshops erzielt, die während der Projektabwicklung stattfinden. In den Workshops werden zielgerichtet unterschiedliche Möglichkeiten beurteilt und/oder Alternativen entwickelt. Mitglieder der Workshops sollen nur diejenigen Fachleute sein, die in den entsprechenden Wertschöpfungsprozess eingebunden sind, ggf. auch externe Fachplaner. Anzahl und Zeitpunkte dieser Workshops sind abhängig von der Struktur, Größe und Komplexität des Projektes.

Sinnvollerweise sollte zu Beginn eines Projektes der erste Workshop stattfinden, bei dem weniger Input von Seiten der Spezialisten als mehr ein umfangreicher Input vom Auftraggeber erfolgen soll.

Mit dem Fortschreiten der Projektentwicklung i. e. S. (vgl. *Abschn. 2.3.1*) verringert sich der Input des Auftraggebers in den Workshops. Stattdessen wird ein Informationsfluss von Seiten der interdisziplinären Fachplaner und Berater in erhöhtem Maße erforderlich. In diesen Workshops müssen die bisher entwickelten Arbeitsergebnisse der Architekten und Fachplaner in Bezug auf die Projektanforderungen geprüft, mögliche Alternativen bei gleich bleibender oder verbesserter Qualität und

Funktionalität entwickelt und im Hinblick auf Wirtschaftlichkeit in der Bauausführung und Immobilienbewirtschaftung untersucht werden.

Optimierungsschwerpunkt der VM-Workshops ist eine wirtschaftlichere Bauausführung für das Tragwerk und die Gebäudehülle, die technischen Anlagen sowie den baulichen Ausbau.

Die Tatsache, dass nach wenigen Jahren die Gebäudenutzungskosten bereits die Gebäudeerrichtungskosten überschreiten können, unterstreicht die Forderung nach einem wirtschaftlichen Gebäudemanagement (vgl. *Abschn. 2.3.3*).

2.3.2.4.8 Public Private Partnership (PPP)

Public Private Partnership (PPP) bezeichnet die organisierte langfristige Zusammenarbeit von Personen und Institutionen der öffentlichen Hand und der Privatwirtschaft zur gemeinsamen Bewältigung komplexer öffentlicher Hochbau- und Infrastrukturprojekte (Diederichs, 2006, S. 458–470; AHO, 2006).

Durch PPP-Vertragsmodelle (Kooperation und Finanzierung) werden die Organisation, Finanzierung, das Planen, Bauen, Betreiben und Verwerten der Projekte geregelt.

PPP-Vertragsmodelle lassen sich im Wesentlichen in Finanzierungs- und Organisationsmodelle einteilen (*Abb. 2.3-63*).

Durch das Zusammenwirken von öffentlichem und privatem Partner werden Effizienzgewinne dadurch freigesetzt, dass jeder PPP-Partner das tut, was er am besten kann.

Aufgaben der öffentlichen Hand sind vorrangig:

- die Schaffung von Planungsrecht und Planungssicherheit,
- die Herstellung politischer und öffentlicher Akzeptanz,
- die Beschleunigung von Genehmigungsverfahren,
- die Akquisition öffentlicher Fördermittel und deren Transfer an die privaten Partner,
- die Übernahme der Risiken aus den o. g. Bereichen.

Die vorrangigen *Aufgaben der privaten Partner* sind dagegen:

- Projektentwicklung,
- Planen, Bauen und Betreiben,
- Finanzieren,

PPP-Organisationsmodelle	PPP-Finanzierungsmodelle

Betreibermodell, BOT
Kooperationsmodell
Konzessionsmodell
Beteiligungsmodell
	Investorenmodell (Finanzieren,
	    Planen, Bauen, Betreiben und
	    Verwerten aus einer Hand)
	Fondsmodell
	Factoring (Forderungskauf)
	Forfaitierung
	    (Forderungsabtretung)
	Leasing, Mietkauf, Miete
	Sale and Lease Back
	Kommunal gesicherte
	    Unternehmenskredite
	Kommunalkredite

Abb. 2.3-63 PPP-Vertragsmodelle

– Vermarkten (Verkaufen oder Vermieten),
– Verwerten am Ende der Nutzungsdauer,
– Übernahme der aktiv durch den Privaten zu beeinflussenden Risiken aus den o. g. Bereichen.

Als *Erfolgsfaktoren* für PPP-Projekte sind zu nennen:

– verlässliche und dauerhafte Partnerschaften zwischen Staat und Privatwirtschaft,
– Vermeidung der Belastung zukünftiger Generationen durch Umgehung von Verschuldungsgrenzen für die öffentliche Hand,
– hohe Planungs- und Finanzierungssicherheit mit erleichterter beschleunigter Projektumsetzung durch enge Kooperation mit öffentlichen Entscheidungsträgern,
– Sicherstellung der hinreichenden Kontrolle durch die öffentliche Hand und des Ausgleichs zwischen öffentlicher Aufgabenerfüllung und privater Gewinnerzielungsabsicht,
– Nutzung von Einsparpotenzialen durch effiziente Aufgabenerfüllung und Deregulierung,
– frühzeitiges und verbindliches Treffen der Grundsatzentscheidungen über Art und Umfang der Partnerschaft sowie über Nutzungs-, Finanzierungs- und Betreiberkonzepte durch die Politik,
– Sicherstellung der politischen Legitimation und Steuerbarkeit des sozialen und regionalen Interessenausgleichs, der Bürgerbeteiligung und der Verfahrenstransparenz.

Die wesentlichen *Chancen* durch PPP-Projekte werden vor allem in folgenden Punkten gesehen:

– PPP ermöglicht, vergünstigt und beschleunigt Projekte mit öffentlicher Beteiligung bzw. lässt sie an Standorten entstehen, die für Privatinvestoren allein nicht attraktiv genug sind.
– PPP entlastet öffentliche kommunale Haushalte durch die Förderfähigkeit seitens der EU oder aus nationalen Strukturförderungsprogrammen sowie durch Aktivierung privaten Kapitals (Push- oder Incentive-Strategien) und führt so zu einer erhöhten Nachfrage.
– PPP bietet auch Vorteile für die Öffentlichkeit dadurch, dass private Vorhabenträger veranlasst werden, einen Teil ihrer durch das Projekt ermöglichten Gewinne für die Öffentlichkeit verfügbar zu machen (Pull- oder Kompensations-Strategien), z. B. durch Übernahme von Kosten im Rahmen städtebaulicher Verträge oder von Vorhaben- und Erschließungsplänen nach §§ 11 ff. BauGB.
– PPP löst den Investitionsstau bei Immobilien- und Infrastrukturprojekten bei Bund, Ländern und vor allem auch Kommunen im Rahmen der nachhaltig möglichen öffentlichen Haushalte auf und sichert dadurch die Versorgung der Bevölkerung mit öffentlichen Hochbauten und Infrastrukturbauten.
– PPP erschließt Geschäftsfelder, Aufträge und Wertschöpfungsanteile für die Privatwirtschaft, die ohne PPP-Projekte nicht möglich sind.
– PPP fördert Lebenszyklus-bezogenes und interdisziplinäres Denken und Handeln, da es auch außerhalb von PPP-Projekten Nutzen stiftend eingesetzt werden kann.

- PPP erhöht den originären investiven Anteil an Gebäuden und Anlagen, da die langfristigen Einsparpotenziale vor allem durch günstige Betriebskosten erzielt werden, die wiederum höherwertige Rohbau-, Technik- und Ausbauinvestitionen erfordern.
- PPP fördert und verstetigt die Beschäftigung in der Bauwirtschaft mit entsprechenden Multiplikatorwirkungen für die Gesamtwirtschaft.

Den zahlreichen Chancen von PPP-Projekten stehen andererseits auch zahlreiche *Risiken* gegenüber, so dass stets eine sorgfältige Chancen-/Risikenabwägung vorgenommen werden muss (Offergeld, 2009):

- fehlende Schaffung oder Beachtung klarer Regelungen über
  - Ziele der Public Private Partnership
  - PPP-Modellauswahl und dessen vertragliche Umsetzung
  - Aufgabenzuordnung mit angemessenen Entscheidungs- und Kontrollmechanismen, sorgfältig durchdachte Aufbau- und Ablauforganisation
  - Kosten-, Ertrags- und Ergebnisverteilung
  - Risikoverteilung
  - Berichtswesen
  - Konfliktlösungsmechanismen
  - Schiedsverfahren
  - geordneten Austritt eines oder mehrerer Beteiligter
- Umgehung öffentlicher Verschuldungsgrenzen
- Verstoß gegen das geltende Vergaberecht durch Beschränkung des Wettbewerbs, Schaffung von Seilschaften, Berücksichtigung vergabefremder Zuschlagskriterien
- Übervorteilung einzelner Partner durch unüberschaubare und nicht vollständig durchdrungene und durchdachte Vertragsstrukturen.

Bisher existiert kein geschlossener Rechtsrahmen für PPP-Projekte. Daher sind zahlreiche Rechtsgrundlagen zu beachten.

Verfassungsrecht
Der Staat hat eine Einstandspflicht für bedarfsgerechte Infrastruktureinrichtungen. Er muss nicht Eigentümer sein bzw. Investitionen selbst vornehmen, aber bei Ausfall privater Auftragnehmer oder Partner die Leistungserfüllung sicherstellen. Nicht privatisierungsfähig sind z. B. Vollstreckungsaufgaben.

Verwaltungsrecht
Hoheitliche Aufgaben im Rahmen des Gesetzesvollzuges können durch die Einschaltung von „Verwaltungshelfern" (ohne besondere Ermächtigungsgrundlage), die Beleihung von Privaten (Ermächtigung per Gesetz) oder im Einzelfall als PPP teilprivatisiert werden.

Kommunal-/Haushaltsrecht
Nach den Gemeindeordnungen der Länder (z. B. § 107 Abs. 1 GO NW) dürfen sich Kommunen nur dann wirtschaftlich betätigen, wenn ein öffentlicher Zweck die Betätigung erfordert und die Betätigung nach Art und Umfang im angemessenen Verhältnis zur Leistungsfähigkeit der Gemeinde steht.

Einige Gemeindeordnungen verbieten die Veräußerung von Vermögensgegenständen, die die Kommune zur öffentlichen Aufgabenerfüllung benötigt.

Eine Entlastung der Kommunalhaushalte tritt allein durch den Wechsel einer Finanzierungsform (z. B. vom Kommunalkredit zum Leasing) regelmäßig nicht ein.

Eine Kreditaufnahme der Kommunen setzt die Erfüllung folgender Bedingungen voraus:

- Es muss sich um zusätzliche Investitionen handeln; dies ist nicht problematisch, sofern es sich um über Benutzungsgebühren finanzierte Investitionen handelt.
- Die dauerhafte Leistungsfähigkeit der Gemeinde darf durch den Schuldendienst nicht beeinträchtigt werden. Eine Ausweitung kommunaler Verschuldungsgrenzen durch Sonderformen der Investitionsfinanzierung ist nahezu ausgeschlossen.

Damit wird die Notwendigkeit einer Gemeindefinanzreform aufgrund der in den letzten Jahren stark gesunkenen Einnahmen der Kommunen deutlich.

Strittig ist u. a. die Frage, ob Leasingraten im Vermögens- oder im Verwaltungshaushalt der Kommunen zu veranschlagen sind.

Eine Sanierung der öffentlichen Haushalte durch PPP ist damit nur durch Effizienzvorteile aus PPP-Projekten bzw. durch die Regelungen über Nutzerentgelte und Mieten Dritter zu erreichen.

Bei der Entgeltgestaltung aus der privatrechtlichen Beziehung zwischen privatem Unternehmen und der Gemeinde oder auch direkt zu den Bürgern sind nach ständiger Rechtsprechung das Äquivalenzprinzip hinsichtlich der Erbringung der bisher öffentlichen Leistung, der Gleichheitsgrundsatz hinsichtlich der Versorgung der Bürger untereinander (Leistungs-/Verursachergerechtigkeit) und das Kostenüberschreitungsverbot bei der Entgeltgestaltung der betriebswirtschaftlich ansatzfähigen Kosten nach § 9 Abs. 2 Kommunalabgabengesetz (KAG) als öffentliche Finanzierungsprinzipien zu beachten.

Staatliche Förderung
Staatliche Förderung setzt häufig das kommunale Eigentum am Förderobjekt voraus.

Die Zulässigkeit und die Form der Weitergabe von Fördermitteln an einen privaten Partner müssen stets im Einzelfall überprüft werden.

Vergaberecht
Nach den Gemeindehaushaltsverordnungen der Länder sind alle Aufträge über Lieferungen, Leistungen und Dienstleistungen vor der Vergabe öffentlich auszuschreiben.

Dabei sind die einschlägigen öffentlich-rechtlichen Vergabevorschriften wie die deutschen und europäischen Vergaberichtlinien, die Vergabe- und Vertragsordnungen und die §§ 97 ff. des Gesetzes gegen Wettbewerbsbeschränkungen (GWB) zu beachten. Dieses bewirkt z. T. eine erhebliche Überregulierung, z. B. durch § 101a des Gesetzes gegen Wettbewerbsbeschränkungen (GWB), wonach der Auftraggeber eine Informationspflicht gegenüber den Bietern hat, deren Angebote nicht berücksichtigt werden sollen, über den Namen des Bieters, dessen Angebot angenommen werden soll und über den Grund der vorgesehenen Nichtberücksichtigung ihrer Angebote. Die nicht berücksichtigten Bieter haben dann Gelegenheit, innerhalb von 15 Kalendertagen ein Nachprüfungsverfahren bei der jeweils zuständigen Vergabekammer einzuleiten (§ 107 ff. GWB).

Bei nicht aus reinen Bau- oder Dienstleistungen bestehenden Aufträgen richtet sich die anzuwendende Rechtsordnung nach dem Schwerpunkt der jeweiligen Vertragsleistungen (z. B. VOL für Finanzierung, VOB für Bau- und Dienstleistungen, VOF für Freiberufliche Leistungen).

Steuerrecht
Nach § 39 Abgabenordnung (AO) ist in den dort geregelten Ausnahmefällen nicht der zivilrechtliche Eigentümer eines Objektes nach BGB, sondern der wirtschaftliche (steuerrechtliche) Eigentümer berechtigt, das Investitionsobjekt in seiner Bilanz zu aktivieren und abzuschreiben. Genaueres ist in Leasingerlassen für Immobilien vom 21.03.1972 (Vollamortisation) bzw. 23.12.1991 (Teilamortisation) geregelt.

Gesellschaftsrecht
PPP-Organisationsmodelle, insbesondere das Beteiligungsmodell und das Kooperationsmodell, erfordern vor allem auf Seiten der öffentlichen Partner die Klärung zahlreicher gesellschaftsrechtlicher Fragen zur Schaffung der geforderten klaren Regelungen über Entscheidungs-, Kontroll- und Konfliktlösungsmechanismen sowie über die Ergebnis- und Risikoverteilung.

Arbeits- und Tarifrecht
Im Rahmen des Arbeits- und Tarifrechtes, das in viele Einzelgesetze und Tarifverträge zersplittert ist (vgl. Diederichs, 2005, S. 67), sind u. a. die Folgen der Übernahme ehemals öffentlich Beschäftigter gemäß § 613a BGB zu beachten.

Für jedes PPP-Projekt ist zu fordern, dass der *gesamtwirtschaftliche Nutzen die gesamtwirtschaftlichen Kosten* sowohl während der Investitions- als auch in der Betriebsphase einschließlich der Verwertungsphase *nachhaltig* übersteigt. Dazu müssen folgende Grundvoraussetzungen erfüllt sein:

– Die PPP-Leistung muss auf Dauer in gleicher oder besserer Qualität wie die von öffentlicher Hand allein erbrachte Leistung gesichert sein.
– Die PPP-Leistung ist so zu gestalten, dass sie von den Bürgern angenommen wird und den Belangen der im Objekt Beschäftigten Rechnung trägt.
– Die rechtlich möglichen und betriebswirtschaftlich sinnvollen Varianten der privaten Beteiligung müssen herausgefunden und das Optimum für beide Seiten ausgewählt werden.
– Die Bonität (Fachkunde, Erfahrung, Leistungsfähigkeit und Zuverlässigkeit) der privaten Leistungserbringer/Partner muss vorab sorgfältig geprüft werden, um die Insolvenzgefahr privater Partner zu minimieren.

Im Rahmen des *PPP-Wirtschaftlichkeitsnachweises* ist für ausgewählte Modellalternativen eine dynamische Wirtschaftlichkeitsberechnung für die Lebenszykluskosten anzustellen. Diese muss im Rahmen dynamischer Kapitalwertberechnungen die Zeitreihen aus sämtlichen relevanten Kosten (Anfangsinvestitionen, Betriebs- und Wartungskosten, Instandhaltungs- und Ersatz- sowie Erweiterungsinvestitionen, Finanzierungskosten, „Risikoprämien" und Verwertungskosten) sowie aus den voraussichtlich erzielbaren Erträgen berücksichtigen. In den Wirtschaftlichkeitsvergleich sind auch die steuerlichen Auswirkungen einzubeziehen (Offergeld, 2009).

Vielfach reichen rein monetäre Betrachtungsweisen nicht aus. Diese sind durch Nutzwertanalysen oder Kostenwirksamkeitsanalysen mit multivariablen Zielsystemen zu ergänzen, um die gesellschaftlichen und gesamtwirtschaftlichen Nutzen/Kostenwirkungen der Modellalternativen zu erkennen (vgl. Diederichs, 2005, S. 239 ff.).

Seit 2003 wurden durch Bund und Länder unter Einschaltung von Unternehmensberatungen und Forschungsinstituten zahlreiche Arbeitshilfen erarbeitet.

Gutachten Public Private Partnership
Seitens des Bundesministeriums für Verkehr, Bau und Wohnungswesen wurde im August 2003 ein Gutachten Public Private Partnership (PPP im öffentlichen Hochbau) in 5 Bänden mit einer Kurzzusammenfassung veröffentlicht.

Als Ziele werden genannt:
„Die öffentliche Hand betreibt mit PPP die Realisierung von Effizienzvorteilen über den gesamten Lebenszyklus einer Immobilie. Durch das effiziente Management von Folgekosten soll die Nachhaltigkeit von Bereitstellung und Bewirtschaftung öffentlicher Infrastruktur – bei Transparenz der Gesamtkosten einer Maßnahme – verbessert werden."

Als Erfolgsvoraussetzungen werden gefordert (S. 4 ff.):

- verändertes Beschaffungsverhalten der öffentlichen Hand („Output-Spezifizierung")
- Lebenszyklusansatz
- sachgerechte Verteilung von Projektrisiken
- leistungsorientierte Vergütungsmechanismen
- Wettbewerb auf Bieterseite

ÖPP Deutschland AG
Die beim BMVBS angesiedelte PPP-Task Force beendete zum 28. Februar 2009 ihre Tätigkeit. An ihrer Stelle nahm die „Partnerschaften Deutschland – ÖPP Deutschland AG" mit Sitz in Berlin ihre Arbeit auf (www.partnerschaften-deutschland.de).

Ziel ist die weitere Stärkung und Fortentwicklung der bisherigen PPP-Initiativen. Die ÖPP Deutschland AG bezeichnet sich als unabhängiges Beratungsunternehmen für öffentlich-private Partnerschaften (ÖPP) in Deutschland. Das Beratungsangebot erstreckt sich auf:

- die Frühphasenberatung (Bedarfsanalyse, Eignungstest, vorläufige Wirtschaftlichkeitsuntersuchung und Entwicklung des Finanzierungsmodells)
- Steuerung über den gesamten Projektzyklus (Projektentwicklung, Vorbereitung des Vergabeverfahrens, Begleitung in der Betriebsphase).

Gesellschafter der ÖPP Deutschland AG sind zu ca. 60% der Bund, die Länder und die Kommunen und zu ca. 40% eine Beteiligungsgesellschaft, deren Anteile zu ca. 30% wiederum der Bund, die Länder und die Kommunen und zu ca. 70% Gesellschafter der Privatwirtschaft halten. Die Anteile für die Beteiligungsgesellschaft wurden europaweit in einem offenen Verfahren ausgeschrieben. „Über eine branchen- und größenspezifische Losbildung bzw. Stückelung wurde sichergestellt, dass es zu einer Repräsentanz aller am ÖPP-Markt beteiligten Sektoren unabhängig von deren Finanzkraft kam" (www.oeppdag.de, Ausdruck vom 15.04.2009).

DVP-Arbeitskreis PPP
Der Ende 2003 an der Bergischen Universität Wuppertal unter Leitung des Autors gegründete Arbeitskreis PPP des Deutschen Verbandes der Projektmanager in der Bau- und Immobilienwirtschaft (DVP) e. V. verfolgte die Zielsetzung, mögliche Leistungen des Projektmanagers bei PPP-Projekten zu identifizieren und zu beschreiben. Dabei wird die Sichtweise des DVP-Consultants und der öffentlichen (kommunalen) Auftraggeber in den Vordergrund gestellt.

Vom Arbeitskreis wurde eine PPP-Leistungsmatrix entwickelt, die geeignet erscheint, PPP-Projekte ganzheitlich übersichtlich zu erfassen und zu ordnen.

Dazu wurden sieben Projektstufen definiert:

0 Projektgenesis
1 Projektvorbereitung, Eignungsüberprüfung
2 Konzeption
3 Ausschreibung und Vergabe
4 Projektentwicklung im weiteren Sinne (i. w. S),
  Planen und Bauen
5 Betreiben, Bewirtschaften
6 Verwertung, Eigentumsübergang

Das Ende der Projektstufe 3 wird durch die Vergabe an den privaten Partner gebildet. Dieser übernimmt in den Projektstufen 4 bis 6 die Hauptaktivitäten.

Die aus dem Projektmanagement bereits bekannten Handlungsbereiche A bis D wurden um einen Handlungsbereich E Recht erweitert. Ergebnis ist die PPP-Leistungsmatrix in *Abb. 2.3-64*.

In *Abb. 2.3-65* wird für die Projektstufe 0 „Projektgenesis" zu jedem Handlungsbereich A bis E eine Grundleistung genannt. Diese Grundleistungen werden durch Kurzkommentare erläutert.

Analog zeigt *Abb. 2.3-66* für den Handlungsbereich E „Recht" jeweils eine Teilleistung zu den Projektstufen 0 bis 3. Durch den Kurzkommentar wird das Verständnis für diese Teilleistungen gefördert.

Das Ergebnis der Beratungen des DVP-Arbeitskreises wurde im November 2006 veröffentlicht als Heft Nr. 22 des AHO *„Interdisziplinäres Projektmanagement für PPP-Hochbauprojekte"* mit einer Einleitung zum Leistungsbild, dessen Beschreibung mit *„Regelleistungen"* und *„Weiteren Leistungen"* in den sieben Projektstufen und fünf Handlungsbereichen sowie einem Kommentar zu den Regelleistungen.

Ausführungen zur Honorierung, das Literaturverzeichnis und ein umfangreiches Glossar runden das Werk ab.

2.3.2.4.9 IT-Tools für Projektmanagement

Projektmanagement-Software (PMS) ist für die tägliche Arbeit im Projektmanagement unverzichtbar. Dies gilt nicht nur bei hoher Projektkomplexität, vielen Beteiligten und der Integration in unternehmensweite Systeme (Enterprise Ressource Planning (ERP) wie SAP R/3 o. ä.), sondern immer dann, wenn bei einer Neubau- oder Umbaumaßnahme auf die Einhaltung von Kosten, Terminen und Qualitäten geachtet werden muss. Da dies immer der Fall ist, sind Ausnahmen kaum denkbar.

Am Markt haben sich zahlreiche Anbieter von Projektmanagement-Software etabliert. Zu unterscheiden sind:

– Single-Project-Management-Systeme (zur Planung, Kontrolle und Steuerung einzelner Projekte),
– Multi-Project-Management-Systeme (zur gleichzeitigen Planung, Kontrolle und Steuerung mehrerer Projekte),
– Enterprise-Project-Management-Systeme (zur Integration in die unternehmensweite Planung, wie z. B. ERP-Software,
– Project-Collaboration-Plattformen:
  – Projektkommunikationssysteme (z. B. Groupware- oder Portal-Software)
  – Ergänzungsprogramme mit Schnittstellen zu PMS, z. B. Systeme für Ausschreibung, Vergabe und Abrechnung (AVA).

Bei der Auswahl von PMS für Immobilien- und Infrastrukturprojekte ist darauf zu achten, dass die branchenspezifischen Belange von den Anbietern berücksichtigt werden. Generell sind folgende Auswahlkriterien entscheidungsrelevant:

– Spezifikation des erforderlichen Funktionsumfangs,
– Spezifikation der technischen Anforderungen (Integration in die bestehende IT-Struktur, Bedienbarkeit und Benutzerfreundlichkeit),
– Investitions- und Nutzungskosten,
– Eigenentwicklung oder Kauf (make or buy) zum Einsatz von Individual- oder Standardsoftware.

Zur Vermeidung des Aufwandes einer eigenen Programmierung wird man sich im Regelfall dafür entscheiden, ein am Markt erhältliches Produkt auszuwählen. Hierzu ist ein systematisches Vorgehen in min. vier Auswahlschritten erforderlich:

1. Definition der Anforderungen an die Projektmanagement-Software im Hinblick auf funktionale und technische Anforderungen,
2. Vorauswahl aus dem umfangreichen Angebot an PMS zur Eingrenzung auf eine Produktkategorie,
3. Vorauswahl durch Überprüfung der K.O.-Kriterien zur Reduzierung der Alternativen auf ca. 5 Produkte,
4. Auswahlentscheidung mit Hilfe einer Nutzwertanalyse (NWA) (Diederichs, 2005, S. 243 ff.)

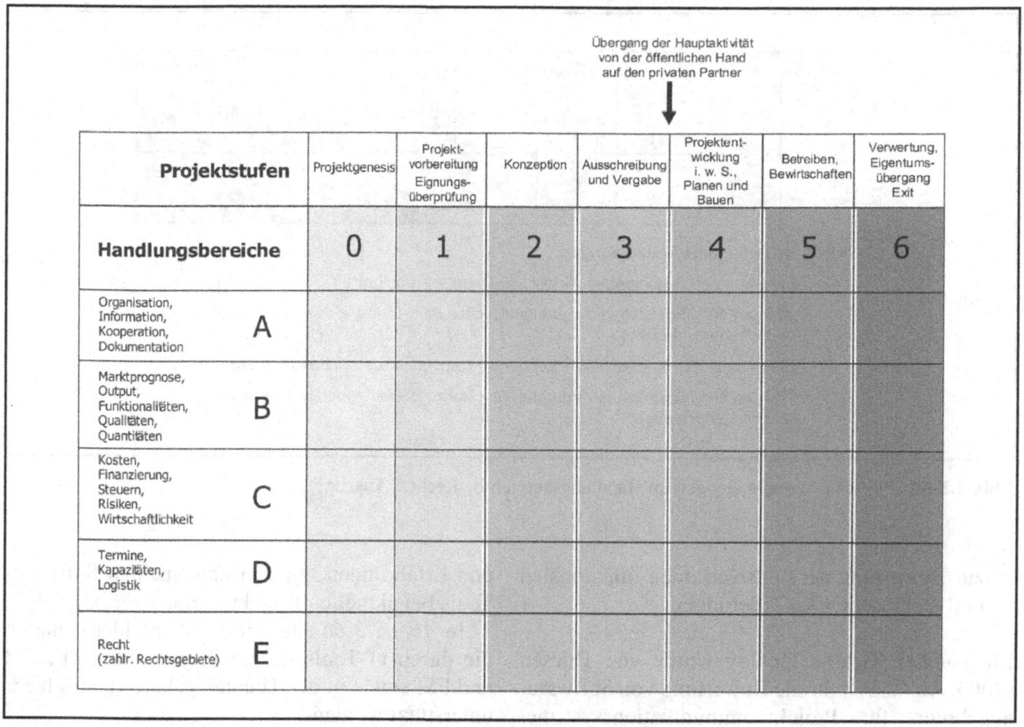

Übergang der Hauptaktivität
von der öffentlichen Hand
auf den privaten Partner
Projektstufen
Projektgenesis
Projekt-vorbereitung Eignungs-überprüfung
Konzeption
Ausschreibung und Vergabe
Projektent-wicklung i. w. S., Planen und Bauen
Betreiben, Bewirtschaften
Verwertung, Eigentums-übergang Exit
Handlungsbereiche
0
1
2
3
4
5
6
Organisation, Information, Kooperation, Dokumentation
A
Marktprognose, Output, Funktionalitäten, Qualitäten, Quantitäten
B
Kosten, Finanzierung, Steuern, Risiken, Wirtschaftlichkeit
C
Termine, Kapazitäten, Logistik
D
Recht (zahlr. Rechtsgebiete)
E

Abb. 2.3-64 PPP-Leistungsmatrix für Projektmanager und öffentliche Auftraggeber

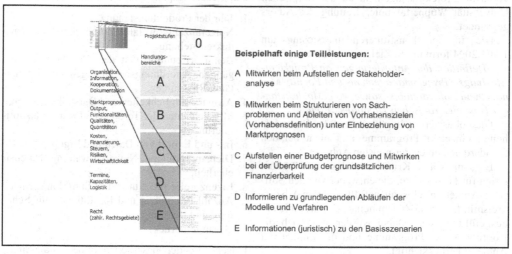

Projektstufen
0
Handlungs-bereiche
Organisation, Information, Kooperation, Dokumentation
A
Marktprognose, Output, Funktionalitäten, Qualitäten, Quantitäten
B
Kosten, Finanzierung, Steuern, Risiken, Wirtschaftlichkeit
C
Termine, Kapazitäten, Logistik
D
Recht (zahlr. Rechtsgebiete)
E
Beispielhaft einige Teilleistungen:
A Mitwirken beim Aufstellen der Stakeholder-analyse
B Mitwirken beim Strukturieren von Sach-problemen und Ableiten von Vorhabenszielen (Vorhabensdefinition) unter Einbeziehung von Marktprognosen
C Aufstellen einer Budgetprognose und Mitwirken bei der Überprüfung der grundsätzlichen Finanzierbarkeit
D Informieren zu grundlegenden Abläufen der Modelle und Verfahren
E Informationen (juristisch) zu den Basisszenarien

Abb. 2.3-65 PPP-Consultingleistungen in der Projektstufe 0 „Projektgenesis" (Auszug)

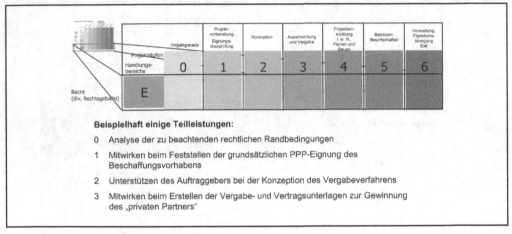

Abb. 2.3-66 PPP-Consultingleistungen im Handlungsbereich E „Recht" (Auszug)

zur Bewertung der multivariablen funktionalen und technischen Anforderungen.

Ein solcher Kriterienkatalog wurde von Thiesen (2005, Anhang 3) für die Bewertung von Software-angeboten für Projektkommunikationssysteme/Projektportale entwickelt (*Abb. 2.3-67*).

Anfang 2004 wurde ein DVP-Arbeitskreis IT-Tools im Projektmanagement an der Bergischen Universität Wuppertal unter Leitung des Autors gegründet.

Die in der konstituierenden Sitzung am 17.02.2004 formulierte Zielsetzung lautete:

„Definition der Anforderungen an Projektent-wicklungs-, Projektmanagement- und Facility Ma-nagement-Softwaretools sowie von Mindeststan-dards im elektronischen Datenaustausch."

Die Fokussierung liegt dabei auf den Besonder-heiten einzelner Programme und nicht bei den Standardelementen der meisten Anbieter.

Ergebnis waren Kriterienkataloge mit Prüfkri-terien für IT-Software, die entweder von den Soft-ware-Anbietern selbst ausgefüllt oder von Arbeits-kreismitgliedern in Zusammenarbeit mit Anbietern ausgefüllt wurden. Dabei wurden u. a. auch die Kontinuität der Programme und die Bonität der Anbieter berücksichtigt.

Ergänzend zu der Marktstudie brachten die Ar-beitskreismitglieder sowie Gäste ihre Ergebnisse und Erfahrungen mit den untersuchten Software-Tools bei aktuellen Projekten ein.

In *Abb. 2.3-68* sind die Themenfelder benannt, die durch IT-Tools in den Projektstufen PE, PM und FM sowie in den Handlungsbereichen A bis E unterstützt werden.

Als wesentliche Beurteilungskriterien für die Anbieter von Termin- und Kapazitätsplanungs- und Steuerungsprogrammen wurden festgelegt:

1. Jahr der Produktentstehung,
2. Nutzeranzahl im Jahresdurchschnitt seit Pro-duktentstehung,
3. Benutzerfreundlichkeit der Eingabe von Vor-gängen, Anordnungsbeziehungen und Kapazi-täten/Ressourcen,
4. Ausgabemöglichkeiten und Darstellungsarten,
5. Möglichkeiten der Termin- und Kapazitätsopti-mierung,
6. Im- und Export von Daten und Ergebnissen,
7. Dienstprogramme, Nutzerverwaltung, Datensi-cherheit,
8. Lizenzpreise pro Nutzer mit Staffelung je nach Anzahl der Nutzer und Konditionen für Schu-lung und Beratung,
9. Gesamteindruck.

Folgende Beurteilungskriterien wurden für die Anbie-ter von Programmen für die Unterstützung der Kos-tenermittlung, -kontrolle und -steuerung definiert:

r.	Kriterium	Gewichtung
	Dokumente	**(25 %)**
1.1	Rechtevergabe	
1.2	Suche	
1.3	Benachrichtigung bei neuen Dokumenten	
1.4	Übermittlungsstatus	
1.5	Workflows	
1.6	Anhang	
1.7	Zusatzinformationen	
1.8	Vorlagen	
1.9	Änderungen	
1.10	Reproduktion	
1.11	Listen/Ansichten	
	Projektraum	**(25 %)**
2.1	Infos auf Startbildschirm	
2.2	Projektwechsel	
2.3	Projektraumerscheinungsbild anpassen	
2.4	Mehrsprachigkeit	
2.5	Basismodule	
2.6	Datenverkehr/Schnittstellen	
2.7	Nutzerrechte	
2.8	Test/Projektraum	
2.9	Sicherheit	
	Modulangebot	**(22 %)**
3.1	Dokumentenmanagement	
3.2	Risikomanagement	
3.3	Genehmigung und Abmahnung	
3.4	Planfeststellungsverfahren	
3.5	Planmanagement	
3.6	Projekthandbuch	
3.7	Ereignis-/Bautagebuch	
3.8	QM-System	
3.9	Ausschreibungsmodul AVA-ADB	
3.10	Änderungsmanagement	
3.11	Vertrags-/Nachtragsmanagement	
3.12	Mängelverwaltung	
3.13	Besprechungsprotokoll	
3.14	Prozessmanagement	
3.15	Handelsplattform	
3.16	Datenbank für Baumaterialien	
3.17	Archiv	

r.	Kriterium	Gewichtung
	Hilfe	**(10 %)**
4.1	bei Verständnisproblemen	
4.2	bei Fehlbenutzung Schulung	
	Administration	**(8 %)**
5.1	durch Kunden	
5.2	Haupt-und Teiladministratoren möglich – Baumstruktur	
5.3	parallel durch Anbieter und Kunden	
	Anbieterinformationen	**(6 %)**
6.1	Mitarbeiteranzahl des Anbieters für PKS/PP	
6.2	Marktpräsenz	
6.3	Referenzfirmen	
6.4	Projektanzahl	
6.5	Nutzeranzahl	
6.6	Firmenstruktur	
6.7	Informationen über Projektraum	
6.8	Zertifikate	
6.9	Philosophie	
	Kosten	**(4 %)**
7.1	nach Modulauswahl	
7.2	nach Nutzeranzahl	
7.3	nach benötigtem Speichervolumen	
7.4	nach Übertragungsvolumen	
7.5	für Einrichtung	
7.6	für Benutzeranpassungen	
7.7	für ASP-Administration	
7.8	für Faxversand	
7.9	für SMS-Versand	
7.10	Pauschalpreis	
7.11	Server beim Kunden – Lizenzmodell	
	Summe Gewichtung	**(100 %)**

Abb. 2.3-67 Kriterienkatalog zur Bewertung von Anbietern von Projektkommunikationssystemen/Projektportalen (Quelle: Thiesen (2005), Anhang 3 (Kriterienkatalog mit Gewichtung))

1. Jahr der Produktentstehung,
2. Nutzeranzahl im Jahresdurchschnitt seit Produktentstehung,
3. Benutzerfreundlichkeit der Eingabe von Kostendaten und Verwendung der Begriffe nach DIN 276, DIN 18960 und HOAI,
4. Möglichkeit differenzierter Auswertungen und Sortierungen, z. B. nach Bauwerken, Kostengruppen der DIN 276, Leistungsbereichen und Leitpositionen, sowie Berichte mit individuellen Texten,
5. Möglichkeit der Kosten- und Budgetkontrolle, u. a. mit Hilfe des Ausgleichspostens,
6. Im- und Export von Daten und Ergebnissen,
7. Dienstprogramme, Nutzerverwaltung, Datensicherung,
8. Lizenzpreise pro Nutzer mit Staffelung je nach Anzahl der Nutzer und Konditionen für Schulung und Beratung,
9. Gesamteindruck.

Die Ergebnisse des Arbeitskreises IT-Tools wurden vom DVP im Januar 2007 unter dem Titel *„Analyse und Bewertung von Software für das Projektmanagement"* veröffentlicht. In 8 Kapiteln wird darin das Ergebnis der Analysen und Bewertungen von Software zu den Themen Projektkommunikationssysteme (PK), Kosten-, Termin- und Mängelmanagement, AVA, E-Commerce, CAFM und CAD-Schnittstellen dokumentiert.

2.3.3 Facility Management (FM)

Die Ursprünge des Facility Managements (FM) entstanden im Sinne eines ganzheitlichen strategischen Konzeptes zur Anlagenbewirtschaftung vor etwa 35 Jahren in den USA und Saudi-Arabien (Diederichs, 2006, S. 553–604).

Große Teile der saudiarabischen Hauptstadt Er-Riad wurden in dieser Zeit modernisiert oder neu

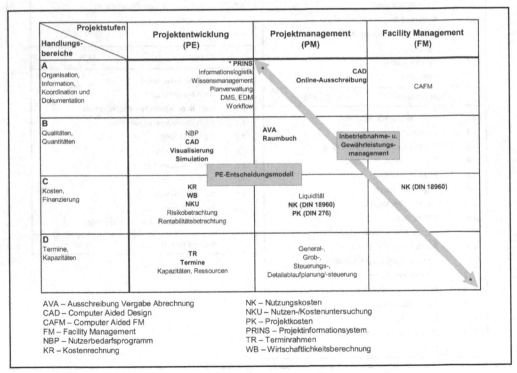

Abb. 2.3-68 Matrix der IT-Tools im Projektmanagement (Quelle: Protokoll des DVP-Arbeitskreises IT-Tools vom 17.02.2004)

erbaut. Durch das Fehlen eigener fachlich qualifizierter Ingenieure und Arbeiter wurden weltweit große Baufirmen nicht nur mit der Planung und Bauausführung, sondern auch mit der Bewirtschaftung und Instandhaltung der neu errichteten Gebäude und Anlagen betraut.

In den USA initiierte 1978 der weltweit größte Möbelhersteller, die Herman Miller Corporation, eine Konferenz zum Thema „Facilities Impact on Productivity", auf der gemeinsam mit den Kunden über den Zusammenhang von Facilities und der Produktivität der Beschäftigten diskutiert wurde. 1980 wurde ein eigenständiger Berufsverband gegründet. Durch das schnelle Wachstum dieses Verbandes in den USA und die Aufnahme von kanadischen Mitgliedern kam es 1982 zur Erweiterung und Umbenennung in die International Facility Management Association (IFMA). Diese etablierte sich 1986 auch in England und 1996 in der Bundesrepublik Deutschland (München).

Zuvor war 1989 in Deutschland bereits die German Facility Management Association (GEFMA e. V.) mit Sitz in München gegründet worden. Auch die Vereinigung deutscher Maschinen- und Anlagenbauer (VDMA) mit Sitz in Frankfurt beschäftigt sich intensiv mit dem Thema Facility Management.

2.3.3.1 Definition und Abgrenzung

Im deutschen Sprachgebrauch werden unter Facilities Anlagen und Einrichtungen sowie unter Management das Führen, Leiten, Bewirtschaften, Beaufsichtigen und Verwalten verstanden.

Diese Vieldeutigkeit ist auch kennzeichnend für das Verständnis von Facility Management, seinen Aufgabenträgern, den Kern- und Dienstleistungsprozessen, Methoden und Instrumentarien.

Zur Orientierung werden nachfolgend verschiedene Begriffsdefinitionen vorgestellt.

„Facility Management ist die Gesamtheit aller Leistungen zur optimalen Nutzung der betrieblichen Infrastruktur auf der Grundlage einer ganzheitlichen Strategie. Betrachtet wird der gesamte Lebenszyklus, von der Planung und Erstellung bis zum Abriss. Ziel ist die Erhöhung der Wirtschaftlichkeit, die Werterhaltung, die Optimierung der Gebäudenutzung und die Minimierung des Ressourceneinsatzes zum Schutz der Umwelt" (AIG, 1996).

„Facility Management ist eine Disziplin, die Gebäude, Ausstattungen und technische Hilfsmittel

eines Arbeitsplatzes und den Arbeitsablauf der Organisation koordiniert. Ein effizientes Facility-Management-Programm muss Vorgaben von Verwaltung, Architektur, Design und die Kenntnisse der Verhaltens- und Ingenieurwissenschaften integrieren. Der Facility-Manager ist verantwortlich für die Entwicklung einer Facility-Strategie, die die Unternehmensziele optimal unterstützt" (IFMA, 1998).

Obwohl in vorgenannten Definitionen der Wirkungsbereich des Facility Managements auf den gesamten Lebenszyklus der Immobilie ausgedehnt wird, soll nachfolgend die Kernphase des Facility Managements auf die Immobilienbewirtschaftung in Übereinstimmung mit den einleitenden Ausführungen zum ganzheitlichen Immobilienmanagement konzentriert werden.

Übereinstimmende Aussage aller Definitionen zum Facility Management ist die Forderung *nach Erfüllung einer effektiven und effizienten Bewirtschaftung von Gebäuden und Anlagen zur Unterstützung der Kern- und Wertschöpfungsprozesse des Nutzers.*

Damit hat Facility Management ab Planungsbeginn in strategischer und ab Nutzungsbeginn einer Immobilie bis zur Umwidmung/zum Abriss in operativer Hinsicht dafür zu sorgen, dass durch die Gebäudebewirtschaftung mit technischen, kaufmännischen und infrastrukturellen Prozessen die Nutzeraktivitäten mit sich im Zeitablauf ändernden Anforderungen bestmöglich unterstützt werden.

Diese Aufgabe hat Facility Management angesichts der Bedeutung der Investitions- und Betriebskosten von Immobilien in den Wirtschaftlichkeitsbetrachtungen der Investoren und Nutzer, eines verstärkten Umweltbewusstseins und rasch fortschreitender Technisierung zu erfüllen.

Während bei neu zu errichtenden Gebäuden die Konzeption des Facility Managements bereits in der Projektentwicklungs- und Planungsphase beginnt, ist es bei bestehenden Gebäuden erforderlich, durch eine Bestandsaufnahme zunächst die erforderlichen Aktivitäten und Kosten der Bewirtschaftung der Immobilie zu ermitteln und zu bewerten. Im Rahmen der anschließenden Optimierung ist darauf zu achten, dass durch das Facility Management das Kerngeschäft und der Wertschöpfungsprozess des Nutzers bzw. seine Nutzungsziele zu jedem Zeitpunkt positiv beeinflusst werden.

Das Facility Management zielt auf die Integration von Menschen, Prozessen, Immobilien und

Anlagen ab, um den Unternehmenszweck zu unterstützen und nachhaltig zu gewährleisten. Sein
Erfolg bemisst sich an dem Beitrag zur Erfüllung
des Unternehmenszwecks.

In Abgrenzung vom Facility Management ist
das Corporate Real Estate Management auf das gesamte Immobilienportfolio von Unternehmen gerichtet. Viele Unternehmen haben erkannt, dass die
Nutzung von Immobilien den gleichen Wirtschaft-
lichkeitskriterien unterliegen muss wie die Nutzung
von produktionstechnischen Anlagen und einen
Beitrag zum Unternehmenserfolg leisten muss.
Dies gilt insbesondere für Immobilien, die nicht
mehr für den betrieblichen Leistungserstellungs-
prozess benötigt werden und daher vermietet oder
verkauft werden können (Schulte/Pierschke, 2000,
S. 38 f.).

2.3.3.2 Grundsätze und Ziele

Nach Ziff. 2.2 der GEFMA-Richtlinie 100-1 (Entwurf 2004-07) gelten für ein erfolgreiches Facility
Management nachfolgende Grundsätze:

– Kunden- und Serviceorientierung
  Der Facility Manager und seine Mitarbeiter haben ein klares Dienstleisterverständnis. Sie kennen und verstehen die Anforderungen ihrer
  Kunden und sind bemüht, diese zu erfüllen oder
  zu übertreffen.
– Prozessorientierung
  Die Leistungserbringer im Facility Management
  planen, steuern und beherrschen ihre Prozesse
  und Projekte. Die Verantwortung für die Bereit-
  stellung der Mittel, für die Durchführung und für
  die Überwachung der Arbeitsabläufe liegt in ei-
  ner Hand.
– Produkt- (Ergebnis-)orientierung
  Der Kunde (Nutzer, Auftraggeber) beurteilt den
  Erfolg des Facility Managements anhand der Er-
  gebnisse und lässt dem Leistungserbringer mög-
  lichst Spielräume bei der Ausgestaltung seiner
  Facility-Prozesse.
– Lebenszyklusorientierung
  Facility Management überspannt den gesamten
  Lebenszyklus von Facilities.
– Ganzheitlichkeit
  Leistungen in einem Facility Management wer-
  den mit ihren Wechselwirkungen derart geplant

und gesteuert, dass sich für den Kunden ein Ge-
samtoptimum ergibt.
– Marktorientierung
  Auch bei internen Kunden-Dienstleister-Bezie-
  hungen bestehen klare Leistungsvereinbarungen
  mit Service Level Agreements (SLA) und Lei-
  stungsverrechnungen.
– Partnerschaftlichkeit
  Ein gegenseitig partnerschaftlicher Umgang erleichtert den reibungslosen Ablauf der häufig
  eng verketteten Unterstützungsprozesse des Facility Managements mit den Kernprozessen des
  Anwenders.

Abbildung 2.3.69 zeigt in Anlehnung an DIN EN
ISO 9001 ein allgemeines Prozessmodell für FM
entlang der Wertschöpfungskette.

Der Investor erwartet vom Facility Management die Erfüllung folgender Ziele:

– Optimierung der Rendite der Immobilie durch
  Senkung der Bewirtschaftungskosten,
– Optimierung der Werterhaltung der Immobilie
  durch effizientes Instandhaltungsmanagement,
– Verbesserung der Vermietbarkeit der Immobilie
  durch Erhöhung der Flexibilität, der Qualität
  und des Mieterkomforts.

Für den Nutzer ist eine Immobilie nur Mittel zum
Zweck, d. h. er benötigt sie, um seinem Kerngeschäft nachzugehen. Aufgaben, die sich allein auf
das Gebäude erstrecken, sind produktfernere Tätigkeiten. Der Nutzer sieht darin nur erhebliche Kosten, die es durch das Facility Management zu minimieren gilt.

Für den Nutzer soll daher Facility Management
einen Beitrag zur Steigerung der Rentabilität des
Unternehmens durch Senkung der Gesamtkosten
leisten. Maßnahmen dazu sind u. a.:

– Steigerung der Nutzungsflexibität zur Anpassung an den organisatorischen Wandel im Unternehmen,
– Erhöhung der Qualität von Arbeitsplätzen und
  deren Umgebung zur Steigerung der Produktivität der Mitarbeiter,
– Fremdvergabe von immobilienbezogenen Leistungen und damit Konzentration des Nutzers
  auf das eigentliche Kerngeschäft des Unternehmens bzw. den Nutzungszweck der Immobilie.

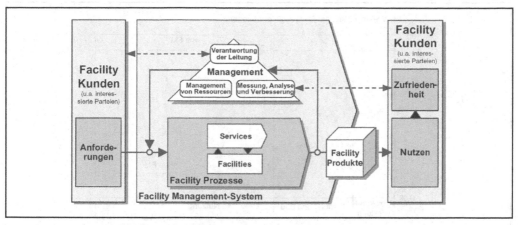

Abb. 2.3-69 Allgemeines Prozessmodell für FM entlang der Wertschöpfungskette (Quelle: GEFMA 100-1 (Entwurf 2004–07), Bild 1)

Für die Anbieter von Facility-Management-Leistungen stehen wie bei jedem Anbieter von Gütern und Dienstleistungen sowohl die finanzwirtschaftlichen Ziele wie Gewinn, Sicherheit und Liquidität als auch die leistungswirtschaftlichen Ziele wie Leistungsarten, Märkte und Problemlösungen im Vordergrund des Interesses.

Da sich aus dem Betrieb von Gebäuden und Anlagen Gefahren oder Nachteile für Leben, Gesundheit, Freiheit, Eigentum oder sonstige Rechte von Personen oder für die Umwelt ergeben können, hat jedes Unternehmen oder jede Person, die ein Gebäude oder eine Anlage betreibt, eine gesetzlich geregelte Betreiberverantwortung zu übernehmen und alle erforderlichen und zumutbaren Maßnahmen zu ergreifen, um diese Gefahren oder Nachteile zu vermeiden oder zu verringern (GEFMA-Richtlinie 190, 2004, Ziff. 3).

2.3.3.3 Strategisches Facility Management

Die Erreichung der Ziele des Facility Managements setzt voraus, dass dieses konzeptionell bereits in die Projektentwicklung und die Planung der Immobilie einbezogen wird. Dies gilt auch für die erforderliche Neutralplanung zur Gewährleistung der Nutzungsflexibilität. Dabei sind die dadurch verursachten Mehrkosten bei den Investitionen den Einsparungen bei den Nutzungskosten während der Betriebsphase

der Immobilie sowie den Chancen im operativen Facility Management einander gegenüberzustellen (Preuß/Schoene, 2003, S. 23).

Eine zusätzliche Aufgabe des strategischen Facility Managements ist darin zu sehen, dass frühzeitig alle gebäuderelevanten Daten vom Planungsbeginn an nach logisch aufgebauten und für die Nutzungsphase verwendbaren Strukturen dokumentiert werden.

Eine interdisziplinäre Datendokumentation ab Planungsbeginn in einem Gebäude- und Raumbuch vermeidet eine erneute Bestandsaufnahme nach der Übergabe und Inbetriebnahme und gewährleistet damit gemäß *Abb. 2.3-70* die dauerhafte Verwendung aller bereits vorhandenen Daten über die Gebäudefertigstellung hinaus.

Es ist allgemein bekannt, dass die Bewirtschaftungs-, Verwaltungs-, Betriebs- und Instandhaltungskosten sowie das Mietausfallwagnis zunehmende Bedeutung erlangt haben, da sie häufig bereits die Größenordnung der Kaltmiete erreichen.

Durch Planung intelligenter Gebäude können im Rahmen der Nutzung Einsparungen bei den Energie-, Reinigungs-, Sicherheits-, Wartungs- und Gebäudemanagementkosten erzielt werden, die den Mehraufwand bei den Erstinvestitionen in wenigen Jahren amortisieren (vgl. *Abb. 2.3-71*).

Um eine solche Amortisationsrechnung aufzustellen, bedarf es eines möglichst identischen in

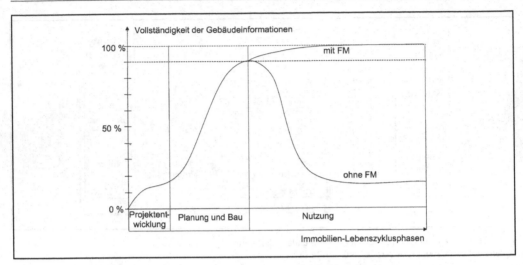

Abb. 2.3-70 Vollständigkeit der Gebäudeinformationen im Immobilien-Lebenszyklus

konventioneller Weise errichteten Gebäudes als Vergleichsobjekt. Durch Vergleich der Investitions- und Betriebskosten zwischen beiden Objekten können statische Kostenvergleichs-, Rentabilitäts- oder Amortisationsrechnungen oder auch dynamische Kapitalwertberechnungen angestellt werden.

Energiemanagement und Energie-Contracting
Energie sparende Maßnahmen werden beim Neubau und der Modernisierung von Gebäuden stets nur dann durchgeführt, wenn sie mit angemessenen Kosteneinsparungen verbunden sind. Nicht nur im öffentlichen Bereich, sondern auch in der Wirtschaft und von den privaten Haushalten wird allgemein anerkannt, dass die Betriebskosten von Immobilien durch Senkung der Energiekosten deutlich verringert werden können.

Das Energiemanagement hat dafür zu sorgen, dass der Energieverbrauch und auch die Schadstoffemissionen von Immobilien im Rahmen vereinbarter Zielsetzungen minimiert werden. Diese Aufgabe beginnt bei der Projektentwicklung, setzt sich fort in der Planung und Bauausführung und findet ihre Bewährung im Gebäudebetrieb (Braun et al., 2004, S. 109).

Energiemanagement konzentriert sich vor allem auf die Optimierung folgender Bereiche:

Bruttogrundfläche nach DIN 277	15.000 m² BGF
Vermietbare Bürofläche	12.000 m² BF
Kosten des Bauwerks	30,00
(Kgr 300 + 400 der DIN 276 in Mio. €)	

Zusatzinvestitionen für „Intelligentes Gebäude" gegenüber herkömmlicher Bauweise in Mio. €

Zentrale Leittechnik, Kommunikationsnetz, Zutrittskontrolle	0,75
Energieverbrauchsoptimierung	0,65
Mehraufwand Rohbau und Ausbau	0,60
Mehraufwand Raumlufttechnische Anlagen	0,12
Flächenverwaltungssystem	0,11
Mehraufwand Planung und Projektmanagement	<u>0,13</u>
Summe Mehraufwand	<u>2,36</u>
Kosten des „Intelligenten Bauwerks"	32,36

Jährliche Einsparungen in Mio. € p. a. gegenüber herkömmlichen Betriebskosten

Energie 45 % von 0,80	0,36
Reinigung 15 % von 0,60	0,09
Sicherheit 50 % von 0,40	0,20
Gebäudemanagement und Wartung 33 % von 0,30	<u>0,10</u>
Jährliche Einsparungen	0,75
Amortisationsdauer der Zusatzinvestitionen für ein „Intelligentes Gebäude" 2,36/0,75 =	**3,15 Jahre**

Abb. 2.3-71 Flächen- und Kostendaten eines „Intelligenten Gebäudes"

- die Energieversorgung,
- die Anlagen zur Raumkonditionierung (Heizung, Lüftung, Kälte),
- die natürliche Be- und Entlüftung,
- die Fassadengestaltung,
- den winterlichen Wärmeschutz und die sommerliche Kühlung,
- die Starkstrom- und Beleuchtungsanlagen.

Bei Neubaumaßnahmen muss erfolgreiches Energiemanagement bereits in der Projektentwicklung einsetzen. Zu den energierelevanten Zielvorgaben kann z. B. eine prozentuale Unterschreitung der Mindestwerte für den Transmissionswärmeverlust und den Primärenergiebedarf nach der Energieeinsparverordnung (EnEV) gehören. Ferner können noch nicht in der EnEV erfasste Energiebedarfswerte z. B. für elektrische Energie, für Beleuchtung und Raumkonditionierung eingeführt werden. Energiekennzahlen bezeichnen die in einem Gebäude während eines Jahres verbrauchte Endenergie, bezogen auf die Energiebezugsfläche. Die Kennzahlen sind ein geeignetes Instrument zur Reduktion von Energieverbräuchen, die den notwendigen Planungsanreiz schaffen und der Selbstkontrolle des Planungsteams dienen (Oesterle, 2004, S. 120).

Bei der Optimierung energierelevanter Regelparameter ist zu fragen, ob davon im Interesse der Energieeinsparung abgewichen werden kann, ohne die Bedingungen für einen nutzungsgerechten Betrieb nachhaltig zu verschlechtern. So kann z. B. die Erhöhung der max. zulässigen Raumtemperatur im Sommer oder eine variable Luftbefeuchtung im Winter zu deutlichen Reduzierungen der Energiekosten führen.

Zu einem effizienten Energiemanagement gehört auch das automatische Erfassen und Vergleichen der Energieverbräuche in einer Leitzentrale. Die Ergebnisse der Energieverbrauchsüberwachung sollten mindestens jährlich in einem Energiebericht zusammengefasst und allen Nutzern zugänglich gemacht werden. Das Nutzerverhalten hat maßgeblichen Einfluss auf den Energieverbrauch von Gebäuden. Daher muss der Energiebericht auch die wichtigsten Verhaltensregeln für einen energieeffizienten Betrieb aufzeigen.

Der Energiebericht 2003 des Immobilienmanagements der Berliner Polizei vom Oktober 2004 von Kummert/Klein/Seilheimer erläutert eindrucksvoll die Ziele des Energiemanagements im Referat Immobilienmanagement, die Analyse des Energieverbrauchs und des CO_2-Ausstoßes der Immobilien sowie die Maßnahmen zur energetischen und nachhaltigen Optimierung der Gebäude.

Das Gesetz zur Förderung der sparsamen sowie umwelt- und sozialverträglichen Energieversorgung und -nutzung im Land Berlin verpflichtet in § 16 den Senat von Berlin, den Abgeordneten jährlich auf der Grundlage des Landesenergieprogramms einen Energiebericht über die eingeleiteten Maßnahmen zur Verwirklichung der Ziele und Grundsätze des Gesetzes vorzulegen.

Oberziele der Energiepolitik der Berliner Polizei sind die Schonung, Verträglichkeit und Nachhaltigkeit sowie uneingeschränkte Energieversorgung der Immobilien der Berliner Polizei. Dabei werden folgende Ziele verfolgt:

- energetische Sicherstellung eines 24-Stundenbetriebs der Spezialimmobilien,
- energetische und nachhaltige Optimierung des vorhandenen Immobilienbestandes,
- Einsatz verbrauchsarmer und -naher Energieerzeugungsanlagen,
- Einsatz regenerativer Energieformen,
- Erhöhung der Bereitschaft des Personals zum Energiesparen durch Informations- und Aufklärungskampagnen,
- Reduzierung des energiebedingten CO_2-Ausstoßes.

Berichtet wird über die Energieträger Fernwärme, Erdgas, Heizöl, Strom und auch Wasser. In den Jahren 1994 bis 2003 konnten die Energiekosten trotz erhöhter Preise für fossile Brennstoffe von 13,3 Mio. € (1994) auf 12,5 Mio. € (2003) reduziert werden. Dies entspricht einer Einsparung innerhalb der Dekade von 0,8 Mio. € bzw. von 6% gegenüber 1994 bzw. von 0,6% p. a. Durch die Ökosteuer und die damit einhergehende Erhöhung der Energiepreise wurden diese Einsparungen bis 2005 wieder aufgezehrt. Durch systematischen Ersatz von Heizöl durch Erdgas für die Wärmeversorgung konnten von 1998 bis 2003 die Emissionen von Kohlendioxid (CO_2) und Schwefeldioxid (SO_2) deutlich reduziert werden (Heizölabnahme von 23% auf 2% und Zunahme von Erdgas von 24% auf 48%).

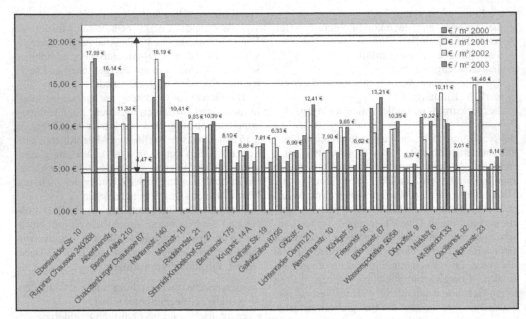

Abb. 2.3-72 Gaswärmeversorgungskosten 2000 bis 2003 für 25 Liegenschaften der Berliner Polizei (Quelle: Berliner Polizei (2003), S. 13)

Aus Ermittlungen des Instituts für Baumanagement (IQ-Bau) der Bergischen Universität Wuppertal, basierend auf institutsinternen Kennwerten, Kennzahlen der Büronebenkostenanalyse von Jones Lang LaSalle (OSCAR 2003) und der Kommunalen Gemeinschaftsstelle für Verwaltungsvereinfachung (KGSt) in Köln wurden Zielkorridore für die spezifischen Gaswärmeversorgungskosten in €/(m² HNF x a) entwickelt. *Abbildung 2.3.72* zeigt die spezifischen Gaswärmeversorgungskosten 2000 bis 2003 für 25 Liegenschaften der Berliner Polizei. Daraus ist ersichtlich, dass sie überwiegend im unteren Drittel des Zielkorridors angesiedelt sind.

Aus *Abb. 2.3-73* ist deutlich sichtbar, dass der CO_2-Ausstoß/kWh bei Fernwärme von 0,10 kg über Erdgas (0,18), Heizöl (0,26) zum Strom mit 0,60 auf das 6fache anwächst. Strom sollte daher wegen des hohen CO_2-Ausstoßes nicht zur Wärmeerzeugung verwendet werden.

Im Energiebericht werden in Kapitel 4 Maßnahmen zur energetischen und nachhaltigen Optimierung der Gebäude benannt:

Benchmarking des Energieverbrauchs
Das Benchmarking mit Zielkorridoren, basierend auf Erkenntnissen anderer Einrichtungen des öffentlichen Immobilienmanagements, wird als maßgebliches Managementinstrument eingesetzt und soll neben dem internen Vergleich auch den Vergleich mit anderen Organisationen des Immobilienmanagements gewährleisten. Daraus entstehen Anreize zur Steigerung der Leistungsfähigkeit der eigenen Organisationseinheit.

Durchgeführte und geplante Baumaßnahmen zur Energieoptimierung
Im Jahr 2003 lag der Schwerpunkt der energetischen Optimierung des Gebäudebestandes und der betriebstechnischen Anlagen auf der Modernisierung der vorhandenen Verbrennungsanlagen. Ferner wurden unwirtschaftliche Heizkörper und die Heizkörperventile durch Thermostatventile ersetzt. Teilweise wird ein Vollwärmeschutz auf die vorhandene Fassade einzelner Gebäude aufgebracht. Teilweise wird die Gaskesselanlage demontiert und die Liegenschaft an das Fernwärme-

Energieträger	Energiemenge	CO_2-Ausstoß je kWh
Fernwärme	1 kWh	~ 0,10 kg CO_2
Erdgas	1 kWh	~ 0,18 kg CO_2
Heizöl	1 kWh	~ 0,26 kg CO_2
Strom	1 kWh	~ 0,60 kg CO_2

Abb. 2.3-73 CO_2-Ausstoß je kWh der einzelnen Energieträger

netz der BEWAG angeschlossen. In einigen Fällen ist die Errichtung eines Blockheizkraftwerks geplant. Weiterhin ist vorgesehen, in jedem Gebäude Zählereinrichtungen für die vier Energiearten Fernwärme, Erdgas, Heizöl und Strom vorzusehen. In den Hausanschlussräumen werden, soweit noch nicht vorhanden, Zähler mit der Möglichkeit der Fernablesung installiert. Damit kann künftig jedes einzelne Gebäude hinsichtlich des Energieverbrauchs analysiert und bewertet werden.

Erstellung von Energiebedarfsausweisen/-pässen
Seit 1993 existiert eine Berliner Richtlinie zur Erstellung von Energiebedarfsausweisen für Neubauten. Diese ist auch auf Altbauten anzuwenden, wenn wesentliche bautechnische Änderungen am oder im Gebäude stattfinden. Der Energiebedarfsausweis gibt den Wärmebedarf des jeweiligen Gebäudes an und findet u. a. im Portfolio-Management Berücksichtigung, da der Energieverbrauch maßgebliches Wirtschaftlichkeitskriterium der Gebäude ist.

Einsatz regenerativer Energien
Ziel des Berliner Projektes „Solardach" ist es, Investoren zu finden, die Dachflächen öffentlicher Gebäude mieten, um Solarzellen aufzustellen. Der gewonnene Strom wird in das Netz des örtlichen Stromlieferanten eingespeist. Der Investor erhält den gesetzlich garantierten Strompreis, der Vermieter die Mieteinnahmen und einen geringen Anteil am Stromerlös. Die Vertragslaufzeiten liegen deutlich über 20 Jahren, um die Amortisation und zugleich eine weitere CO_2-Reduzierung zu erreichen.

Realisierung von Energieeinsparmöglichkeiten
Im Bereich der Wärmeerzeugung und -verteilung verfügen die Gebäude der Berliner Polizei weitgehend über Einrichtungen, die dem neuesten Stand der Technik entsprechen. Dazu zählen neben den überwiegend vorhandenen Thermostatventilen dreh-

zahlgeregelte Pumpen und elektronisch gesteuerte Brennwertkessel.

Ein großes Einsparpotenzial ist in der Gebäudehüllensanierung (Wärmedämmung der Fassaden, Dächer und Kellerdecken) und in der Beseitigung der Luftundichtigkeiten an den Fenstern zu sehen.

Zur Senkung des Stromverbrauchs ist die Industrie gefordert, elektronische Geräte und Beleuchtungskörper mit geringeren thermischen Verlusten herzustellen.

Abschluss von Energiesparpartnerschaften
Bei Energiesparpartnerschaften werden gewerbliche Vertragspartner gesucht, die durch Investitionen in die Gebäudetechnik, den Wärmeschutz und durch Übernahme des Betriebs der Heizungsanlagen vertraglich Kosteneinsparungen zusichern. Diese Einsparungen werden zwischen dem Gebäudeeigentümer und dem Energiesparpartner aufgeteilt. In Berlin wurde ein entsprechender Gebäudepool ausgewählt, der zurzeit von der Berliner Energieagentur überprüft wird. Anschließend soll durch eine öffentliche Ausschreibung ein Vertragspartner für eine Laufzeit von mehreren Jahren gefunden werden.

Finanzierungsmodelle zur Erzielung von Energieeinsparungen werden bereits seit 1980 angeboten. Dabei ist gemäß DIN 8930 Teil 5 nach Einspar-Contracting und Energieliefer-Contracting zu unterscheiden.

Einspar-Contracting
Die Grundidee dieses Modells besteht darin, die Finanzierung Energie sparender Maßnahmen durch die hieraus resultierenden Einsparungen zu erreichen (Oesterle in Braun et al. (2004), S. 151).

Traditionell übernimmt der Gebäudeeigentümer die Finanzierung Energie sparender Maßnahmen. Beim Einspar-Contracting übernimmt ein Anlagenbauer der Technischen Ausrüstung oder ein Energieversorgungsunternehmen (Contractor) die Drittfinanzierung. Der Contractor entwickelt ein Energie sparendes System für das jeweilige Objekt und liefert dieses dem Eigentümer (Contractingnehmer) auf eigene Rechnung. Contractingnehmer und Contractor schließen einen Erfolgsbeteiligungsvertrag, mit dem der Contractingnehmer dem Contractor für den vertraglich vereinbarten Zeitraum die tatsächlich erzielten Einsparungen abtritt. Während dieses Zeitraums übernimmt der Contractor üblicherweise die Wartung und Überwachung des installierten Systems. Einsparungen nach dem Vertragsende fließen dann dem Contractingnehmer zu. Das installierte System geht in sein Eigentum über. Sofern der Contractingnehmer das installierte System mit eigenem Personal weiterbetreiben kann, erzielt er entsprechende Einsparungen. Vielfach wird er jedoch mit dem Contractor einen neuen Wartungs- oder auch Betreibervertrag abschließen.

Das Einspar-Contracting hat sich jedoch bisher nicht durchsetzen können (Oesterle in Braun et al. (2004), S. 151 f.).

Energieliefer-Contracting
Dagegen hat das Energieliefer-Contracting einen Marktanteil von ca. 90%. Es eignet sich sowohl für Neubauten als auch für Bestandsbauten. Der Contractingnehmer beauftragt den Contractor mit der Vorfinanzierung, Errichtung und dem späteren Betrieb energietechnischer Anlagen (z. B. Wärme- und Kälteerzeugungsanlagen, Blockheizkraftwerke, Beleuchtungs-, Druckluft-, Mess-, Steuer- und Regelanlagen). Der Preis des Contractors setzt sich aus dem Grundpreis für Investitionen, Wartung, Reparatur, Verwaltung und Versicherung, dem Arbeitspreis für Brennstoffe, Hilfsstoffe und Stromverbrauch, dem Messpreis für Zähler- und Eichkosten sowie für Abrechnung zusammen. Der Contractingnehmer erwartet ein auf seine Bedürfnisse zugeschnittenes optimales Anlagenmanagement mit preiswerter Energie. Der Contractor ist über einen Zeitraum von 10 bis 20 Jahren für die Investitionen und den Betrieb der energietechnischen Anlagen verantwortlich. Das rechtlich stark reglementierte Energieliefer-Contracting erfordert die Erfüllung zahlreicher Bedingungen, da der Contractor in einer fremden Immobilie in energietechnische Anlagen investiert, die sich im Eigentum des Contractingnehmers befinden. Dazu müssen energietechnische Anlagen als Scheinbestandteile definiert werden, um Eigentum des Contractors sein zu können, und es müssen zahlreiche Verträge zwischen den Beteiligten abgeschlossen werden.

Flächenmanagement (FLM)
Die Aufgabe der Flächenbereitstellung ist in der modernen Arbeitswelt durch immer höhere Anforderungen an das Umfeld des arbeitenden Menschen sehr komplex geworden. Daraus ist die Aufgabenstellung entstanden, die Arbeitsfläche als einen Produktionsfaktor (eine Ressource) zu bewerten und zu nutzen. Flächenmanagement bezeichnet die Managementaufgabe, Arbeitsflächen bereitzustellen, die dem Anforderungsprofil bestmöglich zu geringstmöglichen Kosten entsprechen (GEFMA-Richtlinie 130, Entwurf Juni 1999).

Zielsetzung des Flächenmanagements aus der Sicht des Selbstnutzers oder Mieters ist es, den Nutzen der von ihm belegten Flächen zu steigern und dabei den Aufwand zu verringern. Die Verbesserung des Nutzen-/Kosten-Verhältnisses ist erreichbar durch:

– Erhöhung der Produktivität auf gleich bleibender Fläche durch intensivere Nutzung oder Anpassung der Flächenausstattung an den aktuellen Bedarf,
– Verringerung der Fläche bei gleich bleibender Produktivität durch Flächenverdichtung oder
– eine Kombination aus beidem.

Die strategische Entscheidung über die Zielvorgaben für das Flächenmanagement obliegt dem Nutzer selbst. Nur dieser kann entscheiden, ob eine Verringerung oder Verdichtung von Arbeitsplätzen, andere Büroformen, Desksharing oder Telearbeit in Betracht kommen.

Zielsetzung des Flächenmanagements aus der Sicht der Vermieter ist es,

– die vermietbare Fläche und damit seine Mieterlöse zu steigern oder
– nicht vermietbare Flächen zu identifizieren und zu reduzieren, um dadurch die Kosten zu senken.

Immobilien-Controlling
Obwohl der Begriff Controlling seit etwa 1970 auch im deutschsprachigen Raum verbreitet ist, erzeugt er immer noch Missverständnisse. *„Controlling"* bedeutet nicht *„Kontrolle".* Es handelt sich vielmehr allgemein um die wirtschaftlich zielgerichtete Beherrschung, Lenkung, Steuerung und Regelung von Prozessen, hier bezogen auf das Betreiben von Immobilien. Controlling ist Managementaufgabe. Immobilien müssen durch ihre Performance (Rendite und Wertsteigerung) den dafür erforderlichen Kapitaleinsatz rechtfertigen. Zur Überprüfung dieser Forderung müssen im Rahmen des Controlling zahlreiche Informationen systematisch gesammelt, ausgewertet, verdichtet und den

für das Betreiben der Immobilien verantwortlichen Führungskräften in der für sie jeweils geeigneten Form fristgerecht zur Verfügung gestellt werden. Das Controlling hat für das zur Prozesssteuerung erforderliche Informations- und Kommunikationssystem nach Art, Inhalt, Umfang, Periodizität, Vernetzung und Wirkungsmechanismen bei Soll-/Ist-Abweichungen zu sorgen (vgl. *Ziff. 2.2.5*).

Ausgangspunkt des Immobilien-Controlling sind Eigentümerziele, an denen die Immobilien mit Hilfe von Controlling-Systemen auszurichten sind. Eigentümer verfolgen nicht nur rein monetäre Ziele. Es wird jedoch stets ein hoher Zielerreichungsgrad angestrebt. Potenzielle Immobilieneigentümerziele sind (Metzner, 2002, S. 33 ff.):

Maximierung des Cashflows
Das Ziel der Cashflow-Maximierung leitet sich aus dem allgemeinen betriebswirtschaftlichen Ziel der Erfolgsmaximierung ab. Er stellt die entscheidende Basis für den Kreditspielraum dar (vgl. *Ziff. 2.1.4.4, Tabelle 2.1-10*). Bestandteil des Cashflows ist der erzielte Mietertrag aus der Differenz von Soll-Mietertrag und Mietausfall. Parameter des Cashflows sind somit u. a. Markt- und Objekteigenschaften, die Mieterbonität sowie Anlässe für Mietminderungen. Das Immobilien-Controlling hat die Aufgabe, den Cashflow möglichst exakt zu prognostizieren, Zahlungsreihen unter Berücksichtigung von Höhe, Zeitpunkt und Bezugsgrößen zu bewerten. Bei Cashflow-Analysen sind die Standardziele jeder Investition wie Rentabilität, Liquidität und Sicherheit zu beachten.

Maximierung des Nutzungswertes
Für selbst genutzte Wohn- und Gewerbimmobilien sowie öffentliche Gebäude ergibt sich der geldwerte Vorteil der Immobilie aus den gegenüber der Anmietungsalternative eingesparten Mietzahlungen. Der Eigentümer erzielt Vorteile insbesondere dadurch, dass er die Immobilie individuell gestalten und nutzen kann, keine Vermieter-Mieter-Vertragsbeziehungen zu beachten hat und bei Änderungsabsichten nur Rücksicht auf Mieter nehmen muss. Da die Cashflow-Orientierung sich in diesen Fällen auf eine reine Kostenminimierung beschränken müsste, diese jedoch nicht mit Erfolgsmaximierung gleichgesetzt werden kann, muss das Immobilien-Controlling auch für nicht monetäre Parameter geeignete Mess-

methoden und Entscheidungshilfen zur zieladäquaten Bewertung und Steuerung nicht monetärer Leistungen von Immobilien bereitstellen.

Maximierung von Imagewirkungen
Imagewirkungen von Immobilien ergeben sich bei historischen Gebäuden, klassischer Architektur, städtebaulicher Dominanz in zentraler Lage, repräsentativem Erscheinungsbild mit gepflegten parkähnlichen Außenanlagen und exklusiven Freizeiteinrichtungen. Durch Image lassen sich Mieten oberhalb der Marktmieten erzielen. Leerstandsrisiken sinken. Aufgrund des Standortes, der Größe und der Optik der Immobilie wird auch die Bedeutung des Nutzers gegenüber der Öffentlichkeit dargestellt. Die Bewertung und Steuerung von Imageaspekten sind für das Immobilien-Controlling eine besondere Herausforderung.

Optimierung komplexer Zielbündel
Im Allgemeinen treten die drei vorgenannten Ziele gebündelt auf. So erzielt z.B. das Stadttor in Düsseldorf durch seine klassische Architektur und Glasdoppelfassade eine bedeutende Außenwirkung, die den Imagezielen der Nutzer dient. Die hochwertig ausgestatteten Büro- und Nutzflächen dienen ihren Nutzungswertzielen. Die Mieteinnahmen dienen den Cashflow-Zielen der Investoren.

Voraussetzung für den Erfolg des Immobilien-Controlling ist die Operationalisierung und Formalisierung der Zielvorgaben durch numerische, weitgehend mittels EDV verarbeitbare Daten. Die Ergebnisse des Immobilien-Controlling müssen so aufbereitet werden können, dass sie Eigentümern und Dritten verständlich werden.

Aus den Zielen der Immobilieneigentümer ergeben sich die Leistungsanforderungen an das Immobilien-Controlling. Diese bestehen zunächst in der Formulierung der Controlling-Ziele wie:

– Maximierung des Erfolges,
– Beachtung der Risiken,
– Betrachtung der Immobilie als komplexes, strategisch zu führendes System,
– Optimierung des Informationsmanagements.

Die Controlling-Aufgaben leiten sich aus den Controllingzielen ab. Dazu gehören die Informationsbeschaffung und -aufbereitung, die Datenanalyse und -bewertung, die Entscheidungsvorbereitung und Kontrolle der Umsetzung der getroffenen Ent-scheidungen.

Diese Aufgaben erfordern die Beachtung fol-gender Grundsätze:

– Unternehmensähnliche Steuerung der Immobilie,
– Zielgruppen-spezifische Informationsversorgung,
– Integration vorhandener Instrumente und Ver-fahren zu einem Controllingsystem.

Damit kann zusammenfassend definiert werden (Metzner, 2002, S. 50): „*Immobilien-Controlling ist ein ganzheitliches Instrument zur Durchsetzung von Eigentümerzielen, welches selbstständig und kontinuierlich bei Immobilien unter Beachtung ih-res Umfeldes entsprechende Informations-, Pla-nungs-, Steuerungs- und Kontrollaufgaben defi-niert und wahrnimmt.*"

Auf der Grundlage vorstehender Controlling-Konzeption sowie des Owner-Value-Ansatzes ent-wickelte Metzner (2002, S. 127 ff.) eine Immobi-lien-Balanced Scorecard zur Unterstützung des Immobilienmanagements bei der Entwicklung, Umsetzung und Kontrolle von Strategien mit den vier Perspektiven Immobilienergebnis, Nutzer, Pro-dukt und Umwelt (*Abb. 2.3-74*).

Durch ein multidimensionales, ganzheitliches, funktions- und periodenübergreifendes Immobili-en-Kennzahlensystem wird die Informationsauf-bereitung und -bewertung und damit die operative und strategische Informationsversorgung sicherge-stellt. Dabei soll das immobilienwirtschaftliche Kennzahlensystem nicht nur die aggregierten Kennzahlen der Balanced Scorecard abbilden, son-dern die Datenversorgung aller Bereiche des Im-mobilien-Controlling unterstützen.

Dazu entwickelte Metzner (2002, S. 150 ff.) weiter ein fünfdimensionales Kennzahlensystem, mit dem eine nahezu vollständige Transparenz über den Owner Value erreicht wird.

Als *erste Systemdimension* werden das Immobi-lienergebnis und der Diskontierungszinssatz (Lie-genschaftszins) herausgestellt.

In der *zweiten Systemdimension* werden 5 Haupt-ebenen unterschieden. Diese Ebenen beinhalten Kennzahlen:

– zur Immobilienbilanz,
– zu Gruppenergebnissen wie unterschiedliche Nutzungs- und Kostenarten,

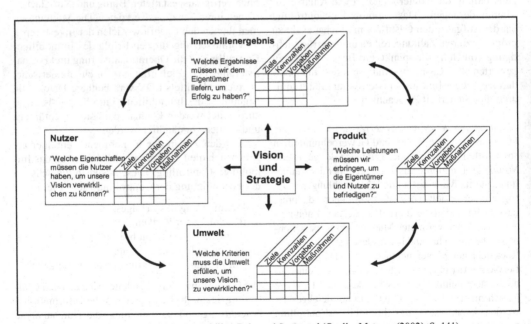

Abb. 2.3-74 Die vier Perspektiven der Immobilien-Balanced Scorecard (Quelle: Metzner (2002), S. 141)

- zu Teilergebnissen mit Kennzahlen, z. B. zu den einzelnen Betriebskostenarten nach Betriebskostenverordnung,
- zu Ursachen bzw. maßgeblichen Einflussgrößen (auf z. B. Einzahlungen, Miete in €/m² MF, Anteil der Mietflächen an der Nettogrundfläche, Vermietungs- bzw. Leerstandsquote),
- zu Basiskennzahlen (z. B. Anzahl vermieteter Stellplätze im Jahresdurchschnitt, Einschätzung der Größe der Imagewirkungen).

In der *dritten Systemdimension* werden aus der Rückschau auf die bisher erfassten Perioden in der Vorschau auf den Planungshorizont dynamische Zeitreihen entwickelt, um zukünftig erwartete Veränderungen einbeziehen zu können.

In der *vierten Systemdimension* werden die Zeitreihen in der Vorschau durch Wahrscheinlichkeitsbetrachtungen für erwartete Szenarien (worst case/expected case/best case) erweitert.

In der *fünften Systemdimension* wird das Kennzahlensystem auf Objekte einer Gruppe übertragen, die aus Objekten eines Portfolios, einem typologisch oder regional abgegrenzten Teilportfolio oder auch aus der Einbeziehung externer Vergleichsbestände gebildet wird. Dadurch werden ein Kennzahlenvergleich und die Sortierung der Objekte nach Rangindizes möglich.

Ein solches Kennzahlensystem ermöglicht dann eine umfassende Informationsauswertung mit Objektvergleichen, Strategie- und Risikokontrollen, Wachstumsanalysen und Ursachenforschung.

Das vollständige Kennzahlensystem kann unter www.immobiliencontrolling.de abgerufen werden (Metzner, 2002, Anhang XLI).

Immobilien-Benchmarking

Beim Benchmarking handelt es sich um eine in den USA entwickelte Informationstechnik des strategischen Controllings, durch das in einem kontinuierlichen Prozess Wertschöpfungsprozesse, Managementpraktiken sowie Produkte oder Dienstleistungen über mehrere Vergleichselemente hinweg in systematischer und detaillierter Form verglichen werden. Ziel des Benchmarking ist es, Leistungslücken aufzudecken und Anregungen für Verbesserungen zu gewinnen. Beim internen Benchmarking werden ausschließlich Elemente des eigenen Unternehmens zum Vergleich herangezogen. Beim Wettbewerbs-Bench-

marking werden die Elemente der führenden Konkurrenzunternehmen in den Vergleich einbezogen. Beim Branchen-Benchmarking werden die Referenzprozesse und -methoden von Unternehmen anderer Branchen untersucht.

Immobilien-Benchmarking bedeutet *„Ermittlung und Vergleich von Verhältniswerten (Kennwerten) bei den Nutzungskosten von Gebäuden verschiedener Größe, Art, Beschaffenheit und verschiedenen Alters."* Die Analyse und Bewertung der Nutzungskosten eines Gebäudes über mehrere Jahre hinweg gilt dagegen nicht als Benchmarking, sondern als Kostenüberwachung (vgl. GEFMA 200, Entwurf 2004-07), da hierfür keine Kennwerte zu bilden sind.

Die Definition des benchmarking network lautet: *„Benchmarking is a performance measurement tool used in conjunction with improvement initiatives to measure comparative operating performance and identify best practices."* (www.benchmarkingnetwork.com/Files/ General.html vom 20.04.2009)

Zielsetzung des Immobilien-Benchmarking ist es, durch den Vergleich mit anderen Gebäuden Anhaltspunkte für Verbesserungs- oder Einsparpotenziale zu erhalten. Damit kann Benchmarking Auslöser weiterer Untersuchungen oder Maßnahmen sein.

Voraussetzungen für ein erfolgreiches Benchmarking sind:

- eine Vereinheitlichung der Kostengliederung und -erfassung (nach der Richtlinie GEFMA 200),
- eine Vereinheitlichung der angewandten Bezugsgrößen,
- die Verfügbarkeit von Daten vergleichbarer Objekte.

Benchmarking kann auf einzelne Leistungsbereiche des Facility Managements beschränkt werden (z. B. die Energieverbräuche oder die Gebäudereinigung) oder sich auf den gesamten Leistungsumfang des FM erstrecken. Für aussagekräftige Vergleiche spezifischer Nutzungskosten von Gebäuden muss eine ausreichende Zahl von Vergleichsobjekten ähnlicher Struktur vorliegen. Einzelleistungsbereiche verschiedener Objekte lassen sich vergleichen, sofern bestimmte, für diesen Bereich typische Vergleichskriterien übereinstimmen.

Vergleichskriterien sind u. a. die Hauptnutzungsart, der Ausstattungsstandard und -grad sowie der Service Level hinsichtlich der Häufigkeit

Abb. 2.3-75 Benchmarking-Zyklus
(Quelle: Metzner (2002), S. 219)

von Reinigungsleistungen, des Sicherheitsniveaus des Wachdienstes, das Baujahr, die wöchentliche Nutzungsdauer und die Bebauungsstruktur.

Das Vorgehen bei der Umsetzung des Benchmarking wird durch den Benchmarking-Jahreszyklus in *Abb. 2.3-75* abgebildet.

Der Benchmarking-Zyklus basiert auf dem immobilienwirtschaftlichen Kennzahlensystem für den eigenen und ggf. auch externen Immobilienbestand. Vorrangige Aufgaben sind die Analyse der Ursache von Abweichungen und die Durchsetzung von Verbesserungsmaßnahmen.

Es werden Kriterien untersucht, die bezüglich ihrer Ursache-Wirkungs-Ketten überschaubar sind. Diese können sich erstrecken auf:

- erfolgreiche Strategien (Qualitäts- bzw. Kostenführrerschaft, Servicestrategie),
- erfolgreiche Produkte (Architektur, Lage, Ausstattung),
- erfolgreiche Prozesse (Modernisierung, Mieterauswahl),
- erfolgreiche Funktionen (Vermietung, Verwaltung, Bewertung),
- erfolgreiches Verhalten (Qualifikation und Freundlichkeit der Mitarbeiter, rasche Behebung von Funktionsstörungen oder Mängeln).

Durch ständigen Informationsaustausch zwischen dem Kennzahlensystem und dem Benchmarking werden Synergien für Verbesserungsmaßnahmen freigesetzt, die wiederum positiven Einfluss auf die Balanced Scorecards haben.

2.3.3.4 Operatives Facility Management/ Gebäudemanagement

Das operative Management umfasst das eigentliche Gebäudemanagement (GM) während der Nutzungsphase.

„Das Gebäudemanagement ist die Gesamtheit aller technischen, kaufmännischen und infrastrukturellen Dienstleistungen zum Unterhalt von Gebäuden und Liegenschaften mit dem Ziel der Kostenreduzierung und -transparenz sowie der Aufrechterhaltung und Optimierung aller Funktionen. Es umfasst das technische, das kaufmännische und das infrastrukturelle Gebäudemanagement" (AIG, 1996).

Unter Ziff. 2.1 der DIN 32736 (2000-08) wird Gebäudemanagement (GM) wie folgt definiert:

„Gesamtheit aller Leistungen zum Betreiben und Bewirtschaften von Gebäuden einschließlich der baulichen und technischen Anlagen auf der Grundlage ganzheitlicher Strategien. Dazu gehören auch die infrastrukturellen und kaufmännischen Leistungen.

Gebäudemanagement zielt auf die strategische Konzeption, Organisation und Kontrolle, hin zu einer integralen Ausrichtung der traditionell additiv erbrachten einzelnen Leistungen.

Das Gebäudemanagement gliedert sich in die drei Leistungsbereiche Technisches Gebäudemanagement TGM, Infrastrukturelles Gebäudemanagement IGM und Kaufmännisches Gebäudemanagement KGM. In allen 3 Leistungsbereichen können flächenbezogene Leistungen enthalten sein .... Darüber hinaus bestehen Schnittstellen zum Flächenmanagement des Immobilien-Eigentümers und Nutzers."

Unter Ziff. 3 der DIN 32736 heißt es weiter:

„Gebäudemanagement präzisiert die Gesamtheit aller Nutzeranforderungen. Es integriert und koordiniert das Fachwissen aus Technik, Wirtschaft und Recht innerhalb der Planungs- und Betreiberphase von Gebäuden und Liegenschaften. Das Gebäudemanagement wählt Art und Umfang der Leistungen aus und legt die Organisation fest.

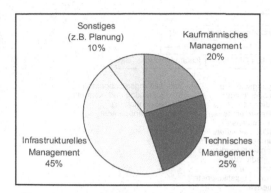

Abb. 2.3-76 Marktsegmente im Gebäudemanagement nach Funktionen (Quelle: Mercer-Studie (1996)

Es wird unterschieden in:

– *strategische Leistung mit Schwerpunkt auf Führung und Entscheidung;*
– *administrative Leistung mit Schwerpunkt auf Handhabung, Organisation und Planung;*
– *operative Leistung mit Schwerpunkt auf Umsetzung und Ausführung ...."*

Die anteilsmäßige Bedeutung dieser GM-Funktionen zeigt *Abb. 2.3-76.*

Zur Abgrenzung zwischen FM und GM ist festzustellen, dass FM sämtliche Leistungen beinhaltet, die auf die optimale Nutzung der Immobilie ausgerichtet sind. Hierzu gehören in hohem Maße auch strategische Managemententscheidungen über das Flächen-, Raum-, Funktions- und Ausstattungsprogramm sowie die Formulierung des Nutzerbedarfs.

GM umfasst dagegen die operative Planung, Arbeitsvorbereitung und Organisation sämtlicher Maßnahmen, die für die Bewirtschaftung von Gebäuden und Liegenschaften erforderlich sind.

In Deutschland wird ein Einsparpotential bei den Bewirtschaftungskosten von bestehenden Gebäuden mit teilweise über 70% gesehen.

Bei der Modernisierung des Altbaubestandes eröffnet sich daher die Chance zur Einführung eines nutzungsorientierten Gebäudemanagements. Dazu sind folgende Teilleistungen erforderlich:

– Zieldefinition, Aufgabenverteilung, Zeitplanerstellung für die Implementierung des Gebäudemanagement-Systems,

– Beschaffen aktueller Grundrisse, Schnitte und Ansichten für sämtliche Geschosse durch aktuelle Bestandspläne oder durch Aufmaßpläne,
– Erstellen von Raumbüchern mit Raumliste, Artikelliste und Raumbuchliste zur Angabe der Raumnutzung, der Raumkonditionen (Temperatur, Luftwechsel, Luftfeuchtigkeit, Belichtung/Beleuchtung),
– Beschreiben der Ausstattung durch Möblierung und Einrichtung, der Wand-, Decken- und Bodenbekleidungen inkl. Fassaden/Fenster, Türen, Heizkörper und Kabelkanäle,
– Erstellen von Bestandsplänen der Grund- und Aufrisse mit Boden-, Decken- und Wandansichten sowie ggf. isometrischen 3D-Darstellungen,
– Darstellen der Kommunikations- und Datentechnik mit Netzen und sämtlichen Endgeräten durch Pläne und Beschreibungen,
– Erstellen von Verfahrensanweisungen für Umzüge, Zentrale Dienste, Zutrittskontrollen/Sicherungsmaßnahmen und Verwaltung,
– Erarbeiten und Vollzug der gebäude- und beschäftigungsrelevanten Verträge für das Gebäudemanagement.

Einen Überblick über die Inhalte von Technischem, Infrastrukturellem und Kaufmännischem Gebäudemanagement bietet *Abb. 2.3-77.*

2.3.3.5 Computer Aided Facility Management (CAFM) und Gebäudeinformationssysteme

Zum Informationsmanagement gehört gemäß Ziff. 3.1.4 der DIN 32736 (2000-08) die Gesamtheit der Leistungen zum Erfassen, Auswerten, Weiterleiten und Verknüpfen von Informationen und Meldungen für das Betreiben von Gebäuden und Liegenschaften.

Die vielfältigen Teilleistungen des operativen Gebäudemanagements erfordern zahlreiche Informationen und deren Austausch zwischen den verschiedenen Bereichen.

Im Bereich des Infrastrukturellen Gebäudemanagements werden z. B. die exakten Raumflächen benötigt, um die Gebäudereinigung zu beauftragen. Das Kaufmännische Gebäudemanagement benötigt die Flächendaten für die Vermarktung und das Vertragsmanagement.

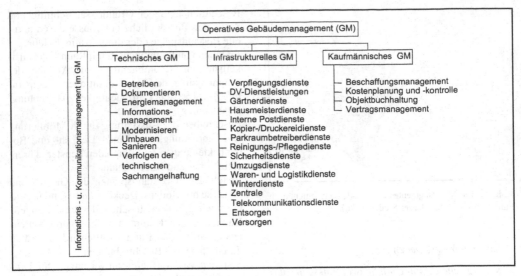

Abb. 2.3-77 Inhalte des Technischen, Infrastrukturellen und Kaufmännischen Gebäudemanagements (Quelle: DIN 32736 (2000), Ziff. 3)

Das Technische Gebäudemanagement stellt die Messwerte und Zählerstände dem Kaufmännischen Gebäudemanagement für die Verbrauchskostenabrechnung zur Verfügung. Für das Benchmarking werden Kennwerte zum Vergleich mit anderen Objekten benötigt.

Gebäudemanagement benötigt daher ein integriertes Informationsmanagement, das eine einmalige Gewinnung, zentrale Speicherung und Verarbeitung sowie unabhängige vielfache Nutzung durch die verschiedenen Bereiche ermöglicht.

Wichtige Anforderung an CAFM ist es, dass im Rahmen des Aufbaus entsprechender Kundensysteme Schnittstellen zu den im Unternehmen gängigen Parallelsystemen entwickelt und unterhalten werden müssen (Richtlinie GEFMA 400, 2007-07). CAFM bietet mit der Gesamtheit und Komplexität seiner integrierten Methoden und Werkzeuge die Möglichkeit der Effizienzsteigerung in allen Prozessen des FM und des GM im Verlauf des gesamten Lebenszyklus' der Facilities. Gemäß Ziff. 3 der Richtlinie GEFMA 400 soll CAFM-Software nachfolgende CAFM-Funktionalitäten enthalten, um dem Anspruch der Komplexität und der Notwendigkeit der Verknüpfung von Kernprozessen des FM und des GM im erforderlichen Umfang zu genügen:

1. Bestandsdokumentation
2. Flächenmanagement
3. Reinigungsmanagement
4. Umzugsmanagement
5. Medienverbräuche
6. Instandhaltungsmanagement
7. Schließanlagenverwaltung
8. Vertragsmanagement
9. Vermietung
10. Betriebskostenmanagement
11. Controlling

In der Richtlinie GEFMA 410 (2007-07) wird gefordert, bei der Einführung von CAFM-Software ein Schnittstellenkonzept zu erstellen, das die Informationsverteilung, Schnittstellenflexibilität und ggf. Standardisierungsmaßnahmen zum Datenaustausch definiert und damit zur Softwaretechnischen Unterstützung der betrieblichen Abläufe beiträgt.

Die Richtlinie GEFMA 420 (2007-07) erläutert die Einführung eines CAFM-Systems im Sinne eines Projektes. Sie liefert Hinweise zu den einzelnen Projektphasen und unterstützt die Verantwortlichen in der Zielfindung, bei der Auswahl von Software und des Implementierungspartners sowie in der Entscheidung bei der Bestimmung der zu erfassenden Bestandsdaten. Anwender werden mit dieser Richtlinie in die Lage versetzt, den möglichen und notwendigen Umfang an Eigenleistungen im Beschaffungsprozess sowie Art und Umfang von externen Beratungs- und Dienstleistungen sicher zu beurteilen.

Unabdingbare Voraussetzung für ein effizientes FM und GM ist die Verfügbarkeit entsprechender Bestands- und Prozessdaten u. a. zu Liegenschaften, Gebäuden, gebäudetechnischen Anlagen und Einrichtungen. Die Richtlinie GEFMA 430 (2007-07) beschreibt sowohl die Struktur einer CAFM-Datenbasis als auch die Methodik des schrittweisen Aufbaus und der laufenden Pflege. Dabei handelt es sich in erster Linie um die Stammdaten von Gebäuden und technischen Anlagen. Andere Stamm- und Bewegungsdaten, z. B. für die Verwaltung von Miet- oder Wartungsverträgen sowie für die Beschaffung oder für die Bewirtschaftung, werden darin nicht behandelt.

Die Richtlinie soll Projektverantwortliche darin unterstützen, im Vorfeld der Einführung von CAFM-Systemen die Notwendigkeit von Daten in Umfang und Attribuierung richtig einzuschätzen, um damit Sicherheit für eine erforderliche Investitionsentscheidung zu haben. Ferner soll die Richtlinie den Verantwortlichen die notwendige Sensibilität für Maßnahmen zur Gewährleistung der Aktualität und Qualität im laufenden Betrieb des CAFM-Systems vermitteln.

Im März 2010 erschien die 11. Ausgabe der *„Marktübersicht CAFM-Software 2010"* als Sonderausgabe der Zeitschrift *„Der Facility Manager"* und als Richtlinie GEFMA 940, herausgegeben von der makon GmbH & Co. KG (EB-Gruppe), dem Arbeitskreis CAFM der GEFMA und dem Facility Manager. Darin stellen 36 Anbieter ihre CAFM-Software-Lösungen vor. Ziel der Marktübersicht ist es, einen möglichst umfassenden, aktuellen und objektiven Überblick über das deutschsprachige Software-Angebot in CAFM zu geben (Opić, 2010, S. 5). Die Marktübersicht unterstützt bei der Aufgabe, den Kreis der geeigneten Anbieter einzugrenzen. Sie soll Antworten geben auf Fragen wie:

- Welche Programme gibt es für den Aufgabenbereich CAFM und wer bietet diese Programme an?
- Welche Anwendungsschwerpunkte haben die unterschiedlichen CAFM-Anwendungen?

- Zu welchen Anwendungen haben die Anbieter bereits erfolgreich Schnittstellen realisiert?
- Welche technischen Anforderungen stellen die Programme an die IT-Struktur der Nutzer?
- Welche Supportleistungen sind vom Anbieter zu erwarten?
- Wieviel kostet die Software?
- Welche Lizenzmodelle bietet der Hersteller an?
- Welcher Aufwand ist für Schulung und Einarbeitung zu berücksichtigen?

Opić (2009, S. 5), weist vorsorglich auf einige Schwachstellen hin:

- unvollständige Abbildung des Marktes,
- ungeprüfte Herstellerangaben,
- eingeschränkte Darstellungsmöglichkeit,
- eingeschränkte Aktualität.

Aus der zusammenfassenden Leistungsmatrix in der Marktübersicht (S. 14–15) ist ersichtlich, zu welchen der nachfolgenden Themen die insgesamt 36 Anbieter in den Einzeldarstellungen Angaben machen:

- technische Angaben zu
  - Betriebssystemen
  - Netzwerk-Betriebssystemen
  - Datenbanken
- Prozessunterstützung
- Visualisierung
- Auswertung
- Lizenzen
- Mitarbeiter
- Anwendungsschwerpunkte:
  - TGM
  - IGM
  - KGM
- weitere Leistungen.

Ergänzt wurde die 10. Ausgabe mit einer Übersicht über eine Reihe von Spezialisten, die ausgewählte CAFM-Software in einem Unternehmen implementieren können.

Zur Untersuchung der Wirtschaftlichkeit des Einsatzes von CAFM entwickelten Hohmann et al. (2004, S. 84 ff.) ein sog. „ROI-Treibermodell". Mit Hilfe des Return on Investment (ROI) und des Economic Value Added (EVA) untersuchen sie, welche Aufgabenfelder eine möglichst kurze ROI-Periode aufweisen als Zeitdauer, die zur Vollamortisierung des eingesetzten Kapitals mit Zinsen für das CAFM-

System erforderlich ist. Als wesentliche ROI-Treiber stellen sie folgende Aufgabenfelder heraus:

1. Instandhaltung
2. Reinigung
3. Nutzungsgrund (Raumreservierung)
4. Externe Vermietung (Leerstand)
5. Standardisierung
6. Transparenz (Kosten, Visualisierung)
7. Integration (von DV, von Organisationen, etc.)
8. Vertragsmanagement
9. Beschaffung und Outsourcing
10. Mieter-/Nutzer-/Nebenkostenabrechnung
11. Energiemanagement
12. Immobilien-Portfolio-Management.

Als Fazit stellen sie fest, dass häufig in Aussicht gestellte einfachste Lösungen in Wirklichkeit unwirtschaftlich sind, da sie nicht zum beabsichtigten Erfolg führen. Andererseits kann CAFM-Software bei konsequenter Implementierung zu einem schnellen, hohen und sicheren ROI führen.

2.3.3.6 GEFMA-Richtlinien

Seit Ende 1996 wird von der GEFMA ein Richtlinienwerk herausgegeben bzw. für GEFMA-Mitglieder in acht Reihen zur Verfügung gestellt.

– Die Reihe 100 ff. beinhaltet Definition, Struktur und Beschreibung von FM im Allgemeinen und Leistungsbilder von Einzelleistungen im FM im Besonderen.
– Die Reihe 200 ff. umfasst Kostenbegriffe, -gliederungen, -rechnung und -erfassung.
– Die Reihe 300 ff. beinhaltet das Thema FM-Recht.
– Die Reihe 400 ff. liefert Arbeitshilfen zum CAFM.
– Die Reihe 500 ff. behandelt die Ausschreibung und Vertragsgestaltung bei Fremdvergaben von Dienstleistungen.
– Die Reihe 600 ff. ist dem Thema Berufsbilder, Aus- und Weiterbildung im FM gewidmet.
– Die Reihe 700 beschäftigt sich mit Qualitätsaspekten.
– Die Reihe 800 enthält branchenspezifische Richtlinien.
– Die Reihe 900 ff. enthält Verzeichnisse, Marktübersichten und Sonstiges.

Das Verzeichnis der GEFMA-Richtlinien mit Stand vom 02.02.2009 zeigt *Abb. 2.3-78*.

2.3.3.7 Organisationsmöglichkeiten des FM und GM

Für die organisatorische Einbindung des FM und GM in einem Unternehmen bestehen wie auch bei der Erbringung von Planungs- und Bauleistungen die Möglichkeiten der vollständigen Eigenleistung, der vollständigen Fremdvergabe oder einer Mischung durch Outsourcing.

Die Wahrnehmung des Facility Managements in Eigenleistung setzt voraus, dass entsprechend qualifiziertes Personal für die vielfältigen Dienste, die i. d. R. mit dem Kerngeschäft des Nutzers nichts zu tun haben, vorhanden ist und in seiner Zusammensetzung auch dauerhaft angemessen ausgelastet werden kann.

Die vollständige Vergabe des Facility Managements als Fremdleistung bedeutet, dass der Gebäudenutzer keinerlei Verantwortung für das Facility Management trägt, aber auch nur im Rahmen der Vergabe und Vertragsgestaltung in das Management eingreifen kann. Der Dienstleister fordert seinen Pauschalpreis, der somit für die jeweilige Vertragsdauer für den Nutzer als Fixkostengröße kalkulierbar ist.

In einer Mischform wird das Facility Management als Profit-Center mit Outsourcing organisiert. Der Nutzer muss in diesem Fall das Profit-Center mit geeigneten Fachkräften besetzen, die über das entsprechende Fachwissen verfügen, um fachkundige, erfahrene, leistungsfähige und zuverlässige Dienstleister unter Wettbewerbsbedingungen auswählen, Vertragsverhandlungen führen und den Vollzug der Verträge überwachen zu können. Durch die Vergabe der Facility-Management-Teilleistungen an verschiedene Fachunternehmen behält der Nutzer die Führungsrolle. Er kauft die Dienstleistungen des Facility Managements unter Wettbewerbsbedingungen ein und verzichtet darauf, eigenes Personal mit entsprechenden Auslastungs- und Weiterbildungsproblemen zu binden. Fragen der Sicherheit durch Zugangskontrollen, Personen- und Datenschutz bedürfen bei jeder Organisationsform jedoch besonderer Aufmerksamkeit.

Die Chancen und Risiken des Outsourcing wachsen mit der Komplexität von FM/GM-Diens-

Gesamtverzeichnis GEFMA-Richtlinien
Stand: 2009-02-02

GEFMA

German Facility Management Association

Nummer	Titel	Status	Datum	Bemerkung	Preis
Gruppe 100	**Begriffe & Leistungsbilder**				
GEFMA 100-1	Facility Management; Grundlagen	Entwurf	2004-07	-	36,00 EUR
GEFMA 100-2	Facility Management; Leistungsspektrum	Entwurf	2004-07	-	36,00 EUR
GEFMA 110	Einführung von Facility Management	Entwurf	2009-01		14,00 EUR
GEFMA 124-1	Energiemanagement; Grundlagen und Leistungsbild	Entwurf	2008-08		32,00 EUR
GEFMA 124-2	Energiemanagement; Methoden	Entwurf	2008-08		24,00 EUR
GEFMA 126	Inspektion und Wartung im FM; Definitionen, Leistungskatalog	Arbeitspapier	2004	Bearbeitung läuft	-
GEFMA 130	Flächenmanagement; Leistungsbild	Entwurf	1999-06	verfügbar; Überarbeitung läuft	32,00 EUR
GEFMA 190	Betreiberverantwortung im FM	Ausgabe	2004-01	-	98,00 EUR
GEFMA 192	Risikomanagement im FM	-	-	Bearbeitung läuft	-
Gruppe 200	**Kosten, Kostenrechnung, Kostengliederung, Kostenerfassung**				
GEFMA 200	Kosten im Facility Management; Kostengliederungsstruktur zu GEFMA 100	Entwurf	2004-07	-	26,00 EUR
GEFMA/gif 210	Betriebs- & Nebenkosten bei gewerblichem Raum	Entwurf	2006-12		44,00 EUR **22,00 EUR
GEFMA 220-1	Lebenszykluskostenrechnung im FM; Einführung und Grundlagen	Entwurf	2006-06	-	16,00 EUR
GEFMA 230	Prozesskostenrechnung im FM; Grundlagen	Ausgabe	2008-05		28,00 EUR
GEFMA 240	Prozessnummernsystem im FM; Grundlagen, Aufbau und Anwendung	Entwurf	2006-02	-	36,00 EUR
GEFMA 250	Benchmarking in der Immobilienwirtschaft (Neufassung, gemeinsam mit gif und RealFM)	-	-	Bearbeitung läuft	-
Gruppe 300	**FM-Recht**				
GEFMA 300	FM-Recht; Rechtsfragen im FM	-	-	Vorbereitung läuft	-
GEFMA 320	Mängelansprüche (Gewährleistung) im FM	Entwurf	2007-10	-	68,00 EUR
GEFMA 330	Haftung & Versicherung im FM	-	-	Vorbereitung läuft	-
Gruppe 400	**CAFM Computer Aided Facility Management**				
GEFMA 400	Computer Aided Facility Management CAFM; Begriffsbestimmungen, Leistungsmerkmale	Ausgabe	2007-07	-	28,00 EUR
GEFMA 410	Schnittstellen zur IT-Integration von CAFM-Software	Ausgabe	2007-07	-	32,00 EUR
GEFMA 420	Einführung eines CAFM-Systems	Ausgabe	2007-07	-	18,00 EUR
GEFMA 430	Datenbasis und Datenmanagement in CAFM-Systemen	Ausgabe	2007-07	-	26,00 EUR
GEFMA 440	Ausschreibung und Vergabe von Lieferungen und Leistungen im CAFM	Entwurf	2007-02		44,00 EUR
GEFMA 450	Gebäudeautomation im FM	Entwurf	2009-02		24,00 EUR
Gruppe 500	**Ausschreibung und Vertragsgestaltung bei Fremdvergaben von Dienstleistungen**				
GEFMA 510	Mustervertrag Gebäudemanagement (GM)	Version 2.0	2006-05	erarbeitet mit IFMA-D, RealFM	500,00 EUR *350,00 EUR
GEFMA 510e	Model contract facility management	Version 2.0	2007-02	erarbeitet mit IFMA-D, RealFM	500,00 EUR *350,00 EUR
GEFMA 520	Muster-Leistungsverzeichnis GM	Version 1.1	2005-08	erarbeitet mit IFMA-D,RealFM	500,00 EUR *350,00 EUR
GEFMA 530	Paket: Mustervertrag und Muster-LV GM	-	2006-05	-	900,00 EUR *450,00 EUR
GEFMA 540	Energie-Contracting; Erfolgsfaktoren und Umsetzungshilfen	Ausgabe	2007-09	-	36,00 EUR

Leiter des GEFMA Richtlinienwesens: Dipl.-Ing. (FH) Ulrich Glauche
GEFMA – Deutscher Verband für Facility Management e.V.
Dottendorfer Straße 86 ● 53129 Bonn ● Tel. + 49 228 230374 ● Fax: +49 228 230498 ● E-Mail: info@gefma.de ● www.gefma.de

* Kosten für GEFMA Mitglieder
** Kosten für BFW-Mitglieder

Abb. 2.3-78 GEFMA-Richtlinien für FM und GM, Stand 2009-02-02 (Quelle: http://www.gefma.de/richtlinien.html)

Seite 2 von 2

Gruppe 600	Berufsbilder, Aus- und Weiterbildung im FM				
GEFMA 604	Zertifizierungsverfahren in Übereinstimmung mit den Richtlinien 620 und 630	Ausgabe	2001-12	-	12,00 EUR
GEFMA 610	FM-Studiengänge	Ausgabe	2005-01	-	42,00 EUR
GEFMA 620	Ausbildung zum Fachwirt FM (GEFMA)	Entwurf	2008-03		24,00 EUR
GEFMA 622	Fachwirt für FM; Prüfungsordnung	Stand	2005-07	-	8,00 EUR
GEFMA 630	Ausbildung zum Faciliy Management Agent (GEFMA)	Entwurf	1998-12	-	20,00 EUR
GEFMA 650-1	FM-Grundbegriffe; Skriptum für die Lehre	-		-	Bearbeitung läuft
GEFMA 650-2	FM-Grundbegriffe; Foliensatz zur Vorlesung	-		-	Bearbeitung läuft
Gruppe 700	**Qualitätsaspekte im FM**				
GEFMA 700	FM-Excellence; Grundlagen für ein branchen-Spezifisches Qualitätsprogramm	Neuentwurf	2006-12	-	25,00 EUR
GEFMA 710	Systematische Verbesserung der Rechtskonformi-tät von Organisationen im FM	Entwurf	2006-03	-	20,00 EUR
GEFMA 720	Facility Managementsysteme; Grundlagen und Anforderungen	Entwurf	2006-12		35,00 EUR
GEFMA 730	System-Dienstleistungen im FM; ipv® - Spitze der FM-Excellence	Ausgabe	2009-02	-	30,00 EUR
GEFMA 731	System-Dienstleistungen im FM; Dienstleistungen am Mehrwert für den Kunden erkennen	Ausgabe	2006-03	-	16,00 EUR
GEFMA 732	ipv®-Vertrag; Empfehlung für die vertragliche Vereinbarung zur Integralen Prozess Verantwor-tung - ipv®	Ausgabe	2006-03	-	10,00 EUR
GEFMA 733	Output-orientierte Ausschreibung für System-Dienstleistungen im FM	Ausgabe	2006-03	-	15,00 EUR
Gruppe 800	**Branchenspezifische Richtlinien**				
GEFMA 812	Gliederungsstruktur für FM-Kosten im Gesund-heitswesen	Ausgabe	2007-07	-	20,00 EUR
Gruppe 900	**Verzeichnisse, Marktübersichten und Sonstiges**				
GEFMA 900	Gesetze, Verordnungen, UVVorschriften im FM	Stand	2009-01	-	30,00 EUR
GEFMA 910	Normen und Richtlinien im FM	Stand	2009-01	-	30,00 EUR
GEFMA 912-1	Glossar FM; nach FM-Prozessen	Stand	2006-06	-	16,00 EUR
GEFMA 912-2	Glossar FM; alphabetisch	Stand	2006-06	-	16,00 EUR
GEFMA 912.xls	GEFMA 912 als editierbares Excel-Arbeitsblatt	Stand	2006-06	nur für Mitglieder	-
GEFMA 922-1	Dokumente im FM; Gesamtverzeichnis	Stand	2004-09	-	48,00 EUR
GEFMA 922-2	...; Gesamtverzeichnis in Kurzform	Stand	2004-09	-	24,00 EUR
GEFMA 922-3	...; Gesetzlich geforderte Dokumente	Stand	2004-09	-	12,00 EUR
GEFMA 922-4	...; Dokumente der HOAI (1996)	Stand	2004-09	-	8,00 EUR
GEFMA 922-5	...; Dokumente der VOB/C (2002)	Stand	2004-09	-	8,00 EUR
GEFMA 922-6	...; Abnahmedokumente für Bauherren	Stand	2004-09	-	6,00 EUR
GEFMA 922-7	...; Dokumente für das Objektmanagement	Stand	2004-09	-	4,00 EUR
GEFMA 922-8	...; Dokumente für das Betreiben	Stand	2004-09	-	6,00 EUR
GEFMA 922.xls	GEFMA 922 als editierbares Excel-Arbeitsblatt	Stand	2004-09	nur für Mitglieder	-
GEFMA 940	Marktübersicht CAFM-Software	9. Auflage	2008-03	-	42,06 EUR * 18,69 EUR
GEFMA 960	Leitfaden für die Ausschreibung komplexer FM-Dienstleistungen als Integrale Prozess Verantwor-tung ipv®	Ausgabe	2005-04	-	150,00 EUR *100,00 EUR
GEFMA 961	Leitfaden für die Ausschreibung komplexer FM-Dienstleistungen als Integrale Prozess Verantwor-tung ipv® durch öffentliche Auftraggeber	Ausgabe	2006-04	-	150,00 EUR *100,00 EUR
GEFMA 970	Marktübersicht Gebäudeautomation	Ausgabe	2008-10		150,00 EUR *100,00 EUR

Abb. 2.3-78 (Fortsetzung)

ten und deren Umsatzwerten. Am Anfang der 90er Jahre des letzten Jahrhunderts war man daher zunächst nur bereit, überwiegend einfache operative Dienste wie Reinigung, Catering oder interne Logistik auszugliedern. Die Bereitschaft, auch komplexe und stärker strategisch ausgerichtete Dienste auszugliedern, wuchs nur langsam.

Nicht nur die öffentliche Verwaltung, sondern auch große Wirtschaftsunternehmen zögern noch vielfach bei der Übertragung komplexer FM/GM-Dienste auf externe Anbieter. Den wirtschaftlichen Vorteilen des Verzichts auf Eigenleistungen stehen auch die Risiken von Abhängigkeiten und Grenzen der tatsächlich erreichbaren Kostensenkungen gegenüber (Schneider, 2004, S. 279 ff.).

Als wichtige Chancen des Outsourcing werden gesehen:

- die Konzentration auf das Kerngeschäft,
- der Zeitgewinn,
- flexible Kapazitätsanpassungen,
- Kostensenkung,
- Verstetigung der Auslastung,
- Qualitätsverbesserung.

Andererseits sind auch zahlreiche Risiken zu beachten:

- die Abhängigkeit vom Dienstleister,
- mangelnde Einflussnahme,
- Koordinationsprobleme,
- Mehrkosten,
- Kompetenzverlust,
- Qualifikationsprobleme.

Als Gestaltungsformen kommen das interne Outsourcing, das Outsourcing in eine Beteiligungsgesellschaft und das echte Outsourcing in Betracht.

Das *interne Outsourcing* ermöglicht es, weiterhin den Einfluss des Unternehmens zu wahren. Eine interne Abteilung für alle FM/GM-Dienste führt selten zu einer wirtschaftlichen Arbeitsweise. Bessere Ergebnisse werden mit einem Profitcenter erzielt, dessen Leitung einen erweiterten Handlungsspielraum und eine eigene Kosten- und Ergebnisverantwortung hat. Die wirtschaftlichsten Ergebnisse werden bei internem Outsourcing durch Gründung einer eigenen Tochtergesellschaft erreicht, die als mittelständisches Unternehmen geführt wird. Werden Eingriffe der Muttergesellschaft, Konzernumlagen, bürokratische Berichte und die Einhaltung komplexer Ver-

waltungsprozeduren vermieden, so kann sie durchaus mit den Anbietern des Marktes konkurrieren.

Will man gleichzeitig die Leistungs- und Kostenpotenziale des Outsourcings nutzen und dennoch die Risiken der vollständigen Abhängigkeit von externen Leistungsträgern vermeiden, so gelangt man zwangsläufig zur Form des *Beteiligungsoutsourcings*. Dabei können sich entweder ein Dienstleister an der Tochtergesellschaft des Unternehmens oder aber das Unternehmen an einem Dienstleister beteiligen oder aber beide eine gemeinsame Betreibergesellschaft gründen. Derartige gesellschaftsrechtliche Umwandlungen von Unternehmensteilen erfordern die Beachtung zahlreicher Rechts- und Steuerfragen, die durch das Umwandlungsgesetz (UmwG) und das Umwandlungssteuergesetz (UmwSG) reglementiert werden. Zur Konzeption und Umsetzung einer solchen Beteiligungsgesellschaft sind daher in jedem Fall fachkundige Juristen und Steuerberater/Wirtschaftsprüfer hinzuzuziehen.

Will ein Unternehmen die Bewirtschaftung seiner Gebäude und Anlagen nicht mehr selbst wahrnehmen, so wählt es meistens die Form des *echten Outsourcing*. Dazu lässt es sich von mehreren externen Dienstleistern Angebote unterbreiten, um nach deren Auswertung, der Präsentation aussichtsreicher Bieter und der Überprüfung der Referenzangaben an einen Dienstleister vertraglich für einen definierten Zeitraum zu binden.

Outsourcing berührt öffentliches Recht, Gesellschafts-, Arbeits-, Steuer-, Straf- und Vertragsrecht (Schneider, 2004, S. 285 ff.).

Nachfolgend sei stellvertretend für die zahlreichen zu klärenden Rechtsfragen auf § 613a BGB hingewiesen, der zu beachten ist, wenn Mitarbeiter des Unternehmens von einer eigenen Tochtergesellschaft, einer Beteiligungsgesellschaft oder von Dritten übernommen werden sollen. Dann haben der alte und der neue Arbeitgeber bestimmte Pflichten zu beachten und können die betroffenen Arbeitnehmer bestimmte Rechte wahrnehmen:

„§ 613a Rechte und Pflichten bei Betriebsübergang:

(1) Geht ein Betrieb oder Betriebsteil durch Rechtsgeschäft auf einen anderen Inhaber über, so tritt dieser in die Rechte und Pflichten aus den im Zeitpunkt des Übergangs bestehenden Arbeitsverhält-

nissen ein. *Sind diese Rechte und Pflichten durch Rechtsnormen eines Tarifvertrags oder durch eine Betriebsvereinbarung geregelt, so werden sie Inhalt des Arbeitsverhältnisses zwischen dem neuen Inhaber und dem Arbeitnehmer und dürfen nicht vor Ablauf eines Jahres nach dem Zeitpunkt des Übergangs zum Nachteil des Arbeitnehmers geändert werden. Satz 2 gilt nicht, wenn die Rechte und Pflichten bei dem neuen Inhaber durch Rechtsnormen eines anderen Tarifvertrags oder durch eine andere Betriebsvereinbarung geregelt werden. Vor Ablauf der Frist nach Satz 2 können die Rechte und Pflichten geändert werden, wenn der Tarifvertrag oder die Betriebsvereinbarung nicht mehr gilt oder bei fehlender beiderseitiger Tarifgebundenheit im Geltungsbereich eines anderen Tarifvertrags dessen Anwendung zwischen dem neuen Inhaber und dem Arbeitnehmer vereinbart wird.*

(2) Der bisherige Arbeitgeber haftet neben dem neuen Inhaber für Verpflichtungen nach Absatz 1, soweit sie vor dem Zeitpunkt des Übergangs entstanden sind und vor Ablauf von einem Jahr nach diesem Zeitpunkt fällig werden, als Gesamtschuldner. Werden solche Verpflichtungen nach dem Zeitpunkt des Übergangs fällig, so haftet der bisherige Arbeitgeber für sie jedoch nur in dem Umfang, der dem im Zeitpunkt des Übergangs abgelaufenen Teil ihres Bemessungszeitraums entspricht.

(3) Absatz 2 gilt nicht, wenn eine juristische Person oder eine Personenhandelsgesellschaft durch Umwandlung erlischt.

(4) Die Kündigung des Arbeitsverhältnisses eines Arbeitnehmers durch den bisherigen Arbeitgeber oder durch den neuen Inhaber wegen des Übergangs eines Betriebs oder eines Betriebsteils ist unwirksam. Das Recht zur Kündigung des Arbeitsverhältnisses aus anderen Gründen bleibt unberührt.

(5) Der bisherige Arbeitgeber oder der neue Inhaber hat die von einem Übergang betroffenen Arbeitnehmer vor dem Übergang in Textform zu unterrichten über:

1. den Zeitpunkt oder den geplanten Zeitpunkt des Übergangs,
2. den Grund für den Übergang,
3. die rechtlichen, wirtschaftlichen und sozialen Folgen des Übergangs für die Arbeitnehmer und
4. die hinsichtlich der Arbeitnehmer in Aussicht genommenen Maßnahmen.

(6) Der Arbeitnehmer kann dem Übergang des Arbeitsverhältnisses innerhalb eines Monats nach Zugang der Unterrichtung nach Absatz 5 schriftlich widersprechen. Der Widerspruch kann gegenüber dem bisherigen Arbeitgeber oder dem neuen Inhaber erklärt werden."

Bei einem Betriebsübergang tritt damit der übernehmende Dienstleister in alle Rechte und Pflichten aus den bestehenden Arbeitsverhältnissen ein. Diese umfassen nicht nur die Gehaltsregelungen, sondern z. B. auch Betriebsrentenansprüche.

Der *FM/GM-Vertrag* ist weder durch Gesetz noch durch eine ständige Rechtspraxis als eigenständiger Vertragstyp mit vorgegebenen Rechten und Pflichten beschrieben. Für ihn besteht Vertragsfreiheit im Sinne von Abschlussfreiheit und Inhaltsfreiheit im Rahmen der vorhandenen Gesetze. Er wird daher in Abhängigkeit von den zu erbringenden Leistungen auf der Basis eines oder mehrerer Vertragstypen aufgebaut und individuell angepasst. Dabei sind die Abgrenzung zur Arbeitnehmerüberlassung nach AÜG und die Gefahr von Schwarzarbeit nach SchwarzarbG zu beachten, die als Ordnungswidrigkeit mit einer Geldbuße bis zu 300.000 € geahndet werden kann.

Kritisch für das Unternehmen ist auch die Beauftragung scheinselbstständiger Dienstleister. Scheinselbstständigkeit liegt vor, wenn jemand als selbstständiger Unternehmer auftritt, obwohl er von der Art seiner Tätigkeit her zu den abhängig beschäftigten Arbeitnehmern zählt. Der Begriff Scheinselbstständigkeit wurde 1999 in § 7 Abs. 4 Satz 1 Nr. 4 SGB IV in das deutsche Sozialrecht eingeführt. Scheinselbstständigkeit löst Versicherungspflicht in der gesetzlichen Rentenversicherung aus (§ 2 Nr. 10 SGB VI). Scheinselbstständigkeit liegt insbesondere vor, wenn:

- die Person auf Dauer und im Wesentlichen nur für einen Auftraggeber tätig ist,
- die Person nicht unternehmerisch am Markt auftritt,
- die Person einen festen zugewiesenen Arbeitsplatz und feste Arbeitszeiten hat und
- andere im Unternehmen des Auftraggebers beschäftigte Arbeitnehmer eine ähnliche Arbeit verrichten.

Diese Personen gelten sozialversicherungsrechtlich als Arbeitnehmer. Für sie sind daher Beiträge zur Sozialversicherung (Kranken-, Renten-, Pflege- und Arbeitslosenversicherung zu entrichten). Der Arbeitgeber kann rückwirkend bis zu 4 Jahren zur Zahlung des Arbeitgeber- und (mit Ausnahme der zurückliegenden 3 Monate) auch des Arbeitnehmeranteils verpflichtet werden.

Im Jahr 2003 wurde von der Bundesregierung die Ich-AG als ein Instrument der Existenzgründungsförderung eingeführt. Danach können sich Arbeitslose mit einem Existenzgründungszuschuss des Arbeitsamtes selbstständig machen. Dieser Zuschuss dient der sozialen Sicherung des Arbeitslosen während einer bis zu 3 Jahren dauernden Startphase. Auch eine Ich-AG kann ein Vertragspartner für FM-Dienstleistungen sein.

Weitere Ausführungen zum Vertragsverhältnis zwischen Auftraggeber und FM/GM-Dienstleister im Hinblick auf Vertragsstruktur und -inhalt, zu Verträgen auf der Basis der VOL/VOF, der VOB mit Erfolgskomponenten und Höchstpreisvereinbarung (GMP) sowie zum Vertragsmanagement enthalten die Ziff. 6.4 bis 6.7 von Schneider (2004, S. 302–442).

Von Reisbeck (2003) wurden Modelle zur Bewirtschaftung von öffentlichen Liegenschaften am Beispiel von zwei Universitäten des Landes Nordrhein-Westfalen entwickelt, verglichen, analysiert und mit Hilfe einer Nutzwertanalyse bewertet. Ausgangsbasis bildete ein Mietmodell mit Trennung von Vermieter und Mieter im Rahmen der angestrebten Finanzautonomie der Hochschulen mit dem Ziel, die Einrichtungen im Sinne des Subsidiaritätsprinzips dazu anzuhalten, mit den zur Verfügung stehenden Flächenressourcen effizienter umzugehen.

Er wies nach, dass aus den bestehenden Hochschul-Liegenschaftsverwaltungen leistungsfähige Dienstleistungseinrichtungen entwickelt werden können, die eine zukunftsorientierte Bewirtschaftung der Hochschulen gewährleisten können.

2.3.3.8 Zusammenfassung

In diesem Abschnitt wird die in der Bundesrepublik Deutschland erst seit dem Anfang der 90er Jahre eingeführte Disziplin des Facility Managements als professionelle Gebäudebewirtschaftung oder auch ganzheitliches Betreiben von Gebäuden und Anlagen mit dem Ziel der optimalen Wertschöpfung durch die Immobilie vorgestellt.

Nach Gegenüberstellung verschiedener Definitionen des FM, seiner Ziele und seiner historischen Entwicklung werden die Aufgaben und Teilleistungen des strategischen FM und des operativen GM beschrieben. Strategisches FM zielt darauf ab, bereits während der Projektentwicklung und Planung von Gebäuden und Anlagen die Voraussetzungen für eine effektive und effiziente operative Gebäudebewirtschaftung zu schaffen und für deren Beachtung im Planungs- und Bauprozess zu sorgen.

Das operative GM umfasst dagegen vom Nutzungsbeginn bis zur Umwidmung/zum Abriss die Gesamtheit aller technischen, infrastrukturellen und kaufmännischen Dienstleistungen zur Bewirtschaftung von Gebäuden und Liegenschaften mit dem Ziel der Aufrechterhaltung und Optimierung aller Funktionen unter Wahrung der Kostentransparenz und der permanenten Wahrnehmung von Chancen zur Kostenreduzierung und Werterhaltung/-verbesserung.

Das Technische GM umfasst alle Teilleistungen des Betriebes und der Bauunterhaltung technischer Anlagen und Einrichtungen sowie alle zugehörigen Maßnahmen, die überwiegend technisches Wissen erfordern.

Das Infrastrukturelle GM erstreckt sich auf alle Teilleistungen, die weder eindeutig technischen noch eindeutig kaufmännischen Charakter haben, jedoch als eindeutig und erschöpfend beschreibbare Leistungen vorteilhaft auch an externe Dienstleister vergeben werden können.

Zum Kaufmännischen GM zählen sämtliche Teilleistungen, die traditionell der kaufmännischen Hausverwaltung zugerechnet werden. Diese ist zuständig für die Vermietung und Vermarktung unter Vermeidung von Leerständen, den Abschluss und Vollzug der zugehörigen Miet- und Kaufverträge, die laufende Mieterbetreuung, die Beschaffung von Lieferungen und Leistungen im Rahmen der Gebäudebewirtschaftung, die Kostenrechnung und Objektbuchhaltung sowie das Controlling.

Besondere Bedeutung hat im Rahmen des operativen GM das Informationsmanagement, das eine entsprechende EDV-Unterstützung voraussetzt (Computer Aided Facility Management CAFM).

Eine wertvolle Hilfe bei der Entwicklung von Informationsmanagementsystemen für das Facility Management und der Auswahl von Anbietern von FM-Systemen und EDV-Dienstleistungen bieten die seit 1996 sukzessive entwickelten und laufend aktualisierten GEFMA-Richtlinien.

Als Organisationsformen für das FM/GM bieten sich die Wahrnehmung ausschließlich mit eigenem Personal, das interne Outsourcing in eine Tochter- oder Beteiligungsgesellschaft oder aber das externe Outsourcing an einen oder mehrere externe Dienstleister an. Dabei sind zahlreiche rechtliche, steuerliche und wirtschaftliche Kriterien zu beachten. Die jeweiligen Chancen und Risiken sind auftraggeber- und gebäude-/liegenschaftsspezifisch gegeneinander abzuwägen.

2.3.4 Immobilienbewertung

Im Rahmen der Projektentwicklung, des Projektmanagements und des Facility Managements hat die Immobilienbewertung, genauer die Bewertung bebauter und unbebauter Grundstücke, zentrale Bedeutung. Dabei kommen sowohl normierte und nicht normierte nationale Verfahren als auch internationale Verfahren zur Anwendung. In diesem Abschnitt soll eine Hilfestellung dazu geboten werden, für den jeweiligen Anwendungsfall das richtige Verfahren auszuwählen. Dazu werden zunächst wichtige rechtliche Grundlagen und Wertbegriffe erläutert sowie die vielfältigen Anlässe für Immobilienbewertungen aufgeführt.

Sodann werden in einem knappen Überblick die verschiedenen Wertermittlungsverfahren, deren Anwendungsbereiche und mögliche Kombinationen vorgestellt. Diese lassen sich unterteilen in nationale normierte Verfahren gemäß Wertermittlungsverordnung (WertV) und nicht normierte Verfahren sowie internationale Bewertungsverfahren. Die Beleihungswertermittlung in der Kreditwirtschaft verlangt mit den Anforderungen nach Basel II für die Kreditsicherheiten besondere Beachtung.

Erläuterungen zum Sachverständigen- und Gutachterausschusswesen für die Verkehrswertermittlung von bebauten und unbebauten Grundstücken runden das Kapitel ab.

Gegenstand der Wertermittlung kann gemäß § 2 Satz 1 WertV *„das Grundstück oder ein Grundstücksteil einschließlich seiner Bestandteile wie Gebäude, Außenanlagen und sonstige Anlagen sowie des Zubehörs sein"* (vertiefend vgl. Diederichs, 2006, S. 605–646).

2.3.4.1 Rechtliche Grundlagen

Für die Immobilienbewertung nach normierten Verfahren gelten zahlreiche Gesetze, Verordnungen, Richtlinien und Normen. Die wichtigsten werden nachfolgend aufgeführt, differenziert nach Rechts- und Themengebieten.

Das *Wertermittlungsrecht* wird maßgeblich bestimmt durch die:

– Ordnung über Grundsätze für die Ermittlung der Verkehrswerte von Grundstücken (*Wertermittlungsverordnung – WertV*) vom 06.12.1988 (BGBl. I S. 2209), zuletzt geändert durch Art. 3 ROG vom 18.08.1997 (BGBl. I S. 2081, 2110);

– normierten Verfahren zur Ermittlung des Verkehrswertes (Vergleichs-, Ertrags- und Sachwertverfahren) nach WertV;

– Richtlinien für die Ermittlung der Verkehrswerte (Marktwerte) von Grundstücken (*Wertermittlungsrichtlinien – WertR 2006*) i. d. F. vom 01.03.2006 (BAnz. Nr. 108a); sie enthalten in Teil I Allgemeine Richtlinien zur Wertermittlung unbebauter und bebauter Grundstücke sowie in Teil II zusätzliche Richtlinien für grundstücksbezogene Rechte und Belastungen, zum Bodenwert in besonderen Fällen sowie Grundsätze der Enteignungsentschädigung.

Aus dem *Bauplanungsrecht* haben für die Immobilienbewertung besondere Bedeutung:

– das Baugesetzbuch (BauGB) i. d. F. vom 23.09.2004 (BGBl. I S. 2414), letzte Änderung vom 24.12.2008 (BGBl. I S. 3018),

– die Baunutzungsverordnung (BauNVO) vom 23.01.1990, letzte Änderung vom 24.04.1993.

Das *steuerliche Bewertungsrecht* wird u. a. geregelt durch das:

– Bewertungsgesetz (BewG i. d. F. vom 01.02.1991 (BGBl. I S. 230), zuletzt geändert durch Steueränderungsgesetz 2007 vom 19.07.2006; dieses enthält in § 9 Abs. 1 BewG den Bewertungsgrundsatz, dass bei Bewertungen, soweit nichts anderes vorgeschrieben ist, der *gemeine Wert* gemäß § 9 Abs. 2 zugrunde zu legen ist. Die §§ 19 bis 32 BewG enthalten Regelungen zur Feststellung von Einheitswerten u. a. für Grundstücke für Zwecke der Besteuerung. Die §§ 72 bis 90 BewG regeln die Wertermittlung unbebauter und bebauter Grundstücke nach dem Vergleichs-, Ertrags- und Sachwertverfahren. Für die Bewertung von Grundbesitz für die Erbschaft- und Schenkungsteuer sowie für die Grunderwerbsteuer gelten die §§ 145 bis 149 BewG. Die sich danach ergebenden Grundstückswerte sind maßgeblich für die Bemessung der Grundsteuer sowie der Erbschaft- und Schenkungsteuer.

– Grunderwerbsteuergesetz (GrEStG) i. d. F. vom 26.02.1997 (BGBl. I S. 418, ber. S. 1804), zuletzt geändert durch Artikel 3 des Gesetzes vom 29.12.2008 (BGBl. I S. 2794); dieses regelt die Bemessung der Grunderwerbsteuer bei Grundstückstransaktionen.

– Grundsteuergesetz (GrStG) vom 07.08.1973 (BGBl. I S. 965), zuletzt geändert durch Artikel 38 des Gesetzes vom 19. Dezember 2008 (BGBl. I S. 2794); dieses regelt die Steuerpflicht, die Bemessung, Festsetzung und Entrichtung der Grundsteuer.

– Erbschaft- und Schenkungssteuergesetz (ErbStG) i. d. F. vom 27.02.1997 (BGBl. I S. 378), zuletzt geändert durch Artikel 8 des Gesetzes vom 10. Oktober 2007 (BGBl. I S. 2332). Dieses regelt die Steuerpflicht beim Erwerb von Todes wegen und bei Schenkungen unter Lebenden, die Wertermittlung, Berechnung der Steuer sowie die Steuerfestsetzung und Erhebung.

Für das Rechnungswesen ist das Handelsgesetzbuch vom 10.05.1987 (BGBl. S. 219), letzte Änderung durch Artikel 3 des Gesetzes vom 23. Oktober 2008 (BGBl. I S. 2026), zu beachten. Es regelt zwar in erster Linie die Rechtsverhältnisse, Buchführungs- und Bilanzierungsvorschriften der Kaufleute und der Handelsgesellschaften, definiert aber auch die Bewertung von Vermögensgegenständen, wie z. B. Grundstücken, die Teil des Sachanlagevermögens in der Bilanz sein können. So heißt es unter § 253 Abs. 2 HGB u. a.:

„Bei Vermögensgegenständen des Anlagevermögens, deren Nutzung zeitlich begrenzt ist, sind die Anschaffungs- oder Herstellungskosten um planmäßige Abschreibungen zu vermindern. ... Ohne Rücksicht darauf, ob ihre Nutzung zeitlich begrenzt ist, können bei Vermögensgegenständen des Anlagevermögens außerplanmäßige Abschreibungen vorgenommen werden, um die Vermögensgegenstände mit dem niedrigeren Wert anzusetzen, *der ihnen am Abschlussstichtag beizulegen ist; sie sind vorzunehmen bei einer voraussichtlich dauernden Wertminderung."*

2.3.4.2 Wertbegriffe

Aufgrund der rechtlichen Grundlagen und verschiedenen Anwendungsgebiete haben sich unterschiedliche Wertbegriffe entwickelt. Sie werden nachfolgend definiert und in den Beschreibungen der Bewertungsverfahren wieder aufgegriffen.

Verkehrswert nach § 194 BauGB
Der Verkehrswert (Marktwert) wird durch den Preis bestimmt, der in dem Zeitpunkt, auf den sich die Ermittlung bezieht, im gewöhnlichen Geschäftsverkehr nach den rechtlichen Gegebenheiten und tatsächlichen Eigenschaften, der sonstigen Beschaffenheit und der Lage des Grundstücks oder des sonstigen Gegenstands der Wertermittlung ohne Rücksicht auf ungewöhnliche oder persönliche Verhältnisse zu erzielen wäre.

Einheitswert = Gemeiner Wert nach § 9 BewG
(1) Bei Bewertungen ist, soweit nichts anderes vorgeschrieben ist, der gemeine Wert zugrunde zu legen.
(2) Der gemeine Wert wird durch den Preis bestimmt, der im gewöhnlichen Geschäftsverkehr nach der Beschaffenheit des Wirtschaftsgutes bei einer Veräußerung zu erzielen wäre. Dabei sind alle Umstände, die den Preis beeinflussen, zu berücksichtigen. Ungewöhnliche oder persönliche Verhältnisse sind nicht zu berücksichtigen.

Der Einheitswert entspricht dem *„Gemeinen Wert"* nach § 9 BewG. Die in Deutscher Mark ermittelten Einheitswerte werden auf volle hundert Deutsche Mark nach unten abgerundet und danach in Euro umgerechnet. Der umgerechnete Betrag wird auf volle Euro abgerundet (vgl. § 30 BewG).

Steuerlicher Grundbesitzwert
Der steuerliche Grundbesitzwert zur Bemessung der Grunderwerb-, der Grund- sowie der Erbschaft- und Schenkungsteuer ist nicht einheitlich geregelt. Hierzu wird verwiesen auf die Ausführungen bei Diederichs (2006, S. 62–73).

Buchwert nach § 253 Abs. 1 HGB

Vermögensgegenstände sind höchstens mit den Anschaffungs- oder Herstellungskosten anzusetzen, vermindert um Abschreibungen nach den Abs. 2 und 3.

True and Fair View nach IAS/IFRS

Für die Ermittlung des Marktwertes einer Immobilie ist Voraussetzung, dass ihre Nutzung in gleicher oder ähnlicher Weise fortgesetzt wird. Der Marktwert wird i.d.R. von beruflich qualifizierten Bewertern ermittelt.

Marktwert

nach der Richtlinie 91/674/EWG des Rates vom 19.12.1991, Art. 49 Abs. 2, l. Ä. durch Richtlinie 2003/51/EG vom 18. Juni 2003

Unter dem Marktwert ist der Preis zu verstehen, der zum Zeitpunkt der Bewertung aufgrund eines privatrechtlichen Vertrages über Bauten oder Grundstücke zwischen einem verkaufswilligen Verkäufer und einem ihm nicht durch persönliche Beziehung verbundenen Käufer unter der Voraussetzung zu erzielen ist, dass das Grundstück offen am Markt angeboten wurde, dass die Marktverhältnisse einer ordnungsgemäßen Veräußerung nicht im Wege stehen und dass eine der Bedeutung des Objektes angemessene Verhandlungszeit zur Verfügung steht.

Zeitwert

nach IAS 16 Ziffer 32 vom 03.11.2008, l.Ä. durch Art. 1 ÄndVO (EG) 70/2009 vom 23. 1. 2009 (ABl. Nr. L 21 S. 16)

Der beizulegende Zeitwert von Grundstücken und Gebäuden wird in der Regel nach den auf dem Markt basierenden Daten ermittelt, wobei man sich normalerweise der Berechnungen hauptamtlicher Gutachter bedient. Der beizulegende Zeitwert für technische Anlagen sowie Betriebs- und Geschäftsausstattung ist i.d.R. der durch Schätzungen ermittelte Marktwert.

Beleihungswert nach § 12 Abs. 1 HBG

Der bei der Beleihung angenommene Wert des Grundstücks darf den durch sorgfältige Ermittlung festgestellten Verkaufswert nicht übersteigen. Bei der Feststellung dieses Wertes sind nur die dauernden Eigenschaften des Grundstücks und der Ertrag zu berücksichtigen, welchen das Grundstück bei ordnungsmäßiger Wirtschaft jedem Besitzer nachhaltig gewähren kann.

Liegt eine Ermittlung des Verkehrswertes aufgrund der Vorschriften der §§ 192 bis 199 des BauGB vor, so soll dieser bei der Ermittlung des Beleihungswertes berücksichtigt werden.

Versicherungswert

nach den §§ 9 bis 11 VGB 2007 – Wert 1914

Der Versicherungswert ist der ortsübliche Neubauwert der im Versicherungsschein bezeichneten Gebäude und Ausstattung sowie seines Ausbaus, ausgedrückt in den Preisen des Jahres 1914. Abweichend können auch der Neuwert oder der Zeitwert als Versicherungswert vereinbart werden. Der Neuwert ist der ortsübliche Neubauwert des Gebäudes und der Zeitwert errechnet sich aus dem Neuwert abzüglich der Wertminderung durch Alter und Abnutzung.

Im Zusammenhang mit der Immobilienbewertung treten somit zahlreiche Wertbegriffe auf, die jedoch maßgeblich von der Definition des Verkehrswertes nach § 194 BauGB geprägt werden. Dabei ist jedoch zu beachten, dass der Verkehrswert nicht mit dem im Einzelfall auf dem Grundstücksmarkt erzielbaren Kaufpreis gleichzusetzen ist, da der Preis je nach Angebot und Nachfrage jeweils zwischen Käufer und Verkäufer ausgehandelt wird.

2.3.4.3 Anlässe einer Immobilienbewertung

Im Rahmen des Immobilienmanagements gibt es zahlreiche Anlässe, die eine Immobilienbewertung erforderlich machen. Sie lassen sich einteilen in die Verwendung für Grundstückstransaktionen und für die Bestandsbewertung.

Zu den Grundstückstransaktionen zählen:

– der An- und Verkauf mit der Notwendigkeit der Ermittlung eines (Markt-) Kaufpreises oder Verkaufspreises,
– die Enteignung mit der Notwendigkeit der Entschädigung, die sich nach § 95 Abs. 1 BauGB nach dem Verkehrswert des zu enteignenden Grundstücks bemisst. Dies ist Aufgabe des Gutachterausschusses nach § 192 BauGB für die in § 193 Abs. 1 BauGB auch angeführten weiteren Fälle,
– Versteigerungen im Wege der Zwangsvollstreckung,

– Vermögensauseinandersetzungen und
– Firmenübernahmen.

Zahlreiche Anlässe erfordern eine Bestandsbewertung von bebauten und unbebauten Grundstücken, die keine Grundstückstransaktion auslösen:

– Im Rahmen der Handels- und Steuerbilanz nach HGB und IAS/IFRS ist der Marktwert von Immobilien zu ermitteln, auch bei der Identifizierung von stillen Reserven.
– Die Bemessung von Grunderwerb-, Grund-, Erbschaft- und Schenkungsteuern richtet sich nach gesetzlich geregelten Wertermittlungen.
– In der Kreditwirtschaft ist zur Prüfung zulässiger Kredithöhen der jeweilige Beleihungswert der Immobilie zu ermitteln.
– Die Versicherungswirtschaft benötigt zur Versicherung von Gebäuden den jeweiligen Versicherungswert. Zur Bemessung der Performance (Rendite und Wertveränderung von Immobilien, z. B. der Immobilienportfolios Offener Immobilienfonds) ist die Beobachtung der Entwicklung des Verkehrswertes der einzelnen Immobilien zu Transaktionswerten erforderlich.

Die zahlreichen Anwendungsfälle machen deutlich, dass Immobilienbewertungen nach unterschiedlichen Verfahren vorgenommen werden müssen. Herausragende Bedeutung haben sicherlich Immobilienwertermittlungen im Rahmen von Grundstückskäufen und -verkäufen sowie die Ermittlung von Beleihungswerten im Rahmen der Kreditfinanzierung. Seit Einführung der Bilanzierungsvorschriften nach IAS/IFRS 2005 auch in Deutschland gewinnt die Immobilienbewertung im Rahmen der Bilanzierung besondere Bedeutung, da die internationalen Bilanzierungsrichtlinien eine regelmäßige jährliche Bewertung des Immobilienvermögens im Anlagevermögen vorschreiben.

2.3.4.4 Übersicht über die Verfahren und Methoden der Immobilienbewertung

Die Verkehrswerte bebauter und unbebauter Grundstücke können nach nationalen und gemäß WertV normierten oder nicht normierten Verfahren sowie nach internationalen Bewertungsverfahren ermittelt werden. Zur Anwendung des in der WertV geregelten Vergleichs-, Ertrags- oder Sachwertver-

fahrens sind grundsätzlich nur die Gutachter der örtlichen Gutachterausschüsse gemäß §§ 192 ff. BauGB verpflichtet. Sie müssen unter Anwendung eines oder mehrerer normierter Verfahren einen Verkehrswert feststellen. Andere Gutachter sind nicht an die Regelungen der WertV gebunden und damit frei in der Wahl der Bewertungsverfahren (Leopoldsberger et al., 2005, S. 470). Da die normierten Verfahren der WertV ein anerkanntes Regelwerk darstellen, sind Abweichungen davon im Gutachten zu begründen.

Zu den in Deutschland auch gebräuchlichen nicht normierten Verfahren zählen das vereinfachte Ertragswertverfahren und die Discounted-Cashflow-Methode, die jedoch im Grunde als Barwertmethode den Ursprung des Ertragswertverfahrens darstellt. Das Bundesverwaltungsgericht hat dazu in seinem Beschluss vom 16.01.1996 (IV B 69/95) ausdrücklich festgestellt, dass zumindest in den Fällen, in denen eine der in der WertV vorgesehenen Methoden nicht angewandt werden kann, auch andere geeignete Methoden zur Anwendung kommen und entwickelt werden können. Dies gilt insbesondere für Großobjekte, bei denen die zur Anwendung kommenden Verfahren von Renditeüberlegungen geprägt sind (Kleiber, Simon, 2010).

Im Zusammenhang mit der Internationalisierung des Immobilienmarktes werden internationale Bewertungsverfahren bekannt, die als Alternativen oder auch für Plausibilitätsbetrachtungen zunehmend Beachtung finden, um Fehleinschätzungen zu vermeiden.

Einen Überblick über die nationalen normierten und nicht normierten sowie die internationalen Bewertungsverfahren liefert *Abb. 2.3-79.*

2.3.4.5 Normierte Verfahren der Wertermittlung

Gemäß § 7 Abs. 1 WertV sind zur Ermittlung des Verkehrswerts das Vergleichswertverfahren (§§ 13 und 14), das Ertragswertverfahren (§§ 15 bis 20), das Sachwertverfahren (§§ 21 bis 25) oder mehrere dieser Verfahren heranzuziehen. Der Verkehrswert ist aus dem Ergebnis des herangezogenen Verfahrens unter Berücksichtigung der Lage auf dem Grundstücksmarkt (§ 3 Abs. 3) zu bemessen. Sind mehrere Verfahren herangezogen worden, ist der Verkehrswert aus den Ergebnissen der angewandten

Abb. 2.3-79 Nationale normierte und nicht normierte sowie internationale Bewertungsverfahren und -methoden

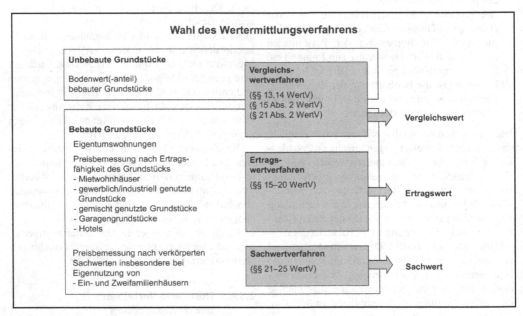

Abb. 2.3-80 Wahl der Wertermittlungsverfahren (Quelle: Kleiber (2002b), S. 914)

Verfahren unter Würdigung ihrer Aussagefähigkeit zu bemessen.

Gemäß § 7 Abs. 2 sind die Verfahren nach der Art des Gegenstands der Wertermittlung (§ 2) unter Berücksichtigung der im gewöhnlichen Geschäftsverkehr bestehenden Gepflogenheiten und der sonstigen Umstände des Einzelfalls zu wählen. Die Wahl ist zu begründen.

Für die Verkehrswertermittlung unbebauter Grundstücke und des Bodenwertanteils bebauter Grundstücke kommt i. d. R. das Vergleichswertverfahren zur Anwendung. Für die Verkehrswertermittlung bebauter Grundstücke wird bei Fremdnutzung üblicherweise das Ertragswertverfahren und bei unrentierlicher Eigennutzung das Sachwertverfahren angewandt. Einen schematischen Überblick vermittelt *Abb. 2.3-80.*

Vergleichswertverfahren

Das Vergleichswertverfahren ist das Regelverfahren für die Bodenwertermittlung unbebauter und bebauter Grundstücke (vgl. § 15 Abs. 2 und § 21 Abs. 2 WertV). Liegen genügend Vergleichspreise vor, so ist es nicht nur die einfachste, sondern auch die zuverlässigste Methode.

Beim unmittelbaren Preisvergleich wird der Bodenwert aus Kaufpreisen vergleichbarer Grundstücke durch Mittelwertbildung aus den Preisen in €/m^2 Grundstücksfläche der Vergleichsgrundstücke abgeleitet. Dabei sind Abweichungen im Zustand des zu bewertenden Grundstücks und in den allgemeinen Wertverhältnissen am Wertermittlungsstichtag gemäß § 14 WertV zu berücksichtigen. Nach § 9 WertV sollen vorhandene Indexreihen, die die Änderungen der allgemeinen Wertverhältnisse auf dem Grundstücksmarkt erfassen, und nach § 10 WertV Umrechnungskoeffizienten, die die Wertunterschiede aus Abweichungen bestimmter wertbeeinflussender Merkmale sonst gleichartiger Grundstücke erfassen, insbesondere aus dem unterschiedlichen Maß der baulichen Nutzung, herangezogen werden.

Ungewöhnliche oder persönliche Verhältnisse gemäß § 6 WertV wie z. B. besondere Bindungen verwandtschaftlicher, wirtschaftlicher oder sonstiger Art sind auszuschließen.

Bei Anwendung des Vergleichswertverfahrens sind nach § 13 Abs. 1 WertV Kaufpreise solcher Grundstücke heranzuziehen, die hinsichtlich der ihren Wert beeinflussenden Merkmale (§§ 4 und 5) mit dem zu bewertenden Grundstück hinreichend übereinstimmen. Finden sich in der Nachbarschaft des Grundstücks nicht genügend Kaufpreise, so können auch Vergleichsgrundstücke aus vergleichbaren Gebieten herangezogen werden.

Nach § 4 WertV wird unterschieden zwischen Flächen der Land- und Forstwirtschaft (Abs. 1), Bauerwartungsland (Abs. 2), Rohbauland (Abs. 3) und baureifem Land (Abs. 4).

Als weitere Zustandsmerkmale unterscheidet § 5 WertV Art und Maß der baulichen Nutzung (Abs. 1), Wert beeinflussende Rechte und Belastungen (Abs. 2), den beitrags- und abgabenrechtlichen Zustand des Grundstücks (Abs. 3), die Wartezeit bis zu einer baulichen oder sonstigen Nutzung (Abs. 4), die Beschaffenheit und die tatsächlichen Eigenschaften des Grundstücks (Abs. 5) sowie die Lagemerkmale der Verkehrsanbindungen, der Nachbarschaft, der

Wohn- und Geschäftslage sowie der Umwelteinflüsse (Abs. 6).

Das Vergleichswertverfahren findet auch Anwendung bei bebauten Grundstücken, die mit weitgehend typisierten Gebäuden, z. B. Wohngebäuden, bebaut sind und bei denen sich der Immobilienmarkt an einer ausreichenden Anzahl von Vergleichspreisen orientieren kann. Das Schema für die Ermittlung des Verkehrswertes im Vergleichswertverfahren zeigt *Abb. 2.3-81*.

Gemäß § 13 Abs. 1 WertV sind bei Anwendung des Vergleichswertverfahrens nur Kaufpreise solcher Grundstücke heranzuziehen, die hinsichtlich der ihren Wert beeinflussenden Merkmale (§§ 4 und 5) mit dem zu bewertenden Grundstück hinreichend übereinstimmen (Vergleichsgrundstücke). Die hinreichende Übereinstimmung muss gemäß § 3 Abs. 2 WertV hinsichtlich der Gesamtheit der den Verkehrswert beeinflussenden rechtlichen Gegebenheiten und tatsächlichen Eigenschaften, der sonstigen Beschaffenheit und der Lage des Grundstücks gegeben sein. Dazu gehören insbesondere der bauplanungsrechtliche Entwicklungszustand (§ 4), die Art und das Maß der baulichen Nutzung (§ 5 Abs. 1), die Wert beeinflussenden Rechte und Belastungen (§ 5 Abs. 2), der beitrags- und abgabenrechtliche Zustand (§ 5 Abs. 3), die Wartezeit bis zu einer baulichen oder sonstigen Nutzung (§ 5 Abs. 4), die Beschaffenheit und Eigenschaft des Grundstücks (§ 5 Abs. 5) sowie die Lagemerkmale (§ 5 Abs. 6).

Aus einem Urteil des KG Berlin vom 01.11.1969 – III 1449/68 wird deutlich, dass nicht alle Grundstücke mit Hilfe von Zu- und Abschlägen miteinander vergleichbar gemacht werden können, sondern nur diejenigen, bei denen verhältnismäßig geringfügige Differenzen zu überbrücken sind und bei denen die Zu- oder Abschläge nach § 14 BewG die Größenordnung von 30% bis 35% nicht übersteigen (Kleiber, 2002, S. 1185).

Die Vorteile des Vergleichswertverfahrens bestehen darin, dass es sich um ein einfaches, leicht verständliches und zuverlässiges Wertermittlungsverfahren handelt, das für die Bodenwertermittlung herausragende Bedeutung hat. Durch seine Orientierung an den Verhältnissen des Grundstücksmarktes erzielen Gutachten auf Basis des Vergleichswertverfahrens eine hohe Akzeptanz. Voraussetzung für die Anwendung des Verfahrens

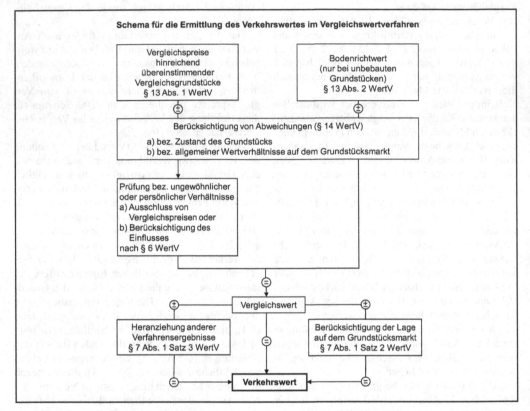

Schema für die Ermittlung des Verkehrswertes im Vergleichswertverfahren

Vergleichspreise
hinreichend
übereinstimmender
Vergleichsgrundstücke
§ 13 Abs. 1 WertV

Bodenrichtwert
(nur bei unbebauten
Grundstücken)
§ 13 Abs. 2 WertV

Berücksichtigung von Abweichungen (§ 14 WertV)
a) bez. Zustand des Grundstücks
b) bez. allgemeiner Wertverhältnisse auf dem Grundstücksmarkt

Prüfung bez. ungewöhnlicher
oder persönlicher Verhältnisse
a) Ausschluss von
Vergleichspreisen oder
b) Berücksichtigung des
Einflusses
nach § 6 WertV

Vergleichswert

Heranziehung anderer
Verfahrensergebnisse
§ 7 Abs. 1 Satz 3 WertV

Berücksichtigung der Lage
auf dem Grundstücksmarkt
§ 7 Abs. 1 Satz 2 WertV

Verkehrswert

Abb. 2.3-81 Schema des Vergleichswertverfahrens nach §§ 13 und 14 WertV (Quelle: Kleiber (2002), S. 1026)

ist allerdings, dass eine ausreichende Anzahl geeigneter Vergleichspreise, Vergleichsfaktoren, Preisindizes und Umrechnungskoeffizienten verfügbar sind (Leopoldsberger et al., 2005, S. 478 f.).

Ertragswertverfahren
Bei Anwendung des Ertragswertverfahrens ist nach § 15 WertV der Wert der baulichen Anlage, insbesondere der Gebäude, getrennt von dem Bodenwert auf der Grundlage des Ertrages nach den §§ 16 bis 19 zu ermitteln. Nach Abs. 2 ist der Bodenwert i. d. R. im Vergleichswertverfahren (§§ 13 und 14) zu ermitteln. Bodenwert und Wert der baulichen Anlagen ergeben gemäß Abs. 3 den Ertragswert des Grundstücks, soweit nicht nach § 20 Abs. 1 BewG als Ertragswert des Grundstücks nur der Bodenwert anzusetzen ist.

Das Ertragswertverfahren eignet sich für die Verkehrswertermittlung von Grundstücken, die üblicherweise dem Nutzer zur Ertragserzielung dienen, da es dem Käufer eines derartigen Objektes in erster Linie auf die Verzinsung des von ihm investierten Kapitals ankommt. Damit ist das Ertragswertverfahren die sachgerechte Methode zur Ermittlung des Verkehrswertes für Mietwohn-, Hotel-, Geschäfts-, Fabrik-, Garagen-, gewerblich genutzte und gemischt genutzte Grundstücke.

Abbildung 2.3-82 zeigt die Ermittlung des Ertragswertes bei vereinfachter Vorgehensweise.

Die Ausgangsformel des Ertragswertverfahrens ergibt sich aus der Summe der über die verbleibende wirtschaftliche Restnutzungsdauer der baulichen Anlage jährlich anfallenden Reinerträge, jeweils diskontiert auf den Wertermittlungsstichtag zuzüg-

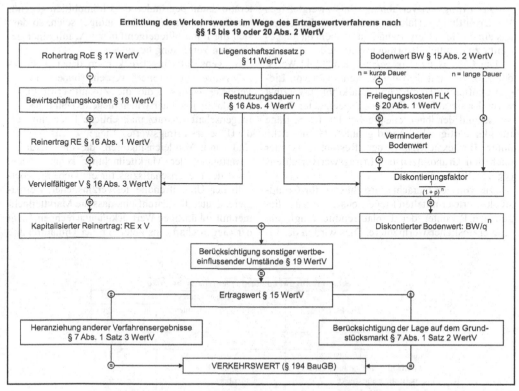

Abb. 2.3-82 Ermittlung des Ertragswertes nach §§ 15 bis 19 oder 20 Abs. 2 WertV (Quelle: Kleiber (2002), S. 1303)

lich des nach Ablauf der Restnutzungsdauer des Gebäudes verbleibenden diskontierten Bodenwertes.

$$EW = \frac{RE_1}{q^1} + \frac{RE_2}{q^2} + \frac{RE_3}{q^3} + ... + \frac{RE_t}{q^t} + ... + \frac{RE_n}{q^n} + \frac{BW_n}{q^n}$$

EW = Ertragswert
RE_t = Reinertrag im Jahr t
= Nettokaltmiete ./. nicht umlagefähige Bewirtschaftungskosten (für Verwaltung, Instandhaltung, Mietausfallwagnis)
BW_n = Bodenwert im Jahr n
q^t = $(1 + i)^t$
i = $p / 100$
p = Liegenschaftszinssatz in % p. a.

Bei Immobilien, die jährlich gleich bleibende Reinerträge erwarten lassen (RE_t = Konstante), lässt sich die Ertragswertformel vereinfachen zu

EW = $RE \times V + BW / q^n$
V = Vervielfältiger (Rentenbarwertfaktor)

$$= \frac{(1+i)^n - 1}{(1+i)^n \times i}$$

Ausgangsbasis des Ertragswertverfahrens ist die Ermittlung des nachhaltig erzielbaren Reinertrages des Grundstücks und seiner Bebauung. Als nachhaltig gelten grundsätzlich diejenigen Erträge, die am Wertermittlungsstichtag unter gewöhnlichen Verhältnissen im Durchschnitt erzielbar sind. Inflationäre Entwicklungen werden nicht berücksichtigt, da die Zukunftserwartungen mit dem aus der Kaufpreissammlung abgeleiteten Liegenschaftszinssatz erfasst werden. Dies ist nach § 11 WertV der Zinssatz, mit dem der Verkehrswert von Liegenschaften im Durchschnitt marktüblich verzinst wird.

Das Ertragswertverfahren ist als zweigleisiges Wertermittlungsverfahren anzusehen, bestehend aus einem Gebäudewertanteil und einem davon getrennt zu ermittelnden Bodenwertanteil.

Der *Liegenschaftszinssatz* ist gemäß § 11 WertV der Zinssatz, mit dem der Verkehrswert von Liegenschaften im Durchschnitt marktüblich verzinst wird. Er ist auf der Grundlage geeigneter Kaufpreise und der ihnen entsprechenden Reinerträge für gleichartig bebaute und genutzte Grundstücke unter Berücksichtigung der Restnutzungsdauer nach den Grundsätzen des Ertragswertverfahrens (§§ 15–20) zu ermitteln.

Die von den Gutachterausschüssen für Grundstückswerte ermittelten Liegenschaftszinssätze liegen i. d. R. unter der Umlaufrendite langfristig festverzinslicher Wertpapiere. Dies wird in der Literatur damit begründet, dass Immobilien gegenüber Geldvermögen wertbeständiger seien, so dass sich die Immobilieneigentümer i. A. mit einer geringeren Verzinsung begnügen.

Liegenschaftszinssätze können daher nicht als *„Zinssätze"* interpretiert werden, sondern nur als Vergleichsfaktoren, die die Zukunftserwartungen der Marktteilnehmer widerspiegeln. Damit hat der Liegenschaftszinssatz maßgebliche Bedeutung für die Höhe des Ertragswertes. Liegenschaftszinssätze sind somit Vergleichsfaktoren, die die Zukunftserwartungen der Marktteilnehmer kennzeichnen. Liegt der Liegenschaftszins für ein Gebäude oberhalb der Umlaufrendite festverzinslicher Wertpapiere, deutet dies darauf hin, dass die Marktteilnehmer mit zukünftigen Wertrückgängen rechnen. Liegt der Liegenschaftszins unterhalb der Umlaufrendite

Vorschlag für anzuwendende Liegenschaftszinssätze		
Grundstücksart	Liegenschaftszinssatz	
	in ländlichen Gemeinden	in den übrigen Gemeinden
Wohngrundstücke		
Einfamilienhausgrundstücke	2,5 bis 3,5 %	2,0 bis 3,0 %
Zweifamilienhausgrundstücke	3,5 bis 4,0 %	3,5 %
Mietwohngrundstücke	4,5 bis 6,0 %	4,0 bis 5,0 %
Eigentumswohnungen		3,5 %
Gemischt genutzte Grundstücke		
Gemischt genutzte Grundstücke mit einem gewerblichen Anteil der Jahresnettokaltmiete bis zu 50 %	5,0 %	4,5 %
Gemischt genutzte Grundstücke mit einem gewerblichen Anteil der Jahresnettokaltmiete über 50 %	5,0 %	4,5 %
Gewerbliche Grundstücke		
Büro- und Geschäftshäuser	6,0 bis 7,0 %	
Selbstbedienungs- und Fachmärkte, Verbrauchermärkte und Einkaufszentren	6,5 bis 7,5 %	
Warenhäuser	6,5 bis 7,5 %	
Hotels und Gaststätten	6,0 bis 7,5 %	
Tennishallen und Freizeiteinrichtungen	6,0 bis 8,5 %	
Sozialimmobilien (z. B. Kliniken und Altenpflegeheime)	6,0 bis 8,5 %	
Parkhäuser, Sammelanlagen und Tankstellen	6,0 bis 8,5 %	
Lagerhallen (Speditionsbetriebe)	6,0 bis 8,0 %	
Fabrikhallen	6,0 bis 8,0 %	
Fabriken und ähnliche spezielle Produktionsstätten	7,5 bis 9,0 %	

Abb. 2.3-83 Vorschlag für anzuwendende Liegenschaftszinssätze (Quelle: Kleiber (2002), S. 1325)

festverzinslicher Wertpapiere, so werden mehr Zuwächse erwartet. Einen Vorschlag für anzuwendende Liegenschaftszinssätze enthält *Abb. 2.3-83*.

Der Vervielfältiger bzw. Rentenbarwertfaktor errechnet sich aus dem Liegenschaftszinssatz und der Restnutzungsdauer. Gemäß § 16 Abs. 4 WertV ist als Restnutzungsdauer die Anzahl der Jahre anzusehen, in denen die baulichen Anlagen bei ordnungsgemäßer Unterhaltung und Bewirtschaftung voraussichtlich noch wirtschaftlich genutzt werden können. Dabei ist allein die wirtschaftliche Nutzungsdauer und nicht die technische Lebensdauer anzusetzen. Sie kann insbesondere durch Modernisierungen verlängert bzw. durch unterlassene Instandhaltung verkürzt werden. In solchen Fällen ist von einem fiktiven Baujahr auszugehen, das durch Verhältnisrechnungen ermittelt wird (Kleiber, 2002, S. 1760). Durchschnittliche wirtschaftliche Gesamtnutzungsdauern bei ordnungsgemäßer Instandhaltung (ohne Modernisierung) enthält *Abb. 2.3-84*.

Gemäß § 19 WertV sind sonstige, den Verkehrswert beeinflussende Umstände, die bei der Ermittlung nach den §§ 16 bis 18 noch nicht erfasst sind, durch Zu- oder Abschläge oder in anderer geeigneter Weise zu berücksichtigen. Insbesondere sind wohnungs- und mietrechtliche Bindungen sowie Abweichungen vom normalen baulichen Zustand zu beachten, soweit sie nicht bereits durch den Ansatz des Ertrages oder durch eine entsprechend geänderte Restnutzungsdauer berücksichtigt sind.

Beispiel zur Anwendung des Ertragswertverfahrens
Aus dem Ertragswert gesamt von 755 164,43 € gemäß WertV 8 (*Abb. 2.3-85*) errechnet sich bei 12 WE ein Ertragswert von 62 930,37 €/WE und bei 75 m² WF/WE ein Ertragswert von 839,07 €/m² WF.

Sachwertverfahren

Das Sachwertverfahren eignet sich vor allem für die Verkehrswertermittlung von Immobilien, die nicht auf eine möglichst hohe Rendite des investierten Kapitals abzielen, wie z. B. Ein- und Zweifamilienhäuser, sondern die zum Zwecke der Eigennutzung gebaut oder gekauft werden. Als Motiv für die Investition in selbstgenutzte Ein- und Zweifamilienhäuser ist vor allem die Geldanlage in krisensichere Sachwerte mit zu erwartender Wertsteigerung zu sehen.

Für öffentlich genutzte Bauwerke wurde die Praxis, Grundstücke, deren Bebauung einer öffentlichen Zweckbindung unterworfen bleibt, im Sach-

Gebäudeart	Gesamtnutzungsdauer
Einfamilienhäuser (entsprechend ihrer Qualität)	
Einfamilienhaus auch mit Einliegerwohnung	60–100 Jahre
Zwei- und Dreifamilienhaus	
Reihenhaus (bei leichter Bauweise kürzer)	
Fertighaus in Massivbauweise	60–80 Jahre
Fertighaus in Fachwerk- und Tafelbauweise	60–70 Jahre
Siedlungshaus	50–60 Jahre
Holzhaus	
Schlichthaus (massiv)	50–60 Jahre
Mietwohngebäude (freifinanziert)	60–80 Jahre
(soziale Wohnraumförderung)	50–70 Jahre
Gemischt genutzte Häuser mit einem gewerblichen	
Mietertragsanteil bis 80 %	50–70 Jahre
Dienstleistungsimmobilien	
Verwaltungs- und Bürogebäude	
Schulen, Kindergärten	50–70 Jahre
Gewerbe- und Industriegebäude	
bei flexibler und zukunftsgerechter Ausführung	40–60 Jahre
Stallgebäude	15–25 Jahre
Tankstellen	10–20 Jahre
Selbstbedienungs- und Baumarkt/Einkaufszentrum	30–50 Jahre
Hotels/Sanatorien/Kliniken	40–60 Jahre

Abb. 2.3-84 Durchschnittliche wirtschaftliche Gesamtnutzungsdauern (GND) (Quelle: Kleiber (2002), S. 1511)

Nr.	Merkmal	Berechnung	Wert
1	Gesamtwohnfläche	12 Wohneinheiten (WE) à 75,00 m² Wohnfläche (WF)	900 m² WF
2	Nettokaltmiete	5,50 € / (m² WF x Mt) x 12 Mt/a	59.400 €/a
3	Verwaltungskosten	220 € / (WE x a) x 12 WE	./. 2.640 €/a
4	Instandhaltungskosten	9 € / (m² WF x a) x 900 m² WF	./. 8.100 €/a
5	Mietausfallwagnis	2 v. H. der Nettokaltmiete	./. 1.188 €/a
6	Reinertrag		47.472 €/a
7	Restnutzungsdauer		28 Jahre
8	Liegenschaftszinssatz		5,00%
9	Vervielfältiger	$[(1 + 0,05)^{28}$ ./. 1] / [$(1 + 0,05)^{28}$ x 0,05]	14,90
10	Ertragswert des Gebäudes	Reinertrag x Vervielfältiger = 47.472 x 14,90	707.332,80 €
11	Diskontierter Bodenwert	1.500 m² Grundstück x 125 €/m² x 1 / $(1 + 0,05)^{28}$ = 187.500 € / 3,92	47.831,63 €
12	Ertragswert gesamt		755.164,43 €

Abb. 2.3-85 Anwendung des Ertragswertverfahrens nach WertV für ein Mehrfamilienhaus

wertverfahren zu bewerten, durch Erlass des BM-Bau vom 12.10.1992 (BAnz. vom 21.10.93 Nr. 199 S. 9630) dahingehend korrigiert, dass die Anwendung des Ertragswertverfahrens dann geeignet sei, wenn der Erwerber bei wirtschaftlicher Betrachtungsweise so zu stellen ist, wie er bei alternativer Anmietung entsprechender baulicher Anlagen gestellt wäre, z. B. bei Verwaltungsgebäuden, Schulen und Kindergärten.

Damit kommt das Sachwertverfahren immer dann zur Anwendung, wenn die Ersatzbeschaffungskosten des Wertermittlungsobjektes nach den Gepflogenheiten des gewöhnlichen Geschäftsverkehrs Preis bestimmend sind (Kleiber, 2002b, S. 1736 ff.).

Der Sachwert setzt sich nach § 21 WertV aus drei Komponenten zusammen:

– dem Wert der baulichen Anlagen (§ 21 Abs. 1),
– dem Bodenwert (§ 21 Abs. 2 i. V. m. §§ 13 und 14) und
– dem Wert der sonstigen Anlagen (§ 21 Abs. 4).

Dieser Ausgangswert dient wiederum zur Bemessung des Verkehrswertes unter Berücksichtigung der Lage auf dem Grundstücksmarkt (§ 7 Abs. 1 und § 3 Abs. 3).

Der *Bodenwert* ist wie beim Ertragswertverfahren regelmäßig nach dem Vergleichswertverfahren zu ermitteln.

Der Wert der *baulichen Anlagen* (Gebäude, Außenanlagen und Besondere Betriebseinrichtungen) sowie der *Wert der sonstigen Anlagen* sind, ge-

trennt vom Bodenwert, nach Herstellungswerten unter Berücksichtigung ihres Alters (§ 23), von Baumängeln und Bauschäden (§ 24) sowie sonstiger Wert beeinflussender Umstände (§ 25) nach § 22 zu ermitteln (§ 21 Abs. 3). Für die Ermittlung des Herstellungswertes der Gebäude sieht § 22 drei Verfahren vor, die Ermittlung auf Grundlage:

– der Normalherstellungskosten (§ 22 Abs. 1 bis 3),
– der gewöhnlichen Herstellungskosten einzelner Bauleistungen (Einzelkosten) (§ 22 Abs. 4) oder
– der tatsächlich entstandenen Herstellungskosten (§ 22 Abs. 5).

2.3.4.6 Nicht normierte Verfahren

Das Bundesverwaltungsgericht hat in seinem Beschluss vom 16.01.96 (IV B 69/95) festgestellt, dass zumindest in den Fällen, in denen eine der in der WertV vorgesehenen Methoden nicht angewendet werden kann, auch andere geeignete Methoden zur Anwendung kommen und entwickelt werden können. Dies gilt insbesondere bei der Verkehrswertermittlung von Großobjekten, bei denen die zur Anwendung kommenden Verfahren von Renditeüberlegungen geprägt sind.

In Deutschland kommen häufig das vereinfachte Ertragswertverfahren und die Discounted-Cashflow-Methode (DCF-Verfahren) zur Anwendung.

Nr.	Merkmal	Art/Berechnung	Wert
1	Bauliche Anlage	Mehrfamilienhaus	
2	Baujahr		1985
3	Anzahl der Wohnungen		8 WE
4	Wohnfläche	8 x 100 m² WF	800 m² WF
5	Nettokaltmiete	9,50 €/(m² WF x a) x 12 Mt/a	114 €/(m² WF x a)
6	Restnutzungsdauer		60 Jahre
7	Liegenschaftszins		5%
8	Bodenwert	1.000 m² x 200 €/m²	200.000 €
9	Vervielfältiger	$(1,05^{60} - 1)/(1,05^{60} \times 0,05)$	18,92
10	Rohertrag	800 m² WF x 114 €/(m² WF x a)	91.200 €/a
11	nicht umlagefähige Bewirtschaftungskosten	für Verwaltung, Instandhaltung, Mietausfall	./. 11.200 €/a
12	Reinertrag		80.000 €/a
13	Ertragswert		
14	Gebäudewertanteil	RE x V = 80.000 €/a x 18,92	1.513.600 €
15	Bodenwertanteil	$200.000 € \times 1/1,05^{60}$	10.707 €
16	Abschlag nach § 19 WertV		./. 12.000 €
17	Verkehrswert	Ertragswert mit Abschlag	1.512.307 €

Abb. 2.3-86 Beispiel für das vereinfachte Ertragswertverfahren

Vereinfachtes Ertragswertverfahren

Nach § 15 WertV ergibt sich der Ertragswert des Grundstücks aus dem Bodenwert und dem Wert der baulichen Anlagen.

Die Anwendung des Ertragswertverfahrens kann bei Objekten mit langer Restnutzungsdauer der baulichen Anlage dadurch vereinfacht werden, dass der zu diskontierende Bodenwert gänzlich außer Betracht bleibt und der Ertragswert nach der Formel des vereinfachten Ertragswertverfahrens ermittelt wird:

$$EW = RE \times V$$
$EW = Ertragswert$
$RE = Reinertrag$
$V = Vervielfältiger$

Der Vorteil des im Ausland i. d. R. angewandten vereinfachten Ertragswertverfahrens besteht in der sehr einfachen mathematischen Form und dem Entfall der Notwendigkeit zur Ermittlung des Bodenwertes.

Das Beispiel in *Abb. 2.3-86* zeigt, dass der Barwert des Bodenwertes bei der Restnutzungsdauer von 60 Jahren nur etwa 0,7% des Gebäudewertanteiles und hier 89% des Abschlags nach § 19 WertV ausmacht. Ferner errechnet sich bei einem Verkehrswert von 1.512.307 € und 8 WE ein Preis von 189.038 €/WE bzw. bei 100 m² WF/WE ein Preiskennwert von 1.890 €/m² WF.

Discounted-Cashflow-Methode (DCF-Verfahren)

Die Discounted-Cashflow-Methode ist praktisch identisch mit dem Ertragswertverfahren nach §§ 15 ff. WertV. Wie bei diesem handelt es sich um ein Barwertverfahren, d. h. der Verkehrswert (Ertragswert) wird aus dem Barwert der künftigen aus einer Immobilie fließenden Nutzungsentgelte (Erträge) ermittelt.

Der Unterschied zwischen beiden Verfahren besteht darin, dass:

- die Ertragswertermittlung nach §§ 15 ff. WertV von dem am Wertermittlungsstichtag erzielbaren ortsüblichen Reinertrag ausgeht und diesen für die gesamte Restnutzungsdauer der baulichen Anlage als nachhaltigen Reinertrag unterstellt und
- die DCF-Methode zwar ebenfalls die auf den Wertermittlungsstichtag diskontierten Jahresreinerträge ermittelt, wobei allerdings auch von sich jährlich ändernden Nutzungsentgelten ausgegangen werden kann.

Die Ausgangsgleichung sowohl des Ertragswertverfahrens nach WertV als auch der DCF-Methode ist die Barwertformel:

$$Barwert = \sum_{t=1}^{t=n} \frac{RE_t}{q^t} + \frac{RW}{q^n}$$

RE = jährlicher Reinertrag
RW = Restwert
q = $1 + p$
p = bankenüblicher Kapitalmarktzinssatz in % p. a.
n = Betrachtungszeitraum, z. B. 10 Jahre

Der Vorteil der DCF-Methode besteht wie bei dem vereinfachten Ertragswertverfahren darin, dass sie ohne die Schätzung einer Restnutzungsdauer der Immobilie auskommt. Stattdessen wird der Reinertrag nicht über die gesamte Restnutzungsdauer des Gebäudes, sondern nur über einen noch überschaubaren Zeitraum kapitalisiert (z. B. über 10 Jahre). In solchen Fällen verbleibt als Restwert ein entsprechend um 10 Jahre gealtertes Gebäude mit Grundstück. Die Wertermittlungsproblematik verlagert sich damit in die Abschätzung dieses Restwertes für das Gebäude und für den Boden nach Ablauf dieser 10 Jahre. Dabei müssen sowohl die Wertminderung infolge Alterung in technischer und wirtschaftlicher Hinsicht als auch konjunkturelle Werterhöhungen oder -minderungen berücksichtigt werden. Damit geht es beim DCF-Verfahren weniger um die Ermittlung des Verkehrswertes im strengen Sinne, sondern um die Beratung eines Investors hinsichtlich des maximalen Kaufpreises für eine von ihm vorgegebene Verzinsung.

2.3.4.7 Internationale Bewertungsverfahren

In Großbritannien gilt die Tradition des case law. Daher existieren keine den deutschen Vorschriften vergleichbaren Regelungen in Bezug auf die Wertermittlung von Grundstücken. Die Entwicklung von Bewertungsregeln und deren Durchsetzung in der Praxis ist in Großbritannien Aufgabe der Berufsverbände (Leopoldsberger et al., 2005, S. 497 f.).

Das von der Royal Institution of Chartered Surveyors (RICS) herausgegebene „The Red Book – RICS Valuation Standards" (2011) enthält „Practice Statements" und „Guidance Notes", die den deutschen Wertermittlungsvorschriften und -richtlinien nahe kommen. Die Mitglieder der RICS haben die Vorschriften des Red Book einzuhalten und können in ihren Gutachten nur in begründeten Einzelfällen davon abweichen. Die 7. Auflage des Red Book (2011) enthält den Begriff des „Market Value" (MV) als „Estimated Amount", für den ein Immobilienvermögen im gewöhnlichen Geschäftsverkehr zwischen einem verkaufsbereiten Veräußerer und einem kaufbereiten Erwerber nach angemessener Vermarktungsdauer am Tag der Bewertung ausgetauscht werden sollte, wobei jede Partei mit Sachkenntnis, Umsicht und ohne Zwang handelt (RICS, PS 3.2).

Das Red Book enthält im Gegensatz zur deutschen WertV keine Vorgaben darüber, welche Methoden bei der Wertermittlung anzuwenden sind. Nachfolgend werden die in der britischen und amerikanischen Bewertungspraxis gebräuchlichsten Verfahren dargestellt (White D et al. 2003, S. 85ff).

Direkte Vergleichswertmethode (Direct Value Comparison Method)

Die direkte Vergleichswertmethode findet vorrangig Anwendung bei der Beurteilung von einfachen Immobilienarten, z. B. beim An- oder Verkauf von Wohnungen oder Büroflächen. Methodisch handelt es sich um den direkten Vergleich des zu bewertenden Objektes mit getätigten und analysierten Markttransaktionen auf m²- oder Nutzungseinheits-Basis.

Die sehr einfache und direkte Bewertungsformel lautet:

Market value = Anzahl der Einheiten × Marktwert / Einheit

Die direkte Vergleichswertmethode wird in Großbritannien insbesondere bei der Bewertung von Einfamilienhäusern häufiger angewandt als in Deutschland, da hier das Sachwertverfahren für selbstgenutztes Wohneigentum bevorzugt wird. Deutsche Gutachter verwenden vielfach aggregiertes Zahlenmaterial. Britische Bewerter bemühen sich dagegen, individuell zu dem Bewertungsobjekt passende Vergleichsobjekte ausfindig zu machen.

Investmentmethode (Investment Method)

Die Investmentmethode wird bei der Bewertung solcher Immobilien angewandt, die nur für eine bestimmte Zeit als Kapitalanlage gehalten und dann mit Profit veräußert werden sollen. Eingangsparameter der Investmentmethode sind die Nettoerträge der zu bewertenden Immobilie aus der gezahlten Miete abzüglich der nicht umlagefähigen Betriebskosten (Reinertrag) und ein angemessener Diskontierungsfaktor.

Bei den Mieterträgen ist zu unterscheiden zwischen den gegenwärtig gezahlten Mieten (current rent) und künftigen Mieten (future rent) nach dem Auslaufen bestehender Mietverträge. Hierzu stehen dem Bewerter drei Ansätze zur Verfügung (White et al., 2003, S. 102 ff.):

– Term-and-Revision-Methode,
– Term-and-Revision-Methode mit Equivalent Yield,
– Hardcore- oder Layer-Methode.

Internationales Sachwertverfahren (Depreciated Replacement Cost Method)

Der Depreciated Replacement Cost Approach (DRC-Approach) wird für die Bewertung von *„specialized properties"* wie Kirchen, Krankenhäuser, Schulen, Museen und Theater angewandt, für die sich aufgrund ihrer besonderen Eigenschaften und geringen Transaktionshäufigkeit kaum Vergleichsobjekte am Markt finden lassen. Verfügbare Vergleichspreise sind meistens durch die individuellen Nutzungsvorstellungen der Erwerber geprägt.

Gewinnmethode (Profits Method)

Die Gewinnmethode findet Anwendung bei der Wertermittlung von Spezialimmobilien mit i. d. R. nur einer betriebsspezifischen Nutzung, z. B. Hotels, Tankstellen, Theater, Kinos und Museen, Parkhäuser, Freizeitparks sowie Autobahnraststätten. Der Wert solcher Immobilien wird aus den zukünftigen Gewinnen des Unternehmens abgeleitet und nicht aus den Mieteinnahmen. Hierzu ist eine Prognostizierung der Zahlungsströme aus Einnahmen und Ausgaben über den gesamten Investitionszeitraum erforderlich.

Residualwertverfahren (Residual Method)

Das Residualwertverfahren (Residual Method) findet im Ausland und zunehmend auch in Deutschland breite Anwendung bei der Ermittlung des tragbaren Preises allein für das Grundstück. Es ist

darauf gerichtet, als inneren Wert eines Grundstücks den Preis zu ermitteln, den ein Investor im Hinblick auf eine angemessene Rendite nach vollzogener Projektentwicklung tragen kann. Dazu werden vom Verkehrswert einer fiktiven Bebauung des Grundstücks die dafür aufzubringenden Investitionskosten einschließlich eines angemessenen Unternehmer-/Projektentwicklergewinns abgezogen. Der verbleibende Restwert ist der tragfähige Grundstückswert.

Das Schema für die Ermittlung des kalkulatorisch tragbaren Bodenwertes auf der Grundlage eines Verkaufspreises für einen fiktiven Neubau und der dafür aufzubringenden Herstellungskosten inkl. Projektentwicklergewinn zeigt *Abb. 2.3-87*.

Die Formel für den Bodenwert ergibt sich durch Auflösung der Formel für das Ertragswertverfahren nach dem Bodenwert.

$$EW = RE \times V + BW/q^n$$
$$BW = (EW ./. RE \times V) \times q^n$$

EW = *Ertragswert = Verkaufspreis*
RE = *Reinertrag*
BW = *(kalkulatorischer) Bodenwert*
V = *Vervielfältiger*
  = $(q^n ./. 1) / (q^n \times i)$
q = $1 + i$
i = $p/100$
p = *Liegenschaftszinssatz in % p. a.*
n = *Betrachtungszeitraum (Jahre)*

Der Käufer eines Grundstücks wird dagegen stets prüfen, ob er sich einen nach dem Residualpreis ermittelten Bodenwert im Rahmen seiner Rentabilitätsanalysen überhaupt leisten kann. Selbst dann wird er jedoch einen Bodenwert nicht akzeptieren, der über den Vergleichspreisen liegt, so dass die Bedeutung des Residualwertverfahrens letztlich auf Plausibilitätsbetrachtungen zur Überprüfung der Ergebnisse normierter Verfahren eingeschränkt werden kann.

2.3.4.8 Beleihungswertermittlung in der Kreditwirtschaft

Bei der Ausreichung von Darlehen zum Kauf von bebauten und unbebauten Grundstücken bilden Immobilien die Sicherheiten der Banken.

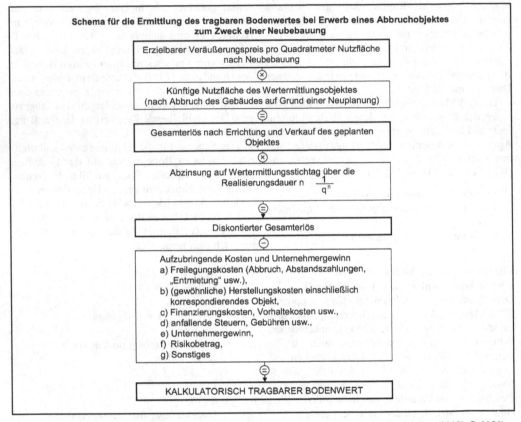

Abb. 2.3-87 Kalkulatorische Bodenwertermittlung nach dem Residualwertverfahren (Quelle: Kleiber (2002), S. 1154)

Grundpfandrechtlich besicherte Kredite werden von folgenden Banken bzw. Institutsgruppen gewährt (Weyers, 2002, S. 2368 ff.):

– Bausparkassen
– Genossenschaftsbanken
– Geschäfts- und Kreditbanken
– Hypothekenbanken
– Landesbanken
– Sparkassen
– Versicherungen
– Leasinggesellschaften

Im Rahmen der Internationalen Rechnungslegung nach IAS/IFRS haben Bewertungsfragen im Rahmen des Immobilien- oder Objektratings sowie des Firmenratings künftig zunehmende Bedeutung.

Die Beleihungswertermittlung ist Voraussetzung sowohl für die Gewährung grundpfandrechtlich gesicherter Personalkredite als auch personenunabhängiger Realkredite.

Realkredite müssen eine den Erfordernissen der §§ 11 (Beleihungsgrenze) und 12 HBG (Beleihungswert) entsprechende Sicherheit an Grundstücken für die Forderungen der Institute unabhängig von der Person des Kreditnehmers allein durch den Beleihungsgegenstand gewährleisten (Kapitaldienstgrenze für Verzinsung und Tilgung). Daher ist zunächst die Realkreditfähigkeit des Pfandobjektes zu prüfen.

Als Beleihungsgrenze für einen Realkredit gelten heute allgemein ≤ 60% des Beleihungswertes. Gemäß § 20 Abs. 3 Satz 2 Nr. 5 KWG dürfen jedoch

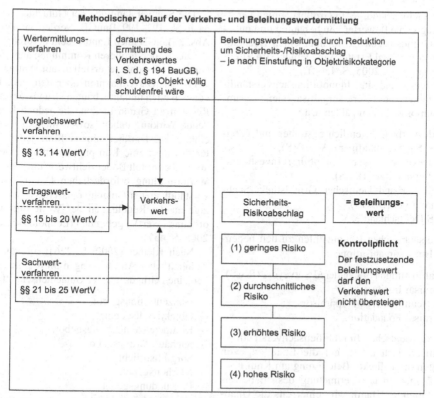

Abb. 2.3-88 Ermittlung des Verkehrs- und Beleihungswertes (Quelle: Weyers (2002), S. 2404)

50% des Verkehrswertes nicht überschritten werden. Bei gesicherten Personalkrediten gewähren Sparkassen eine Beleihung bis zu 80% und in einigen Bundesländern sogar bis zu 100% des Beleihungswertes.

Der Begriff des Beleihungswertes ist gesetzlich nicht definiert, er hat sich jedoch im allgemeinen Sprachgebrauch durchgesetzt und wird aus dem Verkehrswert i. S. von § 194 BauGB abgeleitet.

Hierzu sind von dem auf der Grundlage nachhaltig erzielbarer Erträge ermittelten Ertragswert objektspezifische Risikoabschläge vorzunehmen. Dadurch soll Veränderungen beim Preisniveau auf dem Immobilienmarkt begegnet werden. Eine Beleihung von bis zu 60% des Beleihungswertes darf im Interesse einer Vorsorge für den Insolvenzfall 50% des Verkehrswertes i. S. von § 194 BauGB nicht übersteigen. Begründung ist, dass gemäß § 85 a Abs. 1 ZVG einem Meistgebot bei der Zwangsversteigerung, das

unter 50% des Verkehrswertes liegt, der Zuschlag versagt werden muss. Der Beleihungswert darf danach 5/6 des Verkaufswertes nicht übersteigen.

Das Vorgehen bei der Ermittlung des Verkehrs- und Beleihungswertes ist ersichtlich aus *Abb. 2.3-88.*

2.3.4.9 Sachverständigen- und Gutachterausschusswesen

Die Qualität der Immobilienbewertung ist maßgeblich abhängig von der fachlichen Qualifikation der eingeschalteten Sachverständigen und Gutachter. Sachverständige für die Immobilienbewertung sind in Deutschland vorrangig Architekten und Bauingenieure mit der Tendenz zur Betonung vor allem technischer Aspekte in den Gutachten. Der Begriff des Sachverständigen ist in Deutschland nicht geschützt. Es gibt bisher auch kein Berufsgesetz für Sachverständige. In Großbritannien verfügen dagegen die Bewerter von bebauten und unbebauten Grundstücken i. d. R. über einen Bachelor oder Master in Real Estate Management o. ä. (Leopoldsberger et al., 2005, S. 456 ff.).

In Deutschland sind Immobiliensachverständige in zahlreichen Berufsorganisationen zusammengeschlossen. Dazu zählen u. a.:

– Bundesverband öffentlich bestellter und vereidigter Sachverständiger e. V. (BVS),
– Bundesverband der Immobilien-Investment-Sachverständigen (BIIS),
– Bundesverband Deutscher Grundstücks-Sachverständiger (BDGS),
– RICS Deutschland e. V.

Im angelsächsischen Raum zählen zu den bedeutenden Berufsorganisationen:

– Royal Institution of Chartered Surveyors (RICS),
– Appraisal Institute,
– American Society of Appraisors,
– Appraisal Foundation.

Die Rolle deutscher Immobiliensachverständiger konzentriert sich i. d. R. auf die Erstellung von Gutachten ohne direkte Beteiligung am Kauf bzw. Verkauf oder an der Vermietung des zu bewertenden Objektes. Damit wird einerseits die Unabhängigkeit gewahrt, andererseits besteht jedoch die Gefahr der unzureichenden Marktnähe. Die britischen Chartered Surveyors sind neben ihrer Gutachterfunktion auch als Makler und Berater tätig, vor allem als Angestellte in den Grundstücksabteilungen von Unternehmen, Behörden, Verbänden und in Immobilienberatungsunternehmen, während die deutschen Gutachter meistens als Einzelperson auftreten.

Beleihungswertermittlungen im Zusammenhang mit Kreditvergaben werden in Deutschland vorrangig von bankinternen Gutachtern vorgenommen. Immobilienbewertungen im Zusammenhang mit dem An- und Verkauf oder der Vermögensauseinandersetzung werden häufig von öffentlich bestellten und vereidigten Sachverständigen für die Bewertung bebauter und unbebauter Grundstücke vorgenommen, die zwecks Zulassung eine Prüfung der Sachkunde und persönlichen Eignung vor der jeweiligen Industrie- und Handelskammer abzulegen haben.

Die Sachverständigen der Gutachterausschüsse nach §§ 192–199 BauGB werden gemäß § 199 Abs. 2 BauGB nach Landesrecht berufen.

Die bei den größeren Kommunen angesiedelten Gutachterausschüsse erstellen auf Antrag gemäß § 193 BauGB Gutachten über den Verkehrswert von bebauten und unbebauten Grundstücken sowie Rechten an Grundstücken, die jedoch keine bindende Wirkung haben, soweit nichts anderes vereinbart ist. Darüber hinaus führt jeder Gutachterausschuss eine Kaufpreissammlung, wertet sie aus und ermittelt Bodenrichtwerte und sonstige zur Wertermittlung erforderlichen Daten. Die Sachverständigen der Gutachterausschüsse sind als einzige an die Regelungen der Wertermittlungsverordnung (WertV) gebunden (Leopoldsberger et al., 2005, S. 457).

Nach Kleiber (2002, S. 226 ff.) gelten folgende inhaltlichen Anforderungen im Rahmen der Allgemeinen Grundsätze der Gutachtenserstattung:

– Konzentrationsgebot,
– Objektivitätsgebot,
– Kompetenzeinhaltungsgebot,
– Sachaufklärungsgebot,
– Sorgfaltspflicht,
– Klarheitsgebot,
– Begründungsgebot,
– Höchstpersönlichkeit.

Als Fazit ist damit ein Sachverständiger grundsätzlich verpflichtet, sein Gutachten unter Beachtung der ihm obliegenden Sorgfaltspflicht zu erstellen. Für private Auftraggeber wird er grundsätzlich im Rahmen eines Werkvertrages tätig und schuldet ein objektiv mangelfreies, für die Zwecke des Auftraggebers verwendbares Gutachten.

2.3.4.10 Zusammenfassung

Die Bewertung bebauter und unbebauter Grundstücke sowie grundstücksgleicher Rechte erlangt im Rahmen der Globalisierung nicht nur im Bereich des Immobilienmanagements, sondern auch im Bereich des Rechnungswesens nach IAS/IFRS mit dem Erfordernis der jährlichen Bewertung des Immobilienbestandes zunehmende Bedeutung. Daher ist es zwingend notwendig, nach Darstellung der rechtlichen Grundlagen und Wertbegriffe sowie der Anlässe für Immobilienbewertungen nicht nur die nationalen normierten Verfahren der Wertermittlung gemäß WertV und die schon seit vielen Jahren angewandten nicht normierten Verfahren (vereinfachtes Ertragswertverfahren und Discounted-Cashflow-Methode) zu beschreiben und zu erläutern. Besonderes Augenmerk muss auf internationale Bewertungsverfahren gerichtet werden, zumal Kapitalsammelstellen wie Offene Immobilienfonds zunehmend im Ausland investieren, aber auch ausländische Investoren in großem Umfang Immobilien in Deutschland ankaufen, z. B. die Bestände deutscher Wohnungsunternehmen. Bei der Anwendung der jeweiligen Verfahren ist auf die spezifischen Anwendungsbereiche, die Aussagegenauigkeit, Fehleranfälligkeit und damit auf die Grenzen der Aussagekraft zu achten.

Die Ausführungen zur Beleihungswertermittlung in der Kreditwirtschaft vermitteln einen Einblick in die Denkweise der Kreditinstitute und die Art der Bemessung von Beleihungsgrenzen in Verfolgung ihrer Sicherheitsbedürfnisse.

Bei den Ausführungen zum Sachverständigen- und Gutachterausschusswesen ist besonderer Wert auf die Darlegung der inhaltlichen Anforderungen an die Gutachtenserstattung zu legen.

Literaturverzeichnis Kap. 2.3

Gesetze, Verordnungen, Vorschriften
AbfG (1994, 2009) Abfallgesetz
BauGB (2004, 2009) Baugesetzbuch
BauNVO (1990, 1993) Verordnung über die bauliche Nutzung der Grundstücke (Baunutzungsverordnung)
BewG (1991, 2008) Bewertungsgesetz
BFernStrG (2007, 2009) Bundesfernstraßengesetz
BGB (2003, 2009) Bürgerliches Gesetzbuch
BImSchG (1990, 1995) Gesetz zum Schutz vor schädlichen Umwelteinwirkungen durch Luftverunreinigungen, Geräusche, Erschütterungen und ähnliche Vorgänge (Bundes-Immissionsschutzgesetz)
BiRiLiG (1985) Bilanzrichtlinien-Gesetz
BMF (1972) Immobilien-Leasing-Erlaß, Bonn
BMF (1991) Immobilien-Teilamortisations-Erlaß, Bonn
BNatSchG (2009) Gesetz über Naturschutz und Landschaftspflege (Bundesnaturschutzgesetz)
EntschG (2004, 2006) Gesetz über die Entschädigung nach dem Gesetz zur Regelung offener Vermögensfragen (Entschädigungsgesetz)
ErbStG (1997, 2009) Erbschaft- und Schenkungssteuergesetz
EStG (2009, 2010) Einkommensteuergesetz
FördG (1993, 2001) Gesetz über Sonderabschreibungen und Abzugsbeträge im Fördergebiet (Fördergebietsgesetz)

GBBerG (1993, 2008) Grundbuchbereinigungsgesetz
GrEStG (1997, 2009) Grunderwerbsteuergesetz
GrStG (1973, 2008) Grundsteuergesetz
HeizkostenV (2009) Verordnung über die verbrauchsabhängige Abrechnung der Heiz- und Warmwasserkosten (Heizkostenabrechnung)
HOAI (2009) Honorarordnung für Architekten und Ingenieure
II. BV (1990, 2007) Verordnung über wohnungswirtschaftliche Berechnungen nach dem Zweiten Wohnungsbaugesetz (Zweite Berechnungsverordnung)
KAGG (1969, 2002) Gesetz über Kapitalanlagegesellschaften
KrW-/AbfG (1994, 2009) Kreislaufwirtschafts- und Abfallgesetz
MHG (1974, 2001) Gesetz zur Regelung der Miethöhe, aufgehoben in 2001 und neugefaßt durch Mietrechtsreformgesetz vom 19.6.2001, s. § 557 BGB Mieterhöhungen nach Vereinbarung oder Gesetz
PlanzV 90 (1990) Verordnung über die Ausarbeitung der Bauleitpläne und die Darstellung des Planinhalts (Planzeichenverordnung 1990)
ProdHaftG (1989, 2002) Produkthaftungsgesetz
ROG (2008, 2009) Raumordnungsgesetz
UmweltHG (1990, 2007) Umwelthaftungsgesetz
UStG (2005, 2010) Umsatzsteuergesetz
UVPG (2010) Gesetz über die Umweltverträglichkeitsprüfung
VDMA (1996) Entwurf VDMA-Einheitsblatt 21196 Gebäudemanagement, Begriffe und Leistungen
WEG (1951, 2009) Wohnungseigentumsgesetz
Wert R (2006) Richtlinien für die Ermittlung der Verkehrswerte (Marktwerte) von Grundstücken (Wertermittlungsrichtlinien 2006 – WertR 2006)
WertV (1988, 1997) Verordnung über Grundsätze für die Ermittlung der Verkehrswerte von Grundstücken (Wertermittlungsverordnung – WertV)
WHG (2009) Gesetz zur Ordnung des Wasserhaushalts (Wasserhaushaltsgesetz)
Wert R (2006) Richtlinien für die Ermittlung der Verkehrswerte (Marktwerte) von Grundstücken (Wertermittlungsrichtlinien)
ZVG (1987, 2009) Gesetz über die Zwangsversteigerung und Zwangsverwaltung

Normen, Richtlinien
AIG (1996) Arbeitsgemeinschaft Instandhaltung im VDMA, Frankfurt/Main
ASR (1979, 2002) Arbeitsstättenrichtlinien, Nr. 5–48
Baureferat der Landeshauptstadt München (Hrsg) (1991) Richtlinien für die Projektierung städtischer Bauvorhaben. München
BMVBW (Hrsg) (2000) Normalherstellungskosten 2000 (NHK 2000), Anlage 7 der WertR 2002. Bundesanzeiger-Verlag, Köln

BMVBW (Hrsg) (2009) Richtlinien für die Durchführung von Bauaufgaben des Bundes im Zuständigkeitsbereich der Finanzbauverwaltungen (RBBau). 19. Austauschlieferung, Deutscher Bundes-Verlag, Köln

DIN 1356 (1995) Bauzeichnungen

DIN 18205 (1996) Bedarfsplanung im Bauwesen

DIN 18960 (2008) Nutzungskosten im Hochbau

DIN 276 (1981-04, 1993-06, 2006-11, Teil 1: 2008-12) Kosten im Hochbau

DIN 277 (2005) Grundflächen und Rauminhalte von Bauwerken im Hochbau – Teile 1 bis 3

DIN 31051 (2003) Grundlagen der Instandhaltung

DIN 32736 (2000) Gebäudemanagement – Begriffe und Leistungen

DIN 69900:2009-01 (2009) Projektmanagement – Netzplantechnik; Beschreibungen und Begriffe

DIN EN ISO 8402 Qualitätsmanagementsysteme – Begriffe (08/1995)

DIN EN ISO 9000:2005 Normen zum Qualitätsmanagement und zur Qualitätssicherung/QM-Darlegung (12/2005)

DIN EN ISO 9001:2009 Qualitätsmanagementsysteme – Anforderungen (2009)

DIN EN ISO 9004:2000 – Qualitätsmanagementsysteme – Leitfaden zur Leistungsverbesserung (12/2000)

GEFMA (2009) Richtlinien für Facility Management – Übersicht, Ziele. Bonn

GRW (2003) Grundsätze und Richtlinien für Wettbewerbe auf den Gebieten der Raumplanung, des Städtebaus und des Bauwesens, Bundesanzeiger-Verlag, Köln

IFMA (1998) Richtlinien für Facility Management – Übersicht, Ziele, Houston, Texas/USA

IFMA (2005) Important work underway to develop common definitions, International Facility Management Association, Houston, Texas/USA

MF-G (2004) Richtlinie zur Berechnung der Mietfläche für gewerblichen Raum, Gesellschaft für Immobilienwirtschaftliche Forschung e. V., Arbeitskreis Flächendefinition, Wiesbaden

Mittag M (1997) VOB/C-konforme Leistungsbeschreibungen mit aktuellen Baupreisen, Teile Tiefbau, Rohbau/Tragwerk, Ausbau, Haustechnik, WEKA Baufachverlage GmbH, Augsburg

Kommentare, Lexika

AHO e. V. (Hrsg) (2004) Arbeitshilfen zur Vereinbarung von Leistungen und Honoraren für den Planungsbereich „Baufeldfreimachung". Heft 18, Bundesanzeiger-Verlag, Köln

AHO e. V. (Hrsg) (2004a) Neue Leistungsbilder zum Projektmanagement in der Bau- und Immobilienwirtschaft. Heft 19, Bundesanzeiger-Verlag, Köln

AHO e. V. (Hrsg) (2006) Interdisziplinäre Leistungen zur Wertoptimierung von Bestandsimmobilien. Heft 21, Bundesanzeiger-Verlag, Köln

AHO e. V. (Hrsg) (2007) Untersuchungen zum Leistungsbild Interdisziplinäres Projektmanagement für PPP-Hochbauprojekte. Heft 22, Bundesanzeiger-Verlag, Köln

AHO e. V. (Hrsg) (2009) Untersuchungen zum Leistungsbild, zur Honorierung und zur Beauftragung von Projektmanagementleistungen in der Bau- und Immobilienwirtschaft. Heft 9, 3. Aufl. Bundesanzeiger-Verlag, Köln

AHO e. V. (Hrsg) (2010) Untersuchungen zum Leistungsbild und zur Honorierung für das Facility Management Consulting. Heft 16, 4. Aufl. Bundesanzeiger-Verlag, Köln

BKI Baukosteninformationszentrum Deutscher Architektenkammern GmbH (Hrsg) (2010) Baukosten 2010; Statistische Kostenkennwerte; Objektdaten Neubau, Altbau, Freianlagen; Baupreise für Positionen; Nutzungskosten. Stuttgart (www.bki.de)

Flämig C (1998) Einführung in die Ertragsteuergesetze. In: Steuergesetze 1. 24. Aufl. Beck-Texte im dtv, C. H. Beck, München

Flämig C (1998a) Einführung in die Substanz- und Verkehrsteuergesetze. In: Steuergesetze 2. 24. Aufl. Beck-Texte im dtv, C. H. Beck, München

Weka (Hrsg) (2011) Sirados Baudaten für Kostenplanung und Ausschreibung. Loseblattsammlung, Weka Media, Kissing

Bücher

Achleitner A-K (2002) Handbuch Investment Banking, 3. Aufl. Gabler Verlag, München

AHO e. V. (Hrsg) (1996) Planerstrukturen außerhalb Deutschlands. Selbstverlag, Bonn

Ahrens H et al. (2004) Handbuch Projektsteuerung – Baumanagement. Fraunhofer IRB Verlag, Stuttgart

Alda W (2001) Projektmanagementanforderungen Offener Immobilienfonds. In: DVP (Hrsg) (2001) Strategien des Projektmanagements, Teil 5: Ausgewählte Auftraggeber und deren Anforderungen an das Baumanagement. DVP-Verlag, Wuppertal

Alda W (2005) Offene Immobilienfonds. In: Schulte K-W et al. (Hrsg) Handbuch Immobilieninvestition. 2. Aufl. Verlag Rudolf Müller, Köln

Alda W, Hirschner J (2007) Projektentwicklung in der Immobilienwirtschaft. 2. Aufl. Teubner, Wiesbaden

Alfen W (Hrsg) (2006) Praxishandbuch Public Private Partnership. C. H. Beck, München

Alfen W, Maser S, Weber B (2006) Projektfinanzierung und PPP. Bank Verlag, Köln

Arnold K (2002) Bildung von Kostenkennwerten unter Verwendung von Bezugseinheiten nach DIN 277-3. Dipl.-Arbeit, Fachhochschule Mainz

Atisreal Consult (2006) International Key Report Office 2006. Düsseldorf

Backhaus K, Wertschulte H, Uekermann H (Hrsg) (2003) Projektfinanzierung. 2. Aufl. Schäffer-Poeschel, Stuttgart

Benkert M, Haritz D, Menner S, Schneider J (2004) Übersicht über die Steuerarten. In: Usinger W (Hrsg) (2004) Immobilien Recht und Steuern – Handbuch für die Immobilienwirtschaft. Verlag Rudolf Müller, Köln

Bennet J, Jayes S (1998) The Seven Pillars of Partnering, A guide to second generation partnering. Reading Construction Forum, The University of Reading, Großbritannien

Berliner Polizei Kummert/Klein/Seilheimer (2003) Energiebericht 2003. Immobilienmanagement der Berliner Polizei, Oktober 2003, Berlin

Bertelsmann Stiftung et al. (2003) Prozessleitfaden Public Private Partnership. In Zusammenarbeit mit der Universität Kassel, Gütersloh/Kassel

Bier P (1992) Nutzen der Projektsteuerung bei Industrie- und Verwaltungsbauten der BMW AG. In: DVP (Hrsg) Nutzen der Projektsteuerung. DVP-Verlag, Wuppertal

Blomeyer GR (2007) Immobilienmarketing. In: Schäfer J, Conzen G (Hrsg) (2007) Praxishandbuch der Immobilien-Projektentwicklung. 2. Aufl. C. H. Beck, München

BMBau (Hrsg) (1979) Diederichs CJ: Rationalisierung von Baugenehmigungsverfahren durch Standardisierung. Schriftenreihe 04.059 des BMBau, Bonn

BMVBW (Hrsg) (2003) Vergaberechtsleitfaden. Public Private Partnership Task Force, Berlin

BMVBW (Hrsg) (2003a) Erstellung eines Gerüsts für einen Public Sector Comparator bei 4 Pilotprojekten im Schulbereich. Public Private Partnership Task Force, Berlin

BMVBW (Hrsg) (2003b) Output-Spezifikationen. Public Private Partnership Task Force, Berlin

BMVBW (Hrsg) (2003c) Strategiepapier und Organisationsleitfaden. Public Private Partnership Task Force, Berlin

BMVBW (Hrsg) (2003d) Wirtschaftlichkeitsvergleich. Public Private Partnership Task Force, Berlin

BMVBW (Hrsg) (2004) Bestandsbeurteilung. Public Private Partnership Task Force, Berlin

BMVBW (Hrsg) (2004a) Eignungstest. Public Private Partnership Task Force, Berlin

BMVBW (Hrsg) (2004b) Handlungsleitfaden Finanzierung. Public Private Partnership Task Force, Berlin

BMVBW (Hrsg) (2005) 1. Schritte: Projektauswahl, -organisation und Beratungsnotwendigkeiten. Public Private Partnership Task Force, Berlin

BMVBW (Hrsg) (2005a) Evaluierung der Wirtschaftlichkeitsvergleiche der ersten PPP-Pilotprojekte im öffentlichen Hochbau. Public Private Partnership Task Force, Berlin

BMWA (2003) Statusbericht 2000plus – Architekten/Ingenieure, Berlin

Bone-Winkel S (1994) Das strategische Management von offenen Immobilienfonds unter besonderer Berücksichtigung der Projektentwicklung von Gewerbeimmobilien. Diss. Ebs, Oestrich-Winkel

Bone-Winkel S (2002) Wertschöpfung durch Projektentwicklung – Möglichkeiten für Immobilieninvestoren. In:

Schulte K-W (Hrsg) (2002) Handbuch Immobilien-Projektentwicklung. 2. Aufl. Verlag Rudolf Müller, Köln

Bone-Winkel S (2005) Immobilienportfoliomanagement. In: Schulte K-W et al (Hrsg) Handbuch Immobilieninvestition. 2. Aufl. Verlag Rudolf Müller, Köln

Bone-Winkel S, Fischer C (2002) Leistungsprofil und Honorarstrukturen in der Projektentwicklung. In: Schulte K-W, Bone-Winkel S (Hrsg) (2002) Handbuch Immobilien-Projektentwicklung. 2. Aufl. Verlag Rudolf Müller, Köln

Bone-Winkel S et al. (2005) Projektentwicklung. In: Schulte K-W (Hrsg) (2005) Immobilienökonomie. 3. Aufl. Oldenbourg Verlag, München

Borg B (2005) Konzeption eines Leistungsbildes und Honoraruntersuchungen für das internationale Bau-Projektmanagement. Diss. Bergische Universität Wuppertal

Bötzel B (1999) Überprüfen der Planungsergebnisse auf Konformität mit den vorgegebenen Projektzielen. In: DVP e.V. (Hrsg) (1999) Bausteine der Projektsteuerung, Teil 6. DVP-Verlag, Wuppertal

Brandenberger J, Ruosch E (1999) Projektmanagement im Bauwesen. Verlag Rudolf Müller, Köln

Braun H-P et al. (2007) Facility Management – Erfolg in der Immobilienbewirtschaftung. 5. Aufl. Springer, Berlin/Heidelberg/New York

Busch TA (2003) Risikomanagement in Generalunternehmungen, Dissertation, ETH Zürich

CMAA (2002) Construction Management Standards of Practice. Construction Management Association of America, USA

da Cunha M (1998) Praxiserfahrung mit Projektsteuerungsverträgen bei der Planungsgesellschaft Bahnbau Deutsche Einheit (PBDE). In: DVP (Hrsg) (1998) Projektmanagement in Praxisbeispielen. DVP-Verlag, Wuppertal

Diederichs CJ (1984) Kostensicherheit im Hochbau. DVP-Verlag, Wuppertal

Diederichs CJ (1985) Wirtschaftlichkeitsberechnungen – Nutzen/Kosten-Untersuchungen, Allgemeine Grundlagen und spezielle Anwendungen im Bauwesen. DVP-Verlag, Wuppertal

Diederichs CJ (1992) Aufbau von Projektsteuerungsverträgen, Aufgabenverteilung zwischen Projektsteuerer und Auftraggeber, Ergebnisorientierung und Meßbarkeit von Leistungsergebnissen. In: DVP (Hrsg) Der Projektsteuerungsvertrag. DVP-Verlag, Wuppertal

Diederichs CJ (1993) Stand von Forschung, Lehre und Praxis des Projektmanagements im Bauwesen. In: Motzel E (Hrsg) (1993) Projektmanagement in der Baupraxis. Verlag Ernst & Sohn, Berlin

Diederichs CJ (1994) Nutzerbedarfsprogramm – Meßlatte der Projektziele. In: DVP (Hrsg) Bausteine der Projektsteuerung – Teil 1. DVP-Verlag, Wuppertal

Diederichs CJ (Hrsg) (1995) Qualifizierung von Projektmanagementbüros nach DIN EN ISO 9001. DVP-Verlag, Wuppertal

Diederichs CJ (Hrsg) (1996) DVP-Informationen 1996. DVP-Verlag, Wuppertal

Diederichs C J (Hrsg) (1999) DVP-Informationen 1999 (mit Leitfaden zum Projektsteuerungsvertrag). DVP-Verlag, Wuppertal

Diederichs CJ (2002) Beispiele zu den Grundleistungen der Projektsteuerung – Handlungsbereich D, Termine und Kapazitäten. DVP-Verlag, Wuppertal

Diederichs CJ (2002a) Grundlagen der Projektentwicklung. In: Schulte K-W (2002) Handbuch Immobilien-Projektentwicklung. 2. Aufl. Verlag Rudolf Müller, Köln

Diederichs CJ (Hrsg) (2003) DVP-Leitfaden zur Akquisition von Projektmanagementaufträgen – Qualitätsanforderungen und Vergabekriterien. DVP-Verlag, Wuppertal

Diederichs CJ (2003a) Beispiele zu den Grundleistungen der Projektsteuerung – Handlungsbereich B, Qualitäten und Quantitäten. DVP-Verlag, Wuppertal

Diederichs CJ (2003b) Beispiele zu den Grundleistungen der Projektsteuerung – Handlungsbereich C, Kosten und Finanzierung. DVP-Verlag, Wuppertal

Diederichs CJ (Hrsg) (2003c) Weiterentwicklung deutscher Bauprojektmanagement-Praxis. In: DVP e. V. (2003) Strategien des Projektmanagements – Teil 8. DVP-Verlag, Wuppertal

Diederichs CJ (2004) Empfehlungen zur Auswahl von neuen Leistungsbildern zum Projektmanagement. In: AHO e. V. (Hrsg.) (2004b) Heft 19, a. a. O.

Diederichs CJ (2004a) Projektentwicklung im engeren Sinne. In: AHO e. V. (Hrsg) (2004b) Heft 19, a. a. O.

Diederichs CJ (2005) Führungswissen für Bau- und Immobilienfachleute, Band 1: Grundlagen. 2. Aufl. Springer, Berlin/Heidelberg/New York

Diederichs CJ (Hrsg) (2005a) Beispiele zu den Grundleistungen der Projektsteuerung – Handlungsbereich A, Organisation, Information, Koordination und Dokumentation. DVP-Verlag, Wuppertal

Diederichs CJ (2006) Führungswissen für Bau- und Immobilienfachleute, Band 2: Immobilienmanagement im Lebenszyklus. 2. Aufl. Springer, Berlin/Heidelberg/New York

Diederichs CJ, Bennison P (2004) Construction Management (CM). In: AHO e. V. (Hrsg) (2004b) Heft 19, a. a. O.

Diederichs CJ, Eschenbruch K (2002) Construction Project Management. DVP-Verlag, Wuppertal

Diederichs CJ, Seilheimer S (2006) Portfoliomanagement. In: AHO (Hrsg) (2006) Interdisziplinäre Leistungen zur Wertoptimierung von Bestandimmobilien. Nr. 21 der Schriftenreihe des AHO. Bundesanzeiger-Verlag, Köln

Diederichs CJ, Streck S (2003) Entwicklung eines Bewertungssystems für die ökonomische und ökologische Erneuerung von Wohnungsbeständen. DVP-Verlag, Wuppertal

Diederichs CJ et al. (2002) EU-ADAPT – Erfolgsfaktoren für kleine und mittlere Bauunternehmen zur Bewältigung des Strukturwandels. 2. Aufl. DVP-Verlag, Wuppertal

Duscha M, Hertle H (1999) Energiemanagement für öffentliche Gebäude – Organisation, Umsetzung und Finanzierung. C. F. Müller Verlag, Heidelberg

DVP e. V. (Hrsg) (1991) Philosophien, Methoden und Instrumente der Projektsteuerung in Europa. DVP-Verlag, Wuppertal

DVP e. V. (Hrsg) (1992) Der Projektsteuerungsvertrag. DVP-Verlag, Wuppertal

DVP e. V. (Hrsg) (1992a) Nutzen der Projektsteuerung. DVP-Verlag, Wuppertal

DVP e. V. (Hrsg) (1992b) Projektsteuerung und Qualität. DVP-Verlag, Wuppertal

DVP e. V. (Hrsg) (1993) Führungs- und Teamverhalten im Projektmanagement Bau. DVP-Verlag, Wuppertal

DVP e. V. (Hrsg) (1994–1997) Bausteine der Projektsteuerung, Teile 1 bis 6 für die Projektstufen 1 bis 5. DVP-Verlag, Wuppertal

DVP e. V. (Hrsg) (1995) Reengineering am Bau – Wandel zu neuen Kooperationsformen. DVP-Verlag, Wuppertal

DVP e. V. (Hrsg) (1996) Projektmanagement bei Generalunternehmer-/Generalübernehmereinsatz. DVP-Verlag, Wuppertal

DVP e. V. (Hrsg) (1997) Technologien für das Projektmanagement im Bauwesen. DVP-Verlag, Wuppertal

DVP e. V. (Hrsg) (1998) Projektmanagement in Praxisbeispielen. DVP-Verlag, Wuppertal

DVP e. V. (Hrsg) (1998a) Strategien des Projektmanagements – Teil 1: Verkehrsprojekte Deutsche Einheit. DVP-Verlag, Wuppertal

DVP e. V. (Hrsg) (1998b) Erfahrungen der Auftraggeber mit Projektsteuerungsverträgen. DVP-Verlag, Wuppertal

DVP e. V. (Hrsg) (2002) IT-Kooperationstools im Baumanagement. DVP-Verlag, Wuppertal

DVP e. V. (Hrsg) (2003) Strategien des Projektmanagements – Teil 8. DVP-Verlag, Wuppertal

DVP-Arbeitskreis IT-Tools (2007) Analyse und Bewertung von Software für das Projektmanagement. DVP-Verlag, Wuppertal

EHI Eurohandelsinstitut e. V. (Hrsg) (2003) Shopping-Center-Report. Köln

Engel R (1995) Projektbuch Bauplanung. 3. Aufl. Werner Verlag, Düsseldorf

Ernst & Young-Verbund (2004) Öffentlich/Private Partnerschaften in Deutschland – Ein Überblick über aktuelle Projekte (Oktober 2004)

Eschenbruch K (2009) Recht der Projektsteuerung. 3. Aufl. Werner Verlag, Düsseldorf

Eschenbruch K, Röwekamp H, Vogt H, Windhorst H (2004) Bauen und Finanzieren aus einer Hand. Bundesanzeiger-Verlag, Köln

Eser B (2005) Der Erfolgsbeitrag der Grundleistungen des Projektmanagements zur Erreichung der Projektziele. Masterarbeit, M. Sc. REM & CPM, Bergische Universität Wuppertal

Eser B (2008) Entscheidungsmodell für die Planungsoptimierung zur Erzielung nachhaltig hoher Büro-Immobilienwerte. Diss. Bergische Universität Wuppertal

EUWID (2005) Public Private Partnership 2005

Falk B (Hrsg) (2004) Fachlexikon Immobilienwirtschaft. 3. Aufl. Verlag Rudolf Müller, Köln

Fischer C (2004) Projektentwicklung: Leistungsbild und Honorarstruktur. Verlag Rudolf Müller, Köln

Flehinghaus W (2004) Gemeinschaftsformen des Haltens und Bebauens von Grundstücken. In: Usinger W, Minuth K (Hrsg) (2004) Immobilien – Recht und Steuern: Handbuch für die Immobilienwirtschaft. 3. Aufl. Rudolf Müller Verlag, Köln

Follak KP, Leopoldsberger G (2002) Finanzierung von Immobilienprojekten. In: Schulte K-W (Hrsg) (2002) Handbuch Immobilien-Projektentwicklung. 2. Aufl. Verlag Rudolf Müller, Köln

Fox U (1980) Betriebskosten- und Wirtschaftlichkeitsberechnungen für Anlagen der Technischen Gebäudeausrüstung. VDI Verlag, Düsseldorf

Funk B, Schulz-Eickhorst T (2002) REITs und REIT-Fonds. In: Schulte K-W et al. (Hrsg) (2002) Handbuch Immobilien-Banking: von der traditionellen Finanzierung zum Investment-Banking. Rudolf Müller Verlag, Köln

Getto P (2002) Entwicklung eines Bewertungssystems für ökonomischen und ökologischen Wohnungs- und Bürogebäudeneubau. DVP-Verlag, Wuppertal

Gondring H et al. (2003, Hrsg.) Real Estate Investment Baking – Neue Finanzierungformen bei Immobilieninvestitionen, Gabler Verlag, Wiesbaden

Gondring H, Lammel E (Hrsg) (2001) Handbuch der Immobilienwirtschaft. Vahlen Verlag, München

Gralla M, Berner F (2001) Garantierter Maximalpreis: GMP-Partnering-Modelle, ein neuer und innovativer Ansatz für die Baupraxis. Teubner, Wiesbaden

Gröting R (2004) Bauleistungsverträge – Das GMP-Modell als Wettbewerbs- und Vertragsform. In: Ahrens H (2004) Handbuch Projektsteuerung – Baumanagement. Fraunhofer IRB Verlag, Stuttgart

Hasselmann W (Hrsg) (1997) Praktische Baukostenplanung und -kontrolle. Verlag Rudolf Müller, Köln

Heiermann W (1992) Abnahme, Haftung und Gewährleistungsverpflichtungen beim Projektsteuerungsvertrag. In: DVP (Hrsg) Der Projektsteuerungsvertrag. DVP-Verlag, Wuppertal

Heine S (1995) Qualitative und Quantitative Verfahren der Preisbildung, Kostenkontrolle und Kostensteuerung beim Generalunternehmer. Diss. Bergische Universität Wuppertal, DVP-Verlag, Wuppertal

Henzelmann T (Hrsg) (2001) Facility Management – Die Service-Revolution in der Gebäudebewirtschaftung. Expert Verlag, Renningen

Heuer B, Schiller A (Hrsg) (1998) Spezialimmobilien. Verlag Rudolf Müller, Köln

Höfler H (2007) Formen der Grundstücksakquisition und -sicherung. In: Schäfer J, Conzen G (Hrsg) (2007) Praxishandbuch der Immobilien-Projektentwicklung. 2. Aufl. C. H. Beck, München

Hofmann O, Glatzel L, Hofmann O, Frikell E (2008) Unwirksame Bauvertragsklauseln nach dem AGB-Gesetz. 11. Aufl. Verlag Ernst Vögel, Stamsried

Höhfels T et al. (1998) Hotels. In: Heuer B, Schiller A (Hrsg) (1998) Spezialimmobilien. Verlag Rudolf Müller, Köln

Holloch D et al. (2002) Vermietung. In: Schäfer J, Conzen G (Hrsg) (2007) a. a. O.

Holz I-H, Simonides S (2002) Büro-Lofts. In: Schulte K-W, Bone-Winkel S (Hrsg) (2002) Handbuch Immobilien-Projektentwicklung. 2. Aufl. Verlag Rudolf Müller, Köln

Jacob D (2003) PPP bei Schulbauten – Leitfaden Wirtschaftlichkeitsvergleich. Freiberger Arbeitspapiere Nr. 03/09, Technische Universität Bergakademie Freiberg

Jagenburg W (2002) Juristisches Projektmanagement – Bauvorbereitende und baubegleitende Rechtsberatung bei Projektentwicklung und Projektdurchführung. In: Schulte K-W, Bone-Winkel S (Hrsg) a. a. O.

Jarchow SP (Hrsg) (1991) Fundamentals of real estate development. Washington D. C., USA

Jones Lang LaSalle (2010) Office Service Charge Analysis Report (OSCAR). Büronebenkostenanalyse

Junghans A (2009) Bewertung und Steigerung der Energieeffizienz kommunaler Bestandsgebäude. Diss. Bergische Universität Wuppertal

Kahlen H (1999) Integrales Facility Management – Management des ganzheitlichen Bauens. Werner Verlag, Düsseldorf

Kaiser K (1996) Baunutzungskosten in der Planung. Fraunhofer IRB Verlag, Stuttgart

Kaiser K (1996a) Baunutzungskosten von Wohngebäuden. Fraunhofer IRB Verlag, Stuttgart

Kalusche W, Möller D-A (2002) Planungs- und Bauökonomie, Übungsbuch. Oldenbourg, München

Kalusche W (2005) Projektmanagement für Bauherren und Planer, 2. Aufl. Oldenbourg, München

Kalusche W (Hrsg) (2005a) Praxis, Lehre und Forschung der Bauökonomie. BKI Baukosteninformationszentrum Deutscher Architektenkammern, Stuttgart

Kandel L et al. (1998) Baunutzungskosten und ökologisches Bauen. Fraunhofer IRB Verlag, Stuttgart

Kapellmann KD (2007) Juristisches Projektmanagement. 2. Aufl. Werner Verlag, Düsseldorf

Kaplan RS, Norton DP (1996) The Balanced Scorecard: Translating Strategy into Action. HBS Press, Boston

Kern P, Schneider W (2007) Wesentliche Aspekte der Gebäudeplanung. In: Schäfer J, Conzen G (Hrsg) (2007) Praxishandbuch der Immobilien-Projektentwicklung. Beck Verlag, München

Kiermeier C (2002) Informationsmanagement am Beispiel des Hamburger Flughafens. In: DVP e. V. (Hrsg) (2002) IT-Kooperationstools im Baumanagement. DVP-Verlag, Wuppertal

Kleiber W et al. (2009) Verkehrswertermittlung von Grundstücken. 6. Aufl. Bundesanzeiger Verlag, Köln

Klimpel L (2005) Verbesserung der Wirkungen von Computer Supported Cooperative Work-Systemen in Bauprojektgruppen. DVP-Verlag, Wuppertal

Knäpper P (1992) Schäden aus ungenügender Projektsteuerung öffentlicher Bauinvestitionen – Erfahrungen der Wibera. In: DVP (Hrsg) Nutzen der Projektsteuerung. DVP-Verlag, Wuppertal

Knäpper P (2004) Risikobewertung von Neubau- oder Bestandsimmobilien (Real Estate Due Diligence). In: AHO e. V. (Hrsg) (2004b) Heft 19, a. a. O.

Kochendörfer B et al. (2006) Bau-Projekt-Management: Grundlagen und Vorgehensweisen. 2. Aufl. Teubner Verlag, Wiesbaden

Krimmlin J (2005) Facility Management – Strukturen und methodische Instrumente. Fraunhofer IRB Verlag, Stuttgart

Kyrein R (2002) Immobilien – Projektmanagement, Projektentwicklung und -steuerung. 2. Aufl. Verlag Rudolf Müller, Köln

Lampert P (1995) Das SIA-Leistungsmodell '95. In: DVP (Hrsg) Reengineering am Bau – Wandel zu neuen Kooperationsformen. DVP-Verlag, Wuppertal

Lang C-D (2008) Kontinuierliche durchgängige Hochrechnung von Kostenhöhe und Kostenfälligkeit im Bauprojektmanagtement. Diss. Bergische Universität Wuppertal, DVP-Verlag, Wuppertal

Leimböck E, Heinlein K (1994, 1996) Recht und Wirtschaft bei der Planung und Durchführung von Bauvorhaben, Band 1: Von der Grundstückssuche bis zur Baugenehmigung, Band 2: Von der Ausführungsplanung bis zur Objektbetreuung und Dokumentation. Bauverlag, Gütersloh

Lembcke M (2010) Gesetzliche Adjudikation – Regelungen für Baustreitigkeiten. Diss. Bergische Universität Wuppertal

Leopoldsberger G et al. (2005) Immobilienbewertung, in: Schulte K-W (Hrsg) Immobilien-Ökonomie

Link A (2006) Rating und Kreditentscheidungsmodell für Projektentwicklungen, Bankakademie-Verlag, Frankfurt/Main

Littwin F, Schöne FJ (Hrsg) (2005) Public Private Partnership im öffentlichen Hochbau. Kohlhammer-Verlag, Stuttgart

Löwenhauser P (Hrsg) (1998) Planungs- und Bauorganisation für Architekten und Ingenieure. Rudolf Haufe Verlag, Freiburg

May M (Hrsg) (2004) IT im Facility Management erfolgreich einsetzen – Das CAFM-Handbuch. Springer, Berlin/Heidelberg/New York

Messerschmidt K, Thierau T (2003) GMP-Modelle. In Kapellmann K, Messerschmidt B (Hrsg) (2003) VOB Teile A und B, Vergabe- und Vertragsordnung für Bauleistungen. C. H. Beck, München

Metzner S (2002) Immobiliencontrolling – Strategische Analyse und Steuerung von Immobilienergebnissen auf Basis von Informationssystemen. Diss. Universität Leipzig

Meyer-Hofmann B, Riemenschneider F, Weihrauch O (Hrsg) (2005) PPP – Partnerschaftliche Verträge, Handbuch für die Praxis. Carl Heymanns Verlag, Köln

Mittag M (Hrsg) (1997) Arbeits- und Kontrollhandbuch zu Bauplanung, Bauausführung und Kostenplanung nach §15 HOAI und DIN 276, Ergänzungslieferungen. WEKA Baufachverlage, Augsburg

Mittag M (2002) Ausschreibungshilfen: Standardleistungsbeschreibungen, Baupreise und Firmenverzeichnis. Vieweg, Wiesbaden

Motzel E (Hrsg) (1993) Projektmanagement in der Baupraxis bei industriellen und öffentlichen Bauprojekten. Verlag Ernst & Sohn, Berlin

Müller A (1998) Beispielsammlung zum Leistungsbild der Projektsteuerung gemäß den Untersuchungen zum Leistungsbild des § 31 HOAI und zur Honorierung für die Projektsteuerung des AHO. Dipl.-Arbeit, Bergische Universität Wuppertal

Müller WH (1983) Aufgaben, Honorare und Personalbedarf des öffentlichen Bauherrn bei Planung und Bau. Wibera Sonderdruck Nr. 48, Düsseldorf, Juli 1983

Müller WH (1992) Honorierung der Projektsteuerung. In: DVP e. V. (Hrsg) Der Projektsteuerungsvertrag. DVP-Verlag, Wuppertal

Müller WH (1994) Funktions-, Raum- und Ausstattungsprogramm – Wertmaßstäbe für Qualität. In: DVP e.V. (Hrsg) (1999) Bausteine der Projektsteuerung – Teil 1. DVP-Verlag, Wuppertal

Müller WH, Volkmann W (1995) Optimierung der Planung. In: DVP e.V. (Hrsg) (1995) Bausteine der Projektsteuerung – Teil 3. DVP-Verlag, Wuppertal

Müller-Wrede M (Hrsg) (2007) Kommentar zur VOF. 3. Aufl. Werner-Verlag, Düsseldorf

Muncke G et al. (2002) Standort- und Marktanalysen in der Immobilienwirtschaft. In: Schulte K-W, Bone-Winkel S (Hrsg) a. a. O.

Neddermann R (2004) Kostenermittlung in der Altbauerneuerung. 3. Aufl. Werner Verlag, Düsseldorf

Neider H (2004) Facility Management planen – einführen – nutzen. 2. Aufl. Schäffer-Poeschel, Stuttgart

v. Nell J (2002) Die Entwicklung einer Nutzungskonzeption als Grundstein der Projektentwicklung. In: Schulte K-W, Bone-Winkel S (Hrsg) a. a. O.

Niemeyer M (2002) Hotel-Projektentwicklung. In: Schulte K-W, Bone-Winkel S (Hrsg.) a. a. O.

Offergeld T (2009) Systematische Bewertung für PPP-Hochbauprojekte. Diss. Bergische Universität Wuppertal

Opić M (2010) Marktübersicht CAFM-Software 2010. GEFMA 940, Sonderausgabe von „Der Facility Manager" in Zusammenarbeit mit makon GmbH & Co. KG Nürnberg und GEFMA, München

Oswald R et al. (2001) Systematische Instandsetzung und Modernisierung im Wohnungsbestand. Endbericht eines Forschungsprojektes im Auftrag des BMVBW Bundesministeriums für Verkehr, Bau- und Wohnungswesen, Aachen

Pfarr K, Hasselmann W, Will L (1984) Bauherrenleistungen und die §§15 und 31 HOAI. Consulting-Verlag, Essen

Pierschke B (1998) Facilities Management. In: Schulte K-W et al (Hrsg) Immobilienökonomie. Oldenbourg Verlag, München

Pierschke B (2005) Facilities Management. In: Schulte K-W et al (Hrsg) Handbuch Immobilieninvestition. 2. Aufl. Verlag Rudolf Müller, Köln

Poorvu WJ, Cruikshank JL (1999) The Real Estate Game: The Intelligent Guide To Decision-Making And Investment. Harvard Business School, The free press, Simon & Schuster Inc., New York, USA

PPP-Gutachten des BMVBW, Band 1-1V, August 2004

PPP-Task Force NRW (2005) Public Private Partnership im Hochbau, Evaluierung der Wirtschaftlichkeitsvergleiche der ersten PPP-Pilotprojekte im öffentlichen Hochbau in NRW

Preuß N (1998) Entscheidungsprozesse im Projektmanagement von Hochbauten. Diss. Bergische-Universität Wuppertal, DVP-Verlag, Wuppertal

Preuß N (2003) Projektmanagement beim Einsatz von Kumulativ-Leistungsträgern. In: DVP e. V. (Hrsg) (2003) Strategien des Projektmanagements – Teil 8. DVP-Verlag, Wuppertal

Preuß N (2004) Nutzer-Projektmanagement. In: AHO e. V. (Hrsg) (2004b) Heft 19, a. a. O.

Preuß N, Schöne LB (2010) Real Estate und Facility Management. 3. Aufl. Springer, Berlin/Heidelberg/New York

Prochaska E (1993) Regelung. In: Schramek ER (Hrsg) Taschenbuch für Heizungs- und Klimatechnik einschließlich Warmwasser- und Kältetechnik. Oldenbourg Verlag, München, S 1151 ff

RAW 2004 (2004) Regeln für die Auslobung von Planungswettbewerben. Düsseldorf und Hannover

Reisbeck T (2003) Modelle zur Bewirtschaftung von Öffentlichen Liegenschaften – am Beispiel der Universitäten Wuppertal und Düsseldorf. DVP-Verlag, Wuppertal

Reisbeck T, Schöne LB (2006) Immobilien-Benchmarking. Springer Berlin/Heidelberg/New York

Rieckmann P (2000) Bauprojekte: Checkliste. Deutsches Institut für Interne Revision e. V. (IIR), Frankfurt am Main

RKW (Hrsg) (2008) Projektmanagement Fachmann, RKW-Edition, ein Fach- und Lehrbuch sowie Nachschlagewerk aus der Praxis für die Praxis in 2 Bänden. 9. Aufl. Rationalisierungs-Kuratorium d. Dt. Wirtschaft (RKW), Eschborn

Rösch W (Hrsg) (2003) Bauleitung und Projektmanagement für Architekten und Ingenieure: Das aktuelle Arbeits- und Kontrollhandbuch nach HOAI und VOB. Loseblattsammlung. WEKA Baufachverlage, Augsburg

Rösel W (2000) Baumanagement: Grundlagen, Technik, Praxis. 4. Aufl. Springer, Berlin/Heidelberg/New York

Schach R, Sperling W (2001) Baukosten, Kostensteuerung in Planung und Ausführung. Springer, Berlin/Heidelberg/New York

Schach R et al. (2005) Integriertes Facility Management: Wissensintensive Dienstleistungen im Gebäudemanagement. expert Verlag, Renningen

Schäfer J, Conzen G (2007) Definition und Abgrenzung der Immobilien-Projektentwicklung. In: Schäfer J, Conzen G (Hrsg) (2007) Praxishandbuch der Immobilien-Projektentwicklung. C. H. Beck, München

Schäfer J, Conzen G (Hrsg) (2007) Praxishandbuch der Immobilien-Projektentwicklung. C. H. Beck, München

Schelle H, Reschke H, Schnopp R, Schub A (Hrsg) (2004) Projekte erfolgreich managen, Loseblattsammlung. Verlag TÜV Rheinland, Köln

Schill N (2000) Der Projektsteuerungsvertrag. C. H. Beck, München

Schlapka (2002) Kooperationsmodell – Ein Weg aus der Krise. In: DVP e. V. (Hrsg) (2002) IT-Kooperationstools im Baumanagement. DVP-Verlag, Wuppertal

Schmidt-Gayk A (2003) Bauen in Deutschland mit dem New Engineering Contract. Diss. Technische Universität Hannover

Schmitz H et al. (2008) Baukosten: Instandsetzung, Sanierung, Modernisierung, Umnutzung. 19. Aufl. Hubert-Wingen Verlag, Essen

Schneider H (2004) Facility Management: planen – einführen – nutzen. 2. Aufl. Schäffer-Poeschel, Stuttgart

Schneider W (2003) Alternative Honorarmodelle im Bauprojektmanagement. In: DVP e. V. (Hrsg) (2002) IT-Kooperationstools im Baumanagement. DVP-Verlag, Wuppertal

Schneider W (2004) Implementierung und Anwendung von Projektkommunikationssystemen. In: AHO e. V. (Hrsg) (2004b) Heft 19, a. a. O.

Schneider W, Völker A (2007) Grundstücks-, Standort- und Marktanalyse. In: Schäfer J, Conzen G (Hrsg) (2007) Praxishandbuch der Immobilien-Projektentwicklung. C. H. Beck, München

Schofer R (2004) Unabhängiges Projektcontrolling für Investoren, Banken oder Nutzer. In: AHO e. V. (Hrsg) (2004b) Heft 19, a. a. O.

Schramm C (2003) Störeinflüsse im Leistungsbild des Architekten. DVP-Verlag, Wuppertal

Schreiner W (1993) Facility Management in der Bauwirtschaft am Beispiel des Korrosionsschutzes im industriellen Rohrleitungsbau. Diss. Bergische Universität Wuppertal, DVP-Verlag, Wuppertal

Schütz U (1994) Projektentwicklung von Verwaltungsgebäuden. Expert Verlag, Renningen

Schulte K-W (2002a) Rentabilitätsanalyse für Immobilienprojekte. In: Schulte K-W, Bone-Winkel S (Hrsg) a. a. O.

Schulte K-W et al. (2002b) Grundlagen der Projektentwicklung aus immobilienwirtschaftlicher Sicht. In: Schulte K-W, Bone-Winkel S (Hrsg) a. a. O

Schulte K-W et al. (Hrsg) (2005a) Handbuch Immobilieninvestition. 2. Aufl. Verlag Rudolf Müller, Köln

Schulte K-W (Hrsg) (2005b) Immobilienökonomie. 3. Aufl. Oldenbourg Verlag, München

Schulte K-W, Bone-Winkel S (Hrsg) (2002) Handbuch Immobilien-Projektentwicklung. 2. Aufl. Verlag Rudolf Müller, Köln

Schulte K-W, Pierschke B (Hrsg) (2000) Facilities Management. Verlag Rudolf Müller, Köln

Schulte K-W, Ropeter S (2005) Quantitative Analyse von Immobilieninvestitionen – Moderne Methoden der Investitionsanalyse. In: Schulte K-W et al. (Hrsg) (2005) Handbuch Immobilieninvestition. 2. Aufl. Verlag Rudolf Müller, Köln

Schulte K-W, Schäfers W (Hrsg) (2004) Handbuch Corporate Real Estate Management. 2. Aufl. Verlag Rudolf Müller, Köln

Schulte K-W, Vaeth A (1996) Finanzierung und Liquiditätssicherung. In: Diederichs CJ (Hrsg) (1996) Handbuch der strategischen und taktischen Bauunternehmensführung. Bauverlag, Gütersloh

Seifert W (2001) Praxis des Baukostenmanagements. Werner Verlag, Düsseldorf

Seilheimer S (2007) Immobilien-Portfolio-Management für die öffentliche Hand. Deutscher Universitäts-Verlag, Wiesbaden

Sonntag R (2002) Gewerbepark. In: Schulte K-W, Bone-Winkel S (Hrsg) a. a. O.

Spitzkopf HA (2002) Finanzierung von Immobilienprojekten. In: Schulte K-W, Bone-Winkel S (Hrsg) a. a. O.

Stadt München/IQ-Bau Wuppertal (2001) Digitale Hochbaubibliothek: Leitfaden Projektmanagement. Selbstverlag, München

Staudt E, Friegesmann B, Thomzik M (1999) Facility Management. Frankfurter Allgemeine Buch

Stehlin V, Gebhardt G (2005) Public Private Partnership. Verwaltungsblätter für Baden-Württemberg (VBIBW), S 90 ff

Streck S (2004) Entwicklung eines Bewertungssystems für die ökonomische und ökologische Erneuerung von Wohnungsbeständen. DVP-Verlag Wuppertal

Strophff G (1992) Absicherung des Kosten- und Terminrisikos von Projektsteuerern und Architekten/Ingenieuren durch die Berufshaftpflichtversicherung, in: DVP (Hrsg) Der Projektsteuerungsvertrag. DVP-Verlag, Wuppertal

Tettinger PJ (2005) Public Private Partnership: Möglichkeiten und Grenzen – ein Sachstandsbericht. Nordrhein-Westfälische Verwaltungsblätter (NWVBl.) 1, S 1 ff

Thiesen D (2005) Intenetbasiertes Projektmanagement im Hochbau für Projektmanager. Dipl.-Arbeit, Bergische Universität Wuppertal

Tiggemann F, Ecke C, Straßheimer P (2004) Public Real Estate Management am Beispiel des Bau- und Liegenschaftsbetriebes Nordrhein-Westfalen. In: Schulte K-W, Schäfers W (2004) Handbuch Corporate Real Estate Management. 2. Aufl. Rudolf Müller-Verlag, Köln

Tomm A et al. (1995) Geplante Instandhaltung: Ein Verfahren zur systematischen Instandhaltung von Gebäuden, Landesinstitut für Bauwesen und angewandte Bauschadensforschung NW, Aachen

Trotz R (2003) Klare Chanchen- und Risikoprofile für Immobilien auf Basis eines professionellen Markt- und Objektrating, Gondring H et al. (Hrsg.) (2003) Real Estate Investment Banking – Neue Finanzierungformen bei Immobilieninvestitionen, Gabler Verlag

Trotz R (Hrsg) (2004) Immobilien – Markt- und Objektrating. Verlag Rudolf Müller, Köln

Unger J (1998) Projektmanagement bei Immobilienfonds. In: DVP e. V. (Hrsg) (1998) Projektmanagement in Praxisbeispielen. DVP-Verlag, Wuppertal

Usinger W (Hrsg) (2004) Immobilien Recht und Steuern – Handbuch für die Immobilienwirtschaft. 3. Aufl. Verlag Rudolf Müller, Köln

Usinger W (2002) Der Verkauf des entwickelten bzw. in der Entwicklung befindlichen Grundstücks. In: Schulte K-W, Bone-Winkel S (Hrsg) a. a. O.

Volkmann W (2003) Projektabwicklung für Architekten und Ingenieure, Handbuch für die planerische und baupraktische Umsetzung. 2. Aufl. Verlag für Wirtschaft und Verwaltung Hubert Wingen, Essen

Volkmann W (2004) Beispiel für eine Aufbauorganisation Investor-Nutzer. In: AHO e. V. (Hrsg) (2004b) S. 45, a. a. O.

Weber M (2005) Public Private Partnership. C.H. Beck, München

Weber M, Schäfer M, Hausmann FL (2005) Praxishandbuch Public Private Partnership. C. H. Beck, München

Wellner K (2003) Entwicklung eines Immobilien-Portfolio-Management-Systems. Diss. Universität Leipzig

Weyers G (2010) Beleihungswertermittlung in der Kredit- und Versicherungswirtschaft, in: Kleiber et al. (Hrsg) Verkehrswertermittlung von Grundstücken

White D et al. (2003) Internationale Bewertungsverfahren für das Investment in Immobilien, 3. Aufl., IZ Immobilienzeitung Verlagsgesellschaft, Wiesbaden

Winkler W, Fröhlich P (2002) Hochbaukosten: Flächen, Rauminhalte. 10. Aufl. Vieweg, Wiesbaden

Wirth V (1995) Schüsselfertigbau-Controlling im Baubetrieb. Kontakt & Studium Band 486. Expert-Verlag, Renningen

ZBWB (2002) PLAKODA: Handbuch zum Programm und Kostendaten, im Auftrag des Finanzministeriums Baden-Württemberg und des Ausschusses für Staatlichen Hochbau der Bauministerkonferenz, Freiburg

Zechel EP (Hrsg) (2005) Facility Management in der Praxis – Herausforderung in Gegenwart und Zukunft. 5. Aufl. Expert Verlag, Renningen

Zehrer H, Sasse E (Hrsg) (2004) Handbuch Facility Management, Grundlagen – Arbeitsfelder. Verlag ecomed Sicherheit, Landsberg

Zeitschriftenaufsätze

Bulwien H (2002) Immobilienrating als Instrument der Risikobestimmung. Immobilien & Finanzierung, 53 (2002) 11, S 319–321

Diederichs CJ (1994) Die externe Schnittstelle Planer (Ausschreibender)/Bauunternehmung. BW Bauwirtschaft (1994) 2

Diederichs CJ (1994a) Grundlagen der Projektentwicklung: Teile 1 bis 4. BW Bauwirtschaft (1994/1995) 11 und 12 sowie 01 und 02

Diederichs CJ (1996) Rechtliche Aspekte der Projektsteuerung aus technisch-wirtschaftlicher Sicht. BW Bauwirtschaft (1996) 07, S 14–17; 08, S 9–12; 09, S 30–34

Diederichs CJ (1997) Die Projektsteuerung im Rahmen ganzheitlichen Immobilienmanagements. Bauingenieur 72 (1997) S 538–541

Diederichs CJ (2007) Immobilien-Portfoliomanagement. Facility Management (2007) 5, S 31–35

Diederichs CJ (2008) Due Diligence von Immobilienbeständen. Facility Manager (2008) 4, S 29–34

Diederichs CJ (2008a) Projektmanagement-Leistungen für PPP-Hochbauprojekte. Facility Management (2008) 1, S 28–31

Diederichs CJ, Buck C (2002) Projektmanagement im Münchner Baureferat – Vom Bauherrn zum städtischen Dienstleister. Der Städtetag (2002) 11, S 38–42

Diederichs CJ, Buck C (2002a) Workflow-orientiertes Projektmanagement. Bundes Bau Blatt (2002) 10, S 39–43

Diederichs C J / Hutzelmeier H (1975) Projektsteuerung im Bauwesen – Delegierbare Bauherrenaufgaben, in: Bauwirtschaft 42/75 S. 148 ff, 43/75, S. 163 ff

Diederichs CJ, Pollak KP (1988) Interdisziplinäre Projektentwicklung bei der Revitalisierung von Industriebauten. DBZ (1988) 11, S 1557–1562

Diederichs CJ, Preuß N (2003) Entscheidungsprozesse im Projektmanagement von Hochbauten. Baumarkt + Bauwirtschaft (2003) 02, S 28 ff

Diederichs CJ et al (1989) Neue Handlungsspielräume schaffen – Baumarketing – Management und Projektentwicklung. Bauwirtschaft (1989) 09, S 758–763

Europäische Zentralbank (2004) EZB Konvergenzbericht 2004

Helmus M, Trouvain T (2005) Zu 80 Prozent erfolgreich – was können die externen Projektsteuerer wirklich leisten? Deutsches Ingenieurblatt (2005) 3, S 30–34

Kämmerer (1996) Projektsteuerung und Grundgesetz. BauR (1996) 2, S 162–174

Kniffka R (1994, 1995) Die Zulassung rechtsbesorgender Tätigkeiten durch Architekten, Ingenieure und Projektsteuerer. ZfBR VI (1994) S 253–256 sowie ZfBR I (1995) S 10–15

Löwen W (1997) Industrial Facility Management, Teile I bis IV. Der Betriebsleiter (1997) 3, 5, 6 und 9

Mercer-Studie (1996) Facility Management in Deutschland. Gebäudemanagement (1996) 1, S 5–8

Mletzko M (2003) Basel II – Neue Spielregeln im Poker um die besten Baugeldpreise. Immobilien Zeitung 11, 22.05.2003, S 18

Schoene LB (2000) Nicht bloß ein Kostenfaktor. Facility Management (2002) 3, S 53

Stapelfeld A (1994) Der Projektsteuerungsvertrag – Juristische terra incognita? BauR (1994) 6, S 693–706

Stemmer M, Wierer K G (1997) Rechtsnatur und zweckmäßige Gestaltung von Projektsteuerungsverträgen. BauR (1997) 6, S 935–947

Trotz R (2003) Chancen- und Risikoprofile für die Immobilien durch ein Markt- und Objektrating. Immobilien & Finanzierung, 54 (2003) 4, S 118–121

2.4 Privates Baurecht

Claus Jürgen Diederichs, Horst Franke

Jede Form sozialen Zusammenlebens wird durch die Notwendigkeit geprägt, in den verschiedenartigsten Situationen einen für alle Seiten angemessenen Umgang miteinander zu entwickeln, d. h. einen Interessenausgleich zwischen den Beteiligten zu finden. Dieser soziale Ausgleich findet zu einem großen Teil informell statt. Sobald aber die Wirkungen und Folgen menschlichen Handelns über den Herrschaftsbereich des Einzelnen hinausgehen, ist zur Steuerung des Interessenausgleichs die Bildung und Aufrechterhaltung eines Rechtssystems erforderlich. Dessen Aufgabe besteht erstens darin, dem Einzelnen ein Instrumentarium zum Schutz und zur Durchsetzung seiner *Rechte* gegenüber anderen – auch dem Staat – zu verschaffen (subjektives Recht). Zweitens soll dem Schwächeren soweit wie möglich ein Schutz vor Übervorteilung verschafft werden. Drittens müssen allgemein die Ordnung und das Funktionieren des Gemeinwesens sichergestellt werden. Diesem Zweck dient die Gesamtheit der *Rechtsnormen* als solche (objektives Recht).

Neben die Normen, die inhaltlich Recht setzen und gestalten (materielles Recht), treten Normen, die der Durchsetzung des materiellen Rechts dienen (formelles Recht), insbesondere das Verfahrensrecht (Zivil-, Straf- und Verwaltungsprozessrecht). Zwischen diesen Rechtsnormen muss schließlich ein Ausgleich gefunden werden, so dass sich für alle Beteiligten – Privatpersonen, Unternehmen, Institutionen, Staat – ein berechenbares und an gemeinsamen Grundprinzipien ausgerichtetes *Rechtssystem* ergibt (Einheit der Rechtsordnung).

Hierbei werden *Privatrecht* und *öffentliches Recht* voneinander abgegrenzt. Während das Privatrecht dem Ausgleich und der Verwirklichung privater Interessen dient, ist Zweck des öffentlichen Rechts die Durchsetzung öffentlicher Interessen. Dies geschieht i. d. R. durch Verwaltungsakte der Behörden (z. B. Baugenehmigung), gegen die sich der betroffene Bürger mit Widerspruch und/oder einer Klage vor den Verwaltungsgerichten wehren kann. Im Privatrecht versucht eine Partei durch Klage vor den ordentlichen Gerichten (Amts-, Land-, Oberlandesgericht und Bundesgerichtshof), ihre Interessen gegen eine andere Partei geltend zu machen. Möglich – und im privaten Baurecht auch häufig – ist, dass die Parteien statt des ordentlichen Gerichtsweg ein anderes Streitentscheidungsverfahren vereinbaren, z. B. Mediation, Schiedsgericht, Schlichtung usw. Das Privatrecht wird durch das BGB bestimmt. Hinzu kommen spezielle Gesetze, wie beispielsweise das Handels- und Gesellschaftsrecht. Das private Baurecht regelt damit die Rechtsbeziehungen der am Bauvorhaben beteiligten Parteien, wie Planer, Investor, Bauunternehmer usw. und ist so ein Zusammenspiel im wesentlichen folgender Normen: BGB, Makler- und Bauträgerverordnung (MaBV), HGB, WEG, HOAI. Maßgeblichen Einfluss hat die VOB; allerdings sind zumindest die VOB/B und VOB/C keine Rechtsnormen (vgl. 2.4.1.4.), sondern haben den Charakter Allgemeiner Geschäftsbedingungen. Soweit der Staat fiskalisch handelt, gilt für ihn ebenfalls das private Baurecht. Wenn also der Staat durch seine Körperschaften einen Bauvertrag abschließt und diesen durchführt, ist privates Recht in diesem Verhältnis entscheidend. Mittels des *Vergaberechts* sucht der Staat den richtigen Vertragspartner. Auch wenn im Vergaberecht Ansätze des öffentlichen Rechts zu finden sind, z. B. internes Haushaltsrecht, ist es durch die Verankerung im Gesetz gegen Wettbewerbsbeschränkungen dem Privatrecht zugeordnet. Auch muss berücksichtigt werden, dass das dem öffentlichen Recht entscheidende Ober-Unter-Verhältnis der Gleichordnung

zwischen zukünftigen Bauvertragspartnern bei Vertragsverhandlungen vollkommen widerspricht [Ingenstau/Korbion 2006, Einleitung Rdnr. 10].

Ein eigentliches Baurecht gibt es damit nicht; vielmehr bildet das Zusammenspiel der beschriebenen Normen *„ Baurecht"* (Abb. 2.4-1).

Die folgenden Ausführungen beziehen sich auf das *Zivilrecht in Bauangelegenheiten*, d. h. die Anbahnung, den Abschluss und den Vollzug von Planer- und Bauwerkverträgen (Privates Baurecht; Öffentliches Baurecht s. Kap. 6).

2.4.1 Das BGB und verwandte Rechtsvorschriften als Grundlagen für Privatrechtsverhältnisse im Bauwesen

Die wesentlichen Materien des Bürgerlichen Rechts sind immer noch im *Bürgerlichen Gesetzbuch* (BGB) enthalten, das am 01.01.1900 nach fast 15-jähriger Vorarbeit in Kraft trat. Es regelt die Kernbereiche des Bürgerlichen Rechts und besteht aus fünf Büchern.

2.4.1.1 Struktur des BGB

Der *Allgemeine Teil* (Erstes Buch, §§ 1–240) enthält grundsätzliche Vorschriften, die für alle folgenden Bücher gelten. Sie sind gewissermaßen

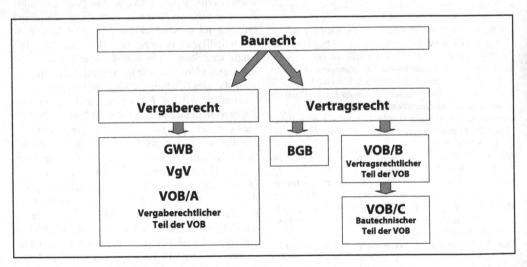

Abb. 2.4-1 Systematik des Baurechts

„vor die Klammer" gezogen. Hier ist u. a. geregelt, wer Träger von Rechten und Pflichten im Privatrecht sein kann, d. h. das Recht der natürlichen und juristischen Personen (Rechtsfähigkeit, Geschäftsfähigkeit, Vertrag). Ferner befasst sich der Allgemeine Teil mit den Sachen als möglichen Rechtsobjekten dieser Rechte und Pflichten. Schließlich enthält er Grundregeln dafür, wie Personen zur Erreichung eines bestimmten Zweckes rechtlich wirksam handeln, also Rechtsgeschäfte tätigen können (Willenserklärung, Bedingung, Vertretung und Vollmacht, Kosten und Termine, Verjährung).

Das *Recht der Schuldverhältnisse* (Zweites Buch, §§ 241–853) enthält die allgemeinen und besonderen Regelungen über die Entstehung, Abwicklung und Beendigung von Schuldverhältnissen, d. h. Beziehungen zwischen Personen, die sich einseitig oder wechselseitig etwas schulden. Im allgemeinen Schuldrecht (§§ 241–432) sind die Grundregeln formuliert, die für alle Arten von Schuldverhältnissen gelten. Der besondere Teil des Schuldrechts (§§ 433–853) regelt einige typische vertraglich begründete Schuldverhältnisse wie Kauf, Miete, Dienstvertrag und Werkvertrag sowie gesetzliche Schuldverhältnisse aus ungerechtfertigter Bereicherung (§§ 812ff.), unerlaubter Handlung (§§ 823ff.) oder Geschäftsführung ohne Auftrag (§§ 677ff.). Die im Rahmen eines Schuldverhältnisses wirkenden Rechte sind relative Rechte, d. h., sie wirken nur zwischen den beteiligten Personen. So kann z. B. ein Bauunternehmer, der für einen Auftraggeber ein Bauwerk errichtet hat, nur von diesem die Entrichtung der Vergütung verlangen.

Mit dem am 1.1.2002 in Kraft getretenen Schuldrechtsmodernisierungsgesetz hat der Gesetzgeber das Schuld- und Verjährungsrecht umfassend modernisiert. Das Schuldrechtsmodernisierungsgesetz setzt drei EG-Richtlinien um (Verbrauchsgüterkauf; Bekämpfung von Zahlungsverzug im Geschäftsverkehr; elektronischer Zahlungsverkehr). Zudem hat das Gesetz u. a. das Leistungsstörungsrecht neu konzipiert und das Kaufrecht umfassend neu gestaltet. Frühere Sondergesetze wie das AGB-Gesetz, Verbraucherkreditgesetz, Haustürwiderrufsgesetz sind in das BGB integriert worden. Beim Werkvertragsrecht wurden u. a. die Gewährleistungsvorschriften an das neue Leistungsstörungsrecht angepasst worden. Die Vergütung des Kostenvoranschlags ist jetzt ausdrücklich geregelt.

Mit Beschluss vom 19.06.2008 hat der Bundesrat dem vom Deutschen Bundestag beschlossenen Forderungssicherungsgesetz zugestimmt, dessen Regelungen am 01.01.2009 in Kraft traten. Kern und Ziel dieses Gesetzes ist die Verbesserung des Schutzes von Werkunternehmern gegen Forderungsausfälle. In dieses Gesetz wurde seitens der Bundesregierung indes auch eine Änderung des Rechts der Allgemeinen Geschäftsbedingungen betreffend §§ 308, 309 und 310 BGB eingebracht, die genau die Thematik aufgreift, die der BGH in seiner Entscheidung vom 24.07.2008 zu beurteilen hatte. (BGH Urteil vom 24.07.2008 VII ZR 55/07). Somit hat der Gesetzgeber nunmehr eine Regelung dahingehend geschaffen, dass die VOB/B in ihrer jeweils geltenden Fassung in den Fällen, in denen sie in vollem Umfang und ohne Änderung in einen Vertrag einbezogen wird, an dem ausschließlich Unternehmer und/oder die öffentliche Hand beteiligt sind, jeglicher AGB-rechtlichen Inhaltskontrolle entzogen ist. Die Privilegierung der VOB/B ist für diesen Bereich mithin gesetzlich fixiert.

Das *Sachenrecht* (Drittes Buch, §§ 854–1296) regelt die privatrechtlichen Rechtsverhältnisse zwischen Personen und Sachen, die sog. Sachen- oder dinglichen Rechte. Anders als im Schuldrecht gibt es hier nicht die Möglichkeit der freien Gestaltung der rechtlichen Beziehungen, sondern der Kreis der Sachenrechte ist abschließend geregelt. Es herrscht ein Numerus clausus der Sachenrechte. Neben dem umfassendsten Recht an einer Sache, dem Eigentum, gibt es noch eine Anzahl beschränkter dinglicher Rechte, d. h. Nutzungs- und Verwertungsrechte am Eigentum eines anderen wie Hypothek, Grundschuld, Erbbaurecht, Dienstbarkeiten, Vorkaufsrecht, Reallasten und Pfandrecht. Dingliche Rechte sind absolute Rechte, d. h., sie wirken nicht nur gegenüber Vertragspartnern, sondern auch gegenüber anderen Personen. So kann z. B. der Eigentümer eines Grundstücks grundsätzlich jedem nach eigenem Belieben das Betreten des Grundstücks verbieten. Es bedarf hierzu keiner besonderen Rechtsbeziehung.

Das *Familienrecht* (Viertes Buch, §§ 1297–1921) regelt die familienrechtlichen Verhältnisse einzelner Personen. Hierzu gehören die Verwandtschaft und daraus entstehende Unterhaltspflichten und -ansprüche, die Ehe (außer Eingehung der Ehe) mit ehelichem Güterrecht und Ehescheidung sowie elterliche Sorge und Vormundschaft.

Das *Erbrecht* (Fünftes Buch, §§ 1922–2385) regelt die rechtlichen Verhältnisse nach dem Tod einer Person, insbesondere Erbfolge, Rechte und Pflichten der Erben, Testamentserrichtung und Pflichtteilsrecht.

2.4.1.2 Sachenrecht

Das Sachenrecht (§§ 854–1296 BGB) ist wie das Schuldrecht *Teil des Allgemeinen Vermögensrechtes.* Im Gegensatz zu diesem regelt es jedoch nicht die Rechtsbeziehungen zwischen Personen, sondern geht von den Vermögensgegenständen aus. Schuldrechtliche Verträge können Personen nur zur Änderung der Rechtsbeziehung zu einer Sache verpflichten, die Änderung selbst muss durch ein eigenes dingliches Rechtsgeschäft erfolgen. Die dinglichen, auf eine Sache bezogenen Rechte gelten nicht nur – wie im Schuldrecht – gegenüber dem Vertragspartner, sondern gegenüber allen anderen Personen. Wichtiges Prinzip innerhalb des Sachenrechts ist daher die Publizität, d. h. die Erkennbarkeit der Rechte nach außen.

Gemäß BGB gibt es nur einen beschränkten Katalog von Sachenrechten. Es sind nicht – wie im Schuldrecht – durch freie Vereinbarung neue Typen zu schaffen bzw. vorhandene zu modifizieren. Neben dem *unbeschränkten dinglichen Recht*, dem Eigentum (§§ 903–1011 BGB), bestehen mehrere *beschränkte dingliche Rechte*, die regelmäßig in Belastungen des Eigentums bestehen. Sowohl das Eigentum als auch die beschränkten dinglichen Rechte werden durch einen sachenrechtlichen Vertrag übertragen. Zu ihm gehören *Einigung* (bei Grundstücken nach § 873 Abs. 1 BGB) und *Übergabe*, d. h. in erster Linie die Bekanntmachung der Rechtsänderung im Interesse der Publizität.

Zu unterscheiden ist zwischen beweglichen Sachen (Fahrnis) und Grundstücken (Liegenschaften). Die Rechtsverhältnisse an beweglichen Sachen werden i. Allg. durch den Eigenbesitz der Sache ausgedrückt. Der *Besitz* bezeichnet die tatsächliche Herrschaft über eine Sache, während das *Eigentum* die Rechtsherrschaft ausdrückt. Die Rechtsverhältnisse an Liegenschaften sind im *Grundbuch* verzeichnet, einem vom (beim Amtsgericht angesiedelten) Grundbuchamt geführten Register, in dem alle Rechtsverhältnisse an Grundstücken und ihre jeweiligen Veränderungen eingetragen werden müssen, wenn sie

Rechtswirkung erlangen sollen. Das Verfahren hierbei ist im Einzelnen in der Grundbuchordnung (GBO) geregelt.

Das umfassendste und zugleich *einzige unbeschränkte dingliche Recht* an einer Sache ist das *Eigentum* (§§ 903–1011 BGB). Seine Bedeutung für die geltende Wirtschafts-, Rechts- und Sozialordnung wird durch seinen grundrechtlichen Schutz durch Art. 14 des Grundgesetzes (GG) unterstrichen, der allerdings im Dienste der Allgemeinheit auch die Sozialbindung des Eigentums formuliert. Auf dieser Grundlage ist unter bestimmten Umständen die *Enteignung gegen Entschädigung* möglich.

Die Übertragung des Eigentums erfolgt wie die aller dinglichen Rechte durch Einigung und Übergabe. Bei beweglichen Sachen geschieht die Übergabe im Allgemeinen durch Besitzwechsel. Bei Liegenschaften wird die Einigung als *Auflassung* bezeichnet (§ 925 BGB). Die *Übergabe* geschieht durch die Eintragung ins Grundbuch.

Ferner sind im Sachenrecht die sich aus dem Eigentum ergebenden Ansprüche gegenüber dem Besitzer und Dritten, das Recht des Miteigentums sowie verschiedene Arten des Eigentumserwerbs geregelt.

Neben dem Eigentum als unbeschränktem dinglichem Recht gibt es auch *beschränkte dingliche Rechte an Sachen.* Auch sie werden durch Einigung und Übergabe (Verlautbarung der Rechtsänderung) übertragen. Hierzu gehören u. a.:

– *Erbbaurecht*: das Recht, ein Bauwerk auf fremdem Grund und Boden zu errichten und zu unterhalten (ErbbRVO vom 15.01.1919).
– *Dienstbarkeiten*: dingliche Rechte an einer Sache, wonach der Berechtigte eine fremde Sache in einem nach dem Inhalt der Dienstbarkeit zu bestimmenden Umfang nutzen darf. Zu unterscheiden sind:
    – *Grunddienstbarkeiten* (§§ 1018–1029 BGB), d. h. Rechte an einem Grundstück, die dem Eigentümer eines anderen Grundstücks zustehen (z. B. Durchgangs- und Durchfahrtsrecht, Verbot einer bestimmten Bebauung oder der Ausübung eines bestimmten Gewerbes);
    – *Nießbrauch* (§§ 1030–1089 BGB), d. h. das Recht, aus dem belasteten Gegenstand Nutzen zu ziehen (z. B. Miete eines Hauses, Zinsen eines Wertpapiers).

– *Pfandrecht* (§§ 1113–1296 BGB): das dingliche Recht an einem fremden Gegenstand zwecks dinglicher Sicherung einer Geldforderung oder einer anderen Forderung. Neben dem Pfandrecht an beweglichen Sachen sind im Baubereich v. a. die Grundpfandrechte von Bedeutung (§§ 1113–1203 BGB):
  – *Hypothek* (§§ 1113–1190 BGB), d. h. das an einem Grundstück zur Sicherung einer Forderung bestellte Pfandrecht, wonach an denjenigen, zu dessen Gunsten die Belastung erfolgt, eine bestimmte Geldsumme zur Befriedigung einer ihm zustehenden Forderung aus dem Grundstück zu zahlen ist. Das Bestehen einer persönlichen Forderung ist Voraussetzung für die Entstehung der Hypothek (akzessorische Natur der Hypothek).
  – *Grundschuld* (§§ 1191–1198 BGB), d. h. Belastung eines Grundstücks in der Weise, dass an den Begünstigten eine bestimmte Geldsumme aus dem Grundstück zu zahlen ist. Das Bestehen einer Forderung ist im Gegensatz zur Hypothek nicht Voraussetzung zur Entstehung einer Grundschuld; sie ist in ihrem Bestand von der persönlichen Forderung ganz unabhängig.
  – *Rentenschuld* (§§ 1199–1203 BGB), d. h. Sonderform der Grundschuld, bei der im Gegensatz zu dieser kein Kapital, sondern eine Rente in regelmäßig wiederkehrenden Terminen aus dem Grundstück zu zahlen ist.

2.4.1.3 Das HGB als Sonderrecht der Kaufleute

Das hauptsächlich im *Handelsgesetzbuch* (HGB) geregelte Handelsrecht ist das Sonderrecht der Kaufleute und ihrer Hilfspersonen. Seine Regelungen ersetzen daher z. T. die Vorschriften des BGB, z. T. modifizieren sie sie nach den spezifischen Bedingungen des Handelsverkehrs.

Der dem *Handelsrecht* unterworfene *Kaufmannsstand* gliedert sich in mehrere Kategorien:

– Kaufmann im Sinne des HGB ist grundsätzlich, wer ein Handelsgewerbe betreibt (Ist-Kaufmann, § 1 Abs. 1 HGB). Für diesen Personenkreis gilt kraft Gewerbebetriebs in jedem Fall das Handelsrecht, unabhängig von der Eintragung ins Handelsregister (diese hat nur deklarischen, also bestätigenden Charakter).
– Betreibt ein Kaufmann zwar ein Grundhandelsgewerbe, das jedoch nicht den erforderlichen Umfang hat, so handelt es sich um einen Kann-Kaufmann. Wenn die Firma des Unternehmens in das Handelsregister eingetragen ist (§ 2 HGB), wird er als Kaufmann behandelt.
– Handwerks- und sonstige Gewerbebetriebe, die zwar nicht zu den Grundhandelsgeschäften gehören, die jedoch nach Art und Umfang einen in kaufmännischer Weise eingerichteten Geschäftsbetrieb erfordern, gelten ebenfalls als Handelsgewerbe und sind zur Eintragung ins Handelsregister verpflichtet. Diese Eintragung ist konstitutiv, da sie die Kaufmannseigenschaft kraft Eintragung begründet (Ist-Kaufmann, § 1 HGB). Hierzu gehören i. Allg. auch Unternehmen des Baugewerbes, sofern sie nicht Formkaufmann kraft Rechtsform geworden sind (§ 6 HGB).
– Betreiber von land- und forstwirtschaftlichen Betrieben und ihnen angeschlossenen Nebenbetrieben können ebenfalls kraft Eintragung Kaufmann werden, sind dazu aber nicht verpflichtet (Kann-Kaufmann, § 3 HGB).
– Kaufmann kraft Rechtsform sind Handelsgesellschaften wie die Offene Handelsgesellschaft (§§ 105–160 HGB), die Kommanditgesellschaft (§§ 161–177a HGB), die Aktiengesellschaft gemäß AktG und die Gesellschaft mit beschränkter Haftung gemäß GmbHG. Auch sie erhalten mit ihrer zwingenden Eintragung ins Handelsregister die Kaufmannseigenschaft (Formkaufmann, § 6 HGB).
– Wer als Vollkaufmann auftritt und handelt und im Handelsregister eingetragen ist, also den Rechtsschein der Kaufmannseigenschaft erzeugt, ohne Kaufmann zu sein, muss sich im Interesse des Vertrauensschutzes im Rechtsverkehr ebenfalls den meist strengeren Regeln des HGB unterwerfen (Kaufmann kraft Eintragung, § 5 HGB).

Ist-, Kann- und Formkaufmann sind *Vollkaufleute*, d. h., das HGB gilt für sie uneingeschränkt. Es regelt im Einzelnen u. a. das Recht der Firma (§§ 17–37ff. HGB), die Vorschriften für die Führung der Handelsbücher für alle Kaufleute (§§ 238–263 HGB), das Recht der Vertretung des Vollkaufmanns durch Prokura, Handlungsvollmacht, Handlungsgehilfen, Handelsvertreter und Handelsmakler (§§ 48–104 HGB), das Recht der Handelsgesellschaften (§§ 105–237

HGB), der Handelsgeschäfte (§§ 343–475h HGB) und des Seehandels (§§ 476–905 HGB).

Im Handelsrecht ist das Vertrauen auf den Rechtsschein besonders geschützt. So sind z. B. zahlreiche Formvorschriften des BGB im HGB gelockert oder aufgehoben. Diese Lockerung dient der schnellen Abwicklung des Handelsverkehrs und ist dadurch gerechtfertigt, dass Kaufleute i. Allg. mit Rechtsgeschäften vertrauter sind als sonstige Privatpersonen und i. d. R. auch nur gegen Entgelt handeln.

In Abweichung vom BGB, nach dem die Annahme eines Angebots ausdrücklich oder zumindest konkludent (eine Schlussfolgerung zulassend) erklärt werden muss (§§ 146–151 BGB), gilt bei Kaufleuten nach vorausgegangenen Vertragsverhandlungen das Schweigen auf ein kaufmännisches Bestätigungsschreiben als Annahme, auch wenn der Inhalt des Bestätigungsschreibens vom zuvor Vereinbarten abweicht. Der Vertrag gilt dann mit den Abweichungen als geschlossen (§ 362 Abs. 1 HGB).

Anders als den privaten Käufer trifft den Kaufmann eine *Untersuchungspflicht* beim Erwerb einer Sache oder der Bestellung eines Werkes im Rahmen seines Handelsgeschäfts (§ 377 HGB). Er muss unverzüglich eine Mängelrüge aussprechen, wenn die gelieferte Ware oder das hergestellte Werk falsch oder fehlerhaft ist. Ansonsten gilt der vorhandene Mangel, soweit er erkennbar war, als genehmigt, und der Kaufmann verliert seine Gewährleistungsansprüche. In der Rechtsliteratur wird streitig diskutiert, ob bei Vereinbarung der VOB/B diese Rügepflicht bei Werklieferungsverträgen ausgeschlossen ist. Relevant ist dies insbesondere bei Nachunternehmerleistungen, bei denen der Auftragnehmer Leistungen von Dritten bezieht. Auch in diesem Werklieferungsvertrag kann die VOB/B als vertragliche Grundlage vereinbart werden. Dennoch gilt nach zutreffender Ansicht in diesen Werklieferungsverträgen die Rügepflicht (OLG Frankfurt BauR 2000, 432). Dies hat zur Konsequenz, dass der Besteller die gelieferten Sachen unverzüglich untersuchen und ggf. eine Mängelrüge übersenden muss, da er andernfalls seine Mängelansprüche verliert.

2.4.1.4 Vergabeordnungen

Die VOB wurde in der Zeit von 1921 bis 1926 vom Reichsverdingungsausschuss geschaffen mit dem Ziel, „… für die Vergebung von Leistungen und Lieferungen einheitliche Grundsätze für Reich und Länder zu schaffen" (Ingenstau/Korbion, 15. Auflage, Einleitung, Rdnr. (Randnummer) 14 ff.). Am 06.05.1926 wurde die Erstfassung der VOB beschlossen. Nach dem 2. Weltkrieg wurde die VOB durch den 1947 gegründeten Deutschen Verdingungsausschuss für Bauleistungen (DVA) neu bearbeitet.

Die Vergabeordnungen werden heute ebenfalls noch von den Verdingungsausschüssen ausgearbeitet, welche jetzt aus Vertretern von Bund, Ländern und Gemeinden sowie von Verbänden der Wirtschaft und von Gewerkschaften bestehen. Anschließend werden sie dann vom zuständigen Minister als Verwaltungsvorschrift erlassen. Die Vergabeordnungen sind damit kein Gesetz. Es gibt drei Vergabeordnungen:

- Vergabe- und Vertragsordnung für Bauleistungen (VOB),
- Vergabe- und Vertragsordnung für Leistungen (außer Bauleistungen) (VOL) und
- Vergabe- und Vertragsordnung für freiberufliche Leistungen (VOF).

Um die Anwendung der Verdingungsordnungen zu vereinfachen, wurden sie in 2 Abschnitte eingeteilt (dies gilt nicht für die VOF). VOB gliedert sich somit in folgende Teile und Abschnitte:

- Teil A Allgemeine Bestimmungen über die Vergabe,
  - Abschnitt 1 mit Basisparagraphen (nationales Vergaberecht),
  - Abschnitt 2 mit Basisparagraphen und EG-Regeln aus der Vergabekoordinierungsrichtlinie 2004/18/EG,
- Teil B Allgemeine Vertragsbedingungen für die Ausführung der Leistungen;
- Teil C Allgemeine Technische Vertragsbedingungen (nur VOB).

2.4.1.5 Allgemeine Geschäftsbedingungen

Im Rahmen des laufenden Geschäftsverkehrs ist es den Vertragsparteien kaum möglich, jeden Vertrag als Individualvertrag abzuschließen, d. h. alle Vertragsbedingungen jeweils neu zu formulieren und auszuhandeln. Zum einen bestehen große Ähnlichkeiten zwischen häufig wiederkehrenden Geschäftsvorfällen, zum anderen ergibt sich bei Individualverträgen stets die Gefahr, dass wichtige Punkte ungeregelt bleiben. Als Mittel zur Rationalisierung haben deshalb *Allgemeine Geschäftsbedingungen* (AGB) hohe Bedeutung erlangt. In ihnen werden Vertragsbedingungen für viele künftig abzuschließende Verträge vorformuliert. Sie werden dann entweder nur formal um die Bezeichnung der Vertragspartner und inhaltlich um die Leistungsbeschreibung, die Höhe der Vergütung, den Leistungsort, Sicherheitsleistungen, Gewährleistungsfristen usw. ergänzt oder aber in unveränderter Form als Vertragsbestandteil zu individuell ausgehandelten Vertragsteilen hinzugefügt.

Der Verwender von AGB hat das Interesse, dass diese global Vertragsinhalt werden sollen, d. h. ohne dass ihre Klauseln im Einzelnen ausgehandelt und vom Vertragspartner gebilligt werden müssen. Da der Verwender jedoch bei der Formulierung seine eigenen wirtschaftlichen Interessen und die Minderung seines eigenen Vertragsrisikos im Auge hat, besteht die Gefahr der Übervorteilung des Vertragspartners. Aus diesem Grund müssen AGB für schuld- und sachenrechtliche Verträge den gesetzlichen Anforderungen genügen. Das Recht der Allgemeinen Geschäftsbedingungen war seit 1977 durch ein eigenes Gesetz geregelt: *Gesetz zur Regelung des Rechts der Allgemeinen Geschäftsbedingungen* (AGB-Gesetz) vom 09.12.1976. Ab dem 1.1.2002 sind dessen Bestimmungen durch das Schuldrechtsmodernisierungsgesetz unter den §§ 305–310 in das BGB übernommen worden. Inhaltlich ist es zu keinen wesentlichen Änderungen gekommen. Im Einzelnen wird geregelt:

– wann überhaupt AGB vorliegen;
– unter welchen Voraussetzungen sie Vertragsbestandteil werden;
– wie AGB auszulegen sind, d. h. ihr Erklärungsinhalt festzustellen ist;
– unter welchen Bedingungen AGB inhaltlich zulässig sind und
– welche rechtlichen Folgen eine nach den Maßstäben des BGB festgestellte Unwirksamkeit von AGB hat.

2.4.1.6 VOB/B als Allgemeine Geschäftsbedingung

Da die VOB/B ein für eine Vielzahl von Verträgen vorformuliertes Klauselwerk ist, wird sie von der Rechtsprechung als Allgemeine Geschäftsbedingung i. S. d. § 305 BGB gewertet. Nach der alten Rechtsprechung des Bundesgerichtshofs unterlagen jedoch die einzelnen Bestimmungen der VOB/B nur dann der Inhaltskontrolle, wenn die VOB/B durch inhaltliche Änderungen derart verändert wurde, dass in deren Kernbereich eingegriffen wurde. Ohne Eingriffe in diesen Kernbereich galt die VOB/B „als Ganzes" privilegiert. Diese Rechtsprechung ist durch Urteil des Bundesgerichtshofs vom 22.1.2004 (BGH Urt. v. 22.1.2004 – VII ZR 418/02) aufgegeben worden. Nach diesem Urteil löst jede inhaltliche Änderung der VOB/B die Inhaltskontrolle der einzelnen Bestimmungen aus. Unerheblich ist, welches Gewicht diese Änderung hat. Hieraus folgt, dass die Inhaltskontrolle auch dann eröffnet ist, wenn nur geringfügige Abweichungen von der VOB/B vorliegen. Ebenso ist es unabhängig davon, ob eventuell benachteiligende Regelungen im Vertragswerk durch andere Regelungen möglicherweise ausgeglichen sind. Diese Grundsätze gelten selbstverständlich auch für ein Vertragswerk des öffentliches Auftraggebers (BGH Urt. v. 10.5.2007 – VII ZR 226/05). Allerdings liegen inhaltliche Änderungen grundsätzlich nicht vor, wenn die Bestimmungen der VOB/B nur dann gelten sollen, wenn die Parteien keine andere Regelung getroffen haben (Beispiel: § 13 Abs. 4, 17 Abs. 8 Nr. 2 VOB/B). Ebenso sind sprachliche Abweichungen ohne inhaltliche Änderung unbeachtlich. Demzufolge müssen bei jeder von der VOB/B inhaltlich abweichenden Vereinbarung sämtliche Bestimmungen der VOB/B auf ihre Wirksamkeit überprüft werden. Bei einer isolierten Inhaltskontrolle einzelner Bestimmungen verstoßen nach der Rechtsprechung z. B. folgende Vorschriften gegen §§ 305 ff. BGB:

– § 16 Abs. 3 VOB/B Ausschlusswirkung der Schlusszahlung, wenn die VOB/B vom Auftraggeber gestellt wird,
– § 16 Abs. 6 S. 1 VOB/B Zahlung an Dritte, wenn die VOB/B vom Auftragnehmer gestellt wird.

Diese Rechtsprechung hat der für das Werkvertragsrecht zuständige Siebte Zivilsenat des Bundesgerichtshofs fortgeführt. Die Klauseln der Vergabe- und Vertragsordnung für Bauleistungen Teil B (VOB/B) unterliegen bei Verwendung gegenüber Verbrauchern einer Einzelkontrolle nach §§ 307 ff BGB (Urteil vom 24.07.2008 – VII ZR 55/07).

Hiermit hat der BGH erstmals entschieden, dass alle Bauverträge mit Privaten rechtlich überprüft werden können. Anlass dieses Urteils, mittels dessen der BGH mit der mehr als 25 Jahre währenden Tradition seiner Rechtsprechung zur Privilegierung der VOB/B jedenfalls für den Teilbereich der Verbraucherverträge brach, war die Klage des Bundesverbandes der Verbraucherzentrale und Verbraucherverbände gegen den Deutschen Vergabe- und Vertragsausschuss für Bauleistung (DVA) mit dem Ziel, der Beklagten zu untersagen, mehrere in der VOB/B enthaltene Klauseln zur Verwendung gegenüber Verbrauchern zu empfehlen. Unmittelbare Folge der Entscheidung ist der Wegfall der Privilegierung der VOB/B in Bezug auf die Verwendung gegenüber Verbrauchern, so dass die Vertragsregelung in allen Fällen, also auch dann, wenn die VOB/B insgesamt vereinbart wurde, der uneingeschränkten gerichtlichen Kontrolle unterliegen. Die sich anschließende Frage, ob die bisherige Privilegierung bei Verwendung der VOB gegenüber einem Nichtverbraucher weiterhin besteht, wenn die VOB/B als Ganzes vereinbart wird, hat der BGH nicht entschieden, sondern dezidiert darauf hingewiesen, dass den Gerichten jeweils die Prüfung überlassen ist, ob die VOB/B in der jeweils geltenden Fassung nach wie vor dem im Zusammenwirken sämtlicher Klauseln erstrebten angemessenen Ausgleich der Interessen enthält und das Normgefüge als Ganzes der Inhaltskontrolle nach § 307 BGB standhält. Allerdings erkennt der BGH an, dass das Regelwerk tatsächlich ausgewogen ist.

2.4.2 Vergaberecht für öffentliche Auftraggeber in der Bauwirtschaft

Als Vergaberecht wird die Gesamtheit der Regeln und Vorschriften bezeichnet, die dem Staat, seinen Behörden und Institutionen bei der Beschaffung von sachlichen Mitteln und Leistungen, die er zur Erfüllung von Verwaltungsaufgaben benötigt, zu beachten hat. (BVerfG Urteil 13.6.06 – 1 BvR 1160/03). Dazu gehören z. B. Regeln, wie eine Gemeinde zum Bau eines neuen Rathauses Architekten, Fachplaner und Baufirmen zu beauftragen hat. Teil des Vergaberechts sind auch die Regelungen, welche die teils private Versorgungswirtschaft bei ihren Einkäufen zu beachten hat. Verga-

berecht kommt also zur Anwendung, wenn *öffentliche Auftraggeber* ihren Leistungsbedarf mittels *öffentlicher Aufträge* decken. Dabei muss der öffentliche Auftraggeber bereits im Vorfeld das gesamte Vertragsverhältnis diskriminierungsfrei vorbereiten und den Vertragspartner dann in einem sehr formalisierten Verfahren ermitteln.

2.4.2.1 Gegenstand und Struktur des Vergaberechts

Das deutsche Vergaberecht ist traditionell ein spezieller *Teil des Haushaltsrechtes*, das nach § 6 Abs. 1 des Gesetzes über die Grundsätze des Haushaltsrechts des Bundes und der Länder die wirtschaftliche und sparsame Verwendung der Haushaltmittel zum Ziel hat. Diese Regeln haben das Ziel, die ökonomische Verwendung der Haushaltsmittel zu sichern. Zu diesem Zweck legt beispielsweise § 30 HGrG die öffentliche Ausschreibung als Regelform der Auftragsvergabe fest. Dieser Grundsatz wird in den Haushaltsordnungen des Bundes und der Länder sowie den landesrechtlichen Gemeindehaushaltsverordnungen dahingehend konkretisiert, dass bei der Auswahl und dem Abschluss von Verträgen nach einheitlichen Richtlinien zu verfahren ist. Diese Richtlinien sind in den Verdingungsordnungen enthalten:

- Vergabe- und Vertragsordnung für Bauleistungen (VOB),
- Vergabe- und Vertragsordnung für Leistungen außer Bauleistungen (VOL) und
- Vergabeordnung für freiberufliche Leistungen (VOF).

Diese Verdingungsordnungen werden von den Verdingungsausschüssen ausgearbeitet und dann vom zuständigen Minister als Verwaltungsvorschrift erlassen. In ihnen sind die Regeln enthalten, die öffentliche Auftraggeber bei der Anbahnung und dem Abschluss eines Auftrags zu beachten haben, wie beispielsweise hinsichtlich der Publizität, der einzuhaltenden Fristen, der Zulassung und Wertung von Angeboten, des Zuschlags und der nach dem Zuschlag herzustellenden Transparenz.

Aufgrund des europäischen Gemeinschaftsrechts musste Mitte der 90er Jahre diese verwaltungsinterne haushaltsrechtliche Lösung teilweise aufgegeben werden. Vier europäische Richtlinien waren für die

Auftragsvergabe maßgebend: Baukoordinierungsrichtlinie (Richtlinie 93/37/EWG des Rates, 14.6.1993, Lieferkoordinierungsrichtlinie (Richtlinie 93/36/EWG des Rates, 14.6.1993), Dienstleistungskoordinierungsrichtlinie (Richtlinie 92/50/ EWG des Rates, 18.6.1992) und Sektorenrichtlinie (Richtlinie 93/38/EWG, 14.6.1993). Diese Richtlinien definierten den Begriff des öffentlichen Auftraggebers und gliederten das Vergabeverfahren detailliert in vier Abschnitte (Verfahrenswahl, Bekanntmachung, Eignungsprüfung, Zuschlag). Allerdings waren europaweite Ausschreibungen erst vorgeschrieben, wenn die in den Richtlinien festgesetzten Schwellenwerte erreicht wurden. Anders als der verwaltungsinterne haushaltsrechtliche Ansatz sahen die Vergaberichtlinien subjektive Rechte der Bieter vor. Deshalb änderte der deutsche Gesetzgeber 1993 das Haushaltsgrundsätzegesetz. Insbesondere erließ er die Vergabeverordnung von 1994, hiernach war die Beachtung der in den A-Teilen der Verdingungsordnungen vorgesehenen Vergabevorschriften für Aufträge oberhalb der Schwellenwerte zwingend. Mit dem am 1.1.1999 in Kraft getretenen Vergabeänderungsgesetz wurde die haushaltsrechtliche Lösung für Aufträge oberhalb der Schwellenwerte aufgegeben. Das Vergaberecht wurde Bestandteil des Gesetzes gegen Wettbewerbsbeschränkungen (GWB) (sog. kartellrechtliche Lösung).

Dies ist der Hintergrund für die Zweiteilung des Vergaberechts: Das Vergaberecht der §§ 97 ff. GWB i. V. m. § 2 Vergabeverordnung ist nur bei der Vergabe oberhalb der Schwellenwerte anwendbar. Für Vergaben unterhalb der Schwellenwerte ist weiterhin die haushaltsrechtliche Rechtslage maßgebend.

Das gemeinschaftsrechtliche Vergaberecht wurde zwischenzeitlich geändert. Ende März 2004 wurden zwei neue Koordinierungsrichtlinien verabschiedet (Richtlinien 2004/17/EG und 2004/18/ EG des Europäischen Parlaments und des Rates vom 31. März 2004, ABl Nr. L 134 vom 30. April 2004, S. 1; ABl Nr. L 134 vom 30. April 2004, S. 114), die eine teilweise Neuordnung des Vergabeverfahrens vorsehen. Die Rechtsmittelrichtlinien gelten dagegen fort.

Durch das Konjunkturpaket II – ausgelöst durch die Finanzkrise 2008/2009 – sind zentrale Themenbereiche des Vergaberechts behandelt worden. Dabei sind die mit dem Konjunkturpaket II beschlossenen Erleichterungen in den jeweiligen Vergabephasen

eingearbeitet. Mit dem als Art. 7 des Gesetzentwurfes zur Sicherung von Beschäftigung und Stabilität in Deutschland (Bundestagsdrucksache 16/11740) vorgesehenen Gesetz zur Umsetzung von Zukunftsinvestitionen der Kommunen und Länder wurden sowohl der Rahmen für die Unterstützung durch den Bund als auch die zu fördernden Investitionsschwerpunkte festgelegt, womit ihm mittelbar auch eine Relevanz für die öffentliche Auftragsvergabe zukommt. Durch Beschluss der Bundesregierung vom 13.01.2009 ist zur beschleunigten Umsetzung von Investitionen eine erleichterte Vergabe beschlossen worden. Befristet auf zwei Jahre wurden Schwellenwerte für beschränkte Ausschreibungen und freihändige Vergaben (jeweils ohne öffentlichen Teilnahmewettbewerb) mit folgender Höhe eingeführt:

- beschränkte Ausschreibung für Bauleistungen EUR 1,0 Mio.,
- freihändige Vergabe für Bauleistungen EUR 100.000,00,
- freihändige Vergabe und beschränkte Ausschreibung für Dienst- und Lieferleistungen EUR 100.000,00.

Im September 2010 hat sich die Bauminsterkonferenz für eine Weitergeltung der Wertgrenzen für beschränkte Ausschreibungen und freihändige Vergaben im Bereich der VOB auch nach Abschluss des Konjunkturpakets II ausgesprochen. Die Übergangszeit soll genutzt werden, um die Erfahrungen auszuwerten. Die Bundesländer haben zum Teil die Anwendung der Auftragswertgrenzen verlängert.

Unterhalb dieser Schwellenwerte kann die Vergabestelle ohne Nachweis eines Ausnahmetatbestandes beschränkte Ausschreibungen oder freihändige Vergaben durchführen.

Am 13.02.2009 hat der Bundesrat dem Gesetz zur Modernisierung des Vergaberechts zugestimmt, das den Bundestag bereits am 19.12.2008 passiert hatte. In Kraft getreten ist das Gesetz zur Modernisierung des Vergaberechts am 24.04.2009. Damit ist ein sechsjähriger Prozess der Modernisierung des GWB-Vergaberechts beendet worden. Ziel des neuen Vergaberechts ist es, das Vergaberecht zu modernisieren, zu vereinfachen sowie transparenter und mittelstandsfreundlicher auszugestalten. Bestehende Unsicherheiten sollten beseitigt werden. Das Gesetz zur Modernisierung des Vergaberechts bringt jetzt umfangreiche Änderungen für

die §§ 97 ff. GWB und lässt von der Vergabeverordnung im Wesentlichen nur noch Regelungen
übrig, die den Zweck der Verbindung zwischen
GWB und Vergabeordnungen haben.

Am 29.09.2009 ist die Sektorenverordnung in
Kraft getreten. Die SektVO ersetzt die VgV und den
3. und 4. Abschnitt der VOB/A und VOL/A für Sektorenauftraggeber in Vergabeverfahren oberhalb des
EU-Schwellenwertes in den Bereichen des Verkehrs,
der Trinkwasser- und Energieversorgung.

VOB, VOL und VOF sind gemeinsam mit der
VgV in ihrer neuen Fassung zum 11.06.1010 in Kraft
getreten.

2.4.2.2 Öffentlicher Auftraggeber und Öffentliche Aufträge

Da Vergaberecht nur dann zur Anwendung kommt,
wenn öffentliche Auftraggeber ihren Leistungsbedarf mittels öffentlicher Aufträge decken, sind die
Begriffe *öffentliche Auftraggeber* und *öffentliche
Aufträge* entscheidend.

Öffentliche Auftraggeber (§ 98 GWB) können neben den klassischen Körperschaften des öffentlichen
Rechts, wie Bund, Länder und Gemeinden, auch Gesellschaften in Privatrechtsform (z. B. GmbH) sein,
wenn diese von öffentlichen Stellen beherrscht oder
finanziert werden.

Zu den Auftraggebern, die Aufträge mittels
eines Vergabeverfahrens vergeben, gehören:

– Gebietskörperschaften (Bund, Länder, Gemeinden), sowie deren Sondervermögen,
– juristische Personen des öffentlichen und des
  privaten Rechts, deren Gründungszweck in der
  Erfüllung von im Allgemeininteresse liegenden
  Aufgaben nicht-gewerblicher Art liegt und die
  staatlicher Kontrolle unterliegen,
– Verbände, deren Mitglieder die zuvor genannten Anforderungen erfüllen,
– öffentliche und private Sektorenauftraggeber
  (Trinkwasser- und Energieversorgung oder Verkehr),
– Maßnahmen mit überwiegend öffentlicher Finanzierung (Tiefbaumaßnahmen für die Errichtung von Krankenhäusern, Sport-, Erholungs-
  oder Freizeiteinrichtungen, Schul-, Hochschul-
  oder Verwaltungsgebäuden oder damit zusammenhängende Dienstleistungen)
– Baukonzessionäre.

Öffentliche Aufträge sind entgeltliche Verträge
von öffentlichen Auftraggebern mit Unternehmen
(§ 99 GWB). Der Leistungsbedarf kann durch verschiedene Auftragsformen gedeckt werden, die
alle dem Vergaberecht unterfallen:

– *Lieferaufträge* sind Verträge zur Beschaffung
  von Waren, die insbesondere Kauf, Ratenkauf
  oder Leasing, Miete oder Pacht mit oder ohne
  Kaufoption betreffen,
– *Bauaufträge* sind Verträge über die Ausführung
  oder die gleichzeitige Planung und Ausführung
  eines Bauvorhabens oder eines Bauwerks für
  den öffentlichen Auftraggeber, das Ergebnis
  von Tief- oder Hochbauarbeiten ist und eine
  wirtschaftliche oder technische Funktion erfüllen soll, oder einer dem Auftraggeber unmittelbar wirtschaftlich zugutekommenden Bauleistung durch Dritte gemäß den vom Auftraggeber
  genannten Erfordernissen,
– *Dienstleistungsaufträge* sind Verträge über die Erbringung von Leistungen, die keine Liefer- oder
  Bauaufträge oder Auslobungsverfahren betreffen,
– *Baukonzessionen* sind Bauaufträge, bei denen
  die Gegenleistung für die Bauarbeiten statt in
  einer Vergütung in dem Recht auf Nutzung der
  baulichen Anlage, ggf. zzgl. der Zahlung eines
  Preises besteht,
– *Rahmenvereinbarungen* sind Vereinbarungen
  mit einem oder mehreren Unternehmen, in denen die Bedingungen für Einzelaufträge festgelegt werden, die im Laufe eines bestimmten
  Zeitraums vergeben werden sollen.

2.4.2.3 Vergaberechtsvorschriften

Grundlage des Vergaberechts in Deutschland ist traditionell das Haushaltsrecht. Nach dem Haushaltsgrundsätzegesetz (HGrG) ist die wirtschaftliche und
sparsame Verwendung der Haushaltmittel oberstes
Ziel. Unter dem Einfluss des europäischen Gemeinschaftsrechts musste der traditionelle verwaltungsinterne Ansatz des deutschen Vergaberechts teilweise aufgehoben werden (vgl. 2.4.2.1).

Dem Vergaberecht liegt heute ein System zugrunde (Kaskadenprinzip), bestehend aus Richtlinien,
Gesetzen und Verordnungen, an dessen unteren Ende
die das Vergabeverfahren im Einzelnen beschrei-
benden Vergabe- und Vertragsordnungen (VOL/A,

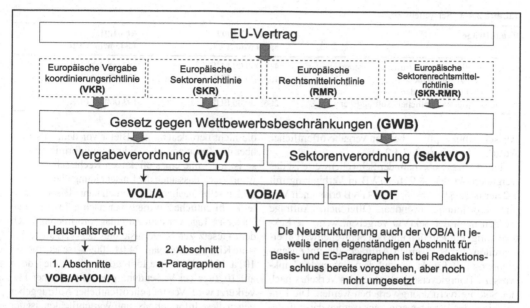

Abb. 2.4-2 Übersicht über die Vergabevorschriften

VOB/A, VOF) stehen. Für Aufträge oberhalb der Schwellenwerte sind die allgemeinen Grundsätze der Vergabe in §§ 97 ff. GWB festgelegt. Die Einzelheiten des Vergabeverfahrens werden dabei in der Vergabeverordnung geregelt, die ihrerseits in ihren §§ 4 ff. auf die Verdingungsordnungen verweist. § 97 Abs. 7 GWB räumt den am Vergabeverfahren beteiligten Unternehmen ein subjektives Recht auf Einhaltung dieser Bestimmungen ein (Abb. 2.4-2).

Die Vergabe- und Vertragsordnungen (VOL/A, VOB/A, VOF) unterscheiden sich in ihrem Anwendungsbereich je nach Art der Leistungen:

– VOB/A: Arbeiten jeder Art, durch die eine bauliche Anlage hergestellt, instand gehalten, geändert oder beseitigt wird (Bauleistung). Planungen und Ausführungen von Bauvorhaben, Verträgen über Bauleistungserbringung durch Dritte gemäß auftraggeberseitigen Vorgaben (z.B. Bauträgervertrag, Baukonzession),

– VOF: Freiberufliche Leistungen, die im Wettbewerb mit freiberuflich Tätigen erbracht werden und nicht eindeutig und erschöpfend beschreibbar sind,

– VOL/A: Alle Leistungen (Dienst- und Lieferleistungen), die nicht unter die VOB/A oder VOF fallen.

(Zu den Einzelheiten der VOB/A vgl. 2.4.3.1)

2.4.2.4 Schwellenwerte

Schwellenwerte nehmen eine Zweiteilung des Vergaberechts vor. Schwellenwerte sind die geschätzten Auftragswerte ohne Umsatzsteuer, die erreicht werden müssen, damit die europaweite Ausschreibungspflicht bei der Vergabe öffentlicher Aufträge besteht. Anhand der Schwellenwerte entscheidet sich, ob national oder europaweit auszuschreiben ist (Tabelle 2.4-1).

2.4.2.5 Rechtsschutz

Die durch das am 01.01.1999 in Kraft getretene Vergaberechtsänderungsgesetz eingeführte sog. kartellrechtliche Lösung führte zu einer Zweiteilung des Vergaberechts. Entscheidendes Kriterium ist das Erreichen der Schwellenwerte. Schwellenwerte sind die geschätzten Auftragswerte ohne Umsatzsteuer, die erreicht werden müssen, damit eine europaweite

Tabelle 2.4-1 Schwellenwerte

Bauaufträge	Bis 31.12.2009 5,150 Mio. EUR	Ab 01.01.2010 4,845 Mio. EUR
Dienst-, Liefer- und freiberufliche Leistungen	412.000,00 EUR	387.000,00 EUR
– Sektoren-Auftraggeber	133.000,00 EUR	125.000,00 EUR
– Oberste Bundesbehörden		
– alle sonstigen öffentlichen Auftraggeber	206.000,00 EUR	193.000,00 EUR

Ausschreibungspflicht bei der Vergabe öffentlicher Aufträge besteht (vgl. 2.4.2.4).

Für Aufträge oberhalb der Schwellenwerte ist das Vergaberecht der §§ 97ff. GWB in Verbindung mit § 2 der nach § 97 Abs. 6, § 127 GWB erlassenen Vergabeverordnung anwendbar. Öffentliche Aufträge werden nach der SektVO vergeben, wenn sie Sektorentätigkeit betreffen und den Schwellenwert überschreiten. Erfasst werden Aufträge, die im Zusammenhang mit Tätigkeiten auf dem Gebiet der Trinkwasser-, Energieversorgung oder des Verkehrs nach der Sektorenverordnung vergeben werden. Die Einzelheiten des Vergabeverfahrens werden dabei in der Vergabeverordnung geregelt, die ihrerseits auf die Verdingungsordnungen verweist. § 97 Abs. 7 GWB räumt den am Vergabeverfahren Beteiligten ein subjektives Recht auf Einhaltung der Bestimmungen ein. Für deren Durchsetzung sehen die §§ 102 ff. GWB ein besonderes Nachprüfungsverfahren vor. Zur Nachprüfung sind zunächst die Vergabekammern berufen. Dieses Nachprüfungsverfahren wird auf Antrag eingeleitet. Antragsbefugt ist jeder Unternehmer, der ein Interesse an dem Auftrag hat und so eine Verletzung in seinen Rechten geltend macht. Die Vergabekammer prüft den Antrag darauf, ob er offensichtlich unzulässig oder unbegründet ist. Sofern der Antrag nicht offensichtlich unzulässig oder unbegründet ist, übermittelt die Vergabekammer dem Auftraggeber eine Kopie des Antrags. Sobald die Vergabekammer den Auftraggeber in Textform über den Antrag auf Nachprüfung informiert hat, darf dieser gemäß § 115 Abs. 1 GWB den Zuschlag vor einer Entscheidung der Vergabekammer und dem Ablauf der zweiwöchigen Beschwerdefrist des § 117 Abs. 1 GWB nicht erteilen. Die Vergabekammer untersucht den Sachverhalt von Amts wegen. Allerdings kann die Vergabekammer einen bereits wirksam erteilten Zuschlag gemäß § 114 Abs. 2 Satz 1 GWB nicht aufheben. Deshalb ist der öffentliche Auftraggeber verpflichtet, bei Vergaben oberhalb der Schwellenwerte die nicht berücksichtigten Bieter vor dem Zuschlag über die Zuschlagsentscheidung zu informieren. Nur so ist im Sinne eines effektiven Rechtsschutzes gewährleistet, dass auch die Entscheidung über den Zuschlag selbst nachgeprüft werden kann. Bisher musste der öffentliche Auftraggeber nach § 13 VgV den Bieter 14 Tage vor dem Zuschlag informieren. Nach dem Gesetz zur Modernisierung des Vergaberechts – in Kraft getreten am 24.04.2009 – sehen die §§ 101 a, 101 b GWB eine 15-Tages-Frist vor, die jedoch auf 10 Tage bei Versendung per Mail oder per Fax verkürzt wird. Verstößt ein öffentlicher Auftraggeber gegen diese Informations- und Wartepflichten, ist der Vertrag von Anfang an unwirksam. Neu geregelt ist jetzt auch, dass die Unwirksamkeit nur festgestellt werden kann, wenn dies in dem Nachprüfungsverfahren innerhalb von 30 Kalendertagen ab Kenntnis des Verstoßes, jedoch nicht später als sechs Monate nach Vertragsschluss, geltend gemacht worden ist. Die Frist zur Geltendmachung der Unwirksamkeit endet 30 Kalendertage nach Veröffentlichung der Bekanntmachung der Auftragsvergabe im Amtsblatt der Europäischen Union.

Des Weiteren gelten oberhalb der Schwellenwerte erhöhte Transparenz- und Bekanntmachungspflichten. Kerninhalte dieses Rechtsschutzes sind:

– Rügepflichten: Fehler im Vergabeverfahren sind vor Einleitung des Nachprüfungsverfahrens unverzüglich nach ihrem Erkennen dem Auftraggeber anzuzeigen.
– Auftraggeber muss Vergabeakten vollständig sofort nach Zugang des Nachprüfungsantrags an die Vergabekammer übersenden.
– Auftraggeber darf den Zuschlag nicht vor rechtskräftiger Entscheidung durch die Vergabekammer erteilen (sog. aufschiebende Wirkung).
– Vergabekammer ermittelt nach Amtsermittlungsgrundsatz.
– Beteiligte haben Akteneinsichtsrecht.

Unterhalb der Schwellenwerte besteht kein förmlicher Vergaberechtsschutz. Das förmliche Vergabenachprüfungsverfahren ist bei Aufträgen unterhalb der Schwellenwerte nicht zulässig. Die öffentlichen Auftraggeber haben aber auch bei Aufträgen unterhalb der Schwellenwerte nach § 21 VOB/A die Nachprüfungsstellen anzugeben, an die sich der Bewerber oder Bieter zur Nachprüfung behaupteter Verstöße gegen Vergabebestimmungen wenden kann. Bieter können somit das Vergabeverfahren im Wege der Rechts- bzw. Fachaufsichtsbeschwerde von der Aufsichtsbehörde überprüfen lassen. Anders als bei Vergaben oberhalb der Schwellenwerte entfaltet die Beschwerde hier aber keine aufschiebende Wirkung. Es hängt allein von der Aufsichtsbehörde ab, ob sie dem Auftraggeber vorläufig untersagt, den Zuschlag zu erteilen. Für Vergaben unterhalb der Schwellenwerte verbleibt es damit bei der früheren haushaltsrechtlich ausgestalteten Rechtslage.

Vergabestellen müssen auch bei Vergaben unterhalb der Schwellenwerte das primäre Europarecht, insbesondere die Gebote wie Gleichbehandlungs- und Transparenzgebot sowie auch das Diskriminierungsverbot, ebenfalls beachten (EuGH, Urteil v. 18.12.2007 – Az.: C-220/06).

Schadensersatz können die Bieter, deren Rechte im Verfahren verletzt wurden, vor den Zivilgerichten sowohl bei Vergaben oberhalb als auch unterhalb der Schwellenwerte verlangen. Hierfür ist die Rechtsverletzung und der entstandene Schaden nachzuweisen. Bei Vergaben oberhalb der Schwellenwerte besteht die Besonderheit, dass nach § 126 GWB das Verschulden des Auftraggebers keine Voraussetzung ist.

2.4.2.6 Verfahrensgrundsätze

Oberstes Ziel der Regeln des Vergaberechts für das öffentliche Auftragswesen ist die Verpflichtung der Auftraggeber zu einem wirtschaftlichen Einkauf, um Verschwendung oder unkontrollierte Verwendung von Steuermitteln für beliebige politische Zwecke zu verhindern. Die Nachfragemacht des Staates muss reguliert und für alle Marktbeteiligten kalkulierbar sein und zwar mit funktionierendem Wettbewerb ohne vergabefremde Einflussfaktoren.

Ein weiteres Ziel ist die Öffnung der öffentlichen Beschaffungsmärkte in der EU zu einem großen Binnenmarkt. Dazu sollen die Transparenz der Regeln und die Pflicht zur nichtdiskriminierenden Vergabe nach rationalen Kriterien in der gesamten EU durchgesetzt werden.

Grundsätze und Programmsätze der Vergabe kommen in § 97 GWB zum Ausdruck:

– Wettbewerbsgebot,
– Transparenzgebot,
– Gleichbehandlungsgebot,
– Förderung mittelständischer Interessen,
– Neutralitätsgebot,
– Wirtschaftlichkeitsgebot.

Diese Prinzipien sind bei jeder Vergabe zu berücksichtigen. Die Regelungen der VOB, der VOL und der VOF gestalten diese Grundsätze aus, wie die folgenden Beispiele zeigen.

Wettbewerbsgebot

Das Wettbewerbsgebot ist einer der tragenden Grundsätze des Vergaberechts. Hierdurch soll der Zugang zu den Märkten und deren Wettbewerb gewährleistet sein. Es soll möglichst vielen Bietern die Gelegenheit gegeben werden, ihre Leistungen anzubieten. Ausfluss des Wettbewerbsgrundsatzes ist z. B. der Grundsatz der eindeutigen und erschöpfenden Leistungsbeschreibung nach § 7 Abs. 1 VOB/A, da nur hierdurch gewährleistet ist, dass die Bieter ihre Angebote unter gleichen Bedingungen erstellen und bei der Wertung vergleichbare Angebote vorliegen.

Wirtschaftlichkeitsgebot

Sowohl bei europaweiten Vergaben als auch bei nationalen Vergaben ist der Zuschlag auf das wirtschaftlichste Angebot zu erteilen.

Transparenzgebot

Gemäß § 20 VOB/A hat der öffentliche Auftraggeber die Pflicht, die einzelnen Stufen des Vergabeverfahrens, die einzelnen Maßnahmen einschließlich der Begründung der einzelnen Entscheidungen in den Vergabeakten zu dokumentieren. Hintergrund ist es, die Überprüfbarkeit der im Rahmen des Vergabeverfahrens getroffenen Feststellungen und Entscheidungen herbeizuführen. Damit stellt der Vergabevermerk eine besondere Ausformung des Transparenzgebots nach § 97 Abs. 1 GWB dar. Weiterer Ausfluss des Transparenzgebotes sind die Bekanntmachungsvorschriften und die Eindeutigkeit der Leistungsbeschreibung.

Gleichbehandlungsgebot

Der deutsche öffentliche Auftraggeber ist verpflichtet, alle Unternehmen mit Sitz in den Mitgliedsstaaten der EU gleich zu behandeln. Das Gebot der Gleichbehandlung von Bewerbern und Bietern gebietet die Gleichbehandlung von gleichen Sachverhalten bzw. die Ungleichbehandlung ungleicher Sachverhalte, sofern nicht eine Rechtfertigung aus sachlichen Gründen in Betracht kommt. So verlangt z. B. das Gleichbehandlungsgebot, dass wichtige Informationen allen Bewerbern gegeben werden. Dabei muss das in § 7 Abs.1 VOB/A enthaltene Gebot einer eindeutigen und erschöpfenden Leistungsbeschreibung beachtet werden.

Berücksichtigung mittelständischer Interessen

Um das erklärte Ziel der Mittelstandsfreundlichkeit zu erreichen, sieht das Gesetz zur Modernisierung des Vergaberechts vom 24.04.2009 z. B. grundsätzlich eine Verpflichtung vor, große Aufträge in Lose aufzuteilen, auf die auch kleine und mittlere Unternehmen anbieten können. Dies soll den Zugang mittelständischer Unternehmen zu öffentlichen Aufträgen erleichtern. Hieran anknüpfend verpflichtet der Gesetzgeber andere Unternehmen, die zwar nicht selbst öffentliche Auftraggeber sind, aber mit der Wahrnehmung der Durchführung von öffentlichen Aufgaben betraut sind, bei Vergabe von Unteraufträgen diese ebenfalls in Lose aufzuteilen.

Neutralitätsgebot

Das Diskriminierungsverbot kann nur gewährleistet werden, wenn einzelne Bieter nicht durch voreingenommene Personen bevorzugt werden. Nach dem *Diskriminierungsverbot* bzw. dem *Gleichbehandlungsgebot* sind damit alle Bieter gleich zu behandeln. So dürfen z. B. ortsansässige Unternehmen

nicht bevorzugt werden. Erhält ein Bieter auf Nachfrage Auskünfte, die über die Informationen aus den Vergabeunterlagen hinausgehen, so sind diese allen Mitbietern mitzuteilen. Ferner darf kein Bieter nach Ablauf der Angebotsfrist sein Angebot nachbessern bzw. für den öffentlichen Auftraggeber günstiger gestalten. Dieser darf dann auch nicht die Ausschreibung aufheben, um dem Bieter in einem neuen Vergabeverfahren Gelegenheit für die ordnungsgemäße Abgabe des nachgebesserten Angebots zu geben. Das Gebot der sparsamen Haushaltsführung tritt hier hinter das Diskriminierungsverbot zurück. Das Neutralitätsgebot beinhaltet zudem, dass an den Entscheidungen im Vergabeverfahren nur solche Personen mitwirken dürfen, die in ihrer Willensbildung nicht unlauter beeinflusst worden sind und den Wettbewerb verzerren.

2.4.2.7 Verfahrensarten

§ 101 GWB regelt die Arten der Vergabeverfahren. Zusätzlich ist – in Übereinstimmung mit den neuen EG-Vergaberichtlinien (Richtlinien 2004/17/EG und 2004/18/EG) – als neues eigenständiges Verfahren der „Wettbewerbliche Dialog" eingeführt worden (vgl. Abb. 2.4-3).

§ 3 VOB/A definiert die nach der VOB/A abschließend zulässigen Vergabearten der öffentlichen (§ 3 Abs. 1 VOB/A) und beschränkten Ausschreibung (§ 3 Abs. 3 VOB/A), der beschränkten Ausschreibung nach öffentlichem Teilnahmewettbewerb (§ 3 Abs. 4 VOB/A) und der freihändigen Vergabe (§ 3 Abs. 5 VOB/A).

Oberhalb der Schwellenwerte werden die Verfahrensarten in § 101 GWB bestimmt. Dabei entspricht das Offene Verfahren der öffentlichen Ausschreibung, das nicht offene Verfahren der Beschränkten

Unterhalb der Schwellenwerte	Oberhalb der Schwellenwerte
• Öffentliche Ausschreibung • Beschränkte Ausschreibung • Freihändige Vergabe	• Offenes Verfahren • Nichtoffenes Verfahren • Verhandlungsverfahren • Wettbewerblicher Dialog

Abb. 2.4-3 Bestimmung der richtigen Vergabeart

Ausschreibung und das Verhandlungsverfahren der Freihändigen Vergabe.

Trotz der Verschiedenheit der geregelten Verfahrensarten finden die Bestimmungen des Teils A der VOB grundsätzlich auf alle Verfahrensarten Anwendung. Etwas anderes gilt nur, wenn ausdrücklich auf die Geltung für eine bestimmte Verfahrensart verwiesen wird.

Die Öffentliche Ausschreibung wendet sich an einen unbeschränkten Bieterkreis.

Die Beschränkte Ausschreibung und die Freihändigen Vergaben sind auf einen kleinen Kreis ausgewählter Bieter ausgerichtet. Eine Mischform bildet die Beschränkte Ausschreibung nach einem Öffentlichen Teilnahmewettbewerb. Dadurch wird gewährleistet, dass gerade mit Blick auf das Wettbewerbsgebot zunächst eine Vielzahl von Unternehmen die Möglichkeit erhält, ihre Geeignetheit für das Bauvorhaben gegenüber dem öffentlichen Auftraggeber darzustellen.

Bei der Bestimmung der richtigen Vergabeart besteht grundsätzlich Vorrang der öffentlichen Ausschreibung bzw. des Offenen Verfahrens. Von diesem Grundsatz kann nur in Fällen, die in den Vergabe- und Vertragsordnungen genannt werden, abgewichen werden.

Einige Beispielfälle werden beschrieben.

Beschränkte Ausschreibung
Im Gegensatz zur Öffentlichen Ausschreibung findet hier eine Einengung des Bewerberkreises statt, indem eine Vorauswahl der geeigneten Bieter durch den öffentlichen Auftraggeber getroffen wird. Die Beschränkte Ausschreibung kann erfolgen, wenn die Voraussetzungen eines der Ausnahmetatbestände des § 3 Abs. 3 VOB/A zum Beispiel vorliegen:

– vorangegangene Öffentliche Ausschreibung ohne annehmbares Ergebnis,
– Durchführung einer Öffentlichen Ausschreibung unzweckmäßig, z.B. aus Dringlichkeit oder aus Geheimhaltungsgründen,
– Konjunkturpaket II, ohne weitere Begründung unterhalb einer Wertgrenze von EUR 1,0 Mio. (netto) im Anwendungsbereich der VOB/A und von EUR 100.000,00 (netto) im Rahmen des Anwendungsbereiches der VOL/A.

Freihändige Vergabe
Neben der Öffentlichen und Beschränkten Ausschreibung kennt die VOB/A als dritte Vergabeart die Freihändige Vergabe. Hier geht der Öffentliche Auftraggeber auf von ihm ausgewählte Unternehmen zu und verhandelt mit diesen auch noch nach Angebotsabgabe über die Einzelheiten von Preis, Leistung und Ausführungsmodalitäten. Diese Vergabeart ist frei von einem förmlichen Verfahren. Diese Vergabeart ist nachrangig und nur in eng ausgelegten Ausnahmefällen des § 3 Abs. 5 VOB/A zulässig.

Bevor der Auftraggeber sich zur Auftragsvergabe mittels Freihändiger Vergabe entscheidet, ist er verpflichtet, die Möglichkeit der Öffentlichen Ausschreibung oder der Beschränkten Ausschreibung zu prüfen. Nur wenn der Auftraggeber die Unzweckmäßigkeit dieser Vergabearten feststellt, weil einer der in § 3 Abs. 5 aufgezählten Ausnahmefälle vorliegt, ist die Freihändige Vergabe zulässig. Da es sich allerdings in der Aufzählung allein um Beispielsfälle handelt, sind auch andere Fälle denkbar, in denen die Öffentliche oder Beschränkte Ausschreibung unzweckmäßig ist.

Beispielhafte Zulässigkeit der Freihändigen Vergabe:

– für Bauleistungen kommt nur ein bestimmter Bieter in Betracht, z.B. wegen Patentschutz; oder er hat besondere Erfahrung oder Geräte,
– Leistung nach Art und Leistung nicht eindeutig oder erschöpfend festlegbar,
– geringfügige Nachbestellung,
– Anschlussaufträge nach Entwicklungsleistungen, die einen angemessenen Umfang nicht überschreiten und Wettbewerbsbedingungen nicht verschlechtern,
– kleine Leistung von Hauptleistung nicht ohne Nachteil trennbar,
– besondere Dringlichkeit,
– Bauleistung ist Geheimhaltungsvorschriften unterworfen,
– Konjunkturpaket II: ohne weitere Begründung im Anwendungsbereich VOB/A und VOL/A unterhalb der Wertgrenze von EUR 100.000,00 (netto) (vgl. Abb. 2.4-4).

Wettbewerblicher Dialog
Für die Vergabe besonders komplexer Aufträge ist oberhalb der Schwellenwerte mit dem Wettbewerb-

---

Zur Beschleunigung der Auftragsvergabe hat die
Bundesregierung im Beschluss Nr. 2 des Konjunkturpakets II
folgende Wertgrenzen für die Dauer von 2 Jahren festgelegt:

Bauleistung	Beschränkte Ausschreibung / Freihändige Vergabe	1 Mio. EURO 100 Tsd. EURO
Lieferleistung	Beschränkte Ausschreibung / Freihändige Vergabe	100 Tsd. EURO 100 Tsd. EURO
Dienstleistung	Beschränkte Ausschreibung / Freihändige Vergabe	100 Tsd. EURO 100 Tsd. EURO

Im September 2010 hat sich die Bauministerkonferenz für eine Weitergeltung der Wertgrenzen für
beschränkte Ausschreibungen und freihändige Vergaben im Bereich der VOB auch nach Abschluss des
Konjunkturpakets II ausgesprochen. Die Übergangszeit soll genutzt werden, um die Erfahrungen auszuwerten.
Die Bundesländer haben zum Teil die Anwendung der Auftragswertgrenzen verlängert.

Abb. 2.4-4 Konjunkturpaket und Wertgrenzen

lichen Dialog nach § 101 Abs. 4 GWB (n. F.) eine
weitere Verfahrensart eingeführt worden.

Die Besonderheit besteht darin, dass die Vergabestelle zunächst nur ihre Bedürfnisse und Anforderungen bekannt gibt. Nach Durchführung eines Teilnahmewettbewerbs wird sodann mit ausgewählten
Bewerbern ein Dialog eröffnet, in dem zur Findung
bedarfsgerechter Lösungen alle Aspekte des Auftrags
erörtert werden können. Erst nach Abschluss der Dialogphase werden Angebote auf Grundlage der jeweiligen Lösungsvorschläge abgegeben.

Präqualifikationsverfahren

Auftraggeber, die Aufträge im Sektorenbereich vergeben, können sich zur Vorprüfung von Unternehmen des Präqualifikationsverfahrens bedienen. In
diesem Verfahren wird die Eignung von Unternehmen unabhängig vom konkreten Vergabefall geprüft
und bewertet. Das Präqualifikationsverfahren entstammt den europäischen Vorgaben. Es beschreibt
ein Prüfsystem für Wirtschaftsteilnehmer und bedeutet die generelle und vom konkreten Vergabefall
unabhängige Bewertung eines Bauunternehmens dahingehend, ob es zur Ausführung bestimmter Bauleistungen geeignet ist. Der Vorteil liegt darin, dass
dem Auftraggeber bei der Auftragsvergabe ein erheblich vereinfachtes Verfahren zur Prüfung der Unternehmen zur Verfügung steht.

2.4.2.8 Nebenangebote

Durch die Zulassung von Nebenangeboten wird der
Auftraggeber in die Lage versetzt, von den Realisie-
rungsideen der Bieter zu profitieren. Sie stellen jedoch für den Auftraggeber insofern ein Problem dar,
als er erst nach Angebotsabgabe die Gleichwertig-
keit zur ausgeschriebenen Leistung prüfen kann.
Nebenangebote liegen immer dann vor, wenn ein
Bieter eine andere als die der Leistungsbeschreibung vorgesehene Art der Ausführung anbietet. Nebenangebote können nach Wahl des Auftraggebers
zugelassen werden (§ 16 Abs. 8 VOB/A). Der Auftraggeber muss zudem angeben, ob Nebenangebote
ohne gleichzeitige Abgabe des Hauptangebots ausnahmsweise ausgeschlossen werden (sog. „Akzes-
sorietätsklausel"). Hauptangebote und Nebenangebote werden dann gleichbehandelt und gewertet. Zu
den inhaltlichen Anforderungen ist davon auszugehen, dass sie nicht einen beliebigen Inhalt aufweisen dürfen. Vielmehr müssen sie gleichwertig
zur ausgeschriebenen Leistung sein. Nebenangebote müssen alle Daten und Angaben enthalten, die
nötig sind, damit sich der Auftraggeber ein klares
Bild über den Inhalt verschaffen kann. Die Beschreibung der Leistung muss also in spiegelbildlicher
Anwendung von § 7 VOB/A eindeutig und erschöpfend sein. Für Vergaben oberhalb der Schwellenwerte sind darüber hinaus die Mindestanforderungen

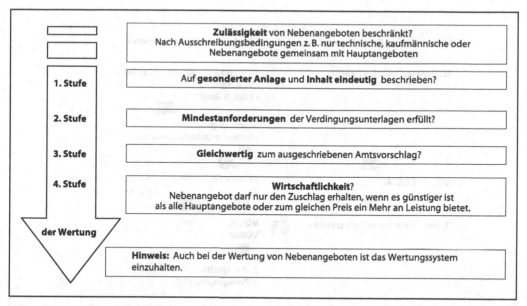

Abb. 2.4-5 Wertung von Nebenangeboten

zu erläutern, die Nebenangebote erfüllen müssen (§ 8 Abs. 2 Nr. 3 VOB/A, vgl. Abb. 2.4-5).

2.4.3 Vergabe- und Vertragsordnung für Bauleistungen (VOB)

Die VOB gliedert sich in drei Teile:

- Teil A: Allgemeine Bestimmungen für die Vergabe von Bauleistungen,
- Teil B: Allgemeine Vertragsbedingungen für die Ausführung von Bauleistungen,
- Teil C: Allgemeine Technische Vertragsbedingungen für die Ausführung von Bauleistungen.

Wird im Bauvertrag die VOB zum Vertragsbestandteil erklärt, so bezieht sich dies nur auf die Vorschriften der Teile B und C, wobei Teil C durch die in § 1 Abs. 1 Satz 2 VOB/B enthaltene Verweisung zum Vertragsbestandteil wird.

2.4.3.1 VOB Teil A: Allgemeine Bestimmungen für die Vergabe von Bauleistungen

Teil A enthält für die *öffentlichen Auftraggeber Vorschriften* darüber, wie Bauleistungen zu vergeben sind.

Hatte die VOB/A für die öffentlichen Auftraggeber nach den Vergabehandbüchern als Verwaltungsvorschrift nur innerdienstliche Verbindlichkeit, so ist durch die Umsetzung der EG-Vorgaben seit 1994 sowie die Einführung des Vergaberechtsänderungsgesetzes mit Wirkung vom 01.01.1999 und die vorher geltenden § 57a–c HGrG (Haushaltsgrundsätzegesetz) eine Rechtsnormqualität des Teiles A geschaffen worden. Privaten und gewerblichen Bauherren ist es freigestellt, jedoch anzuraten, sich an die wesentlichen Grundsätze der VOB/A zu halten, um mit Vertragsabschluss klare und eindeutige Vereinbarungen über die zu erbringenden Leistungen von fachkundigen, erfahrenen, leistungsfähigen und zuverlässigen Unternehmern zu angemessenen Preisen zu erhalten.

Die VOB/A ist in 2 Abschnitte gegliedert:

- Abschnitt 1: Basisparagraphen,
- Abschnitt 2: Basisparagraphen mit zusätzlichen Bestimmungen, sog. a-Paragraphen.

Abschnitt 1 umfasst die Basisparagraphen. Diese beinhalten die einheitlichen Richtlinien, nach denen aufgrund des Haushaltsrechts von den öffentlichen Auftraggebern beim Abschluss von Verträgen zu verfahren ist.

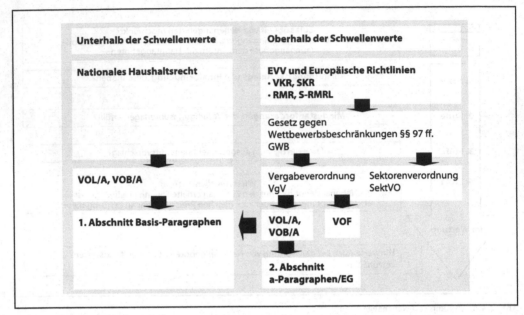

Abb. 2.4-6 Systematik der Vergaberechtsvorschriften

Abschnitt 2 enthält neben den Basisparagraphen die zusätzlichen Bestimmungen, die die Vergabe von Bauaufträgen im europaweiten Wettbewerb betreffen.

Am 29.09.2009 ist die Sektorenverordnung (SektVO) in Kraft getreten. Die SektVO dient der Umsetzung der durch die Richtlinie 2004/17/EG geschaffenen Mindeststandards für die Vergabe öffentlicher Aufträge in nationales Recht, der Reduzierung der Regelungen aus den bisherigen dritten und vierten Abschnitten der VOL/A bzw. VOB/A und deren Zusammenfassung in einem für Sektorenauftraggeber einheitlichen Katalog. Die SektVO ersetzt die VgV für Sektorenauftraggeber in Vergabeverfahren oberhalb der EU-Schwellenwerte in den Bereichen des Verkehrs, der Trinkwasser- und Energieversorgung. Die Vergabeverordnung ist damit nur noch für die klassischen öffentlichen Auftraggeber von Bedeutung. Damit sind erstmals die vorher über die Vergabeverordnung, VOL/A bzw. VOB/A verstreuten Regelungen für Sektorenauftraggeber in einem einzigen Werk zusammengefasst (vgl. Abb. 2.4-6).

Während die VOB für den Bund, die Länder und die Gemeinden verpflichtend eingeführt ist, ist die Geltung der VOL nur für den Bund verpflichtend, nicht aber für alle Länder und deren Gemeinen verpflichtend. Die VOF gilt nur für Aufträge oberhalb der Schwellenwerte.

Die folgenden Ausführungen erstrecken sich auf Abschnitt 1 der VOB/A.

Bauleistungen und Vergabegrundsätze (A §§ 1 u. 2)

Nach A § 1 sind Bauleistungen Arbeiten jeder Art, durch die eine bauliche Anlage hergestellt, instand gehalten, geändert oder beseitigt wird. Zum Begriff der baulichen Anlage gehören sowohl Gebäude als auch sonstige mit dem Erdboden fest verbundene Hoch- und Tiefbauten bzw. Teile davon. Maschinelle und elektrotechnische Anlagen, die zur funktionalen Einheit einer baulichen Anlage gehören, d. h. deren substanzieller Bestandteil sind, werden den Bauleistungen zugerechnet. Auch die Ergänzung und der Neueinbau von maschinellen und elektrotechnischen/elektronischen Anlagen in ein bestehendes Bauwerk fallen unter den Begriff der Bauleistung, wenn sie für den bestimmungsgemäßen Bestand der baulichen Anlage bzw. für ein funktionsfähiges Bauwerk erforderlich und von wesentlicher Bedeutung sind. Entscheidend ist, dass das Bauwerk ohne den Einbau der Anlage noch nicht als vollständig fertig anzusehen ist. Dies gilt selbst dann, wenn sie für sich allein erneuert werden. Unerheblich ist, ob der wertmäßige Anteil der Anlage den der Montage übersteigt (z. B. in Gebäuden: Aufzüge, Telekommunikationsanlagen; bei Wasserkraftwerken: Turbinen), weitere Beispiele in [Franke u. a. 2010, § 1 Rz. 3 ff.].

Ausschreibungsgrundsätze (A § 2)

In A § 2 Abs. 1 wird gefordert, Bauleistungen an fachkundige, leistungsfähige und zuverlässige Unternehmer zu angemessenen Preisen in transparenten Verfahren zu vergeben. Der Wettbewerb soll die Regel sein. Wettbewerbsbeschränkende und unlautere Verhaltensweisen sind zu bekämpfen.

Damit werden mit dieser Generalklausel Grundsätze für das gesamte Vergabeverfahren festgelegt, die dann durch die einzelnen Bestimmungen der VOB/A näher konkretisiert werden. Allerdings sind die aufgestellten Grundsätze nicht abschließend; in den einzelnen Vorschriften der VOB/A sind weitere Vergabegrundsätze enthalten. Für die Vergaben oberhalb der Schwellenwerte gelten zudem die in §§ 97 GWB normierten Grundsätze.

Bauleistungen sind an fachkundige, leistungsfähige und zuverlässige Unternehmer zu vergeben. Ziel der Eignungsprüfung ist es, die Angebote solcher Bieter auszuwählen, deren Eignung die für die Erfüllung der vertraglichen Verpflichtungen notwendige Sicherheit bietet. Bei der Öffentlichen Ausschreibung wird die Eignung gemäß § 16 Abs. 2 VOB/A auf der zweiten Wertungsstufe geprüft. Bei der Beschränkten Ausschreibung und der Freihändigen Vergabe wird die Eignung der Bieter vor Angebotsphase geprüft. Allerdings muss der Auftraggeber während des gesamten Vergabeverfahrens die Eignungsvoraussetzungen im Auge behalten. Wird erst nach der Eignungsprüfung im Teilnahmewettbewerb oder nach der zweiten Wertungsstufe von einer mangelnden Fachkunde Kenntnis erlangt, darf der Bieter bei dem weiteren Vergabeverfahren nicht berücksichtigt werden.

Zu einem funktionierenden Wettbewerb gehören *angemessene Preise*. Als angemessen ist der Marktpreis anzusehen, der aus einer konkreten Wettbe-

werbssituation resultiert, wettbewerblich vernünftig ist und darüber hinaus den Preis darstellt, der eine einwandfreie Ausführung einschließlich Haftung für Mängelansprüche erwarten lässt. Die Angemessenheit wird bei der Angebotswertung auf der dritten Wertungsstufe geprüft. Danach darf auf Angebote mit unangemessen niedrigen oder hohen Preisen der Zuschlag nicht erteilt werden. Bleiben nur Angebote mit unangemessen hohen Preisen bei der Angebotswertung übrig, führt dieses Gebot dazu, dass das Verfahren nach § 17 VOB/A aufgehoben werden muss.

Als Beispiele für ungesunde Begleiterscheinungen werden in der Spruchpraxis, Rechtsprechung und Literatur insbesondere Verstöße gegen Rechtsvorschriften genannt: Verbot der Schwarzarbeit (weitere Beispiele in [Franke u. a. 2010, § 2 Rz. 21 ff.]).

A § 2 Abs. 5 regelt zunächst zwei Grundvoraussetzungen für die Durchführung eines Vergabeverfahrens: Zum einen soll der Auftraggeber erst dann ausschreiben, wenn alle *Vergabeunterlagen* fertiggestellt sind und innerhalb der angegebenen Fristen mit der Ausführung begonnen werden kann. Zum anderen sind Ausschreibungen zum Zwecke der Markterkundung unzulässig.

Der Auftraggeber hat ferner dafür zu sorgen, dass alle Voraussetzungen für den Ausführungsbeginn wie Finanzierung, Baugenehmigung und weitere behördliche Genehmigungen, zugangsfreies Baugrundstück, Zufahrten zur Baustelle, genehmigte Ausführungspläne und abgeschlossene Vorleistungen anderer Unternehmer vorhanden sind.

Unternehmer sollen nur dann zur Angebotsabgabe aufgefordert werden, wenn sie eine realistische Chance haben, mit der angebotenen Bauleistung beauftragt zu werden. Ausschreibungen für Zwecke der Kostenermittlung des Investors, um z. B. auf deren Basis Wirtschaftlichkeitsberechnungen anzustellen, erhöhen die allgemeinen Geschäftskosten der Bieter, wodurch letztlich die Baupreise erhöht werden.

In § 11 Abs. 1 werden insbesondere Anforderungen an die elektronische Übermittlung von Informationen aufgestellt. § 11 Abs. 2 VOB/A regelt das sog. Beschafferprofil im Internet.

Vertragsarten (A § 4)

Mit dieser Bestimmung werden drei Vertragsarten unterschieden und hinsichtlich ihrer Anwendung

bewertet: der Leistungs-, Stundenlohn- und Selbstkostenerstattungsvertrag. Wenn § 4 Abs. 1 VOB/A
bestimmt, dass Bauleistungen so vergeben werden
sollen, dass „die Vergütung nach Leistung bemessen wird", so wird dadurch eine Verknüpfung zwischen der „Leistung" des Auftragnehmers einerseits und „Vergütung" des Auftraggebers andererseits in der Weise getroffen, dass die Vergütung in
Abhängigkeit von dem Umfang der zu erbringenden Leistung zu bestimmen sein soll. Dies wird
als Ausprägung des in § 2 Abs. 1 S. 1 VOB/A aufgestellten Grundsatzes angesehen, wonach Bauleistungen zu angemessenen Preisen vergeben werden
sollen.

§ 4 Abs. 1 VOB/A sieht insoweit den unter Nr.
1 beschriebenen *Einheitspreisvertrag* als Regelfall
des Bauleistungsvertrages an, da durch diesen offenbar das Abhängigkeitsverhältnis zwischen Leistung und Vergütung am ehesten gewahrt bleibt.
Aus diesem Grunde wird dem Einheitspreisvertrag
bei der Vergabe nach der VOB/A grundsätzlich
Vorrang vor der Vergabe auf der Grundlage eines
Pauschalvertrages eingeräumt.

Beim *Einheitspreisvertrag* werden zum Zwecke
der Bemessung der vom Auftraggeber geschuldeten Vergütung für technisch und wirtschaftlich
einheitliche Teilleistungen, deren Menge nach
Maß, Gewicht oder Stückzahl vom Auftraggeber
in den Verdingungsunterlagen anzugeben ist, Einheitspreise festgesetzt. Der Preis, d. h. die für die
Leistung zu zahlende Vergütung, wird sodann aus
dem Produkt von Menge der jeweils angegebenen
Teilleistung und dem hierfür angesetzten Einheitspreis gebildet. Der Gesamtpreis ist sodann die
bloße rechnerische Addition der gebildeten Positionspreise. Abgerechnet wird nach vertraglich
vereinbarten Einheitspreisen und tatsächlich ausgeführten Mengen (ermittelt aus Plänen oder durch
Aufmaß) und nicht nach den im LV angegebenen
Vordersätzen, da diese oft zu ungenau und häufig
mit Sicherheiten behaftet sind (Massenreserve).

Nach der Definition in § 4 Abs. 1 Nr. 2 VOB/A
ist ein *Pauschalvertrag* dann gegeben, wenn Bauleistungen für eine „Pauschalsumme" vergeben
werden. Dies kommt danach nur in geeigneten Fällen in Betracht, und zwar dann, wenn die Leistung
nach Ausführungsart und Umfang genau bestimmt
ist und mit einer Änderung bei der Ausführung
nicht zu rechnen ist.

Beim Pauschalvertrag wird im Gegensatz zum
Einheitspreisvertrag die Menge der zu erbringenden
Leistungen nicht vertraglich festgelegt. Auch werden
den verschiedenen Teilleistungen und Positionen keine Einheitspreise oder Positionspreise zugeordnet.
Es wird lediglich für die Gesamtleistung ein Gesamtpreis vereinbart, der unabhängig davon, welchen tatsächlichen Aufwand die vertraglich vorgesehene
Leistung für den Unternehmer verursacht, unverändert bleibt. Während bei einem Einheitspreisvertrag
der für die vertraglich zu erbringenden Leistungen
geschuldete Preis somit bei Auftragserteilung noch
nicht feststeht, da er von den tatsächlich zur Ausführung gelangenden Mengen abhängt, besteht die Cha-
rakteristik des klassischen Pauschalvertrages vor
allem darin, dass der Gesamtpreis, d. h. die für die
vertragliche Leistung zu zahlende Vergütung, bereits
bei Vertragsabschluss endgültig fixiert wird. Dieser
Pauschalpreis bleibt grundsätzlich unverändert und
ist vollkommen unabhängig davon, welchen tatsächlichen Aufwand die Leistung für den Unternehmer
verursacht, solange sie über den vertraglich vorgesehenen Leistungsumfang nicht hinausgeht.

Da auch beim Pauschalvertrag vom Auftraggeber nachträgliche Leistungsänderungen gefordert
werden können, empfiehlt es sich, für solche Änderungen eine Einheitspreisliste zum Pauschalvertrag
zu vereinbaren und die Veränderungen der Pauschalsumme vertraglich durch eine fortzuschrei-
bende Mehr-/Minderkostenliste ohne langwierige
Nachtragsverhandlungen zu regeln.

Bauleistungen geringeren Umfangs, die überwiegend Lohnkosten verursachen, dürfen im Stunden-
lohn vergeben werden. Werden *Stundenlohnarbeiten*
ohne Verbindung mit Leistungsverträgen vergeben,
sind es selbständige, andernfalls in Verbindung mit
Leistungsverträgen angehängte Stundenlohnarbeiten.
Auch sie sollen dem Wettbewerb unterstellt werden.

Zum besseren Verständnis wird der *Ablauf eines
Vergabeverfahrens* vereinfacht dargestellt:

– Vorbereitung der Beschaffung: Definition des
  Auftragsumfangs, Zusammenstellung der Vergabeunterlagen, Sicherung einer ausreichenden
  Finanzierung,
– ggf. Bewerbungsphase (nur Beschränkte Ausschreibung, Nichtoffenes Verfahren, Verhandlungsverfahren, Wettbewerblicher Dialog),

- ggf. Dialogphase (nur Wettbewerblicher Dialog),
- Angebotsphase (ggf. Verhandlungsphase),
- Eingang und Öffnung der Angebote,
- Prüfung der Angebote,
- Aufklärungsgespräche,
- Wertung der Angebote,
- Beendigung des Vergabeverfahrens durch Zuschlag oder Aufhebung.

Beschreibung der Leistung (A § 7)

Die Leistungsbeschreibung ist das Kernstück des Bauvertrages bzw. der Verdingungsunterlagen. Sie beschreibt in Worten, Zahlen und u. U. in Zeichnungen, was der Auftraggeber als Ergebnis erwartet. Gleichzeitig bildet sie die Kalkulationsgrundlage für den Bieter. § 7 ist in vier Teile gegliedert:

1. Allgemeines,
2. Technische Spezifikationen,
3. Leistungsbeschreibung mit Leistungsverzeichnis Abs. 9–12,
4. Leistungsbeschreibung mit Leistungsprogramm Abs. 13, 14.

Nach A § 7 Abs. 1 ist die Leistung eindeutig und so erschöpfend zu beschreiben, dass alle Bewerber die Beschreibung im gleichen Sinne verstehen müssen und ihre Preise sicher und ohne umfangreiche Vorarbeiten berechnen können. Die Beschreibung hat produktneutral zu erfolgen. Ungewöhnliche Wagnisse, die eine Kalkulierbarkeit der Leistung gefährden, sind unzulässig.

Eine ordnungsgemäße, auftragsbezogene *Leistungsbeschreibung* ist Voraussetzung für

- die zuverlässige Bearbeitung der Angebote durch die Bieter,
- die zutreffende Wertung der Angebote und die richtige Vergabeentscheidung,
- die reibungslose und technisch einwandfreie Ausführung der Leistung sowie
- die vertragsgemäße und regelgerechte Abrechnung.

Eine Leistungsbeschreibung ist *eindeutig*, wenn sie Art und Umfang der geforderten Leistungen mit allen dafür maßgebenden Bedingungen, u. a. hinsichtlich Qualität, Beanspruchungsgrad, Technik und Bauphysik, der Ausführung und zu erwartenden Erschwernissen, zweifelsfrei erkennen lässt und

keine Widersprüche in sich, zu den Plänen oder zu anderen vertraglichen Regelungen enthält.

Sie ist *vollständig*, wenn sie Art und Zweck des Bauwerkes bzw. der Leistung, Art und Umfang aller zur Herstellung des Werkes erforderlichen Teilleistungen und alle für die Herstellung des Werkes spezifischen Bedingungen und Anforderungen enthält.

Sie ist *technisch richtig*, wenn sie Art, Qualität und Modalitäten der Ausführung der geforderten Leistung entsprechend den anerkannten Regeln der Technik, den allgemeinen technischen Vertragsbedingungen oder etwaigen leistungs- und produktspezifischen Vorgaben zutreffend festlegt.

Als *Bedarfs- oder Eventualpositionen* werden Leistungen ausgeschrieben, deren Ausführung bei Erstellung der Ausschreibungsunterlagen überhaupt noch nicht feststeht, die also nur bei Bedarf des Auftraggebers ausgeführt werden sollen.

Wahl- oder Alternativpositionen kommen alternativ zu einer Grundposition zur Ausführung, wenn der Auftraggeber dies – möglichst vor Auftragserteilung – fordert.

Zulagen sind Positionen, in denen bestimmte Voraussetzungen festgelegt sind, unter denen eine zusätzliche Vergütung gezahlt werden soll. Dies kommt i. d. R. vor, wenn sich erst bei der Ausführung herausstellen kann, ob bestimmte Erschwernisse vorliegen.

Bereits durch die VOB/A 2000 wurde klargestellt, dass Bedarfspositionen nur ausnahmsweise in die Leistungsbeschreibung aufzunehmen sind. Ihre Verwendung ist daher nur im Ausnahmefall und nur mit schriftlicher Begründung für jede Position zulässig. Gleiches gilt für die Wahl- oder Alternativpositionen sowie Zulagen, deren Zulässigkeitskriterien mit denen für die Bedarfspositionen identisch sind. Bedarfs- oder Eventualpositionen sind nur unter engen Voraussetzungen und nach ausführlicher Abwägung zulässig. Beispielsweise dürfen sie nicht ausgeschrieben werden, um Mängel oder Lücken einer unzureichenden Planung auszugleichen. Dagegen sind sie zulässig, wenn der Auftraggeber bei der Ausschreibung noch nicht weiß, ob eine bestimmte Leistung, so wie vorgesehen, ausgeführt werden soll; zu den weiteren Voraussetzungen vgl. [Franke u. a. 2010, § 7 Rz. 60 ff.].

Gemäß A § 7 Abs. 1 Nr. 3 darf dem Auftragnehmer kein ungewöhnliches Wagnis aufgebürdet werden für Umstände und Ereignisse, auf die er keinen Einfluss hat und deren Einwirkung auf die Preise und Fristen er nicht im Voraus schätzen kann. Ungewöhnliche Risiken sind solche, die nicht dem hergebrachten Bild der Risikoverteilung bei einer Bauleistung entsprechen und die sich auf Umstände oder Ereignisse beziehen, auf die der Auftragnehmer keinen Einfluss hat und die hinsichtlich ihres Eintritts ungewiss sind. Ein ungewöhnliches Wagnis liegt dementsprechend nicht vor, wenn der Auftragnehmer die Möglichkeit hat, das Risiko in vergütungsmäßiger Hinsicht abzusichern. Ebenso ist das Wagnis nicht ungewöhnlich, wenn es mit einer bestimmten Bauausführung verbunden ist. Um ein ungewöhnliches Wagnis handelt es sich dagegen z. B. beim Baugrundrisiko. Hierunter ist die Gefahr gemeint, dass sich trotz einer den allgemeinen anerkannten Regeln der Technik entsprechende Erkundung des Baugrunds unvorhersehbare Erschwernisse durch eine nicht erwartete und von keinem Vertragspartner zu vertretende Gestaltung des Baugrundes ergeben. Ungewöhnliche Wagnisse sind weiter solche aus der technischen Ausführung sowie behördlichen Anordnungen. So hat die VK Lüneburg in dem außergewöhnlichen Kündigungsrecht des Auftraggebers aus Haushaltsgründen ein vergabewidriges ungewöhnliches Wagnis gesehen, da nicht zu rechtfertigen sei, dass der Auftragnehmer das Haushaltsrisiko zu tragen hat (VK Lüneburg Beschluss 10.3.2006 – VgK-6/2006).

Die „Technische Spezifikationen" gemäß § 7 Abs. 3 sind in Anhang TS definiert. Danach sind „Technische Spezifikationen" sämtliche, insbesondere die in den Vergabeunterlagen enthaltenen technischen Anforderungen an eine Bauleistung, ein Material, ein Erzeugnis oder die Lieferung, mit deren Hilfe die Bauleistung, das Material, das Erzeugnis oder die Lieferung so bezeichnet werden können, dass sie ihren durch den Auftraggeber festgelegten Verwendungszweck erfüllen. § 7 Abs. 4 VOB/A regelt im Einzelnen die Frage, wie technische Spezifikationen in den Vergabeunterlagen zu formulieren sind und auf welche technischen Normen zur Beschreibung der technischen Anforderungen Bezug genommen werden kann. Nach den neuen Vorschriften zu technischen Spezifikationen hat der Auftraggeber jetzt die Möglichkeit, diese in Form von Leistungs- und Funktionsanforderungen festzulegen.

§ 7 Abs. 8 VOB/A regelt den Grundsatz der Produktneutralität und zulässige Ausnahmen hiervon.

§ 7 Abs. 9 VOB/A gibt vor, dass im Anwendungsbereich der VOB/A die Leistungen mit einem Leistungsverzeichnis zu beschreiben sind. Diese Art der Leistungsbeschreibung bildet die Regel. Sie besteht aus einer Baubeschreibung und einem in Teilleistungen gegliederten Leistungsverzeichnis. Während diese Regelung die Leistungsseite beschreibt, regelt § 4 Abs. 1 Nr. 1 VOB/A die Vergütungsseite mit dem Einheitspreisvertrag. Das Gegenstück zur Leistungsbeschreibung mit Leistungsverzeichnis bildet die Leistungsbeschreibung mit Leistungsprogramm nach § 7 Abs. 13 VOB/A (vgl. Abb. 2.4-7).

Bei der Leistungsbeschreibung mit *Leistungsprogramm* gemäß § 7 Abs. 13 gibt der Auftraggeber

Abb. 2.4-7 Grundnorm § 7 VOB/A; Leistungsbeschreibung

nur den Zweck der Bauleistung bzw. ihre spätere Funktion vor und überlässt die konstruktive Lösung der Bauaufgabe weitgehend den Bewerbern. Sie wird deshalb auch funktionale Leistungsbeschreibung genannt. Eine Leistungsbeschreibung mit *Leistungsprogramm* ist dadurch gekennzeichnet, dass sie nur in Ausnahmefällen nach Abwägen aller Umstände zulässig ist, spezielle Auftraggeberpflichten zur Erstellung des Leistungsprogramms umfasst und hierdurch die Aufstellung des Leistungsverzeichnisses auf den Bieter verlagert wird. Die Vergütung erfolgt bei einer Leistungsbeschreibung mit Leistungsprogramm i. d. R. über die Vereinbarung einer Pauschalsumme. Die Leistungsbeschreibung mit Leistungsprogramm kann beispielsweise zweckmäßig sein, wenn

– den Bietern die Möglichkeit gegeben werden soll, die Gesamtleistungen nach ihren firmenspezifischen Systemen anzubieten (z. B. Fertigteilbauten, Industriehallen),
– mehrere technische Lösungsmöglichkeiten denkbar sind und der Auftraggeber seine Entscheidung erst aufgrund von Firmenangeboten treffen will.

Bei Verstößen des öffentlichen Auftraggebers gegen § 7 VOB/A ist zwischen der Phase vor Zuschlagserteilung und der Vertragsdurchführungsphase zu unterscheiden:

Bis zur Zuschlagserteilung obliegt die Kontrolle der Einhaltung der Regelungen von § 7 VOB/A den Nachprüfungsbehörden. Der Bieter darf aber eine Beschreibung der Leistung, die gegen § 7 VOB/A verstößt, nicht einfach hinnehmen. Vielmehr muss er den Auftraggeber auffordern, die notwendigen Konkretisierungen vorzunehmen. Dem Bieter obliegt eine Anzeigepflicht bei Erkennen einer unvollständigen, fehlerhaften, unklaren, mehrdeutigen oder nicht kalkulierbaren Leistung durch eine so genannte Rüge. Spekuliert ein Bieter auf Lücken oder Widersprüche in den Unterlagen, so kann er damit nicht nur die Durchsetzungsmöglichkeit im Rechtsschutz vor den Vergabekammern verlieren, auch vertragsrechtliche Risiken gilt es abzuwägen. Dem Auftraggeber obliegt eine Beantwortungspflicht von sachdienlichen Fragen unter Beachtung des Diskriminierungsverbots. Angaben sind gegenüber allen Bietern zu machen. Auftraggeber haben dafür Sorge zu tragen, dass auch nach Erteilung sachdienlicher Auskünfte eine angemessene Restbearbeitungszeit vor Angebotsabgabe besteht.

Nach Zuschlagserteilung führt die Überbürdung eines ungewöhnlichen Risikos zu keiner Konsequenz für den Auftraggeber. Insbesondere steht dies der Wirksamkeit des Vertrages nicht entgegen. Vor einigen Jahren stellten diese Fälle der globalen Leistungsangabe die Vertragsjuristen noch vor erhebliche Probleme: Bei öffentlicher Ausschreibung geht dies mit einem Verstoß gegen die VOB/A einher, da nach § 9 Nr. 2 VOB/A a. F. (jetzt: § 7 Abs. 1 Nr. 3 VOB/A) dem Auftragnehmer kein ungebührliches Risiko aufgebürdet werden darf. Ein solches Wagnis ist bei der Vereinbarung einer globalen Leistungsbeschreibung aber regelmäßig gegeben. Der BGH hat erstmals 1992 in der Entscheidung „Wasserhaltung 1" festgestellt, dass ein Verstoß gegen Ausschreibungsunterlagen für das Bausoll unbeachtlich ist. Diese Rechtsprechung hat der BGH in weiteren Urteilen fortgeführt, die unter folgenden Schlagwörtern bekannt wurden: „Wasserhaltung 2", „Kammerschleuse", „Schließen aller Öffnungen", „Bodenpositionen". § 9 VOB/A a. F. (jetzt § 7 VOB/A) ist damit kein zwingendes Vertragsrecht.

Vergabeunterlagen (A § 8)

§ 8 VOB/A regelt Aufbau und Umfang der Vergabeunterlagen. Abs. 1 bestimmt, aus welchen Bestandteilen sich die Vergabeunterlagen zusammensetzen:

– dem Anschreiben,
– den Bewerbungsbedingungen und
– den Vertragsunterlagen.

Öffentliche Auftraggeber, die häufig Bauleistungen vergeben, fassen die Erfordernisse, die die Bewerber bei der Bearbeitung ihrer Angebote beachten müssen, zweckmäßigerweise in *Bewerbungsbedingungen* zusammen und fügen diese der Aufforderung zur Angebotsabgabe bei. Zielsetzung ist es, dadurch sowohl auf Seiten des Auftraggebers als auch auf der der Bieter das Ausschreibungsverfahren zu rationalisieren und transparent zu gestalten. Die Bewerbungsbedingungen enthalten die Erfordernisse, die die Bewerber bei der Ausarbeitung ihrer Angebote einzuhalten haben. Sie sollen die Aufstellung und die Prüfung der Vergabeunterlagen erleichtern. Die Bewerbungsbedingungen

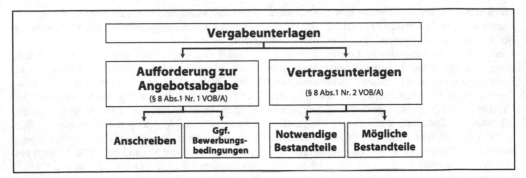

Abb. 2.4-8 Bestandteile der Vergabeunterlagen

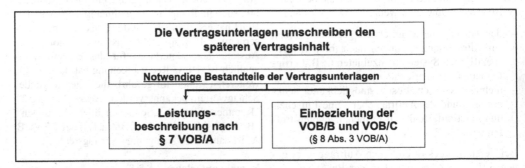

Abb. 2.4-9 Notwendige Bestandteile der Verdingungsunterlagen

stellen allgemeine Geschäftsbedingungen dar mit der Folge, dass auf sie die §§ 305 ff. BGB Anwendung finden.

Die Verdingungsunterlagen umschreiben den späteren Vertragsinhalt. Dabei ist in den Verdingungsunterlagen anzugeben, dass die Allgemeinen Vertragsbedingungen der VOB/B und die Allgemeinen Technischen Vertragsbedingungen der VOB/C Vertragsbestandteil werden. Zudem bestehen die Verdingungsunterlagen aus der Leistungsbeschreibung, den Besonderen Vertragsbedingungen und den Zusätzlichen Vertragsbedingungen. Die *Verdingungsunterlagen* gliedern sich in notwendige und mögliche Bestandteile (s. Abb. 2.4-9 und 2.4-10).

Da die Vertragsbedingungen – besondere (BVB) und zusätzliche (ZVB) – Ergänzungen bzw. Abweichungen zu den Allgemeinen Vertragsbedingungen (VOB/B) darstellen, werden diese erst im Zusammenhang mit B §1 behandelt.

In den Allgemeinen Vertragsbedingungen (AVB) sind ebenfalls Regelungen enthalten. Daher wird auf Abschn. 2.4.3.2 verwiesen:

A § 9 Abs. 1–4   Ausführungsfristen; B § 5 Ausführungsfristen,

A § 9 Abs. 5   Vertragsstrafen und Beschleunigungsvergütungen; B §11 Vertragsstrafe,

A § 9 Abs. 6   Gewährleistung; B § 13 Gewährleistung,

A § 9 Abs. 7, 8   Sicherheitsleistung; B § 17 Sicherheitsleistung,

A § 9 Abs. 9   Änderung der Vergütung; B § 2 Vergütung.

Der Auftraggeber kann zukünftig bei Vergaben oberhalb der Schwellenwerte festlegen, dass Angebote ausschließlich in elektronischer Form abgegeben werden können (§ 13 a VOB/A). Schriftlich einge-

Abb. 2.4-10 Mögliche Bestandteile der Verdingungsunterlagen

reichte Angebote sind dann unzulässig. Mit der Aufforderung zur Angebotsabgabe sollen den Bietern alle notwendigen Informationen vermittelt werden, die für ihren Entschluss zur Abgabe eines Angebots notwendig sind (A § 8 Abs. 2). Öffentliche Auftraggeber haben bei der Ausschreibung und Vergabe die *Einheitlichen Verdingungsmuster des Vergabehandbuchs* (EVM des VHB) zu verwenden.

Vorinformation, Bekanntmachung, Versand der Vergabeunterlagen (A § 12, 12a)
Die Bekanntmachung ist der formale Beginn des Vergabeverfahrens (§§ 12 VOB/A). Mit der Bekanntmachung eröffnet der Auftraggeber den Wettbewerb um den Auftrag. Bei den einzelnen Vergabearten unterscheiden sich die Veröffentlichungspflichten für den öffentlichen Auftraggeber.

Unterhalb der Schwellenwerte besteht eine Veröffentlichungspflicht bei der Öffentlichen Ausschreibung, der Beschränkten Ausschreibung mit Öffentlichem Teilnahmewettbewerb und der Freihändigen Vergabe mit Öffentlichem Teilnahmewettbewerb.

Der öffentliche Auftraggeber hat im Bundes-Ausschreibungsblatt, überregionalen Tages- und Fachzeitschriften oder ähnlichen zu veröffentlichen. Keine Veröffentlichungspflicht besteht bei der Beschränkten Ausschreibung ohne Teilnahme-wettbewerb oder der Freihändigen Vergabe ohne Teilnahmewettbewerb.

Oberhalb der Schwellenwerte besteht die Veröffentlichungspflicht beim Offenen Verfahren, Nicht-Offenen Verfahren, beim Verhandlungsverfahren mit Teilnahmewettbewerb und beim Wettbewerblichen Dialog.

Die Bekanntmachung ist im Supplement zum Amtsblatt der EU zu veröffentlichen, zuzüglich auch national bekannt zu machen.

Beim Verhandlungsverfahren ohne Öffentliche Bekanntmachung besteht keine Veröffentlichungspflicht.

Dagegen ist die Vorinformation nur die Ankündigung, dass die Ausschreibung eines bestimmten Bauvertrages zukünftig beabsichtigt ist. Mit der Vorinformation beginnt das Vergabeverfahren noch nicht. Hintergrund dieser gemeinschaftsweiten Vorinformation ist, den Unternehmen die frühste mögliche Gelegenheit zur Information über zukünftige Aufträge zu geben. Eine Pflicht zur tatsächlichen Ausschreibung begründet die Vorinformation jedoch nicht. Zwingend vorgesehen ist dies nur, wenn der Auftraggeber die Möglichkeit wahrnimmt, die Frist für den Eingang der Angebote nach § 10a Abs. 1 Nr. 2 VOB/A zu verkürzen.

Oberhalb der Schwellenwerte ist die Bekanntmachung nach § 12a Abs. 1 Nr. 3 nach dem im Anhang I der Verordnung (EG) Nr. 1564/2005 enthaltenen Muster zu erstellen.

Angebots-, Bewerbungs-, Zuschlags- und Bindefrist (A §§10)

Fristen im Verfahren sind angemessen zu gestalten. Grundsätzlich gilt, dass die Länge der jeweiligen Mindestfrist verhältnismäßig zur jeweiligen Leistung zu bestimmen ist. Eine kalendermäßige Ausgestaltung der Fristen ist allein für die Vergaben oberhalb der Schwellenwerte vorgenommen worden. Diese eignet sich auch für die grundsätzliche Bestimmung angemessener Fristenlängen bei Vergabe unterhalb der Schwellenwerte (vgl. 2.4.2.4).

Bei Durchführung elektronischer Vergaben können die Fristen weiter verkürzt werden. Bei elektronischer Bekanntmachung kann die Angebots- bzw. Bewerbungsfrist um 7 Tage verkürzt werden. Sofern auch sämtliche Verdingungsunterlagen auf elektronischem Weg allgemein zugänglich zur Verfügung gestellt werden, kann die Angebotsfrist nochmals um 5 Tage reduziert werden (§ 10a Abs. 1 Nr. 4, 5 VOB/A).

Bewerbungsfrist ist die Frist, die den Bewerbern im Rahmen des vorgeschalteten Teilnahmewettbewerbs zusteht, um ihren Teilnahmeantrag einzureichen, § 10 VOB/A.

Angebotsfrist ist die Frist, die den Bietern für die Bearbeitung und Abgabe der Angebote zur Verfügung steht.

Die *Zuschlags- und Bindefrist* beginnt mit dem Ablauf der Angebotsfrist. Die *Zuschlagsfrist* bezeichnet den Zeitraum, der dem Auftraggeber für die Prüfung und Wertung der Angebote zur Verfügung steht.

Die *Bindefrist* ist der Zeitraum, für den der Bieter sich an sein Angebot gebunden erklärt. Es ist vorzusehen, dass der Bieter bis zum Ablauf der Zuschlagsfrist an sein Angebot gebunden ist. Einen zusammenfassenden Überblick über die Fristen im Verfahrensablauf bietet Abb. 2.4-11.

Interessant in Zusammenhang ist auch das Urteil des Bundesgerichtshofs, wonach der Auftragnehmer neben einem Mehrvergütungsanspruch nach § 2 Nr. 5 a.F. VOB/B auch einen Anspruch auf Bauzeitänderung hat, wenn es ggf. aufgrund von Nachprüfungsverfahren anderer Bieter zu einer verzögerten Auftragsvergabe kommt (BGH Urt. 11.5.2009 – VII ZR 11/08).

Nach den Schlussfolgerungen des Vorsitzes des Europäischen Rates vom 12. Dezember 2008 sind in den Jahren 2009 und 2010 aufgrund der Finanzkrise die Voraussetzungen zur Anwendung der Fristen bei besonderer Dringlichkeit gegeben (siehe Art. 38 Abs. 8 RL 2004/18/EG, Vergabekoordinierungsrichtlinie sowie § 18 a Nr. 2 Abs. 4 VOB/A § 18 a Nr. 2 Abs. 1 und 2 VOL/A). Nach der Pressemitteilung der Europäischen Kommission vom 19. Dezember 2008 vertritt auch diese die Auffassung, dass die aktuelle Wirtschaftslage grundsätzlich die Anwendung dieses beschleunigten (nicht offenen) Verfahrens rechtfertigt. Nach den Erlassen zum Konjunkturpaket II des Bundeswirtschaftsministeriums und des Bundesministeriums für Verkehr, Bau- und Stadtentwicklung (BMVBS) sei sogar stets davon auszugehen, dass die Voraussetzungen für ein beschleunigtes Verfahren gegeben sind. Mit den Erlassen werden die verbindlichen Rechtsvorgaben nicht abgeändert, sondern ausgelegt. Eine gerichtssichere Anwendung des beschleunigten Verfahrens ist daher nicht selbstverständlich.

Eröffnungstermin (A § 14)

Bei Ausschreibungen öffentlicher Auftraggeber ist für die Öffnung und Verlesung (Submission) der Angebote gemäß A § 14 ein Eröffnungstermin abzuhalten, in dem nur die Bieter und ihre Bevollmächtigten zugegen sein dürfen. Bei Bauvergaben können Bieter am Eröffnungstermin (Submission) teilnehmen. Bei der Angebotsöffnung stellt der Verhandlungsleiter zunächst fest, ob die Angebote ordnungsgemäß verschlossen und äußerlich gekennzeichnet sind. Die Angebote werden dann in allen wesentlichen Teilen, einschließlich Anlagen, gekennzeichnet. Der Auftraggeber fertigt über den Eröffnungstermin eine Niederschrift in Schriftform oder elektronischer Form. Diese Niederschrift darf nicht veröffentlicht werden. Die beteiligten Bieter haben das Recht, Einsicht in die Niederschrift und ihre Ergänzungen (z.B. Nachprüfung der festgestellten Angebotssummen) zu nehmen.

Prüfung und Wertung der Angebote (A § 16)

Die Prüfung und Wertung der Angebote leiten das Kernstück des Verfahrens ein. Bei der Prüfung der Angebote geht es um die Feststellung des Inhalts

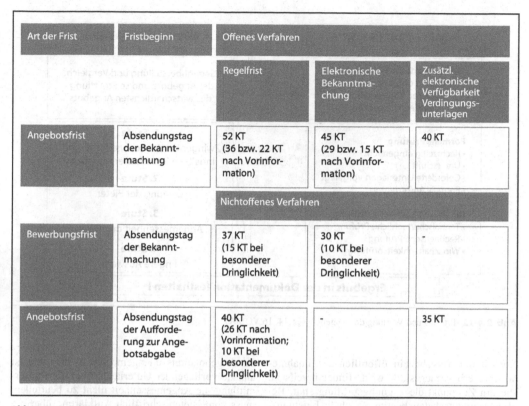

Art der Frist	Fristbeginn	Offenes Verfahren		
		Regelfrist	Elektronische Bekanntmachung	Zusätzl. elektronische Verfügbarkeit Verdingungsunterlagen
Angebotsfrist	Absendungstag der Bekanntmachung	52 KT (36 bzw. 22 KT nach Vorinformation)	45 KT (29 bzw. 15 KT nach Vorinformation)	40 KT
		Nichtoffenes Verfahren		
Bewerbungsfrist	Absendungstag der Bekanntmachung	37 KT (15 KT bei besonderer Dringlichkeit)	30 KT (10 KT bei besonderer Dringlichkeit)	-
Angebotsfrist	Absendungstag der Aufforderung zur Angebotsabgabe	40 KT (26 KT nach Vorinformation; 10 KT bei besonderer Dringlichkeit)	-	35 KT

Abb. 2.4-11 Fristen im Verfahrensablauf

der Angebote und deren formelle und sachliche Beurteilung. Verspätet vorgelegte Angebote scheiden von vornherein aus. Der öffentliche Auftraggeber muss sich mit deren Inhalt also nicht auseinandersetzen. Nach § 16 Abs. 3 VOB/A werden die der sachlichen Prüfung zu unterziehenden Angebote in rechnerischer, technischer und wirtschaftlicher Hinsicht geprüft.

Aufklärung findet nur bei Zweifeln über den Angebotsinhalt oder die Bietereignung statt.

Das auftraggeberseitige Verlangen verpflichtet den Bieter zur Aufklärung; bei einer Weigerung kann das Angebot ausgeschlossen werden. Dabei ist eine Veränderung des Angebots unzulässig. Der Wettbewerb im Verfahren endet jedenfalls im Förmlichen Verfahren mit der Angebotsabgabe. Die einseitige Aufnahme von Verhandlungen mit einem oder einzelnen Bietern wirkt diskriminie-rend und ist mit Ausnahme des Verhandlungsverfahrens nicht gestattet. Der Bieter hat insoweit ein Recht darauf, dass sein Angebot unverändert in die Wertung eingeht. Die Wertung der Angebote erfolgt in vier Stufen (vgl. Abb. 2.4-12):

1. Stufe: Formale Anforderungen
2. Stufe: Eignung
3. Stufe: Angemessenheit des Preises
4. Stufe: Engere Auswahl.

Formell und inhaltlich fehlerhafte Angebote sind von der Wertung auszuschließen. Sie liegen insbesondere vor, wenn die Angebote nicht unterschrieben sind oder Änderungen an den Verdingungsunterlagen enthalten, unvollständig oder verspätet sind.

Eignung der Unternehmen bedeutet, dass diese die Fachkunde, Leistungsfähigkeit und Zuverlässigkeit für die ausgeschriebene Leistung besitzen.

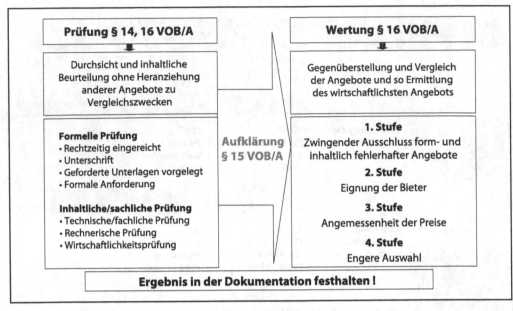

Abb. 2.4-12 Prüfung und Wertung der Angebote (§§ 14, 16 VOB/A)

Soweit der Vergabe ein öffentlicher Teilnahmewettbewerb vorangestellt wird, findet bereits zu diesem Zeitpunkt die Eignungsprüfung statt. Bei Bietergemeinschaften bestimmt sich die Leistungsfähigkeit und Fachkunde anhand der insgesamt zur Verfügung stehenden Kapazitäten der zusammengeschlossenen Unternehmen. Die Zuverlässigkeit ist aufgrund der gesamtschuldnerischen Haftung hinsichtlich sämtlicher Mitglieder der Bietergemeinschaft zu prüfen. Nachweisunterlagen sind von jedem einzelnen Mitglied der Bietergemeinschaft vorzulegen.

Seit Anfang 2006 kann jeder Bieter bei Bauvergaben seine Eignung auch durch die Eintragung in die allgemein zugängliche Liste des Vereins für die Präqualifikation von Bauunternehmen e. V. nachweisen, § 6 Abs. 3 Nr. 2 VOB/A. Zusätzliche, auf den konkreten Auftrag bezogene Nachweise können neben dem Präqualifikationsnachweis zusätzlich verlangt werden.

Die *Angemessenheit* des Preises bedeutet, dass auf ein Angebot mit einem unangemessen hohen oder niedrigen Preis der Zuschlag nicht erteilt werden darf. Erscheint dem öffentlichen Auftraggeber

ein Angebotspreis unangemessen niedrig und ist anhand vorliegender Unterlagen über die Preisermittlung die Angemessenheit nicht zu beurteilen, muss vom Bieter schriftlich Aufklärung über die Ermittlung der Preise verlangt werden.

Damit wird durch die VOB/A klargestellt, dass der Zuschlag nicht auf das Kriterium des niedrigsten Preises gestützt wird. Prüfungsmaßstab ist die angebotene Endsumme. Nur ausnahmsweise können auch in sich abgeschlossene Angebotsteile oder wichtige Einzelpositionen betrachtet werden.

Auf der vierten Wertungsstufe – Auswahl des *wirtschaftlichsten Angebots* – findet nun die eigentliche Auswahl des Angebots statt. Nach § 16 Abs. 6 Nr. 3 VOB/A sollen in die engere Wahl nur solche Angebote kommen, die unter Berücksichtigung rationalen Baubetriebs und sparsamer Wirtschaftsführung eine einwandfreie Ausführung einschließlich Gewährleistung erwarten lassen.

Unter diesen Angeboten soll dann der Zuschlag auf das Angebot erteilt werden, das unter Berücksichtigung aller Gesichtspunkte, wie Preis, Ausführungsfrist, Betriebs- und Folgekosten, Gestaltung, Rentabilität oder technischer Wert, als das wirtschaftlichste erscheint. Bedeutsam sind die vom Auftraggeber in der Bekanntmachung oder der Aufforderung zur Angebotsabgabe vorgegebenen Wertungskriterien in ihrer jeweiligen Gewichtung. Es sollte eine Wertungsmatrix verwendet werden.

Vorabinformationspflicht
Vorabinformationspflicht ist die Pflicht des Auftraggebers, die im Verfahren nicht berücksichtigten Bieter vor einer Zuschlagserteilung zu informieren, §§ 101 a, 101 b GWB. Da ein bereits erteilter Zuschlag nicht mittels eines Nachprüfungsverfahrens aufgehoben werden kann, ist der Auftraggeber verpflichtet, bei Vergabe oberhalb der Schwellenwerte die nicht berücksichtigten Bieter vor dem Zuschlag über die Zuschlagsentscheidung zu informieren. Nur so ist im Sinne eines effektiven Rechtsschutz gewährleistet, dass auch die Entscheidung über den Zuschlag selbst nachgeprüft werden kann. Bisher musste der öffentliche Auftraggeber den Bieter 14 Tage vor dem Zuschlag informieren. Aufgrund des neuen Vergaberechts vom 24.04.2009 ist jetzt eine 15-Tagesfrist vorgesehen, die jedoch auf 10 Tage bei Versendung per Mail oder per Fax verkürzt wird. Verstößt ein Auftraggeber gegen diese Informations- und Wartepflichten, ist der Vertag von Anfang an unwirksam. Neu geregelt ist jedoch, dass die Unwirksamkeit nur festgestellt werden kann, wenn dem Nachprüfungsverfahren innerhalb von dreißig Kalendertragen ab Kenntnis des Verstoßes, jedoch nicht später als sechs Monate nach Vertragsschluss geltend gemacht worden ist. Die Frist zur Geltendmachung der Unwirksamkeit endet sogar dreißig Kalendertage nach Veröffentlichung der Bekanntmachung der Auftragsvergaben im Amtsblatt der Europäischen Union (vgl. 2.4.2.5).

Bei Verfahren unterhalb der Schwellenwerte ist den erfolglosen Bietern ihre Nichtberücksichtigung nach Zuschlagserteilung grundsätzlich nur auf Antrag mitzuteilen (§ 19 VOB/A). Bei Bau-Vergaben sollen Bieter, deren Angebote die engere Wahl nicht erreichen, so bald wie möglich informiert werden.

Zuschlag (A § 18)
Der Zuschlag soll innerhalb der Bindefrist erteilt werden, § 18 VOB/A.

Mit der Zuschlagserteilung kommt der Vertrag zustande. Vertragsinhalte sind das Angebot inklusive aller Anlagen, ggf. Bieterprotokolle sowie die Unterlagen, die in den Verdingungsunterlagen ausdrücklich zum Vertragsbestandteil erklärt werden. Eine Ausgestaltung der Vertragsunterlagen oder nachträgliche Vertragsverhandlungen sind nicht mehr vorzunehmen. Eine Vertragsurkunde kann den vertraglichen Inhalt aus dem Vergabeverfahren zusammenfassen. Das Vergabeverfahren ist damit beendet.

Eine verspätete Zuschlagserteilung oder eine Zuschlagserteilung mit Änderung auch nur einzelner Teile des Angebots (z. B. der Ausführungsfristen oder einzelner Leistungen) gilt nach § 150 Abs. 2 BGB als Ablehnung des Angebots des Bieters und zugleich als neues Angebot des Auftraggebers, das wiederum der Annahme durch den Bieter bedarf. Diese Annahme kann auch stillschweigend durch konkludentes Verhalten (z. B. Aufnahme der Arbeiten) geschehen.

Eines Bestätigungsschreibens des Auftragnehmers bedarf es zusätzlich nicht. Diesem kommt lediglich eine Beweiswirkung zu. Ein Bestätigungsschreiben mit Änderungen ist rechtlich als ein Angebot zur Vertragsänderung zu bewerten.

Weigert sich ein Bieter, den Zuschlag innerhalb der Zuschlagsfrist anzunehmen, so hat dies auf die Wirksamkeit des Vertragsabschlusses keine Auswirkung. Innerhalb der Zuschlagsfrist ist der Bieter an sein Angebot gebunden. Führt er den Auftrag nicht aus, macht er sich schadenersatzpflichtig. Dem Auftraggeber stehen in diesem Fall Ansprüche gemäß B § 8 Abs. 3 sowie die allgemeinen Rechte nach dem BGB zu.

Bei Vergaben oberhalb der Schwellenwerte gilt nach Einleitung eines Nachprüfungsverfahrens das Zuschlagsverbot des § 115 Abs.1 GWB. Ab Zustellung an den Auftraggeber ist diesem dann die Zuschlagserteilung bis zur Entscheidung der Vergabekammer und dem Ablauf der Beschwerdefrist untersagt. Ein entgegen diesem Verbot erteilter Zuschlag ist nichtig. Der Auftraggeber kann jedoch beantragen, dass das Zuschlagsverbot aufgehoben und ihm gestattet wird, während des laufenden Verfahrens den Zuschlag zu erteilen. Auch hier ist es aufgrund des Gesetzes zur Modernisierung des Vergaberechtes vom 24.04.2009 zu grundlegenden Neuerungen gekommen. Neu ist, dass auch der Beigeladene einen Antrag auf Gestattung des vorzeitigen Zuschlags stellen darf. Dieses Antragsrecht des Beigeladenen ist allerdings schon vor Verabschiedung des Gesetzes auf harsche Kritik gestoßen. Denn bei der Entscheidung über den vorzeitigen Zuschlag sind in erster Linie die Interessen des Auftraggebers, die der Allgemeinheit und die Interessen des um den Rechtsschutz nachsuchenden Bieters abzuwägen. Ein privates Unternehmen wird hier maßgeblich zum Sachwalter der Interessen des Auftraggebers bzw. allgemeinen Interessen gekürt. Neu ist zudem, dass bei der Abwägung, ob ein vorzeitiger Zuschlag erteilt werden kann, das Interesse der Allgemeinheit an einer wirtschaftlichen Erfüllung der Aufgaben des Auftraggebers zu berücksichtigen ist.

Aufhebung der Ausschreibung (A § 17)

Mit der Aufhebung der Vergabe gibt der Auftraggeber zu erkennen, dass er das Verfahren nicht durch Vertragsabschluss beenden will. Aufhebungsgründe liegen nach den Vergabe- und Verdingungsordnungen § 17 VOB/A vor, wenn

– kein Angebot eingegangen ist, das den Ausschreibungsbedingungen entspricht,
– sich die Grundlagen der Ausschreibung wesentlich geändert haben,
– die Ausschreibung kein wirtschaftliches Ergebnis gehabt hat,
– andere schwerwiegende Gründe bestehen.

Eine Aufhebung ist nicht auf die vorbezeichneten Gründe beschränkt. Auch ohne besonderen Grund kann der Auftraggeber das Vergabeverfahren aufheben. In diesem Fall können Schadensersatzansprüche der Bieter begründet sein, die neben den Angebotserstellungskosten auch den entgangenen Gewinn umfassen können.

2.4.3.2 VOB Teil B: Allgemeine Vertragsbedingungen für die Ausführung von Bauleistungen

Die VOB Teil B behandelt die Allgemeinen Vertragsbedingungen für die Ausführung von Bauleistungen und damit die Rechte und Pflichten der Vertragsparteien nach Vertragsabschluss. Dabei sind insbesondere auch solche Fälle geregelt worden, die bei Bauverträgen häufig wiederkehrende Abweichungen vom vorauszusetzenden normalen Geschehensablauf beinhalten und Handlungen

oder Unterlassungen darstellen, die grundsätzlich als Verletzung auferlegter Pflichten oder eingeräumter Rechte aufgefasst werden müssen. Teil B enthält damit in seinen Einzelregelungen die auf Bauverträge abgestellten Ergänzungen der hierfür ungenügenden gesetzlichen Rahmenvorschriften (Franke, Kemper, Zanner, Grünhagen VOB Kommentar 4. Auflage § 1 Rdnr. 1ff. VOB/B).

VOB/B im Verhältnis zu VOB/A, BGB, VOB/C, HGB

Die VOB/B hat den Charakter *Allgemeiner Geschäftsbedingungen* und wird daher nach den §§ 305 ff. BGB beurteilt. Sie ist weder Gesetz noch Rechtsverordnung, weder Gewohnheitsrecht noch Handelsbrauch.

Öffentliche Auftraggeber sind verpflichtet, bei ihren Vergabeverfahren die Regelungen der VOB/A anzuwenden. Die VOB/A wiederum verpflichtet den öffentlichen Auftraggeber, die VOB/B zu einem notwendigen Vertragsbestandteil ihrer Bauverträge zu machen. Gewerbliche bzw. private Auftraggeber sind nicht zur Anwendung der VOB/A verpflichtet und richten sich bei der Vergabe von Bauleistungen dementsprechend nicht vollständig nach VOB/A. Sie halten sich v. a. nicht an das Verbot der Preisverhandlungen nach A § 15 Abs. 3. Selbstverständlich sind private Auftraggeber und/oder Auftragnehmer nicht zur Anwendung der VOB/B verpflichtet. In der Mehrzahl der Bauverträge wird die Geltung der VOB/B jedoch vereinbart.

Da die Vorschriften der VOB/B nicht automatisch gelten – sie sind keine Rechtsnormen, sondern Allgemeine Geschäftsbedingungen –, müssen die Parteien sie als Abweichung vom gesetzlichen Werkvertragsrecht vereinbaren. Für die Einbeziehung der VOB/B in das Vertragswerk gilt § 305 Abs. 2 BGB. Hierbei muss unterschieden werden, ob der VOB/B-Vertrag mit einem Unternehmen oder einem Verbraucher geschlossen werden soll. Verbraucher i. S. d. § 13 BGB sind natürliche Personen, die ein Rechtsgeschäft zu einem Zwecke abschließen, der weder ihrer selbständigen beruflichen noch gewerblichen Tätigkeit zugerechnet werden kann. Ihnen muss die VOB/B zugänglich gemacht werden. Der Hinweis im Angebot „auf Wunsch wird die VOB/B zur Verfügung gestellt" reicht für eine wirksame Einbeziehung nicht aus. Auch die Tätigkeit eines Architekten auf Seiten des Verbrauchers reicht allein nicht aus, dem Bauherrn die Kenntnis des Architekten über die VOB/B zuzurechnen. Unterstützt allerdings der Architekt, in dessen Baubeschreibungen die VOB/B enthalten ist, den Bauherrn bei der Vertragsgestaltung und in den Verhandlungen mit den Bauunternehmern, so kann der Bauherr sich später nicht auf die fehlende Einbeziehung der VOB/B berufen.

Bei auf dem Bausektor gewerblich tätigen Unternehmen i. S. d. § 14 BGB wird die VOB/B als bekannt unterstellt, so dass der bloße Verweis ohne Übergabe ausreicht.

Vielfach machen die privaten Auftraggeber die VOB/B nur in Teilen zum Vertragsbestandteil. Diese Vorgehensweise birgt jedoch die Gefahr, dass dann die einzelnen Bestimmungen z.T. nicht mehr AGB-rechtlich wirksam und infolgedessen nichtig sind. Bis 2004 privilegierte die Rechtsprechung die VOB/B insofern, als sie die Regelungen der VOB/B einer Inhaltskontrolle des dann geltenden § 9 AGBG als insgesamt standhaltend ansah, sofern die VOB/B als Ganzes vereinbart wurde. Diese Rechtsprechung hat der Bundesgerichtshof mit Urteil vom 22.1.2004 modifiziert. Mit diesem Urteil stellte der BGH klar, dass jede Abweichung, und nicht nur Änderungen des sog. Kernbereichs, zu einer AGB-Kontrolle führen. Da Bauverträge mit Privaten ohne von der VOB/B abweichende Klauseln praktisch kaum vorkommen, ist in diesem Bereich die Privilegierung faktisch aufgehoben. Diese Rechtsprechung hat der für das Werkvertragsrecht zuständige Siebte Zivilsenat des Bundesgerichtshofs fortgesetzt. Die Klauseln der Vergabe- und Vertragsordnung für Bauleistungen Teil B (VOB/B) unterliegen bei Verwendung gegenüber Verbrauchern einer Einzelkontrolle nach §§ 307 ff. BGB (Urteil vom 24.07.2008, Az.: VII ZR 55/07). Hiermit hat der Bundesgerichtshof erstmals entschieden, dass alle Bauverträge mit Privaten rechtlich überprüft werden können. Mit dem Forderungssicherungsgesetz, welches am 01.01.2009 in Kraft getreten ist, wurde seitens der Bundesregierung eine Änderung des Rechts der Allgemeinen Geschäftsbedingungen betreffend §§ 308, 309 und 310 BGB eingebracht. Durch dieses Gesetz wurde genau die Thematik aufgegriffen, die der Bundesgerichtshof in seiner Entscheidung vom 24.07.2008 zu beurteilen hatte und die über viele Jahre den Gegenstand heftiger Meinungsstreitigkeiten bildete.

Es wurde unter § 308 Nr. 5 b BGB – innerhalb der Klauselverbote mit Wertungsmöglichkeit – sowie unter § 309 Nr. 8 BGB – innerhalb der Klauselverbote ohne Wertungsmöglichkeiten – jeweils die Ausnahmeregelung „dies gilt nicht für Verträge, in die Teil B der Verdingungsordnung für Bauleistungen insgesamt einbezogen ist" gestrichen. Hierdurch wurde die richterrechtlich und gesetzlich verankerte Privilegierung der VOB/B aufgehoben. Lediglich in § 310 BGB erfolgte die Ergänzung, wonach die VOB/B privilegiert bleibt, soweit sie unverändert in Verträge zwischen Unternehmern und/oder der Öffentlichen Hand einbezogen ist.

Die Einbeziehung der VOB/B in das Vertragsverhältnis gilt auch für sog. Nachträge, d. h. Mehrvergütungsansprüche i. S. d. §§ 1 Abs. 3, 4; § 2 Abs. 5, 6 VOB/B. Bei selbständigen Anschlussaufträgen ist dagegen die nochmalige Einbeziehung der VOB/B erforderlich.

Ein Bauvertrag, zu dessen Vertragsbestandteilen die VOB/B gehört, ist *Werkvertrag* im Sinne der §§ 631ff. BGB. Das BGB findet im Rahmen der VOB/B Anwendung, soweit die VOB/B nicht abweichende Regelungen enthält.

Soweit die Vertragspartner die VOB/B nicht zur Vertragsgrundlage gemacht haben, ist allein das BGB maßgebend für die Beurteilung des Bauvertrages, man spricht auch vom *BGB-Vertrag* bzw. *BGB-Werkvertrag*.

Ist VOB/B vereinbart, so gelten gemäß B § 1 Abs. 1 Satz 2 als Bestandteil des Vertrags auch die *Allgemeinen Technischen Vertragsbedingungen für Bauleistungen* (ATV). Dieser Begriff ist synonym mit der VOB/C sowie den DIN 18299 ff. Auch VOB/C unterliegt der Kontrolle der §§ 305 ff. BGB.

Zusammen mit Bauleistungen werden häufig auch *andere Leistungen* übertragen. Ein Generalübernehmer übernimmt z.B. sämtliche Planungs- und Bauleistungen, ein Bauträger die Projektentwicklung, Planung, Bauausführung sowie die sich anschließende Vermietung und Vermarktung. In allen diesen Fällen gilt VOB/B nur für die reinen Bauarbeiten. Für die anderen Leistungen gelten die gesetzlichen Vorschriften des BGB (Planervertrag als Werkvertrag nach §§ 631 ff. BGB, Kaufvertrag nach §§ 433 ff. BGB, Maklervertrag nach §§ 652 ff. BGB, Mietvertrag nach §§ 535 ff. BGB). Für die Herstellung von Nicht-Bauleistungen wie Maschinen oder auch die reine Lieferung von beweglichen Sachen

gilt VOL/B. Bei *Mischleistungen*, die sowohl Bauarbeiten als auch reine Lieferungen zum Gegenstand
haben, findet VOB/B dann Anwendung, wenn der
Auftragswert der Bauleistung höher ist als der Auftragswert der Lieferung (z. B. Lieferung und Einbau
einer Aufzugsanlage in ein Hochhaus).

Entsprechend den Regelungen des BGB kommen Vorschriften des HGB dort zum Tragen, wo
die VOB/B keine abschließenden Regelungen getroffen hat, wie insbesondere §§ 343 ff. HGB.

Art und Umfang der Leistung (B §1)

In § 1 VOB/B werden die Kriterien zur Bestimmung der vom Auftragnehmer zu erbringenden
Leistung genannt: Vertrag als Ausgangspunkt,
Rangfolge bei Widersprüchen, mögliche Änderungen des Vertragsumfangs. Die Gegenleistung
des Auftraggebers wird in § 2 VOB/B geregelt.

Nach B § 1 Abs. 1 Satz 1 bestimmt der Vertrag
die vom Auftragnehmer auszuführende Leistung
nach Art und Umfang. Diese auf den ersten Blick
selbstverständlich erscheinende Feststellung ist
äußerst wichtig, denn hiernach sind alle Vertragsbestandteile, nicht nur die schriftliche Vertragsurkunde, für die Bestimmung der Leistung heranzuziehen. Sofern die Vertragsunterlagen nicht eindeutig sind, ist der Vertragsinhalt durch Auslegung
zu ermitteln. Beispielsweise hatte der Bundesgerichtshof in einem Urteil aus 1993 festgestellt, dass
bei der Auslegung auch der qualitative, technische
und architektonische Zuschnitt sowie der bestim-
mungsgemäße Gebrauch des Gebäudes zu berücksichtigen sind. Daher seien Vorgaben in der Leistungsbeschreibung für einen einfachen Industriebau
anders zu verstehen als für einen repräsentativen
Geschäftsbau (BGH BauR 1993, 595 f.).

In aller Regel sind Bauverträge nicht nur mit
Angebotspreisen versehene Leistungsverzeichnisse,
sondern umfangreiche Regelwerke neben dem
eigentlichen Hauptvertrag. Oft sind die einzelnen
Vertragsbestandteile nicht derart aufeinander abgestimmt, dass sie widerspruchsfrei sind. Sofern die
allgemeine Auslegung nach §§ 133, 157 BGB zu
keinem Ergebnis führt, regelt B § 1 Abs. 2 die *Geltungsreihenfolge der Vertragsbestandteile*, um bei
Widersprüchen die jeweils vorrangige Bestimmung
erkennen zu können. Regelungsprinzip ist der Vorrang der spezielleren vor der allgemeineren Regelung (vom Speziellen zum Allgemeinen).

Besondere Vertragsbedingungen (BVB), Zusätzliche Vertragsbedingungen (ZVB) sowie Zusätzliche Technische Vertragsbedingungen (ZTV)
müssen gesondert vereinbart werden. Durch bloße
Beifügung zu den Vertragsunterlagen werden sie
nicht rechtsverbindlich.

– BVB sind jeweils speziell auf die Besonderheiten des jeweiligen Bauauftrags zugeschnitten
  und daher stets durch individuelle Eintragungen
  zu vervollständigen (z. B. Angaben zur Objektüberwachung, zu den dem Auftragnehmer unentgeltlich zur Benutzung überlassenen Lagerplätzen und Medienanschlüssen, zu Ausführungsfristen, zu etwaigen Vertragsstrafen, zur
  Rechnungsanzahl und zum Rechnungsadres-
  saten sowie zur Sicherheitsleistung).
– ZVB werden in Ergänzung zu VOB/B von solchen Auftraggebern vorgegeben, die regelmäßig Bauleistungen vergeben und Bauverträge
  einheitlich regeln wollen. ZVB stellen Ergänzungen oder Modifizierungen der VOB/B in der
  Reihenfolge ihrer 18 Paragraphen dar.
– ZTV stellen in Ergänzung zu VOB/C Vorbemerkungen zu den einzelnen gewerkeorientierten
  Leistungsverzeichnissen dar, in denen technische
  Entwicklungen über den Stand der Normung
  hinaus erfasst und vereinbart werden. Auch sie
  unterliegen der Kontrolle durch das BGB.

Ausführungsunterlagen und Ausführung (B §§ 3 u. 4)

§ 3 VOB/B behandelt die Rechte und Pflichten der
Parteien im Zusammenhang mit den Ausführungs-
unterlagen im weitesten Sinne, genauer, mit den
Voraussetzungen für die Bauleistungen, die der
Auftraggeber zu schaffen hat.

Zu den Ausführungsunterlagen gehören alle für
die Ausführung des Bauauftrags erforderlichen planerischen und rechnerischen Unterlagen, die der
Auftragnehmer nicht selbst beibringen muss. Deren
rechtzeitige Übergabe heißt, dass der Auftragnehmer ausreichend Gelegenheit haben muss, die
Ausführungsarbeiten vorzubereiten, einschließlich
der erforderlichen Vorlaufzeiten für Lieferung und
Vormontage. Ist der Auftragnehmer der Auffassung, dass die Lieferung der Ausführungsunterlagen nicht
rechtzeitig erfolge, muss er gemäß B § 6 Abs. 1 darauf hinweisen (Behinderungsanzeige) und ggf. eine

Anpassung der Ausführungsfristen gemäß B § 5 verlangen. Falls der Auftragnehmer seiner *Pflicht zur Prüfung der Unterlagen* und Absteckungen auf etwaige Unstimmigkeiten gemäß B § 3 Abs. 3 nicht nachkommt, kann er sich auf Mängel, Erschwernisse und Bedenken nicht berufen.

Aus B § 4 ergeben sich wechselseitige Pflichten des Auftraggebers und des Auftragnehmers während der Ausführungsphase. Nach Abs. 1 Nr. 1 hat der Auftraggeber für die Aufrechterhaltung der allgemeinen Ordnung auf der Baustelle zu sorgen und das Zusammenwirken der verschiedenen Unternehmer zu regeln.

Die *Verpflichtung des Auftraggebers*, die öffentlich-rechtlichen Genehmigungen und Erlaubnisse herbeizuführen, gibt dem Auftragnehmer keinen Anspruch gegen den Auftraggeber auf Herbeiführung dieser Genehmigungen. Werden diese rechtskräftig versagt, so wird die Bauleistung nachträglich unmöglich.

Der Auftraggeber hat nach § 4 Abs. 1 Nr. 2 das Recht, jedoch nicht die Pflicht, die vertragsgemäße Ausführung der Leistung zu überwachen. Hält der Auftragnehmer Anordnungen des Auftraggebers für unberechtigt oder unzweckmäßig, so hat er nach Abs. 1 Nr. 4 seine Bedenken geltend zu machen. *Unberechtigt* ist die Anordnung des Auftraggebers, wenn für diese keine vertragliche oder gesetzliche Grundlage besteht. *Unzweckmäßig* ist die Anordnung, wenn sie fachlich ungeeignet ist oder die vertraglich geforderte Leistung beeinträchtigt. Wird durch die Anordnung des Auftraggebers eine ungerechtfertigte Erschwerung verursacht, gegen die der Auftragnehmer seine Bedenken geltend gemacht hat, so hat der Auftraggeber die daraus entstehenden Mehrkosten zu tragen.

Nach B § 4 Abs. 2 hat der Auftragnehmer die Leistung unter eigener Verantwortung nach dem Vertrag auszuführen. Es ist Sache des Auftragnehmers, die Ausführung seiner vertraglichen Leistungen zu leiten und für Ordnung auf seiner Arbeitsstelle zu sorgen. Mit jeder Einmischung in die Dispositionsbefugnis des Auftragnehmers übernimmt der Auftraggeber auch einen entsprechenden Teil der Verantwortung und Haftung für die vertragsgerechte Leistungserfüllung.

Bei der Ausführung der Vertragsleistungen hat der Auftragnehmer die *anerkannten Regeln der Technik* sowie die *gesetzlichen und behördlichen*

Bestimmungen zu beachten. Erstere werden definiert als „diejenigen bautechnischen Regeln, die in der Wissenschaft als theoretisch richtig anerkannt worden sind und sich in der Praxis dadurch bewährt haben, dass sie von den für die Anwendung der Regeln in Betracht kommenden Technikern, die die für die Beurteilung der Regeln erforderliche Vorbildung besitzen, anerkannt und mit Erfolg praktisch angewandt werden", u. a. [Franke u. a. 2010, § 13 Nr. 19]. Neuere Entwicklungen gehen den Regelungen der VOB/C vor (vgl. zu der Problematik „Änderungen der allgemein anerkannten Regeln der Technik" im einzelnen „Mängelansprüche" vgl. S. 816f.).

B § 4 Abs. 3 verpflichtet den Auftragnehmer als Fachmann auf bautechnischem Gebiet, den Auftraggeber vor erkennbaren Schäden zu schützen (subjektiver Prüfungsumfang). Die Prüfungspflicht des Auftragnehmers bestimmt sich einerseits nach dem für die Ausführung der vertraglichen Leistungen notwendigen Wissen des Auftragnehmers, andererseits nach den fachtechnischen Kenntnissen des Auftraggebers und seiner Erfüllungsgehilfen.

In objektiver Hinsicht beschränkt sich die Prüfungspflicht des Auftragnehmers auf Bedenken gegen die vorgesehene Art der Ausführung wegen der Sicherung gegen Unfallgefahren, gegen die Güte der vom Auftraggeber gelieferten Stoffe oder Bauteile und gegen die Leistungen anderer Unternehmer, sofern diese mit seiner eigenen Leistung in ursächlichem technischem Zusammenhang stehen. § 4 Abs. 3 ist unmittelbar mit der Haftungsbefreiung des § 13 Abs. 3 VOB/B verknüpft. Dieser schreibt die grundsätzliche Verantwortung des Auftragnehmers auch für vom Auftraggeber vorgegebene Stoffe und für Vorleistungen anderer fest, allerdings unter der Maßgabe, dass der Auftragnehmer von der Haftung befreit ist, wenn er der Hinweispflicht des § 4 Abs. 3 VOB/B nachgekommen ist.

Nach B § 4 Abs. 5 hat der Auftragnehmer die von ihm ausgeführten Leistungen und die ihm für die Ausführung übergebenen Gegenstände vor Beschädigung und Diebstahl zu schützen. Im Vertrag wird daher regelmäßig der Abschluss einer *Bauwesenversicherung* durch den Auftraggeber oder den Auftragnehmer vereinbart. Die Verpflichtung des Auftragnehmers, die gesamte vertragliche Leistung auch vor Winterschäden und Grundwasser zu schützen sowie Schnee und Eis zu beseitigen, wird zweckmäßigerweise bereits im Vertrag vereinbart,

da anderenfalls ein Vergütungsanspruch des Auftragnehmers für zusätzliche Leistungen gemäß
B § 2 Abs. 6 entstehen kann.

Nach B § 4 Abs. 7 hat der Auftragnehmer
Leistungen, die schon während der Ausführung als
mangelhaft oder vertragswidrig erkannt werden, auf
eigene Kosten durch mangelfreie zu ersetzen, unabhängig davon, ob der Auftragnehmer den Mangel zu vertreten hat. Es entscheidet der objektive
Sachverhalt. Hat der Auftragnehmer den Mangel
oder die Vertragswidrigkeit zu vertreten, so hat er
auch den daraus entstehenden Schaden zu ersetzen. Einen seitens des Auftraggebers behaupteten
Mangel vor der Abnahme muss der Auftragnehmer
beseitigen, solange er nicht beweisen kann, das
ausschließlich ein anderer Auftragnehmer dafür
verantwortlich ist. Ebenso besteht keine Beseiti-
gungspflicht, wenn der Mangel auf eine Anordnung des Auftraggebers zurück zu führen ist, gegen die der Auftragnehmer ordnungsgemäß Bedenken geltend gemacht hat.

Der Umfang der *Mängelbeseitigung* kann bis zu
einer kompletten Neuerstellung führen, wenn der
Mangel sonst nicht zu beseitigen ist.

Die *Nachbesserung* kann ausnahmsweise seitens
des Auftragnehmers verweigert werden, wenn ein
unverhältnismäßig hoher Aufwand entsteht (analog
B § 13 Abs. 6). Der Auftraggeber hat dann das Recht
zur Minderung der Vergütung des Auftragnehmers.

Da der Anspruch auf Beseitigung entsteht, sobald
der Mangel oder die Vertragswidrigkeit vom Auftragnehmer erkannt wird, bedarf es weder einer Fristsetzung oder Aufforderung von Seiten des Auftraggebers. Nur für den Fall, dass der Auftraggeber nicht
sicher ist, ob der Auftragnehmer die Vertragswidrigkeit erkannt hat, hat er ihn darauf hinzuweisen.

Der Auftraggeber kann Teile der Leistung oder
die gesamte Leistung kündigen, wenn der Auftragnehmer seiner Mängelbeseitigungspflicht vor Abnahme nicht nachkommt. Voraussetzung hierfür ist
das Setzen einer Frist und die Ankündigung, dass
er nach fruchtlosem Ablauf den Auftrag entziehen
werde (§ 8 Abs. 3 VOB/B). Die Kündigung muss
schriftlich erklärt werden. Hat der Auftraggeber
den Vertrag gekündigt, ist er an die ausgesprochene
Kündigung gebunden, der Auftragnehmer ist dann
von der Erstellung der noch nicht ausgeführten
Bauleistung entbunden. Die Rechtsfolgen bestimmen sich nach B § 8 Abs. 3 Nr. 2.

Ausführungsfristen (B § 5)

Bei der Realisierung von Bauvorhaben ist der Zeitfaktor von wesentlicher Bedeutung. Die VOB/B
trifft in §§ 5 und 6 VOB/B wichtige Regelungen
hinsichtlich der Bauzeit. § 5 VOB/B beinhaltet dabei die Grundvoraussetzungen für deren Vereinbarung, während § 6 die nachträglichen Störungen
der vereinbarten Bauzeit regelt (vgl. hierzu im Einzelnen Ausführungen zu § 6). Während in § 5
VOB/B eine detaillierte Regelung der Ausführungsfristen und Folgen von deren Überschreitung
vorgenommen wird, enthalten die BGB-Vor-
schriften solche detaillierten Regelungen nicht.

§ 5 ist wie folgt aufgebaut:

Abs. 1 Allgemeine Bestimmungen zu Vertragsfristen,
Abs. 2 Beginn der Bauleistung bei fehlender Ver-
einbarung hierzu,
Abs. 3 Abhilfeverlangen des Auftraggebers,
Abs. 4 Rechtsfolgen bei Verzögerung des Beginns
oder bei Verzug des Auftragnehmers.

§ 5 Abs. 1 und Abs. 2 treffen allgemeine Bestimmungen zu der Vereinbarung von Ausführungsfristen.

Der Begriff „Ausführungsfrist" wird in *Vertragsfristen* und andere, also „Nicht-Vertragsfristen" unterteilt. Vertragsfristen sind Ausführungsfristen, die
verbindlich sind und deren Nichteinhaltung unmittelbare Rechtsfolgen auslösen. Nur diese Vertragsfristen sind verbindlich. Sofern im Bauvertrag Vertragsfristen vereinbart sein sollen, muss dies sich
widerspruchsfrei und deutlich aus dem Vertrag ergeben. Vertragsfristen haben den Vorteil, dass im
Fall einer Überschreitung eines durch ein Kalenderdatum fixierten Vertragstermins der Auftragnehmer
ohne weitere Mahnung durch den Auftraggeber in
Verzug gerät (§ 284 Abs. 2 BGB), sofern er die Verzögerung seiner Leistungen zu vertreten hat. (vgl.
unten ausführlich bei Verzug).

Nach der Grundregel des B § 5 Abs. 1 S. 2 sind
die *Zwischenfristen* für einzelne Bauabschnitte
oder Gewerke keine Vertragsfristen. Insbesondere
sind die sich aus den Balkenplänen ergebenen Zwischenfristen ohne gesonderte Vereinbarung keine
Vertragsfristen. Anderweitige Vereinbarungen sind
jedoch möglich.

Dagegen ist der Termin für den Baubeginn und
der Termin für den Fertigstellungszeitpunkt jeweils
ein Vertragstermin. Dementsprechend sollte bei
Vertragsschluss abgewogen werden, welche Fris-

ten und Termine als Vertragsfristen und -termine gelten sollen. Sicherlich ist es nicht sinnvoll, jede Einzelfrist zur verbindlichen Vertragsfrist zu erklären. Dagegen kann dies bei fristgebundenen Anschlussarbeiten zweckmäßig sein.

Haben die Parteien den Beginn der Ausführung nicht kalendermäßig bestimmt, bestimmt B § 5 Abs. 2, dass der Auftragnehmer eine Auskunftspflicht hat und er die Pflicht zum Beginn binnen 12 Werktagen nach entsprechender Aufforderung durch den Auftraggeber hat. Fehlt im Vertrag eine Vereinbarung für den Vertragsbeginn, so hat der Auftraggeber nach B § 5 Abs. 2 die Möglichkeit, den Auftragnehmer aufzufordern, innerhalb von 12 Werktagen mit der Ausführung zu beginnen. Sind überhaupt keine Fristen vereinbart, muss der Auftragnehmer in angemessener Frist leisten. Der Auftraggeber hat dann gemäß § 315 BGB das Recht, den Vertragsbeginn nach billigem Ermessen festzusetzen.

Sollen aufgrund nachträglich eingetretener Umstände die Vertragsfristen geändert werden, können diese Änderungen grds. nur einvernehmlich erfolgen. Eine einseitige Änderung ist grundsätzlich nicht möglich.

Oft wird nur die Gesamtausführungsfrist vereinbart, allerdings mit dem Verweis auf einen noch zu erstellenden Bauzeitenplan, der dann zur Vertragsgrundlage gemacht werden soll. Zu beachten ist aber, dass nur dann von einer nachträglichen Vereinbarung von Ausführungsfristen ausgegangen werden kann, wenn der Bauzeitenplan von beiden Vertragsparteien nach Erstellung anerkannt ist.

In der Baupraxis wird die Überschreitung von Ausführungsterminen leicht mit Verzug gleich gesetzt. Verzug ist jedoch ein Rechtsbegriff, dessen Voraussetzungen und Rechtsfolgen gesetzlich definiert sind. *Verzug* bedeutet die schuldhafte Überschreitung von vertraglich vereinbarten Anfangs-, Zwischen- oder Endterminen bzw. -fristen.

Verzugsvoraussetzungen sind im Einzelnen:

- die *Fälligkeit* der Leistungen des Auftragnehmers,
- die *Mahnung* und Nachfristsetzung durch den Auftraggeber, sofern für den Vertragstermin kein Kalenderdatum vereinbart wurde,
- das *Vertretenmüssen* der Vertragstermin- oder Vertragsfristenüberschreitung durch den Auftragnehmer.

Erste Voraussetzung ist die *Fälligkeit* der Leistung; der Auftragnehmer muss vertragsgemäß eine bestimmte Leistung zu einem bestimmten Zeitpunkt erbringen. Vertragsfristen i. S. d. § 5 Abs. 1 VOB/B sind – wie oben erläutert – verbindliche Ausführungsfristen, das heißt, jede dieser Fristen begründet die Fälligkeit für die beschriebene Leistung. Bei Ablauf der Vertragsfrist wird die Leistung ohne weitere Maßnahmen fällig. Die unverbindlichen Ausführungsfristen begründen dagegen noch keine Fälligkeit. Grundsätzlich dienen sie (nur) der Terminkontrolle. Der Auftraggeber hat nach § 5 Abs. 3 bei Überschreitung dieser unverbindlichen Zwischentermine aber die Möglichkeit, Abhilfe zu verlangen und durch die Abhilfeaufforderung konkrete Weisungen binnen einer genau bestimmten Frist zu geben. Lässt der Auftragnehmer diese Abhilfeaufforderung verstreichen, so ist nach Fristablauf diese Leistung fällig.

Zweite Voraussetzung ist der Fristablauf bei einer Kalenderfrist und bei anderen Fristen Mahnung mit Fristsetzung und Ablauf dieser Mahnfrist. § 286 Abs. 2 BGB regelt die Voraussetzungen, wann ein Auftragnehmer mit einer fälligen und nicht erbrachten Leistung in Verzug gerät. Wenn die abgelaufene Frist eine Kalenderfrist ist, befindet sich der Auftragnehmer mit Ablauf der Frist in Verzug. *Kalenderfristen* sind Fristen, die im Voraus nach dem Kalender bestimmt sind; Beispiel: 26. 3., Ende der 30. KW. Nach dem Schuldrechtsmodernisierungsgesetz reicht es ebenfalls aus, dass der Leistung ein Ereignis vorauszugehen hat und eine angemessene Zeit in der Weise bestimmt ist, dass sie sich von dem Ereignis an nach dem Kalender berechnen lässt; Beispiel: 5 Wochen nach Erteilung der Baugenehmigung. Ist die abgelaufene Frist dagegen nicht nach dem Kalender bestimmt oder bestimmbar (Beispiel: sofort nach Ende der Behinderung), muss der Auftraggeber mit Fristsetzung mahnen.

Dritte Voraussetzung ist das *Verschulden*, welches nach § 284 BGB vermutet wird. Der Auftragnehmer muss sein Unverschulden beweisen.

Im Verzugsfall hat der Auftraggeber mehrere Möglichkeiten:

- Er macht eine ggf. vereinbarte Vertragsstrafe bei der Abnahme geltend (B § 11); der Vertrag bleibt bestehen.

– Er verlangt bei Aufrechterhaltung des Vertrags Ersatz für den nachweislich entstandenen Schaden nach B § 6 Abs. 6 i. V. m. § 5 Abs. 4 VOB/B.
– Er setzt unter Androhung der Auftragsentziehung eine Frist zur Vertragserfüllung und kündigt bei ergebnislosem Fristablauf den Vertrag (B § 8 Abs. 3).

Vergütung und Änderung der Vergütung (B § 2)

Die Vergütung für die vertragliche Leistung und Vergütungsänderungen aus bauspezifischen Änderungen werden nach B § 2 geregelt. Irrt sich der Auftragnehmer bei der Erstellung der Kalkulation, so ist dies unbeachtlich und berechtigt nicht zur Anfechtung (BGH BauR 72, S. 381). Für die Verjährung der Vergütung gelten die §§ 195ff. BGB, da die VOB/B keine Regelung dazu enthält.

Die Vergütung richtet sich nach dem vereinbarten Vertragstyp. Folgende Verträge sind üblich:

– Einheitspreisvertrag,
– Pauschalvertrag: Detailpauschalvertrag, Globalpauschalvertrag oder Garantierter-Maximalpreis Vertrag (GMP),
– Stundenlohnvertrag,
– Selbstkostenerstattungsvertrag.

Beim *Einheitspreisvertrag* ergibt sich die Vergütung nach den vertraglichen Einheitspreisen und den tatsächlich ausgeführten Mengen der Ordnungszahlen (Positionen), nicht den im Leistungsverzeichnis des Auftraggebers vorgegebenen Mengen (Vordersätzen). Der Preis, d. h. die für die Leistung zu zahlende Vergütung, wird sodann aus dem Produkt von Menge der jeweils angegebenen Teilleistung und dem hierfür angesetzten Einheitspreis gebildet. Der Gesamtpreis ist sodann die bloße rechnerische Addition der Einheitspreise bzw. der gebildeten Positionspreise. Die tatsächlich ausgeführten Leistungen werden anhand der Ausführungspläne oder durch Aufmaß auf der Baustelle festgestellt.

Mit dem *Pauschalvertrag* wird ein Gesamtpreis verbindlich festgelegt. Dem kann eine detaillierte Leistungsbeschreibung zugrunde liegen, z. B. auch als Leistungsverzeichnis mit Einheitspreisen. Bei einem solchen Detailpauschalvertrag übernimmt der Auftragnehmer grundsätzlich das Mengenrisiko. Im Globalpauschalvertrag dagegen wird das Leistungssoll nur allgemein, erfolgsbezogen beschrieben. Hier trägt der Auftragnehmer das Risiko

einer Änderung der Mengen und der vorausgesetzten Leistungsinhalte.

Stundenlohnarbeiten werden nur vergütet, wenn sie ausdrücklich vereinbart sind und zwar vor Ausführung der betreffenden Leistungen, vgl. § 2 Abs. 10 VOB/B. Mit der Stundenlohnvereinbarung muss zwingend festgelegt sein, welche Leistungen welchen Umfangs auf diese Weise abgegolten werden sollen. Ferner sollte ein Stundensatz vereinbart werden. Zusätzlich müssen die Arbeiten vor Beginn noch einmal angezeigt werden, § 15 Abs. 3 S. 1 VOB/B, andernfalls kann nur nach § 15 Abs. 5 VOB/B abgerechnet werden.

Mit der vereinbarten Vergütung sind nach B § 2 Abs. 1 alle aufgrund der vereinbarten Vertragsbestandteile und der gewerblichen Verkehrssitte geschuldeten Leistungen abgegolten. Die Regelung ist abschließend. Andere Leistungen müssen vergütet werden.

Rechtsgrundlage für die Ermittlung von Vergütungsänderungen aus Leistungsänderungen ist B § 2 Abs. 3–7, vgl. Abb. 2.4-13.

Hierbei ist zwischen Mengenänderungen und Nachträgen zu unterscheiden:

Mengenänderungen wirken sich beim *Einheitspreisvertrag* naturgemäß auf den Gesamtpreis aus. Bei Abweichungen über 10% kann jede Partei eine Anpassung des Einheitspreises nach § 2 Abs. 3 verlangen. Es sind vier Fälle zu unterscheiden:

– Fall 1: Bei einer Mengenabweichung ≤10%, d. h. zwischen 90% und 110% der ausgeschriebenen Menge, gilt der vertragliche Einheitspreis.
– Fall 2: Bei Mengenmehrung >10% der ausgeschriebenen Menge bleibt es bis zu 110% der ausgeschriebenen Menge beim vertraglichen Einheitspreis. Für die darüber hinausgehenden Mengen ist auf Verlangen (i. d. R. des Auftraggebers) ein neuer Einheitspreis zu vereinbaren, der im Normalfall niedriger sein wird als der vertragliche Einheitspreis, da sonst eine „Schlüsselkostenüberdeckung" aus Gemeinkosten der Baustelle, allgemeinen Geschäftskosten sowie Wagnis und Gewinn über den vorkalkulatorisch angesetzten Umfang hinaus eintritt.
– Fall 3: Bei Mengenminderung <90% der ausgeschriebenen Menge ist auf Verlangen (i. d. R. des Auftragnehmers) für die verbleibende Leistung im Normalfall der Einheitspreis zu erhöhen, da

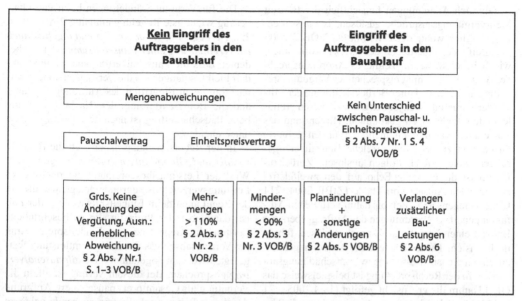

Abb. 2.4-13 Übersicht über die Änderung der Vergütungsansprüche

die „Schlüsselkosten" für die ausgeschriebene Menge auf die verbleibende Menge umgelegt werden können.

- Fall 4: Bei einem Ausgleich von Mengenminderungen (<90%) durch Mengenmehrungen (>110%) der ausgeschriebenen Menge oder in anderer Weise ist eine Saldierung aus „Schlüsselkostenunterdeckung" und „Schlüsselkostenüberdeckung" vorzunehmen.

Wurde also der vertragliche Einheitspreis mit Verlust gebildet, so setzt sich dieser auch im neuen Einheitspreis grundsätzlich fort. Für „satt" kalkulierte Preise gilt diese Fortschreibung ebenfalls.

Bei *Pauschalpreisverträgen* findet wegen Mengenänderungen grundsätzlich keine Preisanpassung statt, da Abweichungen zwischen ausgeschriebenen und tatsächlich ausgeführten Mengen ohne Eingriff des Auftraggebers nach Vertragsabschluss den Pauschalpreis nicht verändern. Die vertraglich vorgesehene Leistung ist grundsätzlich zu dem vereinbarten Pauschalpreis zu erbringen, unabhängig davon, welchen tatsächlichen Aufwand sie für den Unternehmer verursacht hat. Der Auftragnehmer hat also die vorgesehene Leistung grundsätzlich ohne Rücksicht

darauf auszuführen, welche Menge dafür tatsächlich erforderlich sind. Ergeben sich irgendwelche Erschwernisse und Mehraufwendungen, so bleiben diese bei der Pauschalvergütung unberücksichtigt, sofern sie sich im Rahmen des vertraglichen Leistungsumfangs halten. Das Mengenrisiko liegt im Hinblick auf Unterschreitungen voll beim Auftraggeber, im Hinblick auf Überschreitungen voll beim Auftragnehmer.

Bei den Nachträgen ist zwischen Leistungsänderungen nach § 1 Abs. 3 und den zusätzlichen Leistungen nach § 1 Abs. 4 VOB/B zu unterscheiden.

Gemäß B § 1 Abs. 3 kann der Auftraggeber Änderungen des Bauentwurfs anordnen. Wird dadurch eine Leistungsänderung oder eine Änderung der vertraglich vorausgesetzten Produktionsbedingungen ausgelöst, so ist nach B § 2 Abs. 5 zwischen Auftraggeber und Auftragnehmer ein neuer Preis unter Berücksichtigung der Mehr- oder Minderkosten zu vereinbaren, wobei diese Vereinbarung vor Beginn der Leistungsänderung getroffen werden soll, jedoch nicht muss, da Leistungsunterbrechungen infolge sich hinziehender Nachtragsverhandlungen den Bauablauf empfindlich stören und wiederum zu erheblichen Mehrkosten führen können.

Ob auch Anordnungen hinsichtlich der Bauzeit Mehrvergütungsansprüche auslösen, ist umstritten. Ursprünglich wollte der DVA mit der VOB/B 2006 tief greifende Neuerungen der VOB/B vornehmen, wie beispielsweise ein zeitliches Anordnungsrecht des Auftraggebers mit entsprechender Vergütungsregelung aufnehmen. Unter Berücksichtigung der Mitgliederbefragung ist es jedoch nicht zu diesen grundlegenden Änderungen gekommen. Hintergrund des Vorschlags war die seit mehreren Jahren geführte Diskussion zu der Frage, welche Bauzeitverzögerungen welche Rechtsfolgen auslösen. Zurückzuführen ist dieses breite Echo auf den zweifelsfrei bedeutenden Aufsatz von Thode (ZfBR 2004, 214 ff.). Im Gegensatz zu den bis dahin vertretenen Auffassungen, dass Anordnungen des Auftraggebers zur Bauzeit einen Vergütungsanspruch auslösen, führen nach Ansicht Thodes bauzeitliche Anordnungen nur zu einem Schadensersatz- bzw. Entschädigungsanspruch. In der Rechtsprechung ist beispielsweise das OLG Hamm dieser Ansicht gefolgt (14.4.2005 – 21 U 133/04) und verlangt vom Auftragnehmer die Unterteilung der auftraggeberseitigen Anordnungen in rechtswidrige und rechtmäßige mit der jeweiligen Darlegung der Voraussetzungen der Vergütungs-, Schadensersatz- und Entschädigungsansprüche.

Kommt es ggf. aufgrund von Nachprüfungsverfahren anderer Bieter zu einer verzögerten Auftragsvergabe, erkennt der Bundesgerichtshof einen Mehrvergütungsanspruch nach § 2 Abs. 5 VOB/B und auch einen Anspruch auf Bauzeitänderung an (BGH Urt. 11.5.2009 – VII ZR 11/08).

Die Vorschrift gemäß B § 2 Abs. 6 korrespondiert mit B § 1 Abs. 4. Eine Leistung ist dann *Zusatzleistung*, wenn es sich um eine im Bauvertrag nicht vorgesehene und damit nicht geschuldete Leistung handelt, die der Auftraggeber anordnet, die in technischer Hinsicht oder von der beabsichtigten Nutzung her jedoch zur Ausführung der vertraglichen Leistung erforderlich ist. Kalkulatorisch lässt sich die Zusatzleistung nicht vollständig aus den vorliegenden Preisermittlungsgrundlagen ermitteln.

Die Unterscheidung zwischen Abs. 5 und Abs. 6 ist insoweit wichtig, weil Abs. 6 voraussetzt, dass der zusätzliche Vergütungsanspruch dem Auftraggeber vor Leistungsbeginn angekündigt wird. Allerdings hat die Rechtsprechung in den letzten Jahren zahlreiche Ausnahmen von der Ankündigungspflicht zugelassen.

Die für Vergütungsänderungen beim Pauschalvertrag wichtigste Regelung enthält § 2 Abs. 7 Nr. 2: *„Die Regelungen der Nr. 4, 5 und 6 gelten auch bei Vereinbarung einer Pauschalsumme.“* Dies bedeutet, dass die Pauschalvertragssumme unverändert bleibt, solange sich die Vertragsleistungen aus nachträglichen Eingriffen des Auftraggebers nicht ändern. Bei Beurteilung der Nachtragsleistung beim Pauschalvertrag ist nach dem Vertragstyp zu unterscheiden.

In der Rechtsprechung haben sich die Begriffe *Detail- und Globalpauschalvertrag* eingebürgert. Wird der Leistungsbeschreibung ein detailliertes Leistungsverzeichnis zugrunde gelegt, wie dies in der Regel auch beim Einheitspreisvertrag der Fall ist, dann aber der Preis für die so beschriebene Leistung im Gegensatz zum Einheitspreisvertrag bei Vertragsabschluss für die Gesamtleistung festgelegt, wird vom sogenannten *Detailpauschalvertrag* gesprochen. Bei diesem Vertrag ist allein die Vergütung als Gesamtpreis pauschaliert. Aufgrund des dieser Preispauschalierung zugrunde gelegten Leistungsverzeichnisses ist der Leistungsumfang jedoch klar bestimmt. Lediglich die Mengen der auszuführenden Leistung sind nicht angegeben, so dass für den Auftragnehmer das Risiko besteht, dass er größere Mengen auszuführen hat, als er seiner Kalkulation zugrunde gelegt hatte. Aufgrund der eingehend beschriebenen und im Detail festgelegten Leistung lässt sich der vertraglich geschuldete Leistungsumfang zuverlässig ermitteln. Dabei gilt der Grundsatz, dass das, was im Detail beschrieben ist, so und nicht anders auszuführen ist. Werden später zusätzliche oder hiervon abweichende Leistungen gefordert, so werden diese von dem vereinbarten Pauschalpreis nicht abgedeckt. Vielmehr müssen diese gegebenenfalls vom Auftraggeber zusätzlich nach § 2 Abs. 7 Nr. 2 VOB/B in Verbindung mit § 2 Abs. 5, 6 VOB/B vergütet werden, wenn der Auftraggeber nachträglich durch entsprechende Anordnungen in den vereinbarten Leistungsinhalt eingreift.

Der *Globalpauschalvertrag* basiert auf einer Leistungsbeschreibung mit Leistungsprogramm, bei der die Bieter im Rahmen der Angebotserstellung eigene Mengenermittlungen für die einzelnen Teilleistungen vornehmen und nach deren Bewertung zu ihrer Pauschalangebotssumme gelangen. Wird die zu der vereinbarten Pauschalvergütung zu erbringende Leistung überwiegend durch globale Beschaffenheitsangaben beschrieben, so spricht man von sogenannten Globalpauschalverträgen. Beim Globalpauschalvertrag steht das Leistungsziel im Vordergrund. Die Leistungsbeschreibung wird auf generelle Aussagen reduziert. Ganz besonders ist darauf hinzuweisen, dass jedes globale Element einer Leistungsbeschreibung eine offene Risikoverlagerung auf den Auftragnehmer beinhaltet, somit eine „besondere Risikoübernahme" des Auftragnehmers enthält. Der Auftragnehmer schuldet nämlich alle notwendigen Leistungen, die für die Verwirklichung des im Globalelement beschriebenen Erfolgs erforderlich sind. Ist aus der Leistungsbeschreibung nicht zu erkennen, welche konkrete Methode die Bauausführung zum Ziel führen wird, muss der Auftragnehmer in seinen Ermittlungen des Bau-Solls und damit in seine Kalkulation grundsätzlich jedes Risiko einkalkulieren, auch jedes Mengenrisiko. Demzufolge gibt es grundsätzlich innerhalb eines globalen Leistungselementes auch keine „Erschwernisse", denn wenn der Auftragnehmer „mit allem" rechnen muss und jede Art und jede Menge der zur Zielerreichung notwendigen Leistung geschuldet wird, sind im formalen Sinne auch alle Arten von „Erschwernis" von Anfang an geschuldet.

Abzugrenzen sind alle Anordnungen mit Mehrvergütungsfolgen gegenüber den Anordnungen gemäß B § 4 Abs. 1 Nr. 3, wonach der Auftraggeber befugt ist, Anordnungen zu treffen, die zur vertragsgemäßen Ausführung der Leistungen notwendig sind. Anordnungen, die lediglich der Konkretisierung des bereits bestehenden Vertragsinhalts dienen, sind keine Leistungsänderungen.

Damit der Auftraggeber die vom Auftragnehmer geforderten Vergütungsänderungen prüfen kann, ist zu empfehlen, dass der Auftraggeber auf die bei ihm bei Auftragserteilung versiegelt hinterlegte Urkalkulation des Auftragnehmers zurückgreift, aus der die Grundlagen der Preisermittlung für die vertragliche Leistung und die Zusammensetzung der Einheitspreise hervorgehen. Andernfalls sind die Grundlagen der Preisermittlung für die vertragliche Leistung nur näherungsweise nachzuvollziehen.

Im Wesentlichen wird in § 2 Abs. 7 Nr. 1 S. 2 der „Wegfall der Geschäftsgrundlage" nach § 313 BGB geregelt. Bei einem Pauschalpreisvertrag bleibt die Vergütung grundsätzlich unverändert, wenn sich die tatsächlich ausgeführten Mengen oder Massen im Vergleich zu denjenigen des Leistungsverzeichnisses erhöhen oder reduzieren (vgl. § 2 Abs. 7 S.1 VOB/B)

Jede vertragliche Vereinbarung steht aber unter dem Gebot von Treu und Glauben. Vertragliche Vereinbarungen können also angeglichen werden, wenn sich die Umstände, die zur Grundlage des Vertrages geworden sind, nach Vertragsschluss schwerwiegend verändert haben (sog. Störung der Geschäftsgrundlage, § 313 BGB).

Nach der Rechtsprechung ist diese Beurteilung zwar einzelfallabhängig, als Richtwert wird aber angenommen, dass eine Preisanpassung erst in Betracht komme, wenn die Mehr- oder Minderleistungen mehr als 20% der Auftragssumme betragen; entscheidend sei nicht die einzelne Position, sondern die Gesamtleistung (u. a.: OLG Naumburg, 5.5.06 – 10 U 2/06).

Leistungen, die der Auftragnehmer ohne Auftrag oder unter eigener Abweichung vom Vertrag ausführt, werden gemäß § 2 Abs. 8 nicht vergütet. Der Auftragnehmer hat sie im Gegenteil auf Verlangen innerhalb einer angemessenen Frist zu beseitigen. Allerdings steht ihm nach § 2 Abs. 8 Nr. 2 eine Vergütung dann zu, wenn der Auftraggeber solche Leistungen nachträglich anerkennt oder diese für die Erfüllung des Vertrags notwendig waren, dem mutmaßlichen Willen des Auftraggebers entsprachen und ihm unverzüglich angezeigt wurden.

Nach § 2 Nr. 9 hat der Auftragnehmer zudem einen Anspruch auf gesonderte Vergütung, wenn der Auftraggeber Zeichnungen, Berechnungen oder andere Unterlagen verlangt, die der Auftragnehmer nach dem Vertrag, besonders den technischen Vertragsbedingungen oder der gewerblichen Verkehrssitte, nicht zu beschaffen hat.

Der Auftraggeber hat nach B § 2 Abs. 4 jederzeit das Recht, nach Vertragsabschluss dem Auftragnehmer übertragene Leistungen selbst zu übernehmen. Dies entspricht einer freien Teilkündigung. Dieser Fall ist in B § 8 Abs. 1 geregelt.

Sind wesentliche Änderungen der Preisermittlungsgrundlagen zu erwarten, deren Eintritt oder Ausmaß ungewiss ist, so kann nach A § 15 eine angemessene Änderung der Vergütung in den Verdingungsunterlagen vorgesehen werden. Dies geschieht in der Praxis gelegentlich durch Lohngleitklauseln bei Vertragsdauern >24 Monate und nur selten durch Stoffpreis- und Transportkostengleitklauseln.

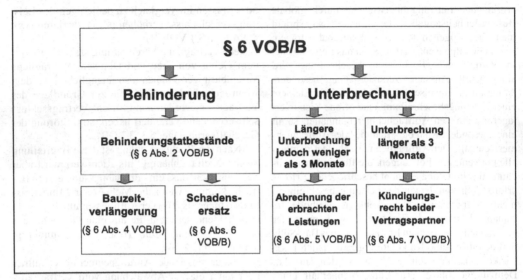

Abb. 2.4-14 Rechtsansprüche bei Bauzeitverlängerung

Behinderung und Unterbrechung der Ausführung (B § 6)

Diese Vorschrift regelt die Rechtsansprüche der Vertragsparteien aus Behinderung im Hinblick auf die Verlängerung der Ausführungsfristen für den Auftragnehmer (Abs. 2), auf Schadensersatz des jeweils behinderten Vertragspartners (Auftragnehmer oder Auftraggeber; Abs. 6) und auf Kündigung und Abrechnung durch jede Vertragspartei (Abs. 7), vgl. Abb. 2.4-14.

§ 6 Abs. 1 verpflichtet den Auftragnehmer zur unverzüglichen schriftlichen Anzeige persönlich an den Auftraggeber, sofern er sich in der ordnungsgemäßen Ausführung der Leistung behindert glaubt. Dabei muss der Auftragnehmer i. d. R. davon ausgehen, dass dem Auftraggeber die Tatsache und deren hindernde Wirkung offenkundig nicht bekannt sind, zumal eine Behinderung auch nur selten zu einem völligen Stillstand der Bauarbeiten in allen Baustellenbereichen führt, sondern lediglich zu einer Minderung des Baufortschritts durch Unterschreitung der Leistungswerte und Überschreitung der Aufwandswerte im behinderten und den angrenzenden Bereichen.

Die Ausführungsfristen werden bei den in Abs. 2 aufgeführten drei Alternativen verlängert:

– Umstand aus dem Risikobereich des Auftraggebers,
– Streik und Aussperrung,
– höhere Gewalt oder andere unabwendbare Umstände.

Die VOB 2000 hat die Formulierung „Umstand aus dem Risikobereich des Auftraggebers" gewählt. Diese wurde auch von der VOB/B 2006 beibehalten. In der alten Fassung hieß es dagegen, die Verzögerung müsse auf vom Auftraggeber zu vertretenden Umständen beruhen. Klargestellt werden sollte mit der Änderung, dass nicht das Verschulden ausschlagend ist, sondern es lediglich darauf ankommt, ob das die Behinderung verursachende Ereignis in die Risikosphäre des Auftraggebers fällt (z. B. verzögerte Baugenehmigung).

Weiter werden Ausführungsfristen verlängert durch vom Auftraggeber nicht zu vertretende Umstände wie Streik, höhere Gewalt oder andere für den Auftragnehmer unabwendbare Umstände; dazu gehören auch Witterungseinflüsse während der Ausführungszeit, mit denen bei Abgabe des Angebots normalerweise nicht gerechnet werden konnte.

Kommt es ggf. aufgrund von Nachprüfungsverfahren anderer Bieter zu einer verzögerten Auf-

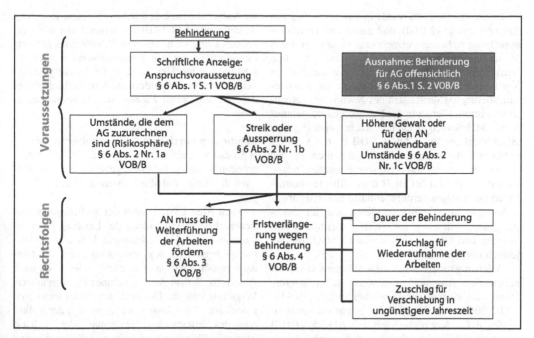

Abb. 2.4-15 Behinderung durch Bauzeitverlängerung

tragsvergabe, erkennt der Bundesgerichtshof neben einem Mehrvergütungsanspruch nach § 2 Abs. 5 VOB/B und auch einen Anspruch auf Bauzeitänderung an (BGH Urt. 11.5.2009 – VII ZR 11/08).

Nach § 6 Abs. 3 muss der Auftragnehmer alle wirtschaftlich vertretbaren Anstrengungen unternehmen, um die Weiterführung der Arbeiten zu ermöglichen und um die Behinderung in ihren Auswirkungen zu beschränken. Die Intensität seiner Bemühungen richtet sich nach der Ursache der Behinderung. Sofern der Auftragnehmer selbst die Behinderung verursacht hat, hat er mit höchster Anstrengung und auch mit größerem Kostenaufwand die Behinderung zu beseitigen. Sofern der Auftraggeber die Behinderung oder Unterbrechung verursacht hat, reduziert sich diese Anforderung an den Auftragnehmer, rechtfertigt jedoch nicht, überhaupt nicht tätig zu werden.

Die Fristverlängerung setzt sich nach Abs. 4 zusammen aus der Dauer der Behinderung in den gestörten Baustellenbereichen, einem Zuschlag für die Wiederaufnahme der Arbeiten und einer etwaigen Verschiebung der Leistungen in eine ungünstigere Jahreszeit, s. Abb. 2.4-15.

Wird die Ausführung für voraussichtlich längere Dauer unterbrochen, ohne dass die Leistung dauernd unmöglich wird, so sind nach Abs. 5 die ausgeführten Leistungen nach den Vertragspreisen abzurechnen und außerdem die dem Auftragnehmer bereits entstandenen Kosten zu vergüten, die in den Vertragspreisen des nicht ausgeführten Teiles der Leistung enthalten sind (z. B. Baustelleneinrichtung und -vorhaltung). Bei einer länger als 3 Monate dauernden Unterbrechung kann jeder Vertragspartner gemäß § 6 Abs. 7 den Vertrag schriftlich kündigen.

Der Schadenersatzanspruch nach § 6 Abs. 6 setzt Verschulden voraus. Ist eine Behinderung von beiden Vertragsteilen zu vertreten, so müssen beide Vertragspartner den Schaden im Rahmen ihres jeweiligen Verschuldensanteiles tragen. Die Schadenersatzregelung nach Abs. 6 gilt nicht nur bei Behinderungen durch den Auftraggeber nach B § 6, sondern umgekehrt auch bei Verzug des Auftragnehmers gemäß B § 5 Abs. 4 und für die Kündigung des Auftragnehmers durch den Auftraggeber wegen mangelhafter Leistungen (B § 4 Abs. 7 und B § 8 Abs. 3 Nr. 2).

In die VOB/B 2006 wurde in § 6 Abs. 2 ein Verweis auf § 642 BGB, und damit auf die Rechtsprechung zu Bauzeitverzögerung, verursacht durch Vorunternehmer, aufgenommen. Diese Änderung betrifft die Bauzeitverzögerungen, die durch einen Vorunternehmer verursacht sind und zu behinderungsbedingten Mehrkosten des Nachfolgeunternehmers führen. Hier kann der Nachfolgeunternehmer seine Mehrkosten nach der Rechtsprechung des BGH nicht gemäß § 6 Abs. 6 VOB/B vom Auftraggeber erstattet verlangen, weil dieser nicht für das Verhalten des Vorunternehmers einstehen muss. Im Jahre 1999 hat der BGH dieses für den betroffenen Nachfolgeunternehmer harte Ergebnis abgemildert, indem er ihm zumindest einen Entschädigungsanspruch aus § 642 BGB zugestanden hat. Wagnis und Gewinn sind von der Entschädigung jedoch nicht umfasst.

Allerdings muss der Auftragnehmer exakt zwischen den Anspruchsgrundlagen differenzieren. Denn nach einer neueren Entscheidung des BGH v. 24.01.2008 – VII ZR 280/05, besteht Umsatzsteuerpflicht für Ansprüche nach § 2 Abs. 5 VOB/B und § 642 BGB, nicht aber für solche nach § 6 Abs. 6 VOB/B.

Der Umfang des Schadensersatzes umfasst den vollen Ersatz aller Kosten einschließlich der Allgemeinen Geschäftskosten. Ein Anspruch auf Ersatz des entgangenen Gewinns besteht jedoch nur bei Vorsatz oder grober Fahrlässigkeit des Schädigers. Der Schaden darf nicht abstrakt berechnet werden, sondern muss konkret dargelegt werden. Jedoch sind, sofern sorgfältig dokumentierte Anhaltspunkte festgestellt sind, Schätzungen gemäß § 287 ZPO (Zivilprozessordnung) möglich (BGH BauR 1986, S.-347). So hat z. B. das OLG Düsseldorf (Urteil v. 23.2.2003 BauR 2003, 892) zur Ermittlung der Stillstandskosten die Baugeräteliste zur Schätzung nach § 287 ZPO herangezogen und 70% des Baugerätelistenwertes als im üblichen Rahmen liegend bezeichnet.

Verteilung der Gefahr (B § 7)

Wird die ganz oder teilweise ausgeführte Leistung vor der Abnahme durch höhere Gewalt, Krieg, Aufruhr oder andere unabwendbare, vom Auftragnehmer nicht zu vertretende Umstände beschädigt oder zerstört, so hat der Auftragnehmer gemäß B § 7 Abs. 1 für die ausgeführten Teile der Leistung die Ansprüche nach B § 6 Abs. 5. Diese Regelung weicht von § 644 BGB ab, wonach der Auftragnehmer keine Vergütung erhält, sofern ausgeführte Leistungsteile vor der Abnahme zerstört oder beschädigt werden. Um das nach B § 7 nicht gedeckte Schadensrisiko zu mindern, ist dem Auftragnehmer der Abschluss einer *Bauwesenversicherung* anzuraten.

Kündigung durch den Auftraggeber (B § 8)

B § 8 differenziert zunächst nach den Kündigungsgründen seitens des Auftraggebers. Unterschieden wird die freie und die außerordentliche Kündigung.

Nach Abs. 1 Nr. 1 kann der Auftraggeber den Vertrag bis zur Vollendung der Leistung jederzeit *ohne wichtigen Grund kündigen* bzw. *auf Teilleistungen begrenzen*, sog. *freie Kündigung*. Er trägt dann jedoch auch das finanzielle Risiko, da nach Abs. 1 Nr. 2 dem Auftragnehmer die vereinbarte Vergütung zusteht. Der Auftragnehmer muss sich jedoch anrechnen lassen, was er infolge der Aufhebung des Vertrags an Kosten erspart oder durch anderweitige Verwendung seiner Arbeitskraft und seines Betriebs erwirbt oder zu erwerben böswillig unterlässt (§ 649 BGB). Das Forderungssicherungsgesetz vom 01.01.2009 sieht eine Abrechnungsvereinfachung für die Fälle der freien Kündigung vor. § 649 BG wurde durch Satz 3 ergänzt, wonach vermutet wird, dass den Unternehmen 5% der vereinbarten noch nicht verdienten Vergütung zustehen. Damit hat das Forderungssicherungsgesetz dem Auftragnehmer im Fall der freien Kündigung eine Abrechnungserleichterung verschafft. Die Chance auf Abrechnung von mehr als 5% bleibt dem Auftragnehmer jedoch erhalten.

Abs. 2 bis 4 des § 8 VOB/B enthalten außerordentliche Kündigungsgründe, vgl. Abb. 2.4-16.

Nach § 8 Abs. 2 VOB/B ist der Auftraggeber zur außerordentlichen Kündigung in den Fällen der Insolvenz bzw. Zahlungseinstellung des Auftragnehmers berechtigt. Durch die VOB/B 2006 sind hier die Kündigungsmöglichkeiten des Auftraggebers im Insolvenzfall des Auftragnehmers um den Kündigungsgrund – Antrag auf Eröffnung des Insolvenzverfahrens durch den Auftraggeber oder einen anderen Gläubiger – erweitert worden. Nach Ansicht des DVA spiele es keine Rolle, wer die Eröffnung des Insolvenzverfahrens beantragt hat. (Der

Außerordentliche Kündigung **durch den Auftraggeber**		
Insolvenz des Auftragnehmers § 8 Abs. 2 VOB/B • Zahlungseinstellung • Vom AN oder vom AG gestellter Antrag auf Insolvenzverfahren • Eröffnung des • Insolvenzverfahrens • Ablehnung der Eröffnung mangels Masse	**Mangel, Verzug, unerlaubter Nach-unternehmereinsatz** § 8 Abs. 3 VOB/B Häufigster Fall in der Praxis	**Unerlaubte Wettbewerbs-abrede während der Angebots-phase** § 8 Abs. 4 VOB/B Kündigung muss 12 Werktage nach Bekanntwerden der Abreden erklärt werden; AG hat Anspruch auf Mehrkosten für Drittunternehmer

Abb. 2.4-16 Kündigungsgründe für den AG

Autor sieht diese weitere Kündigungsmöglichkeit sehr kritisch, vgl. BauR 2007, 774 ff.).

Der Auftragnehmer hat in diesen Fällen nur Anspruch auf Vergütung der bis zum Zeitpunkt der Kündigung ausgeführten Leistungen, die er gemäß B § 6 Abs. 5 prüfbar abzurechnen hat. Der Auftraggeber kann ferner Schadenersatz wegen Nichterfüllung der Restleistung verlangen.

Der praktisch bedeutsamste außerordentliche Kündigungsfall ist die Kündigung nach § 8 Abs. 3 wegen fruchtlosen Ablaufs der nach § 4 Abs. 7, 8 und § 5 Abs. 4 gesetzten Fristen (Abb. 2.4-17):

– § 4 Abs. 7 Auftragnehmer bessert Leistungen nicht nach, die schon während der Ausführung als vertragswidrig oder mangelhaft erkannt worden sind,
– Auftragnehmer erbringt Leistungen ohne schriftliche Zustimmung des Auftraggebers nicht im eigenen Betrieb (unerlaubter Nachunternehmereinsatz),
– Auftragnehmer verzögert die Ausführung der Arbeiten.

Für die Vergütung des Auftragnehmers bedeutet diese Kündigung, dass er nur denjenigen Anteil an der vereinbarten Vergütung verlangen kann, der den bis zum Zeitpunkt der Kündigung erbrachten Leistungen entspricht.

Darüber hinaus ist der Auftraggeber berechtigt, die Restleistungen auf Kosten des Auftragnehmers durch ein Drittunternehmen im Rahmen der Ersatzvornahme gemäß Abs. 3 Nr. 2 ausführen zu lassen. Bei Weiterführung des Auftrags können die *Mehrkosten*, die dem Auftraggeber bei Vollendung der Bauleistung durch einen Dritten entstehen, gegenüber dem bisherigen Auftragnehmer geltend gemacht werden, ebenso ein etwa entstandener weiterer Schaden. Wird die Weiterführung der Arbeiten nach der Kündigung einem Dritten übertragen, so hat der Auftraggeber im Rahmen seiner Schadensminderungspflicht, z. B. durch Einholung mehrerer Angebote oder Verhandlungen mit anderen am Wettbewerb beteiligt gewesenen Bietern, darauf zu achten, dass die vom bisherigen Auftragnehmer zu erstattenden Mehrkosten so niedrig wie möglich gehalten werden. Die Ansprüche des Auftraggebers auf Ersatz des etwa entstehenden weiteren Schadens bleiben bestehen.

Der Auftraggeber kann auch auf die weitere Ausführung verzichten und Schadenersatz wegen Nichterfüllung verlangen, wenn die Ausführung aus den Gründen, die zur Entziehung des Auftrags geführt haben, für ihn kein Interesse mehr hat.

Der letzte Kündigungsfall ist in Abs. 4 geregelt, wonach der Auftraggeber den Auftrag entziehen

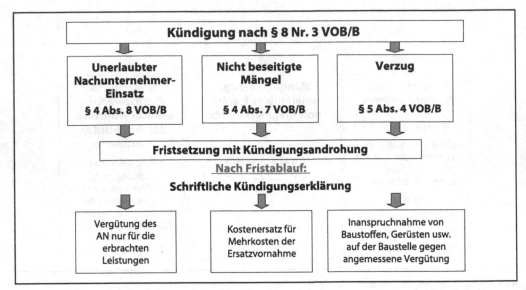

Abb. 2.4-17 Außerordentliche Kündigung durch AG

kann, wenn der Auftragnehmer aus Anlass der Vergabe eine Abrede getroffen hatte, die eine unzulässige *Wettbewerbsbeschränkung* darstellt. Dem Auftraggeber muss kein Schaden entstanden sein. Die Kündigung ist innerhalb von 12 Werktagen nach Bekanntwerden des Kündigungsgrundes auszusprechen.

Neben B § 8 enthält die VOB/B noch in § 6 Abs. 7 eine Kündigungsmöglichkeit des Auftraggebers bei über drei Monate hinausgehender Unterbrechung der Arbeiten.

Außerhalb der VOB/B ist der Auftraggeber im Fall der *positiven Vertragsverletzung* berechtigt, den Vertrag zu kündigen, wenn der Auftragnehmer nachhaltig gegen vertragliche Pflichten verstößt und dem Auftraggeber ein Festhalten am Vertrag nicht zugemutet werden kann.

Teilweise – allerdings nicht unumstritten – wird eine Kündigungsmöglichkeit des Auftraggebers nach § 314 BGB gesehen. Danach besteht ein außerordentliches Kündigungsrechts für Dauerschuldverhältnisse. Der Bauwerkvertrag ist zwar kein Dauerschuldverhältnis, weil keine wiederkehrenden Leistungen geschuldet werden. Er hat jedoch Parallelen zum Dauerschuldverhältnis, weil er auf längere Zeit angelegt ist. Deshalb wird er teilweise auch als

Langzeitvertrag tituliert. Voraussetzung ist neben Nachfristsetzung bzw. Abmahnung die Unzumutbarkeit am Festhalten des Vertragsverhältnisses.

Nach § 8 Abs. 5 ist die Kündigung schriftlich zu erklären.

Eine unwirksame außerordentliche Kündigung des Auftraggebers ist im Regelfall als freie Kündigung anzusehen.

Kündigung durch den Auftragnehmer (B § 9)
Dem Auftragnehmer steht anders als dem Auftraggeber nur bei Vorliegen besonderer Gründe ein *Kündigungsrecht* zu, nämlich:

– wenn der Auftraggeber eine ihm obliegende Handlung unterlässt und dadurch den Auftragnehmer außerstande setzt, die Leistung auszuführen (Abs. 1 Nr. 1) in Verbindung mit §§ 293ff. BGB);
– wenn der Auftraggeber eine fällige Zahlung nicht leistet oder sonst in Schuldnerverzug gerät (Abs. 1 Nr. 2) oder
– wenn die Baustelle mehr als drei Monate unterbrochen ist (B § 6 Abs. 7).

Das Vorliegen der in § 9 Abs. 1 VOB/B aufgeführten Gründe reicht allerdings nicht aus, um eine Kündigung zu rechtfertigen, vgl. Abb. 2.4-18.

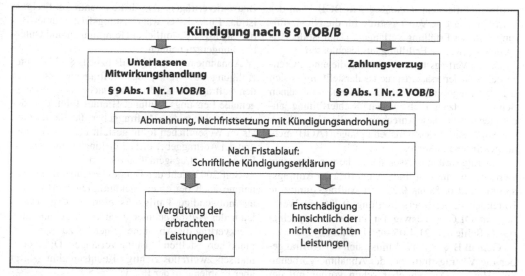

Abb. 2.4-18 Kündigung durch AN

Notwendig ist noch, dass der Auftragnehmer nach Eintritt des Verzugs des Auftraggebers eine Nachfrist zur Vornahme der Mitwirkungshandlungen oder Zahlung, verbunden mit einer Kündigungsandrohung, setzt. Unbedingt zu beachten ist, dass eine erneute Nachfristsetzung mit Kündigungsandrohung gesetzt werden muss, wenn der Auftragnehmer nach Fristablauf weitere Leistungen erbringt oder sonst wie erkennen lässt, dass er an seiner Kündigungsandrohung nicht festhalte.

Die Kündigung bedarf zu ihrer Wirksamkeit gemäß Abs. 2 der Schriftform.

Der Auftragnehmer hat gemäß Abs. 3 Anspruch auf Abrechnung nach den Vertragspreisen sowie angemessene *Entschädigung* nach § 642 BGB und etwaige weitergehende Ansprüche (z. B. auf Schadenersatz).

Vertragsstrafe (§ 11)

Der Zweck einer vertraglich vereinbarten Vertragsstrafe besteht darin, den Auftragnehmer vor *Vertragsverletzungen* (Terminüberschreitungen, mangelhafte Erfüllung) abzuschrecken und dem Auftraggeber die Schadloshaltung zu erleichtern, d. h. ihm den Nachweis des ihm entstandenen Schadens im Fall der Vertragsverletzung bis zur Höhe der Vertragsstrafe zu ersparen.

Vertragsstrafen werden in der Praxis häufig vereinbart, Beschleunigungsklauseln im Sinne von A § 12 Abs. 2 dagegen selten.

Voraussetzung für einen Vertragsstrafenanspruch ist zunächst deren wirksame Vereinbarung. Auch in VOB/B-Verträgen ist es notwendig, dass die Parteien eine ergänzende vertragliche Vereinbarung über eine Vertragsstrafe treffen. Die bloße Vereinbarung der VOB/B reicht nicht.

Ist die Vertragsstrafenklausel in AGB vereinbart, sind strenge Wirksamkeitsvoraussetzungen zu beachten. So muss z. B. die Höhe der Gesamtvertragsstrafe und ggf. der Tagessatz begrenzt werden. Die gesetzlichen Regelungen der §§ 339ff. BGB sind durch Allgemeine Geschäftsbdingungen (AGB) nicht abdingbar. Dies gilt insbesondere für das Verschulden, so dass Klauseln, die kein Verschulden voraussetzen, sondern nur an die Fristversäumung knüpfen, unwirksam sind. Wird allerdings ansonsten auf die VOB/B verwiesen, kann die Klausel ohne ausdrückliches Voraussetzen des Verschuldens wirksam sein, da durch Verweis auf § 11 VOB/B festgelegt wird, dass die Vertragsstrafe Verzug und damit Verschulden erfordere (BGH 8.7.04 – VII ZR 231/03).

Die Verwirkung der Vertragsstrafe tritt nach § 339 BGB beim Verzug durch schuldhaftes Handeln des

Auftragnehmers ein. Gemäß § 340 BGB kann der Auftraggeber eine Vertragsstrafe für die Nichterfüllung statt der Erfüllung verlangen. Dann ist der Anspruch auf weitere Erfüllung ausgeschlossen.

Da die Vertragsstrafe regelmäßig die untere Grenze des Schadenersatzanspruches darstellt, muss sich der Auftraggeber die verwirkte Strafe auf seinen Schadenersatzanspruch wegen Nichterfüllung anrechnen lassen. Diese Anrechnungspflicht kann durch die Allgemeinen Geschäftsbedingungen (AGB) nicht ausgeschlossen werden.

Vertragsstrafen müssen der Höhe nach begrenzt werden. Angemessen sind 5% bis 10% der Auftragssumme und 0,1% bis 0,2% der Auftragssumme je Kalendertag der Überschreitung. 0,3% pro Werktag hat OLG Schleswig für unwirksam erachtet (OLG Schleswig 21.4.05 – 5 U 154/04).

Gemäß B § 11 Abs. 4 muss sich der Auftraggeber die Vertragsstrafe bei der Abnahme vorbehalten. Hat ein Auftraggeber schon vorher mit der Vertragsstrafe aufgerechnet, sich diese bei der Abnahme aber nicht mehr vorbehalten, so erlischt rückwirkend der Anspruch auf Vertragsstrafe.

Trotz wirksamer Vertragsstrafenabrede kann das Vertragsstrafeversprechen entfallen. Gerät die ursprüngliche Ausführungsfrist durch vom Auftraggeber zu vertretende Umstände derart durcheinander, dass die bei Vertragsschluss vorausgesetzte Bauzeit umgeworfen und neu geordnet werden muss, entfällt die Vertragsstrafe (OLG Frankfurt 29.5.1996 25 U 154/95). Die Beeinträchtigung muss allerdings so gravierend sein, dass sie sich für den Auftragnehmer fühlbar auswirkt und dieser zu einer durchgreifenden Neuordnung des ganzen Zeitablaufs gezwungen ist. Der Wegfall der Vertragsstrafenvereinbarung bei erheblicher Zeitverschiebung gilt nicht, wenn der Auftragnehmer von vornherein beim Vertragsabschluss mit der Zeitverzögerung rechnen und sich darauf einrichten musste, vor allem dann, wenn bereits entsprechende ausreichende Hinweise von Auftraggeberseite vor oder bei Vertragsabschluss gegeben worden sind. Bei späterer Neuvereinbarung von Vertragsfristen gilt das Vertragsstrafenversprechen nur, wenn dies ausdrücklich vereinbart wird (OLG Celle 5.6.2003 14 U 184/02).

Abnahme (B § 12)

Nach der Auftragserteilung ist die Abnahme das zweite zentrale Ereignis in der Abwicklung von Bauwerkverträgen. Als drittes zentrales Ereignis ist das Ende der Gewährleistungsfristen unter Berücksichtigung sämtlicher Hemmungen und Unterbrechungen zu nennen.

Abnahme nach § 640 BGB bzw. B § 12 bedeutet Billigung des Werkes des Auftragnehmers durch den Auftraggeber als der Hauptsache nach vertragsgemäße Leistungserfüllung. Hieraus folgt, dass der Auftragnehmer dem Auftraggeber die Bauleistung als im Wesentlichen fertig gestellt überlassen muss und der Auftraggeber diese Leistung als im Wesentlichen als vertragsgemäß akzeptiert.

Seit 2003 sieht der Bundesgerichtshof die Abnahme auch bei einem gekündigten Werkvertrag als notwendige Fälligkeitsvoraussetzung. Daher kann der Auftragnehmer auch beim gekündigten Werkvertrag die Abnahme seiner bis zu dem Zeitpunkt hergestellten Leistung verlangen. Diese dogmatisch zweifellos richtige Rechtsprechung birgt aber Probleme in der Praxis.

Die hier relevante *privatrechtliche Abnahme* des Auftraggebers hat mit der öffentlich-rechtlichen Rohbau- oder Schlussabnahme durch das Bauordnungsamt nichts zu tun. Letztere hat daher auch keinerlei Auswirkungen auf die Rechtsfolgen der Abnahme im Vertragsverhältnis zwischen Auftraggeber und Auftragnehmer.

Voraussetzungen der Abnahme durch den Auftraggeber sind, dass die Vertragsleistungen fertiggestellt sind, keine wesentlichen Mängel enthalten und durch einseitige Willenserklärung des Auftraggebers gebilligt werden. Diese Billigung kann schriftlich, mündlich oder durch eindeutige Handlung geschehen (z. B. Benutzung), sofern diese nicht unter dem ausdrücklichen Vorbehalt der Abnahme steht. Zu unterscheiden sind verschiedene Formen der Abnahme (Abb. 2.4-19):

– Nach Abs. 1 hat der Auftraggeber nach der Fertigstellung *auf Verlangen des Auftragnehmers* binnen 12 Werktagen die Abnahme durchzuführen. Kommt er dieser Hauptpflicht des Auftraggebers nicht nach, so gerät er in Gläubigerverzug. Gemäß § 644 Abs. 1 BGB führt dies dazu, dass die Gefahr des zufälligen Untergangs oder der zufälligen Verschlechterung des Werkes auf den Auftraggeber übergeht. Außerdem haftet der Auftragnehmer jetzt nur noch für Vorsatz und grobe Fahrlässigkeit gemäß § 300 Abs. 1 BGB.

– Gemäß Abs. 2 sind auf Verlangen (i. d. R. des Auftragnehmers) in sich abgeschlossene Teile der Leistung (*echte Teilabnahme*) abzunehmen. Bis zur VOB/B 2000 war in § 12 Abs. 2 auch die sog. *unechte Teilabnahme* geregelt. Diese unechte oder auch tatsächliche Abnahme hat nicht die Konsequenzen der rechtsgeschäftlichen Abnahme; bis auf die – missverständliche – Namensgleichheit haben beide Erklärungen nichts miteinander zu tun. Richtigerweise ist deshalb die unechte Abnahme in § 4 Abs. 10 geregelt und beschreibt die gemeinsame Feststellung von Teilen, die durch die weitere Ausführung der Prüfung entzogen werden.

– Nach Abs. 4 Nr. 1 hat eine *förmliche Abnahme* stattzufinden, wenn eine der Vertragsparteien es verlangt. Diese Form ist den Vertragsparteien grundsätzlich zu empfehlen. Dazu muss unter Einhaltung einer angemessenen Frist ein Abnahmetermin vereinbart werden. Bestimmt diesen der Auftraggeber und erscheint der Auftragnehmer nicht, so kann die Abnahme dennoch gemäß Abs. 4 Nr. 2 stattfinden. Bestimmt der Auftragnehmer den Termin und erscheint der Auftraggeber nicht, so kann die Abnahme nicht durchgeführt werden. Der Auftraggeber gerät dann jedoch in Annahmeverzug, sofern er die Abnahme nicht zu Recht verweigert.

– Die konkludente Abnahme, also die kommentarlose Billigung der Werkleistung, wird z. B. in der rügelosen Ingebrauchnahme des Werkes oder der Zahlung des vollständigen Werklohns manifestiert. Ist nach dem Bauvertrag allerdings die förmliche Abnahme nach § 12 Abs. 4 VOB/B vereinbart worden, so kann sich der Auftragnehmer nicht auf die konkludente Abnahme stützen.

– Bei der *fiktiven Abnahme* nach Abs. 5 sind zwei Fälle geregelt:
  – Die Abnahme tritt durch Fertigstellungsmitteilung und Ablauf von 12 Werktagen ein. (Abs. 5 Nr. 1). Zu beachten ist, dass nach gefestigter Rechtsprechung die Fertigstellungsanzeige auch in der Übersendung der Schlussrechnung zu sehen ist.
  – Daneben tritt die Abnahmewirkung durch Ingebrauchnahme nach dem Ablauf von 6 Werktagen ein (Abs. 5 Nr. 2).

Voraussetzung für beide Varianten ist, dass keine der Vertragsparteien die Abnahme zuvor verlangt hat und die förmliche Abnahme des § 12 Abs. 4 nicht vertraglich vereinbart wurde. Will nun der Auftraggeber Mängel oder Vertragsstrafen geltend machen, so hat er dies gemäß Abs. 5 Nr. 3 innerhalb der vorgenannten Fristen zu tun.

Häufig findet sich in Nachunternehmerverträgen eine Klausel, wonach die Nachunternehmerleistung nur als abgenommen gilt, wenn diese im Rahmen der Abnahme des Gesamtbauwerks durch den Auftraggeber des Hauptunternehmers abgenommen ist. Da diese Klausel den Abnahmezeitpunkt auf den vom Nachunternehmer nicht beeinflussbaren Zeitpunkt der Abnahme des Gesamtbauwerks verschiebt, ist sie unwirksam.

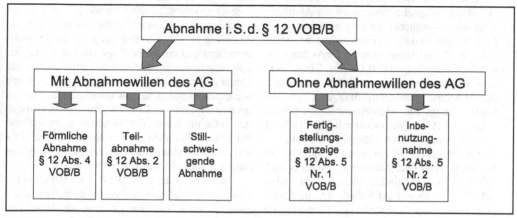

Abb. 2.4-19 Abnahmeformen

Bei Vereinbarung von VOB/B als Vertragsbestandteil sind nach § 12 Abs. 3 wesentliche Mängel erforderlich, um die Abnahme zu verweigern.

Zu beachten ist dabei, dass viele kleine Mängel einem wesentlichen Mangel entsprechen können. Auch Mängel an Änderungs- oder Zusatzleistungen i. S. d. § 1 Abs. 3, 4 berechtigen zu einer Verweigerung der Abnahme. Dagegen sind Mängel an Leistungen eines selbständigen Anschlussauftrags in diesem Vertragsverhältnis unerheblich.

Beim BGB-Werkvertrag war der Auftraggeber nach der vorherigen Fassung des § 640 BGB berechtigt, die Abnahme grundsätzlich wegen jedes Mangels zu verweigern. Die seit 2000 geltende Fassung schränkt dies jedoch insoweit ein, als ebenso wie im VOB/B-Vertrag nunmehr nur wegen wesentlicher Mängel die Abnahme verweigert werden kann.

Verweigert der Auftraggeber zu Unrecht die Abnahme wegen nur unwesentlicher Mängel, dann treten die Abnahmewirkungen gleichwohl ein.

Rechtswirkungen der *Abnahme* sind:

– Die vereinbarte Vergütung wird erst mit dem Zeitpunkt der Abnahme fällig (§ 641 BGB). Auch bei Vereinbarung der VOB/B ist die Abnahme eine Anspruchsvoraussetzung für die Fälligkeit der Schlussrechnungsforderung, § 16 Abs. 3 VOB/B.
– Die bis zur Abnahme bestehende Vorleistungspflicht des Auftragnehmers entfällt mit der Abnahme.
– Mit der Abnahme geht die Leistungsgefahr der unverschuldeten Beschädigung oder Zerstörung auf den Auftraggeber über; nach der Abnahme trägt der Auftraggeber die Vergütungsgefahr.
– Es tritt eine Umkehr der Beweislast bei Mängeln ein. Bis zur Abnahme muss der Auftragnehmer bei Mängeln gemäß B § 4 Abs. 7 beweisen, dass seine Leistungen mängelfrei sind. Nach der Abnahme muss der Auftraggeber zur Geltendmachung von Gewährleistungsverpflichtungen des Auftragnehmers nach B § 13 Abs. 4 das Vorhandensein von Mängeln beweisen.
– Der Auftraggeber verliert seine Ansprüche auf Nachbesserung oder Minderung, wenn er sich bekannte Mängel bei der Abnahme nicht vorbehält. Den Anspruch auf Schadensersatz behält er jedoch. Auch Ansprüche aus Vertragsstrafe muss er sich vorbehalten.

– Mit der Abnahme beginnt die Verjährungsfrist der Mängelansprüche.

Sowohl im BGB-Werkvertrag als auch im VOB-Werkvertrag kann § 641a BGB bedeutend werden. § 641a BGB sieht vor, dass ein von den Parteien vereinbarter bzw. von der Industrie- und Handelskammer, einer Handwerkskammer, einer Architekten- oder einer Ingenieurkammer bestimmter oder öffentlich bestellter und vereidigter Gutachter im Auftrag des Unternehmers aufgrund eines Besichtigungstermins eine Fertigstellungsbescheinigung ausstellt. Der Gutachter erteilt diese Fertigstellungsbescheinigung dann, wenn das Werk bzw. ein abgeschlossener Teil hergestellt ist und das Werk frei von Mängeln ist, die der Besteller behauptet oder die für den Gutachter feststellbar sind. Der Zugang der Fertigstellungsbescheinigung beim Besteller steht der Abnahme gleich. Bislang gibt es allerdings wenig Erfahrung mit der Fertigstellungsbescheinigung.

Erkennbare Mängel und der Vorbehalt der Vertragsstrafe müssen bei der förmlichen Abnahme nach Abs. 4 Nr. 1 aufgenommen und dem Protokoll beigeheftet werden. Ob die Vertragsstrafe berechtigt ist, wird dadurch nicht entschieden. Das Abnahmeprotokoll ist von beiden Vertragsparteien zu unterzeichnen.

Abrechnung und Stundenlohnarbeiten (B §§ 14 u. 15)

Gemäß § 14 Abs. 1 hat der Auftragnehmer seine Leistungen prüfbar abzurechnen. Daher werden Zahlungen nicht fällig, solange keine prüfbare Abrechnung vorliegt. „Prüfbar" heißt: Aufstellung der Leistungen entsprechend Vertrag. So muss z. B. die Rechnung bei einem Einheitspreisvertrag die Positionsziffern und die Reihenfolge der Positionen des Leistungsverzeichnisses berücksichtigen. Art und Umfang der erbrachten Leistungen sind u. a. durch Mengenberechnungen, Zeichnungen oder Aufmaß nachzuweisen. Beim Pauschalvertrag kann es dagegen entbehrlich sein, der Abrechnung ein Aufmaß beizufügen. Bei nicht im Vertrag enthaltenen Leistungen ist der Grund für die verlangte Leistung anzugeben, sonst fehlt es an der Prüfbarkeit.

Nach Abs. 5 der DIN 18299 der VOB/C ist die Leistung aus Zeichnungen zu ermitteln, soweit die ausgeführte Leistung diesen Zeichnungen entspricht. Anderenfalls ist die Leistung – i. d. R. gemeinsam mit dem Auftraggeber – aufzumessen und ggf. zeichnerisch festzulegen. Das gemeinsame Aufmaß stellt jedoch lediglich den *Leistungsumfang* fest. Damit ist noch nicht ausgesagt, ob der Auftragnehmer auch einen Anspruch darauf hat, dass ihm diese Leistung vergütet wird. Nach § 14 Abs. 2 hat der Auftragnehmer für Leistungen, die bei Weiterführung der Arbeiten nur schwer feststellbar sind, rechtzeitig gemeinsame Feststellungen zu beantragen.

Durch die Schlussrechnung erfolgt eine endgültige und abschließende Abrechnung. In die Schlussrechnung sind daher alle im Zusammenhang mit dem Bauvorhaben entstandenen Ansprüche – insbesondere Nachtragsforderungen – aufzunehmen.

Nach Abs. 3 muss die *Schlussrechnung* bei Leistungen mit einer Vertragsdauer bis zu 3 Monaten spätestens 12 Werktage nach Fertigstellung eingereicht werden, wenn nichts anderes vereinbart ist. Diese Frist wird um je 6 Werktage für je weitere 3 Monate Ausführungsfrist verlängert. Wird die Frist vom Auftragnehmer nicht eingehalten, braucht der Auftraggeber grundsätzlich nichts zu unternehmen. Seine Zahlungspflicht und auch der Beginn der Verjährung des Zahlungsanspruches beginnen entsprechend später.

Legt der Auftragnehmer innerhalb der Fristen des § 14 Abs. 3 VOB/B keine prüfbare Rechnung vor, so kann der Auftraggeber diese gemäß § 14 Abs. 4 nach Fristsetzung selbst erstellen oder erstellen lassen. Diese Abrechnung muss prinzipiell den gleichen Anforderungen genügen wie die Abrechnung durch den Auftragnehmer.

Nach B § 15 Abs. 3 ist dem Auftraggeber die Ausführung von Stundenlohnarbeiten vor Beginn anzuzeigen, um dem Auftraggeber die Kontrolle über die Arbeitsleistung des Auftragnehmers zu ermöglichen. Verletzt er die *Anzeigepflicht*, so trägt der Auftragnehmer die *Beweislast* für den tatsächlichen Stundenanfall.

Reicht der Auftragnehmer prüfbare Stundenlohnzettel ein, so muss sie der Auftraggeber innerhalb von 6 Werktagen nach Zugang prüfen, etwaige Einwendungen schriftlich geltend machen und die Zettel dem Auftragnehmer zurückgeben. Nicht fristgemäß zurückgegebene Stundenlohnzettel gelten als anerkannt.

Zahlung (B § 16)

Bis 2000 bestand zwischen einem *BGB-Werkvertrag* und einem VOB/B-Vertrag der wesentliche Unterschied, dass der Auftragnehmer eines BGB-Werkvertrages erst nach Abnahme Zahlung verlangen konnte. *Abschlagszahlungen* konnten nur bei ausdrücklicher Vereinbarung verlangt werden. Seit 1.5.2000 bestimmt § 632a BGB, dass der Auftragnehmer für in sich abgeschlossene Teile des Werkes Abschlagszahlungen verlangen kann. Der Anspruch besteht allerdings nur, wenn dem Auftraggeber Eigentum an den Teilen übertragen oder Sicherheit hierfür geleistet wird.

Nach § 16 Abs. 1 S. 1 sind *Abschlagszahlungen* auf Antrag des Auftragnehmers nach Baufortschritt zu gewähren. Mit der 2. Alternative wurde die Möglichkeit der Vereinbarung von Zahlungsplänen mit festen Zahlungszielen klargestellt. § 16 sucht einen Ausgleich zwischen den berechtigten Interessen des Auftragnehmers nach schneller Zahlung und dem Sicherheitsbedürfnis des Auftraggebers. Da der Auftragnehmer vorleistungspflichtig ist, hat die VOB/B mit dem Instrument der Abschlagszahlung eine dem Auftragnehmer entgegenkommende Regelung geschaffen, da er von der Verpflichtung zur Vorfinanzierung seiner Leistungen spürbar entlastet wird. Anders als beim BGB-Werkvertrag ist die Abschlagsforderung beim VOB/B-Vertrag nicht sofort fällig, vielmehr sind Abschlagszahlungen gemäß Abs. 1 Nr. 3 binnen 18 Werktagen nach Zugang der Aufstellung zu leisten.

Nach Abs. 2 mögliche – in der Praxis selten vorkommende – *Vorauszahlungen* müssen ausdrücklich vereinbart werden. Auf Verlangen des Auftraggebers ist dafür ausreichende Sicherheit zu leisten. Sie sind zu verzinsen und auf die nächstfälligen Zahlungen für die Vertragsleistungen anzurechnen.

Beim BGB-Werkvertrag ist die Schlusszahlung bei der Abnahme fällig. Die Vorlage einer (prüfbaren) Schlussrechnung wird vom Gesetz nicht verlangt; allerdings gehen einige Oberlandesgerichte mittlerweile davon aus, dass der Auftragnehmer auch beim BGB-Werkvertrag eine Aufstellung nebst prüfbaren Unterlagen vorlegen muss, um die Fälligkeit der Schlusszahlung zu begründen.

Beim VOB-Vertrag ist Voraussetzung des Anspruchs des Auftragnehmers auf *Schlusszahlung* die Abnahme gemäß B § 12, die Vorlage einer prüfbaren Schlussrechnung durch den Auftragnehmer sowie die Prüfung und Feststellung durch den Auftraggeber spätestens innerhalb von 2 Monaten nach Zugang (Abs. 3 Nr. 1). Verzögert sich die Prüfung, so ist das unbestrittene Guthaben als Abschlagszahlung sofort zu zahlen. Durch VOB/B 2006 wurde Abs. 3 Nr. 1 S. 2 neu eingefügt. Werden danach Einwendungen gegen die Prüfbarkeit nicht spätestens innerhalb 2 Monaten nach Zugang erhoben, so kann der Auftraggeber sich nicht mehr auf die fehlende Prüfbarkeit berufen. Hintergrund dieser Neuregelung ist die Rechtsprechung des BGH seit 2004, wonach die 2-monatige Prüfungsfrist mehr als eine Fälligkeitsregelung ist. Vielmehr hat der Auftraggeber seine etwaigen Einwendungen gegen die Prüfbarkeit der Schlussrechnung dem Auftragnehmer abschließend mitzuteilen. Nach der Rechtsprechung, die jetzt in die VOB/B aufgenommen wurde, kann sich der Auftraggeber nicht mehr auf die fehlende Prüfbarkeit der Schlussrechnung nach der 2-Monatsfrist berufen. Der Ausschluss ist aber allein auf die fehlende Prüfbarkeit beschränkt. Inhaltliche Einwände, z.B. dass abgerechnete Leistungen tatsächlich gar nicht ausgeführt wurden, sind weiterhin möglich.

Sofern der Auftragnehmer über die Schlusszahlung schriftlich unterrichtet und auf die Ausschlusswirkung hingewiesen wurde, schließt die vorbehaltlose Annahme der Schlusszahlung gemäß § 16 Abs. 3 Nr. 2 *Nachforderungen* aus. Gemäß § 16 Abs. 3 Nr. 5 ist ein Vorbehalt innerhalb von 24 Werktagen nach Zugang der Mitteilung über die Schlusszahlung zu erklären. Innerhalb von weiteren 24 Werktagen ist eine prüfbare Rechnung über die vorbehaltenen Forderungen einzureichen oder der Vorbehalt seitens des Auftragnehmers eingehend zu begründen. Dieser sollte stets schriftlich und durch Einschreiben mit Rückschein erklärt werden. Die zweite Frist beginnt (Frist zur Vorlage der prüfbaren Rechnung oder der Begründung) erst am Tag nach Ablauf der ersten Frist beginnt. Die Frist zur Vorbehaltserklärung beginnt also erst nach 24 Werktagen und nicht nach der Vorbehaltserklärung.

Von der Ausschlusswirkung erfasst sind auch in der Abrechnung vergessene Positionen des Leistungsverzeichnisses.

Wichtig ist allerdings, dass bei Vereinbarung der VOB/B nicht als Ganzes die Regelungen der Abs. 3 Nrn. 2–5 nach § 307 BGB unwirksam sind. Da viele Bauverträge Eingriffe in die VOB/B enthalten, läuft die Regelung über die vorbehaltlose Annahme der Schlusszahlung damit leer.

Im Fall einer echten Teilabnahme können auch Teilschlussrechnungen mit den gleichen Voraussetzungen und Folgen gestellt werden (Abs. 4).

Nach B § 16 Abs. 5 Nr.1 sind alle Zahlungen zu beschleunigen. Zahlt der Auftraggeber bei Fälligkeit nicht, so kann ihm der Auftragnehmer eine angemessene Nachfrist (i. d. R. 10 Kalendertage) setzen. Zahlt er auch innerhalb der Nachfrist nicht, so hat der Auftragnehmer Anspruch auf Zinsen in Höhe des gesetzlichen Zinssatzes nach § 288 BGB (5-%-Punkte über dem Basiszinssatz bei Verbrauchern, ansonsten 8-%-Punkte über Basiszinssatz), wenn er nicht einen höheren Verzugsschaden nachweist. Außerdem darf er die Arbeiten bis zur Zahlung einstellen (Abs. 5), vgl. Abb. 2.4-20.

Die Regelungen des § 16 Abs. 6 VOB/B geben dem Auftraggeber ein Wahlrecht, Vergütungsansprüche seines Auftragnehmers an Dritte mit schuldbefreiender Wirkung zu zahlen. Die Zahlung an einen Nachunternehmer kommt allerdings nur in Betracht, wenn sich der Auftragnehmer mit seinen Zahlungen gegenüber seinen Nachunternehmer in Verzug befindet, er deshalb die Fortsetzung seiner Arbeiten zu Recht verweigert und die Direktzahlung die Fortführung der Baumaßnahme durch den Nachunternehmer sicherstellen soll.

Auch die Verjährungsregelungen haben durch das Schuldrechtsmodernisierungsgesetz vom 01.01.2002 deutliche Veränderungen erfahren. Im Gegensatz zu den früheren üblichen 2 bzw. 4 Jahren beläuft sich jetzt die Verjährungsfrist nach § 195 BGB einheitlich auf 3 Jahre. Die Verjährungsfrist beginnt mit dem Schluss des Jahres, in dem der Anspruch entstanden ist. Äußerst praxisrelevant ist § 203 BGB, wonach eine Verhandlung zwischen den Parteien über den Anspruch oder dessen zugrunde liegende Umstände zu einer Hemmung der Verjährung führt. Auch die Geltendmachung der Forderung durch Mahnbescheid oder Klage führt nicht mehr zur Unterbrechung der Verjährung, sondern zu dessen Hemmung. Hemmung bedeutet, die Verjährungsfrist ist für den Hemmungszeitraum ausgesetzt.

Durch das neue Forderungssicherungsgesetz, das zum 01.01.2009 in Kraft getreten ist, ist der General- bzw. Hauptunternehmer zum Treuhänder seiner Nachunternehmer geworden. Jede Abschlagszahlung, die er von seinem Auftraggeber erhält, gilt damit als Baugeld. Dieses Baugeld muss zur Bezahlung der von ihm beauftragten Nachunternehmer, Architekten, Lieferanten usw. verwendet

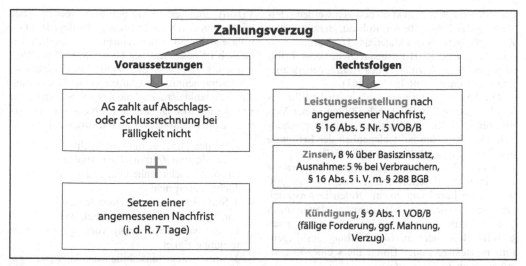

Abb. 2.4-20 Voraussetzungen und Rechtsfolgen bei Zahlungsverzug

werden. Wird dieses Baugeld zweckwidrig verwendet und können die Nachunternehmer ihre Forderungen, z. B. wegen Insolvenz, nicht mehr durchsetzen, müssen die Verantwortungsträger des Generalunternehmers bzw. Hauptunternehmers mit einer persönlichen Inanspruchnahme rechnen (vgl. § 1 BauFordSiG, § 1 GSB). Damit ist die Baugeldverwendungspflicht erheblich verschärft.

Haftung (B § 10)
§ 10 enthält keine eigenen *Haftungsansprüche*, sondern setzt voraus, dass eine Haftung nach anderen Vorschriften entstanden ist. Entgegen dem ersten Anschein wird also nicht die Haftung dem Grunde oder der Höhe nach geregelt, sondern die interne Haftungsverteilung der Parteien untereinander. Haftungsgrund und Haftungsmaßstab entstammen der VOB/B oder dem BGB.

Nr. 1 befasst sich mit der Schädigung einer Partei durch die jeweils andere und verweist hierzu auf die Haftungstatbestände des BGB. Grundlage der gegenseitigen Haftung der Vertragsparteien untereinander können Verzug (§§ 5 Abs. 4, 6 Abs. 6 VOB/B) oder Kündigung, Verletzung vertraglicher Pflichten (§§ 280, 241 Abs. 2, 311 Abs. 2 BGB), Verletzung von Fürsorgepflichten nach § 618 BGB oder Eigentumsverletzung nach § 823 BGB sein.

Die *gesetzliche Haftung* ergibt sich aus dem Handeln der Vertragspartei selbst oder ihrer Erfüllungsgehilfen und gesetzlichen Vertreter:

– *Vorsätzlich* handelt, wer durch aktives Handeln oder Unterlassen gegen den Vertrag verstößt und voraussieht, dass dadurch dem anderen ein Nachteil entsteht, auch, wenn er diesen Nachteil erkennt und billigend in Kauf nimmt (bedingter Vorsatz).
– *Fahrlässig* handelt, wer die im Verkehr erforderliche Sorgfalt außer Acht lässt. *Grob fahrlässig* handelt, wer die im Verkehr erforderliche Sorgfalt in ungewöhnlich großem Maße verletzt. Die Regelungen über die Allgemeinen Geschäftsbedingungen verbieten Haftungsmilderung bei grober Fahrlässigkeit und für Fälle der Verletzung von Leben, Körper oder Gesundheit durch Allgemeine Geschäftsbedingungen.

Gesetzliche Vertreter sind z. B. Insolvenzverwalter, Zwangsverwalter und Nachlassverwalter. Erfüllungsgehilfen sind alle Beteiligten, die dem Auftraggeber bei der Verwirklichung seines Projekts helfen und in den Pflichtenkreis gegenüber dem Auftragnehmer mit einbezogen sind. Lieferanten des Auftragnehmers hingegen sind i. d. R. keine Erfüllungsgehilfen, soweit sie nicht in den werkvertraglichen Pflichtenkreis direkt einbezogen werden (Herstellung des Betons für den Rohbau, Beratung über Zusammensetzung des Materials). Der Vorunternehmer ist gemäß BGH-Rechtsprechung kein Erfüllungsgehilfe im Verhältnis des Auftraggebers zum Auftragnehmer [BauR 1985, S. 561].

Die Haftung setzt voraus, dass der Erfüllungsgehilfe nach § 278 BGB in Erfüllung seiner Verpflichtungen dem Auftraggeber gegenüber gehandelt hat, nicht bloß bei Gelegenheit der Erfüllung als *Verrichtungsgehilfe* nach § 831 BGB.

In Abs. 2 werden interne *Ausgleichsansprüche* der einen Partei gegenüber der anderen geregelt, wenn eine Partei von einem Dritten in Anspruch genommen wird aus Eigentumsverletzung nach § 823 BGB, aus Störung des Eigentums nach § 1004 BGB oder aus der Haftung des Eigentümers, Besitzers oder Unterhalters eines Grundstücks nach §§ 836ff. BGB.

Den Auftragnehmer trifft im Innenverhältnis nach Abs. 2 Nr. 2 die alleinige Haftung, soweit der Schaden durch eine Versicherung seiner gesetzlichen Haftpflicht gedeckt ist oder hätte abgedeckt werden können. Wegen Schadenersatzes bei unerlaubter Handlung (Abs. 3) oder Verletzung gewerblicher Schutzrechte (Abs. 4) haftet der Auftragnehmer allein.

Mängelansprüche (B § 13)

Da Bauleistungen Einzelanfertigungen sind und *Mängel an der Bauleistung* regelmäßig vorkommen, ist § 13 die Kernvorschrift, die in der Praxis am meisten Anwendung findet.

Die Verpflichtung des Auftragnehmers gegenüber dem Auftraggeber zur Erstellung eines mängelfreien Werkes besteht nicht nur im Zeitpunkt der Abnahme, sondern darüber hinaus während der gesamten *Verjährungsfrist für Mängelansprüche.* Sie beginnt mit der Abnahme der Bauleistung und endet mit Ablauf der Verjährungsfrist (OLG Schleswig Urteil vom 9.3.2010 – 3 U 55/09).

Zur Erinnerung: Treten Mängel bereits *während* der Bauausführung auf, so ist der Auftragnehmer nach § 4 Abs. 7 Nr. 1 VOB/B verpflichtet, diese zu beseitigen. Daneben haftet er nach § 4 Abs. 7 Nr. 2 VOB/B für Schäden. Zudem kann die Nichtbeseitigung der Mängel zur Kündigung nach § 8 Abs. 3 Nr. 1 VOB/B berechtigen.

Aufgrund der Modernisierung des Schuldrechts sind die Regelungen des § 13 bereits durch die

VOB/B 2002 erheblich geändert worden. Dies wird schon durch die Ersetzung des Begriffs „Gewährleistung" in „Mängelansprüche" deutlich. Inhaltlich ist besonders der Mangelbegriff geändert worden. § 13 Abs. 1 S. 1 VOB/B bestimmt, dass der Auftragnehmer dem Auftraggeber die Leistung zum Zeitpunkt der Abnahme frei von Sachmängeln verschaffen soll. Die Prüfung, ob ein Mangel vorliegt, ist nunmehr nach 3 Stufen vorzunehmen:

– 1. Stufe: Die Leistung ist nicht mangelhaft, wenn sie zum Zeitpunkt der Abnahme die vereinbarte Beschaffenheit hat und den Regeln der Technik entspricht.
– 2. Stufe: Liegt keine vereinbarte Beschaffenheit vor, ist die Leistung mangelfrei, wenn sie sich für die nach dem Vertrag vorausgesetzte Verwendung eignet.
– 3. Stufe: Liegt hinsichtlich der Verwendungseignung kein entsprechender Parteiwille vor, muss die Leistung sich für die gewöhnliche Verwendung eignen und eine Beschaffenheit aufweisen, die bei Werken der gleichen Art üblich und zu erwarten ist.

§ 13 Abs. 1 bestimmt ausdrücklich, dass die Leistung den allgemeinen Regeln der Technik zu entsprechen hat. Hiermit weicht der Wortlaut der VOB/B zwar von dem des § 633 BGB ab, inhaltlich besteht jedoch kein Unterschied: Auch beim BGB-Vertrag ist die Leistung mangelhaft, wenn sie nicht den allgemeinen Regeln der Technik entspricht. Als allgemeine Regeln sind alle Bestimmungen anzusehen, die in der Wissenschaft als richtig anerkannt sind und sich in der Praxis bewährt haben. Ein weit verbreiteter Irrtum besteht darin, dass DIN-Normen automatisch mit allgemeinen Regeln der Technik gleich zu setzen sind. Wie die seinerzeitige Rechtsprechung beispielsweise zum Schallschutz gezeigt hat, können die Anforderungen der allgemeinen Regeln der Technik die der DIN-Normen überholen. Allerdings haben die DIN-Normen zunächst die Vermutung für sich, den allgemeinen Regeln der Technik zu entsprechen.

Hinsichtlich der *Änderung der Allgemeinen Regeln der Technik* gilt:

– Werden die DIN-Normen der VOB/C nach Vertragsabschluss, aber vor Beginn der Ausführung geändert, muss der Auftragnehmer den Auftraggeber auf die Änderung und die möglicherweise entstehenden Mehrkosten hinweisen und dessen Entscheidung herbeiführen (B § 4 Abs. 3 und § 2 Abs. 6).

– War die Änderung schon vor Abgabe des Angebots bekannt oder sicher zu erwarten, muss dies der Auftragnehmer schon bei seiner Kalkulation berücksichtigen.

– Ändern sich die allgemeinen Regeln der Technik *nach* Vertragsschluss, aber *vor* Abnahme, hat die Leistung sich nach dem geänderten Leistungsstandard zu richten. Ansonsten ist das Werk mangelhaft. Hiervon zu trennen ist die Frage einer möglichen Mehrvergütung für diese zum Zeitpunkt des Vertragschlusses nicht vereinbarte Leistung; diese richtet sich nach § 2 Abs. 5, 6 VOB/B.

– Aber auch wenn zum Zeitpunkt der Abnahme die Regeln der Technik eingehalten worden sind, kann das Werk mangelhaft sein, wenn es nicht zu dem nach dem vertraglich vorausgesetzten oder gewöhnlichen Gebrauch geeignet ist. An die gebrauchsfähige Beschaffenheit werden strenge Anforderungen gestellt. Im berühmten „Blasbachtalbrücken-Fall" errichtete der Auftragnehmer gemäß Bauvertrag eine Autobahnbrücke in Spannbetonweise nach einem bestimmten Spannverfahren. Die Herstellung der Brücke erfolgte entsprechend den allgemein anerkannten Regeln der Technik. Ein Jahr nach der Abnahme zeigten sich an vielen Stellen der Brücke Risse, insbesondere an den Koppelfugen. Im Rahmen der Untersuchungen stellte sich heraus, dass die anerkannten Regeln der Technik offensichtlich nicht ausreichten, da es sonst nicht zu den Rissen hätte kommen dürfen. Nach dem Urteil des OLG Frankfurt (NJW 1983, S. 456; Revision vom BGH nicht angenommen) ist eine Autobahnbrücke mit Rissen mangelhaft, auch wenn die Regeln der Technik eingehalten sind. Dieses Risiko trägt der Auftragnehmer. An diesem Beispiel zeigt sich besonders deutlich, dass die *Mängelhaftung unabhängig vom Verschulden* ist.

Nach Abs. 3 wird der Auftragnehmer von den *Mängelansprüchen dann befreit*, wenn der Mangel auf Umstände aus der Sphäre des Auftraggebers zurückzuführen ist. Dies gilt zunächst für die vom Auftraggeber vorgegebene Leistungsbeschreibung, für vom Auftraggeber gelieferten Stoffe oder Bauteile oder

für die Beschaffenheit der Vorleistung eines anderen Unternehmers, sofern der Auftragnehmer nicht die ihm nach § 4 Abs. 3 obliegende Mitteilung über die zu befürchtenden Mängel unterlassen hat.

Der Auftraggeber kann gemäß Abs. 5 Nr. 1 vom Auftragnehmer die *Nachbesserung* mangelhafter Leistungen auf dessen Kosten verlangen, die auf eine vertragswidrige Leistung zurückzuführen sind. Dieses Recht des Auftraggebers korrespondiert mit dem Recht des Auftragnehmers, seine mangelhafte Leistung nachbessern zu dürfen. Bei nicht fristgerechter Nachbesserung hat der Auftraggeber das Recht, den Mangel zu beseitigen oder beseitigen zu lassen (Abs. 5 Nr. 2). Die Mängelbeseitigung aufgrund schriftlichen Nachbesserungsverlangens des Auftraggebers umfasst nicht nur die Behebung des Mangels an sich, sondern alle Leistungen, die im Zusammenhang mit der Mängelbeseitigung notwendigerweise anfallen, bis hin zu Planungsleistungen und Reinigungsarbeiten.

Für die *Ersatzvornahme* durch den Auftraggeber gemäß Abs. 5 Nr. 2 ist eine Mangelbeseitigungsaufforderung und das Setzen einer angemessenen Frist zur Beseitigung des gerügten Mangels erforderlich, um das Beseitigungsrecht des Auftraggebers zu begründen. Der Auftraggeber kann nach Ablauf der Frist eine Drittfirma mit der Beseitigung des Mangels beauftragen. Die hierfür aufgewendeten Kosten, die prüfbar abzurechnen sind, muss der Auftragnehmer dem Auftraggeber erstatten. Vor der Mängelbeseitigung kann der Auftraggeber aber auch einen Kostenvorschuss verlangen.

Nach Abs. 6 kann der Auftraggeber eine *Minderung der Vergütung* verlangen, wenn die Beseitigung des Mangels objektiv unmöglich ist oder subjektiv einen unverhältnismäßig hohen Aufwand erfordern würde und deshalb vom Auftragnehmer verweigert wird.

Der Schadensersatzanspruch wurde durch die VOB/B 2002 wesentlich reformiert.

§ 13 Abs. 7 regelt 3 selbständige Schadensersatztatbestände:

– Nr. 1: Schadensersatzanspruch für die Verletzung bestimmter höchstpersönlicher Rechtsgüter (Leben, Gesundheit, Körper) bei Vorsatz und jeder Stufe der Fahrlässigkeit,
– Nr. 2: Schadensersatzanspruch bei vorsätzlich oder grob fahrlässig herbeigeführten Mängeln,

– Nr. 3: Schadensersatzanspruch bei wesentlichen Mängeln und für darüber hinausgehende Schäden bei Vorsatz und jeder Stufe der Fahrlässigkeit.

Der Anspruch nach § 13 Abs. 7 Nr. 3 entspricht dem früheren § 13 Abs. 7 Nr. 1 und 2 der VOB/B 2000 und stellt den praktisch relevantesten Schadensersatzanspruch dar. Erforderlich ist, dass ein wesentlicher Mangel vorliegt, der die Gebrauchsfähigkeit beeinträchtigt und der auf ein Verschulden des Auftragnehmers oder seiner Erfüllungsgehilfen zurückzuführen ist. In der baurechtlichen Praxis wird zwischen dem „kleinen" und ggf. „großen" *Schadensersatzanspruch* unterschieden.

Der sog. kleine Schadensersatzanspruch ist auf die bauliche Anlage begrenzt. Er umfasst damit den Schaden an der Bauleistung selbst sowie den mit der Bauleistung in engem Zusammenhang stehenden Schaden (z. B. Nutzungs- und Verdienstausfall, Gutachterkosten und zusätzlicher Erhaltungsaufwand).

Der sog. große Schadensersatzanspruch regelt jeden darüber hinausgehenden Schaden, sofern er adäquat ursächlich ist und die zusätzlichen Voraussetzungen nach § 13 Abs. 7 Nr. 3 S. 2 VOB/B erfüllt sind, wie der Verstoß gegen die anerkannten Regeln der Technik oder das Fehlen einer vertraglich vereinbarten Beschaffenheit oder das Vorliegen einer versicherten oder versicherbaren Leistung.

§ 13 legt jetzt folgende Verjährungsfristen fest:

– 4 Jahre für Bauwerke,
– 2 Jahre für die übrigen Werke (hierzu auch Erdarbeiten) und für die vom Feuer berührten Teile von Feuerungsanlagen,
– 2 Jahre für Teile von maschinellen und elektrotechnischen/elektronischen Anlagen, bei denen die Wartung Einfluss auf die Sicherheit und Funktionsfähigkeit hat, wenn der Auftraggeber dem Auftragnehmer nicht die Wartung übertragen hat,
– 1 Jahr für feuerberührte und abgasdämmende Teile von industriellen Feuerungsanlagen.

Der noch in der VOB/B 2002 verwendete Begriff „Arbeiten an einem Grundstück" ist in der VOB/B 2006 entfallen. Arbeiten an Grund und Boden, die nicht im Zusammenhang mit der Bauwerkserrichtung stehen, unterliegen der 2-jährigen Verjährungsfrist. Der Schadensersatzanspruch nach § 13 Abs. 7

Nr. 3 VOB/B verjährt in der gesetzlichen Frist von 5 Jahren, wenn der Auftragnehmer sich durch eine Versicherung geschützt hat oder hätte schützen können oder ein Versicherungsschutz vereinbart war.

Durch die schriftliche Aufforderung zur Mängelbeseitigung wird gemäß § 13 Abs. 5 Nr. 1 S. 2 VOB/B ab Zugang für gerügte Mängel eine neue 2-jährige Verjährungsfrist in Gang gesetzt. Die Verjährung tritt aber nicht vor Ablauf der in § 13 Abs. 4 genannten Fristen oder der in ihrer Stelle vereinbarten Fristen ein.

Beim BGB-Werkvertrag verjähren die Mängelansprüche nach 5 Jahren, s. Abb. 2.4-21.

Eine Mängelrüge führt im Gegensatz zum VOB/B-Vertrag zu keiner Verlängerung (Ausnahme: § 203 BGB Hemmung durch Verhandlungen, wobei *eine unbeantwortete* Mängelrüge noch keine Verhandlung darstellt).

In der Praxis werden auch in vielen VOB/B-Verträgen mittlerweile 5 Jahre Verjährungsfrist vereinbart. Nach OLG Düsseldorf stellt diese Fristverlängerung keinen Eingriff in die VOB/B dar; allerdings ist diese Ansicht streitig (OLG Düsseldorf 30.1.2004 – 23 U 90/03).

Vor dem Schuldrechtsmodernisierungsgesetz betrug bei einem arglistigen Verschweigen des Mangels durch den Auftragnehmer die Gewährleistungsfrist nach § 638 Abs. 1 Satz 1 BGB in Verbindung mit § 195 BGB 30 Jahre. Der BGH hatte Arglist mit grobem Organisationsverschulden gleichgesetzt. Jetzt verjähren diese Ansprüche nach 3 Jahren ab Kenntnis oder grob fahrlässiger Unkenntnis vom Anspruch und Anspruchsgegnern bzw. in 5 Jahren beim BGB-Werkvertrag und in 4 Jahren beim VOB/B-Vertrag, maximal aber in 10 Jahren ab Entstehung des Anspruchs.

Grundsätzlich unverändert ist die Regelung, dass mit der Abnahme der Lauf der Gewährleistungsfrist beginnt. Dies gilt auch für Planungsleistungen und Leistungen des Projektsteuerers, soweit sich der Projektsteuerungsvertrag nach werkvertraglichen Regelungen bestimmt. Sie endet mit Ablauf des vereinbarten Zeitraums.

Auch die Nachbesserungsarbeiten unterliegen einer eigenständigen Verjährungsfrist von 2 Jahren. Allerdings beginnt diese Verjährungsfrist erst mit Abnahme, stillschweigende Abnahme eingeschlossen, der Nachbesserungsleistungen (Abs. 5 Nr. 1 Satz 3). Selbstverständlich endet diese 2-jäh-

VOB/B	BGB
§ 13 Abs. 4 Nr. 1 VOB/B	**§ 634 a BGB**
Bauwerke 4 Jahre	Bauwerke und Planungs- und Überwachungsleistungen an einem Bauwerk 5 Jahre
Für andere Werke, deren Erfolg in der Herstellung, Wartung oder Veränderung einer Sache besteht; für die vom Feuer berührten Teile von Feuerungsanlagen 2 Jahre	Herstellung, Wartung oder Veränderung einer Sache und Planungs- und Überwachungsleistungen hierfür (z. B. Abbrucharbeiten, gärtnerische Arbeiten) 2 Jahre
Feuerberührte und abgasdämmende Teile von industriellen Feuerungsanlagen 1 Jahr	regelmäßige Verjährungsfrist (i. d. R. unkörperliche Arbeiten, wie Gutachten, Transport, Beratung) 3 Jahre
Maschinelle und elektronische/elektrotechnische Anlagen ohne Wartung 2 Jahre	

Abb. 2.4-21 Gegenüberstellung der unterschiedlichen Verjährungsfristen für Mängelansprüche nach VOB/B und BGB

rige Frist nicht vor Ablauf der regulären Verjährungsfrist, § 13 Abs. 5 Nr. 1 S. 3 VOB/B.

Im Zusammenhang mit der Verjährung von Mängelansprüchen sind die *Hemmung* und *Unterbrechung* nach BGB zu beachten; beide Rechtsinstitute wurden durch das Schuldrechtsmodernisierungsgesetz grundlegend geändert. Hemmung der Verjährung bedeutet, dass ein bestimmtes Ereignis den Lauf der Verjährungsfrist zum Stillstand bringt. Nach Wegfall des Hemmungsgrundes läuft die Frist weiter. Äußerst praxisrelevant ist die Hemmung bei Verhandlungen nach § 203 BGB. Danach wird der Lauf der Verjährung gehemmt, wenn zwischen Auftragnehmer und Auftraggeber Verhandlungen über den Anspruch oder über die den Anspruch begründenden Umstände geführt werden. Hervorzuheben sind weiterhin insbesondere folgende Tatbestände, die vormals eine Unterbrechung der Verjährung bewirkten und seit 2002 lediglich eine Hemmung auslösen:

- Erhebung der Klage § 204 Abs. 1 Nr. 1 BGB,
- Zustellung des Mahnbescheids § 204 Abs. 1 Nr. 3 BGB,
- Geltendmachung der Aufrechnung im Prozess § 204 Abs. 1 Nr. 5 BGB,
- Zustellung des Antrags auf Durchführung eines selbstständigen Beweisverfahrens § 204 Abs. 1 Nr. 7 BGB,
- Beginn eines Schiedsverfahrens § 204 Abs. 1 Nr. 11 BGB.

Im Gegensatz zur Hemmung bewirkt der Neubeginn der Verjährung, dass mit dem Eintritt des Unterbrechungsgrundes der Lauf endet und die Frist nach Wegfall der Unterbrechung von neuem beginnt. Dies ist im Wesentlichen nur noch bei einem Anerkenntnis und der Vornahme von Vollstreckungshandlungen vorgesehen. Nach der Rechtsprechung des BGH führt der Neubeginn der Verjährung beim VOB-Vertrag nach Anerkenntnis durch den Auftragnehmer zum erneuten Beginn der *vereinbarten* Frist und nicht der in § 13 Abs. 4 VOB/B festgeschriebenen Frist.

Im Unterschied zur Gewährleistung bedeutet *Garantie* eine weitergehende Verpflichtung des Auftragnehmers, die entweder die gewöhnliche Zusicherung einer Eigenschaft bedeutet oder die Übernahme einer Verpflichtung, Schadenersatz auch ohne Verschulden zu leisten.

Sicherheitsleistung (B § 17)
Das Sicherheitsbedürfnis ist bei beiden Parteien gegeben: Der Auftraggeber hat ein Interesse an der Sicherung seines Anspruchs auf ordnungsgemäße Herstellung des Bauwerks. Der Auftragnehmer will dagegen seinen Vergütungsanspruch gesichert sehen.

Zu unterscheiden sind gesetzliche und vertragliche Sicherheiten.

§ 17 VOB/B betrifft die *vertraglichen Sicherheiten*. Sicherheit haben die Parteien nur zu leisten, wenn dies *vertraglich vereinbart* wurde. Die bloße Einbeziehung der VOB/B in den Vertrag genügt für die Vereinbarung von Sicherheiten nicht. Nach A § 14 Nr. 1 soll der öffentliche Auftraggeber auf Sicherheitsleistungen möglichst verzichten, wenn Mängel der Leistung voraussichtlich nicht eintreten oder wenn der Auftragnehmer hinreichend bekannt ist und genügende Gewähr für die vertragsgemäße Leistung bietet. Der Auftragnehmer hat jedoch keinen Anspruch auf einen Verzicht. In der Praxis geschieht dies jedoch nur seitens privater Auftraggeber für Bauaufträge kleineren Umfangs oder auch aus Unwissenheit.

§ 17 VOB/B sieht folgende Sicherungsarten vor:

– Bürgschaft eines Kreditinstituts oder Kreditversicherers,
– Bareinbehalt oder
– Hinterlegung von Geld.

Der Auftragnehmer hat ein Wahl- und Austauschrecht zwischen diesen Sicherheitsleistungen, § 17 Abs. 3 VOB/B. Die Auftragnehmer übersehen meist diese Möglichkeit.

§ 17 Abs. 4 VOB/B regelt detailliert die Sicherheitsleistung durch Bürgschaft.

§ 17 Abs. 5 VOB/B trifft weiter Bestimmungen zur Sicherheit durch Hinterlegung. Mit der VOB/B 2006 wurde durch den Einschub in § 17 Abs. 5 S. 1 „Und-Konto" festgelegt, dass nur ein sog. Und-Konto das Erfordernis des § 17 Abs. 5 erfüllen kann. Denn nur ein gemeinsames Sperrkonto ist als Und-Konto vor dem Zugriff des Insolvenzverwalters geschützt.

Die häufige Sicherheit durch Bareinbehalt von der Schlussrechnung wird in § 17 Abs. 6 VOB/B geregelt. Generell gilt, dass der Auftragnehmer die Sicherheit binnen einer Frist von 18 Werktagen zu leisten hat. Ansonsten ist der Auftraggeber zum Bareinbehalt berechtigt. Die Rückgabeverpflichtung, aber auch das Zurückhaltungsrecht werden in § 17 Abs. 8 VOB/B bestimmt.

Aufgrund des Wahl- und Austauschrechts hat der Auftraggeber einen Einbehalt unverzüglich auszuzahlen, wenn der Auftragnehmer eine Sicherheit in anderer Form überreicht. Kommt der Auftraggeber dem selbst nach Fristsetzung nicht nach, kann er das Recht zur Sicherheit insgesamt verlieren. Dies gilt selbst dann, wenn Mängel vorhanden sind.

Hinsichtlich der Höhe regelt A § 14, dass die Vertragserfüllungssicherheit 5 v.H. der Auftragssumme und die Sicherheit für Gewährleistung 3 v.H. der Abrechnungssumme nicht überschreiten soll.

Gesetzliche Sicherheiten sind die Bauhandwerkersicherungshypothek und die Bauhandwerkersicherung:

Eine Sicherung der Vergütung des Auftragnehmers bis zur Höhe des *voraussichtlichen Vergütungsanspruchs* kann der Auftragnehmer nach § 648a BGB verlangen, sog. Bauhandwerkersicherung. Sofern der Auftraggeber dem Auftragnehmer auf dessen Verlangen nicht innerhalb angemessener Frist die entsprechende Sicherheit leistet, kann dieser die Bauarbeiten einstellen. Erfolgt die Sicherheitsleistung nicht innerhalb der Nachfrist, gilt das Vertragsverhältnis als beendet und der Auftragnehmer erhält einen Anspruch auf anteilige Vergütung und Ersatz des Vertrauensschadens. Bei Aufträgen der öffentlichen Hand wird die Zahlungsfähigkeit und -willigkeit als gegeben angesehen, deshalb findet § 648 a BGB keine Anwendung, wenn der Besteller eine juristische Person des öffentlichen Rechts ist. Bis zum Forderungssicherungsgesetz (01.01.2009) war das Stellen einer Sicherheit eine bloße Obliegenheit des Auftraggebers, deren Verletzung dem Unternehmer lediglich ein Leistungsverweigerungsrecht und weitergehend allenfalls ein Kündigungsrecht gewährte. Zu Recht wurde kritisiert, dass die Werklohnsicherung gemäß § 648a BGB kein taugliches Mittel gegen den sog. Justizkredit war [Kniffka 2009, § 648a Rz. 131]. Nach dem Forderungssicherungsgesetz gewährt § 648a BGB dem Unternehmer jetzt einen Anspruch auf Sicherheitsleistung. Ob allerdings der Anspruch auf Sicherheit nach § 648a BGB im Urkundsverfahren durchzusetzen ist, ist derzeit noch streitig.

Die Absicherung der Vergütung des Auftragnehmers für *bereits erbrachte Leistungen* ist nach § 648 BGB durch Eintragung einer Sicherungshypothek möglich, sog. Bauhandwerkersicherungshypothek. Während das Sicherheitsverlangen nach § 648 BGB zumindest durch individuelle Vereinbarung möglich ist, ist eine von § 648 a BGB abweichende Vereinbarung unwirksam.

Streitigkeiten (B § 18)

Die Regelungen des § 18 VOB/B befassen sich mit Streitigkeiten zwischen den Parteien. § 18 Abs. 1 betrifft eine Streitbeilegung vor den staatlichen Gerichten. § 18 Abs. 2 und Abs. 3 haben außergerichtliche Verfahren zum Gegenstand.

§ 18 Abs. 1 schafft einen besonderen Gerichtsstand vor den staatlichen Gerichten.

Der weitgehend unbekannte § 18 Abs. 2 VOB/B bietet eine Möglichkeit der vertragsexternen Streitbeilegung durch Drittbeteiligung mit dem Ziel einer unverbindlichen gütlichen Einigung, die aber durch Zeitablauf verbindlich werden kann. Die streitklärende Funktion umfasst sämtliche Konfliktpunkte aus dem Vertrag. Entstehen beim VOB/B-Vertrag mit Behörden Meinungsverschiedenheiten, so soll der Auftragnehmer zunächst die der auftraggebenden Stelle unmittelbar vorgesetzte Stelle anrufen. Diese soll dem Auftragnehmer Gelegenheit zur mündlichen Aussprache geben und binnen 2 Monaten einen schriftlichen Bescheid erlassen. Der Bescheid gilt als anerkannt, wenn der Auftragnehmer nicht innerhalb von 3 Monaten schriftlich Einspruch erhebt und er auf diese Ausschlussfrist hingewiesen wurde. § 18 Abs. 2 wurde wesentlich durch die VOB/B 2002 geändert, insbesondere wurde in § 18 Abs. 2 Nr. 2 geregelt, dass während des Schlichtungsverfahrens die Verjährung gehemmt ist.

Durch die VOB/B 2006 wurde § 18 Abs. 3 neu eingeführt. Hintergrund ist letztlich das Bestreben, die staatlichen Gerichte zu entlasten und den Baubeteiligten Möglichkeiten zur Vereinbarung alternativer Streitbeilegungsverfahren aufzuzeigen, die den Bedürfnissen der Beteiligten eher entsprechen. Grundlegende Voraussetzung für die Durchführung eines Streitbeilegungs- und Streitvermeidungsverfahrens ist jedoch eine *konkrete Vereinbarung* bezogen auf das ausgewählte Verfahren zwischen den Parteien. Gestützt lediglich auf § 18 Abs. 3 VOB/B kann keine Partei ohne den Willen der anderen ein Streitvermeidungs- oder Streitbeilegungsverfahren anstrengen.

Das *Verbot der Arbeitseinstellung* nach § 18 Abs. 5 kommt ausnahmsweise dann nicht in Betracht, wenn die Leistung für den Auftragnehmer nach Treu und Glauben unzumutbar geworden ist. In A § 10 Abs. 6 ist das *schiedsrichterliche Verfahren* nach den §§ 1025 ff. ZPO erwähnt. Das Schiedsgericht ist befugt, alle Sach- und Rechtsfragen zu klä-

ren. Mit Abschluss einer Schiedsvereinbarung unterwerfen sich die Parteien einvernehmlich dem Urteil des Schiedsgerichts. Der von diesem gefällte Schiedsspruch hat die Wirkung eines vom staatlichen Gericht erlassenen Urteils. Die Vorteile der Entscheidung durch ein Schiedsgericht liegen in der zeitlich schnelleren Erledigung des Rechtsstreits, dem Ausschluss der Öffentlichkeit und damit verbunden in der Vermeidung negativer Publizität sowie in den oft geringeren Verfahrenskosten. Weiterer Vorteil ist, dass die Einrichtung des Schiedsgerichts im freien Ermessen der Parteien liegt. Damit sind sie nicht auf möglicherweise fachunkundige Juristen angewiesen, sondern können Fachleute aus der Baubetriebswirtschaft und dem Baurecht aussuchen. Aufgrund dieser Kriterien sind Konflikte auf dem Gebiet des Bauwesens besonders gut geeignet, durch ein Schiedsgerichtsverfahren beigelegt zu werden. Denn gerade diese Streitfälle zeichnen sich durch technisch komplexe Sachverhalte und rechtlich anspruchsvolle Probleme aus. Voraussetzung ist, dass die Parteien eine Vereinbarung treffen, dass die Streitigkeit anstelle des staatlichen Gerichts durch ein Schiedsgericht entschieden wird, sog. Schiedsvertrag oder Schiedsabrede, vgl. im Einzelnen zum Schiedsgerichtsverfahren ausführlich [Franke u. a. 2010, § 18 Rz. 108 ff.].

2.4.3.3 VOB Teil C: Allgemeine Technische Vertragsbedingungen für Bauleistungen

VOB Teil C erfasst die Allgemeinen Technischen Vertragsbedingungen (ATV) für die Ausführung von Bauleistungen. Nach B § 1 Abs. 1 Satz 2 sind sie Bestandteil eines Bauvertrags, für den die VOB/B als Vertragsbestandteil gilt. Haben die Parteien die Geltung der VOB/B vereinbart, gehören hierzu also auch die Allgemeinen Technischen Vertragsbedingungen für die Ausführung von Bauleistungen (VOB/C). Durch diesen Hinweis sind sämtliche Regelungen in den DIN-Vorschriften 18299 (gilt für Bauarbeiten aller Art) und 18300 bis 18451 Vertragsbestandteil eines VOB-Vertrages.

Diese Regelungen sind Allgemeine Geschäftsbedingungen. Für sie gelten die für Allgemeine Geschäftsbedingungen entwickelten Auslegungsgrundsätze (BGH, Urt. v. 17.6.2004 – VII ZR 75/03). Durch die Qualifizierung als Allgemeine Geschäftsbedingungen spielt die VOB/C nur dann eine Rolle, wenn die Vertragsparteien nicht individuell etwas Abweichendes vereinbart haben. Oft legen die Vertragsparteien den Umfang der geschuldeten Leistung und den Abgeltungsumfang der vereinbarten Vergütung aber aus Vereinfachungs- und Zeitgründen nicht ausdrücklich fest, so dass dann die Regelungen der VOB/C eine entscheidende Rolle spielen.

Diese ATV enthalten Regelungen zur Leistungsabgrenzung (Teil 4 „Nebenleistungen/Besondere Leistungen"), zur Abrechnung (Teil 5), sowie *Festlegungen für technische Sachverhalte* (Teil 2 „Stoffe und Bauteile" und Teil 3 „Ausführung") und zu *Hinweispflichten* des Auftragnehmers.

Hinsichtlich des *Leistungsinhalts* gilt, dass die technische Beschreibung der geschuldeten Bauleistung durch den Inhalt der allgemein anerkannten Regeln der Technik ergänzt wird. Da auch im BGB-Vertrag die allgemein anerkannten Regeln der Technik zu beachten sind, gelten beim BGB-Vertrag grundsätzlich diese technischen Bestimmungen der VOB/C. Allerdings ist zu beachten, dass die anerkannten Regeln der Bautechnik nicht ohne weiteres identisch mit den ATV der VOB/C sind, sondern über diese hinaus gehen können. Bei den allgemein anerkannten Regeln der Bautechnik handelt es sich um technische Regeln für den Entwurf und die Ausführung baulicher Anlagen, „die in der technischen Wissenschaft als theoretisch richtig anerkannt sind und feststehen sowie insbesondere in dem Kreise der für die Anwendung der betreffenden Regeln maßgeblichen, nach dem neuesten Erkenntnisstand vorgebildeten Techniker durchweg bekannt und aufgrund fortdauernder praktischer Erfahrung als technisch geeignet, angemessen und notwendig anerkannt sind". Insoweit können die allgemein anerkannten Regeln der Technik sich bereits weiter entwickelt haben, ohne dass die ATV schon den neuen Standard wiedergeben.

Die DIN 18299 enthält wie alle der in der VOB/C enthaltenen speziellen DIN-Normen in Abschnitt 4 eine Regelung über *Nebenleistungen* und *Besondere Leistungen*. Die Nebenleistungen gehören auch ohne gesonderte Erwähnung im Vertrag zum Leistungsinhalt und müssen ohne Zusatzvergütung ausgeführt werden. Nach ATV DIN 18299, Abschnitt 4.2 gehören „besondere Leistungen" nur dann zur ausführungsbezogenen „vertraglichen Leistung", wenn sie in der Leistungsbeschreibung „besonders erwähnt" sind. Werden also besondere Leistungen notwendig

und ordnet der Auftraggeber diese an, rechtfertigen sie einen Mehrvergütungsanspruch.

Die VOB/C gliedert sich in einen allgemeinen, für sämtliche Bauleistungen geltenden Teil DIN 18299 und in gewerkespezifische technische Vorschriften DIN 18300 bis DIN 18451. Besonders zu beachten ist also DIN 18299 aus VOB/C, die mit *Allgemeine Regelungen für Bauarbeiten jeder Art* überschrieben ist. Inhaltlich erfasst sie diejenigen ATV, die für alle oder den überwiegenden Teil der bauvertraglichen Leistungsbereiche gelten.

Die weiteren Normen – DIN 18300 Erdarbeiten bis DIN 18451 Gerüstarbeiten – enthalten die leistungsspezifischen Regelungen für die einzelnen Leistungsbereiche (Gewerke) entsprechend ihren allgemeinen technischen Erfordernissen. Sofern diese abweichende Regelungen gegenüber DIN 18299 haben, gehen sie dieser entsprechend dem rechtlichen Grundsatz vor, dass die spezielle gegenüber der allgemeinen Regelung Vorrang hat. Tabelle 2.4-5 enthält die Liste der ATV gemäß VOB, Teil C.

Die DIN 18299 ff.-Vorschriften der VOB/C enthalten stets identische Gliederungen:

0	Hinweise für das Aufstellen der Leistungsbeschreibung (die Hinweise werden nicht Vertragsbestandteil)
0.1	Angaben zur Baustelle
0.2	Angaben zur Ausführung
0.3	Einzelangaben bei Abweichungen von den ATV
0.4	Einzelangaben zu Nebenleistungen und Besonderen Leistungen
1	Geltungsbereich
2	Stoffe, Bauteile
2.1	Allgemeines
2.2	Vorhalten
2.3	Liefern
3.	Ausführung
4.	Nebenleistungen, Besondere Leistungen
4.1	Nebenleistungen
4.2	Besondere Leistungen
5	Abrechnung

2.4.4 Verdingungsordnung für freiberufliche Leistungen (VOF)

Die Verdingungsordnung für freiberufliche Leistungen (VOF) ist neben der Vergabe- und Vertragsordnung für Bauleistungen (VOB) und der Verdin-

Tabelle 2.4-2 Liste der Allgemeinen Technischen Vertragsbedingungen für Bauleistungen (ATV), Stand Februar 2000

DIN 18299	Allgemeine Regelungen für Bauarbeiten jeder Art
DIN 18300	Erdarbeiten
DIN 18301	Bohrarbeiten
DIN 18302	Arbeiten zum Ausbau von Bohrungen (ehemals: Brunnenbauarbeiten)
DIN 18303	Verbauarbeiten
DIN 18304	Ramm-, Rüttel- und Pressarbeiten (ehemals: Rammarbeiten)
DIN 18305	Wasserhaltungsarbeiten
DIN 18306	Entwässerungskanalarbeiten
DIN 18307	Druckrohrleitungsarbeiten außerhalb von Gebäuden (ehemals: Druckrohrleitungsarbeiten im Erdreich)
DIN 18308	Dränarbeiten
DIN 18309	Einpressarbeiten
DIN 18310	Sicherungsarbeiten an Gewässern, Deichen und Küstendünen
DIN 18311	Nassbaggerarbeiten
DIN 18312	Untertagebauarbeiten
DIN 18313	Schlitzwandarbeiten mit stützenden Flüssigkeiten
DIN 18314	Spritzbetonarbeiten
DIN 18315	Verkehrswegebauarbeiten – Oberbauschichten ohne Bindemittel
DIN 18316	Verkehrswegebauarbeiten – Oberbauschichten mit hydraulischen Bindemitteln
DIN 18317	Verkehrswegebauarbeiten – Oberbauschichten aus Asphalt
DIN 18318	Verkehrswegebauarbeiten – Pflasterdecken und Plattenbeläge in ungebundener Ausführung, Einfassungen
DIN 18319	Rohrvortriebsarbeiten
DIN 18320	Landschaftsbauarbeiten
DIN 18321	Düsenstrahlarbeiten
DIN 18322	Kabelleitungstiefbauarbeiten
DIN 18325	Gleisbauarbeiten
DIN 18330	Mauerarbeiten
DIN 18331	Beton- und Stahlbetonarbeiten
DIN 18332	Naturwerksteinarbeiten
DIN 18333	Betonwerksteinarbeiten
DIN 18334	Zimmer- und Holzbauarbeiten
DIN 18335	Stahlbauarbeiten
DIN 18336	Abdichtungsarbeiten
DIN 18338	Dachdeckungs- und Dachabdichtungsarbeiten
DIN 18339	Klempnerarbeiten
DIN 18340	Trockenbauarbeiten
DIN 18345	Wärmedämm-Verbundsysteme
DIN 18349	Betonerhaltungsarbeiten
DIN 18350	Putz- und Stuckarbeiten
DIN 18351	Vorgehängte hinterlüftete Fassaden
DIN 18352	Fliesen- und Plattenarbeiten
DIN 18353	Estricharbeiten
DIN 18354	Gussasphaltarbeiten
DIN 18355	Tischlerarbeiten
DIN 18356	Parkettarbeiten
DIN 18357	Beschlagarbeiten
DIN 18358	Rollladenarbeiten
DIN 18360	Metallbauarbeiten
DIN 18361	Verglasungsarbeiten
DIN 18363	Maler- und Lackiererarbeiten – Beschichtungen
DIN 18364	Korrosionsschutzarbeiten an Stahl- und Aluminiumbauten
DIN 18365	Bodenbelagsarbeiten
DIN 18366	Tapezierarbeiten
DIN 18367	Holzpflasterarbeiten
DIN 18379	Raumlufttechnische Anlagen

Tabelle 2.4-2 (Fortsetzung)

DIN 18380	Heizanlagen und zentrale Wassererwärmungsanlagen
DIN 18381	Gas-, Wasser- und Entwässerungsanlagen innerhalb von Gebäuden
DIN 18382	Nieder- und Mittelspannungsanlagen mit Nennspannungen bis 36 kV
DIN 18384	Blitzschutzanlagen
DIN 18385	Förderanlagen, Aufzugsanlagen, Fahrtreppen und Fahrsteige
DIN 18386	Gebäudeautomation
DIN 18421	Dämmarbeiten an technischen Anlagen
DIN 18451	Gerüstarbeiten
DIN 18459	Abbruch- und Rückbauarbeiten

gungsordnung für Leistungen – ausgenommen Bauleistungen – (VOL) die dritte große Säule innerhalb der Verdingungsordnungen. Die VOF 2006 vom 16.03.2006 wurde im Bundesanzeiger Nr. 91a vom 13.05.2006 bekannt gemacht; sie ist am 01.11.2006 bundesweit in Kraft getreten.

Anders als VOB und VOL ist die VOF nicht in einen Teil A (Ausschreibungs- und Vergabeverfahren) und einen Teil B (Abwicklung eines Vertrages) gegliedert; vielmehr gibt die VOF nur Regelungen für das *Vergabeverfahren* für freiberufliche Dienstleistungsaufträge vor. Die VOF ist nur für die Vergabe von freiberuflichen Dienstleistungsaufträgen ab den Schwellenwerten anzuwenden; unterhalb dieser Schwellenwerte gelten für freiberufliche Dienstleistungsaufträge nur die haushaltsrechtlichen Regelungen der öffentlichen Auftraggeber. Die VOF ist – sofern alle übrigen Voraussetzungen für die Anwendung der VOF erfüllt sind – anzuwenden, wenn folgende Schwellenwerte erreicht werden:

– 137 000 € bei freiberufliche Dienstleistungsaufträge der obersten oder oberen Bundesbehörden,
– 211 000 € bei allen anderen freiberuflichen Dienstleistungsaufträgen,
– 137 000 € für Auslobungsverfahren (also insbesondere Architektenwettbewerbe), die zu freiberuflichen Dienstleistungsaufträgen der obersten oder oberen Bundesbehörden sowie vergleichbarer Bundeseinrichtungen führen sollen,
– 211 000 € bei allen übrigen Auslobungsverfahren (also insbesondere Architektenwettbewerbe), die zu freiberuflichen Dienstleistungsaufträgen führen,
– 137 000 € bei freiberuflichen Auslobungsverfahren (z. B. Ideenwettbewerbe im Architekturbereich), die nicht zu freiberuflichen Dienstleis-

tungsaufträgen der obersten oder oberen Bundesbehörden sowie vergleichbarer Bundeseinrichtungen führen sollen,
– 211 000 € bei allen übrigen freiberuflichen Auslobungsverfahren (z. B. Ideenwettbewerbe im Architekturbereich), die nicht zu freiberuflichen Dienstleistungsaufträgen führen sollen,
– 80 000 € für Lose von freiberuflichen Dienstleistungsaufträgen sowohl der obersten oder oberen Bundesbehörden sowie vergleichbarer Bundeseinrichtungen, als auch allen übrigen freiberuflichen Dienstleistungsaufträgen,
– bei Losen unterhalb von 80 000 €, deren addierter Wert ab 20 vom Hundert des Gesamtwertes aller Lose beträgt.

Für die Vergabe von Architekten- und Ingenieurleistungen unterhalb der EG-Schwellenwerte gelten die Haushaltsordnungen des Bundes, der Länder und der Kommunen. Dabei wird i. d. R. wie folgt verfahren:

– Für die Planung größerer Hochbauten, jedoch mit einem Honorarvolumen unterhalb der EG-Schwellenwerte, ist der *Realisierungswettbewerb* nach GRW 1995 ein geeignetes Verfahren zur Erlangung optimaler architektonischer und funktioneller Lösungen (GRW Grundsätze und Richtlinien für Wettbewerbe auf den Gebieten der Raumplanung, des Städtebaus und des Bauwesens).
– Für die Planung von kleineren Hochbauten sowie von Ingenieurbauwerken und Verkehrsanlagen ist die *Direktvergabe* unter Beachtung der Kriterien Fachkunde, Erfahrung, Leistungsfähigkeit und Zuverlässigkeit sowie des Gebots der Auftragsstreuung die Regel.

– Honoraranfragen bzw. -gespräche vor der Beauftragung sind nach wie vor ausgeschlossen, da die Honorarordnung für Architekten und Ingenieure (HOAI) als geltendes Preisrecht dem entgegensteht. Es gilt daher der *Leistungswettbewerb* anstelle des Preiswettbewerbs.

Die VOF gliedert sich in

Kapitel 1: Allgemeine Vorschriften, insbesondere Regelungen, die bei der Durchführung des Verhandlungsverfahrens zu beachten sind (§§ 1–21)

Kapitel 2: Besondere Vorschriften zur Vergabe von Architekten- und Ingenieurleistungen (§§ 22–26), sowie

Anhang I

Anhang II: Anforderungen an die Geräte, die für den elektronischen Empfang der Anträge auf Teilnahme und der Angebote verwendet werden

Anhang TS: Technische Spezifikationen.

Die Bestimmungen der VOF sind auf die Vergabe von freiberuflichen Leistungen anzuwenden, soweit sie im Anhang I A und im Anhang I B der VOF genannt sind. Die in den Anhängen I A und I B genannten Dienstleistungen können nur dann von der VOF erfasst werden, wenn es sich um freiberufliche Leistungen im Sinne des § 1 VOF handelt; für die übrigen (gewerblichen) Dienstleistungen der Anhänge I A und I B gelten die Regelungen der VOL/A.

Nach Anhang I A gelten für Architekten- und Ingenieurleistungen die Kategorien:

11 Unternehmensberatung und verbundene Tätigkeiten sowie

12 Architektur, technische Beratung und Planung; integrierte technische Leistungen; Stadt- und Landschaftsplanung; zugehörige wissenschaftliche und technische Beratung; technische Versuche und Analysen.

Nach §§ 1 u. 2 findet die VOF Anwendung auf die Vergabe von Leistungen, die im Rahmen einer freiberuflichen Tätigkeit erbracht oder im Wettbewerb mit freiberuflich Tätigen angeboten werden. Eindeutig und erschöpfend beschreibbare freiberufliche Leistungen sind jedoch nach der VOL/A zu vergeben. Diese Einschränkung hat europarechtlichen Hintergrund. Entscheidend für die Zulassung des Verhandlungsverfahrens nach der VOF ist näm-

lich, dass es sich um Dienstleistungen handelt, die vor Auftragsvergabe nicht hinreichend genau und erschöpfend beschreibbar sind, um im Rahmen der Bestimmungen eines offenen oder nichtoffenen Verfahrens vergeben werden zu können. Denn dann müsste der Auftraggeber im Stande sein, aufgrund seiner Leistungsbeschreibung ohne Verhandlungen einseitig den Zuschlag zu erteilen. Damit handelt es sich also um einen Ausnahmetatbestand des Verhandlungsverfahrens zum Anwendungsbereich des offenen bzw. nichtoffenen Verfahrens. Eine *nicht* eindeutig und erschöpfend beschreibbare freiberufliche Leistung liegt vor, wenn eine geistig-schöpferische, planerische Leistung im Sinne der Lösung einer Aufgabe nachgefragt wird. Da der Planungsanteil, der den überwiegenden Anteil des Vollauftrags ausmacht, von einer geistig-schöpferischen Tätigkeit geprägt ist und sich somit einer Beschreibbarkeit entzieht, wird bei der Vergabe von Architekten- und Ingenieurleistungen im Allgemeinen davon ausgegangen, dass die Leistungen vorab nicht eindeutig und erschöpfend beschreibbar sind.

Nach § 3 Abs. 1 ist bei der *Berechnung des Auftragswertes* von der geschätzten Gesamtvergütung für die vorgesehene Auftragsleistung gemäß HOAI auszugehen. Die gesplittete Beauftragung von Architekten- und Ingenieurleistungen an mehrere Auftragnehmer, die aber an einen Auftragnehmer vergeben werden könnten, stellt nach der Rechtsprechung im Ergebnis eine losweise Vergabe von Teilaufträgen derselben freiberuflichen Leistungen dar. Eine Aufteilung in selbständige Unteraufträge und damit eine Umgehung der Verpflichtung zur europaweiten Ausschreibung ist nicht zulässig. Zur Bestimmung derselben freiberuflichen Leistung orientiert man sich an der Differenzierung der Teile der Honorarordnung für Architekten und Ingenieure (HOAI) (VK Schleswig-Holstein, Beschluss v. 11.01.2006 – VK SH 28/05). Vergibt der öffentliche Auftraggeber Leistungen (insbesondere die Leistungen bei der Technischen Ausrüstung (Teil IX der HOAI)) an unterschiedliche freischaffende Ingenieure, dann sind die anrechenbaren Kosten für alle Anlagengruppen als Lose der technischen Ausrüstung gemäß § 3 Abs. 3 VOF zusammen zu zählen. Nach Auffassung der Vergabekammer Thüringen (Beschluss v. 22.1.2003 – Az.: 216-4004.20-067/02-EF-S) ist eine Vergabestelle dann, wenn sie Projektsteuerungsleistungen auf der Basis der Empfehlungen der AHO-Fachkommission Projektsteuerung ausgeschrieben hat (Heft 9, 2009), mit Blick auf den Schwellenwert an die Honorarempfehlungen der Fachkommission gebunden. Ist das Honorar frei vereinbar wie bei Leistungen nach § 31 HOAI 2002 (Projektsteuerung), so ist bei der Berechnung des Auftragswertes von üblichen Vergütungen auszugehen.

Der Auftraggeber kann gemäß § 6 in jedem Stadium des Vergabeverfahrens *Sachverständige* einschalten. Diese dürfen weder unmittelbar noch mittelbar an der betreffenden Vergabe beteiligt sein und auch nicht beteiligt werden.

In § 4 VOF sind Grundsätze der Vergabe, Informationsübermittlung und Vertraulichkeit der Anträge normiert:

Gemäß § 4 Abs. 1 sind Aufträge unter ausschließlicher Verantwortung des Auftraggebers im leistungsbezogenen Wettbewerb an fachkundige, leistungsfähige und zuverlässige Bewerber unter Beachtung des Gleichheitsgrundsatzes sowie unter Vermeidung unlauterer und wettbewerbsbeschränkender Verhaltensweisen zu vergeben. Beispielsweise stellt die Forderung nach örtlicher Präsenz eine Ungleichbehandlung dar und damit einen Verstoß gegen § 97 Abs. 2 GWB bzw. § 4 Abs. 2 VOF. Es ist Sache des Auftragnehmers und sein unternehmerisches Risiko, die Abstimmung zu gewährleisten. Andererseits ist nicht zu beanstanden, wenn der Auftraggeber von den Teilnehmern Angaben über die Erreichbarkeit und Präsenz im Bedarfsfall verlangt und das Angebot eines Jour fixe bei der Auswahl positiv bewertet, denn dieses Kriterium betrifft die Frage von Maßnahmen der Qualitätssicherung (§ 13 Abs. 2 f VOF) und bewirkt eine Steigerung der Effizienz.

Freiberufliche Leistungen sollen unabhängig von Ausführungs- und Lieferinteressen erbracht und kleinere Büroorganisationen und Berufsanfänger angemessen beteiligt werden. Allerdings soll § 4 Abs. 5 VOF eher als allgemeiner Programmsatz verstanden werden, denn es kann nicht strikt vom öffentlichen Auftraggeber verlangt werden, an schwierigen und komplexen Aufträgen Berufsanfänger immer angemessen zu beteiligen.

Die Rechtsprechung, dass der Auftraggeber den Eingang der Angebote mit Datum und Uhrzeit auf dem Angebotsumschlag, z. B. durch einen Posteingangsstempel mit Uhrzeitvermerk zu vermerken hat, ist mit § 4 Abs. 8 in die VOF 2006 übernommen worden.

In § 4 Abs. 6–7 ist die Regelung aufgenommen worden, dass die Auftraggeber in der Bekanntmachung oder den Vergabeunterlagen angeben, ob Informationen per Post, Telefax, direkt, elektronisch oder durch eine Kombination dieser Kommunikationsmittel übermittelt werden sowie die Verfügbarkeitsvoraussetzungen für die elektronische Kommunikation angeben.

In § 4 Abs. 9 trifft die VOF 2006 eingehende Regelungen für elektronische Angebote.

Wenn unter Beachtung des Vorstehenden sich ergeben hat, dass der öffentliche Auftraggeber zur Anwendung der VOF verpflichtet ist, ist die Vergabe des konkreten Auftrags nach der VOF durchzuführen.

Zunächst ist zu prüfen, ob eine Verpflichtung zur Vorabinformation besteht. Nach § 9 Abs. 1 veröffentlichen die Auftraggeber sobald wie möglich nach Beginn des jeweiligen Haushaltsjahres eine *unverbindliche Bekanntmachung* unter Verwendung des Musters nach Anhang I der Verordnung (EG) Nr. 1564/2005 im Amtsblatt der Europäischen Gemeinschaften oder in ihren Beschafferprofilen nach Absatz 5 über den vorgesehenen Gesamtwert der Aufträge für freiberufliche Leistungen nach Anhang I A, die in den folgenden zwölf Monaten vergeben werden sollen, sofern der nach § 3 geschätzte Wert mindestens 750 000 Euro beträgt. Das Verfahren der Vorinformation ist im Rahmen der Bekanntmachungsvorschriften der Vergabekoordinierungsrichtlinie geregelt. Grund hierfür ist, dass die Entstehung eines echten Wettbewerbs auf Gemeinschaftsebene gefördert werden soll, indem die potenziellen Bieter aus anderen Mitgliedstaaten auf die verschiedenen Angebote unter vergleichbaren Bedingungen wie die nationalen Bieter antworten können. Die Vorinformation ist zwingend schriftlich oder elektronisch per E-Mail dem Amt für amtliche Veröffentlichungen der Europäischen Gemeinschaften (2, rue Mercier, L-2985 Luxemburg, Telefax 352/2929- 44619; -42623; -42670; E-Mail mp-ojs@opoce.cec.eu.int) zu übermitteln. Inzwischen bietet das Amt für amtliche Veröffentlichungen der Europäischen Gemeinschaften auch die Möglichkeit, Bekanntmachungen online unter www.simap.eu.int unter der Rubrik „Auftraggeber-Seite" zu veröffentlichen.

Nach der Frage der Vorabinformation hat der öffentliche Auftraggeber die Vorentscheidung zu treffen, ob der Auftrag direkt im Verhandlungsverfahren vergeben wird oder ob zunächst ein Planungswettbewerb ausgelobt wird.

Als Vergabeverfahren ist gemäß § 5 Abs. 1 das *Verhandlungsverfahren mit vorheriger Vergabebekanntmachung* als Regelverfahren vorgeschrieben.

Demgegenüber steht das *Wettbewerbsverfahren*, §§ 20–25 VOF. Wettbewerbe eignen sich, um wirtschaftliche und innovative Lösungen besonders komplexer oder anspruchsvoller baukultureller Planungsaufgaben zu finden.

Das *Verhandlungsverfahren* ist in folgenden Varianten in der VOF beschrieben:

- mit vorheriger Bekanntmachung,
- beschleunigtes Verfahren,
- Verfahren ohne vorherige Bekanntmachung.

Das Regelverfahren ist das *Verhandlungsverfahren mit vorheriger Vergabebekanntmachung.* Verhandlungsverfahren sind nach § 5 Abs. 1 Satz 2 Verfahren, bei denen der Auftraggeber ausgewählte Personen anspricht, um über die Auftragsbedingungen zu verhandeln. Die vom Auftraggeber festgesetzte Frist für den Antrag auf Teilnahme beträgt mindestens 37 Tage, gerechnet vom Tag der Absendung der Bekanntmachung an.

Als Ausnahme kommt das *Beschleunigte Verfahren* in Betracht: Die vom Auftraggeber festgesetzte Frist für den Antrag auf Teilnahme beträgt nach § 14 Abs. 2 VOF in Fällen besonderer Dringlichkeit mindestens 15 Tage, gerechnet vom Tag der Absendung der Bekanntmachung an. Die Gründe der Dringlichkeit müssen sich anhand objektiver Kriterien nachweisen lassen.

Noch restriktiver ist der Anwendungsbereich für Verfahren ohne vorherige Bekanntmachung. Gemäß § 5 Abs. 2 können in sechs näher definierten Fällen Aufträge im Verhandlungsverfahren ohne vorherige Vergabebekanntmachung vergeben werden, z. B. wenn der Gegenstand des Auftrags eine besondere Geheimhaltung erfordert.

Gemäß § 9 Abs. 2 VOF teilen die Auftraggeber, die einen Auftrag für eine freiberufliche Leistung nach § 5 Abs. 1 VOF vergeben wollen, diese Absicht durch *Bekanntmachung* mit. Bekanntmachungen sind nach § 9 VOF unverzüglich elektronisch oder auf anderem Wege dem Amt für amtliche Veröffentlichungen der Europäischen Gemeinschaften zu übermitteln. Form und Umfang

der Bekanntmachung für das Regelverfahren und das Beschleunigte Verfahren erfolgen nach den Vorgaben des § 9 Abs. 3 VOF. Der Auftraggeber muss in der Bekanntmachung angeben, welche Nachweise über die finanzielle, wirtschaftliche und fachliche Eignung und welche weiteren Nachweise vom Bewerber zu erbringen sind. Zudem muss hinreichend genau angegeben werden, welche Leistung der Auftragnehmer ausführen soll.

Die *Veröffentlichung* der Bekanntmachung wird von dem Amt für amtliche Veröffentlichungen der Europäischen Gemeinschaften vorgenommen: Elektronisch erstellte und übersandte Bekanntmachungen werden spätestens fünf Tage nach ihrer Absendung an das Amt für amtliche Veröffentlichungen der Europäischen Gemeinschaften veröffentlicht. Nicht elektronisch erstellte und übersandte Bekanntmachungen werden spätestens zwölf Tage nach der Absendung veröffentlicht. Die Bekanntmachungen werden unentgeltlich ungekürzt im Supplement zum Amtsblatt der Europäischen Gemeinschaften in der jeweiligen Originalsprache und eine Zusammenfassung der wichtigsten Bestandteile davon in den anderen Amtssprachen der Gemeinschaft veröffentlicht; hierbei ist nur der Wortlaut in der Originalsprache verbindlich.

An die Bekanntmachung schließt sich das Verhandlungsverfahren an.

Das Verhandlungsverfahren nach der VOF gliedert sich in zwei Stufen (§§ 10, 16, 24 VOF):

- auf der ersten Stufe sind die Bewerber auszuwählen, die zu Verhandlungsgesprächen eingeladen werden,
- auf der zweiten Stufe wird aus dem Kreis der Verhandlungsteilnehmer der Auftragnehmer ermittelt.

Das Verhandlungsverfahren erfolgt also in zwei Stufen, dem Auswahlverfahren (hierzu im Einzelnen 2.4.4.1) und dem eigentlichen Verhandlungsverfahren (vgl. hierzu 2.4.4.2).

Das Verfahren zur Auswahl geeigneter Bewerber und das anschließende Verfahren zur Auftragsvergabe haben unterschiedliche Zwecke. Während die Bewerberauswahl eine personenbezogene Entscheidung zum Ausschluss ungeeigneter Bewerber ist, betrifft die Vergabeentscheidung den Gegenstand des Auftrages selbst. Da die VOF keine detaillierten Regelungen zur Durchführung des Verhandlungsverfahrens zur Verfügung stellt, hat der Auftraggeber einen großen Gestaltungsspielraum. Dennoch gelten die Verfahrensgrundsätze wie Transparenz und Nichtdiskriminierung.

Nach Auswahl der geeigneten Bewerber, die zu den Auftragsverhandlungen aufgefordert werden sollen, werden die eigentlichen Auftragsverhandlungen durchgeführt. Als erstes erfolgt die Aufforderung zur Verhandlung. Dieser ist eine vollständige Beschreibung der Aufgabenstellung beizufügen, die neben den bereits in der Bekanntmachung enthaltenen Angaben alle nach § 8 VOF erforderlichen Angaben enthält. Zu beachten ist hier, dass anders als die VOB/A die VOF keine Leistungsbeschreibung kennt. An die Stelle der Leistungsbeschreibung tritt in der VOF die *Aufgabenbeschreibung*. Grund hierfür ist, dass die VOF schon vom Anwendungsbereich her keine eindeutig und erschöpfend beschreibbaren Leistungen erfasst. Als Grundsatz heißt es in § 8 Abs. 1, dass der Auftraggeber die freiberuflichen Leistungen so zu beschreiben hat, dass alle Bewerber die Beschreibung im gleichen Sinne verstehen können.

Durch die VOF 2006 ist § 8 Abs. 2 VOF umfangreich geändert worden. Bei der Beschreibung der Aufgabenstellung sind technische Anforderungen entweder unter Bezugnahme auf die im Anhang TS definierten technischen Spezifikationen oder in Form von Leistungs- und Funktionsanforderungen zu formulieren. Eine Kombination ist ebenso möglich. Angesichts des neuen, strengeren § 8 VOF ist es zweifelhaft, ob die bisher übliche Art der Leistungsbeschreibung durch ausschließliche Bezugnahme auf die Ziffern von § 15 HOAI als zulässig angesehen werden kann. Denn die HOAI setzt keine europäischen Normen um.

Nach § 8 Abs. 8 VOF sind alle die Erfüllung der Aufgabenstellung beeinflussenden Umstände anzugeben, insbesondere solche, die dem Auftragnehmer ein ungewöhnliches Wagnis aufbürden oder auf die er keinen Einfluss hat und deren Einwirkung auf die Honorare oder Preise und Fristen er nicht abschätzen kann. Diese Regelung ist mit § 9 Abs. 2 VOB/A vergleichbar. Beispielsweise fehlt es an einer eindeutigen und erschöpfenden Beschreibung, wenn die Konturen der nachgefragten Leistung bzw. des nachgefragten Leistungskonglomerates auf der Basis der Aufgabenbeschreibung nicht deutlich werden (1. VK Bund, Beschluss v. 21.9.2001 – VK 1-33/01).

Neben der Aufgabenstellung ist ggf. der Hinweis aufzunehmen, dass zum Nachweis der Leistungsfähigkeit der Bewerbers Referenzobjekte vorgelegt werden dürfen, § 24 VOF.

Gemäß § 8 Abs. 3 Satz 2 in Verbindung mit § 16 Abs. 3 VOF haben die Auftraggeber in der Aufgabenbeschreibung oder der Vergabebekanntmachung alle *Auftragskriterien* und deren Gewichtung anzugeben, deren Anwendung vorgesehen ist, möglichst in der Reihenfolge der ihnen zuerkannten Bedeutung. Die in der Vergabebekanntmachung des Bekanntmachungsmusters (Verhandlungsverfahren) gemäß § 16 Abs. 3 geforderten Auftragskriterien bestehen im Wesentlichen aus Nachweisen über die finanzielle und wirtschaftliche Leistungsfähigkeit gemäß § 12 VOF und über die fachliche Eignung gemäß § 13 VOF.

Teilnehmer am Vergabeverfahren können einzelne oder mehrere natürliche bzw. juristische Personen sein, die freiberufliche Leistungen anbieten und die sich verpflichten, auftragsbezogene Auskünfte zu geben.

2.4.4.1 Auswahl der Teilnehmer für das Verhandlungsverfahren

§ 10 VOF regelt im Einzelnen das Verfahren für die Auswahl der Bewerber, die in das Verhandlungsverfahren einbezogen werden. Als erstes werden aus den eingegangenen Bewerbungen diejenigen ausgewählt, die nicht ausgeschlossen werden, um dann aus diesen *zugelassenen Bewerbern* diejenigen auszuwählen, die zur Teilnahme an den Auftragsverhandlungen aufgefordert werden.

Als formelle Voraussetzung gilt zunächst die fristgemäße und vollständige Übermittlung der Bewerbungsunterlagen.

Des Weiteren sind die *Ausschlusskriterien* nach § 11 VOF zu beachten.

§ 11 VOF regelt abschließend, unter welchen Voraussetzungen Bewerber von der Teilnahme am Vergabeverfahren auszuschließen sind. Neu sind in § 11 die Absätze 1 bis 3 aufgenommen worden, wonach Unternehmen von der Teilnahme an einem Vergabeverfahren wegen Unzuverlässigkeit *auszuschließen sind*, wenn der Auftraggeber Kenntnis davon hat, dass eine Person, deren Verhalten dem Unternehmen zuzurechnen ist, wegen eines der dort aufgeführten Straftatbestände rechtskräftig verurteilt worden ist (z. B. Bildung terroristischer Vereinigung, Geldwäsche, Betrug, Bestechung, Subventionsbetrug). Nach dem vorangegangenen § 11 VOF *konnte* ein Bewerber von der Teilnahme wegen Unzuverlässigkeit ausgeschlossen werden, dies bedeutete, es stand im Ermessen des Auftraggebers. Ermessen hat der Auftraggeber dagegen nach wie vor hinsichtlich der Ausschlussgründe nach § 11 Abs. 4 (Insolvenzverfahren, rechtskräftiges Urteil, welches berufliche Zuverlässigkeit in Frage stellt). Der Auftraggeber kann sein Ermessen aber auch dahingehend ausüben, dass er das Fehlen eines Nachweises nach § 11 Abs. 4 lit. e) erst in der weiteren Wertung und nicht als Ausschlusskriterium berücksichtigt. Der Auftraggeber ist nämlich nicht gehindert, einerseits auf den Ausschluss zu verzichten, andererseits aber im Rahmen der Wertung nach §§ 12, 13 die möglichen Ausschlussgründe zu beachten, indem er z. B. im Rahmen einer Bewertungsmatrix keine Punkte vergibt (VK Südbayern, Beschluss v. 07.07.2006 – 11-04/06).

Der Nachweis der *finanziellen und wirtschaftlichen Leistungsfähigkeit* nach § 12 VOF kann insbesondere durch einen in § 12 Abs. 1 genannten Nachweis erbracht werden, z. B. durch Bankenerklärungen und Umsatznachweise. Kann ein Bewerber aus einem wichtigen Grund die vom Auftraggeber geforderten Nachweise nicht beibringen, so kann er seine finanzielle und wirtschaftliche Leistungsfähigkeit durch Vorlage anderer, vom Auftraggeber für geeignet erachteter Belege nachweisen. Neu ist § 12 Abs. 3, wonach Bewerber sich, ggf. auch als Mitglied einer Bietergemeinschaft, bei der Erfüllung eines Auftrags der Fähigkeiten anderer Unternehmen bedienen können, ungeachtet des rechtlichen Charakters der zwischen ihm und diesen Unternehmen bestehenden Verbindungen. Er muss in diesem Fall dem Auftraggeber gegenüber nachweisen, dass ihm die erforderlichen Mittel zur Verfügung stehen, indem er beispielsweise eine entsprechende Verpflichtungserklärung dieser Unternehmen vorlegt. Ebenfalls neu ist § 12 Abs. 4, wonach Auftraggeber zusätzlich Angaben über Umweltmanagementverfahren verlangen können, die der Bewerber oder Bieter bei der Ausführung des Auftrags ggf. anwenden will.

Grundsatz ist, dass die *fachliche Eignung* von Bewerbern nach § 13 für die Durchführung von Dienstleistungen insbesondere aufgrund ihrer Fachkunde, Leistungsfähigkeit, Erfahrung und Zuverlässigkeit beurteilt werden kann. Es können nach dem Wortlaut also auch andere Gesichtspunkte Anwendung finden bzw. vom Auftraggeber verlangt werden.

Es können gemäß § 13 VOF die Nachweise gemäß lit. a-h verlangt werden. Diese Liste ist abschließend. Der Auftraggeber muss sich aber nicht für einen bestimmten Nachweis entscheiden, er kann also pauschal die Nachweise gemäß § 13 Abs. 2 Buchstaben a) bis h) verlangen (1. VK Sachsen-Anhalt, Beschluss v. 24.02.2006 – 1 VK LVwA 51/05). Ob dies bei jedem Vorhaben sinnvoll ist, ist dagegen eine andere Frage, denn wenn er die Nachweise verlangt, müssen sie auch in der Bewertung berücksichtigt werden.

Nachweise über die berufliche Befähigung des Bewerbers und/oder der Führungskräfte des Unternehmens (lit. a), insbesondere der für die zu vergebende Dienstleistung verantwortlichen Personen, werden entweder durch Berufszulassungen wie Mitgliedschaften in Architekten- und Ingenieurkammern oder Studiennachweise erbracht. Hinsichtlich des Nachweises der Qualifikation von Architekten und Ingenieuren ist § 23 als Spezialvorschrift zu beachten.

Durch den Nachweis der in den letzten 3 Jahren erbrachten Leistungen (lit. b) soll festgestellt werden, ob seitens des Bewerbers bereits Leistungen ausgeführt wurden, die mit der zu vergebenden Leistung vergleichbar sind. Bei öffentlichen Auftraggebern ist zusätzlich eine *Referenzauskunft* durch eine von der zuständigen Behörde ausgestellte oder beglaubigte Bescheinigung beizufügen.

Hinsichtlich der in § 13 Abs. 2 VOF erhobenen Forderung („Nachweise je nach Art … der betreffenden Dienstleistung …") sollte sich der Bewerber aber auf die Art der zu vergebenden Leistung konzentrieren. Eine beliebige Zusammenstellung erschwert die Information des prüfenden und wertenden Auftraggebers unnötig und läuft Gefahr, den Blick auf das Wesentliche zu verstellen (VK Südbayern, Beschluss v. 19.12.2006 – Z3-3-3194-1-35-11/06).

Nach § 13 Abs. 2 c wird die Angabe über die technische Leitung verlangt. Mit lit. c werden vor allem Angaben über die berufliche Befähigung und die zeitliche Verfügbarkeit des im Auftragsfall für die technische Leitung vorgesehenen Personals erwartet. Hierfür werden i. Allg. Mitarbeiter erwartet, die über eine berufliche Befähigung und eine mindestens fünfjährige Berufserfahrung verfügen (VK Südbayern, Beschluss v. 19.12.2006 – Az.: Z3-3-3194-1-35-11/06).

Es ist zu beachten, dass aus der Angabe der Rechnungswerte der letzten 3 Jahre (lit. b) und dem anzugebenden jährlichen Mittel der vom Bewerber in den letzten 3 Jahren Beschäftigten (lit. d) Rückschlüsse auf den Anteil der durch die Liste offengelegten Teilhonorare am Gesamtvolumen möglich sind.

Die Erklärung über die Ausstattung, die Geräte und die technische Ausrüstung des Bewerbers (lit. e) verlangt Angaben zur vorhandenen Hard- und Software sowie ihrer internen und externen Vernetzung.

Als geeignete Maßnahmen des Bewerbers zur *Gewährleistung der Qualität* und seiner Untersuchungs- und Forschungsmöglichkeiten (lit. f) sind die Einrichtung und Aufrechterhaltung eines Qualitätsmanagementsystems nach DIN EN ISO-9001, die auftragsspezifische Entwicklung und Anwendung eines Qualitätsmanagementplans und dessen Umsetzung in der Auftragsbearbeitung sowie die Bearbeitung von Forschungsaufträgen im Auftrag öffentlicher und privater Forschungsförderer in Zusammenarbeit mit Universitäten und Fachhochschulen anzusehen. Insoweit deckt sich dies mit dem neu eingeführten § 10 Abs. 3.

Bei Leistungen komplexer oder besonderer Art hat der Bewerber seine Bereitschaft zu einer Kontrolle durch den Auftraggeber zu erklären (lit. g). Eine solche Kontrolle hinsichtlich der auftragsspezifischen fachlichen Eignung des Bewerbers kann z.B. nach den Zertifizierungsrichtlinien externer Auditoren im Rahmen von *Zertifizierungsaudits* vorgenommen werden.

Die Angabe des Auftragsanteils im Unterauftrag (lit. h) soll den Eigenleistungsanteil des Bewerbers deutlich machen. Für die vorgesehenen Unterauftragnehmer sind dann die analogen allgemeinen und speziellen fachlichen Eignungsnachweise nach § 13 Abs. 2 zu führen wie für den Bewerber selbst.

Aus diesen zugelassenen Bewerbern werden im weiteren Verfahren diejenigen ausgewählt, die zur Teilnahme an den Auftragsverhandlungen aufgefordert werden. Aus den verbleibenden Bewerbern sind unter Beachtung des Gebots der Gleichbehandlung und Nichtdiskriminierung mindestens drei geeignete Bewerber zur Verhandlung aufzufordern, um einen echten Wettbewerb zu ermöglichen. Die Auswahl der Bewerber, die in das Verhandlungsverfahren einbezogen werden, wird sich somit im Wesentlichen aus der Beurteilung der fachlichen Eignung derjenigen Bewerber ergeben, die nicht vorher nach den §§ 11 u. 12 VOF ausgeschlossen wurden.

2.4.4.2 Entscheidung im Verhandlungsverfahren

Während die Bewerberauswahl eine personenbezogene Entscheidung zum Ausschluss ungeeigneter Bewerber ist, betrifft die Vergabeentscheidung den Gegenstand des Auftrages selbst. Letztere ist weithin eine auftragsbezogene Prognoseentscheidung, bei welcher der Vergabestelle ein grundsätzlich weiter Beurteilungsspielraum zusteht (Brandenburgisches OLG, Beschluss v. 13.09.2005 – Verg W 8/05).

Im Verhandlungsverfahren nach VOF fordert der Auftraggeber gleichzeitig alle Bewerber zur Verhandlung auf; diese Aufforderung enthält die Aufgabenbeschreibung nach § 8 und den Hinweis auf die Bekanntmachung (Bekanntmachungsnummer bei TED reicht). Wurden nicht bereits in der Vergabebekanntmachung alle Auftragskriterien angegeben, so hat dies spätestens in der Aufgabenbeschreibung oder – wie jetzt § 16 klarstellt – im Einladungsschreiben zu geschehen. Der Auftraggeber hat alle maßgebenden Auftragskriterien und deren Gewichtung anzugeben. Auf der Basis der Angebote werden im Folgenden Auftragsgespräche mit allen Bewerbern geführt. Die Auftragsgespräche haben sich, um zielführend sein zu können, auf die Angebote der Bewerber und damit auch das konkret zu vergebende Vorhaben zu beziehen. Der Auftraggeber ist zu inhaltlich auf die zu lösende Aufgabe bezogenen Gesprächen mit den Bewerbern verpflichtet, denn letztlich dient das Auftragsgespräch dazu, vertieft Lösungsansätze des Bewerbers zu erörtern und dabei zu ermitteln, ob sie eine sachgerechte und qualitätsvolle Leistungserfüllung erwarten lassen.

Bei der Entscheidung sind nach § 16 Abs. 2 Kriterien zu berücksichtigen, die für Architekten- und Ingenieurleistungen z.T. nur schwer fassbar sind (z.B. Qualität, fachlicher oder technischer Wert, Ästhetik, Zweckmäßigkeit, Kundendienst und technische Hilfe).

Aufgrund der Aufgabenbeschreibung und der die Aufgabenstellung beeinflussenden Umstände gemäß § 8 VOF sind jedoch weitere Auftragskriterien heranzuziehen, die eine nachprüfbare Entscheidung für denjenigen Bewerber ermöglichen, der gemäß § 16 Abs. 1 VOF aufgrund der ausgehandelten Auftragsbedingungen die bestmögliche Leistung erwarten lässt.

Die Auftragskriterien sind durch die Bewerber nur teilweise bereits im Zusammenhang mit den Nachweisen zum Teilnahmeantrag darstellbar. Teilweise wird sich der Auftraggeber einen *persönlichen Eindruck* im Rahmen der Präsentationen während des Verhandlungsverfahrens verschaffen wollen und anschließend seine Beurteilung und Bewertung vornehmen.

Bei Architekten- und Ingenieurleistungen ist der Auftrag nach § 24 Abs. 1 an den Bewerber zu vergeben, der nach dem Ergebnis der Auftragsgespräche im Hinblick auf die gestellte Aufgabe am ehesten die Gewähr für eine sachgerechte und qualitätsvolle Leistungserfüllung bietet.

Nach § 17 Abs. 4 hat der Auftraggeber alle nicht berücksichtigten Bieter, die dies schriftlich beantragen, über den Namen des Bieters, dessen Angebot angenommen werden soll, und über den Grund der Ablehnung zu informieren. Dies muss 15 Tage nach dem Antrag geschehen. Unter den in § 17 Abs. 4 S. 2 genannten Gründen kann der Auftraggeber diese Informationen zurückhalten. Hieraus folgt, dass die Vorabinformationspflicht nach § 13 VgV im Verfahren nach VOF nicht gilt.

Nach dieser Vorabinformationsfrist kann der Vertrag geschlossen werden.

Nach § 17 Abs. 1 ist über den vergebenen Auftrag eine Mitteilung anhand einer Bekanntmachung zu machen und spätestens 48 Tage nach Vergabe an das Amt für amtliche Veröffentlichungen zu übermitteln.

2.4.4.3 Weitere Verfahrensfragen

§ 14 Fristen, § 15 Kosten, § 16 Auftragserteilung, § 17 Vergebene Aufträge, § 18 Vergabevermerk, § 19 Melde- und Berichtspflichten sowie § 21 Nachprüfungsbehörden enthalten formale Verfahrensanweisungen.

In § 16 Abs. 3 Satz 2 ist das geltende Preisrecht nach HOAI verankert: „Ist die zu erbringende Leis-

tung nach einer gesetzlichen Gebühren- oder Honorarordnung zu vergüten, ist der Preis nur im dort vorgeschriebenen Rahmen zu berücksichtigen."

Nach § 20 sind für die Durchführung von Wettbewerben, die zu Dienstleistungsaufträgen ECU führen, die in den Abs. 3ff. genannten Regeln zu beachten.

In den *Besonderen Vorschriften* zur Vergabe von Architekten- und Ingenieurleistungen des Kapitels 2 der VOF werden in § 22 der Anwendungsbereich, § 23 die Qualifikation des Auftragnehmers, § 24 die Auftragserteilung, § 25 Planungswettbewerbe und § 26 Unteraufträge geregelt.

Verlangt der Auftraggeber außerhalb eines Planungswettbewerbs Lösungsvorschläge für die Planungsaufgabe, so sind diese gemäß § 24 Abs. 3 nach den Bestimmungen der HOAI zu vergüten. Gemäß § 24 Abs. 2 Satz 3 darf die Auswahl eines Bewerbers nicht dadurch beeinflusst werden, dass von Bewerbern zusätzlich unaufgefordert Lösungsvorschläge eingereicht wurden.

§ 25 enthält ergänzende Regeln zu § 20 zur Durchführung von Planungswettbewerben. Zwingende Voraussetzung ist gemäß § 20 Abs. 2 in Verbindung mit Abs. 8 VOF, dass der Auftraggeber, der einen Wettbewerb durchführen will, seine Absicht durch Bekanntmachung mitteilt und unverzüglich dem Amt für amtliche Veröffentlichungen mitteilt. § 25 konkretisiert bestimmte Vergabegrundsätze für den Planungswettbewerb mit dem Ziel, alle Bewerber gleichzustellen.

2.4.5 Honorarordnung für Architekten und Ingenieure (HOAI)

Claus Jürgen Diederichs

Die Honorarordnung für Architekten und Ingenieure (HOAI) trat erstmalig nach Veröffentlichung im Bundesgesetzblatt am 17.09.76 (BGBl I S. 2805) am 01.01.1977 in Kraft. Seit dem 11.08.2009 gilt die 6. Novelle der HOAI (HOAI 2009 ≙ HOAI n.F.).

Dennoch führen viele Vorschriften der HOAI immer wieder zu zahlreichen Streitigkeiten. Dies zeigt sich auch in der Fülle der dazu ergangenen gerichtlichen Entscheidungen.

2.4.5.1 Rechtsgrundlage der HOAI

Rechtsgrundlage der HOAI ist Art. 10 *Gesetz zur Regelung von Ingenieur- und Architektenleistungen* (GIA) i. d. F. vom 12.11.1984 (BGBl I S. 1337) des Artikelgesetzes zur Verbesserung des Mietrechts und zur Begrenzung des Mietanstiegs sowie zur Regelung von Ingenieur- und Architektenleistungen (MRVG) vom 04.11.1971 (BGBl I S. 1745). Nach den §§ 1 und 2 des Artikelgesetzes wird die Bundesregierung „ermächtigt, durch Rechtsverordnung mit Zustimmung des Bundesrates eine Honorarordnung für Leistungen der Ingenieure (bzw. der Architekten) zu erlassen. In der *Honorarordnung* sind Honorare für Leistungen bei der Beratung des Auftraggebers, bei der Planung und Ausführung von Bauwerken und technischen Anlagen, bei der Ausschreibung und Vergabe von Bauleistungen sowie bei der Vorbereitung, Planung und Durchführung von städtebaulichen und verkehrstechnischen Maßnahmen zu regeln".

Artikel 10 § 3 MRVG enthält auch das sog. „Kopplungsverbot". Es besagt: „Eine Vereinbarung, durch die der Erwerber eines Grundstücks sich im Zusammenhang mit dem Erwerb verpflichtet, bei der Planung oder Ausführung eines Bauwerks auf dem Grundstück die Leistungen eines bestimmten Ingenieurs oder Architekten in Anspruch zu nehmen, ist unwirksam". Die Diskussion über die verfassungsrechtliche Zulässigkeit des Kopplungsverbotes wurde durch Urteil des OLG Düsseldorf vom 21.08.2007, AZ 21 O 239/06, entschieden. Im ersten Leitsatz heißt es:

„*Art. 10 § 3 MRVG verstößt nicht gegen den Gleichbehandlungsgrundsatz nach Art. 3 Abs. 1 GG. Soweit die Regelung zu einer Ungleichbehandlung von freiberuflichen Architekten und Bauunternehmen führt, liegt aufgrund der unterschiedlichen Berufsbilder schon kein vergleichbarer Sachverhalt vor. Aber auch die Ungleichbehandlung von freiberuflichen Architekten, die sich über ihr eigentliches Berufsbild hinaus als Generalunternehmer, Generalübernehmer oder Bauträger betätigen und Unternehmen, die die Leistungen anbieten, ist nicht willkürlich, sondern zur Sicherung des freien Wettbewerbs unter Architekten und Ingenieuren zum Schutze von Bauwilligen sowie von Mietern sachlich gerechtfertigt.*"

Mit dem BGH-Urteil vom 25.09.2008, AZ VII ZR 174/07 wird das Kopplungsverbot jedoch dann eingeschränkt, wenn der Bauwillige selbst die Initiative ergreift. Im Leitsatz dieses Urteils heißt es dazu:

„*Tritt ein Bauwilliger an einen Architekten mit der Bitte heran, ein passendes Grundstück für ein bestimmtes Projekt zu vermitteln, und stellt er ihm gleichzeitig in Aussicht, ihn im Erfolgsfall mit den Architektenleistungen zu beauftragen, ist der in der Folge abgeschlossene Architektenvertrag nicht nach Art. 10 § 3 MRVG unwirksam.*"

Seit 1977 wurde die HOAI mehrfach geändert. Vom 01.01.1996 bis 10.08.2009 galt die 5. ÄndVO vom 21.09.1995 (BGBl I S. 1174) bzw. nach der Umstellung auf Euro vom 10.11.2001 (BGBl I S. 2992) (HOAI a.F.).

2.4.5.2 Rechtsnatur und Anwendungsbereiche der HOAI

Die Bestimmungen der HOAI sind nahezu ausschließlich *öffentliches Preisrecht* [Locher u. a. 2006, § 1 Rdn. 6]. Lediglich § 8 *Zahlungen* greift in das Vertragsrecht des BGB (§ 631 ff.) ein. Dennoch wurde diese Regelung als § 15 in die 6. Novelle der HOAI fast unverändert übernommen.

Die Leistungsbilder der HOAI dienen allein zur Ermittlung der Honorare als Gebührentatbestände und nicht als normative Leitbilder. Die HOAI regelt nicht, welche Leistungen der Architekt bzw. der Ingenieur zu erbringen hat. Deren Umfang bestimmt sich allein nach dem geschlossenen Werkvertrag auf der Basis von §§ 631 ff. BGB. So haben z. B. die in § 15 Abs. 2 HOAI a.F. aufgelisteten Grundleistungen der Objektplanung für Gebäude nur preisrechtliche Bedeutung.

Ergänzend zu §§ 631 ff. BGB werden durch § 8 HOAI a.F. Fälligkeitsvoraussetzungen für das Honorar geschaffen. Gemäß Abs. 1 ist dies erst fällig, wenn der Architekt oder Ingenieur

– seine Leistung vertragsgemäß erbracht,
– eine prüfbare Honorarschlussrechnung erstellt und
– diese dem Auftraggeber überreicht hat.

§ 8 gilt gemäß BGH-Urteil von 1981 [BauR 1981, S. 582] automatisch, auch bei einem mündlichen Vertrag ohne Verweis auf die HOAI. Damit geht

§ 8 der Fälligkeitsvorschrift des § 641 BGB vor, die nur die Abnahme der Leistung und keine Schlussrechnung verlangt.

Die HOAI ist auch nicht abdingbar. Ein *Verstoß gegen die HOAI* zieht allerdings keine straf- oder bußgeldrechtlichen Konsequenzen nach sich. Beruft sich jedoch eine der Parteien im Zivilprozess auf die HOAI, so muss das Gericht diese zugrunde legen. Stellen die Parteien eine nach dem System der HOAI unwirksame Honorarvereinbarung im Prozess unstreitig, so kann das Gericht wegen des Verhandlungsgrundsatzes nicht von sich aus die Wirksamkeit der Vereinbarung nach HOAI überprüfen.

Als Preisrecht legt die HOAI gemäß § 4 HOAI a.F. verbindlich sowohl den nach den Anforderungen der HOAI berechneten Mindestsatz als auch den Höchstsatz fest. Nach § 4 Abs. 1 richtet sich das *Honorar* nach der schriftlichen Vereinbarung, die die Vertragsparteien bei Auftragserteilung im Rahmen der in der HOAI festgesetzten Mindest- und Höchstsätze treffen. Sofern nicht bei Auftragserteilung etwas anderes schriftlich vereinbart worden ist, gelten die jeweiligen Mindestsätze als vereinbart (§ 4 Abs. 4). Die Mindestsätze sind nicht als übliche Vergütung anzusehen. Fehlt es an einer schriftlichen Vereinbarung, so erscheint es zumindest auch zweifelhaft, ob man ohne weitere Anhaltspunkte vom Mittelsatz ausgehen kann [Locher u. a. 2006, § 4 Rdn. 74].

Nach § 4 Abs. 2 können die Mindestsätze nur *„in Ausnahmefällen"* durch schriftliche Vereinbarung unterschritten werden. Hierzu hat der BGH mit Urteil vom 22.05.1997 u. a. entschieden (VII ZR 290/95): *„Ein Ausnahmefall, in dem die Unterschreitung der Mindestsätze zulässig ist, liegt vor, wenn aufgrund der besonderen Umstände des Einzelfalles unter Berücksichtigung des Zwecks der Mindestsatzregelung ein unter den Mindestsätzen liegendes Honorar angemessen ist"*.

Ein solcher Ausnahmefall könne z. B. bei engen Beziehungen rechtlicher, wirtschaftlicher, sozialer oder persönlicher Art oder sonstigen besonderen Umständen gegeben sein, die etwa in der mehrfachen Verwendung einer Planung liegen.

Vereinbare ein Architekt zunächst ein Honorar, das die Mindestsätze in unzulässiger Weise unterschreite, so verhalte er sich widersprüchlich, wenn er später nach den Mindestsätzen abrechnen wolle. Dieses widersprüchliche Verhalten stehe nach Treu

und Glauben einem Geltendmachen der Mindestsätze entgegen, sofern der Auftraggeber auf die Wirksamkeit der Vereinbarung vertraut habe und vertrauen durfte und er sich darauf in einer Weise eingerichtet habe, dass ihm die Zahlung des Differenzbetrags zwischen dem vereinbarten Honorar und den Mindestsätzen nach Treu und Glauben nicht zugemutet werden könne.

Die Höchstsätze dürfen gemäß § 4 Abs. 3 nur bei außergewöhnlichen oder ungewöhnlich lange dauernden Leistungen durch schriftliche Vereinbarung überschritten werden.

Der *Anwendungsbereich der HOAI* ist in § 1 geregelt. Danach gelten die Bestimmungen der HOAI *„für die Berechnung der Entgelte für die Leistungen der Architekten und der Ingenieure (Auftragnehmer), soweit sie durch Leistungsbilder oder andere Bestimmungen dieser Verordnung erfasst werden"*.

Der *sachliche Anwendungsbereich* der HOAI betrifft die Regelung der Honorare für alle Architekten- und Ingenieurleistungen, die Bauwerke aller Art betreffen. Sofern weder ein Leistungsbild noch eine andere Bestimmung der HOAI die konkreten Leistungen erfasst, ist die HOAI nicht anwendbar und damit eine freie Honorarvereinbarung möglich und erforderlich. Dies gilt z. B. für Planungsleistungen der Architekten und Ingenieure zur Sanierung von Altlasten und den Abbruch von Gebäuden, für Projektentwicklungs- und Projektsteuerungsleistungen sowie für Gutachten.

Der *persönliche Anwendungsbereich* der HOAI erstreckt sich auf Leistungen der Architekten und Ingenieure, unabhängig davon, ob diese von freiberuflichen oder baugewerblich tätigen, angestellten oder beamteten Personen erbracht werden. Auf das angestellten- oder arbeitnehmerähnlich ausgestattete freie Mitarbeiter- und Beamtenverhältnis ist die HOAI jedoch nicht anwendbar.

Gemäß BGH-Urteil vom 22.05.1997 – VII ZR 290/95 ist sie auch nicht anwendbar auf Anbieter, die neben oder zusammen mit Bauleistungen auch Architekten- oder Ingenieurleistungen erbringen, wie Bauträger und andere Anbieter kompletter Bauleistungen, welche die dazu erforderlichen Ingenieur- und Architektenleistungen einschließen.

Darüber hinaus ist durch dieses BGH-Urteil entschieden, dass die HOAI auch für Nicht-Architekten und Nicht-Ingenieure gilt. Nach herrschender Meinung und nunmehr auch BGH-Entscheidung ist die HOAI nicht berufsbezogen, sondern leistungsbezogen ausgestaltet, so dass sie auch für die von der HOAI erfassten Leistungen gilt, die von Personen oder Institutionen erbracht werden, die nicht zur Führung der Berufsbezeichnungen „Architekt" oder „Ingenieur" berechtigt sind (z.B. Geowissenschaftler).

Nach dem Prinzip der Leistungsorientierung steht einem Architekten oder Ingenieur auch dann ein Honorar nach HOAI zu, wenn er in einem anderen Leistungsbereich aus der HOAI tätig wird (z.B.: Bauingenieur erbringt Leistungen der Objektplanung).

Der *räumliche Anwendungsbereich* ist in der HOAI nicht ausdrücklich geregelt. Strittig ist die Honorierung von ausländischen Architekten und Ingenieuren durch inländische Auftraggeber bei Bauvorhaben im Inland. In § 1 Anwendungsbereich der 6. Novelle der HOAI heißt es nun:

„Diese Verordnung regelt die Berechnung der Entgelte für die Leistungen der Architekten und Architektinnen und der Ingenieure und der Ingenieurinnen (Auftragnehmer oder Auftragnehmerinnen) mit Sitz im Inland, soweit die Leistungen durch diese Verordnung erfasst und vom Inland aus erbracht werden."

In Artikel 16 *Dienstleistungsfreiheit* der Richtlinie 2006/123/EEG des Europäischen Parlaments und des Rates vom 12.12.2006 über Dienstleistungen im Binnenmarkt (Dienstleistungsrichtlinie 2006) wird hierzu folgendes geregelt:

„(1) Die Mitglieder achten das Recht der Dienstleistungserbringer, Dienstleistungen in einem anderen Mitgliedsstaat als demjenigen ihrer Niederlassung zu erbringen.

Der Mitgliedsstaat, in dem die Dienstleistung erbracht wird, gewährleistet die freie Aufnahme und freie Ausübung von Dienstleistungstätigkeiten innerhalb seines Hoheitsgebiets. ...

(2) Die Mitgliedsstaaten dürfen die Dienstleistungsfreiheit eines in einem anderen Mitgliedsstaat niedergelassenen Dienstleistungserbringers nicht einschränken, indem sie diesen einer der folgenden Anforderungen unterwerfen: ...

d) der Anwendung bestimmter vertraglicher Vereinbarungen zur Regelung der Beziehungen zwischen dem Dienstleistungserbringer und dem Dienstleistungsempfänger, die eine selbstständige

Tätigkeit des Dienstleistungserbringers verhindert oder beschränkt; ..."

Diese Regelungen schützen danach Dienstleistungserbringer, die Dienstleistungen in einem anderen Mitgliedsstaat als demjenigen ihrer Niederlassung erbringen, d.h. das Behinderungsverbot schützt Planer mit Bürositz im Ausland.

In der Begründung zur 6. Novelle heißt es unter A. I. dazu:

„Unbestritten ist, dass Artikel 16 der Dienstleistungsrichtlinie auf die HOAI anwendbar ist und dass staatliches Preisrecht die Dienstleistungsfreiheit grundsätzlich beschränkt. Die jüngsten Feststellungen des EuGH im Cipolla-Urteil (vom 05.12.2006) untermauern, dass Mindest- und Höchstsätze Eingriffe in die Dienstleistungsfreiheit darstellen."

Zusammenfassend galt für die 5. Novelle, dass das Preisrecht der HOAI a.F. anzuwenden ist, wenn Leistungen für ein inländisches Bauvorhaben erbracht werden, unabhängig davon, wo der Auftraggeber sowie die Architekten und Ingenieure ihren Sitz haben. Nach der 6. Novelle gilt sie nur für Planer mit (nicht nur vorübergehendem) Sitz im Inland, soweit die Leistungen durch die Regelungen der 6. Novelle erfasst und vom Inland aus erbracht werden. Auf Leistungen deutscher Architekten und Ingenieure für Bauvorhaben im Ausland ist die HOAI nicht anzuwenden.

2.4.5.3 Preisrechtlich geregelte Planungsleistungen

Die bis 10.08.2009 geltende 5. Novelle der HOAI enthält in Teil I *Allgemeine Vorschriften* (§§ 1–9), in den Teilen II–XIII preisrechtliche Vorschriften zu verschiedenen Planungsleistungen (§§ 10–100) und im Teil XIV *Schluss- und Überleitungsvorschriften* (§§ 101–103).

Für folgende Planungsbereiche wurden durch die Preisrechtsvorschriften der HOAI a.F. die Honorare innerhalb vorgegebener Mindest- und Höchstsätze geregelt:

§ 15	Objektplanung für Gebäude, Freianlagen und raumbildende Ausbauten,
§ 34	Wertermittlungen,
§ 37	Flächennutzungsplan,
§ 40	Bebauungsplan,
§ 45a	Landschaftsplan,

§ 46 Grünordnungsplan,
§ 47 Landschaftsrahmenplan,
§ 48a Umweltverträglichkeitsstudie,
§ 49a Landschaftspflegerischer Begleitplan,
§ 49c Pflege- und Entwicklungsplan,
§ 55 Objektplanung für Ingenieurbauwerke und Verkehrsanlagen,
§ 57 Örtliche Bauüberwachung,
§ 61a Verkehrsplanerische Leistungen,
§ 64 Tragwerksplanung,
§ 73 Technische Ausrüstung,
§§ 77 u. 78 Thermische Bauphysik (Wärme- und Kondensatfeuchteschutz),
§§ 80, 81, 85 u. 86 Schallschutz (Bauakustik und Raumakustik),
§§ 91 u. 92 Bodenmechanik, Erd- und Grundbau,
§§ 96, 97b, 98b u. 100 Vermessungstechnik (Entwurfs-, Bauvermessung und sonstige vermessungstechnische Leistungen).

Für die in § 31 HOAI a.F. nur unzureichend beschriebenen Leistungen der *Projektsteuerung* (fehlende Einteilung in Grund- und Besondere Leistungen, fehlende Differenzierung nach Leistungsphasen, fehlende Gliederung nach Handlungsbereichen bzw. Tätigkeitsschwerpunkten) wurde mit den §§ 205 und 206 von der Fachkommission *„Projektsteuerung/Projektmanagement"* des Ausschusses der Verbände und Kammern der Ingenieure und Architekten für die Honorarordnung e.V. [AHO 2009, 3. Auflage] eine seit 1996 weit verbreitete Leistungsbeschreibung für die Projektsteuerung und auch die Projektleitung geschaffen, die für die konkrete Anwendung im Einzelfall geeignet ist.

Für bisher in der HOAI ebenfalls unzureichend beschriebene Leistungen der *Sanierung von Altlasten* wurde durch die Fachkommission *„Baufeldfreimachung/Altlasten"* unter Ziff. 2 in Nr. 8 der Schriftenreihe des AHO (1996 b) ein in sechs Leistungsstufen gegliedertes Leistungsbild Altlastensanierung geschaffen, das auch eine Beschreibung der Aufgabenstellung nach den Anforderungen gemäß § 6 VOF 2009 erlaubt und stufenweise dem jeweiligen Einzelfall angepasst werden kann. Unter Ziff. 3 werden diese Grundleis-

tungen erläutert und unter Ziff. 4 ein Honorarmodell entwickelt, das sich am angemessenen Aufwand orientiert.

Von dieser Fachkommission wurde mit Nr. 18 der Schriftenreihe des AHO (2004) unter Ziff. 3 ein in vier Leistungsstufen gegliederter Leistungskatalog für *Planer- und Gutachterleistungen bei der Baufeldfreimachung* und unter Ziff. 5 ein in sechs Stufen gegliederter Leistungskatalog für *Planer- und Gutachterleistungen bei Schadstoffen in Bauwerken, Verkehrsanlagen und sonstigen Anlagen* geschaffen mit anschließender Kommentierung jeweils unter den Ziff. 4 und 6. Unter Ziff. 7 wird die Honorierung von Planer- und Gutachterleistungen bei der Baufeldfreimachung nach einem Zeitaufwandsmodell für die projektkostenunabhängige Honorarermittlung zur Vermeidung von Konflikten aus Honorarsteigerungen bei Erhöhung der Kosten für die Baufeldfreimachung vorgestellt. Die Verständigung auf einen erforderlichen Personaleinsatz und auf die notwendige Mitarbeiterqualifikation setzt ein besonderes Vertrauensverhältnis zwischen Auftragnehmer und Auftraggeber sowie hohe Qualität und Intensität in der Planung und Umsetzung der Baufeldfreimachung voraus.

In der Schriftenreihe des AHO sind weiterhin folgende Veröffentlichungen mit Leistungsbildern erschienen:

Nr. 11 (2002, 2. Aufl.) HOAI-Leistungsbilder von Anlagen der Technischen Ausrüstung nach Teil IX bei der funktionalen Leistungsvergabe inkl. komplementärem Leistungsbild des Generalunternehmers

Nr. 12 (2000) HOAI-Arbeitshilfen zur Vereinbarung von Ingenieurverträgen für die Bearbeitung von Generalentwässerungsplänen (GEP)

Nr. 15 (2001) SiGeKo-Praxishilfe zur Honorarermittlung für Leistungen nach der Baustellenverordnung

Nr. 16 (2010, 4. Aufl.) Untersuchungen zum Leistungsbild und zur Honorierung für das Facility Management Consulting

Nr. 17 (2009, 2. Aufl.) Leistungen für Brandschutz, Leistungsbild und Honorierung

Nr. 19 (2004) Neue Leistungsbilder zum Projektmanagement in der Bau- und Immobilienwirtschaft

Nr. 21 (2006) Interdisziplinäre Leistungen zur
Wertoptimierung von Bestandsimmobilien
Nr. 22 (2006) Interdisziplinäres Projektmanage-
ment für PPP-Hochbauprojekte
Nr. 23 (2008) Leistungsbild und Honorierung für
Leistungen nach der EneV
Nr. 24 (2008) Leistungsbild und Honorierung für
die Planung von Lichtsignalanlagen

Von verschiedenen Fachkommissionen des AHO
werden derzeit weitere Leistungsbilder für in der
HOAI unzureichend beschriebene Leistungen erarbeitet, so z. B. zu Leistungen für die *Fassaden-,
die Modernisierungs- und die Instandsetzungspla-
nung.*

2.4.5.4 Honorarrelevante allgemeine Vorschriften der HOAI a.F./n.F.

Gemäß § 2 Abs. 1 HOAI a.F. gliedern sich die in
Leistungsbildern erfassten Planungsaufgaben in
Grundleistungen und Besondere Leistungen.
Grundleistungen umfassen gemäß Abs. 2 die Leistungen, die zur ordnungsgemäßen Erfüllung eines
Auftrags im Allgemeinen erforderlich sind. Sachlich zusammengehörige Grundleistungen sind zu
jeweils in sich abgeschlossenen Leistungsphasen
zusammengefasst. Die nach HOAI zu berech-
nenden Honorare gelten für die Grundleistungen.

Nach Abs. 3 können *Besondere Leistungen* zu
den Grundleistungen hinzu oder an deren Stelle treten, wenn besondere Anforderungen an die Ausführung des Auftrags gestellt werden, die über die
allgemeinen Leistungen hinausgehen oder diese
ändern.

Gemäß § 4 Abs. 1 a.F. richtet sich das *Honorar*
nach der schriftlichen Vereinbarung, die die Vertragsparteien bei Auftragserteilung im Rahmen der
durch diese Verordnung festgesetzten Mindest-
und Höchstsätze treffen. Die Mindestsätze können
gemäß Abs. 2 durch schriftliche Vereinbarung in
Ausnahmefällen unterschritten werden. Die festgesetzten Höchstsätze dürfen gemäß Abs. 3 nur bei
außergewöhnlichen oder ungewöhnlich lange dauernden Leistungen durch schriftliche Vereinbarung
überschritten werden. Sofern nicht bei Auftragserteilung etwas anderes schriftlich vereinbart worden
ist, gelten gemäß Abs. 4 die jeweiligen Mindestsätze als vereinbart.

Wenn sich auf Veranlassung des Auftraggebers
der beauftragte Leistungsumfang ändert und dadurch *Mehrleistungen des Auftragnehmers* erforderlich werden, so sind diese zusätzlich zu honorieren (§ 7 Abs. 5 HOAI, 2009). Verlängert sich die
Planungs- und Bauzeit wesentlich durch Umstände, die der Auftragnehmer nicht zu vertreten hat,
so kann für die dadurch verursachten Mehraufwendungen danach auch ein zusätzliches Honorar vereinbart werden.

§ 5 a.F. enthält Vorschriften für die Berechnung
des Honorars in besonderen Fällen, wenn

– nicht alle Leistungsphasen eines Leistungsbildes übertragen werden (Abs. 1),
– nicht alle Grundleistungen einer Leistungsphase übertragen werden (Abs. 2),
– Grundleistungen von anderen an der Planung
und Überwachung fachlich Beteiligten erbracht
werden (Abs. 3),
– Besondere Leistungen zu den Grundleistungen
hinzutreten (Abs. 4) oder
– Besondere Leistungen ganz oder teilweise an
die Stelle von Grundleistungen treten (Abs. 5).

Ein wesentlicher Streitpunkt hinsichtlich der Höhe
des Honorars ergibt sich immer wieder daraus, dass
vom Auftragnehmer ganze *Teilleistungen* oder eine
ganze Leistungsphase nicht oder nicht vollständig
erbracht werden, obwohl sie ihm übertragen waren.
Dazu hat das Urteil des VII. Zivilsenates des BGH
vom 24.06.2004, AZ VII ZR 259/02, durch folgende
Leitsätze Klarheit geschaffen:

a) *Erbringt der Architekt eine vertraglich geschuldete Leistung teilweise nicht, dann entfällt der
Honoraranspruch des Architekten ganz oder
teilweise nur dann, wenn der Tatbestand einer
Regelung des allgemeinen Leistungsstörungs-
rechts des BGB oder des werkvertraglichen Ge-
währleistungsrechts erfüllt ist, die den Verlust
oder die Minderung der Honorarforderung als
Rechtsfolge vorsieht.*

b) *Der vom Architekten geschuldete Gesamterfolg
ist im Regelfall nicht darauf beschränkt, dass er
die Aufgaben wahrnimmt, die für die mangelfreie
Errichtung des Bauwerks erforderlich sind.*

c) *Umfang und Inhalt der geschuldeten Leistung
des Architekten sind, soweit einzelne Leistungen*

des Architekten, die für den geschuldeten Erfolg erforderlich sind, nicht als selbstständige Teilerfolge vereinbart worden sind, durch Auslegung zu ermitteln.

d) Eine an den Leistungsphasen des § 15 HOAI (a. F.) orientierte vertragliche Vereinbarung begründet im Regelfall, dass der Architekt die vereinbarten Arbeitsschritte als Teilerfolg des geschuldeten Gesamterfolges schuldet."

Mit diesem Urteil machte der BGH deutlich, dass es nicht darauf ankommt, die übertragenen Grundleistungen in zentrale Leistungen und nicht zentrale Leistungen aufzuteilen. Der Auftraggeber kann nun durch Auslegung vom Auftragnehmer eine Vielzahl einzelner Leistungen verlangen, die bisher als nicht zentrale Leistungen eingestuft wurden.

Durch die 5. Novelle der HOAI wurde in § 5 ein Abs. 4a eingeführt worden, wonach für Besondere Leistungen, die unter Ausschöpfung der technisch-wirtschaftlichen Lösungsmöglichkeiten zu einer wesentlichen Kostensenkung ohne Verminderung des Standards führen, ein Erfolgshonorar zuvor schriftlich vereinbart werden kann, das bis zu 20 v. H. der vom Auftragnehmer durch seine Leistungen eingesparten Kosten betragen kann. Diese Bonus-Regelung wird in der 6. Novelle unter § 7 Abs. 7 zu einer Bonus-Malus-Regelung erweitert dadurch, dass in Fällen des Überschreitens der einvernehmlich festgelegten anrechenbaren Kosten auch ein Malus-Honorar in Höhe von bis zu 5% des Honorars vereinbart werden kann.

In der amtlichen Begründung zu § 5 Abs. 4a HOAI a. F. hieß es dazu, dass der wirtschaftliche Anreiz zu einer besonders kostengünstigen Planung auf diese Weise verstärkt werde. Als Beispiele wurden Varianten der Ausschreibung, die Konzipierung von Alternativen, die Reduzierung der Bauzeit, die systematische Kostenplanung und -kontrolle, die verstärkte Koordinierung aller Fachplanungen, die Analyse zur Optimierung der Energie- und sonstigen Betriebskosten genannt. Bemessungsgrundlage des Erfolgshonorars seien die vom Auftragnehmer durch seine Leistungen eingesparten Kosten. Dabei bleibe es den Vertragsparteien überlassen, den Ausgangswert zur Ermittlung der Einsparung aufgrund von realistischen Kostenschätzungen selbst zu bestimmen.

In der Begründung zu § 7 Abs. 7 HOAI n.F. heißt es nunmehr:

„In Absatz 7 wird eine optionale Bonus-Malus-Regelung, wie sie vom Bundesrat in seiner Entschließung vom 06.06.1997 (BR Drs. 399/95) gefordert wurde, eingeführt. Deshalb sieht die Vorschrift vor, dass die Parteien ein Bonus-Honorar bis zu 20% des vorab festgelegten Honorars vereinbaren können, wenn die Ermittlungsgrundlage des Honorars unterschritten wird. Das Malus-Honorar bis zu 5% des Honorars orientiert sich an der zulässigen Höhe einer Vertragsstrafe nach den Regelungen für Allgemeine Geschäftsbedingungen. Änderungen der anrechenbaren Kosten aufgrund der Baupreisindizes bleiben hiervon unberührt."

Auch wenn die Minderung des Honorars bei Kostenüberschreitung möglicherweise eine Unterschreitung der Mindestsätze, gemessen an den tatsächlich festgestellten Kosten, zur Folge haben könne, sei dies trotzdem durch die Ermächtigungsgrundlage gedeckt. Es sei davon auszugehen, dass der Anwendungsbereich der Sanktionsregelung auf Ausnahmefälle beschränkt bleiben werde. Der Autor steht sowohl der alten als auch der neuen Regelung sehr kritisch gegenüber.

In einer öffentlichen Anhörung der Fachkommission Architektenrecht der ARGEBau am 08.09.1983 in der Obersten Baubehörde in München wurde seinerzeit bereits ein ähnlicher Passus zur Ergänzung der HOAI zur Diskussion gestellt. Seitens des Autors wurde gefragt, wie eine Bemessungsformel zur Honorierung von Besonderen Leistungen zur Kosteneinsparung für Investitionen und Folgekosten gefunden werden könne, die

- den Ausgangswert zutreffend bestimme,
- einen Leistungsansporn biete, d. h. ein angemessenes Verhältnis von Leistung und Gegenleistung sichere, und
- eine verursachungsgemäße und leistungskonforme Aufteilung des Erfolgshonorars (bzw. der Honorarkürzung) auf alle Beteiligten gewährleiste.

Seinerzeit konnte von der ARGEBau keine Antwort auf diese Frage gegeben werden. Sie ist bis heute unbeantwortet geblieben. Daher ist diese alte und neue Regelung aus der HOAI zu entfernen, da sie nur zu Streitigkeiten über die Ursachen der Kostensenkung (bzw. -erhöhung), den Änderungsaufwand und die Erfolgshonorar- bzw. Honorarkürzungsverteilung führen wird. Von Architekten und Ingenieuren wird erwartet, dass ihre Leistungen bereits im ersten Anlauf dem allgemeinen Stand der einschlägigen Wissenschaft, den allgemein anerkannten Regeln der Technik, dem Grundsatz der Wirtschaftlichkeit und den öffentlich-rechtlichen Bestimmungen entsprechen (vgl. Ziff. 1.1 der AVB zu den Verträgen für freiberuflich Tätige). Die vorgenannten HOAI-Regelungen bieten dazu allerdings keine praktikablen Anreize (Diederichs 2003, S. 357).

Ist eine Besondere Leistung nicht mit einer Grundleistung vergleichbar, so war das Honorar gemäß § 5 Abs. 4 HOAI a.F. als *Zeithonorar* nach § 6 zu berechnen. Zeithonorare waren gemäß § 6 Abs. 1 auf der Grundlage der Stundensätze nach Abs. 2 durch Vorausschätzung des Zeitbedarfs als Fest- oder Höchstbetrag zu berechnen. Die gemäß Abs. 2 zulässigen Stundensätze bewegten sich zwischen Mindest- und Höchstsätzen:

– für den Auftragnehmer   38 bis 82 €,
– für Mitarbeiter, die technische oder
  wirtschaftliche Aufgaben erfüllen,   36 bis 59 €,
– für technische Zeichner und
  sonstige Mitarbeiter   31 bis 43 €.

Zu diesen Stundensätzen ist festzustellen, dass insbesondere der Bereich zwischen 36 und 59 €/h für technische und wirtschaftliche Mitarbeiter völlig unzureichend war, da mit einem Mittelsatz von 47,50 Euro je vergütungsfähiger projektbezogener Arbeitsstunde die vollen Personal- und Sachkosten des Bürobetriebs keineswegs gedeckt werden konnten, sondern statt dessen bereits für Mitarbeiter in den ersten fünf Berufsjahren min. 75 €/h zzgl. gesetzlicher Mehrwertsteuer erwirtschaftet werden müssen (Preisstand 2009). Daher wurde in der HOAI 2009 der bisherige § 6 Zeithonorar ersatzlos gestrichen, um den Planern mehr Flexibilität bei der Vertragsgestaltung zu ermöglichen.

Nebenkosten wie Post- und Fernmeldegebühren, Kosten für Vervielfältigungen sowie für ein Baustellenbüro, Fahrtkosten und Spesen sowie Kosten für Messfahrzeuge und Geräte können gemäß § 7 Abs. 3 HOAI a.F. bzw. nun § 14 Abs. 3 HOAI 2009 pauschal oder nach Einzelnachweis abgerechnet werden. Zur Vereinfachung der Abrechnung empfiehlt sich in je-

dem Fall eine Pauschalvereinbarung als Prozentsatz des Honorars, die aber bereits bei Auftragserteilung schriftlich vorgenommen werden muss.

In § 9 HOAI a.F. bzw. § 16 HOAI n.F. ist der Anspruch auf *gesetzliche Umsatzsteuer* geregelt. In Abs. 2 ist ferner geregelt, dass die anrechenbaren Kosten für die Honorarbemessung ohne Umsatzsteuer anzusetzen sind. Dies ist wegen der Degression der Honorartabellen eine für die Auftragnehmer günstige Vorschrift.

Im Teil II der HOAI a.F. (Leistungen bei Gebäuden, Freianlagen und raumbildenden Ausbauten) mit den §§ 10 bis 27 finden sich ebenfalls honorarrelevante allgemeine Vorschriften, auf die in den weiteren Teilen, insbesondere VII, VIII und IX, immer wieder Bezug genommen wird. Sie gehören daher von der systematischen Struktur in den Teil I (Allgemeine Vorschriften), wie mit der HOAI 2009 umgesetzt. Dabei handelt es sich um folgende Sachverhalte:

§ 20 bzw. 10 *Mehrere Vor- oder Entwurfsplanungen*: Werden für dasselbe Gebäude auf Veranlassung des Auftraggebers mehrere Vor- oder Entwurfsplanungen nach grundsätzlich verschiedenen Anforderungen gefertigt, so erhält der Auftragnehmer für die umfassendste Planung die vollen Vomhundertsätze, für jede andere Vor- oder Entwurfsplanung die Hälfte bzw. die anteiligen Prozentsätze der entsprechenden Leistungen, die zu vereinbaren sind.

§ 21 *Zeitliche Trennung der Ausführung*: Wird ein Auftrag abschnittsweise in größeren Zeitständen ausgeführt, so ist für die das ganze Bauvorhaben betreffenden, zusammenhängend durchgeführten Leistungen das anteilige Honorar zu berechnen, das sich nach den gesamten anrechenbaren Kosten ergibt. Das Honorar für die restlichen Leistungen ist jeweils nach den anrechenbaren Kosten der einzelnen Bauabschnitte zu berechnen. Als größere Zeitabstände gelten i.d.R. mehr als 6 Monate. 21 wurde in die HOAI 2009 nicht übernommen.

§ 22 HOAI a.F. bzw. § 11 HOAI n.F. *Auftrag für mehrere Gebäude*: Umfasst ein Auftrag mehrere gleiche, spiegelgleiche oder im wesentlichen gleichartige Gebäude, so sind für die 1. bis 4. Wiederholung die Vomhundertsätze der Leistungsphasen 1 bis 7 in § 15 um 50%, von der 5. Wiederholung an um 60% zu mindern.

§ 23 *Verschiedene Leistungen an einem Gebäu-de*: Werden Leistungen bei Wiederaufbauten, Erweiterungs-, Um- oder raumbildenden Ausbauten gleichzeitig durchgeführt, so sind die anrechenbaren Kosten für jede einzelne Leistung festzustellen und das Honorar danach getrennt zu berechnen, bei gleichzeitiger Durchführung der Leistungen mit angemessenen Honorarabschlägen. § 23 wurde in die HOAI 2009 nicht übernommen.

§ 24 HOAI a.F. bzw. § 35 n.F. *Umbauten und Modernisierungen von Gebäuden* bzw. *Leistungen im Bestand*: Es kann ein Honorarzuschlag von 20% bis 33% bzw. neu 80% schriftlich vereinbart werden. Sofern nicht etwas anderes schriftlich vereinbart ist, gilt ab durchschnittlichem Schwierigkeitsgrad ein Zuschlag von 20% als vereinbart.

§ 27 HOAI a.F. bzw. § 36 n.F. *Instandhaltungen und Instandsetzungen*: Es kann eine Erhöhung des Honorars für die Bauüberwachung (Lph. 8 des § 15) um bis zu 50% vereinbart werden.

2.4.5.5 Honorarrelevante planungs-spezifische Vorschriften der HOAI a.F./n.F.

Die preisrechtlich relevanten Honorarbemessungsvorschriften finden sich in den Teilen II ff. bzw. 2 ff. der HOAI. Es gelten grundsätzlich folgende *Honorarbemessungsparameter*:

– die anrechenbaren Kosten des zu planenden Objekts,
– die Honorarzone, der das Objekt angehört,
– die zugehörige Honorartafel für die jeweilige Planungsleistung und
– der Honoraranteil zur Bewertung der Grundleistungen der einzelnen Leistungsphasen in v. H. des sich aus der Honorartafel ergebenden Gesamthonorars von 100 v. H.

Zur Vermeidung von Missverständnissen und Streitigkeiten bei der Schlussabrechnung empfiehlt sich zunächst eine unmissverständliche Festlegung im Vertrag, von welcher Anzahl von Objekten bzw. welcher Anzahl von Anlagen auszugehen ist. Die HOAI enthält dazu keinerlei Regelungen. Daher ergeben sich aus dieser Frage auch sehr häufig Honorarstreitigkeiten, wenn dazu im Vertrag keine eindeutige Regelung getroffen wurde, da das Honorar wegen der Degression der Honorartafeln mit jeder Objektteilung beträchtlich steigt. So ergab sich z.B. nach der Honorartafel zu § 16 Abs. 1 HOAI a.F. für ein Objekt mit anrechenbaren Kosten von 10,0 Mio. € für die Honorarzone III unten ein Grundhonorar von 684.426 €, jedoch für zehn Objekte von jeweils 1,0 Mio. € ein Honorar von 10 x 79.193 = 791.930 €. Dies bedeutet eine Honorarerhöhung um 16%.

Grundsätzlich gilt, dass es sich bei einem Objekt um eine konstruktive und funktionale Einheit handeln muss.

In der amtlichen Begründung zu § 51 HOAI a.F. hieß es zur Objekteinteilung erläuternd:

„Dabei sind jeweils die Bauwerke oder Anlagen, die funktional eine Einheit bilden, als ein Objekt anzusehen. ...Werden einem Auftragnehmer die Planung einer Abwasserbehandlungsanlage und eines Abwasser-Kanalnetzes in einem Auftrag übertragen, so handelt es sich hier um die Übertragung der Leistungen nach Teil VII für zwei Objekte mit jeweils einer funktionalen Einheit. Das Abwasser-Kanalsystem erfüllt die Transportfunktion für das Abwasser, die Abwasserbehandlungsanlage erfüllt die Reinigungsfunktion für das Abwasser."

Häufiger Streitpunkt ist bei der Abrechnung von Honoraren für Leistungen bei der Technischen Ausrüstung nach Teil IX HOAI a.F. bzw. Teil 4 Abschnitt 2 HOAI n.F. die Anzahl der Anlagen in den nun acht Anlagengruppen, sofern sich diese Anlagen über mehrere Gebäude erstrecken. Eindeutige Regelungen hierzu fehlen in der HOAI, in der Amtlichen Begründung und auch in den HOAI-Kommentaren. Im BGH-Urteil vom 24.01.2002, AZ VII ZR 461/00, heißt es im Leitsatz:

„Für die Frage, ob mehrere Anlagen im Sinne von § 69 Abs. 7 in Verbindung mit § 22 Abs. 1 HOAI vorliegen, kommt es darauf an, ob die Anlagenteile nach funktionellen und technischen Kriterien zu einer Einheit zusammengefasst sind. Nicht entscheidend ist, ob die Leistung für mehrere Gebäude erfolgt."

In den Entscheidungsgründen heißt es unter III. 3.a): *„Durch das Trennungsprinzip des § 22 Abs. 1 HOAI soll erreicht werden, dass ein Architekt, der aufgrund eines Auftrages mehrere Gebäude für einen Vertragspartner plant, bei der Abrechnung nicht schlechter gestellt wird, als wenn er dieselben Leistungen für verschiedene Bauherren erbringen würde. Daraus lässt sich als Maßstab für* *die Beurteilung der Einheitlichkeit ableiten, dass mehrere Gebäude dann vorliegen, wenn diese verschiedenen Funktionen zu dienen bestimmt sind und sie vor allem unter Aufrechterhaltung ihrer Funktionsfähigkeit je für sich genommen betrieben werden könnten. ... "*

Unter b) heißt es weiter: *„ Übertragen auf den Bereich der Technischen Gebäudeausrüstung bedeutet dies, dass mehrere Anlagen dann vorliegen, wenn sie getrennt an das öffentliche Netz angeschlossen und allein betrieben werden könnten .... Dagegen kommt es grundsätzlich nicht darauf an, ob die Leistungen für mehrere Gebäude erbracht worden sind. Das zeigt sich schon daran, dass eine einheitliche Anlage wie etwa eine Heizungsanlage nicht deshalb honorarrechtlich in mehrere Anlagen aufgeteilt werden kann, weil sie mehrere Gebäude versorgt. Umgekehrt ist es auch einleuchtend, dass mehrere Anlagen in einem Gebäude honorarrechtlich nicht als eine Anlage eingeordnet werden können, wenn sie verschiedenen Funktionen zu dienen bestimmt sind. Für die Beurteilung des Honorars eines Ingenieurs ist somit entscheidend, ob die Anlagenteile nach funktionellen und technischen Kriterien zu einer Einheit zusammengefasst sind. "*

Die anrechenbaren Kosten erstrecken sich grundsätzlich nur auf diejenigen Kostengruppen der DIN 276 (1981) bzw. DIN 276-1: 2008-12, die der Auftragnehmer auch plant und deren Ausführung er überwacht. So sind regelmäßig die Kosten des Baugrundstücks, des Herrichtens und Erschließens, der Außenanlagen und die Baunebenkosten nicht anrechenbar (Kostengruppen 100, 200, 500, 600 und 700 der DIN 276).

Nach § 10 Abs. 4 HOAI a.F. bzw. § 32 Abs. 2 n.F. sind für Grundleistungen bei Gebäuden und raumbildenden Ausbauten die Kosten für Technische Anlagen, die der Auftragnehmer fachlich nicht plant und deren Ausführung er fachlich auch nicht überwacht, teilweise anrechenbar, um das Integrieren der Leistungen der Fachplaner und das Zusammenstellen der Planungsergebnisse in den einzelnen Leistungsphasen in angemessener Weise zu honorieren, und zwar

– vollständig bis zu 25% der sonstigen anrechenbaren Kosten und
– zur Hälfte mit dem 25% der sonstigen anrechenbaren Kosten übersteigenden Betrag.

Nach § 10 Abs. 3a HOAI a.F. war *vorhandene Bausubstanz*, die technisch oder gestalterisch mitverarbeitet wurde, bei den anrechenbaren Kosten angemessen zu berücksichtigen. Der Umfang der Anrechnung bedurfte der schriftlichen Vereinbarung. Diese konnte auch nach Vertragsabschluss nachgeholt werden. Dennoch resultierten auch aus dieser Vorschrift zahlreiche Honorarstreitigkeiten, da es häufig an einer präzisen Bemessungsvorschrift für den Umfang der Anrechnung fehlte.

In der Amtlichen Begründung zur HOAI hieß es dazu u. a.:

„Der Umfang der Anrechnung hängt insbesondere von der Leistung des Auftragnehmers ab. Erfordert die Mitverarbeitung nur geringe Leistungen, so werden auch nur in entsprechend geringem Umfang die Kosten anerkannt werden können. Wird aber z. B. das Tragwerk eines vorhandenen Bauwerks bei einer Umwidmung des Bauwerks völlig überprüft und durchgerechnet, so können auch die Kosten des Tragwerks wie nach Teil VIII voll angerechnet werden. "

Jede nachträgliche Vereinbarung des Umfangs der Anrechnung erst im Zusammenhang mit der Schlussrechnung war zu vermeiden, da sie häufig zu umfangreichen gutachterlichen Untersuchungen führte, die aus prozessökonomischen Gründen für beide Seiten nicht vertretbar waren.

Wegen dieser Schwierigkeiten ist in der HOAI 2009 die Regelung des § 10 Abs. 3a HOAI a.F. durch § 35 Abs. 1 n. F. ersetzt worden:

„Für Leistungen bei Umbauten und Modernisierungen kann für Objekte ein Zuschlag bis zu 80% vereinbart werden. Sofern kein Zuschlag schriftlich vereinbart ist, fällt für Leistungen ab der Honorarzone II ein Zuschlag von 20% an. "

Diese Regelung verlagert die Streitigkeiten auf die Bemessung des Zuschlags zwischen 20% und 80%, sofern es versäumt wird, bei Vertragsabschluss eine schriftliche Vereinbarung vorzunehmen.

Die *Honorarzonen* (i. d. R. fünf, teilweise drei und auch nur zwei) kennzeichnen das Maß der Schwierigkeit der jeweiligen Planungsaufgabe, die sich aus im Einzelnen aufgeführten Bewertungsmerkmalen ergibt. Zu einzelnen Teilen der HOAI existieren ergänzend Objektlisten (Anlage 3 der HOAI n.F.), die eine Zuordnung zur jeweiligen Honorarzone erleichtern.

Den Parteien steht es frei, das Honorar im Rahmen der Mindest- und Höchstsätze der jeweils zutreffenden Honorarzone zu vereinbaren. Sofern nicht bei Auftragserteilung etwas anderes schriftlich vereinbart wurde, gelten die jeweiligen Mindestsätze als vereinbart (§ 7 Abs. 6 HOAI n.F.).

Die Matrixwerte der *Honorartafeln* enthalten in Abhängigkeit von den anrechenbaren Kosten des Objekts (ohne Umsatzsteuer) einerseits und den Honorarzonen andererseits die Mindest- und Höchstwerte des gesamten Grundhonorars bei Erfüllung sämtlicher Grundleistungen in allen Leistungsphasen. Die Höchstsätze einer Honorarzone sind jeweils identisch mit den Mindestsätzen der nächsthöheren Honorarzone.

Die Honorartafeln sind stark degressiv. So gilt für das Grundhonorar gemäß Honorarzone III Mindestsatz, jeweils bezogen auf die anrechenbaren Kosten, gemäß Honorartafel zu § 43 Abs. 1 HOAI 2009 für Ingenieurbauwerke bei

100.000 € ein Grundhonorar von
11.436 € 11,4%,
1 Mio. € ein Grundhonorar von
68.603 € 6,9%,
10 Mio. € ein Grundhonorar von
412.932 € 4,1%.

Die *Honoraranteile* am Gesamthonorar bei Erfüllung der Grundleistungen der jeweiligen Leistungsphasen sollen eine möglichst verursachungsgerechte Verteilung darstellen. Nach allgemeiner Erfahrung sind jedoch die Leistungsphasen bis zur Genehmigungsplanung eher zu hoch und die anschließenden Leistungsphasen eher zu niedrig bemessen.

Die HOAI unterscheidet i.d.R. neun Leistungsphasen. Diese werden z.B. für das Leistungsbild „Objektplanung für Ingenieurbauwerke und Verkehrsanlagen" nach § 43 Abs. 1 HOAI 2009 wie in Tabelle 2.4-3 angegeben bewertet.

Das Honorar für die Örtliche Bauüberwachung gemäß Ziffer 2.8.8 der Anlage 2 zur HOAI 2009 kann als Besondere Leistung gemäß § 3 Abs. 3 HOAI 2009 frei vereinbart werden. Eine solche Unterscheidung zwischen Bauoberleitung und örtlicher Bauüberwachung ist in den anderen Teilen der HOAI nicht vorgesehen. Dort umfasst die Leistungsphase 8 die Objektüberwachung (Bauüberwachung).

Tabelle 2.4-3 Leistungsphasen für das Leistungsbild „Objektplanung für Ingenieurbauwerke und Verkehrsanlagen" und ihre Bewertung (nach § 43 Abs. 1 HOAI n.F.)

Nr.	Leistungsphase	v. H.
1	Grundlagenermittlung	2
2	Vorplanung	15
3	Entwurfsplanung	30
4	Genehmigungsplanung	5
5	Ausführungsplanung	15
6	Vorbereitung der Vergabe	10
7	Mitwirkung bei der Vergabe	5
8	Bauoberleitung	15
9	Objektbetreuung und Dokumentation	3
	Summe	100

Das Honorar richtet sich gemäß § 6 Abs. 1 HOAI 2009 nach der anrechenbaren Kosten gemäß Kostenberechnung und für die Leistungsbilder der Flächenplanung (Teil 2) nach Flächengrößen oder Verrechnungseinheiten.

Nach Abs. 2 kann das Honorar auch nach anrechenbaren Kosten einer Baukostenvereinbarung berechnet werden.

2.4.5.6 Anforderungen an die Aufstellung und Prüfbarkeit von Honorarrechnungen nach HOAI

Honorarrechnungen und insbesondere Honorarschlussrechnungen müssen zur Durchsetzung der geltend gemachten Forderungen grundsätzlich fünf Kriterien erfüllen, die Gegenstand der Überprüfung durch den Auftraggeber oder seinen Bevollmächtigten sind:

– eine vorhandene Anspruchsgrundlage für das Honorar,
– die Prüffähigkeit,
– die sachliche Richtigkeit,
– die rechnerische Richtigkeit und
– die nicht gegebene Mehrfachabrechnung.

Die *Anspruchsgrundlage* für das Honorar ist vorzugsweise ein abgeschlossener Planervertrag. Die Wirksamkeitsvoraussetzung der Honorarvereinbarung ist in § 7 Abs. 1 HOAI 2009 geregelt:

„Das Honorar richtet sich nach der schriftlichen Vereinbarung, die die Vertragsparteien bei Auftrags-

erteilung im Rahmen der durch diese Verordnung festgesetzten Mindest- und Höchstsätze treffen."

Fehlt es an einer dieser Voraussetzungen, so ist die Honorarvereinbarung unwirksam, nicht jedoch der Architekten- oder Ingenieurvertrag (Pott/Dahlhoff/Kniffka/Rath (P/D/K/R), 2006, § 4, Rdn. 4).

Die Rechtsfolgen unwirksamer Honorarvereinbarungen sind vielfältig und hängen vom Einzelfall ab. So entstehen Streitigkeiten häufig aus der Vereinbarung von Honorarpauschalen, die sich nicht im Rahmen der Mindest- und Höchstsätze bewegen. Rügt der Rechnungsempfänger die Rechnung nicht, so *„kann auch eine objektiv nicht der HOAI entsprechende Rechnung fällig werden, ohne dass diese Rechtsfolge vom Gericht zu korrigieren ist"* (P/D/K/R, 2006, § 4 Rdn. 38).

Nach P/D/K/R, 2006, § 8 Rdn. 8 hat der BGH für die Prüffähigkeit einen objektiven Mindeststandard festgeschrieben, dessen Einhaltung die *Prüffähigkeit* stets begründet. Dieser umfasst:

- die Angabe des richtigen Leistungsbildes,
- die Angabe der anrechenbaren Kosten nach der Gliederung der DIN 276-1: 2008-12,
- die Honorarzone,
- den Honorarsatz und die Honorartafel,
- den Umfang und die Bewertung der nachweislich erbrachten Leistungen,
- etwaige Zuschläge, z. B. für Umbauten und Modernisierungen sowie für Instandhaltungen und Instandsetzungen (Leistungen im Bestand),
- erhaltene Abschlagszahlungen.

Einwände gegen die *sachliche Richtigkeit* können nach P/D/K/R, 2006, § 8 Rdn. 11 folgende Punkte sein:

- unzutreffende Ermittlung/Zusammenstellung der anrechenbaren Kosten,
- falsche Honorarzone,
- unzutreffende Bewertung der erbrachten Leistungen,
- Abrechnung eines unberechtigten Zuschlags.

Bei der Überprüfung der *rechnerischen Richtigkeit* geht es darum, ob in den Honorarermittlungen Rechenfehler oder Interpolationsfehler bei der Anwendung der Honorartafeln enthalten sind.

Bei der Überprüfung ggf. *vorhandener Mehrfachabrechnungen einzelner Leistungen* ist zu fragen, ob seitens des Erstellers für ein und dasselbe Objekt Mehrfachabrechnungen vorgelegt wurden.

Hinsichtlich der Nebenkosten ist gemäß § 14 Abs. 3 HOAI 2009 i. d. R. von einer vertraglich vereinbarten Pauschale zwischen 3% und 8% des Nettohonorars auszugehen.

Gemäß § 4 Abs. 1 HOAI 2009 ist die auf die Kosten von Objekten entfallende Umsatzsteuer nicht Bestandteil der anrechenbaren Kosten. Dabei ist zu beachten, dass folgende Umsatzsteuersätze galten bzw. gelten:

- vom 01.01.1993 bis 31.03.1998   15%
- vom 01.04.1998 bis 31.12.2006   16%
- seit 01.01.2007   19%.

2.4.5.7 HOAI 2009

Die wichtigsten Änderungen der 6. Novelle (HOAI 2009) sind:

Anwendungsbereich
Der Anwendungsbereich der HOAI wird ausdrücklich auf Büros mit Sitz im Inland beschränkt. Dadurch wird eine Vorgabe des Artikels 16 der EU-Dienstleistungsrichtlinie vom 12.12.2006 umgesetzt, nach der die Mitgliedstaaten die Dienstleistungsfreiheit von Dienstleistungserbringern aus anderen Mitgliedstaaten zu achten haben.

Geregelte Planungsleistungen
Es gibt eine staatliche Preisvorgabe nur noch für folgende Planungsleistungen:

Teil II: Flächenplanung
Abschnitt 1: Bauleitplanung (§§ 17–21)
Abschnitt 2: Landschaftsplanung (§§ 22–31)
Teil III: Objektplanung
Abschnitt 1: Gebäude und raumbildende Ausbauten (§§ 32–36)
Abschnitt 2: Freianlagen (§§ 37–39)
Abschnitt 3: Ingenieurbauwerke (§§ 40–43)
Abschnitt 4: Verkehrsanlagen (§§ 44–47)
Teil IV: Fachplanung
Abschnitt 1: Tragwerksplanung (§§ 48–50)
Abschnitt 2: Technische Ausrüstung (§§ 51–54)

Nicht geregelte Beratungsleistungen

Die Honorare für Beratungsleistungsleistungen in Anlage 1 der HOAI 2009 werden nicht mehr verbindlich geregelt. Stattdessen heißt es jeweils, dass sich die Honorare z. B. nach den anrechenbaren Kosten des Gebäudes, nach der Honorarzone und nach der Honorartafel *errechnen können*. In der Amtlichen Begründung heißt es dazu unter Ziffer III.2, dass mit dem Wegfall der verbindlichen Preisregelungen für Beratungsleistungen breitere Freiräume für die Vertragsgestaltung geschaffen würden. Dazu zählen gemäß Anlage 1 der HOAI 2009:

1. Leistung Umweltverträglichkeitsstudie
2. Leistungen für Thermische Bauphysik
3. Leistungen für Schallschutz und Raumakustik
4. Leistungen für Bodenmechanik, Erd- und Grundbau
5. Vermessungstechnische Leistungen.

Vollständig weggefallen sind Vorgaben für Zusätzliche Leistungen, Gutachten und Wertermittlungen gemäß §§ 28 bis 34 der HOAI 2001.

Leistungen und Leistungsbilder

Gemäß Abs. 2 des § 3 *Leistungen und Leistungsbilder* sind Leistungen, die zur ordnungsgemäßen Erfüllung eines Auftrags im Allgemeinen erforderlich sind, in den Leistungsbildern der Anlagen 4 bis 14 erfasst, z. B. in Anlage 12 die Leistungsbilder Ingenieurbauwerke und Verkehrsanlagen.

Gemäß § 3 Abs. 3 entfällt in der Neufassung die Unterscheidung zwischen Grundleistungen und Besonderen Leistungen. Dazu heißt es in der Amtlichen Begründung: *„Ob der Architekt oder Ingenieur ein zusätzliches Honorar berechnen darf, richtet sich nach den vertraglichen Voraussetzungen. Die Zuordnung der HOAI in verschiedene Leistungsarten als besondere, außergewöhnliche oder zusätzliche Leistungsarten hatte nach der Rechtssprechung des Bundesgerichtshofs keine vertragsrechtlichen Konsequenzen, da die HOAI keine normativen Leitbilder für den Inhalt von Verträgen enthält (BGH vom 24.10.1996, VII ZR 283/95). Die in der HOAI geregelten „Leistungsbilder" sind lediglich Gebührentatbestände für die Berechnung der Höhe des Honorars.*

Im Bereich der Besonderen Leistungen in der Anlage 2 zur HOAI besteht die Möglichkeit der freien Vereinbarung. Dies entspricht auch dem Vorschlag des Statusberichts."

In Anlage 2 sind die Besonderen Leistungen unter Ziff. 2.1 bis 2.11 für die verschiedenen Leistungsbilder aufgelistet, so unter Ziff. 2.8 für das Leistungsbild Ingenieurbauwerke und Verkehrsanlagen.

Anrechenbare Kosten

Unter § 4 werden die anrechenbaren Kosten allgemein definiert als *„Teil der Kosten zur Herstellung, zum Umbau, zur Modernisierung, Instandhaltung oder Instandsetzung von Objekten sowie den damit zusammenhängenden Aufwendungen. Sie sind nach fachlich allgemein anerkannten Regeln der Technik oder nach Verwaltungsvorschriften ... auf der Grundlage ortsüblicher Preise zu ermitteln".* Im Hochbau ist die DIN 276-1:2008-12 zu verwenden.

Grundlagen des Honorars

In § 6 *Grundlagen des Honorars* wird geregelt, dass sich das Honorar für Leistungen der Objektplanung (Teil 3) und der Fachplanung (Teil 4) nach den anrechenbaren Kosten des Objektes bzw. der Anlage einer Anlagengruppe gemäß Kostenberechnung richtet, ferner nach dem Leistungsbild, der Honorarzone, der dazugehörigen Honorartafel sowie bei Leistungen im Bestand zusätzlich nach den §§ 35 und 36. Damit entfällt zukünftig die Bezugsbasis Kostenfeststellung, die bisher die Honorarschlussrechnungen für die Lphn. 8 *Objektüberwachung* und 9 *Objektbetreuung* und Dokumentation sehr lang hinauszögerten. Das Honorar für Leistungen der Flächenplanung (Teil 2) richtet sich nicht nach anrechenbaren Kosten, sondern nach Flächengrößen oder Verrechnungseinheiten. Neu ist die Regelung in § 6 Abs. 2:

„Wenn zum Zeitpunkt der Beauftragung noch keine Planungen als Voraussetzung für eine Kostenschätzung oder Kostenberechnung vorliegen, können die Vertragsparteien abweichend von Absatz 1 schriftlich vereinbaren, dass das Honorar auf der Grundlage der anrechenbaren Kosten einer Baukostenvereinbarung nach den Vorschriften dieser Verordnung berechnet wird. Dabei werden nachprüfbare Baukosten einvernehmlich festgelegt."

In der Begründung zu § 6 heißt es u. a.:

„Um auch in einem sehr frühen Stadium, in dem noch keine Planungen als Voraussetzung für eine Kostenschätzung bzw. Kostenberechnung vorliegen, eine Honorarvereinbarung zu ermöglichen, sieht Absatz 2 optional die Möglichkeit der Baukostenvereinbarung vor. Damit keine unrealistischen Baukosten und hieraus resultierende Honorare fixiert werden, sind nachprüfbare Baukosten Voraussetzung für eine solche Honorarvereinbarung, die z. B. anhand vergleichbarer Referenzobjekte oder einer Bedarfsplanung, z. B. auf Basis der DIN 18205, ermittelt werden kann. ... Mit der Neuregelung wird der Forderung des Bundesrates in seiner Entschließung vom 14.07.1995 ..., die Honorare von den tatsächlichen Herstellungskosten abzukoppeln, Rechnung getragen."

Die *Honorartafelwerte* wurden einheitlich gegenüber den Werten in der HOAI 1996 bzw. 2001 um 10% erhöht. In der Begründung zu § 34 *Honorare für Leistungen bei Gebäuden und raumbildenden Ausbauten* heißt es dazu u. a.: *„Dies ist vor dem Hintergrund der Preisentwicklung seit der letzten Novellierung der HOAI erforderlich."* Ergänzend kann hinzugefügt werden: Es ist notwendig, aber nicht hinreichend. So sind von 1996 bis 2008 die Preise für Wohngebäude, i. M. um 0,8% p.a., gestiegen. Im gleichen Zeitraum erhöhten sich die Tarifgehälter für Ingenieure und Architekten um 38%, d. h. um 2,8% p.a. Die verbleibende Differenz von 2,0% p.a. wird zwar durch eine zu fordernde Produktivitätssteigerung zwischen 0,5% und 1% p.a. abgefedert. Letztlich sind damit in den vergangenen 13 Jahren seit 1996 Honorareinbußen zwischen 15% bis 20% entstanden, die durch die Anhebung der Honorartabellen um 10% keineswegs ausgeglichen, sondern lediglich für die Zukunft vermindert werden.

Die Erweiterung der Bonusregelung in § 5 Abs. 4 a HOAI a.F. zu einer Bonus-Malus-Regelung im § 7 Abs. 7 mit einem Erfolgshonorar, das bis zu 20% des vereinbarten Honorars betragen kann und einem Malus-Honorar in Höhe von bis zu 5% des Honorars, wird die auch bisher praxisfeindliche Anwendbarkeit nur verstärken und allenfalls zur Erhöhung der Anzahl diesbezüglicher gerichtlicher und außergerichtlicher Streitigkeiten führen.

Für Bauingenieure ist bedeutsam, dass die Vorschrift des § 57 HOAI a.F. *Örtliche Bauüberwachung* aus dem verbindlichen Teil gestrichen wur-

de. Sie wird nun in Anlage 2 unter den Besonderen Leistungen unter Ziff. 2.8.8 aufgeführt und bedarf stets der individuellen Vereinbarung im Einzelfall.

Voraussichtlich weitere Entwicklung der HOAI 2009

Zur 859. Sitzung des Bundesrates am 12.06.2009 empfahlen der federführende Wirtschaftsausschuss und auch der Agrar- und Finanzausschuss, die Ausschüsse für Umwelt, Naturschutz und Reaktorsicherheit sowie für Städtebau, Wohnungswesen und Raumordnung dem Bundesrat, der Verordnung gemäß Artikel 80 Abs. 2 des Grundgesetzes zuzustimmen.

Einschränkend heißt es jedoch in der Empfehlung unter Ziff. 10:

„Der Bundesrat teilt nicht die Einschätzung der Bundesregierung, dass kein Allgemeininteresse für eine verbindliche Regelung der Honorare für Leistungen der örtlichen Bauüberwachung bei Ingenieurbauwerken und Verkehrsanlagen und für die in die Anlage 1 ausgegliederten Ingenieurleistungen bestehe. Wie bei vergleichbaren preisgebundenen Leistungen der Flächen-, Objekt- und Fachplanung besteht auch insoweit ein erhebliches Allgemeininteresse an verbindlichen Entgeltrahmen, damit auch die diesen Leistungsbildern zugrunde liegenden Dienst- und Werkvertragsleistungen den Regeln der Technik und geltenden öffentlich-rechtlichen Anforderungen entsprechend ausgeführt werden."

Ferner sei der Bundesrat gemäß Ziff. 7 der Auffassung, *„dass § 3 Abs. 1 Satz 2 der Verordnung die in Anlage 1 enthaltenen (Beratungs-)Leistungen nicht in einen beliebigen Preiswettbewerb überführt, sondern dass auch diese Leistungen unter Berücksichtigung der dort vorgegebenen Honorarrahmen nach Maßgabe der für das Dienst- und Werkvertragsrecht geltenden üblichen Vergütung zu entgelten sind."*

Gemäß § 56 der HOAI 2009 *Inkrafttreten, Außerkrafttreten* trat diese Verordnung am Tag nach der Verkündung am 11.08.2009 in Kraft. Gleichzeitig trat die HOAI 2001 außer Kraft.

In der Begründung zu § 56 heißt es u. a.:

„Auf eine fixe Außerkrafttretensregelung der Neufassung wurde im Verordnungstext verzichtet. Gleichwohl soll die HOAI nach einer Erprobungsphase überprüft werden. Vor dem Hintergrund der Rechts-

entwicklungen in der EU hat sich der Verordnungs-
geber ein Zeitziel zur Überprüfung und gegebenen-
falls Anpassung der HOAI gesetzt. Als ausreichende
Erprobungsphase im Umgang mit den Neuerungen
der HOAI wird ein Zeitraum von maximal fünf Jah-
ren angesehen. Die Kombination von bewährten Re-
gelungen und dem Wegfall von Preisbeschränkungen
zugunsten der Vertragsfreiheit in einem solchen ab-
gegrenzten Zeitfenster ermöglicht eine Gesamtschau
der neuen Gestaltungsmöglichkeiten. ... Auch vor
dem Hintergrund dieser Überlegungen ist es sinn-
voll, die HOAI in regelmäßigen, festgelegten Zeiträu-
men zu überprüfen und gegebenenfalls an die Rechts-
entwicklung in der EU anzupassen."

Analog heißt es dazu unter den Empfehlungen
der Ausschüsse unter Ziff. 5:

„Der Bundesrat hält nach Inkrafttreten der Ver-
ordnung eine weitere Modernisierung und redakti-
onelle Überarbeitung innerhalb der folgenden Le-
gislaturperiode für erforderlich. Er bittet die Bun-
desregierung, dabei insbesondere

- *eine Modernisierung der Leistungsbilder,*
- *eine Wiederaufnahme der in den Teilen X bis*
  XIII der HOAI in der Fassung vom 01. Januar
  1996 geregelten staatlichen Preisvorgaben in
  den verbindlichen Teil (nur Ausschuss für Städ-
  tebau, Wohnungswesen und Raumordnung),
- *eine Überprüfung der Honorarstruktur und*
- *eine weitere Verschlankung*

unter dem Blickwinkel des Wandels der Berufs-
bilder, der Umweltbelange und der Regeln der
Technik zu untersuchen."

2.4.6 Entscheidung von Streitigkeiten über die Vergütung für Planungs- und Bauleistungen durch Adjudikation

Claus Jürgen Diederichs

In der Bundesrepublik Deutschland wurden im
Jahre 2008 mehr als 87.000 gerichtliche Bauprozesse in erster Instanz erledigt, davon jeweils etwa
38.300 bei Amts- und 48.700 bei Landgerichten.
Hinzu kamen ca. 5.400 erledigte Berufsverfah-
ren und 339 Entscheidungen des BGH, in der Summe damit ca. 92.700 gerichtliche Streiterledigun-
gen über die Honorierung von Planungsleistungen
und die Vergütung von Bauleistungen (Statistisches
Bundesamt 2009, Fachserie 10, Reihe 2.1, Ziff.
2.1.1, 5.1.1, 6.1.1, 8.1.1 und 9.2).

2.4.6.1 Bauprozesse in Deutschland

Gegenstand der Rechtsstreite sind i. d. R. Mehrkos-
tenforderungen aus vom Auftraggeber angeordneten Leistungsänderungen und Zusatzleistungen
oder/und behauptete Entschädigungs- bzw. Schadensersatzansprüche aus Leistungsstörungen, vorrangig wegen fehlender Mitwirkungshandlungen
des Auftraggebers, fehlender Vorleistungen oder
sonstiger Behinderungstatbestände mit der Folge
von Bauzeitverlängerungen oder/und der Anordnung von Beschleunigungsmaßnahmen durch den
Auftraggeber.

Durch eine Umfrage des Verfassers bei Land-
und Oberlandesgerichten im Jahre 2003 in den
Ländern Bayern, Nordrhein-Westfalen und Berlin/
Brandenburg wurde aus den Antworten der Richter
in Bauprozessen im Sinne einer Trendaussage festgestellt, dass diese sehr lange dauern (zwischen 6
und 45 Monate, in Extremfällen bis zu 120 Monate, mit einer Häufung von im Mittel 14 Monate;
Diederichs, 2004, S. 490). In der Fachserie 10 des
Statistischen Bundesamtes wird unter Ziff. 5.2 die
durchschnittliche Dauer von Verfahren vor dem
Landgericht in erster Instanz, die mit streitigem
Urteil enden, mit 12,9 Monaten angegeben.

Nach Einschätzung der antwortenden Richter
kommt es in der Baubranche im Vergleich zu anderen Branchen überproportional häufig zu Streitigkeiten über die Vergütung. Als wesentliche Ursachen wurden bei 87 Nennungen aufgeführt:

- auftraggeberseitige Anordnungen geänderter
  oder zusätzlicher Leistungen,
- mangelhafte bzw. verspätete Leistungen des
  Auftragnehmers,
- schlechte Zahlungsmoral der Auftraggeber oder
  unzureichende Liquidität der Auftragnehmer,
- unklare oder lückenhafte Vertragsunterlagen,
- für juristische Laien schwer verständliche Vertragsbedingungen,
- persönliche Unzulänglichkeiten von Projektbeteiligten.

Gerichtsgutachten erfordern häufig ein für alle Prozessbeteiligten kaum noch zumutbares Volumen von Gerichtsakten und Anlagen, allein durch logistische Schwierigkeiten der Akteneinsicht, des Versands an den Sachverständigen, der Rücksendung durch diesen sowie der Verwendung vor Gericht. Gerichtsakten in zwei und mehr Bänden sind die Regel. Hinzu kommen nicht selten mehr als 250 Leitz-Ordner.

Von den antwortenden Richtern befürworteten 93% Maßnahmen zur außergerichtlichen Streitbeilegung wie Schiedsgutachten, Schlichtungsverfahren, Schiedsgerichts- und Mediationsverfahren, die in Deutschland bisher nur auf Basis einzelvertraglicher Vereinbarung möglich sind.

2.4.6.2 Adjudikation in England, Wales und Schottland seit 1998 gesetzlich verbindlich und erfolgreich

In England wurde durch den Housing Grants, Construction and Regeneration Act 1996 (kurz: the Act) im Sinne von *„gesetztem Recht"* (statute law) zusätzlich zu den auch dort bestehenden freiwilligen außergerichtlichen Streitbeilegungsverfahren die sog. Adjudikation unter Sec. 108 eingeführt, ein außergerichtliches und durch enge Zeitvorgaben äußerst kurzfristiges Streitentscheidungsverfahren.

Durch gesetzliche Regelung wurde am 01.05.1998 in England, Wales und Schottland (und am 01.06.1998 in Nordirland) das *„Schema für Bauverträge"* (The Scheme for Construction Contracts Regulations 1998; kurz: the Scheme) allgemeinverbindlich eingeführt. Danach hat jede Partei eines Bauvertrages (auch Planervertrages) das Recht, wegen jeder schriftlich dargelegten Meinungsverschiedenheit aus dem Vertrag (written notice of the dispute) ein Adjudikationsverfahren einzuleiten (to refer to adjudication) (the Scheme para. 1 (1)).

Der Adjudikator ist alsdann verpflichtet, innerhalb von 28 Kalendertagen eine Entscheidung herbeizuführen (shall reach his decision), sofern der Antragsteller (the referring party) jedoch zustimmt, auch *„erst"* innerhalb von 42 Kalendertagen (the Scheme para. 19 (1)).

Mit the Scheme wurde die Verfahrensgrundlage für die Allgemeinverbindlichkeit geschaffen und damit zur Anwendung von Sec. 108 (5) des Act, wonach die Regelungen des Scheme anzuwenden sind, sofern der Vertrag keine Regelungen nach den Anforderungen der Sec. 108 (1) bis (4) des Act enthält.

Die Entscheidungen des Adjudicators sind grundsätzlich bindend und vollstreckbar. Sie können jedoch gerichtlich angefochten werden (Sec. 108 (3)). Die nunmehr über 15-jährigen Erfahrungen in England et al. zeigen jedoch, auch zur Überraschung der anfänglichen zahlreichen Skeptiker, dass weniger als 2% aller Entscheidungen zu gerichtlichen Klagen führen.

In Großbritannien wurden seit 1998 ca. 15.000 Verfahren abgewickelt. Dabei hatten 65% aller Fälle Streitwerte bis zu 150.000 € und nur 10% aller Fälle Streitwerte über 750.000 €. Die Verfahrenskosten lagen bei einem mittleren Honoraransatz von ca. 175 €/h zwischen 2,5% und 6% des Streitwertes (Gralla, M., beim Arbeitskreis VII des Deutschen Baugerichtstags (DBGT) am 29.05.2009 in Eschborn).

2.4.6.3 Argumente für die Adjudikation auch in Deutschland

Der zweite DBGT diskutierte am 13./14.06.2008 in Hamm/Westfalen u. a. auch die vom Arbeitskreis VII – *Außergerichtliche Streitbeilegung* gestellte Frage, ob sich gesetzliche Regelungen zur außergerichtlichen Streitbeilegung im Bauprozess durch Adjudikationsverfahren auch in Deutschland empfehlen.

Bei Adjudikationsverfahren nach englischem Vorbild entscheidet Baurechtsstreitigkeiten (Risse, 2008, BauR 10 a, S. 1769–1771):

– ein bauerfahrener Dritter (Techniker oder Jurist),
– aufgrund einer summarischen Sachverhalts- und Rechtsprüfung,
– innerhalb kürzester Fristen,
– mit vorläufiger Bindungswirkung/Umsetzungsverpflichtung,
– aber korrigierbar durch staatliche Gerichte.

Die Argumente von Risse pro Adjudikation lauten in Kurzform:

1. Bauunternehmen sind auf fristgerechte (Abschlags-)Zahlungen angewiesen. Deutschland

braucht daher ein Verfahren, in dem rasch und zumindest vorläufig geklärt wird, ob Einbehalte berechtigt sind. Das geeignete Verfahren ist ein Adjudikationsverfahren nach englischem Vorbild.

2. Adjudikationsverfahren ermöglichen sofortige Sachverhaltsklärung während des laufenden Bauprojektes. Es wird vermieden, dass festzustellende Tatsachen „überbaut" werden.
3. Nur durch Zwischenentscheidungen im Adjudikationsverfahren lässt sich die Komplexität der Abgrenzung von Ursache und Wirkung von Streitigkeiten justiziabel halten.
4. Adjudikationsverfahren schaffen rasch Planungssicherheit und damit eine verlässliche Grundlage für die weiteren Bauarbeiten.
5. Adjudikationsverfahren vermeiden Streitigkeiten allein durch ihre Existenz, da prozessuale Winkelzüge fallengelassen werden.
6. Adjudikationsverfahren erleichtern Vergleichsgespräche insbesondere für Auftraggeber der öffentlichen Hand, da sie sich an dem Adjudikatorenentscheid orientieren können.
7. Adjudikationsverfahren sind qualitativ gleichwertig, da es keinen Beleg dafür gibt, dass ein baubegleitend und damit zeitnah entscheidender Adjudikator zu einem qualitativ schlechteren Ergebnis kommt als ein staatlicher Richter, der die Streitigkcit retrospektiv (ex post) entscheiden muss.
8. In England ist das verbindliche Adjudikationsverfahren für Baustreitigkeiten seit mehr als zwölf Jahren eingeführt. Seither ist die Anzahl gerichtlich ausgetragener Baustreitigkeiten stark gesunken und die Zahl der außergerichtlichen Einigungen stark gestiegen. Von diesen positiven Erfahrungen sollte auch Deutschland lernen.
9. Nachfrager wollen Adjudikationsverfahren. Die Nachfrage wird mit dem gesetzlichen Adjudikationsangebot befriedigt.

Zusammenfassend vertritt der AK VII die These, dass Deutschland ein gesetzlich geregeltes Adjudikationsverfahren braucht. Diese These wurde von den über 100 Teilnehmern des AK VII des 2. DBGT in Hamm einstimmig angenommen.

Begründung ist u. a., dass bei nur freiwillig vereinbarten Adjudikationsverfahren zu viele Rechtsfragen ungeklärt bleiben, z. B. hinsichtlich der Durchsetzbarkeit bzw. Vollstreckbarkeit der Entscheidung des Adjudikators.

Schulze-Hagen, A. veröffentlichte die Empfehlungen des AK VII mit Erläuterungen 2008 in BauR 10a, S. 1776–1778. Darin heißt es u. a.: *„Nach ausführlicher Diskussion votierten die Teilnehmer jedoch einstimmig (!) für eine gesetzliche Regelung eines Adjudikationsverfahrens zur außergerichtlichen Streitbeilegung in allen Bausachen, sofern keine Verbraucher beteiligt sind. Eine bloße Regelung der Adjudikation in der VOB/B erschien den Teilnehmern nicht ausreichend. Zunächst einmal ist nicht ... in allen Bauverträgen die VOB/B vereinbart, schon gar nicht in Architekten- und Ingenieurverträgen. "*

Als Empfehlung des AK VII wurde beim 2. DBGT einstimmig beschlossen:

„Als Adjudikatoren kommen qualifiziert ausgebildete Angehörige verschiedener Berufsgruppen (z. B. Architekt, Ingenieur, Jurist, Sachverständiger) in Frage. Der Adjudikator kann sich durch Experten anderer Fachrichtungen unterstützen lassen. " In der Erläuterung von Schulze-Hagen heißt es ergänzend:

„Damit hat der Arbeitskreis zum Ausdruck gebracht, dass die Rolle des Adjudikators nicht einem einzigen Berufsstand vorbehalten werden darf. Baurechtsstreitigkeiten sind sehr häufig in erster Linie Sachverhaltsstreitigkeiten. Die Parteien sollen es in der Hand haben, aus welcher Berufsgruppe sie den Adjudikator wählen. Entscheidend wird allerdings sein, dass der Adjudikator nicht nur über besondere baurechtliche, baubetriebliche und bautechnische Qualifikationen, sondern auch über eine ausreichende Berufserfahrung verfügen muss. Möglicherweise wird sich daraus sogar ein eigener Berufsstand entwickeln. "

Beim 3. Deutschen Baugerichtstag in Hamm am 07./08.05.2010 verabschiedeten die Teilnehmer der AK VII dazu sechs weitere Empfehlungen mit überwältigender Mehrheit (BauR8a, 2010, S. 1421–1434).

2.4.6.4 Arbeitsschritte und Maßnahmen zur Einführung der Adjudikation auch in Deutschland

Der Arbeitskreis VII des DBGT bildete drei Unterarbeitskreise (UAK):

UAK1 – Gesetzliche Regelung einer außerge-
       richtlichen Streitbeilegung,
UAK2 – Adjudikations-Verfahrensordnung,
UAK3 – Qualifikationsanforderungen, Zulas-
       sungskriterien und Benennungsinstitu-
       tionen für Adjudikatoren.

Erste Arbeitsergebnisse liegen vor, so dass die Ver-
tragsparteien der Bauwirtschaft (Bauherren, Bauplaner, Bauunternehmer, Versicherungen und Banken) damit vertraut gemacht werden können.

Eine gesetzliche Regelung der Adjudikation nach englischem Muster erfordert eine Verankerung einer Klausel im BGB oder im künftigen, vom Bundeskabinett am 12.01.2011 verabschiedeten Mediationsgesetz mit etwa folgendem Wortlaut: *„Jede Partei eines Vertrages über Bausachen (Bauplanung und Bauausführung) hat das Recht, wegen jeder schriftlich dargelegten Meinungsverschiedenheit aus dem Vertrag ein Adjudikationsverfahren einzuleiten, sofern keine Verbraucher beteiligt sind, und dadurch zu einer außergerichtlichen Streitbeilegung zu gelangen. Der Adjudikator soll die Streitigkeit aufgrund einer summarischen Sachverhalts- und Rechtsprüfung innerhalb kürzester Fristen mit vorläufiger Bindungswirkung und Umsetzungsverpflichtung entscheiden. Diese Entscheidung ist korrigierbar durch staatliche Gerichte.“*

Die Verfahrensordnung muss die Eröffnung und Durchführung des Adjudikationsverfahrens sowie Form, Inhalt und Wirkung der Entscheidung regeln. Dazu gehören u. a.:

- die Benennung eines fachlich geeigneten Adjudikators, der unbefangen sein muss und nicht vorbefasst sein darf;
- die Vorgabe einer Bearbeitungsfrist für den Adjudikator, die nach dem Eingang des Antrags auf Durchführung eines Adjudikationsverfahrens auf ca. drei Monate begrenzt wird, sofern nicht beide Parteien einer längeren Frist zustimmen;
- die Festlegung der Rechte des Adjudikators wie
  - den Umfang der Parteivorträge zu begrenzen (z. B. max. ein bis zwei Leitz-Ordner) mit der Folge, dass die Parteien vorab selbst Wesentliches von Unwesentlichem trennen, und
  - die Frist für die Stellungnahme des Antragsgegners zu begrenzen, und diesem dabei ei-

nerseits in angemessener Weise rechtliches Gehör zu verschaffen, andererseits die Bearbeitungsdauer des Adjudikators für die Formulierung seiner Entscheidung ausreichend zu bemessen;
- die Festlegung der Wirkungen der Entscheidungen des Adjudikators wie
  - Vollstreckbarkeit ohne oder gegen Sicherheitsleistung
  - Bindungswirkung, sofern eine der Parteien nicht innerhalb bestimmter Frist gerichtliche Klage erhebt oder die Parteien ein Schiedsgerichtsverfahren einleiten oder sich gütlich durch Vergleich einigen.

Einen möglichen Regelablauf von Adjudikationsverfahren in Deutschland zeigt Abb. 2.4-22.

Es ist zu erwarten, dass hier ein neues Berufsfeld entsteht, das sich auf die unmittelbar beteiligten Vertragspartner im Baumarkt sehr effizient auswirken wird, da bei Vergleichsbetrachtungen erkennbar ist, dass die externen und internen Kosten eines Adjudikationsverfahrens nur etwa 50% der Kosten eines Gerichtsverfahrens ausmachen und dadurch in der gesamten Volkswirtschaft der Bundesrepublik jährlich bereits eine Mrd. € eingespart werden können, wenn nur 30% der Gerichtsverfahren in Bausachen durch Adjudikationsverfahren ersetzt werden. In diesen Zahlen sind die monetär schwer messbaren Vorteile aus vermiedenen Emotionen, geschonten Nerven und freien Köpfen für Gegenwarts- und Zukunftsaufgaben noch nicht enthalten [Diederichs 2009, S. 19–30].

Abkürzungen zu 2.4

Ä	Änderung
Abs.	Absatz
AGB	Allgemeine Geschäftsbedingungen
AGBG	Gesetz zur Regelung des Rechts der Allgemeinen Geschäftsbedingungen
AHO	Ausschuss der Verbände und Kammern der Ingenieure und Architekten für die Honorarordnung e.V.
AktG	Aktiengesetz
ÄndVO	Änderungsverordnung
ARGE	Arbeitsgemeinschaft
Art.	Artikel

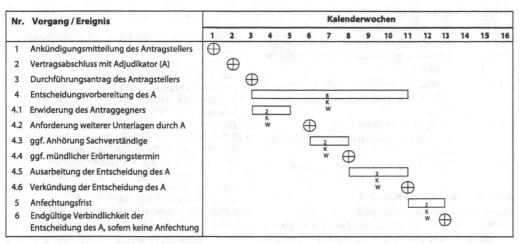

Abb. 2.4-22 Möglicher Regelablauf von Adjudikationsverfahren in Deutschland

ATV	Allgemeine Technische Vertragsbedingungen	GmbHG	Gesetz betreffend die Gesellschaften mit beschränkter Haftung
AVB	Allgemeine Vertragsbedingungen	GMP	Guaranteed Maximum Price
BAK	Bundesarchitektenkammer	GRW	Grundsätze und Richtlinien für Wettbewerbe auf den Gebieten der Raumplanung, des Städtebaus und des Bauwesens
BAnz	Bundesanzeiger		
BGB	Bürgerliches Gesetzbuch		
BGBl	Bundesgesetzblatt		
BGH	Bundesgerichtshof	GWB	Gesetz gegen Wettbewerbsbeschränkungen
BHO	Bundeshaushaltsordnung		
BKR	Baukoordinierungsrichtlinien	HGB	Handelsgesetzbuch
BOT	Build-Operate-Transfer	HGrG	Haushaltsgrundsätzegesetz
BVB	Besondere Vertragsbedingungen	HOAI	Honorarordnung für Architekten und Ingenieure
c.i.c.	culpa in contrahendo		
DLR	Dienstleistungsrichtlinie	LHO	Landeshaushaltsordnung
DVA	Deutscher Verdingungsausschuss für Bauleistungen	lit.	litera
		LKR	Lieferkoordinierungsrichtlinie
EDV	Elektronische Datenverarbeitung	LV	Leistungsverzeichnis
EFB	Einheitliche Formblätter	MRVG	Gesetz zur Verbesserung des Mietrechts und zur Begrenzung des Mietanstiegs
EG	Europäische Gemeinschaft		
ErbbauVO	Verordnung über das Erbbaurecht	NWA	Nutzwertanalyse
EU	Europäische Union	OLG	Oberlandesgericht
EVM	Einheitliche Verdingungsmuster	RBBau	Richtlinien für die Durchführung von Bauaufgaben des Bundes im Zuständigkeitsbereich der Finanzbauverwaltungen der Länder
FELZ	Fachkunde, Erfahrung, Leistungsfähigkeit, Zuverlässigkeit		
GAEB	Gemeinsamer Ausschuss für Elektronik im Bauwesen		
		Rdn	Randnummer
GBO	Grundbuchordnung	SKR	Sektorenrichtlinie
GG	Grundgesetz der Bundesrepublik Deutschland	StLB	Standardleistungbuch
		StLK	Standardleistungskatalog

VHB	Vergabehandbuch
VO PR	Baupreisverordnung
VOB	Verdingungsordnung für Bauleistungen
VOF	Verdingungsordnung für freiberufliche Leistungen
VOL	Verdingungsordnung für Leistungen außer Bauleistungen
Ziff.	Ziffer
ZPO	Zivilprozessordnung
ZTV	Zusätzliche Technische Vertragsbedingungen
ZVB	Zusätzliche Vertragsbedingungen

Literaturverzeichnis Kap. 2.4

Gesetze, Verordnungen, Vorschriften

AGBG (1976, 2001) Gesetz zur Regelung des Rechts der Allgemeinen Geschäftsbedingungen (AGB-Gesetz bzw. §§ 305–310 BGB)

Ahrens H u. a. (Hrsg) (2009) Sammlung Planen und Bauen – Gesetze, Verordnungen, Richtlinien und Normen für Architekten. Loseblattsammlung mit Ergänzungslieferungen, Verlag Rudolf Müller, Köln

BauFordSiG (2009) Gesetz über die Sicherung der Bauforderungen vom 04.08.2009

BauProdG (1995, 2006) Bauproduktengesetz

BaustellV (1998) Verordnung über Sicherheit und Gesundheitsschutz auf Baustellen (Baustellenverordnung)

BGB (2010) Bürgerliches Gesetzbuch

EnEV (2009) Verordnung über energiesparenden Wärmeschutz und energiesparende Anlagentechnik bei Gebäuden (Energieeinsparverordnung). BGBl. I, S. 954–989 vom 30.04.2009

GBO (1994, 2008) Grundbuchordnung

GewO (1999, 2009) Gewerbeordnung

GG (1949, 2009) Grundgesetz für die Bundesrepublik Deutschland

GIA (1971, 1990) Gesetz zur Regelung von Ingenieur- und Architektenleistungen

GRW (1995) Grundsätze und Richtlinien für Wettbewerbe auf den Gebieten der Raumplanung, des Städtebaus und des Bauwesens i. d. F. vom 22.12.2003, Bundesanzeiger-Verlag, Köln

GWB (1998, 2009) Gesetz gegen Wettbewerbsbeschränkungen

HGB (1897, 2008) Handelsgesetzbuch

HOAI (1976, 2009) Honorarordnung für Architekten und Ingenieure

MaBV (2009) Makler- und Bauträgerverordnung

MBO (2002) Musterbauordunung

MRVG (1971, 2006) Gesetz zur Verbesserung des Mietrechts und zur Begrenzung des Mietanstiegs

RBBau (2011) Richtlinien zur Durchführung von Bauaufgaben des Bundes im Zuständigkeitsbereich der Länder.

BMVBS (Hrsg.) 19. Aust.-Lieferung vom 19.03.2009, Berlin

Richtlinie 2004/18/EG des Europäischen Parlaments und des Rates vom 31.03.2004 über die Koordinierung der Verfahren zur Vergabe öffentlicher Bauaufträge, Lieferaufträge und Dienstleistungsaufträge

SektVO (2009) Sektorenverordnung über die Vergabe von Aufträgen im Bereich des Verkehrs, der Trinkwasserversorgung und der Energieversorgung vom 23.09.2009

SKR Richtlinie 92/13/EG des Rates vom 25.02.1999 zur Koordinierung der Rechts- und Verwaltungsvorschriften über die Anwendung der Gemeinschaftsvorschriften über die Auftragsvergabe durch Auftraggeber im Bereich der Wasser-, Energie- und Verkehrsversorgung sowie Telekommunikationssektor

SRN Richtlinie 2009/81/EG des Europäischen Parlamentes und des Rates vom 13.07.2009 über die Koordinierung der Verfahren zur Vergabe bestimmter Bau-, Liefer- ud Dienstleistungsaufträge in den Bereichen Verteidigung und Sicherheit und zur Änderung der Richtlinien 2004/17/EG und 204/18/EG

VgV (2009) Verordnung über die Vergabe öffentlicher Aufträge vom 29.09.2009

VgRÄG (1998, 2007) Vergaberechtsänderungsgesetz

VKR Richtlinie 2004/17/EG des Europäischen Parlamentes und des Rates vom 31.03.2004 zur Koordinierung der Zuschlagserteilung durch Auftraggeber im Bereich der Wasser-, Energie- und Verkehrsversorgung sowie der Postdienste

VOB Teil A (2009) Allgemeine Bestimmungen für die Vergabe von Bauleistungen

VOB Teil B (2009) Allgemeine Vertragsbedingungen für die Ausführung von Bauleistungen

VOB Teil C (2009) Allgemeine Technische Vertragsbedingungen für Bauleistungen

VOF (2010) Verdingungsordnung für freiberufliche Leistungen

VOL Teil A (2010) Allgemeine Bestimmungen für die Vergabe von Leistungen

VOL Teil B (2010) Allgemeine Vertragsbedingungen für die Ausführung von Leistungen

Zander O (Hrsg) (2011) Tarifsammlung für die Bauwirtschaft. Otto Elsner Verlag, Dieburg (jährlich neu)

ZPO (2005, 2008) Zivilprozessordnung

ZuInvG (2009) Gesetz zur Umsetzung von Zukunftsinvestitionen der Kommunen und Länder vom 27.01.2009

Normen

DIN 276 (1981-04, 1993-06, 2006-11, Teil 1: 2008-12) Kosten im Hochbau

DIN 277 (2005) Grundflächen und Rauminhalte von Bauwerken im Hochbau – Teile 1 bis 3

Kommentare

AHO (Hrsg) (1996a) HOAI – Besondere Leistungen bei der Tragwerksplanung. 3. Aufl. Heft 3, Bundesanzeiger-Verlag, Köln

AHO (Hrsg) (1996b) Untersuchungen für ein Leistungsbild und zur Honorierung für den Planungsbereich „Altlasten". Heft 8, Bundesanzeiger-Verlag, Köln

AHO (Hrsg) (1996c) Planerstrukturen außerhalb Deutschlands. AHO-Selbstdruck, Bonn

AHO (Hrsg) (1998b) Empfehlungen des AHO zur Definition und Anwendung der Funktionalausschreibung. Heft 10, Bundesanzeiger-Verlag, Köln

AHO (Hrsg) (2002) HOAI – Besondere Leistungen bei der Planung von Ingenieurbauwerken und Verkehrsanlagen nach Teil VII. Heft 7, Bundesanzeiger-Verlag, Köln

AHO (Hrsg) (2002) HOAI – Besondere und ausserordentliche Leistungen bei der Planung von Anlagen der Technischen Ausrüstung nach Teil IX. 2. Aufl. Heft 4, Bundesanzeiger-Verlag, Köln

AHO (Hrsg) (2002) HOAI-Leistungsbilder von Anlagen der technischen Ausrüstung nach Teil IX bei der funktionalen Leistungsvergabe inkl. komplementärem Leistungsbild des Generalunternehmers. 2. Aufl. Heft 11, Bundesanzeiger-Verlag, Köln

AHO e. V. (Hrsg) (2004a) Arbeitshilfen zur Vereinbarung von Leistungen und Honoraren für den Planungsbereich „Baufeldfreimachung". Heft 18, Bundesanzeiger-Verlag, Köln

AHO e. V. (Hrsg) (2004b) Neue Leistungsbilder zum Projektmanagement in der Bau- und Immobilienwirtschaft. Heft 19, Bundesanzeiger-Verlag, Köln

AHO e. V. (Hrsg) (2006) Interdisziplinäre Leistungen zur Wertoptimierung von Bestandsimmobilien. Heft 21, Bundesanzeiger-Verlag, Köln

AHO e. V. (Hrsg) (2006) Untersuchungen zum Leistungsbild Interdisziplinäres Projektmanagement für PPP-Hochbauprojekte. Heft 22, Bundesanzeiger-Verlag, Köln

AHO e. V. (Hrsg) (2010) Untersuchungen zum Leistungsbild und zur Honorierung für das Facility Management Consulting. 4. Aufl. Heft 16, Bundesanzeiger-Verlag, Köln

AHO e. V. (Hrsg) (2009) Untersuchungen zum Leistungsbild, zur Honorierung und zur Beauftragung von Projektmanagementleistungen in der Bau- und Immobilienwirtschaft. 7. Aufl. Heft 9, Bundesanzeiger-Verlag, Köln

Damerau H v d, Tauterat, A (2009), Franz R (Hrsg) VOB im Bild. 19. Aufl. Verlag Rudolf Müller, Köln

Daub W, Eberstein H H (2000 u 2003) Kommentar zur VOL, Teile A und B. 4. bzw. 5. Aufl. Werner Verlag, Köln

Diederichs C J (2009) Kommentar zu § 31 HOAI. In: Hartmann R (Hrsg) Die neue Honorarordnung für Architekten und Ingenieure (HOAI), Handbuch des neuen Honorarrechts, 109. Erg.-Lieferung, WEKA-Verlag, Kissing

Diederichs C J, Kulartz H-P (2003) Kommentar zu § 8 VOF und Diederichs C J, Müller-Wrede M (2003)

Kommentar zu § 13 VOF. In: Müller-Wrede M (Hrsg) (2003) Kommentar zur VOF. 2. Aufl. Werner Verlag, Köln

Enseleit D, Osenbrück W (2006) HOAI-Praxis, anrechenbare Kosten für Architekten und Tragwerksplaner. 4. Aufl. Bauverlag, Gütersloh

Franke H, Kemper R, Zanner C, Grünhagen M (2011) VOB Kommentar – Bauvergaberecht, Bauvertragsrecht, Bauprozessrecht. 4. Aufl. Werner Verlag, Köln

Franke H, Höfler H, Bayer W (2002) Bauvergaberecht in der Praxis. Bauverlag, Gütersloh

Franke H, Zanner C, Kemper R (2003) Der sichere Bauvertrag. 2. Aufl. Werner Verlag, Köln

Franke H, Zanner C, Kemper R, Knipp B, Laub J C (2004) Die Immobilie. Werner Verlag, Köln

Ganten H, Jagenburg I u W, Motzke G (2008) Beck'scher VOB-Kommentar, Gesamtwerk Teile A, B und C. 2. Aufl. C.H. Beck, München

Hartmann R (Hrsg) (2009) Honorarordnung für Architekten und Ingenieure (HOAI). 109. Erg.-Lieferung, Loseblattreihe, WEKA-Verlag, Kissing

Heiermann W, Müller, Franke H (1994) Kommentar zur VOB/A SKR. Bauverlag, Gütersloh

Heiermann W, Franke H, Knipp B (2002) Handbuch Baubegleitende Rechtsberatung. C. H. Beck, München

Heiermann W, Riedl R, Rusam M (2008) Handkommentar zur VOB, Teile A und B. 11. Aufl. Bauverlag Gütersloh

Heinrichs H (2001) Vorbemerkungen zu §§ 249 BGB, Rdn. 7, 8 und 54 bis 60. In: Palandt (2001) Bürgerliches Gesetzbuch – Kurzkommentar. 60. Aufl. C. H. Beck, München

Hesse H G, Korbion H, Mantscheff J, Vygen K (1996) Honorarordnung für Architekten und Ingenieure (HOAI), Kommentar. 5. Aufl. C. H. Beck, München

Ingenstau H, Korbion H (2006) VOB Teile A und B – Kommentar. 16. Aufl. Werner Verlag, Köln

Jasper U, Marx F (2007) Vergaberecht – Einführung. Beck-Texte im dtv. C.H. Beck, München

Jochem R (1998) HOAI-Gesamtkommentar. 4. Aufl. Bauverlag, Gütersloh

Kapellmann K, Messerschmidt B (2003) VOB Teile A und B, Kommentar. C. H. Beck, München

Kapellmann K, Messerschmidt B (Hrsg) (2003) VOB Teile A und B, Vergabe- und Vertragsordnung für Bauleistungen. C. H. Beck, München

Kapellmann K D (1997) Schlüsselfertiges Bauen: Rechtsbeziehungen zwischen Auftraggeber, Generalunternehmer, Nachunternehmer. Werner Verlag, Köln

Kapellmann K D (Hrsg) (1997) Juristisches Projektmanagement bei Entwicklung und Planung von Bauprojekten. Werner Verlag, Köln

Kapellmann K D (Hrsg) (1997) Juristisches Projektmanagement bei Entwicklung und Realisierung von Bauprojekten. Werner Verlag, Köln

Kapellmann K D, Schiffers K-H (2006) Vergütung, Nachträge und Behinderungsfolgen beim Bauvertrag, Band 1: Einheitspreisvertrag. 5. Aufl. Werner Verlag, Köln

Kapellmann K D, Schiffers K-H (2006) Vergütung, Nachträge und Behinderungsfolgen beim Bauvertrag, Band 2: Pauschalvertrag einschließlich Schlüsselfertigbau. 4. Aufl. Werner Verlag, Köln

Kniffka R (2009) IBR-Online-Kommentar Bauvertragsrecht. Stand: 26.05.2009

Köhler H (2007) BGB Bürgerliches Gesetzbuch Allgemeiner Teil. Beck-Texte im dtv. 31. Aufl. C.H. Beck, München

Kulartz H-P, Portz N (1998) VOL und VOF. 3. Aufl. Kohlhammer Verlag, Stuttgart

Locher H, Koeble W, Frik W (2010) Kommentar zur HOAI. 10. Aufl. Werner Verlag, Köln

Mittag M (Hrsg) (2000) VOB/C – Praxiskommentar zu Ausschreibung, Ausführung und Abrechnung von Bauleistungen. Loseblattsammlung, WEKA-Verlag, Kissing

Motzke G, Wolff R (2004) Praxis der HOAI. 3. Aufl. Verlag Rudolf Müller, Köln

Müller-Wrede M (Hrsg) (2007) Kommentar zur VOF. 3. Aufl. Werner Verlag, Köln

Neuenfeld K (2008) HOAI, Loseblattwerk, Kohlhammer Verlag, Stuttgart

Pott W, Dahlhoff W, Kniffka R (2006) HOAI-Kommentar. 8. Aufl. Verlag Hubert Wingen, Essen

Rusam M (2010) HOAI-Praxis bei Ingenieurleistungen. 6. Aufl. Vieweg + Teubner, Wiesbaden

Vygen K, Schubert E, Lang A (2002) Bauverzögerung und Leistungsänderung. 4. Aufl. Bauverlag, Gütersloh

Vygen K, Joussen E (2008) Bauvertragsrecht nach VOB und BGB. 4. Aufl. Werner Verlag, Köln

Bücher und Zeitschriften

Bayer W, Franke H, Grupp, Heiermann (1998) Europäische Vergaberegeln im Bauwesen. 5. Erg.-Lieferung, Beuth Verlag, Berlin

Beck W, Herig N (2003) VOB für Praktiker. 5. Aufl. Richard-Boorberg-Verlag, Stuttgart

Creifelds C (2007) Rechtswörterbuch. 19. Aufl. C. H. Beck, München

Diederichs C J (1998) Schadensabschätzungen nach § 287 ZPO bei Behinderungen gemäß § 6 VOB/B. Baurecht 1 (1998) Beilage

Diederichs C J (2003) Die Vermeidbarkeit gerichtlicher Streitigkeiten über das Honorar nach der HOAI. NZBau 7 (2003) S. 353–408

Diederichs C J (2004) Der Bauprozess und der Sachverständige aus der empirischen Sicht der Gerichte und der Industrie- und Handelskammern. NZBau 9 (2004) S. 490–492

Diederichs C J (2005) Führungswissen für Bau- und Immobilienfachleute 1. 2. Aufl. Springer, Berlin/Heidelberg/NewYork

Diederichs C J (2007) Adjudication – ein Gebot der Stunde. Baumarkt + Bauwirtschaft 5 (2007) S. 61–64

Diederichs C J (2009) Entscheidung von Streitigkeiten über die Vergütung für Planungs- und Bauleistungen durch Adjudikation. In: Heiermann W, Englert K (2009) Baurecht als Herausforderung. Festschrift für Horst Franke zum 60. Geburtstag. Werner Verlag, Köln

Diederichs C J (2011) Gesetzliche Adjudikation – Ein auch in Deutschland dringend benötigtes Verfahren zur außergerichtlichen Beilegung von Streitigkeiten in Bausachen, in: Gralla M, Sundermeier M (2011) Innovationen im Baubetrieb. Festschrift für Udo Blecken zum 70. Geburtstag, Werner Verlag Köln

Diederichs C J, Streckel S (2009) Beurteilung gestörter Bauabläufe – Anteile der Verursachung durch Auftraggeber und Auftragnehmer. NZBau 1 (2009) S. 1–5

Franke (2007) Spannungsverhältnis Insolvenzordnung und § 8 Nr. 2 VOB/B neu – Ende der Kündigungsmöglichkeit bei Vermögensverfall des Auftragnehmers? BauR (2007) S. 774 ff.

Glatzel L, Hofmann O, Frikell E (2008) Unwirksame Bauvertragsklauseln nach dem AGB-Gesetz. 11. Aufl. Verlag Ernst Vögel, Stamsried

Groß, Kromik, Prof. Dr. Motzke, Schwager (2009) VOB für Architekten und Ingenieure. Loseblattwerk, WEKA-Verlag, Kissing

Heiermann W, Linke L (2009 und 2010) VOB-Musterbriefe für Auftraggeber bzw. für Auftragnehmer. 6. bzw. 11. Aufl. Bauverlag, Gütersloh

Kainz D (2003) Der VOB-Check. 6. Aufl. Verlag Ernst Vögel, Stamsried

Kapellmann K , Langen W (2009) Einführung in die VOB/B. 18. Aufl. Werner Verlag, Köln

Lampe-Helbig G, Wörmann K E (2010) Handbuch der Bauvergabe. 3. Aufl. C. H. Beck, München

Locher H (2005) Das private Baurecht. 7. Aufl. C. H. Beck, München

Risse J (2008) Argumente pro Adjudikation, BauR 10a/ 2008, S. 1769–1771

Schulze-Hagen A (2008) Empfehlungen des Arbeitskreises VII, BauR 10a/2008, S. 1776–1778

Schulze-Hagen A u.a. (2010) Arbeitskreis VII – Außergerichtliche Streitbeilegung, BauR 8a/2010, S. 1421–1434

Stohlmann F-W (2003) Die 20 „Todsünden" bei der Abwicklung von Bauverträgen. 6. Aufl. Verlagsanstalt Handwerk, Düsseldorf

Thode (2004) Nachträge wegen gestörten Bauablaufs im VOB/B-Vertrag. Eine kritische Bestandsaufnahme. ZfBR (2004) S. 214 ff.

Werner U, Pastor W (2009) Einführung in die VOB, das Werksvertragsrecht nach dem BGB und die HOAI. In: VOB und HOAI. Beck-Texte im dtv. 26. Aufl. C. H. Beck, München

2.5 Baubetrieb

2.5.1 Baustellenorganisation, Baustellenmanagement

Manfred Helmus

2.5.1.1 Allgemeines

Um die von der Unternehmensleitung gesteckten Ziele auf den Baustellen in die Tat umzusetzen, bedarf es einer entsprechenden Organisation dieser vorübergehenden Fertigungsstätten. Eine derartige Organisation besteht aus der Aufbauorganisation und der Ablauforganisation.

Die *Aufbauorganisation* gibt im Wesentlichen an, welche Stellen es in der Organisation gibt, welche Aufgaben diese Stellen zu erfüllen haben und wie diese Stellen mit den anderen Stellen innerhalb der Organisation zusammenarbeiten. Dagegen gibt die *Ablauforganisation* an, nach welchem Schema Prozesse innerhalb der beschriebenen Organisation abzulaufen haben, d. h. wann und wie bestimmte Aufgaben zu verrichten sind. Die Aufbau- und die Ablauforganisation der typischen Baustelle sind nach wie vor hierarchisch geprägt; sie werden im Folgenden beispielhaft beschrieben.

Eine besondere Situation entsteht auf vielen Baustellen dadurch, dass es nicht nur das eine Bauunternehmen gibt mit einer in sich geschlossenen, konsequenten Aufbauorganisation, sondern häufig zusätzlich mehrere Subunternehmer, Nebenunternehmer oder ARGE-Partner. Diese zusätzlichen Unternehmen mit ihren eigenen spezifischen Interessenlagen bringen auch ihre eigenen Aufbauorganisationen mit ein. Hierdurch entsteht ein ganz erhebliches Potenzial

an Verlustquellen durch gegenseitige Behinderungen. Um aus der Sicht der gesamten Baustelle positive Ergebnisse zu erzielen, die auch dem Arbeitsschutz genügen, müssen die Aufbau- und die Ablauforganisation der Baustelle so gestaltet sein, dass eine ganzheitliche Betrachtungsweise möglich ist.

2.5.1.2 Aufbauorganisation der Baustelle

Die Aufbauorganisation auf Baustellen variiert v. a. in Abhängigkeit von der Unternehmens- und der Baustellengröße. Im Allgemeinen wird der theoretische Aufbau der Organisation hierarchisch nach dem Liniensystem oder dem *Stabliniensystem* vorgenommen (Abb. 2.5-1). Bei beiden Systemen gibt es von oben nach unten gerichtete Weisungsbefugnisse. Beim Stabliniensystem existieren neben den linienförmig angeordneten Stellen auch noch sog. „Stabsstellen", die einen beratenden Charakter im Hinblick auf Spezialfragen haben und i. d. R. nicht mit Weisungsbefugnissen ausgestattet sind.

Oberbauleitung
Die Oberbauleitung ist i. d. R. direkt der Geschäftsleitung oder bei größeren Unternehmen mit Niederlassungen den Niederlassungsleitungen unterstellt. Ein Oberbauleiter betreut meist mehrere Baustellen gleichzeitig. Die betreuten Baustellen verfügen jeweils über eine eigene örtliche Bauleitung, welche der Oberbauleitung unterstellt ist. Die Oberbauleitung ist für den technischen und wirtschaftlichen Erfolg der betreuten Baustellen verantwortlich. Oberbauleiter und örtliche Bauleitung müssen eine Zusammenarbeit anstreben, bei der sie einander möglichst gut ergänzen. Die Hauptaufgaben der Oberbauleitung sind u. a.:

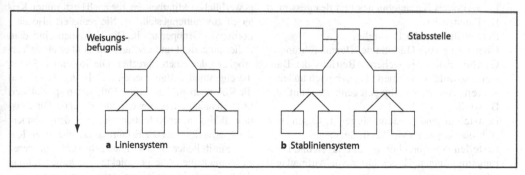

Abb. 2.5-1 Aufbauorganisation der Baustelle als Linien- oder Stabliniensystem

– detailliertes Studium der Pläne, des Leistungs-verzeichnisses (LV), der Verträge und der sonstigen Unterlagen,
– regelmäßige Kontrolle der Kosten- und Leistungssituation auf den betreuten Baustellen,
– bei Abweichungen Erarbeiten von Steuerungs-maßnahmen gemeinsam mit der örtlichen Bauleitung,
– Durchführen von Nachkalkulationen,
– Kontrolle des Bauablaufs im Hinblick auf die Einhaltung relevanter Termine,
– bei Sonderproblemen ggf. Mitwirkung an der Erstellung von Feinablaufplanungen,
– Verhandlungen mit dem Bauherrn und seinen Vertretern,
– Vergabeverhandlungen mit Subunternehmern,
– Schriftverkehr von besonderer Relevanz,
– Vertretung des Unternehmens in einer ARGE (Arbeitsgemeinschaft).

Bauleitung

Die Bauleitung ist normalerweise nur für eine Baustelle oder bei sehr großen Baustellen nur für Teilbereiche von Baustellen verantwortlich. Sie ist als Linienstelle der Oberbauleitung unterstellt. In Unternehmen ohne Oberbauleitung ist die Bauleitung unmittelbar unter der Geschäftsleitung angeordnet. Der moderne Bauleiter muss sich vom Selbstverständnis her als Bauunternehmer im Bauunternehmen verstehen. Er kann den wirtschaftlichen Erfolg oder Misserfolg einer Baustelle ganz wesentlich beeinflussen. Die Hauptaufgaben der Bauleiter entsprechen bis auf den Detaillierungsgrad denen der Oberbauleiter oder sie arbeiten diesen zu. Die Aufgaben, die darüber hinausgehen, sind u. a.:

– Führen eines Bautagebuches und des gesamten Berichtswesens,
– Betriebsleitung der Baustelle,
– Überwachen der Qualität der Bauausführung,
– Gewährleisten des sicheren Betriebs der Baustelle sowohl nach innen als auch nach außen,
– Klären von Personalangelegenheiten auf der Baustelle,
– Feststellen und kostenmäßiges Erfassen von Behinderungen sowie Nachträgen,
– Erstellen von Abrechnungsunterlagen und Leistungsmeldungen, Durchführen von Aufmaß und Abnahmen sowie Teilabnahmen,

– Lösen von Problemen, z. B. mit Subunternehmern, Nachbarn und Behörden.

Polier

Die Poliere sind auf den Baustellen häufig die Beteiligten mit dem höchsten Maß an praktischen Fähigkeiten und Erfahrungen. Zusätzlich fungieren sie im Regelfall als unmittelbares Bindeglied zwischen den gewerblichen Mitarbeitern und der Bauleitung. Obwohl sie der Bauleitung faktisch als Linienstelle nachgeordnet sind, ist es unerlässlich für die Bauleitung, ein *kooperatives, kommunikatives Verhältnis* zu den Polieren zu pflegen. Besonders jüngere Bauleiter oder Bauleiter mit geringer Berufspraxis müssen das Wissen und die Erfahrungen der Poliere für sich erschließen und nutzen. Der Berufsstand der Poliere leidet schon längere Zeit an Nachwuchsschwierigkeiten, die größtenteils aus vermeintlich schlechten Arbeits- und Arbeitsumfeldbedingungen herrühren. Wie der Bauleiter dem Oberbauleiter, so arbeitet der Polier dem Bauleiter zu oder ergänzt dessen Tätigkeiten. Zusätzlich hat er u. a. noch folgende Aufgaben:

– Einteilung des Personals, Zuweisung der jeweiligen Arbeiten und ggf. Unterweisung in der Arbeit,
– u. U. praktische Mitarbeit,
– Überwachen der Tätigkeit der Subunternehmer und Einweisen neuer Subunternehmer,
– Einmessen und Maßkontrolle bei Bauteilen,
– Führen und Kontrollieren der Tages- und Wochenstundenberichte.

Kolonne

Unter einer Kolonne versteht man eine Gruppe von gewerblichen Mitarbeitern, die nach bestimmten Kriterien zusammengestellt ist. Sie realisiert also eine Form von Gruppenarbeit. Die Kolonnen sind dem Polier unterstellt und verfügen meist über einen Vorarbeiter oder einen Sprecher. Die Kolonnen führen die eigentlichen Bauarbeiten aus. In der Regel sind die Kolonnen auf bestimmte Tätigkeiten spezialisiert (z. B. Schalarbeiten, Bewehrungsarbeiten). Die Leistungsfähigkeit der Kolonnen hängt von dem Können, der Motivation und der Erfahrung der einzelnen Kolonnenmitglieder ab, aber auch sehr stark von deren Zusammenspiel. Die geschickte Zusammenstellung der Kolonnen ist das leistungsprägende Element.

**Arbeitsvorbereitung, Baukaufmann,
Geräteverwaltung und Kalkulation**
Die Funktionen Arbeitsvorbereitung, Baukaufmann,
Geräteverwaltung, Kalkulation und andere Stellen
im Unternehmen sind oft als Stabsstellen ausgebildet und sollen die Bauleitung bei den planmäßigen
Aufgaben, aber auch bei besonderen Schwierigkeiten unterstützen. Diese Stellen sind meist nicht
auf den Baustellen, sondern zentral in der Niederlassung oder der Verwaltung zu finden. Die Aufgaben v. a. der Arbeitsvorbereitung werden in 2.5.2.2
beschrieben.

2.5.1.3 Berichtswesen

Das Berichtswesen sorgt für die Dokumentation der
anfallenden Daten der Baustelle. Nur wenn das Berichtswesen sorgfältig und korrekt geführt wird und
keinen Manipulationen unterliegt, ergeben sich zuverlässige Daten, die einer aussagekräftigen Auswertung zugeführt werden können. Die gebräuchlichsten
Elemente des Berichtswesens sind das Bautagebuch,
die Tages- und Wochenstunden-, Maschinentages-
und Materialberichte. Diese Berichte ermöglichen es,
die z. T. sehr komplexen Vorgänge auf der Baustelle
bei Bedarf zu rekonstruieren. Das kann z. B. nötig
sein bei der Anerkennung von gestellten Nachträgen
oder zum Nachvollziehen eines Arbeitsunfalls.

Das *Bautagebuch* wird täglich geführt und sollte entsprechend EDV-mäßig formalisiert werden.
Es muss Angaben enthalten zu

- Wetter, Außentemperaturen, sonstigen äußeren
  Einwirkungen,
- durchgeführten Arbeiten sowie evtl. Behinde-
  rungen oder Qualitätsproblemen,
- Besuchen und Anordnungen des Bauherrn, sei-
  ner Vertreter oder sonstiger Stellen,
- Planeingängen, Planungsänderungen und Aus-
  führung außervertraglicher Leistungen,
- Anzahl der Arbeitskräfte, Krankenstand und
  Einsatz von Leistungsgeräten.

Das Bautagebuch wird vielfach dem Bauherrn oder
der Bauherrnbauleitung zur Kontrolle vorgelegt.

Die *Tages- und Wochenstundenberichte* dienen
als Grundlage für die Lohnabrechnung, Leistungs-
lohnabrechnungen und für Nachkalkulationen. Sie
müssen besonders korrekt geführt und von den Polieren geprüft werden. Notwendige Angaben sind:

- Name der beschäftigten Personen und, falls vorhanden, deren Personalnummer,
- für jeden einzelnen Beschäftigten die am jeweiligen Tag geleisteten Gesamtarbeitsstunden sowie
- eine Aufschlüsselung der im Einzelnen durchgeführten Arbeiten (auf 0,5h gerundet).

Die Berichte werden vom Aufsteller abgezeichnet.

Der *Maschinentagesbericht* unterliegt der gleichen Systematik, jedoch beziehen sich die Angaben auf den Einsatz von Leistungsmaschinen. Die
Gesamtstunden werden nach der Art der Arbeit unterteilt, zudem werden die Stunden nach Betriebs-,
Wartungs- und Stillstandsstunden aufgeschlüsselt.

Der *Materialbericht* hält Zugang und Abgang
von Baumaterialien und Bauproduktionsmitteln
auf der Baustelle täglich fest. Es werden sowohl
die Zu- und Abgänge von betriebsfremden Firmen
als auch des eigenen Unternehmens dokumentiert.
Festgehalten werden bei Zugängen der Lieferant
und bei Abgängen der Empfänger des Materials,
die Lieferscheinnummer, die Bezeichnung des Materials, die genaue Mengenangabe und die Einheit
zur Mengenangabe.

2.5.1.4 Lohndifferenzierung

Die Gestaltung der Entlohnung ist für die Sicherung
eines – möglichst gleichbleibend – hohen Leistungs-
niveaus auf der Baustelle von besonderer Bedeutung. Grundsätze der Entlohnung müssen immer
sein:

- gerechte Entlohnung, die vom Entlohnten gut
  nachvollzogen und verstanden werden kann, und
- den Leistungsstand widerspiegelnde Entlohnung.

Grundsätzlich unterscheidet man zwischen Leis-
tungs- und Zeitlohn. Beim Leistungslohn ist die
Vergütung abhängig von der erbrachten Leistung,
während beim *Zeitlohn* die Leistung keinen unmittelbaren Einfluss auf die Lohnhöhe hat. Hier wird
die Anwesenheitszeit auf der Baustelle vergütet.
Nur indirekt über außertarifliche Zulagen und die
Eingruppierung in bestimmte Lohngruppen kann
beim Zeitlohn ein beschränkter Zusammenhang zur
durchschnittlich erbrachten Leistung hergestellt
werden.

Beim Leistungslohn unterscheidet man zusätzlich zwischen Akkord- und Prämienlohn. Beim *Akkordlohn* besteht eine unmittelbare Proportionalität zwischen der erbrachten Leistung, erfasst z. B. über die Menge, und dem erzielten Lohn. Grundvoraussetzung für Akkordlohn ist eine ausreichend große Menge gleichgearteter Arbeiten. Beim Akkordlohn besteht die Gefahr, dass

- die Qualität der ausgeführten Arbeiten nicht ausreichend beachtet wird,
- nur die eigene Arbeit forciert wird und die ganzheitliche Betrachtung des Baustellengeschehens verlorengeht und
- die Bauproduktionsmittel übermäßig beansprucht werden.

Ein weiteres Problem des Akkordlohns ist die wesentlich aufwändigere Lohnabrechnung und die schwierige und personalpolitisch delikate Ermittlung der Vorgabewerte.

Daneben ist die *Prämienentlohnung* entschieden einfacher in ihrer Anwendung. Bei Erreichen eines vorgegebenen Zieles fällt eine Prämie an, die sowohl fix als auch variabel in Abhängigkeit vom Zielerreichungsgrad sein kann. Denkbare Prämienformen sind:

- *Mengenprämie* für das Erreichen bestimmter Mengenleistungen,
- *Qualitätsprämien* für das Einhalten von Qualitätsstandards,
- *Betriebsmittelnutzungsprämien* für das Unterschreiten bestimmter Stillstandszeiten,
- *Terminprämien* für das Einhalten vorgegebener Zwischen- oder Endtermine.

Beide Leistungslohnarten – Akkord- und Prämienlohn – lassen sich bei Einzelpersonen, Gruppen und ganzen Baustellenbelegschaften anwenden. Beim Leistungslohn müssen alle Vorgaben und Randbedingungen vor Ausführung der Arbeiten exakt definiert, von beiden Seiten anerkannt und schriftlich dokumentiert werden.

2.5.1.5 Mitarbeiterführung

Eine moderne Mitarbeiterführung setzt auf die Motivation der Mitarbeiter durch Einbeziehung der Betroffenen in die Entscheidungsfindung. Diese kann auch ein Vorschlagswesen beinhalten.

Dabei ist allerdings zu bedenken, dass heute auf den Baustellen ein überdurchschnittlich hoher Anteil der Baustellenbelegschaft aus *ausländischen Mitarbeitern* besteht. Diese verfügen oft nur über mangelhafte deutsche Sprachkenntnisse. Diese Tatsache erschwert die Einführung eines übergreifenden und konsequenten Mitarbeiterführungsstiles erheblich. Hinzu kommt, dass viele der Beschäftigten auf einer Baustelle organisatorisch den *Subunternehmern* zuzuordnen sind und sich daher den eigenen direkten Befugnissen entziehen. Insofern wird der Bauleiter um ein hohes Maß an Improvisation bei der Mitarbeiterführung nicht herumkommen.

Literaturverzeichnis Kap. 2.5.1

REFA (1993–1997) Fachbuchreihe Betriebsorganisation. Verlag Carl Hanser, München

2.5.2 Bauarbeitsvorbereitung

Manfred Helmus

2.5.2.1 Definition und Bedeutung der Arbeitsvorbereitung

Das anhaltend hohe Lohnkostenniveau sowie die hohe Geräteintensität moderner Baustellen machen ein möglichst präzise vorbereitetes und gut geplantes Arbeiten zwingend erforderlich. Was so einleuchtend und selbstverständlich klingt, hat sich aber noch nicht in allen Bereichen der Bauindustrie und des Baugewerbes durchgesetzt. Besonders in eher handwerklich orientierten kleineren, aber auch in mittelständisch geprägten Bauunternehmen sind häufig Defizite bezüglich eines *vorbereiteten Baugeschehens* auf Baustellen festzustellen. Im Gegensatz zu anderen Industriezweigen, in denen die Arbeitsvorbereitung schon lange ein fester Bestandteil der Betriebsorganisation und der betrieblichen Prozesse ist, ist die Bauarbeitsvorbereitung insgesamt noch nicht so ausgeprägt.

Man unterscheidet grundsätzlich die Arbeitsvorbereitung des Bauherrn und die des Bauunternehmens. Die *Arbeitsvorbereitung des Bauherrn* beschäftigt sich damit, alle Randbedingungen für ein geplantes Bauvorhaben so zu gestalten, dass die Bauausführung ohne Störungen beginnen kann. Innerbetriebliche Abläufe bleiben hierbei unberücksichtigt, während die *Arbeitsvorbereitung des*

Bauunternehmens sich intensiv mit diesen innerbetrieblichen Prozessen befasst. Im Folgenden
wird die Bauarbeitsvorbereitung des Bauunternehmens behandelt.

Eine systematische Arbeitsvorbereitung kann in
die beiden Hauptbereiche Fertigungsplanung und
Fertigungssteuerung aufgegliedert werden.

2.5.2.2 Aufgaben der Bauarbeitsvorbereitung

Fertigungsplanung
Der Hauptbereich Fertigungsplanung befasst sich
im Wesentlichen mit der Bauablaufplanung, der
Mittelplanung, der Baustelleneinrichtungsplanung
und der Dokumentation der Fertigungsplanung
(Abb. 2.5-2). Ziel der Fertigungsplanung ist es, das
Baugeschehen mit ausreichendem Vorlauf so zu
planen, dass unter Berücksichtigung der jeweils
speziellen Randbedingungen

– ein Leistungsmaximum der Baustellenbelegschaft und der eingesetzten Bauproduktionsmittel sowie
– ein Minimum aller auf der Baustelle und in vor-
  bzw. nachgelagerten Bereichen entstehenden
  Kosten erreicht wird.

Es ist also ein möglichst reibungsloser, wirtschaftlicher und termingerechter Bauablauf durch eine
vorbereitende Planung der Bauausführung anzustreben. Die Bauarbeitsvorbereitung muss für jede
Baustelle aufs Neue durchgeführt werden. Bei
sorgfältiger Dokumentation der Planungsergebnisse sowie einer optimalen Aufbereitung der gesammelten Daten lassen sich Erfahrungen aus vorhergehenden Bauausführungen auf geplante Objekte übertragen.

Fertigungssteuerung
Der zweite Hauptbereich der Bauarbeitsvorbereitung ist die Fertigungssteuerung. Sie soll mit möglichst einfachen Mitteln die Umsetzung der Fertigungsplanung sicherstellen. Bei Abweichungen
vom Planungssoll (z.B. durch unvorhersehbare
Ereignisse oder Planungsänderungen) muss die
vorhandene Fertigungsplanung den neuen Randbedingungen und Verhältnissen so angepasst werden,
dass in dieser neuen Situation wiederum das erreichbare *Leistungsmaximum* sowie das *Kostenmi-
nimum* angestrebt wird.

2.5.2.3 Stellung der Bauarbeitsvorbereitung im Bauunternehmen

Im Allgemeinen ist die Bauarbeitsvorbereitung eine
Stabsstelle, die – wie z.B. auch die Qualitätssicherung – der Geschäftsleitung direkt unterstellt ist. Bei
größeren Bauunternehmen mit Niederlassungen
wird die jeweilige Niederlassung eine Bauarbeitsvorbereitung haben, und u.U. wird die Hauptverwaltung über eine zusätzliche Bauarbeitsvorbereitung verfügen, die bei Sonderfällen oder bei Engpässen der Niederlassungen eingesetzt wird. Für das
Funktionieren einer Bauarbeitsvorbereitung ist es
wichtig, dass die sachliche Unabhängigkeit innerhalb des Unternehmens gewahrt bleibt.

Die Bauarbeitsvorbereitung muss zu einem
möglichst frühen Zeitpunkt vor der Bauausführung
zu folgenden Stellen im Unternehmen engen Kontakt haben:

– der Baustellenleitung,
– der Kalkulationsabteilung,
– der Maschinen- und Geräteverwaltung,
– den eingebundenen technischen Abteilungen.

Die Bauarbeitsvorbereitung muss nicht notwendigerweise eine eigenständige Abteilung sein. Sie
sollte in größeren Unternehmen mit schlanker
Struktur aufgebaut sein und kann in einem kleinen
Bauunternehmen in Personalunion mit einer anderen Stelle, z.B. der Bauleitung, ausgeführt werden.
Wichtig ist, dass die Prozesse der Bauarbeitsvorbereitung klar definiert sind und dass auf deren
Einhaltung stringent geachtet wird.

2.5.2.4 Fertigungsplanung

Informationsbeschaffung
Der Initialschritt bei der Bauarbeitsvorbereitung
ist das Einholen von Informationen, die für die geplante Bauausführung von Interesse sind. Ver-
säumnisse oder Mängel bei diesem Schritt können
u.U. zu nicht mehr korrigierbaren Fehlentwicklungen auf der Baustelle führen, und zwar mit gravierenden wirtschaftlichen Auswirkungen.

Zunächst sollte sich die Arbeitsvorbereitung sorgfältig mit dem Studium der Zeichnungen, des Leistungsverzeichnisses, der Vertragsbedingungen, der
Kalkulation sowie des Schriftverkehrs und sonstiger
Unterlagen beschäftigen. Diese ersten Schritte können übersichtlich mit Checklisten, Fragebögen oder

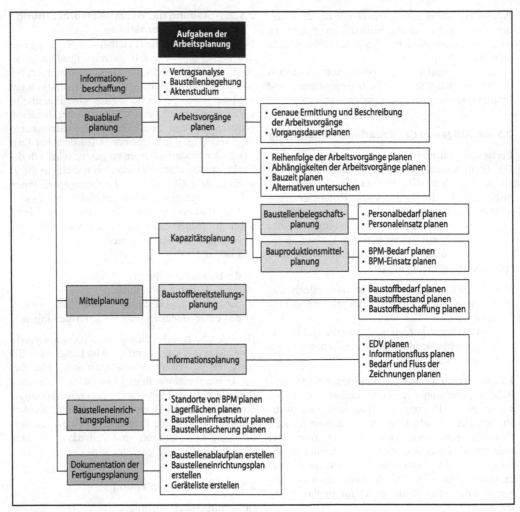

Abb. 2.5-2 Aufgaben der Fertigungsplanung (modifiziert nach REFA 1991)

anderen Formblättern systematisch durchgeführt und aufbereitet werden. Gleichzeitig sollte eine Baustellenbegehung mit entsprechender Dokumentation (z.B. Bilddokumentation, Protokoll) erfolgen. In einem weiteren Schritt werden alle Beteiligten, ihre Adressen sowie Telekommunikationsverbindungen ermittelt und dokumentiert (vom Bauherrn bis zum Unfallarzt). Wichtig für die weitere Fertigungsplanung ist es, den Stand und die Vollständigkeit der Ausführungs- und Genehmigungsplanung festzustellen.

Bauablaufplanung
Die Bauablaufplanung ist einer der wichtigsten Schritte in der Bauarbeitsvorbereitung einer Baustelle. Sie umfasst folgende wesentlichen Aufgaben:

– Recherche aller den Bauablauf und die Terminsituation betreffenden Randbedingungen, z.B. vom Bauherrn geforderte Anfangs-, Zwischen- und Endtermine,
– genaue Ermittlung der auszuführenden Leistungsmengen,

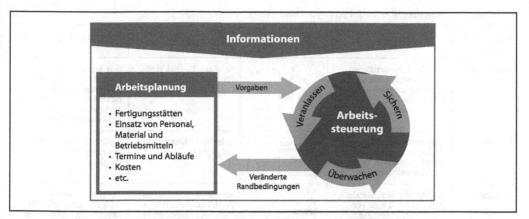

Abb. 2.5-3 Zusammenspiel der Arbeitsplanung und Arbeitssteuerung in der Arbeitsvorbereitung

– Auswahl der wirtschaftlichsten Bauverfahren, ggf. mit Hilfe eines kalkulatorischen Verfahrensvergleiches,
– Festlegen und hinreichend genaues Beschreiben der auftretenden Arbeitsvorgänge,
– Bestimmen des Gesamtlohnaufwandswertes aller einzelner Arbeitsvorgänge auf der Grundlage der auszuführenden Leistungsmengen mit aus der Vergangenheit bekannten Erfahrungswerten oder mit systematisch ermittelten Arbeitszeitrichtwerten,
– Festlegen der Reihenfolge der Arbeitsvorgänge,
– ggf. Festhalten der Ergebnisse der vorangegangenen Schritte in einem Arbeitsverzeichnis,
– Festlegen der Abhängigkeiten der Arbeitsvorgänge untereinander,
– Errechnen der Vorgangsdauern mit einer sinnvollen Annahme der Personal- und Gerätekapazitäten sowie Entwickeln des Gesamtbauablaufs.

An diesem Gesamtablauf wird überprüft, ob alle Randbedingungen eingehalten werden und ob der Kapazitätsverlauf über die Bauzeit sinnvoll ist. Bei Abweichungen muss mit geänderten Vorgaben iteriert werden. Der endgültige Bauablauf kann mit verschiedenen Darstellungsformen optisch aufbereitet werden (Tabelle 2.5-1). Je nach Planungshorizont werden Grob-, Mittel- und Feinplanung unterschieden.

Kapazitätsplanung
Bei der Planung der erforderlichen Kapazitäten unterscheidet man im Wesentlichen die Bauproduktionsmittelplanung und die Baustellenbelegschaftsplanung.

Bauproduktionsmittelplanung
Nach Auswahl der Bauverfahren werden die Anzahl, die Art, die Leistungsfähigkeit, die Dauer des Einsatzes sowie die Einsatzzeitpunkte der Bauproduktionsmittel festgelegt. Hierbei müssen die im Bauzeitenplan vorhandenen Randbedingungen, die Wirtschaftlichkeit und die im Unternehmen zu den jeweiligen Zeitpunkten zur Verfügung stehenden Bauproduktionsmittel berücksichtigt werden. Gegebenenfalls ist zu prüfen, ob und inwieweit eine Anmietung von Bauproduktionsmitteln wirtschaftlicher oder aus anderen Gründen sinnvoller ist.

Baustellenbelegschaftsplanung
Ebenso wird die Belegschaftsstärke in Übereinstimmung mit dem Bauzeitenplan bestimmt. Die Belegschaftsstärke muss einen über die gesamte Bauzeit gesehen sinnvollen Verlauf haben. Im Hinblick auf die verfügbare Baustelleninfrastruktur sollten Belegschaftsspitzen vermieden werden. Hierdurch können gegenseitige Behinderungen auf ein Mindestmaß beschränkt bleiben. Die gleichen Überlegungen gelten für den Einsatz von Subunternehmen. Die gegenseitige Behinderung der Subunternehmer und Einschränkungen z. B. infol-

Tabelle 2.5-1 Darstellungsformen des geplanten Bauablaufs

Planungs-technik	Merkmal	Darstellung	Vorteil	Nachteil
Bauphasen-plan	Der Baufortschritt wird zu bestimmten Stich-Zeitpunkten zeichnerisch dargestellt	1. 2. 3.	Sehr anschaulich und für nicht Vorgebildete leicht verständlich	Nur Stichpunktbetrachtung, daher wenig Informationsgehalt. Für komplizierte Bauabläufe nicht geeignet, Kontrollmöglichkeiten schlecht
Tabellen	Vorgänge, Dauern sowie Anfangs- und Endzeitpunkte werden in Tabellenform aufgearbeitet	Vorgangsliste	Sehr hoher Detaillierungsgrad	Unübersichtlich, Kontrolle nur eingeschränkt möglich
Balkenplan	Es gibt eine horizontale Zeitachse und eine vertikale Vorgangsachse. Vorgänge werden als Balken aufgetragen	t ... v	Anschaulich, gut ablesbar. Auch komplexe Bauabläufe sind übersichtlich darstellbar, Stichpunktkontrollen sind möglich	Bei sehr komplexen Abläufen mit vielen Abhängigkeiten stößt er an Grenzen
Netzplan	Vorgänge werden in Kästchen unter Angabe der Dauer und Anfangs- sowie Endzeitpunkt dargestellt. Die Vorgänge werden miteinander unter Berücksichtigung der Abhängigkeiten verknüpft	S 1 3 2	Für komplexe Bauabläufe geeignet. Kontrollen und Anpassungen gut möglich	Anschaulichkeit ist teilweise eingeschränkt
Linienzyklogramm	Es gibt eine horizontale Wegachse und eine vertikale Zeitachse. Die Vorgänge werden als Linien über Weg und Zeit auftragen	Weg Zeit	Für linienförmige, ortsveränderliche Baustellengut geeignet und sehr anschaulich	Bei großer Komplexität nur eingeschränkt einsetzbar

ge einer zu geringen Anzahl Krane lassen sich schon im Vorfeld vermeiden. Die Belegschaftsstärke über die Bauzeit kann beispielsweise im Balkenplan sehr anschaulich mit dargestellt werden.

Baustoffbereitstellungsplanung
Die Baustoffmengen lassen sich aus den genau ermittelten Leistungsmengen und den technischen Unterlagen zusammenstellen. Die Bereitstellungstermine ergeben sich aus den Bauablaufplänen.

Bedingt durch die geringen Lagerflächen auf den meisten Baustellen, wird bei der Versorgung von Baustellen mit Baumaterialien häufig auf das Just-in-time-System zurückgegriffen. Hierbei werden die erforderlichen Baumaterialien in der geforderten Güte und Menge zu einem Zeitpunkt auf der Baustelle angeliefert, der mehr oder weniger unmittelbar vor dem Einbauzeitpunkt der Materialien in das Bauwerk liegt. Dieses Vorgehen setzt ein ent-

sprechendes logistisches System bei den Baustoffzulieferunternehmen voraus. Verzögerungen bei der Materialversorgung oder Qualitätsmängel bezüglich der geforderten Baustoffgüten führen nämlich auf der Baustelle sofort zu Stillstandszeiten.

Die Auswahl der Baustofflieferanten darf also keineswegs nur unter Preisgesichtspunkten geschehen. Die Qualitätseinhaltung und die Termintreue müssen als weitere Auswahlkriterien einfließen. Sie werden von den Qualitätsmanagementsystemen genauso gefordert und lassen sich über systematisch dokumentierte Lieferantenbewertungen festhalten.

Informationsplanung
Ein wesentlicher Gesichtspunkt der Fertigungsplanung, der zunehmend an Bedeutung gewinnt, ist die Informationsplanung. Hierzu muss zunächst eine umfassende, gesamtheitliche EDV-Lösung zur Erfassung und Verarbeitung des umfangreichen Da-

tenmaterials gefunden werden. Anstreben sollte man hierbei zumindest eine Vernetzung der am Baugeschehen beteiligten innerbetrieblichen Stellen. Als Konsequenz ergibt sich die Notwendigkeit, den Informationsfluss möglichst effizient und umfassend zu planen. Dies beinhaltet die Planung des Bedarfs an Zeichnungen und deren Fluss zwischen den Beteiligten.

Jedoch sollte bei allen Informationssystemen als wichtiger Grundsatz gelten, gerade soviel Information wie nötig in Umlauf zu bringen und auch nur an die Beteiligten zu verteilen, die diese sinnvoll einsetzen können.

Baustelleneinrichtungsplanung
Die Baustelleneinrichtungsplanung ist auch eine der wesentlichen Säulen der Bauarbeitsvorbereitung. Im Gegensatz zu anderen Industriezweigen gibt es in der Bauindustrie kaum stationäre Fertigung ihrer Produkte. Bei jeder neuen Baustelle muss also die Frage nach der Einrichtung dieser vorübergehenden Fertigungsstätte gestellt werden. Der wirtschaftliche Erfolg einer Baustelle hängt in hohem Maße von einer effizienten Baustelleneinrichtung ab.

Dokumentation der Fertigungsplanung
Die Dokumentation der Ergebnisse der Fertigungsplanung verfolgt zwei Ziele: Zum einen sollen die Planungsergebnisse allen Beteiligten in möglichst überschaubarer Form zugänglich gemacht werden, und zum anderen sollen die Erkenntnisse und Erfahrungen aus der Bauausführung unabhängig vom zu diesem Zeitpunkt eingesetzten Personal für künftige Projekte nutzbar gemacht werden. Die wichtigsten Dokumentationshilfen und ihre jeweilige Bedeutung sind

- Protokolle, Aktennotizen, Schriftverkehr, Informationsbeschaffungs-Checklisten, Bilddokumentationen,
- Bauablaufpläne, Arbeitsverzeichnisse,
- Bereitstellungs- und Mittelpläne,
- Personalkapazitätsverlauf (in Bauablaufplanung integriert) und Zahlungsplan (Liquiditätsplanung),
- Geräteliste,
- Baustelleneinrichtungsplan.

Diese Unterlagen sowie die Ergebnisse der Fertigungssteuerung (z. B. Soll/Ist-Vergleiche, Nach-

kalkulationen, Arbeitssystemstudien) müssen gesammelt und über einen bestimmten Zeitraum aufbewahrt bleiben.

2.5.2.5 Fertigungssteuerung

Die Fertigungssteuerung verwendet die Ergebnisse der Fertigungsplanung und setzt sie während der Bauausführung um. Die Aufgaben der Fertigungssteuerung werden i. Allg. von der Bauleitung, der Oberbauleitung und der Bauarbeitsvorbereitung gemeinsam erfüllt. Dabei folgt man der Logik des einfachen Regelkreismodells. In diesem Modell werden die Aufgaben der Fertigungssteuerung aufgeteilt in Fertigung veranlassen, überwachen und sichern.

Die *Fertigung veranlassen* bedeutet, dass der Anstoß für die Bereitstellung des Materials, des Personals und der Bauproduktionsmittel gegeben wird und dass die Bauausführung beginnt. Während der Bauausführung wird die Ist-Mengenleistung erfasst.

Die Fertigung überwachen beinhaltet ein regelmäßiges Vergleichen der Ist-Leistung mit der Sollleistung. Bei Abweichungen müssen die Ursachen analysiert werden. Ursachen für Abweichungen können z. B. unrealistische Sollvorgaben, unqualifiziertes Personal, mangelhafte oder falsch dimensionierte Bauproduktionsmittel, äußere Einwirkungen (extreme Wetterlagen) oder Behinderungen durch andere Kolonnen sein.

Das *Sichern der Fertigung* schließt den Kreis, indem durch Eingreifen in die Fertigung die Ist-Leistungen wieder auf die Sollvorgaben gebracht werden. Bei unerreichbaren Sollvorgaben oder sonstigen gravierenden Abweichungen muss die Fertigungsplanung der aktuellen Situation angepasst werden.

Der oberste Grundsatz der Steuerung ist, so rechtzeitig Daten zu erfassen und bei Abweichungen in die Fertigung einzugreifen, dass die Prozesse noch beeinflussbar sind. Wird hiermit zu lange gezögert, sind die kostenrelevanten Vorgänge u. U. bereits abgeschlossen, wenn die Abweichungen erkannt sind.

Ebenso wie bei der Fertigungsplanung ist es bei der Fertigungssteuerung von hohem Wert, die Ergebnisse der Steuerung zu dokumentieren und für zukünftige Bauausführungen auszuwerten. So kann man z. B. die Kalkulationssicherheit durch Einbringen von verifizierten Kosten- und Leistungsansätzen wesentlich verbessern.

2.5.3 Baustelleneinrichtung

Peter Böttcher

Die Baustelle ist der Ort, an dem das geplante Bauwerk gefertigt wird. Hier werden alle geplanten Arbeitsverfahren mit Hilfe von Maschinentechnik oder manueller Handwerksarbeit ausgeführt. Damit diese Produktion im Rahmen der wirtschaftlichen, terminlichen und qualitativen Vorgaben durchgeführt werden kann, muss eine optimal eingerichtete Fertigungsstätte zur Verfügung stehen.

Das Problem jeder Baustelleneinrichtung ist, dass sie nur während der Ausführung vorgehalten wird; somit lässt sich die Einrichtung i.Allg. nicht durch Erfahrungen der laufenden Fertigung verbessern. Die Einrichtung muss sich im Laufe des Bauens ggf. den neuen Anforderungen des Bauwerks anpassen; sie kann sich somit stark ändern. So werden z. B. zu Beginn einer Baumaßnahme Spezialgeräte im Tiefbau für den Baugrubenaushub oder die Pfahlgründung benötigt, im weiteren Verlauf aber Geräte wie Krane, Schalung oder Mauerwerkhilfe.

Entsprechend dieser Problematik unterteilt man den Themenkreis „Baustelleneinrichtung" in einen Abschnitt „Planung der Baustelle" mit der Darstellung der ggf. verschiedenen Einrichtungen für ein Bauvorhaben in einem Einrichtungsplan und in einen Abschnitt „Betrieb der Baustelle" mit den Überlegungen, die Betriebsmittel optimal auf der Baustelle einzusetzen.

2.5.3.1 Planung der Baustelle

Da Baustellen ortsveränderlich sind und mit jedem neuen Bauvorhaben neue Anforderungen an ihre Einrichtung gestellt werden, sind die Einflüsse auf die Baustelle immer wieder neu zu beachten. Die Baustelleneinrichtung ist ein Puzzle, das aus mehreren Teilen besteht: Wird ein Teil nicht beachtet, ist eine wirtschaftliche und rationale Fertigung nicht möglich.

Das Ziel der Planung einer Baustelleneinrichtung ist der optimale Betrieb der Produktionsfaktoren Mensch, Betriebsmittel und Arbeitsgegenstand. Neben der Witterung hat der Bauherr mit seinen Vorstellungen über Termine, Kosten und Qualität, die im Vertrag und im Leistungsverzeichnis dokumentiert sind, Einfluss auf diese Produktionsfaktoren. Die Natur mit ihrem Bestand an Bäumen und Sträuchern, die Art des Bodens, aber auch die Umgebung müssen beachtet werden. Die Öffentlichkeit, ihr Schutz vor Lärm und Schmutz sowie die gesetzlichen Regelungen für die öffentliche und baustelleninterne Sicherheit sind zu beachten. Einfluss hat auch die Art des Bauwerks: Wird ein Wohnhaus, ein Hochhaus, eine Straße, eine Brücke oder eine Kanalisation gebaut? Mit welchem Bauverfahren wird das Bauwerk erstellt? Mit Ortbeton, Fertigteilen, Stahlteilen oder einem Taktschiebeverfahren? Die Vorgaben für die Baustelle werden schließlich von der Baufirma gemacht; auch hier sind Termine, Kosten und die Qualität zu beachten.

Entsprechend wichtig ist es, die vertraglichen Regelungen und die Anforderungen im *Leistungsverzeichnis* zu kennen und in der Baustelleneinrichtung zu beachten. Des Weiteren muss eine genaue Ortskenntnis vorliegen, damit die Einflüsse der Umgebung beachtet werden können.

Damit die unterschiedlichen Anforderungen der einzelnen Arbeitsverfahren, die innerhalb des Bauwerks Anwendung finden, erfüllt werden können, ist es erforderlich, ein *Produktionskonzept* mit der Unterteilung des Bauvorhabens in *Bauabschnitte* zu erstellen.

Aufbauend auf dem *Produktionskonzept* werden die Anforderungen für die Herstellung der *Bauabschnitte* erfasst. Die Gliederung des Produktionskonzeptes legt somit die ggf. unterschiedlichen Baustelleneinrichtungsphasen für ein Bauvorhaben fest.

Für die einzelne *Einrichtungsphase* ist im nächsten Planungsschritt die Maschine oder das Gerät zu wählen, welches den Fertigungsablauf maßgeblich bestimmt. In der Regel werden dies der Kran oder eine Erdbaumaschine (z. B. ein Bagger) sein. Durch diese Auswahl ergeben sich die Teileinrichtungen.

Die Auswahl der weiteren *Einrichtungselemente* folgt anschließend und richtet sich z. T. nach den Anforderungen des gewählten Geräts. In einer *Einrichtungszeichnung* werden alle Elemente erfasst und so optimal wie möglich zueinander ausgerichtet.

Erstellen des Produktionskonzeptes

Für die Planung, Steuerung und Gestaltung eines Bauvorhabens ist es sinnvoll, dieses in überschaubare Abschnitte zu gliedern. Es ergibt jedoch keinen Sinn, ein Bauvorhaben vor Arbeitsbeginn bis ins Detail nach fertigungstechnischen Gesichtspunkten zu planen, da die Änderungen während der Bauausführung vielfältig sein können. Die einzelnen Planungsschritte erfolgen in der Bauablaufplanung. Das Produktionskonzept ist ein Bestandteil dieser Bauablaufplanung.

Grundlage für die Planung des *Produktionskonzeptes* ist der *Bauabschnitt*. Ein Bauabschnitt umfasst eine Arbeit, die an einem Bauwerk in einem Arbeitsgang durchgeführt wird, d. h. es gibt keine technische oder zeitliche Unterbrechung im Arbeitsgang. Sobald eine Unterbrechung erforderlich ist, wird ein zweiter neuer Bauabschnitt gebildet. Ein Bauabschnitt kann in weitere kleinere Bauabschnitte (Ebenen) unterteilt werden (Abb. 2.5-4). Die Anzahl der Ebenen kann frei gewählt werden; es sollten aber i. d. R. nicht mehr als drei sein.

Bei der *Erstellung des Produktionskonzeptes* muss man sich folgende Frage stellen:

Welche Arbeiten müssen ausgeführt werden und in welcher Reihenfolge?

Damit diese Frage beantwortet werden kann, wird sie in drei Aufgaben unterteilt:

– *Gewerke festlegen* heißt, die wesentlichen Arten (Gewerke) von Arbeiten auf der Baustelle zu erfassen und die zugehörigen Bauteile zu bestimmen, z. B. Stahlbetonarbeiten, Mauerwerkarbeiten oder Erdbauarbeiten.

– *Das Bauwerk in Bauabschnitte gliedern* bedeutet, den Gesamtablauf in Arbeitspakte zu unterteilen. Die Unterteilung ist nach technologischen und zeitlichen Gesichtspunkten vorzunehmen.

– *Die Reihenfolge der Bauabschnitte festlegen* heißt, einen groben Terminstrukturplan auf der Grundlage eines Balkenplans zu erstellen. Im Balkenplan sollen nur die Bauabschnitte dargestellt werden. Dabei spielt die Dauer der einzelnen Abschnitte zu diesem Zeitpunkt der Planung noch keine Rolle, sondern lediglich die Reihenfolge, in der die einzelnen Arbeiten gefertigt werden sollen (Abb. 2.5-5).

Anforderungen der Bauabschnitte

Bevor Geräte und Materialien auf der Baustelle eingesetzt werden, ist zu klären, welche Geräte und sonstigen Elemente benötigt und welche Anforderungen an sie gestellt werden. Dazu ist es erforderlich, die einzelnen Bauabschnitte nach ihrem Bedarf an Geräten, Maschinen und Material zu untersuchen.

Bei der Erfassung sind nur die fertigungstechnisch wichtigen Geräte und Materialien zusammenzustellen (z. B. Kran, Erdbaumaschinen, Straßenfertiger oder Schalung). Kleingeräte wie Rüttler oder Kreissäge können in dieser Phase vernachlässigt werden und führen nur zu Unübersichtlichkeit der Planungstätigkeit. Für die Ausführung dieser Aufgabe muss somit folgende Frage gestellt werden:

Welches Gerät und Material wird pro Bauabschnitt benötigt?

– Notwendige Geräte und Materialien pro Bauabschnitt benennen: Für jeden Bauabschnitt ist das notwendige Gerät und Material, das für die

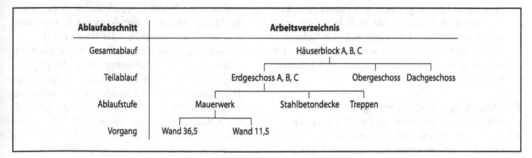

Abb. 2.5-4 Gliederung eines Bauvorhabens in Ablaufabschnitte

| Skizze: | | OG | Obergschoss |
| Teil 1   Teil 2 | | EG | Erdgeschoss |

| Bauabschnitte | | Reihenfolge |
Ebene 1	Ebene 2	
Erdbau	Oberfläche, Fundamente	
Sohle	Entwässerung, Fundamente, Bodenplatte	
Erdgeschoss Teil 1	Mauerwerk, Treppe	
	Stahlbetondecke, - unterzüge	
Erdgeschoss Teil 2	Mauerwerk, Treppe	
	Stahlbetondecke, - unterzüge	
Obergeschoss Teil 1	Mauerwerk	
Obergeschoss Teil 2	Mauerwerk, Ringanker	

Abb. 2.5-5 Produktionskonzept

Ausführung benötigt wird, aufzuzählen. Hierzu sollte bei den einzelnen Bauabschnitten geprüft werden, was für ihre Ausführung erforderlich ist. Bei der Auswahl der Geräte sollten nur die wesentlichen Geräte erfasst werden. Eine genaue Abgrenzung, was wesentliche Geräte sind, ist nicht immer eindeutig möglich.

– Anforderungen von Seiten der Baustelle an Material und Gerät zusammenstellen: Für jeden Bauabschnitt ist zu prüfen, welche Anforderungen in Form von Menge, Höhe, Weite, Gewicht der Geräte bzw. des Materials gestellt werden.
– Leistungen der Geräte und des Materials erfassen: Für jeden Bauabschnitt sind aus den Anforderungen Leistungswerte zusammenzustellen. Bei Geräten beziehen sie sich beispielsweise auf Angaben des Lastmoments, der Schaufelgröße oder des Leistungswertes, bei Materialien auf die erforderliche Menge oder den Flächenbedarf (Tabelle 2.5-2).

Festlegen der Teileinrichtungen

Nachdem die Anforderungen für die Geräte erfasst sind, müssen die maximalen Forderungen zusammengestellt und in einer Auswahl der wichtigsten Geräte erfasst werden. Aus der Gliederung in Bau-

abschnitte und der Auswahl der Großgeräte werden die Arbeitsfelder der Baustelle gebildet. In diese Arbeitsfelder sind die weiteren Einrichtungselemente einzuplanen. Die Arbeitsfelder beschreiben auch die ggf. unterschiedlichen Einrichtungsphasen für das Bauvorhaben. Für diesen Planungsschritt sollte man sich folgende Frage stellen:

Wie muss die Baustelle räumlich in Arbeitsfelder gegliedert werden, damit eine optimale Nutzung der Geräte möglich ist?

– Bestimmung der fertigungstechnisch wichtigen Geräte: festlegen, welches Gerät den Arbeitsablauf auf der Baustelle maßgeblich beeinflusst. Bei Hochbaumaßnahmen ist es i. d. R. der Kran, bei Kanalisationsarbeiten der Bagger.
– Anzahl und Lage der Arbeitsfelder bestimmen: Bereits in der Grobplanung kann ein großflächiges Bauvorhaben bei seiner Gliederung in Teilabläufe eine Arbeitsfeldstruktur erhalten; insbesondere im Tiefbau kann man die gewählten Bauabschnitte auch als Arbeitsfelder übernehmen. Soweit dies nicht geschehen ist, muss für die Baustelle die Anzahl, Lage und Größe der Arbeitsfelder bestimmt werden. Das Arbeitsfeld

Tabelle 2.5-2

Nr.	Bauabschnitt		notwendige Anforderungen			Leistung der Geräte	Platzbedarf des Materials
	Ebene 1	Ebene 2	Geräte		Material		
1	Erdbau	Oberfläche			Erde	100 m³	Deponie
					Asphalt	20 m²	Entsorgung
		Fundamente	Bagger	Tieflöffel b = 0,8			
2	Sohl	Entwässerung	Bagger		Rohre PVC	200 m	5,0 × 2,0 m
			Verbaueinheit		Rohre Stzg	18 m	
					Sand/Kies	45 m³	
		Fundamente	Kran	A: 30 m	Stahl		Flechtplatz
				H: 15 m			
			Schalung	250 m²			
		Bodenplatte	Pumpe	A: 40 m	Beton	120 m³	

richtet sich nach der Art des fertigungstechnisch wichtigsten Geräts.

– Leistungswerte der gewählten Großgeräte für jedes Arbeitsfeld ermitteln: Damit ein Gerät für ein Arbeitsfeld ausgewählt und vom Bauhof bereitgestellt werden kann, sind die erforderlichen Leistungskennwerte zu ermitteln.

Auswahl der sonstigen Elemente

Neben den ausgewählten Großgeräten werden für den Betrieb einer Baustelle weitere Elemente wie Werkplätze, Lagerflächen, Verkehrseinrichtungen, Sozialeinrichtungen, Strom- und Wasserversorgung, Sicherung der Baustelle und die Abfallentsorgung benötigt. Diese Elemente können in jedem Arbeitsfeld vorhanden sein, im Schnittbereich von Arbeitsfeldern liegen oder allgemeine zentrale Einrichtungen sein. Die Frage zu diesem Planungsschritt lautet:

Welche sonstigen Elemente werden benötigt?
Das Hilfsmittel zur Beantwortung dieser Frage ist die Anforderungsliste aus der Aufgabe „Anforderungen der Bauabschnitte erfassen". Hier wurden bereits für die einzelnen Teilabläufe die Merkmale der notwendigen sonstigen Elemente erfasst. Ziel des Planungsschrittes „Sonstige Elemente wählen" ist somit deren Zusammenfassung und Festlegung.

Für die erforderlichen Werkplätze (z.B. Schalung oder Fertigteile) sind die Abmessungen zu ermitteln, und es ist festzulegen, welche besonderen Maßnahmen (z.B. Überwachung oder Umzäunung) angeordnet werden sollen. Bei Lagerflächen ist zu be-
stimmen, was im Einzelnen gelagert werden soll; zudem sind die Lagerfläche und das Lagervolumen zu bestimmen. Die Verkehrsführung innerhalb der Baustelle ist festzulegen. Wo liegt die Einfahrt, wo die Ausfahrt? Wie wird der Untergrund befestigt? Des Weiteren ist auch festzulegen, wie die Verkehrsführung im öffentlichen Bereich erfolgen soll. Die sozialen Einrichtungen (z.B. Tagesunterkünfte und WC-Anlagen) sind entsprechend den gesetzlichen Rahmenbedingungen zu wählen, und es ist festzulegen, welche Büroeinrichtungen für die Bauleitung benötigt werden. Für die Wasserversorgung sind die erforderlichen Wassermengen, Leitungsquerschnitte und der Leitungsverlauf innerhalb des Baugeländes zu bestimmen. Aus der Zusammenstellung der Großgeräte ergibt sich der elektrische Energieverbrauch, der bei Ermittlung der Ampèreleistung und der Querschnittswerte des Stromkabels zu beachten ist.

Die Auswahl der sonstigen Elemente wird für jede Baustelle unterschiedlich ausfallen. Insbesondere ist zu beachten, dass nicht jede Baustelle alle sonstigen Elemente benötigt.

Zeichnung der Baustelleneinrichtung

Im letzten Schritt zur Vorbereitung einer Baustelle sind die einzelnen Einrichtungselemente um die geplante Baumaßnahme anzuordnen. Zielsetzung dieser Anordnung ist es, einen gleichmäßigen Arbeitsfluss auf der Baustelle zu ermöglichen. Entsprechend dieser Vorgehensweise sind die Beziehungen der einzelnen Baustellenelemente untereinander, zur Baustraße, zum Arbeitsfeld und zum Massenschwerpunkt des Bauwerks zu prüfen. Hierbei kann es erforderlich sein, für die einzelnen Teileinrichtungen eigene Einrichtungspläne zu zeichnen. Die entsprechende Frage zum Schritt „Elemente der Baustelleneinrichtung zuordnen und zeichnen" muss somit lauten:

Wie können die Elemente den einzelnen Arbeitsfeldern zugeordnet werden?
Damit die vorgenannten Grundsätze einfacher erfasst werden können, empfiehlt sich folgende Vorgehensweise:

– Feste Bauwerke: In den Einrichtungsplan alle Teile einzeichnen, auf die man während der Bauphase keinen oder nur geringen Einfluss hat. Dies sind das zukünftige Bauwerk, feste Bereiche wie Bäume, Sträucher oder Straßen und die Baugrube.
– Großgeräte mit Arbeitsfeld: Die einzelnen Arbeitsfelder eintragen und den Bewegungsraum der Großgeräte einzeichnen (beim Kran die Auslegerlänge und den Kreisumfang, beim Bagger die Fahrstraße und den Schwenkbereich).
– Verkehrswege, Werk- und Lagerplätze: Verkehrswege festlegen, die Werk- und Lagerplätze einzeichnen.

– Sozialeinrichtungen und Versorgungsleitungen: Tagesunterkünfte, WC-Anlagen und Büroeinrichtungen einzeichnen. Beim Büro der Bauaufsicht sollte darauf geachtet werden, dass es einen Standort hat, von dem aus die Baustelle gut einsehbar ist. Die Versorgungsleitungen und die Standorte der Elektroschränke sind ebenfalls einzuzeichnen und die Schutzmaßnahmen gegen Beschädigungen zu benennen.
– Geräteliste: Nachdem alle Elemente festgelegt sind, ist eine Geräteliste zu erstellen, damit von Seiten des Bauhofs die erforderlichen Betriebsmittel zur Verfügung gestellt werden können (Tabelle 2.5-3).

Der Einrichtungsplan ist i. d. R. eine Skizze im Maßstab 1:250 oder 1:500. Die wesentlichen Baustelleneinrichtungselemente wie Arbeitsfeld, Baustraße, Werkplätze, Lagerflächen sollten vermaßt und soweit wie möglich maßstäblich in den Lageplan eingetragen werden. Eine farbliche Hinterlegung der verschiedenen Einrichtungselemente ist sinnvoll. Die vier Schritte zur Planung der Baustelleneinrichtung sind in ihrem Zusammenhang als ein Iterationsverfahren zu betrachten, d. h., es wird immer wieder zu

Tabelle 2.5-3 Zusammenfassung der sonstigen Einrichtungselemente [Böttcher 1997]

Anforderungsliste Sonstiges	
Werkplätze	Schalungsbau mit Kreissäge Flechtplatz mit Mattenbügelmaschine und Mattenständer
Lagerplätze	allg. Werkzeugmagazin mit eingezäunter Fläche für Kleinmaterial Steine 40 m² Stahlmatten 5 × 5 = 25 m² Fertigteile 5,5 × 4,4 = 25 m² Schalung 5 × 4 = 20 m²
Verkehrsführung	keine Erfordernisse
Sozialeinrichtungen	1 Bauwagen für 6 AK 1 Bauwagen für 6 AK-Subunternehmer 1 WC-Wagen 1 Bürowagen für Polier
Wasser	Standrohr der Stadtwerke, Hydrant direkt bei der Grundstückseinfahrt
Strom	über Stromverteiler der Stadtwerke, Entfernung 200 m Kabel 5 × 35 mm² 1 Anschlussschrank 100 A, 1 Verteilerschrank 100 A
Sicherung	keine
Abfall	6 m³ Bauschutt 1,5 m³ Holz 1,5 t Baustahl

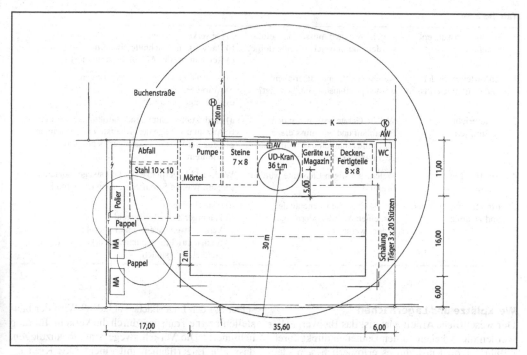

Abb. 2.5-6 Baustelleneinrichtungsplan für die Baustelle einer Werkhalle [Böttcher]

Änderungen und Erweiterungen in der Dokumentation der einzelnen Schritte kommen. Eine strikte Trennung der einzelnen Planungsschritte ist nicht möglich und sollte von der planenden Person auch nicht vorgenommen werden (Abb. 2.5-6 und Tabelle 2.5-4).

2.5.3.2 Betrieb der Baustelle

Beim Betrieb einer Baustelle sind der Massenschwerpunkt des Bauwerks, das Arbeitsfeld und die Baustraße die wesentlichen Elemente. Die Anordnung dieser drei Elemente zueinander und die Zuordnung der weiteren Baustelleneinrichtungselemente können den Baustellenbetrieb vereinfachen oder behindern.

Die Unfallverhütungsvorschriften der Berufsgenossenschaften für die einzelnen Betriebsmittel und die besonderen Betriebsbedingungen der Betriebsmittel sind zu beachten.

Krane

Problem jeder Baustelle ist der Transport von Gütern. Es muss ein waagerechter und senkrechter Transport möglich gemacht werden. Dies erfolgt i. d. R. mit einem Kran. Die Merkmale zur Auswahl eines Kranes sind seine Auslegerlänge und die Tragfähigkeit an der Spitze des Auslegers. Das Arbeitsfeld eines Kranes wird durch die Auslegerweite und die Kranbahnlänge bestimmt. Es sollte darauf geachtet werden, dass dieses Arbeitsfeld mit der Gliederung des Bauwerks in Teilabläufe oder Ablaufstufen übereinstimmt.

Bagger

Im Tief- und Straßenbau ist der Einsatz eines Kranes als Transportmittel nicht sinnvoll. Hier ist der Bagger das wesentliche Gerät zur Bearbeitung des Bauwerks. Die Auswahl eines Baggers richtet sich nach seiner Löffelgröße, der Reichweite des Baggerarmes, dem Fahrwerk (Raupe oder Reifen) und der Tragfähigkeit des Baggerarms. Das Arbeitsfeld eines Baggers wird bestimmt von der Reichweite des Baggerarms und der Fahrweglänge.

Tabelle 2.5-4

1	Produktionskonzept erstellen	Welche Arbeiten müssen ausgeführt werden und in welcher Reihenfolge?	a) Gewerke festlegen b) Bauwerk in Abschnitte gliedern c) Reihenfolge der Ablaufabschnitte festlegen
2	Anforderungen der Bauabschnitte erfassen	Welche Geräte und Materialien werden pro Bauabschnitt benötigt?	a) notwendige Geräte und Materialien b) Anforderungen c) Leistungen erfassen
3	Teileinrichtungen bestimmen	Welche Geräte bestimmen den Bauablauf und wie muss die Baustelle räumlich in Arbeitsfelder gegliedert werden?	a) produktionsbestimmende Großgeräte bestimmen b) Anzahl und Lage der Arbeitsfelder bestimmen c) Leistungswert des Hauptgeräts pro Arbeitsfeld ermitteln
4	sonstige Elemente wählen	Welche sonstigen Elemente werden benötigt?	Werk- und Lagerplätze, Verkehrswege, Sozialeinrichtungen, Wasser, Strom, Sicherung und Abfall
5	Einrichtung zuordnen und zeichnen	Wie können die Elemente den einzelnen Arbeitsfeldern zugeordnet werden?	a) feste Bauwerke b) Hauptgerät mit Arbeitsfeld c) Verkehrswege, Werk- und Lagerplätze d) Sozialeinrichtungen und Versorgungsleitungen e) Geräteliste erstellen

Werkplätze und Lagerflächen

Der wesentliche Arbeitsplatz ist das Bauwerk. Hier werden die Arbeiten an den Bauteilen direkt durchgeführt. Trotzdem kann es erforderlich sein, dass eine Vormontage von Schalungsteilen oder Bewehrungskörben erforderlich ist. In diesem Fall sind Werkplätze einzurichten. Dabei ist darauf zu achten, dass die Werkplätze in der Abschätzung der Größe und der Lage zum Bauwerk optimal angeordnet werden.

Die Lagerung von Schalung, Steinen sowie sonstigen Geräten und Verbrauchsmaterialien ist auf der Baustelle notwendig. Bei der Wahl der Lagerfläche müssen die Größe der Fläche und der Zeitraum der Nutzung beachtet werden. Beim Betrieb der Baustelle ist es wichtig, das einmal gewählte Ordnungsschema auch einzuhalten. Für eine kurzfristige Zwischenlagerung (zwei bis fünf Stunden) sollte eine gesonderte Fläche immer vorgehalten werden, damit Störungen im Betriebsablauf durch Zwischenlagerungen abgefangen werden können.

Baustellenverkehr

Wie soll die Anlieferung von Material zur Baustelle erfolgen? Die Art, wie der Verkehr über die Baustelle geführt wird, kann dazu beitragen, dass Behinderungen im Produktionsablauf verhindert werden. Inwieweit können die Fahrzeuge das Material selber auf den Lagerflächen abladen? Wird der baustelleninterne Transport durch die Verkehrsführung behindert? Die Verkehrswege sind so anzulegen, dass alle Lagerflächen mit einem Lkw-Kran erreicht werden können und die Fahrzeuge das Gelände wieder einfach verlassen können. Den wichtigsten Lieferanten sollte eine Anfahrtsskizze zur Baustelle zur Verfügung gestellt werden.

Sozial- und Büroeinrichtungen

Für die Mannschaften sind Tagesunterkünfte und WC-Anlagen bereitzustellen. Die Anforderungen sind in den Bestimmungen der Arbeitsstättenverordnung geregelt. Im Sinne einer guten Arbeitsmoral sollte auf Sauberkeit und ausreichenden Platz geachtet werden. Auch das Bild einer Bauunternehmung nach außen und zum Kunden wird oft über die Sozialeinrichtungen der Baustelle geprägt. Beim Aufbau der Sozialeinrichtungen ist darauf zu achten, dass diese nicht im Einfahrtsbereich der Baustelle stehen und somit die Zufahrt zur Baustelle behindern.

Für die Bauleitung und die Poliere sollten entsprechende Büroräume vorgesehen werden. Hier ist es wichtig, aus dem Büro einen guten Überblick über die Baustelle und die Einfahrt zur Baustelle zu haben.

Literaturverzeichnis Kap. 2.5.3

Böttcher P, Neuenhagen H (1997) Baustelleneinrichtung.
  Bauverlag, Wiesbaden/Berlin
Böttcher P (2007) Produktionsmanagement in klein- und
  mittelständischen Baufirmen in Böttcher, Santowski u. a.
  (Hrsg.) Innovation und Forschung an Fachhochschulen,
  VDI Reihe 4 (Nr. 207), VDI Verlag Düsseldorf

2.5.4 Arbeitsschutz und Unfallverhütung

Rudolf Scholbeck, Manfred Bandmann

2.5.4.1 Einführung

Die Verhütung von Arbeitsunfällen, Berufskrankheiten und arbeitsbedingten Gesundheitsgefahren soll
die Beschäftigten vor schädigenden Einwirkungen
bei der Arbeit schützen. Versagt dieser Schutz, entstehen neben dem Leid des Betroffenen auch Opfer für
seine Familienangehörigen sowie Schäden für die
Volkswirtschaft. Dementsprechend haben *Arbeits-
und Gesundheitsschutz* in vielerlei Hinsicht einen
Sinn und wurden bereits im 19. Jh. in Deutschland
gesetzlich verankert. Seitdem werden die Anforderungen des Arbeitsschutzes im Zusammenwirken aller Beteiligten immer wieder der sich laufend ändernden Arbeitswelt angepasst. Auch die Europäische
Union hat den Arbeitsschutz zu einem Ziel ihrer Politik erklärt und hierzu entsprechende Richtlinien erlassen, die in nationales Recht umzusetzen sind.

Für die Beachtung, Anwendung und Durchsetzung des aktuellen Regelwerks trägt der Unternehmer die *originäre Verantwortung* in seinem Betrieb. Die staatlichen Arbeitsschutzbehörden und
die gesetzlichen Unfallversicherungsträger beraten
und beaufsichtigen den Unternehmer bei dieser
verantwortungsvollen Tätigkeit.

2.5.4.2 Staatliche Arbeitsschutzbehörden und Berufsgenossenschaften

In Deutschland prägt der *Dualismus* von *Staat und
Unfallversicherung* das außerbetriebliche Arbeits-
schutzsystem; er bezieht sich sowohl auf die Recht-
setzung als auch auf die Aufsichtstätigkeit. So haben die Unternehmen der Bauwirtschaft nicht nur
die Gesetze und Verordnungen des Staates zu beachten, sondern auch das von den gesetzlichen
Unfallversicherungsträgern erlassene und vom Bundesministerium für Arbeit und Soziales genehmigte Regelwerk zum Arbeitsschutz. In der Ausübung
der Aufsichtätigkeiten arbeiten die staatlichen
Aufsichtsbehörden eng mit den gesetzlichen Unfallversicherungsträgern zusammen, stimmen sich
ab und ergänzen einander.

*Gemeinsame Deutsche Arbeitsschutzstrategie
(GDA)*
Die Leitlinie „Gemeinsam Handeln – jeder in seiner
Verantwortung" prägt zukünftig das deutsche Ar-
beitsschutzsystem. Vor diesem Hintergrund haben
Bund, Länder und Unfallversicherungsträger unter
Beteiligung aller relevanten Arbeitsschutzakteure,
insbesondere der Sozialpartner, ein abgestimmtes
Konzept für eine „Gemeinsame Deutsche Arbeitsschutzstrategie" (GDA) erarbeitet. Es hat das Ziel,
die Sicherheit und die Gesundheit der Beschäftigten
bei der Arbeit zu erhalten, zu verbessern und zu fördern. Zur langfristigen Kostenentlastung der Unternehmen und der sozialen Sicherungssysteme wurden gemeinsame Arbeitsschutzziele und Handlungs-
felder unter Federführung der DGUV erarbeitet und
von den Trägern der GDA (Bund, Länder und Unfallversicherungsträger) festgelegt.

Staatliche Arbeitsschutzbehörden
Gemäß Artikel 74 des Grundgesetzes liegt die
Rechtsetzungskompetenz für den Arbeitsschutz
beim Bund. Aus Sicht des *betrieblichen Arbeitsschutzes* im Bauwesen finden v. a. folgende Gesetze und Verordnungen Anwendung:

– Arbeitsschutzgesetz (ArbSchG),
– Betriebssicherheitsverordnung (BetrSichV),
– Baustellenverordnung (BaustellV),
– Arbeitssicherheitsgesetz (ASiG),
– Arbeitsstättenverordnung (ArbStättV),
– Gefahrstoffverordnung (GefStoffV),
– Biostoffverordnung (BioStoffV),
– Lärm- und Vibrations-Arbeitsschutzverordnung
  (LärmVibrationsArbSchV),
– Geräte- und Produktsicherheitsgesetz
  (GPSG),
– Gefahrguttransportverordnungen.

Mit dem *Arbeitsschutzgesetz* (ArbSchG) vom
20.08.1996 und den darauf basierenden Rechtsver-
ordnungen wurde die EG-Arbeitsschutzrahmen-
richtlinie 89/391-EWG in nationales Recht umge-

setzt; damit wurden zusätzliche Arbeitsschutzmaßnahmen gesetzlich verankert.

So werden die Arbeitgeber zur frühzeitigen Gefährdungsbeurteilung der Arbeitsplätze genauso verpflichtet wie zur Sicherstellung einer geeigneten innerbetrieblichen Arbeitsschutzorganisation (s. 2.5.4.3). Darüber hinaus ist den arbeitsbedingten Gesundheitsgefahren mehr Beachtung zu schenken.

Die Einhaltung dieser Gesetze und Verordnungen des Staates wird von den staatlichen Arbeitsschutzbehörden der Bundesländer überwacht. Vor allem durch Besichtigungen, Unfalluntersuchungen, aber auch durch Prüfung der gesetzlich vorgeschriebenen Anzeigen nimmt die *Gewerbeaufsicht* ihre Überwachungs- und Kontrollaufgaben wahr. Dabei verfügen die Gewerbeaufsichtsbeamten über alle amtlichen Befugnisse der Ortspolizeibehörden zur Durchsetzung der Vorschriften. So haben sie das Recht, unangemeldet und jederzeit Betriebsbesichtigungen und -prüfungen vorzunehmen sowie Einsicht in Betriebsunterlagen zu nehmen. Bei Verstößen gegen Arbeitsschutzbestimmungen haben sie Anordnungs-, Untersagungs- und Stilllegungsbefugnisse. Sind bußgeldbewehrte Tatbestände betroffen, können diese mit entsprechendem Bußgeld geahndet werden.

Berufsgenossenschaften

Die *gesetzliche Unfallversicherung* ist ein Zweig der Sozialversicherung. Wie bei den anderen Sozialversicherungen, der Kranken-, Renten-, Arbeitslosen- und Pflegeversicherung handelt es sich um eine Pflichtversicherung, d. h. kraft Gesetzes sind die Beschäftigten eines jeden Unternehmens gegen die Folgen von Arbeitsunfällen und Berufskrankheiten versichert.

Träger der Unfallversicherung für die gewerbliche Wirtschaft sind die nach Branchen gegliederten neun gewerblichen *Berufsgenossenschaften* (BG), die zukünftig verstärkt fusionieren werden. Als Körperschaften des öffentlichen Rechts führen sie die ihnen durch Gesetz übertragenen Aufgaben in eigener Verantwortung und unter staatlicher Aufsicht durch. Die Verwaltung obliegt den paritätisch mit Arbeitgeber- und Arbeitnehmervertretern besetzten Selbstverwaltungsorganen.

Spitzenverband der gewerblichen Berufsgenossenschaften und der Unfallversicherungträger der öffentlichen Hand ist der Verband „Deutsche Ge-

setzliche Unfallversicherung" (DGUV). Er nimmt die gemeinsamen Interessen seiner Mitglieder wahr und vertritt die gesetzliche Unfallversicherung gegenüber Politik, Bundes-, Landes-, europäischen und sonstigen nationalen und internationalen Institutionen sowie Sozialpartnern.

Gesetzliche Grundlage der Unfallversicherung ist das Sozialgesetzbuch (SGB). Die im SGB VII aufgeführten Aufgaben der Berufsgenossenschaften lassen sich unter den zwei Hauptaufgaben *Prävention* sowie *Rehabilitation und Entschädigung* zusammenfassen.

Prävention beinhaltet die Verhütung von Arbeitsunfällen und Berufskrankheiten sowie von arbeitsbedingten Gesundheitsgefahren. *Rehabilitation* und *Entschädigung* erfordern nach Eintritt von Arbeitsunfällen oder Berufskrankheiten die Wiederherstellung der Gesundheit und der Leistungsfähigkeit der Versicherten sowie die Entschädigung durch Geldleistungen.

Erfolgreiche Präventionsarbeit beeinflusst den Leistungsumfang der Rehabilitation und Entschädigung entscheidend und wird von den Berufsgenossenschaften intensiv gepflegt. Zeitgemäße Prävention folgt einem ganzheitlichen Ansatz, der sicherheitstechnische und arbeitsmedizinische Maßnahmen genauso einschließt wie den Gesundheitsschutz.

Diese vielfältigen Aufgaben obliegen in erster Linie der Abteilung Prävention (dem Technischen Aufsichtsdienst) der Berufsgenossenschaften und hier besonders den Aufsichtspersonen (früher: TAB Technische Aufsichtsbeamte) der BG:

- Beratung der Mitgliedsunternehmen in allen Fragen der Arbeitssicherheit und des Gesundheitsschutzes,
- Überwachung der Einhaltung von Regeln für Arbeitssicherheit und Gesundheitsschutz auf den Baustellen und in den Betrieben,
- Unfalluntersuchungen, um auf Mängel in der innerbetrieblichen Sicherheitsorganisation eines Betriebes hinzuweisen,
- Aus- und Weiterbildung, Vorträge, Veranstaltung von Fachtagungen,
- Messungen von Belastungen, um arbeitsbedingte Erkrankungen zu verhindern,
- Unterstützung bei Prüfungen von Baumaschinen und Geräten sowie Beratung der Hersteller,

– Erarbeitung und Aktualisierung von BG-Regeln und BG-Informationen für den Arbeitsschutz,
– Erarbeitung und Bereitstellung von Broschüren, digitalen Medien und Praxishilfen,
– Mitwirkung bei der Erarbeitung von arbeitsschutzrelevanten Normen auf nationaler und internationaler Ebene,
– enge Zusammenarbeit mit Arbeitsmedizinern,
– Initiierung und Betreuung von Forschungsvorhaben.

Die Unfallversicherungsträger können nach dem Sozialgesetzbuch VII Unfallverhütungsvorschriften erlassen, um die Sicherheit und Gesundheit in den Unternehmen durch verbindliche Schutzziele zu gewährleisten und Arbeitsschutzaufgaben zuzuweisen. Die Unfallverhütungsvorschrift „Grundsätze der Prävention" (BGV A1 bzw. GUV-V A1) ist die zentrale Vorschrift der Unfallversicherungsträger, die inhaltlich das Satzungsrecht der Unfallversicherungsträger mit dem staatlichen Arbeitsschutzrecht verzahnt und für alle Unternehmen verbindlich anzuwenden ist.

Wie die Gewerbeaufsichtsbeamten haben auch die Aufsichtspersonen der BG hoheitliche Befugnisse, um die erforderlichen Maßnahmen des Arbeitsschutzes durchzusetzen. Bei Betriebsbesichtigungen werden die Unternehmer und Versicherten in erster Linie beraten und unterstützt. Es können aber auch Auflagen erteilt oder im Ausnahmefall sofort vollziehbare Anordnungen erlassen werden. Bei gravierenden oder wiederholten Verstößen gegen Vorschriften oder erteilte Anordnungen können Bußgelder bis zu 10.000,– € gegen Unternehmer oder Versicherte verhängt werden.

2.5.4.3 Planung und Organisation des Arbeitsschutzes im Betrieb und auf Baustellen

Linienverantwortung
Der Unternehmer bestimmt die Produktionsziele, er verfügt über die Mittel und die betrieblichen Einrichtungen und er legt die Geschäftspolitik fest. Infolge dieses weitreichenden Einflusses trägt er vor allen anderen die Verantwortung für den Arbeitsschutz im Betrieb. Dies ist ihm durch die Rechtsordnung verbindlich auferlegt (z. B. in § 618 BGB und in § 3 ArbSchG).

Demnach hat er die Pflicht, die Arbeitsplätze und die Arbeitsabläufe so zu gestalten, dass die Beschäftigten gegen Gefahren für Leben und Gesundheit geschützt sind.

Hierzu gehört eine geeignete *Organisation* mit eindeutigen Regelungen der Aufgaben, Zuständigkeiten und Verantwortungen auf allen Hierarchieebenen des Unternehmens. Sollen Aufgaben des Arbeitsschutzes auf Beschäftigte übertragen werden, so hat sich der Unternehmer von der Eignung und der Befähigung des ausgewählten Mitarbeiters für diese Aufgabe zu überzeugen. Die Pflichtenübertragung ist schriftlich vorzunehmen. Davon abgesehen sind Vorgesetzte und Aufsichtführende schon aufgrund ihres Arbeitsvertrags verpflichtet, im Rahmen ihrer Befugnisse erforderliche Anordnungen und Maßnahmen zum Arbeitsschutz zu treffen und dafür zu sorgen, dass sie befolgt werden.

Auch die nicht in Führungsverantwortung stehenden Beschäftigten haben alle dem Arbeitsschutz dienenden Maßnahmen zu unterstützen. Sie sind z. B. verpflichtet, Weisungen des Unternehmers zum Zwecke des Arbeitsschutzes zu befolgen und haben die zur Verfügung gestellten persönlichen Schutzausrüstungen zu benutzen. Auf erkannte sicherheitstechnische Mängel von Maschinen, Geräten oder sonstigen Einrichtungen haben sie hinzuweisen.

Betriebliche Arbeitsschutzexperten
Das Arbeitssicherheitsgesetz (ASiG) fordert vom Arbeitgeber die Bestellung von *Betriebsärzten* und *Fachkräften für Arbeitssicherheit* (FaSi). Diese Arbeitsschutzexperten sollen den Unternehmer in allen Fragen der Arbeitssicherheit und des Gesundheitsschutzes sowie der menschengerechten Gestaltung der Arbeit unterstützen und beraten. Sie haben keine Entscheidungsbefugnisse zur Anordnung von Arbeitsschutzmaßnahmen und tragen keine Führungsverantwortung.

Es handelt sich vom Ansatz her also um klassische Stabsstellen mit gesetzlich vorgegebenen Anforderungs- und Qualifikationsprofilen. Auch die Mindesteinsatz-Zeiten dieser Arbeitsschutzexperten sind in der Unfallverhütungsvorschrift DGUV V2 vorgegeben. Sie hängen ab von der Unternehmensgröße und der Gefährlichkeit der im Betrieb zu verrichtenden Arbeiten.

Die Unternehmen haben die Wahl, ob sie einen geeigneten Mitarbeiter zur Fachkraft für Arbeitssicherheit ausbilden lassen oder ob sie eine externe FaSi mit der entsprechenden Dienstleistung beauftragen.

In kleinen Unternehmen kann der Unternehmer unter bestimmten Voraussetzungen, die in der Unfallverhütungsvorschrift DGUV V2 genannt sind, ein alternatives Betreuungsmodell wählen und sich dabei soweit schulen lassen, dass er eventuellen Beratungsbedarf selbst rechtzeitig erkennt und auf eine Regelbetreuung verzichtet werden kann.

Das Leistungsspektrum der Betriebsärzte reicht von der Untersuchung der Arbeitnehmer über Schulungsangebote bis hin zur Beratung und deckt damit das Anforderungsprofil des Arbeitssicherheitsgesetzes ab.

Neben der Fachkraft für Arbeitssicherheit und dem Betriebsarzt sind gemäß § 22 Sozialgesetzbuch VII (SGB-VII) in Unternehmen mit regelmäßig mehr als 20 Beschäftigten *Sicherheitsbeauftragte* auszubilden und zu bestellen. Sie werden in ihrem unmittelbaren Arbeitsbereich tätig und unterstützen den Unternehmer, indem sie z. B. auf die ordnungsgemäße Benutzung der vorgeschriebenen Schutzeinrichtungen achten sowie auf Unfall- und Gesundheitsgefahren aufmerksam machen.

Die genannten Arbeitsschutzexperten beraten mindestens einmal vierteljährlich gemeinsam mit dem Arbeitgeber und dem Betriebsrat die aktuellen Anliegen des betrieblichen Arbeitsschutzes im *Arbeitsschutzausschuss*, der gemäß Arbeitssicherheitsgesetz (ASiG) ebenfalls vom Arbeitgeber zu bestellen ist.

Koordination des Arbeitsschutzes

Auf Baustellen kommen oft mehrere Gewerke gleichzeitig zum Einsatz. Um gegenseitige Gefährdungen der Beschäftigten unterschiedlicher Unternehmen auszuschließen, müssen die jeweiligen Arbeitgeber gemäß § 8 ArbSchG und § 6 der Unfallverhütungsvorschrift „Grundsätze der Prävention" (BGV A1) zusammenarbeiten und Maßnahmen zur Verhütung dieser Gefahren abstimmen.

Soweit es zur Vermeidung einer möglichen gegenseitigen Gefährdung erforderlich ist, haben sie eine Person zu bestimmen, die die Arbeiten aufeinander abstimmt; zur Abwehr besonderer Ge-

fahren ist sie mit entsprechender Weisungsbefugnis auszustatten.

Die Baustellenverordnung (BaustellV) vom 10.06.1998 fordert darüber hinaus unter bestimmten Bedingungen bereits in der frühen Planungsphase die Bestellung eines Koordinators durch den Bauherrn. Dieser *Sicherheits- und Gesundheitsschutzkoordinator*, der auch in der Ausführungsphase tätig sein soll, entbindet die Bauunternehmen jedoch nicht von ihren vorgenannten und allen anderen Arbeitsschutzverpflichtungen.

Gefährdungsbeurteilung

Um vorbeugende Maßnahmen zum Arbeitsschutz der Beschäftigten ergreifen zu können, bedarf es einer frühzeitigen und regelmäßigen Gefährdungsbeurteilung am Arbeitsplatz. Diesem grundlegenden Gedanken folgend, verpflichtet das Arbeitsschutzgesetz (ArbSchG) vom 20.08.1996 alle Arbeitgeber, Gefährdungsbeurteilungen nach folgendem Schema durchzuführen:

– Ermittlung von arbeitsbedingten Gefährdungen der Beschäftigten,
– Beurteilung der ermittelten Gefährdungen,
– Einleitung von Maßnahmen zur Gewährleistung des Arbeitsschutzes,
– Überprüfung der eingeleiteten Maßnahmen und eventuell Veranlassung von Korrekturmaßnahmen,
– Dokumentation der Gefährdungsbeurteilung, wobei gleichartige Gefährdungen zusammengefasst werden können.

Zur Unterstützung der Unternehmen hat die Berufsgenossenschaft der Bauwirtschaft Gefährdungsbeurteilungen für alle Gewerke der Bauwirtschaft und der baunahen Dienstleistungen aufbereitet und stellt diese auf einer CD-ROM zur Verfügung. Für die Einstiegsstufe in die Gefährdungsbeurteilungen wurde darüber hinaus die KMU-Mappe entwickelt.

Projektabhängig kann eine frühzeitige Gefährdungsbeurteilung entscheidende Erkenntnisse für die Angebotskalkulation ergeben. Meist wird es aber ausreichen, die Gefährdungsbeurteilungen im Rahmen der Arbeitsvorbereitung baustellenbezogen vorzunehmen und die entsprechenden Sicherheitseinrichtungen und persönlichen Schutzausrüstungen vor Baubeginn zu planen und bereitzustellen. Der in der Ausführungsphase tätige Bauleiter muss dann für die Anwendung sorgen und bei unvorhergesehenen Änderungen der Arbeitsbedingungen eine erneute Gefährdungsbeurteilung durchführen.

Arbeitsschutzmanagementsysteme (AMS)
Sowohl im gesetzlich geregelten Bereich als auch im freien Wirtschaftsmarkt müssen sich die Bauunternehmen mit neuen Managementforderungen befassen. Das Arbeitsschutzgesetz bezeichnet es in § 3 als eine *Grundpflicht des Arbeitgebers,* für eine geeignete Organisation zur Planung und Durchführung des Arbeitsschutzes zu sorgen sowie die erforderlichen Mittel hierfür zur Verfügung zu stellen. Damit sollen die Grundlagen für funktionierenden Arbeitsschutz geschaffen werden. Gleichlautende Forderungen enthalten die ISO-9000 ff. für das Qualitätsmanagement und ISO-14000 ff. für das Umweltmanagement:

– klare Organisationsstrukturen mit eindeutigen Weisungsbefugnissen sowie geregelten Zuständigkeits- und Verantwortungsbereichen,
– geregelte Informationswege von der Leitung zu den Mitarbeitern und umgekehrt,
– strenge Dokumentations- und Nachweispflichten.

In einem funktionierenden Unternehmen sind diese grundlegenden Forderungen erfüllt, wenn auch nicht immer systematisch dokumentiert. Das eigentlich Neue an den genannten Managementmodellen ist aber die besondere Betonung der Korrektur- und Vorbeugungsmaßnahmen:

– frühzeitige Fehlererkennung und -beseitigung (Audits, Gefährdungsbeurteilung, Toolbox Meetings),
– rasch greifende Korrekturmaßnahmen (Follow up, Unfallanalyse),
– Einbeziehung und Qualifikation aller Mitarbeiter (Unterweisung, Schulung, Mitarbeiterbeteiligung).

AMS BAU
Die vorhandenen Arbeitsschutz-Managementsysteme berücksichtigen jedoch nicht die Besonderheiten des Baugewerbes.
AMS BAU ist ein branchenspezifisches Arbeitsschutzmanagementsystem der BG BAU, welches die betrieblichen Belange der Bauwirtschaft aufgreift. Es berücksichtigt die schwierigen Randbedingungen, wie ständig wechselnde Arbeitsplätze oder die besonderen Vertragsformen der kleinen und mittleren Baubetriebe. AMS BAU ermöglicht der Unternehmensführung in Eigenregie, den Arbeitsschutz in die betriebliche Organisation einzubinden. Neben der Verringerung des Unfallrisikos entsteht für diese Betriebe höhere Rechtssicherheit, mehr Kompetenz und Professionalität – und damit ein wichtiger Image-Zugewinn.

Die 11 Arbeitsschritte zum sicheren und wirtschaftlichen Baubetrieb des AMS BAU-Konzeptes beruhen zu 80% auf gesetzlichen Forderungen. Neben der Förderung von Sicherheit und Gesundheit der Beschäftigten spielt auch der betriebswirtschaftliche Aspekt eine große Rolle. Das Konzept AMS BAU basiert auf dem in der Bundesrepublik Deutschland im Juni 2002 beschlossenen Nationalen Leitfaden für Arbeitsschutzmanagementsysteme (NLF). Gemäß diesem Konzept ist die Anwendung von AMS BAU freiwillig.

2.5.4.4 Zusammenfassung

Baustellen sind europaweit die gefährlichsten Arbeitsbereiche mit einem hohen Anteil von Unfallursachen, die bis in die Planungsphase zurückverfolgt werden können. Dies ist leider festzustellen, obwohl das Regelwerk zum Arbeitsschutz geschrieben und in Kraft gesetzt ist und laufend dem technologischen Fortschritt sowie neuen sicherheitstechnischen und arbeitsmedizinischen Erkenntnissen angepasst wird. Doch die Anwendung der in den Vorschriften gesammelten Erfahrungswerte ist nur sichergestellt, wenn dem Arbeitsschutz ein angemessener Stellenwert im Unternehmen zugebilligt wird. *Arbeitsschutz ist Führungsaufgabe!*

Literaturverzeichnis Kap. 2.5.4
Partner der Bauwirtschaft – Die BG BAU stellt sich vor
BG BAU Chefsache – Sicher und gesund arbeiten
Die Info-CD-ROM der BG BAU
Kompendium Arbeitsschutz – die Tool-CD der BG BAU
Umfassende Informationen zu AMS BAU, Gefährdungsbeurteilungen, Planungsinformationen, Fachinformationen, Vorschriften und Regeln u. a. als download oder zum Bestellen unter: www.bgbau.de
Scholbeck R, Höptner A (1995–1997) Prävention als integrierter Bestandteil des Qualitätsmanagements am Bau

(Teile 143). In: TIEFBAU (1995–1997) Amtliches Mitteilungsblatt der Tiefbau-Berufsgenossenschaft. Erich Schmidt Verlag, Berlin/Bielefeld/München, Jgg 1955, 18–21 und 438–441, Jgg 1996, 99–103, Jgg 1997, 84–92, 352–355 und 676–679

Scholbeck R, Höptner A (1998) Arbeitsschutzmanagement – Aktuelle Entwicklungen und Tendenzen. In: TIEFBAU (1998–1999) Amtliches Mitteilungsblatt der Tiefbau-Berufsgenossenschaft. Erich Schmidt Verlag, Berlin/Bielefeld/München, Jgg 1998, 550–553, Jgg 1999, 404–408

Scholbeck R, Höptner A (2000) Arbeitsschutzmanagement im Bauwesen. Sonderbuch der Tiefbau-Berufsgenossenschaft, München

Tiefbau-Berufsgenossenschaft (1997) Gefährdungsbeurteilung für Bauarbeiten – Gefährdungen erkennen, beurteilen, beseitigen. Sonderdruck der Tiefbau-Berufsgenossenschaft, München

Tiefbau-Berufsgenossenschaft (2000) Kompendium Arbeitsschutz. CD-ROM der Tiefbau- Berufsgenossenschaft, München. Jedermann-Verlag, Heidelberg

2.6 Bauverfahrenstechnik und Baumaschineneinsatz

2.6.1 Bauverfahren und Maschineneinsatz im Erdbau
Eberhard Petzschmann

2.6.1.1 Allgemeine Grundlagen des Erdbaus

Der Erdbau umfasst alle bei der Schaffung von Bauwerken erforderlichen Vorgänge des Bewegens von Bodenmassen und der damit verbundenen Veränderung von Teilen der Erdoberfläche. Dabei handelt es sich i.Allg. um den Aushub von Baugruben für Gebäude und Ingenieurbauwerke, aber darüber hinaus auch um Bodenabtrag (Einschnitte) und Bodenauftrag (Dämme) beim Bau von Verkehrswegen und -anlagen.

Die im Erdbau auszuführenden Arbeiten umfassen die Teilvorgänge Lösen, Laden, Transportieren, Einbringen und Verdichten von Bodenmassen. Die zur Verfügung stehenden Erdbaumaschinen können je nach Bauart für einzelne oder mehrere dieser Teilvorgänge verwendet werden.

Der hohe Maschinisierungsgrad von Erdbaustellen zwingt zu einem besonders wirtschaftlichen Einsatz des Gerätepotentials. Hierfür sollte im Rahmen der Arbeitsvorbereitung die Maschineneinsatz- und Betriebsplanung auf der Grundlage guter Kenntnisse über Geräteleistungen, Gerätekosten und Einsatzbedingungen vor Beginn der Arbeiten bereits vorliegen.

Boden und Bodenzustände

Wichtige Voraussetzung für die Maschineneinsatzplanung im Erdbau sind genaue Kenntnisse der Bodeneigenschaften, die für die Art des Lösens, Ladens, Einbauens und Verdichtens, für die Befahrbarkeit des Geländes und auch für die vorübergehende Standfestigkeit von Böschungen entscheidend sind.

Für die Beschreibung und Einstufung von Boden und Fels sowie für die Ausführung von Baugruben sind die Normen ATV DIN 18300, ATV DIN 18320, DIN 1054, DIN 4124, DIN 18196 und ZTVE-StB 94/97 zu berücksichtigen.

Den Bauverträgen wird i.Allg. die ATV DIN18300 mit insgesamt sieben Boden- und Felsklassen zugrunde gelegt. Sie geht von der Lösbarkeit des Bodens aus. Der Oberboden wird unabhängig von seinem Zustand beim Lösen im Hinblick auf eine besondere Behandlung als eigene Klasse aufgeführt (s. Tabelle 2.6-1).

Bei den Bodenzuständen wird unterschieden zwischen natürlicher Lagerung (gewachsener Boden), aufgelockerter Lagerung (gelöster Boden) und verdichtetem Boden. Begriffe, die zur Leistungsermittlung von Erdbaumaschinen erforderlich sind, sind in DIN ISO9245 (1995-01) festgelegt:

Auflockerungsfaktor

$$f_S = \frac{\text{Volumen je Arbeitsspiel der losen Masse (nach dem Lösen)}}{\text{Volumen der festen Masse (vor dem Lösen)}} \geq 1.$$

Die Auflockerungsfaktoren f_S in Tabelle 2.6-1 sind mittlere Richtwerte. Die tatsächlichen Werte hängen vom Feuchtigkeitsgehalt, der Korngröße und der Verdichtung ab. Zur Bestimmung genauerer Werte sind Versuche erforderlich.

Füllungsfaktor

$$f_F = \frac{\text{Volumen je Arbeitsspiel (nach dem Lösen)}}{\text{Nenninhalt } V_R \text{ der Arbeitsausrüstung}}.$$

Tabelle 2.6-1 Boden- und Felsklassen nach ATV DIN 18300 mit Füllungsfaktoren t_F, Lagerungsdichte ρ_e und Auflockerungsfaktor f_S

Boden- und Felsklasse nach ATV DIN 18300 / Bodenarten nach DIN 18196	Hydraulikbagger	Radlader			Planierraupe t_F	Transportfahrzeuge t_F			Lagerungsdichte ρ_e [t/m]	Auflockerungsfaktor f_S
		trocken	erdfeucht	nass		trocken	erdfeucht	nass		
1 Oberboden (Mutterboden)	1,20	0,90	1,00	1,00	1,00	1,00	1,10	1,10	0,95/1,13/1,37	1,00/1,19/1,45
2 Fließende Bodenarten: flüssige bis breiige Beschaffenheit										
3 Leicht lösbare Bodenarten: Sand, Kiessand (nicht bindig), Kies, Schotter (nicht bindig), Sand, Kies (schwach bindig), Torf, Mudden (schnitfest)	1,13 1,13 1,13 –	0,73 0,77 0,91 –	0,86 0,87 0,97 –	0,86 0,87 0,95 –	1,00 1,00 1,00	0,92 0,95 0,98 –	1,08 1,05 1,12 –	1,10 1,03 1,10 –	1,51/1,72/1,86 0,95/1,13/1,37	1,00/1,14/1,23 1,00/1,19/1,45
4 Mittelschwer lösbare Bodenarten: Sand-Kies-Gemisch (bindig) mit kleinen Steinen[a], Mergel, Schutt, lehm- und tonhaltige Böden mit kleinen Steinen[a]	1,20 1,20	0,90 –	0,98 0,93	1,02 0,99	0,95 0,95	1,02 –	1,12 1,08	1,10 1,05	1,34/1,70/1,92 1,47/1,75/1,84	1,00/1,26/1,43 1,00/1,19/1,25
5 Schwer lösbare Bodenarten: Gesteinsschotter, Geröll[b], fest zusammenhängende Böden mit Geröll und großen Steinen[c]	1,15 1,15	0,87 –	0,87 0,89	– 0,89	0,85 0,85	0,89 1,00	1,00 1,05	1,00 1,02	1,45/1,73/2,11 1,66/1,87/2,02	1,00/1,19/1,45 1,00/1,12/1,22
6 Leicht lösbarer Fels und vergleichbare Bodenarten: Gesprengter oder gerissener feinstückiger Fels[d], grobstückiger Fels[d]	0,95 0,92	0,80 0,72	0,80 0,72	0,80 0,72	0,80 0,60	1,00 0,95	1,06 0,95	1,06 0,95	1,55/–/2,60 1,70/–/2,26	1,00/–/1,67 1,00/–/1,33
7 Schwer lösbarer Fels: Felsarten, die nur wenig klüftig oder verwittert sind[d]										1,33/–/2,00

a höchstens 30.Gew.% Steine bis 0,01 m³ nach ATV DIN,18300
b mehr als 30.Gew.% Steine bis 0,01 m³ nach ATV DIN,18300
c höchstens 30.Gew.% Steine zwischen 0,01 m³ und 0,1 m³ nach ATV DIN,18300
d Steine mit mehr als 0,1 m³ nach ATV DIN,18300 (0,01 m³ entspricht etwa 25 cm Kantenlänge; 0,1 m³ ca. 50 cm)
e jeweils für lockere, mitteldichte und dichte Lagerung

Neben dem Füllungsfaktor f_F ist auch der Begriff „Ladefaktor" gebräuchlich. Er bezeichnet das Verhältnis des Füllungsfaktors f_F zum Auflockerungsfaktor f_S. Dieses Verhältnis ist identisch mit dem Verhältnis des Volumens vor dem Lösen bzw. Aufnehmen zum Nenninhalt der Arbeitsausrüstung.

Ladefaktor

$$f_L = \frac{\text{Volumen je Arbeitsspiel der festen Masse (vor dem Lösen)}}{\text{Nenninhalt } V_R \text{ der Arbeitsausrüstung}}.$$

Verdichteter Boden hat nach der mechanischen oder sonstigen Bearbeitung gegenüber der natürlichen Lagerung i. d. R. ein geringeres Volumen. Damit ergibt sich der

Verdichtungsfaktor

$$f_V = \frac{\text{Volumen der verdichteten Masse (m}^3 \text{ verd.)}}{\text{Volumen der unverdichteten Masse (m}^3 \text{ unverd.)}} < 1.$$

Leistung und Leistungseinheit

Die Einheit der Leistung im Erdbau umfasst 1 m³ Boden mit vorgegebenen Eigenschaften in natürlicher Lagerung (fest) planmäßig lösen, in Fördergeräte laden, über eine bestimmte Entfernung transportieren und planmäßig wieder ablagern bzw. planmäßig einbauen und verdichten.

Nach DIN ISO 9245 (1995-01) Erdbaumaschinen; Leistung der Maschinen (Ersatz für DIN 24095 (1983-01)) ist die Leistung Q definiert als das pro Zeiteinheit bewegte Materialvolumen. Sie wird in unterschiedlicher Form angegeben, häufig in m³/h, aber auch in m³/Tag, t/h bzw. t/Tag. Die Leistung Q wird in zwei Stufen ermittelt: zunächst die Grundleistung Q_B und anschließend die Nutzleistung Q_A.

Grundleistung (theoretische Leistung) Q_B. Dies ist die Leistung in Kubikmeter pro Stunde, die mit der jeweiligen Arbeitseinrichtung bei einer bestimmten Einsatz- und Materialart kurzzeitig erreichbar ist. Unberücksichtigt bleiben leistungsmindernde Einflüsse aus Gerätezustand, Baustellenorganisation und Witterung. Vorausgesetzt wird ein eingearbeiteter Baumaschinenführer.

$$Q_B = \frac{V_R \cdot f_F \cdot 60}{f_S \cdot t}$$

oder

$$Q_B = \frac{V_R \cdot f_L \cdot 60}{t} \quad \text{in m}^3_{\text{fest}}/h$$

mit V_R Fassungsvermögen der Arbeitsausrüstung in m³, f_S Auflockerungsfaktor, f_F Füllungsfaktor, f_L Ladefaktor und t Spielzeit (Zeit für die Ausführung eines Arbeitsspiels) in min.

Nutzleistung bzw. Dauerleistung Q_A. Dies ist die Leistung in Kubikmeter pro Stunde, die mit der jeweiligen Arbeitseinrichtung bei einer bestimmten Einsatz- und Materialart auf Dauer erreicht wird. Hierbei werden alle leistungsbeeinflussenden Größen wie Gerätezustand und -bedienung, Baustellenorganisation und Witterung berücksichtigt.

$$Q_A = Q_B \cdot f_E \quad \text{in m}^3_{\text{fest}}/h.$$

Der Nutzleistungsfaktor f_E ergibt sich als Verhältnis von Nutzleistung zu Grundleistung (theoretischer Leistung) zu

$$f_E = \frac{Q_A}{Q_B}.$$

Kosten von Baumaschinen

Die Kosten für Bauleistungen werden im Rahmen der Kosten- und Leistungsrechnung einer Bauunternehmung über eine Kalkulation ermittelt. Unter Gerätekosten werden diejenigen Kosten verstanden, die sich aus Vorhaltung und Betrieb der Geräte ergeben. Grundlage für die Ermittlung der Vorhaltekosten ist die Baugeräteliste [BGL 2007]. Die Vorhaltekosten gliedern sich in Kosten für kalkulatorische Abschreibung und Verzinsung sowie in Reparaturkosten.

Grundlage für die Ermittlung der Vorhaltekosten ist der mittlere Neuwert, der über den amtlichen Erzeugerpreisindex für Baumaschinen des Statistischen Bundesamtes zeitlich angepasst wird, so dass am Ende der Nutzungsdauer ein technisch und leistungsmäßig gleichwertiges Gerät beschafft werden kann.

Die Abschreibungs-, Verzinsungs- und Reparaturkosten werden als monatliche Prozentsätze des

Neuwerts in Abhängigkeit von den Vorhaltemonaten angegeben. Die Reparaturkosten gliedern sich in 60% Lohn- und 40% Stoffkosten und sind angegeben als Durchschnittswerte über die gesamte Nutzungsdauer, wobei der Lohnanteil noch mit Lohnzusatzkosten zu beaufschlagen ist.

In der Angebotskalkulation werden die Werte der BGL den Bedingungen des Wettbewerbs entsprechend angepasst.

Vorbereitende Arbeiten

Zu den vorbereitenden Arbeiten auf Auftraggeberseite zum Aufstellen der Ausschreibungsunterlagen (Leistungsbeschreibung und Vertragsbedingungen) gehören neben Geländeaufnahmen sowie allen geologischen boden- und felsmechanischen Untersuchungen zur Beurteilung und Klassifizierung der anstehenden Böden v. a. die Entwurfspläne einschließlich Längs- und Querprofilen, die Mengenberechnung einschließlich der Angabe von Seitenentnahmen und -kippen sowie die Förderwege und -weiten.

Die im Rahmen der Betriebsplanung auf Auftragnehmerseite zu erbringenden Vorleistungen bestehen im Wesentlichen aus der Leistungsermittlung der als Einzelgeräte oder in Arbeitsketten einsetzbaren Baumaschinen, der Ermittlung der Gerätevorhalte- und Betriebskosten einschließlich Wirtschaftlichkeitsvergleichen und der Auswahl der wirtschaftlichsten Einsatzvariante.

2.6.1.2 Lösen und Laden von Bodenmaterial

Je nach Festigkeit des anstehenden Bodens erfolgt das Lösen und Laden i. Allg. mit Baggern oder Ladegeräten (Schaufellader). Reichen die Reißkräfte z. B. eines Hydraulikbaggers für schwer lösbare Bodenarten oder Fels nicht aus, muss der Boden durch Sprengen, Reißen oder Meißeleinsatz vor dem eigentlichen Ladeprozess gelöst werden. Die Unterschiede zwischen Bagger und Schaufellader bestehen neben der Gerätebauart v. a. darin, dass der Bagger (Abb. 2.6-1) den Löse- und Ladeprozess als Standgerät, der Schaufellader (Abb. 2.6-2) als Fahrbagger das Lösen und Laden im Wesentlichen durch Fahrbewegungen vollzieht.

Ladeleistung von Baggern
Ladeleistung von Hydraulikbaggern

$$\text{Grundleistung} \quad Q_B = \frac{V_R \cdot f_F \cdot 60}{f_S \cdot t}$$

$$\text{oder} \quad Q_B = \frac{V_R \cdot f_L \cdot 60}{t} \text{ in } m^3_{fest}/h,$$

wobei V_R der Nenninhalt des Grabgefäßes in m^3 ist. Für Tieflöffelausrüstung wird der Inhalt nach DIN ISO 7451 (1985-11), für Hochlöffelausrüstung (Ladeschaufel) nach DIN ISO 7546 (1983-11) oder SAE/CECE berechnet (Abb. 2.6-3).

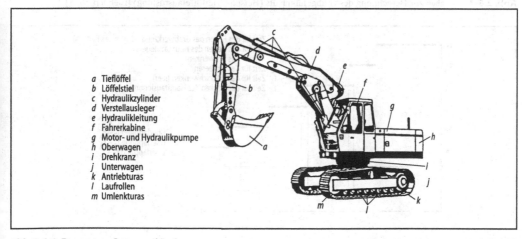

a Tieflöffel
b Löffelstiel
c Hydraulikzylinder
d Verstellausleger
e Hydraulikleitung
f Fahrerkabine
g Motor- und Hydraulikpumpe
h Oberwagen
i Drehkranz
j Unterwagen
k Antriebturas
l Laufrollen
m Umlenkturas

Abb. 2.6-1 Bagger zum Lösen und Laden

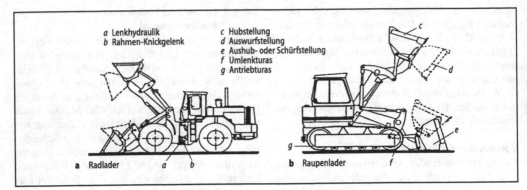

Abb. 2.6-2 Ladegeräte (Radlader/Raupenlader) [Rosenheinrich/Pietzsch 1998]

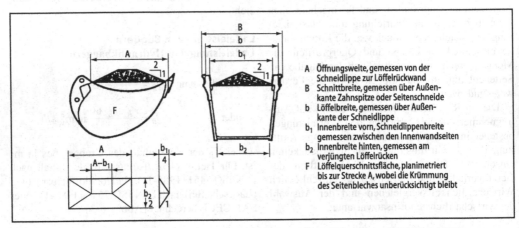

Abb. 2.6-3 Angaben zur Berechnung des Grabgefäßinhalts (Beispiel Tieflöffelausrüstung) [Liebherr 1995]

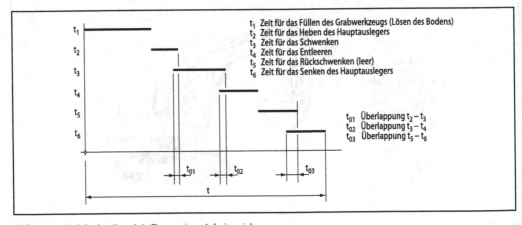

Abb. 2.6-4 Spielzeit t (in min): Dauer eines Arbeitsspieles

Spielzeit (Abb. 2.6-4) t=60/n in min,

wobei n Spielzahl in h^{-1} (s. Tabelle 2.6-13).

Nutzleistung $Q_A=Q_B \cdot f_E$ in m^3_{fest}/h,

wobei

Nutzleistungsfaktor $f_E = f_{H1} \, f_{H2} \, f_{H3} \, f_{H4} \, f_B$

mit

f_{H1} Schwenkfaktor (s. Tabelle 2.6-3),
f_{H2} Grabfaktor (s. Tabelle 2.6-4),
f_{H3} Entladefaktor (s. Tabelle 2.6-5),
f_{H4} Einsatzartfaktor (s. Tabelle 2.6-6),
f_B Betriebsfaktor (s. Tabelle 2.6-7).

Beispiel
Gegeben:
24000 m^3 Aushub der Bodenklasse 4 (ATV DIN 18300), Grabtiefe 2,5 m;
Hydraulikbagger auf Raupenfahrwerk, Motorleistung 125 kW;
Tieflöffelausrüstung mit V_R=1,6 m^3;
gute Baustellen- und Betriebsbedingungen;
Entladung: Muldenkipper mit ca. 10 m^3 Nutzvolumen auf Planum,
Schwenkwinkel 120°.

Gesucht:
1. Nutzleistung des Hydraulikbaggers,
2. Arbeitsdauer.

Grundleistung:
V_R = 1,6 m^3,
f_F = 1,20 (vgl. Tabelle 2.6-1),
f_S = 1,34 (vgl. Tabelle 2.6-1),
n = 175h^{-1} (vgl. Tabelle 2.6-2),
$\rightarrow$t = 0,34 min,
Q_B = 251 m^3_{fest}/h.

Nutzleistung:
f_{H1} = 0,96 (vgl. Tabelle 2.6-3),
f_{H2} = 1,00 (V_R>1,0 $m^3 \rightarrow$ 1,6 m$\leq$
          ($t_{günst}$ = 2,50 m)$\leq$3,2 m; vgl. Tabelle 2.6-4),
f_{H3} = 0,83 (10 m^3/1,6 m^3 >6; vgl. Tabelle 2.6-5),
f_{H4} = 1,00 (vgl. Tabelle 2.6-6),
f_B = 0,75 (vgl. Tabelle 2.6-7),
Q_A = 150 m^3_{fest}/h.

Arbeitsdauer:
bei 8 h/Arbeitstag $\rightarrow$ 8·150=1200 m^3_{fest}/Arbeitstag,
24000/1200$\cong$20 Arbeitstage.

Ladeleistung von Seilbaggern
Die Entwicklung der Hydraulikbagger hat dazu geführt, dass sich die Einsatzbereiche der Seilbagger auf spezielle Greifer- und Schleppschaufelarbeiten beschränken. Die Nutzleistung von Seilbaggern lässt sich analog der von Hydraulikbaggern unter Berücksichtigung spezieller Einflussfaktoren ermitteln.

Tabelle 2.6-2 Spielzahl n [h^{-1}]

V	Bodenklasse nach DIN 18300											
	3			**4**			**5**			**6**		
in m^3	TL	LS	KS	TL	LS	KS	TL	LS	KS	TL	LS	KS
0,5	238	–	–	212	–	–	212		–			–
0,75	225	217	–	198	217	–	198		–			–
1,0	215	209	–	192	205	–	192		–		157	
1,25	205	200	200	184	193	200	184	liegen bisher keine Werte vor	200	liegen bisher keine Werte vor	155	160
1,5	196	194	194	177	183	191	177		191		152	155
1,75	190	188	188	172	175	182	172		182		150	151
2,0	185	183	183	165	168	175	165		175		148	150
2,25	–	178	178	159	162	168	159		168		145	148
2,5	–	174	172	154	155	162	154		162		142	148

TL Tieflöffel   LS Ladeschaufel   KS Klappschaufel

Tabelle 2.6-3 Schwenkwinkel f_{H1} entspricht f_1 nach [Hoffmann 2006]

Schwenkwinkel	30	45	60	90	120	150	180
f_{H1}	1,12	1,08	1,05	1,00	0.96	0,92	0,88

Tabelle 2.6-4 Grabfaktor f_{H2} der Grabtiefe bzw. -höhe entspricht f_2 nach [Hoffmann 2006]

Grabtiefe in m Bodenklasse nach DIN 18300	1	2	3	4	5
3 bis 4	1,00	0,93	0,87	0,84	0,82
5 bis 6	1,00	0,95	0,91	0,87	0,85

Werte gelten nur für Grabgefäße mit $V_R = 0,5 \ldots 1,0$ m^3. Bei Grabgefäßen $> 1,0$ m^3 Leistung nur mindern, wenn die vorhandene Grabtiefe bzw. -höhe die günstige Grabtiefe bzw. -höhe unter- oder überschreitet.
Günstige Grabtiefe bzw. -höhe in m: $(1 \text{ bis } 2) \cdot V_R$

Tabelle 2.6-5 Entladefaktor f_{H3}, Berücksichtigung der Entleerung entspricht f_3 nach [Hoffmann 2006]

ungezieltes Entleeren (z. B. Halde) gezieltes Entleeren in Lkw auf Baggerplanum			$f_{H3} = 1,00$			
Volumenverhältnis Lkw/Grabgefäß	2	3	4	5	6	>6
f_{H3}	0,69	0,73	0,76	0,79	0,81	0,83

Tabelle 2.6-6 Einsatzfaktor f_{H4}, Berücksichtigung der Einsatzart entspricht f_4 nach [Hoffmann 2006]

behinderungsfreies Arbeiten			$f_{H4} = 1,00$		
Aushub mit häufigem Umsetzen des Gerätes			$f_{H4} = 0,73$		
Grabenaushub, unverbauter Graben			$f_{H4} = 0,90$		
Grabenaushub, verbauter Graben (ohne Verbauarbeiten)			f_{H4}:		
Grabentiefe in m	2,00	2,50	3,00	3,50	4,00
Boden kurzfristig standfest	0,55	0,51	0,49	0,46	0,44
Boden nicht standfest	0,47	0,45	0,43	0,41	0,39

Tabelle 2.6-7 Betriebsfaktor f_B entspricht Nutzleistungsfaktor f_E nach [Hoffmann 2006]

Baustellenbedingungen	Betriebsbedingungen			
	sehr gut	gut	mittelmäßig	schlecht
sehr gut	0,83	0,81	0,76	0,70
gut	0,78	0,75	0,71	0,65
mittelmäßig	0,72	0,69	0,65	0,60
schlecht	0,63	0,60	0,57	0,52

Ladeleistung von Ladegeräten (Schaufelladern)

Ladegeräte arbeiten als Fahrbagger und zeichnen sich deshalb gegenüber Standbaggern durch hohe Beweglichkeit aus; sie verfügen jedoch über geringere Reißkräfte für das Lösen des Bodens. Ladegeräte werden nach der Bauart ihres Fahrwerks als Raupen- oder Radlader (s. Abb. 2.6-2) eingesetzt. Sie arbeiten als Front- oder Schwenklader und können mit Ladeschaufel, Klappschaufel, Staplergabel und weiterem Sonderzubehör ausgerüstet werden. Als Sonderbauart verfügt der Baggerlader am Heck über eine schwenkbare Tieflöffelausrüstung.

Raupenlader (s. Abb. 2.6-2b). Das Grundgerät des Raupenladers entspricht dem der Planierraupe. Sie erreichen Fahrgeschwindigkeiten bis 12 km/h und füllen die Schaufel bei Vorwärtsfahrt. Die erforderlichen Drehungen für den Beladevorgang eines Förderfahrzeugs wirken sich besonders auf den Verschleiß der Ketten aus. Die Schaufelinhalte der gängigen Raupenlader liegen zwischen 0,8 und 3,8 m^3 bei Antriebsleistungen von 37 bis 205 kW.

Radlader (s. Abb. 2.6-2a). Grundgerät des Radladers ist ein Radfahrwerk, mit dem Fahrgeschwindigkeiten über 60 km/h erreicht werden. Wegen der höheren Beweglichkeit sind Radlader nicht nur auf

Tabelle 2.6-8 Füllzeiten t_F nach [Hoffmann 2006]

Bodenklasse nach ATV DIN 18300		Ladeschaufel-Nenninhalt V_R in m³ bis					
		1,0	2,0	3,0	4,0	5,0	6,0
1 und 3	dicht	7,1	8,4	9,7	11,0	12,3	13,6
	mitteldicht	5,3	6,2	7,1	8,0	8,9	9,8
	locker	4,2	4,5	4,8	5,1	5,4	5,7
4	dicht	9,6	10,3	11,0	11,7	12,4	13,1
	mitteldicht	7,0	7,5	8,0	8,5	9,0	9,5
	locker	5,1	5,4	5,7	6,0	6,3	6,6
5	dicht	14,1	14,8	15,5	16,2	16,9	17,6
	mitteldicht	7,0	7,5	8,0	8,5	9,0	9,5
	locker	5,1	5,4	5,7	6,0	6,3	6,6
6	gelöst, feinstückig LS und FS	8,5	8,0	7,5	7,0	6,5	6,0
7	gelöst, grobstückig LS	18,9	17,9	16,9	15,9	14,9	13,9
	FS	16,3	15,3	14,3	13,3	12,3	11,3
	gelöst, feinstückig LS	14,3	13,3	12,3	11,3	10,3	9,3
	FS	11,7	10,9	10,1	9,3	8,5	7,7

LS Ladeschaufel mit Zähnen   FS Felsschaufel

Tabelle 2.6-9 Entleerzeiten t_E in s nach [Hoffmann 2006]

Bodenklasse n. ATV DIN 18300	Entleerungsstelle	Ladeschaufel-Nenninhalt V_R in m³ bis					
		1,0	2,0	3,0	4,0	5,0	6,0
1 und 3	Halde	1,2	1,4	1,6	1,8	2,0	2,2
	Muldenkipper 10 bis 15 m³	2,0	2,7	3,4	4,1	4,8	5,5
	Lkw (6 bis 8 m³)	2,7	4,1	5,5	6,9	8,3	9,7
4 und 5	Halde	1,3	1,5	1,7	1,9	2,1	2,3
	Muldenkipper 10 bis 15 m³	1,8	2,5	3,2	3,9	4,6	5,3
	Lkw (6 bis 8 m³)	2,5	4,0	5,5	7,0	8,5	10,0
6 und 7	Halde	1,8	1,9	2,0	2,1	2,2	2,3
	Muldenkipper 10 bis 15 m³	3,0	3,6	4,2	4,8	5,4	

Baustellen zu finden, sondern auch in Mischwerken, Kiesgruben und Steinbrüchen. Wesentliches Merkmal heutiger Radlader ist die Knicklenkung, die sich v. a. bei großen Geräten durchgesetzt hat. Die Schaufelinhalte liegen zwischen 0,35 und 9,6 m³ bei Antriebsleistungen von 10 bis 500 kW.

Leistungsermittlung von Radladern mit Ladeschaufel:

Grundleistung $\quad Q_B = \dfrac{V_R \cdot f_F \cdot 60}{f_S \cdot t}$

oder $\qquad Q_B = \dfrac{V_R \cdot f_L \cdot 60}{t}$ in m^3_{fest}/h ,

wobei V_R der Nenninhalt des Grabgefäßes in m³ ist.

Spielzeit $t = \dfrac{t_F + t_E + t_{FA}}{60}$ in min

mit

t_F Füllzeit in s (s. Tabelle 2.6-8),
t_E Entleerzeit in s (s. Tabelle 2.6-9),
t_{FA} Fahrzeit in s (s. Tabelle 2.6-10).

Nutzleistung $Q_A = Q_B \cdot f_E$ in m^3_{fest}/h ,

wobei

Nutzleistungsfaktor $f_E = f_{L1} \, f_{L2} \, f_B$

mit

f_{L1} Entleerungsartfaktor (s. Tabelle 2.6-11),
f_{L2} Einsatzartfaktor,
f_B Betriebsfaktor (s. Tabelle 2.6-7);

$f_{L1} = \dfrac{t_{FA}}{t_{FA} + \Delta t}$

mit

t_{FA} Fahrzeit in s (s. Tabelle 2.6-10),
Δt Zeitzuschlag in s (s. Tabelle 2.6-12).

Tabelle 2.6-10 Fahrzeiten t_{FA} in s nach [Hoffmann 2006]

Mittlere Transport-entfernung in m	Beschaffenheit des Fahrwegs			
	wellig, weich	wellig, mittelfest	leicht wellig, fest	glatt, fest
5	12	10	9	8
10	18	16	14	12
20	27	23	20	17
40	41	35	31	27
60	55	44	39	34
80	69	54	48	42
100	84	63	56	50

Tabelle 2.6-11 Entleerungsfaktor f_{L1}, Berücksichtigung der Entleerungsart nach [Hoffmann 2006]

Halde oder Übergabetrichter	1,00
Fahrzeug	0,93

Tabelle 2.6-12 Zeitzuschlag Δt in s (für Radlader), Berücksichtigung der Einsatzart: Baustellenbetrieb, Sand-Kiesgrube nach [Hoffmann 2006]

Beschaffenheit des Fahrwegs	Entleerung	
	auf Halde oder in Übergabe-trichter	in Fahrzeuge
wellig, weich	3	6,0
wellig, mittelfest	3	6,5
leicht wellig, fest	3	7,0
glatt, fest	3	7,5

2.6.1.3 Fördern von Bodenmaterial

Bodenmaterial wird heute i. d. R. gleislos mit normalen oder geländegängigen Lastkraftwagen (Lkw), Schwerlastkraftwagen (Skw) bzw. Muldenkippern sowie Bodenentleerern und Dumpern transportiert. Nach der Art des Entleerens unterscheidet man 2- bzw. 3-Seiten-Kipper sowie Hinter- und Vorderkipper (Abb. 2.6-5).

Für flächenhafte Bodenabträge können je nach Transportentfernung Fahr- und Flachbagger wie Planierraupen, Schürfkübelraupen, Rad- und Raupenlader sowie Motorschürfwagen (Scraper) wirtschaftlich dienen. Diese Geräte übernehmen neben dem Lösen und Laden auch den Transport des Bodenmaterials. Für die Einsatzplanung und Gerätewahl sind folgende Kriterien von Bedeutung:

– Tragfähigkeit und Beschaffenheit der Förderstrecke,
– Rollwiderstände der Förderstrecke,
– Witterungsempfindlichkeit der Förderstrecke,
– Förderweite zwischen den Betriebspunkten Entnahme (Beladen) und Kippe (Entladen),
– Förderstreckenprofil hinsichtlich Steigung bzw. Gefälle.

Da der Transportbetrieb i. d. R. den höchsten Kostenanteil im Erdbau verursacht (Leitbetrieb), kommt dem Aufbau und der Unterhaltung der Förderstrecke durch Einbau ausreichend starker Tragschichten und der Pflege durch Planieren und Abziehen der Fahrspuren besondere Bedeutung zu.

Förderleistung von Transportfahrzeugen

$$\text{Grundleistung} \quad Q_B = \frac{V_R \cdot f_L \cdot 60}{t_U} \quad \text{in } m^3_{fest}/h,$$

wobei

V_R Nenninhalt des Transportfahrzeugs (z. B. Mulde) in m^3,
f_L Ladefaktor,
t_U Umlaufzeit in min.

Umlaufzeit $t_U = t_B + t_{F,voll} + t_E + t_{F,leer} + t_W$ in min

mit

t_B Beladezeit in min,
$t_{F,voll}$ Fahrzeit für Lastfahrt in min,
t_E Entladezeit in min,
$t_{F,leer}$ Fahrzeit für Leerfahrt in min,
t_W Wagenwechselzeit am Ladegerät in min.

Die Fahrzeiten ergeben sich aus der Länge der Transportstrecke und den durchschnittlichen Ge-

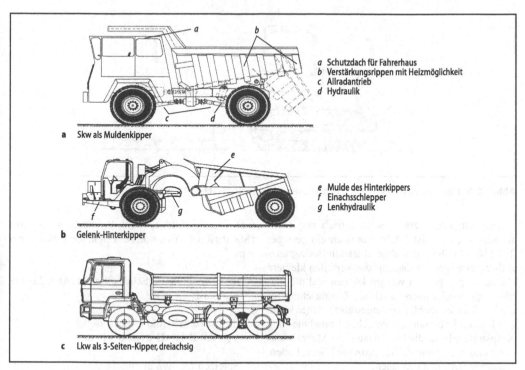

a **Skw als Muldenkipper**

a Schutzdach für Fahrerhaus
b Verstärkungsrippen mit Heizmöglichkeit
c Allradantrieb
d Hydraulik

b **Gelenk-Hinterkipper**

e Mulde des Hinterkippers
f Einachsschlepper
g Lenkhydraulik

c **Lkw als 3-Seiten-Kipper, dreiachsig**

Abb. 2.6-5 Kipper [Rosenheinrich/Pietzsch 1998]

schwindigkeiten für die Lastfahrt bzw. Leerfahrt. Die Geschwindigkeiten können geschätzt (Erfahrungswerte) oder auf der Grundlage fahrdynamischer Ansätze berechnet werden.

$$\text{Nutzleistung } Q_A = Q_B \cdot f_E \text{ in } m^3_{fest}/h,$$

wobei

f_E Nutzleistungsfaktor,
$f_E = f_B$,
f_B Betriebsfaktor (s. Tabelle 2.6-7).

Anzahl der erforderlichen Transportfahrzeuge

Aus den Nutzleistungen des Ladegeräts und des Förderfahrzeugs ergibt sich die Anzahl der erforderlichen Transportfahrzeuge zu

$$z = \frac{Q_{A,L}}{Q_{A,F}}$$

mit

z erforderliche Anzahl von Fahrzeugen,
$Q_{A,L}$ Nutzleistung des Ladegeräts in m^3_{fest}/h,
$Q_{A,F}$ Nutzleistung eines Fahrzeugs in m^3_{fest}/h.

Einbauen und Verdichten von Bodenmaterial

Der Prozess des Einbauens von Bodenmaterial zur Herstellung tragfähiger, standfester Erdkörper umfasst das Schütten, Verteilen und Planieren in Verbindung mit der Verdichtung. Nach dem Abkippen des Bodenmaterials vom Transportfahrzeug übernehmen Planiergeräte das Verteilen und das lagenweise Einbauen zur Herstellung eines profilgerechten Erdkörpers.

Einbauleistung von Planierraupen

Der lagenweise Einbau des Schüttgutes erfolgt im Regelfall mit Planierraupen, die für den Einbau aller Boden- und Felsarten geeignet sind (Abb. 2.6-6). Für spezielle Einbauaufgaben kommen auch Raddozer wegen ihrer hohen Beweglichkeit und Grader zur Feinplanierung in Betracht.

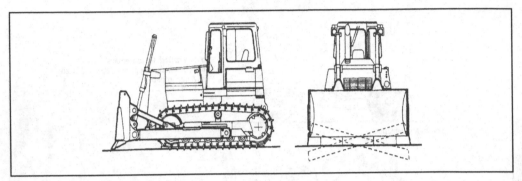

Abb. 2.6-6 Planierraupe mit Brustschild und Tilteinrichtung (nach [Liebherr 1995])

Bei gut organisiertem Schüttbetrieb und großflächigem Einbau ist i. Allg. nur noch ein geringer Teil (30% bis 40%) des abgeschütteten Bodenmaterials zu bewegen, so dass für das Verteilen kleinere Planierraupen genutzt werden können und die Planierraupe wechselweise auch als Zugmaschine für ein Verdichtungsgerät (Anhängewalze) dienen kann. Bei kurzen Entfernungen zwischen Entnahme- und Kippstelle arbeitet die Planierraupe als Mehrzweckgerät und übernimmt die Teilprozesse Lösen, Laden, Transportieren und Einbauen.

Das vorgesehene Einbaumaterial muss auf Eignung geprüft und zum Verdichten geeignet sein, damit eine möglichst große Lagerungsdichte erreicht wird. Alle Bodenarten sind in Lagen einzubauen und zu verdichten. Bindige Böden sind unmittelbar nach dem Schütten zu verdichten und dürfen in aufgeweichtem Zustand nicht von einer neuen Lage überschüttet werden.

Beim Einsatz von Schürfkübelraupen oder Motorschürfwagen (Scrapern) entfällt der Verteilvorgang mittels Planierraupe. Ein Sonderfall im Erdbau ist der maschinelle Transport und Einbau von Bodenmaterial mit Spülrohren (hydraulische Rohrförderung), der bei der Gewinnung von Sand und Kies unter Wasser mit Hilfe von Saug- oder Schneidkopfbaggern Anwendung findet.

Leistungsermittlung von Planierraupen

Grundleistung $\quad Q_B = \dfrac{V_R \cdot f_F \cdot 60}{f_S \cdot t}$

oder $\qquad\quad Q_B = \dfrac{V_R \cdot f_L \cdot 60}{t}$ in $\mathrm{m^3_{fest}}/h$,

wobei die Schildkapazität V_R nach SAE-Norm (Standard of Automotive Engineers) berechnet wird:

für Brustschild und Schwenkschild (Abb. 2.6-7a) $V_R = 0,8 \cdot B \cdot H^2$ in m^3,

für Universalschild (Abb. 2.6-7b) $V_R = 0,8 \cdot B \cdot H^2 + H \cdot C(B-B')$ in m^3.

Spielzeit t = 60/n in min

mit

n Spielzahl in h^{-1} (s. Tabelle 2.6-13).

Nutzleistung $Q_A = Q_B \cdot f_E$ in $\mathrm{m^3_{fest}}/h$,

wobei

Nutzleistungsfaktor $f_E = f_{P1} \cdot f_{P2} \cdot f_B$

mit

f_{P1} Schildformfaktor,
f_{P2} Neigungsfaktor,
f_B Betriebsfaktor (s. Tabelle 2.6-7).

Verdichtungsleistung von Walzen und Walzenzügen

Nach dem planmäßigen Einbau des lockeren Bodenmaterials ist für einen standsicheren und hohlraumfreien Erdbaukörper eine möglichst hohe Lagerungsdichte durch Verdichtungsarbeit mit Hilfe von Verdichtungsgeräten zu gewährleisten. Die Auswahl des Verdichtungsgerätes hängt ab von der Bodenart und -beschaffenheit, der Anforderung an

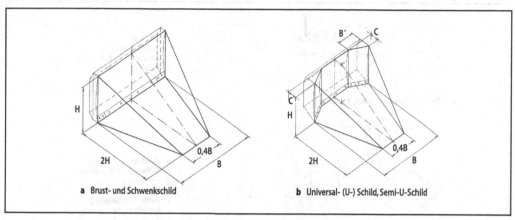

a Brust- und Schwenkschild   **b** Universal- (U-) Schild, Semi-U-Schild

Abb. 2.6-7 Berechnung der Schildkapazität nach SAE-Norm

Tabelle 2.6-13 Spielzahl n in h⁻¹ [Hoffmann 2006]

mittlere Förderweite in m	20	30	40	50	60	70	80	90	100
Spielzahl n in h^{-1}	100	78	63	50	42	36	31	27	24

den Verdichtungsgrad, der Schütthöhe, der Art und Größe der zu verdichtenden Fläche und der Gesamteinbaumenge.

Das Verdichten führt zu einer Erhöhung der Lagerungsdichte in der Kornstruktur des Bodens. Bei rolligen Böden (Sande und Kiese) geschieht dies durch Umlagerung mittels dynamischer Rüttelverdichtung, bei bindigen Böden (Lehm, Mergel, Ton) durch Reduzierung der Porenräume bzw. Hohlräume als Folge statischer Druck-Knet-Verdichtung. Wassergesättigte, stark plastische Böden sind verdichtungsunwillig gegenüber statischer oder dynamischer Verdichtung. Diese Böden müssen durch verdichtungswillige Böden ersetzt werden oder der Boden muss – z. B. mit hydraulischen Bindemitteln – verbessert, d. h. stabilisiert werden.

Das gebräuchlichste Verdichtungsverfahren für den Einbau großer Bodenmengen ist das maschinelle Verdichten mit Walzen, die als statische Walzen, Vibrationswalzen, Walzenzüge oder schwere Anhängerwalzen die Verdichtungsarbeit übernehmen (Abb. 2.6-8).

Für geringe Bodenmengen bei Baugruben- und Arbeitsraumverfüllungen sind leichte Geräte wie Rüttelstampfer und Rüttelplatten ausreichend (Abb. 2.6-9).

Bestimmung der Verdichtungsleistung für eine Vibrationswalze

Grundleistung

– Flächenleistung $Q_{B,A} = b' \cdot v/z$ in m²/h,
– Mengenleistung $Q_{B,V} = Q_{B,A} \cdot h \cdot f_V$ in m³$_{fest}$/h

mit

b' wirksame Arbeitsbreite in m (etwa $0,8 \cdot$ Walzenbreite),
v Arbeitsgeschwindigkeit in m/h,
z Anzahl der Übergänge über die gleiche Fläche,
h Schütthöhe des unverdichteten Bodens in m,
f_V Verdichtungsfaktor.

Nutzleistung

– Flächenleistung $Q_{A,A} = Q_{B,A} \cdot f_E$ in m²/h,
– Mengenleistung $Q_{A,V} = Q_{B,V} \cdot f_E$ in m³$_{fest}$/h.

Nutzleistungsfaktor $f_E = f_B$,

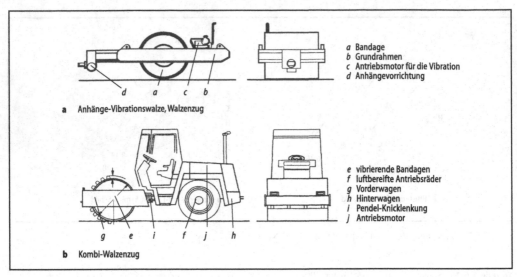

a Bandage
b Grundrahmen
c Antriebsmotor für die Vibration
d Anhängevorrichtung

a   Anhänge-Vibrationswalze, Walzenzug

e vibrierende Bandagen
f luftbereifte Antriebsräder
g Vorderwagen
h Hinterwagen
i Pendel-Knicklenkung
j Antriebsmotor

b   Kombi-Walzenzug

Abb. 2.6-8 Walzen und Walzenzüge

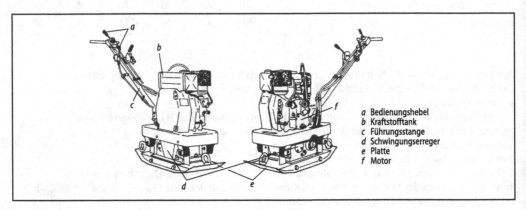

a Bedienungshebel
b Kraftstofftank
c Führungsstange
d Schwingungserreger
e Platte
f Motor

Abb. 2.6-9 Vibrationsplatte [Rosenheinrich/Pietzsch 1998]

wobei

f_B Betriebsfaktor (s. Tabelle 2.6-7).

Als Prüfmaßstab für die erreichte Verdichtung dient die Bestimmung der Proctor-Dichte mittels Proctor-Versuch und des Verformungsmoduls durch Plattendruck-Versuch.

2.6.2 Bauverfahren und Maschineneinsatz für Baugrubenumschließungen

Eberhard Petzschmann

Der Bau von Verkehrswegen, Ver- und Entsorgungsleitungen sowie Tiefgaragen erfordert besonders im innerstädtischen Bereich mitunter bis in große Tiefen die Ausführung von Baugruben mit senkrechter Baugrubenumschließung.

2.6.2.1 Wahl der Verbauart

Die Entscheidung über die geeignete Verbauart hängt ab von den Boden- und Grundwasserverhältnissen, der Nachbarbebauung, den Verkehrslasten und Platzverhältnissen sowie möglicherweise Auflagen aus dem Umweltschutz. Neben den gängigen vertikalen Baugrubenumschließungen Trägerbohlwände, Spundwände, Bohrpfahlwände und Schlitzwände gibt es einige Sonderverfahren wie Bodenvernagelung, Element-, Injektions- und Frostwände. Dabei ist entsprechend den auftretenden Verformungen der Baugrubenwand zwischen biegeweichen (Trägerbohlwand, Spundwand) und biegesteifen, deformationsarmen Verbauarten (Bohrpfahlwand, Schlitzwand) zu unterscheiden.

2.6.2.2 Verfahren der Baugrubensicherung

Trägerbohlwände

Trägerbohlwände gehören zu den biegeweichen Verbauarten; sie sind wegen ihrer Wirtschaftlichkeit und auch Wiedergewinnbarkeit der genutzten Bauelemente die am häufigsten verwendete Baugrubensicherung. Trägerbohlwände eignen sich für alle Bodenarten und lassen sich den unterschiedlichsten Grundrissen und auch Hindernissen im Boden wie Leitungstrassen, Fundamente und Schächte anpassen. Da sie nicht wasserdicht sind, können sie nur oberhalb des natürlichen oder abgesenkten Grundwasserspiegels eingesetzt werden. Die Verfahren unterscheiden sich hinsichtlich der Art des Trägereinbaus und der Ausfachung sowie der Größe des Arbeitsraumes.

Art des Trägereinbaus. Die vertikalen Tragglieder (Stahlträger) werden vor Beginn des Baugrubenaushubs i. Allg. im Abstand von 2 bis 3,5 m eingebracht durch

– Rammen (wirtschaftliches Verfahren bei rammfähigem Baugrund, jedoch verbunden mit hoher Lärmentwicklung),
– Rütteln (anwendbar bei verdrängungsfähigem Baugrund wie Sand und Kies) oder
– Versetzen der Träger in vorgebohrte Löcher eingebracht.

Art der Ausfachung. Die häufigste Art der Ausfachung besteht aus einem *verkeilten Holzverbau*, der waagerecht von oben nach unten im Zuge der Aushubarbeiten eingebaut wird. Als Materialien dienen Kanthölzer mit 12 bis 16 cm Dicke, z. T. auch Holzbohlen und Rundhölzer (Abb. 2.6-10). Weitere Bauelemente sind Kanaldielen, Stahlbetonfertigteile und vorgehängte Bohlen sowie eine Ausfachung mit Ortbeton oder Spritzbeton.

Kanaldielen werden bei nicht standfesten Böden verwendet, mit Schnellschlaghämmern hinter oder zwischen den Stahlträgern in einer oder mehreren Staffeln eingebracht und mit einer Gurtung aus Stahlprofilen oder Kanthölzern versehen (Abb. 2.6-11). Seltener ist eine Ausfachung mit Stahlbetonfertigteilen. Dem schnelleren Einbau gegenüber einer Ortbetonausfachung steht nachteilig das hohe Gewicht der Fertigteile gegenüber.

Standfeste Böden erlauben auch einen Verbau aus *Ortbeton* zur Vermeidung von Setzungen aus Ver-

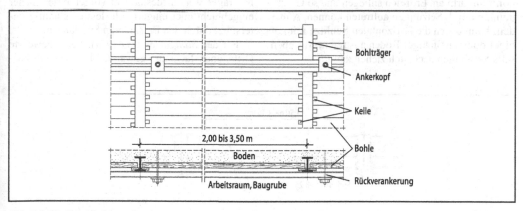

Abb. 2.6-10 Trägerbohlwand

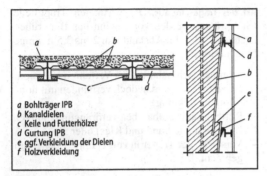

a Bohlträger IPB
b Kanaldielen
c Keile und Futterhölzer
d Gurtung IPB
e ggf. Verkleidung der Dielen
f Holzverkleidung

Abb. 2.6-11 Wandausfachung mit Kanaldielen

kehrslasten und Nachbarbebauung (Abb.2.6-12). Der Ortbetonverbau wird zur Baugrubenseite hin bewehrt, ist hohlraumfrei und hat den Vorteil geringer Durchbiegung. Die Ausführung der bis zu 40 cm dicken Ortbetonwände erfolgt feldweise mit an den Stahlträgern befestigten Schalelementen. Für die einfache Wiedergewinnung der Stahlträger wird zwischen Stahlträger und Ortbeton eine Trennlage angeordnet.

Bei der Ausfachung mit *Spritzbeton* wird der Boden wegen der besseren Tragwirkung in Gewölbeform abgetragen und der Spritzbeton in einer Dicke von 5 bis 8 cm hohlraumfrei aufgetragen. Die Spritzbetonschale ist i. Allg. mit Baustahlmatten bewehrt.

Seltener kommen für die Ausfachung *vorgehängte Holzbohlen* zum Einsatz, weil die mit Stahlklammern befestigten Bohlen nicht ausreichend hohlraumarm am Erdreich anliegen und so Gefährdungen durch Setzungen auftreten können. Außerdem kann durch die horizontalen Schlitze feinkörniger oder fließfähiger Boden austreten, was ebenfalls Setzungen nach sich ziehen kann.

Bauweisen. Die verschiedenen Böden, die v. a. beim U-Bahnbau in den deutschen Großstädten angetroffen werden, haben zu unterschiedlichen Verfahrenstechniken geführt. Das betrifft das Einbringen der Stahlträger und den Arbeitsraum.

Beim *Berliner Verbau* werden die Stahlträger im leicht rammbaren Berliner Sand- und Kiesboden weitgehend unproblematisch ohne Abweichungen von der Soll-Lage in den Boden gerammt. Die Baugrubenwand wird als äußere verlorene Schalung für eine Ausgleichsschicht verwendet, auf die die bituminöse Außendichtung für das Bauwerk aufgebracht wird, das direkt ohne Arbeitsraum gegen den Verbau bzw. die Ausgleichsschicht betoniert wird (Abb. 2.6-13). Die Verbauträger werden wiedergewonnen, der Holzverbau bleibt im Boden. Ziehbleche zwischen Rammträger und Ausgleichsschicht verhindern ein Beschädigen der Außendichtung beim Ziehen der Stahlträger.

Im Gegensatz hierzu wird beim *Hamburger Verbau* wegen des inhomogenen Bodenaufbaus (Sand und Kies mit Ton- und Mergeleinlagen und Steinen), der häufig ein maßgenaues Rammen der Träger und damit eine ebene Baugrubenwand verhindert, generell ein Arbeitsraum von etwa 1,00 m vorgesehen. Die Verbauträger und auch die Bohlen werden wiedergewonnen. Der Arbeitsraum wird nach Aufbringen der bituminösen Außendichtung lagenweise verfüllt und verdichtet.

Beim *Münchner Verbau* ist ebenfalls ein maßgerechtes Einrammen der Träger wegen der anstehenden Böden (quartiäre Kiese, tertiäre Sande, Mergel) nicht oder nur schwer möglich. Die Verbauträger werden deshalb in vorgebohrte Löcher eingebracht oder eingerüttelt, letzteres häufig unterstützt durch den Einsatz von Spüllanzen.

Für den *Stuttgarter Verbau* wird eine bewehrte Ortbetonausfachung gewählt. Trennlagen zwi-

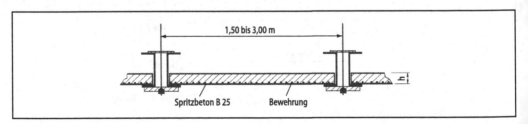

Abb. 2.6-12 Ausfachung mit Ortbeton bzw. Spritzbeton [Buja 2001]

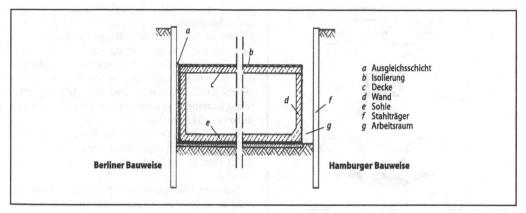

Abb. 2.6-13 Berliner und Hamburger Bauweise [Schnell 1995]

schen Ortbeton und Träger dienen der Wiedergewinnung der Stahlträger.

Arbeitsablauf und Geräteeinsatz. Die verfahrenstechnische Arbeitsfolge stellt sich bei allen Bauweisen wie folgt dar:

– Sondierung nach vorhandenen Ver- und Entsorgungsleitungen,
– Absenken des Grundwasserspiegels unter Baugrubensohle (kann dem Baufortschritt angepasst werden),
– Stahlträger rammen, einrütteln oder in vorgebohrte Löcher setzen,
– Ausheben der Baugrube in einzelnen Lagen,
– Wandverbau einbringen,
– Aussteifungen oder Anker, soweit erforderlich, in Lagen einbauen.

Geräteeinsatz. Für die Herstellung einer gerammten Trägerbohlwand benötigt man eine Rammeinheit, bestehend aus Hydraulikbagger mit Zubehör, Hydraulikmäkler mit Zubehör und Rammbär, sowie eine Zieheinheit, bestehend aus Hydraulikbagger mit Vibrationsbär, Hydraulikaggregat und Klemmeinrichtungen. Die Auswahl der richtigen Ramme richtet sich nach dem Gewicht und der Länge des Stahlträgers, den Einsatzbedingungen und Bodenverhältnissen sowie den Anforderungen an Ausführung und Umfang der Arbeiten.

Spundwände

Spundwände gehören zu den biegeweichen Verbauarten. Sie sind weitgehend wasserdicht (Schlosswasser) und werden für die Ausführung trockener Baugruben im Grundwasser verwendet. Mit Hilfe von statisch oder dynamisch wirkenden Kräften werden die Profile als Einzel- (selten), Doppel- oder Dreifachbohle in den Boden gerammt, gerüttelt oder eingepresst. Die Rammbarkeit des Bodens begrenzt ihre Verwendbarkeit.

Die Wahl des Einbringverfahrens hängt v. a. ab von den Bodenverhältnissen, der Nachbarbebauung und den verwendeten Spundwandprofilen, wobei eine optimale Abstimmung zwischen Rammgerät, Rammverfahren, Rammgut (Bohlen) und Boden Voraussetzung für die wirtschaftliche Ausführung der Rammarbeiten ist.

Neben der geeigneten Stahlsorte muss das geeignete Profil für die Spundbohlen festgelegt werden. Die heute verwendeten U- und Z-Profile unterscheiden sich nach Lage der Schlösser in ihren statischen und rammtechnischen Eigenschaften (Abb. 2.6-14 und 2.6-15).

In nicht bindigen Böden ist schnell schlagendes Rammen oder Einvibrieren die wirtschaftlichste Art der Bauausführung, in bindigen Böden langsam schlagende Rammbären mit hoher Schlagenergie oder Einpressverfahren.

Verfahren und Geräteeinsatz. Beim *schlagenden Rammen* wirkt ein Schlag- bzw. Fallgewicht auf den Boh-

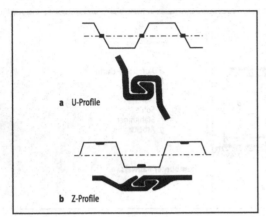

a U-Profile

b Z-Profile

Abb. 2.6-14 Profile (nach Fa. Zeppelin)

lenkopf, das je nach Antriebsart über Seilzug (Freifallramme) oder durch Dampf, Druckluft, Hydraulik bzw. Dieselverbrennung angehoben wird. Zu unterscheiden ist zwischen langsamschlagenden Rammen

(Dieselrammen mit Schlagzahl 40 bis 60 pro Minute) und schnellschlagenden Rammen (Schlagzahl 100 bis 300 pro Minute). Das Schlaggewicht richtet sich nach dem Gewicht des Rammgutes.

Beim *Rütteln* (Vibrieren) verringern elektrisch oder hydraulisch angetriebene Vibrationsbären bei geringerer Lärmentwicklung die Reibung zwischen Rammgut und Boden um 75% bis 90% des Ruhewertes (Abb. 2.6-16).

Eine Weiterentwicklung in der Rammtechnik ist die hydraulisch angetriebene Impulsramme, die durch Entfall des Schlagens weitgehend lärmfrei arbeitet.

Mit dem *Einpressverfahren*, das die Mantelreibung eingebrachter Spundbohlen für die hydraulische Presseinrichtung nutzt, können Spundbohlen ohne wesentliche Lärmentwicklung auch unmittelbar neben erschütterungsempfindlicher Nachbarbebauung eingebracht werden (Abb. 2.6-17). Beim Ziehen kommen die auch zum Einrütteln verwendeten Vibrationsbären und speziellen Pfahlzieher zum Einsatz. Die erforderliche Zugkraft wird von

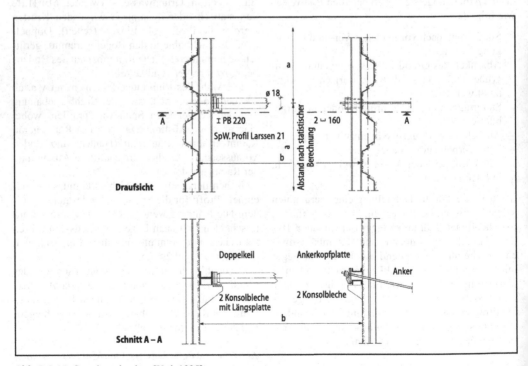

Abb. 2.6-15 Spundwandverbau [Voth 1995]

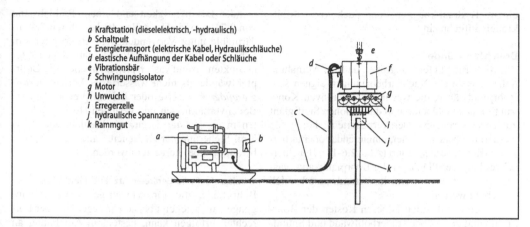

a Kraftstation (dieselelektrisch, -hydraulisch)
b Schaltpult
c Energietransport (elektrische Kabel, Hydraulikschläuche)
d elastische Aufhängung der Kabel oder Schläuche
e Vibrationsbär
f Schwingungsisolator
g Motor
h Unwucht
i Erregerzelle
j hydraulische Spannzange
k Rammgut

Abb. 2.6-16 Typischer Aufbau eines Vibrationsbären (nach Fa. Zeppelin)

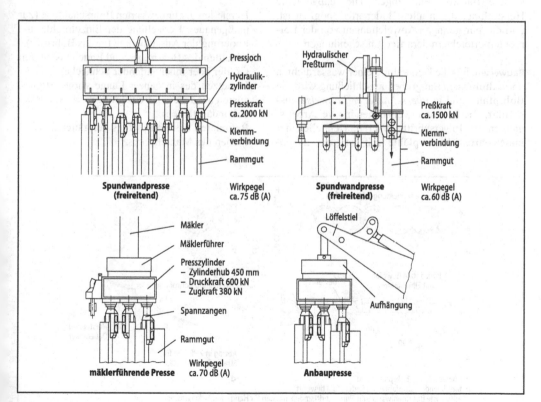

Pressjoch
Hydraulik-zylinder
Presskraft ca. 2000 kN
Klemm-verbindung
Rammgut

Spundwandpresse (freireitend)   Wirkpegel ca. 75 dB (A)

Hydraulischer Preßturm
Preßkraft ca. 1500 kN
Klemm-verbindung
Rammgut

Spundwandpresse (freireitend)   Wirkpegel ca. 60 dB (A)

Mäkler
Mäklerführer
Presszylinder
– Zylinderhub 450 mm
– Druckkraft 600 kN
– Zugkraft 380 kN
Spannzangen
Rammgut

mäklerführende Presse   Wirkpegel ca. 70 dB (A)

Löffelstiel
Aufhängung

Anbaupresse

Abb. 2.6-17 Anbauvarianten für Einpresspfähle [Buja 2001]

einem Hydraulikbagger oder auch von Mobilkranen aufgebracht.

Bohrpfahlwände

Zur Sicherung tiefer Baugruben und zur Aufnahme
hoher Lasten aus Nachbarbebauungen eignen sich
Bohrpfahlwände, die wegen ihrer massiven Konstruktion aus Stahlbeton und damit hohen Steifigkeit
zu den verformungsarmen Verbauarten gehören. Sie
werden in überschnittener, tangierender oder aufgelöster Bauweise ausgeführt (Abb. 2.6-18). Bei Über-
schneidung der Pfähle ist die Bohrpfahlwand wasserdicht und kann auch im Grundwasserbereich
eingebaut werden.

Wegen der deutlich höheren Kosten der Bohrpfahlwand gegenüber Trägerbohlwand und Spundwand wird sie häufig als tragendes Bauteil in das
spätere Bauwerk einbezogen. Die maßgerechte
Herstellung, die in allen Bodenarten möglich ist,
und die nur geringen Abweichungen von der Lotrechten erleichtern derartige Entscheidungen.

Bauweisen. Für die Herstellung einer wasserdichten
und schubfesten Baugrubenumschließung wird die
Bohrpfahlwand in *überschnittener Bauweise* ausgeführt. Die Bohrpfähle entstehen in zwei Arbeitsgängen im Pilgerschrittverfahren: Herstellen der
unbewehrten Primärpfähle mit langsam zuneh-

mender Betonfestigkeit und einem Pfahlabstand
von $0{,}75 \cdot d$ sowie Herstellen der bewehrten Sekun-
därpfähle unter Verwendung von Bohrrohren mit
Schneidschuhen). Oberhalb des natürlichen oder
gesenkten Grundwasserspiegels können die Bohrpfahlwände als nicht wasserfester Verbau in *tangierender Bauweise* oder bei entsprechend guten
Bodenverhältnissen und geringen Horizontalkräf-
ten in *aufgelöster Bauweise* (Pfahlabstand 2 bis
3 m, Sicherung der Zwischenräume durch Spritz-
betongewölbe) hergestellt werden.

Arbeitsablauf und Geräteeinsatz. Die Herstellung der
Bohrpfähle, die für schwierige Gebäudeabfan-
gungen auch geneigt bis zu 15° gegenüber der Lotrechten erfolgen kann, besteht in Anlehnung an
[Schnell 1995] aus folgenden Arbeitsvorgängen:

– Herstellen der unbewehrten Bohrschablone (zur
  maßgenauen Herstellung der Einzelpfähle und
  Fixierung der Ansatzpunkte für das Bohrrohr),
– Abteufen des Bohrrohres und Bodenaushub mit
  Greifer oder innenlaufender Schnecke,
– Einsetzen des in ganzer Länge vorgefertigten,
  ausreichend steifen Bewehrungskorbes (nur bei
  Sekundärpfählen),
– Betonieren des Bohrpfahles bei gleichzeitigem
  Ziehen des Mantelrohres.

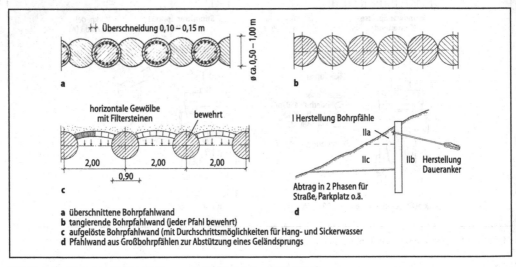

a überschnittene Bohrpfahlwand
b tangierende Bohrpfahlwand (jeder Pfahl bewehrt)
c aufgelöste Bohrpfahlwand (mit Durchschrittsmöglichkeiten für Hang- und Sickerwasser)
d Pfahlwand aus Großbohrpfählen zur Abstützung eines Geländesprungs

Abb. 2.6-18 Beispiele für Grundrisse von Bohrpfahlwänden [Voth 1995]

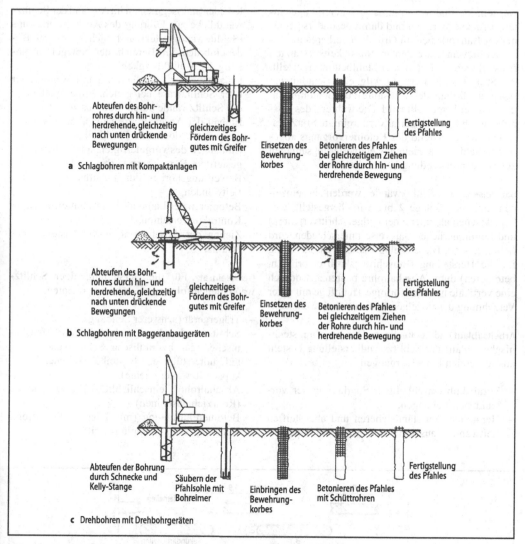

Abb. 2.6-19 Verfahren zur Herstellung von Bohrpfählen [Schnell 1995]

Der anstehende Baugrund und die speziellen Baustellenbedingungen entscheiden über die Wahl des Bohrverfahrens. Unterschieden wird zwischen Greiferbohrung, Drehbohrung und Spülbohrung. Die Sicherung der Bohrlochwand erfolgt durch Verrohrung oder Stützflüssigkeit. Zum Einsatz kommen Kompaktbohranlagen, bei denen Verrohrungs- und Aushubgerät eine Einheit bilden (z. B.

Benotoverfahren), oder Bagger mit Drehbohrgeräten bzw. Verrohrungsmaschinen als Spezialausrüstungen (Abb. 2.6-19).

Schlitzwände

Schlitzwände gehören zu den verformungsarmen Verbauarten und können als belastete Bauwerkwand Bestandteil einer bleibenden Konstruktion werden. Sie sind wegen ihres geringeren Fugenanteils druckwasserdicht und damit besonders geeignet für Bauvorhaben im Grundwasserbereich.

Schlitzwände werden in flüssigkeitsgestützten Erdschlitzen aus Beton oder Stahlbeton hergestellt. Als Stützflüssigkeit dient i. Allg. eine Bentonitsuspension, die auf der Baustelle aus Bentonitmehl und Wasser hergestellt wird. Die während des Aushubs durch Bodenmaterial verunreinigte Stützflüssigkeit wird während des Betoniervorgangs abgepumpt und in speziellen Regenerierungsanlagen zur Wiederverwendung aufbereitet.

Bauweisen. Die Schlitzwände werden in einzelnen Lamellen (Länge 2 bis 5 m) hergestellt, wobei zwischen alternierender (Pilgerschrittverfahren) und kontinuierlicher Bauweise unterschieden wird (Abb. 2.6-20). Die einzelne Lamelle ist stirnseitig für die Herstellung (Bewehrungskorb einbringen, betonieren) durch Abschalrohre begrenzt, wodurch eine vertikale halbkreisförmige Trennfuge mit guter Verzahnung der einzelnen Wandabschnitte entsteht.

Arbeitsablauf und Geräteeinsatz. Der verfahrenstechnische Ablauf der Schlitzwandherstellung besteht aus folgenden Einzelvorgängen:

– Voraushub einschließlich Sondierung der vorhandenen Leitungen,
– Herstellen von standsicheren und abgesteiften Leitwänden aus Ortbeton, Stahlbetonfertigteilen oder Stahlsegmenten im Abstand der Schlitzwanddicke zur Führung des Aushubwerkzeugs (Schlitzwandgreifer) und Sicherung von Bodeneinbruch im Bereich der Spiegelschwankung der Stützflüssigkeit,
– Erdaushub der Lamelle mit Schlitzwandgreifer oder Schlitzfräse bei gleichzeitiger Sicherung der Schlitzwände durch Stützflüssigkeit,
– Einbau der Abschalrohre bzw. alternativer Fugenkonstruktionen aus Fertigteilen,
– Einhängen des vorgefertigten, ausreichend ausgesteiften Bewehrungskorbes, Sicherung des Bewehrungskorbes durch Aufhängen an den Leitwänden,
– Betonieren der Lamellen mit Betonierrohren im Kontraktorverfahren,
– Ziehen der Abschalrohre nach Ansteifen des Betons.

Geräteeinsatz. Für die Herstellung einer Schlitzwand dienen folgende Gerätekomponenten:

– Trägergerät (schwerer Seilbagger),
– Schlitzwandwerkzeuge als seilgeführte mechanische oder hydraulische Schlitzwandgreifer, ggf. unterstützt durch Meißel (seltener Teleskopschlitzwandsysteme),
– Abschalrohre einschließlich Zieheinrichtung (Rohrziehmaschinen),
– Betoniereinrichtung (mit Trichter, Schüttrohr, Hebeklappe und Kupplungsseil),

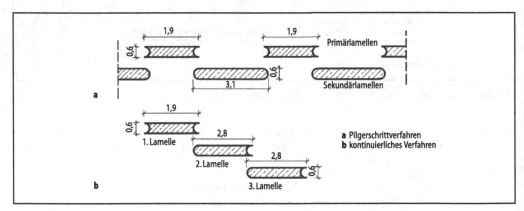

Abb. 2.6-20 Form und Abmessungen von Lamellen bei einer Greiferbreite von 2,50 m und einer Wanddicke von 0,60 m [Schnell 1995]

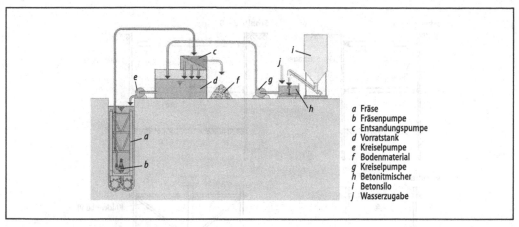

a	Fräse
b	Fräsenpumpe
c	Entsandungspumpe
d	Vorratstank
e	Kreiselpumpe
f	Bodenmaterial
g	Kreiselpumpe
h	Betonitmischer
i	Betonsilo
j	Wasserzugabe

Abb. 2.6-21 Fräseinrichtung [Buja 2001]

– Bentonitaufbereitungsanlage (mit Entsandungs-
anlage, Silo, Förder- und Umwälzpumpen,
Waagen und Mischer).

Für die Arbeit mit Schlitzwandfräsen zum Herstellen tiefer Bodenschlitze und gegenüber Greifern
verbesserter Leistung wurden spezielle Kompakt-
geräte entwickelt. Mit der Schlitzwandfräse wird
kontinuierlich Bodenmaterial an der Schlitzsohle
gelöst, zerkleinert und der Bentonitsuspension bei-
gemischt. Die mit Bodenmaterial angereicherte
Stützflüssigkeit wird über eine Ringleitung zur Re-
generierungsanlage gepumpt, gereinigt und zu-
rückgeleitet (Abb. 2.6-21).

Mit Schlitzwandfräsen können Bodenschlitze
zwischen 50 und 150 cm Breite bis zu etwa 100 m
Tiefe hergestellt werden. Der Einbau der Bewehrung und das Betonieren erfolgen in ähnlicher
Weise wie bei der Greifermethode.

2.6.2.3 Rückverankerung und Aussteifungen von Baugrubenwänden

Um Verschiebungen der Verbauwände gering zu
halten, werden vertikale Baugrubenwände, die
über 4 m tief sind, abgestützt. Die Aussteifungen
oder Rückverankerungen (Abb. 2.6-22) werden
dabei je nach Aushubtiefe in einer oder mehreren
Lagen mit fortschreitendem Aushub eingebracht.
Aussteifungen wählt man i. Allg. für schmale Bau-

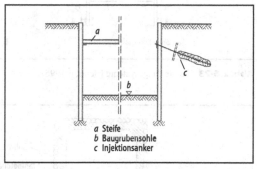

a	Steife
b	Baugrubensohle
c	Injektionsanker

Abb. 2.6-22 Abstützung von Baugrubenwänden [Schnell 1995]

gruben, Anker für breite. Während Aussteifungen
den Bauablauf beeinträchtigen, weil der Einsatz
von Großgerät oder Großflächenschalung nicht
möglich ist, bleibt die Baugrube bei Verankerungen
frei von Einbauten.

Aussteifungen
Die Steifenlagen werden i. Allg. mit den auf der
Baustelle vorhandenen Turmdrehkranen oder Autokranen eingebaut. Die Höhenlagen der Aussteifungen ergeben sich zum einen aus den statisch
konstruktiven, zum anderen aus den baubetrieblichen und verfahrenstechnischen Bedingungen
(Abb. 2.6-23 und 2.6-24).

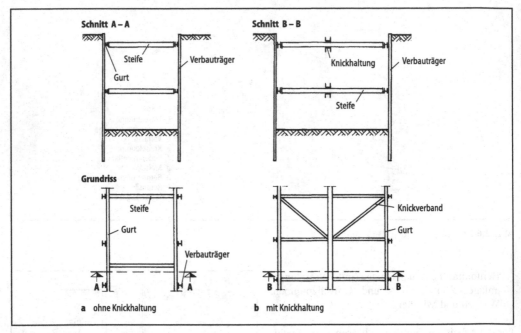

Abb. 2.6-23 Aussteifungssysteme [Schnell 1995]

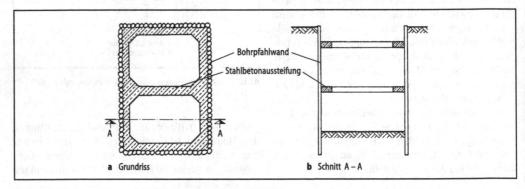

Abb. 2.6-24 Aussteifung mit Stahlbetonrahmen [Schnell 1995]

Rückverankerungen

Anker werden nach DIN 4125 unterschieden. Nach ihrem Tragverhalten lassen sie sich in zwei Gruppen einteilen: in *Verbundanker* und Druckrohranker. Bei ersteren (Abb. 2.6-25) besteht zwischen dem Ankerstahl und dem Verpresskörper ein Verbund auf der gesamten Länge der Krafteintra-

gungsstrecke. Da der Verpresskörper beim Anspannen auf Zug beansprucht wird, entstehen Risse, die die Korrosion des Stahles begünstigen. Dieser Ankertyp wird daher vorwiegend für temporäre Zwecke verwendet [Schnell 1995].

Aufwendiger ist die Kraftübertragung beim *Druckrohranker* (Abb. 2.6-26), bei dem die Anker-

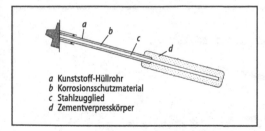

a Kunststoff-Hüllrohr
b Korrosionsschutzmaterial
c Stahlzugglied
d Zementverpresskörper

Abb. 2.6-25 Verbundanker (Fa. Bauer) [Schnell 1995]

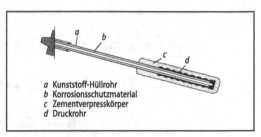

a Kunststoff-Hüllrohr
b Korrosionsschutzmaterial
c Zementverpresskörper
d Druckrohr

Abb. 2.6-26 Druckrohranker (Fa. Bauer) [Schnell 1995]

kraft in das hintere Ende des Verpresskörpers eingeleitet wird. Das Stahlzugglied hat keinen Verbund mit dem Verpresskörper. Zur Kraftübertragung dient ein Druckrohr (Duplex-Rohr). Der Verpresskörper wird auf Druck beansprucht, so dass eine Rissbildung nicht zu befürchten ist. Dieser Typ dient vorwiegend als Daueranker [Schnell 1995].

Die Arbeitsfolge bei der Herstellung von *Injektionsankern* beginnt mit der Herstellung des Bohrloches (Durchmesser 70 bis 150 mm durch Schlag-, Dreh-, Spül- oder Schneckenbohren). Hierfür kommen selbstfahrende, druckluftbetriebene Bohrgeräte mit Bohrlafetten zum Einsatz, die auf beliebige Neigungen eingestellt werden können. Darauf folgen der Einbau der vorbereiteten Stahlzugglieder, das Verpressen der Verankerungslängen mit Zementmörtel bei gleichzeitigem Sicherstellen des Bohrgestänges sowie das Anspannen des Ankers nach Erhärten der Injektion.

2.6.3 Auswahl und Einsatz von Hebezeugen

Eberhard Petzschmann

2.6.3.1 Bauarten von Hebezeugen

Die auf Baustellen zu bewegenden Lasten unterscheiden sich erheblich hinsichtlich Art, Gewicht und Abmessungen. Für Transportaufgaben, die für Schalungs- und Rüstungsarbeiten, Bewehrungs- und Betonierarbeiten, Mauerwerkarbeiten, Fertigteil- oder Stahlmontagen zu erbringen sind, werden auf den meisten Baustellen des Hoch- und Ingenieurbaus Turmdrehkrane verwendet. Daneben werden für besondere Aufgaben oder Transport- und Montagebedingungen v. a. Fahrzeug-

krane, Portalkrane, seltener Derrick- und Kabelkrane eingesetzt.

Turmdrehkrane

Turmdrehkrane werden nach Anordnung des Drehwerks in *Unten-* und *Obendreher* unterschieden. Weitere Unterscheidungsmerkmale sind die

– Bauart des Auslegers (Abb. 2.6-27): Nadelausleger, Wipp- oder Waagebalkenausleger, Laufkatzausleger, Knickausleger;
– Bauart des Turmes: Gitterbauweise, Vollwandbauweise, Teleskopbauweise;
– Aufstellungsart: stationär (freistehend oder als Etagen- bzw. Außenkletterkran), fahrbar (auf Schienen- oder Raupenfahrwerk);
– Aufbauart: selbstaufrichtend, Auf- und Abbau mit Fahrzeugkran.

Bei Kranen mit Wipp- und Nadelausleger und den leichten Schnellmontagekranen ist der Turm i. d. R. auf dem Drehkranz eines Unterwagens montiert (Abb. 2.6-28), so dass sich der Turm zusammen mit dem Ausleger dreht (Untendreher). Zu den Oberdrehern gehören die schweren Laufkatz- und Knickausleger, bei denen der Drehkranz auf dem feststehenden Turm angeordnet ist und sich nur der Ausleger dreht (Abb. 2.6-29). Obendreher sind i. Allg. selbstkletternd; ihre Aufstellung erfolgt auf einem Fundamentkreuz mit Spindeln oder auf einem Unterwagen mit Abstützplatten bzw. Schienenfahrwerk.

Die wesentliche Kenngröße von Turmdrehkranen ist das Lastmoment in tm, das häufig auch als Typbezeichnung verwendet wird. Weitere Kenndaten sind die größte Ausladung, die maximale Hubhöhe, die höchste Tragkraft, die Arbeitsgeschwindigkeiten für Heben, Senken, Katzfahren und Drehen sowie die Fahrgeschwindigkeit bei Gleisbetrieb.

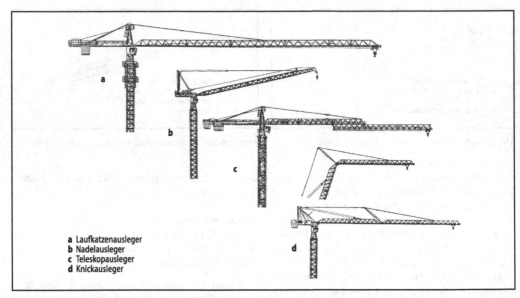

a Laufkatzenausleger
b Nadelausleger
c Teleskopausleger
d Knickausleger

Abb. 2.6-27 Auslegertypen bei Turmdrehkranen (nach [Liebherr 1995])

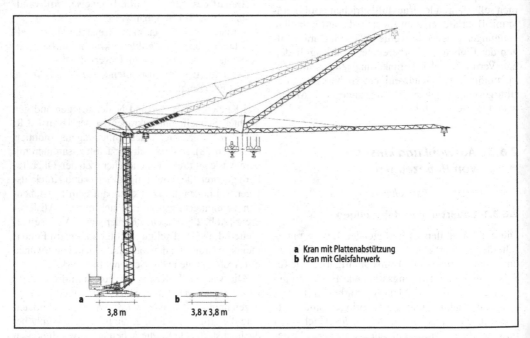

a Kran mit Plattenabstützung
b Kran mit Gleisfahrwerk

a 3,8 m
b 3,8 x 3,8 m

Abb. 2.6-28 Schnelleinsatzkran (Untendreher) mit Laufkatz-Knickausleger (nach [Liebherr 1995])

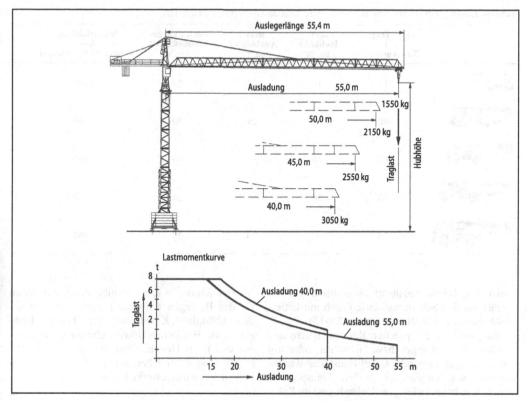

Abb. 2.6-29 Kletterkran (Obendreher) mit Lastmomentverlauf (nach [Liebherr 1995])

Wegen der Vielfalt der baubetrieblichen Aufgaben eines Turmdrehkrans, die zur optimalen Versorgung einer Baustelle erforderlich sind, kann der Turmdrehkran wirtschaftlich nicht als Leistungsgerät, sondern nur als Bereitstellungsgerät mit ablauf- und baustellenbedingten Wartezeiten von etwa 50% eingesetzt werden. Die Leistungszeit verteilt sich bei Beton- und Mauerarbeiten wie folgt: Betonieren 20%, Mauerarbeiten 15%, Schalen und Bewehren 10%, Sonstiges 5%.

Fahrzeugkrane

Fahrzeugkrane haben den Vorteil großer Beweglichkeit und dienen deshalb häufig für Montageaufgaben, als Ergänzung zu stationären Hebezeugen, zur Bedienung isolierter Bauabschnitte und Bauteile sowie zum Ausgleichen von Belastungsspitzen. Sie werden auf der Baustelle ausschließlich als Drehkrane verwendet, die einen auf dem Unterwagen drehbaren Oberwagen haben. Als Kenngröße wird die maximale Tragkraft in t verwendet. Für die genaue Beurteilung eines Fahrzeugkrans benötigt man die Lastdiagramme bzw. Traglasttabellen der Hersteller.

Bei den Fahrzeugkranen, die als Drehkran einen auf dem Unterwagen drehbaren Oberwagen haben, unterscheidet man zwischen Mobilkranen, Autokranen und Raupenkranen.

Mobilkrane sind selbstfahrend bis 40 km/h; ihre Motorleistung ist für den Kranbetrieb bemessen (s. Tabelle 2.6-14). Sie sind meist mit Gitterausleger ausgerüstet. Größere Mobilkrane dienen als Montagekrane im Fertigteilbau.

Autokrane haben als straßentaugliche Unterwagen ein Lkw-Fahrgestell mit separatem Führerhaus für Fahrbetrieb bis über 60 km/h. Die Motorleistung ist für den Fahrbetrieb bemessen. Sie sind

Tabelle 2.6-14 Mobilkran Baureihe 15–80 t max. Traglast (nach [Liebherr 1994])

	max. Traglast t 3 m Ausladung	max. Hubhöhe ca. m	max. Ausladung ca. m	max. Fahrge- schwindigkeit km/h	Motorleistung kW Fahr- und Kranmotor
	15	16	15	25	80
	30	30	25	40	120
	40	40	35	40	160
	50	50	40	35	160
	80	50	40	30	190

meist mit Teleskopausleger ausgerüstet, größere Geräte für den Schwerlastbetrieb auch mit Gitterausleger (Abb. 2.6-30 und Tabelle 2.6-15).

Raupenkrane entsprechen Raupenbaggern und werden als Seilbagger bzw. Seilträgergeräte mit Gitterausleger ausgebildet. Auf Baustellen werden Raupenkrane wegen des großen Transportaufwands v. a. bei schwierigem Gelände und im Rohrleitungsbau eingesetzt.

Tabelle 2.6-16 gibt die *Gerätevorhaltekosten* einiger Autokrane mit dieselhydraulischem Kranantrieb und Teleskopausleger laut Baugeräteliste (BGL) von 2007 an.

Portalkrane

Portalkrane kommen bei der Ausführung von Schleusen, U-Bahn-Tunneln, Stützmauern oder für ähnlich langgestreckte Bauvorhaben zum Einsatz. Sie dienen außerdem zum Umschlagen schwerer Lasten auf Lagerplätzen und in stationären Werk- oder Fabrikationsstätten. Die Portalkonstruktion aus Rohr- und Profilstählen hat i. d. R. zwei schienenfahrbare Stützen (Fest- und Pendelstütze), auf denen eine Brücke in Fachwerkbauweise aufgebaut ist; auf der Brücke läuft eine Laufkatze (Abb. 2.6-31).

Sonderbauarten

Weitere Bauarten von Kranen, die für spezielle Aufgaben im Bauwesen Verwendung finden, sind

Derrick-Krane – v. a. bei Stahlbaumontagearbeiten für das Bewegen schwerer Lasten – und geländeunabhängige *Kabelkrane* für breite, langgestreckte Baustellen (Flusskraftwerke, Staumauern usw.). Im Hochbau kommen darüber hinaus häufig Lasten- und Personenaufzüge zur Versorgung der Ausbaugewerke hinzu.

2.6.3.2 Bestimmen der erforderlichen Krankapazität

Im Rahmen der Arbeitsvorbereitung und Einrichtungsplanung sind Anzahl, Größe, Einsatzdauer und Standorte der Krane nach baubetrieblichen und bauwirtschaftlichen Kriterien festzulegen. Einfluss auf diese Entscheidung nehmen vorgegebene Randbedingungen wie Bauzeit, Massenschwerpunkt, maximale Gewichte und Abmessungen der zu bewegenden Transportgüter, Bauwerkhöhen sowie die Notwendigkeit, alle Arbeits-, Lager- und erforderlichen Überlappungsbereiche (Lastübernahmebereiche) mit dem Kran zu überstreichen.

Kranförderleistung nach Spielzeit

Die Berechnung der Kranförderleistung nach Spielzeit ist zur Kranbemessung kompletter Baustellen weniger geeignet, da die Krane unterschiedliche Kenndaten haben und unterschiedliche

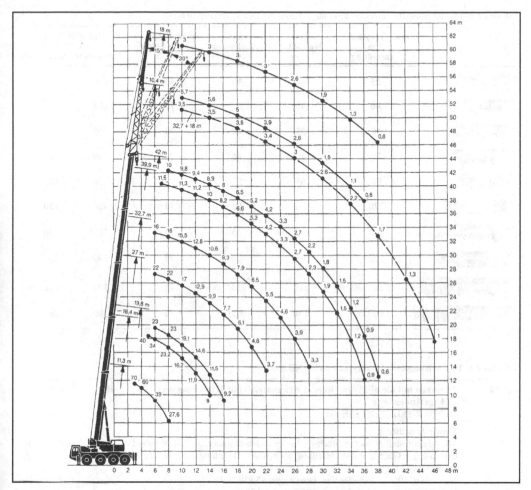

Abb. 2.6-30 Diagramm für den Arbeitsbereich eines Autokrans mit 70 t Traglast (nach [Liebherr 1994])

Materialien wie Schalung, Bewehrungsstahl, Beton und Fertigteile zu bewegen sind. Die Spielzeitberechnung ist aber sinnvoll, wenn es darum geht, Zeitansätze zu ermitteln oder kritische Transportvorgänge zu überprüfen (t Fertigteile pro Schicht, m³ Beton pro Zeiteinheit).

Nutzleistung Q_N für Krane

$$Q_N = I \cdot \frac{60}{T} f_Z \cdot f_B$$

mit Q_N Nutzleistung in t/h, m³/h usw.; I gehobene Menge je Arbeitsspiel in t, m³ usw.; T Kranspielzeit in min; f_Z Zeitfaktor für Dauerbetrieb 0,80 oder Kurzzeitbetrieb 0,90; f_B Betriebsfaktor (s. Tabelle 2.6-17).

Die durchschnittliche Kranleistung für die Montage von Fertigteilen beläuft sich auf 50 bis 80 t pro 8-h-Schicht. Die durchschnittliche Kranspielzeit für die Betonförderung mit Kübel sowie die Förderung von Bewehrungsstahl im monolithischen Betonbau beträgt in Abhängigkeit von der Förderhöhe 150 bis 300 s.

Tabelle 2.6-15 Autokran Baureihe 25–400 t max. Traglast (nach [Liebherr 1994])

	max. Traglast t 3 m Ausladung	max. Hubhöhe ca. m	max. Ausladung ca. m	max. Fahrge-schwindigkeit km/h	Motorleistung kW Fahrmotor	Kranmotor
	25	40	30	70	170	–
	40	45	35	70	220	–
	50	55	40	70	260	–
	70	60	45	70	260	115
	90	65	50	70	320	115
	120	70	50	70	320	120
	140	75	55	70	320	130
	200	95	70	70	390	150
	300	110	85	70	390	210
	400	130	100	70	390	260

Tabelle 2.6-16 Vorhaltekosten Autokrane (nach [BGL 2007])

C.2.12 **Autokran mit diesel-hydraulischem Kranantrieb mit Teleskopausleger,** BGL 1991-Nr.2177
nicht geländegängig
AUTOKR TELE STRASSE

Standardausrüstung:
LKW-Fahrgestell 3- oder mehrachsig, 1 oder 2 Dieselmotore, diesel-hydraulischer Antrieb, Teleskop-Standardausleger, Gegengewicht, Beseilung, Kranhaken, Bereifung, hydraulische 4-Punkt-Abstützung, nicht geländegängig.
Nr. 0150-0210:   Motorleistung Oberwagen 95 kW.
Nr. 0270-0360:   Motorleistung Oberwagen 115 kW.
Kenngröße: Max. Nennlastmoment (tm).

Nr.	max. Nenn-lastmo-ment[a]	max. Traglast	Aus-ladung	Grund-aus-leger-länge	max. Aus-leger-länge	inst. Motor-leistung	Gewicht	mittlerer Neuwert	monatliche Reparatur-kosten	monatlicher Abschreibungs- und Verzinsungsbetrag		
	tm	t	m	m	m	kW	kg	Euro	Euro	von Euro	bis
C.2.12.0065	65	25	2,5	8,5	26	140	23 000	271 000,00	3 520,00	5 950,00	6 500,00
C.2.12.0090	90	30	3,0	10,0	32	175	30 000	327 000,00	4 250,00	7 200,00	7 850,00
C.2.12.0150	150	50	3,0	10,0	34	190	38 000	317 000,00	4 120,00	6 000,00	6 650,00
C.2.12.0210	210	70	3,0	11,0	37	245	50 000	562 500,00	7 300,00	10 700,00	11 800,00
C.2.12.0270	270	90	3,0	12,5	42	340	62 000	639 000,00	8 300,00	12 100,00	13 400,00
C.2.12.0360	360	120	3,0	14,0	45	340	72 000	843 500,00	11 000,00	16 000,00	17 700,00

[a] bei angegebener Ausladung

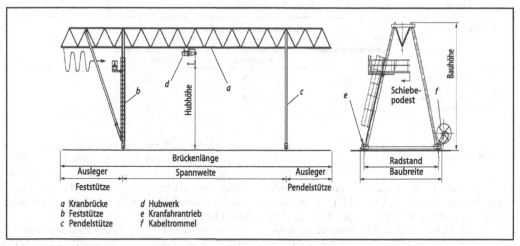

Abb. 2.6-31 Bauteile eines Portalkrans

Tabelle 2.6-17 Betriebsfaktor f_B entspricht Nutzleistungsfaktor f_E nach [Hoffmann 2006]

Einsatzbedingungen	Betriebsbedingungen			
	sehr gut	gut	mittel-mäßig	schlecht
sehr gut	0,85	0,81	0,76	0,70
gut	0,78	0,75	0,71	0,65
mittelmäßig	0,72	0,69	0,65	0,60
schlecht	0,63	0,61	0,57	0,52

$$G_{Kr} = \frac{BRI}{D \cdot L_{Kr}}$$

mit

BRI Bruttorauminhalt in m^3 u. R.

D Bauzeit in Monaten

L_{Kr} durchschnittliche Nutzleistung eines Krans/Monat
3000 bis 4000 m^3 BRI/Monat bei Betoneinbau mit Pumpe und Großflächenschalung oder 2000 m^3 BRI/Monat bei allen Transporten mit Kran.

Krankapazität nach Bruttorauminhalt

Die erforderliche Krananzahl einer Baustelle für die Ablaufplanung und Kalkulation kann überschlägig über den Bruttorauminhalt (BRI in m^3) und die durchschnittliche Nutzleistung eines Kranes in m^3 BRI/Monat ermittelt werden. Als Kennzahlen sind hierfür erforderlich:

- die Kranaufwandswerte je m^3 Bruttorauminhalt (BRI) und
- die Kranaufwandswerte je t Bau- und Bauhilfsstoffe.

Die erforderliche Krankapazität G_{Kr} wird rechnerisch ermittelt:

Zur überschlägigen Leistungsermittlung eines Hebezeuges im Fertigteilbau kann von folgenden Kennzahlen ausgegangen werden:

- 50 bis 80 t Fertigteile/Schicht bzw.
- 8 bis 15 Elemente/Schicht oder
- 1000 bis 1400 t Fertigteile Leistung eines Kranes im Monat.

Krankapazität nach der Beschäftigtenanzahl

Die Anzahl der für ein Bauvorhaben erforderlichen Krane G_{Kr} lässt sich überschlägig aus der Zahl der produktiv eingesetzten Arbeitskräfte ableiten, die von Kranen mit Material zu versorgen sind (s. Tabelle 2.6-18).

Tabelle 2.6-18 Richtwerte für die Zahl der Arbeiter/Kran [Hoffmann 2006]

Bauweise	Belegschaft (gewerblich)		
	produktive Arbeiter	mit Aufsicht und Kranführer	mit Urlaub und Krankenanteil
Ortbeton (Krankübel)	14	18	20
Ortbeton (Pumpe)	10	13	15
Ortbeton und Mauerwerk	16	19	22
Fertigteilmontage	3	5	6

$$G_{Kr} = \frac{\psi \, A_\emptyset}{n}$$

mit A Anzahl der insgesamt zu bedienenden gewerblichen Arbeitskräfte (AK), n maximal sinnvoller Arbeitskräfteeinsatz pro Kran (n=15... 25AK für Ortbeton- und Mischbauweise, n=8... 12AK bei Fertigteilbau), ψ Potenzialfaktor ($A_{max}=\psi \cdot A_\emptyset$=1,3...1,5).

Krankapazität nach der Geometrie des Bauvorhabens
Bei der Festlegung der Standorte der Hebezeuge ist zu beachten, dass sich aus der Art der Baustelle (Punkt-, Flächen-, Linienbaustelle) unterschiedliche Transportbedingungen ergeben. Grundsätzlich gilt, dass die Flächen für die Ausführung der Leistung (Bauwerkstandort) und für die vorübergehende Lagerung von Bau- und Bauhilfsstoffen von den stationär oder fahrbar angeforderten Hebezeugen erreicht werden muss. Hieraus ergeben sich weitere wichtige Anforderungen an die Krankapazität hinsichtlich erforderlicher Ausladung, benötigter Hakenhöhe sowie Materialvolumen bzw. Montagemasse.

2.6.4 Betonschalungen und Gerüste im Hochbau

Bernhard Corsten

2.6.4.1 Einleitung

Betonschalungen sind aus unterschiedlichen Geräten und Materialien zusammengesetzte Konstruktionen, die bei der Herstellung von Betonbauteilen Form gebend sind. Sie tragen die beim Einbringen des plastischen bis flüssigen Betons auftretenden Lasten über die Unterkonstruktion formstabil ab, bis der Beton so weit abgebunden ist, dass das neu geschaffene Bauteil sich selbst trägt und die Scha-

lung wieder entfernt werden kann. Sie sind also temporäre Hilfsmittel, deren betonberührte Fläche, die Schalhaut, die negative Form des Bauteils abbildet. Sie bestehen aus Holz oder Holzwerkstoffen, Metallen, insbesondere Stahl und Aluminium sowie Kunststoffen.

Gerüste sind in diesem Zusammenhang lastableitende Konstruktionen (Traggerüste, DIN EN 12812) und Arbeitsebenen (Arbeitsgerüste, DIN 4420), die die für diesen Herstellungsprozess notwendigen räumlichen und maßlichen Festlegungen, Einbau von Bewehrung, Einbauteilen und Beton sowie die Schalungsherstellung und -demontage ermöglichen.

Aus den anfänglichen, auf der Baustelle erstellten, fast reinen Brett- und Kantholzkonstruktionen der ersten Hälfte des 19. Jahrhunderts entstanden bis heute industriell gefertigte Systeme, die zu einer erheblichen Rationalisierung der Arbeitsprozesse im Betonbau beigetragen haben.

Betonflächen sind das Spiegelbild der Schalung – im Zusammenspiel mit weiteren, herstellungsabhängigen Faktoren: Betonzusammensetzung und -konsistenz, Trennmittel, Bewehrung, Witterung und Einbau des Betons. Gemeinsam mit der Schalhaut prägen diese Faktoren die Beschaffenheit und das Aussehen der Betonfläche.

2.6.4.2 Schalungsnormen, rechtswirksame Regelungen und Richtlinien

Baubehelfe, wie Schalungen und Rüstungen, fallen unter die Wirksamkeit bauaufsichtlich eingeführter Regeln, die allgemein anerkannten Regeln der Technik. Hierzu gehören nationale Normen, die schrittweise durch europäische Regelwerke abgelöst werden sollen bzw. bereits abgelöst worden sind, ferner allgemeine bauaufsichtliche Zulassungen und Typenprüfungen sowie, im Einzelfall, zusätzliche technische Vorschriften vor allem von

Behörden wie dem Bundesministerium für Verkehr. Besonderer Beachtung bei den Schalungs- und Gerüstarbeiten bedürfen auch die Anordnungen und Vorschriften der Bauberufsgenossenschaften und der Gewerbeaufsicht.

Für die Ausschreibung und Ausführung von Oberflächenqualität und Architektur haben die DIN 18217 und 18202 größte Priorität und Verbindlichkeit. In DIN 18217 werden der Grundsatz „mit und ohne Anforderungen an das Aussehen" sowie die Forderung nach eindeutiger und praktisch ausführbarer Beschreibung erhoben. DIN 18202 differenziert die Kriterien an Maßlichkeit und Ebenheit von Baukörpern und Flächen.

Nachstehend werden nur die wichtigsten Vorschriften und Richtlinien genannt.

Schalungsnormen
DIN 18215 12/1973 Schalungsplatten aus Holz
DIN 18216 12/1986 Schalungsanker für
Betonschalungen
DIN 18217 12/1981 Betonflächen und
Schalungshaut
DIN 68791 03/1979 Großflächen-Schalungs-
platten aus Stab- oder
Stäbchensperrholz
DIN 68792 03/1979 Großflächen-Schalungs-
platten aus Furniersperrholz

Die zwischenzeitlich entwickelten Vollkunststoff- und Verbundplatten werden von der Normung bislang nicht erfasst.

Gerüstnormen
Europäisches und nationales Normenwerk sind noch nicht genügend abgestimmt, so dass gültige europäische Normung teilweise der Ergänzung durch nationale Bestimmungen bedarf.
DIN 4420-1 03/2004 Arbeits- und Schutzgerüs-
te, Teil 1: Schutzgerüste –
Leistungsanforderungen,
Entwurf, Konstruktion und
Bemessung
DIN 4420-2 12/1990 Arbeits- und Schutzgerüs-
te, Teil 2: Leitergerüste; Si-
cherheitstechnische Anfor-
derungen
DIN 4420-3 01/2006 Arbeits- und Schutzgerüs-
te, Teil 3: Ausgewählte Ge-

rüstbauarten und ihre Re-
gelausführungen
DIN EN 1065 12/1998 Baustützen aus Stahl mit
Ausziehvorrichtung – Pro-
duktfestlegung, Bemessung
und Nachweis durch Be-
rechnung und Versuche
DIN EN 12812 12/2008 Traggerüste – Anforderungen, Bemessung und
Entwurf; Deutsche Fassung
12812 12/2008; Ersatz für
frühere nationale DIN 4421
Traggerüste
DIN 18451 04/2010 VOB, Teil C: ATV-Gerüst-
arbeiten

Bezugsnormen
DIN 1045-3 08/2008 Tragwerke aus Beton,
Stahlbeton und Spannbeton
– Teil 3: Bauausführung;
Änderung A1 01/2005; Än-
derung A2 05/2007
DIN 18299 04/2010 VOB, Teil C: ATV – Allge-
meine Regelungen für Bau-
arbeiten jeder Art
DIN 18331 04/2010 VOB, Teil C: ATV-Beton-
arbeiten
DIN 18202 10/2005 Toleranzen im Hochbau –
Bauwerke
DIN 18203-1 04/1997 Toleranzen im Hochbau –
Teil 1: Vorgefertigte Teile
aus Beton, Stahlbeton und
Spannbeton
DIN 18218 01/2010 Frischbetondruck auf lot-
rechte Schalung

Richtlinien und weitere wichtige gesetzliche Bezüge
Betriebssicherheitsverordnung 01/2009, bewirkte wegen seiner arbeitsrechtlichen Bedeutung seit Ersteinführung 10/2002 die forcierte Ausformung der
Aufbau- und Verwendungsanleitung für Schalungen und Gerüste, die von den Herstellern der jeweiligen Schalungssysteme herausgegeben werden.

Merkblätter, Richtlinien und deren Herausgeber
Einige Merkblätter von Verbänden haben wegen ihrer verbreiteten Einbindung in Bauverträge besondere Bedeutung.

Merkblatt Sichtbeton 08/2004   DBV*
Bietet die Möglichkeit zur Differenzierung der Anforderungen an Betonflächen. Besonders wegen
der Diskrepanz zwischen den Möglichkeiten wissenschaftlicher Detailbeschreibung einerseits gegenüber den handwerklichen Bedingungen des
Bau-Herstellungsprozesses andererseits müssen
jedoch die Vereinbarungen zum Gesamteindruck
stets Vorrang haben.

Merkblatt Betonschalung und
Ausschalfristen 09/2006   DBV*
gibt wichtige Hinweise zu Schalfristen und tempo-
rären Bauzuständen

Empfehlungen zur Planung, Ausschrei-
bung und zum Einsatz von Schalungs-
systemen bei der Ausführung von
„Betonflächen mit Anforderungen
an das Aussehen" 06/2005   GSV**
Merkblatt Mietschalung 01/2006   GSV**
Richtlinie Qualitätskriterien von
Mietschalungen 04/2003   GSV**

Ferner empfiehlt sich die Beachtung weiterer Pub-
likationen des GSV** zu Betonschalungen, F5-,
F6- und SVB Betonen und Trennmitteleinsatz.

* Deutscher Beton- und Bautechnik Verein e. V.
** Güteschutzverband Betonschalungen e. V., gegr.
1992, der die Förderung und Weiterentwicklung
der Schalungstechnik zum Ziel hat

2.6.4.3 Schalungsarten, Schalungssysteme

Schalungsarten sind (herstellerübergreifende) Kon-
struktionsprinzipien.

Universalschalungen: Aus universellen Schalungs-
bauteilen, wie Schaltafeln, Schalungsträgern, Gur-
ten, Ankern, Stahlrohrstützen werden individuell
auf der Baustelle Betonschalungskonstruktionen
gefertigt, die nach dem Schalungseinsatz wieder in
ihre Einzelteile zerlegt werden. Sie sind flexibel und
ohne Kran einsetzbar. Der Rationalisierung des Ar-
beitsprozesses sind hierbei jedoch Grenzen gesetzt.

Objektgefertigte Sonderschalungen: Für ein bestimmtes Bauvorhaben oder Bauteil speziell hergestellte Schalung, zumeist werksgefertigt. An-

wendungskriterien: spezielle architektonische Anforderungen; besondere Wirtschaftlichkeit wegen
Art und Umfang der Baumaßnahme; Besonderheiten des Bauteils in Form und/oder Fläche.

Standardschalung: Serienmäßig und in definierten
Modulmaßen/Rastern hergestellte, bauteilbezo-
gene, objektunabhängige Schalungselemente mit
diversem systembezogenem Zubehör; i. d. R. Einheit von Schalhaut und Tragkonstruktion (Abb.
2.6-32). Da ihr Einsatz relativ leicht erlernbar ist,
sie sowohl arbeits- als auch gerätetechnisch hohe
Wirtschaftlichkeit ermöglicht und sie zudem vielfältige Einsatzmöglichkeiten bietet, hat diese Schalungsart die größte Verbreitung.

Spezialschalungen: Für spezielle Bauwerke, Tür-
me, Tunnel, entwickelte Herstellungsverfahren.
Beispiele: Raumschalungen – Wand- und Decke
werden in einem Betoniervorgang hergestellt;
Gleitschalungen – die Schalung gleitet am erhär-
tenden Bauteil vorbei; Kletterschalungen – Einheiten aus Schalungen und Rüstungen, die über
mehrere vertikale Arbeitsabschnitte reichen, bis hin
zu automatisierten Selbstklettersystemen.

Schalungssysteme sind herstellerspezifische
Schalungen
Baukastenartig gegliedert, sind die Einzelteile auf
Einfachheit und Effizienz in der Handhabung konzipiert und vorwiegend nur innerhalb der jeweiligen Hersteller-System-Kataloge einsetzbar.
   Typisch hierfür sind Rahmenschalungen, die es
sowohl für vertikale (Fundamente, Wände, Stützen
etc.) als auch für horizontale (Decken) Bauteile gibt
(Standardschalung). Bei ihnen sind die Schalhaut,
Quer- und Jochträger zu kompakten Elementen
verbunden. Zu den herstellerspezifischen Scha-
lungssystemen gehören aber auch lose Trägerschalungssysteme für Decken (Universalschalung), die
Trägerschalungssysteme für Wände (Standardschalung) sowie alle Spezialschalungen.
   Die richtige Wahl der Schalungsart und des zu
verwendenden Systems ist abhängig vom Objekt
(Art, Umfang, architektonische Anforderungen)
und vielfältigen Projektfaktoren (Mannschaft, Hebezeuge, Witterung, Bauzeit, Bauteilgliederung
u. a.), die in der Bau- und Arbeitsvorbereitungs-
phase zu werten bzw. festzulegen sind.

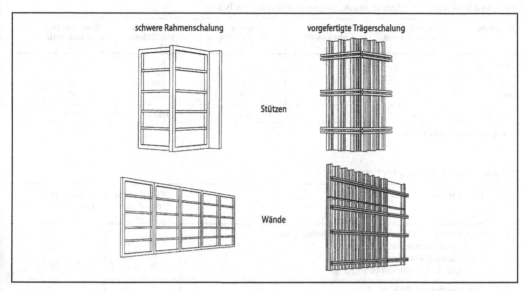

Abb. 2.6-32 Kranabhängige Standardschalungen im Hochbau

2.6.4.4 Kostengliederung von Rohbauleistungen

Die Schalungskosten, insbesondere die Lohnleistungen, haben im Hochbau den höchsten Anteil an den Rohbaugewerken. Nachkalkulierte Objekte belegen diese Aussage und treffen nur temporär nicht zu, etwa bei Extrementwicklungen von Baustoffpreisen. Auch die fortschreitende Entwicklung der Schalungstechnik ändert wenig an diesen langjährigen Zahlenverhältnissen (Tabelle 2.6-19).

2.6.4.5 Gliederung der Lohnleistung

Üblicherweise gliedern sich Lohnleistungen bzw. Stundenanteile bei Schalungsarbeiten in Haupt-, Neben- und Besondere Leistungen entsprechend DIN 18331 (Gliederung der Lohnleistung nach Tabelle 2.6-20). Dabei ist zu berücksichtigen, dass maximal 70% als direkte Ausführungsleistung gemäß den Arbeitszeitrichtwerten im Hochbau (ARH) davon betroffen sind – und dies nur bei häufiger Verwendung der Elemente. Der Rest – 30% und mehr – fällt für alle möglichen Neben-, Besonderen Leistungen und Randleistungen an.

2.6.4.6 Geräte, Materialien, Stoffe

Der Abschreibungs- bzw. Stoffkostenanteil der Schalungsformen und -gerüste richtet sich grundsätzlich nach der geforderten Qualität (z.B. erforderliche Schalhautwechsel), jedoch mehr noch nach der möglichen Zahl der Einsätze je Zeiteinheit (Umsetzhäufigkeit je Monat) und beim Bauvorhaben insgesamt. Abschreibungs- und Stoffkostenanteile betragen im Allgemeinen zwischen 25% und 35% der Gesamtkosten (Lohn und Material).

2.6.4.7 Zusammenfassung und Ausblick

Ohne präzise Beschreibung der Anforderungen an die zu erwartenden Betonflächen durch den Auftraggeber bleiben Leistungsbeschreibungen unvollständig und bilden damit den Keim vermeidbarer Streitigkeiten.

Lohnleistungen innerhalb des Schalungsgewerkes beschränken sich nicht auf die unmittelbaren Leistungen auf der Baustelle beim Ein- und Ausschalvorgang. Nebenleistungen, Besondere Leistungen und Randleistungen nehmen einen beachtlichen Anteil ein.

Tabelle 2.6-19 Gliederung der Rohbaukosten bei Hochbauten aus Beton

Prozesse	Anteil an Gesamtkosten %	davon Lohnkosten %	davon Stoffkosten %	Kostenanteil Gesamtlöhne %	Kostenanteil Gesamtstoffe %
Schalung	35	28	7	56	14
Bewehrung	25	8	17	16	34
Beton	15	5	10	10[h]	20
div.	25	9	16	18	32
Summe	100	50	50	100	100

[h] ausgenommen Nachbehandlung

Tabelle 2.6-20 Gliederung der Lohnleistung

Pos.	Gegenstand	Einzelanteil der Pos. 1 %	Anteile je Pos. 1 bis 4 %
1	Hauptleistungen (je m² abrechenbare Betonfläche): Einschalen, Trennmittel aufbringen Ausschalen, Zwischentransporte Reinigen, Entnageln, Grobreinigung	50...60 30...25 20...15	ca. 50...70
2	Nebenleistungen (h/m²): Auf-/Abladen Schal- und Rüstmaterial Montage/Demontage Schlußreinigung		ca. 10...20
3	Besondere Leistungen (je m² abrechenbare Betonfläche): Betonnachbehandlung Aussparungen, Nischen Arbeits- und Schutzgerüste, Traggerüste außerhalb der Nebenleistungen Abdeckungen Fugenbänder Einbauteile (Ankerschienen, Anschlusseisen usw.)		ca. 15...25
4	Randstunden, Leistungen im Rahmen der Baustelleneinrichtung und Gemeinkosten. Alles nicht unter 1 bis 3 Erfasste		ca. 15...20

Schalungen und Gerüste werden auch in Zukunft trotz technischer Verbesserungen und Neuentwicklungen den größten Anteil am Aufwand innerhalb der Rohbaugewerke einnehmen.

Nationale Normen werden noch etliche Jahre Bestand haben, bis sie durch europäische und internationale Standards vollständig abgelöst werden.

2.6.5 Bauverfahren und Maschineneinsatz im Beton- und Stahlbetonbau

Eberhard Petzschmann

2.6.5.1 Vorbereitende Arbeiten im Beton- und Stahlbetonbau

Maßnahmen der Arbeitsvorbereitung

Die Realisierung eines Bauvorhabens ist ein komplexer Vorgang, bei dem sich ein wirtschaftliches Ergebnis nur dann einstellen wird, wenn im Rahmen der Arbeitsvorbereitung alle Teilvorgänge der

Planung und Ausführung ganzheitlich betrachtet und behandelt werden.

Der Ablauf der Beton- und Stahlbetonarbeiten hängt von der Art des Bauvorhabens, d. h. vom Entwurf und der Konstruktion des herzustellenden Bauwerks bzw. Bauteils, ab. Deshalb ist eine enge Zusammenarbeit zwischen Entwurf, Tragwerk- und Herstellungsplanung für eine fertigungsgerechte Konstruktion zwingend. Die Arbeitsvorbereitung im Betonbau umfasst neben Verfahrenswahl, Baustelleneinrichtung und Bauablaufplanung folgende Arbeitsschritte:

- Wahl eines wirtschaftlichen Schalungssystems unter Berücksichtigung minimaler Lohn- und Materialkosten und der erforderlichen Krankapazität,
- Festlegen der Ablauffolge der Bauteile, d. h. Montageplanung der Schalung unter Beachtung der Arbeitstakte und sonstiger Randbedingungen der Baustelle wie Bau- und Arbeitsfugen,
- realistische Zeitvorgaben für Schalungsbau und -montage,
- Ermittlung der Einsatzhäufigkeit der Schalsätze und Bestimmen der Vorhaltemenge der Schalung,
- Festlegen der günstigsten Bewehrungsart und -führung (Betonstabstahl, Baustahlmatten) mit

realistischen Zeitvorgaben für die Verlegearbeiten,
- Wahl des optimalen Betoneinbringverfahrens mit realistischen Zeitvorgaben für das Betonieren unter Berücksichtigung der erforderlichen Krankapazität,
- Ausarbeitung von Sondervorschlägen für Nebenangebote.

Die Bereiche der Arbeitsvorbereitung mit den erforderlichen Unterlagen und Arbeitsergebnissen sind in Abb. 2.6-33 dargestellt.

Planung und erforderliche Planungsunterlagen
Ausgangspunkt der Angebotsbearbeitung und Arbeitsvorbereitung ist die Ausschreibung der Bauleistung, in der die Art der auszuführenden Arbeiten und die geforderten Qualitätsmerkmale im Vordergrund stehen. Nach VOB Teil A § 9.1 [VOB 2006] ist die geforderte Leistung eindeutig und so erschöpfend zu beschreiben, dass alle Bewerber die Beschreibung im gleichen Sinne verstehen müssen und ihre Preise sicher und ohne umfangreiche Vorarbeiten berechnen können.

Auf besondere bauseitige Anforderungen wie Oberflächenstruktur, Sichtbeton, Ebenheitstoleranzen, Fugenbild und Kantenausbildung ist in der

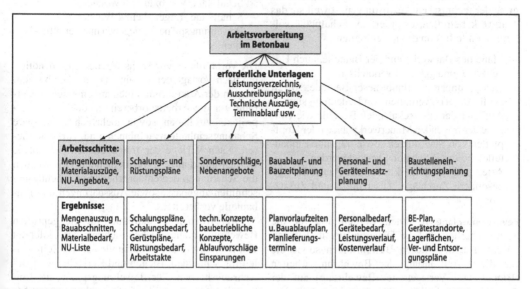

Abb. 2.6-33 Arbeitsvorbereitung mit erforderlichen Unterlagen und Arbeitsergebnissen [Petzschmann 1998]

Ausschreibung hinzuweisen, da die üblichen Aufwandswerte bei derartigen Anforderungen deutlich überschritten werden. Um Missverständnissen und späteren Auseinandersetzungen vorzubeugen, ist nach VOB Teil A § 9.9 im Leistungsverzeichnis die Leistung derart zu gliedern, dass unter einer Ordnungszahl (Position) nur solche Leistungen aufgenommen werden, die nach ihrer technischen Beschaffenheit und für die Preisbildung als in sich gleichartig anzusehen sind.

Von besonderer Bedeutung für die termingemäße Ausführung der Beton- und Stahlbetonarbeiten auf der Baustelle ist die rechtzeitige Übergabe der geprüften und freigegebenen Schal- und Bewehrungspläne.

Schalpläne. Dies sind Bauzeichnungen des Betonbaus im Maßstab 1:50 mit Darstellung der einzuschalenden Bauteile. Sie werden auf der Grundlage der Ausführungszeichnungen des Objektplaners als Grundrisse und Schnitte unter Berücksichtigung der Schlitz- und Durchbruchspläne, der technischen Ausrüstung der Gebäude und der Ergebnisse der statischen Berechnung angefertigt. Im Hochbau sind für die Anfertigung der Schalpläne z. B. für das 1. OG bereits die vollständigen Ausführungspläne auch für das 2. OG und alle erforderlichen Schnitte und Details unter Berücksichtigung der technischen Ausrüstungen, soweit sie das Tragwerk betreffen, erforderlich. Schalpläne sollen folgende Informationen enthalten:

– Maße des Bauwerks und der Bauteile, auch Höhenkoten und ggf. Bauwerkachsen,
– Aussparungen innerhalb dieser Bauteile, soweit sie für das Tragverhalten von Bedeutung sind,
– Auflager der einzuschalenden Bauteile wie Umrisse der tragenden Mauerwerkwände oder Kopfplatten von Stahlstützen sowie tragende Einbauteile, die in die Schalung verlegt werden,
– Arten und Festigkeitsklassen der Baustoffe, ggf. besondere Zuschläge, Zusatzmittel und Zusatzstoffe.

Bewehrungspläne. In ihnen werden alle für die Standsicherheit und die Dauerhaftigkeit (Rissesicherung) erforderlichen Bewehrungen sowie die für die Durchführung der Bewehrungsarbeiten (Biegen und Verlegen der Bewehrung) auf der Baustelle erforderlichen Angaben dargestellt. Die

Vermaßung der Bewehrung erfolgt im Plan oder in der Stahlliste. Bewehrungspläne sollen folgende Informationen enthalten:

– Hauptmaße der Stahlbetonbauteile,
– Betonstahlsorten und Betonfestigkeitsklassen,
– Anzahl, Durchmesser, Form und Lage der Bewehrungsstäbe sowie Baustellenschweißungen (z. B. gegenseitiger Abstand, Rüttellücken, Übergreifungslängen von Stäben und Verankerungslängen),
– die Betondeckung der Bewehrung und die Unterstützung der obenliegenden Bewehrungen,
– die Mindestdurchmesser der Biegerollen,
– zum Tragwerk gehörende Bauteile.

Planvorlauf, Freigaben und Prüfungen
Um das Vorliegen von Schal- und Bewehrungsplänen für die Ausführung von fristgebundenen Stahlbetonarbeiten auf der Baustelle zu sichern, ist es wichtig, die Dauer der Vorlauffristen für die Schal- und Bewehrungspläne zu bestimmen und vertraglich zu vereinbaren. Für Hochbauten in Ortbeton muss für einen ungestörten Bauablauf von folgenden baubetrieblich erforderlichen und in der Praxis bestätigten Mindestvorlaufdauern ausgegangen werden:

– Schalpläne Vorabzüge: 6 Wochen,
– Schalpläne freigegeben: 4 Wochen,
– Bewehrungspläne freigegeben und geprüft: 3 Wochen.

Die Vorlaufdauer von sechs Wochen wird benötigt, um nach Vorlage der Schalplanvorabzüge bis zum Beginn der Ausführung einen angemessenen Zeitraum für die Arbeitsvorbereitung des Schalungsprojekts zu haben sowie mehrfach einsetzbare Schalungseinheiten zu planen und vorzumontieren. Nach Vorlage der freigegebenen Schalpläne werden innerhalb der verbleibenden vier Wochen die Schalungen den entsprechenden Fertigungsabschnitten angepasst sowie Aussparungen und Einbauteile vorbereitet.

Drei Wochen Vorlaufdauer für die geprüften Bewehrungspläne ergeben sich aus der Lieferzeit von Bewehrung und Einbauteilen sowie Zeitanteilen für Schneiden, Biegen und Herstellen von Bewehrungskörben. Für Bewehrungspläne, die Einbauteile mit längeren Lieferfristen beinhalten (Anker, Ankerschienen, Dübelleisten usw.), ist die Vorlaufdauer entsprechend zu verlängern.

Zeitlicher Ablauf der Ausführungsplanung

Die Dauer der einzelnen Planbearbeitungen bestimmt den zeitlichen Ablauf der Ausführungsplanung (Abb. 2.6-34 und 2.6-35). Maßgebend für den erforderlichen Zeitbedarf des Planungsvorlaufs insgesamt sind die Bearbeitungsdauern der Ausführungspläne 1:50 durch den Architekten, der Durchbruchspläne durch die Fachingenieure der Technischen Ausrüstung, der Tragwerkplanung sowie der Schal- und Bewehrungspläne.

Um an der Schnittstelle zwischen Planung und Ausführung die rechtzeitige Lieferung der Schal- und Bewehrungspläne sicherzustellen, ist eine Abstimmung der Fertigungsabschnitte mit der Ausführungsplanung zur Festlegung der Vorlauffristen zwingend erforderlich.

2.6.5.2 Bewehrungsarbeiten im Betonbau

Verbundwirkung von Stahl und Beton

Stahlbeton ist ein *Verbundbaustoff*, bei dem der Beton die Druckkräfte und die Stahleinlagen (Bewehrungen) die Zugkräfte aufnehmen. Reicht der Betonquerschnitt nicht aus, um die auftretenden Druckkräfte abzutragen, kann die Bewehrung auch in der Druckzone angeordnet werden. Dazu ist es notwendig, dass die Bewehrung exakt nach den aus der statischen Berechnung abgeleiteten Bewehrungsplänen verlegt wird und die Stahleinlagen die den Bewehrungszeichnungen entsprechende Form nach Länge und Lage (auch Krümmungsdurchmesser) erhalten.

Eine hinreichende Betonüberdeckung muss den Korrosionsschutz der Bewehrung gewährleisten. Außerdem ist die Bewehrung vor der Verwendung von Bestandteilen wie Schmutz, Fett, Eis und losem Rost zu befreien.

Die Bewehrungspläne und Stahllisten sind auch Grundlage für das Vorbereiten der Bewehrung, d. h. für das Ablängen, Biegen und Verbinden der Bewehrung zu Bewehrungskörben. Die Maße der Bauteile und die Abmessungen aller Bewehrungseinlagen und Einbauteile sind in den Bewehrungsplänen vollständig und übersichtlich darzustellen (s. 2.6.5.1).

Die Lohnentwicklung in der Bauwirtschaft hat dazu geführt, dass die Bewehrungsarbeiten heute i. d. R. von auf diese Arbeiten besonders spezialisierten Betrieben als Nachunternehmerleistung ausgeführt werden. Diese Betriebe können mit ihren leistungsfähigen, rechnergesteuerten Anlagen für das Schneiden und Biegen des Betonstahls diese Arbeiten einschließlich der Verlegearbeiten auf der Baustelle besonders rationell durchführen. Aus diesem Grund befinden sich auf den Baustellen heute lediglich kleinere Schneide- und Biegemaschinen für die Bearbeitung der noch vor Ort anfallenden Bewehrungsbearbeitung.

Betonstähle (Einteilung und Eigenschaften)

Die Betonstähle werden nach DIN 488 bzw. DIN 1045-1 unterteilt nach Betonstabstahl (BstS) und Betonstahlmatten (BstM) (Tabelle 2.6-21).

Betonstabstahl. Er besteht aus einzelnen Stäben mit einem Nenndurchmesser von 6 bis 28 mm und ist i. d. R. in Längen von 12,0 bis 18,0 m lieferbar. Bei der Verwendung größerer Durchmesser sind sowohl für die Stäbe als auch für die Bewehrungsstöße Sonderzulassungen erforderlich. Die Stäbe werden einzeln oder in Bündeln (zwei oder drei unmittelbar neben- bzw. übereinanderliegende Einzelstäbe) verlegt und zur Minimierung des Verlegeaufwands z. T. vor dem Verlegen zu Bewehrungskörben verbunden. Beispiele hierfür sind Bewehrungskörbe für Stützen und balkenartige Querschnitte wie Unterzüge, Brüstungen und Überzüge sowie komplette Bewehrungskörbe für Fundamente, Bohrpfähle und Schlitzwandlamellen.

Betonstahlmatten. Sie bestehen aus kreuzweise übereinanderliegenden Stäben, die in einem orthogonalen Raster durch Punktschweißen verbunden sind. Der Durchmesser der Stäbe liegt zwischen 4 und 12 mm.

Mit ungebogenen Betonstahlmatten werden v. a. flächenartige Bauteile wie Decken und Wände bewehrt. Sie können aber auch in gebogener Form zur Bewehrung von stabförmigen Bauteilen wie Balken und Stützen verwendet werden. Man unterscheidet zwischen Lagermatten, die bestellerunabhängig vorgefertigt direkt beim Händler abgerufen werden können, und Nichtlagermatten, die passgerecht nach den Angaben des Bestellers angefertigt werden.

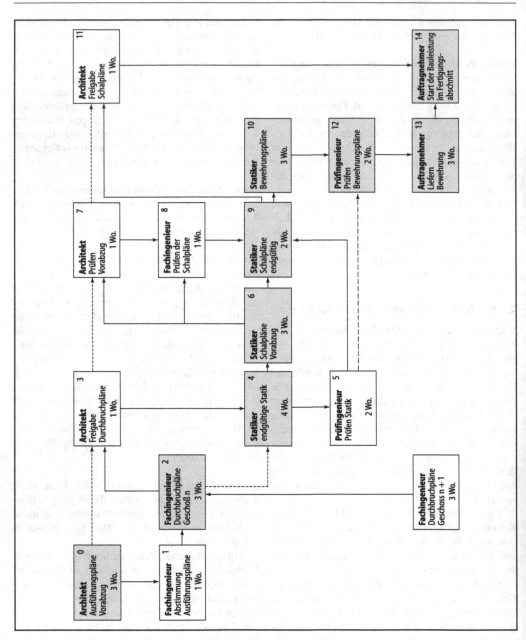

Abb. 2.6-34 Planumlaufschema Ausführungsplanung [Petzschmann 1994]

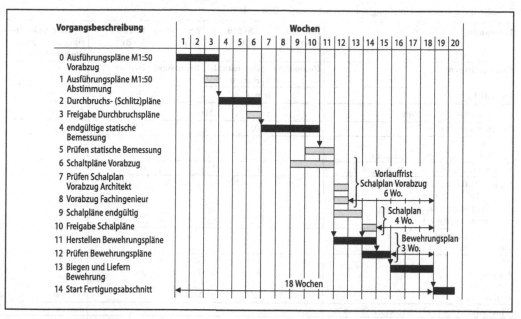

Abb. 2.6-35 Balkenplan des zeitlichen Ablaufs der Ausführungsplanung [Petzschmann 1998]

Schneiden, Biegen und Verlegen von Betonstabstählen

Schneiden von Betonstahl (Ablängen). Es wird mit elektrisch angetriebenen Schneidemaschinen oder in seltenen Fällen (Vorbereitung vor Ort) mit Handhebelmaschinen ausgeführt (Abb. 2.6-36).

Nach DIN 1045 ist von der Baustelle bei jeder Lieferung von Betonstahl zu prüfen, ob der Stahl entsprechend DIN 488 Teil 1 das Kennzeichen der Stahlgruppe und das Werkkennzeichen trägt (Abb. 2.6-37). Ein Verzeichnis der gültigen Werkkennzeichen wird vom Institut für Bautechnik Berlin geführt.

Die Lieferscheine der auf die Baustelle gelieferten Betonstähle müssen nach DIN1045 Angaben über das Herstellerwerk (ggf. mit Angabe der fremdüberwachenden Stelle oder des Überwachungs- bzw. Gütezeichens), den Tag der Lieferung und den Empfänger der Lieferung enthalten. Die Lieferscheine sind vom Hersteller und Abnehmer zu unterzeichnen und für Dokumentationszwecke fünf Jahre lang aufzubewahren.

Voraussetzung für den reibungslosen Ablauf der Arbeiten auf der Baustelle ist ein nach Durch-

messern sortiertes, übersichtliches Betonstahllager (Boxensystem), von dem aus der Stahl mit geringem Aufwand zum Schneidegerät gelangen kann. Die Leistung für das Schneiden ist im Wesentlichen abhängig von den Stabdurchmessern. Angaben über Aufwandswerte finden sich in 2.6.5.4.

Biegen von Betonstabstählen. Beim Biegen von Betonstahl treten im Werkstoff an der Außenseite der Biegestelle Zugspannungen und an der Innenseite Druckspannungen auf, die auch eine Änderung des Querschnitts zur Folge haben. Je kleiner der Biegeradius, desto größer ist diese Querschnittsverformung. Für das Biegen von Betonstahl schreibt DIN 1045 deshalb Mindestwerte für zulässige Biegerollendurchmesser von Haken, Winkelhaken, Schlaufen, Bügeln sowie Aufbiegungen und anderen gekrümmten Stäben vor (Abb. 2.6-38; Tabelle 2.6-22).

Verlegen von Betonstabstählen. Das Verlegen des Stabstahls muss auf der Grundlage von geprüften und freigegebenen Bewehrungsplänen erfolgen. Die Stahleinlagen sind dabei zu einem steifen Gerippe zu verbinden und durch Abstandhalter, die

Tabelle 2.6-21 Sortiereinteilung von Betonstahl nach DIN 1045-1

Benennung[a]	BSt 500 S(A)	BSt 500 M(A)	BSt 500 S(B)	BSt 500 M(B)	Art der Anforderung bzw. Quantilwert p in %
Erzeugnisform	Betonstahl	Betonstahl-matten	Betonstahl	Betonstahl-matten	
Duktilität	normal		hoch		
Streckengrenze f_{yk} in N/mm²	500				5
Verhältnis $(f_t/f_y)_k$	≥ 1,05		≥ 1,08		min. 10
Verhältnis f_t/f_{yk} (f_y = tatsächliche Streckengrenze)	–		≤ 1,3		max. 10
Stahldehnung unter Höchstlast ε_{uk} in ‰	25		50		10
Kennwert für die Ermüdungsfestigkeit $N = 2 \cdot 10^{6\,b}$ in N/mm² (mit einer oberen Spannung von nicht mehr als $0{,}6\,f_y$)	215	100	215	100	10
Bezogene Rippenfläche f_R für Nenndurchmesser d_s (in mm)					
5,0 bis 6,0	0,039				min. 5
6,5 bis 8,5	0,045				
9,0 bis 10,5	0,052				
11,0 bis 40,0	0,056				
Unterschreitung des Nennquerschnitts in %	4				max. 5
Biegerollendurchmesser beim Rückbiegeversuch für Nenndurchmesser d_s (in mm)					
6 bis 12	$5\,d_s$				min. 1
14 bis 16	$6\,d_s$				
20 bis 25	$8\,d_s$				
28 bis 40	$10\,d_s$				

[a] S: Betonstahl; M: Betonstahlmatten; A: normale Duktilität; B: hohe Duktilität
[b] Falls höhere Werte im Versuch nachgewiesen werden, dürfen die Bemessungswerte nach Tabelle 16 entsprechend abgeleitet werden

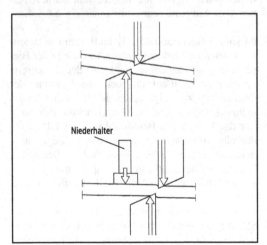

Abb. 2.6-36 Darstellung eines Schneidvorgangs. Der Verkantung des Werkstücks wirkt ein Niederhalter entgegen

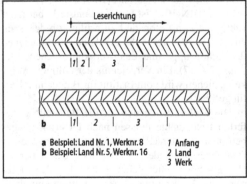

a Beispiel: Land Nr. 1, Werknr. 8
b Beispiel: Land Nr. 5, Werknr. 16

1 Anfang
2 Land
3 Werk

Abb. 2.6-37 Beispiel für Werkkennzeichen bei Betonstabstählen DIN 488 Teil 1

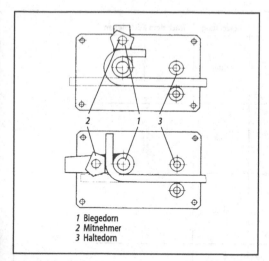

1 Biegedorn
2 Mitnehmer
3 Haltedorn

Abb. 2.6-38 Prinzipieller Ablauf eines Biegevorgangs

den Korrosionsschutz nicht beeinträchtigen, in ihrer vorgesehenen Lage so festzulegen, dass sie sich beim Einbringen und Verdichten des Betons nicht verschieben. Dazu wird die Hauptbewehrung mit den Quer- und Verteilerstäben oder Bügeln mittels Bindedraht an den Kreuzungspunkten möglichst steif miteinander verbunden. Bei vorwiegend ruhender

Belastung dürfen Schweißungen die Verbindungen ersetzen, soweit dies nach DIN 4099 zulässig ist. Vor allem ist die obere Bewehrung in der vorgesehenen Höhenlage unverschieblich einzubauen und gegen Herunterdrücken zu sichern. In Auflagerbereichen, bei auskragenden Platten und bei geringen Konstruktionshöhen wirken sich Ungenauigkeiten bei den Bewehrungseinlagen besonders nachteilig aus.

Beim Einbau auf der Baustelle ist darauf zu achten, dass der lichte Stababstand von gleichlaufenden Bewehrungsstäben außerhalb von Stoßbereichen mindestens 2 cm beträgt und nicht kleiner ist als der Stabdurchmesser und das Zuschlagsgrößtkorn. Dies ist auch die Voraussetzung für einen ausreichenden Verbund zwischen Beton und Stahleinlagen.

Bei Verwendung von Innenrüttlern für das Verdichten des Betons ist die Bewehrung so anzuordnen, dass die Innenrüttler an allen erforderlichen Stellen eingetaucht werden können. Hierfür notwendige Rüttellücken sind bereits in den Bewehrungsplänen anzugeben. Ergänzende Informationen zu Rüttellücken, Betonieröffnungen und Mindestabständen der Bewehrung können dem DBV-Merkblatt „Betonierbarkeit von Bauteilen aus Beton und Stahlbeton" [DBV-Merkblatt 2004] entnommen werden.

Wird ein Bauteil mit Stahleinlagen auf der Unterseite unmittelbar auf dem Baugrund hergestellt

Tabelle 2.6-22a Mindestwerte der Biegerollendurchmesser nach DIN 1045

	Haken, Winkelhaken, Schlaufen Stabdurchmesser		Schrägstäbe oder andere gebogene Stäbe Mindestwerte der Betondeckung rechtwinklig zur Biegeebene		
	$d_s < 20$ mm	$d_s \geq 20$ mm	> 100 mm $> 7\,d_s$	> 70 mm $> 3\,d_s$	≤ 50 mm $\leq 3\,d_s$
Mindestwerte der Biegerollendurchmesser d_{br}	$4\,d_s$	$7\,d_s$	$10\,d_s$	$15\,d_s$	$20\,d_s$

Tabelle 2.6-22b Mindestwerte der Biegerollendurchmesser für nach dem Schweißen gebogene Bewehrung

	vorwiegend ruhende Einwirkungen		nicht vorwiegend ruhende Einwirkungen	
	Schweißung außerhalb des Biegebereiches	Schweißung innerhalb des Biegebereiches	Schweißung auf der Außenseite der Biegung	Schweißung auf der Innenseite der Biegung
für $a < 4\,d_s$	$20\,d_s$	$20\,d_s$	$100\,d_s$	$500\,d_s$
für $a \geq 4\,d_s$	Werte nach Tabelle 2.6-22a			

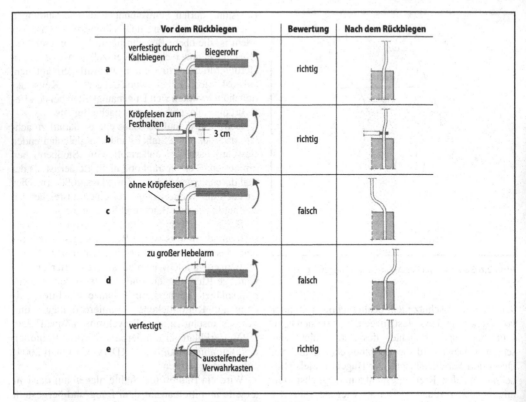

Abb. 2.6-39 Rückbiegen mit einem Rohr [DBV-Merkblatt 2003]

(z. B. Fundamente und Bodenplatten), so ist eine mindestens 5 cm dicke Beton- oder Sauberkeitsschicht vorzusehen.

Beim nachträglichen Biegen an Arbeitsfugen und bei vorgefertigten Bauteilen wird häufig zur Vereinfachung des Bauablaufs bzw. des Transports die Anschlussbewehrung abgebogen und später in die ursprüngliche Lage zurückgebogen. Unsachgemäßes Rückbiegen kann zu Anrissen und Brüchen führen (Abb. 2.6-39). In dem DBV-Merkblatt „Rückbiegen von Betonstahl und Anforderungen an Verwahrkästen" sind weitere Voraussetzungen und Empfehlungen für Planer, Hersteller und Ausführende zusammengestellt.

Nach dem Verlegen ist der Schutz der Bewehrung zu gewährleisten. Bei Platten ist die obere Bewehrung gegen Herunterdrücken durch Montageböcke zu sichern. Beim Betonieren sind Laufbohlen zu verwenden, damit die Bewehrung im Arbeitsbetrieb nicht aus ihrer Lage verschoben werden kann. Auch Betonkübel, Abstützungen für Pumpleitungen und andere Geräte dürfen aus diesem Grund nicht auf der Bewehrung abgestellt werden. Mögliche baubetriebliche Fehler bei der Vorbereitung und dem Einbau der Bewehrung sowie die empfohlenen Vorbeuge- bzw. Abhilfemaßnahmen sind in Tabelle 2.6-23 zusammengestellt.

Bei der Abnahme der Bewehrungsarbeiten vor dem Betonieren hat der Bauleiter des ausführenden Unternehmens dafür zu sorgen, dass die Betonstahlsorte, der Durchmesser, die Lage der Bewehrung und die Ausführung der Schweißverbindungen mit den bauaufsichtlich genehmigten Zeichnungen übereinstimmen. Um der bauüberwachenden Behörde bzw. dem von ihr mit der Bauüberwachung beauftragten Prüfingenieur die

Tabelle 2.6-23 Fehlerquellen bei Vorbereitung und Einbau der Bewehrung und Gegenmaßnahmen

Fehler	Ursache	Auswirkung	Maßnahmen zur Vorbeugung oder Abhilfe
Bewehrungsstäbe liegen zu dicht	Querschnitt zu schmal, zu wenig Bindestellen, Toleranzen nicht berücksichtigt	Entmischung des Betons, Fehlstellen, Verbund beeinträchtigt	mehr Bindestellen, mehr Montagebewehrung, Stabbündelung
Rüttelgassen fehlen oder zu klein	Querschnitt zu schmal, Bewehrungsanhäufung	Beton ist schwer einzubringen, Verdichtung nicht möglich, Dauerfestigkeit beeinträchtigt	Änderung der Bewehrungsführung, Stabbündelung, Verringerung des Größtkorns, Fließbeton
Biegerollendurchmesser zu klein	Biegerolle wurde nicht gewechselt, Angabe in Zeichnung wurde nicht beachtet	Brechen des Stahls, Überbeanspruchung des Betons, Rissbildung, fehlende Tragfähigkeit	beschädigte Stäbe auswechseln, bei geringfügiger Unterschreitung mehr Querbewehrung
Bewehrungsgeflecht verschiebt sich	Geflecht ist nicht stabil genug, Abstützungen fehlen	Bewehrung liegt auf der Schalung, Korrosionsschutz fehlt	mehr Bindestellen, mehr Montagebewehrung, mehr Abstützungen und Abstandhalter
Bügel in Stützen verschieben sich oder fehlen ganz	beim Betonieren kein Fallrohr benutzt, Bügel wurden nicht nach Bewehrungszeichnung eingeflochten	Tragfähigkeit der Stütze beeinträchtigt, Risse im Lasteintragungsbereich	Fallrohr beim Betonieren verwenden, Bügel nach Zeichnung einflechten, u.U. Steckbügel anordnen
Betondeckung zu klein	zu wenig Abstandhalter angeordnet, Bewehrung beim Verlegen oder Betonieren verschoben, Unterschied zwischen Nenn- u. Mindestmaß nicht beachtet	dauerhafter Korrosionsschutz fehlt (Rostfahnen), Zugkräfte können nicht im Beton verankert werden, Rissbildung, Tragfähigkeit herabgesetzt	Nennmaß der Betondeckung vergrößern, Abstandhalter in ausreichender Zahl einbauen, Betondeckung kontrollieren

Abnahme der Bewehrung zu ermöglichen, sind möglichst 48 Stunden vor Beginn der betreffenden Arbeiten anzuzeigen:

– der beabsichtigte Beginn des erstmaligen Betonierens,
– auf Verlangen auch das Betonieren einzelner Bauabschnitte,
– der Wiederbeginn des Betonierens nach längerer Unterbrechung,
– der Beginn von wesentlichen Schweißarbeiten auf der Baustelle.

Aufwandswerte für Bewehrungsarbeiten sind in 2.6.5.4 zusammengestellt.

Betondeckung und Abstandhalter

Betondeckung. Die Dicke und Dichtheit der Betondeckung einer Bewehrung ist für die Dauerhaftigkeit und den Brandschutz von Bauwerken aus Stahlbeton und Spannbeton von entscheidender Bedeutung. Maßnahmen zur Gewährleistung einer ausreichenden Betondeckung sind in DIN 1045-1 Abschn. 6.3 zusammengestellt. Hierdurch soll eine zielgerichtete Bündelung der Maßnahmen bei der Tragwerkplanung, beim Verlegen der Bewehrung sowie beim Herstellen und Verarbeiten des Betons erreicht werden. Eine wichtige Grundlage bilden dabei die DBV-Merkblätter „Betondeckung und Bewehrung" [2002b] und „Abstandhalter" [2002a]. Nach DIN 1045-1 Abschn. 6.3 (8) gelten folgende Begriffe bei der Betondeckung:

– c_{min} Mindestmaß der Betondeckung, das mit ausreichender Zuverlässigkeit einzuhalten ist;
– Δc Vorhaltemaß der Betondeckung, das die unvermeidlichen Maßabweichungen aus Biegen und Verlegen der Bewehrung, Art und Einbau der Abstandhalter, Herstellen der Schalung sowie Einbringen und Verdichten des Betons berücksichtigen soll;
– c_{nom} Nennmaß der Betondeckung, $c_{nom} = c_{min} + \Delta c$;

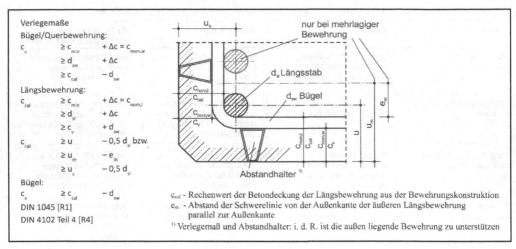

Abb. 2.6-40 Veranschaulichung der Verlegemaße der Bewehrung [DBV-Merkblatt 2002b]

– c_v Verlegemaß der Bewehrung bzw. „Abstandhaltermaß" der Betondeckung. Es wird aus den Nennmaßen $c_{nom\,l}$ der Längsstäbe und $c_{nom\,w}$ der Bügel (bzw. $c_{nom\,q}$ der Querstäbe) sowie aus den Achsabständen u für den Brandschutz abgeleitet. Das Verlegemaß ist im Regelfall der Sollabstand zwischen den äußeren Bewehrungsstäben und der Betonoberfläche. Nach diesem Sollabstand wird die Dicke bzw. Höhe der Abstandhalter bemessen. Eine Veranschaulichung der Verlegemaße gibt Abb. 2.6-40.

Die Expositionsklassen gemäß DIN 1045-1 Abschn. 6.2 [R1] sind formaler Ausdruck einer Klassifizierung der Bauteile in Abhängigkeit von den Umgebungsbedingungen. Forderungen bezüglich der Mindestbetondeckung und des Vorhaltemaßes ergeben sich aus Tabelle 2.6-24.

Das Verlegemaß c_v und das Vorhaltemaß Δc sind auf der Bewehrungszeichnung anzugeben.

Nach DBV-Merkblatt 2002b sollten in besonderen Fällen (z. B. bei schwierigen Herstellungsbedingungen) größere Vorhaltemaße oder weitergehende Maßnahmen zur Sicherstellung der Mindestbetondeckung vereinbart werden. Sind in begründeten Fällen (z. B. im Fertigteilwerk) besondere Maßnahmen zur Verminderung der Abmaße bei der Herstellung zu treffen, können die vorab genannten Forderungen auch mit geringeren Vorhaltemaßen erfüllt werden. Die weitergehenden Maßnahmen sind zu beschreiben, und ihre Wirksamkeit ist zu überprüfen [DBV-Merkblatt 2002a].

Abstandhalter. Zum Einhalten der erforderlichen Verlegemaße sind die Abstandhalter entsprechend den Forderungen des DBV-Merkblatts „Abstandhalter" zu bestellen und einzubauen. Nach Art der Aufstandsfläche werden die in Abb. 2.6-41 dargestellten Typgruppen an Abstandhaltern unterschieden.

Außerdem erfolgt nach DBV-Merkblatt 2002a folgende Einteilung in Leistungsklassen:

– L1: Keine erhöhten Anforderungen an die Tragfähigkeit und Kippstabilität. Verwendung z. B. in Fällen, bei denen die Bewehrung nicht durch Begehen beansprucht wird (z. B. bei der Herstellung von Fertigteilen).
– L2: Erhöhte Anforderungen an die Tragfähigkeit und Kippstabilität. Verwendung als Standardabstandhalter im Ortbetonbau (z. B. bei durch Begehen beanspruchter Bewehrung; bei Abstandhaltern, die beim Zusammenspannen der Schalung beansprucht werden; bei äußeren Lasten, die auf der verlegten Bewehrung zwischengelagert werden).

Tabelle 2.6-24 Mindestbetondeckung und Vorhaltemaß in Abhängigkeit von der Expositionsklasse nach DIN 1045-1

Klasse	Mindestbetondeckung c_{min} mm[a][b]		Vorhaltemaß Δc mm
	Betonstahl	Spannglieder im sofortigen Verbund und im nachträglichen Verbund[c]	
XC1	10	20	10
XC2	20	30	
XC3	20	30	
XC4	25	35	
XD1			
XD2	40	50	
XD3[d]			15
XS1			
XS2	40	50	
XS3			

[a] Die Werte dürfen für Bauteile; deren Betonfestigkeit um 2 Festigkeitsklassen höher liegt, als mindestens erforderlich ist, um 5 mm vermindert werden. Für Bauteile der Expositionsklasse XC1 ist diese Abminderung nicht zulässig.

[b] Wird Ortbeton kraftschlüssig mit einem Fertigteil verbunden, dürfen die Werte an den der Fuge zugewandten Ränder auf 5 mm im Fertigteil und auf 10 mm im Ortbeton verringert werden. Die Bedingungen zur Sicherstellung des Verbundes nach Absatz (4) müssen jedoch eingehalten werden, sofern die Bewehrung im Bauzustand ausgenutzt wird.

[c] Die Mindestbetondeckung bezieht sich bei Spanngliedern im nachträglichen Verbund auf die Oberfläche des Hüllrohrs.

[d] Im Einzelfall können besondere Maßnahmen zum Korrosionsschutz der Bewehrung nötig sein.

A Radform

B1 punktförmig, nicht befestigt

B2 punktförmig, befestigt

C1 linienförmig, nicht befestigt[a]

C2 linienförmig, befestigt[a]

D1 flächenförmig, nicht befestigt[a]

D2 flächenförmig, befestigt[a]

[a] Länge beim Verlegen auf 35 cm begrenzt

Abb. 2.6-41 Beispiele für die Klassifizierung von Abstandshaltern in Typgruppen [DBV-Merkblatt 2002a]

Für die zwei Leistungsklassen zeigt Tabelle 2 des DBV-Merkblatts „Abstandhalter" die unterschiedlichen Anforderungen an Tragfähigkeit und Kippstabilität der Abstandhalter (Tabelle 2.6-24). Außerdem werden Abstandhalter hergestellt, die besondere Anforderungen erfüllen:

- Abstandhalter mit erhöhtem Frost-Tau-Widerstand,
- Abstandhalter für Bauteile mit Temperaturbeanspruchungen und
- Abstandhalter mit hohem Wassereindringwiderstand und erhöhtem Widerstand gegen chemische Angriffe.

Um eine eindeutige Bestimmung und Bestellung von Abstandhaltern entsprechend der gestellten Anforderungen sicherzustellen, ist nach dem DBV-Merkblatt „Abstandhalter" die Bezeichnungsweise DBV-C-L/F/T/A/D zu verwenden (Tabelle 2.6-25). Die Angaben bedeuten

für Regelanforderungen:

DBV die Abstandhalter erfüllen die Anforderungen des Merkblatts „Abstandhalter",

C Verlegemaß der Betondeckung c_v in mm,

L Leistungsklasse L1 oder L2;

Tabelle 2.6-25 Regelanforderungen an Prüflasten und zulässige Verformungen [DBV-Merkblatt 2002b]

Anforderungen an	Leistungsklassen	
	L1	L2
Prüflasten:		
statischer Kurzzeitversuch nach Abschnitt A2.2	250 N[i]	1000 N[i]
Kippstabilität nach Abschnitt A2.3	–	500 N
Dauerstandversuch nach Abschnitt A2.4	–	350 N[j], 175 N[k]
Zulässige Verformungen:		
nom c_v 20 mm	1 mm	1 mm
nom c_v > 20 mm	2 mm	2 mm

[i] bei verformungssteifen Abstandhaltern, z. B. zementgebundenen Abstandhaltern,
   muss der Mittelwert der gemessenen Traglast (Istlast) doppelt so groß sein
[j] punktförmige Abstandhalter
[k] linienförmige Abstandhalter

für besondere Anforderungen:

F erhöhter Frost-Tau-Widerstand,

T Eignung für Bauteile, die Temperaturbeanspruchungen ausgesetzt sind,

A Wasserundurchlässigkeit und Widerstand gegen chemischen Angriff nach DIN 4030 Teil 1,

D erlaubter Stabdurchmesserbereich für den Abstandhalter.

Beispiele für die Bezeichnung der Abstandhalter sind:

DBV-40-L2/F/T } auf der Bewehrungs-
DBV-35-L1   } zeichnung

DBV-40-
L2/F/T/8...16   } auf dem Bestell-
                   } bzw. Lieferschein usw.
DBV-35-L1/12...20 }

Abstandhalter sind nach den besonderen Empfehlungen des DBV-Merkblatts so auszuwählen und zu befestigen, dass das Verlegemaß auch bei Querschnittschwächungen (z. B. durch Trapezleisten) eingehalten wird. Werden Abstandhalter auf nachgiebigen Schichten (z. B. Dämmplatten) abgestützt, müssen Abstandhalter mit vergrößerter Aufstandsfläche verwendet werden, um ein Eindrücken beim Betonieren zu vermeiden. Für die Bewehrung in lotrechten Bauteilen sind Abstandhalter so auszuwählen, dass durch das Setzen des Frischbetons im Bereich unter den Abstandhaltern keine Fehlstellen im Beton entstehen. Bei Anordnung langer, linienförmiger Abstandhalter im Bereich der Zugzone ist mit Rissen im Beton, insbesondere im Bereich der Abstandhalter, zu rechnen. Deshalb soll-

ten dort kurze, linienförmige Abstandhalter mit ausreichendem gegenseitigem Versatz eingebaut werden. Linienförmige Abstandhalter dürfen in der Druckzone biegebeanspruchter Bauteile nur parallel zur Spannrichtung eingebaut werden, da sich beim senkrechten Einbau die Nutzhöhe verringert und zusätzlich eine Kerbwirkung mit ungünstiger Spannungskonzentration auftritt.

Die zuverlässige Einhaltung der Maße für die Betondeckung der eingebauten Bewehrung erfordert auch eine fachgerechte Überwachung. Dabei sind nach dem DBV-Merkblatt „Betondeckung und Bewehrung" zu prüfen:

– Durchmesser, Anzahl und Biegerollendurchmesser der Bewehrungsstäbe,
– Lage der Bewehrung in der Schalung: Verlegemaß c_v,
– Eignung, Höhe bzw. Dicke und Anordnung der Abstandhalter entsprechend dem DBV-Merkblatt „Abstandhalter",
– Vorhandensein von Rüttelgassen und Betonieröffnungen,
– Mindestabstände nach DIN 1045-1 Abschn. 12.2,
– Einhaltung von Sonderfestlegungen, z. B. bei besonders schwierigen Herstellungsbedingungen.

Schneiden, Biegen und Verlegen von Betonstahlmatten

Geschweißte Betonstahlmatten sind eine werkseitig vorgefertigte Bewehrung aus einander kreuzenden, kaltverformten, gerippten Stäben, die an den Kreuzungsstellen durch Widerstandspunktschweißung scherfest miteinander verbunden sind. Betonstahlmatten werden angeboten als

- *Lagermatten* (Standardgrößen ab Lager), Standardgröße 5,00 m×2,15 m und 6,00 m×2,15 m, Lieferform: nur gerade Form;
- *Listenmatten* (regelmäßiger Mattenaufbau, auf Bestellung), Länge 3,00 bis 12,00 m, Breite 1,85 bis 3,00 m, Lieferform: gerade und gekrümmte Form;
- *Zeichnungsmatten* (unregelmäßiger Mattenaufbau, auf Bestellung), Maße und Lieferform: wie Listenmatten.

Zur Unterscheidung der neuen Lagermatten auf Bewehrungsplänen, bei Bestellung und auf der Baustelle wird zur gewohnten Bezeichnung der Lagermatten (Q... und R...) der Zusatz A (= normalduktil gemäß DIN 1045-1) eingeführt (z. B. Q513A).

Schneiden von Betonstahlmatten. Listen- und Zeichnungsmatten werden ausschließlich auf Bestellung gefertigt, deshalb müssen nur Lagermatten durch Schneiden und Biegen bearbeitet werden, es sei denn, sie werden in Standardgröße als Flächenbewehrung unmittelbar verlegt.

Schneidarbeiten über die gesamte Mattenlänge bzw. -breite werden i. Allg. vor der Anlieferung (Biegebetrieb, Bauhof, Lagerplatz) ausgeführt. Das maschinelle Schneiden (Abscheren) von Betonstahlmatten erfolgt mit speziellen Betonstahlmatten-Schneidemaschinen. Aussparungen und erforderliche Anpassungen werden mit handgeführten Schneidegeräten (z. B. Bolzenschneidern oder elektro-hydraulischen Geräten) ausgeführt.

Biegen von Betonstahlmatten. Biegearbeiten an Betonstahlmatten werden meist zentral im Biegebetrieb oder bei großen Baustellen auf dem eingerichteten Biegeplatz durchgeführt. Gebogen wird wie beim Stabstahl über Biegerollen mit einem bestimmten Durchmesser mit Arbeitsbreiten von 2,15 bis 6,00 m.

Verlegen von Betonstahlmatten. Das Verlegen von Betonstahlmatten wird auf der Grundlage der geprüften und freigegebenen Bewehrungspläne vorgenommen. Aus den Verlegeplänen sind neben den Übergreifungslängen die entsprechenden Positionsnummern zu entnehmen, mit denen auch die einzelnen Betonstahlmatten gekennzeichnet sind.

Auf Bestellung gelieferte bauteilspezifische Listen- und Zeichnungsmatten werden verlegefertig auf die Baustelle geliefert und erzeugen wegen Wegfalls des Schneidens und Biegens auf der Baustelle den geringsten Aufwand.

Mit Lagermatten wird häufig abschnittsweise überbewehrt, oder sie müssen durch Schneiden und Biegen angepasst werden. Während Lagermatten jederzeit kurzfristig vom Stahlhandel bezogen werden können, sind für Listen- und Zeichnungsmatten bei der Festlegung der insgesamt erforderlichen Planvorlaufzeiten Bearbeitungszeiten im Werk von mindestens zwei Wochen zu berücksichtigen.

Wie beim Betonstabstahl wird die ausreichende Betondeckung bei Betonstahlmatten durch Abstandhalter gewährleistet. Betonstahlmatten erfordern Hebezeuge, die den Transport vom Lagerplatz zum Einbauort übernehmen.

Vorgefertigte Bewehrungskörbe
Der hohe Anteil der Bearbeitungskosten für Betonstahl hat dazu geführt, dass die Bewehrung heute zu einem großen Prozentsatz in zentralen Biegebetrieben hergestellt wird und für das Verlegen auf der Baustelle besonders spezialisierte Nachunternehmerfirmen zuständig sind. Für die Bearbeitung des Betonstahls dienen programmgesteuerte Schneide- und Biegemaschinen, wobei auch größere Transportentfernungen (200 bis 300 km) noch wirtschaftlich sein können.

Wird Bewehrung vorgefertigt, trägt dies ebenfalls erheblich zur Kostenreduzierung bei. Bewehrungskörbe für Stützen, balkenartige Bauteile, Bohrpfähle, aber auch Wände, werden zentral bzw. am Einbauort vorgefertigt und dann als komplette Einheit eingebaut. Da die Arbeiten beim Schneiden und Biegen des Betonstahls und die Herstellung der Bewehrungskörbe von eingespielten Fachkräften an modernen Maschinen und Geräten vorgenommen werden, ist eine wirtschaftliche Ausführung möglich.

2.6.5.3 Betonarbeiten

Betonaufbereitung
Die Arbeitsgänge bei der Betonaufbereitung (Herstellen von Beton) gliedern sich in

- Lagerung der Mischungskomponenten im Verbrauchslager: Beschickung der Verbrauchslager, Lagerhaltung und Füllstandskontrolle,

– Dosierung: Entnahme der Ausgangsstoffe aus den Verbrauchslagern, Abmessen bzw. Dosieren, Entleeren der Dosierungseinrichtungen,
– Transport der dosierten Materialien zum Mischer,
– Mischen.

Die aufgeführten Arbeitsgänge bilden in ihrer Gesamtheit den Prozess der *Betonaufbereitung* und stehen in unmittelbarem betrieblichem Zusammenhang. Da jeder Teilprozess besondere bauliche und gerätetechnische Einrichtungen erfordert, sind diese baubetrieblich genau aufeinander abzustimmen. Wesentlichen Einfluss auf die Gleichmäßigkeit und damit die Qualität des Betons hat der Mischvorgang, der im Weiteren behandelt wird.

Mischen von Beton. Der für einen Betonierabschnitt erforderliche Frischbeton ist in der geforderten Konsistenz und Qualität herzustellen. Betonzuschläge, Zement, Wasser und Betonzusätze sind entsprechend der vorgegebenen Rezeptur so lange zu mischen, bis die Charge insgesamt eine gleich-

mäßige Zusammensetzung und räumliche Verteilung der Bestandteile aufweist.

Einflüsse auf die Intensität des Mischvorgangs. Neben der Dauer des Mischvorgangs und der Bauart des Mischers beeinflussen auch der Füllungsgrad des Mischers und die Reihenfolge bei der Komponentenzugabe die Intensität des Mischvorgangs.

Dauer des Mischvorgangs. Um ein gleichmäßiges Gemisch zu erhalten, muss nach DIN EN 206-1 und DIN 1045-2, Abschn. 9.8 die Mischzeit nach Zugabe aller Stoffe bei Mischern mit besonders guter Mischwirkung mindestens 30 s und bei den übrigen Mischern mindestens 60 s betragen.

Bauarten von Mischern. DIN 459 unterteilt die Bauarten der Mischer für Beton und Mörtel in absatzweise arbeitende Mischer (Mischung einzelner Chargen) und stetig arbeitende Mischer. Bei ersteren ist zwischen Freifall- und Zwangsmischern zu unterscheiden. Von den in Abb. 2.6-42 dargestellten Mischern können die Zwangsmischer (Teller-,

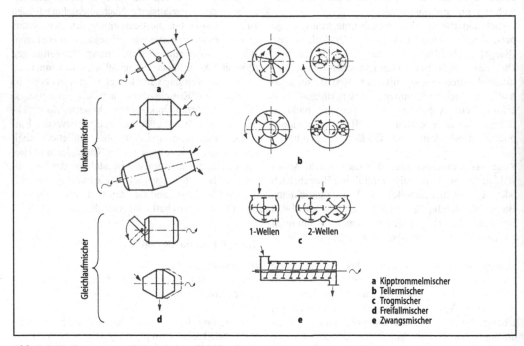

Abb. 2.6-42 Bauarten von Betonmischern [Liebherr]

Ringteller- und Trogmischer) mit genügend hoher Umdrehungsgeschwindigkeit als Mischer mit besonders guter Mischwirkung eingestuft werden.

Füllungsgrad des Mischers. Mit den Vorgabemengen an Betonausgangsstoffen für eine Mischercharge (Mischanweisung) wird der Füllungsgrad der Mischmaschine festgelegt. Um diesen hinsichtlich der Mischwirkung optimal zu gestalten, sind die Vorgabemengen nach dem Nenninhalt des Mischers zu ermitteln.

Nach DIN 459 ist das Volumen der Trockenfüllmenge für Kiesbeton mit dem 1,5-fachen und für Splittbeton mit dem 1,62-fachen des Nenninhalts anzunehmen. Der Nenninhalt des Mischers V_{nenn} ist gleich dem Volumen des verdichteten Frischbetons V_b.

Bei der Berechnung der Stoffmenge für eine Mischerfüllung wird von der Rezeptur für 1 m³ Festbeton ausgegangen.

$$m_M = m_R \cdot V_{nenn},$$

mit m_M Stoffmenge für eine Mischerfüllung in kg/Mischung, m_R Stoffmenge lt. Rezeptur für 1 m³ Festbeton in kg/m³, V_{nenn} Nenninhalt des Mischers in m³.

Berechnung der Mischerfüllung. Für einen 500-l- bzw. 750-l-Mischer (Nenninhalt nach DIN 459) ist $m_{M1} = m_R \cdot 0,5$ m³ bzw. $m_{M2} = m_R \cdot 0,75$ m³ anzusetzen (Tabelle 2.6-26).

Reihenfolge der Komponentenzugabe. Besonders beim Bauen im Winter bzw. kühler Witterung (+5°C bis –3°C) wirkt sich die Reihenfolge der Komponentenzugabe beim Beschicken eines Mischers aus. Wird das Wasser auf mehr als 70°C erwärmt, so ist es nach DIN 1045 Abschn. 11.2 (3) zuerst mit dem Betonzuschlag zu mischen, bevor Zement zugegeben wird.

Bestimmung der Mischergröße. Unter der theoretischen Mischleistung Q_{th} (Herstellerangabe) versteht man das Volumen des verdichteten Frischbetons je Stunde, das maximal (technisch begründet) vom Mischer abgegeben werden kann (Verdichtungsmaß 1,45). Für absatzweise arbeitende Mischer (Chargenmischer) gilt

Mischleistung $Q_{th} = V_{Nenn} \cdot n$ in m³/h

mit Spielzahl n = 3600/t_S (Anzahl der Arbeitsspiele pro Stunde).

Unter einem „Arbeitsspiel" versteht man den Vorgang, der mit gleicher Ablauffolge der Teilvorgänge Füllen, Mischen, Entleeren und Rückstellen mehrfach wiederholt wird (Unterbrechungen wie Stillstands- und Fahrzeiten werden nicht berücksichtigt).

Die Spielzeit t_S ist die Zeit zwischen dem Beginn zweier unmittelbar aufeinanderfolgender Einfüllvorgänge (Dauer eines Arbeitsspiels).

Spielzeit $t_S = t_F + t_M + t_L + t_R$

mit t_F Einfüllzeit, t_M Mischzeit, t_L Entleerungszeit, t_R Rückstellzeit.

Nutzbare Mischleistung, Q_n. Die nutzbare Mischleistung Q_n ist die Leistung, die im praktischen Betrieb unter Berücksichtigung von leistungsmindernden Faktoren erreicht werden kann.

$$Q_n = n_L \cdot Q_{th}.$$

Der Betriebszeitwert n_L – im Mittel 0,8 – berücksichtigt die Zeiten für Pflege und Wartung, Trans-

Tabelle 2.6-26 Beispiele zur Berechnung von Mischerfüllungen

Ausgangsstoffe	Rezept. 1, Massen m_R kg/m³	Mengen f. 500-l-Mischer m_{M1} kg	Rezept. 2, Massen m_R kg/m³	Mengen f. 750-l-Mischer m_{M2} kg
Konsistenz	F3	F3	F1	F1
Zement	335	167,5	250	187,5
Zuschlagstoffe	1815	907,5	1950	1462,5
Wasser	200	100,0	150	112,5
Summe	2350	1175,0	2350	1762,5

port- und Wartezeiten sowie die Maschinistenqualifikation.

Erforderliche Mischleistung Q_{erf}. Die erforderliche Mischleistung Q_{erf} ist die Leistung, die der Mischer unter Berücksichtigung von Bedarfsspitzen abdecken können muss.

$$Q_{erf} = \varphi \cdot Q_{\varnothing}$$

mit $Q_{\varnothing}$ durchschnittlicher Bedarf, φ Ungleichmäßigkeitsfaktor ($\varphi_{Baustelle} = 1,5...3,0$; $\varphi_{Betonwerk} = 1,2...1,5$).

Berechnungsbeispiel: Ermittlung der erforderlichen Nenngröße des Mischers, die zur Abdeckung eines mittleren Bedarfs von 10m³/h Festbeton bei einer Ungleichmäßigkeit im Bedarf von ±30% notwendig ist, wenn die Dauer eines Arbeitsspiels 120 s und der Betriebszeitbeiwert 0,8 beträgt.

$$Q_{\varnothing} = 10 \text{ m}^3/\text{h Festbeton}; \varphi_{Betonwerk} = 1,3;$$

$$t_s = 120\text{s}; n_L = 0,8.$$

$$Q_{erf} = \varphi Q_{\varnothing} = Q_n,$$

$$\varphi Q_{\varnothing} = n_L \cdot V_{Nenn} \cdot n,$$

$$V_{Nenn} = Q_{\varnothing} \frac{\varphi}{n_L \cdot n} =$$

$$10 \text{m}^3/\text{h} \cdot \frac{1,30}{0,8 \cdot 30\text{h}^{-1}} = 0,542 \text{ m}^3$$

Erforderlich ist ein 750-l-Mischer.

Arten von Betonmischanlagen. Für die Herstellung größerer Frischbetonmengen werden von der Baumaschinenindustrie komplette Mischanlagen angeboten. Diese Anlagen umfassen alle Einrichtungen, die für die Lagerung des Zement und der Zuschlagsstoffe sowie deren Dosierung, Förderung und für das Mischen erforderlich sind.

Der Charakter der Betonmischanlagen wird im Wesentlichen von der Art der Zuschlagsstofflagerung bestimmt. Man unterscheidet die in Tabelle 2.6-27 zusammengestellten Arten von Betonmischanlagen.

Fördern von Beton zur Baustelle
Bei der Herstellung von Beton unterscheidet man nach DIN EN 206-1 Abschn. 3.1 und DIN 1045-2:

– *Baustellenbeton.* Beton, dessen Bestandteile auf der Baustelle zugegeben und gemischt werden und dessen Transportentfernung von einer benachbarten eigenen oder ARGE-Baustelle nicht mehr als 5 km Luftlinie beträgt.
– *Transportbeton.* Beton, dessen Bestandteile in einem Betonwerk außerhalb der Baustelle zugemessen werden und der in Förderfahrzeugen zur Baustelle transportiert und in einbaufertigem Zustand übergeben wird. Bei Transportbeton ist darüber hinaus zu unterscheiden zwischen *werkgemischtem* Transportbeton, der im Werk fertig gemischt und in Fahrzeugen zur Baustelle gebracht wird, und *fahrzeuggemischtem* Transportbeton, der während der Fahrt oder nach Eintreffen auf der Baustelle im Mischfahrzeug gemischt wird.

Die zulässigen Transportzeiten und Fahrzeugarten für den Transport von Frischbeton nach DIN 1045 sind in Tabelle 2.6-28 zusammengestellt. Innerhalb dieser Transportzeiten muss der Frischbeton bereits entladen sein und darf nicht infolge warmer Witterung oder anderer Einflüsse beim Entladen angesteift sein.

Festlegung und Bestellung des Betons. DIN 1045-2 definiert die Aufgaben des Verfassers der Festlegung, des Herstellers und des Verwenders. Beton ist entweder als Standardbeton, als Beton nach Eigenschaften oder als Beton nach Zusammensetzung jeweils in Übereinstimmung mit DIN EN 206-1/DIN 1045-2 nach grundsätzlichen Anforderungen und, falls erforderlich, durch zusätzliche Anforderungen festzulegen. Die Anforderungen für die Festlegung von Beton nach Eigenschaften sind

– Druckfestigkeitsklasse,
– Expositionsklassen für die Bewehrung nach Tabelle 2.6-29,
– zutreffende Expositionsklassen für Beton nach Tabelle 2.6-30,
– Konsistenzklasse nach Tabelle 2.6-31,
– Nennwert des Größtkorns der Gesteinskörnung nach Tabelle 2.6-32,

Tabelle 2.6-27 Zusammenstellung von technisch-wirtschaftlichen Kriterien von Betonmischanlagen (Grundtypen)

Prinzip des Materialdurchlaufes	Vertikal-anlagen	Horizontalanlagen			
Anordnung der Lager	vertikal über den Dosier- und Mischeinrichtungen	horizontal neben den Mischmaschinen			
Lagerart für die Zuschläge	Hochsilo	Sternlager	Hochsilo	Taschensilo	Reihensilo
Lagervolumen für Zuschläge in m³	360	800...1800	160...460	30	40/80/120
Bevorratungsdauer insges.	1...2 Schichten	4...5 Schichten	1...2 Schichten	0,6...1,2 h	1,5...3,5 h
Bevorratungsdauer aktiv	1...2 Schichten	1,5...3 h	1...2 Schichten	0,6...1,2 h	1,5...3,5 h
Komponentenanzahl	4...8	4...6	3...6	3...4	2/4/6/8
Anordnung der Dosiermittel	zentral/in Reihe	in Reihe	zentral	zentral	in Reihe
Bedarf an Grundstücksfläche	sehr gering	groß	gering	am geringsten	gering
Bedarf an Bauinvestionen	mittel	gering	mittel	gering	gering
Bedarf an Ausrüstungen	am höchsten	gering	hoch	gering	hoch
Schutz vor Witterung	sehr gut	schwierig	gut	mittel	mittel
Umweltbelastung	gering	mittel	gering	hoch (häufige Beschickung)	mittel
Mobilität der Anlage	stationär	meist stationär	stationär	stationär	leicht umsetzbar
Besonderheiten	oft ein Vorratslager erforderlich	meist kein Vorratslager erforderlich	oft ein Vorratslager erforderlich	Vorratslager immer erforderlich, sehr hohe Beschickungskosten	Vorratslager immer erforderlich; hohe Beschickungskosten

Tabelle 2.6-28 Zulässige Transportzeiten für Frischbeton in Abhängigkeit von der Fahrzeugart nach DIN 1045

Betonart	Fahrzeugart	Zulässige Transportzeiten in min nach Konsistenz			
		F1	F2	F3	F5
Baustellenbeton	ohne Rührwerk	45	20	20	20
	Misch- oder Rührfahrzeug	90	90	90	90
werkgemischter Transportbeton	ohne Rührwerk	45	Fahrzeuge ohne Rührwerk nicht zulässig		
	Misch- oder Rührfahrzeug	90	90	90	90

– zusätzliche Anforderungen hinsichtlich Arten und Klassen von Zement und Gesteinskörnungen, Widerstand gegen Frosteinwirkungen, Festigkeits- und Wärmeentwicklung usw.

Die grundlegenden Anforderungen für die Festlegung von Beton nach Zusammensetzung berücksichtigen Zementgehalt, Zementart und Festig-keitsklasse, Wasserzementwert oder Konsistenz, Art, Kategorie und maximaler Chloridgehalt der Gesteinskörnung, Nennwert des Größtkorns, Art und Menge der Zusatzmittel und Zusatzstoffe. Hinzu kommen ggf. zusätzliche Anforderungen hinsichtlich der Herkunft der Betonausgangsstoffe, Gesteinskörnung, Frischbetontemperatur bei Lieferung und andere technische Anforderungen.

Tabelle 2.6-29 Expositionsklassen für die Bewehrung nach DIN EN 206-1/DIN 1045-2

Umgebung	Explosionsklasse	Mindestdruckfestigkeitsklasse
kein Korrosions- oder Angriffsrisiko (X0)		
Beton ohne Bewehrung	X0	C8/10
Bewehrungskorrosion, ausgelöst durch Karbonalisierung (XC)		
trocken oder ständig nass	XC1	C16/20
nass, selten trocken	XC2	C16/20
mäßige Feuchte	XC3	C20/25
wechselnd nass und trocken	XC4	C20/30
Bewehrungskorrosion, verursacht durch Chloride, ausgenommen Meerwasser (XD)		
mäßige Feuchte	XD1	C30/37[a]
nass, selten trocken	XD2	C35/45[a]
wechselnd nass und trocken	XD3	C35/45[a]
Bewehrungskorrosion, verursacht durch Chloride aus Meerwasser (XS)		
salzhaltige Luft	XS1	C30/37[a]
unter Wasser	XS2	C35/45[a]
Tiefe-, Spritzwasserbereiche	XS3	C35/45[a]

[a] Bei Luftporenbeton (LP), z. B. wegen XF, eine Festigkeitsklasse niedriger

Tabelle 2.6-30 Expositionsklassen für den Beton nach DIN EN 206-1/DIN 1045-2

Umgebung	Explosionsklasse	Mindestdruckfestigkeitsklasse
Frostangriff mit und ohne Taumittel (XF)		
mäßige Wassersättigung, ohne Taumittel	XF1	C25/30
mäßige Wassersättigung, mit Taumittel	XF2	C35/35 C25/30 (LP)
hohe Wassersättigung, ohne Taumittel	XF3	C35/45 C25/30 (LP)
hohe Wassersättigung, mit Taumittel	XF4	C30/37 (LP)
Betonkorrosion durch chemischen Angriff (XA)		
chemisch schwach angreifend	XA1	C25/30
chemisch mäßig angreifend	XA2	C35/45[a]
chemisch stark angreifend	XA3	C35/45[a]
Betonkorrosion durch Verschleißbeanspruchung (XM)		
mäßiger Verschleiß	XM1	C30/37[a]
starker Verschleiß	XM2	C35/45[a] C30/37[a] Oberflächenbehandlung
sehr starker Verschleiß	XM3	C35/45[a] Hartstoffe nach DIN 1100

[a] Bei Luftporenbeton (LP), z. B. wegen XF, eine Festigkeitsklasse niedriger

Tabelle 2.6-31 Konsistenzklassen nach DIN EN 206-1/DIN 1045-2

bisher DIN 1045	jetzt DIN 1045-2	Ausbreitmaß (mm)
KS steif	F_1 steif	≤ 340
KP plastisch	F_2 plastisch	350 bis 410
KR weich	F_3 weich	420 bis 480
–	F_4 sehr weich	490 bis 550
XF fließfähig	F_5 fließfähig	560 bis 620
–	F_6 sehr fließfähig	630 bis 700[a]

[a] über 700 mm: Selbstverdichtender Beton

Tabelle 2.6-32 Größtkorn nach DIN EN 206-1/DIN 1045-2

Lieferkörnungen nach DIN 4226-1 (mm)					
8	11	16	22	32	63

Ab Größtkorn 22 mm gilt: Abstand der Bewehrungsstäbe mindestens „Größtkorn + 5 mm"

Der Verwender muss dem Hersteller bei der Bestellung alle genannten erforderlichen Festlegungen angeben. Außerdem ist mit dem Hersteller Lieferdatum, Uhrzeit, Menge und Abnahmegeschwindigkeit zu vereinbaren. Der Hersteller ist auch über einen besonderen Transport auf der Baustelle, besondere Einbauverfahren und Beschränkungen bei Lieferfahrzeugen zu informieren.

Ein Beispiel für die Bestellung für ein Außenbauteil zeigt Tabelle 2.6-33.

Überwachen von Beton auf Baustellen. Beton nach Eigenschaften ist der in der Praxis überwiegend verwendete Beton. Deshalb wird im Folgenden vor allem die Überwachung des Betons nach Eigenschaften behandelt. Je nach Betonbaumaßnahme wird zur Qualitätssicherung des Betons ein unterschiedlich hoher Überwachungsaufwand gefordert. DIN 1045-3 formuliert mit den Überwachungsklassen 1, 2 und 3 ein mehrstufiges Überwachungssystem. Der Überwachungsaufwand und die Klas-

seneinteilung richten sich neben der Festigkeitsklasse vor allem auch nach den geltenden Expositionsklassen, wofür für die Zuordnung die höchste zutreffende Überwachungsklasse maßgebend ist (Tabelle 2.6-34). Bei der Verarbeitung von Beton der Überwachungsklassen 2 und 3 muss zusätzlich zu einer weiter reichenden Überwachung durch das Bauunternehmen eine Überwachung durch eine dafür anerkannte Überwachungsstelle durchgeführt werden. Bei der Verwendung von Beton nach Eigenschaften sind die in Tabelle 2.6-35 und 2.6-36 aufgeführten Prüfungen durchzuführen.

Darüber hinaus sind in DIN 1045-3 verschiedene Regelungen und Anforderungen zu Schalung, Bewehrung, Verarbeitung und Nachbehandlung formuliert, die ungeachtet der Überwachungsklasse gelten.

Fördern und Einbringen von Beton auf der Baustelle
Das Fördern des Betons auf der Baustelle beginnt mit der Übergabe des Transportbetons bzw. bei Baustellenbeton mit der Entleerung des Mischers und endet mit dem Einbringen des Betons in die vorbereitete Schalung. Bei der Frischbetonförderung und dem Einbringen darf keine Entmischung des Betons eintreten. Die Wahl des Fördermittels (Auslaufschurre, Krankübel, Förderband, Pumpe) hängt dabei von den Bedingungen der jeweiligen Baustelle (Bauwerksgeometrie), der Einbauleistung, der Förderweite und -höhe, den Bauteilabmessungen und der einzubringenden Menge ab.

Betonabgabe vom Transportfahrzeug. Die Betonabgabe direkt vom Fahrmischer oder Kippfahrzeug findet dort Anwendung, wo sich die zu betonierenden Bauteile und die Schalung (z. B. Streifenfundamente, Bodenplatten) unterhalb der Transportebene befinden und die Transportfahrzeuge unmittelbar neben die Einbaustelle fahren können.

Die unmittelbare Betonabgabe vom Fahrzeug direkt in die Schalung ist besonders wirtschaftlich,

Tabelle 2.6-33 Beispiel für eine Bestellung (Außenbauteil) nach DIN EN 206-1/DIN 1045-2

bisher	–	B 25	KR	16 mm
jetzt	XC4/XF1	C25/30	F3	16 mm
	Expositionsklasse	Druckfestigkeit	Konsistenz	Größtkorn
	1	2	3	4

Tabelle 2.6-34 Überwachungsklassen für den Beton

Überwachungsklasse	1	2	3
Festigkeitsklasse für Normal- und Schwerbeton	$C \leq 25/30^a$	$30/37 \leq C \leq 50/60$	$C55/67 \leq C$
Festigkeitsklasse für Leichtbeton der Rohdichteklassen			
D1,0 bis D1,4	nicht anwendbar	$LC \leq 25/28$	$30/33 \leq LC$
D1,6 bis D2,0	nicht anwendbar	$LC \leq 35/38$	$40/44 \leq LC$
Expositionsklasse	X0, XC, XF1	XS, XD, XA, XM^b, XF2, XF3, XF4	
Besondere Eigenschaften		z. B. Beton für WU-Bauwerke^c, UW-Beton, Strahlenschutzbeton	
		Beton für besondere Anwendungsfälle, z. B. FD/FDE-Beton, verzögerter Beton (die jeweiligen DAfStb-Richtlinien sind zu beachten)	

^{a} Spannbeton C35/30 ist einzustufen in Überwachungsklasse 2.
^{b} gilt nicht für übliche Industrieböden.
^{c} Beton mit hohem Eindringwiderstand darf in Überwachungsklasse 1 eingeordnet werden, wenn der Baukörper nur zeitweilig aufstauendem Sickerwasser ausgesetzt ist und wenn in der Projektbeschreibung nicht anderes festgelegt ist. Wird Beton der Überwachungsklassen 2 und 3 eingebaut, muss das Bauunternehmen über eine ständige Prüfstelle verfügen und eine Überwachung durch eine anerkannte Überwachungsstelle durchgeführt werden.

Tabelle 2.6-35 Umfang und Häufigkeit der Prüfung am Beton nach Eigenschaften

Gegenstand	Prüfverfahren	Überwachungsklasse		
		1	2	3
Lieferschein	nach Augenschein	jedes Fahrzeug		
Konsistenz^a	nach Augenschein	Stichprobe	jedes Fahrzeug	
	DIN EN 12350-2 DIN EN 12350-3 oder DIN EN 12350-4	in Zweifelsfällen	beim ersten Einbringen jeder Betonzusammensetzung; bei Herstellung von Probekörpern; in Zweifelsfällen	
Frischbetonrohdichte (Leicht- und Schwerbeton)	DIN EN 12350-6	Herstellung von Probekörpern; in Zweifelsfällen		
Gleichmäßigkeit des Betons	nach Augenschein Vergleich von Eigenschaften	Stichprobe in Zweifelsfällen	jedes Fahrzeug	
Druckfestigkeit^b	DIN 1048-5	in Zweifelsfällen	3 Proben/300 m³ o. je 3 Betoniertage	3 Proben/150 m³ o. je 2 Betoniertage
Luftgehalt von Luftporen	DIN EN 12350-7 (Normal- und Schwerbeton) ASTM C 173 (Leichtbeton)	nicht zutreffend	zu Beginn jedes Betonierabschnittes; in Zweifelsfällen	
Sonstiges	in Übereinstimmung mit Normen, Richtlinien oder Vereinbarungen			

^{a} abhängig von gewählten Prüfverfahren.
^{b} größte Anzahl an Proben ist maßgebend.

Tabelle 2.6-36 Umfang und Häufigkeit der Überprüfung technischer Einrichtungen

Gegenstand	Prüfverfahren	Anforderung	Häufigkeit der Prüfungen für Überwachungsklasse		
			1	2	3
Verdichtungs-geräte	Funktions-kontrolle	einwandfreies Arbeiten	in angemessenen Zeitabständen	bei Beginn der Betonierarbeiten, dann mindestes monatlich	je Betoniertag
Mess- und Laborgeräte	Funktions-kontrolle	ausreichende Messgenauigkeit	bei Inbetriebnahme, dann in angemessenen Zeitabständen		je Betoniertag

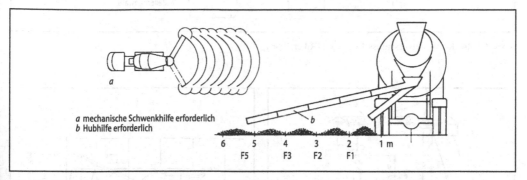

Abb. 2.6-43 Flächen- und Linienverteilung auf Fahrbahnhöhe direkt vom Fahrmischer [Riker 1996]

weil keine zusätzlichen Fördergeräte für den Beton erforderlich sind. Der Beton kann jedoch wegen der begrenzten Reichweite der Auslaufschurren nur in Ausnahmefällen direkt eingebracht werden. Um eine Entmischung zuverlässig zu verhindern, darf die zulässige freie Fallhöhe von 1,50 m dabei nicht überschritten werden (Abb. 2.6-43).

Betoneinbau mit Kran und Kübel. Das Betonieren mit Kran und Kübel ist besonders bei kleinen Einbauleistungen bis 15 m³/h wirtschaftlich, wie sie z. B. beim Betonieren von Bauteilen mit kleinen Abmessungen (Stützen, dünne Wände) auftreten. Beim Betonieren mit Krankübeln wird vorwiegend Beton weicher (F3) oder plastischer Konsistenz (F2) verwendet. Um die Fahrmischer nur kurz auf der Baustelle zu binden, kann der Beton zunächst an Zwischensilos oder Betonübergabestationen übergeben werden, die den gesamten Inhalt eines Fahrmischers aufnehmen. Die Gefahr der Entmischung tritt bei Förderung mit Krankübeln erst auf, wenn der Beton in die Schalung eingebracht wird (Abb. 2.6-44 und 2.6-45).

Betoneinbau mit Förderband. Die Betonabgabe vom Fahrmischer über ein angebautes Förderband gestattet es, Beton plastischer Konsistenz (F2) vom Fahrmischer aus bis 8 m hoch und 15 m weit zur Einbaustelle zu fördern. Die teleskopierbaren und mehrfach abknickbaren Förderbänder sind mit Prallblech und Zementleimabstreifer und ggf. Fallrohren für das Zusammenhalten des Betons ausgerüstet. Besonders für kleinere Bauvorhaben bei begrenzten Förderleistungen ist dieses Verfahren wirtschaftlich (Abb. 2.6-46).

Fördern mit Betonpumpen. Betonpumpen ermöglichen im Gegensatz zur absatzweisen Förderung mit Krankübeln einen kontinuierlichen und damit leistungsfähigeren Förderprozess. Zusätzlich wird das Engpassgerät Kran entlastet und steht für die notwendigen Umsetzvorgänge der Schalung und für den Transport der Bewehrung sowie weiterer Baustoffe zur Verfügung.

Für ein störungsfreies Fördern von Pumpbeton durch Rohrleitungen mit kleinem Durchmesser sind an die Konsistenz und Zusammensetzung des

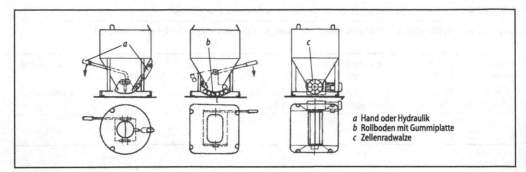

Abb. 2.6-44 Kranmübelverschluss-Lösungen [Riker 1996]

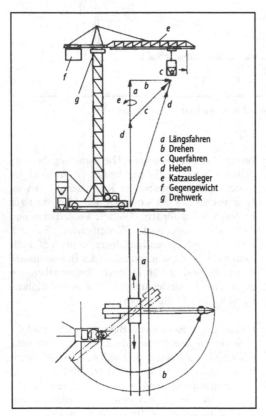

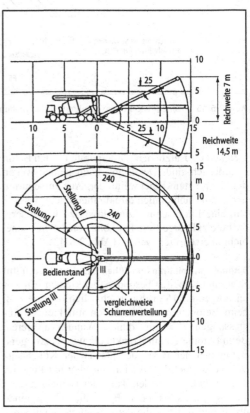

Abb. 2.6-45 Krantransport mit Oberdreher-Laufkatzaus-leger [Riker 1996]

Abb. 2.6-46 Aktionsbereich eines Fahrmischer-Verteiler-bands [Riker 1996]

Betons bestimmte Anforderungen zu stellen: Der Beton muss über ein gutes Zusammenhaltevermögen verfügen, leicht verformbar sein und eine gleichmäßige plastische Konsistenz (F2) haben. Das Zuschlagsgemisch sollte im günstigen Sieblinienbereich nach DIN 1045-2 liegen und runde oder gedrungene Kornform besitzen. Der Zementgehalt sollte mindestens 300 kg/m^3 Beton betragen und der Mehlkornanteil bei 400 kg/m^3 (bei Größtkorn 32 mm) bzw. 450 kg/m^3 (bei Größtkorn 16 mm) liegen. Der Wasserzementwert sollte sich zwischen 0,42 und 0,65 bewegen.

Die Autobetonpumpe mit ausklappbarem Verteilermast ist heute das Standardgerät für die Betonförderung. Die vier- bis maximal fünfteiligen Ausleger von Betonpumpen haben einen Aktionsradius von bis zu 62 m Reichhöhe, 48 m Reichweite und 38 m Reichtiefe. Pumpe und Ausleger sind auf ein Lkw-Fahrgestell montiert, das für größere Reichweiten durch Spreizfüße abgestützt wird. Bei größeren Bauwerkhöhen und größeren flächigen Baustellen, die von Autobetonpumpen nicht mehr bedient werden können, kommen Betonpumpen kombiniert mit Förderleitungen und stationärem oder mitkletterndem Verteilermast zum Einsatz.

Bei den Bauarten von Betonpumpen ist zwischen den heute üblichen hydraulisch angetriebenen 2-Zylinder-Kolbenpumpen und den seltener verwendeten Rotorpumpen zu unterscheiden.

Als Förderleitungen von der Pumpe zum jeweiligen Einbauort dienen Stahlrohre mit Schnellkupplungen vorwiegend mit Durchmessern von 100 und 125 mm. Beim Verlegen der Rohrleitungen sind unnötige Richtungsänderungen und Bögen (Druckverlust) zu vermeiden.

Baubetrieblich sinnvoll sind die Rohrleitungen so zu verlegen, dass erst über die größte Entfernung gepumpt und anschließend die Leitung durch Demontage einzelner Rohrschüsse rückgebaut wird. Die Abgabe des Betons in die Schalung erfolgt i. d. R. über Verteilschläuche. Wegen auftretender Druckstöße darf die Rohrleitung nicht an der Schalung befestigt werden. Bei Hochförderung von Beton ist in der unteren horizontalen Leitung ein Absperrschieber vorzusehen, bei Abwärtsförderung kann durch Staubögen ein Abreißen der Betonsäule verhindert werden (Abb. 2.6-47 und 2.6-48). Erreicht werden Förderweiten bis 1000 m und Förderhöhen ohne Staffeleinsatz bis 200 m.

Verdichten von Beton

Ziel der Frischbetonverdichtung. Zur Sicherstellung eines hohlraumfreien, die Bewehrung satt umhüllenden Betons muss der Beton unmittelbar nach Einbringen in die Schalung verdichtet werden. Eine gute Frischbetonverdichtung verbessert die geforderten Eigenschaften des Festbetons hinsichtlich der Festigkeit (Druck-, Biegezug-, Verschleißfestigkeit), der Frostbeständigkeit (niedrigere Wasseraufnahmefähigkeit), des Verbunds und des Korrosionsschutzes der Bewehrung sowie auch der Oberflächengeschlossenheit (verringerter Porenraum).

Einflussfaktoren auf die Frischbetonverdichtung. Die Qualität der Verdichtung hängt ab von der Verarbeitbarkeit bzw. Verdichtungswilligkeit des Betons, der Ausbildung der Schalung und der Bewehrung sowie der gewählten Verdichtungsart.

Verdichtungswilligkeit des Betons. Die Verdichtungswilligkeit des Betons wird im Wesentlichen bestimmt von der Kornform und Kornzusammensetzung der Zuschlagsstoffe, der Zementart und der Zementmenge sowie vom Wasserzusatz.

Ausbildung der Schalung und Bewehrung. Schalung und Bewehrung müssen so ausgebildet sein, dass eine vollständige Ausfüllung der Schalung und Ummantelung der Bewehrung mit Beton möglich ist. Der Schalungsaufbau mit Einbauten und Verankerungen sowie die Bewehrungsführung müssen aufeinander abgestimmt sein, damit innerhalb der Schalung möglichst wenige Behinderungen vorhanden sind. Hieraus ergibt sich die Forderung, dass der Größtkorndurchmesser der Zuschlagsstoffe kleiner oder gleich einem Drittel der kleinsten Bauteilabmessung bzw. kleiner als der Abstand zwischen den Bewehrungseinlagen sein muss.

Verdichtungsart. Die auf der Baustelle gewählte Verdichtungsart richtet sich nach der Konsistenz des Frischbetons und der Betonzusammensetzung. Nach der Art der Verdichtung wird unterschieden zwischen Stampfen, Rütteln und Stochern. Steifer Beton (F1) für untergeordnete Bauteile (z. B. Streifenfundamente) kann durch Stampfen verdichtet werden. Die Schichten von maximal 15 bis 20 cm werden gestampft, bis der Mörtel im Beton aufsteigt und eine geschlossene Oberfläche entsteht.

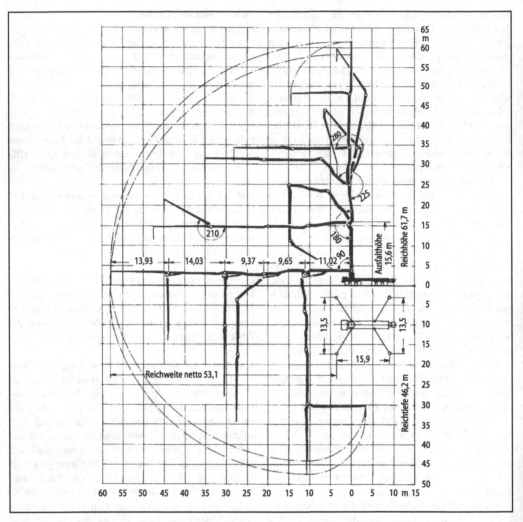

Abb. 2.6-47 Aktionsbereich des bis 1990 größten fahrbaren Betonverteilermastes [Riker 1996]

Eine Verdichtung des Frischbetons lässt sich heute besser und rationeller durch Rütteln mit Innnenrüttlern, z. T. Schalungsrüttlern, erreichen. In der Regel ist Rütteln die Verdichtungsart für plastischen Beton (F2). Weicher Beton (F3) und Fließbeton (F5) sollen i. Allg. nur leicht gerüttelt oder gestochert werden. Beim Stochern ist der Beton so zu bearbeiten, dass die Luftblasen entweichen. Vertikale Schalungsflächen können zusätzlich abgeklopft werden (Hammer, Elektrohammer). Als Maßstab für die

Verdichtung gilt die erreichte Frischbetondichte. Tabelle 2.6-37 zeigt den Einfluss der Verdichtungsart auf den verbleibenden Frischbetonporenraum.

Verdichten durch Rütteln. Frischbetone der Konsistenz F1, F2 und F3 sind nach DIN 1045 durch Rütteln zu verdichten, wobei die Verdichtung unmittelbar mit Innenrüttler oder mittelbar mit Außenrüttler (Schalungs-, Oberflächen- und Tischrüttler) erreicht wird.

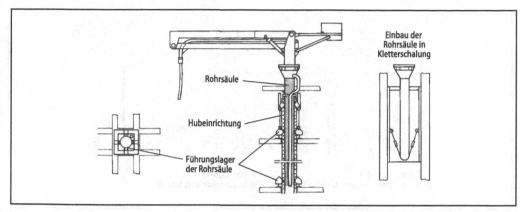

Einbau der
Rohrsäule in
Kletterschalung

Rohrsäule

Hubeinrichtung

Führungslager
der Rohrsäule

Abb. 2.6-48 Verteilermast, auf höhenverstellbarer Rohrsäule aufgesetzt [Riker 1996]

Tabelle 2.6-37 Technisch bedingter Frischbetonporenraum P_{ges} im verdichteten Frischbeton

Konsistenzbereich		Verdichtungsmaß	Frischbetonporenraum nach Verdichtung mit Stampfen und Stochern	
–		V	von Hand l/m^3	mit Rüttlereinsatz l/m^3
(sehr steif)		1,50...1,32	35...50	21...40
steif	F1	1,31...1,20	25...35	16...20
plastisch	F2	1,19...1,08	20...25	11...15
weich	F3	1,07...1,02	15...20	≤ 10
fließfähig	F5	–	$\pounds 10$	–

Bei der Verdichtung mittels Vibratoren werden die Grenzflächenspannungen zwischen den Zuschlagskörnern durch mechanisch eingeleitete Schwingungen herabgesetzt, so dass sie infolge der wirkenden Schwerkraft eine dichtere Lagerung einnehmen. Der Zementleim nimmt aus dem gleichen Grund eine flüssige Konsistenz an, so dass Überschusswasser und Luftblasen entweichen können.

Innenrüttler. Sie sind auf Baustellen heute am häufigsten zu finden. Zur Vermeidung einer Verdichtung, die das Entweichen der Luft aus den unteren Schichten verhindert, soll beim Rüttelvorgang die Rüttelflasche schnell senkrecht in den Beton getaucht werden, im Tiefpunkt kurz verharren und langsam von unten nach oben gezogen werden, so dass sich der Beton hinter der Rüttelflasche schließt (Abb. 2.6-49). Eine ausreichende Rütteldauer ist i. Allg. gegeben, wenn eine mittlere Geschwindigkeit von v = 5...8 cm/s beim Bewegen der Rüttelflasche im Frischbeton eingehalten wird. Aus dieser Bedingung lässt sich die Vibrationsdauer t_v (in s) je Tauchstelle berechnen:

$$t_v = 2\,(s+b)/v$$

mit s Schütthöhe in cm, b Einbindetiefe in die bereits verdichtete Schicht in cm, v mittlere Geschwindigkeit in cm/s.

Die Rüttelflasche muss in die bereits verdichtete Schicht mindestens 10 bis 20 cm tief eindringen, um eine gute Verbindung beider Schichten zu gewährleisten. Die minimale Schütthöhe soll mindestens 30 cm betragen, da erst dann eine ausreichende Menge Frischbeton unter der notwendigen Auflast steht. Diese Schütthöhe wird ebenfalls für das Herstellen von Sichtbetonflächen empfohlen, um eine ausreichende Oberflächengeschlossenheit zu erreichen.

Die maximale Schütthöhe soll 50 cm auch bei hohen Wänden und Stützen nicht übersteigen, da

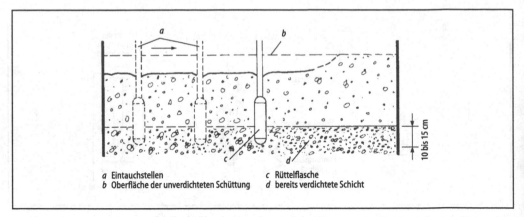

a Eintauchstellen c Rüttelflasche
b Oberfläche der unverdichteten Schüttung d bereits verdichtete Schicht

Abb. 2.6-49 Verdichtung mit Innenrüttlern [Bayer/Hampen/Moritz 1995]

Tabelle 2.6-38 Kenndaten der Rüttlergruppen (DIN 4235)

Rüttlergruppe		1	2	3
Fliehkraft	N	<2500	2500...6000	>6000
Durchmesser	mm	<40	40...60	>60
Masse	kg			
bei Elektroantrieb		0,5...6,5	1,5...8	5...10
bei Druckluftantrieb		<2	2,5...3,5	>3,5
Durchmesser des Wirkungsbereiches	cm	30	50	80
Abstand e der Eintauchstelle	cm	25	40	70

sonst die Luft zum Entweichen aus den unteren Lagen einen zu langen Weg hat und die Gefahr besteht, dass der Beton vor seiner vollständigen Verdichtung bereits erstarrt. Hinweise zum Betoneinbau und Verdichten werden auch in [DBV-Merkblatt 2004] gegeben (Abb. 2.6-49).

Arten von Innenrüttlern. Die Klassifizierung der Innenrüttler erfolgt entsprechend DIN 4235 Teil 1 nach Antriebsart, Art des Tragschlauches und der Anordnung des Antriebsmotors, Art der Umwucht und Größe der Fliehkraft.

Die speziellen maschinentechnischen Kennwerte sind den Unterlagen der Hersteller zu entnehmen. Hierzu gehören neben Rüttlergruppe, Fliehkraft, Durchmesser des Rüttlers und Masse der Unwucht auch die Motorleistung, Motordrehzahl und Anschlussleistung. Kenndaten der Rüttlergruppen sind in Tabelle 2.6-38 zusammengestellt.

Auswahl von Innenrüttlern. Form und Abmessungen der herzustellenden Bauteile bestimmen die Art und die Abmessung der Rüttler. Zum Verdichten von Bauteilen mit großen Abmessungen und bei weitmaschiger Bewehrung empfiehlt sich der Einsatz schwerer und mittlerer Innenrüttler (Rüttlergruppe 2 und 3). Zur Verdichtung feingliedriger Bauteile und bei enger Bewehrungsführung eignen sich wegen ihres geringen Durchmessers leichte Innenrüttler der Gruppe 1.

Da auf Baustellen i. d. R. Elektroanschlüsse vorhanden sind, arbeitet man üblicherweise mit Elektro-Innenrüttlern. Der Einsatz von hochfrequenten Rüttlern erfordert z. T. Frequenzumformer, die zusätzlich zu den Rüttelgeräten vorgehalten werden müssen.

Wirkungsbereich von Innenrüttlern. Der Abstand der Eintauchstellen ist so zu wählen, dass sich die Wirkungsbereiche überschneiden. Für die Baustelle gilt i. Allg. vereinfacht: Abstand der Eintauchstellen 5 bis 10 cm kleiner als der 10-fache Durchmesser des Innenrüttlers. Der Wirkungsbereich der Innenrüttler kann Tabelle 2.6-38 entnommen werden.

Außenrüttler. Sie werden an Schalungen (Schalungsrüttler) oder an Platten und Bohlen (Oberflächenrüttler) befestigt. In Betonfertigteilwerken kommen Außenrüttler an Rütteltischen, Rüttelböcken oder auch an den Schalungsformen zum Einsatz.

Schalungsrüttler werden an den Knotenpunkten der Schalungsaussteifung angebracht und erzeugen damit eine gleichmäßige Schwingungsverteilung über eine größere Fläche. Der Schalungsrüttler und die Steifigkeit der Schalung müssen aufeinander abgestimmt sein. Bei besonders kleinen Bauteilabmessungen und dichter Bewehrungsführung werden Schalungsrüttler auch zusätzlich zu Innenrüttlern eingesetzt.

Oberflächenrüttler werden zur Verdichtung von waagerechten oder leicht geneigten Deckenflächen in Form von Rüttelplatten, Rüttelbohlen oder Abgleichbohlen verwendet, die z. T. über Lehren oder Schienen geführt werden. Mit der nachträglichen Vakuumbehandlung der Oberfläche können durch Wasserentzug Betoneigenschaften wie Druckfestigkeit, Dichtigkeit und Verringerung der Schwindverformung verbessert werden.

Nachverdichtung durch Nachrütteln. Nach DIN 4235 Teil 4 sind rasch betonierte hohe Bauteile, besonders mit sichtbar bleibenden Betonflächen, mit Schalungsrüttlern oder Schalungsklopfern nachzuverdichten. Dadurch werden Wasserinseln, die an der Schalungsfläche Poren oder sandige Adern hinterlassen, beseitigt. Gleichzeitig lässt sich damit die Festigkeit erhöhen, da das Nachrütteln i. Allg. auch die Betondichte erhöht. Wichtig ist jedoch der richtige Zeitpunkt für das Nachrütteln, damit der Frischbeton beim Nachrütteln wieder vollkommen plastisch wird, weil sich nur dann die bis dahin entstandenen Hohlräume schließen können.

Als grober Richtwert für das Nachrütteln kann der Zeitraum von 2 bis 3 h nach dem Mischen des Betons gelten. Dieser Wert hängt aber stark von der verwendeten Zementart, der Betontemperatur und dem Wasserzementwert ab. Er sollte deshalb durch eine Prüfung des Erstarrungsbeginns nach Norm festgelegt werden.

Ausschalen und Nachbehandeln von Beton

Ausschalen. Die zulässigen Ausschalfristen haben einen wesentlichen Einfluss auf Vorhaltemengen der Schalung (erforderliche Anzahl der Schalsätze). Außerdem darf kein Bauteil ausgeschalt werden, bevor der eingebrachte und verdichtete Beton ausreichende Festigkeit besitzt, so dass alle wirksamen Lasten sicher getragen werden. Zum Teil müssen unmittelbar nach dem Ausschalen Hilfsstützen gestellt werden oder verbleiben bei Verwendung moderner Deckenschalsysteme systembedingt. Für normale Bedingungen, d. h. einer Betontemperatur, die ab Einbringen des Betons dauerhaft +5°C nicht unterschreitet, gelten die Ausschalfristen nach DIN 1045.

Nachbehandeln von Beton. Beton ist bis zum genügenden Erhärten gegen alle schädigenden Einflüsse zu schützen. Von der Baustelle sind deshalb Maßnahmen nach DIN 1045-3 gegen vorzeitiges Austrocknen, extreme Temperaturen und Temperaturänderungen, mechanische Beanspruchungen, Schwingungen sowie Erschütterungen und chemische Angriffe zu ergreifen.

Der frische Beton lässt sich gegen vorzeitiges Austrocknen sicher schützen und eine ausreichende Erhärtung der oberflächennahen Bereiche unter Baustellenbedingungen sicherstellen, indem folgende Schutzmaßnahmen ergriffen werden:

– Verlängern der Ausschalfrist durch Belassen in der Schalung,
– Abdecken mit Folien oder Aufbringen wasserhaltender Abdeckungen,
– Aufbringen flüssiger Nachbehandlungsmittel und
– Besprühen mit Wasser.

Die Dauer der Nachbehandlung richtet sich im Wesentlichen nach der Expositionsklasse gemäß DIN 1045-2 und der Festigkeitsentwicklung des Betons, die abhängig ist von der Betonzusammensetzung, der Frischbetontemperatur, den Umgebungsbedingungen und Bauteilabmessungen.

2.6.5.4 Baubetriebliche Leistungswerte und Kennzahlen im Beton- und Stahlbetonbau

Arbeitsverzeichnis und Bauarbeitsschlüssel

Arbeitsverzeichnis. Zur Vorbereitung der Ausführung ist von der Arbeitsvorbereitung auf Grundlage der maßgebenden Projektunterlagen ein Arbeitsverzeichnis aufzustellen, in dem alle zu erbringenden Teilleistungen nach Art und Reihenfolge (Takt) einschließlich Materialaufwand, Personal- und Geräteeinsatz erfasst sind. Eine zweckmäßige Form für ein Arbeitsverzeichnis zeigt Tabelle 2.6-39.

Ein derartiges Arbeitsverzeichnis erfordert eine Gliederung der einzelnen Positionen des Leistungsverzeichnisses in baubetrieblich sinnvolle Teilleistungen wie Einschalen, Bewehren, Betonieren und Ausschalen sowie die Zuordnung der Aufwandswerte. Unter Berücksichtigung der Kolonnenstärke ergeben sich die Ausführungsdauer der Einzelvorgänge und die Gesamtdauer, die der Taktdauer entspricht.

Bauarbeitsschlüssel (BAS). Dabei handelt es sich um eine betriebsinterne Codierung für die wesentlichen (preis- und zeitbestimmenden) Leistungen nach fertigungstechnischen Merkmalen. Unter einer Schlüsselnummer werden dabei nur Leistungen erfasst, die hinsichtlich des Aufwandswertes als gleichartig anzusehen sind. Der BAS dient der Vorgabe (Arbeitskalkulation), Erfassung (Stundenberichte), Kontrolle (Soll/Ist-Vergleiche) und Sammlung (BAS-Datei) der Stundensätze. Zudem dient die aktualisierte BAS-Datei als Grundlage für die Bearbeitung neuer Angebote.

Die Positionen im Leistungsverzeichnis des Auftraggebers sind vielfach nicht für ausführungsbezogene Zuordnungen geeignet. Abbildung 2.6-50 zeigt die möglichen Beziehungen zwischen der Position eines Leistungsverzeichnisses und der Gliederungsstruktur des BAS.

Der BAS wird den Bedürfnissen und besonderen Gegebenheiten der Unternehmung angepasst, i. d. R. dreistellig verwendet und kann zur Identifikation von Fertigungsabschnitten um weitere Stellen ergänzt werden. Die folgende Aufstellung zeigt die Struktur eines BAS:

0 Baustelleneinrichtungs- und Randarbeiten,
1 Transport- und Umschlagarbeiten, Stundenlohnarbeiten und Gerätebedienungstunden,
2 Erd-, Entwässerungs- und Abbrucharbeiten,
3 Schal- und Rüstarbeiten,
4 Beton- und Stahlbetonarbeiten,
5 Mauer- und Putzarbeiten,
6 Straßenunterbau- und Deckenarbeiten,
7 Straßenbauarbeiten an Nebenanlagen,
8 Grundbau- und Wasserbauarbeiten,
9 Sonder- und Spezialarbeiten.

Aufwandswerte typischer Leistungen

Für die Kalkulation und Arbeitsvorbereitung der Schalungs-, Bewehrungs- und Betonarbeiten ist die Kenntnis von Aufwandswerten von besonderer Bedeutung. Neben den Aufwandswerten des gewerblichen Personals (Arbeitsstunden pro Mengeneinheit) sind auch das Leistungsvermögen der erforderlichen Maschinen und Geräte zu berücksichtigen, die ebenfalls Einfluss auf die Bauausführung und die Baukosten haben. Hierzu zählen

Tabelle 2.6-39 Arbeitsverzeichnis (Auszug)

Pos.	BAS	Menge E	Bauteil/ Abschnitt	Tätigkeit/ Leistung	Aufwand h/E	Gesamt h	AK/ Kolonne	Arbeitstage d	Bemerkung
116	331	250 m²	Decke EG	einschalen	0,50	125,0	6	2,31	Takt 1
	415	3,15 t		bewehren	12,0	37,8	3	1,40	9 h/d
	433	45 m³		betonieren	0,60	27,0	4	0,75	
	331	250 m²		ausschalen	0,10	25,0	6	0,46	
								4,92	
117	321	360 m²	Wände OG	einschalen	0,40	144,0	6	2,67	Takt 2
	411	1,62 t		bewehren	14,0	22,7	4	0,63	9 h/d
	443	32,4 m³		betonieren	0,75	24,3	4	0,68	
	321	360 m²		ausschalen	0,15	54,0	6	1,00	
								5,01	

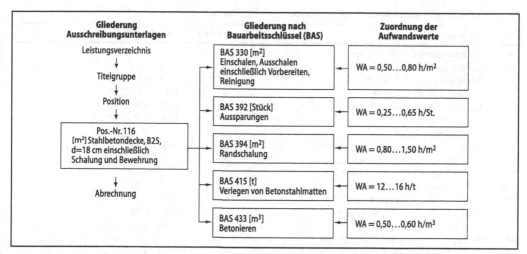

Abb. 2.6-50 Bezugsgrößen im Leistungsverzeichnis und Arbeitsbereich [Petzschmann 1998]

der Kran für den Transport von Schalung, Bewehrung und Beton, Betonpumpen und weitere Geräte.

Aufwandswerte für Beton- und Stahlbetonarbeiten sind von vielen Einflussfaktoren wie Bauwerksgeometrie, Art des Bauteils, Qualifikation des Personals und Anzahl sich wiederholender Abschnitte (Einarbeitungseffekt) abhängig. Wegen dieser vielfältigen Randbedingungen findet man sowohl bei Angaben in der Literatur als auch bei Erfahrungswerten der Praxis für die Aufwandswerte erhebliche Spannweiten.

Im Folgenden wird ein Überblick über die Aufwandswerte (Stundensatz) typischer Beton- und Stahlbetonarbeiten nach der Literatur gegeben [Hoffmann 2006]. Diese Werte müssen den spezifischen Bedingungen des zu kalkulierenden Bauvorhabens angepasst werden.

Aufwandswerte für Schalarbeiten. Der BAS-geordnete Arbeitszeitbedarf für Schalarbeiten enthält alle Haupt- und Nebenleistungen bei Ausführung der Arbeiten mit Kran und durch erfahrene Facharbeiter (Tabelle 2.6-40).

Aufwandswerte für Bewehrungsarbeiten. Bei der Planung und Kalkulation von Bewehrungsarbeiten ist zu berücksichtigen, dass das Vorbereiten, Schnei-

den und Biegen i. d. R. in zentralen Biegebetrieben durchgeführt wird und auf der Baustelle nur noch der Stundenaufwand für das Verlegen anfällt. Gute Arbeitsvorbereitung und Vorfertigung der Bewehrung (Bewehrungskörbe) tragen z. T. zu einer erheblichen Reduzierung dieser Werte bei. Dies gilt für Betonstabstahl ebenso wie für Betonstahlmatten. Tabelle 2.6-41 gibt einen Überblick über den mittleren Verlegeaufwand bei unterschiedlichen Bauweisen bzw. Bauvorhaben.

Aufwandswerte für Betonierarbeiten. Tabelle 2.6-42 gibt Aufwandswerte für den Betoneinbau mit Auslegerpumpe nach BAS an.

Ober- und Untergrenzen von Kranaufwandswerten. Für den Baustellentransport von Schalung und Bewehrung werden i. d. R. Hebezeuge (Krane) verwendet. Das Betonieren erfolgt mit Pumpen oder mit Kran und Kübel. Um die erforderliche Krankapazität (erforderliche Krananzahl) zu bestimmen, können auch für Krane spezifische Aufwandswerte für Schal-, Bewehrungs- und Betonarbeiten angesetzt werden (Tabelle 2.6-43).

Vorhaltekosten für Schal- und Rüstmaterial. Die monatlichen Sätze für Abschreibung, Verzinsung und Reparaturkosten für Schal- und Rüstmaterial sind

Tabelle 2.6-40 Aufwandswerte für Schalarbeiten nach BAS [Hoffmann 2006]

BAS	Vorgang	Einheit	Stundensatz
30	**Gerüstarbeiten** (bis 20 m Höhe)		
300	Stahlrohrgerüst	m³	0,20…0,30
301	Rahmengerüst b = 0,7 m/200 kg	m²	0,05…0,15
302	Rahmengerüst b = 1,0 m/300 kg	m²	0,10…0,20
303	Ausleger-Fanggerüst b = 1,0 m	m	0,20…0,30
304	Schutzgeländer	m	0,30…0,50
31	**Fundamente schalen**		
310	Streifenfundamente konventionell schalen	m²	0,60…0,80
311	Streifenfundament Systemschalung	m²	0,30…0,50
32	**Wände schalen** (Höhe ≤ 3,0 m)		
320	Wände konventionell Schalen	m²	0,70…1,20
321	Wände schalen, Rahmenschalung	m²	0,30…0,60
322	Wände schalen, Großflächenschalung	m²	0,20…0,50
32-1	Zulage für Höhen > 3,0 m	m²	0,20…0,40
33	**Decken** (Höhe ≤ 3,0 m, Dicke ≤ 25 cm)		
331	Decken konventionelle schalen	m²	0,80…1,00
332	Decken schalen, Holzträgersystemschalung	m²	0,45…0,65
333	Decken schalen, Rahmentafeln + Fallkopf	m²	0,40…0,60
33-1	Zulage für Höhen > 3,0 m	m²	0,10…0,30
34	**Unterzüge und Balken schalen** (Querschnitt > 0,15 m²)		
341	Unterzüge + Balken, konventionell schalen	m²	1,50…2,00
342	Unterzüge + Balken schalen, Systemschalung	m²	0,90…1,30
34-1	Zulage für Querschnitt 0,05…0,15 m²	m²	0,10…0,20
35	**Überzüge und Brüstungen schalen** (Höhe 0,50…1,40)		
351	Überzüge + Brüstg. konventionell schalen	m²	1,10…1,30
352	Überzüge + Brüstg. schalen, Systemschalung	m²	0,70…1,05
35-1	Zulage für Höhe ≤ 0,5 m	m²	0,25…0,40
36	**Stützen schalen** (Querschnitt > 0,25 m²)		
361	Stützen konventionell schalen	m²	1,30…1,80
362	Stützen schalen, rechteckig, Systemschalung	m²	0,90…1,40
36-1	Zulage für Querschnitt 0,25…0,10 m²	m²	0,20…0,30
39	**Sonstige Schalarbeiten**		
390	Aussparungen schalen, alle Größen	St.	0,25…0,65
391	Laibungen schalen, alle Größen	m²	0,30…0,50

auf der Grundlage der Baugeräteliste [BGL 2007] in Tabelle 2.6-44 zusammengestellt.

Einflüsse der Witterung

Beton- und Stahlbetonarbeiten sind unmittelbar der Witterung ausgesetzt. Witterungsungünstige Umstände wie Niederschläge, extreme Temperaturen und Temperaturwechsel, aber auch ungünstige Wind- und Lichtverhältnisse, senken die Arbeitsproduktivität des gewerblichen Personals. Ist vor Ausführungsbeginn der Ausführungszeitraum bekannt, müssen die Erschwernisse aus witterungsungünstigen Einflüssen auf die Schal-, Bewehrungs- und Betonierarbeiten ausreichend in der Arbeitsvorbereitung und Terminplanung berücksichtigt werden. Dies geschieht entweder durch eingeplante Produktionsunterbrechung (Winterpausen), Schutz der Arbeitsabschnitte vor Witterungseinflüssen (Einhausung) oder Verwendung von Sonder- oder Warmbeton. Wird ein geplanter Bauablauf unvorhergesehen behindert oder unterbrochen, kann es zu Verschiebungen ursprünglich

Tabelle 2.6-41 Aufwandswerte für Bewehrungsarbeiten nach BAS [Hoffmann 2006]

BAS	Vorgang	Einheit	Stundensatz
4	**Beton- und Stahlbetonarbeiten** **Bewehrungsarbeiten**		
40	**Betonstahl laden und verarbeiten**		
400	Auf- und Abladen, unbearbeiteter Stahl	t	0,5...0,7
401	bearbeitet und positioniert	t	0,9...1,0
402	Schneiden und Biegen von Stabstahl auf mittleren bis großen Anlagen für alle Ø	t	4...11
402.1	Ø < 10 mm	t	9...11
402.2	Ø 10...20 mm	t	6...8
402.3	Ø > 20 mm	t	4...6
41	**Betonstahl verlegen** **Betonstabstahl einbauen**		
410	in Fundamenten, alle Ø	t	8...21
410.1	Ø < 10 mm	t	18...21
410.2	Ø 10...20 mm	t	11...15
410.3	Ø 22...28 mm	t	8...10
411	in Platten, alle Ø	t	9...25
411.1	Ø < 10 mm	t	22...25
411.2	Ø 10...20 mm	t	16...20
411.3	Ø 22...28 mm	t	9...12
412	in Wänden, alle Ø	t	12...27
412.1	Ø < 10 mm	t	24...27
412.2	Ø 10...20 mm	t	18...21
412.3	Ø 22...28 mm	t	12...15
413	in Balken und Unterzügen, alle Ø	t	14...28
413.1	Ø <10 mm	t	26...28
413.2	Ø 10...20 mm	t	19...22
413.3	Ø 22...28 mm	t	14...17
414	in Stützen, alle Ø	t	15...30
414.1	Ø < 10 mm	t	28...30
414.2	Ø 10...20 mm	t	21...24
414.3	Ø 22...28 mm	t	15...18
	Betonstahlmatten schneiden und verlegen		
415	in Platten, alle Mattengewichte	t	14...20
415.1	Mattengewicht < 3 kg/m	t	16...20
415.2	Mattengewicht > 3 kg/m	t	14...18
416	in Wänden, alle Mattengewichte	t	16...22
416.1	Mattengewicht < 3 kg/m	t	19...22
416.2	Mattengewicht > 3 kg/m	t	16...19

Tabelle 2.6-42 Aufwandswerte Betoneinbau mit Auslegerpumpe nach BAS [Hoffmann 2006]

BAS	Vorgang	Einheit	Stundensatz
	Beton (KR) mit Auslegerpumpe einbauen (Einbau mit Krankübel ca. 25% Mehraufwand)		
42	**Gründungen betonieren**		
420	Sauberkeitsschicht ≤ 10 cm	m²	0,01...0,02
421	Füllbeton	m³	0,20...0,30
422	Fundamente unbewehrt	m³	0,30...0,50
423	Fundamente bewehrt	m³	0,40...0,80
43	**Platten und Decken betonieren**		
431	waagerecht, alle Dicken	m³	0,30...0,80
432	d = 10...15 cm > 100 m²	m³	0,60...0,80
433	d = 16...20 cm > 100 m²	m³	0,50...0,70
434	d = 21...30 cm > 200 m²	m³	0,40...0,60
435	d = 31...50 cm > 200 m²	m³	0,35...0,55
436	d > 50 cm > 500 m²	m³	0,30...0,50
44	**Wände betonieren**		
441	Wände ≤ 5 m Höhe, alle Dicken	m³	0,35...1,40
442	d = 10...15 cm	m³	1,00...1,40
443	d = 16...25 cm	m³	0,80...1,20
444	d = 26...40 cm	m³	0,60...1,00
445	d = 41...60 cm	m³	0,40...0,80
446	d > 60 cm	m³	0,35...0,60
45	**Balken und Unterzüge betonieren**		
450	alle Querschnitte	m³	0,50...1,00
451	bis 0,1 m²	m³	0,70...1,00
452	> 0,1 m²	m³	0,50...0,80
46	**Stützen betonieren** (mit Krankübel)		
461	alle Querschnitte	m³	1,20...2,80
462	bis 0,1 m²	m³	2,00...2,80
462	> 0,1 m²	m³	1,20...2,00
47	**Sonderbauteile betonieren**		
471	Treppenlaufplatten mit Stufen	m³	1,60...2,00

nicht von ungünstigen Witterungsbedingungen betroffener Bauleistungen in Schlechtwetterzeiträume kommen mit der Folge entsprechender Mehrkosten aus reduzierter Produktivität des gewerblichen Personals und ggf. der Erfordernis zusätzlicher, nicht geplanter Winterbaumaßnahmen.

Nach [Vygen/Schubert/Lang 2008] können die Minderleistungen des gewerblichen Personals in Abhängigkeit von der Art des Witterungseinflusses die in Tabelle 2.6-45 genannten Größenordnungen erreichen.

Tabelle 2.6-43 Kranaufwandswerte

Vorgang	Unter-grenze	Ober-grenze
Schalen in h/m²		
– konv. Deckenschalung	0,020	0,090
– Deckentische	0,020	0,030
– Stützen	0,020	0,045
– Großflächen Wände	0,040	0,080
– konv. Wandschalung	0,020	0,045
– Unterzüge	0,025	0,040
– Fundamente	0,010	0,020
Bewehrung in h/t		
– Matten	0,30	0,55
– Rund-, Stabstahl	0,20	0,35
– Bewehrung gesamt	0,24	0,40
Betonieren in h/m³		
– Decken	0,060	0,120
– Fundamente	0,050	0,090
– Wände	0,080	0,150
– Stützen	0,120	0,260

Dabei ist zu berücksichtigen, dass die Arbeiten nicht in jedem Fall vor Witterungseinflüssen voll oder auch teilweise geschützt werden können. Wie die Praxis zeigt, erreichen die Leistungsrückgänge in außergewöhnlichen Wintern bis zu 50% der Normalleistung, z. T. sogar darüber. Hinzu kommt, dass nach einer Unterbrechung bei Wiederaufnahme der Arbeiten infolge des Einarbeitungsverlusts die volle Produktivität nicht sofort wieder erreicht wird.

Einflüsse auf den Verlegeaufwand von Betonstahl

Das verwendete Betonstahlmaterial, die Konstruktion des Bauwerks (Art des Bauteils), die Baustellenbedingungen und die Organisationsstruktur der Baustelle bestimmen den Verlegeaufwand maßgeblich. Tabelle 2.6-46 zeigt die Vielfalt möglicher Einflüsse auf den Verlegeaufwand, wobei die Ein-

Tabelle 2.6-44 Vorhaltesätze für Schalungen nach Baugeräteliste [BGL 2007]

BGL-Nr.	Bezeichnung	Nutzungs-jahre	Vorhalte-monate	monatl. Satz A+V %	monatl. Satz Reparaturko. %
	Großflächenschalungen				
9632	– mit Stahlträgerkonstruktion	6	45...40	2,7...3,0	3,5
9634	– mit Holzträgerkonstruktion	4	40...35	2,8...3,2	3,5
9636	Rahmentafelschalungen	4	45...40	2,7...3,0	3,5
9638	Decken und Unterzugschalung				
	– Fallkopf-Paneelschalung	6	55...60	2,2...2,4	3,0
9639	Stützensystemschalungen	4	40...45	2,8...3,2	2,0
9640/41	Stahlschalungsträger	6	45...40	2,7...3,0	1,8
9645	Holzschalungsträger	4	35...30	3,2...3,8	1,5
9660	Baustützen, ausziehbar	6	45...40	2,7...3,0	1,8
9661	Rahmenstützen	6	45...40	2,7...3,0	1,8
9670	Schwerlaststützen	8	40...35	3,2...3,6	1,4
9675	Traggerüsttürme	8	40...35	3,2...3,6	1,4

Tabelle 2.6-45 Minderleistung in % der Normalleistung für gewerbliches Personal (nach [Vygen/Schubert/Lang 2008])

Tätigkeiten	Minderleistung in % der Normalleistung für		
	Vollschutz geschl. Gebäude oder Hallen	Teilschutz Schutz einzelner Bauteile	Einzelschutz des Arbeitsplatzes im Freien
Transportarbeiten	2... 4	4... 6	6...10
Betonarbeiten	2... 4	5... 8	10...16
Schalungsarbeiten	4... 8	10...18	20...30
Bewehrungsarbeiten	6...10	12...24	20...35
Maurerarbeiten	5... 8	8...12	16...22
Fertigteilmontage	–	–	5...10

Tabelle 2.6-46 Einflüsse auf den Verlegeaufwand von Betonstahl

Einflüsse auf den Verlegeaufwand aus			
Betonstahlmaterial	**Bauwerk**	**Baustelle**	**Organisation**
Betonstabstahl	Art und Form der Bauteile	Abschnittgrößen	Baustellenorganisation
Durchmesser	Abmessungen der Bauteile	Bauverfahren	Arbeitsvorbereitung
Durchmesserverteilung	Bewehrungsführung	Bauteilhöhen	Taktfertigung
Betonstahlmatten	Bewehrungsdichte	Arbeitsräume	Bewehrungsvorfertigung
Mattenart, Mattengewicht	Biegeformen	Transportwege	Liefertermine, Planvorlauf
Lager-, Nichtlagermatten	Stablängen, Bügel	Jahreszeit	Lagerorganisation
Bewehrungsstöße	Bewehrungsanteile	Transportkapazität	Kolonnenstärke

Tabelle 2.6-47 Baustoff und Bauhilfsstoffverbrauch

Bauwerk	m³ Beton je m³ BRI	m² Schalfläche je m³ BRI	kg Betonstahl je m³ BRI
Bürobauten, Schulen	0,15	0,60	10
Parkhäuser	0,16	0,70	16
Tiefgaragen	0,18	0,80	18

ʳ bezogen auf den Bruttorauminhalt (BRI) (nach [Drees/Sommer/Eckert 1980])

Tabelle 2.6-48 Bewehrungsanteile bezogen auf 1 m³ Beton

Bauteil	Bewehrungsanteil
Fundamente	30... 60 kg/m³ Beton
Wände	20... 60 kg/m³ Beton
Decken	50... 80 kg/m³ Beton
Balken	80...100 kg/m³ Beton
Stützen	100...130 kg/m³ Beton

flüsse im Einzelnen nicht oder nur schwer zu quantifizieren sind. Die baubetrieblich relevanten Bezugsgrößen zur Bestimmung des Verlegeaufwands sind neben Stabdurchmesser bzw. Durchmesserverteilung und Mattengewicht v. a. Baustellen- und Organisationsbedingungen.

Ein günstiger Verlegeaufwand ergibt sich bei gleichartiger Bewehrungsstruktur, der Verwendung ausschließlich großer Stabdurchmesser und einer optimalen Abstimmung der Baustelleneinrichtung hinsichtlich der Lager- und Vorbereitungsflächen sowie der Hebezeuge.

Baubetriebliche Kennzahlen

Mittelwerte des Baustoff- und Bauhilfsstoffverbrauchs. Der Baustoff- und Bauhilfsstoffverbrauch für Hoch- und Ingenieurbauwerke lässt sich anhand von Kennzahlen überschlägig ermitteln (Tabelle 2.6-47).

Mittelwerte für Bewehrungsanteile. Liegen für Bewehrungsanteile noch keine Angaben der Tragwerkplanung vor, kann für normale Hochbauvorhaben von den in Tabelle 2.6-48 genannten Werten ausgegangen werden.

2.6.6 Bauverfahren und Maschineneinsatz im Fertigteilbau

Eberhard Petzschmann

2.6.6.1 Vorbereitende Arbeiten im Fertigteilbau

Stahlbetonfertigteile sind Bauteile, die – im Gegensatz zu Ortbetonteilen – nicht im Bauwerk vor Ort, sondern in stationären Anlagen außerhalb des Bauwerks hergestellt und im erhärteten Zustand zur Baustelle transportiert und dort eingebaut werden.

Um die Vorteile der stationären Fertigung und Baustellenmontage von Stahlbetonfertigteilen wie geringere Herstellungskosten, kürzere Bauzeiten, gleichbleibende Produktqualität und hohe Maßgenauigkeit sicherzustellen, müssen folgende Grundsätze bei der Planung berücksichtigt werden:

– Wahl geeigneter Bauwerksysteme (Wandtafel-, Stützen-, Deckensysteme),

– modularer Aufbau des Tragwerkrasters,
– Anpassung aussteifender Bauteile (Kerne, Schächte usw.) an das Planungsraster,
– Anpassung von Deckendurchbrüchen an das Planungsraster,
– hohe Elementhäufigkeit der Fertigteile (Serien),
– Regelaussparungen für gebäudetechnische Installationen sowie
– Standardquerschnitte und einfache Ausbildung der Knotenpunkte.

Ausführungsplanung

Die Realisierung eines Bauvorhabens in Fertigteilbauweise erfordert eine enge Zusammenarbeit zwischen Architekt, Fachingenieuren, Tragwerkplanern und Fertigungsingenieuren, damit dem erhöhten Planungsaufwand und Planungsvorlauf der Vorfertigung ausreichend Rechnung getragen wird. Dabei muss die Ausführungsplanung alle Randbedingungen aus Herstellung, Transport und Montage der Fertigteile erfüllen.

Für die Ausführungsplanung von Stahlbetonfertigteilen müssen außerdem alle planerischen Vorgaben für Aussparungen, Durchbrüche, Befestigungen und Einbauten aus der Gebäudetechnik, Fördertechnik und Fassadenplanung rechtzeitig bekannt sein, damit diese vollständig in den Planungsprozess einfließen können.

Fertigungsplanung und Arbeitsvorbereitung

Fertigungsplanung und Arbeitsvorbereitung erstrecken sich auf den Prozess der Herstellung von Fertigteilen im Fertigteilwerk, die Zwischenlagerung fertiger Teile sowie den Transport und die Montage. Herstellung und Montage der Fertigteile stehen in einem unmittelbaren zeitlichen Zusammenhang und müssen eng aufeinander abgestimmt sein.

Die Fertigungsplanung berücksichtigt die Auslastung der Fertigungsplätze im Werk durch langfristige Belegungspläne und sichert damit den Produktionsrhythmus der Herstellung. Dies erfordert eindeutige Festlegungen hinsichtlich Formenbau, Schalungsvorbereitung, rechtzeitigem Bestellen, Vorbereiten und Bereithalten von Bewehrung und Einbauteilen sowie Verfügbarkeit von Zuschlagstoffen und Zement.

Zwingende Voraussetzung für einen störungsfreien Produktionsablauf sind geprüfte und freigegebene Schal- und Bewehrungspläne, die alle Informationen wie Abmessungen, Aussparungen, Durchbrüche, Einbauteile und Installationen enthalten. Dabei sind hinsichtlich des zeitlichen Vorlaufs alle Bestell-, Liefer- und Vorlaufzeiten zu berücksichtigen.

Im Rahmen der Arbeitsvorbereitung werden unter Berücksichtigung des Produktionsvorlaufes im Fertigteilwerk die Transport- und Montageplanung durchgeführt. Die Terminfeinplanung muss dabei die Reihenfolge des Montageablaufs so rechtzeitig vorgeben, dass sich die Herstellung im Werk daran orientieren kann.

Fertigteilbauweisen. Nach Art der verwendeten Fertigteile unterscheidet man zwischen

– *Skelettbauweisen* (Abb. 2.6-51), bei denen stabförmige Fertigteilelemente wie Stützen, Riegel, Binder, Pfetten und Unterzüge als tragende Bauteile verwendet werden,
– *Großtafelbauweisen* (Abb. 2.6-52), bei denen die tragenden vertikalen Bauteile plattenförmig sind (Wandplatten), und
– *Mischbauweisen*, bei denen die Vorteile der Fertigteilbauweise mit den Vorteilen einer Ortbetonlösung, z. B. durch Verwendung von Fertigteildecken, Fertigteilunterzügen, -treppenläufen, -podest- und -balkonplatten, kombiniert werden.

Montagearten. Aus den verschiedenen Fertigteilbauweisen ergeben sich unterschiedliche Möglichkeiten der Montage, wobei zwischen vertikalem und horizontalem Montageablauf unterschieden wird (s. 2.6.6.4).

Transport- und Montagegeräte. Im Rahmen der Arbeitsvorbereitung sind entsprechend der gewählten Bauweise, der Elementgewichte und -abmessungen, der Montageart sowie der Straßen- und Baustellenverhältnisse auch die Transportfahrzeuge und Montagekräne auszuwählen und zu dimensionieren.

2.6.6.2 Herstellung von Fertigteilen

Stahlbetonfertigteile werden i. d. R. in stationären Fertigteilwerken hergestellt und zur Baustelle transportiert. In Ausnahmefällen (z. B. bei großen Baumaßnahmen und ausreichenden Platzverhältnissen) kann die Fertigteilproduktion auch in zeit-

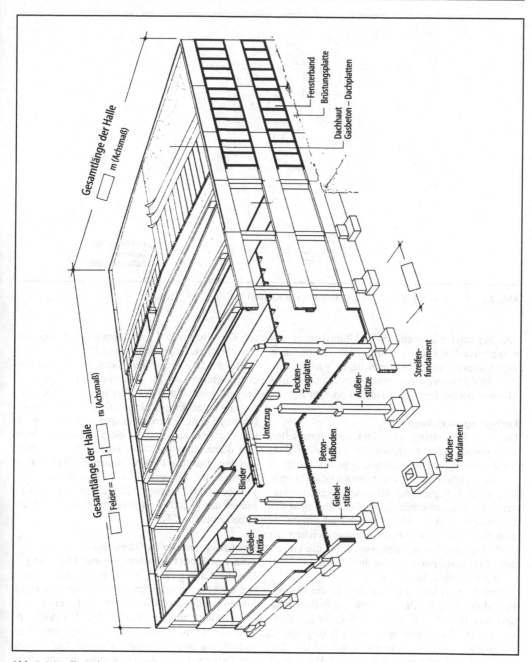

Abb. 2.6-51 Typisches Bauwerk in Skelettbauweise [Gerne 1999]

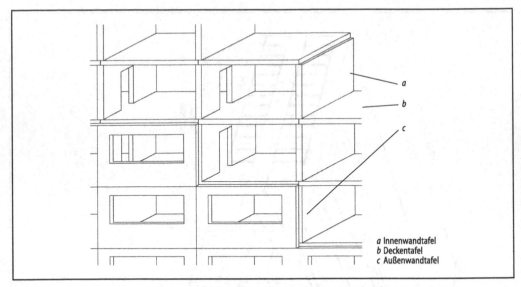

a Innenwandtafel
b Deckentafel
c Außenwandtafel

Abb. 2.6-52 Typisches Bauwerk in Großtafelbauweise [Gerne 1999]

lich begrenzt eingerichteten Feldfabriken in unmittelbarer Nähe des Bauwerks erfolgen mit dem organisatorischen und kostenseitigen Vorteil, dass der Transportweg zwischen Herstellungs- und Montageort der Fertigteile kurz ist oder entfällt.

Fertigungsverfahren

Bei der Herstellung von Stahlbetonfertigteilen wird grundsätzlich zwischen Umlauf- oder Fließbandfertigung und Standfertigung unterschieden.

Kennzeichen der *Standfertigung* ist die Herstellung eines Fertigteils mit allen Arbeitsgängen von der Schalungsvorbereitung über das Verlegen des Betonstahls und die Montage der Einbauteile bis zum Betonieren und Ausschalen am gleichen Ort (Arbeitsplatz). Die Arbeitsgruppen für die einzelnen Fertigungsprozesse wechseln jeweils zum nächsten Fertigungsstandort.

Das Standverfahren eignet sich für die Herstellung stabförmiger Fertigteile (Stützen, Balken, Pfetten) und für schwere Elemente wie Binder, Stegplatten und Kranbahnträger, die auch vorgespannt im Spannbett hergestellt werden können (Abb. 2.6-53). Zur Standfertigung gehört auch die Herstellung von Decken- und Wandelementen in Batterieformen (Abb. 2.6-54), von mehrschaligen Wandelementen

auf Kipptischen und von räumlichen Fertigteilen (Sanitärzellen, Treppenläufe usw.).

Bei der *Umlauffertigung* bewegen sich die Formen (Schalungen) im Takt von Fertigungsort zu Fertigungsort. An jedem Fertigungsort (Arbeitsplatz) werden jeweils die gleichen Arbeiten ausgeführt mit dem Vorteil, dass spezialisierte Arbeitskräfte gleichbleibende Arbeitsprozesse ausführen und damit eine qualitativ hochwertige Leistung erzielen. Darüber hinaus können die Materialzuführung und die maschinelle Einrichtung beim Fließbandverfahren optimal gestaltet werden, weil immer der gleiche Fertigungsort versorgt werden muss (Abb. 2.6-55).

Anordnungen der Hilfsbetriebe, innerbetriebliche Transporte und Lagerung

Die Herstellung von Stahlbetonfertigteilen in stationären Anlagen erfordert eine abgestimmte Organisation des Materialflusses von der Anlieferung, Vorbereitung und Bereitstellung der Baustoffe und Einbauteile über die Arbeiten an der Fertigungsstelle bis zu den Nacharbeiten und der Einlagerung der fertigen Elemente. Hierfür ist die räumliche Zuordnung für folgende Hilfsbetriebe räumlich und transporttechnisch optimal zu gestalten:

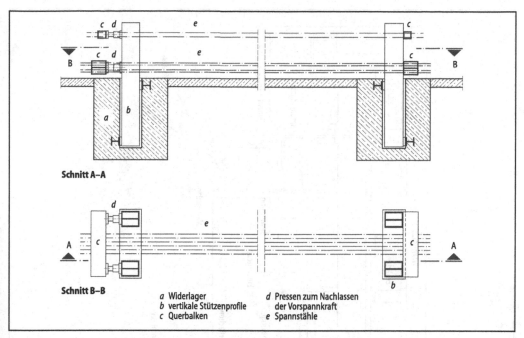

Schnitt A–A

Schnitt B–B

a Widerlager	*d* Pressen zum Nachlassen
b vertikale Stützenprofile	der Vorspannkraft
c Querbalken	*e* Spannstähle

Abb. 2.6-53 Schema eines Spannbetts [Kaymer 1999]

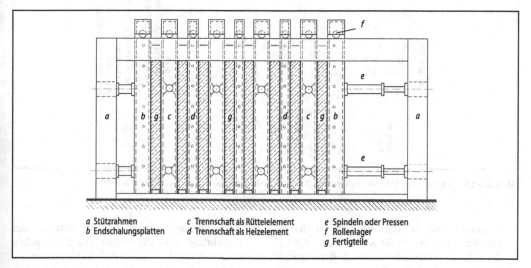

a Stützrahmen	*c* Trennschaft als Rüttelelement	*e* Spindeln oder Pressen
b Endschalungsplatten	*d* Trennschaft als Heizelement	*f* Rollenlager
		g Fertigteile

Abb. 2.6-54 Batterieform mit aufgehängten Trennschotten [Kaymer 1999]

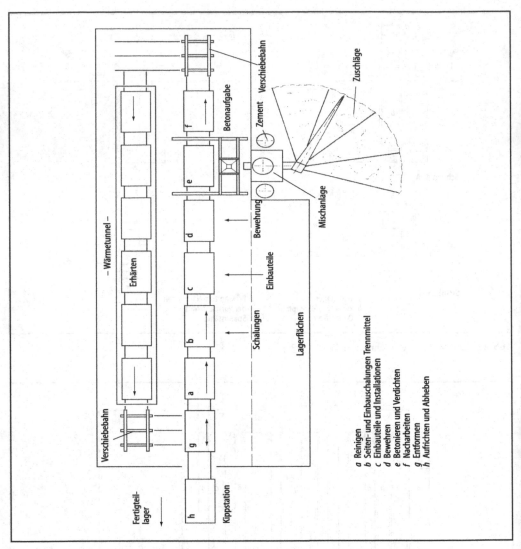

Abb. 2.6-55 Schema eines Herstellungsprozesses beim Fließbandverfahren [Brandt/Rösl u. a. 1995]

– *Schalung.* Die Schalungsformen werden für Großserien aus Stahl, für Kleinserien oder Sonderteile aus Holz oder Kunststoff hergestellt. Hierfür sind der Flächenbedarf, die Flächenzuordnung und der Materialfluss für Schalungslager, Schalungsbau und Schalungsbereitstellung zu ermitteln bzw. zu gestalten.

– *Betonstahl und Spannstahl.* Die Vorbereitung der Bewehrung erfordert Biege- und Flechtplätze mit Zwischenlager- und Bereitstellungsflächen.
– *Einbauteile.* Einbauteile wie Leerrohre, Anker, Ankerschienen und -hülsen, Einlagen für Aussparungen und Durchbrüche, Gleitschutzkanten, Transportanker sind zu lagern und zuzuführen.

– *Beton.* Der Beton wird in der geforderten Qualität in einer werkseigenen Mischanlage hergestellt und mit dem vorhandenen Transportsystem in Kübeln zur Einbaustelle transportiert.

Für die innerbetrieblichen Transporte und zum Lagern der Fertigteilelemente werden i. Allg. Brückenlaufkräne innerhalb der Fertigungshalle und Portalkräne außerhalb der Halle (Lagerplatz) benutzt.

Die beim Entwurf von Baumaßnahmen genutzten computergestützten Methoden (CAD) dienen auch für Verlegepläne im Fertigteilbau. Heute ist auch die Produktion im Betonfertigteilbau automatisiert und computerunterstützt über CAM (Computer Aided Manufacturing) gesteuert mit entsprechenden Auswirkungen auf die Gestaltung von Konstruktion und Entwicklung (CAD), von Produktionsplanung und Fertigung einschließlich der Materialwirtschaft (PPS) und des Prozessablaufs (CAM) mit zugeordneter Betriebsdatenerfassung (BDE).

2.6.6.3 Transport von Fertigteilen

Der Fertigteilbau ist wie kein anderer Bereich im Bauwesen unabdingbar mit dem Transport der Fertigteile vom Fertigteilwerk zur Baustelle gekoppelt. Hohe Gewichte und große Abmessungen der Fertigteile erfordern eine sorgfältige Transport- und Montageplanung. Daraus resultiert, dass sich der Transport ebenso wie der Einsatz kostenintensiver Großhebegeräte mehr und mehr zum Leitbetrieb entwickelt hat. Dies gilt insbesondere für Fertigteilmontageabläufe ohne Zwischenlager im Just-in-time-Betrieb.

Die optimale Organisation des Transportwesens erfordert gute Kenntnisse der Transportmöglichkeiten und -einrichtungen, die von den Verkehrsträgern für Straßen-, Schienen- und sonstige Transporte bereitgehalten werden. Die Transportplanung umfasst und berücksichtigt im Einzelnen

– die örtliche Lage der Baustelle,
– die vorhandenen Transportwege zur Baustelle,
– die Transportentfernung,
– die Abmessungen und Gewichte der Fertigteile,
– die verfügbaren Hebezeuge bzw. Montagegeräte,
– die Stabilisierung der Fertigteile auf den Transportmitteln,

– besondere Sicherungsmaßnahmen beim Transportvorgang,
– die Entladung auf der Baustelle,
– die gesetzlichen Bestimmungen der StVO und
– die Transportkosten.

Straßentransporte

Das flächendeckende Straßennetz in Deutschland und Westeuropa hat dazu geführt, dass der Transport über die Straße i. Allg. dominiert. Grundsätzlich ist bei Straßentransporten zu unterscheiden zwischen (Tabelle 2.6-49)

– Transport auf normalen Lkw mit Abmessungen entsprechend der Straßenverkehrszulassungsordnung (StVZO),
– Transport auf Lastzügen mit Motorwagen und Anhänger, wenn viel Ladefläche benötigt wird (z. B. bei Palettenware),
– Transport auf Sattelzügen, wenn schwere Stückgewichte oder lange Träger transportiert werden sollen,
– Transport auf Innenladern mit Nutzlasten von ca. 25 t bei Ladelängen bis 9,5 m und Ladebreiten von 1,5 m,
– Transport auf Schwer- und Spezialfahrzeugen, für deren Verwendung Sonderbewilligungen erforderlich sind, da hierbei zulässige Gewichte und Abmessungen des Normaltransports überschritten werden,
– extremer Spezialtransport mit vorausfahrenden Warnfahrzeugen und Polizeibegleitung.

Nach § 32 StVZO kann auf der Straße ohne Ausnahmegenehmigung nur transportiert werden, wenn die Abmessungen folgende Werte nicht überschreiten:

– Breite über alles 2,55 m,
– Höhe über alles 4,00 m,
– Länge über alles bei Zügen 18,00 m,
– Länge über alles bei Sattelzügen 15,50 m, nach EURO-Norm zukünftig 16,50 m.

Nach § 34 StVZO dürfen Achslast und Gesamtgewicht folgende Werte nicht überschreiten:

– Achslast der Einzelachse 11,0 t,
– zul. Gesamtgewicht Sattelfahrzeug 40,0 t.

Tabelle 2.6-49 Zulässige Abmessungen und Gesamtgewichte für beladene Straßentransportfahrzeuge

	Straßentransporte ohne besondere Genehmigung				Schwer- u. Spezialtransporte	
	Fahrzeuge mit 2 Achsen	Fahrzeuge mit > 2 Achsen	Sattelkraftfahrzüge	Lastzüge	mit Jahresdauergenehmigung	mit Einzelfahrtgenehmigung
Länge in m	12,00	12,00	15,50ˢ	18,00	25,00	>25,00
Breite in m	2,55	2,55	2,55	2,55	3,00	> 3,00
Höhe in m	4,00	4,00	4,00	4,00	4,00	> 4,00
Gesamtgewicht in t	16,00	22,00	40,00	40,00	40,00ᵗ	> 40,00

ˢ nach EURO-Norm 16,50 m ᵗ 42,00 t für unteilbare Lasten

Tabelle 2.6-50 Transportfahrzeuge für Fertigteile nach [Unruh 2008]

Typ	Prinzipskizze	Nutzlast t	Ladelänge m	Höhe der Ladefläche m
	1	2	3	4
Plattformanhänger		14 – 20	7,7 – 9,0	0,9 – 1,0
Tiefladeanhänger		20 – 40	5,0 – 10,0	0,7 – 0,8
Pritschenauflieger		20 – 40	10,0 – 20,0	1,5 – 1,6
Sattelplattformanhänger		30 – 40	8,0 – 15,0	0,9 – 1,0
Satteltiefladeanhänger		20 – 40	6,0 – 15,0	0,5 – 0,6
Nachläufer		20 – 50	–	1,5 – 1,6

Darüber hinausgehende Werte bedürfen der Sonderzulassung nach § 70 und § 29 StVZO und der Genehmigung für Leerfahrten bis 42 t. Bereits bei Überschreitung eines der vorgegebenen Grenzwerte für Länge, Breite, Höhe oder Gewicht ist ein entsprechender Nachweis nach § 29 StVZO zu führen.

Nach § 32 und § 34 StVZO sind für beladene Straßentransportfahrzeuge die in Tabelle 2.6-49 genannten Abmessungen und Gesamtgewichte nach StVZO zulässig.

Tabelle 2.6-50 zeigt Transportfahrzeuge für Fertigteile nach [Unruh 2008]. Bei langen Stahlbetonbauteilen wie Hallenbindern und Brückenträgern, die ein erhöhtes Biegemoment aufnehmen können, kann unter Umständen das Stahlbetonfertigteil selbst ein tragendes Teil des Fahrzeugs sein. Der vordere Teil des Trägers ruht dann auf dem Drehschemel der Zugmaschine, der hintere Teil auf dem Drehschemel des Nachläufers. § 46 StVO enthält Aussagen über Ausnahmegenehmigungen und die Erlaubnis von Spezialtransporten. Danach können die Straßenverkehrsbehörden für bestimm-

te Einzelfälle oder allgemein für bestimmte Antragsteller Ausnahmen genehmigen. Zulässige Fertigteilabmessungen bei Straßentransporten ergeben sich nach Abb. 2.6-56 nach [Unruh 2008].

Schienentransporte

Schienentransporte sind aus Kostengründen nur dann sinnvoll, wenn Herstellungsort und Baustelle einen Gleisanschluss haben. Das Angebot der Deutschen Bahn AG (DB) reicht vom normalen gedeckten Güterwagen (G) über Flachwagen (K) bis zu Schwerlast- oder Tieflastwagen (SS). In Abb.2.6-57 und 2.6-58 sind Regel-Flachwagen und Drehgestell-Flachwagen (R) dargestellt. Letztere dienen der Beförderung von schweren und langen Erzeugnissen. Sie haben 52 cm hohe Seiten- und Stirnbordklappen.

Wenn die normalen Lademaße (Abb. 2.6-59) überschritten werden – dies gilt v. a. für Abweichungen in der Breite und Höhe –, muss ein Sondertransport durchgeführt werden. Diese Transporte werden bei der DB als Lademaßüberschreitungstransporte

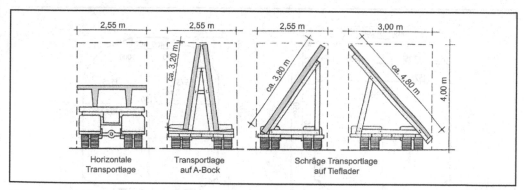

Abb. 2.6-56 Zulässige Fertigteilabmessungen bei Straßentransporten nach [Unruh 2008]

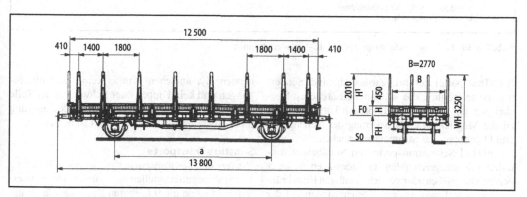

Abb. 2.6-57 Flachwagen in Regelbauart (K)

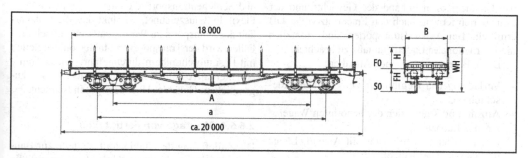

Abb. 2.6-58 Drehgestell-Flachwagen (R)

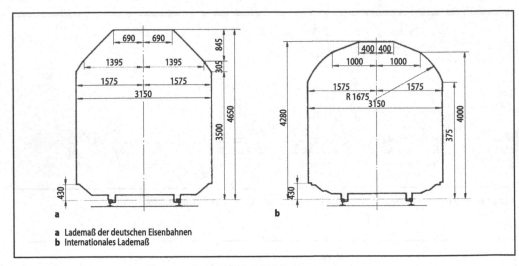

a Lademaß der deutschen Eisenbahnen
b Internationales Lademaß

Abb. 2.6-59 Laderaummaße entsprechend UIC-Verladerichtlinien

(LÜ-Transporte) geführt. Zusätzlich sind Sondertransporte möglich, die von einer zusätzlichen Streckenprüfung über den Transport mit Hilfswagen bis zu der Möglichkeit einer Sperrung der Nebengleise und Demontage der Strommasten reichen.

Obwohl Schwertransporte von Stahlbetonfertigteilen mit entsprechenden Tiefladewagen weniger den geometrischen oder gewichtsmäßigen Einschränkungen unterliegen, ist aus Kostengründen bei der Planung bereits darauf zu achten, dass die Lademaße nicht überschritten werden. Bei Normaltransporten werden die Kosten anhand des Gewichts und der Transportentfernung nach den Frachtsätzen der DB ermittelt. Bei Auslandstransporten sind zusätzlich die internationalen Laderaummaße zu beachten.

Die DB erwartet folgende Angaben:

– Verladetag und Beginn der einzelnen Verladeschichten,
– Anzahl und Kategorien der benötigten Wagen,
– Art des Ladegutes,
– Gewicht der Wagenladung mit Anzahl, Länge und Gewicht der Einzelstücke,
– Empfangsbahnhof, bei Auslandstransporten auch Empfangsland, und
– gewünschte Beförderungsart.

Bei der Verladung von Stahlbetonfertigteilen ist darauf zu achten, dass die beim Transport entstehenden dynamischen Kräfte keine Seitenbewegungen und kein Kippen oder Schwingen der Teile verursachen können. Eine entsprechende Lagerung muss einen unfallfreien Transport sicherstellen.

Sonstige Transporte
Wasser- und *Lufttransporte* sind bei der Anlieferung von Stahlbetonfertigteilen Ausnahmen. Der Wassertransport ist an die schiffbaren Binnengewässer gebunden, deren Gesamtlänge in Deutschland z.Z. etwa 4500 km beträgt. Im Gegensatz zum Straßen- und Schienentransport, die eine wesentlich höhere Flexibilität auszeichnet, schränkt dies die Nutzbarkeit des Transports zu Wasser stark ein. In seltenen Fällen wird der Transport von Stahlbetonfertigteilen mit Lasthubschraubern durchgeführt. Diese Transportalternative kommt in beengtem oder schwer zugänglichem Gelände (Hochgebirge) in Betracht.

2.6.6.4 Montage von Fertigteilen

Die Zulieferung der Stahlbetonfertigteile zur Baustelle erfolgt nach einem Abrufplan, der auf die Montagefolge entsprechend der Vorgaben im Montageablaufplan und die Montageleistung abgestimmt sein muss. Die Fertigteile werden entweder auf der Baustelle kurzfristig zwischengelagert oder bei optimaler Organisation unmittelbar ohne Zwischenlagerung vom Transportfahrzeug mit dem Montagegerät abgenommen und montiert.

Montageplanung und Montageanweisung

Die *Montageplanung* hat die Aufgabe, in planender Vorausschau Maßnahmen einzuleiten, die einen störungsfreien Montageablauf gewährleisten. Sie umfasst die Terminplanung, die Montagegrob- und Montagefeinplanung sowie daraus abgeleitet die Planung eines wirtschaftlichen Montageablaufs.

Neben dem konstruktiven Entwurf müssen weiterhin die Baustellensituation, die Zufahrten, die Befahrbarkeit und Belastbarkeit des Baugeländes durch Hebezeuge und Transportfahrzeuge, der Platz für die Baustelleneinrichtung und die Lagerung von Fertigteilen sowie die Behinderung durch existierende Bauten, der laufende Betrieb in einem Werk, gleichzeitig laufende Bauwerke und die Aufrechterhaltung des Verkehrs auf benachbarten Straßen geklärt sein.

Zum Montageablauf gehören

- der Startpunkt der Montage (nach Ort und Zeit),
- die Montagerichtung,
- die Zwangspunkte aus konstruktiven Vorgaben (Dehnungsfugen usw.) sowie
- endgültige und provisorische Stabilisierungsverbände.

Die Montagedurchführung umfasst

- die maximalen Stückgewichte,
- die Einsatzmöglichkeiten der Hebezeuge sowie
- die Tragfähigkeit der Hebezeuge.

Die Versorgung der Baustelle beinhaltet

- die Stromversorgung,
- die Wasserver- und -entsorgung (Brauch- und Trinkwasser) sowie
- die Nachrichtentechnik (Kommunikationsmittel wie Telefon und Telefax).

Im Rahmen der Montagegrobplanung sind folgende Einzelaufgaben zu erfüllen:

- Zusammenstellen und Vervollständigen aller für die Auftragsabwicklung erforderlichen Unterlagen,
- Bilden von Montageabschnitten und Festlegen der Montagerichtung unter Berücksichtigung der Fertigteilgewichte,

- Festlegen von Grobterminen für die einzelnen Montageabschnitte sowie
- Erstellen eines Aufstellungsplanes für die Großgeräte.

Der Übergang von der Grobplanung zur Montagefeinplanung ist i. Allg. fließend. Der Detaillierungsgrad ist abhängig vom Schwierigkeitsgrad der Montage. Folgende technischen Unterlagen sind zu erstellen:

- Hilfskonstruktionen und Anschlagvorrichtungen,
- Montageterminplan,
- Versand- bzw. Abrufplan,
- Baustelleneinrichtungsplan,
- Personaleinsatzplan,
- Geräteeinsatzplan,
- Montagebeschreibung sowie
- Vermessungsplan.

Für die Durchführung der Fertigteilmontage ist eine Fülle von Vorschriften und technischen Maßnahmen zu beachten. Zudem ist neben Montagefolgeplänen (Verlegepläne, Montagepläne) und Montagefolgelisten (Positionslisten) auch eine *Montageanweisung* entsprechend den gesetzlichen Regelungen der Unfallverhütungsvorschriften (UVV) der Bauberufsgenossenschaft zu erstellen. In Anlehnung an die Mustermontageanweisung für den Betonfertigteilbau der Fachvereinigung Deutscher Betonfertigteilbau wird die in Tabelle 2.6-51 zusammengestellte Gliederung vorgeschlagen.

Auswahl der Montagegeräte

Die Auswahl des geeigneten Montagegeräts hängt von folgenden Kriterien ab:

- Art, Form und Abmessung des Bauwerks (Geschossbau, Hallenbau, Brückenbau usw.),
- Bau- und Montageverfahren,
- Form, Abmessungen und Gewicht der zu montierenden Fertigteile,
- Lagerung, Zwischenlagerung, Montage vom Fahrzeug,
- Platzbedarf für Transport und Montage der Fertigteile sowie für den Betrieb des Hebezeugs,
- Geräteleistung (Tragkraft, Ausladung, Hubhöhe) und
- Gerätekosten (Vorhaltekosten, Auf- und Abbaukosten).

Tabelle 2.6-51 Montageanweisungen [Unruh 2008]

Teil I Allgemeine Montageanweisung (objektunabhängig)	Teil II Spezielle Montageanweisungen (objektunabhängig)
1 Personal	(Montagevorschriften für häufig vorkommende
1.1 Qualifikation	Elemente wie eingespannte Stützen, Pendelstützen,
1.2 Voraussetzung für die Arbeitsaufnahme	Riegel, Binder, Deckenplatten u. Wandplatten)
2 Weisungsbefugnisse	1 Baufreiheitsbedingungen
2.1 Verantwortlicher Fachbauleiter	2 Vorbereitungen zur Montage
2.2 Kolonnenführer	3 Montage
3 Persönliche Schutzausrüstung	4 Montagebedingte Nebenarbeiten
4 Arbeitsplätze u. Verkehrswege	5 Erforderliche Montagehilfsmittel
4.1 Allgemeines	6 Arbeitskräftebedarf
4.2 Absturzsicherung u. Auffangeinrichtung	7 Besondere Maßnahmen der Arbeitssicherheit
4.3 Anlegeleitern als Arbeitsplatz u. als Verkehrsweg	
4.4 Laufstege u. Begehen von Bauteilen	**Teil III Planung u. Montage**
4.5 Hochziehbare Personenaufnahmemittel	**(objektbezogen)**
4.6 Fahrbare Arbeitsbühnen	
5 Transportüberprüfung u. Abladen	1 Daten des Bauvorhabens
6 Lagerung	2 Arbeitsvorbereitung Montage
6.1 Allgemeines	2.1 Baustelleneinrichtungsplan einschl. Hebezeugnachweis
6.2 Waagerechte Lagerung	2.2 Abschnittseinteilung
6.3 Senkrechte Lagerung	2.3 Montagefolgeplan u. Montagefolgelisten
6.4 Geneigte Lagerung	2.4 Ressourcenplanung (Personal und Gerät)
6.5 Lagerung an u. auf Bauwerken	2.5 Montagezeitplan
7 Versetzen	2.6 Montagekalkulation
7.1 Hebezeuge	2.7 Messtechnik
7.2 Auswahl der Lastaufnahmemittel	3 Montagevorschriften für Sonderelemente
7.3 Anschlagen der Fertigteile	(falls nicht in Teil II enthalten)
8 Geltende Vorschriften	4 Objektspezifische Maßnahmen der Arbeitssicherheit

Bauwerke in Skelettbauweise, die vorwiegend für den Industrie- und Hallenbau Anwendung finden, werden üblicherweise achsenweise montiert (vertikale Montage, Abb. 2.6-60). Als Hebezeug dienen i. d. R. Autokrane mit Schrägausleger oder auf Schienen verfahrbare Turmdrehkrane, die entweder neben dem Bauwerk (Seitenmontage) oder in seiner Längsachse stehen (Vorkopfmontage).

Die Großtafelbauweise eignet sich für Wohn- und Verwaltungsbauten. Die Montage der Fertigteile erfolgt geschossweise (horizontale Montage, Abb. 2.6-61). Autokrane und auf Schienen verfahrbare Turmdrehkrane übernehmen die geschossweise Montage von außen. Feststehende Turmkrane können sinnvoll als Kletterkrane im Stahlbetonkern oder an den Geschossdecken verankert eingesetzt werden.

Die für die Fertigteilmontage geeigneten Hebezeuge sind in 2.6.3 beschrieben.

Anschlagmittel und Montagehilfskonstruktionen

Anschlagmittel. Für Transport und Montage der Stahlbetonfertigteile werden in den Fertigteilen

Transportanker angeordnet, die mit den zugehörigen Lastaufnahme- bzw. Anschlagmitteln ein Transportankersystem bilden. Für Transportanker, z. B. Gewindehülsen, verpresster Betonrippenstahl und Seilschlaufen mit verpresstem Gewindestück (Abb. 2.6-62), und die entsprechenden Anschlagmittel müssen Einbau- und Verwendungsanleitungen der Hersteller vorliegen. Die Bemessung der Transportanker und Lastaufnahmemittel muss die Eigenlast des Stahlbetonfertigteils, Zuschläge für die Auswirkung dynamischer Lasten und den Spreizwinkel des Seilgehänges berücksichtigen (Abb. 2.6-63).

Montagehilfskonstruktionen. Darunter versteht man Konstruktionsteile, die vorübergehend benötigt werden. Sie gewährleisten die Standsicherheit und Stabilität im Montageprozess sowie die Genauigkeit des Zusammenbaus. Zur Anwendung kommen je nach Montageaufgabe Hilfsstützen, Gerüsttürme, Stapeltürme, Abspannungen und sonstige Hilfskonstruktionen für spezielle Montageaufgaben wie Verschubbahnen, Zugangsgerüste, Hilfseinspannungen und Montagetraversen.

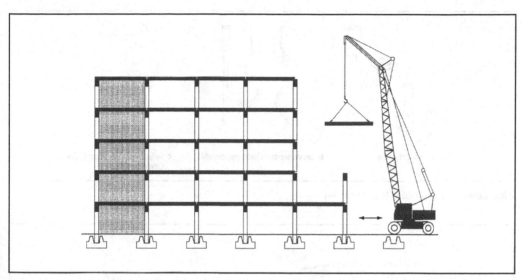

Abb. 2.6-60 Vertikale Montagerichtung von unten nach oben [Weller 1986]

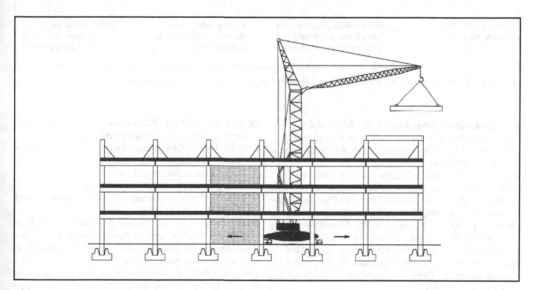

Abb. 2.6-61 Horizontale oder geschossweise Montagerichtung [Weller 1986]

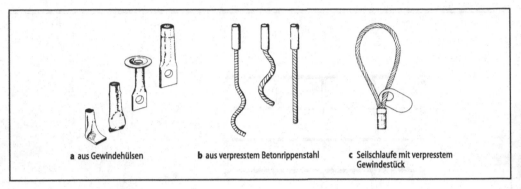

a aus Gewindehülsen   **b** aus verpresstem Betonrippenstahl   **c** Seilschlaufe mit verpresstem Gewindestück

Abb. 2.6-62 Transportanker [Kaymer 1999]

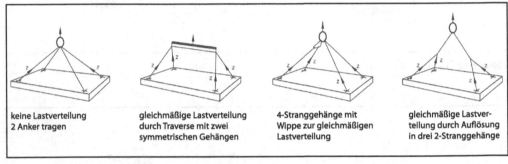

keine Lastverteilung 2 Anker tragen   gleichmäßige Lastverteilung durch Traverse mit zwei symmetrischen Gehängen   4-Stranggehänge mit Wippe zur gleichmäßigen Lastverteilung   gleichmäßige Lastverteilung durch Auflösung in drei 2-Stranggehänge

Abb. 2.6-63 Möglichkeiten zur gleichmäßigen Lastverteilung bei 4-Stranggehängen [Unruh 2008]

Literaturverzeichnis Kap. 2.6.1 bis 2.6.6

Arbed Spundwand-Programm (1987) Fa. Krupp, Essen

Aumund (1995) Firmenprospekt Aumund Fördertechnik GmbH, Rheinberg

Bauer (1997) Firmenprospekt Fa. Bauer, Schrobenhausen

BGL (2007) Baugeräteliste – technisch-wirtschaftliche Baumaschinendaten. Hauptverband der Deutschen Bauindustrie e.V. (Hrsg) Bauverlag, Wiesbaden

Bayer E, Hampen R, Moritz H (1995) Beton-Praxis – Ein Leitfaden für die Baustelle. Bundesverband der Deutschen Zementindustrie Köln (Hrsg) Betonverlag, Düsseldorf

Brandt J, Rösel W u. a. (1995) Betonfertigteile im Skelett- und Hallenbau. Fachvereinigung Deutscher Betonfertigteilbau e.V., Bonn

Buja H-O (2001) Handbuch des Spezialtiefbaus – Geräte und Verfahren. Werner Verlag, Düsseldorf

DBV-Merkblatt (2002a) Abstandshalter. Deutscher Betonverein e.V. (Hrsg) Eigenverlag, Wiesbaden

DBV-Merkblatt (2002b) Betondeckung und Bewehrung. Deutscher Betonverein e.V. (Hrsg) Eigenverlag, Wiesbaden

DBV-Merkblatt (2003) Rückbiegen. Deutscher Betonverein e.V. (Hrsg) Eigenverlag, Wiesbaden

DBV-Merkblatt (2004) Betonierbarkeit von Bauteilen aus Beton und Stahlbeton. Deutscher Betonverein e.V. (Hrsg) Eigenverlag, Wiesbaden

Drees G, Sommer H, Eckert G (1980) Zweckmäßiger Einsatz von Turmdrehkranen auf Hochbaustellen. BMT (1980) H 12, S 822–843

EAB-100 (1996): Empfehlungen des Arbeitskreises Baugruben auf Grundlage des Teilsicherheitskonzeptes der Deutschen Gesellschaft für Erd- und Grundbau e. V. Verlag Ernst & Sohn, Berlin

Gerne L (1999) Betonfertigteilbau. Arbeitsvorbereitung und Montage von Stahlbetonfertigteilen. In: Handbuch Betonfertigteile, Betonwerkstein, Terrazzo. 2. Aufl. Beton-Verlag, Düsseldorf

Heuer H, Gubany J, Hinrichsen G (1994) Baumaschinentagebuch. Ratgeber für die Baupraxis. Bauverlag, Wiesbaden

Hoffmann FH (1997) Aufwand und Kosten zeitgemäßer Schalverfahren. Zeittechnik-Verlag, Neuisenburg

Hoffmann FH (1993) Schalungstechnik mit System. Bauverlag, Wiesbaden

Hoffmann M (2006) Zahlentafel für den Baubetrieb. Teubner Verlag, Stuttgart

Kaymer FK (1999) Betonfertigteilbau. Anforderungen an Betonfertigteilwerke und Herstellung von Betonfertigteilen. In: Handbuch Betonfertigteile, Betonwerkstein, Terrazzo. 2. Aufl. Beton-Verlag, Düsseldorf

König H (2005) Maschinen im Baubetrieb – Grundlagen und Anwendung. Teubner Verlag, Wiesbaden

Kotulla B (1994) Industrielles Bauen. 3 Bde. Expert-Verlag, Ehningen

Liebherr (1990) Werksunterlagen Fa. Liebherr. Mischtechnik Qualitätsbeton, Bad Schussenried

Liebherr (Hrsg) (1992) Technisches Handbuch Erdbewegungen. Bulle/FR (Schweiz)

Liebherr (1994) Firmenprospekt Fa. Liebherr, Ehingen

Liebherr (1995) Firmenprospekt Fa. Liebherr, Biberach

Muster-Montageanweisungen für den Betonfertigteilbau (1995) Fachvereinigung Deutscher Betonfertigteilbau, Bonn

Olshausen HG (1997) Betonschalungen. Jahrbuch 1997. VDI-Gesellschaft Bautechnik. Hrsg: Verein Deutscher Ingenieure, Düsseldorf

Petzschmann E (1994) Berechnung von Schadenersatz bei Bauverzögerungen. Schriftenreihe der Deutschen Gesellschaft für Baurecht e. V. Bd. 21. Bauverlag, Wiesbaden

Petzschmann E (1998) Der Baubetrieb des Beton- und Stahlbetonbaus. In: Avak R, Goris A (Hrsg) Stahlbetonbau aktuell. Beuth Verlag, Berlin und Werner Verlag, Düsseldorf

Riker R (1996) Maschinentechnik im Betonbau. Ernst und Sohn, Berlin

Rosenheinrich G, Pietzsch W (1998) Erdbau. Werner Verlag, Düsseldorf

Russwurm D (1993) Betonstähle für den Stahlbetonbau: Eigenschaften und Verwendung (unter Mitarbeit von H. Martin). Institut für Stahlbetonbewehrung e.V., München. Bauverlag, Wiesbaden

Schnell W (1995) Verfahrenstechnik zur Sicherung von Baugruben. Teubner Verlag, Stuttgart

Stein D, Möllers K, Bielecki R (1988) Leitungstunnelbau. Verlag Ernst & Sohn, Berlin

Steinle A, Hahn V (1995) Bauen mit Betonfertigteilen im Hochbau. Verlag Ernst & Sohn, Berlin

StLB (1993): StLB Standardleistungsbuch für das Bauwesen. LB 002 Erdarbeiten, LB 008 Wasserhaltungsarbeiten. Beuth-Verlag, Berlin

StVO (2001) Straßenverkehrs-Ordnung – §§18, 46. In: Straßenverkehrsrecht. Deutscher Taschenbuch Verlag (dtv), München

StVZO (2001) Straßenverkehrs-Zulassungs-Ordnung – §§ 32, 32a, 34, 70. In: Straßenverkehrsrecht. Deutscher Taschenbuch Verlag (dtv), München

Unruh H-P (2008) Fertigteilbau. In: Proporowitz, A. (Hrsg) Baubetrieb – Bauverfahren, Hanser Verlag, Leipzig

VDI-Lexikon Bauingenieurwesen (1997) Springer, Berlin/Heidelberg/New York

VOB (2006) Teile A, B und C. Vergabe- und Vertragsordnung für Bauleistungen. DIN – Deutsches Institut für Normung e.V. (Hrsg) Beuth-Verlag, Berlin

Voth B (1995) Tiefbaupraxis – Konstruktion, Verfahren, Herstellungsabläufe im Ingenieurtiefbau. Bauverlag, Wiesbaden

Vygen K Schubert E, Lang A (2008) Bauverzögerung und Leistungsänderung: rechtliche und baubetriebliche Probleme und ihre Lösungen. 2. Aufl. Bauverlag, Wiesbaden

Weller K (1986) Industrielles Bauen 1. Kohlhammer-Verlag, Stuttgart

ZTVA-StB89: Zusätzliche Technische Vertragsbedingungen und Richtlinien für Aufgrabungen in Verkehrsflächen

ZTVE-StB94: Zusätzliche Technische Vertragsbedingungen und Richtlinien für Erdarbeiten im Straßenbau (ZTVE-StB) (1997)

Normen

ATV-A125: Rohrvortrieb (09.96)

ATV-A127: Richtlinie für die statische Berechnung von Entwässerungskanälen und -leitungen (12.88)

ATV-A161: Statische Berechnung von Vortriebsrohren (01/90)

DIN 459: Mischer für Beton und Mörtel. Teil 1: Begriffe, Leistungsermittlung, Größen (11.95)

DIN 488: Betonstahl; Sorten, Eigenschaften, Werkkennzeichen (Entwurf 11.2006)

DIN 1045: Beton- und Stahlbetonbau; Bemessung und Ausführung (07.2001)

DIN 1054: Baugrund; Zulässige Belastung des Baugrundes (2005-01)

DIN 1998: Unterbringung von Leitungen und Anlagen in öffentlichen Flächen (05.78)

DIN 4099: Schweißen von Betonstahl; Ausführung und Prüfung (2003)

DIN 4102: Brandverhalten von Baustoffen und Bauteilen. Teil 4: Zusammenstellung und Anwendung klassifizierter Baustoffe, Bauteile und Sonderbauteile (03.94)

DIN 4123: Gebäudesicherung im Bereich von Ausschachtungen, Gründungen und Unterfangungen (05.72)

DIN 4124: Baugruben und Gräben; Böschungen, Arbeitsraumbreiten, Verbau (2002-10)

DIN 4235: Verdichten von Beton durch Rütteln (12.78)

DIN 4420-1 bis -3: Arbeits- und Schutzgerüste (03.04; 12.90; 01.06)

DIN 18196: Erd- und Grundbau; Bodenklassifikation für bautechnische Zwecke (2006-06)

DIN 18300: Vergabe- und Vertragsordnung für Bauleistungen (VOB) Teil C: Allgemeine Technische Vertragsbedingungen für Bauleistungen (ATV) – Erdarbeiten (2002-12)

DIN 18303: Verbauarbeiten (2006-10)

DIN 18319: Vergabe- und Vertragsordnung für Bauleistungen (VOB) Teil C: Allgemeine Technische Vertragsbedingungen für Bauleistungen (ATV) – Rohrvertriebsarbeiten (2006-10)

DIN 18320: Vergabe- und Vertragsordnung für Bauleistungen (VOB) Teil C: Allgemeine Technische Vertragsbedingungen für Bauleistungen (ATV) – Landschaftsbauarbeiten (2006-10)

DIN EN 1295 Teil 1: Statische Berechnung von erdverlegten Rohrleitungen unter verschiedenen Belastungsbedingungen. Teil 1: Allgemeine Anforderungen (09.97)

DIN EN 1610: Verlegung und Prüfung von Abwasserleitungen und -kanälen (10.97)

DIN EN 805: Wasserversorgung; Anforderungen an Wasserversorgungssysteme und deren Bauteile außerhalb von Gebäuden (03.00)

DIN EN 12812: Traggerüste (12.08)

DIN 18218: Frischbetondruck (01.10)

DIN EN 12889: Grabenlose Verlegung und Prüfung von Abwasserleitungen und -kanälen (03.00)

DIN ISO9245: Leistung der Maschinen; Erdbaumaschinen (01.95)

2.6.7 Leitungsbau

Dietrich Stein

2.6.7.1 Allgemeines

Zuverlässige Leitungssysteme für die Ver- und Entsorgung sind ein wesentlicher Bestandteil von Siedlungsstrukturen. In Deutschland sind die Leitungen unterirdisch im Straßenkörper, durch DIN 1998 nach Lage und Tiefe geregelt, untergebracht. Versorgungsleitungen für z. B. Wasser, Gas, Strom und Kommunikation liegen i. d. R. in Gehwegen, Radwegen, Parkbuchten oder Grünstreifen (ohne Baumpflanzungen) – Abwasserkanäle in der Fahrbahn. Die Leitungen werden in offener, geschlossener und halboffener Bauweise verlegt.

2.6.7.2 Offene Bauweise

Die offene Bauweise wird charakterisiert durch das Ausheben eines Grabens, Verlegen der Leitung im Schutze einer Böschung oder eines Verbaus und anschließendes Verfüllen des Grabens (Grabenleitung). Je nach Erfordernis sind bei dieser Bauweise unterschiedliche Grabenquerschnitte vom geböschten Graben bis zu Gräben mit senkrechten Wänden möglich. Daneben kommen auch Kombi-

nationen vor wie Stufengräben mit senkrechten, geböschten oder teilweise geböschten Grabenwänden (Abb. 2.6-64).

Mit dem Grabenaushub ergeben sich unterschiedliche Baugrundzonen: der anstehende Boden und der gestörte Baugrund im Bereich des Grabenquerschnitts bzw. in der Dammschüttung. Dabei bestimmen die Grabentiefe und -breite die Abmessungen des gestörten Baugrundbereichs.

Bei Gräben bis zu einer Tiefe von 1,25 m, die zwar betreten werden, aber keinen betretbaren Arbeitsraum zum Verlegen oder Prüfen von Leitungen haben müssen (z. B. bei Erdkabelgräben), sind in Abhängigkeit von der Regelverlegetiefe mindestens die in Tabelle 2.6-52 angegebenen lichten Grabenbreiten einzuhalten. Die Mindestgrabenbreite von Rohrgräben mit betretbarem Arbeitsraum in Abhängigkeit der Nennweite DN enthält Tabelle 2.6-53.

Gräben und Baugruben bis höchstens 1,25 m Tiefe dürfen ohne besondere Sicherung mit senkrechten Wänden hergestellt werden, wenn die sich anschließende Geländeoberfläche bei nichtbindigen Böden nicht stärker als 1:10 und bei bindigen Böden nicht stärker als 1:2 geneigt ist [DIN 4124].

In mindestens steifen bindigen Böden sowie bei Fels darf bis zu einer Tiefe von 1,75 m ausgehoben werden, wenn der Wandbereich, der mehr als 1,25 m über der Sohle liegt, unter einem Winkel $\beta \leq 45°$ abgeböscht wird und die Geländeoberfläche nicht steiler als 1:10 ansteigt.

Nicht verbaute Leitungsgräben, die tiefer als 1,25 m bzw. 1,75 m sind, müssen in Abhängigkeit von den bodenmechanischen Gegebenheiten mit abgeböschten Wänden hergestellt werden [DIN 4124].

Ohne rechnerischen Nachweis der Standsicherheit dürfen folgende Böschungswinkel nicht überschritten werden:

– bei nichtbindigen oder weichen bindigen Böden $\beta = 45°$,
– bei steifen oder halbfesten bindigen Böden $\beta = 60°$,
– bei Fels $\beta = 80°$.

In allen davon abweichenden Situationen ist der Leitungsgraben zu verbauen. Als Verbau kommen im Wesentlichen die folgenden Verkleidungs- und Aussteifungs- bzw. Verankerungskonstruktionen in Frage [DIN 4124]:

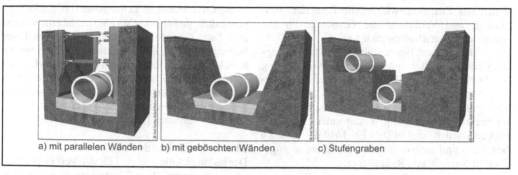

a) mit parallelen Wänden   b) mit geböschten Wänden   c) Stufengraben

Abb. 2.6-64 Grabenquerschnitte in Anlehnung an ATV-A 127 (Quelle: Prof. Dr.-Ing. Stein & Partner GmbH)

– Für Baugruben mit geringen Abmessungen sowie Gräben
  – Grabenverbaugeräte,
  – waagerechter Grabenverbau sowie
  – senkrechter Grabenverbau.
– Für Baugruben oder Gräben, bei denen die erforderlichen steifenfreien Räume, die Anforderung nach Wasserdichtheit oder geringer Verformbarkeit der Baugrubenwand, die Bodenverhältnisse oder andere Gründe die Anwendung der Verbauarten für Baugruben mit geringen Abmessungen sowie Gräben nicht zulassen oder unzweckmäßig erscheinen:
– Spundwände,
– Trägerbohlwände,
– Schlitzwände,
– Pfahlwände,
– durch Injektion, im Düsenstrahlverfahren oder Vereisung verfestigte Erdwände sowie
– Unterfangungswände nach DIN 4123.

Im Grabenquerschnitt unterscheidet man zwischen der Leitungszone, bestehend aus Bettungszone, Seitenverfüllung und Abdeckzone, und der Hauptverfüllung.

Rohrleitungen und zugehörige Bauwerke sind im Wesentlichen technische Konstruktionen, bei

Tabelle 2.6-52 Lichte Mindestgrabenbreiten für Gräben ohne Arbeitsraum (Angaben gelten nicht für Abwasserkanäle und -leitungen nach DIN EN 1610) [DIN 4124]

Regelverlegetiefe h [m]	Lichte Mindestgrabenbreite b [m]
h ≤ 0,7	0,30
0,7 < h ≤ 0,9	0,40
0,9 < h ≤ 1,00	0,50
1,00 < h ≤ 1,25	0,60

Tabelle 2.6-53 Mindestgrabenbreiten in Abhängigkeit von der Nennweite [DIN EN 1610]

DN	Mindestgrabenbreite (OD + x)[1] [m]		
	Verbauter Graben	Unverbauter Graben	
		β > 60°	β ≤ 60°
DN ≤ 225	OD + 0,40	OD + 0,40	
225 < DN ≤ 350	OD + 0,50	OD + 0,50	OD + 0,40
350 < DN ≤ 700	OD + 0,70	OD + 0,70	OD + 0,40
700 < DN ≤ 1200	OD + 0,85	OD + 0,85	OD + 0,40
1200 < DN	OD + 1,00	OD + 1,00	OD + 0,40

[1] Bei den Angaben OD + x entspricht x/2 dem Mindestraum zwischen Rohr und Grabenwand bzw. Grabenverbau.
Dabei ist:
OD der Außendurchmesser des Rohres [m]
β der Böschungswinkel des unverbauten Grabens, gemessen gegen die Horizontale

denen das Zusammenwirken von Bauteilen, Einbettung und Verfüllung die Grundlage für die Stand- und Betriebssicherheit ist.

Vor Beginn der Bauausführung muss die Tragfähigkeit einer Rohrleitung in Übereinstimmung mit DIN EN 1295 Teil 1 nachgewiesen, entschieden oder vorgegeben sein [DIN EN 1610]. Die Verlegung und Prüfung von Rohrleitungen, die unter Freispiegelbedingungen oder unter Druck betrieben werden, sind in DIN EN 1610 geregelt. Zu beachten sind weiterhin die in der Literatur angeführten Normen und Regelwerke.

2.6.7.3 Geschlossene Bauweise

Die geschlossene Bauweise ist durch die unterirdische Verlegung der Leitungen gekennzeichnet. Sie wird immer dann gewählt, wenn diese Ausführungsart aus verkehrstechnischen, baulichen und wirtschaftlichen Gründen oder wegen ihrer geringen Umweltbeeinflussung erforderlich ist bzw. besondere Vorteile bietet [DWA-A 125].

Neben den heute im Leitungsbau vornehmlich angewandten grabenlosen Vortriebsverfahren gehören auch Tunnel- und Stollenvortriebsverfahren zu dieser Verfahrensgruppe. Zur unterirdischen Verlegung von Kabeln und Druckleitungen werden auch Horizontal-Spülbohrverfahren angewandt. Bei den Verfahren des grabenlosen Leitungsbaus durch Vortrieb unterscheidet man zwischen bemannt und unbemannt arbeitenden Verfahren [Stein 2003, Stein 2005].

Bemannt arbeitende Verfahren
Der bislang häufig pauschal für alle Verfahrenstechniken verwendete Begriff Rohrvortrieb darf seit Erscheinen der Europanorm DIN EN 12889 nur noch für die zur bemannt arbeitenden Verfahrenshauptgruppe zählende Verfahrensgruppe „Rohrvortrieb" (engl. Pipe jacking) benutzt werden.

Beim Rohrvortrieb werden Vortriebsrohre ≥ DN 1200 von einem Startschacht aus mit Hilfe einer hydraulischen Presseinrichtung bzw. Hauptpressstation unter Zuhilfenahme von Zwischenpressstationen durch den Baugrund bis in einen Zielschacht vorgetrieben (Abb. 2.6-65). Gleichzei-

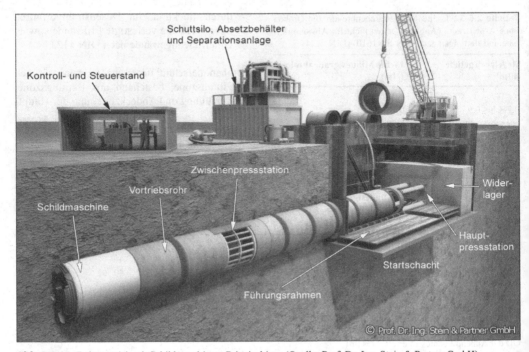

Abb. 2.6-65 Rohrvortrieb mit Schildmaschine – Prinzipskizze (Quelle: Prof. Dr.-Ing. Stein & Partner GmbH)

Tabelle 2.6-54 Zulässige Lichtraumprofile nach BGV C 22 für den Personaleinsatz beim Rohrvortrieb in Abhängigkeit der Vortriebslänge in Anlehnung an [DWA-A 125]

Vortriebslänge L [m]	Lichtraumprofil [mm]			Nennweite DN
	Durchmesser	Höhe	Breite	
0 ≤ L < 50	800	800	600	1000
50 ≤ L < 100	1000	1000		1200
100 ≤ L < 250	1200	1200		1400
L ≥ 250	1400	1400		1600

tig wird der Boden an der Ortsbrust abgebaut und durch den vorgetriebenen Rohrstrang entfernt.

Der o. a. Innendurchmesser darf in Ausnahmefällen in Abhängigkeit der Vortriebsstrecke reduziert werden (Tabelle 2.6-54) [DWA-A 125].

Die wichtigsten Funktionsteile beim Rohrvortrieb sind (Abb. 2.6-65):

– Schildmaschine,
– Vortriebsrohre,
– Pressstation bzw. Hauptpressstation (bestehend aus Führungsrahmen, Vorschubzylinder, Druckring und Widerlager),
– Zwischenpressstationen (bei Vortriebslängen > 100 m),
– Fördersystem mit dazugehörigen Fördereinrichtungen (für den Abtransport des abgebauten Bodens an der Ortsbrust nach über Tage),
– Kran(bahn) für Montage und Demontage der Schildmaschine sowie den Einbau der Vortriebsrohre,
– Hydraulikaggregat,
– System zur Schmierung des Rohrstrangs (Reduzierung der Mantelreibung) sowie
– Belüftungseinrichtungen (falls erforderlich).

Von ihrem Zusammenwirken im Gesamtsystem hängt der technische und wirtschaftliche Erfolg dieses Verfahrens in hohem Maße ab. Die Funktionsteile sind deshalb in ihren Abmessungen, Kräften und Geschwindigkeiten aufeinander abzustimmen.

Die Schildmaschine hat beim Rohrvortrieb die Aufgaben,

– die Mannschaft zu schützen,
– den nötigen Hohlraum zu schaffen, damit der nachfolgende Rohrstrang mit einem Minimum an Bodenverformungen bei geringmöglicher Mantelreibung eingepresst werden kann,
– den Hohlraum solange zu sichern, bis die Vortriebsrohre endgültig alle Lasten und Kräfte aufnehmen,
– die Ortsbrust gegen hereinbrechendes Locker-/Festgestein sowie Grundwasser zu sichern und
– den Vortrieb bei Einhaltung der zugelassenen Abweichungen auf der geplanten Trasse und Gradiente zu steuern.

Prinzipiell können beim bemannt arbeitenden Rohrvortrieb Handschilde, mechanisch teilflächig abbauende Schilde und mechanisch vollflächig abbauende Schilde Anwendung finden.

Zur Beseitigung des Wassers in Wasser führenden Böden bestehen folgende Möglichkeiten: Ableitung des Wassers durch die Vortriebsstrecke (offene Wasserhaltung), Grundwasserabsenkung, kombinierte Verfahren sowie Stützung durch Druckluft und/oder Flüssigkeit [DWA-A 125].

Unbemannt arbeitende Verfahren
Zu den unbemannt arbeitenden Verfahren zählen nach DIN EN 12889 alle „Verfahren ohne Einsatz von Personal an der Ortsbrust während des Vortriebs."

Tabelle 2.6-55 Übersicht der unbemannt arbeitenden, nichtsteuerbaren Bodenverdrängungsverfahren [Stein 2003]

Verfahren und Arbeitsweise	Systemskizze	Erfahrungswerte für den Anwendungsbereich				Einsatzbereich bzw. Bodenklasse nach DIN 18319
		Bohrlochdurchmesser bzw. Rohrnennweite	Vortriebslänge [m]	Vortriebsleistung [m/h]	Mindestüberdeckungshöhe	
Verfahren mit Verdrängungshammer Selbsttätiger Vortrieb eines druckluftbetriebenen Verdrängungshammers mit Hilfe von Rammenergie und sofortiges oder nachträgliches Einziehen oder Einschieben der Leitung(en) in das durch Verdrängen des Bodens hergestellte Bohrloch.		45 mm bis 180 mm (bis 300 mm mit Aufweitungshülse)	I.d.R. ≤ 25	≤ 20	I.d.R. 10 x DN/OD; bei DB AG 12 x DN/OD, jedoch mind. 1,50 m	Geradlinige Bohrungen; trockene oder erdfeuchte verdrängungsfähige homogene Lockergesteine der Bodenklassen L, ohne Grundwasser
Verfahren mit Horizontalramme und geschlossenem vorderen Rohrende (Horizontalramme mit geschlossenem Rohr) Vortrieb eines geschlossenen Stahlrohrstranges durch Einrammen bei gleichzeitigem Verdrängen des Bodens.		≤ DN/OD 150	≤ 20	1 bis 10	12 x DN/OD	Geradlinige Bohrungen, verdrängungsfähiges Lockergestein der Bodenklassen L, auch mit Grundwasser
Horizontal-Pressbohrverfahren mit Aufweitungsteil Vortrieb eines starren Pilotbohrstrangs durch Verdrängen des Bodens und anschließendes Einziehen oder Einpressen der Leitung(en) hinter einem am Pilotbohrgestänge montierten Aufweitungsteil.		≤ DN/OD 100 (≤ DN/OD 150)[1]	≤ 15 (≤ 30)[1]	1 bis 8 (bis 40)[1]	10 x DN/OD, jedoch ≥ 1 m	Geradlinige Bohrungen, verdrängungsfähiges Lockergestein (N-Wert = 0 bis 30)[1] der Bodenklassen LNE/ LNW 1 und 2 sowie LBO/ LBM 1 und 2, auch im Grundwasser

[1] Werte in Klammern geben Erfahrungen im asiatischen Raum, insbesondere in Japan wieder.

Tabelle 2.6-56 Übersicht der unbemannt arbeitenden, nichtsteuerbaren Bodenentnahmeverfahren [Stein 2003]

Verfahren und Arbeitsweise	Systemskizze	Erfahrungswerte für den Anwendungsbereich				Einsatzbereich bzw. Bodenklasse nach DIN 18319
		Bohrlochdurchmesser bzw. Rohrnennweite	Vortriebslänge [m]	Vortriebsleistung [m/h]	Mindestüberdeckungshöhe	
Verfahren mit Horizontalramme und offenem Rohr Vortrieb eines vorne offenen Stahlrohrstranges durch Einrammen. Der in das Rohr eintretende Erdkern wird kontinuierlich, in angemessenen Intervallen oder nach beendetem Vortrieb entfernt.		≤ DN/OD 2000 (im Ausnahmefall auch bis DN/OD 3500)	≤ 100	5 bis 20	I.d.R. 2 x DN/OD, jedoch mind. 1,0 m; bei DB AG 2,5 x DN/OD + 0,70 m, jedoch mind. 1,50 m	Geradlinige Bohrungen; Lockergestein der Bodenklassen LNE/LNW 1 bis 3, LBM 2 und 3 sowie LBO 2 und Fels (Klassen F), ohne Grundwasser
Horizontal-Erdbohrverfahren (Schneckenbohren ohne Verrohrung) Herstellung einer Bohrung mit Hilfe eines Schneckenbohrstranges bei gleichzeitiger Abförderung des gelösten Bohrgutes aus dem unverrohrten Bohrloch in den Startschacht.		90 mm bis 220 mm	≤ 20	1 bis 15	1,0 m	Geradlinige Bohrungen; homogenes, standfestes Lockergestein der Bodenklassen LBO 2 und 3 bzw. LBM 2 bis 3 sowie LNE 2 und 3 bzw. LNW 2 und 3, ohne Grundwasser
Horizontal-Pressbohrverfahren Vortrieb einer Stahlrohrleitung bei gleichzeitigem Abbau der Ortsbrust durch einen rotierenden Bohrkopf und kontinuierlicher Bohrgut-/Bohrkleinabförderung durch einen Schneckenbohrgestängestrang.		≤ DN/OD 1600	≤ 100	1 bis 12	2 x DN/OD, jedoch mind. 0,80 m; bei DB AG 2,5 x OD/DN + 0,70 m, jedoch mind. 1,5 m	Geradlinige Bohrungen; Lockergestein der Klassen L und Festgestein der Klassen F, ohne Grundwasser
Hammerbohrung Herstellung einer verrohrten Bohrung mit Hilfe eines im Bohrkopf installierten, druckluftbetriebenen Schlaghammers (Imlochhammer). Der gelöste Boden wird mechanisch über Förderschnecken und/oder Druckluft als Spülmittel entfernt.		≤ 1140 (max. DN/OD 1080)	≤ 100 (im Ausnahmefall bis 300)	6 bis 15	Keine Angabe	In wenig standfestem und sehr häufig inhomogenem Lockergestein mit Einlagerungen von extremer Härte, von Geröllteilen, von Konglomeraten mit weichen Bindemitteln sowie Fels der Klassen F; ohne Grundwasser
Horizontal-Pressbohrverfahren mit Räumer Herstellung einer ungesteuerten Pilotbohrung durch Bodenverdrängung und anschließender ungesteuerter Aufweitbohrung durch Vortrieb der Rohrleitung(en) durch Einpressen oder Einziehen hinter einem rotierenden Räumer bei gleichzeitigem Herauspressen oder Herausziehen des Pilotbohr(gestänge)stranges.		I.d.R. 150 ≤ DN/ID ≤ 400	≤ 80	1. Phase: 5 bis 10 2. Phase: 2 bis 3	DN/OD, jedoch mind. 1,0 m	Geradlinige Bohrungen, verdrängungsfähiges Lockergestein der Bodenklassen L, ohne Grundwasser

Tabellen 2.6-57 Übersicht der unbemannt arbeitenden, steuerbaren Verfahren [Stein 2003]

Verfahren und Arbeitsweise	Systemskizze	Erfahrungswerte für den Anwendungsbereich				
		Bohrlochdurchmesser bzw. Rohrnennweite	Vortriebslänge [m]	Vortriebsleistung [m/h]	Mindestüberdeckungshöhe	Einsatzbereich bzw. Bodenklasse nach DIN 18319
Pilotrohrvortrieb Herstellung einer gesteuerten Pilotbohrung, entweder nach dem Bodenverdrängungs- oder dem Bodenentnahmeprinzip, und anschließender ungesteuerter Aufweitbohrung(en) mittels Bodenverdrängung oder -entnahme und Vortrieb der Rohrleitung(en) durch Einpressen, Einschieben oder Einziehen im letzten Arbeitsschritt bei gleichzeitigem Herauspressen, Herausschieben oder Herausziehen des Pilotbohr(gestänge)stranges oder Interimsrohrstranges.		$150 \leq$ DN/ID ≤ 800 (max. DN/OD 1200)	≤ 80	1. Phase: 5 bis 10 2. Phase: 2 bis 3 3. Phase: ≥ 5	$\geq$ DN/OD, mind. 1,0 m	I.d.R. geradlinige Bohrungen; verdrängungsfähiges Lockergestein der Bodenklassen L, im Grundwasser bis max. 3,0 m mit Zusatzausrüstung[1]
Mikrotunnelbau Unbemannt, ferngesteuert arbeitendes, einphasiges oder zweiphasiges Verfahren, bei dem nichtbegehbare Vortriebsrohre unmittelbar hinter einer Vortriebsmaschine von einem Startschacht aus durch Einpressen oder Einschieben in den Baugrund bis zu einem Zielschacht vorgetrieben werden. Die Abförderung des Bohrgutes/Bohrkleins erfolgt hierbei entweder mit Schneckenförderung, mit hydraulischer Förderung oder mit pneumatischer Förderung oder mit mechanischer Förderung.		Lichter Rohrdurchmesser < 1200 mm, d.h. mind. $<$ DN/ID 1200	≤ 500	Verfahrensabhängig 0,3 bis 2,0	Verfahrensabhängig mind. $\geq$ DN/OD, mind. 1,0 m	I.d.R. geradlinige Bohrungen; Locker- und Festgestein der Bodenklassen L und F mit Steinklassen 1 bis 4, ohne und mit Grundwasser
Spülbohrverfahren (HDD) Direktes Spülbohrverfahren mit einem flüssigen (Horizontal Directional Drilling) oder gasigen (Dry Horizontal Directional Drilling) Spülmittel zur Verlegung von Leitungen in mehreren Arbeitsschritten. Nach der gesteuerten Pilotbohrung wird die Bohrung mit Räumern erweitert, bis der für das Einziehen der Leitung(en) erforderliche Durchmesser erreicht ist.		≤ 1800 mm (max. DN/OD 1400)		0,3 bis 20	10 DN/OD bis 15 DN/OD	Geradlinige und Bohrungen mit Kurvenradien ≥ 35 m; Locker- und Festgestein der Klassen L und F, ohne und mit Grundwasser

Tabelle 2.6-57 Fortsetzung

Verfahren und Arbeitsweise	Systemskizze	Erfahrungswerte für den Anwendungsbereich				Einsatzbereich bzw. Bodenklasse nach DIN 18319
		Bohrlochdurchmesser bzw. Rohrnennweite	Vortriebslänge [m]	Vortriebsleistung [m/h]	Mindestüberdeckungshöhe	
Verfahren mit steuerbarem Verdrängungshammer Selbsttätiger Vortrieb eines druckluftbetriebenen, steuerbaren Verdrängungshammers mit Hilfe von Rammenergie und sofortiges oder nachträgliches Einziehen oder Einschieben der Leitung(en) in das durch Verdrängen des Bodens hergestellte Bohrloch.		DN/OD 63 bzw. DN/OD 90	≤ 55	≤ 10	10 x DN/OD	Bohrungen mit Kurvenradien > 27 m; trockene oder erdfeuchte verdrängungsfähige, homogene Lockergesteine der Bodenklassen L, ohne Grundwasser
Horizontal-Bohrverfahren mit Verdrängungshammer Herstellung einer gesteuerten Pilotbohrung durch Bodenverdrängung mit Hilfe eines Bohrstranges mit pneumatisch angetriebenem Verdrängungskopf. Danach oder nach Aufweitung der Bohrung mit einem Aufweitungshammer erfolgt das Einziehen der Leitung(en).		≤ 250 mm (max. DN/OD 180)	≤ 100	Keine Angabe	10 x DN/OD	Bohrungen mit Kurvenradien ≥ 20 m; trockene oder erdfeuchte verdrängungsfähige Lockergesteine der Bodenklassen L, ohne Grundwasser
Pilotrohr-Vortrieb mit Bodenverdrängung (zweiphasig) Herstellung einer gesteuerten Pilotbohrung durch Bodenverdrängung mit einem hydraulisch ausfahrbaren Verdrängungs- und Steuerkopf und anschließender ungesteuerter Vortrieb der Rohrleitung(en) durch Einpressen oder Einziehen bei gleichzeitiger Aufweitung der Pilotbohrung mit Hilfe eines Aufweitungsteiles.		DN/ID 300 und DN/ID 400 für Einpressen, max. DN/OD 300 für Einziehen	≤ 100	Keine Angabe	≥ 2 m	Geradlinige und Bohrungen mit Kurvenradien > 150 m; sandige bzw. tonige Böden mit N-Werten < 15[2]
Mikrotunnelbau mit Bodenverdrängung Einphasiger, gesteuerter Vortrieb von Vortriebsrohren bei gleichzeitiger Verdrängung des Bodens durch eine Vortriebsmaschine mit Verdrängungs- und Steuerkopf.		252 bis 665 mm (DN/ID 200 bis DN/ID 500)	≤ 250	Bis 60	Keine Angabe	Je nach Verfahren verdrängungsfähige Lockergesteine mit N-Werten < 30

[1] Japanische Verfahren auch im Grundwasser bis 6 m und im Lockergestein mit N-Werten von 0 bis 50.

[2] Einsatz nur im asiatischen Raum, insbesondere in Japan

Von einem Startschacht aus werden vorgefertigte Rohre (Mantel- oder Produktrohre) bis in den Zielschacht eingepresst oder eingezogen. Der Boden wird entweder verdrängt und/oder an der Ortsbrust abgebaut und mechanisch, hydraulisch oder pneumatisch zum Start- oder Zielschacht gefördert oder nach Fertigstellung des Vortriebes als Erdkern aus dem Rohr entfernt [DWA-A 125].

In Abhängigkeit von der erforderlichen Ziel- oder Lagegenauigkeit des Vortriebs werden nichtsteuerbare oder steuerbare Verfahren gewählt. Einen Überblick über die unbemannt arbeitenden Verfahren vermitteln die Tabellen 2.6-55 bis 2.6-57.

2.6.7.4 Halboffene Bauweise

Die halboffene Bauweise beruht auf einer Kombination aus offener und geschlossener Bauweise, bei der Stahlbetonvortriebsrohre $\geq$ DN 1200 von einem Startschacht aus in den anstehenden Boden vorgetrieben werden. Im Gegensatz zum Rohrvortrieb wird der gelöste Boden jedoch durch eine Öffnung im Scheitel des Schneidschuhs mit Hilfe eines unmittelbar „vor Kopf" stehenden Baggers ausgehoben [Stein 1998].

Dies setzt die Herstellung eines verbauten, schmalen und bis in die Scheitelhöhe des vorgepressten Rohrstrangs auszuhebenden Grabens voraus. Der gegenüber der offenen Bauweise in Breite und Tiefe reduzierte Rohrgraben bietet die Möglichkeit der einfachen Entfernung in der Leitungstrasse angetroffener Hindernisse.

Besondere Vorteile ergeben sich für dieses kombinierte Bauverfahren bei beengten Platzverhältnissen infolge benachbarter baulicher Anlagen und Bepflanzungen, bei geringer Bodenüberdeckung (bis etwa 2 m) und bei bis zum Rohrscheitel reichendem Grundwasserstand.

Abkürzungen zu 2.6

DB AG Deutsche Bahn AG
DIN   DIN-Norm (DIN Deutsches Institut für Normung)
DN   Nennweite eines Rohres
EN   Europäische Norm
VOB   Verdingungsordnung für Bauleistungen

Literaturverzeichnis zu Kap. 2.6.7

Arbed Spundwand-Programm (1987) Fa. Krupp, Essen
Aumund (1995) Firmenprospekt Aumund Fördertechnik GmbH, Rheinberg
Bauer (1997) Firmenprospekt Fa. Bauer, Schrobenhausen
Bayer E, Hampen R, Moritz H (1995) Beton-Praxis – Ein Leitfaden für die Baustelle. Bundesverband der Deutschen Zementindustrie Köln (Hrsg) Betonverlag, Düsseldorf
BGL (2007) Baugeräteliste – technisch-wirtschaftliche Baumaschinendaten. Hauptverband der Deutschen Bauindustrie e.V. (Hrsg) Bauverlag, Wiesbaden
BGV C 22 (2002) Unfallverhütungsvorschrift Bauarbeiten vom 01.04.1977 in der Fassung vom 01.01.1997 mit Durchführungsanweisungen vom Oktober 1997 (Aktualisierte Fassung 2002)
Brandt J, Rösel W u. a. (1995) Betonfertigteile im Skelett- und Hallenbau. Fachvereinigung Deutscher Betonfertigteilbau e.V., Bonn
Buja H-O (2001) Handbuch des Spezialtiefbaus – Geräte und Verfahren. Werner Verlag, Düsseldorf
DBV-Merkblatt (2002a) Abstandhalter. Deutscher Betonverein e.V. (Hrsg) Eigenverlag, Wiesbaden
DBV-Merkblatt (2002b) Betondeckung und Bewehrung. Deutscher Betonverein e.V. (Hrsg) Eigenverlag, Wiesbaden
DBV-Merkblatt (2003) Rückbiegen. Deutscher Betonverein e.V. (Hrsg) Eigenverlag, Wiesbaden
DBV-Merkblatt (2004) Betonierbarkeit von Bauteilen aus Beton und Stahlbeton. Deutscher Betonverein e.V. (Hrsg) Eigenverlag, Wiesbaden
Drees G, Sommer H, Eckert G (1980) Zweckmäßiger Einsatz von Turmdrehkranen auf Hochbaustellen. BMT (1980) H 12, S 822–843
EAB-100 (1996): Empfehlungen des Arbeitskreises Baugruben auf Grundlage des Teilsicherheitskonzeptes der Deutschen Gesellschaft für Erd- und Grundbau e. V. Verlag Ernst & Sohn, Berlin
Gerne L (1999) Betonfertigteilbau. Arbeitsvorbereitung und Montage von Stahlbetonfertigteilen. In: Handbuch Betonfertigteile, Betonwerkstein, Terrazzo. 2. Aufl. Beton-Verlag, Düsseldorf
Heuer H, Gubany J, Hinrichsen G (1994) Baumaschinentagebuch. Ratgeber für die Baupraxis. Bauverlag, Wiesbaden
Hoffmann FH (1997) Aufwand und Kosten zeitgemäßer Schalverfahren. Zeittechnik-Verlag, Neuisenburg
Hoffmann FH (1993) Schalungstechnik mit System. Bauverlag, Wiesbaden
Hoffmann M (2006) Zahlentafel für den Baubetrieb. Teubner Verlag, Stuttgart
Kaymer FK (1999) Betonfertigteilbau. Anforderungen an Betonfertigteilwerke und Herstellung von Betonfertigteilen. In: Handbuch Betonfertigteile, Betonwerkstein, Terrazzo. 2. Aufl. Beton-Verlag, Düsseldorf
König H (2005) Maschinen im Baubetrieb – Grundlagen und Anwendung. Teubner Verlag, Wiesbaden

Kotulla B (1994) Industrielles Bauen. 3 Bde. Expert-Verlag, Ehningen

Liebherr (1990) Werksunterlagen Fa. Liebherr. Mischtechnik Qualitätsbeton, Bad Schussenried

Liebherr (Hrsg) (1992) Technisches Handbuch Erdbewegungen. Bulle/FR (Schweiz)

Liebherr (1994) Firmenprospekt Fa. Liebherr, Ehingen

Liebherr (1995) Firmenprospekt Fa. Liebherr, Biberach

Liepe H, Stein D (2008) DIN 18319 Rohrvortriebsarbeiten. Auszug aus „Beck'scher VOB-Kommentar, VOB Teil C", 2. Aufl. Verlag C.H. Beck, München, und Beuth, Berlin/Wien/Zürich

Muster-Montageanweisungen für den Betonfertigteilbau (1995) Fachvereinigung Deutscher Betonfertigteilbau, Bonn

Olshausen HG (1997) Betonschalungen. Jahrbuch 1997. VDI-Gesellschaft Bautechnik. Hrsg: Verein Deutscher Ingenieure, Düsseldorf

Petzschmann E (1994) Berechnung von Schadenersatz bei Bauverzögerungen. Schriftenreihe der Deutschen Gesellschaft für Baurecht e. V. Bd. 21. Bauverlag, Wiesbaden

Petzschmann E (1998) Der Baubetrieb des Beton- und Stahlbetonbaus. In: Avak R, Goris A (Hrsg) Stahlbetonbau aktuell. Beuth Verlag, Berlin und Werner Verlag, Düsseldorf

Riker R (1996) Maschinentechnik im Betonbau. Ernst und Sohn, Berlin

Rosenheinrich G, Pietzsch W (1998) Erdbau. Werner Verlag, Düsseldorf

Russwurm D (1993) Betonstähle für den Stahlbetonbau: Eigenschaften und Verwendung (unter Mitarbeit von H. Martin). Institut für Stahlbetonbewehrung e.V., München. Bauverlag, Wiesbaden

Schnell W (1995) Verfahrenstechnik zur Sicherung von Baugruben. Teubner Verlag, Stuttgart

Stein D (1998) Instandhaltung von Kanalisationen. 3. Aufl. Verlag Ernst & Sohn, Berlin

Stein D (2003) Grabenloser Leitungsbau. Verlag Ernst & Sohn, Berlin

Stein D, Brauer A (2005) Practical guideline for the application of microtunnelling methods for the ecological, cost-minimised installation of drains and sewers. Hrsg.: Prof. Dr.-Ing. Stein & Partner GmbH, Bochum

Stein D, Möllers K, Bielecki R (1988) Leitungstunnelbau. Verlag Ernst & Sohn, Berlin

Steinle A, Hahn V (1995) Bauen mit Betonfertigteilen im Hochbau. Verlag Ernst & Sohn, Berlin

StLB (1993): StLB Standardleistungsbuch für das Bauwesen. LB 002 Erdarbeiten, LB 008 Wasserhaltungsarbeiten. Beuth-Verlag, Berlin

StVO (2001) Straßenverkehrs-Ordnung – §§18, 46. In: Straßenverkehrsrecht. Deutscher Taschenbuch Verlag (dtv), München

StVZO (2001) Straßenverkehrs-Zulassungs-Ordnung – §§ 32, 32a, 34, 70. In: Straßenverkehrsrecht. Deutscher Taschenbuch Verlag (dtv), München

Unruh H-P (2008) Fertigteilbau. In: Proporowitz, A. (Hrsg) Baubetrieb – Bauverfahren, Hanser Verlag, Leipzig

VDI-Lexikon Bauingenieurwesen (1997) Springer, Berlin/Heidelberg/New York

VOB (2006) Teile A, B und C. Vergabe- und Vertragsordnung für Bauleistungen. DIN – Deutsches Institut für Normung e.V. (Hrsg) Beuth-Verlag, Berlin

Voth B (1995) Tiefbaupraxis – Konstruktion, Verfahren, Herstellungsabläufe im Ingenieurtiefbau. Bauverlag, Wiesbaden

Vygen K Schubert E, Lang A (2008) Bauverzögerung und Leistungsänderung: rechtliche und baubetriebliche Probleme und ihre Lösungen. 2. Aufl. Bauverlag, Wiesbaden

Weller K (1986) Industrielles Bauen 1. Kohlhammer-Verlag, Stuttgart

ZTVA-StB89: Zusätzliche Technische Vertragsbedingungen und Richtlinien für Aufgrabungen in Verkehrsflächen

ZTVE-StB94: Zusätzliche Technische Vertragsbedingungen und Richtlinien für Erdarbeiten im Straßenbau (ZTVE-StB) (1997)

Normen

DWA-A 125: Rohrvortrieb und andere Verfahren (Entwurf 02.2007)

ATV-DVWK-A 127: Richtlinie für die statische Berechnung von Abwasserkanälen und -leitungen (08.2000)

ATV-A 161: Statische Berechnung von Vortriebsrohren (01.1990)

DIN 1998: Unterbringung von Leitungen und Anlagen in öffentlichen Flächen (05.1978)

DIN 4123: Ausschachtungen, Gründungen und Unterfangungen im Bereich bestehender Gebäude (09.2000)

DIN 4124: Baugruben und Gräben – Böschungen, Verbau Arbeitsraumbreiten (10.2002)

DIN 18196: Erd- und Grundbau – Bodenklassifikation für bautechnische Zwecke (06.2006)

DIN 18300: VOB Vergabe- und Vertragsordnung für Bauleistungen – Teil C: Allgemeine Technische Vertragsbedingungen für Bauleistungen (ATV) – Erdarbeiten (12.2006)

DIN 18303: VOB Vergabe- und Vertragsordnung für Bauleistungen – Teil C: Allgemeine Technische Vertragsbedingungen für Bauleistungen (ATV) – Verbauarbeiten (12.2002)

DIN 18319: VOB Vergabe- und Vertragsordnung für Bauleistungen – Teil C: Allgemeine Technische Vertragsbedingungen für Bauleistungen (ATV) – Rohrvertriebsarbeiten (12.2000)

DIN EN 1295-1: Statische Berechnung von erdverlegten Rohrleitungen unter verschiedenen Belastungsbedingungen. Teil 1: Allgemeine Anforderungen (09.1997)

DIN EN 1610: Verlegung und Prüfung von Abwasserleitungen und -kanälen (10.1997)

DIN EN 805: Wasserversorgung; Anforderungen an Wasserversorgungssysteme und deren Bauteile außerhalb von Gebäuden (03.2000)

DIN EN 12889: Grabenlose Verlegung und Prüfung von Abwasserleitungen und -kanälen (03.2000)

Stichwortverzeichnis